华为技术认证

华为MPLS VPN 学习指南（第二版）

王 达 主编

人民邮电出版社

北 京

图书在版编目（ＣＩＰ）数据

华为MPLS VPN学习指南 / 王达主编. -- 2版. -- 北京 : 人民邮电出版社, 2023.9
（ICT认证系列丛书）
ISBN 978-7-115-62350-8

Ⅰ．①华… Ⅱ．①王… Ⅲ．①宽带通信系统－综合业务通信网－指南 Ⅳ．①TN915.142-62

中国国家版本馆CIP数据核字(2023)第141791号

内 容 提 要

本书采用最新的华为设备 VRP（通用路由平台）系统版本对原华为官方指定教材——《华为 MPLS VPN 学习指南》进行了全面更新和改写，专门介绍华为设备私网 MPLS 隧道中的各种 MPLS VPN 方案技术原理和应用配置方法。本书与配套的《华为 MPLS 技术学习指南（第二版）》一起，构成一套完整的华为设备 MPLS 技术工具书。

MPLS 技术的主要应用体现在各种应用于远程用户私网互联的 MPLS VPN 方案中，主要包括 MPLS L3VPN 中的 BGP/MPLS IP VPN，MPLS L2VPN 中的各种 VLL、PWE3 和 VPLS 实现方式。这些 MPLS VPN 方案，可以比较全面、轻松地实现各种场景下企业用户的远程私网互联需求，是运营商为企业用户提供的最常用的远程网络互联方案。

本书不仅有各种 MPLS VPN 技术实现原理的深入剖析，又有各种清晰明了的 MPLS VPN 方案配置与管理方法介绍，更有针对不同场景下各种 MPLS VPN 方案的大量应用配置示例。本书无论是专业性，还是经验性和实用性，均有很好的保障，是华为网络工程师自学、参加华为 Datacom（数据通信）系列职业考试认证，或者高校、培训机构教学华为设备 MPLS 配置与管理的参考用书。

♦ 主　　编　王　达
　　责任编辑　刘亚珍
　　责任印制　马振武
♦ 人民邮电出版社出版发行　北京市丰台区成寿寺路 11 号
　　邮编　100164　电子邮件　315@ptpress.com.cn
　　网址　https://www.ptpress.com.cn
　　固安县铭成印刷有限公司印刷
♦ 开本：787×1092　1/16
　　印张：33.75　　　　　　　　　2023 年 9 月第 2 版
　　字数：801 千字　　　　　　　2023 年 9 月河北第 1 次印刷

定价：199.80 元

读者服务热线：**(010)81055493**　印装质量热线：**(010)81055316**
反盗版热线：**(010)81055315**
广告经营许可证：京东市监广登字 20170147 号

自　　序

对于技术类图书，一次成功的改版，作者付出的精力和心血与首版不相上下。首先，随着技术的更新，图书内容会发生比较大的变化，仅这部分的内容更新比例可能就相当大。再者，作者对技术的理解也随着学习和工作经验的积累更加深入，可能需要对原版图书中的一些技术原理进行更深入的诠释。笔者非常重视图书的改版，绝不只是简单修订类的改版，力求每次改版都能带给读者全新的阅读体验，使读者可以学习到比原版更新的知识，获得更多、更好的专业经验分享。

本书出版背景

多协议标签交换（Multi-Protocol Label Switching，MPLS）技术一直以来被许多读者朋友认为是难学的，因为它主要应用于互联网服务商和大型企业中。但是随着企业的不断发展，企业的分支机构遍布全国甚至全球，各种新型互联网应用也如雨后春笋般涌现，再加上现在千兆，甚至万兆以太网、5G 移动互联网接入的普及，企业总部网络与分支机构网络的互联已成为许多企业必须要面对的一项基础工程。

尽管实施远程网络连接的方案有许多种，但是相比传统的 IP VPN 解决方案，采用MPLS VPN 方案更加高效、安全，因为它是基于 MPLS 标签在专用隧道中进行报文转发的，与 IP 路由转发方式相比，不仅转发效率高，而且更加安全。因此，现在的华为数据通信（Datacom）系列职业认证考试中，MPLS 不仅是必考的，而且认证级别更高，所占的比例更大（基本上是 20%的比例）。如果你想从事更专业的网络工程师工作，或者你想参加华为数据通信方向的职业认证考试，MPLS 这个领域你都必须好好掌握。

本书第一版上市至今已有 5 年有余，在这期间，华为设备的通用路由平台（Versatile Routing Platform，VRP）系统已经更新多次，许多功能和配置方法都发生了变化，所以也得尽快改版，让读者朋友学习到最新的技术和配置方法，同时也可以让笔者分享最新的工作和学习成果。

本书专门针对华为设备用于远程企业用户网络连接的各种 MPLS VPN 隧道技术进行全面、深入的介绍。这些 MPLS VPN 方案主要包括 L3VPN 中的 BGP/MPLS IP VPN，L2VPN 中的各种 VLL、PWE3 和 VPLS 实现方式。在这些 VPN 方案中，读者重点要理解私网路由的学习、私网路由 MPLS 标签的分配、VPN 隧道的建立、报文的多层 MPLS

标签封装/解封装原理、VPN 报文的转发原理，以及跨域场景下的各种跨域 VPN 方案的实现原理。其中，应用最广、技术原理最难理解的是 L3VPN 中的 BGP/MPLS IP VPN 方案，因此，本书用了 4 章的篇幅专门对此进行了详细介绍。

服务与支持

本书由长沙达哥网络科技有限公司（原名"王达大讲堂"）组织编写，并由该公司创始人王达先生负责统稿。感谢人民邮电出版社的各位领导、编辑老师对本书进行辛苦编辑，同时也要感谢华为技术有限公司为本书提供了大量的学习资源。

由于编者水平有限，尽管我们花了大量时间和精力对内容进行校验，但书中难免存在一些错误和瑕疵，敬请各位批评指正，万分感谢！

前　言

每本书的创作都是一次艰难的历程，都是一次严峻的挑战。说实话，HCIE 级别图书的创作难度要远大于以前 HCIA 和 HCIP 图书的创作难度。就本书而言，MPLS 历来是数据通信方面最复杂、最难懂的技术领域之一，其中涉及许许多多深奥且复杂的技术原理，如果没有扎实的功底，那么是无法系统、深入地进行剖析的。

1．本书特色

本书是对《华为 MPLS VPN 学习指南》的改版，主要具有以下特色。

- **华为 Datacom 系列职业认证技能学习、培训的指定用书**

笔者在具体编写过程中既充分考虑了普通读者系统学习 MPLS 技术及功能配置与管理方法的需求，同时也考虑了参加华为 HCIA-Datacom、HCIP-Datacom 和 HCIE-Datacom 职业认证考试的学习需求，是不可多得的华为网络数据通信领域的 MPLS 技术自学、培训参考用书。

- **内容新颖、更精练**

本书主要按照华为 AR G3 系列路由器产品（大部分内容同时适用于华为 S 系列交换机）当前使用的 VRP V300R019 版本对《华为 MPLS VPN 学习指南》内容进行全面的更新和修订，不仅内容更新、更精练，而且更通俗易懂、更便于学习。

- **重写、新增许多内容**

本书对许多技术原理进行了重写，例如，第 2 章、第 3 章中的 BGP/MPLS IP VPN 基本技术原理和 3 种跨域方式的 BGP/MPLS IP VPN 技术原理，使技术原理的诠释更加精练，更通俗易懂，更便于理解。本书中也新增了不少内容，例如，第 4 章中的 VPN 与 Internet 互联，第 6 章、第 7 章和第 9 章中的跨域 VLL、PWE3 和 VPLS 应用配置，同时还新增了部分配置示例。

- **经验更丰富，实战性更强**

本书是在完成视频课程录制后编写的，摘选了视频课程中许多经典的实战案例，大部分都经过了真实的实验验证，而且书中还提供了许多实验时的截图，更具有实战性。

- **大量配置示例和故障排除方法相结合**

为了增强本书的实用性，笔者在介绍完每种相关功能配置后，列举了大量的不同场景下的配置示例，以加深读者对前面所学技术原理和具体配置与管理方法的理解。许多配置示例完全可以直接应用于不同的现实场景。另外，为了使大家能在部署 MPLS 应用方案时迅速排除遇到的故障，大部分章节的最后部分都介绍了针对一些经典故障现象的排除方法，这使本书具有非常高的专业性和实用性。

2. 适用读者对象

本书具有极强的系统性、专业性和实用性，适合的读者对象如下。

- 参加华为 Datacom 系列职业认证考试的朋友。
- 希望从零开始系统学习华为设备 MPLS 技术的朋友。
- 华为培训合作伙伴、华为网络学院的学员。
- 使用华为 S 系列交换机、AR 系列路由器产品的用户。
- 高等院校的计算机网络专业学生。

3. 本书主要内容

本书共有 9 章，对华为设备 MPLS 隧道在各种 L2VPN 和 L3VPN 方案应用中的相关技术原理及功能配置与管理方法做了详细、深入的介绍，并在每章给出了大量的典型配置示例。下面是各章主要内容介绍。

- **第 1 章：BGP/MPLS IP VPN 基础及工作原理**

本章作为本书的开篇，首先介绍的是 MPLS 隧道应用最广的 BGP/MPLS IP VPN 的相关基础知识和基本的技术原理，包括 BGP/MPLS IP VPN 的基本组成、基本概念、典型组网结构、主要应用，以及 PE 间 VPN 路由发布、VPN 报文转发原理。

- **第 2 章：基本 BGP/MPLS IP VPN 配置与管理**

本章专门介绍了各 CE 连接在同一 AS 域中 PE 情形下的基本 BGP/MPLS IP VPN 配置与管理方法，以及基本 BGP/MPLS IP VPN 不通时的故障排除方法。在基本 BGP/MPLS IP VPN 配置中主要包括 PE 间的 MP-BGP 对等体建立、PE 上的 VPN 实例创建、PE 的 AC 接口与 VPN 实例的绑定、PE 和 CE 间的路由交换等功能。

- **第 3 章：跨域 BGP/MPLS IP VPN 配置与管理**

本章专门介绍了 OptionA/B/C 这 3 种跨域方式的 BGP/MPLS IP VPN 配置与管理方法。每种跨域方式均涉及许多复杂的技术原理，主要包括 VPN 路由发布、私网标签分配、VPN 报文转发和跨域公网隧道建立等。

- **第 4 章：BGP/MPLS IP VPN 扩展应用配置与管理**

本章专门介绍了 BGP/MPLS IP VPN 一些可选扩展功能的配置与管理方法，主要包括 Hub and Spoke（中心和分支）结构 BGP/MPLS IP VPN、MCE（多实例 CE）、HoVPN（分层 VPN）、路由反射器优化和隧道策略等。

- **第 5 章：VLL 基础及 CCC、Martini 方式 VLL 配置与管理**

本章首先介绍了 VLL 方式的一些通用基础知识和基本技术原理，然后介绍了 CCC、Martini 这两种方式 VLL 相关的技术原理，以及这两种方式的 VLL 配置与管理方法。

- **第 6 章：SVC、Kompella 方式和跨域 VLL 配置与管理**

本章首先介绍了 SVC、Kompella 两种方式 VLL 相关的技术原理和配置与管理方法，然后介绍了 CCC、Martini、SVC 和 Kompella 这 4 种方式的跨域 VLL 配置与管理方法，最后介绍了 VLL 连接中的一些典型故障排除方法。

- **第 7 章：PWE3 配置与管理**

本章首先介绍了 PWE3 相关的技术原理，然后介绍了 Ethernet PWE3 和跨域 PWE3 的配置与管理方法，最后介绍了 PWE3 中的一些典型故障排除方法。

- **第 8 章：VPLS 基础及 Martini 方式 VPLS 配置与管理**

本章首先介绍了各种方式 VPLS 中一些通用的基础知识和基本技术原理，然后介绍了 LDP、BGP 和 BGP AD 这 3 种方式 VPLS 的工作原理，最后介绍了 Martini 方式 VPLS 配置与管理方法。

- **第 9 章：Kompella、BGP AD 方式和跨域 VPLS 配置与管理**

本章介绍了华为 S 系列交换机支持的 Kompella、BGP AD 这两种方式的 VPLS、HVPLS 和跨域 VPLS 配置与管理方法，最后介绍了 Marini、Kompella 这两种方式 VPLS 的一些典型故障的排除方法。

4．阅读注意事项

阅读本书时，请注意以下 4 个事项。

- 建议读者先学习配套的《华为 MPLS 技术学习指南（第二版）》，然后学习本书。
- 本书以 V200R021 及以上版本华为 S 系列交换机、V300R019 及以上版本 AR G3 系列路由器为主线进行介绍。
- 在配置命令代码介绍中，**粗体字**部分是命令本身或关键字选项部分，是不可变的；*斜体字*部分是命令或者关键字的参数部分，是可变的。
- 在介绍各种 VPN 技术及功能配置说明过程中，对于一些需要特别注意的地方，均以**粗体字**格式加以强调，方便读者在阅读学习时加强注意。

目　　录

第1章
BGP/MPLS IP VPN 基础及工作原理

本章主要内容

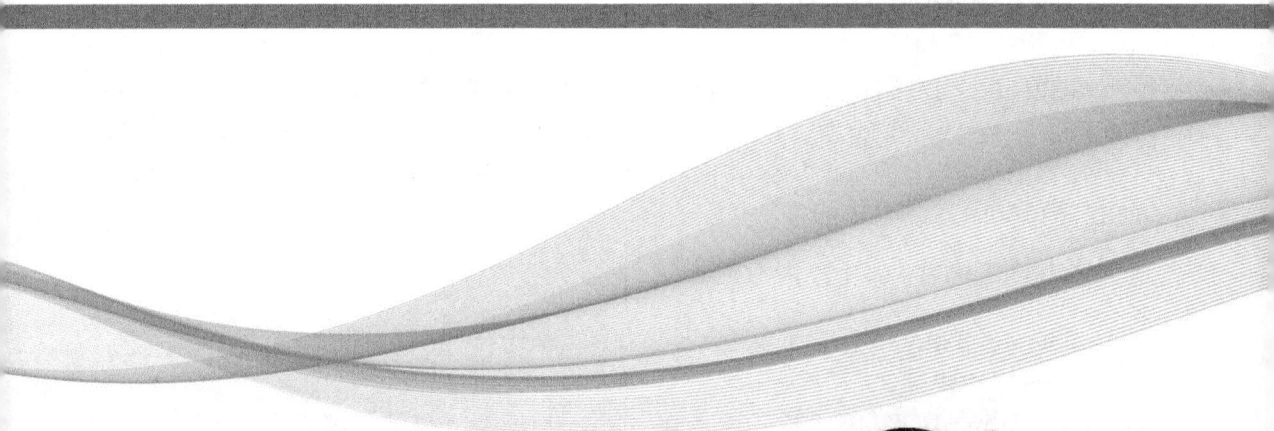

BGP/MPLS IP VPN 是一种 MPLS L3VPN（三层 VPN），用于通过公网 MPLS 隧道连接两个处于不同 IP 网段的用户内网，是一种最主要的 MPLS VPN 应用方案。

本章主要介绍 BGP/MPLS IP VPN 涉及的基础知识和基本的技术原理，包括 BGP/MPLS IP VPN 基本组成、组网结构、私网路由标签分配，以及 PE 间 VPN 路由的发布原理和 VPN 报文的转发原理等。

1.1　BGP/MPLS IP VPN 基础

BGP/MPLS IP VPN 是一种 MPLS 三层虚拟专用网络（Layer 3 Virtual Private Network，L3VPN）。它使用边界网关协议（Border Gateway Protocol，BGP）在服务提供商骨干网上发布用户的私网 VPN 路由，并在服务提供商骨干网上转发 VPN 报文。这里的 IP 是指 VPN 承载的 IP 报文。

1.1.1　理解 BGP/MPLS IP VPN

BGP/MPLS IP VPN 包含了多个部分，各部分都代表一些特定的含义。

1. 理解 BGP 部分

BGP 表示在 BGP/MPLS IP VPN 方案中使用了 BGP，其实更准确地说是使用多协议 BGP（Multi-Protocol BGP，MP-BGP）在 MPLS/IP 骨干网上发布用户站点的私网 IPv4 路由，即 VPN 路由。之所以要用到 BGP，主要是因为存在以下两个原因。

一是因为 BGP/MPLS IP VPN 是一种三层 VPN，连接的是不同的 IP 网络，所以必须要有对应的路由解决方案。而在 MPLS IP VPN 方案中，骨干网的作用仅是用来建立公网 MPLS VPN 隧道，其中的 P 节点是不需要保存用户的私网路由信息的，只是直接根据隧道标签进行转发，最终要实现的是隧道两端逻辑的点对点连接。

这样就涉及一个问题，如何使隧道两端的 PE 能相互学习对方所连接的用户私网路由信息？我们在《华为 VPN 学习指南（第二版）》中也介绍了多种三层 VPN 方案，例如 IPSec VPN、GRE VPN 和 DSVPN，其实它们基本上都是通过 IP 重封装来解决路由信息在隧道中传输的，但是在 MPLS 网络中不需要进行 IP 重封装，且 P 节点不保存用户私网路由信息（仅保存骨干网路由信息），所以不能采取 IP VPN 方案中的方法。

如果 PE 是直连的，则可以通过直连路由学习（但私网路由也不能在公网中使用），但大多数情况下，PE 之间不是直接连接的，中间存在位于公网中的 P 节点，但 P 节点不保存用户的私网路由信息，这就给 PE 之间相互学习对端连接用户私网路由信息带来困难。而 BGP 可以在非直连的设备间建立对等体关系，通过 Update 消息的交互，不需要直接连接就可以相互学习对方的路由，而其他像 RIP、OSPF、IS-IS 动态路由协议的邻居关系建立只能是直连的，除非通过 VPN 隧道建立点对点的连接，因此，在 BGP/MPLS IP VPN 中要使用 BGP。

二是 MP-BGP 不仅支持单播 IPv4 地址族，还支持 IPv4 多播、VPN-IPv4（简称 VPNv4），以及 IPv6 单/多播、L2VPN 和 VPLS 等地址族。不同地址族支持不同类型的 BGP 路由，在 BGP/MPLS IP VPN 就要用到 VPNv4 地址族，用来向对等体发布 VPN 私网路由。在 VPNv4 地址族中，VPN 路由有一个特点，就是它是在标准的 IPv4 路由前缀基础上增加了一个用于标识 VPN 实例的路由标识符（Route Distinguisher，RD），而这也正好解决了不同 VPN 实例中 IP 地址空间重叠的问题，由于加上这样一个代表不同 VPN 实例的 RD 后，所以使原来相同的 IPv4 路由也不同了。

2. 其他部分的理解

对 BGP/MPLS IP VPN 其他 3 个部分的理解如下。

- MPLS：表示使用 MPLS 协议建立公网隧道，利用 MPLS 标签（而不是依据 IP 路由表）指导 VPN 报文在运营商网络中的转发，这是 MPLS 网络的基本特征。
- IP：在 VPN 隧道中承载的是 IP 报文，骨干网是 IP 网络。
- VPN：表示这是一个 VPN 解决方案，可以实现通过服务商网络连接属于同一个 VPN、位于不同地理位置的用户站点，实现不同用户网络私网路由的交互。

1.1.2　BGP/MPLS IP VPN 的基本结构

BGP/MPLS IP VPN 基于 BGP 对等体模型，这种模型使服务提供商和用户可以交换路由，但服务提供商转发用户站点间的数据时却不需要用户参与，直接根据 MPLS 标签进行。相较于传统的 VPN，BGP/MPLS IP VPN 更容易扩展和管理，新增一个站点时，只需要修改提供该站点业务的边缘节点的配置。

BGP/MPLS IP VPN 通过 MG-BGP 支持的 VPNv4 地址族，支持地址空间重叠的多个 VPN、组网方式灵活且可扩展性好，能够方便地支持 MPLS TE（参见《华为 MPLS 技术学习指南（第二版）》）。

BGP/MPLS IP VPN 的基本结构如图 1-1 所示，该结构包括 3 个主要组成部分：用户网络边缘（Customer Edge，CE）设备、服务提供商网络边缘（Provider Edge，PE）设备和服务提供商网络骨干（Provider，P）设备。

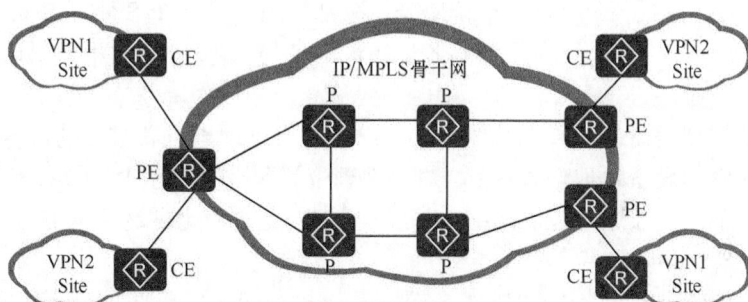

图 1-1　BGP/MPLS IP VPN 的基本结构

- CE：有接口直接与服务提供商 PE 相连。CE 可以是路由器或交换机，也可以是一台主机。通常情况下，CE "感知" 不到 VPN 的存在，也不需要支持 MPLS。
- PE：与 CE 直接相连。在 MPLS 网络中，由于对 VPN 的所有处理都发生在 PE 上，所以对 PE 性能要求较高。
- P：不与 CE 直接相连。P 设备只需要具备基本的 MPLS 转发能力，不需要维护 VPN 信息。

PE 和 P 设备仅由服务提供商管理，CE 设备仅由用户管理，除非用户把管理权委托给服务提供商。一个 PE 设备可以接入多个 CE 设备，一个 CE 设备也可以连接属于相同或不同服务提供商的多台 PE 设备。

1.1.3　Site 与 VPN

通俗地讲，Site（站点）就是用户内部网络，可以从以下 4 个方面理解其含义。

① Site 是指相互之间具备 IP 连通性的一组 IP 系统，但这种 IP 连通性是不需要通过运营商网络来实现的，Site 示意如图 1-2 所示。

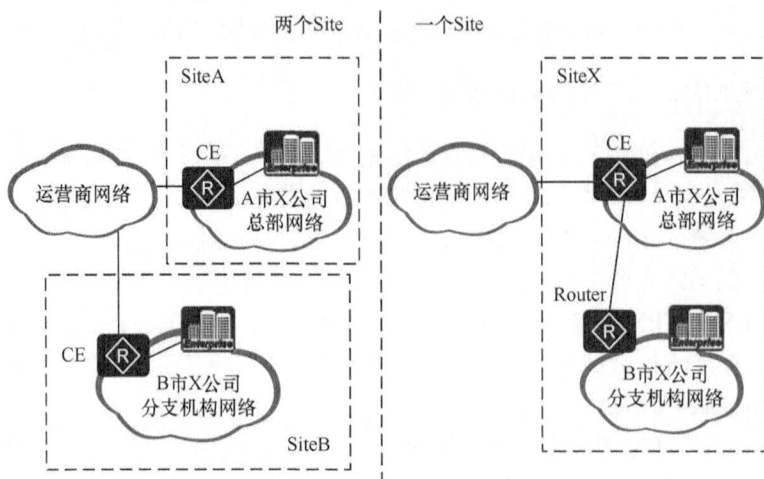

图 1-2　Site 示意

在图 1-2 左半边的网络中，"A 市 X 公司总部网络"是一个 Site，"B 市 X 公司分支机构网络"是另一个 Site。这两个网络各自内部的任何 IP 设备之间不需要通过运营商网络就可以实现互通。

② Site 是根据设备的拓扑关系划分的，而不是根据地理位置划分的，尽管大多数情况下一个 Site 中的设备地理位置相邻。对于地理位置隔离的两组 IP 系统，如果它们使用专线互联，则不需要通过运营商网络就可以实现 IP 互通，此时这两组 IP 系统就属于一个 Site 了。

在图 1-2 右半边的网络中，"B 市 X 公司分支机构网络"不通过运营商网络，而是通过专线直接与"A 市 X 公司总部网络"相连，则"A 市 X 公司总部网络"与"B 市 X 公司分支机构网络"就同属一个 Site。

③ 一个 Site 可以属于多个 VPN。一个 VPN 可以视为多个要相互通信的 Site 的集合，但一个 Site 可能需要通过相同或不同运营商连接多个彼此需要互通的 Site，因此，一个 Site 可以属于多个 VPN。

如图 1-3 所示，X 公司位于 A 市的决策部门网络（SiteA）要同时与位于 B 市的研发部门网络（SiteB）和位于 C 市的财务部门网络（SiteC）互通，但 Site B 与 Site C 之间没有建立 VPN 连接。在这种情况下，可以通过构建两个 VPN（VPN1 和 VPN2）网络实现，SiteA 和 SiteB 的连接属于 VPN1，SiteA 和 SiteC 的连接属于 VPN2，这样才能使 SiteB 与 SiteC 之间不能互通。很显然，此时 SiteA 就同时属于 VPN1 和 VPN2 了。

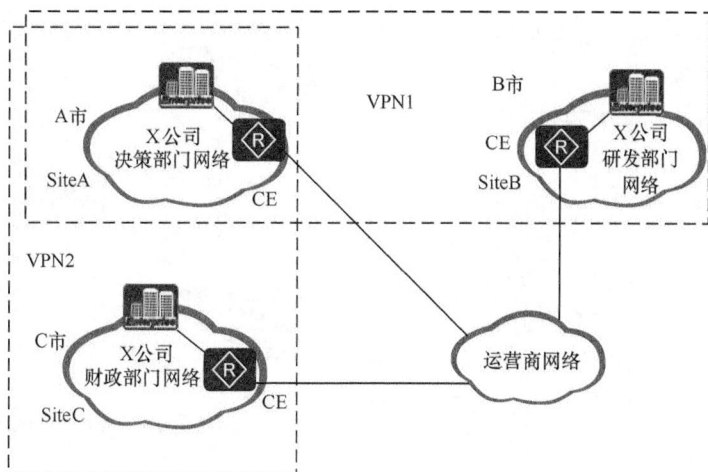

图 1-3　一个 Site 属于多个 VPN 的示例

【经验提示】MPLS VPN 隧道是点对点的隧道，如果不采用 Hub and Spoke 方案（在本书第 4 章介绍），一条 MPLS 隧道只有两个端点，只能连接两个 Site。要实现两个以上 Site 之间的相互通信，要么每两个 Site 之间独立配置 MPLS VPN，要么采用 Hub and Spoke 方案。

④ Site 通过 CE 连接到运营商网络，一个 Site 可以包含多个 CE（用于连接多个运营商），一个 CE 也可以构建多个 VPN，如图 1-3 中的 Site A 上的 CE 同时建立了到达 Site B 和 Site C 的 VPN1 和 VPN2。**但一个 CE 只属于一个 Site**。

根据 Site 的情况，建议 CE 设备选择方案如下。

- 如果 Site 只是一台主机，则这台主机作为 CE 设备。
- 如果 Site 是单个 IP 子网，则使用三层交换机作为 CE 设备。
- 如果 Site 是多个 IP 子网，则使用路由器作为 CE 设备，是因为路由器所支持的路由能力更强。

1.1.4　VPN 实例

在学习各种 IP 路由配置时，经常会看到一个名为"**vpn-instance** *vpn-instance- name*"参数，以前只知道它是配置 VPN 实例（VPN-instance）中的路由，但一般用不到它。其实 VPN 实例路由就是在 BGP/MPLS IP VPN 中 PE 上配置到达指定 Site 的私网路由。如果不指定这个 VPN 实例参数，则表示所配置的是公网（骨干网）路由，用于公网数据包转发。

VPN 实例也称为 VPN 路由转发表（VPN Routing and Forwarding table，VRF），是 PE 为**直接相连的 Site** 建立并维护的一个专门实体。PE 上的各个 VPN 实例之间相互独立，并与公网路由转发表相互独立。可以将每个 VPN 实例看成一台虚拟的路由器，维护独立的地址空间，并有连接到对应 Site 私网的接口。

【经验提示】同一 PE 上为所连接的各 Site 配置的 VPN 实例名必须唯一，不同 PE 上配置的 VPN 实例名可以相同，也可以不同。但为了便于识别，同一 VPN 中不同 PE 为所连各 Site 配置的 VPN 实例名通常保持一致。在各 PE 间通过 MP-BGP 构建 IBGP 对等

体后，每个 VPN 实例中将包括同一 VPN 中各
Site 中的私网路由。

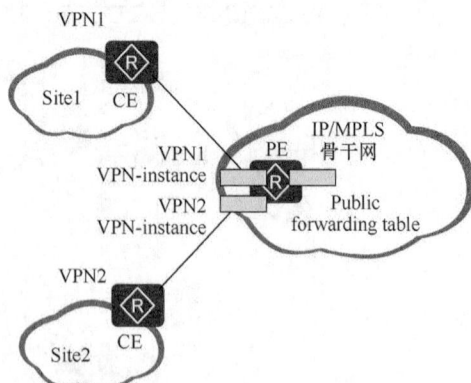

图 1-4　VPN 实例示意

　　PE 上存在多个路由转发表，其中包括一
个公网（骨干网）路由转发表，以及一个或多
个为所连接的各 Site 配置的 VPN 私网路由转
发表，如图 1-4 所示。

　　PE 通过与 Site 连接的接口与 VPN 实例关
联，实现 Site 与 VPN 实例的关联。同一 PE
上不同 VPN 之间的路由隔离是通过 VPN 实例
实现的。总体来说，VPN、Site、VPN 实例之
间有以下关系。

- VPN 是多个要相互通信的 Site 的组合（至少包括两个 Site），一个 Site 可以属
  于一个或多个 VPN。
- 每个 Site 在 PE 上都会关联一个 VPN 实例，VPN 实例综合了其关联的 Site 的 VPN
  成员关系和路由规则，多个 Site 根据 VPN 实例的配置规则可以组合成一个 VPN。
- 之所以 VPN 实例与 VPN 没有一一对应的关系，是因为同一个 VPN 中连接不同
  PE 的各 Site 所配置的 VPN 实例名可以相同，也可以不同。但在同一个 PE 上，
  VPN 实例与 Site 之间是一一对应的关系。

VPN 实例中包含了对应的 Site 的 VPN 成员关系和路由规则等信息，具体包括 VPN
路由表、标签转发表、与 VPN 实例绑定的 PE 接口，以及 VPN 实例的管理信息。VPN
实例管理信息中包括 RD、路由过滤策略、成员接口列表（一个 CE 可以双线甚至多线连
接一个或多个 PE，对应有多个 CE 连接 PE 的接口）等。

1.1.5　RD 和 VPN-IPv4 地址

　　VPN 是一种私有网络，即通过私有 IP 地址段进行路由通信。不同的 VPN 独立管理
自己所使用的网络地址范围，这个范围为地址空间（Address Space），指 VPN 隧道两端
PE 所连接的用户 Site 内网的 IP 地址空间。因为 Site 是用户网络，所以不同 VPN 的地址
空间可能会在一定范围内重叠。

　　地址空间重叠示例如图 1-5 所示，PE1 连接 vpna 中 CE1 的链路与连接 vpnb 中 CE3
的链路都使用了 14.1.1.0/24 网段地址，PE2 连接 vpna 中 CE2 的链路与连接 vpnb 中 CE4
的链路都使用了 34.1.1.0/24 网段地址，这就发生了地址空间的重叠。

　　正常情况下，在同一设备的两个端口上是不能配置同一 IP 网段的地址的，但是通过
与不同 VPN 实例的绑定，就可以这样配置（必须先绑定 VPN 实例，后配置接口 IP 地
址），因为来自 CE 的普通 IPv4 路由会在 IPv4 路由前缀的前面加上一个特定的 RD。

　　以下两种情况允许 VPN 使用重叠的地址空间。

- 两个 VPN 没有共同的 Site，如图 1-5 中 vpna 与 vpnb 所连接的 Site 是完全不一
  样的。
- 两个 VPN 虽然有共同的 Site，但此 Site 中的设备不需要与两个 VPN 中使用重叠
  地址空间的设备互访。

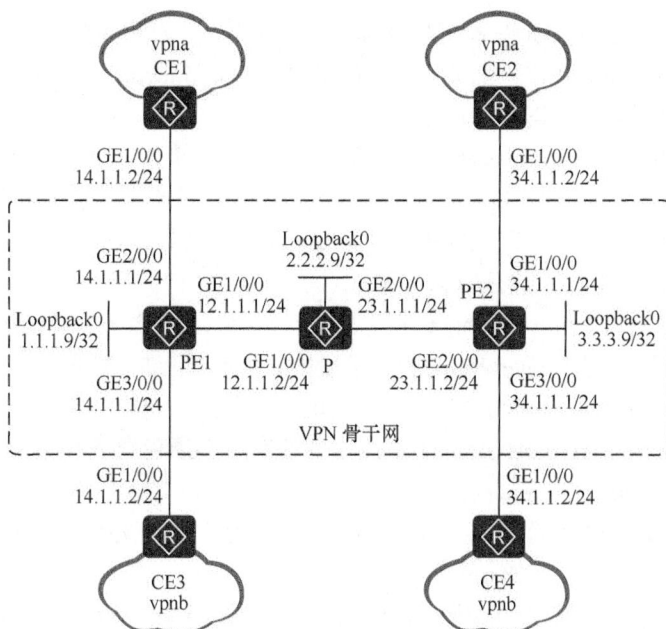

图 1-5　地址空间重叠示例

之所以传统 BGP 无法正确处理地址空间重叠的 VPN 的路由，是因为传统 BGP 所采用的是标准的 IP 地址。假设 VPN1 和 VPN2 中 CE 和 PE 连接的接口上都使用了 10.110.10.0/24 网段的地址，并各自发布了一条去往此网段的路由。虽然本端 PE 通过不同的 VPN 实例可以区分地址空间重叠的 VPN 的路由，但是这些 BGP VPN 路由发往对端 PE 后，因为不能进行负载分担，所以对端 PE 将根据 BGP 选路规则只选择其中一条 VPN 路由，从而导致去往另一条 VPN 的路由丢失。

在 BGP/MPLS IP VPN 中，PE 之间使用 BGP-4 的多协议扩展（Multiprotocol Extensions for BGP-4，MP-BGP）发布 VPN 路由，并使用 VPN-IPv4（以下简称为 VPNv4）地址来解决地址空间重叠的问题。VPNv4 地址是在标准 IPv4 地址前缀前面加上一个特定的 RD，即 8 字节的 RD，VPNv4 地址结构如图 1-6 所示。

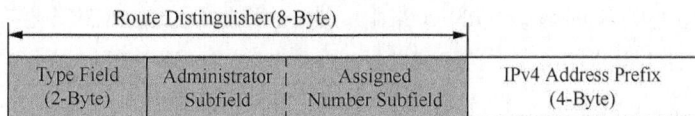

图 1-6　VPNv4 地址结构

因为在原来的 IPv4 地址前缀前面加了一个唯一的 RD，所以 RD 可以用于区分使用相同地址空间的 IPv4 前缀，使各 Site 的 VPNv4 路由前缀全局唯一，以解决多个 VPN 的地址空间重叠问题。但 RD 不用于 P 节点的 IP 数据包转发，仅用于 PE 区分一个 IP 数据包所属的 VPN 实例。例如，一个 PE 连接了两个 Site，它们发布的私网路由的前缀都是 10.0.0.0，此时必须在 PE 为来自这两个 Site 的私网路由加上唯一的 RD。由此可见，**RD 与 VPN 实例一一对应，通常要求全局唯一**。

如图 1-6 所示，RD 一共有 8 字节，包括两个主要部分：Type（类型）子字段为 2 字节，后面的 Administator（管理者）和 Assigned Number（分配的数字）两个子字段一共有 6 字节，都属于 Value（值）部分，即 RD 的真正赋值。Type 子字段的值（只有 0、1、2 3 个取值）决定了 RD 的格式和取值。

- Type 为 0 时，Administrator 子字段占 2 字节（16 位），**必须包含一个公网 AS 号**（整数形式）；Assigned Number 子字段占 4 字节（32 位），包含由服务提供商分配的一个整数，即 RD 的最终格式为：16 位自治系统号：32 位用户自定义整数，例如 100:1。**这是默认的格式。**

- Type 为 1 时，Administrator 子字段占 4 字节，**必须包含一个公网 IPv4 地址**（点分十进制格式）；Assigned Number 子字段占 2 字节，包含由服务提供商分配的一个整数。即 RD 的最终格式为 32 位 IPv4 地址：16 位用户自定义整数，例如 172.1.1.1:1。

- Type 为 2 时，Administrator 子字段占 4 字节，**必须包含一个公网 AS 号**（整数形式）；Assigned Number 子字段占 2 字节，包含由服务提供商分配的一个整数，即 RD 的最终格式为 32 位自治系统号:16 位用户自定义整数，其中，自治系统号最小值为 65536，例如 65536:1。

【说明】为了保证 VPN-IPv4 地址全局唯一，建议不要将 Administrator 子字段的值设置为私网 AS 号或私网 IPv4 地址。但这些 AS 号和 IPv4 地址没有强制要求，没有规定必须与哪个 AS 或接口关联，只要能使为各 Site 分配的 RD 在全局保持唯一即可。

这所以 VPNv4 地址对客户端设备来说是不可见的，是因为 VPNv4 路由只在公网中可见，只用于公网上路由信息的分发。启用了 MP-BGP 后，PE 从 CE 接收到标准的 IPv4 路由后会通过添加 RD 转换为全局唯一的 VPNv4 路由，然后再在公网上发布。RD 的结构使每个服务供应商可以独立地为每个 Site 分配唯一的 RD，但为了在 CE 双归属（同时连接两个 PE）的情况下保证路由正常，必须保证不同 PE 上为连接的同一个 CE 所配置的 RD 全局唯一。

如图 1-7 所示，CE 以双归属方式接入 PE1 和 PE2。PE1 同时作为 BGP 路由反射器（Route Reflector，RR）。在该组网中，PE1 作为骨干网边界设备发布一条 IPv4 前缀为 10.1.1.1/8 的 VPNv4 路由给 PE3。因为 PE1 同时又作为 RR，会反射 PE2 发布的 IPv4 前缀为 10.1.1.1/8 的 VPNv4 路由给 PE3。如果该 VPN 在 PE1 和 PE2 上配置的 RD 一样，则 PE3 上到达 10.1.1.1/8 的两条 VPNv4 路由的地址相同，因此，PE3 只会接收直接从 PE1 发来的到达 10.1.1.1/8 的这条最优 VPNv4 路由，其路径为 CE→PE1→PE3。当 PE1 与 CE 之间的直连链路发生故障时，PE3 删除到 10.1.1.1/8 的 VPNv4 路由，无法正确转发到该目的地址的 VPN 数据。实际上，PE3 应该还有一条到 10.1.1.1/8 的路由，其路径为 PE3→PE1→PE2→CE。

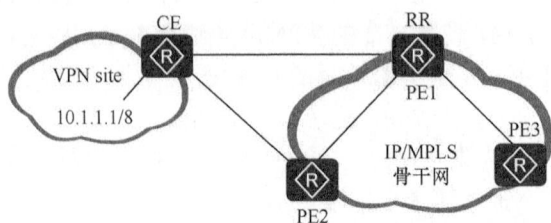

图 1-7　CE 双归属组网示意

此时, 如果该 VPN 在 PE1 和 PE2 上所分配的 RD 不同, 则到达 10.1.1.1/8 两条 VPNv4 路由的地址不同, 因此, PE3 会从 PE1 收到两条到 10.1.1.1/8 的 VPNv4 路由。当 PE1 与 CE 之间的任何一条链路 (包括直连链路和经过 PE2 的链路) 发生故障时, PE3 将删除其中对应的一条, 保留另一条, 使到 10.1.1.1/8 的数据能正确转发。

1.1.6　VPN Target 属性

BGP/MPLS IP VPN 使用 BGP 扩展团体属性——VPN Target (也称为 Route Target, 路由目标) 来控制 VPN 路由信息的发布和接收。每个 VPN 实例可以配置一个或多个 VPN Target 属性。VPN Target 属性有以下两类。

- Export Target (导出目标): 本地 PE 从直连 Site 学到 IPv4 路由后, 转换为 VPN-IPv4 路由, 并为这些路由设置 Export Target 属性并发布给其他 PE。Export Target 属性作为 BGP 的扩展团体属性随 BGP 路由信息发布。当从 VRF 表中导出 VPN 路由时, 要用 Export Target 对 VPN 路由进行标记。
- Import Target (导入目标): PE 收到其他 PE 发布的 VPNv4 路由时, 检查其 Export Target 属性, 仅当该 Export Target 属性值与某 VPN 实例中配置的 Import Target 属性值一致时, 方可把该 VPNv4 路由加入本地对应的 VRF 中。

通过 VPN Target 属性的匹配检查, VPN 所连接的两个 Site 间可相互学习对端的私网 VPN-IPv4 路由, 实现三层互通。

与 RD 类似, VPN Target 也有以下 3 种表示形式。

- 16 位 AS 号 (整数形式): 32 位用户自定义整数, 例如 100:1。
- 32 位 IPv4 地址 (点分十进制格式): 16 位用户自定义整数, 例如 172.1.1.1:1。
- 32 位 AS 号 (整数形式): 16 位用户自定义整数, 其中 AS 号的最小值为 65536, 例如 65536:1。

在 BGP/MPLS IP VPN 中, 通过 VPN Target 属性来控制 VPN 路由信息在各 Site 之间的发布和接收。VPN Export Target 和 Import Target 的设置相互独立, 并且可以设置多个值, 能够实现灵活的 VPN 访问控制, 从而实现多种 VPN 组网方案。

例如, 某 VPN 实例的 Import Target 包含 100:1、200:1 和 300:1, 如果收到的路由信息的 Export Target 为 100:1、200:1、300:1 中的任意值, 则都可以被注入该 VPN 实例中。通常情况下, 为了方便设置, 会把同一 VPN 实例的 Export Target 和 Import Target 属性值设置成相同值。

表 1-1 综合了以上所介绍的 Site、VPN 实例、RD 和 VPN Target 的主要用途和特性, 可以方便读者更好地区分这几个概念。

表 1-1　几个基本概念的比较

概念	用途说明	主要特性	唯一性要求
Site	标识 PE 所连接的一个用户网络	- 根据设备的拓扑关系划分的, 而不是根据地理位置划分。 - 一个 Site 可以包含多个 CE, 但一个 CE 只属于一个 Site。 - 一个 Site 可以属于多个 VPN	- 一个 Site 与一个 VPN 实例一一对应。 - 一个 Site 分配一个唯一的 RD (路由标识符)

续表

概念	用途说明	主要特性	唯一性要求
VPN 实例	VPN 实例也称为 VRF（VPN 路由转发表），用在同一 PE 上隔离不同 VPN 的路由	• 每个 Site 在 PE 上都关联一个 VPN 实例。 • 在同一 PE 上，同一 VPN 中相关联的所有 Site 的路由都将加入同一个 VRF 中	• 同一 PE 上连接的不同 Site 的 VPN 实例名必须唯一。 • 不同 PE 上连接的 Site 所配置的 VPN 实例名可相同，也可以不同。 • 同一 VPN 中，不同 PE 上连接的 Site 配置的 VPN 实例名可以相同，也可以不同
RD	在原有普通 IPv4 路由前缀前面加一个唯一的 8 字节 RD（路由标识符），用于解决不同 VPN 地址空间重叠问题	有以下 3 种表示形式。 • 16 位 AS 号：32 位用户自定义数字。 • 32 位 IPv4 地址：16 位用户自定义数字。 • 32 位 AS 号：16 位用户自定义数字。 以上 AS 号、IPv4 地址和自定义数字通常情况下可随便分配，但要确保每个 VPN 实例上配置的 RD 全局（整个 MPLS 网络）唯一，建议采用公网 AS 号	每个 PE 上连接的每个 Site（或 VPN 实例）要分配一个全局唯一的 RD，即 **Site 与 RD 也一一对应**
VPN Target	BGP 扩展团体属性，分为 Export Target 和 Import Target 两种属性，用于控制 VPN 路由在各 Site 间的发布和接收，仅当所接收的 VPN 路由所带有 Export Target 属性与本地 PE 上某 VPN 实例配置的 Import Target 属性一致时，才会把该 VPN 路由加入此 VPN 实例中	也有以下 3 种表示形式。 • 16 位自治系统号：32 位用户自定义数字。 • 32 位 IPv4 地址：16 位用户自定义数字。 • 32 位自治系统号：16 位用户自定义数字。 以上 AS 号、IPv4 地址和自定义数字可随便分配	无统一的唯一性要求，但在具体场景下，有时要求不同 VPN 实例所配置的 VPN Target 属性唯一，例如，在想隔离不同 VPN 实例的通信时

1.1.7　BGP/MPLS IP VPN 典型组网结构

BGP/MPLS IP VPN 的应用比较广泛，也对应多种不同的组网结构，本节介绍一些典型组网结构供读者在实际部署中应用。

1. Intranet VPN

典型情况下，一个 VPN 中的用户相互之间能够进行流量转发，但一个 VPN 中的用户不能与任何其他 VPN 中的用户通信。

这种组网方式的 VPN 也称为 Intranet VPN，其站点通常属于同一个组织。需要为每个 VPN 分配一个 VPN Target，同时作为该 VPN 的 Export Target 和 Import Target，并且各 VPN 的 VPN Target 唯一，即在这种组网结构中，同一 VPN 中各 VPN 实例上配置的 Export Target 和 Import Target 属性值通常是相同的。不同 VPN 中配置的 Export Target 和 Import Target 属性值不同。

Intranet VPN 组网结构示意如图 1-8 所示,PE 上为 VPN1 分配的 VPN Target 值为 100:1,为 VPN2 分配的 VPN Target 值为 200:1。这样就可使 VPN1 的两个 Site 之间可以互访,VPN2 的两个 Site 之间也可以互访,但 VPN1 和 VPN2 的 Site 之间不能互访。

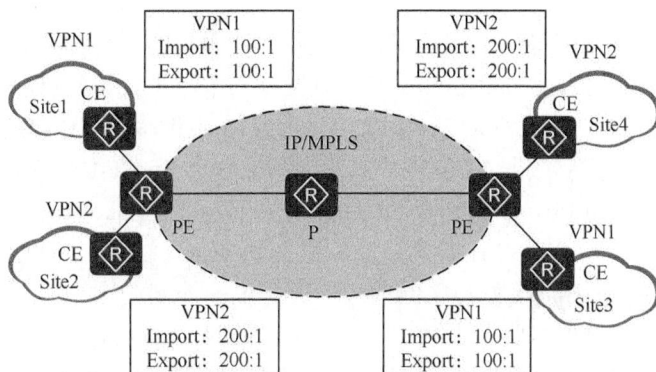

图 1-8 Intranet VPN 组网结构示意

2. Extranet VPN

如果一个 VPN 用户希望访问其他 VPN 中的某些站点,则可以使用 Extranet 组网方案。

对于这种组网,如果某个 VPN 需要访问共享站点,则该 VPN 的 Export Target 属性值必须包含在共享站点的 VPN 实例的 Import Target 属性值中,其 Import Target 属性值必须包含在共享站点 VPN 实例的 Export Target 属性值中。在这种情形下,不同 VPN 实例的 VPN Target 没有唯一性要求。

Extranet VPN 组网结构示意如图 1-9 所示,VPN1 的 Site3 能够同时被 VPN1 和 VPN2 访问,因为 Site3 所连接的 PE3 的 Import Target 属性值同时包含了 VPN1 的 PE1 中的 Export Target 100:1 和 VPN2 的 PE2 中的 Export Target 200:1。另外,Site3 也可以同时访问 VPN1 的 Site1 和 VPN2 的 Site2,因为 Site3 所连接的 PE3 的 Export Target 属性值同时包含了 VPN1 的 PE1 中的 Import Target 100:1 和 VPN2 的 PE2 中的 Import Target 200:1。但 VPN1 的 Site1 和 VPN2 的 Site1 之间不能互访,因为它们中一端的 Export Target 属性值与另一端的 Import Target 属性值没有任何包含关系。

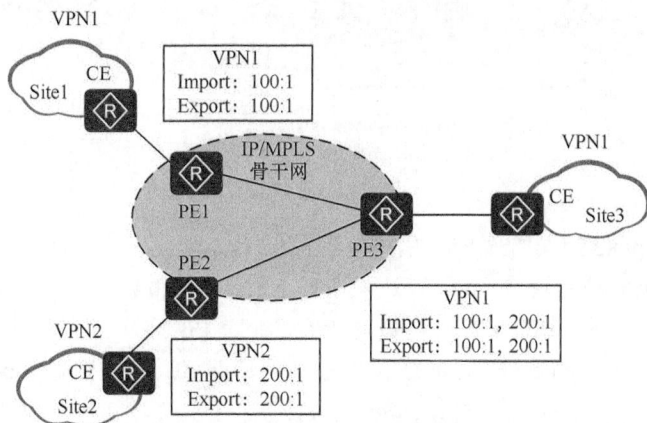

图 1-9 Extranet VPN 组网结构示意

这样一来，PE3 能够同时接收 PE1 和 PE2 发布的 VPNv4 路由；PE3 发布的 VPNv4 路由也能同时被 PE1 和 PE2 接收。但 PE3 不把从 PE1 接收的 VPNv4 路由发布给 PE2，也不把从 PE2 接收的 VPNv4 路由发布给 PE1。

3. Hub and Spoke

如果希望在 VPN 中设置中心访问控制设备，其他用户的互访都要通过该中心访问控制设备进行，可以使用 Hub and Spoke 组网方案。其中，中心访问控制设备所在站点称为 Hub 站点，其他用户站点称为 Spoke 站点。Hub 站点侧接入 VPN 骨干网的设备被称为 Hub-CE，Spoke 站点侧接入 VPN 骨干网的设备被称为 Spoke-CE。VPN 骨干网侧接入 Hub 站点的设备叫 Hub-PE，接入 Spoke 站点的设备被称为 Spoke-PE。Spoke 站点需要把路由发布给 Hub 站点，再通过 Hub 站点发布给其他 Spoke 站点。Spoke 站点之间不直接发布路由。Hub 站点对 Spoke 站点之间的通信进行集中控制。

对于这种组网情况，需要在各 PE 上设置两个 VPN Target 属性，一个为"Hub"，另一个为"Spoke"，如图 1-10 所示。各 PE 上的 VPN 实例的 VPN Target 设置规则如下。

- Spoke-PE：Export Target 为"Spoke"（代表 VPN 路由从 Spoke 发出），Import Target 为"Hub"（代表 VPN 路由来自 Hub）。任意 Spoke-PE 的 Import Route Target 属性不与其他 Spoke-PE 的 Export Route Target 属性相同，其目的是使任意两个 Spoke-PE 之间不直接发布 VPN 路由，不让这些 Spoke 间直接互通。
- Hub-PE：Hub-PE 上需要使用两个接口或子接口分别属于不同的 VPN 实例，一个用于接收 Spoke-PE 发来的路由，其 VPN 实例的 Import Target 为"Spoke"（代表 VPN 路由来自 Spoke）；另一个用于向 Spoke-PE 发布路由，其 VPN 实例的 Export Target 为"Hub"（代表 VPN 路由从 Hub 发出）。

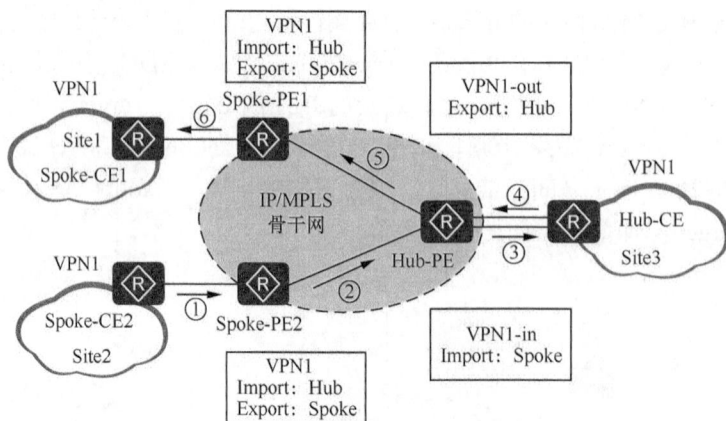

图 1-10　Hub and Spoke 组网结构示意

在 Hub and Spoke 组网方案中，最终实现的结果如下。
- Hub-PE 能够接收所有 Spoke-PE 发布的 VPNv4 路由。
- Hub-PE 发布的 VPNv4 路由能够被所有 Spoke-PE 接收。
- Hub-PE 将从 Spoke-PE 学到的路由发布给 Hub-CE，并将从 Hub-CE 学到的路由发布给所有 Spoke-PE。因此，Spoke 站点之间可以通过 Hub 站点互访。
- 任意 Spoke-PE 的 Import Target 属性不与其他 Spoke-PE 的 Export Target 属性相

同。因此，任意两个 Spoke-PE 之间不直接发布 VPNv4 路由，Spoke 站点之间不能直接互访。

下面以图 1-10 中的 Site2 向 Site1 发布路由为例介绍 Spoke 站点之间的路由发布过程（步骤对应图中的序号）。

① Site2 中的 Spoke-CE2 将站点内的私网路由发布给 Spoke-PE2。

② Spoke-PE2 将该路由转变为 VPNv4 路由后通过 MP-BGP 发布给 Hub-PE。

③ Hub-PE 将该路由学习到 VPN1-in 的路由表中，并将其转变为普通 IPv4 路由发布给 Hub-CE。

④ Hub-CE 通过 VPN 实例路由再将该路由返回发布给 Hub-PE，Hub-PE 将其学习到 VPN1-out 的路由表中。

⑤ Hub-PE 将 VPN1-out 路由表中的私网路由转变为 VPNv4 路由，通过 MP-BGP 发布给 Spoke-PE1。

⑥ Spoke-PE1 将 VPN-IPv4 路由转变为普通 IPv4 路由发布到 Site1。

4. 本地 VPN 互访

因业务需求，连接在同一个 PE 设备上不同 VPN 的 Site 站点需要进行数据互通时，可以采用本地 VPN 互访组网方案。**目前，只有 S 系列交换机部分机型支持**，具体参见产品手册说明。

通过 VPN Target 属性来控制 VPN 路由信息在各 Site 之间的发布和接收，可以实现本地 VPN 互访需求。一般来说，各 VPN 规划了属于自己的 VPN Target 属性。下面以图 1-11 所示的组网为例进行介绍。

图中 vpna 的 Import Target 属性值和 Export Target 属性值均为 100：1，vpnb 的 Import Target 属性值和 Export Target 属性值均为 200：1。如果需要 vpna 用户和 vpnb 用户实现互通，则可以配置本地 VPN 互

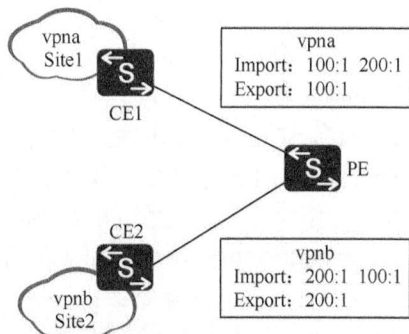

图 1-11　本地 VPN 互访组网结构示意

访，此时要在 PE 上将 vpna 的 Import Target 属性中增加一条 200：1，vpnb 的 Import Target 属性中增加一条 100：1。这样，vpna 和 vpnb 的用户就可以互相访问了。

1.2　BGP/MPLS IP VPN 的主要应用

BGP/MPLS IP VPN 的应用比较广泛，而且针对不同的应用需求和应用场景，又有许多不同的组网方式。但总体来说，BGP/MPLS IP VPN 的应用主要体现在基本的 BGP/MPLS IP VPN 组网应用、Hub and Spoke 组网应用，以及 VPN 与 Internet 互联这 3 个方面。

1.2.1　基本的 BGP/MPLS IP VPN 组网应用

基本的 BGP/MPLS IP VPN 组网应用主要用于企业用户通过运营商的 MPLS/IP 骨干网连接两个 IP Site。图 1-12 为此类应用的典型组网。Site1 和 Site2 代表处于不同地理位

置的用户网络，这两个网络可能属于同一家企业的不同分公司，或者属于两个城市各自政府部门的网络。

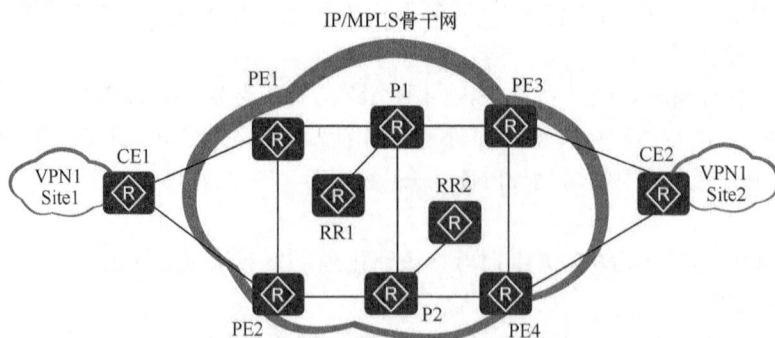

图 1-12　BGP/MPLS IP VPN 的组网应用示例

一般这样的两个网络之间如果要相互通信，则必须满足安全性的要求，不仅 Site 的网络需要与其他网络隔离，还要报文在运营商骨干网传输过程中对骨干网透明。此时可以使用 BGP/MPLS IP VPN 技术，即通过 MP-BGP 分发私网标签使报文到达对端 PE 时能进入正确的 VPN Site，使用 MPLS 协议通过隧道在骨干网上透传报文，实现数据传输的安全性。

为了实现 Site1 和 Site2 相互通信，需要依靠运营商骨干网的 PE 和 P 设备为 Site1 和 Site2 传输私网 VPN 路由和 VPN 报文。CE 是用户网络边缘设备，PE 是运营商网络的边缘设备，P 是运营商网络中的骨干设备，多数情况下的 CE 与 PE 组成 CE 双归属网络，以保证网络的高可用性。有时运营商还会在网络中部署路由反射器（Route Reflector，RR）实现对 VPNv4/VPNv6 路由的反射。

在 BGP/MPLS IP VPN 组网中需要进行以下部署。

- CE 与 PE 之间需要实现路由信息交换，所以要根据实际需要部署静态路由、RIP、OSPF、IS-IS 或 BGP。
- 所有 PE 分别与 RR1 和 RR2 建立 MP-BGP 邻居关系，然后 RR1 和 RR2 指定所有 PE 作为客户机，RR1 和 RR2 互为备份，以保证网络的可靠性。
- PE 和 P 上配置 IGP 和 MPLS，建立 MPLS 隧道用于流量转发。

调整链路间的 IGP Cost 值，达到以下目的。

- 确保 CE1 通往 CE2 的链路形成主备关系，即确保网络中一条链路出现故障，网络可以及时调整切换到其他链路。
- 调整 RR 与骨干网相连的链路的 Cost 值，确保 RR 只用于路由反射，不进行流量转发。
- 对于实时性要求较高的业务，可以配置 VPN FRR 功能，提高网络的可靠性。

1.2.2　Hub and Spoke 组网应用

对于银行等金融企业，为了有效保证金融数据的安全，可以通过部署 Hub and Spoke 组网，使所有支行间必须通过总行才能进行数据交换，从而有效监控支行间的数据传输。有关 Hub and Spoke 的基本组网结构介绍参见 1.1.7 节第 3 点。

Spoke 站点需要把路由发布给 Hub 站点，再通过 Hub 站点发布给其他 Spoke 站点。

Spoke 站点之间不直接发布路由。Hub 站点对 Spoke 站点之间的通信进行集中控制。根据各部分所使用的路由协议的不同，Hub and Spoke 有以下 3 种组网方案。

- Hub-CE 与 Hub-PE、Spoke-PE 与 Spoke-CE 之间均使用 EBGP 路由。
- Hub-CE 与 Hub-PE、Spoke-PE 与 Spoke-CE 之间均使用静态/IGP 路由。IGP 路由包括 RIP 路由、OSPF 路由和 IS-IS 路由。
- Hub-CE 与 Hub-PE 之间使用 EBGP 路由，Spoke-PE 与 Spoke-CE 之间使用静态路由或 IGP 路由。

下面详细介绍这 3 种方案。

① Hub-CE 与 Hub-PE，Spoke-PE 与 Spoke-CE 间均使用 EBGP 路由。在图 1-13 所示的 Hub and Spoke 中，来自 Spoke-CE 的路由需要在 Hub-CE 和 Hub-PE 上往返一圈再发给其他 Spoke-PE。如果 Hub-PE 与 Hub-CE 之间使用 EBGP，则 Hub-PE 会对该路由进行 AS-Loop（AS 环路）检查，在缺省情况下，若 Hub-PE 发现返回的路由已包含自己的 AS 号，会将其直接丢弃。因此，如果 Hub-PE 与 Hub-CE 之间使用 EBGP，则为了实现 Hub and Spoke，**在 Hub-PE 上必须手动配置允许返回的路由信息中包括本地 AS 编号**。

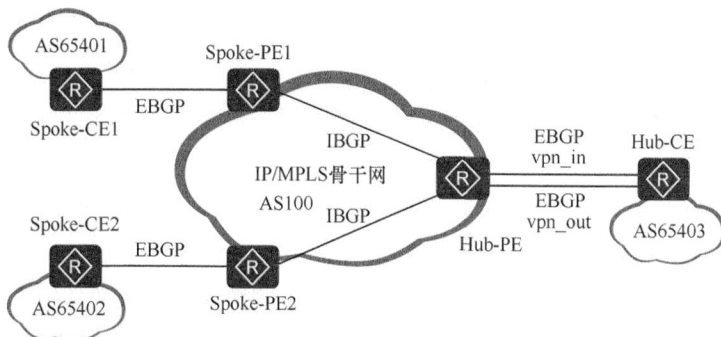

图 1-13　Hub-CE 与 Hub-PE、Spoke-PE 与 Spoke-CE 之间均使用 EBGP 路由的组网示意

② Hub-CE 与 Hub-PE、Spoke-PE 与 Spoke-CE 之间均使用静态路由/IGP 路由。如图 1-14 所示，因为所有的 PE-CE 之间都使用 IGP 交换路由信息，IGP 路由不携带 AS_PATH 属性，所以 BGP VPNv4 路由的 AS_PATH 都为空，这时就不会出现返回路由被丢弃的现象。其他与 Hub-CE 与 Hub-PE，Spoke-PE 与 Spoke-CE 使用 EBGP 组网方案一样。

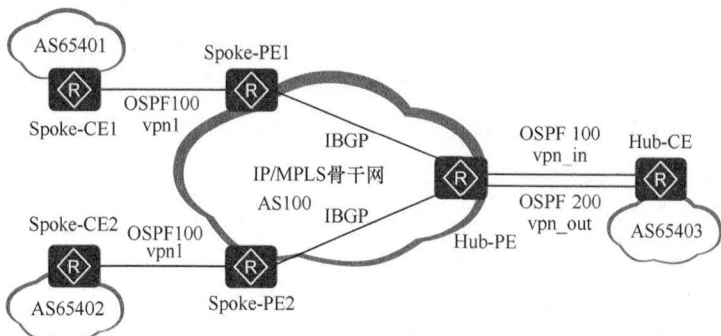

图 1-14　Hub-CE 与 Hub-PE，Spoke-PE 与 Spoke-CE 之间均使用静态路由/IGP 路由的组网示意

③ Hub-CE 与 Hub-PE 之间使用 EBGP 路由、Spoke-PE 与 Spoke-CE 之间使用静态

路由/IGP 路由。如图 1-15 所示，与图 1-13 组网的实现类似，Hub-PE 从 Hub-CE 接收来自 Spoke-CE 的路由的 AS_PATH 属性已包含该 Hub-PE 所在 AS 的编号。因此，必须在 Hub-PE 上手动配置允许返回的路由信息中包括本地 AS 编号。

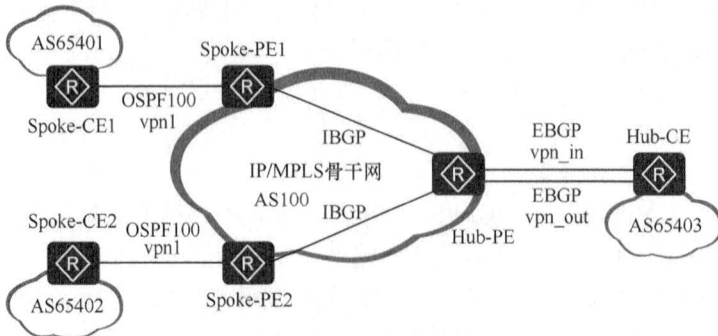

图 1-15　Hub-CE 与 Hub-PE 之间使用 EBGP 路由、Spoke-PE 与 Spoke-CE 之间
使用静态路由/IGP 路由的组网示意

1.2.3　VPN 与 Internet 互联

一般 VPN 内的用户只能相互通信，不能与 Internet 用户通信，也不能接入 Internet。但 VPN 的各个 Site 可能有访问 Internet 的需要。为了实现 VPN 与 Internet 互联，需要满足以下条件。

- 要访问 Internet 的用户设备必须有到达 Internet 目的地址的路由。
- 有从 Internet 返回的路由。
- （可选）与非 VPN 用户与 Internet 互联方式相同，必须采用一定的安全机制（例如，使用防火墙）。

VPN 用户要达到同时访问 VPN 和 Internet 的目的，具体有以下 3 种实现方法。

- **在骨干网边缘设备 PE 侧实现**：PE 负责区别两种不同的数据流，并分别转发至 VPN 及 Internet。同时，在 VPN 与 Internet 两个域之间提供防火墙功能。
- **在 Internet 网关侧实现**：Internet 网关是指接入 Internet 的运营商设备，但必须具备 VPN 路由管理功能。例如，Internet 网关可以是不接入任何 VPN 用户的 PE 设备。
- **在用户侧实现**：由私网边缘设备 CE 区分两种不同的数据流，并分别引到两个不同的域，即一个通过 PE 边缘设备接入 VPN，另一个通过不包含在 VPN 内的 ISP 设备接入 Internet。同时，CE 设备提供防火墙功能。

下面分别简单介绍这 3 种实现方法的基本部署。

（1）在骨干网边缘设备 PE 侧实现

在 PE 侧实现 VPN 与 Internet 互联的典型网络结构如图 1-16 所示，一般采用静态缺省路由的方式实现，具体如下。

- PE 设备向 CE 发出一条去往 Internet 的缺省路由。
- 在 VPN 实例路由表添加一条缺省路由，指向 Internet 网关。
- 要实现从 Internet 返回的路由，则需要将去往 CE 接口的静态路由加入公网路由表中，并发布到 Internet。这可以通过在 PE 公网路由表中添加一条静态路由来实现。其目的地址为 VPN 用户地址，出接口为 PE 上连接 CE 侧的接口，并将该路由通过 IGP 发布到 Internet 上。

（2）在 Internet 网关侧实现

在 Internet 网关侧实现与 Internet 互联的典型网络结构如图 1-17 所示。具体方法是在 Internet 网关上为每个 VPN 配置一个 VPN 实例，并且使用单独的接口接入 Internet，在该接口上关联 VPN 实例，就像接入 CE 设备一样。

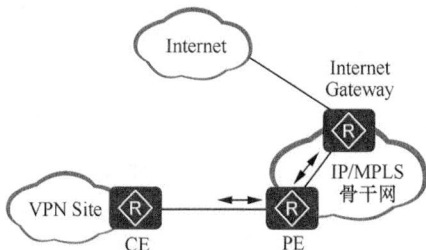

图 1-16　在 PE 侧实现 VPN 与
Internet 互联的典型网络结构

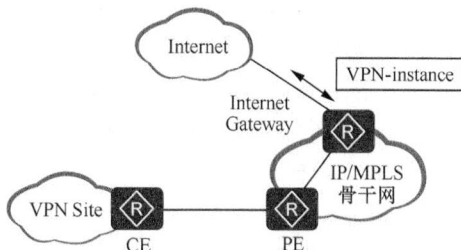

图 1-17　在 Internet 网关侧实现
与 Internet 互联的典型网络结构

（3）在用户侧实现

在用户侧实现与 Internet 互联有两种方法。

① 直接将 CE 接入 Internet（如图 1-18 所示），又可以分为以下两种方式。

一是将用户其中一个站点（例如，中心站点）接入 Internet。在中心站点的 CE 上配置到 Internet 的缺省路由；然后使用 VPN 骨干网将该缺省路由发布给其他站点。**只在中心站点部署防火墙**。在这种方式中，除了中心站点的用户，其他用户访问 Internet 的流量都经过 VPN 骨干网。典型的应用是在 Hub and Spoke 组网中，将 Hub 站点接入 Internet。

二是将每个用户站点单独接入 Internet，即每个站点的 CE 都配置到 Internet 的缺省路由。**在每个站点都部署防火墙进行安全保护**。所有用户访问 Internet 的流量都不需要经过 VPN 骨干网。

② 使用单独的接口或子接口接入 PE，由 PE 将 CE 上的路由注入公网路由表中，并发布到 Internet，并将缺省路由或者 Internet 路由发布到 CE。此时这个接口不属于任何 VPN，即不关联任何 VPN 实例。也就是说，该用户既以 VPN 用户的角色接入 PE，又以普通非 VPN 用户接入 PE，如图 1-19 所示。

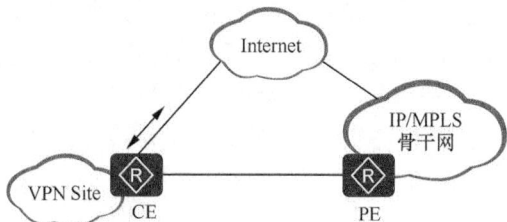

图 1-18　直接将 CE 接入 Internet 实现
VPN 与 Internet 互联的典型网络结构

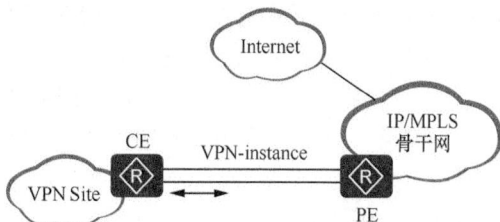

图 1-19　使用独立接口接入 PE 实现 VPN
与 Internet 互联的典型网络结构

建议在接入 Internet 的 VPN 骨干网设备与接入 CE 的 PE 之间建立隧道，使 Internet 路由通过隧道传递，P 节点不接收 Internet 路由。

与 Internet 互联的方法的优势如下。

- 采用在 PE 侧实现时的优点是：与 VPN 接入使用同一个接口，节约接口资源，并且不同的 VPN 可以共享一个公网 IP 地址。其缺点是在 PE 上实现复杂，且存在安全隐患，PE 设备可能受到 Internet 的拒绝服务（Denial of Service，DoS）攻击，来自 Internet 的恶意的大流量攻击会使 PE-CE 链路饱和，从而使正常的 VPN 数据包无法传输。
- 采用在 Internet 网关处实现时的优点是，比在 PE 侧实现安全性高，但 Internet 网关要创建多个 VPN 实例，负担重，并且 Internet 网关要使用多个接口接入 Internet，每个接口占用一个公网 IP 地址，每个 VPN 使用一个接口和一个公网 IP 地址。
- 采用在用户侧实现时的优点是，实现方法简单，公网和私网路由隔离，安全可靠。其缺点是需要使用单独的接口，占用接口资源，并且每个 VPN 都需要单独使用一个公网 IP 地址。

3 种 VPN 与 Internet 互联的实现方法比较见表 1-2。

表 1-2　3 种 VPN 与 Internet 互联的实现方法比较

	安全性	使用接口	使用公网 IP 地址	实现难易程度
在 PE 侧实现	相对较低	Internet 接入与 VPN 接入使用同一个接口，节约接口资源	PE 上多个 VPN 共用一个公网 IP 地址	实现复杂
在 Internet 网关侧实现	相对较高	每个 VPN 单独使用一个接口，占用 Internet 网关的接口资源	每个 VPN 单独使用一个公网 IP 地址	实现复杂
在用户侧实现	相对较高	每个 VPN 单独使用一个接口，占用用户接口资源	每个 VPN 单独使用一个公网 IP 地址	实现简单

1.3　BGP/MPLS IP VPN 的基本工作原理

在 BGP/MPLS IP VPN 应用中，PE 在收到本端直连站点用户访问对端 PE 所连站点用户的 IP 报文后，首先，根据接收 IP 报文的接口所绑定的 VPN 实例找到对应的 VPN 实例路由表，根据报文中的目的 IP 地址（为对端站点的私网 IP 地址）在 VPN 路由表中找到对应的路由表项，封装为该 VPNv4 路由分配的私网 MPLS 标签，把普通的 IP 报文转换成 VPNv4 报文。然后，根据前面找到的 VPN 路由表项，在 VRF 中找到对应转发表项中所映射的 Tunnel ID，即所使用的公网 MPLS 隧道，在向下一跳设备转发 VPNv4 报文前再封装一层公网 MPLS 标签。这样进入 PE 的 IP 报文在 MPLS 隧道转发前要进行两次 MPLS 封装，一共封装了两层 MPLS 标签，私网 MPLS 标签在里层，公网 MPLS 标签在外层。

根据以上分析，要理解 BGP/MPLS IP VPN 的基本工作原理，至少要理解私网 MPLS 标签的分配，私网 VPNv4 路由加入对端 VPN 实例路由表，私网 VPNv4 路由的发布和 VPN 报文的转发等。

1.3.1　私网路由标签分配

用户发送的 IP 报文到了 PE 后，要转换成携带有私网 MPLS 标签的 VPN 报文，然后再通过公网 MPLS 隧道以 MPLS 标签方式进行透明转发。公网 MPLS 标签是在公网 MPLS

隧道建立时就已在各节点上为对应的 FEC 分配好，那么私网路由 MPLS 标签又是如何分配的呢？

私网路由 MPLS 标签在本端 PE 从直连的私网站点用户接收到私网路由更新、添加对应 VPN 实例的 RD 并加入对应的 VPN 实例路由表后由 BGP 分配，用于 MP-BGP 对等体间唯一标识一条私网 VPNv4 路由或一个 VPN 实例。需要注意的是，BGP 仅为从本端学习到的私网路由分配 MPLS 标签，不会为通过 MP-BGP 对等体学习的私网路由分配 MPLS 标签。

此时，本端 PE 作为对应私网路由 BGP LSP 的 Egress 节点，为该私网路由分配的 MPLS 入标签就是私网路由标签。私网路由标签不是用于指导 VPN 报文在 MPLS 骨干网中转发，而是用于当从对端 PE 接收到访问本端站点用户的 VPN 报文时，根据报文中携带的私网 MPLS 标签（此时外层公网 MPLS 标签已去掉）找到对应的 VPN 实例路由表项，进而找到所绑定的本地 PE 的出接口，然后在 VPN 报文还原为普通的 IPv4 报文后，从该出接口按照普通的 IPv4 路由转发出去。VPN 报文在骨干网上的转发是依据外层公网 MPLS 标签进行的，私网路由标签位于里层。

通过执行 **display mpls lsp** 命令查询对应的 BGP LSP，以及作为 Egress 节点的本地 PE 为对应的 BGP LSP 所分配的私网路由入标签。"LSP Information: BGP LSP" 部分所列出的就是 PE 为 VPN 路由表从本地直连站点学习到的各条私网路由所建立的 BGP LSP（参见输出信息中的粗体字部分）。而下面的 "LDP Information:LDP LSP" 则是公网中建立的 LDP LSP，具体代码如下。

```
<PE1>display mpls lsp
--------------------------------------------------------------------
                   LSP Information: BGP LSP
--------------------------------------------------------------------
FEC               In/Out Label   In/Out IF              Vrf Name
14.1.1.0/24       1026/NULL      -/-                    vpna
14.1.1.0/24       1027/NULL      -/-                    vpnb
10.137.1.0/24     1028/NULL      -/-                    vpna
10.137.3.0/24     1029/NULL      -/-                    vpnb
--------------------------------------------------------------------
                   LSP Information: LDP LSP
--------------------------------------------------------------------
FEC               In/Out Label   In/Out IF              Vrf Name
2.2.2.9/32        NULL/3         -/GE0/0/0
2.2.2.9/32        1024/3         -/GE0/0/0
3.3.3.9/32        NULL/1024      -/GE0/0/0
3.3.3.9/32        1025/1024      -/GE0/0/0
1.1.1.9/32        3/NULL         -/-
```

PE 上为私网路由分配 MPLS 标签的方法有以下两种。

- **基于路由的 MPLS 标签分配**：为 VPN 路由表中每条从本地直接 Site 学习到的私网路由分配一个标签。这种方式的缺点是当路由数量较多时，设备入标签映射表（Incoming Label Map，ILM）需要维护的表项也会增多，从而提高了对设备容量的要求，因为每个 LSP 都会对应一条 ILM 表项。

- **基于 VPN 实例的 MPLS 标签分配**：为本地直连 Site 对应的每个 VPN 实例分配一个标签，该 VPN 实例里的所有私网路由都共享同一个标签。这种分配方法的好处是节约了标签。通常采用这种标签分配方式。

PE 在利用 MP-BGP 向对端 PE 发布 VPNv4 私网路由时，会通过 MP-BGP 的 Update 报文携带该私网标签（还携带对应 VPN 实例配置的 RD、VPN Target 属性），其目的是使对端 PE 连接的站点用户在访问本端对应私网路由网段中的用户时，在对端 PE 向本端 PE 发送 VPN 报文前采用该私网路由 MPLS 标签进行封装。到本端 PE 时，即可根据该私网路由标签找到对应的 VPN 实例所绑定的出接口，最终把来自对端 PE 的 VPN 报文转换成普通的 IP 报文，依据 IPv4 路由转发到本端站点中对应的目的用户。

【说明】私网路由标签、RD 和 VPNv4 路由信息都在 MP-BGP Update 消息中的网络层可通达性信息（Network Layer Reachability Information，NLRI）字段中，而 VPN Target 属性是在 Update 消息 Extended_Communities（扩展团体）属性字段中。设备是否接收路由更新的唯一依据是 Update 消息中所携带的 VPN Target 属性是否与配置的 VPN 实例的 VPN Target 属性相匹配，具体匹配哪个 VPN 实例，该路由就会加入哪个 VPN 实例的 VRF 中。

另外，RD、VPN Target 属性仅在 MP-BGP Update 消息中，用于路由更新，在 VPN 报文中不携带，但私网路由标签会在 VPN 报文的帧头后添加，用于 MP-BGP 对等体区分 VPN 报文所属的 VPN 实例。

1.3.2　VPNv4 路由加入对端 VPN 实例路由表

在 MP-BGP 对等体一端 PE 上所学习的直连 VPN 实例站点中的私网路由，需要通过 MP-BGP 中的 Update 消息向对端 PE 进行通告，使对端 PE 上的对应 VPN 实例路由表中也可加入本端 PE 学习到的私网路由。在对端 PE 上的 VPN 实例路由表中添加本端私网路由的过程要经过私网路由交叉、公网隧道迭代、私网路由选择这 3 个步骤。

1. 私网路由交叉

当 PE 通过 MP-BGP 的 Update 消息收到来自其他 PE 或 RR 的 VPNv4 路由时，并不一定会把所有学习到的这些私网路由都加入自己的对应 VPN 实例路由表中，而是要先经过以下检查，只有通过检查的 VPNv4 路由才可以进行下一步的 VPN Target 属性匹配。

- 检查其下一跳（是与本端 PE 建立了 MP-BGP 对等体关系的对端 PE 或 RR）是否可达。如果下一跳不可达，则该路由被丢弃。
- 对于 RR 发送过来的 VPNv4 路由，如果收到的路由中 Cluster_List（集群列表）包含自己的 Cluster ID，则丢弃这条路由，因为这是一条环回路由。

【说明】RR 技术规定，同一集群内的客户机只需要与该集群的 RR 直接交换路由信息，因此，客户机只需要与 RR 之间建立 IBGP 连接，不需要与其他客户机建立 IBGP 连接，这能够减少 IBGP 连接数量。在 BGP/MPLS IP VPN 方案中，通常 MPLS 骨干网中各节点都在同一个 AS 中（也有经过多个 AS 的），一个 VPN 中的各 PE 之间是 IBGP 对等体关系。有关 RR 原理请参见《华为路由器学习指南（第二版）》。

- 进行 BGP 的路由策略过滤，如果不通过，则丢弃该路由。

经过以上处理之后，PE 把没有丢弃的私网路由与本地的各个 VPN 实例所配置的 Import Target 属性进行匹配，这个匹配的过程被称为私网路由交叉。

私网路由交叉是把所接收到的私网 VPN 路由所携带的 Export Target 属性与本地 PE 上 VPN 实例上配置的 Import Target 属性进行匹配，如果一致的话，就认为交叉成功，可以作为候选（**还不能最后决定**）加入该 VPN 实例中，可执行 **display ip routing-table vpn- instance** 命令查看某 VPN 实例中已学习的 VPNv4 路由。以下是在一个 BGP/MPLS IP VPN 实际应用中查看名为 vpna 中的 VPNv4 路由的示例。其中，协议类型（Proto 字段）为 IBGP 的路由就是从 MP-BGP 对等体学习到的私网路由（参见输出信息中的粗体字部分），具体代码如下。

```
<PE1>display ip routing-table vpn-instance vpna
Route Flags: R - relay, D - download to fib
---------------------------------------------------------------------------
Routing Tables: vpna
         Destinations : 7          Routes : 7

Destination/Mask    Proto    Pre  Cost    Flags NextHop       Interface

    10.137.1.0/24   Static   60   0        RD   14.1.1.2      GigabitEthernet0/0/1
    10.137.2.0/24   IBGP     255  0        RD   3.3.3.9       GigabitEthernet0/0/0
    14.1.1.0/24     Direct   0    0        D    14.1.1.1      GigabitEthernet0/0/1
    14.1.1.1/32     Direct   0    0        D    127.0.0.1     GigabitEthernet0/0/1
    14.1.1.255/32   Direct   0    0        D    127.0.0.1     GigabitEthernet0/0/1
    34.1.1.0/24     IBGP     255  0        RD   3.3.3.9       GigabitEthernet0/0/0
255.255.255.255/32  Direct   0    0        D    127.0.0.1     InLoopBack0
```

在 PE 上还有一种特殊的路由，即来自本地 CE，属于不同 VPN 的路由。对于这种路由，如果其下一跳直接可达或可迭代成功，PE 也将其与本地的其他 VPN 实例的 Import Target 属性匹配，该过程称为"本地交叉"（对来自其他 PE 的 VPN 路由进行的路由交叉可称为"远端交叉"）。例如，CE1 所在的 Site 属于 VPN1，CE2 所在的 Site 属于 VPN2，且 CE1 和 CE2 同时接入 PE1。当 PE1 收到来自 CE1 的 VPN1 的路由时，也会与 VPN2 对应的 VPN 实例的 Import Target 属性进行匹配。

2. 公网隧道迭代

私网路由交叉完成后，需要根据 VPNv4 路由的目的 IPv4 前缀进行路由迭代，查找从本端 PE 到达对端 PE（私网路由的源端 PE）的公网 MPLS 隧道（**本地交叉的路由除外**），以便确定传输到达该目的网络的报文可使用的公网 MPLS 隧道。将私网路由迭代到相应的公网隧道的过程被称为"公网隧道迭代"。在一个 PE 上，每个公网隧道都有唯一的 Tunnel ID。只有隧道迭代成功，该私网路由才有可能（**也不是最后的决定**）被放入对应的 VPN 实例路由表中。

公网隧道迭代成功（即找到对应的公网隧道）后，保留该隧道的标识符 Tunnel ID，供后续转发报文时使用。到达对端（VPN 路由的源端）私网的 VPN 报文转发时会根据 VPN 实例中对应转发表项的 Tunnel ID 查找对应的公网隧道，经过公网 MPLS 标签封装后从该隧道上发送出去。

3. 私网路由的选择规则

经过路由交叉和公网隧道迭代成功，来自其他 PE 的私网 VPN 路由仍可能没有被加入本地 VPN 实例路由表中，从本地 CE 学习到的普通 IPv4 路由和本地交叉成功的路由也可能没有被加入 VPN 实例路由表中，还要进行私网路由的选择，这样做主要是为了避免路由环路。

对于到同一目的地址的多条路由，如果不进行路由的负载分担，则按以下规则选择其中的一条。

- 同时，存在直接从 CE 学习到的路由和路由交叉（包括本地交叉和远端交叉）成功后的同一目的地址路由，则优选直接从 CE 学习到的路由。
- 同时，存在本地交叉路由和从其他 PE 接收并远端交叉成功后的同一目的地址路由，则优选本地交叉路由。

对于到同一目的地址的多条路由，如果进行路由的负载分担，则遵循以下原则。

- 优先选择从本地 CE 学习到的路由。在只有一条从本地 CE 学习到的路由而有多条交叉路由（包括本地交叉路由和远端交叉路由）的情况下，也只选择从本地 CE 学习到的路由。
- 只能在从本地 CE 学习到的路由之间负载分担，也只能在交叉路由（包括本地交叉路由和远端交叉路由）之间负载分担，**不会在本地 CE 学习到的路由和交叉路由之间分担**，即只能由同一类型的路由间进行负载分担。
- 参与负载分担的 BGP 路由 AS_PATH 属性必须完全相同。

1.3.3　BGP/MPLS IP VPN 的路由发布原理

在基本的 BGP/MPLS IP VPN 组网中，VPN 路由信息的发布涉及 CE 和 PE，P 设备只维护骨干网的路由，不需要了解任何 VPN 路由信息。PE 设备一般维护所有 VPN 路由。

VPN 路由信息的发布过程包括从本地 CE 到入口 PE 的路由信息交换、从入口 PE 到出口 PE 的路由信息交换和从出口 PE 到远端 CE 的路由信息交换 3 个部分。完成这 3 个部分后，本地 CE 与远端 CE 之间建立可达路由，VPN 路由信息才能在骨干网上发布。

（1）从本地 CE 到入口 PE 的路由信息交换

CE 与直接相连的 PE 建立邻居或对等体关系后，把本站点的 IPv4 路由发布给 PE。CE 与 PE 之间可以使用静态路由，RIP、OSPF、IS-IS 或 BGP 动态路由。无论使用哪种路由协议，CE 发布给 PE 的都是标准的 IPv4 路由。

（2）从入口 PE 到出口 PE 的路由信息交换

- PE 从 CE 学习到 VPN 路由信息后，存放到 VPN 实例中。同时，为这些标准 IPv4 路由增加 RD，形成 VPNv4 路由。
- 入口 PE 通过 MP-BGP 的 Update 报文把 VPNv4 路由发布给出口 PE。Update 报文中携带为该 VPN 路由配置的 Export VPN Target 属性及分配的私网 MPLS 标签。
- 出口 PE 收到 VPNv4 路由后，在下一跳可达的情况下，进行 1.3.2 节介绍的私网路由交叉、公网隧道迭代和私网路由的选择，决定是否将该路由加入对应的 VPN 实例的路由表。被加入对应的 VPN 路由表的路由，保留 MP-BGP Update 消息中携带的 MPLS 标签值和 Tunnel ID 信息，以供后续转发报文时使用。

（3）从出口 PE 到远端 CE 的路由信息交换

远端 CE 有多种方式从出口 PE 学习 VPN 路由，包括静态路由和 RIP、OSPF、IS-IS、BGP 动态路由，与从本地 CE 到入口 PE 的路由信息交换相同。需要注意的是，出口 PE 发布给远端 CE 的路由也是普通 IPv4 路由。

VPNv4 路由发布示例如图 1-20 所示（PE-CE 之间使用 BGP，公网隧道为 LSP），说明将 CE2 的一条普通 IPv4 路由发布到 CE1 的整个过程。

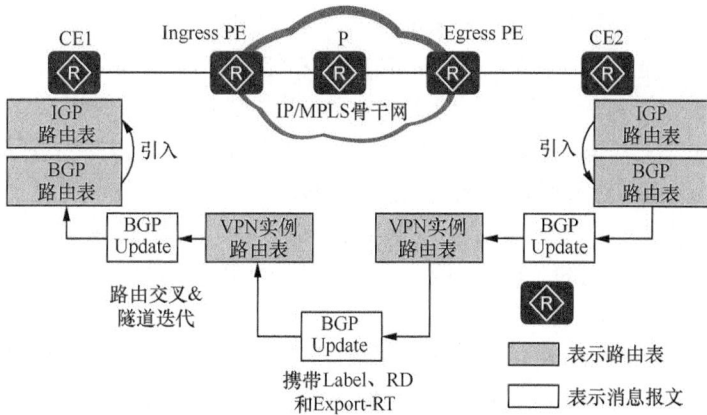

图 1-20　VPNv4 路由发布示例

① 在 CE2 的 BGP IPv4 单播地址族下引入 CE2 下面所连接网段的 IGP 路由。此时的路由是普通 IPv4 路由。

② CE2 将该路由随普通的 BGP Update 消息一起发布给 Egress PE（本示例中 PE 与 CE 之间采用 BGP 路由）。Egress PE 从连接 CE2 的接口收到 Update 消息，根据入接口所绑定的 VPN 实例，把该路由转化为 VPNv4 路由，加入对应的 VPN 实例中。

③ Egress PE 为该路由分配私网 MPLS 标签，首先，将该标签和 VPNv4 路由信息加入 MP-IBGP 的 Update 消息中的 NLRI 字段中，Export Target 属性加入 MP-BGP Update 消息的扩展团体属性字段中；然后，将该 Update 消息通过公网 MPLS 隧道（要封装对应的公网 MPLS 标签）发送给其 MP-IBGP 对等体的 Ingress PE。

④ Ingress PE 收到来自 Egress PE 的 Update 消息（此时已去掉了公网 MPLS 标签）后，首先，对其中的私网路由进行路由交叉，将 VPNv4 路由与本地 VPN 实例的 Import VPN Target 进行匹配。匹配成功后将该 VPN 路由加入本地对应 VPN 实例中。然后，根据路由目的 IPv4 地址进行隧道迭代，查找合适的公网 MPLS 隧道。如果迭代成功，则保留该隧道的 Tunnel ID 和 MPLS 标签。

⑤ Ingress PE 通过普通的 BGP Update 消息发布给 CE1，此时的路由还原为普通 IPv4 路由。

⑥ CE1 收到该路由后，把该路由加入自己的 BGP 路由表中。通过在 IGP 中引入 BGP 路由，CE1 把对端 CE2 的私网路由加入本地的 IGP 路由表。

通过以上步骤，把 CE2 端的私网 IPv4 路由依次成功发布到直连的 PE2、远端的 PE1，以及远端的 CE1 上，完成整个 VPN 路由的发布过程。当然，以上过程只是将 CE2 的路由发布给 CE1。如果要实现 CE1 与 CE2 的互通，则还需要将 CE1 的路由发布给 CE2，其过程与上面的步骤类似，此处不再赘述。

1.3.4　BGP/MPLS IP VPN 的报文转发

在基本 BGP/MPLS IP VPN 应用中（不包括跨域的情况），VPN 报文转发采用两层标签方式。

- 外层（公网）标签在骨干网内部进行交换，指示从本端 PE 到对端 PE 的一条 LSP。

VPN 报文利用这层标签可以沿 LSP 到达对端 PE。

公网隧道可以是 LSP 隧道、MPLS TE/DS-TE 隧道和 GRE 隧道。

- 内层（私网）标签在从对端 PE 到达对端 CE 时使用，指示报文应被送到哪个站点，或者到达哪一个 CE。这样，对端 PE 根据内层标签可以找到转发该报文的出接口。

当 PE 之间已在通过 MP-BGP 相互发布 VPNv4 路由时，会将本端所学习的每个私网 VPNv4 路由所分配的私网标签通告给对端 PE。这样对端 PE 根据报文中所携带的私网标签可以找到确定报文所属的 VPN 实例，通过查找该 VPN 实例的路由表，将报文正确地转发到相应的站点。

【说明】特殊情况下，属于同一个 VPN 的两个站点连接到同一个 PE 时，PE 不需要为 VPN 报文封装内、外层标签，只需要查找对应 VPN 实例的路由表，然后再找到报文的出接口即可将报文转发至相应的站点。

BGP/MPLS IP VPN 报文的转发示例如图 1-21 所示，图 1-21 是 CE1 发送报文给 CE2 的过程，其中，I-L 表示内层标签，O-L 表示外层标签。本示例中，内、外层标签均为 MPLS LSP 标签。

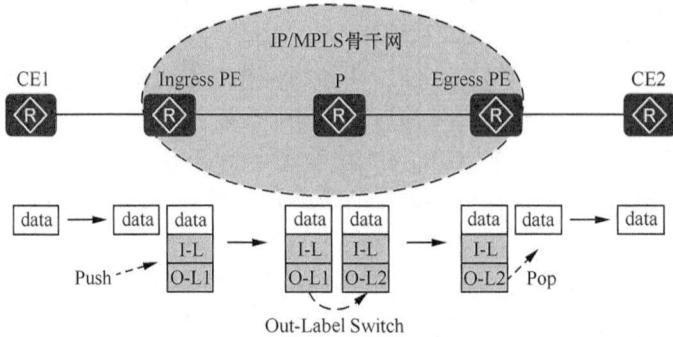

图 1-21　BGP/MPLS IP VPN 报文的转发示例

① CE1 向 Ingress PE 发送一个要访问远端 CE2 所连接站点中目标主机的普通 IPv4 报文。

② Ingress PE 从绑定 VPN 实例的接口上接收 IPv4 报文包后进行以下操作。

- 先根据绑定的 VPN 实例的 RD 查找对应 VPN 的转发表（VRF）。
- 根据 IPv4 报文中的目的 IPv4 前缀，在 VRF 中查找对应的 Tunnel ID，然后将报文打上对应的私网（内层）标签（I-L），根据 Tunnel ID 找到隧道，把普通的 IPv4 报文转换成 VPN 报文。
- 在从找到的隧道把 VPN 报文发送出去前，对 VPN 加装一层公网（外层）MPLS 标签（O-L1）。此时，VPN 报文中携带两层 MPLS 标签。

③ 该 VPN 报文携带两层 MPLS 标签穿越骨干网。骨干网的每台 P 设备都仅对该 VPN 报文的外层标签进行交换，内层私网路由标签保持不变。

PE 接口发送的报文的二层 MPLS 标签结构如图 1-22 所示，图 1-22 是 Ingress PE 向 Egress PE 发送的一个 ICMP 请求报文的报文结构示例，它包括了两层 MPLS 标签。其中，外层标签为 1025（MPLS Bottom os label stack:0，表示后面还有 MPLS 标签，非栈底标签）；内层标签为 1026（MPLS Bottom os label stack:1，表示此为 MPLS 栈底标签）。

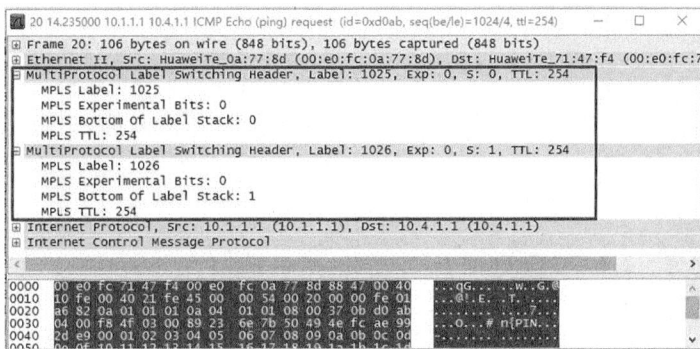

图 1-22　PE 接口发送的报文的二层 MPLS 标签结构

【经验提示】因为出（Egress）节点为倒数第二跳分配的标签通常是支持 PHP 特性的，所以在倒数第二跳把报文传输 Egress 节点时会先弹出外层标签。这样一来，Egress 节点接收到的报文往往只有一层标签。PE 接口接收的报文的一层 MPLS 标签结构如图 1-23 所示，图 1-23 是 Ingress PE 连接 P 的接口上接收到来自对端的响应 ICMP 报文的报文结构示例，其中，显示只有一层 MPLS 标签（MPLS Bottom os label stack:1，表示此为 MPLS 栈底标签）。在 Egress PE 连接 P 的接口接收 ICMP 请求报文的报文结构一样，也只有一层 MPLS 标签，这是因为外层标签在倒数第二跳（P）弹出了。

这样一来，如果是两个 PE 相连，则报文在 PE 之间直连链路上传输时均只带一层 MPLS 标签，这层标签就是内层私网标签，因为此时两个 PE 互相为对方的倒数第二跳，在发送报文时会弹出外层的 MPLS 标签。但在这种 PE 直连情况下，一般配置是不支持 PHP 的，这样当两个直连的 PE 在发送报文时，不会弹出外层标签。

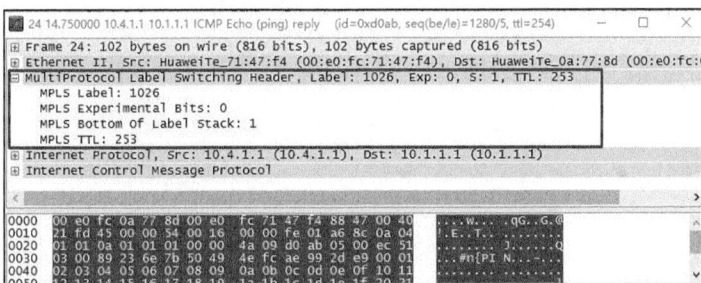

图 1-23　PE 接口接收的报文的一层 MPLS 标签结构

如果不支持 PHP，则 Egress PE 会收到携带了两层标签的 VPN 报文，交给 MPLS 协议模块处理。MPLS 协议将去掉外层标签（本示例最后的外层标签是 O-L2，但如果应用了 PHP 特性，则此标签会在到达 Egress PE 之前的一跳 P 弹出，Egress PE 只能收到带有内层标签的报文，参见图 1-23）。

④ 剥离了外层 LSP 标签后，Egress PE 就可以看见内层标签 I-L，先根据内层私网路由标签查找到 VPN 实例，可确定该 VPN 实例所绑定的出接口。由于报文中的内层标签处于栈底，于是将内层标签剥离，然后把报文从找到的出接口转发给 CE2。此时报文是一个普通的 IPv4 报文。

这样，报文就成功地从 CE1 传到 CE2，CE2 再按照普通的 IPv4 报文转发过程将报文传送到目的主机。

第 2 章
基本 BGP/MPLS IP VPN 配置与管理

本章主要内容

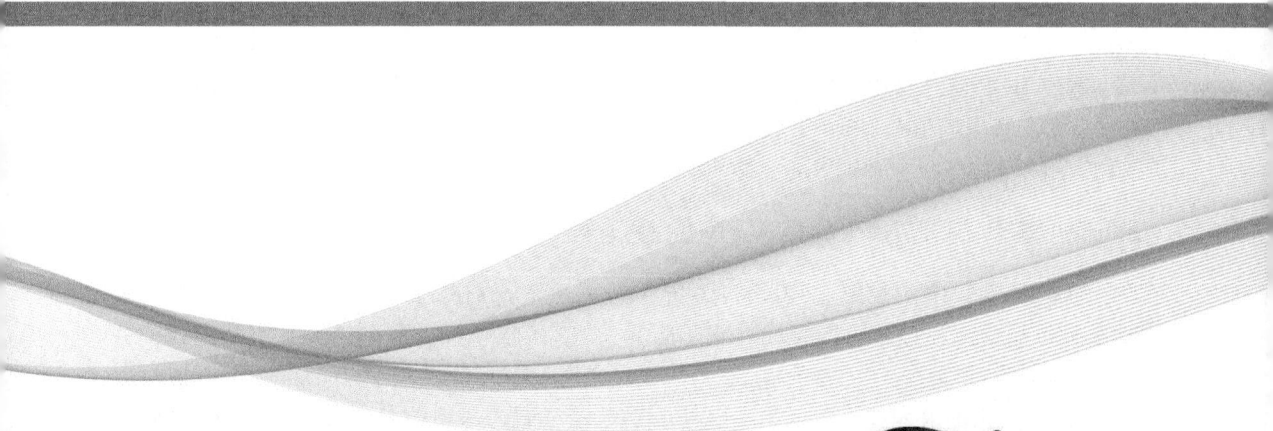

"基本 BGP/MPLS IP VPN"就是 VPN 两端接入用户站点的 PE 在同一个运营商网络中，即在同一 AS 域中，与第 3 章要介绍的"跨域 BGP/MPLS IP VPN"相对应。

　　在基本 BGP/MPLS IP VPN 中，VPN 两端 PE 之间建立的是 MP-IBGP 对等体关系，基本配置主要涉及 PE 间的 MP-IBGP 会话、PE 上的 VPN 实例、PE 接口与 VPN 实例的绑定，以及 PE 与 CE 之间的路由交换等内容。

2.1 基本 BGP/MPLS IP VPN

基本 BGP/MPLS IP VPN 是指 MPLS 骨干网中的设备均接入同一个运营商网络，不跨 AS 域，其中的 PE、CE、P 设备也不兼任其他功能。基本 BGP/MPLS IP VPN 可以实现相同或不同 VPN 中不同 Site（站点）间的相互通信。

2.1.1 基本 BGP/MPLS IP VPN 配置任务

要实现基本 BGP/MPLS IP VPN 功能，首先要完成 MPLS 基本功能的配置（参见配套的《华为 MPLS 技术学习指南（第二版)》），建立公网 MPLS 隧道。其主要配置任务包括以下两个方面。

- 配置骨干网各节点间的路由：为 MPLS 骨干网各节点配置静态路由或 IGP 路由，实现骨干网的三层互通。
- 在骨干网各节点上使能 MPLS 能力：包括使能 MPLS 功能，并配置 LDP 或 RSVP-TE 标签分发协议，以建立公网 MPLS 或 MPLS TE/DS-TE 隧道。

正式配置 BGP/MPLS IP VPN 前，还需要先确定 VPN 用户需求，包括需要支持多少用户、每个用户要加入多少个 VPN、每个 VPN 需要多少 VPN 实例，并确定骨干网各节点之间、PCE 与 CE 之间使用的路由协议。

基本 BGP/MPLS IP VPN 所包括的配置任务如下。

① 配置 PE 间的 MP-IBGP 对等体关系。在每个 VPN 的各 PE 间使能 MP-BGP，在 VPNv4 地址族下建立 MP-IBGP 对等体关系，用于交互 VPN 路由信息。

② 在 PE 上创建并配置 VPN 实例。在 PE 上为所连接的每个 CE 创建 VPN 实例，由 MP-BGP 动态为每个 VPN 实例分配私网路由标签，并通过 MP-BGP 的 Update 消息发布给同一 VPN 中的其他 PE。

③ 配置 PE 接口与 VPN 实例绑定。在 PE 连接 CE 的三层接口上绑定为该 CE 所创建的 VPN 实例，使该 CE 下面的私网路由可以加入对应的 VPN 实例 BGP 路由表中。

④ 配置 PE 和 CE 间路由交换。PE 和 CE 间的三层网络连接，可以根据实际需要选择配置静态路由、IGP 或 BGP 路由，但在 CE 和 PE 上配置路由协议时，需要注意以下差异。

- CE 属于客户端设备，不支持 MP-BGP，不能感知到 VPN 的存在，因此，在 CE 上配置路由协议时，不会带 VPN 的相关参数。
- PE 属于运营商网络的边缘设备，用于与 CE 交换路由信息，支持 MP-BGP。PE 可以与不同 VPN 的 CE 相连，因此，PE 上需要维护不同的 VRF。在 PE 上配置路由协议时，需要指定该路由协议属的 VPN 实例名称。在 PE 上配置 IGP 路由协议时，需要在 VPN 实例的 BGP 路由表和对应的 IGP 路由进程中相互引入对方的路由。

【说明】因为 PE 与 CE 之间的路由交换配置涉及多种情形，内容比较多，所以本章 2.2 节将对其单独介绍，本节仅介绍以上配置任务中前 3 项的具体配置方法。

2.1.2　配置 PE 间的 MP-IBGP 对等体关系

在基本 BGP/MPLS IP VPN 中，PE 之间要建立 MP-IBGP 对等体关系（两端在同一 AS 域中），以使两端 PE 之间可以直接相互学习对方的私网 VPNv4 路由。

PE 间 MP-IBGP 对等体的配置步骤见表 2-1，需要在同一 VPN 中的各 PE 上分别配置。总体来说，MP-IBGP 对等体的配置方法与普通 IBGP 对等体的配置方法类似，唯一不同的是，MP-IBGP 对等体的配置中最后还需要在 VPNv4 地址族视图下使能 MP-IBGP 对等体间交换 VPNv4 路由信息的能力。

表 2-1　PE 间 MP-IBGP 对等体的配置步骤

步骤	命令	说明
1	**system-view**	进入系统视图
2	**bgp** { *as-number-plain* | *as-number-dot* } 例如，[Huawei] **bgp** 100	使能 BGP，进入 BGP 视图。 • *as-number-plain*：二选一参数，以整数形式的 AS 号指定 PE 所在的 AS，取值范围为 1~4294967295。 • *as-number-dot*：二选一参数，以点分形式的 AS 号指定 PE 所在的 AS，格式为 *x.y*，*x* 和 *y* 都是整数形式，*x* 的取值范围为 1~65535，*y* 的取值范围为 0~65535。 缺省情况下，BGP 是关闭的，可用 **undo bgp** [*as-number-plain* | *as-number-dot*] 命令恢复缺省配置
3	**peer** *ipv4-address* **as-number** *as-number* 例如，[Huawei-bgp] **peer** 10.1.1.1 **as-number** 100	配置 BGP 对等体。 • *ipv4-address*：指定对等体的 IPv4 地址。可以是直连对等体的接口 IP 地址（**仅适用于 PE 直连情形**），也可以是路由可达的对等体的 Loopback 接口地址（必须事先在各 PE 上配置好至少一个 Loopback 接口及 IP 地址）。 • *as-number*：指定对等体所在的 AS 号。此处的 AS 号要与本端 PE 所在的 AS 号一致，因为它们是在同一 AS 中，是 IBGP 对等体关系。 缺省情况下，没有创建 BGP 对等体，可用 **undo peer** *ipv4-address* **as-number** *as-number* 命令删除指定对等体
4	**peer** *ipv4-address* **connect-interface loopback** *interface-number* 例如，[Huawei-bgp] **peer** 10.1.1.1 **connect-interface loopback** 0	指定本端 PE 与对等体 PE 间建立 BGP TCP 连接的源接口。 • *ipv4-address*：指定对等体的 IPv4 地址。可以是直连对等体的接口 IP 地址（**仅适用于 PE 直连情形**），也可以是路由可达的对等体的 Loopback 接口地址。 • *interface-number*：指定与 BGP 对等体间建立 TCP 连接的本端 Loopback 接口编号。因为在 BGP/MPLS IP VPN 中，PE 之间通常不是直连的，所以要以 Loopback 接口建立 TCP 连接。 缺省情况下，BGP 使用报文的出接口作为 BGP 报文的源接口，可用 **undo peer** *ipv4-address* **connect-interface** 命令恢复缺省设置
5	**ipv4-family vpnv4** [**unicast**] 例如，[Huawei-bgp] **ipv4-family vpnv4**	进入 BGP-VPNv4 地址族视图。选择可选项 **unicast** 时，表示进入的仅支持单播通信的 BGP-VPNv4 地址族视图，不选择此可选项时，将进入同时支持单播和多播通信的 BGP-VPNv4 地址族视图。可用 **undo ipv4-family vpnv4** 命令删除 BGP-VPNv4 地址族视图下的所有配置

续表

步骤	命令	说明
6	**peer** *ipv4-address* **enable** 例如，[Huawei-bgp-af-vpnv4] **peer** 10.1.1.1 **enable**	使能与指定对等体交换 VPNv4 路由信息的能力，最终在 PE 间建立 MP-IBGP 对等体关系。 缺省情况下，仅使能了 BGP-IPv4 单播地址族的公网路由信息交换能力，此时不用执行本命令，可用 **undo peer** *ipv4-address* **enable** 命令禁止与指定对等体交换 VPNv4 路由信息

【说明】当 VPN 骨干网存在大量的 PE 需要建立 MP-IBGP 对等体以交互 VPN 路由时，可以通过配置 RR 来减少 PE 间 MP-IBGP 连接的数量，这样各 PE 只需要与 RR 建立 MP-IBGP 邻居。有关 RR 功能在优化 MPLS 骨干层方面的应用配置，将在第 3 章中介绍。

2.1.3　在 PE 上创建并配置 VPN 实例

VPN 实例也被称为 VPN 路由转发表（VRF），用于将 VPN 私网路由与公网路由隔离开来，不同 VPN 实例之间的路由也相互隔离开来。但需要注意的是，**VPN 实例是一个本地概念，也就是仅要求在本地 PE 上为各 Site 所创建的 VPN 实例的名称唯一**，不同 PE 上创建的 VPN 实例名可以相同，也可以不同。但通常为了便于 VPN 的区分，把同一 VPN 中连接不同 PE 的各 Site 的 VPN 实例名配置为相同。

创建 VPN 实例后，还要配置与 VPN 实例密切相关的其他配置，包括 RD、VPN Target 和私网路由标签分发方式。RD 与 VPN 实例也是一一对应关系，即在同一 PE 上，每个 VPN 实例的 RD 必须唯一（最好全网唯一），用于区分每个 VPN 实例的 VPN 路由。VPN Target 是一种 MP-BGP 扩展团体属性，包括入方向 Import Target 属性和出方向 Export Target 属性，分别用于控制 PE 对 VPNv4 路由的接收和发布。私网路由标签分发方式有两种：一种是基于 VPN 实例为一个 VPN 实例中的所有私网路由统一分配一个标签；另一种是基于路由为每条私网路由单独分配一个标签。

在 PE 上创建并配置 VPN 实例的具体步骤见表 2-2。

表 2-2　VPN 实例的配置步骤

步骤	命令	说明
1	**system-view**	进入系统视图
2	**ip vpn-instance** *vpn-instance-name* 例如，[Huawei] **ip vpn-instance** vrf1	创建 VPN 实例，并进入 VPN 实例视图。参数 *vpn-instance-name* 用来指定所创建的 VPN 实例名称，字符串形式，区分大小写，不支持空格，长度范围为 1~31。当输入的字符串两端使用双引号时，可在字符串中输入空格。在同一 **PE 上所创建的各 VPN 实例的名称必须唯一。** 执行本命令创建 VPN 实例，相当于在 PE 上创建了一个虚拟的路由转发表，最终将包括与本 VPN 实例所绑定的 Site 在同一 VPN 中的所有 Site 的私网路由。 缺省情况下，未配置 VPN 实例，可用 **undo ip vpn-instance** *vpn-instance-name* 命令删除指定的 VPN 实例，则该 VPN 实例中的所有配置都会被清除

续表

步骤	命令	说明
3	**description** *description-information* 例如，[Huawei-vpn-instance-vrf1] **description** Only For SiteA&B	（可选）配置 VPN 实例的描述信息。为了方便用户记忆 VPN 实例的创建信息，可以为 VPN 实例配置描述信息。参数 *description-information* 用来指定 VPN 实例的描述信息，字符串形式，支持空格，**区分大小写**，长度范围为 1～242。 缺省情况下，没有为 VPN 实例配置描述信息，可用 **undo description** 命令删除当前 VPN 实例的描述信息
4	**service-id** *service-id* 例如，[Huawei-vpn-instance-vrf1] **service-id** 123	（可选）配置 VPN 实例的业务标识值，整数形式，取值范围为 1～4294967295，用来区别网络上不同的 VPN 服务，方便 SNMP 网管系统查询该服务。**不同 VPN 实例的业务标识值在同一台设备上也必须唯一**。在一个 VPN 实例下多次执行本命令，以最后的配置为准。 缺省情况下，没有设置 VPN 实例的业务标识值，可用 **undo service-id** 命令删除 VPN 实例的业务标识值
5	**ipv4-family** 例如，[Huawei-vpn-instance-vrf1] **ipv4-family**	使能以上 VPN 实例的 IPv4 地址族，并进入 VPN 实例 IPv4 地址族视图。后续的 RD 和 VPN Target 扩展团体属性等都必须在 VPN 实例 IPv4 地址族视图下配置。 缺省情况下，未使能 VPN 实例的 IPv4 地址族，可用 **undo ipv4-family** 命令恢复缺省配置
6	**route-distinguisher** *route-distinguisher* 例如，[Huawei-vpn-instance-vrf1-af-ipv4] **route-distinguisher** 22:1	为以上 VPN 实例配置 RD。如果执行本命令前还未使能 IPv4 地址族，则执行本命令时会同时使能 IPv4 地址族。 不同的 VPN 实例中可能存在相同的路由前缀，为便于区别 PE 设备，为 VPN 实例配置唯一的 RD 后，VPN 实例路由表中的各私网路由都会添加上该 RD 属性，使之成为全局唯一的 VPNv4 或 VPNv6 路由前缀，解决了地址空间重叠的问题。 参数 *route-distinguisher* 用来指定 RD，有以下 4 种格式。 • **2 字节自治系统号：4 字节用户自定义数**——例如 101:3。自治系统号的取值范围为 0～65535，用户自定义数的取值范围为 0～4294967295。其中，自治系统号和用户自定义数不能同时为 0，即 RD 的值不能是 0:0。 • **整数形式 4 字节自治系统号：2 字节用户自定义数**——自治系统号的取值范围为 65536～4294967295，用户自定义数的取值范围为 0～65535，例如 0:3 或 65537:3。其中，自治系统号和用户自定义数不能同时为 0，即 RD 的值不能是 0:0。 • **点分形式 4 字节自治系统号：2 字节用户自定义数**——点分形式的自治系统号通常写成 *x.y* 的形式，*x* 和 *y* 的取值范围都为 0～65535，用户自定义数的取值范围为 0～65535，例如 0.0:3 或 0.1:0。其中，自治系统号和用户自定义数不能同时为 0，即 RD 的值不能是 0.0:0。 • **IPv4 地址：2 字节用户自定义数**——例如 192.168.122.15:1。IP 地址的取值范围为 0.0.0.0～255.255.255.255，用户自定义数的取值范围为 0～65535。 缺省情况下，没有为 VPN 实例地址族配置 RD，**一旦配置了 RD，就不能被修改或删除**。如果要修改或删除 RD，则需要先删除对应的 VPN 实例或者去使能 VPN 实例 IPv4 地址族

续表

步骤	命令	说明
6	**route-distinguisher** *route-distinguisher* 例如，[Huawei-vpn-instance-vrf1-af-ipv4] **route-distinguisher** 22:1	【说明】VPN 实例 IPv4 地址族只有配置了 RD 后才能生效。同一 PE 上的不同 VPN 实例配置的 RD 不能相同。在 CE 双归属的情况下，为了保证路由正常，PE 上的 RD 要求全局唯一

7	**vpn-target** *vpn-target* &<1-8>
	[**both** | **export-extcommunity** |
	import-extcommunity]
	例如，[Huawei-vpn-instance-vrf1-af-ipv4] **vpn-target** 3:3 **export-extcommunity**
		为以上 VPN 实例配置 VPN Target 扩展团体属性，用来控制 VPN 路由信息的接收和发布。VPN 实例配置了 VPN Target 后，VPN 实例相应的地址族只会接收通过 VPN Target 过滤的路由。
		• *vpn-target*：指定 VPN Target 扩展团体属性。一条命令最多可配置 8 个，如果希望在 VPN 实例中配置更多的 VPN Target，则可多次执行本命令。VPN Target 扩展团体属性有以下 4 种格式（与本表第 6 步中 RD 的 4 种格式相同）。
		  ➢ **2 字节自治系统号：4 字节用户自定义数**——例如 1:3。自治系统号的取值范围为 0~65535。用户自定义数的取值范围为 0~4294967295。其中，自治系统号和用户自定义数不能同时为 0，即 VPN Target 的值不能是 0:0。
		  ➢ **IPv4 地址：2 字节用户自定义数**——例如 192.168.122.15:1。IP 地址的取值范围为 0.0.0.0~255.255.255.255，用户自定义数的取值范围为 0~65535。
		  ➢ **整数形式 4 字节自治系统号：2 字节用户自定义数**——自治系统号的取值范围为 65536~4294967295，用户自定义数的取值范围为 0~65535，例如 65537:3。其中，自治系统号和用户自定义数不能同时为 0，即 VPN Target 的值不能是 0:0。
		  ➢ **点分形式 4 字节自治系统号：2 字节用户自定义数**——点分形式的自治系统号通常写成 *x.y* 的形式，*x* 和 *y* 的取值范围都为 0~65535，用户自定义数的取值范围为 0~65535，例如 0.0:3 或 0.1:0。其中，自治系统号和用户自定义数不能同时为 0，即 VPN Target 的值不能是 0.0:0。
		• **both**：多选一选项，指定将 *vpn-target* 参数值同时作为 Import Target 和 Export Target 扩展团体属性值，**这是缺省选项**。
		• **export-extcommunity**：多选一选项，指定将 *vpn-target* 参数值仅作为 Export Target 扩展团体属性。
		• **import-extcommunity**：多选一选项，指定将 *vpn-target* 参数值仅作为 Import Target 扩展团体属性。
		【注意】配置该命令不会覆盖之前配置的 VPN Target，但之前配置的 VPN Target 数达到最大值时，再添加 VPN Target 则不会成功。进行 VPN 路由交叉时，接收的 VPNv4 路由中携带的 Export Target 属性值中如果有一个与本地 VPN 实例下配置的 Import Target 属性值一致，即可交叉成功。
		缺省情况下，未配置 VPN 实例地址族 VPN Target 扩展团体属性，可用 **undo vpn-target** { **all** | *vpn-target* &<1-8> [**both** | **export-extcommunity** | **import-extcommunity**] } 命令删除 VPN 实例地址族中指定的 VPN Target 扩展团体属性

步骤	命令	说明
8	**routing-table limit** *number* { *alert-percent* | **simply-alert** } 例如，[Huawei-vpn-instance-vrf1-af-ipv4] **routing-table limit** 1000 **simply-alert**	（可选）限制 VPN 路由转发表规模，一般不配置。为了防止 PE 设备从 CE 和对端 PE 引入的路由数量过多，可配置一个 VPN 实例能够支持的最大路由数或最大路由前缀数	（二选一）配置 VPN 实例 IPv4 地址族的最大路由数。 • *number*：指定 VPN 实例地址族下可以支持的最大路由表项数，整数形式，最小值是 1，最大值由产品的许可证文件决定。 • *alert-percent*：二选一参数，指定最大路由数的百分比，整数形式，取值范围为 1～100。当加入 VPN 实例地址族的路由数达到（*number*×*alert-percent*）/ 100 时，系统开始产生告警信息。此时，VPN 实例地址族的路由表可以继续加入路由。但路由数达到 *number* 后，后来的路由将被丢弃。 • **simply-alert**：二选一选项，指定当加入 VPN 实例地址族下的路由数超过 *number* 时，允许系统将 VPN 路由继续添加到该 VPN 实例地址族的路由表中，只是产生告警信息。但设备的私网路由和公网路由的总数达到规格文件限制的单播路由总数后，后来的 VPN 路由也将被丢弃。 【说明】配置了本命令后，当注入 VPN 实例 IPv4 地址族路由表的路由超限时，系统会给出提示信息。当执行本命令增大 VPN 实例 IPv4 地址族下支持的最大路由数，或者执行 **undo routing-table limit** 命令取消路由表限制后，对于原来超限的路由，系统将重新从各个协议路由表接收路由，构建私网 IP 路由表。 缺省情况下，VPN 实例地址族所能容纳的路由数没有限制，但同一设备上所有的私网路由和公网路由的总和不能超过设备可支持的单播路由总数，可用 **undo routing-table limit** 命令恢复缺省配置

续表

步骤	命令	说明
8	**prefix limit** *number* { *alert-percent* [**route-unchanged**] | **simply-alert** } 例如，[Huawei-vpn-instance-vrf1-af-ipv4] **prefix limit** 1000 **simply-alert**	（可选）限制 VPN 路由转发表规模，一般不配置。 为了防止 PE 设备从 CE 和对端 PE 引入的路由数量过多，可配置一个 VPN 实例能够支持的最大路由数或最大路由前缀数	（二选一）配置 VPN 实例 IPv4 地址族的最大路由前缀数。 • *number*：指定一个 VPN 实例地址族最多可以支持的路由前缀数，整数形式，最小值是 1，最大值由产品的许可证文件决定。 • *alert-percent*：二选一参数，指定最大路由前缀数的百分比。当加入 VPN 实例地址族的路由前缀数超过（*number*× *alert-percent*）/ 100 时，系统开始产生告警信息。此时，VPN 实例地址族的路由表可以继续加入 VPN 路由。但路由前缀数达到 *number* 后，后来的路由前缀将被丢弃。 • **route-unchanged**：可选项，指定路由超限后路由表不变化。如果不选择此可选项，则在路由超限后将删除路由表中的所有路由，再重新添加。 • **simply-alert**：二选一选项，指定当加入 VPN 实例地址族下的路由前缀数超过 *number* 时，允许系统将 VPN 路由前缀继续添加到该 VPN 实例地址族的路由表中，只是产生告警信息。但设备的私网路由前缀和公网路由前缀的总数超限后，后来的 VPN 路由前缀也将被丢弃。 【注意】当路由前缀超限时，直连路由和静态路由依然可以被添加到 VPN 实例 IPv4 地址族路由表中。 缺省情况下，不限制 VPN 实例地址族的最大路由前缀数，可用 **undo prefix limit** 命令恢复缺省配置
9	**limit-log-interval** *interval* 例如，[Huawei-vpn-instance-vrf1-af-ipv4] **limit-log-interval** 8	（可选）配置 VPN 实例 IPv4 地址族的路由超出限制后输出日志的频率，整数形式，取值范围为 1～60，单位是 s。 VPN 实例相应地址族下的路由数或路由前缀数超出了该地址族所能容纳的最大值后，系统每间隔一段时间（默认值为 5s）就会打出一条路由超限的日志。当不希望日志频繁输出时，执行该步骤，调整日志输出的频率。 缺省情况下，路由超限输出日志的频率为 5s，可用 **undo limit-log-interval** 命令恢复缺省配置	

续表

步骤	命令		说明
10	import route-policy *policy-name* 例如，[Huawei-vpn-instance-vrf1-af-ipv4] import route-policy poly-1	（可选）配置 VPN 实例的路由策略。为 VPN 实例配置路由策略之前必须已经创建了对应的路由策略	配置 VPN 实例 IPv4 地址族入方向路由策略，过滤允许从其他 PE 引入的 VPN 路由信息，可限制同一 VPN 中不同 Site 间的通信
	export route-policy *policy-name* 例如，[Huawei-vpn-instance-vrf1-af-ipv4] export route-policy poly-1		配置 VPN 实例 IPv4 地址族出方向路由策略，过滤允许从本地 PE 发布给其他 PE 的 VPN 路由信息，也可以限制同一 VPN 中不同 Site 间的通信
11	apply-label per-instance 例如，[Huawei-vpn-instance-vrf1-af-ipv4] apply-label per-instance	（可选）配置 VPN 实例 IPv4 地址族下的私网路由标签的分发方式。 缺省情况下，同一 VPN 实例 IPv4 地址族下所有发往对端 PE 的路由都使用同一个标签值。 【说明】改变标签分配方式将导致 VPN 实例地址族路由重发，使业务短暂中断	（二选一）配置基于 VPN 实例 IPv4 地址族分配 MPLS 标签，使同一个 VPN 实例中的所有路由都使用同一个标签，可以节约 PE 上的标签资源，降低对 PE 设备容量的要求
	apply-label per-route 例如，[Huawei-vpn-instance-vrf1-af-ipv4] apply-label per-route		（二选一）配置当前 VPN 实例 IPv4 地址族下的所有发往对端 PE 的每条路由使用单独的标签值。 当 PE 上的 VPN 路由数量不多且 MPLS 标签资源充足时，每条路由的标签分配方式可以提高设备的安全性，并且便于下游设备基于报文的内层标签负载分担 VPN 流量

2.1.4 配置 PE 接口与 VPN 实例绑定

已创建 VPN 实例，并且在 VPN 实例下使能了 IPv4 地址族后，应把所配置的 VPN 实例与对应 CE 连接的 PE 接口（**不一定是直接连接的物理接口，但必须是三层的**）进行绑定，使配置的 VPN 实例得到应用。

如果 PE 连接 CE 的接口不与 VPN 实例进行绑定，则该接口将属于公网接口，无法转发 VPN 报文。绑定了 VPN 实例的 PE 接口将属于私网接口，**需要重新配置 IP 地址**，以实现 PE-CE 间的路由交互。接口与 VPN 实例绑定后，将删除接口上已经配置的 IP 地址、路由协议等三层特性（包括 IPv4 和 IPv6）。需要注意的是，**绑定 VPN 实例的私网接口的 IP 地址要在绑定了 VPN 实例后再配置**，否则即使配置了，也将被删除。

PE 接口与 VPN 实例绑定的配置步骤见表 2-3。

表 2-3 PE 接口与 VPN 实例绑定的配置步骤

步骤	命令	说明
1	system-view	进入系统视图
2	interface *interface-type interface-number* 例如，[Huawei] interface vlanif 10	进入需要绑定 VPN 实例的接口视图，必须是三层接口

续表

步骤	命令	说明
3	**ip binding vpn-instance** *vpn-instance-name* 例如，[Huawei-Vlanif10] **ip binding vpn-instance** vrf1	将当前接口与指定的 VPN 实例进行绑定。所绑定的 VPN 实例是在 2.1.3 节已创建好的，并且使能了 IPv4 地址族。 缺省情况下，接口不与任何 VPN 实例绑定，属于公网接口，可用 **undo ip binding vpn-instance** *vpn-instance-name* 命令取消接口与 VPN 实例的绑定。 【注意】接口不能与未使能任何地址族的 VPN 实例进行绑定。去使能 VPN 下的某个地址族（IPv4 或 IPv6）时，将清理接口下该类地址的配置。当 VPN 实例下没有地址族配置时，将解除接口与 VPN 实例的绑定关系
4	**ip address** *ip-address* { *mask* | *mask-length* } 例如，[Huawei-Vlanif10] **ip address** 10.1.1.1 24	重新配置接口的 IP 地址，配置的 IP 地址是私网 IP 地址，与 CE 直连时，通常是与 CE 连接该 PE 的接口的 IP 地址在同一 IP 网段。 【注意】配置接口与 VPN 实例绑定后，如果取消接口与 VPN 实例的绑定，则都会清除该接口的 IP 地址、三层特性和 IP 相关的路由协议，如果需要，则应重新配置

2.1.5　基本 BGP/MPLS IP VPN 管理命令

本节介绍基本 BGP/MPLS IP VPN 中所涉及的一些配置管理命令，可在 PE 上执行以下 **display** 命令查看所创建的 VPN 实例 IPv4 地址族的信息，包括 RD 值及其相关属性。

- **display ip vpn-instance** [**verbose**] [*vpn-instance-name*]：查看指定或所有 VPN 实例的简要或详细信息。
- **display default-parameter l3vpn**：查看 L3VPN 初始化时的各项缺省配置信息。
- **display ip vpn-instance import-vt** *ivt-value*：查看所有具备指定 **Import vpn-target** 属性的 VPN 实例信息。
- **display ip routing-table vpn-instance** *vpn-instance-name*：在 PE 上查看指定 VPN 实例 IPv4 地址族的路由信息。
- **display bgp vpnv4** { **all** \| **vpn-instance** *vpn-instance-name* } **routing-table** [**statistics**] **label**：查看 BGP 路由表中的标签路由信息。
- **display ip vpn-instance** [*vpn-instance-name*] **interface**：查看指定 VPN 实例所绑定的接口信息。
- **display bgp vpnv4** { **all** \| **route-distinguisher** *route-distinguisher* \| **vpn-instance** *vpn-instance-name* } **routing-table** *ipv4-address* [*mask* \| *mask-length*]：查看指定或所有的 BGP VPNv4 具体路由表项。
- **display bgp vpnv4** { **all** \| **route-distinguisher** *route-distinguisher* \| **vpn-instance** *vpn-instance-name* } **routing-table statistics**：查看指定或所有的 BGP VPNv4 路由表的统计信息。
- **display bgp vpnv4** { **all** \| **route-distinguisher** *route-distinguisher* \| **vpn-instance** *vpn-*

instance-name } **routing-table**：查看指定或所有的 BGP VPNv4 路由表信息。

- **display bgp vpnv4** { **all** | **vpn-instance** *vpn-instance-name* } **group** [*group-name*]：
  查看指定或所有 VPNv4 的 BGP 对等体组信息。

- **display bgp vpnv4** { **all** | **vpn-instance** *vpn-instance-name* } **peer** [[*ipv4-address*]
  verbose]：查看指定或所有 VPNv4 的 BGP 对等体信息。

- **display bgp vpnv4** { **all** | **vpn-instance** *vpn-instance-name* } **network**：查看指定或
  所有 BGP 通过 network 方式发布的 VPNv4 路由信息。

- **display bgp vpnv4** { **all** | **vpn-instance** *vpn-instance-name* } **paths** [*as-regular-
  expression*]：查看指定或所有 BGP VPNv4 的 AS 路径信息。

- **display bgp vpnv4 vpn-instance** *vpn-instance-name* **peer** { *group-name* | *ipv4-address* }
  log-info：查看指定或所有 VPN 实例的 BGP 对等体日志信息。

- **display ip routing-table vpn-instance** *vpn-instance-name* **statistics**：查看某个 IPv4
  VPN 实例的综合路由统计信息。

- **display ip routing-table all-vpn-instance statistics**：查看所有 IPv4 VPN 实例的综
  合路由统计信息。

- **display interface tunnel** *interface-number*：查看隧道接口信息。

- **display tunnel-info tunnel-id** *tunnel-id*：查看指定隧道的详细信息。

- **display tunnel-info all**：查看系统中所有隧道的信息。

- **display ip vpn-instance verbose** [*vpn-instance-name*]：查看指定或所有 VPN 实例
  应用的隧道策略。

- **display ip routing-table vpn-instance** *vpn-instance-name* [*ip-address*] **verbose**：查
  看 VPN 路由使用的隧道信息。

2.2　PE 与 CE 路由交换配置

2.2.1　配置 PE 和 CE 间使用 EBGP

如果 PE 与 CE 之间采用 BGP 建立 EBGP 对等体关系,则需要在两端同时配置 BGP,
以实现它们之间的 BGP 路由交换。

PE 和 CE 间使用 EBGP 时的 PE 配置步骤见表 2-4, PE 和 CE 间使用 EBGP 时的 CE
配置步骤见表 2-5。

表 2-4　**PE 和 CE 间使用 EBGP 时的 PE 配置步骤**

步骤	命令	说明
1	**system-view**	进入系统视图
2	**bgp** { *as-number-plain*	*as-number-dot* } 例如, [Huawei] **bgp** 100	进入 PE 所在 AS 的 BGP 视图,参数说明参见表 2-1 中的第 2 步

步骤	命令	说明
3	**ipv4-family vpn-instance** *vpn-instance-name* 例如，[Huawei-bgp] **ipv4-family vpn-instance** vrf1	进入 PE 连接对应 CE 的接口所绑定的 VPN 实例的 IPv4 地址族视图，表明以下配置仅作用于对应的 VPN 实例，属于对应 VPN 实例的私网路由配置。参数 *vpn-instance-name* 为 2.1.3 节所创建的 VPN 实例。 当 PE 连接多个 CE 时，要分别执行本命令进行相应的配置
4	**as-number** *as-number* 例如，[Huawei-bgp-vrf1] **as-number** 6500	（可选）为以上 VPN 实例的 IPv4 地址族配置单独的 **AS 号**（相当于在 PE 的 AS 号下为每个 VPN 实例所分配的子 AS 号），不能与 **BGP** 视图下配置的 AS 号相同。一般不配置，仅当进行网络迁移或业务标识时，如果需要将一台物理设备在逻辑上模拟为多台 BGP 设备，可通过该命令为每个 VPN 实例 IPv4 地址族配置不同的 AS 号。 【注意】当 VPN 实例已经配置单独的 AS 号时，不可以再配置联盟。当配置联盟时，不可以在 VPN 实例下再配置单独的 AS 号。 缺省情况下，VPN 实例采用 BGP 的 AS 号，可用 **undo as-number** 命令恢复缺省配置
5	**peer** *ipv4-address* **as-number** *as-number* 例如，[Huawei-bgp-vrf1] **peer** 10.1.1.2 **as-number** 200	将 CE 配置为 VPN 私网 EBGP 对等体。 • *ipv4-address*：指定对等体 CE 的 IPv4 地址。可以是直连对等体的接口 IP 地址，也可以是路由可达的对等体的 Loopback 接口地址。 • *as-number*：指定 CE 所在的 AS 号，要与 PE 的 AS 号不一样，因为它们是在不同的 AS 中，建立的是 EBGP 对等体关系。 缺省情况下，没有创建 BGP 对等体，可用 **undo peer** *ipv4-address* 命令删除指定的对等体
6	**peer** *ipv4-address* **ebgp-max-hop** [*hop-count*] 例如，[Huawei-bgp-vrf1] **peer** 10.1.1.2 **ebgp-max-hop**	（可选）配置 EBGP 连接的最大跳数。如果 EBGP 对等体之间是直接连接，则不用配置本步，否则必须使用本命令允许它们之间经过多跳建立 TCP 连接。 • *ipv4-address*：指定对等体 CE 的 IPv4 地址，同样可以是直连对等体的接口 IP 地址（仅限直接连接时，中间最多仅可有二层交换设备），也可以是路由可达的对等体的 Loopback 接口地址。 • *hop-count*：可选参数，指定最大跳数，整数形式，范围为 1～255，缺省值为 255。如果指定的最大跳数为 1，则不能同非直连网络上的对等体建立 EBGP 连接。 缺省情况下，只能在物理直连链路上建立 EBGP 连接，可用 **undo peer ebgp-max-hop** *ipv4-address* **ebgp-max-hop** 命令恢复缺省配置
7	**import-route direct** [**med** *med* | **route-policy** *route-policy-name*] * 例如，[Huawei-bgp-vrf1] **import-route direct** **network** *ipv4-address* [*mask* | *mask-length*] [**route-policy** *route-policy-name*] 例如，[Huawei-bgp-vrf1] **network** 10.1.1.0 24	（可选）引入与本端 CE 直连的路由，两个命令选择其中一个。当需要将与本端 CE 直连链路的直连路由引入 VPN 路由表中时，发布给对端 PE 时才需要配置。 • **med** *med*：可多选参数，指定引入路由的多出口区分（Multi-Exit Discriminators，MED）度量值，整数形式，取值范围为 0～4294967295。MED 属性用于 EBGP 对等体判断流量进入其他 AS 时的最优路由，具体参见《华为路由器学习指南（第二版）》

续表

步骤	命令	说明
7	**import-route direct** [**med** *med* | **route-policy** *route-policy-name*] * 例如，[Huawei-bgp-vrf1] **import-route direct** **network** *ipv4-address* [*mask* | *mask-length*] [**route-policy** *route-policy-name*] 例如，[Huawei-bgp-vrf1] **network** 10.1.1.0 24	• **route-policy** *route-policy-name*：可多选参数，使用指定的 Route-Policy 过滤器过滤路由和修改路由属性，该路由策略必须已配置。 • *ipv4-address* [*mask* | *mask-length*]：指定要引入与本端 CE 直连的路由的网络地址和子网掩码或子网掩码长度。 【注意】PE 会自动学习与本地 CE 直连的路由，该路由优于本地 CE 通过 EBGP 发布的直连路由，而且进入公网路由表中。因此，如果不配置此步骤，PE 不会将该直连路由加入 BGP-VPN 路由表中，然后通过 MP-BGP 发布给对端 PE。 缺省情况下，BGP 未引入任何路由信息，可用 **undo import-route direct** 或 **undo network** *ipv4-address* 命令删除引入的与本端 CE 直连的路由
8	**peer** { *group-name* | *ipv4-address* } **soo** *site-of-origin* 例如，[Huawei-bgp-vrf1] **peer** 10.1.1.2 **soo** 10.2.2.2:45	（可选）配置 CE 的源站点（Site-of-Origin，SoO）属性。**VPN 的某站点有多个 CE 通过 BGP 接入不同的 PE 时，** 如果在 PE 上配置了下一步的 AS 号替换功能，则此 VPN 站点的私网路由将会被替换成 AS 号，这样从 CE 发往 PE 的 VPN 路由可能经过骨干网又回到了该站点，很可能会引起 VPN 站点内的路由环路。 **如果两个 VPN 站点所处的 AS 号使用的是私有 AS 号，且两个 VPN 站点的 AS 号相同，** 则会导致同一 VPN 的不同站点之间无法连通。应用 SoO 特性后，当 PE 收到 CE 发来的路由后，会为该路由添加 SoO 属性并发布给其他的 PE 对等体。其他 PE 对等体向接入的 CE 发布路由时会检查 VPN 路由携带的 SoO 属性，如果与本地配置的 SoO 属性相同，PE 则不会向 CE 发布该路由。 • *group-name*：二选一参数，指定要启用 SoO 属性的 BGP 对等体组（事先要配置好），字符串形式，区分大小写，不支持空格，长度范围为 1~47。当输入的字符串两端使用双引号时，可在字符串中输入空格。 • *ipv4-address*：二选一参数，指定 BGP 对等体 CE 的 IP 地址。 • *site-of-origin*：指定 SoO 扩展团体属性，SoO 属性取值有以下 4 种表示形式（也与 RD 的 4 种表示形式一样）。 ➢ **2 字节自治系统号：4 字节用户自定义数**——例如 1:3。自治系统号的取值范围为 0~65535，用户自定义数的取值范围为 0~4294967295。其中，自治系统号和用户自定义数不能同时为 0，即 SoO 的值不能是 0:0。 ➢ **IPv4 地址：2 字节用户自定义数**——例如 192.168.122.15:1。IP 地址的取值范围为 0.0.0.0~255.255.255.255，用户自定义数的取值范围为 0~65535。 ➢ **整数形式 4 字节自治系统号：2 字节用户自定义数**——自治系统号的取值范围为 65536~4294967295，用户自定义数的取值范围为 0~65535，例如65537:3。其中，自治系统号和用户自定义数不能同时为 0，即 SoO 的值不能为 0:0

续表

步骤	命令	说明
8	**peer** { *group-name* | *ipv4-address* } **soo** *site-of-origin* 例如，[Huawei-bgp-vrf1] **peer** 10.1.1.2 **soo** 10.2.2.2:45	➢ **点分形式 4 字节自治系统号：2 字节用户自定义数**——点分形式的自治系统号通常写成 *x.y* 的形式，*x* 和 *y* 的取值范围都为 0～65535，用户自定义数的取值范围为 0～65535，例如 0.0:3 或 0.1:0。其中，自治系统号和用户自定义数不能同时为 0，即 SoO 的值不能是 0.0:0。 缺省情况下，没有为 BGP VPN 实例下的 EBGP 对等体配置 BGP SoO，可用 **undo peer** { *group-name* | *ipv4-address* | *ipv6-address* } **soo** 命令删除配置的 SoO
9	**peer** *ipv4-address* **substitute-as** 例如，[Huawei-bgp-vrf1] **peer** 10.1.1.2 **substitute-as**	（可选）使能指定对等体的 AS 号替换功能。 由于 BGP 使用 AS 号检测路由环路，为保证路由信息的正确发送，需要为物理位置不同的站点分配不同的 AS 号。**如果物理位置不同的 CE 使用相同的 AS 号**，则需要在 PE 上配置 BGP 的 AS 号替换功能。但使能 AS 号替换功能后，在 CE 多归属（一个 CE 连接到多个 PE）的情况下，可能引起路由环路。 缺省情况下，没有使能 AS 号替换功能，可用 **undo peer** *ipv4-address* **substitute-as** 命令恢复缺省配置
10	**routing-table rib-only** [**route-policy** *route-policy-name*] 例如，[Huawei-bgp-vrf1] **routing-table rib-only**	（可选）禁止 BGP 私网路由下发到私网 VPN 路由表。 当 BGP 路由表中的私网路由数量较多时，如果这些路由全部下发到 PE 私网 VPN 路由表，就会占用很多内存。如果这些私网路由不需要用于指导流量转发，此时可以配置 **routing-table rib-only** 命令禁止所有 BGP 私网路由下发到私网 VPN 路由表。如果仅部分路由不需要指导流量转发，则还可以通过路由策略进行过滤。 【注意】CE 下所连接的各内网网段路由完全可由 CE 上配置的路由进行转发，不用下发到 PE 上，**通常只需要把 PE 与 CE 之间直连的 BGP 路由下发到 PE 的私网 VPN 路由表中即可**。如果直接配置了 **routing-table rib-only** 命令，则会导致流量中断。此时，可以通过配置静态路由或缺省路由来指导流量转发。 缺省情况下，BGP 优选的所有路由都将下发到 VPN 路由表中，可用 **undo routing-table rib-only** 命令恢复缺省配置

表 2-5　PE 和 CE 间使用 EBGP 时的 CE 配置步骤

步骤	命令	说明
1	**system-view**	进入系统视图
2	**bgp** { *as-number-plain* | *as-number-dot* } 例如，[Huawei] **bgp** 200	进入 CE 所在 AS 的 BGP 视图
3	**peer** *ipv4-address* **as-number** *as-number* 例如，[Huawei-bgp] **peer** 10.1.1.1 **as-number** 100	将 PE 配置为 EBGP 对等体，参见表 2-4 中的第 5 步
4	**peer** { *ipv4-address* | *group-name* } **ebgp-max-hop** [*hop-count*] 例如，[Huawei-bgp] **peer** 10.1.1.1 **ebgp-max-hop**	（可选）配置 EBGP 连接的最大跳数，参见表 2-4 中的第 6 步

续表

步骤	命令	说明
5	**import-route** *protocol* [*process-id*] [**med** *med* | **route-policy** *route-policy-name*] [*] 例如，[Huawei-bgp] **import-route rip** 1	引入本站点下连接的内网 IGP 路由到 BGP 路由表中，发布给接入的 PE，然后通过 PE 发布给对端 CE。 当需要实现 VPN 不同站点中的内网互通时，需要把各站点的对应网段的私网路由引入 BGP 路由表中，发布给本端 PE，加入本端 PE 的 BGP-VPN 路由表中，然后通过 MP-IBGP 的 Update 消息发布给对端 PE，加入对端 PE 的 BGP-VPN 路由表中，最终到达对端 CE 的 BGP 路由表中。 • *protocol*：指定可引入的路由协议和路由类型，支持 direct、isis、ospf、rip、static、unr。通常只需要引入直连路由 direct 即可。 • *process-id*：可选参数，指定当引入动态路由协议时，必须指定其进程号，整数形式，取值范围为 1～65535。 • **med** *med*：可多选参数，指定引入后的 BGP 路由的 MED 度量值，整数形式，取值范围为 0～4294967295。 • **route-policy** *route-policy-name*：可多选参数，从其他路由协议引入路由时，可以使用该参数指定的 Route-Policy（路由策略）过滤器过滤路由和修改路由属性。 缺省情况下，BGP 未引入任何路由信息，可用 **undo import-route** *protocol* [*process-id*] 命令恢复缺省配置

2.2.2　PE 和 CE 间使用 EBGP 的 BGP/MPLS IP VPN 配置示例

PE 和 CE 之间使用 EBGP 的 BGP/MPLS IP VPN 配置示例的拓扑结构如图 2-1 所示，CE1 连接公司总部研发区，CE3 连接分支机构研发区，CE1 和 CE3 属于 vpna（采用相同的 VPN 实例名）；CE2 连接公司总部非研发区，CE4 连接分支机构非研发区，CE2 和 CE4 属于 vpnb（也采用相同的 VPN 实例名）。

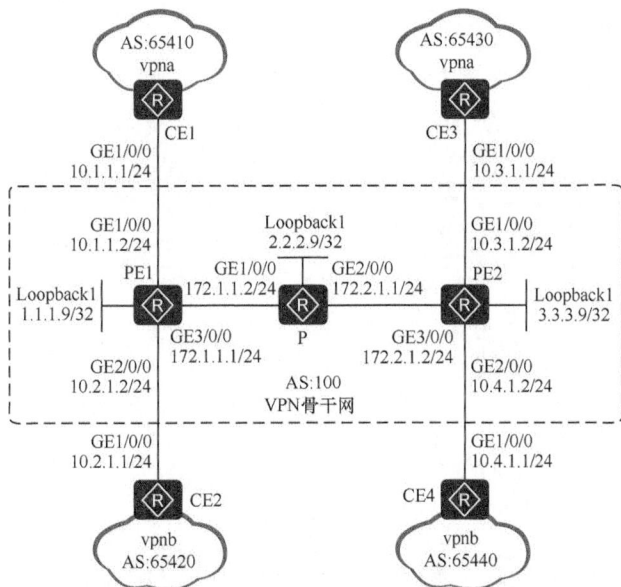

图 2-1　PE 和 CE 之间使用 EBGP 的 BGP/MPLS IP VPN 配置示例的拓扑结构

现公司要求在 PE 与 CE 间采用 BGP 建立 EBGP 对等体，通过部署 BGP/MPLS IP VPN 实现总部与分支机构间的安全互通，但研发区与非研发区间数据隔离，即 CE1 仅可与 CE3 互通，CE2 仅可与 CE4 互通。

1. 基本配置思路分析

本示例中有两个 VPN 要部署，即 CE1 与 CE3 的 vpna、CE2 与 CE4 的 vpnb。为了使同一 VPN 中两个 Site 的用户三层互通，不同 VPN 间隔离，可为不同的 VPN 使用不同的 VPN Target 属性值。本示例假设 vpna 使用的 VPN Target 属性为 111:1，vpnb 使用的 VPN Target 属性为 222:2，且都同时赋给 Export Target 和 Import Target 属性。

根据 2.1 节介绍的基本 BGP/MPLS IP VPN 配置任务，再结合本示例的实际要求，可以得出本示例的基本配置思路如下。

① 在骨干网各节点上配置公网接口（不包括 PE 连接 CE 的接口）的 IP 地址和 OSPF 路由，以实现骨干网的三层互通。

② 在骨干网各节点全局和公网接口上使能 MPLS 和 LDP 能力，建立公网 MPLS LDP LSP 隧道。

③ 配置两个 PE 间的 MP-IBGP 对等体关系，交互 VPN 路由信息。

④ 在两个 PE 上为所连接的站点创建 VPN 实例，并与 PE 连接 CE 的接口进行绑定，然后为该接口配置 IP 地址。

⑤ 在两个 PE 与所连接的 CE 间建立 EBGP 对等体关系，引入 PE 与 CE 直连链路的直连路由。

⑥ 在各 CE 上配置接口 IP 地址，并分别与直连的 PE 建立 EBGP 对等体关系。

2. 具体配置步骤

① 在骨干网各节点上配置公网接口（不包括 PE 连接 CE 的接口）的 IP 地址和 OSPF 路由，以实现骨干网的三层互通。

#---PE1 上的配置如下。

```
<Huawei> system-view
[Huawei] sysname PE1
[PE1] interface loopback 1
[PE1-LoopBack1] ip address 1.1.1.9 32
[PE1-LoopBack1] quit
[PE1] interface gigabitethernet 3/0/0
[PE1-GigabitEthernet3/0/0] ip address 172.1.1.1 24
[PE1-GigabitEthernet3/0/0] quit
[PE1] ospf
[PE1-ospf-1] area 0
[PE1-ospf-1-area-0.0.0.0] network 172.1.1.0  0.0.0.255
[PE1-ospf-1-area-0.0.0.0] network 1.1.1.9  0.0.0.0
[PE1-ospf-1-area-0.0.0.0] quit
[PE1-ospf-1] quit
```

#---P 上的配置如下。

```
<Huawei> system-view
[Huawei] sysname P
[P] interface loopback 1
[P-LoopBack1] ip address 2.2.2.9 32
[P-LoopBack1] quit
[P] interface gigabitethernet 1/0/0
```

```
[P-GigabitEthernet1/0/0] ip address 172.1.1.2 24
[P-GigabitEthernet1/0/0] quit
[P] interface gigabitethernet 2/0/0
[P-GigabitEthernet2/0/0] ip address 172.2.1.1 24
[P-GigabitEthernet2/0/0] quit
[P] ospf
[P-ospf-1] area 0
[P-ospf-1-area-0.0.0.0] network 172.1.1.0  0.0.0.255
[P-ospf-1-area-0.0.0.0] network 172.2.1.0  0.0.0.255
[P-ospf-1-area-0.0.0.0] network 2.2.2.9  0.0.0.0
[P-ospf-1-area-0.0.0.0] quit
[P-ospf-1] quit
```

#---PE2 上的配置如下。

```
<Huawei> system-view
[Huawei] sysname PE2
[PE2] interface loopback 1
[PE2-LoopBack1] ip address 3.3.3.9 32
[PE2-LoopBack1] quit
[PE2] interface gigabitethernet 3/0/0
[PE2-GigabitEthernet3/0/0] ip address 172.2.1.2 24
[PE2-GigabitEthernet3/0/0] quit
[PE2] ospf
[PE2-ospf-1] area 0
[PE2-ospf-1-area-0.0.0.0] network 172.2.1.0  0.0.0.255
[PE2-ospf-1-area-0.0.0.0] network 3.3.3.9  0.0.0.0
[PE2-ospf-1-area-0.0.0.0] quit
[PE2-ospf-1] quit
```

完成以上配置后，骨干网相邻节点之间就建立了 OSPF 邻接关系，执行 **display ospf peer** 命令可以看到它们之间的邻居状态为 Full；执行 **display ospf routing** 命令可以看到两个 PE 之间已相互学习了对方的 Loopback1 接口所在网段的 OSPF 路由。在 PE1 上执行 **display ospf peer** 和 **display ospf routing** 命令的输出如图 2-2 所示。

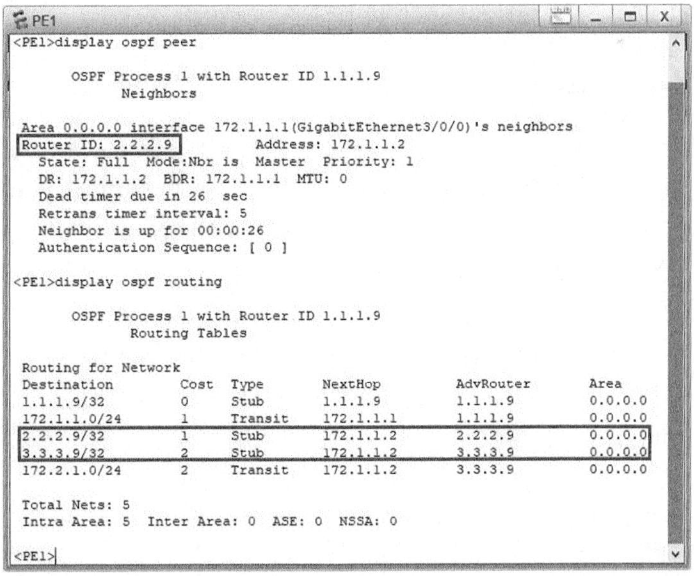

图 2-2　在 PE1 上执行 **display ospf peer** 和 **display ospf routing** 命令的输出

② 在骨干网各节点上全局和公网接口上使能 MPLS 和 LDP 能力，构建公网 MPLS LDP LSP 隧道。各节点的 LSR ID 以各自的 Loopback1 接口 IP 地址担当。

#---PE1 上的配置如下。

```
[PE1] mpls lsr-id 1.1.1.9
[PE1] mpls
[PE1-mpls] quit
[PE1] mpls ldp
[PE1-mpls-ldp] quit
[PE1] interface gigabitethernet 3/0/0
[PE1-GigabitEthernet3/0/0] mpls
[PE1-GigabitEthernet3/0/0] mpls ldp
[PE1-GigabitEthernet3/0/0] quit
```

#---P 上的配置如下。

```
[P] mpls lsr-id 2.2.2.9
[P] mpls
[P-mpls] quit
[P] mpls ldp
[P-mpls-ldp] quit
[P] interface gigabitethernet 1/0/0
[P-GigabitEthernet1/0/0] mpls
[P-GigabitEthernet1/0/0] mpls ldp
[P-GigabitEthernet1/0/0] quit
[P] interface gigabitethernet 2/0/0
[P-GigabitEthernet2/0/0] mpls
[P-GigabitEthernet2/0/0] mpls ldp
[P-GigabitEthernet2/0/0] quit
```

#---PE2 上的配置如下。

```
[PE2] mpls lsr-id 3.3.3.9
[PE2] mpls
[PE2-mpls] quit
[PE2] mpls ldp
[PE2-mpls-ldp] quit
[PE2] interface gigabitethernet 3/0/0
[PE2-GigabitEthernet3/0/0] mpls
[PE2-GigabitEthernet3/0/0] mpls ldp
[PE2-GigabitEthernet3/0/0] quit
```

完成上述配置后，骨干网相邻节点之间就建立了本地 LDP 会话，执行 **display mpls ldp session** 命令可以看到相邻节点间已建立了 LDP 会话；执行 **display mpls ldp lsp** 命令可查看各节点所建立的 LDP LSP 情况。在 PE1 上执行 **display mpls ldp session** 和 **display mpls ldp lsp** 命令的输出如图 2-3 所示，由图 2-3 可以看出，到 PE1 已与 P 建立了本地 LDP 会话，并建立了到达 PE2 3.3.3.9/32 网段的 Ingress LDP LSP。

③ 配置两个 PE 间的 MP-IBGP 对等体关系，交互 VPN 路由信息。因为 PE1 与 PE2 不是直连的，所以在配置与对端 PE 建立 IBGP 对等体时的 TCP 连接源接口不能是物理接口，要用各自的 Loopback 接口。另外，在 VPNv4 地址族下使能它们之间的 VPN 路由信息交互能力。

#---PE1 上的配置如下。

```
[PE1] bgp 100
[PE1-bgp] peer 3.3.3.9 as-number 100
[PE1-bgp] peer 3.3.3.9 connect-interface loopback 1
```

```
[PE1-bgp] ipv4-family vpnv4
[PE1-bgp-af-vpnv4] peer 3.3.3.9 enable    #---使能与 PE2 交互 VPN 路由信息的能力
[PE1-bgp-af-vpnv4] quit
[PE1-bgp] quit
```

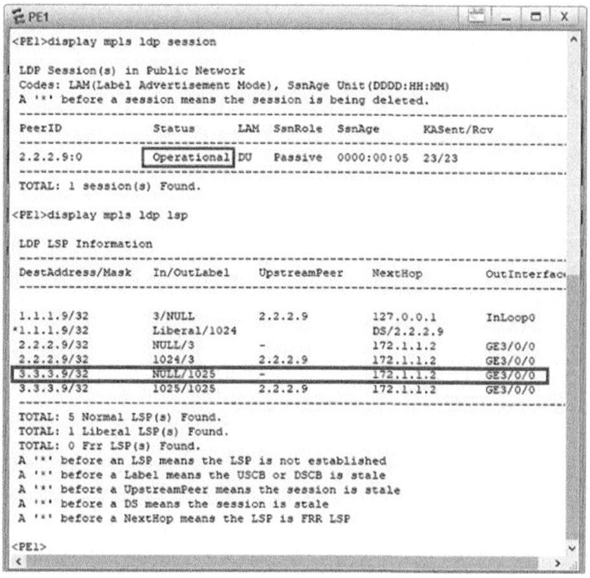

图 2-3　在 PE1 上执行 **display mpls ldp session** 和 **display mpls ldp lsp** 命令的输出

#---PE2 上的配置如下。

```
[PE2] bgp 100
[PE2-bgp] peer 1.1.1.9 as-number 100
[PE2-bgp] peer 1.1.1.9 connect-interface loopback 1
[PE2-bgp] ipv4-family vpnv4
[PE2-bgp-af-vpnv4] peer 1.1.1.9 enable
[PE2-bgp-af-vpnv4] quit
[PE2-bgp] quit
```

完成以上配置后，在两个 PE 上执行 **display bgp peer** 或 **display bgp vpnv4 all peer** 命令，可以看到，两个 PE 之间已经建立了 MP-IBGP 对等体关系。在 PE1 上执行 **display bgp peer** 命令的输出如图 2-4 所示。

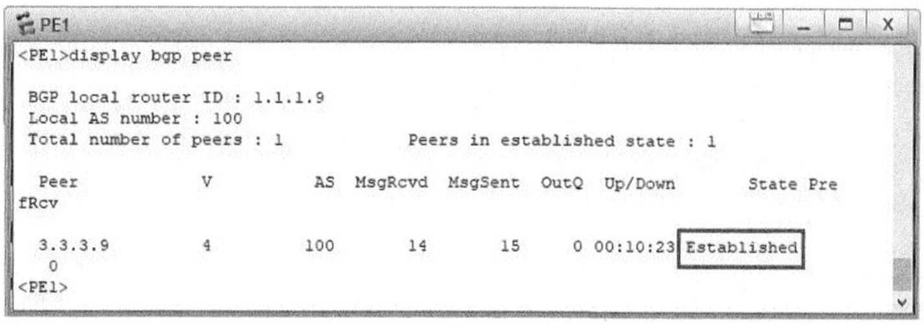

图 2-4　在 PE1 上执行 **display bgp peer** 命令的输出

④ 在两个 PE 上为所连接的 Site 创建 VPN 实例，并与 PE 连接 CE 的接口进行绑定，然后为该接口配置 IP 地址。

本示例中，为了区分两个不同的 VPN，为 PE1 连接 CE1 对应的 Site 和 PE2 连接

CE3 对应的 Site 配置相同的 VPN 实例名 vpna，配置相同的 VPN Target 属性 111:1；为 PE1 连接 CE2 对应的 Site 和 PE2 连接 CE4 对应的 Site 配置相同的 VPN 实例名 vpnb，配置相同的 VPN Target 属性 222:2，以实现总部和分支机构的安全互通，但研发区和非研发区间数据隔离。PE1 上 vpna 实例的 RD 为 100:1，vpnb 的 RD 为 100:2；PE2 上 vpna 实例的 RD 为 200:1，vpnb 的 RD 为 200:2。

【说明】在非重叠私网地址空间情况下，只需要确保同一 PE 上配置的 VPN 实例所配置的 RD 唯一即可，此处在两个 PE 上为各个 VPN 实例配置不同的 RD。

\#---PE1 上的配置如下。

```
[PE1] ip vpn-instance vpna
[PE1-vpn-instance-vpna] ipv4-family
[PE1-vpn-instance-vpna-af-ipv4] route-distinguisher 100:1    #---为 vpna 实例配置 RD 为 100:1
[PE1-vpn-instance-vpna-af-ipv4] vpn-target 111:1 both    #---为 vpna 实例配置 export-target 和 import-target 相同的属性
值 111:1
[PE1-vpn-instance-vpna-af-ipv4] quit
[PE1-vpn-instance-vpna] quit
[PE1] ip vpn-instance vpnb
[PE1-vpn-instance-vpnb] ipv4-family
[PE1-vpn-instance-vpnb-af-ipv4] route-distinguisher 100:2
[PE1-vpn-instance-vpnb-af-ipv4] vpn-target 222:2 both
[PE1-vpn-instance-vpnb-af-ipv4] quit
[PE1-vpn-instance-vpnb] quit
[PE1] interface gigabitethernet 1/0/0
[PE1-GigabitEthernet1/0/0] ip binding vpn-instance vpna
[PE1-GigabitEthernet1/0/0] ip address 10.1.1.2 24
[PE1-GigabitEthernet1/0/0] quit
[PE1] interface gigabitethernet 2/0/0
[PE1-GigabitEthernet2/0/0] ip binding vpn-instance vpnb
[PE1-GigabitEthernet2/0/0] ip address 10.2.1.2 24
[PE1-GigabitEthernet2/0/0] quit
```

\#---PE2 上的配置如下。

```
[PE2] ip vpn-instance vpna
[PE2-vpn-instance-vpna] ipv4-family
[PE2-vpn-instance-vpna-af-ipv4] route-distinguisher 200:1
[PE2-vpn-instance-vpna-af-ipv4] vpn-target 111:1 both
[PE2-vpn-instance-vpna-af-ipv4] quit
[PE2-vpn-instance-vpna] quit
[PE2] ip vpn-instance vpnb
[PE2-vpn-instance-vpnb] ipv4-family
[PE2-vpn-instance-vpnb-af-ipv4] route-distinguisher 200:2
[PE2-vpn-instance-vpnb-af-ipv4] vpn-target 222:2 both
[PE2-vpn-instance-vpnb-af-ipv4] quit
[PE2-vpn-instance-vpnb] quit
[PE2] interface gigabitethernet 1/0/0
[PE2-GigabitEthernet1/0/0] ip binding vpn-instance vpna
[PE2-GigabitEthernet1/0/0] ip address 10.3.1.2 24
[PE2-GigabitEthernet1/0/0] quit
[PE2] interface gigabitethernet 2/0/0
[PE2-GigabitEthernet2/0/0] ip binding vpn-instance vpnb
[PE2-GigabitEthernet2/0/0] ip address 10.4.1.2 24
[PE2-GigabitEthernet2/0/0] quit
```

完成以上配置后，在两个 PE 上执行 **display ip vpn-instance verbose** 命令可以看到

它们的 VPN 实例配置情况。在 PE1 上执行 **display ip vpn-instance verbose** 命令的输出如图 2-5 所示，由图 2-5 可以看出，其已经创建了两个 VPN 实例，在详细信息中显示这两个 VPN 实例的名称、RD 和 VPN Target 属性等参数。

```
<PE1>display ip vpn-instance verbose
 Total VPN-Instances configured       : 2
 Total IPv4 VPN-Instances configured  : 2
 Total IPv6 VPN-Instances configured  : 0

 VPN-Instance Name and ID : vpna, 1
  Interfaces : GigabitEthernet1/0/0
 Address family ipv4
  Create date : 2021/11/01 09:03:59 UTC-08:00
  Up time : 0 days, 00 hours, 13 minutes and 29 seconds
  Route Distinguisher : 100:1
  Export VPN Targets :  111:1
  Import VPN Targets :  111:1
  Label Policy : label per route
  Log Interval : 5

 VPN-Instance Name and ID : vpnb, 2
  Interfaces : GigabitEthernet2/0/0
 Address family ipv4
  Create date : 2021/11/01 09:03:59 UTC-08:00
  Up time : 0 days, 00 hours, 13 minutes and 29 seconds
  Route Distinguisher : 100:2
  Export VPN Targets :  222:2
  Import VPN Targets :  222:2
  Label Policy : label per route
  Log Interval : 5

<PE1>
```

图 2-5 在 PE1 上执行 **display ip vpn-instance verbose** 命令的输出

⑤ 在两个 PE 与所连接的 CE 间建立 EBGP 对等体关系，引入 PE 与 CE 直连链路的直连路由，以便 PE 把与 CE 直连的路由通过 MP-IBGP Update 消息发布给对端 PE，最终实现同一 VPN 两端的 CE 间的三层互通。

【说明】本示例因为不需要将一台物理设备在逻辑上模拟为多台 BGP 设备，所以不需要为每个 VPN 实例 IPv4 地址族配置不同的 AS 号。

#---PE1 上的配置如下。

```
[PE1] bgp 100
[PE1-bgp] ipv4-family vpn-instance vpna
[PE1-bgp-vpna] peer 10.1.1.1 as-number 65410    #---指定 CE1 为 EBGP 对等体
[PE1-bgp-vpna] import-route direct    #---引入 vpna 实例绑定的接口所在链路的直连路由
[PE1-bgp-vpna] quit
[PE1-bgp] ipv4-family vpn-instance vpnb
[PE1-bgp-vpnb] peer 10.2.1.1 as-number 65420
[PE1-bgp-vpnb] import-route direct
[PE1-bgp-vpnb] quit
[PE1-bgp] quit
```

#---PE2 上的配置如下。

```
[PE2] bgp 100
[PE2-bgp] ipv4-family vpn-instance vpna
[PE2-bgp-vpna] peer 10.3.1.1 as-number 65430
[PE2-bgp-vpna] import-route direct
[PE2-bgp-vpna] quit
[PE2-bgp] ipv4-family vpn-instance vpnb
[PE2-bgp-vpnb] peer 10.4.1.1 as-number 65440
[PE2-bgp-vpnb] import-route direct
[PE2-bgp-vpnb] quit
[PE2-bgp] quit
```

⑥ 在各 CE 上配置接口 IP 地址，并分别与直连的 PE 建立 EBGP 对等体关系。

【说明】因为在前面 PE 的配置中已把 PE 与 CE 直连链路的直连路由引入 VPN 路由表中，所以此处无须在 CE 上引入与 PE 之间直连链路的直连路由。

但在实际的应用中，如果要实现 VPN 两端内网用户互通，则需要在 CE 上引入该内网的路由，以便通过 CE 发布到本端 PE 的 VPN 路由表中，然后再通过 MP-IBGP Update 消息发布到对端 PE 的 VPN 路由表中，最终实现 VPN 两端 CE 所连接的内网用户三层互通。

#---CE1 上的配置如下。

```
<Huawei> system-view
[Huawei] sysname CE1
[CE1] interface gigabitethernet 1/0/0
[CE1-GigabitEthernet1/0/0] ip address 10.1.1.1 24
[CE1-GigabitEthernet1/0/0] quit
[CE1] bgp 65410
[CE1-bgp] peer 10.1.1.2 as-number 100    #---指定 PE1 为 EBGP 对等体
[CE1-bgp] quit
```

#---CE2 上的配置如下。

```
<Huawei> system-view
[Huawei] sysname CE2
[CE2] interface gigabitethernet 1/0/0
[CE2-GigabitEthernet1/0/0] ip address 10.2.1.1 24
[CE2-GigabitEthernet1/0/0] quit
[CE2] bgp 65420
[CE2-bgp] peer 10.2.1.2 as-number 100
[CE2-bgp] quit
```

#---CE3 上的配置如下。

```
<Huawei> system-view
[Huawei] sysname CE3
[CE3] interface gigabitethernet 1/0/0
[CE3-GigabitEthernet1/0/0] ip address 10.3.1.1 24
[CE3-GigabitEthernet1/0/0] quit
[CE3] bgp 65430
[CE3-bgp] peer 10.3.1.2 as-number 100
[CE3-bgp] quit
```

#---CE4 上的配置如下。

```
<Huawei> system-view
[Huawei] sysname CE4
[CE4] interface gigabitethernet 1/0/0
[CE4-GigabitEthernet1/0/0] ip address 10.4.1.1 24
[CE4-GigabitEthernet1/0/0] quit
[CE4] bgp 65440
[CE4-bgp] peer 10.4.1.2 as-number 100
[CE4-bgp] quit
```

完成以上配置后，在两个 PE 上执行 **display bgp vpnv4 vpn-instance peer** 命令可以看到，PE 与 CE 之间已经建立了 EBGP 对等体关系。在 PE1 上执行 **display bgp vpnv4 vpn-instance vpna peer** 命令的输出如图 2-6 所示，由图 2-6 可以看出，PE1 与 vpna、vpnb 实例中的 CE1、CE2 之间建立的 EBGP 对等体关系。

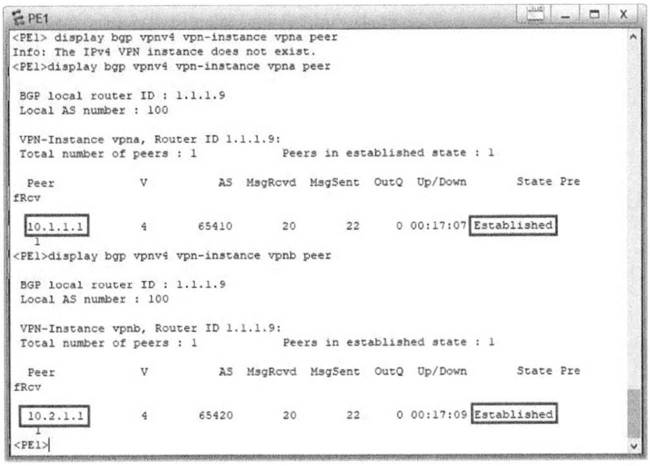

```
<PE1> display bgp vpnv4 vpn-instance vpna peer
Info: The IPv4 VPN instance does not exist.
<PE1>display bgp vpnv4 vpn-instance vpna peer

 BGP local router ID : 1.1.1.9
 Local AS number : 100

 VPN-Instance vpna, Router ID 1.1.1.9:
 Total number of peers : 1            Peers in established state : 1

  Peer            V          AS  MsgRcvd  MsgSent  OutQ  Up/Down       State Pre
fRcv

  10.1.1.1        4       65410       20       22     0 00:17:07 Established
    1
<PE1>display bgp vpnv4 vpn-instance vpnb peer

 BGP local router ID : 1.1.1.9
 Local AS number : 100

 VPN-Instance vpnb, Router ID 1.1.1.9:
 Total number of peers : 1            Peers in established state : 1

  Peer            V          AS  MsgRcvd  MsgSent  OutQ  Up/Down       State Pre
fRcv

  10.2.1.1        4       65420       20       22     0 00:17:09 Established
    1
<PE1>
```

图 2-6　在 PE1 上执行 **display bgp vpnv4 vpn-instance vpna peer** 命令的输出

3．配置结果验证

完成以上配置后，可以进行以下配置结果验证。

① 在 PE 设备上执行 **display ip routing-table vpn-instance** 命令可以看到，在 VPN 中有去往对端 CE 的 IBGP 路由。在 PE1 上执行 **display ip routing-table vpn-instance vpna** 命令的输出，由图 2-7 可以看到，在 vpna、vpnb 实例中已经有去往 CE3、CE4 的路由。

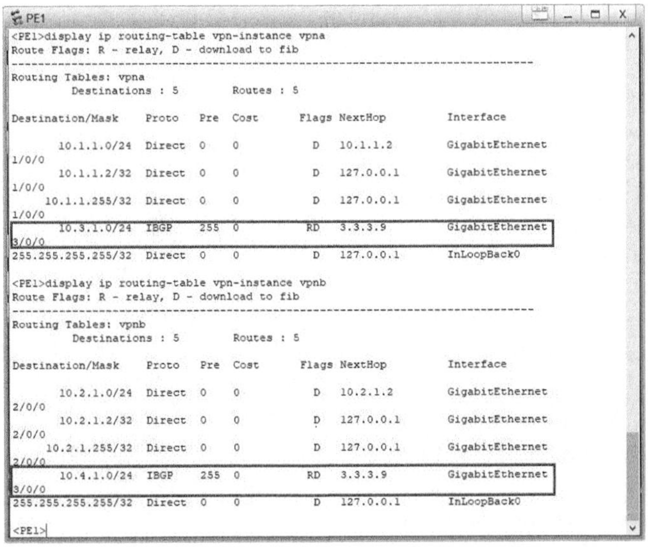

```
<PE1>display ip routing-table vpn-instance vpna
Route Flags: R - relay, D - download to fib
------------------------------------------------------------------------------
Routing Tables: vpna
         Destinations : 5        Routes : 5

Destination/Mask    Proto   Pre  Cost      Flags NextHop         Interface

       10.1.1.0/24  Direct  0    0           D   10.1.1.2        GigabitEthernet
1/0/0
       10.1.1.2/32  Direct  0    0           D   127.0.0.1       GigabitEthernet
1/0/0
     10.1.1.255/32  Direct  0    0           D   127.0.0.1       GigabitEthernet
1/0/0
       10.3.1.0/24  IBGP    255  0           RD  3.3.3.9         GigabitEthernet
3/0/0
255.255.255.255/32  Direct  0    0           D   127.0.0.1       InLoopBack0

<PE1>display ip routing-table vpn-instance vpnb
Route Flags: R - relay, D - download to fib
------------------------------------------------------------------------------
Routing Tables: vpnb
         Destinations : 5        Routes : 5

Destination/Mask    Proto   Pre  Cost      Flags NextHop         Interface

       10.2.1.0/24  Direct  0    0           D   10.2.1.2        GigabitEthernet
2/0/0
       10.2.1.2/32  Direct  0    0           D   127.0.0.1       GigabitEthernet
2/0/0
     10.2.1.255/32  Direct  0    0           D   127.0.0.1       GigabitEthernet
2/0/0
       10.4.1.0/24  IBGP    255  0           RD  3.3.3.9         GigabitEthernet
3/0/0
255.255.255.255/32  Direct  0    0           D   127.0.0.1       InLoopBack0

<PE1>
```

图 2-7　在 PE1 上执行 **display ip routing-table vpn-instance vpna** 命令的输出

② 验证同一 VPN 的 CE 之间能够相互 ping 通，不同 VPN 的 CE 不能相互 ping 通。

在 CE1（10.1.1.1）上 ping CE3（10.3.1.1），可以 ping 通，但 ping 不通 CE4（10.4.1.1），CE1 ping CE3 和 CE4 的结果如图 2-8 所示；同理，在 CE2（10.2.1.1）上 ping CE4，可以 ping 通，但 ping 不通 CE3，CE2 ping CE3 和 CE4 的结果如图 2-9 所示。

通过以上结果验证，已实现了同一 VPN 中的用户互通，不同 VPN 中的用户不通，即研发区与非研发区之间数据隔离，以达到预期目的。

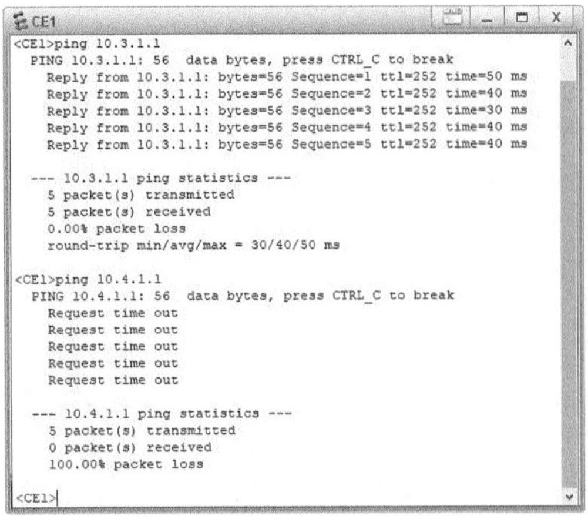

图 2-8　CE1 ping CE3 和 CE4 的结果

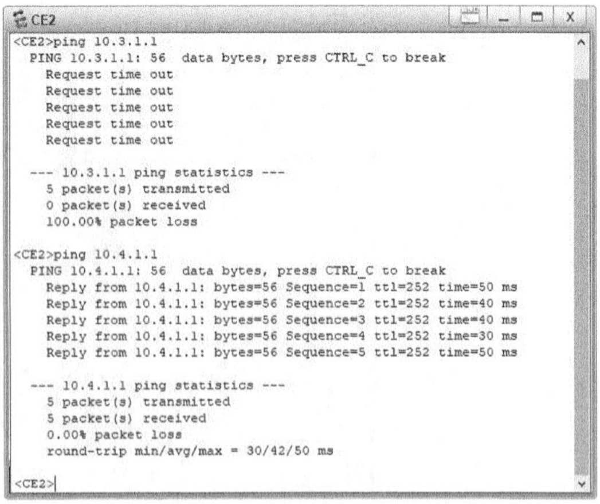

图 2-9　CE2 ping CE3 和 CE4 的结果

2.2.3　配置 PE 和 CE 间使用 IBGP

PE 和 CE 间使用 IBGP 时的 PE 配置步骤见表 2-6，PE 和 CE 间使用 IBGP 时的 CE 配置步骤见表 2-7。如果把 PE 和 CE 配置成 IBGP 对等体关系，则 PE 和 CE 需要分别按照表 2-6 和表 2-7 进行配置。但这种网络情形比较少见，因为用户侧设备 CE 与运营商侧设备 PE 不会在同一 AS 域内。

表 2-6　PE 和 CE 间使用 IBGP 时的 PE 配置步骤

步骤	命令	说明
1	**system-view**	进入系统视图
2	**bgp** { *as-number-plain* | *as-number-dot* } 例如，[Huawei] **bgp** 100	进入 PE 所在 AS 的 BGP 视图
3	**ipv4-family vpn-instance** *vpn-instance-name* 例如，[Huawei-bgp] **ipv4-family vpn-instance** vrf1	进入连接对应站点的接口所绑定的 VPN 实例的 IPv4 地址族视图。参数 *vpn-instance-name* 为 2.1.3 节所创建的 VPN 实例
4	**as-number** *as-number* 例如，[Huawei-bgp-vrf1] **as-number** 6500	（可选）为 VPN 实例 IPv4 地址族配置单独的 AS 号，**不能与本 BGP 视图下配置的 AS 号相同**。其他说明见表 2-4 中的第 4 步
5	**peer** *ipv4-address* **as-number** *as-number* 例如，[Huawei-bgp-vrf1] **peer** 10.1.1.2 **as-number** 100	将 CE 配置为 VPN 私网 IBGP 对等体，这时所配置的对等体 AS 号与 PE 的相同。其他说明见表 2-4 中的第 5 步
6	**import-route direct** [**med** *med* | **route-policy** *route-policy-name*] * 例如，[Huawei-bgp-vrf1] **import-route direct** **network** *ipv4-address* [*mask* | *mask-length*] [**route-policy** *route-policy-name*] 例如，[Huawei-bgp-vrf1] **network** 10.1.1.0 24	（可选）引入与本端 CE 直连链路的直连路由，两个命令选择其中一个。其他说明见表 2-4 中的第 7 步
7	**routing-table rib-only** [**route-policy** *route-policy-name*] 例如，[Huawei-bgp-vrf1] **routing-table rib-only**	（可选）禁止 BGP 私网路由下发到私网 VPN 路由表。其他说明见表 2-4 中的第 10 步

表 2-7　PE 和 CE 间使用 IBGP 时的 CE 配置步骤

步骤	命令	说明
1	**system-view**	进入系统视图
2	**bgp** { *as-number-plain* | *as-number-dot* } 例如，[Huawei] **bgp** 100	进入 CE 所在 AS 的 BGP 视图
3	**peer** *ipv4-address* **as-number** *as-number* 例如，[Huawei-bgp] **peer** 10.1.1.1 **as-number** 100	将 PE 配置为 IBGP 对等体，对等体的 AS 号要与自己的一样。其他说明见表 2-4 中的第 5 步
4	**import-route** *protocol* [*process-id*] [**med** *med* | **route-policy** *route-policy-name*] * 例如，[Huawei-bgp] **import-route** rip 1	引入本站点的 IGP 路由。CE 将所连接的 VPN 网段地址发布给接入的 PE，通过 PE 发布给对端 CE，其他说明见表 2-5 中的第 5 步

2.2.4　配置 PE 和 CE 间使用静态路由

PE 和 CE 间使用静态路由时的 PE 配置步骤见表 8。如果 PE 与 CE 通过静态路由连接，则可按表 2-8 中的步骤对 PE 进行配置。PE 上的主要配置任务包括以下两个方面。

- 配置从 PE 到达 CE 内网的 VPN 实例静态路由。
- 在相同的 VPN 实例中引入前面配置的 VPN 实例静态路由。

CE 上静态路由的配置方法与普通静态路由的配置方法相同。

表 2-8　PE 和 CE 间使用静态路由时的 PE 配置步骤

步骤	命令	说明
1	**system-view**	进入系统视图
2	**ip route-static vpn-instance** *vpn-source-name destination-address* { *mask* | *mask-length* } *interface-type interface-number* [*nexthop-address*] [**preference** *preference* | **tag** *tag*] * 例如，[Huawei] **ip route-static vpn-instance** vrf1 10.1.1.0 24	为指定 VPN 实例配置静态路由。 • *vpn-source-name*：指定源 VPN 实例的名称，配置的静态路由将被引入指定 VPN 实例的路由表中。这个 VPN 实例需先按照 2.1.3 节介绍的步骤配置好。 • *destination-address* { *mask* | *mask-length* }：指定静态路由的目的地址及掩码。 • *interface-type interface-number*：指定静态路由的出接口。 • *nexthop-address*：可选参数，指定静态路由的下一跳 IP 地址。以太网链路中必须指定下一跳 IP 地址。 • **preference** *preference*：可多选参数，指定静态路由的优先级，整数形式，取值范围为 1～255。不配置该参数，静态路由优先级默认为 60。 • **tag** *tag*：可多选参数，指定静态路由的 tag 属性值，整数形式，取值范围为 1～4294967295。缺省值是 0。配置不同的 tag 属性值，可对静态路由进行分类，以实现不同的路由管理策略。例如，其他协议引入静态路由时，可通过路由策略引入具有特定 tag 属性值的路由。 缺省情况下，没有为 VPN 实例配置静态路由，可用 **undo ip route-static vpn-instance** *vpn-source-name destination-address* { *mask* | *mask-length* } [*nexthop-address* | *interface-type interface-number* [*nexthop-address*] [**preference** *preference* | **tag** *tag*] * 命令删除指定的 VPN 实例静态路由
3	**bgp** { *as-number-plain* | *as-number-dot* } 例如，[Huawei] **bgp** 100	进入 PE 所在 AS 的 BGP 视图

续表

步骤	命令	说明
4	**ip v4-family vpn-instance** *vpn-instance-name* 例如，[Huawei-bgp] **ip v4-family vpn-instance** vrf1	进入 BGP-VPN 实例 IPv4 地址族视图
5	**import-route static** [**med** *med* | **route-policy** *route-policy-name*] * 例如，[Huawei-bgp-vrf1] **import-route static**	将以上配置的 VPN 实例的静态路由引入 BGP-VPN 实例 IPv4 地址族路由表中。 在 BGP-VPN 实例 IPv4 地址族视图下执行该命令后，PE 把从本端 CE 学习到的 VPN 路由引入 BGP 中，形成 VPNv4 路由发布给对端 PE

2.2.5　PE 和 CE 间使用静态路由的 BGP/MPLS IP VPN 配置示例

PE 和 CE 间使用静态路由的 BGP/MPLS IP VPN 配置示例的拓扑结构如图 2-10 所示，CE1 和 CE2 分别代表一个公司的两个分支机构内部网络，PE1 连接 CE1，PE2 连接 CE2，现要求在 PE 与 CE 之间配置静态路由实现 CE1 和 CE2 所连接的内网用户三层互通。

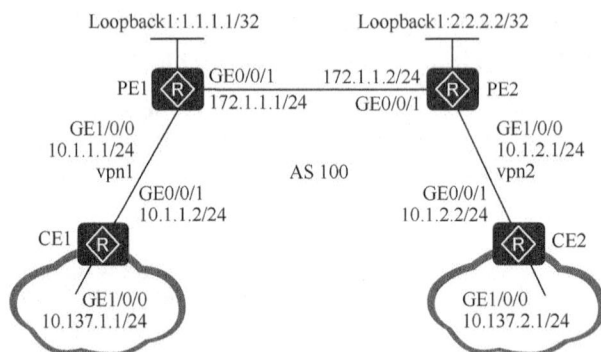

图 2-10　PE 和 CE 间使用静态路由的 BGP/MPLS IP VPN 配置示例的拓扑结构

【经验提示】因为本示例是两个 PE 直连，在支持 PHP 特性的情况下，在 PE 直连链路上传输的 VPN 报文中均只带有一层 MPLS 标签。这层标签仅是内层的私网路由标签，外层隧道标签在 PE 发出报文时就已被弹出了。此时，携带两层 MPLS 标签的 VPN 报文仅在 PE 内部从出端口转发前存在。

1. 基本配置思路分析

本示例中，PE 与 CE 间要使用静态路由方式实现路由连接，根据 2.1 节及 2.2.4 节介绍的配置方法可得出本示例的基本配置思路如下。

① 在两个 PE 上配置公网接口（不包括 PE 连接 CE 的接口）的 IP 地址和 OSPF 路由，以实现骨干网的三层互通。

② 在两个 PE 上全局和公网接口上使能 MPLS 和 LDP 能力，建立公网 MPLS LDP LSP 隧道。

③ 配置两个 PE 之间的 MP-IBGP 对等体关系，交互 VPN 路由信息。

④ 在两个 PE 上为所连接的站点创建 VPN 实例，并与 PE 连接 CE 的接口进行绑定，然后为该接口配置 IP 地址。

⑤ 在两个 PE 上分别到达所连站点的内网网段的 VPN 实例静态路由，然后在对应的 VPN 实例 IPv4 地址族中引入该静态路由。

⑥ 在两个 CE 上配置接口 IP 地址，并分别配置以所连接的 PE 的接口 IP 地址为下一跳的缺省路由。

2. 具体配置步骤

① 在两个 PE 上配置公网接口的 IP 地址和 OSPF 路由，要同时通告作为建立公网 MPLS 隧道 FEC 的 Loopback1 接口的主机 OSPF 路由。

#---PE1 上的配置如下。

```
<Huawei> system-view
[Huawei] sysname PE1
[PE1] interface loopback 1
[PE1-LoopBack1] ip address 1.1.1.1 32
[PE1-LoopBack1] quit
[PE1] interface gigabitethernet 0/0/1
[PE1-GigabitEthernet0/0/1] ip address 172.1.1.1 24
[PE1-GigabitEthernet0/0/1] quit
[PE1] ospf 1
[PE1-ospf-1] area 0
[PE1-ospf-1-area-0.0.0.0] network 1.1.1.1 0.0.0.0
[PE1-ospf-1-area-0.0.0.0] network 172.1.1.0 0.0.0.255
[PE1-ospf-1-area-0.0.0.0] quit
[PE1-ospf-1] quit
```

#---PE2 上的配置如下。

```
<Huawei> system-view
[Huawei] sysname PE2
[PE2] interface loopback 1
[PE2-LoopBack1] ip address 2.2.2.2 32
[PE2-LoopBack1] quit
[PE2] interface gigabitethernet 0/0/1
[PE2-GigabitEthernet0/0/1] ip address 172.1.1.2 24
[PE2-GigabitEthernet0/0/1] quit
[PE2] ospf 1
[PE2-ospf-1] area 0
[PE2-ospf-1-area-0.0.0.0] network 2.2.2.2 0.0.0.0
[PE2-ospf-1-area-0.0.0.0] network 172.1.1.0 0.0.0.255
[PE2-ospf-1-area-0.0.0.0] quit
[PE2-ospf-1] quit
```

完成以上配置后，PE 之间应能建立 OSPF 邻接关系，执行 **display ospf peer** 命令可以看到邻居状态为 Full；执行 **display ospf routing** 命令可以看到 PE 之间已学习到对方 Loopback1 接口 IP 地址所在网段的路由。在 PE1 上执行 **display ospf peer** 和 **display ospf routing** 命令的输出如果 2-11 所示。

② 在两个 PE 上全局和公网接口上使能 MPLS 和 LDP 能力。各节点的 LSR ID 以各自的 Loopback1 接口 IP 地址担当。

#---PE1 上的配置如下。

```
[PE1] mpls lsr-id 1.1.1.1
[PE1] mpls
[PE1-mpls] quit
[PE1] mpls ldp
[PE1-mpls-ldp] quit
```

```
[PE1] interface gigabitethernet 0/0/1
[PE1-GigabitEthernet0/0/1] mpls
[PE1-GigabitEthernet0/0/1] mpls ldp
[PE1-GigabitEthernet0/0/1] quit
```

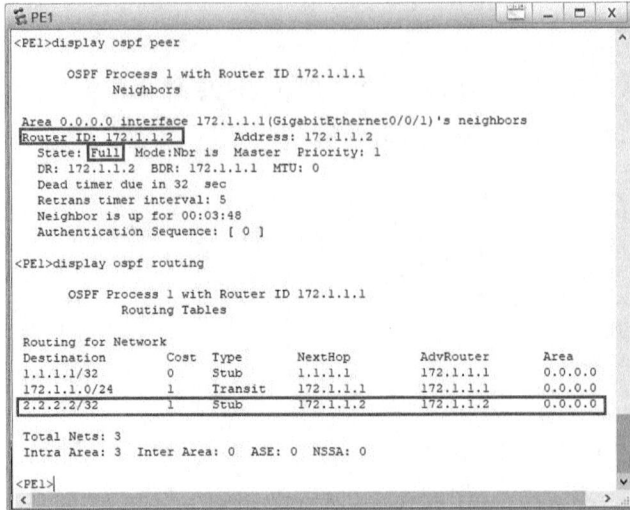

```
<PE1>display ospf peer

        OSPF Process 1 with Router ID 172.1.1.1
              Neighbors

 Area 0.0.0.0 interface 172.1.1.1(GigabitEthernet0/0/1)'s neighbors
 Router ID: 172.1.1.2          Address: 172.1.1.2
  State: Full  Mode:Nbr is  Master  Priority: 1
  DR: 172.1.1.2  BDR: 172.1.1.1  MTU: 0
  Dead timer due in 32 sec
  Retrans timer interval: 5
  Neighbor is up for 00:03:48
  Authentication Sequence: [ 0 ]

<PE1>display ospf routing

        OSPF Process 1 with Router ID 172.1.1.1
              Routing Tables

 Routing for Network
 Destination      Cost  Type    NextHop       AdvRouter      Area
 1.1.1.1/32       0     Stub    1.1.1.1       172.1.1.1      0.0.0.0
 172.1.1.0/24     1     Transit 172.1.1.1     172.1.1.1      0.0.0.0
 2.2.2.2/32       1     Stub    172.1.1.2     172.1.1.2      0.0.0.0

 Total Nets: 3
 Intra Area: 3  Inter Area: 0  ASE: 0  NSSA: 0

<PE1>
```

图 2-11　在 PE1 上执行 **display ospf peer** 和 **display ospf routing** 命令的输出

#---PE2 上的配置如下。

```
[PE2] mpls lsr-id 2.2.2.2
[PE2] mpls
[PE2-mpls] quit
[PE2] mpls ldp
[PE2-mpls-ldp] quit
[PE2] interface gigabitethernet 0/0/1
[PE2-GigabitEthernet0/0/1] mpls
[PE2-GigabitEthernet0/0/1] mpls ldp
[PE2-GigabitEthernet0/0/1] quit
```

　　完成上述配置后，PE1 与 PE2 之间应能建立 LDP 会话，执行 **display mpls ldp session** 命令可以看到输出结果中 Status 字段为“Operational”，表示已成功建立 LDP 会话；执行 **display mpls ldp lsp** 命令可以看到它们的 LDP LSP 建立情况。在 PE1 上执行 **display mpls ldp session** 和 **display mpls ldp lsp** 命令的输出如图 2-12 所示，可以看到，PE1 已与 PE2 建立了 LDP 会话，建立了到达 PE2 的 Ingress LDP LSP。

　　③ 配置两个 PE 间的 MP-BGP 对等体关系，交互 VPN 路由信息。

　　假设公网中的 AS 号为 100，PE1 和 PE2 之间建立 MP-IBGP 对等体关系。关键是要在 VPNv4 地址族下使能它们之间的 VPN 路由信息交互能力。

　　#---PE1 上的配置如下。

```
[PE1] bgp 100
[PE1-bgp] peer 2.2.2.2 as-number 100   #---指定 PE2 为 PE1 的 IBGP 对等体
[PE1-bgp] peer 2.2.2.2 connect-interface loopback 1     #---指定与 PE2 建立 TCP 连接的源接口为 Loopback1。因为 PE1
与 PE2 是直连的，所以也可用直连接口作为源接口
[PE1-bgp] ipv4-family vpnv4   #---进入 VPNv4 地址族
[PE1-bgp-af-vpnv4] peer 2.2.2.2 enable   #---使能与对等体 PE2 交换 VPNv4 路由信息的能力
[PE1-bgp-af-vpnv4] quit
[PE1-bgp] quit
```

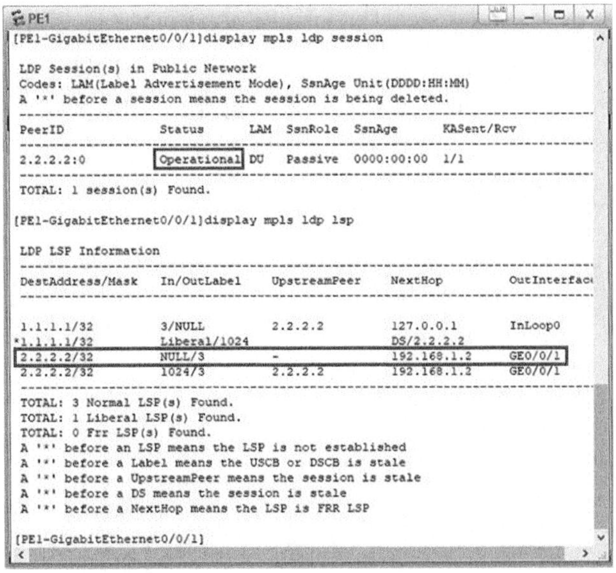

图 2-12　在 PE1 上执行 **display mpls ldp session** 和 **display mpls ldp lsp** 命令的输出

#---PE2 上的配置如下。

```
[PE2] bgp 100
[PE2-bgp] peer 1.1.1.1 as-number 100
[PE2-bgp] peer 1.1.1.1 connect-interface loopback 1
[PE2-bgp] ipv4-family vpnv4
[PE2-bgp-af-vpnv4] peer 1.1.1.1 enable
[PE2-bgp-af-vpnv4] quit
[PE2-bgp] quit
```

完成以上配置后，在两个 PE 上执行 **display bgp peer** 或 **display bgp vpnv4 all peer** 命令，由此可以看到，PE1 和 PE2 之间的 MP-IBGP 对等体关系已经建立，状态为 Established。在 PE1 上执行 **display bgp peer** 和 **display bgp vpnv4 all peer** 命令的输出如图 2-13 所示。

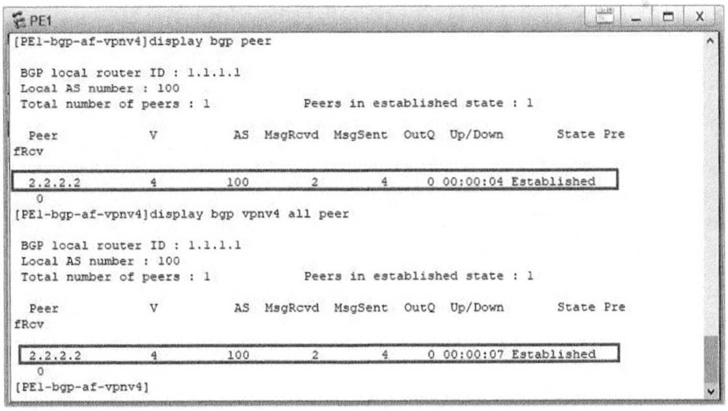

图 2-13　在 PE1 上执行 **display bgp peer** 和 **display bgp vpnv4 all peer** 命令的输出

④ 在两个 PE 上为所连接的站点创建 VPN 实例，并与 PE 连接 CE 的接口进行绑定，然后为该接口配置 IP 地址（以太网接口通常是与对端 CE 的接口的 IP 地址在同一 IP 网段）。

【说明】本章前面已有介绍，同一 VPN 中不同 Site 上所配置的 VPN 实例名可以一致，也可以不一致。本示例采用不一致（分别用 VPN1 和 VPN2）的 VPN 实例名配置方式，也建议在一个 VPN 中各 PE 上所连接的 Site 配置的 VPN 实例名一致。

在两个 PE 上分别为 CE1 对应的 VPN1 实例、CE2 对应的 VPN2 实例配置 100:1、200:1 的 RD 属性值，VPN Target 属性值均为 111:1。

#---PE1 上的配置如下。

```
[PE1] ip vpn-instance vpn1
[PE1-vpn-instance-vpn1] ipv4-family    #---进入 VPN 实例的 IPv4 地址族
[PE1-vpn-instance-vpn1-af-ipv4] route-distinguisher 100:1   #---为 vpn1 实例分配 100:1 的 RD
[PE1-vpn-instance-vpn1-af-ipv4] vpn-target 111:1 both   #---为 vpn1 实例分配入/出方向相同的 vpn-target 111:1，要实现两 VPN 实例对应的站点间互访，则至少要确保一端的入方向 VPN Target 与另一端的出方向 VPN Target 一致
[PE1-vpn-instance-vpn1-af-ipv4] quit
[PE1-vpn-instance-vpn1] quit
[PE1] interface gigabitethernet 1/0/0
[PE1-GigabitEthernet1/0/0] ip binding vpn-instance vpn1   #---将连接 CE 的 PE 接口绑定名为 vpn1 的 VPN 实例
[PE1-GigabitEthernet1/0/0] ip address 10.1.1.1 24   #---在绑定 VPN 实例后再配置连接 CE 的 PE 接口的 IP 地址
[PE1-GigabitEthernet1/0/0] quit
```

#---PE2 上的配置如下。

```
[PE2] ip vpn-instance vpn2
[PE2-vpn-instance-vpn2] ipv4-family
[PE2-vpn-instance-vpn2-af-ipv4] route-distinguisher 200:1
[PE2-vpn-instance-vpn2-af-ipv4] vpn-target 111:1 both
[PE2-vpn-instance-vpn2-af-ipv4] quit
[PE2-vpn-instance-vpn2] quit
[PE2] interface gigabitethernet 1/0/0
[PE2-GigabitEthernet1/0/0] ip binding vpn-instance vpn2
[PE2-GigabitEthernet1/0/0] ip address 10.1.2.1 24
[PE2-GigabitEthernet1/0/0] quit
```

完成以上配置后，在两个 PE 上执行 **display ip vpn-instance verbose** 命令可以看到 VPN 实例的配置情况。在 PE1 上执行 **display ip vpn-instance verbose** 命令的输出如图 2-14 所示，包括所配置的 VPN 实例名、RD、Export-Targets、Import-Targets、绑定的 PE 接口等。

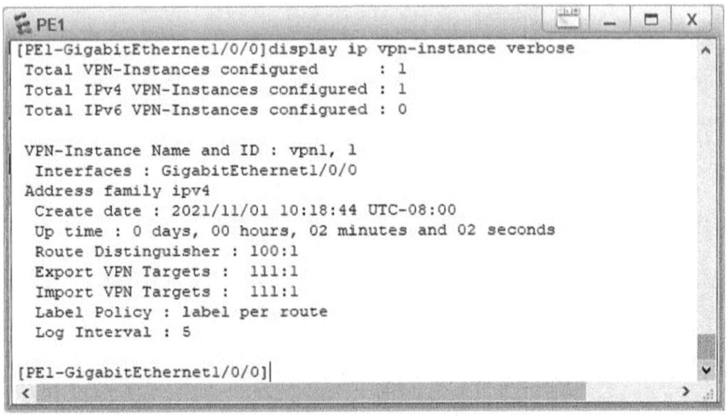

```
PE1
[PE1-GigabitEthernet1/0/0]display ip vpn-instance verbose
 Total VPN-Instances configured      : 1
 Total IPv4 VPN-Instances configured : 1
 Total IPv6 VPN-Instances configured : 0

 VPN-Instance Name and ID : vpn1, 1
  Interfaces : GigabitEthernet1/0/0
 Address family ipv4
  Create date : 2021/11/01 10:18:44 UTC-08:00
  Up time : 0 days, 00 hours, 02 minutes and 02 seconds
  Route Distinguisher : 100:1
  Export VPN Targets :  111:1
  Import VPN Targets :  111:1
  Label Policy : label per route
  Log Interval : 5

[PE1-GigabitEthernet1/0/0]
```

图 2-14　在 PE1 上执行 **display ip vpn-instance verbose** 命令的输出

⑤ 在两个 PE 上分别配置到达所连站点的内网网段的 VPN 实例静态路由，然后在对应的 VPN 实例 IPv4 地址族中引入该静态路由。

　　此处以在 PE1、PE2 上分别配置到达 CE1、CE2 的 GE1/0/0 接口所在网段的静态路由为例进行介绍。如果还需要到达其他内网网段的静态路由，则需要配置多条静态路由，并引入对应的 VPN 实例 BGP 路由表。

　　#---PE1 上的配置如下。

```
[PE1] ip route-static vpn-instance vpn1 10.137.1.0 255.255.255.0 10.1.1.2   #---配置到达 CE1 站点所在内网（GE1/0/0
接口所在网段），属于 vpn1 实例的私网静态路由
[PE1] bgp 100
[PE1-bgp] ipv4-family vpn-instance vpn1
[PE1-bgp-af-ipv4] import-route static   /#---在 vpn1 实例 IPv4 地址族中引入以上私网静态路由
```

　　#---PE2 上的配置如下。

```
[PE2] ip route-static vpn-instance vpn2 10.137.2.0 255.255.255.0 10.1.2.2   #---配置到达 CE2 站点所在内网（GE1/0/0
接口所在网段），属于 vpn2 实例的私网静态路由
[PE2] bgp 100
[PE2-bgp] ipv4-family vpn-instance vpn2
[PE2-bgp-af-ipv4] import-route static   /#---在 vpn2 实例 IPv4 地址族中引入以上私网静态路由
```

　　⑥ 在两个 CE 上配置接口 IP 地址，并分别配置以所连接的 PE 的接口 IP 地址为下一跳，到达外网的静态缺省路由。

　　#---CE1 上的配置如下。

```
<Huawei> system-view
[Huawei] sysname CE1
[CE1]interface GigabitEthernet0/0/1
[CE1-GigabitEthernet0/0/1] ip address 10.1.1.2 255.255.255.0
[CE1-GigabitEthernet0/0/1] quit
[CE1]interface GigabitEthernet1/0/0
[CE1-GigabitEthernet1/0/0] ip address 10.137.1.1 255.255.255.0
[CE1-GigabitEthernet1/0/0] quit
[CE1]ip route-static 0.0.0.0 0.0.0.0 10.1.1.1
```

　　#---CE2 上的配置如下。

```
<Huawei> system-view
[Huawei] sysname CE2
[CE2]interface GigabitEthernet0/0/1
[CE2-GigabitEthernet0/0/1] ip address 10.1.2.2 255.255.255.0
[CE2-GigabitEthernet0/0/1] quit
[CE2]interface GigabitEthernet1/0/0
[CE2-GigabitEthernet1/0/0] ip address 10.137.2.1 255.255.255.0
[CE2-GigabitEthernet1/0/0] quit
[CE2]ip route-static 0.0.0.0 0.0.0.0 10.1.2.1
```

　　3．配置结果验证

　　完成以上配置后，可以进行以下配置结果验证。

　　① 在两个 PE 上执行 **display ip routing-table vpn-instance vpn1** 命令，可以看到本端 PE 的 VPN 路由表中有到达对端 CE 下面私网网段路由。

　　在 PE1 上执行 **display ip routing-table vpn-instance vpn1** 命令的输出如图 2-15 所示，由此可以看到，不仅有 PE1 上配置的到达 CE1 下面连接的 10.137.1.0/24 的私网静态路由，还有通过 MP-IBGP 学习到的 PE2 连接的 CE2 下面连接的 10.137.2.0/24 的私网 IBGP 路由。其原因是两个 VPN 实例中一端配置的 Import Target 属性值与另一端配置的 Export Target 属性值相同，使这两个 VPN 实例的 BGP 路由表中的路由可以相互学习。

　　② 验证 CE1 GE1/0/0 接口连接的 10.137.1.0/24 网段可以与 CE2 GE1/0/0 接口连接的

10.137.2.0/24 网段三层互通。

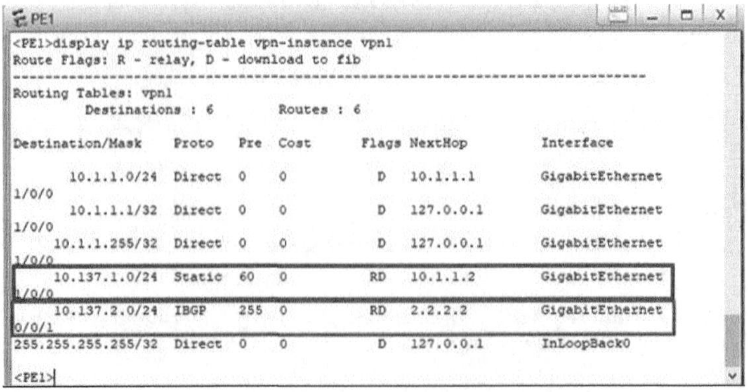

图 2-15　在 PE1 上执行 **display ip routing-table vpn-instance vpn1** 命令的输出

　　此时，假设在 CE1 GE1/0/0 接口下连接了 PC1 主机，IP 地址为 10.137.1.10/24，CE2 GE1/0/0 接口下连接了 PC2 主机，IP 地址为 10.137.2.10/24。在 PC1 上 ping PC2 是通的，而且通过执行 **tracert** 命令可以验证它们之间是通过 MPLS VPN 隧道通信的，在 PC1 上执行 ping、tracert PC2 的结果如图 2-16 所示。

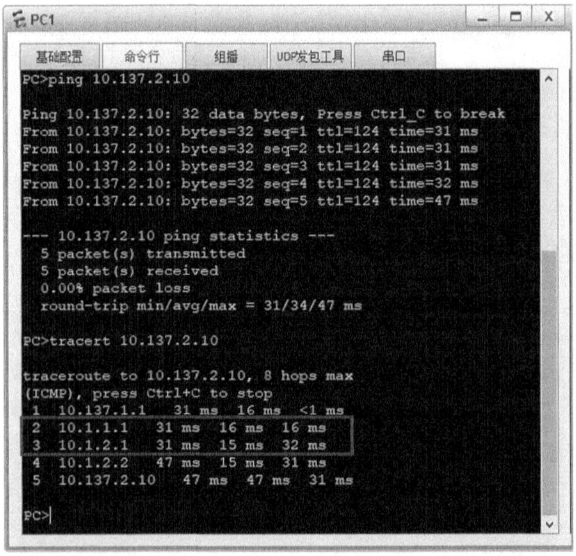

图 2-16　在 PC1 上执行 ping、tracert PC2 的结果

　　【说明】此时，虽然 CE1 和 CE2 下面连的内网主机（要配置好网关）之间可以相互 ping 通，但 CE1 和 CE2 之间不能直接 ping 通。因为本示例 PE 和 CE 之间采用的是静态路由配置，所以当没有在 VPN 实例下引入 PE 与 CE 之间直连链路 10.1.1.0/24 和 10.1.2.0/24 网段直连路由的情形下，这两个网段的路由并不会通过 MP-IBGP 的 Update 消息传输到对端 PE 所连接的 VPN 实例 BGP 路由表中。此时，CE1 和 CE2 之间直接进行 ping 操作时就没有可选择的路由来到达对端。其解决方法可以在两个 PE 上配置的 BGP-VPN 实例下使用 **import-route direct** 命令，同时引入连接对应 CE 的接口的直连路由。

2.2.6　配置 PE 和 CE 间使用 RIP

PE 和 CE 之间使用 RIP 路由时的 PE 配置步骤见表 2-9，如果把 PE 与 CE 通过 RIP 路由连接，则可按表 2-9 所示步骤对 PE 进行配置。主要的配置任务包括以下 3 个方面。

- 创建 VPN 实例的 RIP 路由进程，通告 PE 连接 CE 的接口所在网段。
- 在以上 VPN 实例的 RIP 路由进程中，引入来自对端 PE 的 BGP VPNv4 路由。通常仅引入同一 VPN 中其他 PE 所连接的 Site 的私网路由。
- 在以上 VPN 实例 BGP 路由表中引入前面创建的 VPN 实例的 RIP 进程路由。

CE 上 RIP 路由的配置方法与普通 RIP 路由的配置方法相同，参见《华为路由器学习指南（第二版）》。

【说明】采用 RIP、OSPF 和 IS-IS 这些动态路由协议进行 PE 与 CE 连接时，在 PE 上均要把所配置的这些协议的动态路由与 VPN 实例中的 BGP 路由相互引入。

表 2-9　PE 和 CE 之间使用 RIP 路由时的 PE 配置步骤

步骤	命令	说明
1	system-view	进入系统视图
2	rip *process-id* vpn-instance *vpn-instance-name* 例如，[Huawei] rip 1 vpn-instance vrf1	创建 PE 和 CE 间的 RIP 实例，并进入 RIP 视图。 一个 RIP 进程只能属于一个 VPN 实例。如果在启动 RIP 进程时不绑定到 VPN 实例，则该进程属于公网进程。属于公网的 RIP 进程不能再绑定到 VPN 实例
3	network *network-address* 例如，[Huawei-rip-1] network 10.0.0.0	通告 VPN 实例绑定的 PE 接口所在网段的 RIP 路由。参数 *network-address* 用来指定使能 RIP 的网络地址，该地址必须是自然网段的 IP 地址。 缺省情况下，对指定网段没有使能 RIP 路由，可用 undo network *network-address* 命令对指定网段接口去使能 RIP 路由
4	import-route bgp [cost { *cost* | transparent } | route-policy *route-policy-name*] * 例如，[Huawei-rip-1] import-route bgp cost 2	在以上 RIP 进程下引入 BGP-VPNv4 路由，使 PE 把从对端 PE 学到的 VPNv4 路由引入 RIP 进程中，进而发布给本端 CE。 - *cost*：二选一可选参数，指定 BGP 路由被引入后的开销值，整数形式，取值范围为 0~15。 - transparent：二选一可选项，指定保持原有开销不变。 - route-policy *route-policy-name*：可多选参数，指定引入路由时用于过滤路由的路由策略名称，仅引入符合条件的 BGP 路由。 缺省情况下，不从其他路由协议引入路由，可用 undo import-route bgp 命令取消从 BGP 路由协议引入路由
5	quit	返回系统视图
6	bgp { *as-number-plain* | *as-number-dot* } 例如，[Huawei] bgp 100	进入 BGP 视图
7	ip v4-family vpn-instance *vpn-instance-name* 例如，[Huawei-bgp] ip v4-family vpn-instance vrf1	进入 BGP-VPN 实例 IPv4 地址族视图

步骤	命令	说明
8	**import-route rip** *process-id* ［**med** *med*｜**route-policy** *route-policy-name*］* 例如，[Huawei-bgp-vrf1] **import-route rip** 1	将以上配置的本端 VPN 实例的 RIP 路由引入 BGP-VPNv4 路由表中，使本端 CE 通告的私网路由最终可以通过本端 PE 发布给对端 CE。通过本表第 4 步和本步配置，VPN 两端的 CE 就能够学习到对方的私网路由。其他参数说明见表 2-5 中的第 5 步

2.2.7　PE 和 CE 间使用 RIP 路由的 BGP/MPLS IP VPN 配置示例

本示例的拓扑结构与 2.2.5 节所介绍的示例的拓扑结构完全一样，参见图 2-10。本示例的要求也与 2.2.5 节基本一样，不同的是本示例要求在 PE 与 CE 之间采用 RIP 路由进行三层互连。

1. 基本配置思路分析

本示例的具体配置思路如下。

① 在两个 PE 上配置公网接口（不包括 PE 连接 CE 的接口）的 IP 地址和 OSPF 路由，以实现骨干网的三层互通。

② 在两个 PE 上全局和公网接口上使能 MPLS 和 LDP 能力，建立公网 MPLS LDP LSP 隧道。

③ 配置两个 PE 间的 MP-BGP 对等体关系，交换 VPN 路由信息。

④ 在两个 PE 上为所连接的 Site 创建 VPN 实例，并与 PE 连接 CE 的接口进行绑定，然后配置 PE 连接 CE 的接口的 IP 地址。

【说明】因为本书已经在 2.2.5 节证明了在同一 VPN 不同 Site 所配置的 VPN 实例名称可以不同，所以本示例就不需要再验证了，采用常用的配置方法，在 PE1、PE2 上把连接的 CE1 和 CE2 对应的站点的 VPN 实例名均配置为 VPN1。

⑤ 在两个 PE 上分别配置 VPN 实例 RIP 路由，通告与 VPN 实例所绑定的对应 PE 接口所在网段路由，同时在 RIP 路由进程中引入来自对端 PE 的 VPNv4 路由。

⑥ 在两个 CE 上配置接口 IP 地址，并分别配置 RIP 路由，通告两个 Site 的内网路由。

2. 具体配置步骤

本示例以上配置思路中的第①项～第③项的配置与 2.2.5 节介绍的配置完全一样，下面仅介绍以上配置任务中的第④项～第⑥项配置任务。

第④项配置任务：在两个 PE 上为所连接的 Site 创建 VPN 实例，并与连接对应 CE 的接口进行绑定，然后配置连接 CE 的接口的 IP 地址。本示例中，为两个 Site 所配置的 VPN 实例名均为 VPN1。

另外，为两端 Site 对应的 VPN 实例分别分配 100:1、200:1 的 RD，为了实现 CE1 和 CE2 所连接的内网互通，两个 VPN 实例的 Import Target 和 Export Target 属性值均为 111:1。

#---PE1 上的配置如下。

```
[PE1] ip vpn-instance vpn1
[PE1-vpn-instance-vpn1] ipv4-family
[PE1-vpn-instance-vpn1-af-ipv4] route-distinguisher 100:1
```

```
[PE1-vpn-instance-vpn1-af-ipv4] vpn-target 111:1 both
[PE1-vpn-instance-vpn1-af-ipv4] quit
[PE1-vpn-instance-vpn1] quit
[PE1] interface gigabitethernet 1/0/0
[PE1-GigabitEthernet1/0/0] ip binding vpn-instance vpn1
[PE1-GigabitEthernet1/0/0] ip address 10.1.1.1 24
[PE1-GigabitEthernet1/0/0] quit
```

#---PE2 上的配置如下。

```
[PE2] ip vpn-instance vpn1
[PE2-vpn-instance-vpn1] ipv4-family
[PE2-vpn-instance-vpn1-af-ipv4] route-distinguisher 200:1
[PE2-vpn-instance-vpn1-af-ipv4] vpn-target 111:1 both
[PE2-vpn-instance-vpn1-af-ipv4] quit
[PE2-vpn-instance-vpn1] quit
[PE2] interface gigabitethernet 1/0/0
[PE2-GigabitEthernet1/0/0] ip binding vpn-instance vpn1
[PE2-GigabitEthernet1/0/0] ip address 10.1.2.1 24
[PE2-GigabitEthernet1/0/0] quit
```

完成以上配置后，在 PE 设备上执行 **display ip vpn-instance verbose** 命令可以看到 VPN 实例的配置情况。在 PE1 上执行 **display ip vpn-instance verbose** 命令的输出如图 2-17 所示，包括所配置的 VPN 实例名、RD、Export VPN Targets、Import VPN Targets、绑定的 PE 接口等。

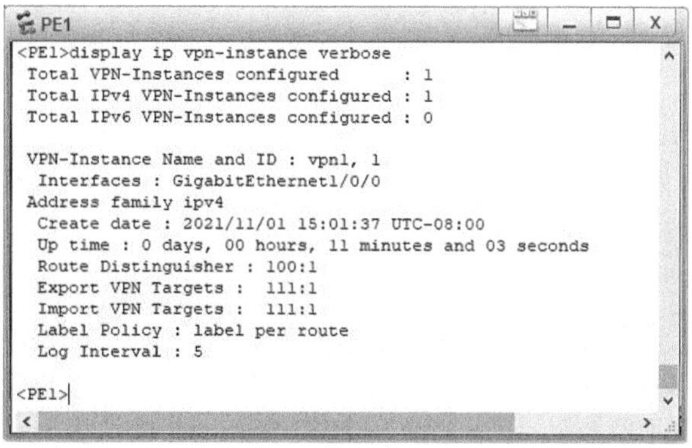

```
<PE1>display ip vpn-instance verbose
 Total VPN-Instances configured      : 1
 Total IPv4 VPN-Instances configured : 1
 Total IPv6 VPN-Instances configured : 0

 VPN-Instance Name and ID : vpn1, 1
  Interfaces : GigabitEthernet1/0/0
 Address family ipv4
  Create date : 2021/11/01 15:01:37 UTC-08:00
  Up time : 0 days, 00 hours, 11 minutes and 03 seconds
  Route Distinguisher : 100:1
  Export VPN Targets :  111:1
  Import VPN Targets :  111:1
  Label Policy : label per route
  Log Interval : 5

<PE1>
```

图 2-17　在 PE1 上执行 **display ip vpn-instance verbose** 命令的输出

第⑤项配置任务：在两个 PE 上分别配置 VPN 实例 RIP 路由，通告与 VPN 实例所绑定的对应 PE 接口所在网段路由，同时，在 RIP 路由进入中引入来自对端 PE 的 VPNv4 路由，以便可以向本端 CE 进行发布。假设采用 RIP 1 路由进程，v2 版本的 RIP。

#---PE1 上的配置如下。

```
[PE1] rip 1 vpn-instance vpn1   #--- 创建 vpn1 实例 RIP 1 路由进程
[PE1-rip-1] import-route bgp   #--- 把从对端 PE 学到的 VPN 路由引入 VPN 实例的 RIP 路由表
[PE1-rip-1] version 2
[PE1-rip-1] network 10.0.0.0   #---以自然网段方式通告连接 CE1 的 PE1 接口所在网段
[PE1-rip-1] quit
[PE1] bgp 100
[PE1-bgp] ipv4-family vpn-instance vpn1
[PE1-bgp-af-vpnv4] import-route rip 1   #---将 vpn1 实例 RIP 路由引入 VPN 实例的 BGP 路由表，向对端 PE 进行通告
[PE1-bgp-af-vpnv4] quit
[PE1-bgp] quit
```

#---PE2 上的配置如下。

```
[PE2] rip 1 vpn-instance vpn1
[PE2-rip-1] import-route bgp
[PE2-rip-1] version 2
[PE2-rip-1] network 10.0.0.0
[PE2-rip-1] quit
[PE2] bgp 100
[PE2-bgp] ipv4-family vpn-instance vpn1
[PE2-bgp-af-vpnv4] import-route rip 1
[PE2-bgp-af-vpnv4] quit
[PE2-bgp] quit
```

第⑥项配置任务：在两个 CE 上配置接口 IP 地址，并分别配置 RIP 路由，通告 VPN 两端用户需要三层互通的内部网段的路由。

CE 上配置采用的 RIP 路由进程号可以与 PE 端配置的私网路由 RIP 进程号相同或不同（路由进程只有本地意义），但建议采用相同的 RIP 版本，此处均为 v2 版本的 RIP。本示例中，仅需要 CE1 下面的 10.137.1.0/24 网段与 CE2 下面的 10.137.2.0/24 网段互通即可。

#---CE1 上的配置如下。

```
<Huawei>sysname CE1
[CE1] interface GigabitEthernet0/0/1
[CE1-GigabitEthernet0/0/1] ip address 10.1.1.2 255.255.255.0
[CE1-GigabitEthernet0/0/1] quit
[CE1]interface GigabitEthernet1/0/0
[CE1-GigabitEthernet1/0/0] ip address 10.137.1.1 255.255.255.0
[CE1-GigabitEthernet1/0/0] quit
[CE1]rip 1
[CE1-rip-1] version 2
[CE1-rip-1] network 10.0.0.0
[CE1-rip-1] quit
```

#---CE2 上的配置如下。

```
<Huawei>sysname CE2
[CE2] interface GigabitEthernet0/0/1
[CE2-GigabitEthernet0/0/1] ip address 10.1.2.2 255.255.255.0
[CE2-GigabitEthernet0/0/1] quit
[CE2] interface GigabitEthernet1/0/0
[CE2-GigabitEthernet1/0/0 ] ip address 10.137.2.1 255.255.255.0
[CE2-GigabitEthernet1/0/0 ] quit
[CE2] rip 1
[CE2-rip-1] version 2
[CE2-rip-1] network 10.0.0.0
[CE2-rip-1] quit
```

3．配置结果验证

完成以上配置后，可以进行以下配置结果验证。

① 在两个 PE 上执行 **display ip routing-table vpn-instance vpn1** 命令，可以看到本端 PE 的 VPN 路由表中已有到达对端 CE 下面连接的私网网段 BGP 路由。

在 PE1 上执行 **display ip routing-table vpn-instance vpn1** 命令的输出如图 2-18 所示，发现已有到达 CE2 下面所连接的私网网段 10.137.2.0/24 的 BGP 路由，证明已通过 MP-BGP 学习到对端的 VPN 私网路由。

② 在两个 CE 上执行 **display ip routing-table protocol rip** 命令，查看是否已学习对端的路由。

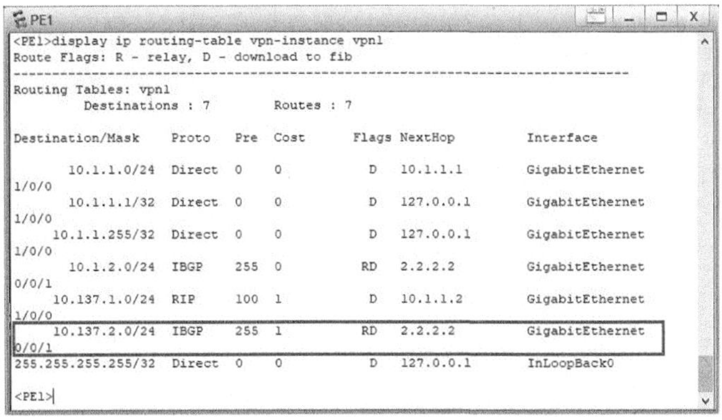

```
PE1
<PE1>display ip routing-table vpn-instance vpn1
Route Flags: R - relay, D - download to fib
------------------------------------------------------------------------------
Routing Tables: vpn1
         Destinations : 7        Routes : 7

Destination/Mask    Proto   Pre  Cost      Flags NextHop         Interface

       10.1.1.0/24  Direct  0    0           D   10.1.1.1        GigabitEthernet
1/0/0
       10.1.1.1/32  Direct  0    0           D   127.0.0.1       GigabitEthernet
1/0/0
     10.1.1.255/32  Direct  0    0           D   127.0.0.1       GigabitEthernet
1/0/0
       10.1.2.0/24  IBGP    255  0          RD   2.2.2.2         GigabitEthernet
0/0/1
     10.137.1.0/24  RIP     100  1           D   10.1.1.2        GigabitEthernet
1/0/0
     10.137.2.0/24  IBGP    255  1          RD   2.2.2.2         GigabitEthernet
0/0/1
255.255.255.255/32  Direct  0    0           D   127.0.0.1       InLoopBack0

<PE1>
```

图 2-18　在 PE1 上执行 **display ip routing-table vpn-instance vpn1** 命令的输出

在 CE1 上执行 **display ip routing-table protocol rip** 命令的输出如图 2-19 所示，可以看出，CE1 已学习到 CE2 上私网网段 10.137.2.0/24 路由，这是通过与所连 PE 上的对应 VPN 实例 RIP 路由学习到的。

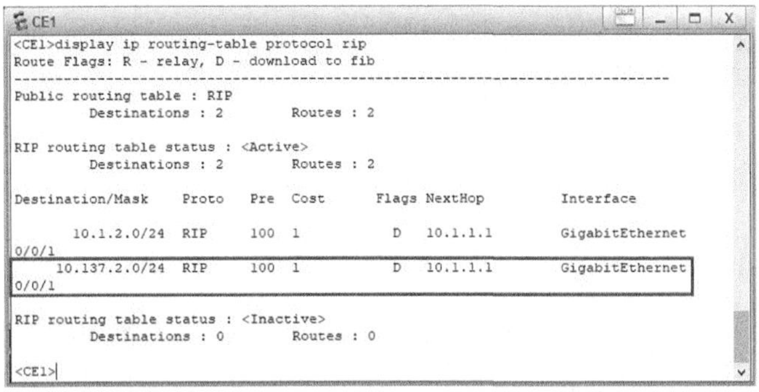

```
CE1
<CE1>display ip routing-table protocol rip
Route Flags: R - relay, D - download to fib
------------------------------------------------------------------------------
Public routing table : RIP
         Destinations : 2        Routes : 2

RIP routing table status : <Active>
         Destinations : 2        Routes : 2

Destination/Mask    Proto   Pre  Cost      Flags NextHop         Interface

       10.1.2.0/24  RIP     100  1           D   10.1.1.1        GigabitEthernet
0/0/1
     10.137.2.0/24  RIP     100  1           D   10.1.1.1        GigabitEthernet
0/0/1

RIP routing table status : <Inactive>
         Destinations : 0        Routes : 0

<CE1>
```

图 2-19　在 CE1 上执行 **display ip routing-table protocol rip** 命令的输出

③ 验证 CE1 GE1/0/0 接口连接的 10.137.1.0/24 网段可以与 CE2 GE1/0/0 接口连接的 10.137.2.0/24 网段三层互通。

此时假设在 CE1 GE1/0/0 接口下连接了 PC1 主机，IP 地址为 10.137.1.10/24，CE2 GE1/0/0 接口下连接了 PC2 主机，IP 地址为 10.137.2.10/24。在 PC1 上 ping PC2 是通的，PC1 成功 ping 通 PC2 的结果如图 2-20 所示。

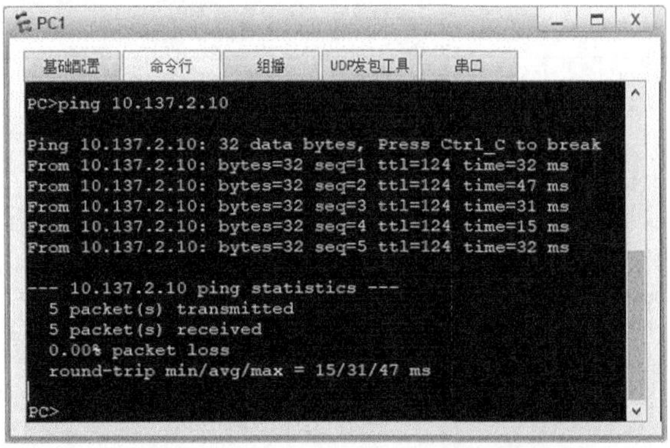

```
PC1
基础配置 | 命令行 | 组播 | UDP发包工具 | 串口
PC>ping 10.137.2.10

Ping 10.137.2.10: 32 data bytes, Press Ctrl_C to break
From 10.137.2.10: bytes=32 seq=1 ttl=124 time=32 ms
From 10.137.2.10: bytes=32 seq=2 ttl=124 time=47 ms
From 10.137.2.10: bytes=32 seq=3 ttl=124 time=31 ms
From 10.137.2.10: bytes=32 seq=4 ttl=124 time=15 ms
From 10.137.2.10: bytes=32 seq=5 ttl=124 time=32 ms

--- 10.137.2.10 ping statistics ---
  5 packet(s) transmitted
  5 packet(s) received
  0.00% packet loss
  round-trip min/avg/max = 15/31/47 ms

PC>
```

图 2-20　PC1 成功 ping 通 PC2 的结果

2.2.8　配置 PE 和 CE 间使用 OSPF

PE 和 CE 之间使用 OSPF 路由时的 PE 配置步骤见表 2-10。如果把 PE 与 CE 通过 OSPF 路由连接，则可按表 2-10 所示步骤对 PE 进行配置。主要的配置任务包括以下 3 个方面。

- 创建 VPN 实例 OSPF 路由进程（**不能与骨干网上的 OSPF 路由进程相同**）和 OSPF 区域（与 CE 连接 PE 的接口在同一个区域中），通告 PE 连接 CE 的接口所在网段。
- 在以上 VPN 实例的 OSPF 路由进程中，引入来自对端 PE 的 VPNv4 路由。通常仅引入同一 VPN 中其他 PE 连接的 Site 的私网路由。
- 在以上 VPN 实例路由表中引入前面创建的 VPN 实例的 OSPF 进程路由。

CE 上 OSPF 路由的配置方法与普通 OSPF 路由的配置方法相同，参见《华为路由器学习指南（第二版）》。

表 2-10　PE 和 CE 之间使用 OSPF 路由时的 PE 配置步骤

步骤	命令	说明
1	**system-view**	进入系统视图
2	**ospf** *process-id* [**router-id** *router-id*] **vpn-instance** *vpn-instance-name* 例如，[Huawei] **ospf** 1 **router-id** 1.1.1.1 **vpn-instance** vrf1	创建 PE-CE 之间的 OSPF 实例，并进入 OSPF 视图。 - *process-id*：指定 OSPF 进程号，整数形式，取值范围为 1～65535，**不能与骨干网的 OSPF 路由进程相同**。缺省值是 1。 - **router-id** *router-id*：可选参数，指定 OSPF Router ID，点分十进制格式。 - *vpn-instance-name*：指定此 OSPF 进程所属的 VPN 实例，必须创建。 【注意】一个 OSPF 进程只能属于一个 VPN 实例。如果在启动 OSPF 进程时不绑定 VPN 实例，则该进程属于公网进程。属于公网的 OSPF 进程不能再绑定到 VPN 实例。 **绑定到 VPN 实例的 OSPF 进程不使用系统视图下配置的公网 Router ID，用户需要在启动进程时指定 Router ID。**如果不指定 Router ID，则 OSPF 会根据 Router ID 选取规则在所有绑定该 VPN 实例的接口 IP 地址中选取一个作为 Router ID。 缺省情况下，系统不运行 OSPF，即不运行 OSPF 进程，可用 **undo ospf** *process-id* 命令关闭指定的 OSPF 进程
3	**domain-id** *domain-id* [**secondary**] 例如，[Huawei-ospf-1] **domain-id** 10	（可选）配置域 ID，一般不用配置。OSPF 进程的域 ID 包含在此进程生成的路由中，在将 OSPF 路由引入 BGP 中时，域 ID 被附加到 BGP VPN 路由上，作为 BGP 的扩展团体属性传递。每个 OSPF 进程可以配置两个域 ID，不同进程的域 ID 相互没有影响。PE 上不同 VPN 的 OSPF 进程域 ID 配置没有限制，但同一 VPN 的所有 OSPF 进程应配置相同的域 ID，以保证路由发布的正确性。 - *domain-id*：指定 OSPF 域标识符，可以采用整数形式或点分十进制形式。如果采用整数形式，则取值范围为 0～4294967295，输出时会转化成点分十进制显示；如果采用点分十进制形式，则按输入的内容显示

续表

步骤	命令	说明
3	domain-id *domain-id* [secondary] 例如，[Huawei-ospf-1] domain-id 10	• **secondary**：可选项，指定所配置的域 ID 为从域标识符，每个 OSPF 进程上从域标识符的最大条数是 1000 条。 缺省情况下，域标识符的值为 NULL，可用 undo domain-id [*domain-id*] 命令恢复缺省值
4	route-tag *tag* 例如，[Huawei-ospf-1] route-tag 100	（可选）配置 VPN 路由标记，整数形式，取值范围为 0～4294967295。**仅用于当一个 CE 双归连接两个 PE 的组网情形中，防止发生环路。** 【说明】VPN 路由标记用于防止 CE 双归属时，Type-5 LSA 发生环路。因为在一个 CE 与两个 PE 直连的组网中，PE1 根据引入的 BGP 路由产生 Type5 LSA 发给 CE，CE 又发给 PE2。由于 OSPF 的路由比 BGP 的路由优先级高，所以在 PE2 中会将 BGP 路由替换为 OSPF 路由，产生环路。执行本命令后，当 PE 发现 LSA 的标记与自己的一样，就会忽略此条 LSA，从而避免环路。 VPN 的路由标记只在收到 BGP 路由并且产生 OSPF LSA 的 PE 路由器上配置并发挥作用。同一个区域的 **PE 建议配置相同的 VPN 路由标记，但不同 OSPF 进程下的路由也可以配置相同的 VPN 路由标记。** 缺省情况下，VPN 路由标记值的前面 2 字节为固定的 0xD000，后面的 2 字节为本端 BGP 的 AS 号，可用 undo route-tag 命令恢复 VPN 路由标记为缺省值
5	import-route bgp [permit-ibgp] [cost *cost*	route-policy *route-policy-name*	tag *tag*	type *type*] * 例如，[Huawei-ospf-1] import-route bgp	在以上 OSPF 进程下引入 BGP-VPNv4 路由，使本端 PE 把从对端 PE 学到的 VPNv4 路由引入本地 OSPF 路由表中，进而发布给本端 CE。 • **permit-ibgp**：可选项，指定允许引入 IBGP 路由，可能导致路由环路。 • **cost** *cost*：可多选参数，指定引入后的路由开销值，整数形式，取值范围为 0～16777214。缺省值是 1。 • **route-policy** *route-policy-name*：可多选参数，指定用于过滤被引入 BGP 路由的路由策略。 • **tag** *tag*：可多选参数，指定引入后的路由的外部 LSA 中的标记，整数形式，取值范围为 0～4294967295。缺省值是 1。 • **type** *type*：可多选参数，指定引入路由的外部路由的类型，整数形式，取值为 1 或 2。缺省值是 2。 缺省情况下，不引入其他协议的路由信息，可用 undo import-route bgp 命令删除引入的 BGP 路由信息
6	area *area-id* 例如，[Huawei-ospf-1] area 1	进入 OSPF 区域视图。参数 *area-id* 用来指定区域的标识
7	network *ip-address wildcard-mask* 例如，[Huawei-ospf-1-area-0.0.0.1] network 10.1.1.0 0.0.0.255	在 VPN 实例绑定的 PE 接口所在网段运行 OSPF。 • *ip-address*：指定所通告的网络地址，可以是子网地址。 • *wildcard-mask*：指定通配符掩码，与参数 *network-address* 一起确定要加入以上区域的接口。 缺省情况下，此接口不属于任何区域，可用 undo network *network-address wildcard-mask* 命令删除运行 OSPF 的接口

续表

步骤	命令	说明
8	**quit**	返回 OSPF 路由进程视图
9	**quit**	返回系统视图
10	**bgp** { *as-number-plain* | *as-number-dot* } 例如，[Huawei] **bgp** 100	进入 PE 所在 AS 的 BGP 视图
11	**ipv4-family vpn-instance** *vpn-instance-name* 例如，[Huawei-bgp] **ip v4-family vpn-instance** vrf1	进入 BGP-VPN 实例 IPv4 地址族视图
12	**import-route ospf** *process-id* [**med** *med* | **route-policy** *route-policy-name*] [*] 例如，[Huawei-bgp-vrf1] **import-route ospf** 1	将以上配置的 VPN 实例的 OSPF 路由引入本地 VPN 实例 IPv4 地址族 BGP 路由表中，使本端 CE 通告的私网路由最终可以通过本端 PE 发布给对端 CE。通过本表第 5 步和本步配置，VPN 两端的 CE 可以相互学习到对方的私网路由。 其他参数说明见表 2-5 中的第 5 步

2.2.9　PE 和 CE 间使用 OSPF 路由的 BGP/MPLS IP VPN 配置示例

本示例拓扑结构与 2.2.5 节所介绍的示例的拓扑结构一样，参见图 2-10，配置要求也类似，不同的是在本示例中，要求 PE 与 CE 之间采用 OSPF 进行路由配置。

1. 基本配置思路分析

本示例的基本配置思路具体如下。

① 在两个 PE 上配置公网接口（不包括 PE 连接 CE 的接口）的 IP 地址和 OSPF 路由，以实现骨干网的三层互通。

② 在两个 PE 上全局和公网接口上使能 MPLS 和 LDP 能力，建立公网 MPLS LDP LSP 隧道。

③ 配置两个 PE 之间的 MP-BGP 对等体关系。

④ 在两个 PE 上为所连接的 Site 创建 VPN 实例，并与 PE 连接 CE 的接口进行绑定，然后配置 PE 连接 CE 的接口的 IP 地址。

⑤ 在两个 PE 上分别配置 VPN 实例 OSPF 路由（**路由进程号不能与骨干网中的 OSPF 路由进程号相同**），通告与 VPN 实例所绑定的对应 PE 接口所在网段路由，同时引入来自对端 PE 的 VPNv4 路由。

⑥ 在两个 CE 上配置接口 IP 地址，并分别配置 OSPF 路由，通告内网网段。

2. 具体配置步骤

本示例配置思路中，第①项～第③项的配置与 2.2.5 节的配置完全一样，第④项的配置方法与 2.2.7 节完全一样。在此仅介绍以上第⑤项和第⑥项配置任务的配置方法。

第⑤项配置任务：在两个 PE 上分别配置 VPN 实例 OSPF 路由，并与 BGP VPN 路由表中的路由双向引入。私网 OSPF 路由进程号必须与骨干网 OSPF 路由进程号不同，此处采用 OSPF 2 进程，区域 0（单区域 OSPF 环境下，区域 ID 任意）。

#---PE1 上的配置如下。

```
[PE1]ospf 2 router-id 1.1.1.1 vpn-instance vpn1    #---创建 OSPF 进程，并绑定 VPN 实例
[PE1-ospf-2] import-route bgp    #---本端 PE 把从对端 PE 学到的 BGP VPN 路由引入 VPN 实例的 OSPF 路由表
[PE1-ospf-2] area 0.0.0.0
[PE1-ospf-2-area-0.0.0.0] network 10.1.1.0 0.0.0.255
[PE1-ospf-2-area-0.0.0.0] quit
[PE1-ospf-2] quit
[PE1] bgp 100
[PE1-bgp] ipv4-family vpn-instance vpn1
[PE1-bgp-af-vpnv4] import-route ospf 2    #---将本端 OSPF 私网路由引入 VPN 实例 BGP 路由表
[PE1-bgp-af-vpnv4] quit
[PE1-bgp] quit
```

#---PE2 上的配置如下。

```
[PE2]ospf 2 router-id 2.2.2.2 vpn-instance vpn1
[PE2-ospf-2] import-route bgp
[PE2-ospf-2] area 0.0.0.0
[PE2-ospf-2-area-0.0.0.0] network 10.1.2.0 0.0.0.255
[PE2-ospf-2-area-0.0.0.0] quit
[PE2-ospf-2] quit
[PE2] bgp 100
[PE2-bgp] ipv4-family vpn-instance vpn1
[PE2-bgp-af-vpnv4] import-route ospf 2
[PE2-bgp-af-vpnv4] quit
[PE2-bgp] quit
```

第⑥项配置任务：在两个 CE 上配置接口 IP 地址，并分别配置 OSPF 路由，通告内网网段。CE 端所配置采用的 OSPF 路由进程与所连接的 PE 端配置的私网 OSPF 路由进程号可相同或不同（路由进程号只有本地意义），但所加入的区域必须相同。

#---CE1 上的配置如下。

```
<Huawei> system-view
[Huawei]sysname CE1
[CE1] interface GigabitEthernet0/0/1
[CE1-GigabitEthernet0/0/1] ip address 10.1.1.2 255.255.255.0
[CE1-GigabitEthernet0/0/1] quit
[CE1] interface GigabitEthernet1/0/0
[CE1-GigabitEthernet1/0/0] ip address 10.137.1.1 255.255.255.0
[CE1-GigabitEthernet1/0/0] quit
[CE1]ospf 1
[CE1-ospf-1] area 0.0.0.0
[CE1-ospf-1-area-0.0.0.0] network 10.1.1.0 0.0.0.255
[CE1-ospf-1-area-0.0.0.0] network 10.137.1.0 0.0.0.255
[CE1-ospf-1-area-0.0.0.0] quit
[CE1-ospf-1] quit
```

#---CE2 上的配置如下。

```
<Huawei> system-view
[Huawei]sysname CE2
[CE2] interface GigabitEthernet0/0/1
[CE2-GigabitEthernet0/0/1] ip address 10.1.2.2 255.255.255.0
[CE2-GigabitEthernet0/0/1] quit
[CE2] interface GigabitEthernet1/0/0
[CE2-GigabitEthernet1/0/0] ip address 10.137.2.1 255.255.255.0
[CE2-GigabitEthernet1/0/0] quit
[CE2]ospf 1
```

```
[CE2-ospf-1] area 0.0.0.0
[CE2-ospf-1-area-0.0.0.0] network 10.1.2.0 0.0.0.255
[CE2-ospf-1-area-0.0.0.0] network 10.137.2.0 0.0.0.255
[CE2-ospf-1-area-0.0.0.0] quit
[CE2-ospf-1] quit
```

3. 配置结果验证

以上配置完成后，可以进行以下配置结果验证。

① 在两个 PE 上执行 **display ip routing-table vpn-instance vpn1** 命令，可以看到本端 PE 的 VPN BGP 路由表中已有到达对端 CE 下面私网网段 BGP 路由。

在 PE1 上执行 **display ip routing-table vpn-instance vpn1** 命令的输出如图 2-21 所示，有到达 CE2 上连接的私网网段 10.137. 2.0/24 的 BGP 路由。

```
PE1
The device is running!

<PE1>display ip routing-table vpn-instance vpn1
Route Flags: R - relay, D - download to fib
------------------------------------------------------------------------------
Routing Tables: vpn1
         Destinations : 7        Routes : 7

Destination/Mask    Proto   Pre  Cost      Flags NextHop         Interface

       10.1.1.0/24  Direct  0    0           D   10.1.1.1        GigabitEthernet
1/0/0
       10.1.1.1/32  Direct  0    0           D   127.0.0.1       GigabitEthernet
1/0/0
     10.1.1.255/32  Direct  0    0           D   127.0.0.1       GigabitEthernet
1/0/0
       10.1.2.0/24  IBGP    255  0          RD   2.2.2.2         GigabitEthernet
0/0/1
     10.137.1.0/24  OSPF    10   2           D   10.1.1.2        GigabitEthernet
1/0/0
     10.137.2.0/24  IBGP    255  3          RD   2.2.2.2         GigabitEthernet
0/0/1
255.255.255.255/32  Direct  0    0           D   127.0.0.1       InLoopBack0

<PE1>
```

图 2-21 在 PE1 上执行 **display ip routing-table vpn-instance vpn1** 命令的输出

② 在两个 CE 上执行 **display ip routing-table protocol ospf** 命令，也可以看到已相互学习到对端所连内网的路由。在 CE1 上执行 **display ip routing-table protocol ospf** 命令的输出结果如图 2-22 所示，已有 CE2 上连接的私网网段 10.137.2.0/24 的 OSPF 路由。

```
CE1
<CE1>display ip routing-table protocol ospf
Route Flags: R - relay, D - download to fib
------------------------------------------------------------------------------
Public routing table : OSPF
         Destinations : 2        Routes : 2

OSPF routing table status : <Active>
         Destinations : 2        Routes : 2

Destination/Mask    Proto   Pre  Cost      Flags NextHop         Interface

       10.1.2.0/24  O_ASE   150  1           D   10.1.1.1        GigabitEthernet
0/0/1
     10.137.2.0/24  OSPF    10   4           D   10.1.1.1        GigabitEthernet
0/0/1

OSPF routing table status : <Inactive>
         Destinations : 0        Routes : 0

<CE1>
```

图 2-22 在 CE1 上执行 **display ip routing-table protocol ospf** 命令的输出

③ 验证 CE1 GE1/0/0 接口连接的 10.137.1.0/24 网段可以与 CE2 GE1/0/0 接口连接的

10.137.2.0/24 网段三层互通。

此时，假设在 CE1 GE1/0/0 接口下连接了 PC1 主机，IP 地址为 10.137.1.10/24，CE2 GE1/0/0 接口下连接了 PC2 主机，IP 地址为 10.137.2.10/24。在 PC1 上 ping PC2 是通的，PC1 成功 ping 通 PC2 的结果如图 2-23 所示。

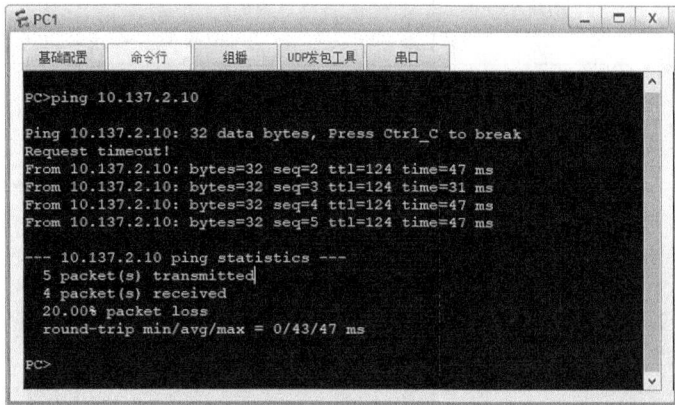

图 2-23　PC1 成功 ping 通 PC2 的结果

2.2.10　配置 PE 和 CE 间使用 IS-IS

PE 和 CE 之间使用 IS-IS 路由时的 PE 配置步骤见表 2-11。如果把 PE 与 CE 通过 IS-IS 路由连接，则可按表 2-11 中的步骤对 PE 进行配置，主要的配置任务包括以下 3 个方面。

- 创建 VPN 实例 IS-IS 路由进程和 IS-IS 区域（PE 与 CE 连接的两端接口在同一区域中），在 PE 连接 CE 的接口上使能对应的 IS-IS 路由进程，并通告所在网段。
- 在以上 VPN 实例的 IS-IS 路由进程中，引入来自对端 PE 的 VPNv4 路由。通常仅引入同一 VPN 中其他 PE 所连接的 Site 的私网路由。
- 在以上 VPN 实例中引入前面创建的 VPN 实例的 IS-IS 进程路由。

CE 上的配置方法与普通 IS-IS 路由的配置方法相同。

表 2-11　PE 和 CE 之间使用 IS-IS 路由时的 PE 配置步骤

步骤	命令	说明
1	**system-view**	进入系统视图
2	**isis** *process-id* **vpn-instance** *vpn-instance-name* 例如，[Huawei] **isis 1 vpn-instance** vrf1	创建 PE-CE 间的 IS-IS 实例，并进入 IS-IS 视图。参数 *process-id* 用来指定所创建的 IS-IS 进程号，整数形式，取值范围为 1～65535。缺省值是 1。 **一个 IS-IS 进程只能属于一个 VPN 实例**。如果在启动 IS-IS 进程时不绑定到 VPN 实例，则该进程属于公网进程。属于公网的 IS-IS 进程不能再绑定到 VPN 实例。 缺省情况下，未使能 IS-IS 协议，可用 **undo isis** *process-id* 命令去使能指定进程的 IS-IS 协议
3	**network-entity** *net* 例如，[Huawei-isis-1] **network-entity** 10.0001.1010.1020.1030.00	设置网络实体名称，格式为十六进制的 X...X.XXXX.XXXX.XXXX.00，前面的 "X...X" 是区域地址，中间的 12 个 "X" 是路由器的系统 ID，最后的 "00" 是 SEL

续表

步骤	命令	说明
3	**network-entity** *net* 例如，[Huawei-isis-1] **network-entity** 10.0001.1010.1020.1030.00	【说明】网络实体名称 NET（Network Entity Title）同时定义了当前 IS-IS 的区域地址和路由器的系统 ID。在一台路由器的一个进程中最多可以配置 3 个 NET。 缺省情况下，IS-IS 进程没有配置 NET，可用 **undo network-entity** *net* 命令删除 IS-IS 进程中指定的 NET
4	**is-level** { **level-1** | **level-1-2** | **level-2** } 例如，[Huawei-isis-1] **is-level level-1**	（可选）设置 Level 级别。 • **level-1**：多选一选项，指定路由器的级别为 Level-1，只计算区域内路由，维护 Level-1 的 LSDB。 • **evel-1-2**：多选一选项，指定路由器的级别为 Level-1-2，同时参与 Level-1 和 Level-2 的路由计算，维护 Level-1 和 Level-2 两个 LSDB。 • **level-2**：多选一选项，指定路由器的级别为 Level-2，只参加 Level-2 的路由计算，维护 Level-2 的 LSDB。 缺省情况下，路由器的 Level 级别为 Level-1-2，可用 **undo is-level** 命令恢复为缺省配置
5	**import-route bgp** [**cost-type** { **external** | **internal** } | **cost** *cost* | **tag** *tag* | **route-policy** *route-policy-name* | [**level-1** | **level-2** | **level-1-2**]][*] 例如，[Huawei-isis-1] **import-route bgp** **import-route bgp inherit-cost** [{ **level-1** | **level-2** | **level-1-2** } | **tag** *tag* | **route-policy** *route-policy-name*][*] 例如，[Huawei-isis-1] **import-route ospf inherit-cost**	在以上 IS-IS 路由进程下引入 BGP-VPNv4 路由，使本端 PE 把从对端 PE 学习到的 VPNv4 路由引入本地 IS-IS 路由表中，进而发布给本端 CE。两条命令选择其中一个进行配置。 • **cost-type** { **external** | **internal** }：可多选参数，指定引入外部路由的开销类型。缺省情况下为 external。此参数的配置会影响引入路由的 cost 值：当引入的路由开销类型配置为 **external** 时，路由 cost 值=指定引入路由的开销值（参数 cost 的值，缺省值为 0）+64；当引入的路由开销类型配置为 **internal** 时，路由 cost 值为指定引入路由的开销值（参数 cost 的值，缺省值为 0）。 • **cost** *cost*：可多选参数，指定引入后的路由的开销值，当路由器的 cost-style 为 **external** 或 **internal** 时，引入路由的开销值取值范围为 0~63。缺省值是 0。 • **tag** *tag*：可多选参数，指定引入后的路由的标记号，整数形式，取值范围为 1~4294967295。 • **route-policy** *route-policy-name*：可多选参数，指定用于过滤引入的 BGP 的路由策略。 • [**level-1** | **level-2** | **level-1-2**]：可多选选项，指定将 BGP 路由引入 Level-1、Level-2，或同时引入 Level-1、Level-2 的路由表中。默认为 Level-2 的路由表。 • **inherit-cost**：表示引入外部路由时保留路由的原有开销值。当配置 IS-IS 保留引入路由的原有开销值时，将不能配置引入路由的开销类型和开销值。 缺省情况下，IS-IS 不引入其他路由协议的路由信息，可用 **undo import-route bgp**[**cost-type** { **external** | **internal** } | **cost** *cost* | **tag** *tag* | **route-policy** *route-policy-name* | [**level-1** | **level-2** | **level-1-2**]][*]或 **undo import-route bgp inherit-cost** [{ **level-1** | **level-2** | **level-1-2** } | **tag** *tag* | **route-policy** *route-policy-name*][*]取消指定 BGP 路由的引入
6	**quit**	返回系统视图

续表

步骤	命令	说明
7	**interface** *interface-type interface-number* 例如，[Huawei] **interface** gigabitethernet 1/0/0	进入绑定 VPN 实例的 PE 接口的接口视图
8	**isis enable** [*process-id*] 例如，[Huawei-GigabitEthernet1/0/0] **isis enable** 1	在以上接口上运行指定的 IS-IS 进程
9	**quit**	退回系统视图
10	**bgp** { *as-number-plain* | *as-number-dot* } 例如，[Huawei] **bgp** 100	进入 PE 所在 AS 的 BGP 视图
11	**ip v4-family vpn-instance** *vpn-instance-name* 例如，[Huawei-bgp] **ip v4-family vpn-instance** vrf1	进入 BGP-VPN 实例 IPv4 地址族视图
12	**import-route isis** *process-id* [**med** *med* | **route-policy** *route-policy-name*]* 例如，[Huawei-bgp-vrf1] **import-route isis** 1	将前面配置的 VPN 实例 IS-IS 路由引入 VPN 实例 IPv4 地址族 BGP 路由表中，使本端 CE 通告的私网路由最终可以通过本端 PE 发布给对端 CE。通过本表第 5 步和本步配置，VPN 两端的 CE 可以相互学习对方的私网路由。 其他参数说明见表 2-5 中的第 5 步

2.2.11　BGP/MPLS IP VPN 地址空间重叠的配置示例

　　BGP/MPLS IP VPN 地址空间重叠配置示例的拓扑结构如图 2-24 所示，CE1 连接公司总部研发区、CE2 连接分支机构研发区，CE1 和 CE2 属于 vpna；CE3 连接公司总部非研发区、CE4 连接分支机构非研发区，CE3 和 CE4 属于 vpnb；总部和分支机构间存在地址空间重叠，即 PE1 与 CE1 直连链路与 PE1 与 CE3 直连链路的 IP 地址在同一网段；PE2 与 CE2 直连链路与 PE2 与 CE4 直连链路的 IP 地址也在同一网段。

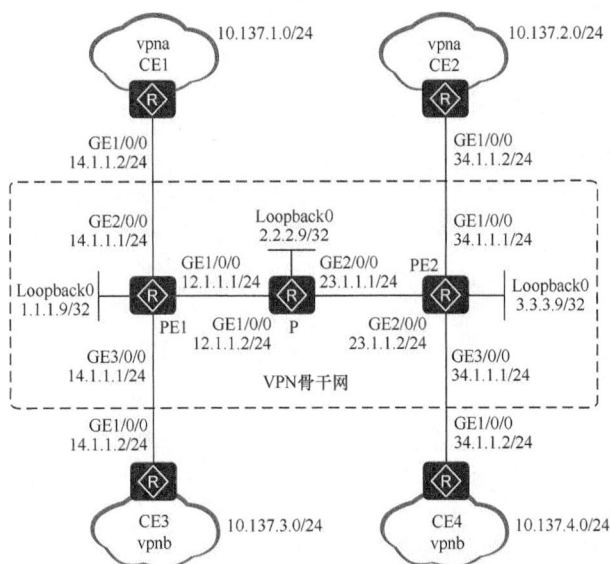

图 2-24　BGP/MPLS IP VPN 地址空间重叠配置示例的拓扑结构

企业希望在不改变网络部署的情况下，实现总部和分支机构之间的安全互访、研发区和非研发区之间的隔离。

1. 基本配置思路分析

本示例相较于前面所介绍的配置示例，一个主要的区别是不同的 Site 之间使用了相同的私网地址空间，同一 PE 上与多个 CE 连接的接口 IP 地址配置上存在重叠。但这对 BGP/MPLS IP VPN 来说，只需要为每个 VPN 实例分配不同的 RD 即可。

本示例假设在 PE 和 CE 之间采用静态路由配置方式，基本的配置思路如下。

① 在骨干网各节点上配置公网接口（不包括 PE 连接 CE 的接口）IP 的地址和 OSPF 路由，以实现骨干网的三层互通。

② 在骨干网各节点上全局和公网接口上使能 MPLS 和 LDP 能力，建立公网 MPLS LDP LSP 隧道。

③ 配置两个 PE 间的 MP-BGP 对等体关系，交互 VPN 路由信息。

④ 在两个 PE 上为所连接的 Site 创建 VPN 实例，每个实例配置不同的 RD，同一 VPN 中的两个实例的 VPN Target 属性相同，并与 PE 连接 CE 的接口进行绑定，然后配置该接口的 IP 地址。

⑤ 在两个 PE 的各两个 VPN 实例中分别配置到达本端 CE 所连接的内网的静态路由，然后在 VPNv4 BGP 路由表中引入该 VPN 实例静态路由，以及 PE 与 CE 间连接的直连路由。

⑥ 在各 CE 上配置接口 IP 地址，并分别配置到达同一 VPN 中对端 CE 所连内网网段的静态路由。

2. 具体配置步骤

① 在骨干网各节点上配置公网接口（不包括 PE 连接 CE 的接口）的 IP 地址和 OSPF 路由，以实现骨干网的三层互通。

#---PE1 上的配置如下。

```
<Huawei> system-view
[Huawei] sysname PE1
[PE1] interface loopback 0
[PE1-LoopBack0] ip address 1.1.1.9 32
[PE1-LoopBack0] quit
[PE1] interface gigabitethernet 1/0/0
[PE1-GigabitEthernet1/0/0] ip address 12.1.1.1 24
[PE1-GigabitEthernet1/0/0] quit
[PE1] ospf
[PE1-ospf-1] area 0
[PE1-ospf-1-area-0.0.0.0] network 1.1.1.9 0.0.0.0
[PE1-ospf-1-area-0.0.0.0] network 12.1.1.0 0.0.0.255
[PE1-ospf-1-area-0.0.0.0] quit
[PE1-ospf-1] quit
```

#---P 上的配置如下。

```
<Huawei> system-view
[Huawei] sysname P
[P] interface loopback 0
[P-LoopBack0] ip address 2.2.2.9 32
[P-LoopBack0] quit
[P] interface gigabitethernet 1/0/0
```

```
[P-GigabitEthernet1/0/0] ip address 12.1.1.2 24
[P-GigabitEthernet1/0/0] quit
[P] interface gigabitethernet 2/0/0
[P-GigabitEthernet2/0/0] ip address 23.1.1.1 24
[P-GigabitEthernet2/0/0] quit
[P] ospf
[P-ospf-1] area 0
[P-ospf-1-area-0.0.0.0] network 2.2.2.9 0.0.0.0
[P-ospf-1-area-0.0.0.0] network 12.1.1.0 0.0.0.255
[P-ospf-1-area-0.0.0.0] network 23.1.1.0 0.0.0.255
[P-ospf-1-area-0.0.0.0] quit
[P-ospf-1] quit
```

#---PE2 上的配置如下。

```
<Huawei> system-view
[Huawei] sysname PE2
[PE2] interface loopback 0
[PE2-LoopBack0] ip address 3.3.3.9 32
[PE2-LoopBack0] quit
[PE2] interface gigabitethernet 2/0/0
[PE2-GigabitEthernet2/0/0] ip address 23.1.1.2 24
[PE2-GigabitEthernet2/0/0] quit
[PE2] ospf
[PE2-ospf-1] area 0
[PE2-ospf-1-area-0.0.0.0] network 3.3.3.9 0.0.0.0
[PE2-ospf-1-area-0.0.0.0] network 23.1.1.0 0.0.0.255
[PE2-ospf-1-area-0.0.0.0] quit
[PE2-ospf-1] quit
```

以上配置完成后，各直连节点之间应能建立 OSPF 邻接关系，执行 **display ospf peer** 命令可以看到邻居状态为 Full；执行 **display ospf routing** 命令可以看到 PE 之间已学习到对方的 Loopback0 主机路由。在 PE1 上执行 **display ospf peer** 和 **display ospf routing** 命令的输出如图 2-25 所示，由此可以看出，PE1 已与 P 建立了 OSPF 邻接关系，并且已经学习到 P 和 PE2 上的 Loopback0 接口 IP 地址所在网段的 OSPF 路由。

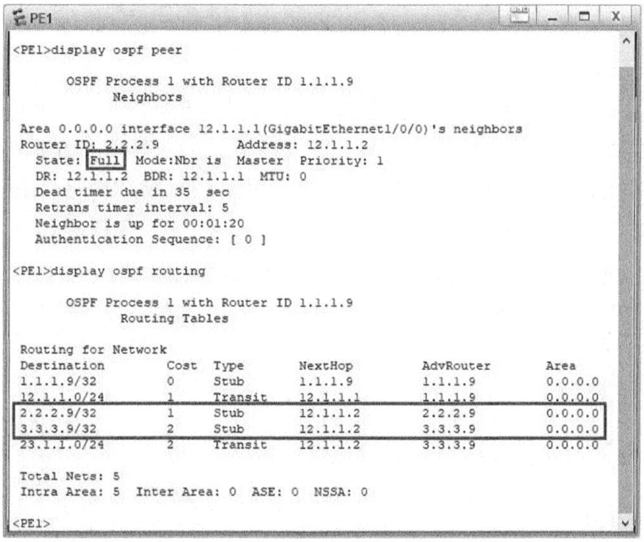

图 2-25　在 PE1 上执行 **display ospf peer** 和 **display ospf routing** 命令的输出

② 在骨干网各节点上全局和公网接口上使能 MPLS 和 LDP 能力。各节点的 LSR ID 由各自的 Loopback1 接口 IP 地址担当。

#---PE1 上的配置如下。

```
[PE1] mpls lsr-id 1.1.1.9
[PE1] mpls
[PE1-mpls] quit
[PE1] mpls ldp
[PE1-mpls-ldp] quit
[PE1] interface gigabitethernet 1/0/0
[PE1-GigabitEthernet1/0/0] mpls
[PE1-GigabitEthernet1/0/0] mpls ldp
[PE1-GigabitEthernet1/0/0] quit
```

#---P 上的配置如下。

```
[P] mpls lsr-id 2.2.2.9
[P] mpls
[P-mpls] quit
[P] mpls ldp
[P-mpls-ldp] quit
[P] interface gigabitethernet 1/0/0
[P-GigabitEthernet1/0/0] mpls
[P-GigabitEthernet1/0/0] mpls ldp
[P-GigabitEthernet1/0/0] quit
[P] interface gigabitethernet 2/0/0
[P-GigabitEthernet2/0/0] mpls
[P-GigabitEthernet2/0/0] mpls ldp
[P-GigabitEthernet2/0/0] quit
```

#---PE2 上的配置如下。

```
[PE2] mpls lsr-id 3.3.3.9
[PE2] mpls
[PE2-mpls] quit
[PE2] mpls ldp
[PE2-mpls-ldp] quit
[PE2] interface gigabitethernet 2/0/0
[PE2-GigabitEthernet2/0/0] mpls
[PE2-GigabitEthernet2/0/0] mpls ldp
[PE2-GigabitEthernet2/0/0] quit
```

上述配置完成后，骨干网上相邻节点之间应能建立 LDP 会话，执行 **display mpls ldp session** 命令可看到相邻节点间已建立了 LDP 会话；执行 **display mpls ldp lsp** 命令可看到它们的 LDP LSP 的建立情况。在 PE1 上执行 **display mpls ldp session** 和 **display mpls ldp lsp** 命令的输出如图 2-26 所示，由此可以看出，PE1 已与 P 成功建立了 LDP 会话，并且成功建立了到达 PE2 3.3.3.9/32 网段的 Ingress LDP LSP。

③ 配置两个 PE 间的 MP-IBGP 对等体关系，交互 VPN 路由信息，关键是在 VPNv4 地址族下使能它们之间的 VPN 路由信息交互能力。

#---PE1 上的配置如下。

```
[PE1] bgp 100
[PE1-bgp] peer 3.3.3.9 as-number 100
[PE1-bgp] peer 3.3.3.9 connect-interface loopback 0
[PE1-bgp] ipv4-family vpnv4
[PE1-bgp-af-vpnv4] peer 3.3.3.9 enable
[PE1-bgp-af-vpnv4] quit
```

```
PE1                                                            _  □  X

<PE1>display mpls ldp session

LDP Session(s) in Public Network
Codes: LAM(Label Advertisement Mode), SsnAge Unit(DDDD:HH:MM)
A '*' before a session means the session is being deleted.
-----------------------------------------------------------------------
PeerID              Status       LAM   SsnRole  SsnAge     KASent/Rcv
-----------------------------------------------------------------------
2.2.2.9:0           Operational  DU    Passive  0000:00:04 20/20
-----------------------------------------------------------------------
TOTAL: 1 session(s) Found.

<PE1>display mpls ldp lsp

LDP LSP Information
-----------------------------------------------------------------------
DestAddress/Mask   In/OutLabel   UpstreamPeer   NextHop      OutInterface
-----------------------------------------------------------------------

1.1.1.9/32         3/NULL        2.2.2.9        127.0.0.1    InLoop0
*1.1.1.9/32        Liberal/1025                 DS/2.2.2.9
2.2.2.9/32         NULL/3        -              12.1.1.2     GE1/0/0
2.2.2.9/32         1024/3        2.2.2.9        12.1.1.2     GE1/0/0
3.3.3.9/32         NULL/1024     -              12.1.1.2     GE1/0/0
3.3.3.9/32         1025/1024     2.2.2.9        12.1.1.2     GE1/0/0
-----------------------------------------------------------------------
TOTAL: 5 Normal LSP(s) Found.
TOTAL: 1 Liberal LSP(s) Found.
TOTAL: 0 Frr LSP(s) Found.
A '*' before an LSP means the LSP is not established
A '*' before a Label means the USCB or DSCB is stale
A '*' before a UpstreamPeer means the session is stale
A '*' before a DS means the session is stale
A '*' before a NextHop means the LSP is FRR LSP

<PE1>
```

图 2-26　在 PE1 上执行 **display mpls ldp session** 和 **display mpls ldp lsp** 命令的输出

#---PE2 上的配置如下。

```
[PE2] bgp 100
[PE2-bgp] peer 1.1.1.9 as-number 100
[PE2-bgp] peer 1.1.1.9 connect-interface loopback 0
[PE2-bgp] ipv4-family vpnv4
[PE2-bgp-af-vpnv4] peer 1.1.1.9 enable
[PE2-bgp-af-vpnv4] quit
```

以上配置完成后，在 PE 设备上执行 **display bgp peer** 命令，可以看到 PE 之间的 IBGP 对等体关系已经建立，并达到 Established 状态。在 PE1 上执行 **display bgp peer** 命令的输出如图 2-27 所示，由此可以看出，PE1 与 PE2（3.3.3.9）成功建立了 IBGP 对等体关系。

```
PE1                                                            _  □  X

[PE1-bgp-af-vpnv4]
Nov  2 2021 10:12:17-08:00 PE1 %%01BGP/3/STATE_CHG_UPDOWN(1)[0]:The status of th
e peer 3.3.3.9 changed from OPENCONFIRM to ESTABLISHED. (InstanceName=Public, St
ateChangeReason=Up)
[PE1-bgp-af-vpnv4]display bgp peer

 BGP local router ID : 1.1.1.9
 Local AS number : 100
 Total number of peers : 1           Peers in established state : 1

  Peer            V          AS  MsgRcvd  MsgSent  OutQ  Up/Down       State Pre
fRcv
  3.3.3.9         4         100        2        4     0  00:00:06      Established
    0
[PE1-bgp-af-vpnv4]
```

图 2-27　在 PE1 上执行 **display bgp peer** 命令的输出

④ 在两个 PE 上为所连接的 Site 创建 VPN 实例，并与 PE 连接 CE 的接口进行绑定，然后配置该接口的 IP 地址。

为同一 VPN 中的两个 Site 配置相同的 VPN 实例名：CE1 和 CE3 的实例名为 vpna，

CE2 和 CE4 的实例名为 vpnb。为所连接的每个 Site 配置不同的 RD：连接 CE1、CE2、CE3 和 CE4 的 VPN 实例下配置的 RD 属性值分别为 100:100、200:200、300:300 和 400:400。为两个 VPN 实例配置不同的 VPN Target 属性，vpna 实例的 VPN Target 属性为 100:100，vpnb 实例的 VPN Target 属性为 200:200。

　　#---PE1 上的配置如下。因为 GE2/0/0 接口与 GE30/0 接口的 IP 地址重叠，所以要先绑定 VPN 实例，再配置 IP 地址。

```
[PE1] ip vpn-instance vpna
[PE1-vpn-instance-vpna] ipv4-family
[PE1-vpn-instance-vpna-af-ipv4] route-distinguisher 100:100
[PE1-vpn-instance-vpna-af-ipv4] vpn-target 100:100 both
[PE1-vpn-instance-vpna-af-ipv4] quit
[PE1-vpn-instance-vpna] quit
[PE1] ip vpn-instance vpnb
[PE1-vpn-instance-vpnb] ipv4-family
[PE1-vpn-instance-vpnb-af-ipv4] route-distinguisher 300:300
[PE1-vpn-instance-vpnb-af-ipv4] vpn-target 200:200 both
[PE1-vpn-instance-vpnb-af-ipv4] quit
[PE1-vpn-instance-vpnb] quit
[PE1] interface gigabitethernet 2/0/0
[PE1-GigabitEthernet2/0/0] ip binding vpn-instance vpna
[PE1-GigabitEthernet2/0/0] ip address 14.1.1.1 255.255.255.0
[PE1-GigabitEthernet2/0/0] quit
[PE1] interface gigabitethernet 3/0/0
[PE1-GigabitEthernet3/0/0] ip binding vpn-instance vpnb
[PE1-GigabitEthernet3/0/0] ip address 14.1.1.1 255.255.255.0
[PE1-GigabitEthernet3/0/0] quit
```

　　#---PE2 上的配置如下。因为 GE1/0/0 接口与 GE30/0 接口的 IP 地址重叠，所以要先绑定 VPN 实例，再配置 IP 地址。

```
[PE2] ip vpn-instance vpna
[PE2-vpn-instance-vpna] ipv4-family
[PE2-vpn-instance-vpna-af-ipv4] route-distinguisher 200:200
[PE2-vpn-instance-vpna-af-ipv4] vpn-target 100:100 both
[PE2-vpn-instance-vpna-af-ipv4] quit
[PE2-vpn-instance-vpna] quit
[PE2] ip vpn-instance vpnb
[PE2-vpn-instance-vpnb] ipv4-family
[PE2-vpn-instance-vpnb-af-ipv4] route-distinguisher 400:400
[PE2-vpn-instance-vpnb-af-ipv4] vpn-target 200:200 both
[PE2-vpn-instance-vpnb-af-ipv4] quit
[PE2-vpn-instance-vpnb] quit
[PE2] interface gigabitethernet 1/0/0
[PE2-GigabitEthernet1/0/0] ip binding vpn-instance vpna
[PE2-GigabitEthernet1/0/0] ip address 34.1.1.1 255.255.255.0
[PE2-GigabitEthernet1/0/0] quit
[PE2] interface gigabitethernet 3/0/0
[PE2-GigabitEthernet3/0/0] ip binding vpn-instance vpnb
[PE2-GigabitEthernet3/0/0] ip address 34.1.1.1 255.255.255.0
[PE2-GigabitEthernet3/0/0] quit
```

　　以上配置完成后，在 PE 设备上执行 **display ip vpn-instance verbose** 命令可以看到 VPN 实例的配置情况。在 PE1 上执行 **display ip vpn-instance verbose** 命令的输出如图 2-28 所示，由此可以看出，PE1 上创建了两个 VPN 实例，实例名分别为 vpna 和 vpnb，而且可以看到这两个 VPN 实例各自所分配的 RD 和 VPN Target 属性值。

```
PE1                                                    _  □  X
[PE1-GigabitEthernet3/0/0]display ip vpn-instance verbose
Total VPN-Instances configured      : 2
Total IPv4 VPN-Instances configured : 2
Total IPv6 VPN-Instances configured : 0

VPN-Instance Name and ID : vpna, 1
 Interfaces : GigabitEthernet2/0/0
Address family ipv4
 Create date : 2021/11/02 10:14:06 UTC-08:00
 Up time : 0 days, 00 hours, 03 minutes and 59 seconds
 Route Distinguisher : 100:100
 Export VPN Targets :  100:100
 Import VPN Targets :  100:100
 Label Policy : label per route
 Log Interval : 5

VPN-Instance Name and ID : vpnb, 2
 Interfaces : GigabitEthernet3/0/0
Address family ipv4
 Create date : 2021/11/02 10:14:28 UTC-08:00
 Up time : 0 days, 00 hours, 03 minutes and 37 seconds
 Route Distinguisher : 300:300
 Export VPN Targets :  200:200
 Import VPN Targets :  200:200
 Label Policy : label per route
 Log Interval : 5

[PE1-GigabitEthernet3/0/0]
```

图 2-28　在 PE1 上执行 **display ip vpn-instance verbose** 命令的输出

⑤ 在两个 PE 的 VPN 实例中分别配置到达本端 CE 所连接的内网的静态路由，然后在 VPNv4 BGP 路由表中引入该 VPN 实例静态路由，以及 PE 与 CE 间直连链路的直连路由。

#---PE1 上的配置如下。

[PE1] **ip route-static vpn-instance** vpna 10.137.1.0 24 14.1.1.2 #---在 vpna 实例中配置到达 CE1 所连接内网的静态路由
[PE1] **ip route-static vpn-instance** vpnb 10.137.3.0 24 14.1.1.2 #---在 vpnb 实例中配置到达 CE3 所连接内网的静态路由
[PE1]**bgp** 100
[PE1-bgp] **ipv4-family vpn-instance** vpna
[PE1-bgp-vpna] **import-route static**　#---引入配置的 vpna 实例静态路由
[PE1-bgp-vpna] **import-route direct**　#---引入 PE1 与 CE1 之间的直连路由，使同一 VPN 的 CE 间通过 BGP VPN 路由直接互通
[PE1-bgp-vpna] **quit**
[PE1-bgp] **ipv4-family vpn-instance** vpnb
[PE1-bgp-vpnb] **import-route static**
[PE1-bgp-vpnb] **import-route direct**
[PE1-bgp-vpnb] **quit**
[PE1-bgp] **quit**

#---PE2 上的配置如下。

[PE2] **ip route-static vpn-instance** vpna 10.137.2.0 24 34.1.1.2
[PE2] **ip route-static vpn-instance** vpnb 10.137.4.0 24 34.1.1.2
[PE2]**bgp** 100
[PE2-bgp] **ipv4-family vpn-instance** vpna
[PE2-bgp-vpna] **import-route static**
[PE2-bgp-vpna] **import-route direct**
[PE2-bgp-vpna] **quit**
[PE2-bgp] **ipv4-family vpn-instance** vpnb
[PE2-bgp-vpnb] **import-route static**
[PE2-bgp-vpnb] **import-route direct**
[PE2-bgp-vpnb] **quit**
[PE2-bgp] **quit**

⑥ 在各 CE 上配置接口 IP 地址，并分别配置到达同一 VPN 中对端 CE 所连内网网

段的静态路由（也可以是静态缺省路由）。

#---CE1 上的配置如下。GE1/0/0 接口的 IP 地址与 CE3 的 GE1/0/0 接口 IP 地址重叠。

```
<Huawei> system-view
[Huawei] sysname CE1
[CE1] interface gigabitethernet 1/0/0
[CE1-GigabitEthernet1/0/0] ip address 14.1.1.2 24
[CE1-GigabitEthernet1/0/0] quit
[CE1] ip route-static 10.137.2.0 24   14.1.1.1   #---到达 CE2 下面连接的私网网段的静态路由
[CE1] ip route-static 34.1.1.0 24   14.1.1.1   #---到达 PE2 与 CE2 直连网段的静态路由
```

#---CE2 上的配置如下。GE1/0/0 接口的 IP 地址与 CE4 的 GE1/0/0 接口 IP 地址重叠。

```
<Huawei> system-view
[Huawei] sysname CE2
[CE2] interface gigabitethernet 1/0/0
[CE2-GigabitEthernet1/0/0] ip address 34.1.1.2 24
[CE2-GigabitEthernet1/0/0] quit
[CE2] ip route-static 10.137.1.0 24   34.1.1.1
[CE2] ip route-static 14.1.1.0 24   34.1.1.1
```

#---CE3 上的配置如下。GE1/0/0 接口的 IP 地址与 CE1 的 GE1/0/0 接口 IP 地址重叠。

```
<Huawei> system-view
[Huawei] sysname CE3
[CE3] interface gigabitethernet 1/0/0
[CE3-GigabitEthernet1/0/0] ip address 14.1.1.2 24
[CE3-GigabitEthernet1/0/0] quit
[CE3] ip route-static 10.137.4.0 24   14.1.1.1
[CE3] ip route-static 34.1.1.0 24   14.1.1.1
```

#---CE4 上的配置如下。GE1/0/0 接口的 IP 地址与 CE2 的 GE1/0/0 接口 IP 地址重叠。

```
<Huawei> system-view
[Huawei] sysname CE4
[CE4] interface gigabitethernet 1/0/0
[CE4-GigabitEthernet1/0/0] ip address 34.1.1.2 24
[CE4-GigabitEthernet1/0/0] quit
[CE4] ip route-static 10.137.3.0 24   34.1.1.1
[CE4] ip route-static 14.1.1.0 24   34.1.1.1
```

3. 配置结果验证

以上配置完成后，可进行以下配置结果验证。

① 在两个 PE 设备上执行 **display ip routing-table vpn-instance** 命令，可以看到两个 VPN 实例中均有去往对端 CE 私网，以及 PE 与 CE 直连网段的路由，而且 PE 与 CE 直连网段的路由前缀是相同的（因为地址空间重叠）。

在 PE1 上执行 **display ip routing-table vpn-instance vpna** 和 **display ip routing-table vpn-instance vpnb** 命令的输出如图 2-29 所示，分别查看 vpna 和 vpnb 实例，在两个 VPN 实例中都有到达 34.1.1.0/24 的网段路由，但它们真正所指的位置是不同的，vpna 实例中的 34.1.1.0/24 网段路由是指 PE2 与 CE2 之间的直连网段，vpnb 实例中的 34.1.1.0/24 网段路由是指 PE2 与 CE4 之间的直连网段。

② 在 CE1 上执行 **ping** 34.1.1.2 命令是通的，执行 **display interface** 命令查看 PE2 上 GE1/0/0 和 GE3/0/0 的报文计数，可以看到 GE1/0/0 接口下有报文通过，在 PE2 上执行 **display interface g1/0/0** 命令的输出如图 2-30 所示。但在 GE3/0/0 接口下没有报文通过，说明虽然两个接口的 IP 地址重叠，但两个 VPN 不互通，达到了预期的目的。

```
E PE1                                                          ___ _ □ X
<PE1>display ip routing-table vpn-instance vpna
Route Flags: R - relay, D - download to fib
------------------------------------------------------------------------
Routing Tables: vpna
        Destinations : 7        Routes : 7

Destination/Mask    Proto   Pre  Cost      Flags NextHop        Interface
    10.137.1.0/24   Static  60   0         RD    14.1.1.2       GigabitEthernet
2/0/0
    10.137.2.0/24   IBGP    255  0         RD    3.3.3.9        GigabitEthernet
1/0/0
    14.1.1.0/24     Direct  0    0         D     14.1.1.1       GigabitEthernet
2/0/0
    14.1.1.1/32     Direct  0    0         D     127.0.0.1      GigabitEthernet
2/0/0
    14.1.1.255/32   Direct  0    0         D     127.0.0.1      GigabitEthernet
2/0/0
    34.1.1.0/24     IBGP    255  0         RD    3.3.3.9        GigabitEthernet
1/0/0
255.255.255.255/32  Direct  0    0         D     127.0.0.1      InLoopBack0
<PE1>display ip routing-table vpn-instance vpnb
Route Flags: R - relay, D - download to fib
------------------------------------------------------------------------
Routing Tables: vpnb
        Destinations : 7        Routes : 7

Destination/Mask    Proto   Pre  Cost      Flags NextHop        Interface
    10.137.3.0/24   Static  60   0         RD    14.1.1.2       GigabitEthernet
3/0/0
    10.137.4.0/24   IBGP    255  0         RD    3.3.3.9        GigabitEthernet
1/0/0
    14.1.1.0/24     Direct  0    0         D     14.1.1.1       GigabitEthernet
3/0/0
    14.1.1.1/32     Direct  0    0         D     127.0.0.1      GigabitEthernet
3/0/0
    14.1.1.255/32   Direct  0    0         D     127.0.0.1      GigabitEthernet
3/0/0
    34.1.1.0/24     IBGP    255  0         RD    3.3.3.9        GigabitEthernet
1/0/0
255.255.255.255/32  Direct  0    0         D     127.0.0.1      InLoopBack0
<PE1>
```

图 2-29　在 PE1 上执行 **display ip routing-table vpn-instance vpna** 和
display ip routing-table vpn-instance vpnb 命令的输出

```
E PE2                                                          ___ _ □ X
<PE2>display interface g1/0/0
GigabitEthernet1/0/0 current state : UP
Line protocol current state : UP
Last line protocol up time : 2022-10-16 10:38:32 UTC-08:00
Description:HUAWEI, AR Series, GigabitEthernet1/0/0 Interface
Route Port,The Maximum Transmit Unit is 1500
Internet Address is 34.1.1.1/24
IP Sending Frames' Format is PKTFMT_ETHNT_2, Hardware address is 00e0-fcf4-620e
Last physical up time   : 2022-10-16 10:38:32 UTC-08:00
Last physical down time : 2022-10-16 10:38:23 UTC-08:00
Current system time: 2022-10-16 10:59:46-08:00
Port Mode: FORCE COPPER
Speed : 1000,  Loopback: NONE
Duplex: FULL,  Negotiation: ENABLE
Mdi   : AUTO
Last 300 seconds input rate 0 bits/sec, 0 packets/sec
Last 300 seconds output rate 0 bits/sec, 0 packets/sec
Input peak rate 0 bits/sec,Record time: -
Output peak rate 0 bits/sec,Record time: -

Input:  14 packets, 1268 bytes
  Unicast:             13,  Multicast:              0
  Broadcast:            1,  Jumbo:                  0
  Discard:              0,  Total Error:            0

  CRC:                  0,  Giants:                 0
  Jabbers:              0,  Throttles:              0
  Runts:                0,  Symbols:                0
  Ignoreds:             0,  Frames:                 0
```

图 2-30　在 PE2 上执行 **display interface g1/0/0** 命令的输出

2.2.12　本地 VPN 互访的配置示例

本地 VPN 互访配置示例的拓扑结构如图 2-31 所示，公司 A 和公司 B 通过部署 BGP/
MPLS IP VPN 实现总部和分部之间的 VPN 互访。CE1 连接企业 A 总部，CE3 连接企业
A 分部，CE1 和 CE3 属于 vpna；CE2 连接企业 B 总部，CE4 连接企业 B 分部，CE2 和
CE4 属于 vpnb。另外，因业务需要，企业 A 总部和企业 B 总部也要能实现互访。

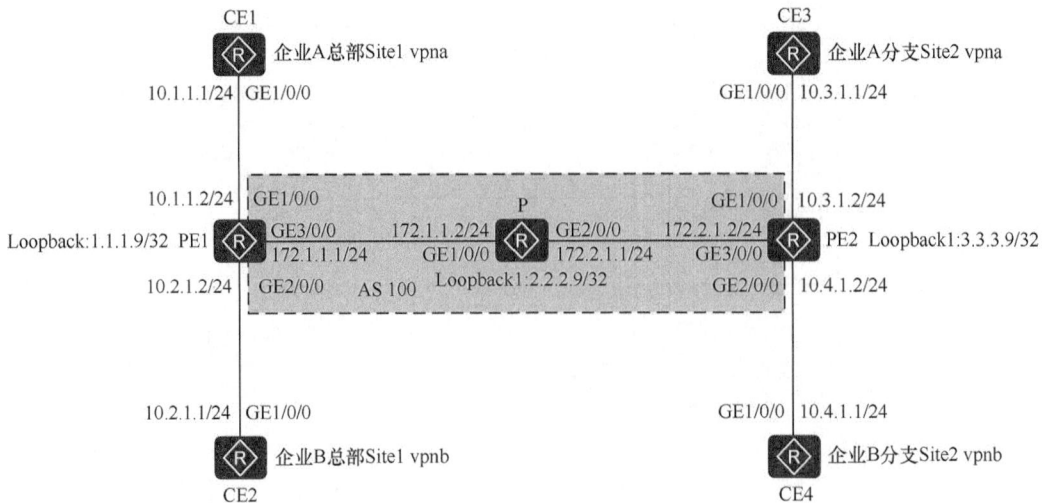

图 2-31　本地 VPN 互访配置示例的拓扑结构

1. 基本配置思路分析

这是一个基本 BGP/MPLS IP VPN 的扩展应用案例，与一般的基本 BGP/MPLS IP VPN 相比，除了相同 VPN 中的用户要能互访，多了一个同一 PE 连接的不同 VPN 中的用户也要能互访。这只需要在对应的 PE 上配置 VPN Target 属性时，使要互访的两个 VPN 实例的 Import Target 属性包含对方 VPN 实例的 Export Target 属性即可，因为这样可使两个 VPN 实例相互学习对方的 VPN 路由。

在本示例中，CE 与 PE 之间采用静态缺省路由配置。

① 在骨干网各节点上配置各接口（不包括 PE 连接 CE 的接口）的 IP 地址和 OSPF 路由，以实现骨干网的三层互通。

② 在骨干网各节点上全局和公网接口上使能 MPLS 和 LDP 能力，建立公网 MPLS LDP LSP 隧道。

③ 配置两个 PE 间的 MP-IBGP 对等体关系，交互 VPN 路由信息。

④ 在两个 PE 上为所连接的 Site 创建 VPN 实例，并与 PE 连接 CE 的接口进行绑定，然后配置该接口的 IP 地址。

通过 VPN 实例中 VPN Target 属性配置实现以下目标。

- 同在 vpna 中的 CE1 与 CE3 可以互访，同在 vpnb 中的 CE2 与 CE4 可以互访。
- vpna 中的 CE1 与 vpnb 中的 CE2 可以互访，但 CE1 与 CE4 不能互访。
- vpna 中的 CE3 与 vpnb 中的 CE2、CE4 均不能互访。

⑤ 在两个 PE 的 VPN 实例 BGP 路由表中引入与 CE 之间直连链路的直连路由，在各 CE 上配置接口 IP 地址，并分别配置以所连接的 PE 的接口 IP 地址为下一跳的静态缺省路由，以实现对应的 CE 间的路由相互学习。

2. 具体配置步骤

① 在骨干网各节点上配置各接口（不包括 PE 连接 CE 的接口）的 IP 地址和 OSPF 路由，以实现骨干网的三层互通。

#---PE1 上的配置如下。

```
<Huawei> system-view
[Huawei] sysname PE1
[PE1] interface loopback 1
[PE1-LoopBack1] ip address 1.1.1.9 32
[PE1-LoopBack1] quit
[PE1] interface gigabitethernet 3/0/0
[PE1-GigabitEthernet3/0/0] ip address 172.1.1.1 24
[PE1-GigabitEthernet3/0/0] quit
[PE1] ospf
[PE1-ospf-1] area 0
[PE1-ospf-1-area-0.0.0.0] network 172.1.1.0 0.0.0.255
[PE1-ospf-1-area-0.0.0.0] network 1.1.1.9 0.0.0.0
[PE1-ospf-1-area-0.0.0.0] quit
[PE1-ospf-1] quit
```

\#---P 上的配置如下。

```
<Huawei> system-view
[Huawei] sysname P
[P] interface loopback 1
[P-LoopBack1] ip address 2.2.2.9 32
[P-LoopBack1] quit
[P] interface gigabitethernet 1/0/0
[P-GigabitEthernet1/0/0] ip address 172.1.1.2 24
[P-GigabitEthernet1/0/0] quit
[P] interface gigabitethernet 2/0/0
[P-GigabitEthernet2/0/0] ip address 172.2.1.1 24
[P-GigabitEthernet2/0/0] quit
[P] ospf
[P-ospf-1] area 0
[P-ospf-1-area-0.0.0.0] network 172.1.1.0 0.0.0.255
[P-ospf-1-area-0.0.0.0] network 172.2.1.0 0.0.0.255
[P-ospf-1-area-0.0.0.0] network 2.2.2.9 0.0.0.0
[P-ospf-1-area-0.0.0.0] quit
[P-ospf-1] quit
```

\#---PE2 上的配置如下。

```
<Huawei> system-view
[Huawei] sysname PE2
[PE2] interface loopback 1
[PE2-LoopBack1] ip address 3.3.3.9 32
[PE2-LoopBack1] quit
[PE2] interface gigabitethernet 3/0/0
[PE2-GigabitEthernet3/0/0] ip address 172.2.1.2 24
[PE2-GigabitEthernet3/0/0] quit
[PE2] ospf
[PE2-ospf-1] area 0
[PE2-ospf-1-area-0.0.0.0] network 172.2.1.0 0.0.0.255
[PE2-ospf-1-area-0.0.0.0] network 3.3.3.9 0.0.0.0
[PE2-ospf-1-area-0.0.0.0] quit
[PE2-ospf-1] quit
```

以上配置完成后，在骨干网各节点上执行 **display ospf peer** 命令，由此可以看出，相邻节点间已建立 OSPF 邻接关系，状态为 Full；执行 **display ospf routing** 命令，由此可以看出，PE 之间学习到对方的 Loopback1 路由。在 PE1 上执行 **display ospf peer** 和 **display ospf routing** 命令的输出如图 2-32 所示，可以看出，PE1 已与 P 建立了 OSPF 邻接关系，并且成功学习到 P 和 PE2 上的 Loopback1 接口 IP 地址所在网段的 OSPF 路由。

```
<PE1>display ospf peer

        OSPF Process 1 with Router ID 1.1.1.9
            Neighbors

 Area 0.0.0.0 interface 172.1.1.1(GigabitEthernet3/0/0)'s neighbors
  Router ID: 2.2.2.9        Address: 172.1.1.2
   State: Full  Mode:Nbr is Master  Priority: 1
   DR: 172.1.1.2  BDR: 172.1.1.1  MTU: 0
   Dead timer due in 26  sec
   Retrans timer interval: 5
   Neighbor is up for 00:00:26
   Authentication Sequence: [ 0 ]

<PE1>display ospf routing

        OSPF Process 1 with Router ID 1.1.1.9
            Routing Tables

 Routing for Network
 Destination      Cost   Type     NextHop        AdvRouter      Area
 1.1.1.9/32       0      Stub     1.1.1.9        1.1.1.9        0.0.0.0
 172.1.1.0/24     1      Transit  172.1.1.1      1.1.1.9        0.0.0.0
 2.2.2.9/32       1      Stub     172.1.1.2      2.2.2.9        0.0.0.0
 3.3.3.9/32       2      Stub     172.1.1.2      3.3.3.9        0.0.0.0
 172.2.1.0/24     2      Transit  172.1.1.2      3.3.3.9        0.0.0.0

 Total Nets: 5
 Intra Area: 5  Inter Area: 0  ASE: 0  NSSA: 0

<PE1>
```

图 2-32   在 PE1 上执行 **display ospf peer** 和 **display ospf routing** 命令的输出

② 在骨干网各节点上全局和公网接口上使能 MPLS 和 LDP 能力。各节点的 LSR ID 由各自的 Loopback1 接口 IP 地址担当。

\#---PE1 上的配置如下。

```
[PE1] mpls lsr-id 1.1.1.9
[PE1] mpls
[PE1-mpls] quit
[PE1] mpls ldp
[PE1-mpls-ldp] quit
[PE1] interface gigabitethernet 3/0/0
[PE1-GigabitEthernet3/0/0] mpls
[PE1-GigabitEthernet3/0/0] mpls ldp
[PE1-GigabitEthernet3/0/0] quit
```

\#---P 上的配置如下。

```
[P] mpls lsr-id 2.2.2.9
[P] mpls
[P-mpls] quit
[P] mpls ldp
[P-mpls-ldp] quit
[P] interface gigabitethernet 1/0/0
[P-GigabitEthernet1/0/0] mpls
[P-GigabitEthernet1/0/0] mpls ldp
[P-GigabitEthernet1/0/0] quit
[P] interface gigabitethernet 2/0/0
[P-GigabitEthernet2/0/0] mpls
[P-GigabitEthernet2/0/0] mpls ldp
[P-GigabitEthernet2/0/0] quit
```

\#---PE2 上的配置如下。

```
[PE2] mpls lsr-id 3.3.3.9
[PE2] mpls
[PE2-mpls] quit
[PE2] mpls ldp
[PE2-mpls-ldp] quit
```

```
[PE2] interface gigabitethernet 3/0/0
[PE2-GigabitEthernet3/0/0] mpls
[PE2-GigabitEthernet3/0/0] mpls ldp
[PE2-GigabitEthernet3/0/0] quit
```

上述配置完成后，在骨干网相邻节点上执行 **display mpls ldp session** 命令可以看到相邻节点间已成功建立了 LDP 会话；执行 **display mpls ldp lsp** 命令可以看到各节点上 LDP LSP 的建立情况。在 PE1 上执行 **display mpls ldp session** 和 **display mpls ldp lsp** 命令的输出如图 2-33 所示，由此可以看出，PE1 与 P 节点建立了 LDP 会话，也建立了到达 PE2（3.3.3.9/32）的 Ingress LDP LSP。

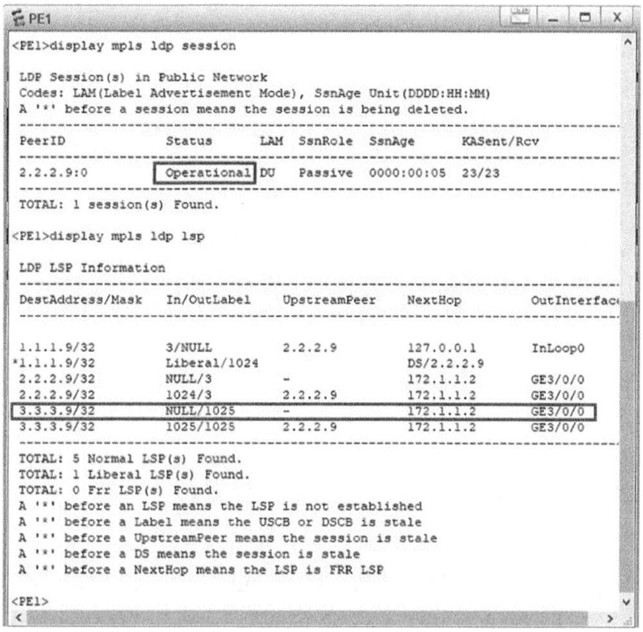

```
<PE1>display mpls ldp session

 LDP Session(s) in Public Network
 Codes: LAM(Label Advertisement Mode), SsnAge Unit(DDDD:HH:MM)
 A '*' before a session means the session is being deleted.
 ------------------------------------------------------------------------------
 PeerID             Status      LAM  SsnRole  SsnAge       KASent/Rcv
 ------------------------------------------------------------------------------
 2.2.2.9:0          Operational DU   Passive  0000:00:05   23/23
 ------------------------------------------------------------------------------
 TOTAL: 1 session(s) Found.

<PE1>display mpls ldp lsp

 LDP LSP Information
 ------------------------------------------------------------------------------
 DestAddress/Mask   In/OutLabel    UpstreamPeer    NextHop         OutInterfac
 ------------------------------------------------------------------------------

 1.1.1.9/32         3/NULL         2.2.2.9         127.0.0.1       InLoop0
*1.1.1.9/32         Liberal/1024                   DS/2.2.2.9
 2.2.2.9/32         NULL/3         -               172.1.1.2       GE3/0/0
 2.2.2.9/32         1024/3         2.2.2.9         172.1.1.2       GE3/0/0
 3.3.3.9/32         NULL/1025      -               172.1.1.2       GE3/0/0
 3.3.3.9/32         1025/1025      2.2.2.9         172.1.1.2       GE3/0/0
 ------------------------------------------------------------------------------
 TOTAL: 5 Normal LSP(s) Found.
 TOTAL: 1 Liberal LSP(s) Found.
 TOTAL: 0 Frr LSP(s) Found.
 A '*' before an LSP means the LSP is not established
 A '*' before a Label means the USCB or DSCB is stale
 A '*' before a UpstreamPeer means the session is stale
 A '*' before a DS means the session is stale
 A '*' before a NextHop means the LSP is FRR LSP

<PE1>
```

图 2-33　在 PE1 上执行 **display mpls ldp session** 和 **display mpls ldp lsp** 命令的输出

③ 配置两个 PE 间的 MP-IBGP 对等体关系，交互 VPN 路由信息。假设公网中的 AS 号为 100。关键要在 VPNv4 地址族下使能它们之间的 VPN 路由信息交互能力。

#---PE1 上的配置如下。

```
[PE1] bgp 100
[PE1-bgp] peer 3.3.3.9 as-number 100    #---指定 PE2 为 PE1 的 IBGP 对等体
[PE1-bgp] peer 3.3.3.9 connect-interface loopback 1    #---指定与 PE2 建立 TCP 连接的源接口为 Loopback1。因为 PE1 与 PE2 是直连的，所以也可以用直连接口作为源接口
[PE1-bgp] ipv4-family vpnv4    #---进入 VPNv4 地址族
[PE1-bgp-af-vpnv4] peer 3.3.3.9 enable    #---使能对等体 PE2 交换 VPNv4 路由信息的能力
[PE1-bgp-af-vpnv4] quit
[PE1-bgp] quit
```

#---PE2 上的配置如下。

```
[PE2] bgp 100
[PE2-bgp] peer 1.1.1.9 as-number 100
[PE2-bgp] peer 1.1.1.9 connect-interface loopback 1
[PE2-bgp] ipv4-family vpnv4
[PE2-bgp-af-vpnv4] peer 1.1.1.9 enable
[PE2-bgp-af-vpnv4] quit
[PE2-bgp] quit
```

以上配置完成后，在两个 PE 上执行 **display bgp peer** 或 **display bgp vpnv4 all peer**
命令，可以看到 PE1 和 PE2 之间已经建立了 MP-IBGP 对等体关系。在 PE1 上执行 **display
bgp peer** 和 **display bgp vpnv4 all peer** 命令的输出如图 2-34 所示。

```
PE1                                                          □  _  □  X

[PE1-bgp-af-vpnv4]display bgp peer

 BGP local router ID : 1.1.1.9
 Local AS number : 100
 Total number of peers : 1          Peers in established state : 1

  Peer            V       AS  MsgRcvd  MsgSent  OutQ  Up/Down    State Pre
fRcv

  3.3.3.9         4      100        2        4     0 00:00:11 Established
  0
[PE1-bgp-af-vpnv4]display bgp vpnv4 all peer

 BGP local router ID : 1.1.1.9
 Local AS number : 100
 Total number of peers : 1          Peers in established state : 1

  Peer            V       AS  MsgRcvd  MsgSent  OutQ  Up/Down    State Pre
fRcv

  3.3.3.9         4      100        2        4     0 00:00:14 Established
  0
[PE1-bgp-af-vpnv4]
```

图 2-34　在 PE1 上执行 **display bgp peer** 和 **display bgp vpnv4 all peer** 命令的输出

④ 在两个 PE 上为所连接的 Site 创建 VPN 实例，并与 PE 连接 CE 的接口进行绑定，
然后配置该接口的 IP 地址。

此处关键是 VPN 实例的 VPN Target 属性配置，可以实现以下目标。

- 同为 vpna 中的 CE1 与 CE3 可以互访，同为 vpnb 中的 CE2 与 CE4 可以互访。
- vpna 中的 CE1 与 vpnb 中的 CE2 可以互访，但 CE1 与 CE4 不能互访。
- vpna 中的 CE3 与 vpnb 中的 CE2、CE4 不能互访。

为此在 PE1 上配置 vpna 中的 Export Target 属性为 111:1，Import Target 属性为 111:1、
222:2；vpnb 中的 Export Target 属性为 222:2，Import Target 属性为 222:1、111:1，使 CE1
与 CE2 可以互访。

在 PE2 上配置 vpna 中的 Export Target 和 Import Target 属性均为 111:1；vpnb 中的
Export Target 和 Import Target 属性均为 222:2，使 CE1 与 CE3 可以互访，CE2 可以与 CE4
互访，但 CE1 与 CE4 不能互访，CE2 与 CE3 也不能互访。

PE1 和 PE2 上的 vpna 实例中的 RD 属性值均为 100:1，vpnb 实例中的 RD 属性值均
为 100:2。可以在两个 PE 上为所连接的各个 Site 配置不同的 RD 属性值。

#---PE1 上的配置如下。

```
[PE1] ip vpn-instance vpna
[PE1-vpn-instance-vpna] ipv4-family
[PE1-vpn-instance-vpna-af-ipv4] route-distinguisher 100:1
[PE1-vpn-instance-vpna-af-ipv4] vpn-target 111:1 export-extcommunity
[PE1-vpn-instance-vpna-af-ipv4] vpn-target 111:1 222:2 import-extcommunity
[PE1-vpn-instance-vpna-af-ipv4] quit
[PE1-vpn-instance-vpna] quit
[PE1] ip vpn-instance vpnb
[PE1-vpn-instance-vpnb] ipv4-family
[PE1-vpn-instance-vpnb-af-ipv4] route-distinguisher 100:2
[PE1-vpn-instance-vpnb-af-ipv4] vpn-target 222:2 export-extcommunity
[PE1-vpn-instance-vpnb-af-ipv4] vpn-target 222:2 111:1 import-extcommunity
[PE1-vpn-instance-vpnb-af-ipv4] quit
[PE1-vpn-instance-vpnb] quit
```

```
[PE1] interface gigabitethernet 1/0/0
[PE1-GigabitEthernet1/0/0] ip binding vpn-instance vpna
[PE1-GigabitEthernet1/0/0] ip address 10.1.1.2 24
[PE1-GigabitEthernet1/0/0] quit
[PE1] interface gigabitethernet 2/0/0
[PE1-GigabitEthernet2/0/0] ip binding vpn-instance vpnb
[PE1-GigabitEthernet2/0/0] ip address 10.2.1.2 24
[PE1-GigabitEthernet2/0/0] quit
```

#---PE2 上的配置如下。

```
[PE2] ip vpn-instance vpna
[PE2-vpn-instance-vpna] ipv4-family
[PE2-vpn-instance-vpna-af-ipv4] route-distinguisher 100:1
[PE2-vpn-instance-vpna-af-ipv4] vpn-target 111:1 export-extcommunity
[PE2-vpn-instance-vpna-af-ipv4] vpn-target 111:1 import-extcommunity
[PE2-vpn-instance-vpna-af-ipv4] quit
[PE2-vpn-instance-vpna] quit
[PE2] ip vpn-instance vpnb
[PE2-vpn-instance-vpnb] ipv4-family
[PE2-vpn-instance-vpnb-af-ipv4] route-distinguisher 100:2
[PE2-vpn-instance-vpnb-af-ipv4] vpn-target 222:2 export-extcommunity
[PE2-vpn-instance-vpnb-af-ipv4] vpn-target 222:2 import-extcommunity
[PE2-vpn-instance-vpnb-af-ipv4] quit
[PE2-vpn-instance-vpnb] quit
[PE2] interface gigabitethernet 1/0/0
[PE2-GigabitEthernet1/0/0] ip binding vpn-instance vpna
[PE2-GigabitEthernet1/0/0] ip address 10.3.1.2 24
[PE2-GigabitEthernet1/0/0] quit
[PE2] interface gigabitethernet 2/0/0
[PE2-GigabitEthernet2/0/0] ip binding vpn-instance vpnb
[PE2-GigabitEthernet2/0/0] ip address 10.4.1.2 24
[PE2-GigabitEthernet2/0/0] quit
```

以上配置完成后，在两个 PE 上执行 **display ip vpn-instance verbose** 命令可以看到它们的 VPN 实例配置情况。在 PE1 上执行 **display ip vpn-instance verbose** 命令的输出如图 2-35 所示，由此可以看出，PE1 上创建了两个 VPN 实例，实例名分别为 vpna 和 vpnb，而且可以看到这两个 VPN 实例各自分配的 RD 和 VPN Target 属性值。

```
<PE1>display ip vpn-instance verbose
 Total VPN-Instances configured       : 2
 Total IPv4 VPN-Instances configured : 2
 Total IPv6 VPN-Instances configured : 0

 VPN-Instance Name and ID : vpna, 1
  Interfaces : GigabitEthernet1/0/0
 Address family ipv4
  Create date : 2021/12/05 10:07:36 UTC-08:00
  Up time : 0 days, 00 hours, 52 minutes and 06 seconds
  Route Distinguisher : 100:1
  Export VPN Targets : 111:1
  Import VPN Targets : 111:1 222:2
  Label Policy : label per route
  Log Interval : 5

 VPN-Instance Name and ID : vpnb, 2
  Interfaces : GigabitEthernet2/0/0
 Address family ipv4
  Create date : 2021/12/05 10:07:36 UTC-08:00
  Up time : 0 days, 00 hours, 52 minutes and 06 seconds
  Route Distinguisher : 100:2
  Export VPN Targets : 222:2
  Import VPN Targets : 222:2 111:1
  Label Policy : label per route
  Log Interval : 5

<PE1>
```

图 2-35　在 PE1 上执行 **display ip vpn-instance verbose** 命令的输出

⑤ 在两个 PE 的 VPN 实例 BGP 路由表中引入与 CE 之间直连链路的直连路由，在各 CE 上配置接口 IP 地址，并分别配置以所连接的 PE 的接口 IP 地址为下一跳的静态缺省路由，以实现对应的 CE 间的路由相互学习。

#---PE1 上的配置如下。

```
[PE1] bgp 100
[PE1-bgp] ipv4-family vpn-instance vpna
[PE1–bgp-vpna] import-route direct
[PE1–bgp-vpna] quit
[PE1-bgp] ipv4-family vpn-instance vpnb
[PE1–bgp-vpnb] import-route direct
[PE1–bgp-vpnb] quit
[PE1–bgp] quit
```

#---PE2 上的配置如下。

```
[PE2] bgp 100
[PE2-bgp] ipv4-family vpn-instance vpna
[PE2–bgp-vpna] import-route direct
[PE2–bgp-vpna] quit
[PE2-bgp] ipv4-family vpn-instance vpnb
[PE2–bgp-vpnb] import-route direct
[PE2–bgp-vpnb] quit
[PE2–bgp] quit
```

#---CE1 上的配置如下。

```
<Huawei> system-view
[Huawei] sysname CE1
[CE1]interface GigabitEthernet1/0/0
[CE1-GigabitEthernet1/0/0] ip address 10.1.1.1 255.255.255.0
[CE1-GigabitEthernet1/0/0] quit
[CE1]ip route-static 0.0.0.0 0.0.0.0 10.1.1.2
```

#---CE2 上的配置如下。

```
<Huawei> system-view
[Huawei] sysname CE2
[CE2]interface GigabitEthernet1/0/0
[CE2-GigabitEthernet1/0/0] ip address 10.2.1.1 255.255.255.0
[CE2-GigabitEthernet1/0/0] quit
[CE2]ip route-static 0.0.0.0 0.0.0.0 10.2.1.2
```

#---CE3 上的配置如下。

```
<Huawei> system-view
[Huawei] sysname CE3
[CE3]interface GigabitEthernet1/0/0
[CE3-GigabitEthernet1/0/0] ip address 10.3.1.1 255.255.255.0
[CE3-GigabitEthernet1/0/0] quit
[CE3]ip route-static 0.0.0.0 0.0.0.0 10.3.1.2
```

#---CE4 上的配置如下。

```
<Huawei> system-view
[Huawei] sysname CE4
[CE4]interface GigabitEthernet1/0/0
[CE4-GigabitEthernet1/0/0] ip address 10.4.1.1 255.255.255.0
[CE4-GigabitEthernet1/0/0] quit
[CE4]ip route-static 0.0.0.0 0.0.0.0 10.4.1.2
```

3. 配置结果验证

以上配置完成后，可以进行以下配置结果验证。

① 在两个 PE 上执行 **display ip routing-table vpn-instance** 命令，由此可以看到，在 PE1 中，vpna 和 vpnb 两个实例中的私网路由相互引入了，但是在 PE2 上两个 VPN 实例中的私网路由没有相互引入。另外，在相同的 VPN 实例中，两端 CE 的私网路由也相互引入了。

在 PE1 上执行 **display ip routing-table vpn-instance vpna** 命令的输出如图 2-36 所示，由此可以看出，在 PE1 的 vpna BGP 路由表中既有对端 PE2 与 CE3 直连链路网段 10.3.1.0/24 网段、PE2 与 CE4 直连链路网段 10.4.1.0/24 网段的 IBGP 路由，又有 PE1 与 CE2 直连链路 10.2.1.0/24 网段的 BGP 路由。这是因为 PE1 上的 vpna 实例配置的 Import Target 属性与 vpnb 实例配置的 Export Target 属性匹配，PE1 会把 vpnb 实例中学习到的所有私网路由向 vpna 实例 BGP-VPN 路由表中发布。

图 2-36　在 PE1 上执行 **display ip routing-table vpn-instance vpna** 命令的输出

在 PE1 执行 **display ip routing-table vpn-instance vpnb** 命令的输出如图 2-37 所示，从中可以看出，在 PE1 的 vpnb BGP 路由表中既有对端 PE2 与 CE4 直连链路网段 10.4.1.0/24 网段、PE2 与 CE3 直连链路网段 10.3.1.0/24 网段的 IBGP 路由，又有 PE1 与 CE1 直连链路 10.1.1.0/24 网段的 BGP 路由。这是因为 PE1 上的 vpnb 实例配置的 Import Target 属性与 vpna 实例配置的 Export Target 属性匹配，PE1 会把 vpna 实例中学习到的所有私网路由向 vpnb 实例 BGP-VPN 路由表中发布。

图 2-37　在 PE1 上执行 **display ip routing-table vpn-instance vpnb** 命令的输出

但在 PE2 上执行 **display ip routing-table vpn-instance vpna** 或 **display ip routing-**

table vpn-instance vpnb 命令，会发现 vpna、vpnb 中均只有相同 VPN 实例中的路由。这是因为在 PE2 上为 vpna 实例配置的 VPN Target 属性与为 vpnb 实例配置的属性不匹配，不能相互学习，在 PE2 上执行 **display ip routing-table vpn-instance vpna** 和 **display ip routing-table vpn-instance vpnb** 命令的输出如图 2-38 所示。

```
PE2                                                            _ □ X
<PE2>display ip routing-table vpn-instance vpna
Route Flags: R - relay, D - download to fib
------------------------------------------------------------------
Routing Tables: vpna
         Destinations : 5        Routes : 5

Destination/Mask    Proto   Pre  Cost      Flags NextHop     Interface

        10.1.1.0/24  IBGP    255  0          RD   1.1.1.9     GigabitEthernet
3/0/0
        10.3.1.0/24  Direct  0    0          D    10.3.1.2    GigabitEthernet
1/0/0
        10.3.1.2/32  Direct  0    0          D    127.0.0.1   GigabitEthernet
1/0/0
        10.3.1.255/32 Direct 0    0          D    127.0.0.1   GigabitEthernet
1/0/0
255.255.255.255/32  Direct  0    0          D    127.0.0.1   InLoopBack0

<PE2>display ip routing-table vpn-instance vpnb
Route Flags: R - relay, D - download to fib
------------------------------------------------------------------
Routing Tables: vpnb
         Destinations : 5        Routes : 5

Destination/Mask    Proto   Pre  Cost      Flags NextHop     Interface

        10.2.1.0/24  IBGP    255  0          RD   1.1.1.9     GigabitEthernet
3/0/0
        10.4.1.0/24  Direct  0    0          D    10.4.1.2    GigabitEthernet
2/0/0
        10.4.1.2/32  Direct  0    0          D    127.0.0.1   GigabitEthernet
2/0/0
        10.4.1.255/32 Direct 0    0          D    127.0.0.1   GigabitEthernet
2/0/0
255.255.255.255/32  Direct  0    0          D    127.0.0.1   InLoopBack0

<PE2>
```

图 2-38　在 PE2 上执行 **display ip routing-table vpn-instance vpna** 和
display ip routing-table vpn-instance vpnb 命令的输出

② 在 CE1 上 ping CE3 和 CE2 均是通的，但 CE1 不能 ping 通 CE4，CE1 ping CE3、CE2 和 CE4 的结果如图 2-39 所示。尽管在 PE1 的 vpna 实例路由表中有到达 CE4 的私网路由，但因为 PE2 的 vpnb 实例路由表中没有 CE1 的私网路由，所以 CE4 的返程报文无法到达 CE1。

```
CE1                                                            _ □ X
<CE1>ping 10.3.1.1
  PING 10.3.1.1: 56  data bytes, press CTRL_C to break
    Reply from 10.3.1.1: bytes=56 Sequence=1 ttl=252 time=70 ms
    Reply from 10.3.1.1: bytes=56 Sequence=2 ttl=252 time=60 ms
    Reply from 10.3.1.1: bytes=56 Sequence=3 ttl=252 time=40 ms
    Reply from 10.3.1.1: bytes=56 Sequence=4 ttl=252 time=40 ms
    Reply from 10.3.1.1: bytes=56 Sequence=5 ttl=252 time=50 ms

  --- 10.3.1.1 ping statistics ---
    5 packet(s) transmitted
    5 packet(s) received
    0.00% packet loss
    round-trip min/avg/max = 40/52/70 ms

<CE1>ping 10.2.1.1
  PING 10.2.1.1: 56  data bytes, press CTRL_C to break
    Reply from 10.2.1.1: bytes=56 Sequence=1 ttl=254 time=30 ms
    Reply from 10.2.1.1: bytes=56 Sequence=2 ttl=254 time=20 ms
    Reply from 10.2.1.1: bytes=56 Sequence=3 ttl=254 time=20 ms
    Reply from 10.2.1.1: bytes=56 Sequence=4 ttl=254 time=30 ms
    Reply from 10.2.1.1: bytes=56 Sequence=5 ttl=254 time=40 ms

  --- 10.2.1.1 ping statistics ---
    5 packet(s) transmitted
    5 packet(s) received
    0.00% packet loss
    round-trip min/avg/max = 20/28/40 ms

<CE1>ping 10.4.1.1
  PING 10.4.1.1: 56  data bytes, press CTRL_C to break
    Request time out
    Request time out
    Request time out
    Request time out
    Request time out

  --- 10.4.1.1 ping statistics ---
    5 packet(s) transmitted
    0 packet(s) received
    100.00% packet loss

<CE1>
```

图 2-39　CE1 ping CE3、CE2 和 CE4 的结果

同理，CE2 可以 ping 通 CE4 和 CE1，但不能 ping 通 CE3。CE3 只能 ping 通 CE1，CE4 只能 ping 通 CE2，均符合预期目标。

2.2.13　CE 双归属配置示例

随着电信业务的发展，各种电信业务将用统一的 IP 网络承载，这就要求网络具有极高的可靠性。提高网络的可靠性，除了考虑网络设备自身的可靠性，还可以从链路可靠性方面着手，例如，路由快速收敛、故障检测、快速重路由和路由备份。

就接入层来说，CE 双归属是提高网络可靠性的常见网络结构。把一个 CE 与属于同一个 VPN 的两个 PE 相连，就将其视为 CE 双归属。此时 CE 是通过两条链路接入骨干网的。这两条链路既可以作为负载分担，也可以作为主备链路。

CE 双归属配置示例的拓扑结构如图 2-40 所示，CE1 处于 VPN1 的 Site1 中；CE2 处于 VPN1 的 Site2 中。CE1 以双归属方式接入 PE1 和 PE2；CE2 以双归属方式接入 PE3 和 PE4。如果 CE1 到 CE2 的数据流量较大，而 CE2 到 CE1 的流量很少，则可以配置成允许 CE1 到 CE2 的数据以负载分担的方式传输；而 CE2 到 CE1 的数据则从 PE4 传输，PE3 只作为备份。

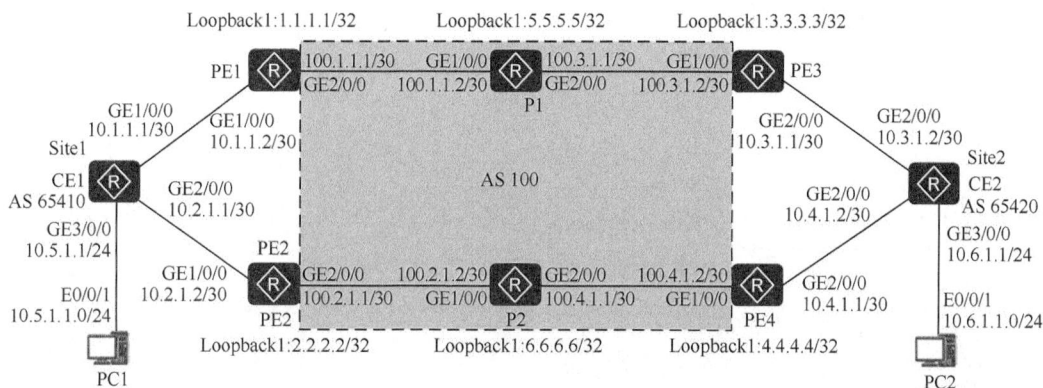

图 2-40　CE 双归属配置示例的拓扑结构

1. 基本配置思路分析

本示例的配置关键是从 CE1 到 CE2 的数据传输允许两条路径负载分担，而从 CE2 到 CE1 的数据传输不允许多路径负载分担，仅允许通过 PE4 这一条路径。前者比较好实现，仅需要在 CE1 的 BGP 视图下通过 **maximum load-balancing** 命令配置（缺省情况下，BGP 只选择一条路优路由路径，不能多路径负载分担）；后者可以利用 BGP 路由的 MED 属性来实现。

MED 属性相当于 IGP 使用的度量值（Metrics），用于判断流量进入 AS 时的最佳路由。当一个运行 BGP 的设备通过不同的 EBGP 对等体得到目的地址相同但下一跳不同的多条路由时，在其他条件相同的情况下，将优先选择 MED 值较小者作为最佳路由。利用 MED 的这种特性，可在 PE3 上配置路由策略，指定在向其 EBGP 对等体 CE2 发布 VPN BGP 路由时应用路由策略（在 VPN 实例下应用）增加 MED 属性值（使其优先级降低），最终使从 CE2 向 CE1 发送的数据优先选择通过其 EBGP 对等体 PE4 的路径。

通过以上分析，可以得出本示例的以下基本配置思路。

① 配置骨干网各节点的接口（不包括 PE 连接 CE 的接口）的 IP 地址和 OSPF 路由，以实现骨干网的三层互通。

② 在骨干网各节点上全局和公网接口上使能 MPLS 和 LDP 能力，建立公网 MPLS LDP LSP 隧道。

③ 在各 PE 上为所连接的 Site 创建 VPN 实例，并与 PE 连接 CE 的接口进行绑定，然后配置该接口的 IP 地址。

④ 配置 PE1 和 PE3、PE2 和 PE4 之间的 MP-IBGP 对等体关系，交互 VPN 路由信息。

⑤ 配置各 PE 与 CE 之间的 EBGP 对等体关系，并在 PE 的 VPN 实例 BGP 路由表中引入直连路由，CE 上引入连接 PC 用户所在网段的路由。

⑥ 在 CE1 上配置从 CE1 到 CE2 的流量允许负载分担。

⑦ 在 PE3 上配置路由策略，增大 PE3 发布给 CE2 的 BGP 路由的 MED 值，使从 CE2 到 CE1 的流量流经 PE4，PE3 作为备份。

2. 具体配置步骤

① 配置骨干网各节点的接口（不包括 PE 连接 CE 的接口）的 IP 地址和 OSPF 路由，以实现骨干网的三层互通。

#---PE1 上的配置如下。

```
<Huawei> system-view
[Huawei] sysname PE1
[PE1] interface loopback 1
[PE1-LoopBack1] ip address 1.1.1.1 32
[PE1-LoopBack1] quit
[PE1] interface gigabitethernet 2/0/0
[PE1-GigabitEthernet2/0/0] ip address 100.1.1.1 30
[PE1-GigabitEthernet2/0/0] quit
[PE1] ospf
[PE1-ospf-1] area 0
[PE1-ospf-1-area-0.0.0.0] network 100.1.1.0 0.0.0.3
[PE1-ospf-1-area-0.0.0.0] network 1.1.1.1 0.0.0.0
[PE1-ospf-1-area-0.0.0.0] quit
[PE1-ospf-1] quit
```

#---PE2 上的配置如下。

```
<Huawei> system-view
[Huawei] sysname PE2
[PE2] interface loopback 1
[PE2-LoopBack1] ip address 2.2.2.2 32
[PE2-LoopBack1] quit
[PE2] interface gigabitethernet 2/0/0
[PE2-GigabitEthernet2/0/0] ip address 100.2.1.1 30
[PE2-GigabitEthernet2/0/0] quit
[PE2] ospf
[PE2-ospf-1] area 0
[PE2-ospf-1-area-0.0.0.0] network 100.2.1.0 0.0.0.3
[PE2-ospf-1-area-0.0.0.0] network 2.2.2.2 0.0.0.0
[PE2-ospf-1-area-0.0.0.0] quit
[PE2-ospf-1] quit
```

#---PE3 上的配置如下。

```
<Huawei> system-view
[Huawei] sysname PE3
[PE3] interface loopback 1
```

```
[PE3-LoopBack1] ip address 3.3.3.3 32
[PE3-LoopBack1] quit
[PE3] interface gigabitethernet 1/0/0
[PE3-GigabitEthernet2/0/0] ip address 100.3.1.2 30
[PE3-GigabitEthernet2/0/0] quit
[PE3] ospf
[PE3-ospf-1] area 0
[PE3-ospf-1-area-0.0.0.0] network 100.3.1.0 0.0.0.3
[PE3-ospf-1-area-0.0.0.0] network 3.3.3.3 0.0.0.0
[PE3-ospf-1-area-0.0.0.0] quit
[PE3-ospf-1] quit
```

#---PE4 上的配置如下。

```
<Huawei> system-view
[Huawei] sysname PE4
[PE4] interface loopback 1
[PE4-LoopBack1] ip address 4.4.4.4 32
[PE4-LoopBack1] quit
[PE4] interface gigabitethernet 1/0/0
[PE4-GigabitEthernet2/0/0] ip address 100.4.1.2 30
[PE4-GigabitEthernet2/0/0] quit
[PE4] ospf
[PE4-ospf-1] area 0
[PE4-ospf-1-area-0.0.0.0] network 100.4.1.0 0.0.0.3
[PE4-ospf-1-area-0.0.0.0] network 4.4.4.4 0.0.0.0
[PE4-ospf-1-area-0.0.0.0] quit
[PE4-ospf-1] quit
```

#---P1 上的配置如下。

```
<Huawei> system-view
[Huawei] sysname P1
[P1] interface loopback 1
[P1-LoopBack1] ip address 5.5.5.5 32
[P1-LoopBack1] quit
[P1] interface gigabitethernet 1/0/0
[P1-GigabitEthernet1/0/0] ip address 100.1.1.2 30
[P1-GigabitEthernet1/0/0] quit
[P1] interface gigabitethernet 2/0/0
[P1-GigabitEthernet2/0/0] ip address 100.3.1.1 30
[P1-GigabitEthernet2/0/0] quit
[P1] ospf
[P1-ospf-1] area 0
[P1-ospf-1-area-0.0.0.0] network 100.1.1.0 0.0.0.3
[P1-ospf-1-area-0.0.0.0] network 100.3.1.0 0.0.0.3
[P1-ospf-1-area-0.0.0.0] network 5.5.5.5 0.0.0.0
[P1-ospf-1-area-0.0.0.0] quit
[P1-ospf-1] quit
```

#---P2 上的配置如下。

```
<Huawei> system-view
[Huawei] sysname P2
[P2] interface loopback 1
[P2-LoopBack1] ip address 6.6.6.6 32
[P2-LoopBack1] quit
[P2] interface gigabitethernet 1/0/0
[P2-GigabitEthernet1/0/0] ip address 100.2.1.2 30
[P2-GigabitEthernet1/0/0] quit
```

```
[P2] interface gigabitethernet 2/0/0
[P2-GigabitEthernet2/0/0] ip address 100.4.1.1 30
[P2-GigabitEthernet2/0/0] quit
[P2] ospf
[P2-ospf-1] area 0
[P2-ospf-1-area-0.0.0.0] network 100.2.1.0 0.0.0.3
[P2-ospf-1-area-0.0.0.0] network 100.4.1.0 0.0.0.3
[P2-ospf-1-area-0.0.0.0] network 6.6.6.6 0.0.0.0
[P2-ospf-1-area-0.0.0.0] quit
[P2-ospf-1] quit
```

以上配置完成后，在各 PE 上执行 **display ospf routing** 命令，由此可以看到，骨干网相邻节点间已相互学习到对方的 Loopback1 接口 IP 地址对应网段的 OSPF 路由。在 PE1 上执行 **display ospf routing** 命令的输出如图 2-41 所示，由此可以看出，PE1 已学习到 P1 和 PE3 上 Loopback1 接口 IP 地址对应网段的 OSPF 路由。

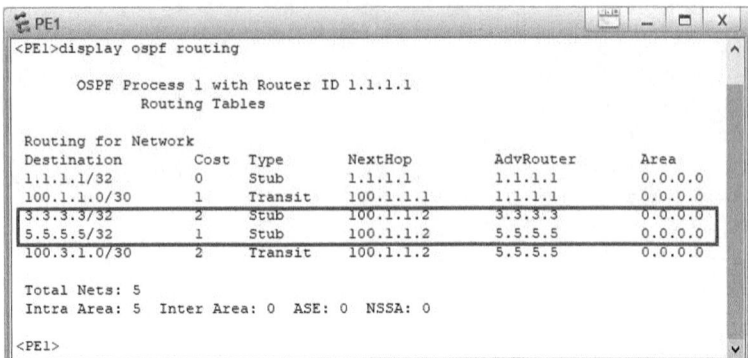

图 2-41　在 PE1 上执行 **display ospf routing** 命令的输出

② 在骨干网各节点上全局和公网接口上使能 MPLS 和 LDP 能力，建立公网 MPLS LDP LSP 隧道。

#---PE1 上的配置如下。

```
[PE1] mpls lsr-id 1.1.1.1
[PE1] mpls
[PE1-mpls] quit
[PE1] mpls ldp
[PE1-mpls-ldp] quit
[PE1] interface gigabitethernet 2/0/0
[PE1-GigabitEthernet2/0/0] mpls
[PE1-GigabitEthernet2/0/0] mpls ldp
[PE1-GigabitEthernet2/0/0] quit
```

#---PE2 上的配置如下。

```
[PE2] mpls lsr-id 2.2.2.2
[PE2] mpls
[PE2-mpls] quit
[PE2] mpls ldp
[PE2-mpls-ldp] quit
[PE2] interface gigabitethernet 2/0/0
[PE2-GigabitEthernet2/0/0] mpls
[PE2-GigabitEthernet2/0/0] mpls ldp
[PE12-GigabitEthernet2/0/0] quit
```

#---PE3 上的配置如下。

```
[PE3] mpls lsr-id 3.3.3.3
[PE3] mpls
[PE3-mpls] quit
[PE3] mpls ldp
[PE3-mpls-ldp] quit
[PE3] interface gigabitethernet 1/0/0
[PE3-GigabitEthernet1/0/0] mpls
[PE3-GigabitEthernet1/0/0] mpls ldp
[PE3-GigabitEthernet1/0/0] quit
```

#---PE4 上的配置如下。

```
[PE4] mpls lsr-id 4.4.4.4
[PE4] mpls
[PE4-mpls] quit
[PE4] mpls ldp
[PE4-mpls-ldp] quit
[PE4] interface gigabitethernet 1/0/0
[PE4-GigabitEthernet1/0/0] mpls
[PE4-GigabitEthernet1/0/0] mpls ldp
[PE4-GigabitEthernet1/0/0] quit
```

#---P1 上的配置如下。

```
[P1] mpls lsr-id 5.5.5.5
[P1] mpls
[P1-mpls] quit
[P1] mpls ldp
[P1-mpls-ldp] quit
[P1] interface gigabitethernet 1/0/0
[P1-GigabitEthernet1/0/0] mpls
[P1-GigabitEthernet1/0/0] mpls ldp
[P1-GigabitEthernet1/0/0] quit
[P1] interface gigabitethernet 2/0/0
[P1-GigabitEthernet2/0/0] mpls
[P1-GigabitEthernet2/0/0] mpls ldp
[P1-GigabitEthernet2/0/0] quit
```

#---P2 上的配置如下。

```
[P2] mpls lsr-id 6.6.6.6
[P2] mpls
[P2-mpls] quit
[P2] mpls ldp
[P2-mpls-ldp] quit
[P2] interface gigabitethernet 1/0/0
[P2-GigabitEthernet1/0/0] mpls
[P2-GigabitEthernet1/0/0] mpls ldp
[P2-GigabitEthernet1/0/0] quit
[P2] interface gigabitethernet 2/0/0
[P2-GigabitEthernet2/0/0] mpls
[P2-GigabitEthernet2/0/0] mpls ldp
[P2-GigabitEthernet2/0/0] quit
```

　　上述配置完成后，在骨干网各节点上执行 **display mpls ldp session** 命令，由此可以看到，相邻节点间已成功建立了 LDP 会话；执行 **display mpls ldp lsp** 命令，由此可以看到，各节点上 LDP LSP 的建立情况。在 PE1 上执行 **display mpls ldp session** 和 **display mpls ldp lsp** 命令的输出如图 2-42 所示，由此可以看出，PE1 与 P1 建立了本地 LDP 会话，并且建立了到达 PE3（3.3.3.3/32）网段的 Ingress LDP LSP。

```
PE1                                                              □  X
<PE1>display mpls ldp session

LDP Session(s) in Public Network
Codes: LAM(Label Advertisement Mode), SsnAge Unit(DDDD:HH:MM)
A '*' before a session means the session is being deleted.

PeerID            Status      LAM  SsnRole  SsnAge      KASent/Rcv
-----------------------------------------------------------------------
5.5.5.5:0         Operational DU   Passive  0000:00:11  47/47
-----------------------------------------------------------------------
TOTAL: 1 session(s) Found.

<PE1>display mpls ldp lsp

LDP LSP Information
-----------------------------------------------------------------------
DestAddress/Mask  In/OutLabel   UpstreamPeer   NextHop      OutInter
-----------------------------------------------------------------------
1.1.1.1/32        3/NULL        5.5.5.5        127.0.0.1    InLoop0
*1.1.1.1/32       Liberal/1024                 DS/5.5.5.5
3.3.3.3/32        NULL/1025     -              100.1.1.2    GE2/0/0
3.3.3.3/32        1025/1025     5.5.5.5        100.1.1.2    GE2/0/0
5.5.5.5/32        NULL/3        -              100.1.1.2    GE2/0/0
5.5.5.5/32        1024/3        5.5.5.5        100.1.1.2    GE2/0/0
-----------------------------------------------------------------------
TOTAL: 5 Normal LSP(s) Found.
TOTAL: 1 Liberal LSP(s) Found.
TOTAL: 0 Frr LSP(s) Found.
A '*' before an LSP means the LSP is not established
A '*' before a Label means the USCB or DSCB is stale
A '*' before a UpstreamPeer means the session is stale
A '*' before a DS means the session is stale
A '*' before a NextHop means the LSP is FRR LSP

<PE1>
```

图 2-42　在 PE1 上执行 **display mpls ldp session** 和 **display mpls ldp lsp** 命令的输出

③ 在各 PE 上为所连接的 Site 创建 VPN 实例，并与 PE 连接 CE 的接口进行绑定，然后配置该接口的 IP 地址。

在本示例中，因为 CE1 和 CE2 在同一个 VPN 中，所以为了配置方便，在各 PE 上为各 VPN 实例配置相同的 VPN Target 属性值均为 1∶1，RD 属性值各不相同。

#---PE1 上的配置如下。

```
[PE1] ip vpn-instance vpn1
[PE1-vpn-instance-vpn1] ipv4-family
[PE1-vpn-instance-vpn1-af-ipv4] route-distinguisher 100:1
[PE1-vpn-instance-vpn1-af-ipv4] vpn-target 1:1 both
[PE1-vpn-instance-vpn1-af-ipv4] quit
[PE1-vpn-instance-vpn1] quit
[PE1] interface gigabitethernet 1/0/0
[PE1-GigabitEthernet1/0/0] ip binding vpn-instance vpn1
[PE1-GigabitEthernet1/0/0] ip address 10.1.1.2 255.255.255.252
[PE1-GigabitEthernet1/0/0] quit
```

#---PE2 上的配置如下。

```
[PE2] ip vpn-instance vpn1
[PE2-vpn-instance-vpn1] ipv4-family
[PE2-vpn-instance-vpn1-af-ipv4] route-distinguisher 100:2
[PE2-vpn-instance-vpn1-af-ipv4] vpn-target 1:1 both
[PE2-vpn-instance-vpn1-af-ipv4] quit
[PE2-vpn-instance-vpn1] quit
[PE2] interface gigabitethernet 1/0/0
[PE2-GigabitEthernet1/0/0] ip binding vpn-instance vpn1
[PE2-GigabitEthernet1/0/0] ip address 10.2.1.2 255.255.255.252
[PE2-GigabitEthernet1/0/0] quit
```

#---PE3 上的配置如下。

```
[PE3] ip vpn-instance vpn1
[PE3-vpn-instance-vpn1] ipv4-family
[PE3-vpn-instance-vpn1-af-ipv4] route-distinguisher 100:3
[PE3-vpn-instance-vpn1-af-ipv4] vpn-target 1:1 both
[PE3-vpn-instance-vpn1-af-ipv4] quit
[PE3-vpn-instance-vpn1] quit
[PE3] interface gigabitethernet 2/0/0
[PE3-GigabitEthernet2/0/0] ip binding vpn-instance vpn1
[PE3-GigabitEthernet2/0/0] ip address 10.3.1.1 255.255.255.252
[PE3-GigabitEthernet2/0/0] quit
```

#---PE4 上的配置如下。

```
[PE4] ip vpn-instance vpn1
[PE4-vpn-instance-vpn1] ipv4-family
[PE4-vpn-instance-vpn1-af-ipv4] route-distinguisher 100:4
[PE4-vpn-instance-vpn1-af-ipv4] vpn-target 1:1 both
[PE4-vpn-instance-vpn1-af-ipv4] quit
[PE4-vpn-instance-vpn1] quit
[PE4] interface gigabitethernet 2/0/0
[PE4-GigabitEthernet2/0/0] ip binding vpn-instance vpn1
[PE4-GigabitEthernet2/0/0] ip address 10.4.1.1 255.255.255.252
[PE4-GigabitEthernet2/0/0] quit
```

④ 配置 PE1 和 PE3、PE2 和 PE4 之间的 MP-IBGP 对等体关系，交互 VPN 路由信息。

#--- PE1 上的配置如下。

```
[PE1] bgp 100
[PE1-bgp] peer 3.3.3.3 as-number 100
[PE1-bgp] peer 3.3.3.3 connect-interface loopback 1
[PE1-bgp] ipv4-family vpnv4
[PE1-bgp-af-vpnv4] peer 3.3.3.3 enable
[PE1-bgp-af-vpnv4] quit
[PE1-bgp] quit
```

#---PE3 上的配置如下。

```
[PE3] bgp 100
[PE3-bgp] peer 1.1.1.1 as-number 100
[PE3-bgp] peer 1.1.1.1 connect-interface loopback 1
[PE3-bgp] ipv4-family vpnv4
[PE3-bgp-af-vpnv4] peer 1.1.1.1 enable
[PE3-bgp-af-vpnv4] quit
[PE3-bgp] quit
```

#---PE2 上的配置如下。

```
[PE2] bgp 100
[PE2-bgp] peer 4.4.4.4 as-number 100
[PE2-bgp] peer 4.4.4.4 connect-interface loopback 1
[PE2-bgp] ipv4-family vpnv4
[PE2-bgp-af-vpnv4] peer 4.4.4.4 enable
[PE2-bgp-af-vpnv4] quit
[PE2-bgp] quit
```

#---PE4 上的配置如下。

```
[PE4] bgp 100
[PE4-bgp] peer 2.2.2.2 as-number 100
[PE4-bgp] peer 2.2.2.2 connect-interface loopback 1
[PE4-bgp] ipv4-family vpnv4
[PE4-bgp-af-vpnv4] peer 2.2.2.2 enable
[PE4-bgp-af-vpnv4] quit
[PE4-bgp] quit
```

以上配置完成后，在各 PE 上执行 **display bgp vpnv4 all peer** 命令，由此可以看到，同一链路两端的 PE 之间已经建立了 MP-IBGP 对等体关系立。在 PE1 上执行 **display bgp vpnv4 all peer** 命令的输出如图 2-43 所示，由此可以看出，PE1 与 PE3 建立了 MP-IBGP 对等体关系。

```
PE1                                                          □ X
<PE1>display bgp vpnv4 all peer

BGP local router ID : 1.1.1.1
Local AS number : 100
Total number of peers : 2          Peers in established state : 2

 Peer            V        AS  MsgRcvd  MsgSent  OutQ  Up/Down        State Pr
fRcv

 3.3.3.3         4       100      89       89     0  01:25:14   Established
  3
```

图 2-43　在 PE1 上执行 **display bgp vpnv4 all peer** 命令的输出

⑤ 配置各 PE 与 CE 之间的 EBGP 对等体关系，并在 PE 的 VPN 实例 BGP 路由表中引入直连路由，CE 上引入连接 PC 用户所在网段的路由。

\#---CE1 上的配置如下。

```
<Huawei> system-view
[Huawei] sysname CE1
[CE1] interface gigabitethernet 1/0/0
[CE1-GigabitEthernet1/0/0] ip address 10.1.1.1 30
[CE1-GigabitEthernet1/0/0] quit
[CE1] interface gigabitethernet 2/0/0
[CE1-GigabitEthernet2/0/0] ip address 10.2.1.1 30
[CE1-GigabitEthernet2/0/0] quit
[CE1] interface gigabitethernet 3/0/0
[CE1-GigabitEthernet3/0/0] ip address 10.5.1.1 24
[CE1-GigabitEthernet3/0/0] quit
[CE1] bgp 65410
[CE1-bgp] peer 10.1.1.2 as-number 100
[CE1-bgp] peer 10.2.1.2 as-number 100
[CE1-bgp] network 10.5.1.0 24    #---引入连接 PC1 所在网段的路由
[CE1-bgp] quit
```

\#---PE1 上的配置如下。

```
[PE1] bgp 100
[PE1-bgp] ipv4-family vpn-instance vpn1
[PE1-bgp-vpn1] peer 10.1.1.1 as-number 65410
[PE1-bgp-vpn1] import-route direct
[PE1-bgp-vpn1] quit
[PE1-bgp] quit
```

\#---PE2 上的配置如下。

```
[PE2] bgp 100
[PE2-bgp] ipv4-family vpn-instance vpn1
[PE2-bgp-vpn1] peer 10.2.1.1 as-number 65410
[PE2-bgp-vpn1] import-route direct
[PE2-bgp-vpn1] quit
[PE2-bgp] quit
```

\#---CE2 上的配置如下。

```
<Huawei> system-view
[Huawei] sysname CE2
[CE2] interface gigabitethernet 1/0/0
[CE2-GigabitEthernet1/0/0] ip address 10.3.1.2 30
[CE2-GigabitEthernet1/0/0] quit
[CE2] interface gigabitethernet 2/0/0
[CE2-GigabitEthernet2/0/0] ip address 10.4.1.2 30
```

```
[CE2-GigabitEthernet2/0/0] quit
[CE2] interface gigabitethernet 3/0/0
[CE2-GigabitEthernet3/0/0] ip address 10.6.1.1 24
[CE2-GigabitEthernet3/0/0] quit
[CE2] bgp 65420
[CE2-bgp] peer 10.3.1.1 as-number 100
[CE2-bgp] peer 10.4.1.1 as-number 100
[CE2-bgp] network 10.6.1.0 24
[CE2-bgp] quit
```

#---PE3 上的配置如下。

```
[PE3] bgp 100
[PE3-bgp] ipv4-family vpn-instance vpn1
[PE3-bgp-vpn1] peer 10.3.1.2 as-number 65420
[PE3-bgp-vpn1] import-route direct
[PE3-bgp-vpn1] quit
[PE3-bgp] quit
```

#---PE4 上配置如下。

```
[PE4] bgp 100
[PE4-bgp] ipv4-family vpn-instance vpn1
[PE4-bgp-vpn1] peer 10.4.1.2 as-number 65420
[PE4-bgp-vpn1] import-route direct
[PE4-bgp-vpn1] quit
[PE4-bgp] quit
```

以上配置完成后，在各 PE 上执行 **display bgp vpnv4 vpn-instance** *vpn-instance-name*
peer 命令，由此可以看到，PE 与 CE 之间已经建立了 EBGP 对等体关系；执行 **display ip
routing-table vpn-instance** *vpn-instance-name* 命令，由此可看到，已学习各 PE 到所连接
CE 下面的内网网段路由。在 PE1 上执行 **display bgp vpnv4 vpn-instance vpn1 peer** 和
display ip routing-table vpn-instance vpn1 命令的输出如图 2-44 所示，由此可以看出，
PE1 已经与 CE1 建立了 EBGP 对等体关系，并且在 VPN1 实例中已经学习了 PC1 所在网
段 10.5.1.0/24，PC2 所在网段 10.6.1.0/24 的路由。

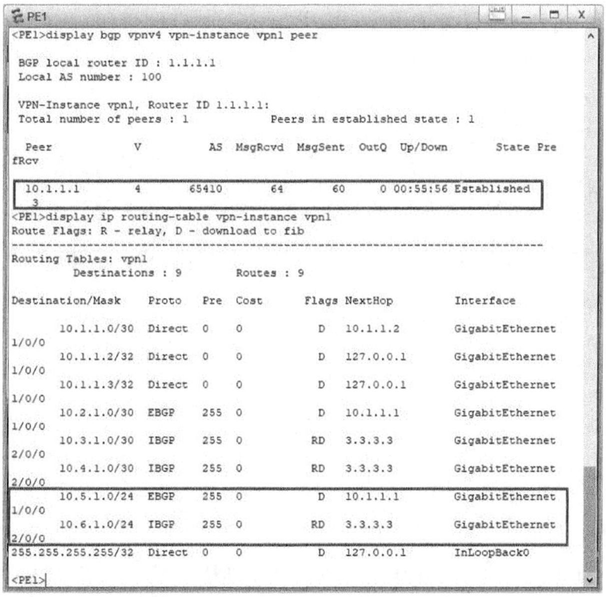

图 2-44　在 PE1 上执行 **display bgp vpnv4 vpn-instance vpn1 peer** 和
display ip routing-table vpn-instance vpn1 命令的输出

⑥ 配置允许从 CE1 到 CE2 之间的流量允许负载分担。缺省情况下，BGP 不能负载分担，只选择一条最优路由路径。

```
[CE1] bgp 65410
[CE1-bgp] maximum load-balancing 2
[CE1-bgp] quit
```

⑦ 在 PE3 上配置路由策略，增大 PE3 发布给 CE2 的 BGP 路由的 MED 值，使从 CE2 到 CE1 的流量流经 PE4，PE3 作为备份。

```
[PE3] route-policy policy1 permit node 10
[PE3-route-policy] apply cost 120
[PE3-route-policy] quit
[PE3] bgp 100
[PE3-bgp] ipv4-family vpn-instance vpn1
[PE3-bgp-vpn1] peer 10.3.1.2 route-policy policy1 export
[PE3-bgp-vpn1] quit
[PE3-bgp] quit
```

3．配置结果验证

① 在 CE1 上执行 **display ip routing-table** 命令，由此可以看出，去往对端 CE2 所接用户的路由是有两条 EBGP 路由进行负载分担的，在 CE1 上执行 **display ip routing-table** 命令的输出如图 2-45 所示。

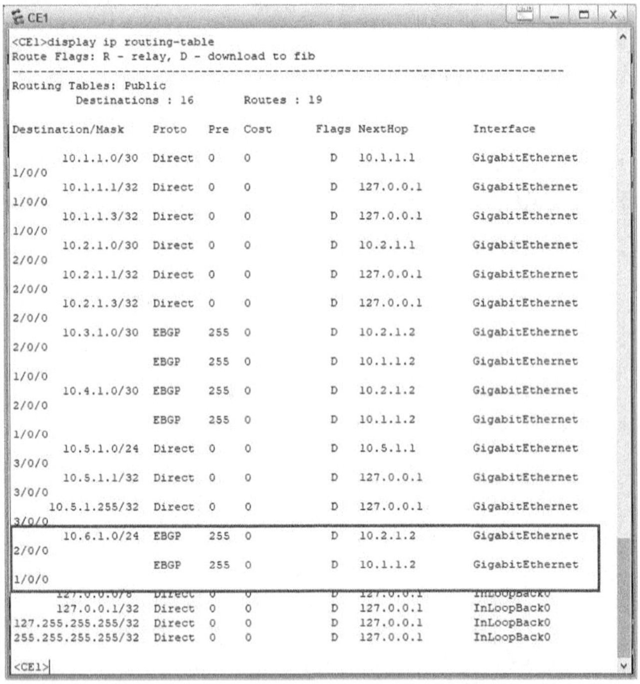

图 2-45　在 CE1 上执行 **display ip routing-table** 命令的输出

② 在 CE2 上执行 **display ip routing-table** 命令，由此可以看到，去往对端 CE1 所接用户网段 10.5.1.0/24 只有一条 EBGP 路由，且下一跳为 10.4.1.1（PE4 上接入 CE2 的接口 IP 地址），在 CE2 上执行 **display ip routing-table** 命令的输出如图 2-46 所示。

③ 在 PC1 上 ping PC2 是通的，PC1 成功 ping 通 PC2 的结果如图 2-47 所示。由此可以证明本示例前面的配置是正确的，符合预期要求。

```
 CE2                                                            □ _ □ X
<CE2>display ip routing-table
Route Flags: R - relay, D - download to fib
------------------------------------------------------------------------
Routing Tables: Public
         Destinations : 16      Routes : 16

Destination/Mask   Proto   Pre  Cost    Flags NextHop        Interface

     10.1.1.0/30   EBGP    255  0         D   10.4.1.1       GigabitEthernet
2/0/0
     10.2.1.0/30   EBGP    255  0         D   10.4.1.1       GigabitEthernet
2/0/0
     10.3.1.0/30   Direct  0    0         D   10.3.1.2       GigabitEthernet
1/0/0
     10.3.1.2/32   Direct  0    0         D   127.0.0.1      GigabitEthernet
1/0/0
     10.3.1.3/32   Direct  0    0         D   127.0.0.1      GigabitEthernet
1/0/0
     10.4.1.0/30   Direct  0    0         D   10.4.1.2       GigabitEthernet
2/0/0
     10.4.1.2/32   Direct  0    0         D   127.0.0.1      GigabitEthernet
2/0/0
     10.4.1.3/32   Direct  0    0         D   127.0.0.1      GigabitEthernet
2/0/0
     10.5.1.0/24   EBGP    255  0         D   10.4.1.1       GigabitEthernet
2/0/0
     10.6.1.0/24   Direct  0    0         D   10.6.1.1       GigabitEthernet
3/0/0
     10.6.1.1/32   Direct  0    0         D   127.0.0.1      GigabitEthernet
3/0/0
   10.6.1.255/32   Direct  0    0         D   127.0.0.1      GigabitEthernet
3/0/0
    127.0.0.0/8    Direct  0    0         D   127.0.0.1      InLoopBack0
    127.0.0.1/32   Direct  0    0         D   127.0.0.1      InLoopBack0
127.255.255.255/32 Direct  0    0         D   127.0.0.1      InLoopBack0
255.255.255.255/32 Direct  0    0         D   127.0.0.1      InLoopBack0

<CE2>
```

图 2-46　在 CE2 上执行 **display ip routing-table** 命令的输出

```
 PC1                                                        _ □ X
  基础配置   命令行   组播   UDP发包工具   串口
 Welcome to use PC Simulator!

 PC>ping 10.6.1.10

 Ping 10.6.1.10: 32 data bytes, Press Ctrl_C to break
 From 10.6.1.10: bytes=32 seq=1 ttl=123 time=31 ms
 From 10.6.1.10: bytes=32 seq=2 ttl=123 time=47 ms
 From 10.6.1.10: bytes=32 seq=3 ttl=123 time=31 ms
 From 10.6.1.10: bytes=32 seq=4 ttl=123 time=31 ms
 From 10.6.1.10: bytes=32 seq=5 ttl=123 time=31 ms

 --- 10.6.1.10 ping statistics ---
   5 packet(s) transmitted
   5 packet(s) received
   0.00% packet loss
   round-trip min/avg/max = 31/34/47 ms

 PC>
```

图 2-47　PC1 成功 ping 通 PC2 的结果

2.3　BGP/MPLS IP VPN 不通的故障排除

如果在配置基本的 BGP/MPLS IP VPN 中发现两个 Site 的用户不通，则可以按照以下思路进行故障排除。

① 首先在 PE 之间 ping 对方的 Loopback 接口，检查 MPLS/IP 骨干网三层是否互通，确认是骨干公网的配置原因，还是 VPN 私网的配置原因。

② 如果确认 PE 之间 ping 不通，则表明骨干公网没有三层互通。在 PE 上执行 **display ip routing-table** 命令，检查 PE 之间是否已学习到对端 PE Loopback 的主机路由。

③ 如果在 PE 上查看不到对端 PE Loopback 接口的主机路由，检查骨干网的 IGP 路由配置。骨干网上通常采用 OSPF 路由配置，主要是看各节点上是否通告了公网接口，以及 Loopback 接口所在网段的路由，要注意 IP 地址的输入，只要一个地方输入错误就可能导致网络不通。

④ 如果在 PE 上可以看到对端 PE Loopback 接口的主机路由，但两端 Site 用户网络仍不通，则再在 PE 上执行 **display bgp peer** 命令，看是否与同一 VPN 中的对端 PE 建立了 MP-IBGP 对等体关系，因为在 BGP/MPLS IP VPN 中，VPN 路由信息需要通过 MP-BGP 在 PE 间进行交换。需要说明的是，采用路由反射器情形除外。

这里需要注意的是，PE 之间建立的是 IBGP 对等体关系，因此，在指定对等体时，对等体所在的 AS 号要与本端 PE 的 AS 号是一致的。另外，在最后要通过 **peer** *ipv4-address* **enable** 命令使能对等体交换 VPNv4 路由信息的能力。

⑤ 如果在 PE 之间没有建立 MP-IBGP 对等体，则在 PE 上执行 **display mpls ldp session** 命令，检查是否与对端 PE 成功建立了 LDP 会话，成功则 Status（状态）会显示 "Operational"，还可以执行 **display mpls ldp lsp** 命令检查 PE 之间是否已建立了 LSP，只有在 PE 间建立 LSP，才可能为每个 VPN 实例分配私网 MPLS 标签，VPNv4 路由信息也才可以在建立的公网 LSP 中通过 MP-BGP 的 Update 消息向对端 PE 通告。

⑥ 如果 PE 间已建立了 LDP 会话，则在 PE 上执行 **display ip vpn-instance verbose** 命令，检查同一 VPN 中各 VPN 实例的 Import Target 属性值是否与对端的 Export Target 属性值匹配。通常会把同一 VPN 中的各 VPN 实例的 Import Target 和 Export Target 属性值都设为相同。否则，即使骨干网的其他配置均正常也不能使同一 VPN 中的两个 Site 互通。如果多个 VPN 中有重叠地址的现象，则要确保重叠地址的 VPN 实例上分配的 RD 不一致，通常要求各 VPN 实例的 RD 全局唯一。

⑦ 经过以上排查后，骨干网的配置基本没有问题，这时如果两端 Site 仍不能互通，则要检查私网 VPN 路由的配置。先在 PE 上执行 **display ip routing-table vpn-instance** 命令，查看 VPN 实例中是否有到对端 Site 内网的 VPNv4 路由和本端 PE 上为该 VPN 实例配置到达本端 Site 内网的 VPNv4 路由。

⑧ 如果在本端 VPN 实例中没有同时包含到达本端 Site 内网和对端 Site 内网的 VPNv4 路由，则要检查 PE 上的 VPN 实例私网路由配置及与 BGP VPN 路由的相互引入，因为如果 PE 与 CE 之间采用的是 IGP 动态路由互连，则要在 PE 上的 IGP 路由表和 BGP VPN 路由表之间相互引入。

⑨ 如果在 PE 上能查看到所需要的 VPNv4 私网路由，而两端 Site 间仍不能互通，则最后要检查 CE 端的路由配置和用户主机网关的配置。

综合而论，以上排查可以彻底排除网络不通的故障。

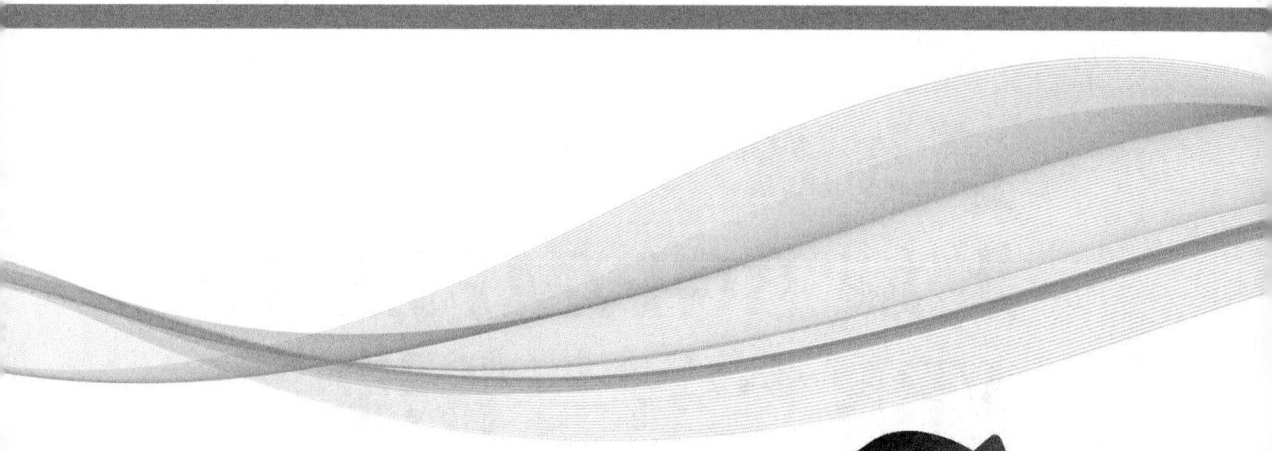

第 3 章
跨域 BGP/MPLS IP VPN 配置与管理

本章主要内容

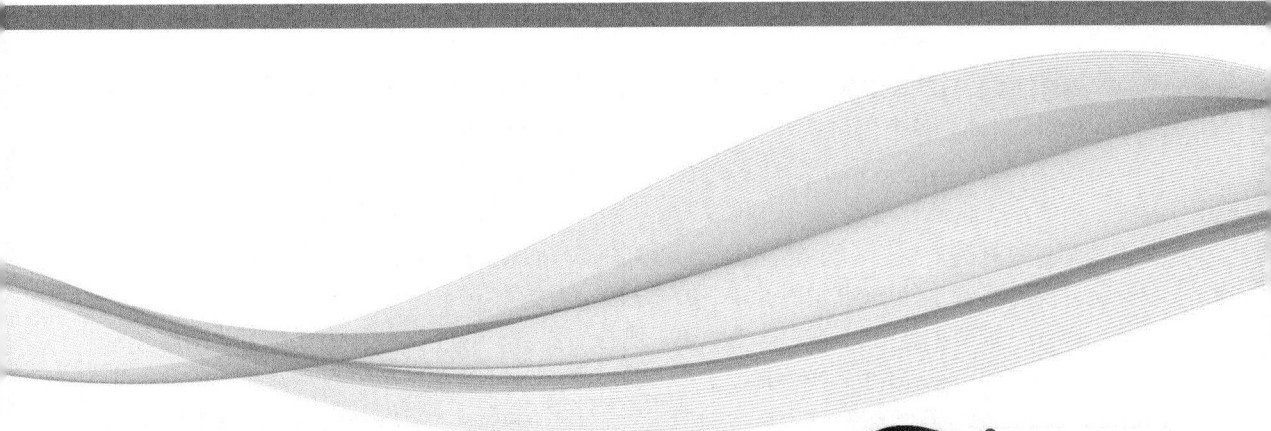

第 2 章介绍的 BGP/MPLS IP VPN 具有一些特征：各用户站点网络都连接到同一 AS 域的运营商网络中，每个站点都通过一个单独的 CE 与骨干网 PE 连接，每个 PE 也是独立工作的，骨干网上所使用的隧道是单一的，且通常是 LSP 隧道，不能进行多隧道负载分担等。

　　用户站点网络通常位于不同城市，如果要通过 BGP/MPLS IP VPN 实现站点间私网的三层互通，就必须跨越不同的 AS 域，以便可以穿过运营商间的链路来发布私网路由前缀和私网路由标签信息。本章介绍的是跨域 BGP/MPLS IP VPN 方案的配置与管理方法。

3.1　跨域 BGP/MPLS IP VPN 简介

　　基本 BGP/MPLS IP VPN 中各节点设备在同一运营商网络、同一 AS 域中，这也就要求 VPN 所连接的各个用户站点（例如，公司总部和分支机构）应在同一城市。因为不同城市的运营商，即使是同一品牌的运营商也是各自独立管理的，不太可能在同一个 AS 中。但事实上，随着终端用户的网络规模和分布应用范围都在不断拓展，在一个企业内部的站点数量越来越多、分布的范围也越来越广，不同站点连接不同服务提供商已非常普遍。这时，基本的 BGP/MPLS IP VPN 方案已满足不了用户的需求。

　　因此，需要扩展 BGP/MPLS IP VPN 现有的协议和修改其原有体系框架，推出一个可跨域连接的 BGP/MPLS IP VPN 方案，以便骨干网可以穿过多个运营商间的链路来发布 VPNv4 路由信息和私网路由标签信息。这就是在 RFC4364 中所介绍的跨域 BGP/MPLS IP VPN 方案。

　　跨域 BGP/MPLS IP VPN 中的"跨域"是指，VPN 通信中所穿越的 MPLS/IP 骨干网跨越多个 AS 域，骨干网中的 PE 和 P 节点设备可能不在同一个运营商网络中，跨域 BGP/MPLS IP VPN 示意如图 3-1 所示。这里不仅涉及不同 AS 互联，还涉及 VPN 路由和私网路由标签的跨 AS 域传播，而这些都是基本 BGP/MPLS IP VPN 不支持的。

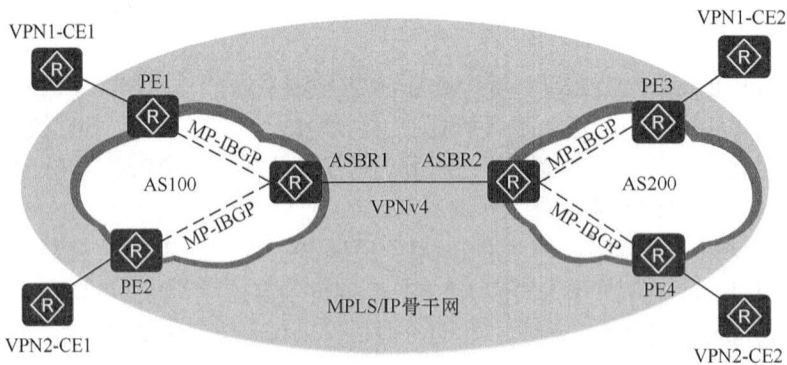

图 3-1　跨域 BGP/MPLS IP VPN 示意

RFC4364 中提出了以下 3 种跨域 VPN 解决方案。

- 跨域 VPN-OptionA 方式：需要跨域的 VPN 在 AS 边界路由器（AS Boundary Router，ASBR）间通过专用的接口管理自己的 VPN 路由，建立 VRF-to-VRF 连接。
- 跨域 VPN-OptionB 方式：ASBR 间通过 MP-EBGP 发布带标签的 VPNv4 路由，被称为 ASBR 间的标签 VPNv4 路由 EBGP 重发布。
- 跨域 VPN-OptionC 方式：不同 AS 域的 PE 间通过多跳（Multi-hop）MP-EBGP 发布带标签的 VPNv4 路由，被称为 PE 间的标签 VPNv4 路由多跳 EBGP 重发布。

3.2　跨域 VPN-OptionA 方式的配置与管理

3.2.1　跨域 VPN-OptionA 方式简介

跨域 VPN-OptionA 是基本 BGP/MPLS IP VPN 在跨域环境下的应用，是一种最简单的跨域 VPN 解决方案，相当于把多个独立的运营商 AS 域通过普通的 IP 路由方式连接起来。各 AS 域内的 MPLS 配置也是独立的，AS 域间的 ASBR 不需要运行 MPLS（所传输的报文也不带 MPLS 标签），也不需要为跨域进行特殊配置。

在跨域 VPN-OptionA 方式下，一个 AS 的 ASBR 既是本地 AS 域的 PE，又可看作直接相连的远端 AS 域中 ASBR 所连接的 CE。在各 AS 域中的 ASBR 上为每个 VPN 创建一个 VPN 实例（不仅需要在 PE 上创建 VPN 实例），并分别与连接对端 ASBR 的一个物理接口或子接口进行绑定，然后使用普通的 IGP 或 BGP 路由方式（建议采用 EBGP 方式）向对端发布普通的单播 IPv4 路由，以实现 ASBR 间的三层互联。

此时，可把 ASBR 间的连接看作每个 VPN 实例绑定一个物理接口或子接口后的 VPN 实例间的 IP 路由连接，因此，跨域 VPN-OptionA 方式也被称为 ASBR 间的 VRF 与 VRF 连接方式。每个子接口连接的虚拟链路相当于对应一个 VPN 实例的专用隧道。

跨域 VPN-OptionA 方式的基本组网示意如图 3-2 所示。对 AS100 的 ASBR1 来说，AS200 的 ASBR2 只是一台接入的 CE；同样，对于 ASBR2，ASBR1 也只是一台接入的 CE。

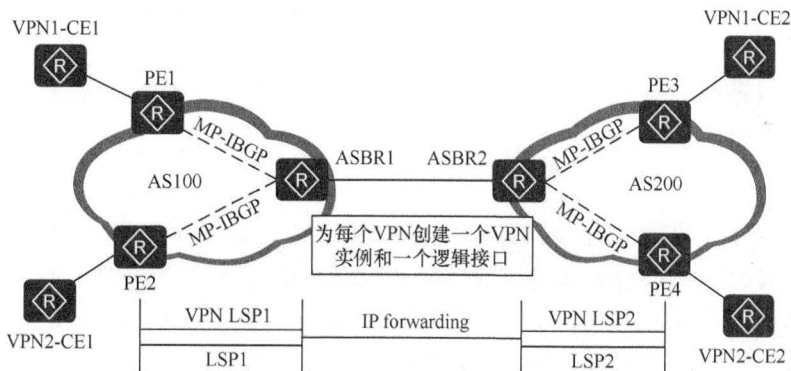

图 3-2　跨域 VPN-OptionA 方式的基本组网示意

AS100 和 AS200 域内各自独立建立自己的公网 LSP 隧道（如图 3-2 中的 LSP1 和 LSP2 所示）和 VPN 实例，然后按照公网隧道的 MPLS 标签进行 MPLS 报文转发，同时在 PE 和 ASBR 之间建立 MP-IBGP 对等体关系，并为所连接的私网 VPNv4 路由分配标签，建立私网 VPN 隧道（如图 3-2 中的 VPN LSP1 和 VPN LSP2 所示）；ASBR1 与 ASBR2 之间采用普通的 IGP 或 BGP IP 转发。

目前，中高端华为 AR 系列路由器、S 系列交换机都支持跨域 VPN-OptionA 方式。

3.2.2 跨域 VPN-OptionA 方式的路由发布原理

在跨域 VPN-OptionA 方式中，因为不同 AS 域的 MPLS VPN 是独立配置的，所以从理论上来讲，不同 AS 中的 VPN 配置可以互不干涉，互不相同，但为了便于区分和管理，建议同一 VPN 中的各 Site 中的配置保持一致。不同 AS 的 ASBR 间是通过单播 IPv4 路由连接的，所以在整个跨域 VPN-OptionA 方式下涉及 AS 域内 VPNv4 路由发布和 AS 间 VPN 实例的单播 IPv4 路由发布。

同一 AS 内的 PE 和 ASBR 之间独立运行 MP-IBGP 交换 VPNv4 路由信息，不同 AS 的 ASBR 之间可以运行普通的 PE-CE 间的 BGP 或 IGP 多实例路由协议或静态路由来交互 VPNv4 路由信息，与基本 BGP/MPLS IP VPN 中的 PE 与 CE 路由信息交换方式一样，但因为这是在不同 AS 之间的路由信息交互，我们建议使用 EBGP。

跨域 VPN-OptionA 的路由信息发布示意如图 3-3 所示。假设 CE1 要将目的地址为 10.1.1.1/24 的路由（其实最终发布是 10.1.1.0/24 网段的路由）发布给 CE2。其中，D 表示目的地址，NH 表示下一跳，L1 和 L2 分别表示 PE1 向 ASBR1 发布 BGP VPNv4 私网路由 Update 消息、ASBR2 向 PE3 发布 BGP VPNv4 私网路由 Update 消息时所携带的 VPNv4 私网路由标签。图 3-3 中省略了两个 AS 域内的公网 IGP 路由和两个 AS 域内的公网隧道标签的分配，ASBR 间采用 EBGP 连接。

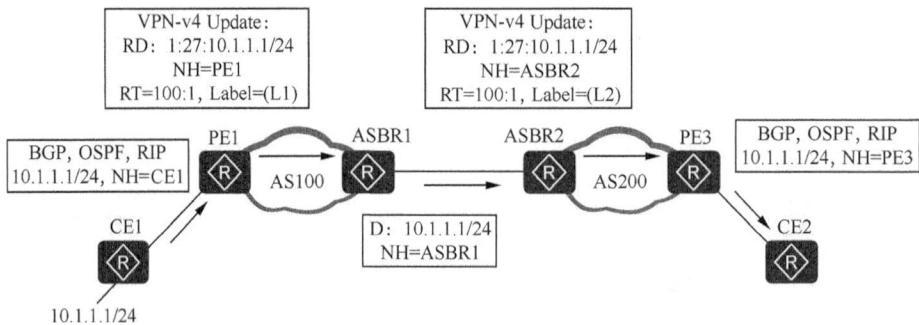

图 3-3　跨域 VPN-OptionA 的路由信息发布示意

① CE1 把所学习到的私网路由 10.1.1.1/24 以对应的路由更新消息（具体要视 PE 与 CE 间所采用的路由协议类型而定）通告给 PE1，此时路由更新消息的 NH 为 CE1，因为路由消息的通告是与通信访问的方向相反的，所以这个 NH 使接收路由更新消息的设备（例如 PE1）获取从本地开始访问目的地址的下一跳（CE1）。

② PE1 从 CE1 学习到 10.1.1.1/24 的私网路由后，根据学习该路由的 VPN 实例（在 PE 上会为每个 VPN 实例绑定一个连接 CE 的物理接口或子接口），把该私网路由加入对应 VPN 实例的 VRF 中，转换成对应的 VPNv4 路由，并根据私网路由标签分配方式的配置（缺省是基于 VPN 实例方式分配）为该私网 VPNv4 路由分配一个私网标签（如图 3-3 中的 L1 所示）。

③ PE1 继续向其 MP-IBGP 对等体 ASBR1 以 MP-IBGP Update 消息进行路由信息通告，此时 Update 消息中的 NH 会变为 PE1。在发布的 Update 消息中包括了前面 MP-BGP 已为该 VPNv4 私网路由分配的私网标签，为对应 VPN 实例配置的 RD 属性（如图 3-3

中的 1:27:10.1.1.1/24 所示）和 VPN Target 扩展团体属性（如图 3-3 中的 100:1 所示）。同时，Update 消息还带有 ASBR1 与 PE1 间建立 LSP 所分配的外层公网 LSP 隧道标签，当然，Update 消息中是否带有这层标签还要看节点设备在 MPLS 网络中的位置，以及是否支持 PHP（倒数第二跳弹出）特性。

④ 通过外层标签交换，ASBR1 在收到 10.1.1.1/24 的私网路由的 MP-BGP Update 消息（此时 NH 仍为 PE1，因为 PE1 与 ASBR1 是 IBGP 对等体关系）后，先进行 VPN Target 属性比较（即"路由交叉"），如果 Update 消息中携带的 Export Target 属性值与本地某 VPN 实例分配的 Import Target 属性匹配，则将该 VPNv4 路由加入 ASBR1 的相应 VRF 中。

⑤ ASBR1 继续向其 EBGP 对等体 ASBR2 通告所学习的 10.1.1.1/24 的私网路由。因为 ASBR2 可以看作 ASBR1 的 CE，所以此时会以普通 IPv4 单播路由更新消息通告，NH 改变为 ASBR1 出接口 IP 地址。在 ASBR1 上每个 VPN 实例绑定一个连接对端 ASBR2 的物理接口或子接口，以普通 IPv4 单播路由方式通告给 ASBR2。本示例在 ASBR1 和 ASBR2 之间建立 EBGP 对等体关系，因此，是以 EBGP Update 消息（不再带有 VPNv4 路由属性，例如，私网标签、RD 和 VPN Target 属性）发布给其 CE——ASBR2。

⑥ ASBR2 从其 CE（ASBR1）接收到 10.1.1.1/24 的普通 IPv4 单播路由后，将其加入与接收该路由的物理或子接口所绑定的 VPN 实例的 VRF 中，转换成 VPNv4 路由，并根据私网路由标签分配方式的配置为该 VPNv4 路由分配私网标签（如图 3-3 中的 L2 所示）。

【说明】在 AS 的 ASBR 上可同时配置多个 VPN 实例（同一 VPN 中的各 Site 通常配置相同的 VPN 实例名），因为这些 ASBR 同时担当 PE 角色。每个 VPN 实例绑定一个连接对端 ASBR 的物理接口或子接口，然后配置基于 VPN 实例的 IPv4 单播路由进行路由信息通告。

⑦ ASBR2 继续以 MP-IBGP Update 消息向其 MP-IBGP 对等体 PE3 通告所学习到的 10.1.1.1/24 的私网路由，NH 为 ASBR2 自身。这个 Update 消息会包括在 AS200 内前面 MP-BGP 已为该 VPNv4 路由分配的私网标签，以及配置的 RD（如图 3-3 中的 1:27:10.1.1.1/24 所示）和 VPN Target 属性（如图 3-3 中的 100:1 所示）。同时，Update 消息还带有 AS200 中所分配的外层公网 LSP 隧道标签。同样，Update 消息中是否带有这层标签还要看节点设备在 MPLS 网络中的位置，以及是否支持 PHP（倒数第二跳弹出）特性。

⑧ PE3 在接收到路由更新 Update 消息（NH 保持不变，仍为 ASBR2）后，首先，根据 VPN Target 属性值的匹配，把所学习的私网路由 10.1.1.1/24 加入对应 VPN 实例的 VRF 中，这相当于 PE3 已成功从 PE1 学习到了 CE1 上的这条私网路由。然后，从该私网路由所属的 VPN 实例所绑定的接口，以 PE3 和 C2 间配置的对应路由方式将路由更新发布给 CE2，NH 为 PE3。

至此，从 AS100 学习到的 10.1.1.1/24 私网路由已成功被另一个 AS200 中的 PE3，以及 PE3 所连接的 CE2 学习到，这样 CE2 中的用户要访问这台主机时就有正确的路由路径。当然要实现通信，还需要把 CE2 连接的私网路由向 PE1 及 CE1 发布，其流程与上述 CE1 到 CE2 的私网路由发布过程一样，以确保有双向通信路由。

从以上 VPNv4 私网路由的整个发布过程中可以看出，每个 AS 的 ASBR 都需要学习并在 VRF 和 BGP 路由表保存所有的私网 VPNv4 路由，并且要为每个 VPN 创建一个实例，绑定一个与对端 ASBR 连接的物理接口或子接口，这对 ASBR 的性能和内存容量要求都比较高。

3.2.3　跨域 VPN-OptionA 方式的报文转发原理

不同 AS 域间的私网路由发布完成，相互学习对端 Site 的私网路由后，就可以在连接不同 AS 域的 Site 用户间进行直接通信访问。

跨域 VPN-OptionA 方式中的报文转发过程比较简单：在 AS 内部作为 VPN MPLS 报文，采用两层标签方式进行 MPLS 转发，内层标签为对应的私网路由标签，外层标签为 AS 域内各节点设备间建立公网隧道时所分配的公网 LSP 标签。在 ASBR 之间作为普通 IPv4 报文，则采用 IP 方式转发。

下面以 LDP 建立的公网 LSP 隧道为例介绍报文转发的流程，跨域 VPN-OptionA 的报文转发示例如图 3-4 所示。其中，L1 和 L2 表示私网路由标签，Lx 和 Ly 表示公网 LSP 隧道标签。具体过程如下（此时，已通过上节介绍的步骤，各设备已学习到了 10.1.1./24 私网路由）。

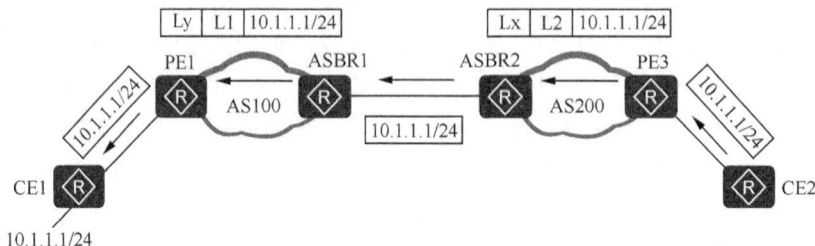

图 3-4　跨域 VPN-OptionA 的报文转发示例

① 当 CE2 下面连接的用户要访问 10.1.1.1/24 主机时，目的地址为 10.1.1.1/24 的普通 IPv4 单播报文通过相应路由到达 PE3 后，首先通过查找入接口与 VPN 实例的绑定即可找到对应的 VRF，因为一个接口绑定唯一一个 VPN 实例；然后在 BGP VPN 路由表中匹配目的 IPv4 前缀 10.1.1.0/24，将报文打上对应的私网路由标签（L2），转换成 VPN 报文；最后根据目的 IPv4 前缀 10.1.1.0/24 查找对应的 Tunnel ID 及对应的隧道，在 VPN 报文打上 AS200 中的外层公网 LSP 隧道标签（Lx）后，以 VPNv4 报文方式从此隧道中发送出去。

② VPN 报文在 AS 200 域内以外层公网 LSP 隧道标签交换方式将访问 10.1.1./24 的 VPN 报文传输到 ASBR2。如果 PE3 与 ASBR2 是非直连的，则从 PE3 接口发出去的 VPN 报文中会同时携带以上两层 MPLS 标签；如果 PE3 与 ASBR2 是直连的，且支持 PHP 特性，则从 PE3 接口发出去的 VPN 报文中会先去掉外层公网 LSP 隧道标签，仅携带内层私网路由标签。默认情况下，设备支持 PHP 特性，支持 PHP 的 Egress 节点分配给倒数第二跳节点的标签值为 3。

③ ASBR2 在收到访问 10.1.1.1/24 主机的 VPN 报文后（此时，外层公网 LSP 隧道标签已被去掉），根据该报文所携带的内层私网路由标签（L2）确定所属的 VPN 实例（因为 ASBR2 与 PE3 之间建立了 MP-IBGP 对等体关系，在路由更新时已共同获取了为每个私网标签所对应的 VPN 实例），然后在其对应的 VRF 中找到对应的路由表项，获取对应

的出接口，即 ASBR2 上对应 VPN 实例所绑定的对应物理接口或子接口，去掉 VPN 报文中的私网路由标签，以普通的 IPv4 单播报文方式通过 EBGP 路由传输到 ASBR1。

④ ASBR1 在收到访问 10.1.1.1/24 主机的普通 IPv4 单播报文后，根据入接口所绑定的 VPN 实例，在 BGP VPN 路由表中根据目的 IPv4 前缀找到对应的路由表项、出接口、Tunnel ID，为报文添加在 ASBR1 与 PE1 之间已为该 VPNv4 路由所分配的私网路由标签（L1），再加装 AS100 域内的外层公网 LSP 隧道标签 Ly，转换成 VPN 报文，从对应的公网 LSP 隧道（根据 Tunnel ID 确定）发送出去。

⑤ VPN 报文在 AS 100 域内以外层公网 LSP 隧道标签交换方式传输到 PE1。如果 ASBR1 与 PE1 是非直连的，则从 ASBR1 接口发出去的 VPN 报文中会同时携带以上两层 MPLS 标签；如果 ASBR1 与 PE1 是直连的，且支持 PHP 特性，则从 ASBR1 接口发出去的 VPN 报文中会先去掉外层 LSP 隧道标签，仅携带内层私网路由标签。

⑥ PE1 收到访问 10.1.1.1/24 主机的 VPN 报文后（此时，外层公网 LSP 隧道标签已被去掉），根据 VPN 报文中的私网路由标签（L1）确定对应的 VPN 实例，然后找到对应 VRF 中的路由表项，去掉 VPN 报文中的私网路由标签，以普通的 IPv4 单播报文方式通过相应路由传输到 CE1。

从以上报文的转发方式可以看出，报文在进入 AS 域时要进行 MPLS 标签封装，添加双层 MPLS 标签，离开 AS 域时又要进行 MPLS 标签解封装，报文在连接两个 AS 的中间链路上是以基于 VPN 实例的普通 IPv4 报文方式传输。也就是在跨域 VPN-OptionA 中，各个 AS 系统内部都是独立进行 MPLS 转发的，在 AS 之间又是以普通 IP 路由方式转发的。

3.2.4　跨域 VPN-OptionA 方式的主要特点

跨域 VPN-OptionA 方式是跨域 BGP/MPLS IP VPN 中最简单的一种方式，其优点就是配置简单，只需要各个 AS 域内独立按照基本 BGP/MPLS IP VPN 配置方法进行 L3VPN 配置，把所连接的对端 AS 的 ASBR 看作本端 ASBR 的 CE，然后把不同 ASBR 设备通过对应的路由方式（通常采用 EBGP 路由方式，但也可采用多 VPN 实例的静态路由或 IGP 路由方式）连接即可，配置思路非常清晰。

跨域 VPN-OptionA 方式的缺点是可扩展性差。各 ASBR 需要管理所有 VPNv4 路由，为每个 VPN 创建 VPN 实例，学习每个 Site 所连接的私网路由，这将导致 ASBR 上的 VPNv4 路由数量过大；并且由于 ASBR 间是普通的 IP 转发，要求为每个跨域的 VPN 使用不同的接口，而这提高了对 ASBR 设备的要求。如果跨越多个 AS 域，则中间域必须支持 VPN 业务，这样不仅配置的工作量大，而且对中间域的影响比较大。

基于以上优缺点的分析可以看出，当需要跨域的 VPN 数量比较少时，可以优先考虑跨域 VPN-OptionA 方式，而如果跨域的 VPN 数量或 VPN 路由数量比较多，就不建议采用跨域 VPN-OptionA 方式，可以采用跨域 VPN-OptionB 方式或跨域 VPN-OptionC 方式。

3.2.5　配置跨域 VPN-OptionA

跨域 VPN-OptionA 的配置思路很简单，所涉及的配置基本方法本与基本 BGP/MPLS IP VPN 的配置方法一样。总体来说，跨域 VPN-OptionA 的配置可描述如下。

- 对各 AS 域分别进行基本 BGP/MPLS IP VPN 的配置。对于 ASBR，要将对端 ASBR 看作自己的 CE 配置，即跨域 VPN-OptionA 方式需要在 PE 和 ASBR 上分别配置 VPN 实例，前者用于接入 CE，后者用于接入对端 ASBR。具体配置方法见 2.1.3 节。
- ASBR 之间通过配置各 VPN 实例，首先绑定相互之间连接的接口或子接口，然后以普通单播 IPv4 方式为各 VPN 实例配置 IP 路由，两端的 ASBR 的 IPv4 单播路由的配置方法具体可见 2.2 节。

【说明】在跨域 VPN-OptionA 方式中，因为 ASBR 之间传输的是单播 IPv4 报文，所以对于同一个 VPN，**仅需要同一 AS 内的 ASBR 与 PE 的 VPN 实例的 VPN Target 属性匹配，不同 AS 的 PE 的 VPN 实例的 VPN Target 属性则不需要匹配**，即不同 AS 域中为同一 VPN 实例各自所配置的 VPN Target 属性可以不一样。

完成跨域 VPN-OptionA 配置后，可以使用以下 **display** 命令检查配置结果。

- 在 PE 或 ASBR 上执行 **display bgp vpnv4 all peer** 命令，可以看到同一 AS 域中 PE 和 ASBR 之间 MP-IBGP 对等体关系的状态为 Established。
- 在 PE 或 ASBR 上执行 **display bgp vpnv4 all routing-table** 命令，可以看到所学习到的 BGP-VPNv4 路由。
- 在 PE 或 ASBR 上执行 **display ip routing-table vpn-instance** *vpn-instance-name* 命令，可以看到 PE 和 ASBR 上的 VPN 路由表中有所有相关 VPN 的路由。

3.2.6　OptionA 方式跨域 VPN 配置示例

OptionA 方式跨域 VPN 配置示例的拓扑结构如图 3-5 所示。某公司总部和分部跨域连接不同的运营商，需要实现跨域的 BGP/ MPLS IP VPN 业务的互通。CE1 连接公司总部，通过 AS100 的 PE1 接入；CE2 连接公司分部，通过 AS200 的 PE2 接入，CE1 和 CE2 同属于 VPN1。

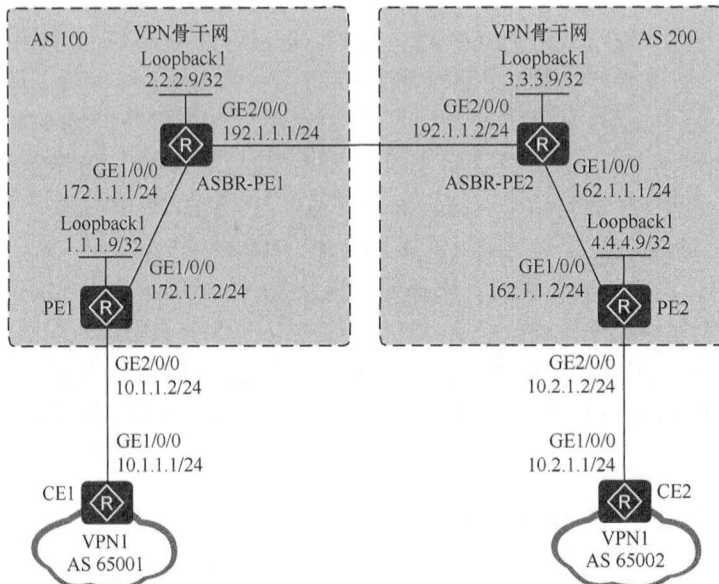

图 3-5　OptionA 方式跨域 VPN 配置示例的拓扑结构

1. 基本配置思路分析

根据 3.2.5 节介绍的配置方法分析，可以得出本示例在采用 OptionA 方式时的总体配置思路：先分别在 AS 100 和 AS 200 域内按照基本 BGP/MPLS IP VPN 中介绍的配置方法独立配置，然后在 ASBR-PE1 和 ASBR-PE2 间配置 VPN1 实例的 EBGP 路由，以实现两个 AS 间的连接，相互学习对端的私网 VPNv4 路由，具体的配置思路如下。

① 在两个 AS 域内骨干网各节点上配置公网接口 IP 地址和 IGP（本示例采用 OSPF），实现各 AS 域内骨干网 ASBR-PE 和 PE 之间的三层互通。

② 在两个 AS 域内骨干网各节点上全局和公网接口上分别使能 MPLS 和 LDP 能力，建立公网 MPLS LDP LSP 隧道。

③ 在两个 AS 域内的 PE 与 ASBR-PE 之间建立 MP-IBGP 对等体关系，交换 VPN 路由信息。

④ 在两个 AS 域内 PE 上配置 VPN 实例，并把与 CE 相连的 PE 接口与相应的 VPN 实例绑定，配置该接口的 IP 地址。**两个 AS 域中 PE 上 VPN 实例的 VPN Target 属性配置无须匹配。**

⑤ 在两个 AS 域内 PE 与所连 CE 之间建立 EBGP 对等体关系，并在 PE 上引入与 CE 间直连链路的直连路由。

⑥ 在 ASBR-PE1 和 ASBR-PE2 上创建 VPN 实例，将 VPN 实例绑定到连接对端 ASBR-PE 的接口（把对端 ASBR-PE 当成是自己的 CE），并在 ASBR-PE 之间建立 EBGP 对等体关系传递 VPN 路由信息。

2. 具体操作步骤

① 在两个 AS 域内骨干网各节点上配置各公网接口（除了 PE 和 ASBR-PE 设备上绑定 VPN 实例的接口）的 IP 地址和公网 OSPF 路由，均采用 OSPF 1 号进程，区域为 0。

#---PE1 上的配置如下。

```
<Huawei> system-view
[Huawei] sysname PE1
[PE1] interface loopback 1
[PE1-LoopBack1] ip address 1.1.1.9 32
[PE1-LoopBack1] quit
[PE1] interface gigabitethernet 1/0/0
[PE1-GigabitEthernet1/0/0] ip address 172.1.1.2 24
[PE1-GigabitEthernet1/0/0] quit
[PE1] ospf
[PE1-ospf-1] area 0
[PE1-ospf-1-area-0.0.0.0] network 1.1.1.9 0.0.0.0
[PE1-ospf-1-area-0.0.0.0] network 172.1.1.0 0.0.0.255
[PE1-ospf-1-area-0.0.0.0] quit
[PE1-ospf-1] quit
```

#---ASBR-PE1 上的配置如下。

```
<Huawei> system-view
[Huawei] sysname ASBR-PE1
[ASBR-PE1] interface loopback 1
[ASBR-PE1-LoopBack1] ip address 2.2.2.9 32
[ASBR-PE1-LoopBack1] quit
[ASBR-PE1] interface gigabitethernet 1/0/0
[ASBR-PE1-GigabitEthernet1/0/0] ip address 172.1.1.1 24
```

```
[ASBR-PE1-GigabitEthernet1/0/0] quit
[ASBR-PE1] ospf
[ASBR-PE1-ospf-1] area 0
[ASBR-PE1-ospf-1-area-0.0.0.0] network 2.2.2.9 0.0.0.0
[ASBR-PE1-ospf-1-area-0.0.0.0] network 172.1.1.0 0.0.0.255
[ASBR-PE1-ospf-1-area-0.0.0.0] quit
[ASBR-PE1-ospf-1] quit
```

#---PE2 上的配置如下。

```
<Huawei> system-view
[Huawei] sysname PE2
[PE2] interface loopback 1
[PE2-LoopBack1] ip address 4.4.4.9 32
[PE2-LoopBack1] quit
[PE] interface gigabitethernet 1/0/0
[PE2-GigabitEthernet1/0/0] ip address 162.1.1.2 24
[PE2-GigabitEthernet1/0/0] quit
[PE2] ospf
[PE2-ospf-1] area 0
[PE2-ospf-1-area-0.0.0.0] network 4.4.4.9 0.0.0.0
[PE2-ospf-1-area-0.0.0.0] network 162.1.1.0 0.0.0.255
[PE2-ospf-1-area-0.0.0.0] quit
[PE2-ospf-1] quit
```

#---ASBR-PE2 上的配置如下。

```
<Huawei> system-view
[Huawei] sysname ASBR-PE2
[ASBR-PE2] interface loopback 1
[ASBR-PE2-LoopBack1] ip address 3.3.3.9 32
[ASBR-PE2-LoopBack1] quit
[ASBR-PE2] interface gigabitethernet 1/0/0
[ASBR-PE2-GigabitEthernet1/0/0] ip address 162.1.1.1 24
[ASBR-PE2-GigabitEthernet1/0/0] quit
[ASBR-PE2] ospf
[ASBR-PE2-ospf-1] area 0
[ASBR-PE2-ospf-1-area-0.0.0.0] network 3.3.3.9 0.0.0.0
[ASBR-PE2-ospf-1-area-0.0.0.0] network 162.1.1.0 0.0.0.255
[ASBR-PE2-ospf-1-area-0.0.0.0] quit
[ASBR-PE2-ospf-1] quit
```

完成以上配置后，执行 **display ospf peer** 命令，由此可以看到，同一 AS 域中的 ASBR-PE 与 PE 之间建立了 OSPF 邻接关系。执行 **display ospf routing** 命令，由此可以看到，同一 AS 域中的 ASBR-PE 和 PE 间能学习对方的 Loopback1 接口 IP 地址所在网段的 OSPF 路由。

在 ASBR-PE1 上执行 **display ospf peer** 和 **display ospf routing** 命令的输出如图 3-6 所示，由此可以看出，ASBR-PE1 已经与 PE1 建立了邻接关系，并且学习到了 PE1 上 Loopback1 接口 IP 地址所在网段的主机路由。

② 在两个 AS 域内骨干网各节点上全局和公网接口上分别使能 MPLS 和 LDP 能力，建立公网 MPLS LDP LSP 隧道。

【说明】因为本示例中，PE 与 ASBR-PE 是直接连接的，如果采用 PHP 特性，则 PE 和 ASBR-PE 间发送的 MPLS 报文就会在倒数第二跳弹出外层标签，导致二者都不带外层公网 LSP 标签。为了不出现这种现象，在各 PE 和 ASBR 上配置在分配 LSP 标签时不分配空标签，只分配非空标签，即执行了 **label advertise non-null** 命令。

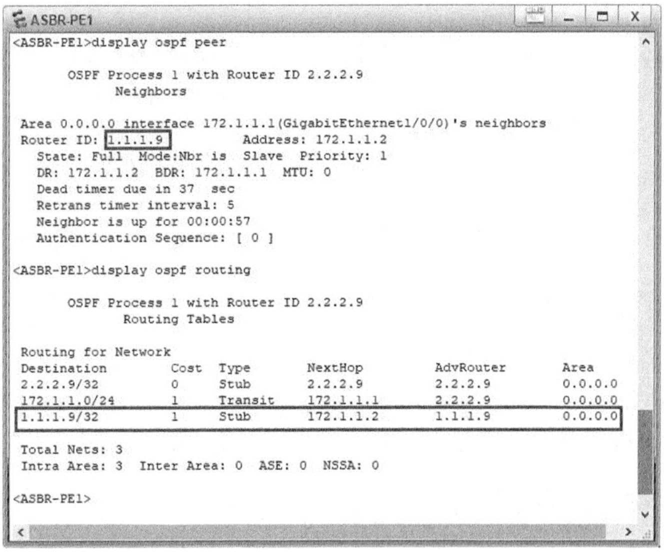

```
ASBR-PE1
<ASBR-PE1>display ospf peer

      OSPF Process 1 with Router ID 2.2.2.9
            Neighbors

 Area 0.0.0.0 interface 172.1.1.1(GigabitEthernet1/0/0)'s neighbors
 Router ID: 1.1.1.9          Address: 172.1.1.2
   State: Full  Mode:Nbr is  Slave  Priority: 1
   DR: 172.1.1.2  BDR: 172.1.1.1  MTU: 0
   Dead timer due in 37  sec
   Retrans timer interval: 5
   Neighbor is up for 00:00:57
   Authentication Sequence: [ 0 ]

<ASBR-PE1>display ospf routing

      OSPF Process 1 with Router ID 2.2.2.9
             Routing Tables

 Routing for Network
 Destination        Cost  Type       NextHop         AdvRouter       Area
 2.2.2.9/32         0     Stub       2.2.2.9         2.2.2.9         0.0.0.0
 172.1.1.0/24       1     Transit    172.1.1.1       2.2.2.9         0.0.0.0
 1.1.1.9/32         1     Stub       172.1.1.2       1.1.1.9         0.0.0.0

 Total Nets: 3
 Intra Area: 3  Inter Area: 0  ASE: 0  NSSA: 0

<ASBR-PE1>
```

图 3-6 在 ASBR-PE1 上执行 **display ospf peer** 和 **display ospf routing** 命令的输出

#---PE1 上的配置如下。

[PE1] **mpls lsr-id** 1.1.1.9
[PE1] **mpls**
[PE1-mpls] **label advertise non-null**   #---分配非空标签
[PE1-mpls] **quit**
[PE1] **mpls ldp**
[PE1-mpls-ldp] **quit**
[PE1] **interface** gigabitethernet 1/0/0
[PE1-GigabitEthernet1/0/0] **mpls**
[PE1-GigabitEthernet1/0/0] **mpls ldp**
[PE1-GigabitEthernet1/0/0] **quit**

#---ASBR-PE1 上的配置如下。

[ASBR-PE1] **mpls lsr-id** 2.2.2.9
[ASBR-PE1] **mpls**
[ASBR-PE1-mpls] **label advertise non-null**
[ASBR-PE1-mpls] **quit**
[ASBR-PE1] **mpls ldp**
[ASBR-PE1-mpls-ldp] **quit**
[ASBR-PE1] **interface** gigabitethernet 1/0/0
[ASBR-PE1-GigabitEthernet1/0/0] **mpls**
[ASBR-PE1-GigabitEthernet1/0/0] **mpls ldp**
[ASBR-PE1-GigabitEthernet1/0/0] **quit**

#---ASBR-PE2 上的配置如下。

[ASBR-PE2] **mpls lsr-id** 3.3.3.9
[ASBR-PE2] **mpls**
[ASBR-PE2-mpls] **label advertise non-null**
[ASBR-PE2-mpls] **quit**
[ASBR-PE2] **mpls ldp**
[ASBR-PE2-mpls-ldp] **quit**
[ASBR-PE2] **interface** gigabitethernet 1/0/0
[ASBR-PE2-GigabitEthernet1/0/0] **mpls**
[ASBR-PE2-GigabitEthernet1/0/0] **mpls ldp**
[ASBR-PE2-GigabitEthernet1/0/0] **quit**

\#---PE2 上的配置如下。

```
[PE2] mpls lsr-id 4.4.4.9
[PE2] mpls
[PE2-mpls] label advertise non-null
[PE2-mpls] quit
[PE2] mpls ldp
[PE2-mpls-ldp] quit
[PE2] interface gigabitethernet 1/0/0
[PE2-GigabitEthernet1/0/0] mpls
[PE2-GigabitEthernet1/0/0] mpls ldp
[PE2-GigabitEthernet1/0/0] quit
```

完成上述配置后，执行 **display mpls ldp session** 命令，由此可以看到，同一 AS 域中的 PE 和 ASBR-PE 之间建立了 LDP 会话。在 PE1 上执行 **display mpls ldp session** 命令的输出如图 3-7 所示。由此可以看出，PE1 已与 ASBR-PE1（2.2.2.9）建立了 LDP 会话。

```
 PE1                                                        _  □  X
[PE1-GigabitEthernet1/0/0]display mpls ldp session

LDP Session(s) in Public Network
Codes: LAM(Label Advertisement Mode), SsnAge Unit(DDDD:HH:MM)
A '*' before a session means the session is being deleted.
-----------------------------------------------------------------
PeerID          Status      LAM  SsnRole  SsnAge      KASent/Rcv
-----------------------------------------------------------------
2.2.2.9:0       Operational  DU   Passive  0000:00:01   7/7
-----------------------------------------------------------------
TOTAL: 1 session(s) Found.

[PE1-GigabitEthernet1/0/0]
```

图 3-7　在 PE1 上执行 **display mpls ldp session** 命令的输出

③ 在两个 AS 域内的 PE 与 ASBR-PE 之间建立 MP-IBGP 对等体关系，交换 VPN 路由信息。因为本示例 PE 与 ASBR-PE 是直接连接的，所以建立 IBGP 对等体连接时的 TCP 源端口可以为直连的物理接口。

\#---PE1 上的配置如下。

```
[PE1] bgp 100
[PE1-bgp] peer 2.2.2.9 as-number 100
[PE1-bgp] peer 2.2.2.9 connect-interface loopback 1
[PE1-bgp] ipv4-family vpnv4
[PE1-bgp-af-vpnv4] peer 2.2.2.9 enable    #---使能与对等体 2.2.2.9 交换 VPNv4 路由的能力
[PE1-bgp-af-vpnv4] quit
[PE1-bgp] quit
```

\#---ASBR-PE1 上的配置如下。

```
[ASBR-PE1] bgp 100
[ASBR-PE1-bgp] peer 1.1.1.9 as-number 100
[ASBR-PE1-bgp] peer 1.1.1.9 connect-interface loopback 1
[ASBR-PE1-bgp] ipv4-family vpnv4
[ASBR-PE1-bgp-af-vpnv4] peer 1.1.1.9 enable
[ASBR-PE1-bgp-af-vpnv4] quit
[ASBR-PE1-bgp] quit
```

\#---PE2 上的配置如下。

```
[PE2] bgp 200
[PE2-bgp] peer 3.3.3.9 as-number 200
[PE2-bgp] peer 3.3.3.9 connect-interface loopback 1
[PE2-bgp] ipv4-family vpnv4
```

```
[PE2-bgp-af-vpnv4] peer 3.3.3.9 enable
[PE2-bgp-af-vpnv4] quit
[PE2-bgp] quit
```

#---ASBR-PE2 上的配置如下。

```
[ASBR-PE2] bgp 200
[ASBR-PE2-bgp] peer 4.4.4.9 as-number 200
[ASBR-PE2-bgp] peer 4.4.4.9 connect-interface loopback 1
[ASBR-PE2-bgp] ipv4-family vpnv4
[ASBR-PE2-bgp-af-vpnv4] peer 4.4.4.9 enable
[ASBR-PE2-bgp-af-vpnv4] quit
[ASBR-PE2-bgp] quit
```

④ 在两个 AS 域内 PE 上配置 VPN 实例，并把与 CE 相连的 PE 接口与相应的 VPN 实例绑定，配置该接口的 IP 地址。

【说明】同一 AS 内的 ASBR-PE 与 PE 的 VPN 实例的 VPN Target 属性配置要匹配，不同 AS 的 ASBR-PE 与 PE 的 VPN 实例的 VPN Target 不强制匹配。本示例中两个 AS 域中的 VPN 实例的 VPN Target 属性采用了不同的配置。

#---PE1 上的配置如下。

```
[PE1] ip vpn-instance vpn1
[PE1-vpn-instance-vpn1] ipv4-family
[PE1-vpn-instance-vpn1-af-ipv4] route-distinguisher 100:1
[PE1-vpn-instance-vpn1-af-ipv4] vpn-target 1:1 both    #---要与后面在 ASBR-PE1 上配置的 VPN Target 属性一致
[PE1-vpn-instance-vpn1-af-ipv4] quit
[PE1-vpn-instance-vpn1] quit
[PE1] interface gigabitethernet 2/0/0
[PE1-GigabitEthernet2/0/0] ip binding vpn-instance vpn1    #---将 PE1 的 GE2/0/0 接口绑定 vpn1 实例
[PE1-GigabitEthernet2/0/0] ip address 10.1.1.2 24
[PE1-GigabitEthernet2/0/0] quit
```

#---PE2 上的配置如下。

```
[PE2] ip vpn-instance vpn1
[PE2-vpn-instance-vpn1] ipv4-family
[PE2-vpn-instance-vpn1-af-ipv4] route-distinguisher 200:1
[PE2-vpn-instance-vpn1-af-ipv4] vpn-target 2:2 both    #---要与后面在 ASBR-PE2 上配置的 VPN Target 属性一致
[PE2-vpn-instance-vpn1-af-ipv4] quit
[PE2-vpn-instance-vpn1] quit
[PE2] interface gigabitethernet 2/0/0
[PE2-GigabitEthernet2/0/0] ip binding vpn-instance vpn1
[PE2-GigabitEthernet2/0/0] ip address 10.2.1.2 24
[PE2-GigabitEthernet2/0/0] quit
```

⑤ 在两个 AS 域内 PE 与所连 CE 之间建立 EBGP 对等体关系，并在 PE 上引入与 CE 间直连链路的直连路由。

#---PE1 上的配置如下。

```
[PE1] bgp 100
[PE1-bgp] ipv4-family vpn-instance vpn1
[PE1-bgp-vpn1] peer 10.1.1.1 as-number 65001    #---指定与 CE1 建立 EBGP 对等体
[PE1-bgp-vpn1] import-route direct    #---引入直连路由
[PE1-bgp-vpn1] quit
[PE1-bgp] quit
```

#---PE2 上的配置如下。

```
[PE2] bgp 200
[PE2-bgp] ipv4-family vpn-instance vpn1
```

```
[PE2-bgp-vpn1] peer 10.2.1.1 as-number 65002
[PE2-bgp-vpn1] import-route direct
[PE2-bgp-vpn1] quit
[PE2-bgp] quit
```

#---CE1 上的配置如下。

```
<Huawei> system-view
[Huawei] sysname CE1
[CE1] interface gigabitethernet 1/0/0
[CE1-GigabitEthernet1/0/0] ip address 10.1.1.1 24
[CE1-GigabitEthernet1/0/0] quit
[CE1] bgp 65001
[CE1-bgp] peer 10.1.1.2 as-number 100
[CE1-bgp] quit
```

#---CE2 上的配置如下。

```
<Huawei> system-view
[Huawei] sysname CE2
[CE2] interface gigabitethernet 1/0/0
[CE2-GigabitEthernet1/0/0] ip address 10.2.1.1 24
[CE2-GigabitEthernet1/0/0] quit
[CE2] bgp 65002
[CE2-bgp] peer 10.2.1.2 as-number 200
[CE2-bgp] quit
```

完成以上配置后，在 PE 上执行 **display bgp vpnv4 vpn-instance** *vpn-instance- name* **peer** 命令，由此可以看到，PE 与 CE 之间的 EBGP 对等体关系已建立。执行 **display bgp vpnv4 all peer** 命令，由此可以看到 PE 与 CE 之间、PE 与 ASBR-PE 之间的 BGP 对等体关系已建立。在 PE1 上执行 **display bgp vpnv4 all peer** 命令的输出如图 3-8 所示。由此可以看出，PE1 已与 ARBR-PE1（2.2.2.9）成功建立了 MP-IBGP 对等体关系，与 CE1（10.1.1.1）成功建立了 EBGP 对等体关系。

```
PE1                                                              ⬒ — ▢ X
<PE1>display bgp vpnv4 all peer

 BGP local router ID : 1.1.1.9
 Local AS number : 100
 Total number of peers : 2          Peers in established state : 2

 Peer            V       AS  MsgRcvd  MsgSent  OutQ  Up/Down     State Pre
fRcv

 2.2.2.9         4      100        6        4     0 00:00:23 │Established│
  2

 Peer of IPv4-family for vpn instance :

 VPN-Instance vpn1, Router ID 1.1.1.9:
  10.1.1.1       4    65001        3        6     0 00:00:49 │Established│
  1
<PE1>
```

图 3-8　在 PE1 上执行 **display bgp vpnv4 all peer** 命令的输出

⑥　在 ASBR-PE1 和 ASBR-PE2 上创建 VPN 实例，将 VPN 实例绑定到连接对端 ASBR-PE 的接口，并在 ASBR-PE 之间建立 EBGP 对等体关系传递 VPN 路由信息。

#---ASBR-PE1 上的配置如下。

```
[ASBR-PE1] ip vpn-instance vpn1
[ASBR-PE1-vpn-instance-vpn1] ipv4-family
[ASBR-PE1-vpn-instance-vpn1-af-ipv4] route-distinguisher 100:2
[ASBR-PE1-vpn-instance-vpn1-af-ipv4] vpn-target 1:1 both   #---要与前面在 PE1 上配置的 VPN Target 属性一致
```

```
[ASBR-PE1-vpn-instance-vpn1-af-ipv4] quit
[ASBR-PE1-vpn-instance-vpn1] quit
[ASBR-PE1] interface gigabitethernet 2/0/0
[ASBR-PE1-GigabitEthernet2/0/0] ip binding vpn-instance vpn1    #---将 ASBR-PE1 的 GE2/0/0 接口绑定 VPN1 实例
[ASBR-PE1-GigabitEthernet2/0/0] ip address 192.1.1.1 24
[ASBR-PE1-GigabitEthernet2/0/0] quit
[ASBR-PE1] bgp 100
[ASBR-PE1-bgp] ipv4-family vpn-instance vpn1
[ASBR-PE1-bgp-vpn1] peer 192.1.1.2 as-number 200
[ASBR-PE1-bgp-vpn1] import-route direct   #---引入两个 ASBR 之间的直连路由
[ASBR-PE1-bgp-vpn1] quit
[ASBR-PE1-bgp] quit
```

#---ASBR-PE2 上的配置如下。

```
[ASBR-PE2] ip vpn-instance vpn1
[ASBR-PE2-vpn-instance-vpn1] ipv4-family
[ASBR-PE2-vpn-instance-vpn1-af-ipv4] route-distinguisher 200:2
[ASBR-PE2-vpn-instance-vpn1-af-ipv4] vpn-target 2:2 both    #---要与前面在 PE2 上配置的 VPN Target 属性一致
[ASBR-PE2-vpn-instance-vpn1-af-ipv4] quit
[ASBR-PE2-vpn-instance-vpn1] quit
[ASBR-PE2] interface gigabitethernet 2/0/0
[ASBR-PE2-GigabitEthernet2/0/0] ip binding vpn-instance vpn1
[ASBR-PE2-GigabitEthernet2/0/0] ip address 192.1.1.2 24
[ASBR-PE2-GigabitEthernet2/0/0] quit
[ASBR-PE2] bgp 200
[ASBR-PE2-bgp] ipv4-family vpn-instance vpn1
[ASBR-PE2-bgp-vpn1] peer 192.1.1.1 as-number 100
[ASBR-PE2-bgp-vpn1] import-route direct
[ASBR-PE2-bgp-vpn1] quit
[ASBR-PE2-bgp] quit
```

完成以上配置后，在 ASBR-PE 上执行 **display bgp vpnv4 vpn-instance vpn1 peer** 命令，由此可以看到，两个 ASBR-PE 间已建立了 EBGP 对等体关系。在 ASBR-PE1 上执行 **display bgp vpnv4 vpn-instance vpn1 peer** 命令的输出如图 3-9 所示。

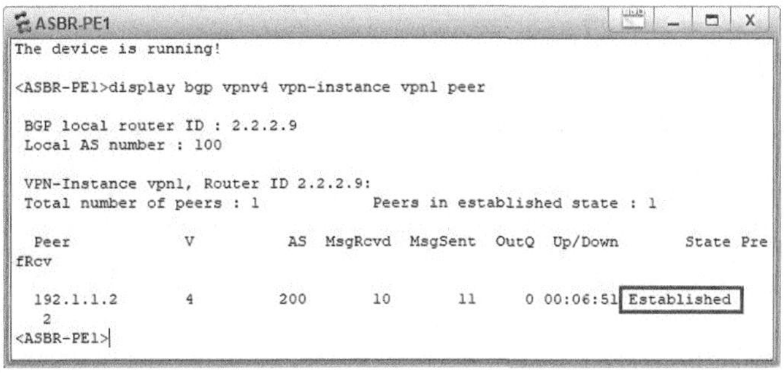

图 3-9　在 ASBR-PE1 上执行 **display bgp vpnv4 vpn-instance vpn1 peer** 命令的输出

3. 配置结果验证

完成上述配置后，可进行以下配置结果验证。

① 在两个 CE 上执行 **display ip routing-table** 命令，由此可看到，两个 CE 已相互学习到对方的内网路由。在 CE1 上执行 **display ip routing-table** 命令和 ping 测试的输出如图 3-10 所示。从图 3-10 中可以看出，CE1 已成功学习到 CE2 与 PE2 之间直连网段的路由，并且可与 CE2 互通。

```
E CE1                                                            □ X
<CE1>display ip routing-table
Route Flags: R - relay, D - download to fib
----------------------------------------------------------------
Routing Tables: Public
         Destinations : 9        Routes : 9

Destination/Mask     Proto   Pre  Cost      Flags NextHop        Interface

      10.1.1.0/24    Direct  0    0         D    10.1.1.1        GigabitEthernet
1/0/0
      10.1.1.1/32    Direct  0    0         D    127.0.0.1       GigabitEthernet
1/0/0
    10.1.1.255/32    Direct  0    0         D    127.0.0.1       GigabitEthernet
1/0/0
      10.2.1.0/24    EBGP    255  0         D    10.1.1.2        GigabitEthernet
1/0/0
     127.0.0.0/8     Direct  0    0         D    127.0.0.1       InLoopBack0
     127.0.0.1/32    Direct  0    0         D    127.0.0.1       InLoopBack0
 127.255.255.255/32  Direct  0    0         D    127.0.0.1       InLoopBack0
     192.1.1.0/24    EBGP    255  0         D    10.1.1.2        GigabitEthernet
1/0/0
 255.255.255.255/32  Direct  0    0         D    127.0.0.1       InLoopBack0

<CE1>ping 10.2.1.2
  PING 10.2.1.2: 56  data bytes, press CTRL_C to break
    Reply from 10.2.1.2: bytes=56 Sequence=1 ttl=252 time=70 ms
    Reply from 10.2.1.2: bytes=56 Sequence=2 ttl=252 time=50 ms
    Reply from 10.2.1.2: bytes=56 Sequence=3 ttl=252 time=40 ms
    Reply from 10.2.1.2: bytes=56 Sequence=4 ttl=252 time=40 ms
    Reply from 10.2.1.2: bytes=56 Sequence=5 ttl=252 time=30 ms

  --- 10.2.1.2 ping statistics ---
    5 packet(s) transmitted
    5 packet(s) received
    0.00% packet loss
    round-trip min/avg/max = 30/46/70 ms

<CE1>
```

图 3-10　在 CE1 上执行 **display ip routing-table** 命令和 ping 测试的输出

② 在 ASBR-PE 上执行 **display ip routing-table vpn-instance vpn1** 命令，由此可以看到，ASBR-PE 上为 VPN 实例维护的 IP 路由表。在 ASBR-PE1 上执行 **display ip routing-table vpn-instance vpn1** 命令的输出如图 3-11 所示。从图 3-11 中可以看到，ASBR-PE1 不仅包括了本地 AS 域内 CE1 与 PE1 之间直连网段的私网路由 10.1.1.0/24，还成功学习到对端 AS 域内 CE2 与 PE2 直连网段的私网路由 10.2.1.0/24。

```
E ASBR-PE1                                                       □ X
<ASBR-PE1>display ip routing-table vpn-instance vpn1
Route Flags: R - relay, D - download to fib
----------------------------------------------------------------
Routing Tables: vpn1
         Destinations : 6        Routes : 6

Destination/Mask     Proto   Pre  Cost      Flags NextHop        Interface

      10.1.1.0/24    IBGP    255  0         RD   1.1.1.9         GigabitEthernet
1/0/0
      10.2.1.0/24    EBGP    255  0         D    192.1.1.2       GigabitEthernet
2/0/0
     192.1.1.0/24    Direct  0    0         D    192.1.1.1       GigabitEthernet
2/0/0
     192.1.1.1/32    Direct  0    0         D    127.0.0.1       GigabitEthernet
2/0/0
   192.1.1.255/32    Direct  0    0         D    127.0.0.1       GigabitEthernet
2/0/0
 255.255.255.255/32  Direct  0    0         D    127.0.0.1       InLoopBack0

<ASBR-PE1>
```

图 3-11　在 ASBR-PE1 上执行 **display ip routing-table vpn-instance vpn1** 命令的输出

在 ASBR-PE 上执行 **display bgp vpnv4 all routing-table** 命令，由此可以看到，ASBR-PE 上维护的所有 BGP VPNv4 路由。在 ASBR-PE1 上执行 **display bgp vpnv4 all routing-table** 命令的输出如图 3-12 所示。图 3-12 中列出了当前 BGP-VPNv4 路由表中所包括的 BGP VPNv4 路由，其中一条是通过本地 AS 域的 PE1 学习到的，另外 4 条是通过 ASBR-PE2 学习到的。

```
ASBR-PE1
<ASBR-PE1>display bgp vpnv4 all routing-table


 BGP Local router ID is 2.2.2.9
 Status codes: * - valid, > - best, d - damped,
               h - history,  i - internal, s - suppressed, S - Stale
               Origin : i - IGP, e - EGP, ? - incomplete


 Total number of routes from all PE: 5
 Route Distinguisher: 100:1


      Network            NextHop        MED        LocPrf    PrefVal Path/Ogn

 *>i  10.1.1.0/24        1.1.1.9        0           100        0       ?

 Route Distinguisher: 100:2


      Network            NextHop        MED        LocPrf    PrefVal Path/Ogn

 *>   10.2.1.0/24        192.1.1.2                             0       200?
 *>   192.1.1.0          0.0.0.0        0                      0       ?
 *                       192.1.1.2      0                      0       200?
 *>   192.1.1.1/32       0.0.0.0        0                      0       ?

 VPN-Instance vpn1, Router ID 2.2.2.9:

 Total Number of Routes: 5
      Network            NextHop        MED        LocPrf    PrefVal Path/Ogn

 *>i  10.1.1.0/24        1.1.1.9        0           100        0       ?
 *>   10.2.1.0/24        192.1.1.2                             0       200?
 *>   192.1.1.0          0.0.0.0        0                      0       ?
                         192.1.1.2      0                      0       200?
 *>   192.1.1.1/32       0.0.0.0        0                      0       ?
<ASBR-PE1>
```

图 3-12　在 ASBR-PE1 上执行 **display bgp vpnv4 all routing-table** 命令的输出

3.3　跨域 VPN-OptionB 方式的配置与管理

在 3.2 节介绍的跨域 VPN-OptionA 方式中，ASBR 间通常是通过普通的 EBGP（也可以采用其他多实例 IGP 路由或静态路由）来向对端 ASBR 发布普通的单播 IPv4 路由，需要为每个 VPN 实例绑定一个物理接口或子接口来把普通的 IP 报文传输到对端 ASBR，因此，仅适用于 VPN 数量较少的场景。本节将介绍一种可适用于更多 VPN 数量应用场景下的解决方案——跨域 VPN-OptionB 方式。

3.3.1　跨域 VPN-OptionB 方式简介

在跨域 VPN-OptionB 方式中，ASBR 间是通过单跳 MP-EBGP 来向对端 ASBR 发布携带有私网路由标签、RD 等属性的 VPNv4 路由。此时，通过 VPN 报文中的私网路由标签就可以隔离不同的 VPN 实例，而不需要每个 VPN 实例单独绑定一个物理接口或子接口。

在 VPN-OptionB 方式中，**ASBR 上不需要创建 VPN 实例**，也就不需要为每个 VPN 实例绑定接口，此时的 ASBR 无须担当 PE 角色。但也正因为 ABSR 上无须创建 VPN 实例，所以需要在 ASBR 上配置不进行 VPN Target 属性过滤，接收路由策略许可的所有 VPN 路由，否则 ASBR 上将不接收任何 VPN 路由。

跨域 VPN-OptionB 的组网示意如图 3-13 所示。在跨域 VPN-OptionB 中，各 AS 域内的 PE 与 ASBR 之间建立 MP-IBGP 对等体关系，ASBR 之间建立 MP-EBGP 对等体关系，通过 MP-EBGP 交换它们从各自 AS 的 PE 设备接收的携带有私网路由标签的 VPNv4

路由，在 ASBR 之间传播的也是 VPNv4。图中的 VPN LSP 表示私网隧道（通过私网路由标签进行区分），LSP 是各 AS 域内部 PE 与 ASBR 设备之间建立的公网隧道。

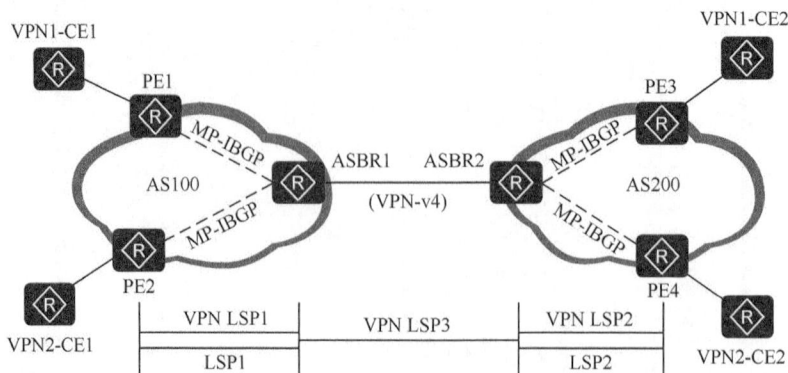

图 3-13　跨域 VPN-OptionB 的组网示意

目前，中高端华为 AR 系列路由器和高端 S 系列交换机（例如，S7700、9700 和 12700 系列）都支持跨域 VPN-OptionB 方式，S6700 及以下系列交换机不支持跨域 VPN-OptionB 方式。

3.3.2　跨域 VPN-OptionB 方式的路由发布原理

跨域 VPN-OptionB 的路由信息发布如图 3-14 所示。CE1 要将 10.1.1.1/24 的私网路由发布给 CE2 为例说明跨域 VPN- OptionB 方式中路由的发布过程。NH 表示下一跳，L1、L2 和 L3 表示所携带的私网标签。图 3-14 中省略了公网 IGP 路由和标签的分配，具体过程如下。

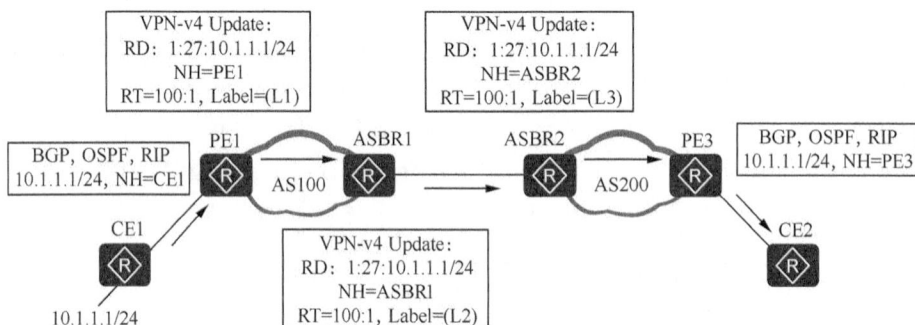

图 3-14　跨域 VPN-OptionB 的路由信息发布

① CE1 把所学习到的私网路由 10.1.1.1/24 以对应的路由更新消息（具体要视 PE 与 CE 间所采用的路由协议类型）通告给 PE1，此时 NH 为 CE1 自身。

② PE1 根据私网路由所绑定的 VPN 实例，把所接收的 10.1.1.1/24 的私网路由加入对应的 VRF 中，同时引入 BGP 路由表中（通过配置实现），转换成对应的 VPNv4 路由，然后由 BGP 为该 VPNv4 路由分配私网标签（如图 3-14 中的 L1）。

③ PE1 继续以 MP-IBGP Update 消息向其 MP-IBGP 对等体 ASBR1 进行路由信息通告，NH 为 PE1 自身。在发布的 Update 消息中包括了 MP-BGP 已为该 VPNv4 私网路由分配的私网标签（L1），所配置的 RD 属性（1:27:10.1.1.1/24）和 VPN Target 扩展团体属

性（100:1）。同时，Update 消息帧头部分还封装了 AS 100 域中建立 LSP 隧道时所分配的外层公网 LSP 隧道标签。当然，Update 消息中是否带有这层标签还要看节点设备在 MPLS 网络中的位置，以及是否支持 PHP（倒数第二跳弹出）特性。

④ 通过外层公网 LSP 隧道标签交换，ASBR1 在收到 10.1.1.1/24 私网路由的 MP-IBGP Update 消息（NH 仍为 PE1）后，根据 VPNv4 路由接收策略的配置把所有学习到的 VPNv4 保存到 BGP 路由表中（**不进行 VPN-Taget 属性匹配，因为在 VPN-OptionB 方式中，ASBR 上不创建 VPN 实例**）。然后根据配置的策略重新为该 **VPNv4 路由分配私网路由标签（L2）**。

⑤ ASBR1 再以 MP-EBGP Update 消息向其 MP-EBGP 对等体 ABSR2 进行 VPNv4 路由通告，此时 NH 为 ASBR1 自身。在发布 Update 消息时仍然保留原来所接收的对应 VPN 实例私网路由中的大部分属性，例如，RD 和 VPN Target。

⑥ ASBR2 在收到 VPNv4 路由更新后，同样不进行 VPN Target 属性匹配，根据 VPNv4 路由接收策略的配置把所有学习到的私网路由 10.1.1.1/24 保存到 BGP 路由表中，再根据配置的策略重新为该 VPNv4 路由分配私网标签（L3）。当通过 MP-IBGP Update 消息向其 MP-IBGP 对等体 PE3 发布该路由更新时，NH 变为 ASBR2，并带上新分配的私网路由标签，RD 和 VPN Target 属性值仍保持不变。

⑦ PE3 在收到 VPNv4 路由更新后，通过 VPN Target 属性匹配后找到对应 VPN 实例所绑定的出接口，通过对应的路由方式将 10.1.1.1/24 网段的路由信息发布给 CE2。

【注意】因为 PE1、PE3 上要对接收到对端发来的 VPNv4 路由进行 VPN Target 属性匹配，所以 PE1 上配置的 Export Target 属性一定要包含在 PE3 上配置的 Import Target 属性中，PE3 上配置的 Export Target 属性一定要包含在 PE1 上配置的 Import Target 属性中。

在以上的路由发布过程中，每经过一个 MP-BGP 对等体（包括 PE 与 ASBR 之间的 MP-IBGP 对等体，以及 ASBR 之间的 MP-EBGP 对等体）都会为 VPNv4 路由重新分配私网路由标签。由于域间的私网路由标签是由 MP-BGP 分配的，所以 ASBR 之间不需要运行 LDP 或 RSVP 等协议。

3.3.3　跨域 VPN-OptionB 方式的报文转发原理

在跨域 VPN-OptionB 方式的报文转发中，两个 ASBR 都要对 VPN 报文中携带的私网路由标签进行一次交换。跨域 VPN-OptionB 的报文转发流程如图 3-15 所示。其中，L1、L2 和 L3 表示私网标签，Lx 和 Ly 表示公网外层隧道标签。

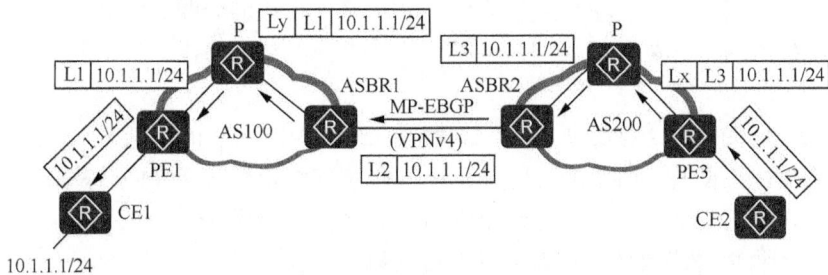

图 3-15　跨域 VPN-OptionB 的报文转发流程

① 当 CE2 要访问 10.1.1./24 主机时，目的地址为 10.1.1.1/24 的普通 IPv4 单播报文通过相应路由到达 PE3 后，通过查找入接口可找到对应的 VRF。然后在 BGP VPN 路由表中匹配目的 IPv4 前缀 10.1.1.0/24，查找对应的 Tunnel ID，然后将报文打上对应的私网（内层）标签（L3），转换成 VPN 报文，根据 Tunnel ID 找到隧道，在加装外层 AS 200 域中的公网 LSP 隧道标签（Lx）后，以 VPNv4 报文方式从此隧道中发送出去。

② PE3 在 AS 200 域内以外层 LSP 隧道标签交换方式先传输到 AS200 中的 P，然后再传输到 ASBR2。在由 P 传输到 ASBR2 的过程中，如果 P 支持 PHP 特性，则会先去掉报文中的外层 LSP 隧道标签（Lx），再发给 ASBR2。

③ ASBR2 收到访问 10.1.1.1/24 主机的 VPN 报文（仅携带一层私网路由标签 L3）后，根据 VPNv4 报文目的 IPv4 地址前缀，在 BGP VPN 路由表中找到对应的路由表项，并用 ASBR2 和 ASBR1 之间原来已为该 VPNv4 路由分配的私网标签替换 VPN 报文中携带的私网标签（由原来的 L3 换成了 L2），再通过 MP-EBGP 路由传输给 ASBR1。

④ ASBR1 收到访问 10.1.1.1/24 主机的 VPN 报文后，同样根据 VPNv4 报文目的 IPv4 地址前缀在 BGP VPN 路由表中找到对应的路由表项，查找对应的 Tunnel ID，用 ASBR1 与 PE1 之间原来为该 VPNv4 路由分配的标签，对 VPN 报文中所携带的私网标签进行再次替换后（由原来的 L2 替换成 L1），根据 Tunnel ID 找到隧道，在加装 AS100 域中公网 LSP 隧道标签（Ly）后根据公网标签先传输给 AS100 域中的 P，然后再传输给 PE1。在由 P 传输到 PE1 的过程中，如果 P 支持 PHP 特性，则会先去掉报文中的外层 LSP 隧道标签，再发给 PE1。

⑤ PE1 收到访问 10.1.1.1/24 主机的 VPN 报文后，根据 VPN 报文中的私网标签查找对应的 VRF 路由表项，获得对应的出接口，去掉 VPN 报文中携带的私网标签，以普通的 IPv4 单播报文方式通过相应路由表项传输到 CE1。

3.3.4　跨域 VPN-OptionB 方式的主要特点

与跨域 VPN-OptionA 相比，跨域 VPN-OptionB 主要的区别就在于 ASBR 间的私网路由信息和报文转发方面，具有以下 4 个方面的特点。

① ASBR 上无须创建 VPN 实例。在跨域 VPN-OptionB 方式的 VPNv4 报文转发中，ASBR 上无须创建 VPN 实例，因此，不能根据私网路由标签查找对应的 VPN 实例，而是要根据 VPNv4 报文中目的 IPv4 地址前缀在 BGP VPN 路由表中查找对应的路由表项然后转发。

② 不能根据 VPN 实例分配私网路由标签。同样是因为 ASBR 上不创建 VPN 实例，所以此时 ASBR 不能基于 VPN 实例来进行私网路由标签的分配。这时可采用其他分配策略，例如按路由下一跳进行分配，以尽可能减少分配私网路由标签的数量，具体将在 3.3.6 节介绍。

③ ASBR 间的链路连接数不受限制。因为在跨域 VPN-OptionB 方式中 ASBR 之间无须多链路连接，直接通过在路由信息或者 IPv4 报文中携带有私网路由标签直接进行 VPN 实例区分，因此，VPN-OptionB 方式不受 ASBR 之间互联链路数目的限制。

④ ASBR 负担仍比较重，容易形成单点故障。

在 VPN-OptionB 方式中，VPNv4 的路由信息仍需通过 AS 之间的 ASBR 来保存和发布，当 VPN 路由较多时，ASBR 负担仍比较重，容易成为故障点。因此，在 VPN-OptionB 方案中，需要维护 VPN 路由信息的 ASBR 一般不再负责公网 IP 转发。

3.3.5　跨域 VPN-OptionB 方式的配置任务

当 PE 上的 VPN 数量相对较多且 ASBR 没有足够的接口为每个跨域 VPN 专用时，可以选择跨域 VPN-OptionB。跨域 VPN-OptionB 方式的配置任务与跨域 VPN-OptionA 方式相比，主要区别是在 ASBR 上无须配置 VPN 实例，但需要配置 MP-EBGP（而不是 EBGP）对等体，具体配置任务如下。

① 配置 AS 域内 PE 与 ASBR 之间的 MP-IBGP 对等体关系。这项配置任务与跨域 VPN-OptionA 方式的对应配置方法完全一样，也与基本 BGP/MPLS IP VPN 中的 PE 间 MP-IBGP 对等体的配置方法一样。

② 配置 ASBR 间的 MP-EBGP 对等体关系。

③ 配置 ASBR 不对 VPNv4 路由进行 VPN Target 过滤。

④（可选）使用策略控制 ASBR 的 VPN 路由收发。

⑤（可选）配置 ASBR 按下一跳分配私网路由标签。

但在配置跨域 VPN-OptionB 之前，需完成如下任务。

① 为各 AS 域内的骨干网各节点上配置 IGP，实现同一 AS 域内骨干网的三层互通。

② 在各 AS 域内骨干网各节点上配置 MPLS 基本能力和 MPLS LDP（或 RSVP-TE）。

③ 在各 AS 域内与 CE 相连的 PE 上配置 VPN 实例，并配置接口与 VPN 实例的绑定。

④ 在各 AS 域内配置 PE 和 CE 间的路由交换。

3.3.6　配置跨域 VPN-OptionB

本节要对上节所介绍的配置任务中的第②项～第⑤项配置任务的具体配置方法进行介绍。

1. 配置 ASBR 间的 MP-EBGP 对等体关系

在跨域 VPN-OptionB 中，ASBR 上无须创建 VPN 实例，但需要配置 ASBR 间的 MP-EBGP 对等体关系。对于从本 AS 域中的 PE 上收到的 VPNv4 路由不进行 VPN-Target 过滤，而是全部通过 MP-EBGP Update 消息发给对端 AS 域中的 ASBR。

在这里需要注意的是，因为 ASBR 间所传输的是携带有 MPLS 标签的 VPNv4 报文，所以在 ASBR 间连接的接口上要使能 MPLS 功能，ASBR 间 MP-EBGP 对等体的配置步骤见表 3-1。

表 3-1　ASBR 间 MP-EBGP 对等体的配置步骤

步骤	命令	说明
1	**system-view**	进入系统视图
2	**interface** *interface-type interface-number* 例如，[Huawei] **interface** gigabitethernet 1/0/0	进入连接对端 ASBR 的接口的接口视图

续表

步骤	命令	说明
3	**ip address** *ip-address* { *mask* | *mask-length* } 例如，[Huawei-GigabitEthernet1/0/0] **ip address** 10.1.1.2 24	配置以上接口 IP 地址
4	**mpls** 例如，[Huawei-GigabitEthernet1/0/0] **mpls**	在以上接口上使能 MPLS 能力，因为该接口上所传输的 VPN-IPv4 报文会携带 MPLS 标签
5	**quit**	退回系统视图
6	**bgp** { *as-number-plain* | *as-number-dot* } 例如，[Huawei] **bgp** 100	全局使能 BGP，进入 ASBR 所在 AS 的 BGP 视图
7	**peer** *ipv4-address* **as-number** *as-number* 例如，[Huawei-bgp] **peer** 10.1.1.1 **as-number** 200	将对端 ASBR 配置为 EBGP 对等体。 • *ipv4-address*：指定对等体的 IPv4 地址。可以是直连对等体的接口 IP 地址（**仅适用于 ASBR 直连情形**），也可以是路由可达的对等体的 Loopback 接口地址（必须要事先在各 ASBR 上配置好至少一个 Loopback 接口及 IP 地址）。 • *as-number*：指定对等体所在的 AS 号，而且此处的 AS 号要与本端 PE 所在的 AS 号不同，因为它们在不同的 AS 中，是 EBGP 对等体关系。 缺省情况下，没有创建 EBGP 对等体，可用 **undo peer** *ipv4-address* **as-number** *as-number* 命令删除指定对等体
8	**peer** *ipv4-address* **ebgp-max-hop** [*hop-count*] 例如，[Huawei-bgp] **peer** 10.1.1.1 **ebgp-max-hop** 2	（可选）配置 EBGP 连接的最大跳数。 • *ipv4-address*：指定对等体的 IPv4 地址。 • *hop-count*：可选参数，指定最大跳数，整数形式，取值范围为 1~255，缺省值为 255。如果指定的最大跳数为 1，则不能与非直连网络上的对等体建立 EBGP 连接。 【说明】通常情况下，EBGP 对等体之间必须具有直连的物理链路，如果不满足这一要求，则必须使用该命令允许它们之间经过多跳建立 TCP 连接。 缺省情况下，只能在物理直连链路上建立 EBGP 连接，可用 **undo peer** *ipv4-address* **ebgp-max-hop** 命令恢复缺省配置
9	**ipv4-family vpnv4** [**unicast**] 例如，[Huawei-bgp] **ipv4-family vpnv4**	进入 BGP-VPNv4 地址族视图
10	**peer** *ipv4-address* **enable** 例如，[Huawei-bgp-af-vpnv4] **peer** 10.1.1.1 **enable**	使能与指定 IPv4 地址的对等体交换 VPNv4 路由信息的能力。 缺省情况下，只有 BGP-IPv4 单播地址族的对等体是自动使能的，可用 **undo peer** *ipv4-address* **enable** 命令禁止与指定对等体交换路由信息

2. 配置 ASBR 不对 VPNv4 路由进行 VPN Target 过滤

缺省情况下，PE 对收到的 VPNv4 路由进行 VPN Target 属性过滤，通过过滤的 VPN 路由才能被加入 BGP-VPNv4 路由表中。因此，如果 PE 没有配置 VPN 实例，或者 VPN 实例没有配置 VPN Target 属性，则 PE 丢弃所有收到的 VPNv4 路由。

在跨域 VPN-OptionB 方式中，ASBR 不需要配置 VPN 实例，但是 ASBR 又需要保存所有收到的 VPNv4 路由信息，以通告给对端 ASBR，所以在 ASBR 上不能进行 VPN Target 属性过滤，ASBR 不对 VPNv4 路由进行 VPN Target 过滤的配置步骤见表 3-2。

表 3-2　ASBR 不对 VPNv4 路由进行 VPN Target 过滤的配置步骤

步骤	命令	说明
1	**system-view**	进入系统视图
2	**bgp** { *as-number-plain* | *as-number-dot* } 例如，[Huawei] **bgp** 100	进入 ASBR 所在 AS 的 BGP 视图
3	**ipv4-family vpnv4** [**unicast**] 例如，[Huawei-bgp] **ipv4-family vpnv4**	进入 BGP-VPNv4 地址族视图
4	**undo policy vpn-target** 例如，[Huawei-bgp-af-vpnv4] **undo policy vpn-target**	不对 VPNv4 路由进行 VPN Target 过滤。 缺省情况下，对接收到的 VPNv4 路由进行 VPN Target 过滤，可用 **policy vpn-target** 命令恢复缺省配置

3. 使用策略控制 ASBR 的 VPN 路由收发

由于在 ASBR 上配置不对 VPNv4 路由进行 VPN Target 属性过滤，所以 ASBR 会接收所有的 VPNv4 路由信息，这样当 VPN 路由较多时，ASBR 负担会很重。如果只有部分的 VPN 或部分站点需要跨域通信，可以配置路由策略实现 ASBR 上仅接收部分 VPNv4 路由，这样也减轻了 ASBR 的负担。

可以通过以下两种方式对 ASBR 上的 VPNv4 路由收发进行过滤：基于 VPN Target 属性进行过滤；基于 RD 属性进行过滤，使用策略控制 VPN 路由收发的配置步骤见表 3-3。

表 3-3　使用策略控制 VPN 路由收发的配置步骤

步骤	命令	说明
1	**system-view**	进入系统视图
2	**ip extcommunity-filter** *extcomm-filter-number* { **permit** | **deny** } { **rt** { *as-number:nn* | *ipv4-address:nn* } } &<1-16> 例如，[Huawei] **ip extcommunity-filter** 1 **deny rt** 200:200	（二选一）配置采用 VPN Target 扩展团体属性过滤器方式对所收到的 VPNv4 路由进行过滤。 • *extcomm-filter-number*：指定所创建的扩展团体属性过滤器的编号，整数形式，取值范围为 1～399，其中，基本扩展团体属性过滤器号的取值范围为 1～199，高级扩展团体属性过滤器号的取值范围为 200～399。 • **permit**：二选一选项，指定扩展团体属性过滤器的匹配模式为允许。 • **deny**：二选一选项，指定扩展团体属性过滤器的匹配模式为拒绝。 • **rt**：指定扩展团体属性过滤器为 RT（Route Target，即 VPN Target）属性过滤器。 • *as-number:nn*：二选一参数，指定允许或拒绝的"AS 号:整数"格式的 RT 属性值。这是在 PE 上配置的 VPN 实例的 VPN Target 属性，最多可配置 10 个 RT 属性值。 • *ipv4-address:nn*：二选一参数，指定允许或拒绝的"IPv4 地址:整数"格式的 RT 属性值。这是在 PE 上配置的 VPN 实例的 VPN Target 属性，最多可配置 10 个 RT 属性值

步骤	命令	说明
2	**ip extcommunity-filter** *extcomm-filter-number* { **permit** | **deny** } { **rt** { *as-number:nn* | *ipv4-address*: *nn* } } &<1-16> 例如，[Huawei] **ip extcommunity-filter** 1 **deny rt** 200:200	缺省情况下，系统中无扩展团体属性过滤器，可用 **undo ip extcommunity-filter** *extcomm-filter-number* { **permit** | **deny** } { **rt** { *as-number:nn* | *ipv4-address:nn* } } &<1-16>删除指定的扩展团体属性过滤器
	ip rd-filter *rd-filter-number* { **deny** | **permit** } *route-distinguisher* &<1-10> 例如，[Huawei] **ip rd-filter** 1 **permit** 100:1	（二选一）配置采用 RD 属性过滤器方式对所收到的 VPNv4 路由进行过滤。 • *rd-filter-number*：指定所创建的 RD 过滤器的编号，整数形式，取值范围为 1～255。 • **deny**：二选一选项，指定 RD 过滤器的匹配模式为拒绝。 • **permit**：二选一选项，指定 RD 过滤器的匹配模式为允许。 • *route-distinguisher*：指定允许或拒绝的 RD 属性值，最多可配置 10 个 RD 属性。 缺省情况下，系统中无 RD 属性过滤器，可用 **undo ip rd-filter** *rd-filter-number* [{ **deny** | **permit** } *route-distinguisher* &<1-10>]命令删除指定的 RD 属性过滤器
3	**route-policy** *route-policy-name* **permit node** *node* 例如，[Huawei] **route-policy** policy1 **permit node** 10	创建要应用以上 VPNv4 路由过滤的路由策略。 • *route-policy-name*：指定所创建的路由策略名称，字符串形式，区分大小写，不支持空格，取值范围为 1～40。当输入的字符串两端使用双引号时，可在字符串中输入空格。 • *node*：指定路由策略的节点号，整数形式，取值范围为 0～65535。当使用路由策略时，节点号小的节点先进行匹配。一个节点匹配成功后，路由将不再匹配其他节点。全部节点匹配失败后，路由将被过滤。 缺省情况下，系统中没有路由策略，可用 **undo route-policy** *route-policy-name* [**node** *node*]命令删除指定的路由策略
4	**if-match extcommunity-filter** { *basic-extcomm-filter-num* | *advanced-extcomm-filter-num* } &<1-16> 例如，[Huawei-route-policy] **if-match extcommunity-filter** 100	（二选一）当采用扩展团体属性过滤器方式时，为以上路由策略创建一个基于扩展团体属性过滤器（此处为 VPN-Taget 属性过滤器）的匹配规则。 • *basic-extcomm-filter-num*：二选一参数，指定如果匹配在第 2 步创建的基本扩展团体属性过滤器编号，整数形式，取值范围为 1～199，最多可创建 16 个。 • *advanced-extcomm-filter-num*：二选一参数，指定如果匹配在第 2 步创建的高级扩展团体属性过滤器编号，整数形式，取值范围为 200～399，最多可创建 16 个。 【注意】本命令的作用是根据路由的扩展团体属性进行匹配，符合条件的路由与本节点其他 **if match** 子句进行匹配，不符合条件的路由进入路由策略的下一节点，但仅支持对 BGP 路由的匹配。各扩展团体属性过滤器编号之间是逻辑"或"的关系，也就是说，只要 VPNv4 路由中的 VPN Target 属性能够匹配其中一个，即表示符合过滤规则的条件。 缺省情况下，路由策略中无基于扩展团体属性过滤器的匹配规则，可用 **undo if-match extcommunity-filter** { *basic- extcomm-filter-num* | *advanced-extcomm-filter-num* } &<1-16> 命令删除指定的扩展团体属性过滤器的匹配规则

续表

步骤	命令	说明
4	**if-match rd-filter** *rd-filter-number* 例如，[Huawei-route-policy] **if-match rd-filter** 1	（二选一）当采用 RD 属性过滤器方式时，为以上路由策略设置一个基于 RD 属性过滤器的匹配规则。参数 *rd-filter-number* 用来指定前面在第 2 步中创建的 RD 属性过滤器的编号
5	**quit**	返回系统视图
6	**bgp** { *as-number-plain* | *as-number-dot* } 例如，[Huawei] **bgp** 100	进入 ASBR 所在 AS 的 BGP 视图
7	**ipv4-family vpnv4** [**unicast**] 例如，[Huawei-bgp] **ipv4-family vpnv4**	进入 BGP-VPNv4 地址族视图
8	**peer** *ipv4-address* **route-policy** *route-policy-name* { **export** | **import** } 例如，[Huawei-bgp-af-vpnv4] **peer** 10.1.1.2 **route-policy** policy1 **import**	在 VPNv4 地址族下应用以上创建的路由策略，控制与指定对等体之间的 VPNv4 路由信息的收发，其中，**export** 二选一选项代表控制的是向对等体发送 VPNv4 路由，**import** 二选一选项是用来控制接收来自指定对等体的 VPNv4 路由。 缺省情况下，接收来自对等体的路由或向对等体发布的路由不使用路由策略，可用 **undo peer** *ipv4-address* **route-policy** *route-policy-name* { **import** | **export** }命令恢复缺省配置

4. 配置 ASBR 按下一跳分配私网路由标签

这里的"分配标签"是指 ASBR 如何为收到的 VPNv4 私网路由重新分配私网路由标签，因为无论是 ASBR 向同一 AS 域内 PE 发布 VPNv4 路由信息，还是向对端 AS 域的 ASBR 发布 VPNv4 路由信息，都需要携带有 MPLS 私网路由标签。

因为在 PE 上配置了 VPN 实例，所以可以采用缺省的每实例标签分配方式，也就是每个 VPN 实例下的所有 VPNv4 路由都分配相同的标签。而在跨域 VPN-OptionB 方式中，ASBR 上不配置 VPN 实例，但仍需要通过 MP-BGP 为 VPNv4 私网路由分配标签，这就带来一个私网路由分配标签标准的问题，因为不同的标签分配方式，所需分配的标签数量相差很大，所以对设备系统资源的消耗也相差很大。

在跨域 VPN-OptionB 方式中，**ASBR 缺省是采用按路由前缀来为所收到的 VPN-IPv4 路由分配标签**，即相同路由前缀（包括 RD 和 IPv4 路由前缀两部分）分配相同的标签。在大多数应用中，ASBR 都是采用这种方式来为私网路由分配标签的，但同时还提供了一种"按下一跳"分配标签的模式，它是对有相同转发行为的私网路由分配相同的标签，即转发路径和出标签相同的 VPN 路由分配相同的标签。它比默认的按路由前缀分配标签的方式更加粗放，可进一步减少 ASBR 上要为私网 VPNv4 路由分配标签的数量。

ASBR VPN 路由接下一跳分配标签示例如图 3-16 所示。跨域 VPN-OptionB 场景中的 PE1 上配置了两个 VPN 实例分别为 VPN1 和 VPN2，私网路由标签是按每实例分配的。假设在 VPN1 和 VPN2 对应的 CE1 和 CE2 上分别引入 1000 条私网路由，这样一来，在未使能 ASBR VPN 路由按下一跳分标签特性时，ASBR1 向 ASBR2 发布来自 PE1 的 2000 条路由时需要消耗 2000 个标签。

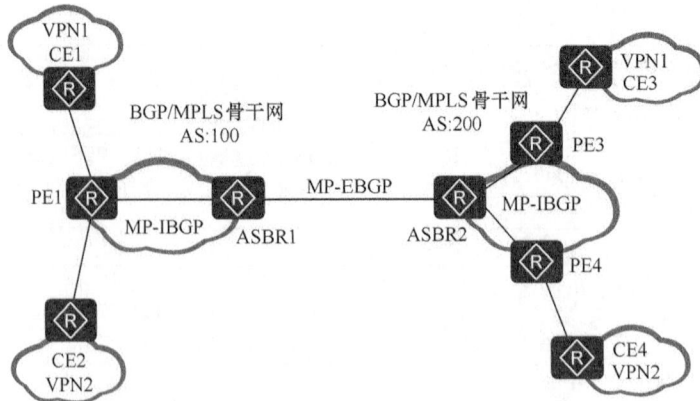

图 3-16　ASBR VPN 路由按下一跳分配标签示例

如果在 ASBR1 上使能按下一跳分配标签特性，则 ASBR1 向 ASBR2 发布来自 PE1 的 2000 路由时只须消耗 2 个标签，分别对应 CE1 和 CE2 下所连接的私网路由。因为在 PE1 中，CE1 下连接的所有私网路由的下一跳均为 CE1 连接 PE1 的接口的 IP 地址，所以出标签均为 PE1 到达 ASBR1 的公网 LSP 标签，即转发行为都相同。同理，CE2 连接的所有私网路由的下一跳均为 CE2 连接 PE1 的接口的 IP 地址，出标签均为 PE1 到达 ASBR1 的公网 LSP 标签，转发行为也都相同。从中可以看出，"按下一跳"的标签分配模式与 PE 上的按 VPN 实例的标签分配模式其实是一样的，因为同一 VPN 实例下的私网路由的下一跳和在公网上的出标签是一样的。

【注意】使能或者去使能 ASBR 按下一跳分配标签时，不同私网路由所分配的标签会发生变化，导致流量丢失。

使能 ASBR 按下一跳为私网路由分配标签的配置方法见表 3-4。

表 3-4　使能 ASBR 按下一跳为私网路由分标签的配置方法

步骤	命令	说明
1	**system-view**	进入系统视图
2	**bgp** { *as-number-plain* | *as-number-dot* } 例如，[Huawei] **bgp** 100	进入 ASBR 所在 AS 的 BGP 视图
3	**ipv4-family vpnv4** 例如，[Huawei-bgp] **ipv4-family vpnv4**	进入 BGP-VPNv4 地址族视图
4	**apply-label per-nexthop** 例如，[Huawei-bgp-af-ipv4] **apply-label per-nexthop**	使能 ASBR 按下一跳为 VPNv4 路由分标签。配置该命令后，ASBR 为具有相同路由下一跳和出标签的路由分配一个标签。 【注意】为使从相同下一跳学到的路由的出标签相同，本命令需要和 PE 上的 **apply-label per-instance** 命令配合使用，否则，起不到节省标签资源的效果，可以通过执行 **display fib statistics** 命令查看私网 VPN 路由条数。 缺省情况下，ASBR 在向其他的 MP-BGP 对等体发布 VPNv4 路由时，为每一条路由分配一个标签，可用 **undo apply-label per-nexthop** 命令用来取消 ASBR 按下一跳为 VPNv4 路由分标签

完成跨域 VPN-OptionB 功能的所有配置后，可通过以下 **display** 命令相关功能配置信息，验证配置效果。

① 在 PE 或 ASBR 上执行 **display bgp vpnv4 all peer** 命令，可以看到所有同一 AS 域中 PE 与 ASBR 之间建立的 MP-IBGP 对等体关系，以及在不同 AS 域中两个直连 ASBR 之间建立的 MP-EBGP 对等体关系。

② 在 ASBR 上执行 **display bgp vpnv4 all routing-table** 命令，可以查看到 ASBR 上维护的所有 VPNv4 路由。

③ 在 PE 上执行 **display ip routing-table vpn-instance** *vpn-instance-name* 命令，可以看到 P 上对应 VPN 实例下所有相关 VPN 路由信息。

④ 在 ASBR 上执行 **display mpls lsp** 命令，可以看到 ASBR 上的 LSP 和标签信息。如果 ASBR 上使能了按下一跳分标签，则可以看到对于下一跳和出标签相同的 VPN 路由，只分配一个标签。

⑤ 在 ASBR 上执行 **display ip extcommunity-filter** 命令，可以查看已配置的扩展团体属性过滤器。

⑥ 在 ASBR 上执行 **display ip rd-filter** 命令，可以查看已配置的 RD 属性过滤器。

3.3.7 OptionB 方式跨域 VPN 配置示例

本示例的拓扑结构如 3.2.6 节介绍示例的拓扑结构完全一样，具体结构参见图 3-5。某公司总部和分部跨域不同的运营商，CE1 连接公司总部，通过 AS100 的 PE1 接入；CE2 连接公司分部，通过 AS200 的 PE2 接入。CE1 和 CE2 同属于 VPN1。本示例要求采用 OptionB 方式实现某公司总部和分部之间跨域的 BGP/MPLS IP VPN 业务的互通。

1. 基本配置思路分析

跨域 VPN-OptionB 方式中的 ASBR 不需要配置 VPN 实例，但需在 ASBR 间配置 MP-EBGP 对等体关系，其他必选的配置任务的配置方法与跨域 VPN-OptionA 方式的相应配置任务的配置方法一样。由此可以得出，本示例有以下基本配置思路。

① 在两个 AS 域内骨干网各节点上配置各公网接口（包括 Loopback 接口，但不包括需要绑定 VPN 实例的接口）的 IP 地址和 IGP 路由，实现各 AS 域内的三层互通。

② 在两个 AS 域内骨干网各节点上全局和公网接口上分别使能 MPLS 和 LDP 能力，建立公网 MPLS LDP LSP 隧道。

③ 在两个 AS 域内的 PE 与 ASBR-PE 之间建立 MP-IBGP 对等体关系，交换 VPN 路由信息。

④ 在两个 AS 域内 PE 上配置 VPN 实例，并把 PE 与 CE 相连的接口与对应的 VPN 实例绑定，配置该接口的 IP 地址。**两个 AS 域中 PE 上配置的 VPN Target 属性值必须匹配。**

⑤ 在两个 AS 域内 PE 与 CE 之间建立 EBGP 对等体关系，交换 VPN 路由信息，并在 PE 上引入与 CE 间直连链路的直连路由。

⑥ 在两个 AS 域内 ASBR 上使能 MPLS，且在 ASBR 之间建立 MP-EBGP 对等体关系，使能 ASBR-PE 按下一跳分标签，并且不对接收的 VPNv4 路由进行 VPN Target 过滤。

在以上配置任务中，第①项～第③项和第⑤项配置任务的配置与 3.2.6 节对应配置任务的配置完全一样，下面仅介绍第④项、第⑥项配置任务的具体配置方法。

2. 具体配置步骤

（1）第④项配置任务

在各 AS 域内 PE 上配置 VPN 实例，并把 PE 与 CE 相连的接口与对应的 VPN 实例绑定，配置该接口的 IP 地址。**因为在 Option-B 方式中，ASBR 间携带要交互私网 VPN 路由信息，所以两个 AS 域内的 PE 上要配置匹配的 VPN Target 属性**，否则，对方接收不了本端发送的 VPN 路由信息。

#---PE1 上的配置如下。

```
[PE1] ip vpn-instance vpn1
[PE1-vpn-instance-vpn1] ipv4-family
[PE1-vpn-instance-vpn1-af-ipv4] route-distinguisher 100:1
[PE1-vpn-instance-vpn1-af-ipv4] vpn-target 1:1 both
[PE1-vpn-instance-vpn1-af-ipv4] quit
[PE1-vpn-instance-vpn1] quit
[PE1] interface gigabitethernet 2/0/0
[PE1-GigabitEthernet2/0/0] ip binding vpn-instance vpn1
[PE1-GigabitEthernet2/0/0] ip address 10.1.1.2 24
[PE1-GigabitEthernet2/0/0] quit
```

#---PE2 上的配置如下。

```
[PE2] ip vpn-instance vpn1
[PE2-vpn-instance-vpn1] ipv4-family
[PE2-vpn-instance-vpn1-af-ipv4] route-distinguisher 200:1
[PE2-vpn-instance-vpn1-af-ipv4] vpn-target 1:1 both
[PE2-vpn-instance-vpn1-af-ipv4] quit
[PE2-vpn-instance-vpn1] quit
[PE2] interface gigabitethernet 2/0/0
[PE2-GigabitEthernet2/0/0] ip binding vpn-instance vpn1
[PE2-GigabitEthernet2/0/0] ip address 10.2.1.2 24
[PE2-GigabitEthernet2/0/0] quit
```

（2）第⑥项配置任务

在两个 AS 域内 ASBR 上使能 MPLS，且在 ASBR 之间建立 MP-EBGP 对等体关系，使能 ASBR-PE 按下一跳分配私网路由标签，并且不对接收的 VPNv4 路由进行 VPN Target 过滤。

#---ASBR-PE1 上的配置如下。

```
[ASBR-PE1] interface gigabitethernet 2/0/0
[ASBR-PE1-GigabitEthernet2/0/0] ip address 192.1.1.1 24
[ASBR-PE1-GigabitEthernet2/0/0] mpls
[ASBR-PE1-GigabitEthernet2/0/0] quit
[ASBR-PE1] bgp 100
[ASBR-PE1-bgp] peer 192.1.1.2 as-number 200
[ASBR-PE1-bgp] ipv4-family vpnv4
[ASBR-PE1-bgp-af-vpnv4] peer 192.1.1.2 enable    #---使能与对等体交换 VPNv4 路由的能力
[ASBR-PE1-bgp-af-vpnv4] undo policy vpn-target   #---对所接收到的 VPNv4 路由不进行 VPN Target 属性匹配，全部接收并保存下来
[ASBR-PE1-bgp-af-vpnv4] apply-label per-nexthop  #---使能按下一跳分配私网路由标签
[ASBR-PE1-bgp-af-vpnv4] quit
[ASBR-PE1-bgp] quit
```

#---ASBR-PE2 上的配置如下。

```
[ASBR-PE2] interface gigabitethernet 2/0/0
[ASBR-PE2-GigabitEthernet2/0/0] ip address 192.1.1.2 24
[ASBR-PE2-GigabitEthernet2/0/0] mpls
```

[ASBR-PE2-GigabitEthernet2/0/0] **quit**
[ASBR-PE2] **bgp** 200
[ASBR-PE2-bgp] **peer** 192.1.1.1 **as-number** 100
[ASBR-PE2-bgp] **ipv4-family vpnv4**
[ASBR-PE2-bgp-af-vpnv4] **peer** 192.1.1.1 **enable**
[ASBR-PE2-bgp-af-vpnv4] **undo policy vpn-target**
[ASBR-PE2-bgp-af-vpnv4] **apply-label per-nexthop**
[ASBR-PE2-bgp-af-vpnv4] **quit**
[ASBR-PE2-bgp] **quit**

3. 配置结果验证

完成上述配置后，可进行以下配置结果验证。

① 在 ASBR-PE1 上执行 **display bgp vpnv4 all routing-table** 命令，由此可以看到，ASBR-PE1 上维护的所有 VPNv4 路由。在 ASBR-PE1 上执行 **display bgp vpnv4 all routing-table** 命令的输出如图 3-17 所示。从图 3-17 中可以看出，ASBR-PE1 上不仅有从 AS 域 PE1 学习到的 CE1 站点的私网路由 10.1.1.0/24，还有从对端 AS 域 ASBR-PE2 学习到的 CE 站点的私网路由 10.2.1.0/24。

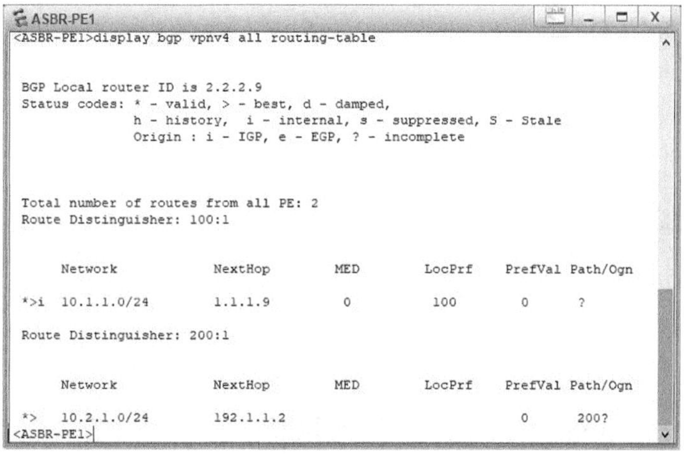

```
<ASBR-PE1>display bgp vpnv4 all routing-table

 BGP Local router ID is 2.2.2.9
 Status codes: * - valid, > - best, d - damped,
               h - history,  i - internal, s - suppressed, S - Stale
               Origin : i - IGP, e - EGP, ? - incomplete


 Total number of routes from all PE: 2
 Route Distinguisher: 100:1

      Network            NextHop        MED        LocPrf    PrefVal Path/Ogn

 *>i  10.1.1.0/24        1.1.1.9         0          100        0      ?

 Route Distinguisher: 200:1

      Network            NextHop        MED        LocPrf    PrefVal Path/Ogn

 *>   10.2.1.0/24        192.1.1.2                             0      200?
<ASBR-PE1>
```

图 3-17　在 ASBR-PE1 上执行 **display bgp vpnv4 all routing-table** 命令的输出

② 在 ASBR-PE1 上执行 **display mpls lsp** 命令，由此可以看到，它已基于下一跳分配私网路由标签。在 ASBR-PE1 上执行 **display mpls lsp** 命令的输出如图 3-18 所示。从图 3-18 中可以看出，它已基于下一跳通过 MP-EBGP 为下一跳为 1.1.1.9 和 192.1.1.2 的所有私网路由分配了私网路由标签。

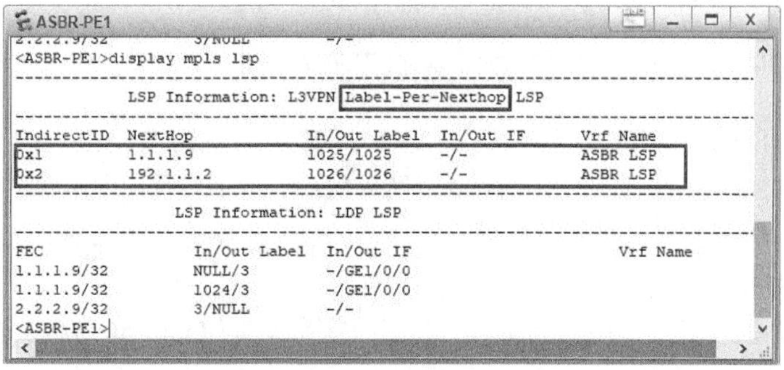

```
<ASBR-PE1>display mpls lsp
-------------------------------------------------------------------------------
             LSP Information: L3VPN Label-Per-Nexthop LSP
-------------------------------------------------------------------------------
IndirectID  NextHop              In/Out Label  In/Out IF        Vrf Name
0x1         1.1.1.9              1025/1025     -/-              ASBR LSP
0x2         192.1.1.2            1026/1026     -/-              ASBR LSP
-------------------------------------------------------------------------------
                  LSP Information: LDP LSP
-------------------------------------------------------------------------------
FEC                In/Out Label  In/Out IF                        Vrf Name
1.1.1.9/32         NULL/3        -/GE1/0/0
1.1.1.9/32         1024/3        -/GE1/0/0
2.2.2.9/32         3/NULL        -/-
<ASBR-PE1>
```

图 3-18　在 ASBR-PE1 上执行 **display mpls lsp** 命令的输出

③ 在两个 CE 上执行 **display ip routing-table** 命令查看到两个 CE 已相互学习到对方的私网路由，并可通过 ping 命令验证两个 CE 之间的三层互通。在 CE1 上执行 **display ip routing-table** 命令、ping CE2 的结果如图 3-19 所示。从图 3-19 中可以看出，CE1 已学习到 CE2 上的私网路由 10.2.1.0/24，并且可以 ping 通 CE2。

```
<CE1>display ip routing-table
Route Flags: R - relay, D - download to fib
------------------------------------------------------------------------------
Routing Tables: Public
         Destinations : 8         Routes : 8

Destination/Mask    Proto   Pre  Cost      Flags NextHop         Interface

       10.1.1.0/24  Direct  0    0          D    10.1.1.1        GigabitEtherne
1/0/0
       10.1.1.1/32  Direct  0    0          D    127.0.0.1       GigabitEtherne
1/0/0
     10.1.1.255/32  Direct  0    0          D    127.0.0.1       GigabitEtherne
1/0/0
       10.2.1.0/24  EBGP    255  0          D    10.1.1.2        GigabitEtherne
1/0/0
      127.0.0.0/8   Direct  0    0          D    127.0.0.1       InLoopBack0
      127.0.0.1/32  Direct  0    0          D    127.0.0.1       InLoopBack0
127.255.255.255/32  Direct  0    0          D    127.0.0.1       InLoopBack0
255.255.255.255/32  Direct  0    0          D    127.0.0.1       InLoopBack0

<CE1>ping 10.2.1.1
  PING 10.2.1.1: 56  data bytes, press CTRL_C to break
    Reply from 10.2.1.1: bytes=56 Sequence=1 ttl=251 time=70 ms
    Reply from 10.2.1.1: bytes=56 Sequence=2 ttl=251 time=50 ms
    Reply from 10.2.1.1: bytes=56 Sequence=3 ttl=251 time=50 ms
    Reply from 10.2.1.1: bytes=56 Sequence=4 ttl=251 time=40 ms
    Reply from 10.2.1.1: bytes=56 Sequence=5 ttl=251 time=70 ms

  --- 10.2.1.1 ping statistics ---
    5 packet(s) transmitted
    5 packet(s) received
    0.00% packet loss
    round-trip min/avg/max = 40/56/70 ms

<CE1>
```

图 3-19　在 CE1 上执行 **display ip routing-table** 命令、ping CE2 的结果

3.4　跨域 VPN-OptionC 方式的工作原理

前面介绍的两种跨域方式都能满足跨域 VPN 的组网需求，但这两种方式都需要 ASBR 参与 VPNv4 路由的维护和发布。当每个 AS 都有大量的 VPN 路由需要交换时，ASBR 很可能阻碍网络进一步的扩展。解决方法是让 ASBR 不维护、不发布 VPNv4 路由，不同 AS 域中的 PE 之间直接交换 VPNv4 路由，这就是本节介绍的跨域 VPN-OptionC 方式。目前，华为 S 系列交换机不支持 **VPN-OptionC** 方式。

3.4.1　跨域 VPN-OptionC 方式的基本工作机制

要让不同 AS 域中的 PE 间直接交换 VPNv4 路由，就需要使跨域的 PE 之间仍然可以像域内那样建立 MP-BGP 邻居，直接交换 VPNv4 路由信息，这样就不需要中间设备 ASBR 保存、维护和扩散 VPNv4 路由信息。ASBR 之间传播的是带标签的公网单播 IPv4 路由信息和普通的 IPv4 单播报文。

根据跨域的 PE 间公网隧道的建立方式，跨域 VPN-OptionC 方式有以下两种实现方案。

① 方案一：**在 AS 域内 PE 和 ASBR 之间配置 MP-IBGP 对等体关系。**当一端 ASBR 学习到对端 AS 域的带标签 BGP 公网路由（通常是指对端 PE 的 Loopback 接口 IP 地址所在网段的路由）后，通过路由策略为该路由分配 BGP LSP 标签，然后通过 BGP Update 消息发布给本 AS 域内支持标签 IPv4 路由交换能力的 MP-IBGP 邻居 PE，从而在两端 PE 间建立一条完整的公网 BGP LSP。

② 方案二：**在 AS 域内 PE 和 ASBR 之间不配置 MP-IBGP 对等体关系。**当一端 ASBR 学习到对端 AS 域的带标签 BGP 公网路由后，将本端 ASBR 上的这条 BGP 公网路由引入本地 AS 域 MPLS/IP 骨干网中的 IGP 路由进程中，触发对端公网 BGP 路由，从而建立 LDP LSP，分配 LDP LSP 标签，同时通过 IGP 把对端 PE 的公网路由传递到本端 AS 域中的 PE 上，也可在两端 PE 间建立一条跨域的完整公网 BGP LSP。

跨域 VPN-OptionC 方式组网示意如图 3-20 所示，只须在两端 PE 上创建 VPN 实例，且与两端所配置的 VPN Target 属性匹配。在 ASBR 上无须创建 VPN 实例，只须使能 MPLS。在整个跨域 BGP/MPLS IP VPN 中涉及以下 3 个对等体及 LSP 的建立。

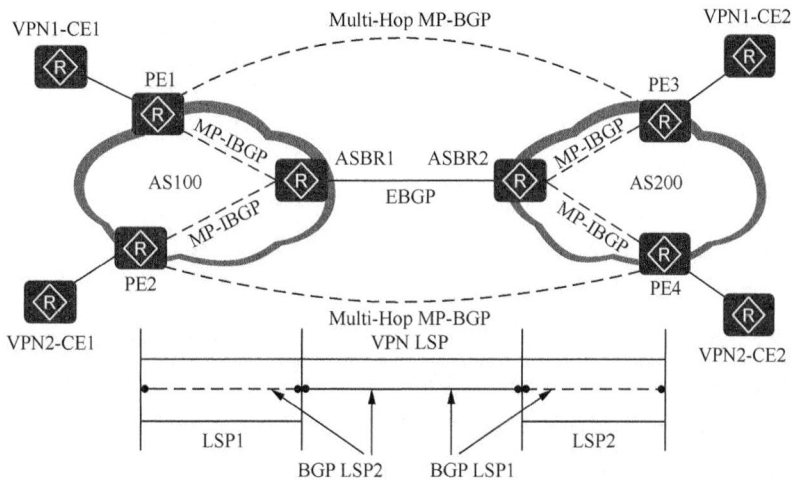

图 3-20　跨域 VPN-OptionC 方式组网示意

一是在每个 AS 域内 PE 与 ASBR 之间建立 MP-IBGP 对等体关系（**仅以上方案一需要**），并通过标签分发协议（通常是 LDP）建立 AS 域内的公网 MPLS LSP 隧道，如图 3-20 中的 LSP1 和 LSP2。

二是两端 AS 域中的 ASBR 之间建立单跳 EBGP 对等体系关系，交互两端 AS 域中 PE 上 Loopback 接口的 IP 地址所在网段带标签的 IPv4 路由信息，但 ASBR 上不保存 VPNv4 路由，相互之间也不通告 VPNv4 路由。

三是通过在两端 AS 域的 PE 之间建立多跳 MP-EBGP 对等体关系，实现两端 AS 域中 PE 间 VPNv4 路由的交换，最终在两端 AS 域中 PE 之间建立私网 L3VPN LSP 隧道，如图 3-20 中的 VPN LSP 和网 MPLS BGP LSP 隧道，如图 3-20 中的 BGP LSP1 和 BGP LSP2。

以上两种 VPN-OptionC 方案均需要在 ASBR 的 BGP 路由进程中通过 **network** 命令引入本 AS 域中的 PE 上的 Loopback 接口 IP 地址所在网段的 IGP 路由。

为了提高可扩展性，可以在每个 AS 中指定一个 RR（域内各 PE 是 RR 的客户机），由 RR 保存所有 VPNv4 路由，与本 AS 域内的 PE 交换 VPNv4 路由信息。两个 AS 域中的 RR 之间代替两端 PE 间建立多跳 MP-EBGP 连接，相互通告 VPNv4 路由。采用 RR 的跨域 VPN OptionC 方式组网示意如图 3-21 所示。

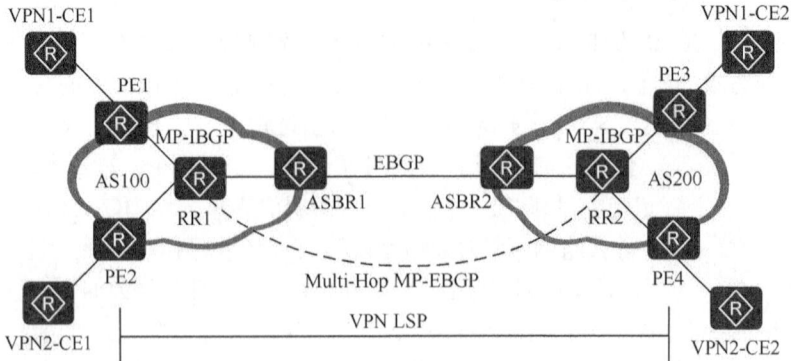

图 3-21 采用 RR 的跨域 VPN OptionC 方式组网示意

在 VPN-OptionC 方式的实现过程中，关键是两端 AS 域中 PE 之间公网 BGP LSP 隧道的建立，因为只有建立了公网隧道，才可以在两端 AS 域 PE 之间实现直接的私网 VPNv4 路由信息的传递，最终建立私网 VPN LSP 隧道。

要实现在两端 PE 之间建立公网 BGP LSP，就必须使两端 PE 相互学习对端的公网 IPv4 路由。这里需要注意的是，BGP 对等体直接用于在对等体之间交互路由信息，而 MPLS 报文的传输仍需要按照物理的 LSP 路径进行。

下面以图 3-20 为例介绍在 VPN-OptionC 方案一中，AS100 中的 PE1 向 PE3 发布 PE1 上 Loopback 接口 IP 地址所在网段的公网 IPv4 路由的具体实现机制。在公网 IPv4 路由发布过程中，途经的 ASBR 都会为其分配 BGP LSP 标签（方案一中是通过路由策略实现的），映射报文传输的下一跳。

① 在源端 AS100 域中，ASBR1 通过 IGP 学习了本地 AS 域中 PE1 设备上的 Loopback 接口 IP 地址所在网段的 IPv4 路由。在 ASBR1 的 BGP 路由进程下通过 **network** 命令引入该路由，然后通过路由策略为该公网路由分配 MPLS BGP LSP 入标签。该标签用于在 AS100 域中为到达 PE1 上 Loopback 接口 IP 地址所在网段的 MPLS 报文进行标签分配，映射它的下一跳，即源端的 P（ASBR1 与 PE1 非直连时）或 PE1（ASBR1 与 PE1 直连时）。

【说明】ASBR 之间连接的接口只须启用 MPLS 能力，无须启用 LDP 或 RSVP-TE 等标签分发协议。ASBR 是通过启用 IPv4 路由标签交换能力为 IPv4 公网路由分配 BGP LSP 标签。它有两种实现方式：一是通过路由策略，对应方案一；二是通过引入 IGP 路由，引入 BGP 路由表中触发 LDP 标签的分配，对应方案二。

② ASBR1 与对端 AS200 域中的 ASBR2 建立 EBGP 对等体关系，通过 Update 消息向 ASBR2 发布 PE1 上 Loopback 接口 IP 地址所在网段的公网标签 IPv4 路由。因此，ASBR2 的 BGP 路由表中就学习到 PE1 上的 Loopback 接口 IP 地址对应网段的 IPv4 路由，并为该路由分配新的 BGP LSP 入标签。该标签用于在 AS200 域中为到达 PE1 上 Loopback

接口 IP 地址所在网段的 MPLS 报文进行标签分配，映射它的下一跳，即 ASBR1。

③ ASBR2 与同一 AS 域中的 PE3 建立了 MP-IBGP 对等体关系，通过 AS200 域内的公网 LSP 隧道继续向 PE3 发布源端 PE1 上 Loopback 接口 IP 地址所在网段的公网标签 IPv4 路由，最终使 PE3 学习到 PE1 上 Loopback 接口 IP 地址所在网段的 IPv4 路由。

④ PE3 学习 PE1 上 Loopback 接口 IP 地址所在网段的公网 IPv4 路由后，通过在 PE3 与 PE1 之间建立多跳 MP-EBGP 对等体关系即可在 PE3 与 PE1 之间建立公网 BGP LSP 和私网的三层 VPN LSP。

PE1 学习 PE3 上 Loopback 接口 IP 地址所在网段的公网 IPv4 路由的方法同上。PE1 与 PE3 相互学习到对方的 Loopback 接口 IP 地址所在网段的公网 IPv4 路由后，即可建立它们之间的双向公网 BGP LSP 和私网 VPN LSP，交互私网 VPN 路由。

3.4.2　跨域 VPN-OptionC 方式的路由发布原理

在跨域 VPN-OptionC 方式中，建立好跨 AS 域中 PE 之间的公网 BGP LSP 隧道后，在跨域的 PE 间建立 MP-EBGP 对等体关系，通过 Update 消息的交互，学习对端的 VPNv4 路由。

跨域 VPN-OptionC 的路由信息发布示例如图 3-22 所示，CE1 中有一条 10.1.1.1/24 的私网路由信息要发布到对端 CE2 上，其中，D 表示目的地址，NH 表示下一跳，L3 表示所携带的私网标签，L9、L10 表示 BGP LSP 的标签。

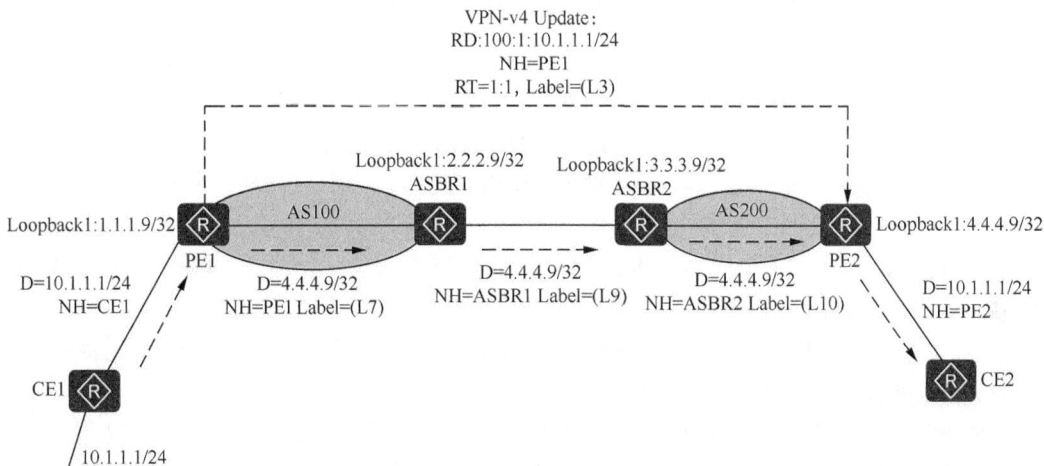

图 3-22　跨域 VPN-OptionC 的路由信息发布示例

① PE1 从 CE1 接收到 10.1.1.1/24 网段 IPv4 路由后，根据接收接口所绑定的 VPN 实例，为该路由分配私网 MPLS 标签（L3），并引入本地 BGP VPN 路由表中。

② PE1 与 PE2 之间建立 MP-EBGP 对等体关系后，PE1 会通过 Update 消息把 10.1.1.1/24 私网路由信息发布给 PE2（路由信息中携带了私网 MPLS 标签 L3），下一跳为 PE1，但这个 Update 消息也要按公网 LSP 路径进行转发，也是携带公网 LSP 标签（L7）发送的。

【注意】这里的下一跳并不是指 Update 消息中私网路由的下一跳，而是指 BGP 报文的下一跳属性值。私网路由的下一跳是在 Update 消息"MP_REACH_NLRI"字段中，始终是始发该 Update 消息的 MPLS 设备，例如，图 3-22 中的 PE1，即 PE1 发送的 10.1.1.1/24

私网路由中的下一跳始终是 1.1.1.9/32。

③ 携带了 10.1.1.1/24 私网路由信息的 Update 消息在 AS100 域中打上公网 LSP 隧道标签后在 AS100 域内按域内公网 LSP 标签进行转发，直到 ASBR1。

④ ASBR1 收到包含私网路由 10.1.1.1/24 的 Update 消息后，因为 ASBR1 不配置 VPN 实例，且缺省允许所有私网路由信息通过，支持 BGP 和 MPLS，所以先去掉 Update 消息原来封装的 AS100 域内的公网 LSP 标签，然后重新为该 Update 消息打上公网 BGP LSP 标签（L9，路由信息中的私网标签 L3 不变）转发给 ASBR2。此时的下一跳为 ASBR1 的出接口 IP 地址。

⑤ ASBR2 收到包含私网路由 10.1.1.1/24 的 Update 消息后，同样先去掉公网 BGP LSP 标签，然后重新打上 AS200 域内公网隧道 LSP 标签（L10）进行转发，把下一跳改为 ASBR2 的出接口 IP 地址，直到 PE2。

⑥ PE2 收到包含私网路由 10.1.1.1/24 的 Update 消息后，通过 VPN Target 属性匹配（PE1 与 PE2 上配置的 VPN Target 属性必须匹配）后，把私网路由 10.1.1.1/24 加入本地的 BGP 路由表对应的 VPN 实例中（同时保存 P1 为该私网路由分配的标签 L3），然后通过对应 VPN 实例所绑定的 PE2 出接口以 IGP 或 BGP 路由方式发送给 CE2。至此，CE2 学习到 CE 上连接的私网路由 10.1.1.1/24。

CE2 上的 VPN 路由发布原理同上。

3.4.3　跨域 VPN-OptionC 的报文转发原理

下面以跨域 VPN-OptionC 方案一为例介绍报文在跨域 BGP/MPLS IP VPN 中的转发流程。在方案一中，目的端 AS 域内、ASBR 之间均使用两层标签转发，其他 AS 域内均使用三层标签转发，具体说明如下（**适用于域内存在 P 节点情形**）。

① 源端 AS 域 PE 发送的报文携带三层 MPLS 标签，分别是 VPN 私网标签、BGP LSP 标签和 AS 域内的公网 LSP 标签。

② 源端 AS 域 ASBR 发送的报文携带两层 MPLS 标签，分别是 VPN 私网路由标签和 BGP LSP 公网标签。

③ 目的端 AS 域 ASBR 发送的报文携带两层 MPLS 标签，分别是 VPN 私网标签和本地 AS 域的公网 LSP 标签。

以 LSP 作为公网隧道，CE2 下面的主机访问 CE1 下面的 10.1.1.1/24 主机的报文转发流程。跨域 VPN-OptionC 方案一报文转发流程如图 3-23 所示。其中，L3 表示私网标签，L9 和 L10 表示公网 BGP LSP 的标签，Lx 和 Ly 表示域内公网 LSP 隧道标签，具体流程如下。

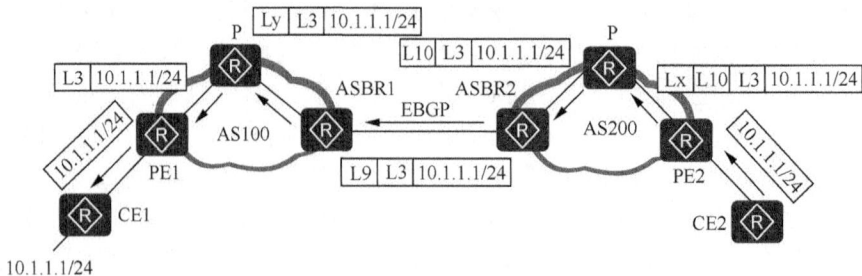

图 3-23　跨域 VPN-OptionC 方案一报文转发流程

① PE2 接收到 CE2 发送的访问 10.1.1.1/24 主机的单播 IPv4 报文后，根据入口找到对应的 VRF，在 BGP VPN 路由表中找到对应地址前缀及其所映射的私网路由标签，先为报文打上对应的私网路由标签（L3），再转换成 VPN 报文。

另外，由于 10.1.1.1/24 私网路由的下一跳地址为 PE1（在原来学习该私网路由的 Update 消息中携带），获取要通过 PE2 到 PE1 的 BGP LSP 传输，于是再为 VPN 报文打上 PE2 为该 BGP LSP 公网隧道分配的 BGP LSP 入标签（L10）。但实际的传输仍要按物理路径进行，根据该私网路由时的逆向路径，得到报文的下一跳为 AS200 域内的 P 节点，于是又要打上 AS200 域内的公网 LSP 隧道标签（Lx），最终转换成 MPLS 报文。此时，报文携带三层 MPLS 标签，最外层是 AS200 域内的公网 LSP 隧道标签。

② 在 AS200 域内，访问 10.1.1.1/24 主机的 MPLS 报文按照最外层 AS200 域内的公网 LSP 隧道标签把 MPLS 报文转发到 P 节点。

③ AS200 域内的 P 节点是域内 LSP 隧道的倒数第二跳，在向 ASBR2 转发时会去掉原来最外层的域内 LSP 隧道标签（Lx）。然后根据标签映射转发表，按照最外层的 BGP LSP 标签（L10）映射的下一跳把访问 10.1.1.1/24 主机的报文转发到 ASBR2。此时，该报文携带两层 MPLS 标签，最外层标签是 BGP LSP 标签（L10），内层标签仍为 VPN 私网路由标签（L3）。

④ ASBR2 在继续向 ASBR1 转发前，会用上为 PE2 到达 PE1 公网隧道分配的 BGP LSP 标签（L9）替换原来的标签（L10），内层标签仍为 VPN 私网路由标签（L3），根据标签映射转发表，按照最外层的 BGP LSP 标签（L9）映射的下一跳把访问 10.1.1.1/24 主机的报文以带标签的单播 IPv4 方式转发到 ASBR1。此时，报文也携带两层 MPLS 标签。

⑤ 当访问 10.1.1.1/24 主机的单播 IPv4 报文转发到 ASBR1 时，首先会去掉原来最外层的 BGP LSP 公网标签（**BGP LSP 标签会在对端 ASBR 上终结**），原来内层的私网路由标签（L3）保持不变。然后在外层加上 AS100 域内的公网 LSP 隧道标签（Ly），最后把普通单播 IPv4 报文转换成 MPLS 报文，向 AS100 域内的 P 节点转发。此时，报文也携带两层 MPLS 标签。

⑥ 当访问 10.1.1.1/24 主机的 MPLS 报文转发到 P 节点时，由于 P 节点是 AS100 域内 LSP 隧道的倒数第二跳，会去掉外层的域内 LSP 隧道标签（Ly）。此时，报文仅携带 VPN 私网路由标签（L3）。

⑦ 当访问 10.1.1.1/24 主机的 MPLS 报文转发到 PE1 时，首先根据 VPN 私网路由标签（L3）找到对应的 VRF，然后去掉该私网路由标签后，根据对应 VPN 实例所绑定的 PE1 接口，以普通 IPv4 报文（无标签）的方式通过 IGP 或 BGP 路由转发给 CE1。

3.5　跨域 VPN-OptionC 方案一配置与管理

当每个 AS 都有大量的 VPN 路由需要交换时，可以选择跨域 VPN-OptionC 方式。

3.5.1　跨域 VPN-OptionC 方案一的配置任务

跨域 VPN-OptionC 方案一的主要配置任务如下。

① 在各 AS 域内 PE 与 ASBR 之间建立 MP-IBGP 对等体关系。此项配置与基本 BGP/

MPLS IP VPN 中的 PE 之间 MP-IBGP 对等体关系的配置方法完全相同，见 2.1.2 节的表 2-1 即可。

② 在相邻 AS 域 ASBR 之间建立单跳 MP-EBGP 对等体关系。

③ 在各 PE 与 ASBR 上使能标签 IPv4 路由交换能力。

④ 在各 ASBR 上配置路由策略控制标签分配。

⑤ 在源和目的 AS 域 PE 之间建立多跳 MP-EBGP 对等体关系。

在配置跨域 VPN-OptionC 方案一之前，需先完成以下配置任务。

① 在各 AS 域的 MPLS 骨干网上分别配置 IGP，实现同一 AS 内三层互通。

② 在各 AS 域的 MPLS 骨干网配置 MPLS 基本能力、MPLS LDP（或 RSVP-TE）。

③ 在各 AS 域 PE 上配置 VPN 实例，并配置接口与 VPN 实例绑定。

④ 在各 AS 域配置 PE 和 CE 间的路由交换。

3.5.2　配置相邻 AS 域 ASBR 之间建立单跳 MP-EBGP 对等体关系

ASBR 间建立 MP-EBGP 对等体关系用于向对端 ASBR 发布本 AS 域 PE 的 Loopback 接口公网 IPv4 路由，需要先在 BGP 路由表引入本地 AS 域中 PE 的 Loopback 接口 IP 地址所在网段的 IGP 路由，可选配置禁止发布超网标签路由功能，在 ASBR 间建立单跳 MP-EBGP 对等体的配置步骤见表 3-5。

【说明】因为在跨域 VPN-OptionC 方案一中，PE 将本地的 Loopback 地址的路由发布为 BGP 路由，但 ASBR 接收到的该路由将是一条超网标签路由，即路由目的 IP 地址与下一跳 IP 地址相同，或者路由目的 IP 地址更精确。在 V200R003C00 及之前软件版本上，ASBR 收到超网标签路由是不发布的，但是当升级到 V200R003C00 之后的版本时，这些超网标签路由能够发布给其他对等体。这样将可能导致升级前后网络中的流量方向发生变化。为了保证升级前后流量方向一致，可以配置禁止发布超网标签路由功能。

表 3-5　在 ASBR 间建立单跳 MP-EBGP 对等体的配置步骤

步骤	命令	说明
1	**system-view**	进入系统视图
2	**interface** *interface-type interface-number* 例如，[Huawei] **interface** gigabitethernet 1/0/0	进入连接对端 ASBR 的接口视图
3	**ip address** *ip-address* { *mask* | *mask-length* } 例如，[Huawei-GigabitEthernet1/0/0] **ip address** 192.168.1.2 24	配置接口 IP 地址
4	**quit**	返回系统视图
5	**bgp** { *as-number-plain* | *as-number-dot* } 例如，[Huawei] **bgp** 100	进入本地 AS 的 BGP 视图
6	**peer** *ipv4-address* **as-number** *as-number* 例如，[Huawei-bgp] **peer** 192.168.1.1 **as-number** 200	将对端 ASBR 配置为 EBGP 对等体
7	**network** *ip-address* [*mask* | *mask-length*] [**route-policy** *route-policy-name*] 例如，[Huawei-bgp] **network** 1.1.1.9 32	引入本地 AS 域内 PE 上用于 BGP 会话的 Loopback 接口 IP 地址所在网段的 IGP 路由
8	**supernet label-route advertise disable** 例如，[Huawei-bgp] **supernet label-route advertise disable**	配置禁止发布超网标签路由功能

3.5.3　在 PE 与 ASBR 上使能标签 IPv4 路由交换能力

根据 RFC3107 中的描述，BGP Update 消息可以携带路由的标签映射信息，但需要使用 BGP 的扩展属性实现，要求 BGP 对等体能够处理标签 IPv4 单播路由。缺省情况下，BGP 对等体仅处理标签 VPNv4 路由，不处理标签单播 IPv4 路由。

在 PE 上使能标签 IPv4 路由交换的配置步骤见表 3-6，在 ASBR 上使能标签 IPv4 路由交换的配置步骤见表 3-7。

表 3-6　在 PE 上使能标签 IPv4 路由交换的配置步骤

步骤	命令	说明
1	**system-view**	进入系统视图
2	**bgp** { *as-number-plain* | *as-number-dot* } 例如，[Huawei] **bgp** 100	进入 PE 所在 AS 的 BGP 视图
3	**peer** *ipv4-address* **label-route-capability** 例如，[Huawei-bgp] **peer** 2.2.2.9 **label-route-capability**	配置与本 AS 的 ASBR 之间能够交换带标签的 IPv4 路由。缺省情况下，未使能发送标签路由能力，可用 **undo peer** *ipv4-address* **label-route-capability** 命令使能发送标签路由能力

表 3-7　在 ASBR 上使能标签 IPv4 路由交换的配置步骤

步骤	命令	说明
1	**system-view**	进入系统视图
2	**interface** *interface-type interface-number* 例如，[Huawei] **interface** gigabitethernet 1/0/0	进入连接对端 ASBR 的接口视图
3	**ip address** *ip-address* { *mask* | *mask-length* } 例如，[Huawei-GigabitEthernet1/0/0] **ip address** 192.168.1.2 24	配置以上接口 IP 地址
4	**mpls** 例如，[Huawei-GigabitEthernet1/0/0] **mpls**	在以上接口使能 MPLS 能力，这样才能使该接口在发送 MP-BGP Update 消息时携带 MPLS 标签
5	**quit**	退回系统视图
6	**bgp** { *as-number-plain* | *as-number-dot* } 例如，[Huawei] **bgp** 100	进入 ASBR 所在 AS 的 BGP 视图
7	**peer** *ipv4-address* **label-route-capability** 例如，[Huawei-bgp] **peer** 1.1.1.9 **label-route-capability**	配置 ASBR 与本地 AS 域中 PE 之间能够交换带标签的 IPv4 路由
8	**peer** *ipv4-address* **label-route-capability** [**check-tunnel-reachable**] 例如，[Huawei-bgp] **peer** 192.168.1.1 **label-route-capability**	配置与对端 ASBR 之间能够交换带标签的 IPv4 路由。可选项 **check-tunnel-reachable** 用来指定当引入路由作为标签路由转发时，检查路由隧道的可达性。 • 如果使能 check-tunnel-reachable 功能，则当路由隧道不可达时向邻居发布 IPv4 单播路由，当隧道可达时发布标签路由。在 VPN 场景下，这样可以防止出现 PE 间建立 MP-EBGP 对等体成功而其中一段 LSP 建立失败，造成数据转发失败的情况

续表

步骤	命令	说明
8	peer *ipv4-address* **label-route-capability** [**check-tunnel-reachable**] 例如，[Huawei-bgp] **peer** 192.168.1.1 **label-route-capability**	• 如果不使能 **check-tunnel-reachable** 功能，则无论引入路由隧道是否可达，均发布标签路由。 如果已经使能 **check-tunnel-reachable** 功能，或现在需要去使能 **check-tunnel-reachable** 功能，可通过重新配置 **peer** *ipv4-address* **label-route-capability** 命令取代之前的配置来实现。 缺省情况下，未使能发送标签路由能力，可用 **undo peer** *ipv4-address* **label-route-capability** 命令使能发送标签路由能力

3.5.4　在 ASBR 上配置路由策略控制标签分配

在跨域 VPN-OptionC 方案一中，BGP LSP 需要配置路由策略来控制标签的分配，对于向本 AS 的 PE 发布的路由，如果是带标签的 IPv4 路由，则要为其重新分配 MPLS 标签；对于从本 AS 的 PE 接收的路由，在向对端 ASBR 发布时，要分配 MPLS 标签。

在 ASBR 上创建和应用控制标签分配路由策略的配置步骤见表 3-8。另外，可选择在 PE 上设置基于路由策略为 BGP 标签路由创建 Ingress LSP 的功能，主要是为了减少中间陈点创建大量无意义的 Ingress LSP，在 PE 上设置基于路由策略为 BGP 标签路由创建 Ingress LSP 功能的配置步骤见表 3-9。

表 3-8　在 ASBR 上创建和应用控制标签分配路由策略的配置步骤

步骤	命令	说明
1	**system-view**	进入系统视图
2	**route-policy** *policy-name1* **permit node** *node* 例如，[Huawei] **route-policy** policy1 **permit node** 10	创建用于向本端 PE 发布公网 IPv4 路由时的路由策略，使对于从对端的 ASBR 接收的带标签的公网 IPv4 路由，在向本 AS 的 PE 发布时，为其重新分配 MPLS 标签。 • *policy-name1*：指定 Route-Policy 名称。 • *node*：指定 Route-Policy 的节点号，整数形式，取值范围为 0～65535。 缺省情况下，系统中没有路由策略，可用 **undo route-policy** *route-policy-name* [**node** *node*]命令删除指定的路由策略
3	**if-match mpls-label** 例如，[Huawei-route-policy1] **if-match mpls-label**	创建基于 MPLS 标签的匹配规则，即如果公网 IPv4 路由信息中带有 MPLS 标签，则表示与本节点路由策略匹配，不符合条件的路由进入路由策略的下一节点。 缺省情况下，路由策略中没有基于 MPLS 标签的匹配规则，可用 **undo if-match mpls-label** 命令删除基于 MPLS 标签的匹配规则
4	**apply mpls-label** 例如，[Huawei-route-policy1] **apply mpls-label**	在路由策略中配置给公网 IPv4 路由重新分配 MPLS 标签（此标签是本地 AS 域内的公网隧道标签，取代公网 IPv4 路由原来携带的 BGP LSP 标签）。 缺省情况下，在路由策略中，如果未配置给公网路由分配 MPLS 标签的动作，则可用 **undo apply mpls-label** 命令恢复缺省配置
5	**quit**	返回系统视图

续表

步骤	命令	说明
6	**route-policy** *policy-name2* **permit node** *node* 例如，[Huawei] **route-policy** policy2 **permit node** 10	创建用于向对端 ASBR 发布公网 IPv4 路由时的路由策略，使对于从本地 AS 的 PE 接收的公网 IPv4 路由，在向对端 ASBR 发布时，分配 MPLS 标签。参数说明见第 2 步。 缺省情况下，系统中没有路由策略，可用 **undo route-policy** *route-policy-name* [**node** *node*] 命令删除指定的路由策略
7	**apply mpls-label** 例如，[Huawei-route-policy2] **apply mpls-label**	在路由策略中配置给公网 IPv4 路由分配 MPLS 标签（为 BGP LSP 标签，作为入标签）。 缺省情况下，在路由策略中，如果未配置给公网路由分配 MPLS 标签的动作，则可用 **undo apply mpls-label** 命令恢复缺省配置
8	**quit**	返回系统视图
9	**bgp** { *as-number-plain* | *as-number-dot* } 例如，[Huawei] **bgp** 100	进入 ASBR 所在 AS 的 BGP 视图
10	**peer** *ipv4-address* **route-policy** *policy-name1* **export** 例如，**[Huawei-bgp-af-ipv4]** **peer** 1.1.1.9 **route-policy** policy1 **export**	配置向本端 PE 发布公网 IPv4 路由时所应用的路由策略。 • *ipv4-address*：本端 PE 的 IP 地址。 • *policy-name1*：在本表第 2 步创建的路由策略。 缺省情况下，如果向对等体发布的路由不使用路由策略，则可用 **undo peer** *ipv4-address* **route-policy** *policy-name1* **export** 恢复缺省配置
11	**peer** *ipv4-address* **route-policy** *policy-name2* **export** 例如，**[Huawei-bgp-af-ipv4]** **peer** 192.168.1.1 **route-policy** policy2 **export**	配置向对端 ASBR 发布公网 IPv4 路由时应用的路由策略。 • *ipv4-address*：对端 ASBR 的 IP 地址。 • *policy-name2*：在本表第 6 步创建的路由策略。 缺省情况下，如果向对等体发布的路由不使用路由策略，则可用 **undo peer** *ipv4-address* **route-policy** *policy-name2* **export** 恢复缺省配置

表 3-9　在 PE 上设置基于路由策略为 BGP 标签路由创建 Ingress LSP 功能的配置步骤

步骤	命令	说明
1	**system-view**	进入系统视图
2	**bgp** { *as-number-plain* | *as-number-dot* } 例如，[Huawei] **bgp** 100	进入 BGP 视图
3	**ingress-lsp trigger route-policy** *route-policy-name* 例如，[Huawei-bgp-af-ipv4] **ingress-lsp trigger route-policy** test-policy	使能基于路由策略为 BGP 标签 IPv4 路由创建 Ingress LSP 功能。需要事先创建对应的路由策略，仅允许需要建立跨域的端到端公网隧道的公网 IPv4 路由在 PE 上建立 Ingress LSP。 在某些城域接入混合组网中，大量的 BGP 标签路由用来建立端到端的 LSP。在某些中间节点上，虽然不需要承载 VPN 业务，但是依然创建许多多余的 Ingress LSP，造成网络资源浪费，此时可以使用该命令，按路由策略只为符合条件的 BGP 标签路由创建 Ingress LSP，以节约系统的网络资源。 缺省情况下，如果设备为收到的所有 BGP 标签路由创建 Ingress LSP，则可用 **undo ingress-lsp trigger** 命令恢复缺省配置

3.5.5　在两端 PE 之间建立多跳 MP-EBGP 对等体关系

MP-EBGP 通过在 BGP 中引入扩展团体属性，能够在 PE 设备间传播 VPNv4 路由。不同 AS 间的 PE 通常不是直连的，为了在它们之间建立 EBGP 连接，需要配置 PE 之间允许的最大跳数。在 PE 设备间建立 MP-EBGP 对等体的配置步骤见表 3-10。

表 3-10　在 PE 设备间建立 MP-EBGP 对等体的配置步骤

步骤	命令	说明
1	**system-view**	进入系统视图
2	**bgp** { *as-number-plain* | *as-number-dot* } 例如，[Huawei] **bgp** 100	进入 PE 所在 AS 的 BGP 视图
3	**peer** *ipv4-address* **as-number** { *as-number-plain* | *as-number-dot* } 例如，[Huawei-bgp] **peer** 4.4.4.9 **as-number** 200	指定对端 PE 为自己的 EBGP 对等体
4	**peer** *ipv4-address* **connect-interface loopback** *interface-number* 例如，[Huawei-bgp] **peer** 4.4.4.9 **connect-interface loopback** 0	指定发送 BGP 报文的源接口。因为跨域 PE 间是非直连的，所以必须采用本地 PE 的 Loopback 接口作为发送 BGP 报文的源接口
5	**peer** *ipv4-address* **ebgp-max-hop** [*hop-count*] 例如，[Huawei-bgp] **peer** 4.4.4.9 **ebgp-max-hop** 10	配置建立 EBGP 对等体允许的最大跳数
6	**peer** *ipv4-address* **mpls-local-ifnet disable** 例如，[Huawei-bgp] **peer** 4.4.4.9 **mpls-local-ifnet disable**	（可选）配置在特定条件下的 EBGP 对等体间不创建 MPLS Local IFNET 隧道。 【说明】在 OptionC 场景中，PE 间会建立 MP-EBGP 对等体关系，因此，PE 间会自动创建 MPLS Local IFNET 隧道。但由于 MPLS Local IFNET 隧道只在两台设备直连时才能转发流量，所以在 OptionC 场景中的 PE 间的 MPLS Local IFNET 隧道是不能指导流量转发的。但如果 PE 间建立 MPLS Local IFNET 隧道，则当 BGP LSP 公网隧道出现故障时，设备会迭代到这个没有指导非直连 PE 间流量转发的 MPLS Local IFNET 隧道中，而不会通过 FRR 功能将流量切换至备份 BGP LSP 上，这样会导致流量中断。为了解决这个问题，可以使用该命令控制 PE 间不创建 MPLS Local IFNET 隧道。 缺省情况下，在以下类型的 EBGP 对等体间会自动创建 MPLS Local IFNET 隧道。 • EBGP 对等体间使能了标签路由交换能力。 • BGP-VPNv4 地址族下的 EBGP 对等体。 可用 **undo peer** *ipv4-address* **mpls-local-ifnet disable** 命令恢复缺省配置
7	**ipv4-family vpnv4** [**unicast**] 例如，[Huawei-bgp] **ipv4-family vpnv4**	进入 BGP-VPNv4 地址族视图

步骤	命令	说明
8	**peer** *ipv4-address* **enable** 例如，[Huawei-bgp-af-vpnv4] **peer 4.4.4.9 enable**	使能与对端 PE 交换 VPNv4 路由的能力。缺省情况下，只有 BGP-IPv4 单播地址族的对等体是自动使能的，可用 **undo peer** *ipv4-address* **enable** 命令禁止与指定对等体交换 VPNv4 路由信息

3.5.6　跨域 VPN-OptionC 方式的方案配置管理

完成跨域 VPN-OptionC（包括方案一和方案二）各项配置任务后，可以通过以下 **display** 命令查看相关配置，验证配置结果。

① **display bgp vpnv4 all peer**：在 PE 上检查 BGP 对等体关系的建立情况，可以查看 PE 间的 EBGP 对等体关系的状态均为"Established"。

② **display bgp vpnv4 all routing-table**：在 PE 或 ASBR 上检查 VPNv4 路由表，可以看到 PE 上有 BGP VPNv4 路由和 BGP VPN 实例路由，ASBR 上没有。

③ **display bgp routing-table label**：在 ASBR 上查看 IPv4 路由的标签信息。

④ **display ip routing-table vpn-instance** *vpn-instance-name*：在 PE 上检查 VPN 路由表，可以看到 PE 的 VPN 路由表中包含所有相关 CE 的 VPN 路由。

⑤ 使用 **display mpls route-status** [{ **exclude** | **include** } { **idle** | **ready** | **settingup** } * | *destination-address mask-length*] [**verbose**]：在 ASBR 上检查路由和 LSP 的对应情况，可以看到路由类型为"L"，即带标签的公网 BGP 路由。

⑥ **display ip routing-table**：在 ASBR 上检查路由表，可以看到远端 PE 的路由为带标签的公网 BGP 路由：Routing Table 为"Public"，协议类型为"BGP"，标签值不为零。

⑦ **display mpls lsp** [**vpn-instance** *vpn-instance-name*] [**protocol ldp**] [{ **exclude** | **include** } *ip-address mask-length*] [**outgoing-interface** *interface-type interface-number*] [**in-label** *in-label-value*] [**out-label** *out-lable-value*] [**lsr-role** { **egress** | **ingress** | **transit** }] [**verbose**]：在 ASBR 上检查 LSP 的建立情况，可以看到 ASBR 和远端 PE 之间建立了一条 BGP LSP，并且在 PE 上可以看到到达对端 PE 的 Ingress LSP。

3.5.7　跨域 VPN-OptionC 方案一配置示例

本示例的拓扑结构与 3.2.6 节介绍示例的拓扑结构完全相同，参见图 3-5，本示例也是一公司总部和分部跨越不同运营商，CE1 连接公司总部，通过 AS100 的 PE1 接入。只是本示例要求采用跨域 VPN-OptionC 方案一，实现公司总部和分部之间跨域的 BGP/MPLS IP VPN 业务的互通。

1. 基本配置思路分析

根据 3.5.1 节介绍的 VPN-OptionC 方案一配置任务，得出本示例以下的基本配置思路。

① 在各 AS 域内骨干网各节点上配置各公网接口 IP 地址和 IGP（本示例采用 OSPF）路由，实现各自骨干网的三层互通。

② 在各 AS 域内骨干网各节点上全局和各公网接口上使能 MPLS 和 LDP 能力，建立公网 LDP LSP 隧道。

③ 在各 AS 域内 PE 与 ASBR-PE 之间建立 MP-IBGP 对等体关系，并使能标签 IPv4 路由交换能力。

④ 在各 AS 域内 PE 上配置 VPN 实例，并把 PE 与 CE 相连的接口与对应的 VPN 实例绑定，配置该接口的 IP 地址。**两个 AS 域中 PE 上配置的 VPN Target 属性值必须匹配。**

⑤ 在各 AS 域内 PE 与 CE 之间建立 EBGP 对等体关系，交换 VPN 路由信息，并在 PE 上引入与 CE 直连链路的直连路由。

⑥ 在两端 AS 域的 ASBR-PE 之间建立单跳 MP-EBGP 对等体关系，引入本 AS 域中 PE 的 Loopback1 接口的 IPv4 路由，并配置公网标签分配策略。

⑦ 在两端 AS 域的 PE 之间建立多跳 MP-EBGP 对等体关系，在 ASBR-PE 间互联接口上使能标签 IPv4 路由交换能力。

以上第①项～第③项、第⑤项配置任务与 3.2.6 节对应配置任务的配置方法完全相同，第④项配置任务与 3.3.7 节对应配置任务的配置方法完全相同，参见即可。本节重点介绍第⑥、第⑦项配置任务的具体方法。

2. 具体配置步骤

（1）第⑥项配置任务

在两端 AS 域的 ASBR-PE 之间建立单跳 MP-EBGP 对等体关系，引入本 AS 域中 PE 的 Loopback1 接口的 IPv4 路由，并配置以下路由策略：对向对端 ASBR-PE 发布的公网路由分配 MPLS 标签；对向本 AS 域 PE 发布的路由，如果是带标签的 IPv4 路由，则为其分配新的 MPLS 标签。

#---ASBR-PE1 上的配置如下。

```
[ASBR-PE1] interface gigabitethernet 2/0/0
[ASBR-PE1-GigabitEthernet2/0/0] ip address 192.1.1.1 24
[ASBR-PE1-GigabitEthernet2/0/0] mpls   #---使能 MPLS 能力
[ASBR-PE1-GigabitEthernet2/0/0] quit
[ASBR-PE1] route-policy policy1 permit node 1
[ASBR-PE1-route-policy] apply mpls-label   #---为策略配置分配 MPLS 标签的动作
[ASBR-PE1-route-policy] quit
[ASBR-PE1] route-policy policy2 permit node 1
[ASBR-PE1-route-policy] if-match mpls-label   #---如果公网 IPv4 路由带有标签
[ASBR-PE1-route-policy] apply mpls-label   #---重新为该 IPv4 路由分配 MPLS 标签
[ASBR-PE1-route-policy] quit
[ASBR-PE1] bgp 100
[ASBR-PE1-bgp] network 1.1.1.9 32   #---引入 PE1 上的 Loopback1 接口所在网段路由
[ASBR-PE1-bgp] peer 192.1.1.2 as-number 200   #---建立与 ASBR-PE2 之间的 EBGP 对等体
[ASBR-PE1-bgp] peer 192.1.1.2 route-policy policy1 export   #---向对等体 ASBR-PE2 发布公网 IPv4 路由时应用名为
                                                               policy1 的路由策略，并分配 MPLS 标签
[ASBR-PE1-bgp] peer 192.1.1.2 label-route-capability   #---使能与 ASBR-PE2 交换标签 IPv4 路由的能力
[ASBR-PE1-bgp] peer 1.1.1.9 route-policy policy2 export   #---向对等体 PE1 发布公网 IPv4 路由时应用名为 policy2 的
                                                             路由策略，并重新分配 MPLS 标签
[ASBR-PE1-bgp] peer 1.1.1.9 label-route-capability
```

#---ASBR-PE2 上的配置如下。

```
[ASBR-PE2] interface gigabitethernet 2/0/0
[ASBR-PE2-GigabitEthernet2/0/0] ip address 192.1.1.2 24
[ASBR-PE2-GigabitEthernet2/0/0] mpls
[ASBR-PE2-GigabitEthernet2/0/0] quit
[ASBR-PE2] route-policy policy1 permit node 1
```

```
[ASBR-PE2-route-policy] apply mpls-label
[ASBR-PE2-route-policy] quit
[ASBR-PE2] route-policy policy2 permit node 1
[ASBR-PE2-route-policy] if-match mpls-label
[ASBR-PE2-route-policy] apply mpls-label
[ASBR-PE2-route-policy] quit
[ASBR-PE2] bgp 200
[ASBR-PE2-bgp] network 4.4.4.9 32
[ASBR-PE2-bgp] peer 192.1.1.1 as-number 100
[ASBR-PE2-bgp] peer 192.1.1.1 route-policy policy1 export
[ASBR-PE2-bgp] peer 192.1.1.1 label-route-capability
[ASBR-PE2-bgp] peer 4.4.4.9 route-policy policy2 export
[ASBR-PE2-bgp] peer 4.4.4.9 label-route-capability
[ASBR-PE2-bgp] quit
```

（2）第⑦项配置任务

在两端 AS 域的 PE 之间建立多跳 MP-EBGP 对等体关系，在 ASBR 间的互联接口上使能标签 IPv4 路由交换能力。

#---在 PE1 上的配置如下。

```
[PE1] bgp 100
[PE1-bgp] peer 4.4.4.9 as-number 200
[PE1-bgp] peer 4.4.4.9 connect-interface Loopback 1
[PE1-bgp] peer 4.4.4.9 ebgp-max-hop 10    #---指定与 PE2 之间建立 MP-EBGP 对等体时最多间隔 10 跳
[PE1-bgp] peer 2.2.2.9 label-route-capability    #---使能与 ASBR-PE1 交换标签 IPv4 路由能力
[PE1-bgp] ipv4-family vpnv4
[PE1-bgp-af-vpnv4] peer 4.4.4.9 enable    #---使能与 PE2 交换 VPN 路由能力
[PE1-bgp-af-vpnv4] quit
[PE1-bgp] quit
```

#---PE2 上的配置如下。

```
[PE2] bgp 200
[PE2-bgp] peer 3.3.3.9 label-route-capability
[PE2-bgp] peer 1.1.1.9 as-number 100
[PE2-bgp] peer 1.1.1.9 connect-interface LoopBack 1
[PE2-bgp] peer 1.1.1.9 ebgp-max-hop 10
[PE2-bgp] ipv4-family vpnv4
[PE2-bgp-af-vpnv4] peer 1.1.1.9 enable
[PE2-bgp-af-vpnv4] quit
[PE2-bgp] quit
```

3．配置结果验证

完成以上配置后，可进行以下配置结果验证。

① 在两个 CE 上执行 **display ip routing-table** 命令，由此可以看到两个 CE 之间能相互学习对方的内网路由，CE1 和 CE2 能够相互 ping 通。在 CE1 上执行 **display ip routing-table** 命令的输出及 ping CE2 的结果如图 3-24 所示。

② 在两个 ASBR-PE 上执行 **display bgp routing-table label** 命令，由此可以看到它们为公网 IPv4 路由分配的标签信息。在 ASBR-PE1 上执行 **display bgp routing-table label** 命令的输出如图 3-25 所示。

因为 ASBR-PE1 引入 PE1 上 Loopback1 接口 IP 地址所在网段 1.1.1.9/32 的 OSPF 路由，所以 ASBR-PE1 是作为 PE2 到达该 FEC 的出节点，ASBR-PE1 仅为 1.1.1.9/32 路由分配了入标签 1024。而针对 PE2 上 Loopback1 接口 IP 地址所在网段 4.4.4.9/32，ASBR- PE1

是作为 PE1 到达该 FEC LSP 的中间节点，由此，ASBR-PE1 为 4.4.4.9/32 路由同时分配了入标签 1026 和出标签 1024。

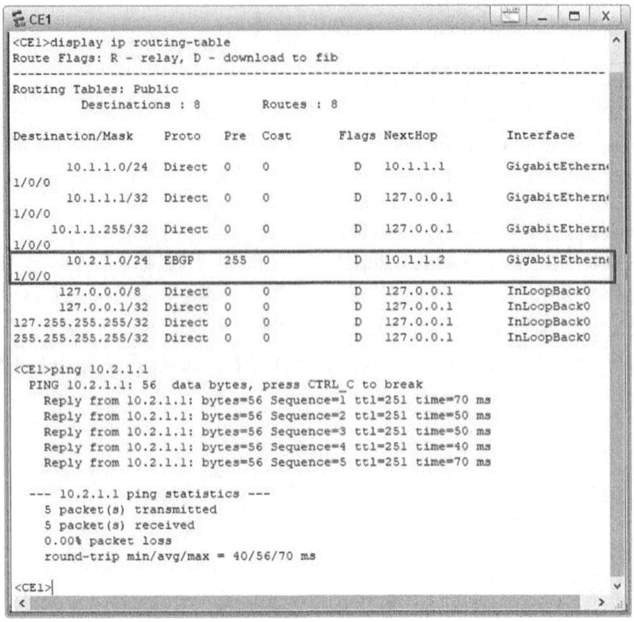

```
CE1
<CE1>display ip routing-table
Route Flags: R - relay, D - download to fib
------------------------------------------------------------------------------
Routing Tables: Public
         Destinations : 8        Routes : 8

Destination/Mask    Proto   Pre  Cost      Flags NextHop         Interface

       10.1.1.0/24  Direct  0    0           D   10.1.1.1        GigabitEthern
1/0/0
       10.1.1.1/32  Direct  0    0           D   127.0.0.1       GigabitEthern
1/0/0
     10.1.1.255/32  Direct  0    0           D   127.0.0.1       GigabitEthern
1/0/0
       10.2.1.0/24  EBGP    255  0           D   10.1.1.2        GigabitEthern
1/0/0
      127.0.0.0/8   Direct  0    0           D   127.0.0.1       InLoopBack0
      127.0.0.1/32  Direct  0    0           D   127.0.0.1       InLoopBack0
127.255.255.255/32  Direct  0    0           D   127.0.0.1       InLoopBack0
255.255.255.255/32  Direct  0    0           D   127.0.0.1       InLoopBack0

<CE1>ping 10.2.1.1
  PING 10.2.1.1: 56  data bytes, press CTRL_C to break
    Reply from 10.2.1.1: bytes=56 Sequence=1 ttl=251 time=70 ms
    Reply from 10.2.1.1: bytes=56 Sequence=2 ttl=251 time=50 ms
    Reply from 10.2.1.1: bytes=56 Sequence=3 ttl=251 time=50 ms
    Reply from 10.2.1.1: bytes=56 Sequence=4 ttl=251 time=40 ms
    Reply from 10.2.1.1: bytes=56 Sequence=5 ttl=251 time=70 ms

  --- 10.2.1.1 ping statistics ---
    5 packet(s) transmitted
    5 packet(s) received
    0.00% packet loss
    round-trip min/avg/max = 40/56/70 ms

<CE1>
```

图 3-24 在 CE1 上执行 **display ip routing-table** 命令的输出及 ping CE2 的结果

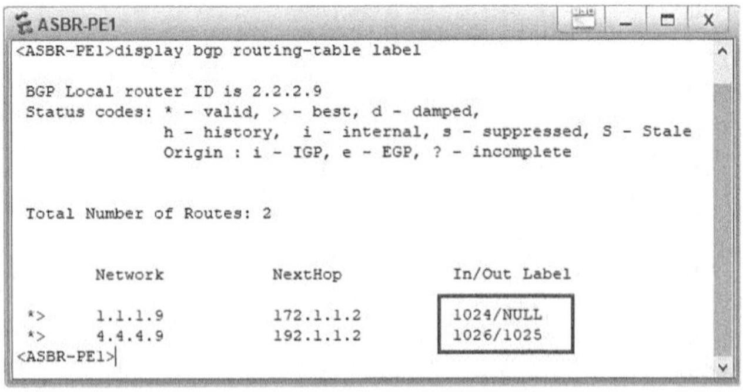

```
ASBR-PE1
<ASBR-PE1>display bgp routing-table label

 BGP Local router ID is 2.2.2.9
 Status codes: * - valid, > - best, d - damped,
               h - history,  i - internal, s - suppressed, S - Stale
               Origin : i - IGP, e - EGP, ? - incomplete


 Total Number of Routes: 2


        Network            NextHop            In/Out Label

 *>     1.1.1.9            172.1.1.2          1024/NULL
 *>     4.4.4.9            192.1.1.2          1026/1025
<ASBR-PE1>
```

图 3-25 在 ASBR-PE1 上执行 **display bgp routing-table label** 命令的输出

3.6 跨域 VPN-OptionC 方案二配置

3.6.1 跨域 VPN-OptionC 方案二的配置任务

在跨域 VPN-OptionC 方案二中，在 PE 和 ASBR 之间不用配置 MP-IBGP 邻居。当 ASBR 从对端的 ASBR 学到对端 AS 域的带标签 BGP 公网路由后，通过将本端 ASBR 上的 BGP 路由引入公网 IGP 路由中，并触发为带标签的公网 BGP 路由建立 LDP LSP，从而建立一条完整的公网 LSP。

VPN-OptionC 方案二的主要配置任务如下。

① 在相邻 AS 域中 ASBR 之间建立单跳 MP-EBGP 对等体关系。此项配置任务与 VPN-OptionC 方案一中对应配置任务的配置步骤完全一样，见表 3-5。

② 在源和目的 AS 域 ASBR 上将本 AS 域内 PE 的公网 IPv4 路由发布给远端 PE。

③ 在各 ASBR 上使能与对端 ASBR 交换标签 IPv4 路由的能力。

④ 在源和目的 AS 域 ASBR 上配置为带标签的公网 BGP 路由建立 LDP LSP。

⑤ 在源和目的 AS 域 PE 之间建立多跳 MP-EBGP 对等体关系。此项配置任务与 VPN-OptionC 方案一中对应配置任务的配置步骤完全相同，见表 3-10。

下面仅介绍与方案一不同的以下 3 项配置任务的具体配置方法。

① 在源和目的 AS 域 ASBR 上将本 AS 域内 PE 的公网 IPv4 路由发布给远端 PE。

② 在各 ASBR 上使能与对端 ASBR 交换标签 IPv4 路由的能力。

③ 在源和目的 AS 域 ASBR 上配置为带标签的公网 BGP 路由建立 LDP LSP。

3.6.2　在 ASBR 上将本 AS 域内 PE 的公网 IPv4 路由发布给远端 PE

将域内 PE 的 Loopback 接口路由发布给远端 PE，用以建立 PE 之间的 MP-EBGP 关系。在 ASBR 上将本 AS 域内 PE 的路由发布给远端 PE 的配置步骤见表 3-11。

表 3-11　在 ASBR 上将本 AS 域内 PE 的路由发布给远端 PE 的配置步骤

步骤	命令	说明
1	**system-view**	进入系统视图
在本端 ASBR 上将域内 PE 的 Loopback 地址发布给对端 ASBR		
2	**bgp** { *as-number-plain* | *as-number-dot* } 例如，[Huawei] **bgp** 100	进入本端 ASBR 所在 AS 域的 BGP 视图
3	**network** *ip-address* [*mask* | *mask-length*] 例如，[Huawei-bgp] **network** 1.1.1.9 255.255.255.255	将域内 PE 的 Loopback 地址发布给对端 ASBR
在对端 ASBR 上将 BGP 路由引入 IGP（以 OSPF 为例）		
4	**ospf** *process-id* 例如，[Huawei] **ospf** 1	进入 OSPF 视图
5	**import-route bgp** [**cost** *cost*] [**route-policy** *route-policy-name*] 例如，[Huawei-ospf-1] **import-route bgp route-policy** peloopback	将 BGP 路由引入公网 OSPF 路由表中，以触发对远端 PE 的 Loopback 接口地址公网 BGP IPv4 路由分配标签。可选参数 **route-policy** *route-policy-name* 指定用来过滤被引入 OSPF 路由表的 BGP 路由，可以通过该路由策略（需要先创建）仅指导远端 PE 的 Loopback 接口地址公网 BGP IPv4 路由引入公网 OSPF 路由表中，而不将其他公网路由引入公网 OSPF 路由表中

3.6.3　在 ASBR 上使能与对端 ASBR 交换标签 IPv4 路由的能力

为了建立跨域的 BGP LSP，ASBR 之间需要使能交换标签 IPv4 路由，但具体的实现方法与 VPN-OptionC 方案一不同，ASBR 上使能标签 IPv4 路由交换的配置步骤见表 3-12，而且这里不需要在 PE 上进行配置，因为 VPN-OptionC 方案二中 PE 与 ASBR 不需要建立 MP-IBGP 对等体，所以在它们之间不会发送携带标签的公网 BGP IPv4 路由。

表 3-12　ASBR 上使能标签 IPv4 路由交换的配置步骤

步骤	命令	说明
1	**system-view**	进入系统视图
2	**route-policy** *route-policy-name* **permit node** *node* 例如，[Huawei] **route-policy** policy1 **permit node** 10	创建用于向对端 ASBR 发布路由时应用的路由策略
3	**apply mpls-label** 例如，[Huawei-route-policy] **apply mpls-label**	指定以上路由策略的动作是为所发布的IPv4路由分配标签，使为所发布的单播 IPv4 路由分配 MPLS 标签。缺省情况下，如果在路由策略中未配置分配 MPLS 标签给公网路由的动作，则可用 **undo apply mpls-label** 命令恢复缺省配置
4	**quit**	返回系统视图
5	**bgp** { *as-number-plain* | *as-number-dot* } 例如，[Huawei] **bgp** 100	进入 ASBR 所在 AS 的 BGP 视图
6	**peer** *ipv4-address* **route-policy** *route-policy-name* **export** 例如，[Huawei-bgp] **peer** 192.168.1.2 **route-policy** policy1 **export**	配置向对端 ASBR 发布路由时应用的路由策略，该路由策略就是第 2 步所创建的路由策略。缺省情况下，如果对向对等体发布的路由不使用路由策略，则可用 **undo peer** *ipv4-address* **route-policy** *route-policy-name* **export** 命令用来恢复缺省配置
7	**quit**	返回系统视图
8	**interface** *interface-type interface-number* 例如，[Huawei] **interface** gigabitethernet 1/0/0	进入连接对端 ASBR 的接口视图
9	**ip address** *ip-address* { *mask* | *mask-length* } 例如，[Huawei-GigabitEthernet1/0/0] **ip address** 192.168.1.2 24	配置以上接口的 IP 地址
10	**mpls** 例如，[Huawei-GigabitEthernet1/0/0] **mpls**	在以上接口上使能 MPLS 能力，这样才能使该接口在发布 MP-BGP Update 消息时携带 MPLS 标签
11	**quit**	退回系统视图
12	**bgp** { *as-number-plain* | *as-number-dot* } 例如，[Huawei] **bgp** 100	进入 ASBR 所在的 AS 域 BGP 视图
13	**peer** *ipv4-address* **label-route-capability** [**check-tunnel-reachable**] 例如，[Huawei-bgp] **peer** 1.1.1.9 **label-route-capability**	使能向指定 BGP 对等体发送标签路由能力。如果选择 **check-tunnel-reachable** 可选项，则当路由隧道不可达时向邻居发布 IPv4 单播路由，当隧道可达时发布标签路由。在 VPN 场景下，这样可以防止出现 PE 间建立 MP-EBGP 对等体成功而其中一段 LSP 建立失败的情况，造成数据转发失败。如果不使能 **check-tunnel-reachable** 功能，则无论引入路由隧道是否可达，均发布标签路由。缺省情况下，如果未使能发送标签路由能力，则可用 **undo peer** *ipv4-address* **label-route-capability** 命令去使能发送标签路由能力

3.6.4　在 ASBR 上配置为带标签的公网 BGP 路由建立 LDP LSP

在 VPN-OptionC 方案二中，ASBR 与 PE 之间不建立 MP-IBGP 对等体关系，不会相互发送带标签的 BGP IPv4 路由，但是由于它们之间所发送的 IPv4 路由要带上 LDP LSP 标签，所以需要在 ASBR 上配置为向本 AS 内的 PE 发送的单播 IPv4 路由时，分配 LDP LSP 标签。

通过在 ASBR 上使能 LDP 为 BGP 分标签，可以通过 IP 前缀列表过滤的带标签的公网 BGP 路由建立 LDP LSP。具体配置方法很简单，只须在 MPSL 视图下通过 **lsp-trigger bgp-label-route** [**ip-prefix** *ip-prefix-name*]命令配置即可，还可以通过 IP 前缀列表过滤的带标签的公网 BGP 路由建立 LDP LSP。

3.6.5　跨域 VPN-OptionC 方案二配置示例

本示例的拓扑结构与 3.2.6 节介绍示例的拓扑结构完全相同，参见图 3-5，本示例也是一公司总部和分部跨越不同的运营商，CE1 连接公司总部，通过 AS100 的 PE1 接入。只是本示例要求采用跨域 VPN-OptionC 方案二，实现公司总部和分部之间跨域的 BGP/MPLS IP VPN 业务的互通。

1. 基本配置思路分析

在跨域 VPN-OptionC 方案二中，PE 和 ASBR-PE 之间不用配置 MP-IBGP 邻居关系，当 ASBR-PE 从对端 ASBR-PE 学到对端 AS 域内的带标签 BGP 公网路由后，通过在 ASBR-PE 上将 BGP 路由引入骨干网 IGP 中，触发 LDP 为这些公网路由重新分配标签。

VPN-OptionC 方案二与 VPN-OptionC 方案一相比，二者的主要区别就是，VPN-OptionC 方案二在 PE 和 ASBR 之间不用配置 MP-IBGP 邻居关系，也不用在 ASBR 上配置路由策略向本地 AS 域内 PE 发布对端 PE 上公网路由时进行标签分配，而是把从对端 ASBR 学到对端带标签 BGP 公网路由引入本地 AS 域中 IGP 路由进程，触发 LDP 为这些公网路由分配标签，建立 LDP LSP。但 ASBR-PE 之间仍需要通过路由策略使能标签 IPv4 路由交换能力。

根据 3.6.1 节介绍的 VPN-OptionC 方案二配置任务，得出本示例以下的基本配置思路。

① 在各 AS 域内骨干网各节点上配置各公网接口 IP 地址和 IGP（本示例采用 OSPF）路由，实现各自骨干网的三层互通。

② 在各 AS 域内骨干网各节点上全局和各公网接口上使能 MPLS 和 LDP 能力，建立公网 LDP LSP 隧道。

③ 在各 PE 上配置 VPN 实例，并与 PE 连接 CE 的接口绑定，配置该接口的 IP 地址。**两个 AS 域中 PE 上 VPN 实例的 VPN Target 属性配置必须匹配。**

④ 在各 AS 域内，PE 与 CE 之间建立 EBGP 对等体关系，交换 VPN 路由信息，在 PE 上引入与 CE 直连链路的直连路由。

⑤ 在两端 AS 域的 ASBR-PE 之间建立单跳 MP-EBGP 对等体关系，引入本 AS 域中 PE 的 Loopback1 接口的 IPv4 路由，并配置标签分配策略。

⑥ 在两端 AS 域的 PE 之间建立多跳 MP-EBGP 对等体关系，在 ASBR 间互联接口上使能标签 IPv4 路由交换能力。

在以上配置任务中，只有第⑤项配置任务与 3.5.7 节介绍的 VPN-OptionC 方案一的配置不同，其他各项配置任务的配置与 3.5.7 节对应配置任务的配置完全一样，下面仅介绍第⑤项配置任务的具体配置。

2．具体配置步骤

在两端 AS 域的 ASBR-PE 之间建立单跳 MP-EBGP 对等体关系，引入本 AS 域中 PE 的 Loopback1 接口的 IPv4 路由，并配置标签分配策略：向对端 ASBR-PE 发布的公网 BGP 路由分配 LDP LSP 标签，建立 LDP LSP。

#---ASBR-PE1 上的配置如下。

```
[ASBR-PE1] mpls
[ASBR-PE1-mpls] lsp-trigger bgp-label-route    #---带标签的公网 BGP 路由建立 LDP LSP
[ASBR-PE1-mpls] quit
[ASBR-PE1] interface gigabitethernet 2/0/0
[ASBR-PE1-GigabitEthernet2/0/0] ip address 192.1.1.1 24
[ASBR-PE1-GigabitEthernet2/0/0] mpls
[ASBR-PE1-GigabitEthernet2/0/0] quit
[ASBR-PE1] route-policy policy1 permit node 1    #---创建为公网 IPv4 路由分配标签的路由策略
[ASBR-PE1-route-policy] apply mpls-label
[ASBR-PE1-route-policy] quit
[ASBR-PE1] bgp 100
[ASBR-PE1-bgp] network 1.1.1.9 32 #---引入 PE1 上 Loopback1 接口 IP 地址所在网段的路由，并发布给 ASBR-PE2
[ASBR-PE1-bgp] peer 192.1.1.2 as-number 200    #---与 ASBR-PE2 建立 EBGP 对等体关系
[ASBR-PE1-bgp] peer 192.1.1.2 route-policy policy1 export    #---应用前面创建的路由策略
[ASBR-PE1-bgp] peer 192.1.1.2 label-route-capability    #---使能标签 IPv4 路由交换能力
[ASBR-PE1-bgp] quit
[ASBR-PE1] ospf 1
[ASBR-PE1-ospf-1] import-route bgp    #---将 BGP 路由引入 OSPF，通过 OSPF 将 PE2 的路由发布给 PE1
[ASBR-PE1-ospf-1] quit
```

#---ASBR-PE2 上的配置如下。

```
[ASBR-PE2] mpls
[ASBR-PE2-mpls] lsp-trigger bgp-label-route
[ASBR-PE2-mpls] quit
[ASBR-PE2] interface gigabitethernet 2/0/0
[ASBR-PE2-GigabitEthernet2/0/0] ip address 192.1.1.2 24
[ASBR-PE2-GigabitEthernet2/0/0] mpls
[ASBR-PE2-GigabitEthernet2/0/0] quit
[ASBR-PE2] route-policy policy1 permit node 1
[ASBR-PE2-route-policy] apply mpls-label
[ASBR-PE2-route-policy] quit
[ASBR-PE2] bgp 200
[ASBR-PE2-bgp] network 4.4.4.9 32
[ASBR-PE2-bgp] peer 192.1.1.1 as-number 100
[ASBR-PE2-bgp] peer 192.1.1.1 route-policy policy1 export
[ASBR-PE2-bgp] peer 192.1.1.1 label-route-capability
[ASBR-PE2-bgp] quit
[ASBR-PE2] ospf 1
[ASBR-PE2-ospf-1] import-route bgp
[ASBR-PE2-ospf-1] quit
```

3．配置结果验证

完成上述配置后，可进行以下配置结果验证。

① 在两个 ASBR-PE 上执行 **display bgp peer** 命令，由此可以看到，它们相互间已成功建立子 MP-EBGP 对等体关系。在 ASBR-PE1 上执行 **display bgp peer** 命令的输出如图 3-26 所示。

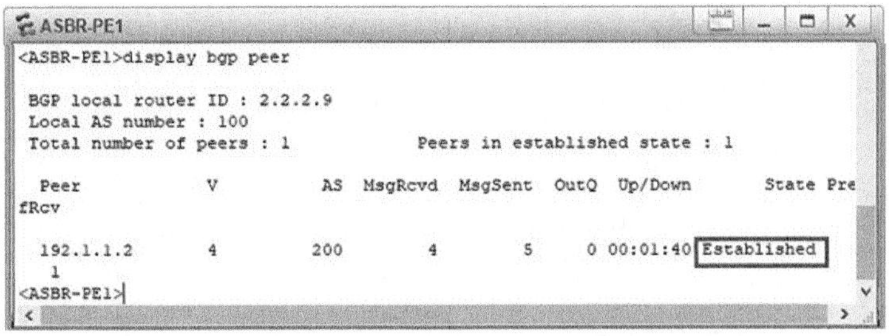

```
<ASBR-PE1>display bgp peer

 BGP local router ID : 2.2.2.9
 Local AS number : 100
 Total number of peers : 1                Peers in established state : 1

  Peer            V          AS  MsgRcvd  MsgSent  OutQ  Up/Down       State Pre
fRcv

  192.1.1.2       4         200        4        5     0 00:01:40 Established
    1
<ASBR-PE1>
```

图 3-26　在 ASBR-PE1 上执行 **display bgp peer** 命令的输出

② 在两个 PE 上执行 **display ip routing-table** 命令，由此可以看到所引入的对端 PE 上 Loopback1 接口所在网段的 BGP 路由。在 PE1 上执行 **display ip routing-table** 命令的输出如图 3-27 所示。

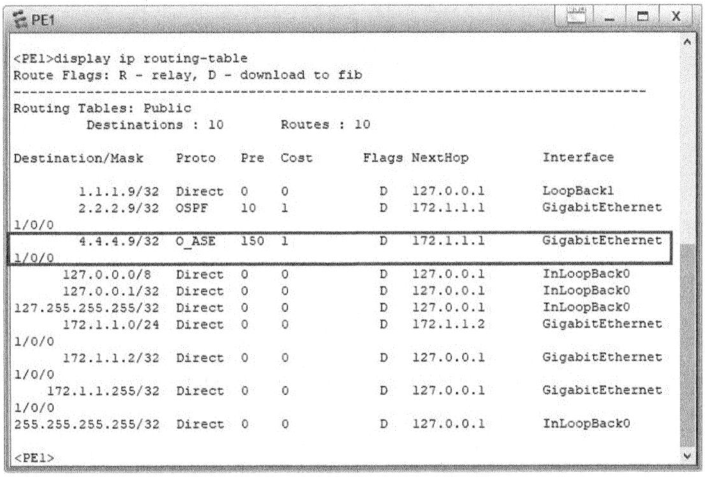

```
<PE1>display ip routing-table
Route Flags: R - relay, D - download to fib
------------------------------------------------------------------------------
Routing Tables: Public
         Destinations : 10       Routes : 10

Destination/Mask    Proto   Pre  Cost      Flags NextHop         Interface

        1.1.1.9/32  Direct  0    0           D   127.0.0.1       LoopBack1
        2.2.2.9/32  OSPF    10   1           D   172.1.1.1       GigabitEthernet
1/0/0
        4.4.4.9/32  O_ASE   150  1           D   172.1.1.1       GigabitEthernet
1/0/0
      127.0.0.0/8   Direct  0    0           D   127.0.0.1       InLoopBack0
      127.0.0.1/32  Direct  0    0           D   127.0.0.1       InLoopBack0
127.255.255.255/32  Direct  0    0           D   127.0.0.1       InLoopBack0
      172.1.1.0/24  Direct  0    0           D   172.1.1.2       GigabitEthernet
1/0/0
      172.1.1.2/32  Direct  0    0           D   127.0.0.1       GigabitEthernet
1/0/0
    172.1.1.255/32  Direct  0    0           D   127.0.0.1       GigabitEthernet
1/0/0
255.255.255.255/32  Direct  0    0           D   127.0.0.1       InLoopBack0

<PE1>
```

图 3-27　在 PE1 上执行 **display ip routing-table** 命令的输出

③ 在 ASBR-PE1 上执行 **display ip routing-table** 4.4.4.9 **verbose** 命令，由此可以看到 ASBR- PE1 到 PE2 的路由为带标签的公网 BGP 路由：Routing Table 为“Public”，即公网路由，协议类型为“BGP”，标签值不为零。在 ASBR-PE1 上执行 **display ip routing-table** 4.4.4.9 **verbose** 命令的输出如图 3-28 所示。

④ 在一端 AS 域的 ASBR-PE 和 PE 上分别执行 **display mpls lsp protocol ldp include** *dest-ip-address mask* **verbose** 命令，由此可以看到它们之间建立了一条到达对端 AS 域 PE Loopback1 接口所在网段的 LDP LSP。在 ASBR-PE1 上执行 **display mpls lsp protocol ldp include** 4.4.4.9 32 **verbose** 命令的输出如图 3-29 所示。从图 3-29 中可以看出 ASBR1 作为 4.4.4.9/32 网段 LDP LSP 的出节点。

在 PE1 上执行 **display mpls lsp protocol ldp include** 4.4.4.9 32 **verbose** 命令的输出如图 3-30 所示。从图 3-30 中可以看出 ASBR1 为 4.4.4.9/32 网段建立了两条 LDP LSP，其中有一条作为 4.4.4.9/32 网段 LDP LSP 的入节点。

以上验证可以看出，通过在一端 ASBR BGP 路由表中引入对端 AS 域中 PE Loopback1 接口所在网段公网路由，然后通过在 IGP 进程中引入 BGP 路由，触发在本端 ASBR 与 PE 之间为该公网 BGP 路由建立 LDP LSP。

```
ASBR-PE1                                                    □ _ □ X
The device is running!

<ASBR-PE1>display ip routing-table 4.4.4.9 verbose
Route Flags: R - relay, D - download to fib
------------------------------------------------------------
Routing Table : Public
Summary Count : 1

Destination: 4.4.4.9/32
     Protocol: EBGP              Process ID: 0
   Preference: 255                     Cost: 1
      NextHop: 192.1.1.2           Neighbour: 192.1.1.2
        State: Active Adv Relied        Age: 00h06m04s
          Tag: 0                    Priority: low
        Label: 1024                 QoSInfo: 0x0
   IndirectID: 0x2
 RelayNextHop: 192.1.1.2          Interface: GigabitEthernet2/0/0
     TunnelID: 0x1                    Flags: RD
<ASBR-PE1>
```

图 3-28 在 ASBR-PE1 上执行 **display ip routing-table** 4.4.4.9 **verbose** 命令的输出

```
ASBR-PE1                                                    □ _ □ X
<ASBR-PE1>display mpls lsp protocol ldp include 4.4.4.9 32 verbose
------------------------------------------------------------
                 LSP Information: LDP LSP
------------------------------------------------------------
No                   : 1
VrfIndex             :
Fec                  : 4.4.4.9/32
Nexthop              : 192.1.1.2
In-Label             : 1026
Out-Label            : 1024
In-Interface         : ----------
Out-Interface        : ----------
LspIndex             : 6147
Token                : 0x0
FrrToken             : 0x0
LsrType              : Egress
Outgoing token       : 0x0
Label Operation      : SWAPPUSH
Mpls-Mtu             : ------
TimeStamp            : 1208sec
Bfd-State            : ---
BGPKey               : 0x2

<ASBR-PE1>
```

图 3-29 在 ASBR-PE1 上执行 **display mpls lsp protocol ldp include** 4.4.4.9 32 **verbose** 命令的输出

```
PE1                                                        □ _ □ X
<PE1>display mpls lsp protocol ldp include 4.4.4.9 32 verbose
------------------------------------------------------------
                 LSP Information: LDP LSP
------------------------------------------------------------
No                   : 1
VrfIndex             :
Fec                  : 4.4.4.9/32
Nexthop              : 172.1.1.1
In-Label             : NULL
Out-Label            : 1026
In-Interface         : ----------
Out-Interface        : GigabitEthernet1/0/0
LspIndex             : 6147
Token                : 0x4
FrrToken             : 0x0
LsrType              : Ingress
Outgoing token       : 0x0
Label Operation      : PUSH
Mpls-Mtu             : 1500
TimeStamp            : 1392sec
Bfd-State            : ---
BGPKey               : ------

No                   : 2
VrfIndex             :
Fec                  : 4.4.4.9/32
Nexthop              : 172.1.1.1
In-Label             : 1025
Out-Label            : 1026
In-Interface         : ----------
Out-Interface        : GigabitEthernet1/0/0
LspIndex             : 6148
Token                : 0x5
FrrToken             : 0x0
LsrType              : Transit
Outgoing token       : 0x0
Label Operation      : SWAP
Mpls-Mtu             : 1500
TimeStamp            : 1392sec
Bfd-State            : ---
BGPKey               : ------

<PE1>
```

图 3-30 在 PE1 上执行 **display mpls lsp protocol ldp include** 4.4.4.9 32 **verbose** 命令的输出

⑤ 在两个 CE 上执行 **display ip routing-table** 命令，由此可查看 CE 间路由的学习情况，也可以在 CE 间执行 ping 命令测试是否可以相互 ping 通。在 CE1 上执行 **display ip routing-table** 命令和成功 ping 通 CE2 的结果如图 3-31 所示。

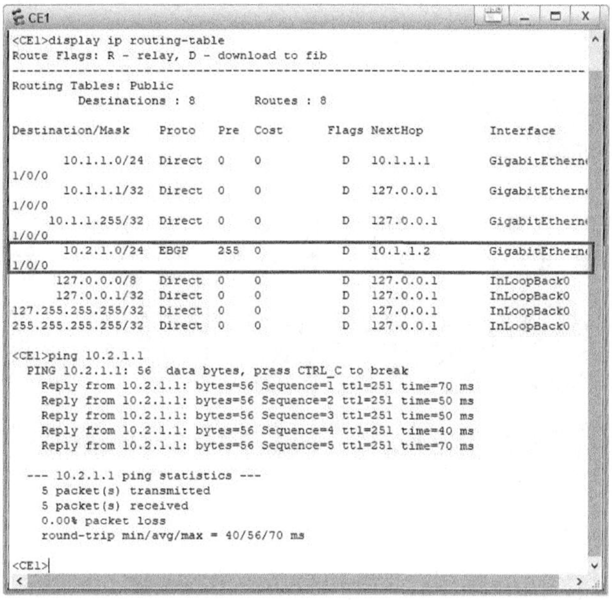

图 3-31 在 CE1 上执行 **display ip routing-table** 命令和成功 ping 通 CE2 的结果

第 4 章
BGP/MPLS IP VPN
扩展应用配置与管理

本章主要内容

本章专门介绍 BGP/MPLS IP VPN 扩展应用或功能，具体说明如下。

- 为了有效保证通信数据安全，常采用 Hub and Spoke 组网结构，使所有分支间必须通过公司总部才能进行数据交换，从而使分支间的数据传输得到有效监控。
- 为了减轻单个 PE 设备的压力，将 PE 功能分散在多个 PE 设备上，形成 HoVPN（分层 VPN）组网结构。
- 为了满足一个私有网络内的用户划分成多个 VPN，不同 VPN 用户间的业务需要完全隔离的应用需求而推出的 MCE（多实例 CE）功能。
- 为了减少 PE 之间 MP-IBGP 连接的数量，采用路由反射器（RR）优化骨干层，既减轻了 PE 的负担，也给维护和管理带来便利。
- 为了实现 VPN 用户同时进行 VPN 通信和 Internet 接入，可以配置 VPN 与 Internet 互联功能。
- 为了实现 VPN 业务需要优先选择 TE 隧道、指定特定的 TE 隧道，或者多条隧道进行负载分担，需要配置 VPN 应用隧道策略功能。

4.1 Hub and Spoke 组网 BGP/MPLS IP VPN 配置

Hub and Spoke 组网是基本 BGP/MPLS IP VPN 的一种，常应用于银行等金融机构网络中。它通过在 VPN 中设置中心站点（例如，银行总行），要求其他站点（例如，银行支行）的互访都通过中心站点，以实现对分支站点间通信的集中控制。

依据 PE 与 CE 节点间使用的路由协议的不同，Hub and Spoke 有以下组网方案。

* Hub-CE 与 Hub-PE、Spoke-PE 与 Spoke-CE 间均使用 EBGP。
* Hub-CE 与 Hub-PE、Spoke-PE 与 Spoke-CE 间均使用 IGP。
* Hub-CE 与 Hub-PE 间使用 EBGP，Spoke-PE 与 Spoke-CE 间使用 IGP。

有关 Hub and Spoke 的具体组网方案和应用参见本书 1.2.2 节。

4.1.1 Hub and Spoke 组网 BGP/MPLS IP VPN 配置任务

Hub and Spoke 结构其实只是 BGP/MPLS IP VPN 中的一种比较特殊的组网方式，在配置方面与第 2 章介绍的基本 BGP/MPLS IP VPN 配置方法相比，须针对特殊的组网结构进行一些特殊的配置，具体包括以下 4 项配置任务。

（1）配置 Hub-PE 与 Spoke-PE 间使用 MP-IBGP

Hub-PE 与所有的 Spoke-PE 都需要建立 MP-IBGP 对等体，**但 Spoke-PE 间无须建立 MP-IBGP 对等体关系**。Hub-PE 与 Spoke-PE 间建立 MP-IBGP 对等体的配置方法与 2.1.2 节介绍的配置方法相同。

（2）配置 PE 上的 VPN 实例

在每个 Spoke-PE 及 Hub-PE 上都需要配置 VPN 实例，这是在配置方面与基本 BGP/MPLS IP VPN 最主要的区别。不同 PE 的 VPN 实例配置要求有所不同，具体如下。

* 在 Hub-PE 上需要配置两个 VPN 实例：**一个仅须配置 Import Target 扩展团体属性，仅用于过滤接收所有来自 Spoke-PE 的 VPNv4 路由；另一个仅须配置 Export-Target 扩展团体属性，仅用于过滤向 Spoke-PE 发布的 VPNv4 路由。**
* 在 Spoke-PE 中，只须配置一个 VPN 实例，但在 VPN Target 属性配置中要分别配置 Import Target、Export Target 扩展团体属性。

Hub-PE 和 Spoke-PE 上的 VPN 实例 VPN Target 属性配置还必须满足以下要求。

* Spoke-PE 上配置的 VPN 实例 Import Target 属性要包含 Hub-PE 上仅配置了 Export Target 属性的那个 VPN 实例的 VPN Target 属性值。
* Spoke-PE 上配置的 VPN 实例 Export Target 属性要包含在 Hub-PE 上仅配置了 Import Target 属性的那个 VPN 实例的 VPN Target 属性值之中。

有关 Hub-PE 和 Spoke-PE 上的 VPN 实例的具体配置方法均与 2.1.3 节介绍的配置方法相同，只须注意以上介绍的在 Hub-PE 和 Spoke-PE 上 VPN 实例的配置区别即可。

（3）配置接口与 VPN 实例绑定

本项配置任务需要在 Hub-PE 及所有 Spoke-PE 上配置。绑定 VPN 实例的接口将属于私网接口，需要重新配置 IP 地址，以实现 PE-CE 间的路由交互。

在 Hub-PE 连接 Hub-CE 的方向上，Hub-PE 要使用两个物理接口，或者一个物理接口上划分两个子接口与 Hub-CE 连接，分别绑定在 Hub-PE 所创建的两个 VPN 实例上。具体配置方法也与 2.1.4 节介绍的配置方法完全相同。

（4）配置 PE 与 CE 间路由交换

需要在 Hub-PE 与 Hub-CE 之间，以及所有 Spoke-PE 与 Spoke-CE 之间配置对应的路由。这方面与基本 BGP/MPLS IP VPN 中 PE 与 CE 间的路由配置方法也是相同的，也可以根据实际需要采用静态路由、各种 IGP 路由和 BGP 路由连接。但在 Hub-PE 与 Hub-CE 之间的路由交换配置方面上还要根据不同的路由协议进行一些特殊的配置，具体内容将在 4.1.2 节介绍。

在配置 Hub and Spoke 之前，需要完成以下任务。

- 对 MPLS 骨干网（PE、P）配置 IGP，实现骨干网的 IP 连通。
- 对 MPLS 骨干网（PE、P）配置 MPLS 基本能力和 MPLS LDP（或 RSVP-TE）。
- 在 CE 上配置接入 PE 接口的 IP 地址。

4.1.2　配置 Hub-PE 与 Hub-CE 间的路由交换

在 BGP/MPLS IP VPN 的 Hub and Spoke 组网方式中，Hub-PE 与 Hub-CE 间、Spoke-PE 与 Spoke-CE 间均可以使用静态路由、IGP 或 EBGP 路由，Spoke-PE 和 Spoke-CE 间的路由交换配置方法与 2.2 节介绍的配置方法完全相同，**但当 Hub-PE 与 Hub-CE 使用 EBGP 时，Hub-PE 上必须手动允许本地 AS 编号重复。**

Hub-PE 与 Hub-CE 使用 EBGP 组网示意如图 4-1 所示。在 Hub and Spoke 组网中，来自 Spoke-CE 的路由需要在 Hub-PE 和 Hub-CE 上转一圈再通过其他接口或子接口绑定的 VPN 实例发给其他 Spoke-PE。如果 Hub-PE 与 Hub-CE 之间使用 EBGP，Hub-PE 会对该路由进行 AS-Loop 检查，如果 Hub-PE 发现该路由已包含自己的 AS 号，就会丢弃该路由，因此，Hub-PE 上必须手动允许本地 AS 编号重复。

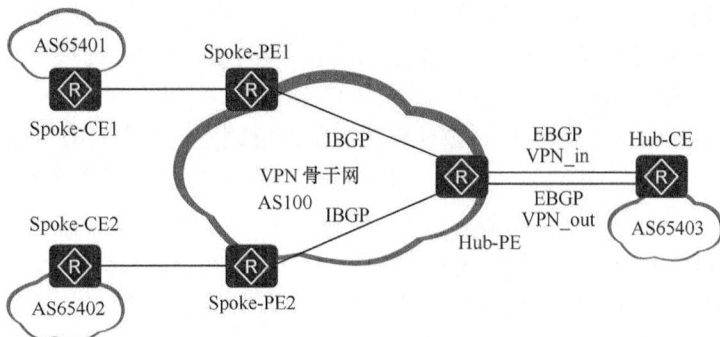

图 4-1　Hub-PE 与 Hub-CE 使用 EBGP 组网示意

另外，在 Hub-PE 和 Hub-CE 之间采用不同的路由配置方式时，不仅对 Spoke-PE 与 Spoke-CE 间采用的路由交换配置方式有要求，还需要增加一些特别的配置，具体如下。

（1）Hub-PE 与 Hub-CE 间使用 EBGP

当 Hub-PE 与 Hub-CE 间使用 EBGP 路由时，Spoke-PE 与 Spoke-CE 间可使用任意路由方式。但当 Spoke-PE 与 Spoke-CE 间也使用 EBGP 路由方式时，在 Hub-PE 上要**允许本地 AS 编号重复**。各 PE 与 CE 间均使用 EBGP 时，Hub-PE 的配置步骤见表 4-1。

表 4-1　各 PE 与 CE 间均使用 EBGP 时，Hub-PE 的配置步骤

步骤	命令	说明
1	**system-view**	进入系统视图
2	**bgp** { *as-number-plain* | *as-number-dot* } 例如，[Huawei] **bgp** 100	进入 Hub-PE 所在 AS 的 BGP 视图
3	**ipv4-family vpn-instance** *vpn-instance-name* 例如，[Huawei-bgp] **ipv4-family vpn-instance** vrf1	进入 BGP-VPN 实例 IPv4 地址族视图。参数 *vpn-instance-name* 用来指定 Hub-PE 上配置的 VPN-out VPN 实例
4	**peer** *ip-address* **allow-as-loop** [*number*] 例如，[Huawei-bgp-af-ipv4-vrf1] **peer** 10.1.1.2 **allow-as-loop** 1	允许路由环路。 • *ip-address*：指定 Hub-PE 对等体（Hub-CE）的 IP 地址，通常为 Loopback 接口 IP 地址。 • *number*：可选参数，指定本地 AS 号的重复次数，整数形式，取值范围为 1～10，这里只取 1，允许 AS 重复 1 次的路由通过。 缺省情况下，不允许本地 AS 号重复，可用 **undo peer** *ip-address* **allow-as-loop** 命令恢复缺省情况

（2）Hub-PE 与 Hub-CE 间使用 IGP

当 Hub-PE 与 Hub-CE 间使用 IGP 路由（不能使用静态路由和 BGP 路由）时，**Spoke-PE 与 Spoke-CE 间仅可使用静态路由或 IGP 路由**（不能使用 BGP 路由）。

因为当 Hub-PE 与 Hub-CE 间使用 IGP 路由时，如果在 Spoke-PE 与 Spoke-CE 间使用 BGP 路由，则 Spoke-PE 会同时收到来自源 Spoke-CE 的源 BGP 路由，以及经过 Hub-PE 回发的不带 AS 号（因为 Hub-PE 与 Spoke-PE 是在同一 AS 中，而 Hub-PE 与 Hub-CE 间采用的是 IGP 路由）的相同前缀的 BGP 路由，这样会使源 Spoke-CE 发给 Spoke-PE 的源 BGP 路由由于带有 AS 号不被优选，不再为最优路由，所以会发送撤销该路由的 Update（更新）消息。当来自 Spoke-CE 的 BGP 路由被撤销后，Spoke-PE 也不能再把发送来自 Spoke-CE 的 BGP 路由给 Hub-PE，致使整个骨干网的路由表中不再有 Spoke-CE 的私网路由了。这样当 Spoke-PE 再次收到来自 Spoke-CE 的 BGP 路由后又将成为最优路由并向 Hub-PE 发布，然后重复这个过程，造成路由震荡。

此时，各 PE（包括 Hub-PE 和 Spoke-PE）与 CE（包括 Hub-CE 和 Spoke-CE）间的静态路由（Hub-PE 与 Hub-CE 间不采用），或 IGP 路由的配置方法参见 2.2 节中的对应内容。

（3）Hub-PE 与 Hub-CE 间使用静态路由

如果 Hub-PE 和 Hub-CE 间使用静态路由，则 Spoke-PE 与 Spoke-CE 间可使用任意路由方式，具体配置方法参见 2.2 节中。但如果 Hub-CE 使用静态缺省路由接入 Hub-PE，为了将此缺省路由发布给所有 Spoke-PE，需要在 Hub-PE 上进行静态路由配置。Hub-CE 使用静态缺省路由时，Hub-PE 的静态路由配置步骤见表 4-2。

表 4-2　Hub-CE 使用静态缺省路由时，Hub-PE 的静态路由配置步骤

步骤	命令	说明
1	**system-view**	进入系统视图
2	**ip route-static vpn-instance** *vpn-source-name* **0.0.0.0 0.0.0.0** *nexthop-address* [**preference** *preference* | **tag** *tag*]* [**description** *text*] 例如，[Huawei] **ip route-static vpn-instance** vpn1 0.0.0.0 0.0.0.0 192.168.1.1	配置到达 Hub-CE 内网的 VPN 实例静态缺省路由。 • *vpn-source-name*：VPN-out 的 VPN 实例名。 • *nexthop-address*：绑定 VPN-out 实例的接口所在链路的 Hub-CE 接口 IP 地址。 • **preference** *preference*：可多选参数，配置静态路由的优先级，缺省为 60。 • **tag** *tag*：可多选参数，指定静态路由的 tag 属性值，整数形式，取值范围为 1～4294967295。缺省值为 0。配置不同的 tag 属性值，可对静态路由进行分类，以实现不同的路由管理策略。例如，其他协议引入静态路由时，可通过路由策略引入具有特定 tag 属性值的路由。 • **description** *text*：可选参数，指定静态路由的描述信息。 缺省情况下，没有为 VPN 实例配置静态缺省路由，可用 **undo ip route-static vpn-instance** *vpn-source-name* **0.0.0.0 0.0.0.0** *nexthop-address* 命令删除指定的静态缺省路由
3	**bgp** { *as-number-plain* | *as-number-dot* } 例如，[Huawei] **bgp** 100	进入 Hub-PE 所在 AS 的 BGP 视图
4	**ipv4-family vpn-instance** *vpn-instance-name* 例如，[Huawei-bgp] **ipv4-family vpn-instance** vpn1	进入 BGP-VPN 实例 IPv4 地址族视图。参数 *vpn-instance-name* 是 VPN-out 的 VPN 实例名
5	**network 0.0.0.0 0** 例如，[Huawei-bgp-af-ipv4-vp1] **network** 0.0.0.0 0	通过 MP-BGP 发布缺省路由给所有 Spoke-PE。 【注意】在 BGP 路由表中，静态缺省路由不能通过 **import static** 命令引入，只能通过 **network** 命令引入

4.1.3　Hub and Spoke BGP/MPLS IP VPN 配置示例

Hub and Spoke BGP/MPLS IP VPN 配置示例的拓扑结构如图 4-2 所示。某银行希望通过 MPLS VPN 实现总行和各分行的安全互访，同时要求分行的 VPN 流量必须通过总行转发，以实现对流量的监控，即 Spoke-CE 连接分支机构，Hub-CE 连接银行总行，要实现 Spoke-CE 之间的流量经过 Hub-CE 转发。

1. 基本配置思路分析

本示例计划在 Hub-PE 与 Hub-CE 间，Spoke-PE 与 Spoke-CE 间均采用 EBGP 路由。根据 4.1.2 节的介绍，此时要在 Hub-PE 上配置允许路由环路。根据 4.1.1 节介绍的配置任务可得出以下基本配置思路。

① 在骨干网各节点上配置各接口（包括 Loopback 接口，但不包括连接 CE 的接口）的 IP 地址和 OSPF 路由，实现骨干网各节点间的三层互通。

② 在骨干网各节点全局及各公网接口上使能 MPLS 和 LDP 能力，建立公网 MPLS LDP LSP 隧道。

③ 在 Hub-PE 与两个 Spoke-PE 间建立 MP-IBGP 对等体关系，交换 VPN 路由信息。

④ 在各 PE（包括 Hub-PE 和 Spoke-PE）上配置 VPN 实例，绑定 PE 连接 CE（包

括 Hub-CE 和 Spoke-CE）的接口，并配置该接口的 IP 地址。

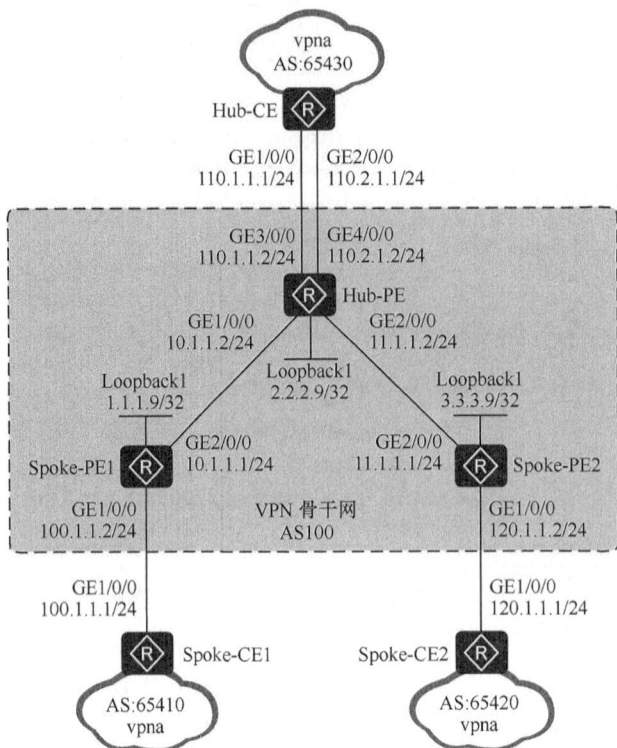

图 4-2　Hub and Spoke BGP/MPLS IP VPN 配置示例的拓扑结构

⑤ 在各 PE 与直连的 CE 间建立 EBGP 对等体关系，在各 PE 的 VPN 实例中引入与直连 CE 间的直连路由。Hub-PE 上配置允许接收 AS 重复 1 次的路由，以接收 Hub-CE 发布的路由。

2．具体配置步骤

① 在骨干网各节点上配置各接口（包括 Loopback1 接口，但不包括连接 CE 的接口）的 IP 地址和 OSPF 路由，实现骨干网 Hub-PE 和 Spoke-PE 的三层互通。

#---Spoke-PE1 上的配置如下。

```
<Huawei> system-view
[Huawei] sysname Spoke-PE1
[Spoke-PE1] interface loopback 1
[Spoke-PE1-LoopBack1] ip address 1.1.1.9 32
[Spoke-PE1-LoopBack1] quit
[Spoke-PE1] interface gigabitethernet 2/0/0
[Spoke-PE1-GigabitEthernet2/0/0] ip address 10.1.1.1 24
[Spoke-PE1-GigabitEthernet2/0/0] quit
[Spoke-PE1] ospf 1
[Spoke-PE1-ospf-1] area 0
[Spoke-PE1-ospf-1-area-0.0.0.0] network 10.1.1.0 0.0.0.255
[Spoke-PE1-ospf-1-area-0.0.0.0] network 1.1.1.9 0.0.0.0
[Spoke-PE1-ospf-1-area-0.0.0.0] quit
[Spoke-PE1-ospf-1] quit
```

#---Spoke-PE2 上的配置如下。

```
<Huawei> system-view
[Huawei] sysname Spoke-PE2
[Spoke-PE2] interface loopback 1
[Spoke-PE2-LoopBack1] ip address 3.3.3.9 32
[Spoke-PE2-LoopBack1] quit
[Spoke-PE2] interface gigabitethernet 2/0/0
[Spoke-PE2-GigabitEthernet2/0/0] ip address 11.1.1.1 24
[Spoke-PE2-GigabitEthernet2/0/0] quit
[Spoke-PE2] ospf 1
[Spoke-PE2-ospf-1] area 0
[Spoke-PE2-ospf-1-area-0.0.0.0] network 11.1.1.0 0.0.0.255
[Spoke-PE2-ospf-1-area-0.0.0.0] network 3.3.3.9 0.0.0.0
[Spoke-PE2-ospf-1-area-0.0.0.0] quit
[Spoke-PE2-ospf-1] quit
```

#---Hub-PE 上的配置如下。

```
<Huawei> system-view
[Huawei] sysname Hub-PE
[Hub-PE] interface loopback 1
[Hub-PELoopBack1] ip address 2.2.2.9 32
[Hub-PE-LoopBack1] quit
[Hub-PE] interface gigabitethernet 1/0/0
[Hub-PE-GigabitEthernet1/0/0] ip address 10.1.1.2 24
[Hub-PE-GigabitEthernet1/0/0] quit
[Hub-PE] interface gigabitethernet 2/0/0
[Hub-PE-GigabitEthernet2/0/0] ip address 11.1.1.2 24
[Hub-PE-GigabitEthernet2/0/0] quit
[Hub-PE] ospf 1
[Hub-PE-ospf-1] area 0
[Hub-PE-ospf-1-area-0.0.0.0] network 10.1.1.0 0.0.0.255
[Hub-PE-ospf-1-area-0.0.0.0] network 11.1.1.0 0.0.0.255
[Hub-PE-ospf-1-area-0.0.0.0] network 2.2.2.9 0.0.0.0
[Hub-PE-ospf-1-area-0.0.0.0] quit
[Hub-PE-ospf-1] quit
```

完成以上配置后，在各 PE 上执行 **display ospf peer** 命令，由此可以看出 Hub-PE 与两个 Spoke-PE 间已建立 OSPF 邻接关系，状态为 Full。在 Hub-PE 上执行 **display ospf peer** 命令的输出如图 4-3 所示。从图 4-3 中可以看出，它已与两个 Spoke-PE 分别建立了 OSPF 邻接关系。

```
<Hub-PE>display ospf peer

        OSPF Process 1 with Router ID 2.2.2.9
                Neighbors

Area 0.0.0.0 interface 10.1.1.2(GigabitEthernet1/0/0)'s neighbors
Router ID: 1.1.1.9          Address: 10.1.1.1
  State: Full  Mode:Nbr is  Slave  Priority: 1
  DR: 10.1.1.2  BDR: 10.1.1.1  MTU: 0
  Dead timer due in 38 sec
  Retrans timer interval: 5
  Neighbor is up for 00:00:46
  Authentication Sequence: [ 0 ]

                Neighbors

Area 0.0.0.0 interface 11.1.1.2(GigabitEthernet2/0/0)'s neighbors
Router ID: 3.3.3.9          Address: 11.1.1.1
  State: Full  Mode:Nbr is  Master  Priority: 1
  DR: 11.1.1.1  BDR: 11.1.1.2  MTU: 0
  Dead timer due in 39  sec
  Retrans timer interval: 5
  Neighbor is up for 00:00:55
  Authentication Sequence: [ 0 ]
```

图 4-3　在 Hub-PE 上执行 **display ospf peer** 命令的输出

在各 PE 上执行 **display ip routing-table** 命令，由此可以看到，它们已相互学习到 PE 的 Loopback1 接口 IP 地址所在网段的 OSPF 路由。在 Hub-PE 上执行 **display ip routing-table** 命令的输出如图 4-4 所示。从图 4-4 中可以看出，它已学习到两个 Spoke-PE 上的 Loopback1 接口 IP 地址所在网段的 OSPF 路由。

```
<Hub-PE>display ip routing-table
Route Flags: R - relay, D - download to fib
------------------------------------------------------------
Routing Tables: Public
         Destinations : 13       Routes : 13

Destination/Mask    Proto   Pre  Cost    Flags NextHop         Interface

        1.1.1.9/32  OSPF    10   1         D   10.1.1.1        GigabitEthernet
1/0/0
        2.2.2.9/32  Direct  0    0         D   127.0.0.1       LoopBack1
        3.3.3.9/32  OSPF    10   1         D   11.1.1.1        GigabitEthernet
2/0/0
       10.1.1.0/24  Direct  0    0         D   10.1.1.2        GigabitEthernet
1/0/0
       10.1.1.2/32  Direct  0    0         D   127.0.0.1       GigabitEthernet
1/0/0
     10.1.1.255/32  Direct  0    0         D   127.0.0.1       GigabitEthernet
1/0/0
       11.1.1.0/24  Direct  0    0         D   11.1.1.2        GigabitEthernet
2/0/0
       11.1.1.2/32  Direct  0    0         D   127.0.0.1       GigabitEthernet
2/0/0
     11.1.1.255/32  Direct  0    0         D   127.0.0.1       GigabitEthernet
2/0/0
      127.0.0.0/8   Direct  0    0         D   127.0.0.1       InLoopBack0
      127.0.0.1/32  Direct  0    0         D   127.0.0.1       InLoopBack0
127.255.255.255/32  Direct  0    0         D   127.0.0.1       InLoopBack0
255.255.255.255/32  Direct  0    0         D   127.0.0.1       InLoopBack0

<Hub-PE>
```

图 4-4　在 Hub-PE 上执行 **display ip routing-table** 命令的输出

② 在骨干网各节点全局及各公网接口上使能 MPLS 和 LDP 能力，建立公网 MPLS LDP LSP 隧道。

\#---Hub-PE 上的配置如下。

因为 Hub-PE 上连接了两个 Spoke-PE，为了针对不同 **FEC** 所分配的标签保持唯一，所以必须在 **Hub-PE** 上配置采用非空标签分配方式，不支持 PHP，不使 Hub-PE 为不同 FEC 分配相同的 0 或 3 的空标签。

```
[Hub-PE] mpls lsr-id 2.2.2.9
[Hub-PE] mpls
[Hub-PE-mpls] label advertise non-null   #---指定为倒数第二跳分配非空标签
[Hub-PE-mpls] quit
[Hub-PE] mpls ldp
[Hub-PE-mpls-ldp] quit
[Hub-PE] interface gigabitethernet 1/0/0
[Hub-PE-GigabitEthernet1/0/0] mpls
[Hub-PE-GigabitEthernet1/0/0] mpls ldp
[Hub-PE-GigabitEthernet1/0/0] quit
[Hub-PE] interface gigabitethernet 2/0/0
[Hub-PE-GigabitEthernet2/0/0] mpls
[Hub-PE-GigabitEthernet2/0/0] mpls ldp
[Hub-PE-GigabitEthernet2/0/0] quit
```

\#---Spoke-PE1 上的配置如下。

```
[Spoke-PE1] mpls lsr-id 1.1.1.9
[Spoke-PE1] mpls
[Spoke-PE1-mpls] quit
[Spoke-PE1] mpls ldp
[Spoke-PE1-mpls-ldp] quit
```

```
[Spoke-PE1] interface gigabitethernet 2/0/0
[Spoke-PE1-GigabitEthernet2/0/0] mpls
[Spoke-PE1-GigabitEthernet2/0/0] mpls ldp
[Spoke-PE1-GigabitEthernet2/0/0] quit
```

#---Spoke-PE2 上的配置如下。

```
[Spoke-PE2] mpls lsr-id 3.3.3.9
[Spoke-PE2] mpls
[Spoke-PE2-mpls] quit
[Spoke-PE2] mpls ldp
[Spoke-PE2-mpls-ldp] quit
[Spoke-PE2] interface gigabitethernet 2/0/0
[Spoke-PE2-GigabitEthernet2/0/0] mpls
[Spoke-PE2-GigabitEthernet2/0/0] mpls ldp
[Spoke-PE2-GigabitEthernet2/0/0] quit
```

完成以上配置后，在各 PE 上执行 **display mpls ldp session** 命令，由此可以看到，骨干网上相邻节点间已建立 LDP 会话；执行 **display mpls ldp lsp** 命令可以看到，它们建立 LDP LSP 的情况。在 Hub-PE 上执行 **display mpls ldp session** 和 **display mpls ldp lsp** 命令的输出如图 4-5 所示。从图 4-5 中可以看出，Hub-PE 与 Spoke- PE1（1.1.1.9/32）和 Spoke-PE2（3.3.3.9/32）建立了本地 LDP 会话，也建立了到达两个 Spoke-PE 的 Ingress LDP LSP。

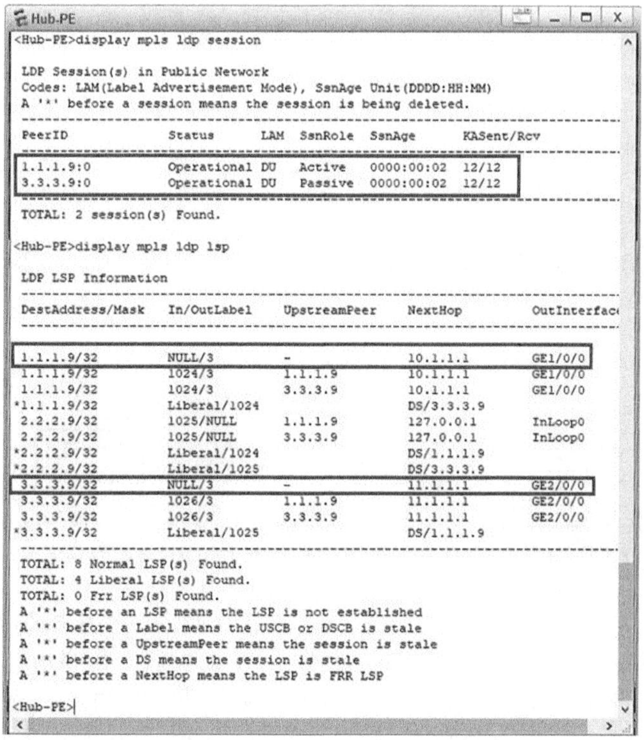

```
<Hub-PE>display mpls ldp session

 LDP Session(s) in Public Network
 Codes: LAM(Label Advertisement Mode), SsnAge Unit(DDDD:HH:MM)
 A '*' before a session means the session is being deleted.
 ------------------------------------------------------------------------
 PeerID                 Status      LAM  SsnRole  SsnAge       KASent/Rcv
 ------------------------------------------------------------------------
 1.1.1.9:0              Operational DU   Active   0000:00:02   12/12
 3.3.3.9:0              Operational DU   Passive  0000:00:02   12/12
 ------------------------------------------------------------------------
 TOTAL: 2 session(s) Found.

<Hub-PE>display mpls ldp lsp

 LDP LSP Information
 ------------------------------------------------------------------------
 DestAddress/Mask   In/OutLabel    UpstreamPeer    NextHop        OutInterfac
 ------------------------------------------------------------------------

 1.1.1.9/32         NULL/3         -               10.1.1.1       GE1/0/0
 1.1.1.9/32         1024/3         1.1.1.9         10.1.1.1       GE1/0/0
 1.1.1.9/32         1024/3         3.3.3.9         10.1.1.1       GE1/0/0
*1.1.1.9/32         Liberal/1024                   DS/3.3.3.9
 2.2.2.9/32         1025/NULL      1.1.1.9         127.0.0.1      InLoop0
 2.2.2.9/32         1025/NULL      3.3.3.9         127.0.0.1      InLoop0
*2.2.2.9/32         Liberal/1024                   DS/1.1.1.9
*2.2.2.9/32         Liberal/1025                   DS/3.3.3.9
 3.3.3.9/32         NULL/3         -               11.1.1.1       GE2/0/0
 3.3.3.9/32         1026/3         1.1.1.9         11.1.1.1       GE2/0/0
 3.3.3.9/32         1026/3         3.3.3.9         11.1.1.1       GE2/0/0
*3.3.3.9/32         Liberal/1025                   DS/1.1.1.9
 ------------------------------------------------------------------------
 TOTAL: 8 Normal LSP(s) Found.
 TOTAL: 4 Liberal LSP(s) Found.
 TOTAL: 0 Frr LSP(s) Found.
 A '*' before an LSP means the LSP is not established
 A '*' before a Label means the USCB or DSCB is stale
 A '*' before a UpstreamPeer means the session is stale
 A '*' before a DS means the session is stale
 A '*' before a NextHop means the LSP is FRR LSP

<Hub-PE>
```

图 4-5 在 Hub-PE 上执行 **display mpls ldp session** 和 **display mpls ldp lsp** 命令的输出

③ 在 Hub-PE 与两个 Spoke-PE 间建立 MP-IBGP 对等体关系，交换 VPN 路由信息。

此处，在 Hub-PE 和两个 Spoke-PE 上不需要配置允许 AS 重复 1 次的路由，因为它们之间是 IBGP 对等体关系，所以接收 IBGP 路由时并不会进行 AS-PATH 属性检查。

#---Spoke-PE1 上的配置如下。

```
[Spoke-PE1] bgp 100
[Spoke-PE1-bgp] peer 2.2.2.9 as-number 100
[Spoke-PE1-bgp] peer 2.2.2.9 connect-interface loopback 1
[Spoke-PE1-bgp] ipv4-family vpnv4
[Spoke-PE1-bgp-af-vpnv4] peer 2.2.2.9 enable
[Spoke-PE1-bgp-af-vpnv4] quit
```

#---Spoke-PE2 上的配置如下。

```
[Spoke-PE2] bgp 100
[Spoke-PE2-bgp] peer 2.2.2.9 as-number 100
[Spoke-PE2-bgp] peer 2.2.2.9 connect-interface loopback 1
[Spoke-PE2-bgp] ipv4-family vpnv4
[Spoke-PE2-bgp-af-vpnv4] peer 2.2.2.9 enable
[Spoke-PE2-bgp-af-vpnv4] quit
```

#--- Hub-PE 上的配置如下。

```
[Hub-PE] bgp 100
[Hub-PE-bgp] peer 1.1.1.9 as-number 100
[Hub-PE-bgp] peer 1.1.1.9 connect-interface loopback 1
[Hub-PE-bgp] peer 3.3.3.9 as-number 100
[Hub-PE-bgp] peer 3.3.3.9 connect-interface loopback 1
[Hub-PE-bgp] ipv4-family vpnv4
[Hub-PE-bgp-af-vpnv4] peer 1.1.1.9 enable
[Hub-PE-bgp-af-vpnv4] peer 3.3.3.9 enable
[Hub-PE-bgp-af-vpnv4] quit
```

完成以上配置后，在各 PE 上执行 **display bgp peer** 或 **display bgp vpnv4 all peer** 命令，由此可以看到，Spoke-PE 与 Hub-PE 之间建立了 MP-IBGP 对等体关系。在 Hub-PE 上执行 **display bgp peer** 命令的输出如图 4-6 所示。

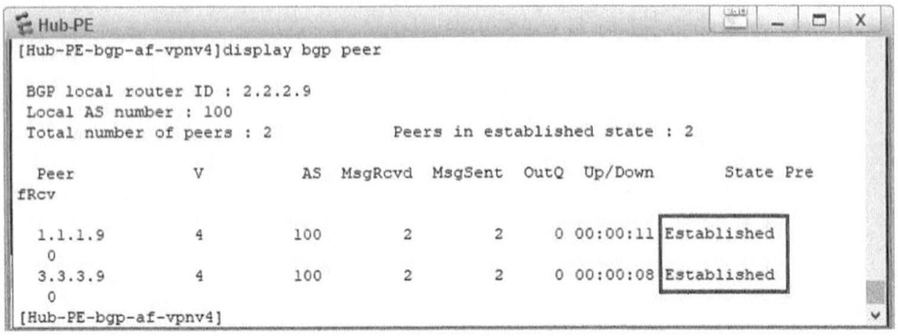

图 4-6 在 Hub-PE 上执行 **display bgp peer** 命令的输出

④ 在各 PE 上配置 VPN 实例，绑定 PE 连接 CE 的接口，并配置该接口的 IP 地址。

首先，在 Hub-PE 上创建两个 VPN 实例：一个接收来自 Spoke-PE 的 IBGP 路由，其 Import Target 属性值配置为 100:1；另一个向 Spoke-PE 发布 IBGP 路由，其 VPN 实例的 Export Target 属性值配置为 200:1。然后，把两个 VPN 实例与连接 Hub-CE 的对应接口绑定，并配置这两个接口的 IP 地址。

各个 Spoke-PE 上只创建一个 VPN 实例，其 Export Target 属性值配置为 100:1，用于与 Hub-PE 上接收来自 Spoke-PE 路由的 VPN 实例匹配。其 Import Target 属性值配置为 200:1，用于与 Hub-PE 上向 Spoke-PE 发送路由的 VPN 实例匹配。

\#---Hub-PE 上的配置如下。

```
[Hub-PE] ip vpn-instance vpn_in
[Hub-PE-vpn-instance-vpn_in] ipv4-family
[Hub-PE-vpn-instance-vpn_in-af-ipv4] route-distinguisher 100:21
[Hub-PE-vpn-instance-vpn_in-af-ipv4] vpn-target 100:1 import-extcommunity
[Hub-PE-vpn-instance-vpn_in-af-ipv4] quit
[Hub-PE-vpn-instance-vpn_in] quit
[Hub-PE] ip vpn-instance vpn_out
[Hub-PE-vpn-instance-vpn_out] ipv4-family
[Hub-PE-vpn-instance-vpn_out-af-ipv4] route-distinguisher 100:22
[Hub-PE-vpn-instance-vpn_out-af-ipv4] vpn-target 200:1 export-extcommunity
[Hub-PE-vpn-instance-vpn_out-af-ipv4] quit
[Hub-PE-vpn-instance-vpn_out] quit
[Hub-PE] interface gigabitethernet 3/0/0
[Hub-PE-GigabitEthernet3/0/0] ip binding vpn-instance vpn_in
[Hub-PE-GigabitEthernet3/0/0] ip address 110.1.1.2 24
[Hub-PE-GigabitEthernet3/0/0] quit
[Hub-PE] interface gigabitethernet 4/0/0
[Hub-PE-GigabitEthernet4/0/0] ip binding vpn-instance vpn_out
[Hub-PE-GigabitEthernet4/0/0] ip address 110.2.1.2 24
[Hub-PE-GigabitEthernet4/0/0] quit
```

\#---Spoke-PE1 上的配置如下。

```
[Spoke-PE1] ip vpn-instance vpna
[Spoke-PE1-vpn-instance-vpna] ipv4-family
[Spoke-PE1-vpn-instance-vpna-af-ipv4] route-distinguisher 100:1
[Spoke-PE1-vpn-instance-vpna-af-ipv4] vpn-target 100:1 export-extcommunity
[Spoke-PE1-vpn-instance-vpna-af-ipv4] vpn-target 200:1 import-extcommunity
[Spoke-PE1-vpn-instance-vpna-af-ipv4] quit
[Spoke-PE1-vpn-instance-vpna] quit
[Spoke-PE1] interface gigabitethernet 1/0/0
[Spoke-PE1-GigabitEthernet1/0/0] ip binding vpn-instance vpna
[Spoke-PE1-GigabitEthernet1/0/0] ip address 100.1.1.2 24
[Spoke-PE1-GigabitEthernet1/0/0] quit
```

\#---Spoke-PE2 上的配置如下。

```
[Spoke-PE2] ip vpn-instance vpna
[Spoke-PE2-vpn-instance-vpna] ipv4-family
[Spoke-PE2-vpn-instance-vpna-af-ipv4] route-distinguisher 100:3
[Spoke-PE2-vpn-instance-vpna-af-ipv4] vpn-target 100:1 export-extcommunity
[Spoke-PE2-vpn-instance-vpna-af-ipv4] vpn-target 200:1 import-extcommunity
[Spoke-PE2-vpn-instance-vpna-af-ipv4] quit
[Spoke-PE2-vpn-instance-vpna] quit
[Spoke-PE2] interface gigabitethernet 1/0/0
[Spoke-PE2-GigabitEthernet1/0/0] ip binding vpn-instance vpna
[Spoke-PE2-GigabitEthernet1/0/0] ip address 120.1.1.2 24
[Spoke-PE2-GigabitEthernet1/0/0] quit
```

⑤ 在各 PE 与直连的 CE 间建立 EBGP 对等体关系，在各 PE 的 VPN 实例中引入与直连 CE 间的直连路由。Hub-PE 上配置允许接收 AS 重复 1 次的路由。

\#---Hub-PE 上的配置如下。

```
[Hub-PE] bgp 100
[Hub-PE-bgp] ipv4-family vpn-instance vpn_in
[Hub-PE-bgp-vpn_in] peer 110.1.1.1 as-number 65430
[Hub-PE-bgp-vpn_in] import-route direct   #---引入与 Hub-CE 直连链路的直连路由
[Hub-PE-bgp-vpn_in] quit
[Hub-PE-bgp] ipv4-family vpn-instance vpn_out
```

```
[Hub-PE-bgp-vpn_out] peer 110.2.1.1 as-number 65430
[Hub-PE-bgp-vpn_out] peer 110.2.1.1 allow-as-loop 1    #---允许在与对等体 Hub-CE 的 BGP 交互报文中出现一次 AS 号
                                                                重复
[Hub-PE-bgp-vpn_out] import-route direct
[Hub-PE-bgp-vpn_out] quit
[Hub-PE-bgp] quit
```

#---Hub-CE 上的配置如下。

```
<Huawei> system-view
[Huawei] sysname Hub-CE
[Hub-CE] interface gigabitethernet 1/0/0
[Hub-CE-GigabitEthernet1/0/0] ip address 110.1.1.1 24
[Hub-CE-GigabitEthernet1/0/0] quit
[Hub-CE] interface gigabitethernet 2/0/0
[Hub-CE-GigabitEthernet2/0/0] ip address 110.2.1.1 24
[Hub-CE-GigabitEthernet2/0/0] quit
[Hub-CE] bgp 65430
[Hub-CE-bgp] peer 110.1.1.2 as-number 100
[Hub-CE-bgp] peer 110.2.1.2 as-number 100
[Hub-CE-bgp] quit
```

#---Spoke-CE1 上的配置如下。

```
<Huawei> system-view
[Huawei] sysname Spoke-CE1
[Spoke-CE1] interface gigabitethernet 1/0/0
[Spoke-CE1-GigabitEthernet1/0/0] ip address 100.1.1.1 24
[Spoke-CE1-GigabitEthernet1/0/0] quit
[Spoke-CE1] bgp 65410
[Spoke-CE1-bgp] peer 100.1.1.2 as-number 100
[Spoke-CE1-bgp] quit
```

#---Spoke-PE1 上的配置如下。

```
[Spoke-PE1] bgp 100
[Spoke-PE1-bgp] ipv4-family vpn-instance vpna
[Spoke-PE1-bgp-vpna] peer 100.1.1.1 as-number 65410
[Spoke-PE1-bgp-vpna] import-route direct
[Spoke-PE1-bgp-vpna] quit
[Spoke-PE1-bgp] quit
```

#---Spoke-CE2 上的配置如下。

```
<Huawei> system-view
[Huawei] sysname Spoke-CE2
[Spoke-CE2] interface gigabitethernet 1/0/0
[Spoke-CE2-GigabitEthernet1/0/0] ip address 120.1.1.1 24
[Spoke-CE2-GigabitEthernet1/0/0] quit
[Spoke-CE2] bgp 65420
[Spoke-CE2-bgp] peer 120.1.1.2 as-number 100
[Spoke-CE2-bgp] quit
```

#---Spoke-PE2 上的配置如下。

```
[Spoke-PE2] bgp 100
[Spoke-PE2-bgp] ipv4-family vpn-instance vpna
[Spoke-PE2-bgp-vpna] peer 120.1.1.1 as-number 65420
[Spoke-PE2-bgp-vpna] import-route direct
[Spoke-PE2-bgp-vpna] quit
[Spoke-PE2-bgp] quit
```

完成以上配置后，在各 PE 上执行 **display bgp vpnv4 all peer** 命令，可以看到各 PE

与其直连 CE 间已建立了 EBGP 对等体关系；执行 **display ip vpn-instance verbose** 命令，由此可以看到，它们的 VPN 实例配置情况。在 Hub-PE 上执行 **display bgp vpnv4 all peer** 和 **display ip vpn-instance verbose** 命令的输出如图 4-7 所示。从图 4-7 中可以看出，它与 Hub-CE 已建立了 EBGP 对等体关系，并且配置了 vpn_in 和 vpn_out 两个 VPN 实例。

```
Hub-PE
[Hub-PE-bgp-vpn_out]display bgp vpnv4 all peer

 BGP local router ID : 2.2.2.9
 Local AS number : 100
 Total number of peers : 4          Peers in established state : 4

  Peer            V          AS  MsgRcvd  MsgSent  OutQ  Up/Down       State Pre
fRcv

  1.1.1.9         4         100       13       17     0 00:09:30 Established
   1
  3.3.3.9         4         100       13       17     0 00:09:27 Established
   1

  Peer of IPv4-family for vpn instance :

 VPN-Instance vpn_in, Router ID 2.2.2.9:
  110.1.1.1       4       65430        6        6     0 00:01:39 Established
   2

 VPN-Instance vpn_out, Router ID 2.2.2.9:
  110.2.1.1       4       65430        6        4     0 00:01:15 Established
   4
[Hub-PE-bgp-vpn_out]display ip vpn-instance verbose
 Total VPN-Instances configured      : 2
 Total IPv4 VPN-Instances configured : 2
 Total IPv6 VPN-Instances configured : 0

 VPN-Instance Name and ID : vpn_in, 1
  Interfaces : GigabitEthernet3/0/0
 Address family ipv4
  Create date : 2021/11/03 11:01:29 UTC-08:00
  Up time : 0 days, 00 hours, 06 minutes and 28 seconds
  Route Distinguisher : 100:21
  Import VPN Targets :  100:1
  Label Policy : label per route
  Log Interval : 5

 VPN-Instance Name and ID : vpn_out, 2
  Interfaces : GigabitEthernet4/0/0
 Address family ipv4
  Create date : 2021/11/03 11:01:45 UTC-08:00
  Up time : 0 days, 00 hours, 06 minutes and 12 seconds
  Route Distinguisher : 100:22
  Export VPN Targets :  200:1
  Label Policy : label per route
  Log Interval : 5

[Hub-PE-bgp-vpn_out]
```

图 4-7　在 Hub-PE 上执行 **display bgp vpnv4 all peer** 和 **display ip vpn-instance verbose** 命令的输出

3. 配置结果验证

完成以上配置后，可进行以下配置结果验证。

① 在两个 Spoke-PE 之间执行 ping 命令，可以互通，但使用 Tracert 命令可以看到 Spoke-PE 之间的通信流量是经过 Hub-PE 转发的。在 Spoke-PE1 上执行 **ping 3.3.3.9**（Spoke-PE2）和 **tracert 3.3.3.9** 命令的输出如图 4-8 所示。

```
Spoke-PE1
<Spoke-PE1>ping 3.3.3.9
  PING 3.3.3.9: 56  data bytes, press CTRL_C to break
    Reply from 3.3.3.9: bytes=56 Sequence=1 ttl=254 time=30 ms
    Reply from 3.3.3.9: bytes=56 Sequence=2 ttl=254 time=20 ms
    Reply from 3.3.3.9: bytes=56 Sequence=3 ttl=254 time=30 ms
    Reply from 3.3.3.9: bytes=56 Sequence=4 ttl=254 time=20 ms
    Reply from 3.3.3.9: bytes=56 Sequence=5 ttl=254 time=20 ms

  --- 3.3.3.9 ping statistics ---
    5 packet(s) transmitted
    5 packet(s) received
    0.00% packet loss
    round-trip min/avg/max = 20/24/30 ms

<Spoke-PE1>tracert 3.3.3.9

 traceroute to  3.3.3.9(3.3.3.9), max hops: 30 ,packet length: 40,press CTRL_C
o break

 1 10.1.1.2 30 ms  10 ms  10 ms

 2 11.1.1.1 30 ms  10 ms  20 ms
<Spoke-PE1>
```

图 4-8　在 Spoke-PE1 上执行 **ping 3.3.3.9**（Spoke-PE2）和 **tracert 3.3.3.9** 命令的输出

　　② 在两个 Spoke-CE 上执行 **display bgp routing-table** 命令，由此可以看到，去往对端 Spoke-CE 的 BGP 路由的 AS 路径中存在重复的 AS 号 100。在 Spoke-CE1 上执行 **display bgp routing-table** 命令的输出如图 4-9 所示。此时，Spoke-CE1 与 Spoke-CE2 可以互通，也可以与 Hub-CE 互通，在 Spoke-CE1 上分别成功 ping 通 Spoke-CE2 和 Hub-CE 的结果如图 4-10 所示。

```
Spoke-CE1                                                      _ □ X
<Spoke-CE1>display bgp routing-table

BGP Local router ID is 100.1.1.1
Status codes: * - valid, > - best, d - damped,
              h - history,  i - internal, s - suppressed, S - Stale
              Origin : i - IGP, e - EGP, ? - incomplete


Total Number of Routes: 8
      Network          NextHop          MED        LocPrf    PrefVal Path/Ogn

 *>   100.1.1.0/24     0.0.0.0          0                    0       ?
                       100.1.1.2        0                    0       100?
 *>   100.1.1.1/32     0.0.0.0          0                    0       ?
 *>   110.1.1.0/24     100.1.1.2                             0       100 65430?
 *>   110.2.1.0/24     100.1.1.2                             0       100?
 *>   120.1.1.0/24     100.1.1.2                             0       100 65430
100?
 *>   127.0.0.0        0.0.0.0          0                    0       ?
 *>   127.0.0.1/32     0.0.0.0          0                    0       ?
<Spoke-CE1>
```

图 4-9　在 Spoke-CE1 上执行 **display bgp routing-table** 命令的输出

```
Spoke-CE1                                                      _ □ X
<Spoke-CE1>ping 110.1.1.1
  PING 110.1.1.1: 56  data bytes, press CTRL_C to break
    Reply from 110.1.1.1: bytes=56 Sequence=1 ttl=253 time=40 ms
    Reply from 110.1.1.1: bytes=56 Sequence=2 ttl=253 time=30 ms
    Reply from 110.1.1.1: bytes=56 Sequence=3 ttl=253 time=20 ms
    Reply from 110.1.1.1: bytes=56 Sequence=4 ttl=253 time=40 ms
    Reply from 110.1.1.1: bytes=56 Sequence=5 ttl=253 time=30 ms

  --- 110.1.1.1 ping statistics ---
    5 packet(s) transmitted
    5 packet(s) received
    0.00% packet loss
    round-trip min/avg/max = 20/32/40 ms

<Spoke-CE1>ping 110.2.1.1
  PING 110.2.1.1: 56  data bytes, press CTRL_C to break
    Reply from 110.2.1.1: bytes=56 Sequence=1 ttl=253 time=30 ms
    Reply from 110.2.1.1: bytes=56 Sequence=2 ttl=253 time=50 ms
    Reply from 110.2.1.1: bytes=56 Sequence=3 ttl=253 time=40 ms
    Reply from 110.2.1.1: bytes=56 Sequence=4 ttl=253 time=40 ms
    Reply from 110.2.1.1: bytes=56 Sequence=5 ttl=253 time=40 ms

  --- 110.2.1.1 ping statistics ---
    5 packet(s) transmitted
    5 packet(s) received
    0.00% packet loss
    round-trip min/avg/max = 30/40/50 ms

<Spoke-CE1>
```

图 4-10　在 Spoke-CE1 上分别成功 ping 通 Spoke-CE2 和 Hub-CE 的结果

4.2　HoVPN 配置与管理

　　分层 VPN（Hierarchy of VPN，HoVPN）是将原本一个 PE 设备上实现的功能分布到多个 PE 设备上，由多个 PE 承担不同的角色，并形成层次结构，共同完成 PE 的全部功能。因此，HoVPN 有时也被称为分层式 PE（Hierarchy of PE，HoPE），主要应用在大型 BGP/MPLS IP VPN，因为此时单一 PE 设备性能可能很难满足要求。

4.2.1　HoVPN 的产生背景

在 BGP/MPLS IP VPN 中，PE 设备最为关键，需要完成以下两个方面的功能。

- 为用户提供接入功能，这需要 PE 设备具有大量接口。
- 管理和发布用户私网 VPN 路由，处理 VPN 报文，这需要 PE 设备具有大容量内存和高转发能力。

目前，网络设计大多采用经典的分层结构，例如，局域网和城域网的典型结构通常都是核心层、汇聚层和接入层三层模型。从核心层到接入层，对设备的性能要求依次下降，网络规模则依次扩大。而普通的 BGP/MPLS IP VPN 是一种平面模型，对网络中所有 PE 设备的性能要求相同，当网络中某些 PE 在性能和可扩展性方面存在问题时，整个网络的性能和可扩展性将受到影响，不利于大规模部署 VPN。

为了解决可扩展性问题，BGP/MPLS IP VPN 必然要从平面模型转变为分层模型，提出了 HoVPN 解决方案。HoVPN 对处于较高层次的设备的路由能力和转发性能要求较高，而对处于较低层次的设备的相应要求也较低，符合典型的分层网络模型。

4.2.2　HoVPN 的工作原理

在 HoVPN 中，把原来的单个 PE 分成不同层次的多个 PE。HoVPN 中的分层式 PE 示意如图 4-11 所示。直接连接用户的设备被称为下层 PE（Underlayer PE）或用户侧 PE（User-end PE），简称 UPE；连接 UPE 并位于网络内部的设备被称为上层 PE（Superstratum PE）或服务提供商侧 PE（Service Provider-end PE），简称 SPE。多个 UPE 与 SPE 构成分层式 PE，即 HoVPN，共同完成传统上一个 PE 的功能。

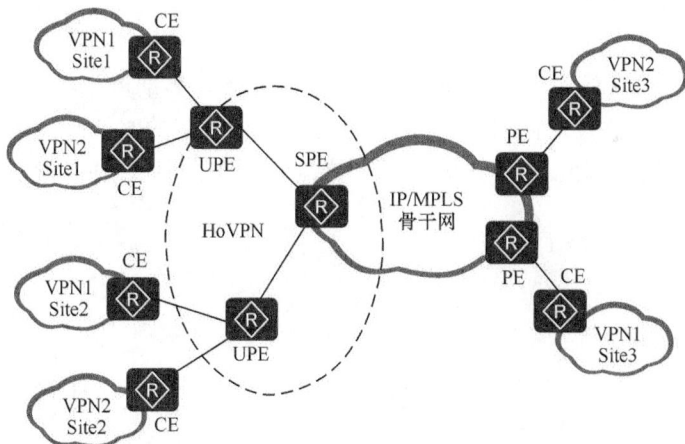

图 4-11　HoVPN 中的分层式 PE 示意

1. UPE 与 SPE 的关系

UPE 和 SPE 既分工又合作，具体表现在以下 3 个方面。

① UPE 主要完成用户接入功能。UPE 维护与其直接相连的 VPN Site 的路由，但不维护远端 VPN Site 的路由或仅维护它们的聚合路由；**UPE 为其直接相连 Site 的路由分配内层私网路由标签**，并通过 MP-BGP 随 VPN 路由发布此标签给 SPE。

② SPE 主要完成 VPN 路由的管理和发布。**SPE 维护其通过 UPE 连接的 VPN 所有路由，包括本地和远端 Site 的路由，但 SPE 不发布远端 Site 的路由给 UPE，只发布 VPN 实例的缺省路由，并携带标签。**

③ **UPE 和 SPE 上都要配置 VPN 实例，并与它们之间相连的接口或子接口绑定。**UPE 和 SPE 间是 MP-BGP 对等体关系（MP-IBGP 或 MP-EBGP 对等体关系）。

分工不同，对 SPE 和 UPE 的要求也不同。SPE 要求路由表容量大，转发性能强，但所需的接口资源较少。UPE 需要的路由容量和转发性能较低，但要求接入能力强。

【说明】*SPE 和 UPE 是相对的。在多个层次的 PE 结构中，上层 PE 相对于下层就是 SPE，下层 PE 相对于上层就是 UPE。*

2. SPE 与 UPE 连接

由于 SPE 和 UPE 之间的通信采用 MPLS 标签转发方式，**所以它们之间只需要一个接口连接**（通过私网路由标签就可以区分不同的 VPN Site）。UPE 和 SPE 之间的接口可以是物理接口、子接口或隧道接口。采用隧道接口时，SPE 和 UPE 之间可以相隔一个 IP 网络或 MPLS 网络，UPE 或 SPE 发出的标签报文经过隧道传递。如果是 GRE 隧道，则要求 GRE 支持对 MPLS 报文的封装。

SPE 和 UPE 之间采用 MP-IBGP 连接时，为了在 IBGP 对等体之间通告路由，SPE 可以作为多个 UPE 的 RR。

一个 UPE 可以连接多个 SPE，也称为 UPE 多归属。**在 UPE 多归属中，多个 SPE 向 UPE 发布 VRF 缺省路由，UPE 会选择其中一条缺省路由作为优选路由，或者选择多条缺省路由分担负载。**UPE 向多个 SPE 发布全部的 VPN 路由，也可以发布部分 VPN 路由以形成负载分担，具体可通过路由策略来控制。

3. HoVPN 的标签操作

HoVPN 的标签传输示意如图 4-12 所示。这里有一个重点是：在 UPE 和 SPE 之间，以及 SPE 与 PE 之间，它们分别建立了 MP-BGP 对应的对等体关系，**都会为 VPN 路由分配私网标签，因此，在 VPN 报文传输过程中，报文中携带的私网标签也会交换。**

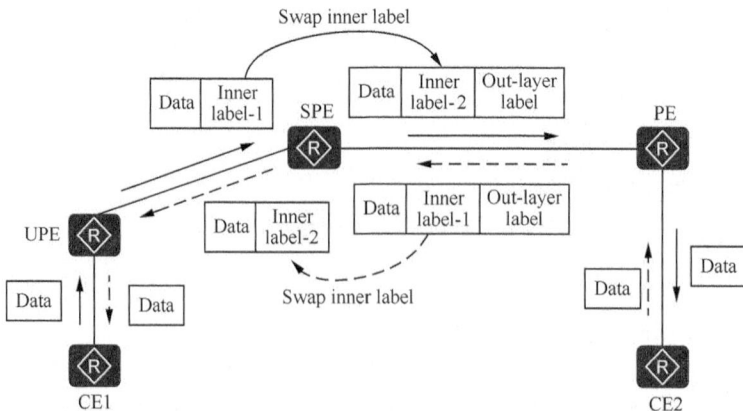

图 4-12　HoVPN 的标签传输示意

（1）CE1→CE2

在从 CE1 到 CE2 的通信方向中，用户数据报文先由 CE1 下连接的用户发出，在 HoVPN 中报文的标签操作流程如下。

① UPE 收到 CE1 的 IPv4 报文后，根据入接口所绑定的 VPN 实例，在 VRF 中找到对应的路由表项后为该报文打上一个私网标签（label-1），转换成 VPN 报文发送给 SPE。该私网标签是 UPE 与 SPE 间通过 MP-BGP 为该 VPN 路由分配的。

② SPE 收到该标签 VPN 报文后，对原私网标签用 SPE 与 PE 间 MP-IBGP 为该 VPN 路由分配的私网标签（label-2）交换，并在私网标签的外层打上 MPLS/IP 骨干网中 SPE 到 PE 的公网隧道 LSP 标签（此时报文携带两层 MPLS 标签），然后依据外层公网 LSP 隧道标签发送给 PE。

③ PE 的上一跳收到报文后，如果支持 PHP，则会对外层公网隧道 LSP 标签弹出，然后因为此时内层的私网标签位于栈底，也会被弹出。根据私网标签找到对应的 VPN 实例，从该 VPN 实例绑定的出接口以纯 IPv4 报文方式发送给 CE2。

（2）CE2→CE1

在从 CE2 到 CE1 的通信方向中，用户数据报文先由 CE2 下的用户发出，在 HoVPN 中报文的标签操作流程如下。

① PE 收到 CE2 的 IPv4 报文，根据入接口绑定的 VPN 实例，在 VRF 中找到对应的路由表项后为该报文打上一个私网标签（label-1），转换成 VPN 报文，同时在向下转发之前再在私网标签外面打上 MPLS/IP 骨干网中 PE 到 SPE 的公网 LSP 隧道标签（此时报文携带两层 MPLS 标签），然后依据外层公网 LSP 隧道标签发送给 SPE。

② SPE 的上一跳收到报文后，如果支持 PHP，则对外层公网隧道 LSP 标签进行弹出操作，然后对内层私网标签进行交换操作，打上 SPE 与 UPE 之间为该 VPN 路由分配私网标签（label-2），发送给 UPE。

③ UPE 收到报文后，由于私网标签位于栈底，也进行弹出操作，所以 UPE 根据私网标签找到对应的 VPN 实例，从对应 VPN 实例所绑定的出接口发送给 CE1。

4. HoVPN 的嵌套与扩展

HoVPN 支持分层式 PE 的嵌套。

① 一个分层式 PE 可以作为 UPE，同另一个 SPE 组成新的分层式 PE。

② 一个分层式 PE 可以作为 SPE，同多个 UPE 组成新的分层式 PE。

需要说明的是，以上这两种嵌套可以多次进行。

通过分层式 PE 的嵌套，理论上可以将 VPN 无限扩展。分层式 PE 的嵌套示意如图 4-13 所示。这是一个三层的分层式 PE，中间的 PE 为 MPE（Middle-level PE）。SPE 和 MPE 之间，以及 MPE 和 UPE 之间均运行 MP-BGP。

【说明】"MPE" 这种说法只是为了表述方便，实际上在 HoVPN 模型中并没有 MPE。

MP-BGP 为上层 PE 发布下层 PE 上的所有 VPN 路由，但只为下层 PE 发布上层 PE 的 VPN 实例缺省路由。SPE 维护分层式 PE 接入的所有 Site 的 VPN 路由，路由数目最多；UPE 只维护其直连 Site 的 VPN 路由，路由数目最少；MPE 的路由数目介于 SPE 和 UPE 之间。

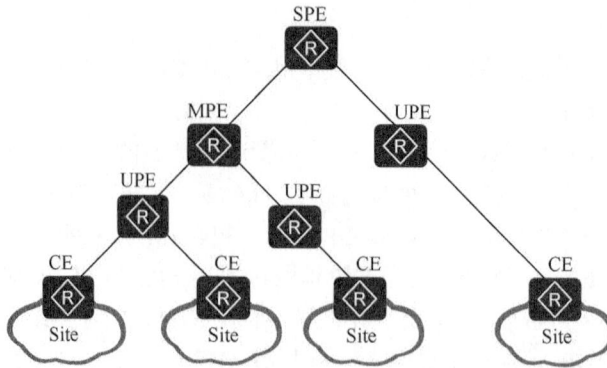

图 4-13　分层式 PE 的嵌套示意

4.2.3　配置 HoVPN

在配置 HoVPN 之前，需要已完成基本 BGP/MPLS IP VPN 配置。其他方面需要在 SPE 上创建 VPN 实例（配置方法与 2.1.3 节介绍的配置方法完全一样，参见即可），指定 UPE（但不需要绑定接口），并向 UPE 发布 VPN 实例的缺省路由，以实现 HoVPN 的部署。SPE 上 HoVPN 的配置步骤见表 4-3。

表 4-3　SPE 上 HoVPN 的配置步骤

步骤	命令	说明
1	**system-view**	进入系统视图
	指定 UPE	
2	**bgp** { *as-number-plain* | *as-number-dot* } 例如，[Huawei] **bgp** 200	进入 BGP 视图
3	**peer** *ipv4-address* **as-number** *as-number* 例如，[Huawei-bgp] **peer** 10.1.1.1 **as-number** 200	指定 UPE 作为自己的 BGP 对等体，可以是 IBGP 对等体，也可以是 EBGP 对等体
4	**ipv4-family vpnv4** [**unicast**] 例如，[Huawei-bgp] **ipv4-family vpnv4**	进入 BGP-VPNv4 地址族视图
5	**peer** *ipv4-address* **enable** 例如，[Huawei-bgp-af-vpnv4] **peer** 10.1.1.1 **enable**	使能对等体交换 BGP-VPNv4 路由信息
6	**peer** *ipv4-address* **upe** 例如，[Huawei-bgp-af-vpnv4] **peer** 10.1.1.1 **upe**	将以上对等体指定为自己的 UPE
	发布 VPN 实例的缺省路由	
7	**peer** *ipv4-address* **default-originate vpn-instance** *vpn-instance-name* 例如，[Huawei-bgp-af-vpnv4] **peer** 10.1.1.1 **default-originate vpn-instance** vpn1	向 UPE 发送指定 VPN 实例的缺省路由。**执行本命令后，不论本地路由表中是否存在缺省路由，SPE 都会向 UPE 发布一条下一跳地址为本地地址的缺省路由。** 使 UPE 上只须维护本地接入的 VPN 路由，所有远端路由都用这条缺省路由替代，减轻了 UPE 负担

步骤	命令	说明
7	**peer** *ipv4-address* **default-originate vpn-instance** *vpn-instance-name* 例如，[Huawei-bgp-af-vpnv4] **peer** 10.1.1.1 **default-originate vpn-instance** vpn1	【说明】在 UPE 上还可通过 **import-route**（BGP）或 **network**（BGP）方式引入缺省路由。如果通过本命令配置缺省路由，将抑制以上两个命令引入产生的缺省路由。缺省情况下，BGP 不向 VPNv4 对等体发布缺省路由，可用 **undo peer default-originate vpn-instance** 命令取消此配置

当 HoVPN 业务需要选择 TE 隧道，或者需要在多条隧道中进行负载分担来充分利用网络资源时，还需要配置隧道策略，具体参见 4.6 节。有关 MPLS TE 隧道的配置参见配套的《华为 MPLS 技术学习指南（第二版）》。

另外，在 UPE 上要配置 VPN 实例，绑定连接 CE 的接口，与 2.1.3 节介绍的 PE 上 VPN 实例的配置方法完全相同，参见即可。同时，UPE 与 SPE 之间要建立 MP-IBGP 或 MP-EBGP 对等体关系。

完成 HoVPN 配置后，使用 **display ip routing-table** 命令在 CE 上查看路由表，可发现本端 CE 上没有到对端 CE 接口网段的路由，但有一条下一跳为 UPE 的缺省路由。

4.2.4 HoVPN 配置示例

HoVPN 配置示例拓扑结构如图 4-14 所示。SPE 作为省网的 PE 设备，接入地市的 MPLS VPN。UPE 作为下层地市网络的 PE 设备，最终接入 VPN 用户，各 PE 均在同一 AS 域中。其中，UPE 的路由能力和转发性能较低，SPE 和 PE 较高，采用 HoVPN 方式的组网缓解了 UPE 的压力，实现 vpna 内用户间的相互访问。

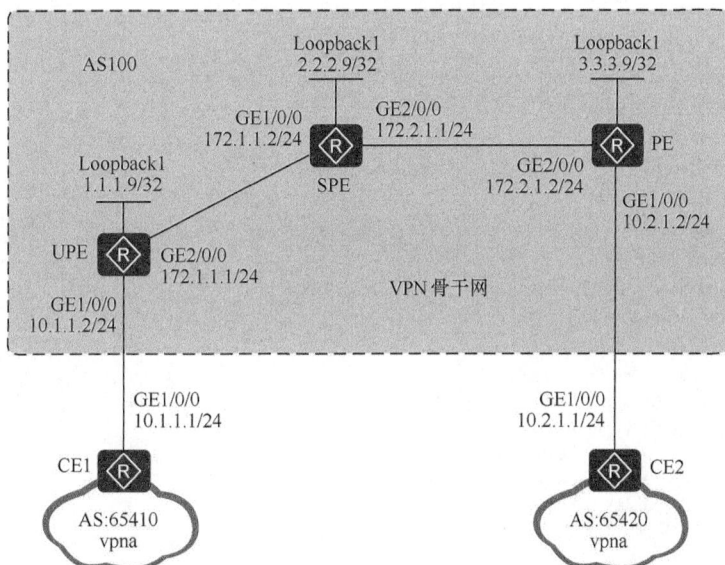

图 4-14　HoVPN 配置示例拓扑结构

1. 基本配置思路分析

本示例中各 Site 连接的是同一个运营商，因此，在配置上总体与第 2 章介绍的基本

BGP/MPLS IP VPN 的配置方法差不多，就是添加了 SPE 与 UPE 之间 MP-BGP 连接，以及配置 VPN 实例，交换 VPNv4 路由方面的配置，具体配置思路如下。

① 在骨干网各节点上配置各接口 IP 地址和 OSPF 路由，实现骨干网的三层互通。

② 在骨干网各节点全局及公网接口上使能 MPLS 和 LDP 能力，建立公网 MPLS LDP LSP 隧道。

③ 配置 UPE 与 SPE、SPE 与 PE 的 MP-IBGP 对等体关系，采用 Loopback1 接口建立 TCP 连接，并使能它们之间的交换 VPN 路由的能力。

④ 在 UPE 和 PE 上分别创建 VPN 实例，并与连接 CE 的接口绑定，配置该接口 IP 地址。

⑤ 配置 UPE、PE 与对应 CE 的 EBGP 对等体关系，并在 UPE 和 PE 上引入与直连 CE 间的直连路由。

⑥ 在 SPE 上创建 VPN 实例，指定 UPE 为自己的下层 PE（或称为用户层 PE），并向 UPE 发布 VPN 实例的缺省路由。

2. 具体配置步骤

① 在骨干网各节点上配置各接口 IP 地址和 OSPF 路由，实现骨干网的三层互通。

\#---UPE 上的配置如下。

```
<Huawei> system-view
[Huawei] sysname UPE
[UPE] interface loopback 1
[UPE-LoopBack1] ip address 1.1.1.9 32
[UPE-LoopBack1] quit
[UPE] interface gigabitethernet 2/0/0
[UPE-GigabitEthernet2/0/0] ip address 172.1.1.1 24
[UPE-GigabitEthernet2/0/0] quit
[UPE] ospf
[UPE-ospf-1] area 0
[UPE-ospf-1-area-0.0.0.0] network 1.1.1.9 0.0.0.0
[UPE-ospf-1-area-0.0.0.0] network 172.1.1.0 0.0.0.255
[UPE-ospf-1-area-0.0.0.0] quit
[UPE-ospf-1] quit
```

\#---SPE 上的配置如下。

```
<Huawei> system-view
[Huawei] sysname SPE
[SPE] interface loopback 1
[SPE-LoopBack1] ip address 2.2.2.9 32
[SPE-LoopBack1] quit
[SPE] interface gigabitethernet 1/0/0
[SPE-GigabitEthernet1/0/0] ip address 172.1.1.2 24
[SPE-GigabitEthernet1/0/0] quit
[SPE] interface gigabitethernet 2/0/0
[SPE-GigabitEthernet2/0/0] ip address 172.2.1.1 24
[SPE-GigabitEthernet2/0/0] quit
[SPE] ospf
[SPE-ospf-1] area 0
[SPE-ospf-1-area-0.0.0.0] network 2.2.2.9 0.0.0.0
[SPE-ospf-1-area-0.0.0.0] network 172.1.1.0 0.0.0.255
[SPE-ospf-1-area-0.0.0.0] network 172.2.1.0 0.0.0.255
[SPE-ospf-1-area-0.0.0.0] quit
[SPE-ospf-1] quit
```

#---PE 上的配置如下。

```
<Huawei> system-view
[Huawei] sysname PE
[PE] interface loopback 1
[PE-LoopBack1] ip address 3.3.3.9 32
[PE-LoopBack1] quit
[PE] interface gigabitethernet 2/0/0
[PE-GigabitEthernet2/0/0] ip address 172.2.1.2 24
[PE-GigabitEthernet2/0/0] quit
[PE] ospf
[PE-ospf-1] area 0
[PE-ospf-1-area-0.0.0.0] network 3.3.3.9 0.0.0.0
[PE-ospf-1-area-0.0.0.0] network 172.2.1.0 0.0.0.255
[PE-ospf-1-area-0.0.0.0] quit
[PE-ospf-1] quit
```

完成以上配置后，UPE、SPE、PE 之间应能建立 OSPF 邻居关系，执行 **display ospf peer** 命令可以看到邻居状态为 Full。执行 **display ospf routing** 命令，由此可以看到 PE 之间学习到对方的 Loopback1 接口 IP 地址所在网段的 OSPF 路由。在 SPE 上执行 **display ospf peer** 和 **display ospf routing** 命令的输出如图 4-15 所示。从图 4-15 中可以看出，SPE 与 UPE、PE 之间均建立了 OSPF 邻接关系，也已经学习到它们的 Loopback1 接口 IP 地址所在网段的 OSPF 路由。

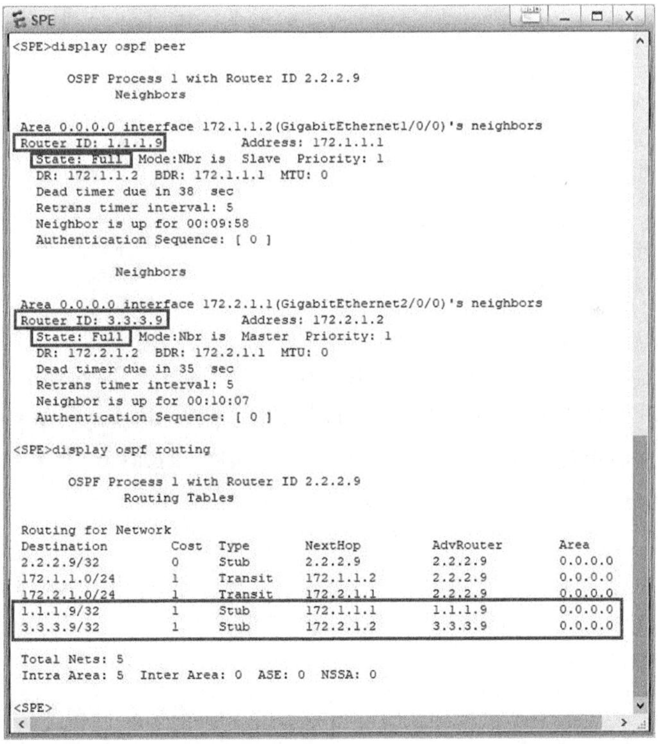

```
SPE
<SPE>display ospf peer

      OSPF Process 1 with Router ID 2.2.2.9
           Neighbors

 Area 0.0.0.0 interface 172.1.1.2(GigabitEthernet1/0/0)'s neighbors
 Router ID: 1.1.1.9          Address: 172.1.1.1
   State: Full  Mode:Nbr is  Slave  Priority: 1
   DR: 172.1.1.2  BDR: 172.1.1.1  MTU: 0
   Dead timer due in 38  sec
   Retrans timer interval: 5
   Neighbor is up for 00:09:58
   Authentication Sequence: [ 0 ]

           Neighbors

 Area 0.0.0.0 interface 172.2.1.1(GigabitEthernet2/0/0)'s neighbors
 Router ID: 3.3.3.9          Address: 172.2.1.2
   State: Full  Mode:Nbr is  Master  Priority: 1
   DR: 172.2.1.2  BDR: 172.2.1.1  MTU: 0
   Dead timer due in 35  sec
   Retrans timer interval: 5
   Neighbor is up for 00:10:07
   Authentication Sequence: [ 0 ]

<SPE>display ospf routing

      OSPF Process 1 with Router ID 2.2.2.9
           Routing Tables

 Routing for Network
 Destination        Cost  Type       NextHop         AdvRouter       Area
 2.2.2.9/32         0     Stub       2.2.2.9         2.2.2.9         0.0.0.0
 172.1.1.0/24       1     Transit    172.1.1.2       2.2.2.9         0.0.0.0
 172.2.1.0/24       1     Transit    172.2.1.1       2.2.2.9         0.0.0.0
 1.1.1.9/32         1     Stub       172.1.1.1       1.1.1.9         0.0.0.0
 3.3.3.9/32         1     Stub       172.2.1.2       3.3.3.9         0.0.0.0

 Total Nets: 5
 Intra Area: 5  Inter Area: 0  ASE: 0  NSSA: 0

<SPE>
```

图 4-15　在 SPE 上执行 **display ospf peer** 和 **display ospf routing** 命令的输出

② 骨干网各节点全局及公网接口上使能 MPLS 和 LDP 能力，建立公网 MPLS LDP LSP 隧道。

#---UPE 上的配置如下。

```
[UPE] mpls lsr-id 1.1.1.9
[UPE] mpls
[UPE-mpls] quit
[UPE] mpls ldp
[UPE-mpls-ldp] quit
[UPE] interface gigabitethernet 2/0/0
[UPE-GigabitEthernet2/0/0] mpls
[UPE-GigabitEthernet2/0/0] mpls ldp
[UPE-GigabitEthernet2/0/0] quit
```

#---SPE 上的配置如下。

```
[SPE] mpls lsr-id 2.2.2.9
[SPE] mpls
[SPE-mpls] quit
[SPE] mpls ldp
[SPE-mpls-ldp] quit
[SPE] interface gigabitethernet 1/0/0
[SPE-GigabitEthernet1/0/0] mpls
[SPE-GigabitEthernet1/0/0] mpls ldp
[SPE-GigabitEthernet1/0/0] quit
[SPE] interface gigabitethernet 2/0/0
[SPE-GigabitEthernet2/0/0] mpls
[SPE-GigabitEthernet2/0/0] mpls ldp
[SPE-GigabitEthernet2/0/0] quit
```

#---PE 上的配置如下。

```
[PE] mpls lsr-id 3.3.3.9
[PE] mpls
[PE-mpls] quit
[PE] mpls ldp
[PE-mpls-ldp] quit
[PE] interface gigabitethernet 2/0/0
[PE-GigabitEthernet2/0/0] mpls
[PE-GigabitEthernet2/0/0] mpls ldp
[PE-GigabitEthernet2/0/0] quit
```

完成以上配置后，在各 PE（包括 UPE、SPE 和 PE）上执行 **display mpls ldp session** 命令，由此可以看到相邻节点间已建立了 LDP 会话；执行 **display mpls ldp lsp** 命令，由此可以看到它们的 LDP LSP 的建立情况。在 SPE 上执行 **display mpls ldp session** 和 **display mpls ldp lsp** 命令的输出如图 4-16 所示。从图 4-16 中可以看出，SPE 已分别与 UPE 和 PE 建立了 LDP 会话，并且建立到达它们的 Ingress LDP LSP。

③ 配置 UPE 与 SPE、SPE 与 PE 的 MP-IBGP 对等体关系，采用 Loopback1 接口建立 TCP 连接，并使能它们之间的交换 VPN 路由的能力。

#---UPE 上的配置如下。

```
[UPE] bgp 100
[UPE-bgp] peer 2.2.2.9 as-number 100
[UPE-bgp] peer 2.2.2.9 connect-interface loopback 1
[UPE-bgp] ipv4-family vpnv4
[UPE-bgp-af-vpnv4] peer 2.2.2.9 enable    #---使能与 SPE 交换 VPN 路由的能力
[UPE-bgp-af-vpnv4] quit
[UPE-bgp] quit
```

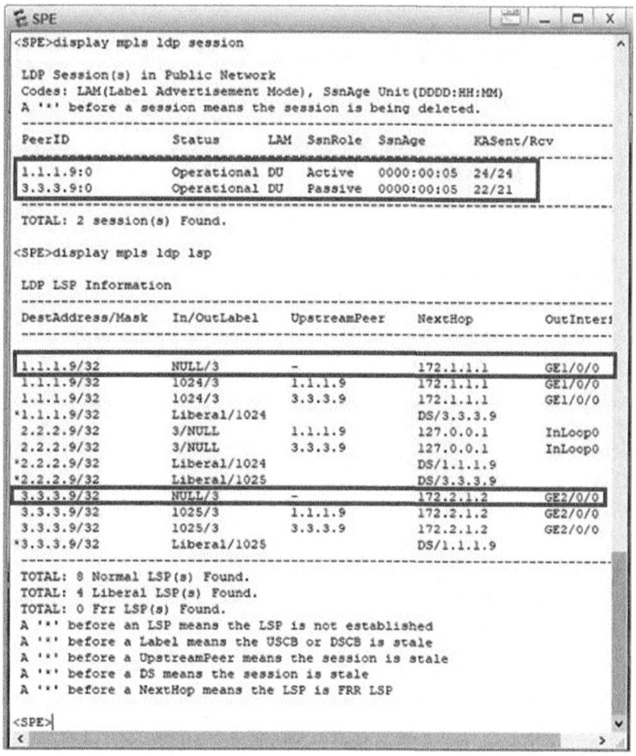

```
<SPE>display mpls ldp session

 LDP Session(s) in Public Network
 Codes: LAM(Label Advertisement Mode), SsnAge Unit(DDDD:HH:MM)
 A '*' before a session means the session is being deleted.
 ------------------------------------------------------------------------
 PeerID            Status       LAM  SsnRole  SsnAge       KASent/Rcv
 ------------------------------------------------------------------------
 1.1.1.9:0         Operational DU    Active   0000:00:05   24/24
 3.3.3.9:0         Operational DU    Passive  0000:00:05   22/21
 ------------------------------------------------------------------------
 TOTAL: 2 session(s) Found.

<SPE>display mpls ldp lsp

 LDP LSP Information
 ------------------------------------------------------------------------
 DestAddress/Mask   In/OutLabel    UpstreamPeer   NextHop        OutInter
 ------------------------------------------------------------------------
 1.1.1.9/32         NULL/3         -              172.1.1.1      GE1/0/0
 1.1.1.9/32         1024/3         1.1.1.9        172.1.1.1      GE1/0/0
 1.1.1.9/32         1024/3         3.3.3.9        172.1.1.1      GE1/0/0
*1.1.1.9/32         Liberal/1024                  DS/3.3.3.9
 2.2.2.9/32         3/NULL         1.1.1.9        127.0.0.1      InLoop0
 2.2.2.9/32         3/NULL         3.3.3.9        127.0.0.1      InLoop0
*2.2.2.9/32         Liberal/1024                  DS/1.1.1.9
*2.2.2.9/32         Liberal/1025                  DS/3.3.3.9
 3.3.3.9/32         NULL/3         -              172.2.1.2      GE2/0/0
 3.3.3.9/32         1025/3         1.1.1.9        172.2.1.2      GE2/0/0
 3.3.3.9/32         1025/3         3.3.3.9        172.2.1.2      GE2/0/0
*3.3.3.9/32         Liberal/1025                  DS/1.1.1.9
 ------------------------------------------------------------------------
 TOTAL: 8 Normal LSP(s) Found.
 TOTAL: 4 Liberal LSP(s) Found.
 TOTAL: 0 Frr LSP(s) Found.
 A '*' before an LSP means the LSP is not established
 A '*' before a Label means the USCB or DSCB is stale
 A '*' before a UpstreamPeer means the session is stale
 A '*' before a DS means the session is stale
 A '*' before a NextHop means the LSP is FRR LSP

<SPE>
```

图 4-16 在 SPE 上执行 **display mpls ldp session** 和 **display mpls ldp lsp** 命令的输出

#---SPE 上的配置如下。

```
[SPE] bgp 100
[SPE-bgp] peer 1.1.1.9 as-number 100
[SPE-bgp] peer 1.1.1.9 connect-interface loopback 1
[SPE-bgp] peer 3.3.3.9 as-number 100
[SPE-bgp] peer 3.3.3.9 connect-interface loopback 1
[SPE-bgp] ipv4-family vpnv4
[SPE-bgp-af-vpnv4] peer 1.1.1.9 enable
[SPE-bgp-af-vpnv4] peer 3.3.3.9 enable
[SPE-bgp-af-vpnv4] quit
[SPE-bgp] quit
```

#---PE 上的配置如下。

```
[PE] bgp 100
[PE-bgp] peer 2.2.2.9 as-number 100
[PE-bgp] peer 2.2.2.9 connect-interface loopback 1
[PE-bgp] ipv4-family vpnv4
[PE-bgp-af-vpnv4] peer 2.2.2.9 enable
[PE-bgp-af-vpnv4] quit
[PE-bgp] quit
```

④ 在 UPE 和 PE 上分别创建 VPN 实例，与连接 CE 的接口绑定，配置该接口的 IP 地址。相同 VPN 的 VPN Target 属性值要匹配，在此均配置为 1∶1。

#---UPE 上的配置如下。

```
[UPE] ip vpn-instance vpna
[UPE-vpn-instance-vpna] ipv4-family
```

```
[UPE-vpn-instance-vpna-af-ipv4] route-distinguisher 100:1
[UPE-vpn-instance-vpna-af-ipv4] vpn-target 1:1
[UPE-vpn-instance-vpna-af-ipv4] quit
[UPE-vpn-instance-vpna] quit
[UPE] interface gigabitethernet 1/0/0
[UPE-GigabitEthernet1/0/0] ip binding vpn-instance vpna
[UPE-GigabitEthernet1/0/0] ip address 10.1.1.2 24
[UPE-GigabitEthernet1/0/0] quit
```

#---PE 上的配置如下。

```
[PE] ip vpn-instance vpna
[PE-vpn-instance-vpna] ipv4-family
[PE-vpn-instance-vpna-af-ipv4] route-distinguisher 100:2
[PE-vpn-instance-vpna-af-ipv4] vpn-target 1:1
[PE-vpn-instance-vpna-af-ipv4] quit
[PE-vpn-instance-vpna] quit
[PE] interface gigabitethernet 1/0/0
[PE-GigabitEthernet1/0/0] ip binding vpn-instance vpna
[PE-GigabitEthernet1/0/0] ip address 10.2.1.2 24
[PE-GigabitEthernet1/0/0] quit
[PE] bgp 100
[PE-bgp] ipv4-family vpn-instance vpna
[PE-bgp-vpna] peer 10.2.1.1 as-number 65420
[PE-bgp-vpna] import-route direct
[PE-bgp-vpna] quit
[PE-bgp] quit
```

完成以上配置后，在 UPE 和 PE 上执行 **display ip vpn-instance verbose** 命令，由此可以看到 VPN 实例的配置情况。在 UPE 上执行 **display ip vpn-instance verbose** 命令的输出如图 4-17 所示。

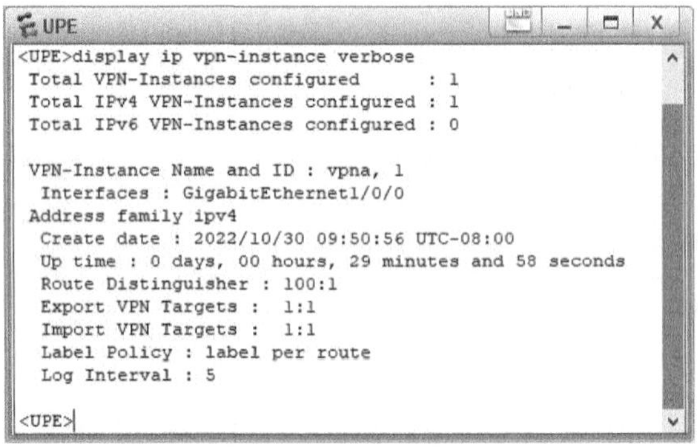

图 4-17   在 UPE 上执行 **display ip vpn-instance verbose** 命令的输出

⑤ 配置 UPE、PE 与对应 CE 的 EBGP 对等体关系，并在 UPE 和 PE 上引入与直边 CE 间的直连路由。

#---UPE 上的配置如下。

```
[UPE] bgp 100
[UPE-bgp] ipv4-family vpn-instance vpna
[UPE-bgp-vpna] peer 10.1.1.1 as-number 65410
[UPE-bgp-vpna] import-route direct
[UPE-bgp-vpna] quit
[UPE-bgp] quit
```

#---CE1 上的配置如下。

```
<Huawei> system-view
[Huawei] sysname CE1
[CE1] interface gigabitethernet 1/0/0
[CE1-GigabitEthernet1/0/0] ip address 10.1.1.1 24
[CE1-GigabitEthernet1/0/0] quit
[CE1] bgp 65410
[CE1-bgp] peer 10.1.1.2 as-number 100
[CE1-bgp] quit
```

#---PE 上的配置如下。

```
[PE] bgp 100
[PE-bgp] ipv4-family vpn-instance vpna
[PE-bgp-vpna] peer 10.2.1.1 as-number 65420
[PE-bgp-vpna] import-route direct
[PE-bgp-vpna] quit
[PE-bgp] quit
```

#---CE2 上的配置如下。

```
<Huawei> system-view
[Huawei] sysname CE2
[CE2] interface gigabitethernet 1/0/0
[CE2-GigabitEthernet1/0/0] ip address 10.2.1.1 24
[CE2-GigabitEthernet1/0/0] quit
[CE2] bgp 65420
[CE2-bgp] peer 10.2.1.2 as-number 100
[CE2-bgp] import-route direct
[CE2-bgp] quit
```

⑥ 在 SPE 上配置 VPN 实例，指定 UPE，并向 UPE 发布 VPN 实例的缺省路由，所配置的 VPN Target 属性值也要与 UPE 上的配置匹配，SPE 上的配置如下。

```
[SPE] ip vpn-instance vpna
[SPE-vpn-instance-vpna] ipv4-family
[SPE-vpn-instance-vpna-af-ipv4] route-distinguisher 200:1
[SPE-vpn-instance-vpna-af-ipv4] vpn-target 1:1
[SPE-vpn-instance-vpna-af-ipv4] quit
[SPE-vpn-instance-vpna] quit
[SPE] bgp 100
[SPE-bgp] ipv4-family vpnv4
[SPE-bgp-af-vpnv4] peer 1.1.1.9 upe    #---指定 UPE
[SPE-bgp-af-vpnv4] peer 1.1.1.9 default-originate vpn-instance vpna    #---向 UPE 发布 vpna 实例缺省路由
[SPE-bgp-af-vpnv4] quit
[SPE-bgp] quit
```

3. 配置结果验证

完成以上配置后，可进行以下配置结果验证。

① 在各 CE 上执行 **display ip routing-table** 命令，由此可以查看到达对端 CE 的 IP 路由表，从中可以发现 CE1 上没有到 CE2 10.2.1.0/24 网段的路由，但有一条下一跳为 UPE（10.1.1.2）的缺省路由，在 CE1 上执行 **display ip routing-table** 命令的输出如图 4-18 所示。CE2 上有到 CE1 10.1.1.0/24 网段的 EBGP 路由，在 CE2 上执行 **display ip routing-table** 命令的输出如图 4-19 所示。

② 在 UPE 上执行 **display bgp vpnv4 all routing-table** 命令的输出如图 4-20 所示。由图 4-20 可以看到有一条 VPN 实例 vpna 的缺省路由，下一跳为 SPE。

```
CE1
<CE1>display ip routing-table
Route Flags: R - relay, D - download to fib
------------------------------------------------------------------------------
Routing Tables: Public
         Destinations : 8        Routes : 8

Destination/Mask    Proto   Pre  Cost      Flags NextHop         Interface

        0.0.0.0/0   EBGP    255  0           D   10.1.1.2        GigabitEthernet
1/0/0
       10.1.1.0/24  Direct  0    0           D   10.1.1.1        GigabitEthernet
1/0/0
       10.1.1.1/32  Direct  0    0           D   127.0.0.1       GigabitEthernet
1/0/0
     10.1.1.255/32  Direct  0    0           D   127.0.0.1       GigabitEthernet
1/0/0
      127.0.0.0/8   Direct  0    0           D   127.0.0.1       InLoopBack0
      127.0.0.1/32  Direct  0    0           D   127.0.0.1       InLoopBack0
127.255.255.255/32  Direct  0    0           D   127.0.0.1       InLoopBack0
255.255.255.255/32  Direct  0    0           D   127.0.0.1       InLoopBack0

<CE1>
```

图 4-18　在 CE1 上执行 **display ip routing-table** 命令的输出

```
CE2
<CE2>display ip routing-table
Route Flags: R - relay, D - download to fib
------------------------------------------------------------------------------
Routing Tables: Public
         Destinations : 8        Routes : 8

Destination/Mask    Proto   Pre  Cost      Flags NextHop         Interface

       10.1.1.0/24  EBGP    255  0           D   10.2.1.2        GigabitEthernet
1/0/0
       10.2.1.0/24  Direct  0    0           D   10.2.1.1        GigabitEthernet
1/0/0
       10.2.1.1/32  Direct  0    0           D   127.0.0.1       GigabitEthernet
1/0/0
     10.2.1.255/32  Direct  0    0           D   127.0.0.1       GigabitEthernet
1/0/0
      127.0.0.0/8   Direct  0    0           D   127.0.0.1       InLoopBack0
      127.0.0.1/32  Direct  0    0           D   127.0.0.1       InLoopBack0
127.255.255.255/32  Direct  0    0           D   127.0.0.1       InLoopBack0
255.255.255.255/32  Direct  0    0           D   127.0.0.1       InLoopBack0

<CE2>
```

图 4-19　在 CE2 上执行 **display ip routing-table** 命令的输出

```
UPE
<UPE>display bgp vpnv4 all routing-table


 BGP Local router ID is 1.1.1.9
 Status codes: * - valid, > - best, d - damped,
               h - history,  i - internal, s - suppressed, S - Stale
               Origin : i - IGP, e - EGP, ? - incomplete


 Total number of routes from all PE: 2
 Route Distinguisher: 100:1


      Network            NextHop        MED        LocPrf    PrefVal Path/Ogn

 *>   10.1.1.0/24        10.1.1.1       0                     0      65410?

 Route Distinguisher: 200:1


      Network            NextHop        MED        LocPrf    PrefVal Path/Ogn

 *>i  0.0.0.0            2.2.2.9        0          100        0      i

 VPN-Instance vpna, Router ID 1.1.1.9:

 Total Number of Routes: 2
      Network            NextHop        MED        LocPrf    PrefVal Path/Ogn

 *>i  0.0.0.0            2.2.2.9        0          100        0      i
      10.1.1.0/24        10.1.1.1       0                     0      65410?
<UPE>
```

图 4-20　在 UPE 上执行 **display bgp vpnv4 all routing-table** 命令的输出

③ 在 CE1 与 CE2 之间进行 ping 测试，发现是通的。CE1 成功 ping 通 CE2 的结果如图 4-21 所示。

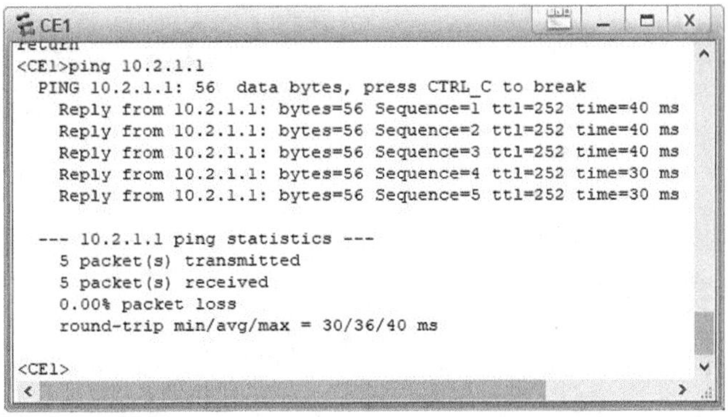

图 4-21　CE1 成功 ping 通 CE2 的结果

4.3　MCE 配置与管理

多实例 CE（Multi-VPN-Instance CE，MCE）是一种可承担多个 VPN 实例的路由器角色。具备 MCE 功能的设备可以连接多个 Site，然后把所接入的多个 Site 集中连接在一个 PE 上，这样用户就不需要为每个 VPN 实例配备一个 CE，减少用户网络设备的投入。

4.3.1　MCE 的产生背景

传统的 BGP/MPLS IP VPN 架构要求每个 VPN 实例单独使用一个 CE 与 PE 相连。但随着用户业务的不断细化和安全需求的提高，很多情况下，一个用户网络内的用户需要建立多个 VPN，并且要求不同 VPN 用户间的业务完全隔离。此时，为每个 VPN 单独配置一个 CE 将增加用户的设备开支和维护成本，而多个 VPN 共用一个 CE，使用同一个 VRF（在 CE 上无须配置 VPN 实例，所有路由均在同一个 IP 路由表中），又无法保证数据的安全性。使用 MCE 技术后，就可以有效解决前面所提到的多 VPN 带来的数据安全与网络成本之间的矛盾。

MCE 是将 PE 的部分功能扩展到 CE，通过将不同的接口与 VPN 实例绑定，并为每个 VPN 实例创建和维护独立的 VRF，能够隔离私网内不同 VPN 的报文转发路径。正因如此，MCE 与普通的 CE 最大的区别就是，MCE 上需要配置 VPN 实例，这样可以做到不同 VPN 的 VRF 相互隔离，而普通的 CE 不能创建 VPN 实例，无法做到不同 VPN 的路由表隔离。

部署 MCE 前的组网结构如图 4-22 所示。用户网络中每个 VPN 实例分别通过一个独立的 CE 与 PE 连接。部署 MCE 后的组网结构如图 4-23 所示。各用户 VPN 不需要配备独立的 CE，只须部署一个 MCE 即可实现多 VPN 的集中连接。

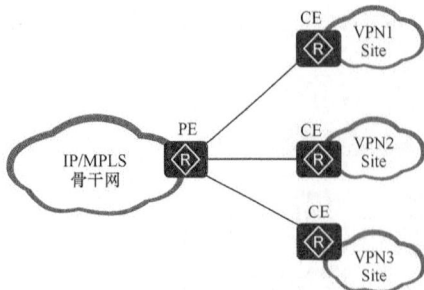

图 4-22 部署 MCE 前的组网结构

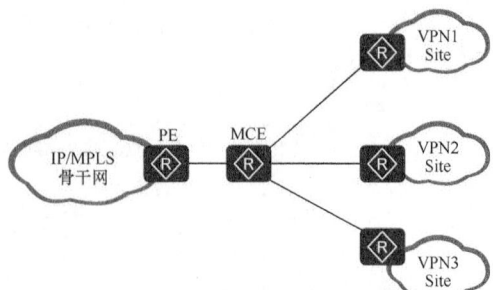

图 4-23 部署 MCE 后的组网结构

4.3.2 MCE 的实现原理

在 MCE 中，PE 上都需要创建并配置 VPN 实例，在连接 MCE 的 PE 上因为要支持多 VPN 实例，所以要在该 PE 上通过多个物理接口或子接口与 MCE 连接，每个接口或子接口绑定 MCE 的一个物理接口或子接口。MCE 也需要创建并配置 VPN 实例，并且在双向接口上与对应 VPN 实例绑定。在接收来自所连 CE 的路由信息时，根据接收接口所绑定的 VPN 实例，将路由信息添加到对应 VPN 实例的路由表中。在接收来自直连 PE 发布的对端 VPN 路由时，也会根据在 MCE 连接 PE 的物理接口或子接口所绑定的对应 VPN 实例，将 VPN 路由添加到对应的 VPN 实例的路由表中。

在 MCE 的实现中，MCE 涉及与直连 PE 和 CE 两个方面的路由信息交换。

（1）MCE 与 Site（普通 CE）间的路由交换

MCE 与 Site 间的路由交换配置方法与基本 BGP/MLPS IP VPN 中的 PE 与 CE 间的路由交换配置方法一样，可以是任意一种路由方式。

① 如果采用静态路由，则可以通过静态路由与 VPN 实例绑定的功能，将各 VPN 之间的静态路由隔离，解决不同 VPN 实例间的地址空间重叠问题。

② 如果采用 RIP、OSPF 或者 IS-IS 之类的 IGP 路由，需要将对应的 IGP 路由进程与 VPN 实例绑定，实现在 MCE 上不同 VPN 实例路由的隔离。

③ 如果采用 BGP 路由，需要在 MCE 上为每个 VPN 实例配置 BGP 对等体，并引入相应 VPN 实例内的 IGP 路由信息。

（2）MCE 与 PE 间的路由交换

由于在 MCE 上已经将路由信息与具体的 VPN 实例绑定，而且在 MCE 与 PE 之间，通过接口区分 VPN 实例的报文，所以 MCE 与 PE 之间只需要进行简单的路由配置，并将 MCE 的 VPN 路由引入 MCE 与 PE 间的路由进程中，即可实现不同 VPN 中的私网路由信息以相互隔离方式传播。

MCE 与 PE 之间可以使用静态路由、RIP、OSPF、IS-IS 或 BGP 交换路由信息。

4.3.3 配置 MCE 与 Site 间的路由

在 MCE 配置中，PE 和 MCE 上 VPN 实例的配置方法与基本 BGP/MPLS IP VPN 中 PE 上的 VPN 实例配置方法基本一样，主要是添加了 MCE 与 Site，以及 MCE 和 PE 间的路由配置。本节先介绍 MCE 与 Site 之间的路由配置。

在配置 MCE 之前，需要完成以下任务。

- 在 MCE 及其接入的 PE 上配置 VPN 实例（每个业务配置一个 VPN 实例）。
- 配置局域网相关接口的链路层协议和网络层协议，将局域网接入 MCE 上。每个业务使用一个接口接入 MCE。
- 在 MCE 的每个接口及 PE 接入 MCE 的子接口上都绑定相应的 VPN 实例，并配置 IP 地址。

MCE 与 Site 之间的路由协议可以是静态路由、RIP、OSPF、IS-IS 或 BGP。根据实际情况选择其一，在 Site 设备上只需要正常配置路由协议即可，不需要特殊配置。

1. 配置 MCE 和 Site 间使用静态路由

如果 MCE 与 Site 间使用静态路由连接，则在 MCE 上通过 **ip route-static vpn-instance** *vpn-source-name destination-address* { *mask* | *mask-length* } { *nexthop-address* [**public**] | *interface-type interface-number* [*nexthop-address*] } [**preference***preference* | **tag** *tag*]命令为每个 VPN 实例配置一条去往 Site 的静态路由。Site 端进行普通的静态路由配置即可。

2. 配置 MCE 和 Site 间使用 RIP 路由

如果 MCE 与 Site 间决定采用 RIP 路由，则在 MCE 上为每个 VPN 实例配置 RIP 路由，而在 Site 上配置普通的 RIP 路由。在 MCE 上的 RIP 路由的配置步骤见表 4-4。

表 4-4　在 MCE 上的 RIP 路由的配置步骤

步骤	命令	说明
1	**system-view**	进入系统视图
2	**rip** *process-id* **vpn-instance** *vpn-instance-name* 例如，[Huawei] **rip** 100 **vpn-instance** vpna	创建 MCE 与 Site 间的 RIP 实例，并进入 RIP 视图。 • *process-id*：指定 RIP 进程号，整数形式，取值范围为 1～65535，缺省值是 1。 • *vpn-instance-name*：指定 VPN 实例名，字符串形式，区分大小写，不支持空格，长度范围为 1～31。当输入的字符串两端使用双引号时，可在字符串中输入空格。必须与 MCE 上创建的 VPN 实例名对应。 【注意】一个 RIP 进程只能属于一个 VPN 实例，不同 VPN 实例使用的 RIP 进程号必须不同。如果在启动 RIP 进程时不绑定到 VPN 实例，则该进程属于公网进程，属于公网的 RIP 进程不能再绑定到 VPN 实例。 缺省情况下，不使能 RIP 进程，可用 **undo rip** *process-id* 命令使能指定的 RIP 进程
3	**network** *network-address* 例如，[Huawei-rip-100] **network** 10.0.0.0	在 VPN 实例绑定的接口所在网段运行 RIP。参数 *network-address* 用来指定使能 RIP 的网络地址，即绑定对应的 VPN 实例的接口 IP 地址对应的自然网段地址。 缺省情况下，对指定网段没有使能 RIP 路由，可用 **undo network** *network-address* 命令对指定网段接口使能 RIP 路由
4	**import-route** { { **static** | **direct** | **unr** } | { **rip** | **ospf** | **isis** } [*process-id*] } [**cost** *cost* | **route-policy***route-policy-name*] 例如，[Huawei-rip-100] **import-route isis** 7 **cost** 7 或 **import-route bgp** [**cost** { *cost* | **transparent** } | **route-policy** *route-policy-name*] 例如，[Huawei-rip-100] **import-route bgp cost** 7	（可选）引入由 PE 发布的远端 Site 的路由。上面这条命令可用来引入由 PE 发布的远端 Site 的静态路由 Static、直连路由 direct、用户网络路由 unr、其他进程 RIP 路由、OSPF 路由和 IS-IS 路由到本地 RIP 进程中；下面这条命令可用来引入由 PE 发布的远端 Site 的 BGP 路由到本 RIP 路由进程中

续表

步骤	命令	说明
4	**import-route** { { **static** | **direct** | **unr** } | { **rip** | **ospf** | **isis** } [*process-id*] } [**cost** *cost* | **route-policy** *route-policy-name*] 例如，[Huawei-rip-100] **import-route isis** 7 **cost** 7 或 **import-route bgp** [**cost** { *cost* | **transparent** } | **route-policy** *route-policy-name*] 例如，[Huawei-rip-100] **import-route bgp cost** 7	• *process-id*：可选参数，指定要引入的 RIP、OSPF 或 IS-IS 路由的进程号，整数形式，取值范围为 1～65535，缺省为 1。 • **cost** *cost*：可多选参数，指定引入为 RIP 路由后的开销值，整数形式，取值范围为 0～15。 • **transparent**：二选一选项，引入路由的开销值为 BGP 路由的 MED 值，只在引入 BGP 路由时有效。 • **route-policy** *route-policy-name*：可多选参数，指定引入路由时指定路由策略名称，用来根据路由策略为引入的 RIP 路由分配开销。 【说明】在本 VPN 实例中，如果 MCE 和 PE 之间使用的是其他路由协议，则都需要执行本步骤，否则本端 Site 无法学习到远端 Site 的私网路由。但如果 MCE 与 PE 之间使用的是相同进程的 RIP 路由，则不需要本步骤配置。 缺省情况下，不从其他路由协议引入路由，可用 **undo import-route** { { **static** | **direct** | **bgp** | **unr** } | { { **rip** | **ospf** | **isis** } [*process-id*] } }命令取消从其他路由协议引入路由

3. 配置 MCE 和 Site 间使用 OSPF 路由

　　如果 MCE 与 Site 间决定采用 OSPF 路由，则在 MCE 上为每个 VPN 实例配置 OSPF 路由，而在 Site 上配置普通的 OSPF 路由。在 MCE 上的 OSPF 路由的配置步骤见表 4-5。

表 4-5　在 MCE 上的 OSPF 路由的配置步骤

步骤	命令	说明
1	**system-view**	进入系统视图
2	**ospf** [*process-id* | **router-id** *router-id*] * **vpn-instance** *vpn-instance-name* 例如，[Huawei] **ospf** 100 **router-id** 10.10.10.1 **vpn-instance** vpna	创建 MCE 与 Site 间的 OSPF 实例，并进入 OSPF 视图。 • *process-id*：可多选参数，指定创建的 OSPF 路由进程号，整数形式，取值范围为 1～65535，缺省值是 1。 • **router-id** *router-id*：可多选参数，指定路由器的 Router ID，点分十进制格式。如果没有通过命令指定 Router ID，系统会从当前接口的 IP 地址中自动选取一个作为设备的 Router ID。其选择顺序是：优先从 Loopback 地址中选择最大的 IP 地址作为设备的 Router ID，如果没有配置 Loopback 接口，则在接口地址中选取最大的 IP 地址作为设备的 Router ID。 • **vpn-instance** *vpn-instance-name*：指定 VPN 实例名，字符串形式，区分大小写，不支持空格，长度范围为 1～31。当输入的字符串两端使用双引号时，可在字符串中输入空格，必须与 MCE 上创建的 VPN 实例名对应。 【注意】一个 OSPF 进程只能属于一个 VPN 实例，不同 VPN 实例所使用的 OSPF 进程号必须不同。如果在启动 OSPF 进程时不绑定到 VPN 实例，则该进程属于公网进程。属于公网的 OSPF 进程不能再绑定到 VPN 实例。 缺省情况下，系统不运行 OSPF，即不运行 OSPF 进程，可用 **undo ospf** *process-id* 命令关闭 OSPF 进程

续表

步骤	命令	说明
3	**import-route** { **bgp** [**permit-ibgp**] | **direct** | **unr** | **rip** [*process-id-rip*] | **static** | **isis** [*process-id-isis*] | **ospf** [*process-id-ospf*] } [**cost** *cost* | **type** *type* | **tag** *tag* | **route-policy** *route-policy-name*] 例如，[Huawei-ospf-100] **import-route rip** 40 **type** 2 **tag** 33 **cost** 50	（可选）引入由 PE 发布的远端 Site 的静态路由 Static、直连路由 direct、用户网络路由 unr、RIP、其他进程 OSPF、IS-IS 或 BGP 路由到本地 OSPF 进程中。 • *process-id-rip*：可选参数，当引入的是 RIP、OSPF 或 IS-IS 路由，可指定所引入的这些路由对应的进程号，整数形式，取值范围为 1～65535，缺省值是 1。 • **cost** *cost*：可多选参数，指定引入后的 OSPF 路由的开销值，整数形式，取值范围为 0～16777214，缺省值是 1。 • **type** *type*：可多选参数，指定引入后的 OSPF 路由的外部路由的类型，整数形式，取值为 1（第一类外部路由）或 2（第二类外部路由），缺省值是 2。 • **tag** *tag*：可多选参数，指定引入后的 OSPF 路由的路由标记，整数形式，取值范围为 0～4294967295，缺省值是 1。 • **route-policy** *route-policy-name*：可多选参数，指定用于过滤被引入路由的路由策略名，使仅符合条件路由才能被引入本地 OSPF 路由进程中。 【说明】在本 VPN 实例中，如果 MCE 和 PE 之间使用的是其他路由协议或其他进程 OSPF 路由，则都需要执行本步骤，否则，本端 Site 无法学习到远端 Site 的私网路由。但如果 MCE 与 PE 之间使用的是相同进程的 OSPF 路由，则不需要进行本步配置。 缺省情况下，不引入其他协议的路由信息，可用 **undo import-route** { **limit** | **bgp** | **direct** | **unr** | **rip** [*process-id-rip*] | **static** | **isis** [*process-id-isis*] | **ospf** [*process-id-ospf*] } 命令删除引入的外部路由信息
4	**area** *area-id* 例如，[Huawei-ospf-100] **area** 0	创建 OSPF 区域，进入 OSPF 区域视图。参数 *area-id* 用来指定区域 ID。其中，*area-id* 是 0 的称为骨干区域，可以是十进制整数或点分十进制格式。采取整数形式时，取值范围为 0～4294967295。单区域的 OSPF 网络区域 ID 任意。 缺省情况下，系统未创建 OSPF 区域，可用 **undo area** *area-id* 命令删除指定区域，删除一个区域后，其下面的所有配置都将同时被删除
5	**network** *ip-address wildcard-mask* 例如，[Huawei-ospf-100-area-0.0.0.0] **network** 10.1.1.0 0.0.0.255	在 VPN 实例绑定的接口所在网段运行 OSPF。 • *ip-address*：接口所在的网络地址。 • *wildcard-mask*：指定通配符掩码，不完全等于反掩码，具体说明参见《华为路由器学习指南（第二版）》。 缺省情况下，此接口不属于任何区域，可用 **undo network** *network-address wildcard-mask* 命令删除运行 OSPF 的接口

4. 配置 MCE 和 Site 间使用 IS-IS

如果 MCE 与 Site 间决定采用 IS-IS，则在 MCE 上为每个 VPN 实例配置 IS-IS 路由，而在 Site 上配置普通的 IS-IS 路由。在 MCE 上的 IS-IS 路由的配置步骤见表 4-6。

表 4-6　在 MCE 上的 IS-IS 路由的配置步骤

步骤	命令	说明
1	**system-view**	进入系统视图
2	**isis** *process-id* **vpn-instance** *vpn-instance-name* 例如，[Huawei] **isis 1 vpn-instance** vrf1	创建 MCE 与 Site 间的 IS-IS 实例，并进入 IS-IS 视图。参数 *process-id* 用来指定所创建的 IS-IS 进程号，整数形式，取值范围为 1～65535，缺省值是 1。 一个 IS-IS 进程只能属于一个 VPN 实例。如果在启动 IS-IS 进程时不绑定到 VPN 实例，则该进程属于公网进程，属于公网的 IS-IS 进程不能再绑定到 VPN 实例。 缺省情况下，未使能 IS-IS 协议，可用 **undo isis** *process-id* 命令使能指定进程的 IS-IS 协议
3	**network-entity** *net* 例如，[Huawei-isis-1] **network-entity** 10.0001.1010.1020.1030.00	设置网络实体名称，格式为 X…X.XXXX.XXXX.XXXX.00，前面的 "X…X" 是区域地址，中间的 12 个 "X" 是路由器的 System ID，最后的 "00" 是 SEL。 缺省情况下，IS-IS 进程没有配置 NET，可用 **undo network-entity** *net* 命令删除 IS-IS 进程中指定的 NET
4	**import-route** { **direct** | **static** | **unr** | { **ospf** | **rip** | **isis** } [*process-id*] | **bgp** } [**cost-type** { **external** | **internal** } | **cost** *cost* | **tag** *tag* | **route-policy** *route-policy-name* | [**level-1** | **level-2** | **level-1-2**]] * 或 **import-route** { { **ospf** | **rip** | **isis** } [*process-id*] | **bgp** | **direct** | **unr** } **inherit-cost** [{ **level-1** | **level-2** | **level-1-2** } | **tag** *tag* | **route-policy** *route-policy-name*] * 例如，[Huawei-isis-1] **import-route ospf 1 level-1**	（可选）引入由 PE 发布的远端 Site 的静态路由 Static、直连路由 direct、用户网络路由 unr、RIP、OSPF、其他进程 IS-IS 或 BGP 路由到本地 OSPF 进程中。 • **cost-type** { **external** | **internal** }：可多选参数，指定引入外部路由的开销类型。缺省情况下为 external。此参数的配置会影响引入路由的 cost 值：当引入的路由开销类型配置为 **external** 时，路由 cost 值=指定引入路由的开销值（cost 值，缺省值为 0）+64；当引入的路由开销类型配置为 **internal** 时，路由 cost 值=指定引入路由的开销值（cost 值，缺省值 0）。 • **cost** *cost*：可多选参数，指定引入后的路由开销值，当路由器的 cost-style 为 wide 或 wide-compatible 时，引入路由的开销值取值范围为 0～4261412864，否则取值范围为 0～63，缺省值是 0。 • **tag** *tag*：可多选参数，指定引入后的路由标记号，整数形式，取值范围为 1～4294967295。 • **route-policy** *route-policy-name*：可多选参数，指定用于过滤引入其他路由的路由策略。 • [**level-1** | **level-2** | **level-1-2**]：可多选选项，指定将 BGP 路由引入 level-1、level-2，或同时引入 level-1、level-2 的路由表中。默认为 **level-2** 的路由表中。 • **inherit-cost**：表示引入外部路由时保留路由的原有开销值。当配置 IS-IS 保留引入路由的原有开销值时，将不能配置引入路由的开销类型和开销值。 【说明】在本 VPN 实例中，如果 MCE 和 PE 之间使用的是其他路由协议或其他进程 IS-IS 路由，则都需要执行本步骤，否则本端 Site 无法学习到远端 Site 的私网路由。但如果 MCE 与 PE 之间使用的是相同进程的 IS-IS 路由，则不需要进行本步配置

续表

步骤	命令	说明
4	**import-route** { **direct** | **static** | **unr** | { **ospf** | **rip** | **isis** } [*process-id*] | **bgp** } [**cost-type** { **external** | **internal** } | **cost** *cost* | **tag** *tag* | **route-policy** *route-policy-name* | [**level-1** | **level-2** | **level-1-2**]] * 或 **import-route** { { **ospf** | **rip** | **isis** } [*process-id*] | **bgp** | **direct** | **unr** } **inherit-cost** [{ **level-1** | **level-2** | **level-1-2** } | **tag** *tag* | **route-policy** *route-policy-name*] * 例如，[Huawei-isis-1] **import-route ospf** 1 **level-1**	缺省情况下，IS-IS 不引入其他路由协议的路由信息，可分别用 **undo import-route** { { **rip** | **isis** | **ospf** } [*process-id*] | **static** | **direct** | **unr** | **bgp** [**permit-ibgp**] } [**cost-type** { **external** | **internal** } | **cost** *cost* | **tag** *tag* | **route-policy** *route-policy-name* | [**level-1** | **level-2** | **level-1-2**]] 或 **undo import-route** { { **rip** | **isis** | **ospf** } [*process-id*] | **direct** | **unr** | **bgp** [**permit-ibgp**] } **inherit-cost** [**tag** *tag* | **route-policy** *route-policy-name* | [**level-1** | **level-2** | **level-1-2**]] 命令恢复为缺省情况
5	**quit**	返回系统视图
6	**interface** *interface-type interface-number* 例如，[Huawei] **interface** gigabitethernet 1/0/0	进入绑定 VPN 实例的 MCE 接口的接口视图
7	**isis enable** [*process-id*] 例如， [Huawei-GigabitEthernet1/0/0] **isis enable** 1	在以上接口上运行指定的 IS-IS 进程

5. 配置 MCE 和 Site 间使用 BGP 路由

如果 MCE 与 Site 间决定采用 BGP，则在 MCE 上要为每个 VPN 实例配置 BGP 路由，在 Site 上配置 BGP 路由。在 MCE 上的 BGP 路由的配置步骤见表 4-7，在 Site 上的 BGP 路由的配置步骤见表 4-8。

表 4-7　在 MCE 上的 BGP 路由的配置步骤

步骤	命令	说明
1	**system-view**	进入系统视图
2	**bgp** { *as-number-plain* | *as-number-dot* } 例如，[Huawei] **bgp** 200	进入 MCE 所在 AS 域的 BGP 视图
3	**ipv4-family vpn-instance** *vpn-instance-name* 例如，[Huawei-bgp] **ipv4-family vpn-instance** vpna	进入 BGP-VPN 实例 IPv4 地址族视图
4	**peer** *ipv4-address* **as-number** *as-number* 例如，[Huawei-bgp] **peer** 10.1.1.1 **as-number** 65510	将 Site 中和 MCE 相连的设备配置为 VPN 私网 EBGP 对等体
5	**import-route** *protocol* [*process-id*] [**med** *med* | **route-policy** *route-policy-name*] * 例如，[Huawei-bgp] **import-route rip** 1	（可选）引入由 PE 发布的远端 CE 的路由。在本 VPN 实例中，如果 MCE 和 PE 之间使用的是其他路由协议，则需要执行本步配置。 • *protocol*：指定可引入的路由协议和路由类型，支持 DIRECT、IS-IS、OSPF、RIP、STATIC、UNR。通常只须引入直连路由 DIRECT 即可。 • *process-id*：可选参数，指定当引入动态路由协议时，必须指定其进程号，整数形式，取值范围为 1～65535。 • **med** *med*：可多选参数，指定引入后的 BGP 路由的 MED 度量值，整数形式，取值范围为 0～4294967295

续表

步骤	命令	说明
5	**import-route** *protocol* [*process-id*] [**med** *med*	**route-policy** *route-policy-name*] * 例如，[Huawei-bgp] **import-route rip** 1	• **route-policy** *route-policy-name*：可多选参数，从其他路由协议引入路由时，可以使用该参数指定的 Route-Policy（路由策略）过滤器过滤路由和修改路由属性。 缺省情况下，BGP 未引入任何路由信息，可用 **undo import-route** *protocol* [*process-id*]命令恢复缺省配置

表 4-8　在 Site 上的 BGP 路由的配置步骤

步骤	命令	说明
1	**system-view**	进入系统视图
2	**bgp** { *as-number-plain*	*as-number-dot* } 例如，[Huawei] **bgp** 65510	进入 Site 所在 AS 域的 BGP 视图
3	**peer** *ipv4-address* **as-number** *as-number* 例如，[Huawei-bgp] **peer** 10.1.1.2 **as-number** 200	将 Site 中和 MCE 相连的设备配置为 VPN 私网 EBGP 对等体
4	**import-route** *protocol* [*process-id*] [**med** *med*	**route-policy** *route-policy-name*] * 例如，[Huawei-bgp] **import-route rip** 1	配置引入 VPN 内的 IGP 路由。Site 需要将自己所能到达的 VPN 网段地址发布给接入的 MCE。其他说明参见表 4-7 中的第 5 步

4.3.4　配置 MCE 与 PE 间的路由

MCE 与 PE 间的路由协议也可以是静态路由、RIP、OSPF、IS-IS 和 BGP。PE 上路由的配置方法与基本 BGP/MPLS IP VPN 组网中 PE 上路由的配置方法相同，参见 2.2 节。MCE 上的配置与 4.3.3 节介绍的 MCE 与 Site 间的路由交换中对应路由方式的配置方法类似，只存在细微的差别，具体介绍如下。

1. 配置 MCE 和 PE 间使用静态路由

如果 MCE 与 PE 间使用静态路由连接，则在 MCE 上通过 **ip route-static vpn-instance** *vpn-source-name destination-address* { *mask* | *mask-length* } {*nexthop-address* [**public**] | *interface-type interface-number* [*nexthop-address*] } [**preference** *preference* | **tag** *tag*] *命令为每个 VPN 实例配置一条去往 PE 的静态路由。

2. 配置 MCE 和 PE 间使用 RIP

如果 MCE 与 PE 间采用 RIP 动态路由协议，则在 MCE 上为每个 VPN 实例进行 RIP 路由配置。在 MCE 上的 RIP 路由的配置步骤见表 4-9。

表 4-9　在 MCE 上的 RIP 路由的配置步骤

步骤	命令	说明
1	**system-view**	进入系统视图
2	**rip** *process-id* **vpn-instance** *vpn-instance-name* 例如，[Huawei] **rip** 100 **vpn-instance** vpna	创建 MCE 与 PE 间的 RIP 实例，并进入 RIP 视图。其他说明参见 4.4.3 节表 4-1 中的第 2 步

续表

步骤	命令	说明
3	**network** *network-address* 例如，[Huawei-rip-100] **network** 10.0.0.0	在 VPN 实例绑定的接口所在网段运行 RIP。其他说明参见 4.4.3 节表 4-4 中的第 3 步
4	**import-route** { { **static** | **direct** | **unr** } | { **rip** | **ospf** | **isis** } [*process-id*] } [**cost** *cost* | **route-policy***route-policy-name*][*] 例如，[Huawei-rip-100] **import-route isis** 7 **cost** 7 或 **import-route bgp** [**cost** { *cost* | **transparent** } | **route-policy** *route-policy-name*][*] 例如，[Huawei-rip-100] **import-route bgp cost** 7	（可选）引入 Site 内的 VPN 路由到本地 RIP 路由进程中。在本 VPN 实例中，如果 MCE 和 Site 之间使用的是其他路由协议，需要发布 RIP 路由给 PE，则需要执行本步骤，否则远端 Site 无法学习到本端 Site 的私网路由。其他说明参见 4.4.3 节表 4-4 中的第 4 步

3. 配置 MCE 和 PE 间使用 OSPF 路由

如果 MCE 与 PE 间决定采用 OSPF 动态路由协议，则在 MCE 上为每个 VPN 实例进行 OSPF 路由配置。在 MCE 上的 OSPF 路由的配置步骤见表 4-10。

表 4-10　在 MCE 上的 OSPF 路由的配置步骤

步骤	命令	说明
1	**system-view**	进入系统视图
2	**ospf** [*process-id* | **router-id** *router-id*][*] **vpn-instance** *vpn-instance-name* 例如，[Huawei] **ospf** 100 **router-id** 10.10.10.1 **vpn-instance** vpna	创建 MCE 与 PE 间的 OSPF 实例，并进入 OSPF 视图。其他说明参见 4.4.3 节表 4-5 中的第 2 步
3	**import-route** { **bgp** [**permit-ibgp**] | **direct** | **unr** | **rip** [*process-id-rip*] | **static** | **isis** [*process-id-isis*] | **ospf** [*process-id-ospf*] } [**cost** *cost* | **type** *type* | **tag** *tag* | **route-policy** *route-policy-name*] * 例如，[Huawei-ospf-100] **import-route rip** 40 **type** 2 **tag** 33 **cost** 50	（可选）引入 Site 内的 VPN 路由到本地 OSPF 进程中。在本 VPN 实例中，如果 MCE 和 Site 之间使用的是其他路由协议或其他进程 OSPF 路由，则都需要执行本步骤，否则远端 Site 无法学习到本端 Site 的私网路由。其他说明参见 4.4.3 节表 4-5 中的第 3 步
4	**vpn-instance-capability simple** 例如，[Huawei-ospf-100] **vpn-instance-capability simple**	关闭 OSPF 实例的路由环路检测功能。 在 MCE 设备上部署 OSPF VPN 多实例时，在跨越了 MPLS/IP 骨干网之后一般都是 Type3、Type5 或 Type7 类型的 LSA（这些 LSA 对应的路由都属于汇聚类的路由），Type3、Type5 或 Type7 LSA 中的 DN Bit 缺省值置 1（其他 LSA 缺省值置 0），为了避免生成环路，OSPF 在进行路由计算时会忽略这部分 DN Bit 置 1 的 Type3、Type5 或 Type7 类 LSA。这样一来，MCE 不会接收 PE 发来的到达远端 Site 的私网路由。因此，这种情况下需要通过本命令配置取消 OSPF 路由环路检测功能，不检查 DN Bit 和 Route-tag 而直接计算出所有 OSPF 路由，Route- tag 的缺省值恢复为 1

续表

步骤	命令	说明
4	**vpn-instance-capability simple** 例如，[Huawei-ospf-100] **vpn-instance-capability simple**	【注意】配置本命令将会带来以下影响。 • 在 MCE 上配置本命令后，如果 OSPF 没有配置骨干区域 0，则该 MCE 不会成为 ABR。 • 配置本命令后，OSPF 进程不可以引入 IBGP 路由； • 配置本命令后，BGP 引入的 OSPF 路由中不会携带 OSPF Domain ID、OSPF Route-tag 和 OSPF Router ID。 • 缺省情况下，当 BGP 引入 OSPF 路由时，MED 值（MED 属性相当于 IGP 使用的度量值）为 OSPF 的 cost 值加 1。配置本命令后，cost 值不会加 1，即 MED 值变为 OSPF 的 cost 值。因此，会引起 BGP 引入 OSPF 路由的 MED 值变化，影响 BGP 选路。 缺省情况下，OSPF 实例的路由环路检测功能处于开启状态，可用 **undo vpn-instance-capability** 命令使能 DN 位检查，以防止发生路由环路
5	**area** *area-id* 例如，[Huawei-ospf-100] **area** 0	创建 OSPF 区域，进入 OSPF 区域视图。其他说明参见 4.4.3 表 4-5 中的第 4 步
6	**network** *ip-address wildcard-mask* 例如，[Huawei-ospf-100-area-0.0.0.0] **network** 10.1.1.0 0.0.0.255	在 VPN 实例绑定的接口所在网段运行 OSPF。其他说明参见 4.4.3 节表 4-5 中的第 5 步

4. 配置 MCE 和 PE 间使用 IS-IS 路由

如果 MCE 与 PE 间决定采用 IS-IS 动态路由协议，则在 MCE 上要为每个 VPN 实例进行 IS-IS 路由配置。在 MCE 上的 IS-IS 路由的配置步骤见表 4-11。

表 4-11　在 MCE 上的 IS-IS 路由的配置步骤

步骤	命令	说明
1	**system-view** 例如，<Huawei> **system-view**	进入系统视图
2	**isis** *process-id* **vpn-instance** *vpn-instance-name* 例如，[Huawei] **isis** 1 **vpn-instance** vrf1	创建 MCE 与 PE 间的 IS-IS 实例，并进入 IS-IS 视图。其他说明参见 4.4.3 节表 4-6 中的第 2 步
3	**network-entity** *net* 例如，[Huawei-isis-1] **network-entity** 10.0001.1010.1020.1030.00	设置网络实体名称，其他说明参见 4.4.3 节表 4-6 中的第 3 步
4	**import-route** { **direct** | **static** | **unr** | { **ospf** | **rip** | **isis** } [*process-id*] | **bgp** } [**cost-type** { **external** | **internal** } | **cost** *cost* | **tag** *tag* | **route-policy** *route-policy-name* | [**level-1** | **level-2** | **level-1-2**]]* 或 **import-route** { { **ospf** | **rip** | **isis** } [*process-id*] | **bgp** | **direct** | **unr** } **inherit-cost** [{ **level-1** | **level-2** | **level-1-2** } | **tag** *tag* | **route-policy** *route-policy-name*] * 例如，[Huawei-isis-1] **import-route ospf** 1 **level-1**	（可选）引入 Site 内 VPN 路由到本地 IS-IS 进程中。在本 VPN 实例中，如果 MCE 和 Site 之间使用的是其他路由协议或其他进程 IS-IS 路由，则都需要执行本步骤，否则本端 Site 的私网路由无法通过 PE 发布到远端 Site。其他说明参见 4.4.3 节表 4-6 中的第 4 步

续表

步骤	命令	说明
5	**Quit**	返回系统视图
6	**interface** *interface-type interface-number* 例如，[Huawei] **interface** gigabitethernet 1/0/0	进入绑定 VPN 实例的 MCE 接口的接口视图
7	**isis enable** [*process-id*] 例如，[Huawei-GigabitEthernet1/0/0] **isis enable** 1	在以上接口上运行指定的 IS-IS 进程

5. 配置 MCE 和 PE 间使用 BGP 路由

如果 MCE 与 PE 间决定采用 BGP 动态路由协议，则在 MCE 上为每个 VPN 实例进行 BGP 路由配置。在 MCE 上的 BGP 路由的配置步骤见表 4-12。

表 4-12　在 MCE 上的 BGP 路由的配置步骤

步骤	命令	说明
1	**system-view**	进入系统视图
2	**bgp** { *as-number-plain* | *as-number-dot* } 例如，[Huawei] **bgp** 65510	进入 MCE 所在 AS 域的 BGP 视图
3	**ipv4-family vpn-instance** *vpn-instance-name* 例如，[Huawei-bgp] **ipv4-family vpn-instance** vpna	进入 BGP-VPN 实例 IPv4 地址族视图
4	**peer** *ipv4-address* **as-number** *as-number* 例如，[Huawei-bgp] **peer** 10.1.1.1 **as-number** 200	将 PE 配置为 VPN 私网 EBGP 对等体
5	**import-route** *protocol* [*process-id*] [**med** *med* | **route-policy** *route-policy-name*] * 例如，[Huawei-bgp] **import-route** rip 1	（可选）引入由 PE 发布的远端 Site 的 VPN 路由。在本 VPN 实例中，如果 MCE 和 Site 之间使用的是其他路由协议，则需要执行本步骤，否则本端 Site 要学习远端 Site 的私网路由。其他说明参见 4.4.3 节表 4-7 中的第 5 步

以上配置完成后，使用 **display ip routing-table vpn-instance** *vpn-instance-name* [**verbose**]命令在多实例 CE 上查看 VPN 路由表，可看到对于每种业务，多实例 CE 上都有到本地所连站点及到远端站点的路由。

4.3.5　MCE 配置示例

MCE 配置示例的拓扑结构如图 4-24 所示，某公司需要通过 MPLS VPN 实现总部和分支机构间的互通，同时需要隔离两种不同的业务。PE1 与 CE1、CE2 之间采用 EBGP 连接，PE1 与 PE2 之间采用 MP-IBGP 连接，位于 AS100 中，PE2 与 MCE 之间采用 OSPF 连接，MCE 与 CE3、CE4 之间采用 RIP-2 连接。

为了节省开支，希望分支机构通过一个 CE 设备接入 PE。其中，CE1、CE2 连接总部，CE1 属于 vpna，CE2 属于 vpnb；MCE 连接分支，通过 CE3 和 CE4 分别连接 vpna 和

vpnb。现要求属于相同 VPN 的用户之间能互相访问，但属于不同 VPN 的用户之间不能互相访问，从而实现不同业务间隔离。

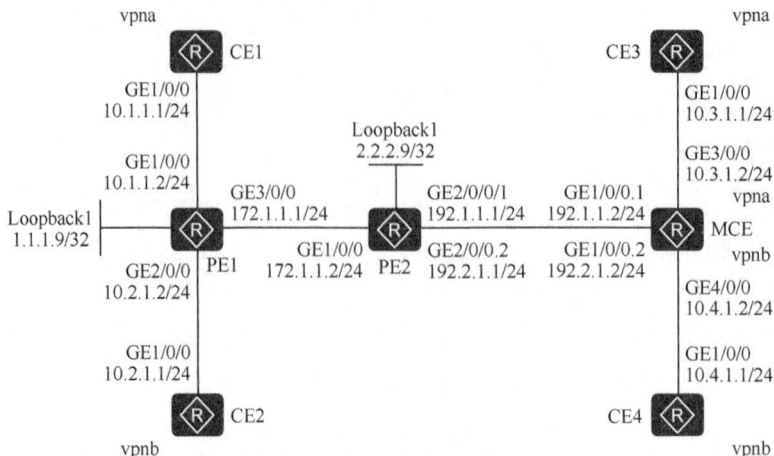

图 4-24　MCE 配置示例的拓扑结构

1. 基本配置思路分析

本示例是非跨域的 BGP/MPLS IP VPN，PE1 与 PE2 在同一 AS 域中，PE1 与 PE2 采用 MP-IBGP 连接，因此，总体上可以按照基本 BGP/MPLS IP VPN 来配置，唯一的区别是这里在分支机构中采用 MCE 作为两个分支的共同 CE。

在本示例中，要在 PE2 上创建并配置 VPN 实例，绑定连接 MCE 的对应接口（本示例采用以太网子接口），在 MCE 上创建并配置 VPN 实例，且要同时绑定连接普通 CE 的接口和连接 PE 的对应接口（本示例采用以太网子接口）。另外，PE2 与 MCE 之间采用的是 OSPF 连接，而 MCE 与 CE3、CE4 之间采用的是 RIP-2 的连接，因此，需要在 MCE 上配置 RIP 和 OSPF 路由的相互引入，这样才可以使 MCE 把本端所连接的企业分支 CE3、CE4 的私网路由发布给 PE2，并最终发布到企业总部的 CE1 和 CE2 中；同时又能将 PE2 发布的来自 CE1、CE2 的私网路由发布给 CE3 和 CE4。

根据前面的介绍，结合本示例实际可得出以下基本配置思路。

① 在两个 PE 上配置各公网接口（包括 Loopback1 接口）的 IP 地址及 OSPF 路由，实现两个 PE 之间的三层互通。

② 在两个 PE 全局和公网接口上使能 MPLS 和 LDP 能力，在两个 PE 之间建立公网 MPLS LDP LSP 隧道。

③ 在两个 PE 上配置 VPN 实例，绑定与 CE 或 MCE 连接的接口，并配置这些接口的 IP 地址。

④ 在 MCE 设备上配置 VPN 实例，绑定与 PE2、CE3 或 CE4 连接的接口，并配置这些接口的 IP 地址。

⑤ 在 PE1 与 PE2 之间建立 MP-IBGP 对等体，在 PE1 与 CE1、CE2 之间建立 EBGP 对等体，并引入它们之间直连链路的直连路由。

⑥ 在 PE2 和 MCE 之间配置 VPN 实例 OSPF 路由，并引入本地对应的 VPN BGP 进程中，将 BGP 路由引入本地 OSPF 进程中。

⑦ 在 MCE 与 CE3、CE4 之间配置 VPN 实例 RIP-2 路由，并在 MCE 上引入该 RIP-2 路由到对应 VPN 实例的 OSPF 进程中，将与 PE2 之间的 VPN 实例 OSPF 路由引入对应 VPN 实例的 RIP-2 进程中。

2. 具体配置步骤

① 在两个 PE 上配置各公网接口的 IP 地址及 OSPF 路由，实现两个 PE 之间的三层 互通。

#---PE1 上的配置如下。

```
<Huawei> system-view
[Huawei] sysname PE1
[PE1] interface loopback 1
[PE1-LoopBack1] ip address 1.1.1.9 32
[PE1-LoopBack1] quit
[PE1] interface gigabitethernet 3/0/0
[PE1-GigabitEthernet3/0/0] ip address 172.1.1.1 24
[PE1-GigabitEthernet3/0/0] quit
[PE1] ospf
[PE1-ospf-1] area 0
[PE1-ospf-1-area-0.0.0.0] network 1.1.1.9 0.0.0.0
[PE1-ospf-1-area-0.0.0.0] network 172.1.1.0 0.0.0.255
[PE1-ospf-1-area-0.0.0.0] quit
[PE1-ospf-1] quit
```

#---PE2 上的配置如下。

```
<Huawei> system-view
[Huawei] sysname PE2
[PE2] interface loopback 1
[PE2-LoopBack1] ip address 2.2.2.9 32
[PE2-LoopBack1] quit
[PE2] interface gigabitethernet 1/0/0
[PE2-GigabitEthernet1/0/0] ip address 172.1.1.2 24
[PE2-GigabitEthernet1/0/0] quit
[PE2] ospf
[PE2-ospf-1] area 0
[PE2-ospf-1-area-0.0.0.0] network 2.2.2.9 0.0.0.0
[PE2-ospf-1-area-0.0.0.0] network 172.1.1.0 0.0.0.255
[PE2-ospf-1-area-0.0.0.0] quit
[PE2-ospf-1] quit
```

以上配置完成后，通过执行 **display ip routing-table** 命令，由此可以看到两个 PE 之 间已互相学习到对方的 Loopback1 接口 IP 地址所在网段的 OSPF 路由的地址。在 PE1 上执行 **display ip routing-table** 命令的输出如图 4-25 所示，从图 4-25 中可以看出，它已 学习到 PE2 上的 Loopback1 接口 IP 地址所在网段的 OSPF 路由。

② 在两个 PE 全局和公网接口上使能 MPLS 和 LDP 能力，在 PE 之间建立公网 MPLS LDP LSP 隧道。

#---PE1 上的配置如下。

```
[PE1] mpls lsr-id 1.1.1.9
[PE1] mpls
[PE1-mpls] quit
[PE1] mpls ldp
[PE1-mpls-ldp] quit
[PE1] interface gigabitethernet 3/0/0
```

```
[PE1-GigabitEthernet3/0/0] mpls
[PE1-GigabitEthernet3/0/0] mpls ldp
[PE1-GigabitEthernet3/0/0] quit
```

```
PE1                                                                    □  ─  □  X
<PE1>display ip routing-table
Route Flags: R - relay, D - download to fib
--------------------------------------------------------------------------------
Routing Tables: Public
         Destinations : 9        Routes : 9

Destination/Mask    Proto   Pre  Cost      Flags NextHop      Interface

        1.1.1.9/32  Direct  0    0         D     127.0.0.1    LoopBack1
        2.2.2.9/32  OSPF    10   1         D     172.1.1.2    GigabitEthern
3/0/0
       127.0.0.0/8  Direct  0    0         D     127.0.0.1    InLoopBack0
       127.0.0.1/32 Direct  0    0         D     127.0.0.1    InLoopBack0
127.255.255.255/32  Direct  0    0         D     127.0.0.1    InLoopBack0
       172.1.1.0/24 Direct  0    0         D     172.1.1.1    GigabitEthern
3/0/0
       172.1.1.1/32 Direct  0    0         D     127.0.0.1    GigabitEthern
3/0/0
     172.1.1.255/32 Direct  0    0         D     127.0.0.1    GigabitEthern
3/0/0
255.255.255.255/32  Direct  0    0         D     127.0.0.1    InLoopBack0

<PE1>
```

图 4-25　在 PE1 上执行 **display ip routing-table** 命令的输出

#---PE2 上的配置如下。

```
[PE2] mpls lsr-id 2.2.2.9
[PE2] mpls
[PE2-mpls] quit
[PE2] mpls ldp
[PE2-mpls-ldp] quit
[PE2] interface gigabitethernet 1/0/0
[PE2-GigabitEthernet1/0/0] mpls
[PE2-GigabitEthernet1/0/0] mpls ldp
[PE2-GigabitEthernet1/0/0] quit
```

以上配置完成后，在两个 PE 上执行 **display mpls ldp session** 命令，由此可以看到，两个 PE 之间已成功建立 LDP 会话。在 PE1 上执行 **display mpls ldp session** 命令的输出如图 4-26 所示。

```
PE1                                                                    □  ─  □  X
<PE1>display mpls ldp session

LDP Session(s) in Public Network
Codes: LAM(Label Advertisement Mode), SsnAge Unit(DDDD:HH:MM)
A '*' before a session means the session is being deleted.
--------------------------------------------------------------------------------
PeerID          Status      LAM SsnRole  SsnAge      KASent/Rcv
--------------------------------------------------------------------------------
2.2.2.9:0       Operational DU  Passive  0000:00:00  2/2
--------------------------------------------------------------------------------
TOTAL: 1 session(s) Found.

<PE1>
```

图 4-26　在 PE1 上执行 **display mpls ldp session** 命令的输出

③ 在两个 PE 上配置 VPN 实例，绑定与 CE 或 MCE 连接的接口，并配置这些接口的 IP 地址。需要注意的是，相同 VPN 中的 VPN Target 属性值要匹配。

#---PE1上的配置如下。

```
[PE1] ip vpn-instance vpna
[PE1-vpn-instance-vpna] ipv4-family
```

```
[PE1-vpn-instance-vpna-af-ipv4] route-distinguisher 100:1
[PE1-vpn-instance-vpna-af-ipv4] vpn-target 111:1 both
[PE1-vpn-instance-vpna-af-ipv4] quit
[PE1-vpn-instance-vpna] quit
[PE1] ip vpn-instance vpnb
[PE1-vpn-instance-vpnb] ipv4-family
[PE1-vpn-instance-vpnb-af-ipv4] route-distinguisher 100:2
[PE1-vpn-instance-vpnb-af-ipv4] vpn-target 222:2 both
[PE1-vpn-instance-vpnb-af-ipv4] quit
[PE1-vpn-instance-vpnb] quit
[PE1] interface gigabitethernet 1/0/0
[PE1-GigabitEthernet1/0/0] ip binding vpn-instance vpna
[PE1-GigabitEthernet1/0/0] ip address 10.1.1.2 24
[PE1-GigabitEthernet1/0/0] quit
[PE1] interface gigabitethernet 2/0/0
[PE1-GigabitEthernet2/0/0] ip binding vpn-instance vpnb
[PE1-GigabitEthernet2/0/0] ip address 10.2.1.2 24
[PE1-GigabitEthernet2/0/0] quit
```

#---PE2 上的配置如下。

因为 PE2 与 MCE 之间只有一条物理链路，但又划分了两个 VPN 实例，所以在 PE2
和 MCE 上均要划分两个以太网子接口，分别用来绑定一个 VPN 实例。这里均采用 Dot1q
终结子接口（也可以是其他以太网子接口类型）配置方式，其中所终结的 VLAN 任意，
只要同一子接口虚拟链路两端配置的终结 VLAN 相同即可。

```
[PE2] ip vpn-instance vpna
[PE2-vpn-instance-vpna] ipv4-family
[PE2-vpn-instance-vpna-af-ipv4] route-distinguisher 200:1
[PE2-vpn-instance-vpna-af-ipv4] vpn-target 111:1 both
[PE2-vpn-instance-vpna-af-ipv4] quit
[PE2-vpn-instance-vpna] quit
[PE2] ip vpn-instance vpnb
[PE2-vpn-instance-vpnb] ipv4-family
[PE2-vpn-instance-vpnb-af-ipv4] route-distinguisher 200:2
[PE2-vpn-instance-vpnb-af-ipv4] vpn-target 222:2 both
[PE2-vpn-instance-vpnb-af-ipv4] quit
[PE2-vpn-instance-vpnb] quit
[PE2] interface gigabitethernet 2/0/0.1
[PE2-GigabitEthernet2/0/0.1] dot1q termination vid 10    #---配置以上子接口为 Dot1q 子接口，这里的 VLAN ID 随意，
只要不同子接口终结的 VLAN 不同即可。以太网子接口必须配置 VLAN 或 QINQ 终结，使能子接口的 ARP 广播功能（缺
省已使能）才能 up
[PE2-GigabitEthernet2/0/0.1] ip binding vpn-instance vpna
[PE2-GigabitEthernet2/0/0.1] ip address 192.1.1.1 24
[PE2-GigabitEthernet2/0/0.1] quit
[PE2] interface gigabitethernet 2/0/0.2
[PE2-GigabitEthernet2/0/0.2] dot1q termination vid 20
[PE2-GigabitEthernet2/0/0.2] ip binding vpn-instance vpnb
[PE2-GigabitEthernet2/0/0.2] ip address 192.2.1.1 24
[PE2-GigabitEthernet2/0/0.2] quit
```

④ 在 MCE 上配置 VPN 实例，绑定与 PE2、CE3 或 CE4 连接的接口，并配置这些
接口的 IP 地址。相同 VPN 实例上配置的 VPN Target 属性要与 PE2 上的对应配置一致。

#---在 MCE 上的配置如下。

因为 MCE 与 PE2 也只有一条物理链路，所以 MCE 连接 PE2 的物理端口上也要划

分两个以太网子接口，用来分别绑定不同的 VPN 实例，所终结的 VLAN 没有实际意义，VLAN ID 可任意，与 PE2 上对应子接口终结的 VLAN ID 一致即可。

```
<Huawei> system-view
[Huawei] sysname MCE
[MCE] ip vpn-instance vpna
[MCE-vpn-instance-vpna] ipv4-family
[MCE-vpn-instance-vpna-af-ipv4] route-distinguisher 300:1
[MCE-vpn-instance-vpna-af-ipv4] vpn-target 111:1 both
[MCE-vpn-instance-vpna-af-ipv4] quit
[MCE-vpn-instance-vpna] quit
[MCE] ip vpn-instance vpnb
[MCE-vpn-instance-vpnb] ipv4-family
[MCE-vpn-instance-vpnb-af-ipv4] route-distinguisher 300:2
[MCE-vpn-instance-vpnb-af-ipv4] vpn-target 222:2 both
[MCE-vpn-instance-vpnb-af-ipv4] quit
[MCE-vpn-instance-vpnb] quit
[MCE] interface gigabitethernet 3/0/0
[MCE-GigabitEthernet3/0/0] ip binding vpn-instance vpna
[MCE-GigabitEthernet3/0/0] ip address 10.3.1.2 24
[MCE-GigabitEthernet3/0/0] quit
[MCE] interface gigabitethernet 4/0/0
[MCE-GigabitEthernet4/0/0] ip binding vpn-instance vpnb
[MCE-GigabitEthernet4/0/0] ip address 10.4.1.2 24
[MCE-GigabitEthernet4/0/0] quit
[MCE] interface gigabitethernet 1/0/0.1
[MCE-GigabitEthernet1/0/0.1] dot1q termination vid 10
[MCE-GigabitEthernet1/0/0.1] ip binding vpn-instance vpna
[MCE-GigabitEthernet1/0/0.1] ip address 192.1.1.2 24
[MCE-GigabitEthernet1/0/0.1] quit
[MCE] interface gigabitethernet 1/0/0.2
[MCE-GigabitEthernet1/0/0.2] dot1q termination vid 20
[MCE-GigabitEthernet1/0/0.2] ip binding vpn-instance vpnb
[MCE-GigabitEthernet1/0/0.2] ip address 192.2.1.2 24
[MCE-GigabitEthernet1/0/0.2] quit
```

⑤ 在 PE1 与 PE2 之间建立 MP-IBGP 对等体，在 PE1 与 CE1、CE2 之间建立 EBGP 对等体，并引入它们之间直连链路的直连路由。

#---PE1 上的配置如下。

```
[PE1] bgp 100
[PE1-bgp] peer 2.2.2.9 as-number 100
[PE1-bgp] peer 2.2.2.9 connect-interface LoopBack1
[PE1-bgp] ipv4-family vpnv4
[PE1-bgp-af-vpnv4] peer 2.2.2.9 enable
[PE1-bgp-af-vpnv4] quit
[PE1-bgp] ipv4-family vpn-instance vpna
[PE1-bgp-vpna] peer 10.1.1.1 as-number 65410
[PE1-bgp-vpna] import-route direct
[PE1-bgp-vpna] quit
[PE1-bgp] ipv4-family vpn-instance vpnb
[PE1-bgp-vpnb] peer 10.2.1.1 as-number 65420
[PE1-bgp-vpnb] import-route direct
[PE1-bgp-vpnb] quit
[PE1-bgp] quit
```

#---PE2 上的配置如下。

```
[PE2] bgp 100
[PE2-bgp] peer 1.1.1.9 as-number 100
[PE2-bgp] peer 1.1.1.9 connect-interface LoopBack1
[PE2-bgp] ipv4-family vpnv4
[PE2-bgp-af-vpnv4] peer 1.1.1.9 enable
[PE2-bgp-af-vpnv4] quit
[PE2-bgp] quit
```

#---CE1 上的配置如下。

```
<Huawei> system-view
[Huawei] sysname CE1
[CE1]interface GigabitEthernet1/0/0
[CE1-GigabitEthernet1/0/0] ip address 10.1.1.1 255.255.255.0
[CE1-GigabitEthernet1/0/0] quit
[CE1] bgp 65410
[CE1-bgp] peer 10.1.1.2 as-number 100
[CE1-bgp] quit
```

#---CE2 上的配置如下。

```
<Huawei> system-view
[Huawei] sysname CE2
[CE2]interface GigabitEthernet1/0/0
[CE2-GigabitEthernet1/0/0] ip address 10.2.1.1 255.255.255.0
[CE2-GigabitEthernet1/0/0] quit
[CE2] bgp 65420
[CE2-bgp] peer 10.2.1.2 as-number 100
[CE2-bgp] quit
```

完成以上配置后，在 PE1 上执行 **display bgp vpnv4 all peer** 命令，由此可以看出，PE1 与 PE2 之间建立了 MP-IBGP 对等体关系，PE1与 CE1、CE2之间建立了 EBGP 对等体关系，在 PE1上执行 **display bgp vpnv4 all peer** 命令的输出如图 4-27 所示。

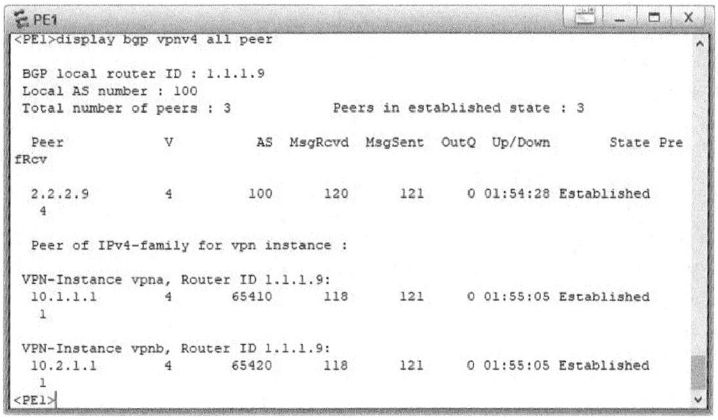

```
PE1
<PE1>display bgp vpnv4 all peer

 BGP local router ID : 1.1.1.9
 Local AS number : 100
 Total number of peers : 3            Peers in established state : 3

  Peer            V          AS  MsgRcvd  MsgSent  OutQ  Up/Down       State Pre
fRcv

  2.2.2.9         4         100      120      121     0 01:54:28 Established
    4

  Peer of IPv4-family for vpn instance :

 VPN-Instance vpna, Router ID 1.1.1.9:
  10.1.1.1        4       65410      118      121     0 01:55:05 Established
    1

 VPN-Instance vpnb, Router ID 1.1.1.9:
  10.2.1.1        4       65420      118      121     0 01:55:05 Established
    1
<PE1>
```

图 4-27　在 PE1上执行 **display bgp vpnv4 all peer** 命令的输出

⑥ 在 PE2 和 MCE 之间配置 VPN 实例 OSPF 路由，并将其引入本地对应 VPN BGP 进程中，将 BGP 路由引入本地 OSPF 进程中。**不同 VPN 实例下的 OSPF 路由进程号不一样**，以便不同 VPN 实例的 OSPF 路由表相互隔离。

#---PE2 上的配置如下。

在 PE2 上要将 MCE 的 VPN 实例 OSPF 路由引入对应的 VPN 实例 BGP 路由表中，

以便将 MCE 连接的 Site 路由通过 PE2 发布给 PE1 及 CE1 和 CE2。同时，也要在 PE2 上将与 PE1 连接的 BGP 路由引入 OSPF 路由表，以便向 MCE 发布来自 PE1 的 CE1、CE2 的私网路由，进而可以发布给 CE3 和 CE4。

```
[PE2] ospf 100 vpn-instance vpna
[PE2-ospf-100] area 0
[PE2-ospf-100-area-0.0.0.0] network 192.1.1.0 0.0.0.255
[PE2-ospf-100-area-0.0.0.0] quit
[PE2-ospf-100] import-route bgp   #---引入 PE2 上 vpna 实例的 BGP 路由，包括 CE1 上的私网 VPN 路由
[PE2-ospf-100] quit
[PE2] ospf 200 vpn-instance vpnb
[PE2-ospf-200] area 0
[PE2-ospf-200-area-0.0.0.0] network 192.2.1.0 0.0.0.255
[PE2-ospf-200-area-0.0.0.0] quit
[PE2-ospf-200] import-route bgp   #---引入 PE2 上 vpnb 实例的 BGP 路由，包括 CE2 上的私网 VPN 路由
[PE2-ospf-200] quit
[PE2] bgp 100
[PE2-bgp] ipv4-family vpn-instance vpna
[PE2-bgp-vpna] import-route ospf 100   #---引入 PE2 上 vpna 实例的 OSPF 路由，包括 CE3 上的私网 VPN 路由
[PE2-bgp-vpna] quit
[PE2-bgp] ipv4-family vpn-instance vpnb
[PE2-bgp-vpnb] import-route ospf 200   #---引入 PE2 上 vpnb 实例的 OSPF 路由，包括 CE4 上的私网 VPN 路由
[PE2-bgp-vpnb] quit
[PE2-bgp] quit
```

#---MCE 上的配置如下。

在 MCE 上要将 MCE 与 CE3、CE4 之间的 RIP 路由引入 MCE 与 PE2 之间对应 VPN 实例的 OSPF 路由表中。另外，配置不进行环路检查。

```
[MCE] ospf 100 vpn-instance vpna
[MCE-ospf-100] vpn-instance-capability simple   #---不进行环路检查，不检查 DN Bit 和 Route-tag 而直接计算出所有 OSPF 路由
[MCE-ospf-100] import-route rip 100
[MCE-ospf-100] area 0
[MCE-ospf-100-area-0.0.0.0] network 192.1.1.0 0.0.0.255
[MCE-ospf-100-area-0.0.0.0] quit
[MCE-ospf-100] quit
[MCE] ospf 200 vpn-instance vpnb
[MCE-ospf-200] vpn-instance-capability simple
[MCE-ospf-200] import-route rip 200
[MCE-ospf-200] area 0
[MCE-ospf-200-area-0.0.0.0] network 192.2.1.0 0.0.0.255
[MCE-ospf-200-area-0.0.0.0] quit
[MCE-ospf-200] quit
```

⑦ 在 MCE 与 CE3、CE4 配置 VPN 实例 RIP-2 路由，并在 MCE 上引入该 RIP-2 路由到对应 VPN 实例的 OSPF 进程中，将与 PE2 之间的 VPN 实例 OSPF 路由引入对应 VPN 实例的 RIP-2 进程中。

#---MCE 上的配置如下。

```
[MCE] rip 100 vpn-instance vpna
[MCE-rip-100] version 2
[MCE-rip-100] network 10.0.0.0
[MCE-rip-100] import-route ospf 100   #---引入 MCE 与 PE2 之间 vpna 实例的 OSPF 路由
[MCE-rip-100] quit
[MCE] rip 200 vpn-instance vpnb
```

```
[MCE-rip-200] version 2
[MCE-rip-200] network 10.0.0.0
[MCE-rip-200] import-route ospf 200
[MCE-rip-200] quit
```

#---CE3 上的配置如下。

```
<Huawei> system-view
[Huawei] sysname CE3
[CE3]interface GigabitEthernet1/0/0
[CE3-GigabitEthernet1/0/0] ip address 10.3.1.1 255.255.255.0
[CE3-GigabitEthernet1/0/0] quit
[CE3] rip 100
[CE3-rip-100] version 2
[CE3-rip-100] network 10.0.0.0
[CE3-rip-100] import-route direct
```

#----CE4 上的配置如下。

```
<Huawei> system-view
[Huawei] sysname CE4
[CE4]interface GigabitEthernet1/0/0
[CE4-GigabitEthernet1/0/0] ip address 10.4.1.1 255.255.255.0
[CE4-GigabitEthernet1/0/0] quit
[CE4] rip 200
[CE4-rip-200] version 2
[CE4-rip-200] network 10.0.0.0
[CE4-rip-200] import-route direct
```

3. 配置结果验证

完成以上全部配置后，可进行以下配置结果验证。

① 在 MCE 上执行命令 **display ip routing-table vpn-instance** 命令，由此可以看出，去往对端 CE 的路由。在 MCE 上执行 **display ip routing-table vpn-instance vpna** 命令的输出如图 4-28 所示，从图 4-28 中可以看到它已有去往 vpna 实例 10.1.1.0/24 网段的 OSPF 路由。

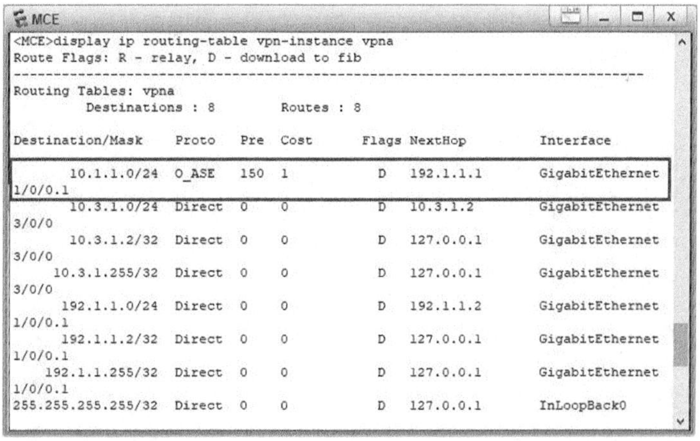

```
MCE
<MCE>display ip routing-table vpn-instance vpna
Route Flags: R - relay, D - download to fib
------------------------------------------------------------------------------
Routing Tables: vpna
         Destinations : 8        Routes : 8

Destination/Mask    Proto   Pre  Cost      Flags NextHop         Interface

       10.1.1.0/24  O_ASE   150  1           D   192.1.1.1       GigabitEthernet
1/0/0.1
       10.3.1.0/24  Direct  0    0           D   10.3.1.2        GigabitEthernet
3/0/0
       10.3.1.2/32  Direct  0    0           D   127.0.0.1       GigabitEthernet
3/0/0
     10.3.1.255/32  Direct  0    0           D   127.0.0.1       GigabitEthernet
3/0/0
      192.1.1.0/24  Direct  0    0           D   192.1.1.2       GigabitEthernet
1/0/0.1
      192.1.1.2/32  Direct  0    0           D   127.0.0.1       GigabitEthernet
1/0/0.1
    192.1.1.255/32  Direct  0    0           D   127.0.0.1       GigabitEthernet
1/0/0.1
255.255.255.255/32  Direct  0    0           D   127.0.0.1       InLoopBack0
```

图 4-28　在 MCE 上执行 **display ip routing-table vpn-instance vpna** 命令的输出

② 在两个 PE 上执行 **display ip routing-table vpn-instance** 命令，由此可以看出，去往对端 CE 的路由。在 PE1 上执行 **display ip routing-table vpn-instance vpna** 命令的输出如图 4-29 所示，从图 4-29 中可以看出它已学习到 MCE 192.1.1.0/24 网段和 CE3 10.3.1.0/24 网段的 IBGP 路由。

```
PE1
<PE1>display ip routing-table vpn-instance vpna
Route Flags: R - relay, D - download to fib
------------------------------------------------------------------------------
Routing Tables: vpna
         Destinations : 6        Routes : 6

Destination/Mask    Proto   Pre  Cost      Flags NextHop         Interface

       10.1.1.0/24  Direct  0    0           D   10.1.1.2        GigabitEthernet
1/0/0
       10.1.1.2/32  Direct  0    0           D   127.0.0.1       GigabitEthernet
1/0/0
     10.1.1.255/32  Direct  0    0           D   127.0.0.1       GigabitEthernet
1/0/0
       10.3.1.0/24  IBGP    255  2           RD  2.2.2.9         GigabitEthernet
3/0/0
      192.1.1.0/24  IBGP    255  0           RD  2.2.2.9         GigabitEthernet
3/0/0
255.255.255.255/32  Direct  0    0           D   127.0.0.1       InLoopBack0

<PE1>
```

图 4-29 在 PE1 上执行 **display ip routing-table vpn-instance vpna** 命令的输出

③ 在各 CE 上分别执行 **display ip routing-table** 命令，由此可以看出，已学习到去往相同 VPN 实例中对端 CE 的路由。

在 CE1 与 CE3、CE2 与 CE4 之间进行 ping 测试，发现可以互通，但 CE1 不能与 CE2 和 CE4 互通，CE3 也不能与 CE2 和 CE4 互通，达到了不同 VPN 的通信相互隔离的目的。在 CE1 上执行 **display ip routing-table** 命令及 ping CE3、CE4 的结果如图 4-30 所示。从图 4-30 中可以看出，CE1 已学习到位于同一 VPN 实例的 CE3 上的私网路由，并且可以与 CE3 互通，但不能与位于不同 VPN 实例的 CE4 互通。

通过以上验证，已证明本示例的配置是正确的。

```
CE1
<CE1>display ip routing-table
Route Flags: R - relay, D - download to fib
------------------------------------------------------------------------------
Routing Tables: Public
         Destinations : 9        Routes : 9

Destination/Mask    Proto   Pre  Cost      Flags NextHop         Interface

       10.1.1.0/24  Direct  0    0           D   10.1.1.1        GigabitEthernet
1/0/0
       10.1.1.1/32  Direct  0    0           D   127.0.0.1       GigabitEthernet
1/0/0
     10.1.1.255/32  Direct  0    0           D   127.0.0.1       GigabitEthernet
1/0/0
       10.3.1.0/24  EBGP    255  0           D   10.1.1.2        GigabitEthernet
1/0/0
      127.0.0.0/8   Direct  0    0           D   127.0.0.1       InLoopBack0
      127.0.0.1/32  Direct  0    0           D   127.0.0.1       InLoopBack0
127.255.255.255/32  Direct  0    0           D   127.0.0.1       InLoopBack0
      192.1.1.0/24  EBGP    255  0           D   10.1.1.2        GigabitEthernet
1/0/0
255.255.255.255/32  Direct  0    0           D   127.0.0.1       InLoopBack0

<CE1>ping 10.3.1.1
  PING 10.3.1.1: 56  data bytes, press CTRL_C to break
    Reply from 10.3.1.1: bytes=56 Sequence=1 ttl=252 time=50 ms
    Reply from 10.3.1.1: bytes=56 Sequence=2 ttl=252 time=60 ms
    Reply from 10.3.1.1: bytes=56 Sequence=3 ttl=252 time=30 ms
    Reply from 10.3.1.1: bytes=56 Sequence=4 ttl=252 time=40 ms
    Reply from 10.3.1.1: bytes=56 Sequence=5 ttl=252 time=40 ms

  --- 10.3.1.1 ping statistics ---
    5 packet(s) transmitted
    5 packet(s) received
    0.00% packet loss
    round-trip min/avg/max = 30/44/60 ms

<CE1>ping 10.4.1.1
  PING 10.4.1.1: 56  data bytes, press CTRL_C to break
    Request time out
    Request time out
    Request time out
    Request time out
    Request time out

  --- 10.4.1.1 ping statistics ---
    5 packet(s) transmitted
    0 packet(s) received
    100.00% packet loss

<CE1>
```

图 4-30 在 CE1 上执行 **display ip routing-table** 命令及 ping CE3 和 CE4 的结果

4.4　路由反射器优化 VPN 骨干层配置与管理

这是一项可选配置任务。当 MPLS 骨干网存在大量的 PE 之间需要建立 MP-IBGP 对等体以交互 VPN 私网路由时，可以通过配置 RR 减少 PE 之间的 MP-IBGP 连接的数量。因为此时各 PE 只需和 RR 建立 MP-IBGP 对等体关系，无须在各 PE 间彼此建立 IBGP 对等体关系，这样既减轻了 PE 的负担，也方便维护和管理。

以上解决方案就是本节将要介绍的"路由反射器优化 VPN 骨干层"方案，该方案包括以下必选配置任务。其中，RR 可以是 P 设备、PE、ASBR 设备或者其他设备。

① 配置客户机 PE 与 RR 建立 MP-IBGP 连接。这项任务的具体配置方法与 2.1.2 节介绍的 PE 间 MP-IBGP 对等体关系的配置方法完全一样，参见即可，只不过此处是在 PE 与 RR 之间建立 MP-IBGP 对等体关系。

② 配置 RR 与其所有客户机 PE 建立 MP-IBGP 连接。

③ 配置 RR 的 BGP-VPNv4 路由反射功能。

下面仅介绍后面两项配置任务的具体配置方法。

在配置路由反射优化 VPN 骨干层之前，需要完成以下任务。

- 在 MPLS 骨干网上配置路由协议，实现骨干网设备的 IP 互通。
- 在 RR 与所有作为客户机的 PE 之间建立隧道（LSP、GRE 或者 MPLS TE）。

4.4.1　配置 RR 与其所有客户机 PE 建立 MP-IBGP 连接

当要配置 PE 与 RR 建立 MP-IBGP 对等体关系时，这些 PE 就成了 RR 的客户机。当有多个 PE 要与 RR 建立 MP-IBGP 对等体关系时，可以有两种配置方式。

（1）配置与对等体组建立 MP-IBGP 连接

在 RR 上将所有担当客户机的 PE 都加入一个对等体组，然后配置 RR 与这个对等体组建立 MP-IBGP 关系，配置与对等体组建立 MP-IBGP 连接的步骤见表 4-13。

表 4-13　配置与对等体组建立 MP-IBGP 连接的步骤

步骤	命令	说明
1	**system-view**	进入系统视图
2	**bgp** { *as-number-plain* | *as-number-dot* } 例如，[Huawei] **bgp** 100	在 RR 上使能 BGP，进入客户机 PE 的 AS 的 BGP 视图
3	**group** *group-name* [**internal**] 例如，[Huawei-bgp] **group** pegroup **internal**	在 RR 上创建 IBGP 对等体组。 • *group-name* 用来指定所创建的对等体组的名称，字符串形式，区分大小写，不支持空格，长度范围为 1~47。当输入的字符串两端使用双引号时，可在字符串中输入空格。 • **internal**：可选项，表示创建的是 IBGP 对等体组，不选择本可选项，则缺省为创建 IBGP 对等体组。 缺省情况下，系统中未创建对等体组，可用 **undo group** *group-name* 命令删除指定对等体组

续表

步骤	命令	说明
4	**peer** *group-name* **connect-interface loopback** *interface-number* 例如，[Huawei-bgp] **peer** 10.1.1.1 **connect-interface loopback** 0	指定 RR 与对等体 PE 间建立 BGP TCP 连接的源接口。 • *group-name*：上一步创建的、包括多个客户机 PE 的对等体组。 • *interface-number*：指定与 BGP 对等体间建立 TCP 连接的本端 Loopback 接口编号。 缺省情况下，BGP 使用报文的出接口作为 BGP 报文的源接口，可用 **undo peer** *ipv4-address* **connect-interface** 命令恢复缺省设置
5	**ipv4-family vpnv4** 例如，[Huawei-bgp] **ipv4-family vpnv4**	进入 RR 的 BGP-VPNv4 地址族视图。缺省情况下，进入 BGP-IPv4 单播地址族视图，可用 **undo ipv4-family vpnv4** 命令删除 BGP 的相应 IPv4 地址族视图下的所有配置
6	**peer** *group-name* **enable** 例如，[Huawei-bgp-af-vpnv4] **peer** pegroup **enable**	使能与本表第 3 步创建的对等体组交换 BGP VPNv4 路由信息的能力。缺省情况下，只有 BGP-IPv4 单播地址族的对等体是自动使能的，其他地址族下的对等体是需要手动使能的，可用 **undo peer** *group-name* **enable** 命令禁止与指定对等体交换路由信息
7	**peer** *ip-address* **group** *group-name* 例如，[Huawei-bgp-af-vpnv4] **peer** 10.1.1.1 **group** pegroup	向对等体组中加入对等体。**需要对每个 PE 客户机重复执行本命令。** • *ip-address*：指定要加入对等体组的 PE 的 IP 地址。 • *group-name*：指定在本表第 3 步创建的对等体。 缺省情况下，系统中没有加入对等体组，可用 **undo peer** *ipv4-address* **group** *group-name* 命令用来从指定对等体组中移除指定的对等体，并删除针对此对等体的所有配置

（2）配置与每个对等体建立 MP-IBGP 连接

这种配置方式是在 RR 上把各个担当客户机的 PE 分别与 RR 建立 MP-IBGP 对等体关系，这与 2.1.2 节表 2-1 介绍的配置方法完全一样，参见即可，不同只是此处是 RR 与各 PE 间的 MP-IBGP 对等体关系。

4.4.2　配置 RR 的 BGP-VPNv4 路由反射功能

在 RR 上使能 BGP-VPNv4 路由反射功能后，RR 会向它的客户机发布其他客户机发来的 BGP VPNv4 路由，而无须各客户机间相互发布 BGP 路由，减少了客户机间建立 IBGP 对等体的数量，也减轻了网络和路由器 CPU 的负担。RR 向 IBGP 邻居发布路由规则如下。

- 从非客户机学到的路由，发布给所有客户机。
- 从客户机学到的路由，发布给所有非客户机和客户机（发起此路由的客户机除外）。
- 从 EBGP 对等体学到的路由，发布给所有的非客户机和客户机。

BGP-VPNv4 路由反射功能的配置步骤见表 4-14。

表 4-14 BGP-VPNv4 路由反射功能的配置步骤

步骤	命令	说明
1	**system-view**	进入系统视图
2	**bgp** { *as-number-plain* | *as-number-dot* } 例如，[Huawei] **bgp** 100	在 RR 上使能 BGP，进入客户机 PE 的 AS 的 BGP 视图
3	**ipv4-family vpnv4** 例如，[Huawei-bgp] **ipv4-family vpnv4**	进入 RR 的 BGP-VPNv4 地址族视图。缺省情况下，进入 BGP-IPv4 单播地址族视图，可用 **undo ipv4-family vpnv4** 命令删除 BGP 的相应 IPv4 地址族视图下的所有配置
4	**peer** *group-name* **reflect-client** 例如，[Huawei-bgp-af-vpnv4] **peer** pegroup **reflect-client**	（二选一）当 RR 与其所有客户机 PE 通过对等体组建立 MP-IBGP 连接时，将本机作为路由反射器，并将对等体组作为路由反射器的客户机，使能 RR 的 BGP-VPNv4 路由反射功能。参数用来指定 IBGP 对等体组的名称
	peer *ipv4-address* **reflect-client** 例如，[Huawei-bgp-af-vpnv4] **peer** 10.1.1.1 **reflect-client**	（二选一）当 RR 与其所有客户机 PE 单独建立 MP-IBGP 连接时，将本机作为路由反射器，并将对等体作为路由反射器的客户机，使能 RR 的 BGP-VPNv4 路由反射功能。参数 *ipv4-address* 用来指定 IBGP 对等体 PE 的 IP 地址，**需要为每个客户机 PE 重复执行本命令**
5	**undo policy vpn-target** 例如，[Huawei-bgp-af-vpnv4] **undo policy vpn-target**	不对接收的 VPNv4 路由使能 VPN Target 进行过滤。 因为在 RR（或者在第 3 章介绍的 BGP/MPLS IP VPN 跨域 OptionB 方式中不兼做 PE 的 ASBR）上通常无须配置 VPN 实例，也就没有 VPN Target 配置。缺省情况下，如果不配置 VPN Target，则 RR 或 ASBR 会丢弃接收到的 VPN 路由或者标签块。但 RR 或者 ASBR 又需要保存所有 PE 发来的 VPN 路由或者标签块，为解决这个问题，需要在 RR 或者 ASBR 上配置本命令，不对 VPN 路由或者标签块进行 VPN Target 过滤。 缺省情况下，对接收到的 VPN 路由或者标签块进行 VPN-Target 过滤，可用 **undo policy vpn-target** 命令取消对接收的 VPN 路由或者标签块进行 VPN Target 过滤
6	**rr-filter** { *extcomm-filter-number* | *extcomm-filter-name* } 例如，[Huawei-bgp-af-vpnv4] **rr-filter** 10	（可选）配置 RR 的反射策略，只有路由目标扩展团体属性满足匹配条件的 IBGP 路由时才被反射，通过这种方式，可以在存在多个 RR 时，实现 RR 之间的负载分担。命令中的 *extcomm-filter-number* 或 *extcomm-filter-name* 参数是已存在的扩展团体属性过滤器编号或名称，通过 **ip extcommunity-filter** { *extcomm-filter-num* | *extcomm-filter-name* } { **deny** | **permit** } { **rt** { *as-number: nn* | *4as-number: nn* | *ipv4-address: nn* } } &<1-16>命令设置
7	**undo reflect between-clients** 例如，[Huawei-bgp-af-vpnv4] **undo reflect between-clients**	（可选）禁止客户机之间的路由反射。**当 RR 的客户机之间已经建立了全连接**，它们可以直接交换路由信息，此时 RR 针对这些客户机到客户机之间的路由反射就没有必要了，因为这样既浪费了 RR 的系统资源，又占用了网络宝贵的带宽资源。 缺省情况下，使能客户机之间的路由反射，可用 **reflect between-clients** 命令使能各客户机之间的路由反射
8	**reflector cluster-id** *cluster-id* 例如，[Huawei-bgp-af-vpnv4] **reflector cluster-id** 10	（可选）配置 RR 的集群 ID，可以用取值范围为 1～4294967295 的整数，也可以用 IPv4 地址形式标识。 当一个集群里有多个路由反射器时，可以使用此命令给所有位于同一个集群内的 RR 配置相同的集群 ID，以避免路由环路。 缺省情况下，使用 Router ID 作为集群 ID，可用 **undo reflector cluster-id** 命令恢复缺省配置

完成以上路由反射器优化 VPN 骨干层功能的所有配置后，可用以下 **display** 命令查看相关配置，验证配置效果。

- **display bgp vpnv4 all peer** [[*ipv4-address*] **verbose**]：在 RR 上或客户机 PE 上查看 BGP VPNv4 对等体信息，可看到 RR 与所有客户机的 MP-IBGP 连接状态为"Established"。

- **display bgp vpnv4 all routing-table peer** *ipv4-address* { **advertised-routes** | **received-routes** }或者 **display bgp vpnv4 all routing-table statistics**：在 RR 上或客户机 PE 上查看从对等体接收的路由或发布给对等体的 VPNv4 路由信息，可看到 RR 和客户机之间能互相收发 VPNv4 路由信息。

- **display bgp vpnv4 all group** [*group-name*]：在 RR 上查看 VPNv4 对等体组信息，可查看对等体组的成员，且 RR 与对等体成员之间的 BGP 连接状态都为"Established"。

4.4.3　双反射器优化 VPN 骨干层配置示例

双反射器优化 VPN 骨干层配置示例的拓扑结构如图 4-31 所示，PE1、PE2、RR1 及 RR2 都在骨干网 AS100 内。CE1 和 CE2 属于 vpna，骨干网各设备的三层以太网接口 IP 地址见表 4-15。要求选择 RR1 和 RR2 作为反射器，配置带双反射器的 BGP/MPLS IP VPN。

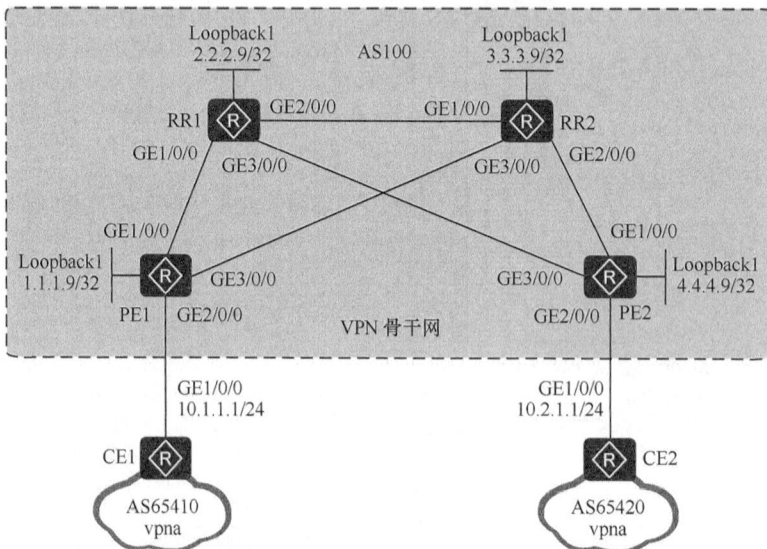

图 4-31　双反射器优化 VPN 骨干层配置示例的拓扑结构

表 4-15　骨干网各设备的三层以太网接口 IP 地址

设备	接口	IP 地址	设备	接口	IP 地址
PE1	GE1/0/0	100.1.2.1/24	RR1	GE1/0/0	100.1.2.2/24
	GE2/0/0	10.1.1.2/24		GE2/0/0	100.2.3.1/24
	GE3/0/0	100.1.3.1/24		GE3/0/0	100.2.4.1/24
PE2	GE1/0/0	100.3.4.2/24	RR2	GE1/0/0	100.2.3.2/24
	GE2/0/0	10.2.1.2/24		GE2/0/0	100.3.4.1/24
	GE3/0/0	100.2.4.2/24		GE3/0/0	100.1.3.2/24

【经验提示】在带双反射器的 VPN 环境中，反射器到各 PE 之间必须有至少两条不共用网段和节点的路径（例如，PE1 既可以通过 GE1/0/0 接口连接的 RR1 到达，又可以通过 GE3/0/0 接口连接的 RR2 到达），否则双反射器之间起不到互为备份的作用，配置双反射器也就失去了意义。

1. 基本配置思路分析

本示例最基础的配置是要实现骨干网的三层互通，并在各节点间建立 MPLS 隧道，各 PE 要把所连 CE 的私网路由引入 PE 的 BGP VPN 实例路由表中。有关骨干网的 IGP 路由、MPLS/LDP，以及 PE 与 CE 连接的配置方法均与普通的基本 BGP/MPLS IP VPN 中对应的配置方法是一样的，主要不同体现在以下 4 个方面：一是 PE 之间不需要建立 MP-IBGP 对等体连接；二是 PE 要与各 RR 建立 MP-IBGP 对等体连接；三是在 RR1、RR2 上配置 RR 功能；四是在 RR1、RR2 上配置不进行 VPN Target 过滤，以接收所有 VPN 路由信息。

下面是本示例的基本配置思路。

① 在骨干网各节点上配置各公网接口（包括 Loopback 接口）IP 地址及 OSPF 路由，实现骨干网设备间的三层互通。

② 在骨干网各节点上全局和各公网接口上使能 MPLS 和 MPLS LDP 能力，建立公网 MPLS LDP LSP 隧道。

③ 在 PE1 和 PE2 上配置 VPN 实例，绑定 PE 连接 CE 的接口，并为该接口配置 IP 地址。两个 PE 上配置的 VPN 实例 VPN Target 属性要匹配，以实现两端 VPN 中的用户互通。

④ 在两个 PE 与 CE 之间建立 EBGP 连接，在 PE 的 VPN 实例中引入 PE 与直连 CE 间的直连路由。

⑤ 在两个 PE 与两个 RR 之间分别建立 MP-IBGP 连接（两个 PE 之间不再建立 MP-IBGP 连接）。

⑥ 在 RR1、RR2 上配置相同的反射器 ID，实现相互备份，同时配置不进行 VPN Target 过滤，因为它们需要接收并保存所有 VPNv4 路由信息，以通告给 PE。

2. 具体配置步骤

① 在骨干网各节点上配置各公网接口 IP 地址和 OSPF 路由，实现骨干网设备间的三层互通。

#---PE1 上的配置如下。

```
<Huawei> system-view
[Huawei] sysname PE1
[PE1] interface loopback 1
[PE1-LoopBack1] ip address 1.1.1.9 32
[PE1-LoopBack1] quit
[PE1] interface gigabitethernet 1/0/0
[PE1-GigabitEthernet1/0/0] ip address 100.1.2.1 24
[PE1-GigabitEthernet1/0/0] quit
[PE1] interface gigabitethernet 3/0/0
[PE1-GigabitEthernet3/0/0] ip address 100.1.3.1 24
[PE1-GigabitEthernet3/0/0] quit
[PE1] ospf
```

```
[PE1-ospf-1] area 0
[PE1-ospf-1-area-0.0.0.0] network 1.1.1.9 0.0.0.0
[PE1-ospf-1-area-0.0.0.0] network 100.1.2.0 0.0.0.255
[PE1-ospf-1-area-0.0.0.0] network 100.1.3.0 0.0.0.255
[PE1-ospf-1-area-0.0.0.0] quit
[PE1-ospf-1] quit
```

#---RR1 上的配置如下。

```
<Huawei> system-view
[Huawei] sysname RR1
[RR1] interface loopback 1
[RR1-LoopBack1] ip address 2.2.2.9 32
[RR1-LoopBack1] quit
[RR1] interface gigabitethernet 1/0/0
[RR1-GigabitEthernet1/0/0] ip address 100.1.2.2 24
[RR1-GigabitEthernet1/0/0] quit
[RR1] interface gigabitethernet 2/0/0
[RR1-GigabitEthernet2/0/0] ip address 100.2.3.1 24
[RR1-GigabitEthernet2/0/0] quit
[RR1] interface gigabitethernet 3/0/0
[RR1-GigabitEthernet3/0/0] ip address 100.2.4.1 24
[RR1-GigabitEthernet3/0/0] quit
[RR1] ospf
[RR1-ospf-1] area 0
[RR1-ospf-1-area-0.0.0.0] network 2.2.2.9 0.0.0.0
[RR1-ospf-1-area-0.0.0.0] network 100.1.2.0 0.0.0.255
[RR1-ospf-1-area-0.0.0.0] network 100.2.3.0 0.0.0.255
[RR1-ospf-1-area-0.0.0.0] network 100.2.4.0 0.0.0.255
[RR1-ospf-1-area-0.0.0.0] quit
[RR1-ospf-1] quit
```

#---RR2 上的配置如下。

```
<Huawei> system-view
[Huawei] sysname RR2
[RR2] interface loopback 1
[RR2-LoopBack1] ip address 3.3.3.9 32
[RR2-LoopBack1] quit
[RR2] interface gigabitethernet 1/0/0
[RR2-GigabitEthernet1/0/0] ip address 100.2.3.2 24
[RR2-GigabitEthernet1/0/0] quit
[RR2] interface gigabitethernet 2/0/0
[RR2-GigabitEthernet2/0/0] ip address 100.3.4.1 24
[RR2-GigabitEthernet2/0/0] quit
[RR2] interface gigabitethernet 3/0/0
[RR2-GigabitEthernet3/0/0] ip address 100.1.3.2 24
[RR2-GigabitEthernet3/0/0] quit
[RR2] ospf
[RR2-ospf-1] area 0
[RR2-ospf-1-area-0.0.0.0] network 3.3.3.9 0.0.0.0
[RR2-ospf-1-area-0.0.0.0] network 100.2.3.0 0.0.0.255
[RR2-ospf-1-area-0.0.0.0] network 100.3.4.0 0.0.0.255
[RR2-ospf-1-area-0.0.0.0] network 100.1.3.0 0.0.0.255
[RR2-ospf-1-area-0.0.0.0] quit
[RR2-ospf-1] quit
```

#---PE2 上的配置如下。

```
<Huawei> system-view
[Huawei] sysname PE2
[PE2] interface loopback 1
[PE2-LoopBack1] ip address 4.4.4.9 32
[PE2-LoopBack1] quit
[PE2] interface gigabitethernet 1/0/0
[PE2-GigabitEthernet1/0/0] ip address 100.3.4.2 24
[PE2-GigabitEthernet1/0/0] quit
[PE2] interface gigabitethernet 3/0/0
[PE2-GigabitEthernet3/0/0] ip address 100.2.4.2 24
[PE2-GigabitEthernet3/0/0] quit
[PE2] ospf
[PE2-ospf-1] area 0
[PE2-ospf-1-area-0.0.0.0] network 4.4.4.9 0.0.0.0
[PE2-ospf-1-area-0.0.0.0] network 100.3.4.0 0.0.0.255
[PE2-ospf-1-area-0.0.0.0] network 100.2.4.0 0.0.0.255
[PE2-ospf-1-area-0.0.0.0] quit
[PE2-ospf-1] quit
```

完成以上配置后，通过执行 **display ip routing-table** 命令可看到骨干网各节点间已相互学到对方的 Loopback1 接口 IP 地址所在网段的路由。在 PE1 上执行 **display ip routing-table** 命令的输出如图 4-32 所示，从中可以看出，它已学习到了 RR1、RR2 和 PE2 上的 Loopback1 接口 IP 地址所在网段的 OSPF 路由。

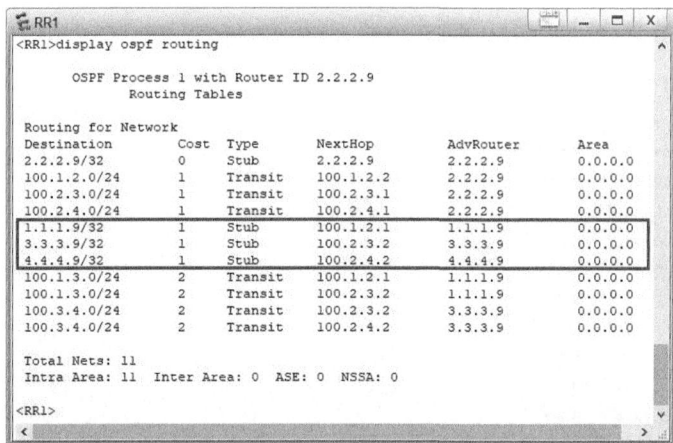

图 4-32　在 PE1 上执行 **display ip routing-table** 命令的输出

② 在 MPLS 骨干网各节点上全局和各公网接口上使能 MPLS 和 MPLS LDP 能力，建立公网 MPLS LDP LSP 隧道。

#---PE1 上的配置如下。

```
[PE1] mpls lsr-id 1.1.1.9
[PE1] mpls
[PE1-mpls] quit
[PE1] mpls ldp
[PE1-mpls-ldp] quit
[PE1] interface gigabitethernet 1/0/0
[PE1-GigabitEthernet1/0/0] mpls
[PE1-GigabitEthernet1/0/0] mpls ldp
[PE1-GigabitEthernet1/0/0] quit
```

```
[PE1] interface gigabitethernet 3/0/0
[PE1-GigabitEthernet3/0/0] mpls
[PE1-GigabitEthernet3/0/0] mpls ldp
[PE1-GigabitEthernet3/0/0] quit
```

\#---RR1 上的配置如下。

```
[RR1] mpls lsr-id 2.2.2.9
[RR1] mpls
[RR1-mpls] quit
[RR1] mpls ldp
[RR1-mpls-ldp] quit
[RR1] interface gigabitethernet 1/0/0
[RR1-GigabitEthernet1/0/0] mpls
[RR1-GigabitEthernet1/0/0] mpls ldp
[RR1-GigabitEthernet1/0/0] quit
[RR1] interface gigabitethernet 2/0/0
[RR1-GigabitEthernet2/0/0] mpls
[RR1-GigabitEthernet2/0/0] mpls ldp
[RR1-GigabitEthernet2/0/0] quit
[RR1] interface gigabitethernet 3/0/0
[RR1-GigabitEthernet3/0/0] mpls
[RR1-GigabitEthernet3/0/0] mpls ldp
[RR1-GigabitEthernet3/0/0] quit
```

\#---RR2 上的配置如下。

```
[RR2] mpls lsr-id 3.3.3.9
[RR2] mpls
[RR2-mpls] quit
[RR2] mpls ldp
[RR2-mpls-ldp] quit
[RR2] interface gigabitethernet 1/0/0
[RR2-GigabitEthernet1/0/0] mpls
[RR2-GigabitEthernet1/0/0] mpls ldp
[RR2-GigabitEthernet1/0/0] quit
[RR2] interface gigabitethernet 2/0/0
[RR2-GigabitEthernet2/0/0] mpls
[RR2-GigabitEthernet2/0/0] mpls ldp
[RR2-GigabitEthernet2/0/0] quit
[RR2] interface gigabitethernet 3/0/0
[RR2-GigabitEthernet3/0/0] mpls
[RR2-GigabitEthernet3/0/0] mpls ldp
[RR2-GigabitEthernet3/0/0] quit
```

\#---PE2 上的配置如下。

```
[PE2] mpls lsr-id 4.4.4.9
[PE2] mpls
[PE2-mpls] quit
[PE2] mpls ldp
[PE2-mpls-ldp] quit
[PE2] interface gigabitethernet 1/0/0
[PE2-GigabitEthernet1/0/0] mpls
[PE2-GigabitEthernet1/0/0] mpls ldp
[PE2-GigabitEthernet1/0/0] quit
[PE2] interface gigabitethernet 3/0/0
[PE2-GigabitEthernet3/0/0] mpls
[PE2-GigabitEthernet3/0/0] mpls ldp
[PE2-GigabitEthernet3/0/0] quit
```

完成以上配置后，在各 PE 和 RR 上执行 **display mpls ldp session** 命令，由此可以查看它们之间的 LDP 会话建立情况，从中可以看到两个 RR 与两个 PE 之间，以及两个 RR 之间均已成功建立了 LDP 会话。在 RR1 上执行 **display mpls ldp session** 命令的输出如图 4-33 所示，从中可以发现 RR1 已与 PE1（1.1.1.9）、PE2（4.4.4.9）以及 RR2（3.3.3.9）成功建立了 LDP 会话。

```
RR1                                                    □  _  □  X
<RR1>display mpls ldp session

LDP Session(s) in Public Network
Codes: LAM(Label Advertisement Mode), SsnAge Unit(DDDD:HH:MM)
A '*' before a session means the session is being deleted.
--------------------------------------------------------------
PeerID            Status      LAM  SsnRole  SsnAge       KASent/Rcv

1.1.1.9:0         Operational DU   Active   0000:00:01   6/6
3.3.3.9:0         Operational DU   Passive  0000:00:01   6/6
4.4.4.9:0         Operational DU   Passive  0000:00:01   6/6
--------------------------------------------------------------
TOTAL: 3 session(s) Found.

<RR1>
```

图 4-33　在 RR1 上执行 **display mpls ldp session** 命令的输出

③ 在 PE1 和 PE2 上配置 VPN 实例，绑定 PE 连接 CE 的接口，并为该接口配置 IP 地址。每个 VPN 实例分配不同的 RD，同一 VPN 实例的 VPN Target 属性值要匹配。

\#---PE1 上的配置如下。

```
[PE1] ip vpn-instance vpna
[PE1-vpn-instance-vpna] ipv4-family
[PE1-vpn-instance-vpna-af-ipv4] route-distinguisher 100:1
[PE1-vpn-instance-vpna-af-ipv4] vpn-target 1:1 both
[PE1-vpn-instance-vpna-af-ipv4] quit
[PE1-vpn-instance-vpna] quit
[PE1] interface gigabitethernet 2/0/0
[PE1-GigabitEthernet2/0/0] ip binding vpn-instance vpna
[PE1-GigabitEthernet2/0/0] ip address 10.1.1.2 24
[PE1-GigabitEthernet2/0/0] quit
```

\#---PE2 上的配置如下。

```
[PE2] ip vpn-instance vpna
[PE2-vpn-instance-vpna] ipv4-family
[PE2-vpn-instance-vpna-af-ipv4] route-distinguisher 200:1
[PE2-vpn-instance-vpna-af-ipv4] vpn-target 1:1 both
[PE2-vpn-instance-vpna-af-ipv4] quit
[PE2-vpn-instance-vpna] quit
[PE2] interface gigabitethernet 2/0/0
[PE2-GigabitEthernet2/0/0] ip binding vpn-instance vpna
[PE2-GigabitEthernet2/0/0] ip address 10.2.1.2 24
[PE2-GigabitEthernet2/0/0] quit
```

④ 在两个 PE 与 CE 之间建立 EBGP 连接，在 PE 的 VPN 实例中引入 PE 与直连 CE 间的直连路由。

\#---CE1 上的配置如下。

```
<Huawei> system-view
[Huawei] sysname CE1
[CE1] interface gigabitethernet 1/0/0
[CE1-GigabitEthernet1/0/0] ip address 10.1.1.1 24
[CE1-GigabitEthernet1/0/0] quit
```

```
[CE1] bgp 65410
[CE1-bgp] peer 10.1.1.2 as-number 100
[CE1-bgp] quit
```
#---CE2 上的配置如下。
```
<Huawei> system-view
[Huawei] sysname CE2
[CE2] interface gigabitethernet 1/0/0
[CE2-GigabitEthernet1/0/0] ip address 10.2.1.1 24
[CE2-GigabitEthernet1/0/0] quit
[CE2] bgp 65420
[CE2-bgp] peer 10.2.1.2 as-number 100
[CE2-bgp] quit
```
#---PE1 上的配置如下。
```
[PE1] bgp 100
[PE1-bgp] ipv4-family vpn-instance vpna
[PE1-bgp-vpna] peer 10.1.1.1 as-number 65410
[PE1-bgp-vpna] import-route direct
[PE1-bgp-vpna] quit
[PE1-bgp] quit
```
#---PE2 上的配置如下。
```
[PE2] bgp 100
[PE2-bgp] ipv4-family vpn-instance vpna
[PE2-bgp-vpna] peer 10.2.1.1 as-number 65420
[PE2-bgp-vpna] import-route direct
[PE2-bgp-vpna] quit
[PE2-bgp] quit
```
⑤ 在两个 PE 与两个 RR 之间分别建立 MP-IBGP 连接。

在 RR 上配置与客户机 PE 之间建立 MP-IBGP 对等体时，本示例采用对等体组方式配置，把担当 RR 客户机的 PE 加入 RR 创建的对等体组中。另外需要特别注意的是，要在 RR1、RR2 上分别创建对等体组，并且分别加入对方的对等体组中，作为对方的客户机，以实现两个反射器之间的热备份。

#---PE1 上的配置如下。
```
[PE1] bgp 100
[PE1-bgp] peer 2.2.2.9 as-number 100
[PE1-bgp] peer 2.2.2.9 connect-interface loopback 1
[PE1-bgp] peer 3.3.3.9 as-number 100
[PE1-bgp] peer 3.3.3.9 connect-interface loopback 1
[PE1-bgp] ipv4-family vpnv4
[PE1-bgp-af-vpnv4] peer 2.2.2.9 enable
[PE1-bgp-af-vpnv4] peer 3.3.3.9 enable
[PE1-bgp-af-vpnv4] quit
[PE1-bgp] quit
```
#---PE2 上的配置如下。
```
[PE2] bgp 100
[PE2-bgp] peer 2.2.2.9 as-number 100
[PE2-bgp] peer 2.2.2.9 connect-interface loopback 1
[PE2-bgp] peer 3.3.3.9 as-number 100
[PE2-bgp] peer 3.3.3.9 connect-interface loopback 1
[PE2-bgp] ipv4-family vpnv4
[PE2-bgp-af-vpnv4] peer 2.2.2.9 enable
[PE2-bgp-af-vpnv4] peer 3.3.3.9 enable
[PE2-bgp-af-vpnv4] quit
[PE2-bgp] quit
```

#---RR1 上的配置如下。

```
[RR1] bgp 100
[RR1-bgp] group rr1 internal   #---创建名为 rr1 的 IBGP 对等体组
[RR1-bgp] peer rr1 connect-interface loopback 1
[RR1-bgp] ipv4-family vpnv4
[RR1-bgp-af-vpnv4] peer rr1 enable
[RR1-bgp-af-vpnv4] peer 1.1.1.9 group rr1   #---把 PE1 加入对等体组中，作为 RR1 的客户机
[RR1-bgp-af-vpnv4] peer 3.3.3.9 group rr1   #---把 RR2 加入对等体组中，作为 RR1 的客户机
[RR1-bgp-af-vpnv4] peer 4.4.4.9 group rr1   #---把 PE2 加入对等体组中，作为 RR1 的客户机
[RR1-bgp-af-vpnv4] quit
[RR1-bgp] quit
```

#---RR2 上的配置如下。

```
[RR2] bgp 100
[RR2-bgp] group rr2 internal
[RR2-bgp] peer rr2 connect-interface loopback 1
[RR2-bgp] ipv4-family vpnv4
[RR2-bgp-af-vpnv4] peer rr2 enable
[RR2-bgp-af-vpnv4] peer 1.1.1.9 group rr2
[RR2-bgp-af-vpnv4] peer 2.2.2.9 group rr2
[RR2-bgp-af-vpnv4] peer 4.4.4.9 group rr2
[RR2-bgp-af-vpnv4] quit
[RR2-bgp] quit
```

完成以上配置后，在各 PE 上执行 **display bgp vpnv4 all peer** 命令，由此可以看到，各 PE 与各 RR 之间已建立了 MP-IBGP 对等体关系，各 PE 与各 CE 之间也已建立 EBGP 对等体关系。在 PE1 上执行 **display bgp vpnv4 all peer** 命令的输出如图 4-34 所示，从中可以看出，它已与 RR1、RR2 分别建立了 MP-IBGP 对等体关系，与 CE1 建立了 EBGP 对等体关系。

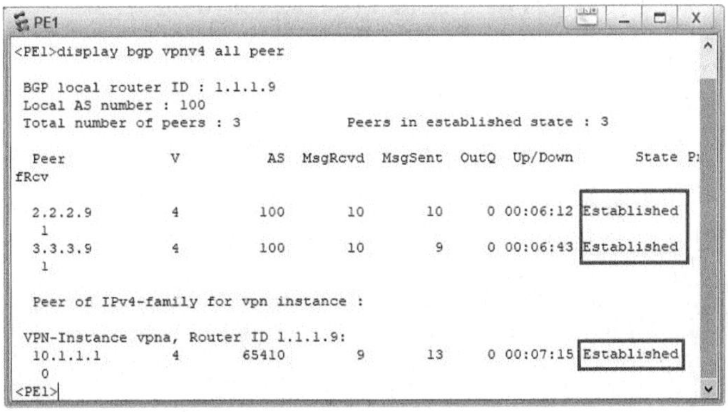

```
<PE1>display bgp vpnv4 all peer

 BGP local router ID : 1.1.1.9
 Local AS number : 100
 Total number of peers : 3            Peers in established state : 3

  Peer            V          AS  MsgRcvd  MsgSent  OutQ  Up/Down       State P:
fRcv

  2.2.2.9         4         100       10       10     0 00:06:12 Established
   1
  3.3.3.9         4         100       10        9     0 00:06:43 Established
   1

  Peer of IPv4-family for vpn instance :

 VPN-Instance vpna, Router ID 1.1.1.9:
  10.1.1.1        4       65410        9       13     0 00:07:15 Established
   0
<PE1>
```

图 4-34　在 PE1 上执行 **display bgp vpnv4 all peer** 命令的输出

⑥ 在 RR1、RR2 上配置相同的反射器 ID。RR1 和 RR2 同时加入群 ID 为 100 的集群中，禁止 VPN Target 属性过滤功能，因为 RR 上不配置 VPN 实例，不能进行 VPN Target 属性匹配。

#---RR1 上的配置如下。

```
[RR1] bgp 100
[RR1-bgp] ipv4-family vpnv4
[RR1-bgp-af-vpnv4] reflector cluster-id 100
[RR1-bgp-af-vpnv4] peer rr1 reflect-client   #---配置作为对等体组 rr1 的路由反射器
[RR1-bgp-af-vpnv4] undo policy vpn-target   #---配置不对所接收的 VPNv4 路由进行 VPN Target 属性匹配过滤
```

```
[RR1-bgp-af-vpnv4] quit
[RR1-bgp] quit
```

#---RR2 上的配置如下。

```
[RR2] bgp 100
[RR2-bgp] ipv4-family vpnv4
[RR2-bgp-af-vpnv4] reflector cluster-id 100
[RR2-bgp-af-vpnv4] peer rr2 reflect-client
[RR2-bgp-af-vpnv4] undo policy vpn-target
[RR2-bgp-af-vpnv4] quit
[RR2-bgp] quit
```

完成以上配置后，在各 PE 上执行 **display ip routing-table vpn-instance** 命令查看 VPN 路由表，可发现有到达远端 CE 的私网路由，证明通过 RR 反射了对端站点的私网路由到了 PE 上。在 PE1 上执行 **display ip routing-table vpn-instance vpna** 命令的输出如图 4-35 所示，从中可以看出它已学习到了 CE2 所连接的私网路由。

```
PE1
<PE1>display ip routing-table vpn-instance vpna
Route Flags: R - relay, D - download to fib
------------------------------------------------------------------------------
Routing Tables: vpna
         Destinations : 5        Routes : 5

Destination/Mask    Proto   Pre  Cost      Flags NextHop         Interface

       10.1.1.0/24  Direct  0    0           D   10.1.1.2        GigabitEthernet
2/0/0
       10.1.1.2/32  Direct  0    0           D   127.0.0.1       GigabitEthernet
2/0/0
     10.1.1.255/32  Direct  0    0           D   127.0.0.1       GigabitEthernet
2/0/0
       10.2.1.0/24  IBGP    255  0          RD   4.4.4.9         GigabitEthernet
3/0/0
255.255.255.255/32  Direct  0    0           D   127.0.0.1       InLoopBack0

<PE1>
```

图 4-35 在 PE1 上执行 **display ip routing-table vpn-instance vpna** 命令的输出

3. 配置结果验证

完成以上全部配置后，可进行以下配置结果验证。

① 在 CE1 和 CE2 上执行 **display ip routing-table** 命令，由此可以发现到达对方的路由。在 CE1 上执行 **display ip routing-table** 命令的输出如图 4-36 所示，从中可以看出它已学习到了 CE2 上所连接的 10.2.1.0/24 网段的私网路由。

```
CE1
<CE1>display ip routing-table
Route Flags: R - relay, D - download to fib
------------------------------------------------------------------------------
Routing Tables: Public
         Destinations : 8        Routes : 8

Destination/Mask    Proto   Pre  Cost      Flags NextHop         Interface

       10.1.1.0/24  Direct  0    0           D   10.1.1.1        GigabitEthernet
1/0/0
       10.1.1.1/32  Direct  0    0           D   127.0.0.1       GigabitEthernet
1/0/0
     10.1.1.255/32  Direct  0    0           D   127.0.0.1       GigabitEthernet
1/0/0
       10.2.1.0/24  EBGP    255  0           D   10.1.1.2        GigabitEthernet
1/0/0
      127.0.0.0/8   Direct  0    0           D   127.0.0.1       InLoopBack0
      127.0.0.1/32  Direct  0    0           D   127.0.0.1       InLoopBack0
127.255.255.255/32  Direct  0    0           D   127.0.0.1       InLoopBack0
255.255.255.255/32  Direct  0    0           D   127.0.0.1       InLoopBack0

<CE1>
```

图 4-36 在 CE1 上执行 **display ip routing-table** 命令的输出

② CE1 与 CE2 相互进行 ping 操作，都是通的，且正常情况下都是采用了最短路径

进行数据转发。由此可以证明前面的 RR 功能配置是正确的，因为 PE1 与 PE2 之间并没有建立 MP-IBGP 对等体关系，但路由器的反射也使两个 PE 间能相互学习对端所连 CE 下面的私网路由。

在 CE1 上成功 ping 通 CE2，并且利用 tracert 命令跟踪到达 CE2 的传输路径的结果，正常情况下，CE1 ping、tracert CE2 的结果如图 4-37 所示。从中可以看出，正常情况 CE1 与 CE2 是通的，并且是采用了经过 RR2 到达的最短路径。

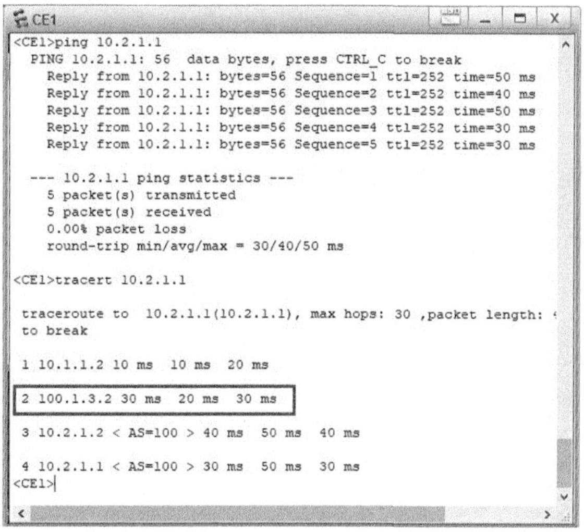

```
CE1                                                    _  □  X
<CE1>ping 10.2.1.1
  PING 10.2.1.1: 56  data bytes, press CTRL_C to break
    Reply from 10.2.1.1: bytes=56 Sequence=1 ttl=252 time=50 ms
    Reply from 10.2.1.1: bytes=56 Sequence=2 ttl=252 time=40 ms
    Reply from 10.2.1.1: bytes=56 Sequence=3 ttl=252 time=50 ms
    Reply from 10.2.1.1: bytes=56 Sequence=4 ttl=252 time=30 ms
    Reply from 10.2.1.1: bytes=56 Sequence=5 ttl=252 time=30 ms

  --- 10.2.1.1 ping statistics ---
    5 packet(s) transmitted
    5 packet(s) received
    0.00% packet loss
    round-trip min/avg/max = 30/40/50 ms

<CE1>tracert 10.2.1.1

  traceroute to  10.2.1.1(10.2.1.1), max hops: 30 ,packet length: 
  to break

  1 10.1.1.2 10 ms   10 ms   20 ms

  2 100.1.3.2 30 ms   20 ms   30 ms

  3 10.2.1.2 < AS=100 > 40 ms   50 ms   40 ms

  4 10.2.1.1 < AS=100 > 30 ms   50 ms   30 ms
<CE1>
```

图 4-37　正常情况下，CE1 ping、tracert CE2 的结果

③ 在 PE1、PE2 上的 GigabitEthernet3/0/0 接口视图下执行 **shutdown** 命令，使 PE1 与 PE2 之间的通信路径必须同时经过 RR1 和 RR2，但此时发现 CE1 与 CE2 仍然可以相互 ping 通，但数据转发路径发生了变化。在 CE1 上成功 ping 通 CE2，并且利用 **tracert** 命令跟踪到达 CE2 的传输路径的结果，关闭了 PE1 和 PE2 上的 GE3/0/0 接口后，CE1 ping、tracert CE2 的结果如图 4-38 所示。从中可以看出，此时 CE1 与 CE2 之间的通信重新选择了路径，同时经过了 RR1 和 RR2。

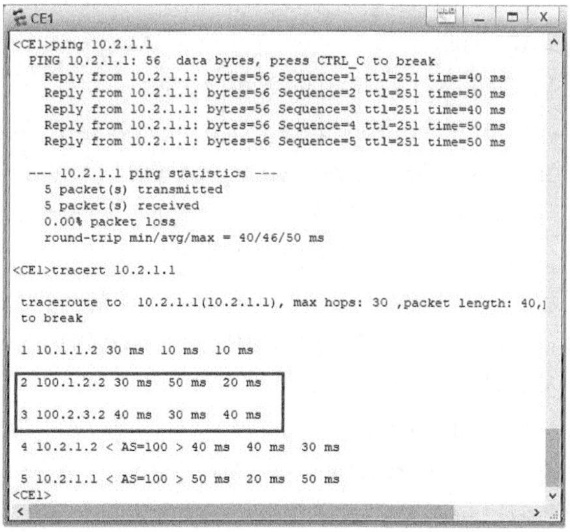

```
CE1                                                    _  □  X
<CE1>ping 10.2.1.1
  PING 10.2.1.1: 56  data bytes, press CTRL_C to break
    Reply from 10.2.1.1: bytes=56 Sequence=1 ttl=251 time=40 ms
    Reply from 10.2.1.1: bytes=56 Sequence=2 ttl=251 time=50 ms
    Reply from 10.2.1.1: bytes=56 Sequence=3 ttl=251 time=40 ms
    Reply from 10.2.1.1: bytes=56 Sequence=4 ttl=251 time=50 ms
    Reply from 10.2.1.1: bytes=56 Sequence=5 ttl=251 time=50 ms

  --- 10.2.1.1 ping statistics ---
    5 packet(s) transmitted
    5 packet(s) received
    0.00% packet loss
    round-trip min/avg/max = 40/46/50 ms

<CE1>tracert 10.2.1.1

  traceroute to  10.2.1.1(10.2.1.1), max hops: 30 ,packet length: 40,
  to break

  1 10.1.1.2 30 ms   10 ms   10 ms

  2 100.1.2.2 30 ms   50 ms   20 ms

  3 100.2.3.2 40 ms   30 ms   40 ms

  4 10.2.1.2 < AS=100 > 40 ms   40 ms   30 ms

  5 10.2.1.1 < AS=100 > 50 ms   20 ms   50 ms
<CE1>
```

图 4-38　关闭了 PE1 和 PE2 上的 GE3/0/0 接口后，CE1 ping、tracert CE2 的结果

还可以验证，当 RR1 或 RR2 中的一个出现故障时，CE1 与 CE2 仍然可以互通，以证明 RR1 与 RR2 的相互备份作用。

4.5　VPN 与 Internet 互联

一般 VPN 内的用户只能相互通信，不能与 Internet 用户通信，也不能接入 Internet。如果 VPN 的各个 Site 需要访问 Internet，则需要配置 VPN 与 Internet 互联的功能。有关 VPN 与 Internet 互联应用的实现方案参见本书 1.2.3 节。

4.5.1　VPN 与 Internet 互联配置与管理

在 1.2.3 节介绍到，VPN 与 Internet 互联有 3 种实现方法：①在骨干网边缘设备 PE 侧实现；②在 Internet 网关侧实现；③在用户侧实现。这里仅介绍在骨干网边缘设备 PE 侧实现 VPN 与 Internet 互联的配置方法。

在 PE 侧实现 VPN 与 Internet 互联，一般采用静态路由的配置方式，具体如下。

- 在 PE 上配置一条去往 Internet 的静态路由，并在 VPN 实例路由表中添加该静态路由，向 CE 发布。
- 在 PE 上将去往 CE 接口的静态路由加入公网路由表中，并发布到 Internet，作为从 Internet 返回到 VPN 用户的路由。

另外，还需要在 CE 上配置到达 Internet 目的地址的静态路由。

1. 在 CE 上配置到达 Internet 目的地址的静态路由

在 CE 上执行 **ip route-static** *ip-address* { *mask* | *mask-length* } { *interface-type interface-number* [*nexthop-address*] | *nexthop-address* } [**preference** *preference* | **tag** *tag*] [*] [**description** *text*]命令配置到公网目的地址的静态路由。参数 *ip-address* 可以配置成公网目的 IP 地址，也可以配置成全零 0.0.0.0 0（即配置缺省路由，其掩码也为全零）。出接口为与 PE 相连的接口，下一跳为 PE 上与本 CE 相连的接口的 IP 地址。如果 CE 与 PE 之间用以太网相连，则必须指定下一跳 IP 地址。

2. 在 PE 上配置从 VPN 用户到 Internet 的静态路由

在 PE 上执行 **ip route-static vpn-instance** *vpn-source-name destination-address* { *mask* | *mask-length* } *nexthop-address* **public** [**preference** *preference* | **tag** *tag*] [*] [**description** *text*] 命令配置从 VPN 用户到 Internet 的静态路由，并指定下一跳的地址为公网地址。然后在 VPN 实例路由表中添加该静态路由，以便向 CE 发布。

这里有一个关键选项，即 **public 关键字，只有选择了这一选项，才可以在 VPN 实例中配置的静态路由下一跳才可以是公网 IP 地址，而不是 VPN 私网 IP 地址。**

3. 在 PE 上配置从公网到 VPN 用户的静态路由

在 PE 上执行 **ip route-static** *ip-address* { *mask* | *mask-length* } { *interface-type interface-number* [*nexthop-address*] | **vpn-instance** *vpn-instance-name nexthop-address* | *nexthop-address* } [**preference** *preference* | **tag** *tag*] [*] [**description** *text*] 命令配置从公网到 VPN 用户的静态路由（下一跳为私网地址），目的地址为 VPN 用户地址，出接口为 PE 上连接

CE 侧的接口。如果 CE 与 PE 之间用以太网相连，则必须指定下一跳。

然后在 PE 与 Internet 之间使用的公网路由协议进程下引入该静态路由，但如果 PE 与 Internet 连接的网关采用的是静态路由配置方式，则无须配置。

完成以上全部配置后，可进行以下配置检查和结果验证。

- 使用 **display ip routing-table vpn-instance** *vpn-instance-name* 命令在 PE 上查看 VPN 路由表，可发现 VPN 路由表中有到达 CE 及公网目的设备的路由。
- 使用 **display ip routing-table** 命令在 CE 上及公网目的设备上查看路由表，可发现 CE 上有到公网目的设备的路由，公网目的设备也有到 CE 的路由。
- 使用 **ping** 命令检查 CE 与公网目的设备之间的互通性，CE 和公网目的设备之间可以互相 ping 通。

4.5.2　VPN 与 Internet 互联配置示例

VPN 与 Internet 互联配置示例的拓扑结构如图 4-39 所示，用户要求私网中的 CE1 和 CE2 可互访，并且 CE1 的用户可以访问 Internet。拓扑结构中的 AR 是 Internet 网关，接入了 Internet 中的一台服务器。

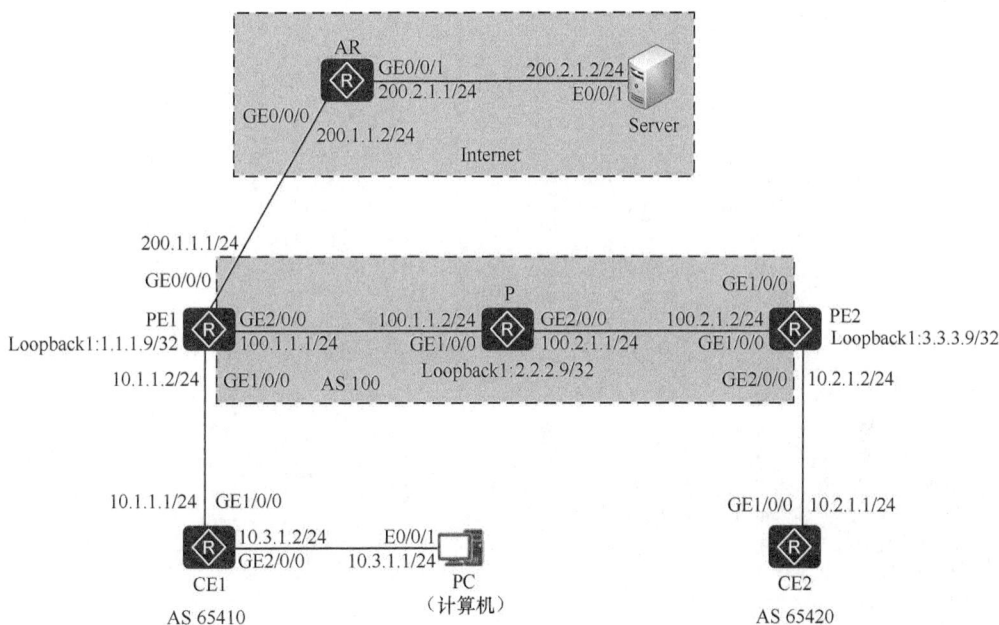

图 4-39　VPN 与 Internet 互联配置示例的拓扑结构

1. 基本配置思路分析

本实验包括两个部分的配置：一是基本 BGP/MPLS IP VPN 的配置；二是 CE1 下面的私网用户访问 Internet 的配置。根据 4.5.1 节的介绍，本示例 CE1 与 PE1 之间采用静态路由方式配置。

① 在骨干网各节点上配置各公网接口（不包括 PE 连接 CE 的接口）的 IP 地址和 OSPF 路由，以实现骨干网的三层互通。

② 在骨干网各节点上全局和各公网接口上使能 MPLS 和 LDP 能力，构建公网 MPLS

LDP LSP 隧道。

③ 配置两个 PE 间的 MP-IBGP 对等体关系，交换 VPN 路由信息。

④ 在两个 PE 上为所连接的 Site 创建 VPN 实例，并与 PE 连接对应 CE 的接口绑定，配置该接口的 IP 地址。

⑤ 在两个 PE 与 CE 之间建立 EBGP 连接，在 PE 的 VPN 实例中引入 PE 与直连 CE 的直连路由。

⑥ 在 CE1 上配置一条用于访问 Internet 的默认路由，在 PE1 上配置两条静态路由，分别用于访问 Internet、CE1 下面的用户网络。

2. 具体配置步骤

① 在骨干网各节点上配置各公网接口（不包括 PE 连接 CE 的接口）的 IP 地址和 OSPF 路由，以实现骨干网的三层互通。

\#---PE1 上的配置如下。

```
<Huawei> system-view
[Huawei] sysname PE1
[PE1] interface loopback 1
[PE1-LoopBack1] ip address 1.1.1.9 32
[PE1-LoopBack1] quit
[PE1] interface gigabitethernet 2/0/0
[PE1-GigabitEthernet2/0/0] ip address 100.1.1.1 24
[PE1-GigabitEthernet2/0/0] quit
[PE1] ospf
[PE1-ospf-1] area 0
[PE1-ospf-1-area-0.0.0.0] network 100.1.1.0 0.0.0.255
[PE1-ospf-1-area-0.0.0.0] network 1.1.1.9 0.0.0.0
[PE1-ospf-1-area-0.0.0.0] quit
[PE1-ospf-1] quit
```

\#---P 上的配置如下。

```
<Huawei> system-view
[Huawei] sysname P
[P] interface loopback 1
[P-LoopBack1] ip address 2.2.2.9 32
[P-LoopBack1] quit
[P] interface gigabitethernet 1/0/0
[P-GigabitEthernet1/0/0] ip address 100.1.1.2 24
[P-GigabitEthernet1/0/0] quit
[P] interface gigabitethernet 2/0/0
[P-GigabitEthernet2/0/0] ip address 100.2.1.1 24
[P-GigabitEthernet2/0/0] quit
[P] ospf
[P-ospf-1] area 0
[P-ospf-1-area-0.0.0.0] network 100.1.1.0 0.0.0.255
[P-ospf-1-area-0.0.0.0] network 100.2.1.0 0.0.0.255
[P-ospf-1-area-0.0.0.0] network 2.2.2.9 0.0.0.0
[P-ospf-1-area-0.0.0.0] quit
[P-ospf-1] quit
```

\#---PE2 上的配置如下。

```
<Huawei> system-view
[Huawei] sysname PE2
[PE2] interface loopback 1
```

```
[PE2-LoopBack1] ip address 3.3.3.9 32
[PE2-LoopBack1] quit
[PE2] interface gigabitethernet 1/0/0
[PE2-GigabitEthernet1/0/0]  ip address 100.2.1.2 24
[PE2-GigabitEthernet1/0/0] quit
[PE2] ospf
[PE2-ospf-1] area 0
[PE2-ospf-1-area-0.0.0.0] network 172.2.1.0 0.0.0.255
[PE2-ospf-1-area-0.0.0.0] network 3.3.3.9 0.0.0.0
[PE2-ospf-1-area-0.0.0.0] quit
[PE2-ospf-1] quit
```

完成以上配置后，在骨干网各节点上执行 **display ospf peer** 命令，由此可以看到各相邻节点间均已建立了 OSPF 邻接关系；执行 **display ospf routing** 命令，由此可以看到各节点间已学习到了其他节点的 Loopback1 接口 IP 地址所在网段的 OSPF 路由。在 PE1 上执行 **display ospf peer** 和 **display ospf routing** 命令的输出如图 4-40 所示，从中可以看出 PE1 已与 P 建立了 OSPF 邻接关系，且已学习到 P、PE2 上 Loopback1 接口 IP 地址所在网段的 OSPF 路由。

```
PE1
<PE1>display ospf peer

        OSPF Process 1 with Router ID 200.1.1.1
             Neighbors

 Area 0.0.0.0 interface 100.1.1.1(GigabitEthernet2/0/0)'s neighbors
 Router ID: 2.2.2.9          Address: 100.1.1.2
   State: Full Mode:Nbr is  Slave Priority: 1
   DR: 100.1.1.1  BDR: 100.1.1.2  MTU: 0
   Dead timer due in 40  sec
   Retrans timer interval: 5
   Neighbor is up for 00:42:12
   Authentication Sequence: [ 0 ]

<PE1>display ospf routing

        OSPF Process 1 with Router ID 200.1.1.1
             Routing Tables

 Routing for Network
 Destination       Cost  Type     NextHop      AdvRouter    Area
 1.1.1.9/32        0     Stub     1.1.1.9      200.1.1.1    0.0.0.0
 100.1.1.0/24      1     Transit  100.1.1.1    200.1.1.1    0.0.0.0
 2.2.2.9/32        1     Stub     100.1.1.2    2.2.2.9      0.0.0.0
 3.3.3.9/32        2     Stub     100.1.1.2    3.3.3.9      0.0.0.0
 100.2.1.0/24      2     Transit  100.1.1.2    3.3.3.9      0.0.0.0

 Total Nets: 5
 Intra Area: 5  Inter Area: 0  ASE: 0  NSSA: 0

<PE1>
```

图 4-40　在 PE1 上执行 **display ospf peer** 和 **display ospf routing** 命令的输出

② 在骨干网各节点上全局和各公网接口上使能 MPLS 和 LDP 能力,构建公网 MPLS LDP LSP 隧道。

#---PE1 上的配置如下。

```
[PE1] mpls lsr-id 1.1.1.9
[PE1] mpls
[PE1-mpls] quit
[PE1] mpls ldp
[PE1-mpls-ldp] quit
[PE1] interface gigabitethernet 1/0/0
[PE1-GigabitEthernet1/0/0] mpls
[PE1-GigabitEthernet1/0/0] mpls ldp
[PE1-GigabitEthernet1/0/0] quit
```

#---P 上的配置如下。

```
[P] mpls lsr-id 2.2.2.9
[P] mpls
[P-mpls] quit
[P] mpls ldp
[P-mpls-ldp] quit
[P] interface gigabitethernet 1/0/0
[P-GigabitEthernet1/0/0] mpls
[P-GigabitEthernet1/0/0] mpls ldp
[P-GigabitEthernet1/0/0] quit
[P] interface gigabitethernet 2/0/0
[P-GigabitEthernet2/0/0] mpls
[P-GigabitEthernet2/0/0] mpls ldp
[P-GigabitEthernet2/0/0] quit
```

#---PE2 上的配置如下。

```
[PE2] mpls lsr-id 3.3.3.9
[PE2] mpls
[PE2-mpls] quit
[PE2] mpls ldp
[PE2-mpls-ldp] quit
[PE2] interface gigabitethernet 1/0/0
[PE2-GigabitEthernet1/0/0] mpls
[PE2-GigabitEthernet1/0/0] mpls ldp
[PE2-GigabitEthernet1/0/0] quit
```

完成上述配置后，在骨干网各节点上执行 **display mpls ldp session** 命令，可看到相邻节点间已建立了 LDP 会话；执行 **display mpls ldp lsp** 命令可以看到各节点上建立的 LDP LSP 情况。在 PE1 上执行 **display mpls ldp session** 和 **display mpls ldp lsp** 命令的输出如图 4-41 所示，从中可以看出它与 P 节点建立了 LDP 会话，也建立了到达 PE2 的 Ingress LDP LSP。

```
PE1
<PE1>display mpls ldp session

 LDP Session(s) in Public Network
 Codes: LAM(Label Advertisement Mode), SsnAge Unit(DDDD:HH:MM)
 A '*' before a session means the session is being deleted.
 ------------------------------------------------------------------------------
 PeerID             Status      LAM  SsnRole  SsnAge       KASent/Rcv
 ------------------------------------------------------------------------------
 2.2.2.9:0          Operational DU   Passive  0000:00:44   177/177
 ------------------------------------------------------------------------------
 TOTAL: 1 session(s) Found.

<PE1>display mpls ldp lsp

 LDP LSP Information
 ------------------------------------------------------------------------------
 DestAddress/Mask   In/OutLabel    UpstreamPeer    NextHop         OutInterfac
 ------------------------------------------------------------------------------

 1.1.1.9/32         3/NULL         2.2.2.9         127.0.0.1       InLoop0
*1.1.1.9/32         Liberal/1024                   DS/2.2.2.9
 2.2.2.9/32         NULL/3         -               100.1.1.2       GE2/0/0
 2.2.2.9/32         1024/3         2.2.2.9         100.1.1.2       GE2/0/0
 3.3.3.9/32         NULL/1025      -               100.1.1.2       GE2/0/0
 3.3.3.9/32         1025/1025      2.2.2.9         100.1.1.2       GE2/0/0
 ------------------------------------------------------------------------------
 TOTAL: 5 Normal LSP(s) Found.
 TOTAL: 1 Liberal LSP(s) Found.
 TOTAL: 0 Frr LSP(s) Found.
 A '*' before an LSP means the LSP is not established
 A '*' before a Label means the USCB or DSCB is stale
 A '*' before a UpstreamPeer means the session is stale
 A '*' before a DS means the session is stale
 A '*' before a NextHop means the LSP is FRR LSP

<PE1>
```

图 4-41　在 PE1 上执行 **display mpls ldp session** 和 **display mpls ldp lsp** 命令的输出

③ 在两个 PE 之间建立 MP-IBGP 对等体关系，交换 VPN 路由信息。

因为 PE1 与 PE2 不是直接连接的，所以在配置与对端 PE 建立 MP-IBGP 对等体时的 TCP 连接源接口不能是物理接口，要用各自的 Loopback1 接口。

\#---PE1 上的配置如下。

```
[PE1] bgp 100
[PE1-bgp] peer 3.3.3.9 as-number 100
[PE1-bgp] peer 3.3.3.9 connect-interface loopback 1
[PE1-bgp] ipv4-family vpnv4
[PE1-bgp-af-vpnv4] peer 3.3.3.9 enable
[PE1-bgp-af-vpnv4] quit
[PE1-bgp] quit
```

\#---PE2 上的配置如下。

```
[PE2] bgp 100
[PE2-bgp] peer 1.1.1.9 as-number 100
[PE2-bgp] peer 1.1.1.9 connect-interface loopback 1
[PE2-bgp] ipv4-family vpnv4
[PE2-bgp-af-vpnv4] peer 1.1.1.9 enable
[PE2-bgp-af-vpnv4] quit
[PE2-bgp] quit
```

完成以上配置后，在两个 PE 上执行 **display bgp peer** 或 **display bgp vpnv4 all peer** 命令，可以看到它们之间已建立了 MP-IBGP 对等体关系。在 PE1 上执行 **display bgp peer** 命令的输出如图 4-42 所示。

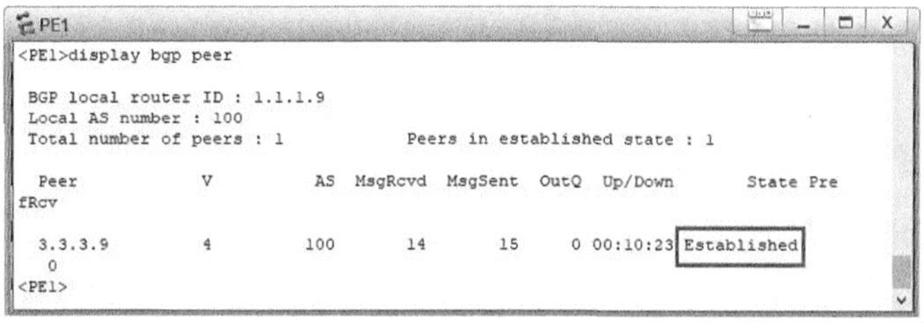

图 4-42　在 PE1 上执行 **display bgp peer** 命令的输出

④ 在两个 PE 上为所连接的 Site 创建 VPN 实例，并与 PE 连接对应 CE 的接口绑定，配置该接口的 IP 地址。

本示例为两个 Site 配置相同的 VPN 实例 **vpna**，配置相同的 VPN Target 属性 1:1。

\#---PE1 上的配置如下。

```
[PE1] ip vpn-instance vpn1
[PE1-vpn-instance-vpn1] ipv4-family
[PE1-vpn-instance-vpn1-af-ipv4] route-distinguisher 100:1
[PE1-vpn-instance-vpn1-af-ipv4] vpn-target 1:1 both
[PE1-vpn-instance-vpn1-af-ipv4] quit
[PE1-vpn-instance-vpn1] quit
[PE1] interface gigabitethernet 1/0/0
[PE1-GigabitEthernet1/0/0] ip binding vpn-instance vpn1
[PE1-GigabitEthernet1/0/0] ip address 10.1.1.2 24
[PE1-GigabitEthernet1/0/0] quit
```

\#---PE2 上的配置如下。

```
[PE2] ip vpn-instance vpn1
[PE2-vpn-instance-vpn1] ipv4-family
[PE2-vpn-instance-vpn1-af-ipv4] route-distinguisher 100:2
```

```
[PE2-vpn-instance-vpn1-af-ipv4] vpn-target 1:1 both
[PE2-vpn-instance-vpn1-af-ipv4] quit
[PE2-vpn-instance-vpn1] quit
[PE2] interface gigabitethernet 2/0/0
[PE2-GigabitEthernet2/0/0] ip binding vpn-instance vpn1
[PE2-GigabitEthernet2/0/0] ip address 10.2.1.2 24
[PE2-GigabitEthernet2/0/0] quit
```

完成以上配置后，在两个 PE 上执行 **display ip vpn-instance verbose** 命令可以看到它们的 VPN 实例配置情况。在 PE1 上执行 **display ip vpn-instance verbose** 命令的输出如图 4-43 所示。

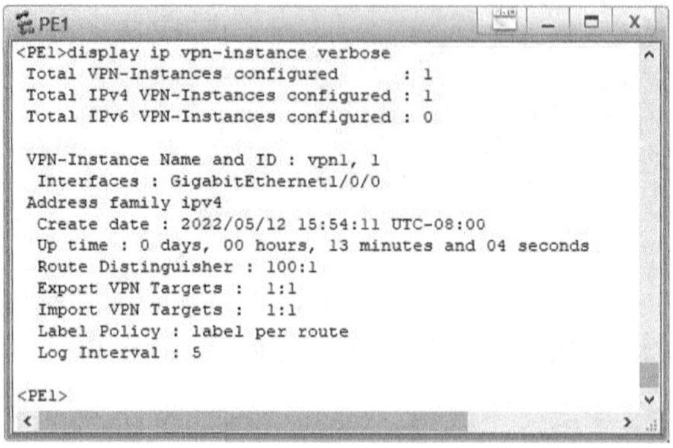

```
<PE1>display ip vpn-instance verbose
 Total VPN-Instances configured       : 1
 Total IPv4 VPN-Instances configured : 1
 Total IPv6 VPN-Instances configured : 0

 VPN-Instance Name and ID : vpn1, 1
  Interfaces : GigabitEthernet1/0/0
 Address family ipv4
  Create date : 2022/05/12 15:54:11 UTC-08:00
  Up time : 0 days, 00 hours, 13 minutes and 04 seconds
  Route Distinguisher : 100:1
  Export VPN Targets :  1:1
  Import VPN Targets :  1:1
  Label Policy : label per route
  Log Interval : 5

<PE1>
```

图 4-43　在 PE1 上执行 **display ip vpn-instance verbose** 命令的输出

⑤ 在两个 PE 与 CE 之间建立 EBGP 连接，在 PE 的 VPN 实例中引入 PE 与直连 CE 的直连路由。

#---PE1 上的配置如下。

```
[PE1] bgp 100
[PE1-bgp] ipv4-family vpn-instance vpn1
[PE1-bgp-vpn1] peer 10.1.1.1 as-number 65410    #---指定 CE1 为 EBGP 对等体
[PE1-bgp] import-route direct    #---引入所有直连路由
[PE1-bgp-vpn1] quit
```

#---PE2 上的配置如下。

```
[PE2] bgp 100
[PE2-bgp] ipv4-family vpn-instance vpna
[PE2-bgp-vpna] peer 10.3.1.1 as-number 65420
[PE2-bgp] import-route direct
[PE2-bgp-vpna] quit
```

#---CE1 上的配置如下。

```
<Huawei> system-view
[Huawei] sysname CE1
[CE1] interface gigabitethernet 1/0/0
[CE1-GigabitEthernet1/0/0] ip address 10.1.1.1 24
[CE1-GigabitEthernet1/0/0] quit
[CE1] interface gigabitethernet 2/0/0
[CE1-GigabitEthernet2/0/0] ip address 10.3.1.2 24
[CE1-GigabitEthernet2/0/0] quit
[CE1] bgp 65410
[CE1-bgp] peer 10.1.1.2 as-number 100
[CE1-bgp] quit
```

\#---CE2 上的配置如下。

```
<Huawei> system-view
[Huawei] sysname CE2
[CE2] interface gigabitethernet 1/0/0
[CE2-GigabitEthernet1/0/0] ip address 10.2.1.1 24
[CE2-GigabitEthernet1/0/0] quit
[CE2] bgp 65420
[CE2-bgp] peer 10.2.1.2 as-number 100
[CE2-bgp] import-route direct
[CE2-bgp] quit
```

完成以上配置后，在两个 PE 上执行 display bgp vpnv4 vpn-instance peer 命令，可以看到 PE 与 CE 之间已建立 EBGP 对等体关系。在 PE1 上执行 **display bgp vpnv4 vpn-instance vpn1 peer** 命令的输出如图 4-44 所示。

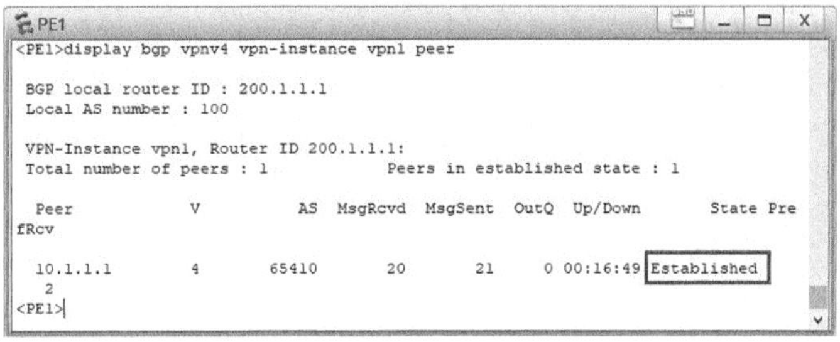

图 4-44　在 PE1 上执行 **display bgp vpnv4 vpn-instance vpn1 peer** 命令的输出

⑥ 在 AR 路由器（Internet 网关）、CE1 和 PE1 上配置 Inetrnet 访问的静态路由。

\#---AR 路由器上的配置如下。

```
<Huawei> system-view
[Huawei] sysname AR
[AR] interface gigabitethernet 0/0/0
[AR-GigabitEthernet0/0/0] ip address 200.1.1.2 24
[AR-GigabitEthernet0/0/0] quit
[AR] interface gigabitethernet 0/0/1
[AR-GigabitEthernet0/0/1] ip address 200.2.1.2 24
[AR-GigabitEthernet0/0/1] quit
[AR] ip route-static 0.0.0.0 0 200.1.1.1    #---在 AR 上配置用于响应内网访问的静态缺省路由
```

\#---CE1 上的配置如下。

```
[CE1] ip route-static 0.0.0.0 0 10.1.1.2    #---在 CE1 上配置用于访问 Internet 的静态缺省路由
```

\#---PE1 上的配置如下。

```
[PE1] ip route-static vpn-instance vpn1 0.0.0.0 0.0.0.0 200.1.1.2 public    #---在 PE1 vpn1 实例路由表中添加一条从 VPN
用户到 Internet 的静态缺省路由，并通过指定 public 关键字指定下一跳 P 的地址为公网 IP 地址，而不是源 VPN 中的私网
IP 地址。
[PE1] ip route-static 10.3.1.0 255.255.255.0 vpn-instance vpn1 10.1.1.1    #---在 PE1 公网路由表中添加一条从 Internet
返回到 VPN 用户的静态路由，下一跳为 CE1 连接 PE1 接口的 IP 地址
```

完成以上配置后，在 PE1 上执行 **display ip routing-table vpn-instance vpn1** 命令的输出如图 4-45 所示，可以看到 vpn1 实例路由表中有一条到达 Internet 的静态缺省路由，下一跳为 200.1.1.2，出接口为 GE0/0/0。

【注意】此时虽然该条静态缺省路由也会在 CE2 上收到，但因为在 PE1 上没有添加到达 CE2 所在网段的公网路由，所以 CE2 仍然不能通过这条静态缺省路由访问 Internet。

```
PE1
<PE1>display ip routing-table vpn-instance vpn1
Route Flags: R - relay, D - download to fib
------------------------------------------------------------------------------
Routing Tables: vpn1
         Destinations : 7        Routes : 7

Destination/Mask    Proto   Pre  Cost      Flags NextHop         Interface

        0.0.0.0/0   Static  60   0           RD  200.1.1.2       GigabitEthernet
0/0/0
      10.1.1.0/24   Direct  0    0            D  10.1.1.2        GigabitEthernet
1/0/0
      10.1.1.2/32   Direct  0    0            D  127.0.0.1       GigabitEthernet
1/0/0
    10.1.1.255/32   Direct  0    0            D  127.0.0.1       GigabitEthernet
1/0/0
      10.2.1.0/24   IBGP    255  0           RD  3.3.3.9         GigabitEthernet
2/0/0
      10.3.1.0/24   EBGP    255  0            D  10.1.1.1        GigabitEthernet
1/0/0
255.255.255.255/32  Direct  0    0            D  127.0.0.1       InLoopBack0

<PE1>
```

图 4-45 在 PE1 上执行 **display ip routing-table vpn-instance vpn1** 命令的输出

在 PE1 上执行 **display ip routing-table** 命令的输出如图 4-46 所示，可以看到公网 IP 路由表中有一条到达 VPN 用户 PC1 的静态路由，下一跳为 10.1.1.1。

```
PE1
<PE1>display ip routing-table
Route Flags: R - relay, D - download to fib
------------------------------------------------------------------------------
Routing Tables: Public
         Destinations : 15       Routes : 15

Destination/Mask    Proto   Pre  Cost      Flags NextHop         Interface

        1.1.1.9/32  Direct  0    0            D  127.0.0.1       LoopBack1
        2.2.2.9/32  OSPF    10   1            D  100.1.1.2       GigabitEthernet
2/0/0
        3.3.3.9/32  OSPF    10   2            D  100.1.1.2       GigabitEthernet
2/0/0
      10.3.1.0/24   Static  60   0           RD  10.1.1.1        GigabitEthernet
1/0/0
     100.1.1.0/24   Direct  0    0            D  100.1.1.1       GigabitEthernet
2/0/0
     100.1.1.1/32   Direct  0    0            D  127.0.0.1       GigabitEthernet
2/0/0
   100.1.1.255/32   Direct  0    0            D  127.0.0.1       GigabitEthernet
2/0/0
     100.2.1.0/24   OSPF    10   2            D  100.1.1.2       GigabitEthernet
2/0/0
      127.0.0.0/8   Direct  0    0            D  127.0.0.1       InLoopBack0
     127.0.0.1/32   Direct  0    0            D  127.0.0.1       InLoopBack0
127.255.255.255/32  Direct  0    0            D  127.0.0.1       InLoopBack0
     200.1.1.0/24   Direct  0    0            D  200.1.1.1       GigabitEthernet
0/0/0
     200.1.1.1/32   Direct  0    0            D  127.0.0.1       GigabitEthernet
0/0/0
   200.1.1.255/32   Direct  0    0            D  127.0.0.1       GigabitEthernet
0/0/0
255.255.255.255/32  Direct  0    0            D  127.0.0.1       InLoopBack0

<PE1>
```

图 4-46 在 PE1 上执行 **display ip routing-table** 命令的输出

3. 配置结果验证

完成以上配置后，可验证以下配置结果。

① 在两个 PE 上执行 **display ip routing-table vpn-instance** 命令，可以看到去往对端 CE 的路由。在 PE1 上执行 **display ip routing-table vpn-instance vpn1** 命令的输出如图 4-47 所示，从中可以看到已有到达 CE2 的私网 IBGP 路由。

② 验证 CE1 与 CE2 能相互 ping 通，PC1 与 CE2 也能相互 ping 通。在 CE1 上成功 ping CE2 的结果如图 4-48 所示。

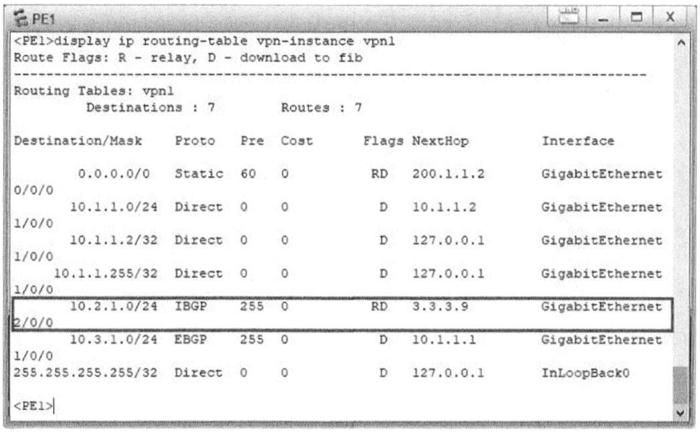

图 4-47　在 PE1 上执行 **display ip routing-table vpn-instance vpn1** 命令的输出

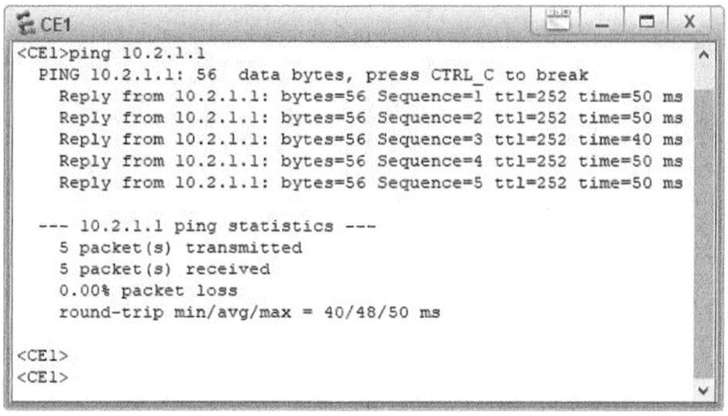

图 4-48　在 CE1 上成功 ping CE2 的结果

③ 在 PC1 上 ping Internet 中的服务器和对端的 CE2，都可以 ping 通，PC1 成功访问 Internet 中服务器和 VPN 用户 CE2 的结果如图 4-49 所示。

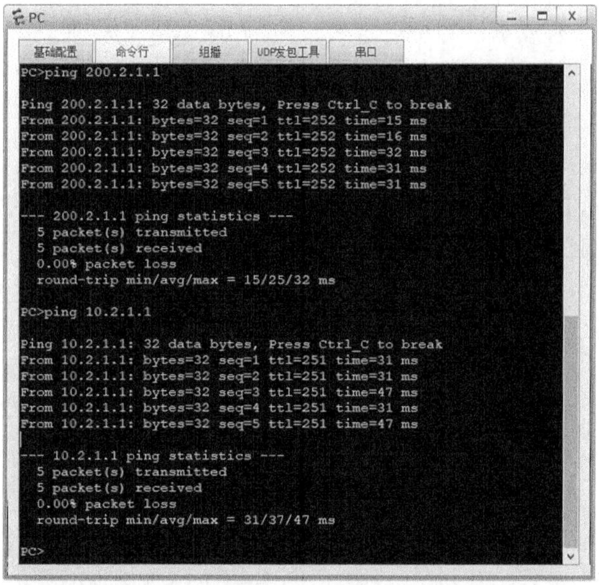

图 4-49　PC1 成功访问 Internet 中服务器和 VPN 用户 CE2 的结果

从以上验证可以看出，已成功实现了 VPN 与 Internet 的互联，达到了预期的目的。

4.6　隧道策略配置与管理

MPLS VPN 业务的转发需要 MPLS 隧道来承载，而 MPLS 隧道类型包括 GRE 隧道、LSP 隧道（可以是静态 LSP、LDSP LSP 或 BGP LSP）和 MPLS TE 隧道（即 CR-LSP 隧道）3 种，可以根据实际应用需求选择所需的隧道类型。

本节要具体介绍这 3 种 MPLS 隧道，以及隧道策略的配置方法。但这是一项可选配置任务，缺省采用的是 LDP LSP 隧道，仅当对应的数据流需要采用其他类型隧道，或者需要多条隧道实现负载分担时才需要配置。

4.6.1　3 种 VPN 隧道

前面已说到，MPLS 隧道类型包括 GRE 隧道、LSP 隧道和 MPLS TE 隧道（即 CR-LSP 隧道）3 种，下面分别介绍。

（1）GRE 隧道

如果在 MPLS/IP 骨干网中的边缘设备 PE 具备 MPLS 功能，但骨干网核心设备（P 设备）只提供纯 IP 功能，不具备 MPLS 功能，则不能使用 LSP 作为公网隧道。此时，可以使用 GRE 隧道代替 LSP 作为 VPN 骨干网隧道。有关 GRE 隧道的配置方法请参见《华为 VPN 学习指南（第二版）》。

（2）LSP 隧道

LSP 使用标签转发，是应用于 BGP/MPLS IP VPN 中常见的隧道。使用 LSP 隧道作为 BGP/MPLS IP VPN 的公网隧道，骨干网在转发 VPN 数据时，只在 PE 分析 IP 报文头中的目的地址前缀，而不用在 VPN 报文经过的每台设备时都分析 IP 报文头的目的地址前缀层 LSP 标签再进行转发。这样就节约了对 VPN 报文的处理时间，可降低处理 VPN 报文的时延。如果传输 BGP/MPLS IP VPN 报文的骨干网设备都支持 MPLS，建议使用 LSP 或 MPLS TE 的 CR-LSP 作为公网隧道。

（3）MPLS TE 隧道

MPLS TE 是 MPLS 技术与 TE 相结合的技术，通过建立到达指定路径的 LSP 隧道进行资源预留，使网络流量绕开拥塞节点，达到平衡网络流量的目的。MPLS TE 中用到的这种 LSP 隧道被称为 MPLS TE 隧道，即 CR-LSP 隧道，也是应用于 BGP/MPLS IP VPN 中常见的隧道。

除了具备 LSP 隧道的优势，MPLS TE 隧道在解决网络拥塞问题方面有着自己的优势。利用 MPLS TE 隧道，服务提供商能够充分利用现有的网络资源，提供多样化的服务，同时可以优化网络资源，进行科学的网络管理。

在 MPLS VPN 业务中，电信运营商往往需要为 VPN 用户的各种业务类型（例如，语音业务、视频业务、关键数据业务和普通上网业务）提供端到端的 QoS 保证。为满足用户需求，可以使用 MPLS TE 隧道，为用户创建具有 QoS 保证的隧道。另外，使用 MPLS TE 隧道，电信运营商还可以根据 VPN 用户的不同服务要求，通过一定的策略构建各种有 QoS 保证的 VPN 服务。

有关 LSP 隧道和 MPLS TE 隧道的工作原理及配置与管理方法参见配套的《华为 MPLS 技术学习指南（第二版）》。

4.6.2　隧道策略和隧道选择器

VPN 业务在选择隧道时，默认选择 LSP 隧道，且不能在多条 LSP 隧道中进行负载分担，即只能选择一条 LSP 隧道。当 VPN 业务需要优先选择 TE 隧道、指定特定的 TE 隧道，或者 VPN 业务有多条隧道可供选择时，需要进行负载分担来充分利用网络资源，并对 VPN 应用隧道策略。目前，隧道策略分为隧道类型优先级策略和隧道绑定策略两种，且这两种方式不能同时配置。

1. 隧道类型优先级策略

配置隧道类型优先级策略后，可指定选择隧道的顺序及负载分担的条数。选择隧道的规则是：**排列在前面的隧道只要是 UP 状态的都会被选中，不管它是否已经被其他业务选中；**排列在后面的一般不会被选中，除非要求负载分担或者排在前面的隧道都是 Down 状态的。

例如，对于到达同一目的地的隧道策略，如果隧道策略选择 CR-LSP 和 LSP，且 CR-LSP 排在 LSP 前面，且负载分担条数为 3，则选择隧道的规则如下。

- 优先选择可用的 CR-LSP 隧道。如果可用的 CR-LSP 隧道超过 3 条，则直接返回前 3 条 CR-LSP 隧道。
- 如果 CR-LSP 隧道不足 3 条，则继续选择 LSP 隧道。假设已经选择 1 条可用的 CR-LSP 隧道，则此时最多可以选择 2 条 LSP 隧道：如果可用的 LSP 隧道不足 2 条，则根据实际情况返回找到的隧道；如果可用的 LSP 隧道多于 2 条，则只选择前 2 条可用的 LSP 隧道。

从以上隧道选择的原则可以看出，隧道类型优先级策略的缺点是：当有多条同类型隧道时，无法保证会使用哪一条隧道。

2. 隧道绑定策略

隧道绑定策略是专用于 MPLS TE 隧道（即 CR-LSP 隧道）的隧道策略，指定一条 MPLS TE 隧道所承载的相应 VPN 业务。对于同一个目的地址，还支持指定多条 TE 隧道来进行负载分担。在指定的隧道都不可用的情况下，可以选择是否使用其他隧道，以最大限度地保证流量不断。其选择隧道的规则如下。

- 指定的 TE 隧道组中有可用的隧道，则选中指定的可用 TE 隧道，并在指定的 TE 隧道中进行负载分担。
- 指定的 **TE 隧道均不可用**，缺省情况下不选择任何隧道；可以通过配置，在未指定的其他隧道中按照 LSP、CR-LSP 的顺序选择一条可用隧道。

如果 MPLS TE 隧道使能了隧道绑定策略，该隧道不能再被优先级隧道策略选中。

隧道绑定策略能精确地指定用户的 VPN 报文走哪一条 TE 隧道。TE 隧道的可靠性高，且有带宽保证，所以该策略适用于对 QoS 有保证的 VPN 业务。

VPN 隧道绑定组网示意如图 4-50 所示。PE1 和 PE3 之间建立了两条 MPLS TE 隧道（Tunnel1 和 Tunnel2）。如果配置了 VPN 隧道绑定，将 VPNA 与 Tunnel1 绑定，将 VPNB 与 Tunnel2 绑定，VPNA 和 VPNB 将分别使用专用的 TE 隧道，即 Tunnel1 无法给 VPNB

及其他 VPN 使用，Tunnel2 也无法给 VPNA 及其他 VPN 使用，使 VPNA 业务和 VPNB 业务不受其他业务干扰，VPNA 业务和 VPNB 业务也互不干扰，从而可以保证 VPNA 与 VPNB 的带宽需求，方便后续部署 QoS。

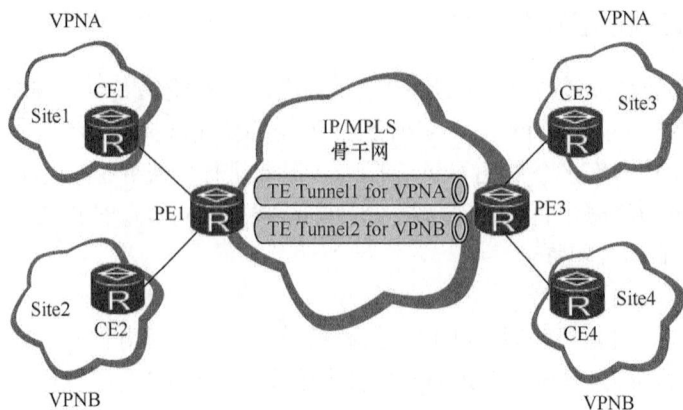

图 4-50　VPN 隧道绑定组网示意

3．隧道选择器

在 HoVPN、跨域 OptionB 场景下，SPE 或者 ASBR 设备接收所有 UPE 或者 PE 对等体发来的 VPNv4 路由。如果当前系统为 VPNv4 路由迭代 LSP 隧道，但有时为了保证带宽，需要为这些 VPNv4 路由迭代到 TE 隧道，则缺省情况下系统无法实现。

另外，在跨域 OptionC 组网中，对于 PE 收到的 BGP-IPv4 标签路由，系统选择的也是 LSP 隧道。如果需要保证隧道的带宽，也需要系统为标签路由迭代 TE 隧道，缺省情况下系统也无法实现。

为解决上面的问题，引入了隧道选择器。隧道选择器可以过滤 VPNv4 路由或者 BGP-IPv4 标签路由，并为通过过滤的路由应用相应的隧道策略，从而根据隧道策略选中符合用户期望的隧道。

4.6.3　隧道策略配置任务

VPN 隧道策略的配置包含隧道策略和隧道选择器两个方面的配置任务。但隧道选择器的配置中要调用所配置的隧道策略。

在 BGP/MPLS IP VPN 中，系统缺省选择 LSP 隧道来承载 VPN 业务。当 VPN 业务需要选择 TE 隧道或 GRE 隧道，或者在多条隧道中进行负载分担来充分利用网络资源时，需要在 PE 上完成配置并应用隧道策略。

在配置并应用隧道策略之前，需要完成以下任务。

- 创建 VPN 需要的隧道（GRE 隧道、LSP 隧道或 MPLS TE 隧道）。
- 搭建好各类型 VPN 的基本网络。

对于 HoVPN、跨域 OptionB 和跨域 OptionC 的场景，当 VPN 业务需要选择 TE 隧道或 GRE 隧道时，还需要在 SPE、ASBR、PE 上完成配置并应用隧道选择器。在配置并应用隧道选择器之前，需要完成以下任务。

- 配置好相应的隧道策略。

- 如果需要匹配路由的 RD，则需要配置 RD 属性过滤器。
- 如果需要匹配路由的下一跳 IPv4 地址，则需要配置 ACL，或者 IPv4 地址前缀列表。

4.6.4　配置并应用隧道策略

VPN 数据需要在隧道上承载，默认情况下，系统为 VPN 选择 LSP 类型隧道，且不进行隧道的负载分担。如果默认情况不能满足 VPN 的需求，需要对 VPN 应用隧道策略。目前，隧道策略包含以下两种，可以根据需要选择其中一种配置。

- 隧道类型优先级策略：改变 VPN 选择的隧道类型，或者进行隧道的负载分担。
- 隧道绑定策略：为 VPN 绑定 TE 隧道以保证 QoS，**专用于 MPLS TE 隧道**。

1. 配置隧道策略

（1）配置隧道类型优先级策略

在需要使用隧道策略的 PE 上配置隧道类型优先级策略。隧道类型优先级策略的配置步骤见表 4-16。

表 4-16　隧道类型优先级策略的配置步骤

步骤	命令	说明
1	**system-view**	进入系统视图
2	**tunnel-policy** *policy-name* 例如，[Huawei] **tunnel-policy** policy1	创建隧道策略，并进入隧道策略视图。参数 *policy-name* 用来指定隧道策略名，字符串形式，区分大小写，不支持空格，长度范围为 1～39。当输入的字符串两端使用双引号时，可在字符串中输入空格。 缺省情况下，系统中未创建隧道策略，可用 **undo tunnel-policy** *policy-name* 命令删除指定的隧道策略
3	**description** *description-information* 例如，[Huawei-tunnel-policy-policy1] **description** two TE tunnels are used	（可选）对隧道策略配置描述信息。参数 *description-information* 用来指定隧道策略的描述信息，字符串形式，支持空格，区分大小写，长度范围为 1～80。 缺省情况下，没有为隧道策略配置描述信息，可用 **undo description** 命令删除已配置的隧道策略描述信息
4	**tunnel select-seq** { **gre** | **lsp** | **cr-lsp** }[*] **load-balance-number** *load-balance-number* 例如，[Huawei-tunnel-policy-policy1] **tunnel select-seq lsp load-balance-number** 2	配置隧道的优先级顺序和允许负载分担的隧道条数。 • **gre**：可多选选项，指定选择 GRE 隧道。 • **lsp**：可多选选项，指定选择 LSP 隧道。 • **cr-lsp**：可多选选项，指定选择 CR-LSP 隧道。 • *load-balance-number*：指定可进行负载分担的隧道条数，不同系列产品的取值范围不同，具体参见产品手册。 缺省情况下，只有 LDP LSP、BGP LSP 或者静态 LSP 被选中，才不进行负载分担，可用 **undo tunnel select-seq** 命令恢复缺省配置

配置并应用按优先级顺序选择方式的隧道策略后，VPN 选择隧道时将优先选择 **tunnel select-seq** 命令中排列在前的隧道。例如，隧道策略下配置了 **tunnel select-seq cr-lsp lsp load-balance-number** 2 后，VPN 应用隧道策略后将优先选择 CR-LSP 类型的隧道，具体选择规则如下。

- 如果当前系统中有 2 条或者 2 条以上可用的 CR-LSP 隧道时，则系统随机选取其中的 2 条。
- 如果当前系统中 CR-LSP 隧道少于 2 条，则不足的隧道从 LSP 隧道中选取。
- 系统中正在使用的隧道条数由 2 条以上降到 2 条以下，则触发隧道策略重新选择隧道，不足的隧道从 LSP 隧道中选取。

当在 **tunnel select-seq** 命令中使用 **lsp** 选项时，有 3 种 LSP 隧道可以作为候选隧道，包括 LDP LSP 隧道、BGP LSP 隧道和静态 LSP 隧道。这 3 种类型的 LSP 隧道的优先级顺序为 LDP LSP>BGP LSP>静态 LSP。例如，隧道策略下配置了 **tunnel select-seq lsp cr-lsp load- balance-number** 3 后，则最终的选择规则如下。

- 如果当前系统中有 3 条或者 3 条以上可用的 LDP LSP 隧道时，则系统随机选取其中的 3 条。
- 如果当前系统中 LDP LSP 隧道少于 3 条，则不足的隧道从 BGP LSP 隧道中选取。
- 如果当前系统中 LDP LSP 和 BGP LSP 隧道的总数少于 3 条，则不足的隧道从静态 LSP 隧道中选取。

（2）配置隧道绑定策略

在需要使用隧道策略的 PE 上配置隧道绑定策略。隧道绑定策略的配置步骤见表 4-17。

表 4-17　隧道绑定策略的配置步骤

步骤	命令	说明
1	**system-view**	进入系统视图
2	**interface tunnel** *interface-number* 例如，[Huawei] **interface tunnel** 0/0/1	创建 Tunnel 接口并进入 Tunnel 接口视图
3	**tunnel-protocol mpls te** 例如，[Huawei-Tunnel0/0/1] **tunnel-protocol mpls te**	配置隧道协议为 MPLS TE。 缺省情况下，Tunnel 接口的隧道协议为 **none**，即不进行任何协议封装，可用 **undo tunnel-protocol** 命令恢复缺省配置
4	**mpls te reserved-for-binding** 例如，[Huawei-Tunnel0/0/1] **mpls te reserved-for-binding**	使能 TE 隧道的隧道绑定能力，使该隧道只能被隧道绑定策略选中，保证了该隧道中 VPN 通信的 QoS。 缺省情况下，该 TE 隧道能够被各种隧道策略选中，可用 **undo mpls te reserved-for-binding** 命令使能该 TE 隧道只用于隧道绑定策略
5	**mpls te commit** 例如，[Huawei-Tunnel0/0/1] **mpls te commit**	提交 MPLS TE 隧道配置，使 MPLS TE 的配置生效。 在执行本命令之前，对 MPLS TE 隧道的配置不会生效
6	**quit**	退回系统视图
7	**tunnel-policy** *policy-name* 例如，[Huawei] **tunnel-policy** policy1	创建隧道策略，其他说明参见表 4-16 第 2 步
8	**description** *description-information* 例如，[Huawei-tunnel-policy-policy1] **description** two TE tunnels are used	（可选）对隧道策略配置描述信息。其他说明参见 4-16 中的第 3 步

续表

步骤	命令	说明
9	**tunnel binding destination** *dest-ip-address* **te** { **tunnel** *interface-number* } &<1-16> [**ignore-destination-check**] [**down-switch**] 例如，[Huawei-tunnel-policy-policy1] tunnel **binding destination** 2.2.2.9 **te tunnel** 0/0/1	指定隧道绑定策略中的 TE 隧道。 • **destination** *dest-ip-address*：指定隧道的目的地址，通常是隧道对端设备的 Loopback 接口 IP 地址。同一隧道策略下可以配置多条本参数值不同的本命令，相当于绑定多条 TE 隧道。 • **tunnel** *interface-number*：被绑定的隧道接口的编号，即在本表第 2 步创建的 Tunel 接口编号，最多可接 16 个，相当于绑定多条 TE 隧道。 • **ignore-destination-check**：可选项，使能不检查 TE 隧道的目的地址与隧道策略中的目的地址是否一致功能。配置此可选项后，选择隧道时即使 TE 隧道的目的地址与隧道策略的目的地址不一致，同样可以被选中。 • **down-switch**：可选项，使能隧道切换功能。配置此可选项后，当绑定的 TE 隧道不可用时，按照 LSP、CR-LSP、GRE 的优先顺序切换到其他可用的隧道。 缺省情况下，隧道不与任何 IP 地址绑定，可用 **undo tunnel binding destination** *dest-ip-address* 命令撤销隧道与目的 IP 地址的绑定

2. 应用隧道策略

配置了优先级顺序选择的隧道策略后，还需要在特定的 VPN 实例中应用该隧道策略，才能使 VPN 按照优先级顺序选择承载其业务的隧道类型和参与负载分担的隧道。配置隧道绑定策略后，也需要在特定的 VPN 实例中应用该策略，才能使绑定的隧道承载特定的 VPN 业务。应用隧道策略的配置步骤见表 4-18。

表 4-18　应用隧道策略的配置步骤

步骤	命令	说明
1	**system-view**	进入系统视图
2	**ip vpn-instance** *vpn-instance-name* 例如，[Huawei] **ip vpn-instance** vrf1	创建 VPN 实例，并进入 VPN 实例视图
3	**ipv4-family** 例如，[Huawei-vpn-instance-vrf1] **ipv4-family**	使能 VPN 实例的 IPv4 地址族，并进入 VPN 实例 IPv4 地址族视图
4	**tnl-policy** *policy-name* 例如，[Huawei-vpn-instance-vrf1] **tnl-policy** policy1	在 VPN 实例 IPv4 地址族下应用前面创建的隧道策略。 【注意】VPN 实例相应地址族下关联了隧道策略后，如果骨干网上不存在符合隧道策略的隧道，VPN 实例相应地址族下的路由还会按照默认的隧道策略去迭代隧道，如果迭代不到，则通信中断。为 VPN 实例地址族改变或者删除隧道策略时，即使骨干网上存在符合条件的隧道，也会引起 VPN 业务的短暂中断，应谨慎执行该操作。 缺省情况下，当前 VPN 实例地址族采用默认的隧道策略，即按照 LSP 隧道→CR-LSP 隧道→Local_IfNet 隧道的顺序为 VPN 选择一条可用隧道，且不进行负载分担，可用 **undo tnl-policy** 命令取消当前 VPN 实例地址族与指定的隧道策略之间的关联

4.6.5　配置并应用隧道选择器

系统缺省选择 LSP 隧道来承载 VPN 业务，对于 HoVPN、跨域 OptionB 和跨域 OptionC 的场景，当 VPN 业务需要选择 TE 隧道或 GRE 隧道时，还需要在 SPE、ASBR、PE 上完成配置并应用隧道选择器。配置隧道选择器时，用户可以设定路由的过滤条件，使符合用户预期的路由迭代到相应的隧道。隧道选择器由两个部分组成。

- **if-match** 子句可以匹配路由的属性，例如，路由的 RD、路由下一跳属性。

如果不设置 **if-match** 子句，则默认所有的路由都能通过过滤。

- **apply** 子句为通过过滤的 VPN 路由选择相应的隧道策略。

只有对 PE、ASBR 或者 SPE 上的相应路由应用了隧道选择器，系统才能按照用户的意图去过滤路由，并为通过过滤的路由迭代相应的隧道。

当前，隧道选择器可以对以下两种路由生效。

- VPNv4 路由：应用在 BGP-VPNv4 地址族下，使 HoVPN 的 SPE 或者跨域 VPN-OptionB ASBR 设备能为 VPNv4 路由应用隧道策略，迭代到符合要求的隧道。
- BGP-IPv4 标签路由：应用在 BGP-IPv4 单播地址族下，使跨域 VPN-OptionC 的 PE 设备和 ASBR 设备能为 BGP-IPv4 标签路由应用隧道策略。

【经验提示】通过以上介绍可知，隧道选择器仅需要在以下两种场景中应用。

- 在 HoVPN 的 SPE，或者跨域 VPN-OptionB ASBR 上需要选择 TE 隧道或 GRE 隧道。
- 跨域 VPN-OptionC 的 PE 和 ASBR 设备上需要选择 TE 隧道或 GRE 隧道。

创建隧道选择器的配置步骤见表 4-19，对 VPNv4 路由应用隧道选择器的配置步骤见表 4-20，对 BGP-IPv4 标签路由应用隧道选择器的配置步骤见表 4-21。

表 4-19　创建隧道选择器的配置步骤

步骤	命令	说明
1	**system-view**	进入系统视图
2	**tunnel-selector** *tunnel-selector-name* { **permit** | **deny** } **node** *node* 例如，[Huawei] **tunnel-selector** tps permit node 10	创建隧道选择器，并进入隧道选择器视图。 - *tunnel-selector-name*：指定隧策略选择器名称，字符串形式，区分大小写，不支持空格，长度范围为 1～40。当输入的字符串两端使用双引号时，可在字符串中输入空格。 - **permit**：二选一选项，指定隧道选择器的匹配模式为允许。如果路由匹配所有的 if-match 子句，该路由可通过过滤并执行此节点 apply 命令中规定的一系列动作；否则，必须进行下一节点的测试。 - **deny**：二选一选项，指定隧道选择器的匹配模式为拒绝。如果路由匹配所有的 if-match 子句，该路由不能通过过滤从而不能进入下一节点的测试。 - *node*：指定所创建的隧道选择器的节点索引，整数形式，取值范围为 0～65535。当进行路由信息过滤时，node 值小的节点先进行测试。 缺省情况下，没有创建隧道选择器，可用 **undo tunnel-selector** *tunnel-selector-name* [**node** *node*] 命令删除创建的指定隧道选择器

续表

步骤	命令	说明
3	**if-match rd-filter** *rd-filter-number* 例如，[Huawei-tunnel-selector] **if-match rd-filter** 1	（二选一）创建一个基于 RD 属性过滤器的匹配规则，参数 *rd-filter-number* 用来指定 RD 属性过滤器的编号，整数形式，取值范围为 1～255，需要事先通过 **ip rd-filter** *rd-filter-number* { **deny** | **permit** } *route-distinguisher* &<1-10>命令创建 RD 属性过滤器。如果没有配置指定的 RD 属性过滤器，则当前路由都会被 Permit。 缺省情况下，隧道选择器中无基于 RD 属性过滤器的匹配规则，可用 **undo if-match rd-filter** 命令删除基于 RD 属性过滤器的匹配规则
	if-match ip next-hop { **acl** { *acl-number* | *acl-name* } | **ip-prefix** *ip-prefix-name* } 例如，[Huawei-tunnel-selector] **if-match ip next-hop acl** 2000	（二选一）配置隧道选择器基于路由下一跳信息的匹配规则。当仅希望为具有特定下一跳的 VPNv4 路由或者 BGP-IPv4 标签路由应用隧道策略时，需要配置本命令。 • *acl-number*：二选一参数，指定基本 ACL 号，整数形式，取值范围为 2000～2999。 • *acl-name*：二选一参数，指定命名型 ACL 名称，字符串形式，不支持空格，区分大小写，长度范围为 1～32，以英文字母 a～z 或 A～Z 开始。 • **ip-prefix** *ip-prefix-name*：与前面的 ACL 参数构成二选一参数，指定用于过滤的地址前缀列表名称，字符串形式，取值范围为 1～169，不支持空格，区分大小写。当输入的字符串两端使用双引号时，可在字符串中输入空格。 缺省情况下，隧道选择器中没有设置基于路由下一跳信息的匹配规则，可用 **undo if-match ip next-hop** [**acl** { *acl-number* | *acl-name* } | **ip-prefix** *ip-prefix-name*]命令取消隧道选择器基于路由下一跳信息的匹配规则
4	**apply tunnel-policy** *tunnel-policy-name* 例如，[Huawei-tunnel-selector] **apply tunnel-policy** policy1	指定为通过 **if-match** 子句过滤的路由选择相应的隧道策略，即在上节所创建的隧道。 缺省情况下，没有为通过 if-match 子句过滤的路由选择隧道策略，可用 **undo apply tunnel-policy** 命令取消对路由应用隧道策略

表 4-20　对 VPNv4 路由应用隧道选择器的配置步骤

步骤	命令	说明
1	**system-view**	进入系统视图
2	**bgp** { *as-number-plain* | *as-number-dot* } 例如，[Huawei-bgp] **bgp** 100	进入设备对应的 AS 域 BGP 视图
3	**ipv4-family vpnv4** 例如，[Huawei-bgp] **ipv4-family vpnv4**	使能 BGP 的 IPv4 地址族并进入 BGP 的 IPv4 地址族视图。 缺省情况下，进入 BGP-IPv4 单播地址族视图
4	**tunnel-selector** *tunnel-selector-name* 例如，[Huawei-bgp-af-vpnv4] **tunnel-selector** tps	对本设备上的 VPNv4 路由应用隧道选择器，即表 4-19 中所创建的隧道选择器。对 VPNv4 路由应用隧道选择器后，通过 **if-match** 子句过滤的 VPNv4 路由会迭代到 **apply** 子句中的隧道策略。对于不能通过过滤的 VPNv4 路由，缺省迭代的是 LSP 隧道。 缺省情况下，没有对 BGP-VPNv4 路由应用隧道选择器，BGP-VPNv4 路由只迭代 LSP 隧道,可用 **undo tunnel-selector** 命令取消应用的隧道选择器

表 4-21　对 BGP-IPv4 标签路由应用隧道选择器的配置步骤

步骤	命令	说明
1	**system-view**	进入系统视图
2	**bgp** { *as-number-plain* | *as-number-dot* } 例如，[Huawei-bgp] **bgp** 100	进入设备对应的 AS 域 BGP 视图
3	**tunnel-selector** *tunnel-selector-name* 例如，[Huawei-bgp-af-vpnv4] **tunnel-selector** tps	对本设备上的 BGP-IPv4 标签路由应用隧道选择器，即表 4-19 中所创建的隧道选择器。对 BGP-IPv4 标签路由应用隧道选择器后，通过 **if-match** 子句过滤的标签路由会迭代到 **apply** 子句中的隧道策略。对于不能通过过滤的标签路由，缺省迭代的是 LSP 隧道。 缺省情况下，没有对 BGP 标签路由应用隧道选择器，BGP 标签路由只迭代 LSP 隧道，可用 **undo tunnel-selector** 命令取消应用的隧道选择器

4.6.6　隧道策略配置管理命令

配置隧道策略并对 VPN 应用后，可以查看当前 VPN 应用的隧道策略，以及当前系统中的隧道信息。

- **display tunnel-info** { **tunnel-id** *tunnel-id* \| **all** \| **statistics** [**slots**] }：查看当前系统中的隧道信息。
- **display interface tunnel** *interface-number*：查看指定 Tunnel 接口的详细信息。
- **display tunnel-policy** [*tunnel-policy-name*]：查看当前系统中存在的隧道策略信息。
- **display ip vpn-instance verbose** [*vpn-instance-name*]：查看 VPN 实例应用的隧道策略。

配置并应用了隧道选择器，可执行以下命令查看当前系统中的隧道选择器信息、隧道策略信息等。

- **display tunnel-selector** *tunnel-selector-name*：查看隧道选择器的详细配置信息。
- **display tunnel-policy** *tunnel-policy-name*：查看隧道选择器 **apply** 子句中的隧道策略信息。
- **display bgp vpnv4 all routing-table** *ipv4-address* [*mask* [**longer-prefixes**] \| *mask-length* [**longer-prefixes**]]：查看 ASBR 或者 SPE 上对应的 VPNv4 路由迭代到的隧道信息。
- **display ip routing-table** *ip-address* [*mask* \| *mask-length*] [**longer-match**] **verbose**：查看 PE 上的 BGP-IPv4 标签路由迭代到的隧道信息。

4.6.7　应用于 L3VPN 的隧道策略配置示例

应用于 L3VPN 的隧道策略配置示例的拓扑结构如图 4-51 所示。CE1、CE3 属于 vpna，CE2、CE4 属于 vpnb。PE1 和 PE2 之间建立了两条 MPLS TE 隧道和一条 LDP LSP。为了充分利用隧道资源，vpnb 实例使用隧道负载分担，且优先选择 TE 隧道。

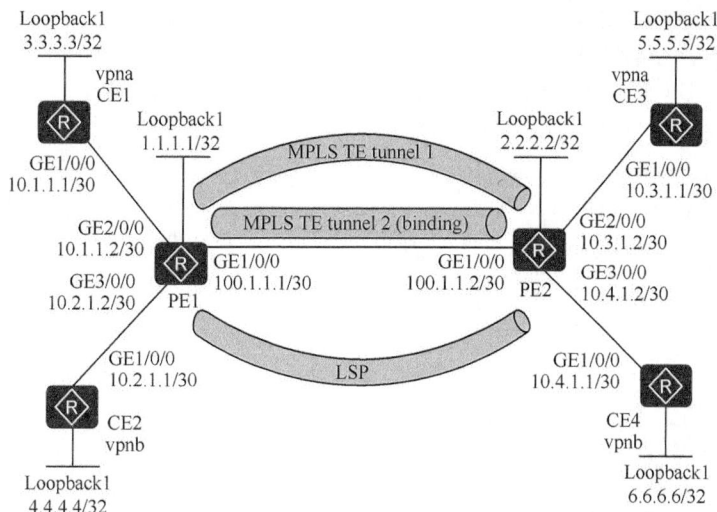

图 4-51　应用于 L3VPN 的隧道策略配置示例的拓扑结构

1. 基本配置思路分析

本示例不是 HoVPN，也不是跨域场景，所以本示例仅是隧道策略的应用配置示例。在 PE1 与 PE2 之间有 LSP 隧道和 MPLS TE 隧道共有 3 条，但 vpnb 实例要求使用多条隧道进行负载分担，并且优先选择 MPLS TE 隧道，因此，需要配置并应用**隧道类型优先级策略**（因为缺省是采用 LSP 隧道，且不能多条隧道进行负载分担），vpna 实例采用隧道绑定策略，使其中一条 MPLS TE 隧道固定传输 vpna 实例中的流量。

在其他方面，因为本示例中各 Site 连接是在同一电信运营商的网络上，所以仍可按第 2 章介绍的基本 BGP/MPLS IP VPN 的配置方法配置。由此可得出本示例的基本配置思路。

① 在两个 PE 上配置各公网接口的 IP 地址及 OSPF 路由，实现两个 PE 的三层互通。

② 在两个 PE 全局和公网接口上使能 MPLS 和 LDP 能力，在两个 PE 之间建立一条公网 LSP 隧道。

③ 在两个 PE 上配置 VPN 实例，绑定与 CE 连接的接口，并配置该接口的 IP 地址。相同 VPN 中的 VPN Target 属性值要匹配。

④ 配置两个 PE 之间的 MP-IBGP 对等体系关系，交互 VPN 路由信息。

⑤ 配置两个 PE 与直连 CE 的 EBGP 对等体关系，在 CE 上引入直连路由。

⑥ 在两个 PE 全局和公网接口上使能 MPLS TE 能力，创建两个 Tunnel 接口，在两个 PE 之间建立两条 MPLS TE 隧道。

⑦ 在两个 PE 上配置隧道策略：vpna 实例采用隧道绑定策略，绑定其中一条 MPLS TE 隧道；vpnb 实例采用该隧道类型优先级策略，优先使用 MPLS TE 隧道，使另一条 MPLS TE 隧道和 LSP 隧道进行负载分担。

2. 具体配置步骤

① 在两个 PE 上配置各公网接口的 IP 地址及 OSPF 路由，实现两个 PE 的三层互通。

#---PE1 上的配置如下。

```
<Huawei> system-view
[Huawei] sysname PE1
[PE1] interface loopback 1
[PE1-LoopBack1] ip address 1.1.1.1 32
[PE1-LoopBack1] quit
[PE1] interface gigabitethernet1/0/0
[PE1-GigabitEthernet1/0/0] ip address 100.1.1.1 30
[PE1-GigabitEthernet1/0/0] quit
[PE1] ospf 1
[PE1-ospf-1] area 0
[PE1-ospf-1-area-0.0.0.0] network 100.1.1.0 0.0.0.3
[PE1-ospf-1-area-0.0.0.0] network 1.1.1.1 0.0.0.0
[PE1-ospf-1-area-0.0.0.0] quit
[PE1-ospf-1] quit
```

#---PE2 上的配置如下。

```
<Huawei> system-view
[Huawei] sysname PE2
[PE2] interface loopback 1
[PE2-LoopBack1] ip address 2.2.2.2 32
[PE2-LoopBack1] quit
[PE2] interface gigabitethernet 1/0/0
[PE2-GigabitEthernet1/0/0] ip address 100.1.1.2 30
[PE2-GigabitEthernet1/0/0] quit
[PE2] ospf 1
[PE2-ospf-1] area 0
[PE2-ospf-1-area-0.0.0.0] network 100.1.1.0 0.0.0.3
[PE2-ospf-1-area-0.0.0.0] network 2.2.2.2 0.0.0.0
[PE2-ospf-1-area-0.0.0.0] quit
[PE2-ospf-1] quit
```

　　完成以上配置后，在两个 PE 上执行 **display ospf routing** 命令可以看到两个 PE 学习到对方的 Loopback1 路由。在 PE1 上执行 **display ospf routing** 命令的输出如图 4-52 所示，从中可以看出它已学习到了 PE2 上的 Loopback1 接口 IP 地址所在网段的 OSPF 路由。

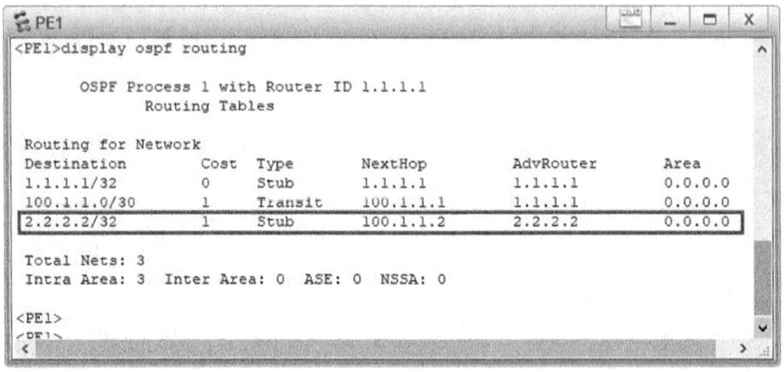

图 4-52　在 PE1 上执行 **display ospf routing** 命令的输出

　　② 在两个 PE 全局和公网接口上使能 MPLS 和 LDP 能力，在两个 PE 之间建立一条公网 LSP 隧道。

　　#---PE1 上的配置如下。

```
[PE1] mpls lsr-id 1.1.1.1
[PE1] mpls
[PE1-mpls] quit
```

```
[PE1] mpls ldp
[PE1-mpls-ldp] quit
[PE1] interface gigabitethernet 1/0/0
[PE1-GigabitEthernet1/0/0] mpls
[PE1-GigabitEthernet1/0/0] mpls ldp
[PE1-GigabitEthernet1/0/0] quit
```

#---PE2 上的配置如下。

```
[PE2] mpls lsr-id 2.2.2.2
[PE2] mpls
[PE2-mpls] quit
[PE2] mpls ldp
[PE2-mpls-ldp] quit
[PE2] interface gigabitethernet 1/0/0
[PE2-GigabitEthernet1/0/0] mpls
[PE2-GigabitEthernet1/0/0] mpls ldp
[PE2-GigabitEthernet1/0/0] quit
```

完成上述配置后，在两个 PE 上执行 **display tunnel-info all** 命令，可以看到它们之间已建立的 LDP LSP 隧道信息；执行 **display mpls ldp lsp** 命令可以查看具体的 LSP 信息。在 PE1 上执行 **display tunnel-info all** 和 **display mpls ldp lsp** 命令的输出如图 4-53 所示，从中可以看出 PE1 上已建立了两条到达 PE2 的 LSP，其中一条是作为 Ingress LSP，另一条是作为 Transit LSP。

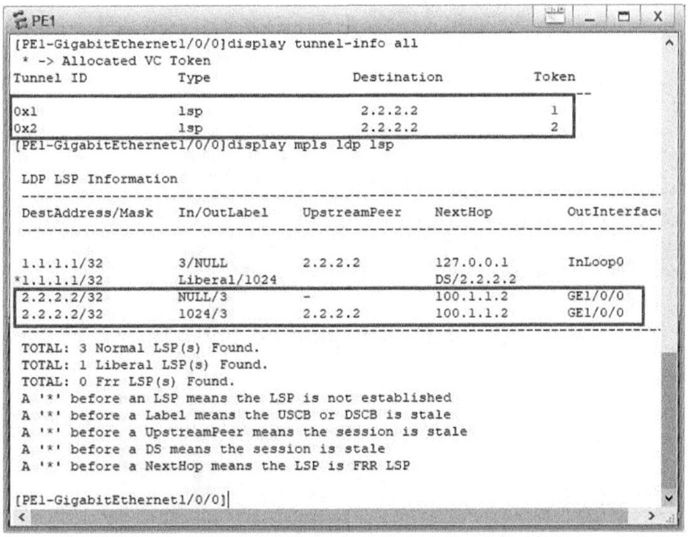

图 4-53　在 PE1 上执行 **display tunnel-info all** 和 **display mpls ldp lsp** 命令的输出

③ 在两个 PE 上配置 VPN 实例，绑定与 CE 连接的接口，并配置该接口的 IP 地址。相同 VPN 中的 VPN Target 属性值要匹配。

#---PE1 上的配置如下。

```
[PE1] ip vpn-instance vpna
[PE1-vpn-instance-vpna] ipv4-family
[PE1-vpn-instance-vpna-af-ipv4] route-distinguisher 100:1
[PE1-vpn-instance-vpna-af-ipv4] vpn-target 111:1 both
[PE1-vpn-instance-vpna-af-ipv4] quit
[PE1-vpn-instance-vpna] quit
```

```
[PE1] ip vpn-instance vpnb
[PE1-vpn-instance-vpnb] ipv4-family
[PE1-vpn-instance-vpnb-af-ipv4] route-distinguisher 100:2
[PE1-vpn-instance-vpnb-af-ipv4] vpn-target 222:2 both
[PE1-vpn-instance-vpnb-af-ipv4] quit
[PE1-vpn-instance-vpnb] quit
[PE1] interface gigabitethernet2/0/0
[PE1-GigabitEthernet2/0/0] ip binding vpn-instance vpna
[PE1-GigabitEthernet2/0/0] ip address 10.1.1.2 30
[PE1-GigabitEthernet2/0/0] quit
[PE1] interface gigabitethernet 3/0/0
[PE1-GigabitEthernet3/0/0] ip binding vpn-instance vpnb
[PE1-GigabitEthernet3/0/0] ip address 10.2.1.2 30
[PE1-GigabitEthernet3/0/0] quit
```

\#---PE2 上的配置如下。

```
[PE2] ip vpn-instance vpna
[PE2-vpn-instance-vpna] ipv4-family
[PE2-vpn-instance-vpna-af-ipv4] route-distinguisher 100:3
[PE2-vpn-instance-vpna-af-ipv4] vpn-target 111:1 both
[PE2-vpn-instance-vpna-af-ipv4] quit
[PE2-vpn-instance-vpna] quit
[PE2] ip vpn-instance vpnb
[PE2-vpn-instance-vpnb] ipv4-family
[PE2-vpn-instance-vpnb-af-ipv4] route-distinguisher 100:4
[PE2-vpn-instance-vpnb-af-ipv4] vpn-target 222:2 both
[PE2-vpn-instance-vpnb-af-ipv4] quit
[PE2-vpn-instance-vpnb] quit
[PE2] interface gigabitethernet 2/0/0
[PE2-GigabitEthernet2/0/0] ip binding vpn-instance vpna
[PE2-GigabitEthernet2/0/0] ip address 10.3.1.2 30
[PE2-GigabitEthernet2/0/0] quit
[PE2] interface gigabitethernet 3/0/0
[PE2-GigabitEthernet3/0/0] ip binding vpn-instance vpnb
[PE2-GigabitEthernet3/0/0] ip address 10.4.1.2 30
[PE2-GigabitEthernet3/0/0] quit
```

完成以上配置后，在两个 PE 上执行 **display ip vpn-instance verbose** 命令可以看到它们所配置的 VPN 实例信息。

④ 配置两个 PE 之间的 MP-IBGP 对等体系关系，交互 VPN 路由信息。假设 PE1 与 PE2 均在 AS 100 中。

\#---PE1 上的配置如下。

```
[PE1] bgp 100
[PE1-bgp] peer 2.2.2.2 as-number 100
[PE1-bgp] peer 2.2.2.2 connect-interface loopback 1
[PE1-bgp] ipv4-family vpnv4
[PE1-bgp-af-vpnv4] peer 2.2.2.2 enable
[PE1-bgp-af-vpnv4] quit
```

\#---PE2 上的配置如下。

```
[PE2] bgp 100
[PE2-bgp] peer 1.1.1.1 as-number 100
[PE2-bgp] peer 1.1.1.1 connect-interface loopback 1
[PE2-bgp] ipv4-family vpnv4
[PE2-bgp-af-vpnv4] peer 1.1.1.1 enable
[PE2-bgp-af-vpnv4] quit
```

⑤ 配置两个 PE 与直连 CE 的 EBGP 对等体关系，在 CE 上引入直连路由（用于引入代表内网的 Loopback1 接口所在网段）。假设 CE1 与 CE2 均在 AS 65410 中，CE3 与 CE4 均在 AS 65420 中。

#---PE1 上的配置如下。

```
[PE1] bgp 100
[PE1-bgp] ipv4-family vpn-instance vpna
[PE1-bgp-af-vpna] peer 10.1.1.1 as-number 65410
[PE1-bgp] import-route direct
[PE1-bgp-af-vpna] quit
[PE1-bgp] ipv4-family vpn-instance vpnb
[PE1-bgp-af-vpnb] peer 10.2.1.1 as-number 65410
[PE1-bgp-af-vpnb] quit
[PE1-bgp] quit
```

#---CE1 上的配置如下。

```
<Huawei> system-view
[Huawei] sysname CE1
[CE1] interface gigabitethernet 1/0/0
[CE1-GigabitEthernet1/0/0] ip address 10.1.1.1 30
[CE1-GigabitEthernet1/0/0] quit
[CE1] interface loopback1
[CE1-LoopBack1] ip address 3.3.3.3 255.255.255.255
[CE1-LoopBack1] quit
[CE1] bgp 65410
[CE1-bgp] peer 10.1.1.2 as-number 100
[CE1-bgp] quit
```

#---CE2 上的配置如下。

```
<Huawei> system-view
[Huawei] sysname CE2
[CE2] interface gigabitethernet 1/0/0
[CE2-GigabitEthernet1/0/0] ip address 10.2.1.1 30
[CE2-GigabitEthernet1/0/0] quit
[CE2] interface loopback1
[CE2-LoopBack1] ip address 4.4.4.4 255.255.255.255
[CE2-LoopBack1] quit
[CE2] bgp 65410
[CE2-bgp] peer 10.2.1.2 as-number 100
[CE2-bgp] quit
```

#---PE2 上的配置如下。

```
[PE2] bgp 100
[PE2-bgp] ipv4-family vpn-instance vpna
[PE2-bgp-af-vpna] peer 10.3.1.1 as-number 65420
[PE2-bgp] import-route direct
[PE2-bgp-af-vpna] quit
[PE2-bgp] ipv4-family vpn-instance vpnb
[PE2-bgp-af-vpnb] peer 10.4.1.1 as-number 65420
[PE2-bgp-af-vpnb] quit
[PE2-bgp] quit
```

#---CE3 上的配置如下。

```
<Huawei> system-view
[Huawei] sysname CE3
[CE3] interface gigabitethernet 1/0/0
[CE3-GigabitEthernet1/0/0] ip address 10.3.1.1 30
```

```
[CE3-GigabitEthernet1/0/0] quit
[CE3] interface loopback1
[CE3-LoopBack1] ip address 5.5.5.5 255.255.255.255
[CE3-LoopBack1] quit
[CE3] bgp 65420
[CE3-bgp] peer 10.3.1.2 as-number 100
[CE3-bgp] quit
```

#---CE4 上的配置如下。

```
<Huawei> system-view
[Huawei] sysname CE4
[CE4] interface gigabitethernet 1/0/0
[CE4-GigabitEthernet1/0/0] ip address 10.4.1.1 30
[CE4-GigabitEthernet1/0/0] quit
[CE4] interface loopback1
[CE4-LoopBack1] ip address 6.6.6.6 255.255.255.255
[CE4-LoopBack1] quit
[CE4] bgp 65420
[CE4-bgp] peer 10.4.1.2 as-number 100
[CE4-bgp] quit
```

完成以上配置后，在两个 PE 上执行 **display bgp peer** 或 **display bgp vpnv4 all peer** 命令，可以看到两个 PE 之间、PE 与直连 CE 之间已建立 BGP 对等体关系。在 PE1 上执行 **display bgp vpnv4 all peer** 命令的输出如图 4-54 所示，从中可以看出它已与 PE2 建立了 MP-IBGP 对等体关系，与 CE1、CE2 建立了 EBGP 对等体关系。

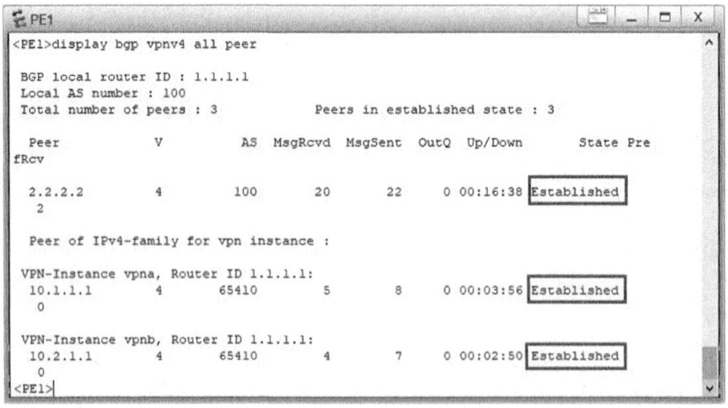

```
<PE1>display bgp vpnv4 all peer

 BGP local router ID : 1.1.1.1
 Local AS number : 100
 Total number of peers : 3            Peers in established state : 3

  Peer            V          AS  MsgRcvd  MsgSent  OutQ  Up/Down       State Pre
fRcv

  2.2.2.2         4         100       20       22     0 00:16:38 Established
   2

  Peer of IPv4-family for vpn instance :

 VPN-Instance vpna, Router ID 1.1.1.1:
  10.1.1.1        4       65410        5        8     0 00:03:56 Established
   0

 VPN-Instance vpnb, Router ID 1.1.1.1:
  10.2.1.1        4       65410        4        7     0 00:02:50 Established
   0
<PE1>
```

图 4-54　在 PE1 上执行 **display bgp vpnv4 all peer** 命令的输出

⑥ 在两个 PE 全局和公网接口上使能 MPLS TE 能力，各创建两个 Tunnel 接口，在两个 PE 之间建立两条 MPLS TE 隧道。

#---PE1 上的配置如下。

```
[PE1] mpls
[PE1-mpls] mpls te  #---全局使能本节点的 MPLS TE 功能
[PE1-mpls] mpls rsvp-te  #---全局使能本节点 RSVP-TE 功能
[PE1-mpls] mpls te cspf  #---使能 CSPF（CSPF 提供了一种在 MPLS 域中选择路径的方法）
[PE1-mpls] quit
[PE1] interface gigabitethernet1/0/0
[PE1-GigabitEthernet1/0/0] mpls te  #---在以上接口使能 MPLS TE 功能
[PE1-GigabitEthernet1/0/0] mpls rsvp-te  #---在以上接口使能 RSVP-TE 功能
[PE1-GigabitEthernet1/0/0] quit
```

```
[PE1] ospf 1
[PE1-ospf-1] opaque-capability enable #---使能 opaque-lsa 能力，从而使 OSPF 进程可以生成 Opaque LSA，并能从邻
居设备接收 Opaque LSA
[PE1-ospf-1] area 0
[PE1-ospf-1-area-0.0.0.0] mpls-te enable    #---在以上区域中使能 MPLS TE
[PE1-ospf-1-area-0.0.0.0] quit
[PE1-ospf-1] quit
[PE1] interface tunnel 0/0/1
[PE1-Tunnel0/0/1] ip address unnumbered interface loopback 1 #--借用 Loopback1 接口的 IP 地址
[PE1-Tunnel0/0/1] tunnel-protocol mpls te    #---Tunnel 接口封装 MPLS TE
[PE1-Tunnel0/0/1] destination 2.2.2.2    #---指定隧道的目的地址为 PE2
[PE1-Tunnel0/0/1] mpls te tunnel-id 11    #---配置隧道 ID
[PE1-Tunnel0/0/1] mpls te commit    #---提交 MPLS TE 配置，使配置生效
[PE1-Tunnel0/0/1] quit
[PE1] interface tunnel 0/0/2
[PE1-Tunnel0/0/2] ip address unnumbered interface loopback 1
[PE1-Tunnel0/0/2] tunnel-protocol mpls te
[PE1-Tunnel0/0/2] destination 2.2.2.2
[PE1-Tunnel0/0/2] mpls te tunnel-id 22
[PE1-Tunnel0/0/2] mpls te reserved-for-binding    #--- 指定该 TE 隧道仅用于隧道绑定策略
[PE1-Tunnel0/0/2] mpls te commit
[PE1-Tunnel0/0/2] quit
```

#---PE2 上的配置如下。

```
[PE2] mpls
[PE2-mpls] mpls te
[PE2-mpls] mpls rsvp-te
[PE2-mpls] mpls te cspf
[PE2-mpls] quit
[PE2] interface gigabitethernet1/0/0
[PE2-GigabitEthernet1/0/0] mpls te
[PE2-GigabitEthernet1/0/0] mpls rsvp-te
[PE2-GigabitEthernet1/0/0] quit
[PE2] ospf 1
[PE2-ospf-1] opaque-capability enable
[PE2-ospf-1] area 0
[PE2-ospf-1-area-0.0.0.0] mpls-te enable
[PE2-ospf-1-area-0.0.0.0] quit
[PE2-ospf-1] quit
[PE2] interface tunnel 0/0/1
[PE2-Tunnel0/0/1] ip address unnumbered interface loopback 1
[PE2-Tunnel0/0/1] tunnel-protocol mpls te
[PE2-Tunnel0/0/1] destination 1.1.1.1
[PE2-Tunnel0/0/1] mpls te tunnel-id 11
[PE2-Tunnel0/0/1] mpls te commit
[PE2-Tunnel0/0/1] quit
[PE2] interface tunnel 0/0/2
[PE2-Tunnel0/0/2] ip address unnumbered interface loopback 1
[PE2-Tunnel0/0/2] tunnel-protocol mpls te
[PE2-Tunnel0/0/2] destination 1.1.1.1
[PE2-Tunnel0/0/2] mpls te tunnel-id 22
[PE2-Tunnel0/0/2] mpls te reserved-for-binding
[PE2-Tunnel0/0/2] mpls te commit
[PE2-Tunnel0/0/2] quit
```

完成以上配置后，在两个 PE 上执行 **display mpls te tunnel-interface** 命令，可发现接口 Tunnel0/0/1 和 Tunnel0/0/2 的状态都为 UP。在 PE1 上执行 **display mpls te tunnel-**

interface 命令的输出如图 4-55 所示。

```
PE1                                                    [] _ [] X
[PE1-Tunnel0/0/2]display mpls te tunnel-interface
----------------------------------------------------------
                          Tunnel0/0/1
----------------------------------------------------------
Tunnel State Desc     : [UP]
Active LSP            : Primary LSP
Session ID           : 11
Ingress LSR ID       : 1.1.1.1          Egress LSR ID: 2.2.2.2
Admin State          : UP               Oper State  : UP
Primary LSP State    : UP
  Main LSP State     : READY            LSP ID  : 1

----------------------------------------------------------
                          Tunnel0/0/2
----------------------------------------------------------
Tunnel State Desc     : [UP]
Active LSP            : Primary LSP
Session ID           : 22
Ingress LSR ID       : 1.1.1.1          Egress LSR ID: 2.2.2.2
Admin State          : UP               Oper State  : UP
Primary LSP State    : UP
  Main LSP State     : READY            LSP ID  : 1

[PE1-Tunnel0/0/2]
```

图 4-55　在 PE1 上执行 **display mpls te tunnel-interface** 命令的输出

⑦ 在两个 PE 上配置隧道策略：vpna 实例采用隧道绑定策略，绑定其中一条 MPLS TE 隧道；vpnb 实例采用该隧道类型优先级策略，优先使用 MPLS TE 隧道，使另一条 MPLS TE 隧道和 LSP 隧道进行负载分担。

#---在两个 PE 上配置隧道绑定类型的隧道策略，绑定 Tunnel0/0/2 接口的 TE 隧道，并应用于 vpna 实例，具体配置如下。

```
[PE1] tunnel-policy policy1
[PE1-tunnel-policy-policy1] tunnel binding destination 2.2.2.2 te tunnel 0/0/2
[PE1-tunnel-policy-policy1] quit
[PE1] ip vpn-instance vpna
[PE1-vpn-instance-vpna] ipv4-family
[PE1-vpn-instance-vpna-af-ipv4] tnl-policy policy1 #---应用名为 policy1 的隧道绑定策略
[PE1-vpn-instance-vpna-af-ipv4] quit
[PE1-vpn-instance-vpna] quit

[PE2] tunnel-policy policy1
[PE2-tunnel-policy-policy1] tunnel binding destination 1.1.1.1 te tunnel 0/0/2
[PE2-tunnel-policy-policy1] quit
[PE2] ip vpn-instance vpna
[PE2-vpn-instance-vpna] ipv4-family
[PE2-vpn-instance-vpna-af-ipv4] tnl-policy policy1
[PE2-vpn-instance-vpna-af-ipv4] quit
[PE2-vpn-instance-vpna] quit
```

#---在两个 PE 上配置隧道类型优先级策略，允许两条隧道负载分担，且优先使用 TE 隧道，MPLS TE 隧道不足时可选用 LSP 隧道，并应用于 vpnb 实例，具体配置如下。

```
[PE1] tunnel-policy policy2
[PE1-tunnel-policy-policy2] tunnel select-seq cr-lsp lsp load-balance-number 2   #---配置 2 条隧道负载均衡，优先使用
MPLS TE 隧道，MPLS TE 隧道不足时可选择 LSP 隧道
[PE1-tunnel-policy-policy2] quit
[PE1] ip vpn-instance vpnb
[PE1-vpn-instance-vpnb] ipv4-family
[PE1-vpn-instance-vpnb-af-ipv4] tnl-policy policy2     #---应用名为 policy2 的优先级类型隧道策略
[PE1-vpn-instance-vpnb-af-ipv4] quit
[PE1-vpn-instance-vpnb] quit
```

```
[PE2] tunnel-policy policy2
[PE2-tunnel-policy-policy2] tunnel select-seq cr-lsp lsp load-balance-number 2
[PE2-tunnel-policy-policy2] quit
[PE2] ip vpn-instance vpnb
[PE2-vpn-instance-vpnb] ipv4-family
[PE2-vpn-instance-vpnb-af-ipv4] tnl-policy policy2
[PE2-vpn-instance-vpnb-af-ipv4] quit
[PE2-vpn-instance-vpnb] quit
```

3. 配置结果验证

完成以上配置后，可验证以下配置结果。

① 在各 CE 上执行 **display bgp routing-table** 命令，可以看到去往同 VPN 实例中对端 CE 的路由，表明已通过 MPLS VPN 隧道成功学习到了对端站点的私网路由。在 CE1 上执行 **display bgp routing-table** 命令的输出如图 4-56 所示，从中可以看出它有去往位于 vpna 实例的 CE3 的 BGP 路由。

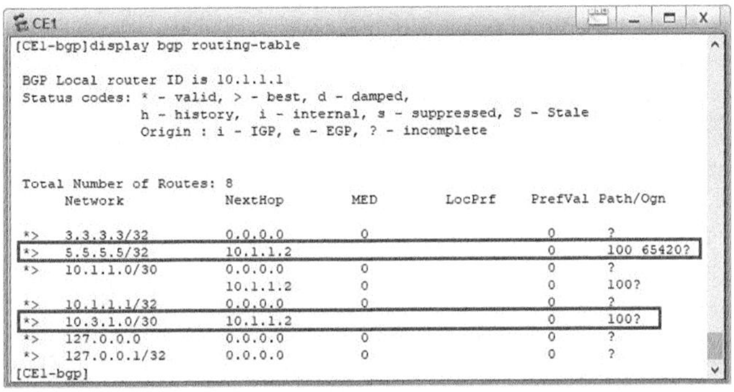

```
[CE1-bgp]display bgp routing-table

 BGP Local router ID is 10.1.1.1
 Status codes: * - valid, > - best, d - damped,
               h - history,  i - internal, s - suppressed, S - Stale
               Origin : i - IGP, e - EGP, ? - incomplete


 Total Number of Routes: 8
      Network            NextHop        MED        LocPrf    PrefVal Path/Ogn

 *>   3.3.3.3/32         0.0.0.0         0                     0      ?
 *>   5.5.5.5/32         10.1.1.2                              0      100 65420?
 *>   10.1.1.0/30        0.0.0.0         0                     0      ?
                         10.1.1.2        0                     0      100?
 *>   10.1.1.1/32        0.0.0.0         0                     0      ?
 *>   10.3.1.0/30        10.1.1.2                              0      100?
 *>   127.0.0.0          0.0.0.0         0                     0      ?
 *>   127.0.0.1/32       0.0.0.0         0                     0      ?
[CE1-bgp]
```

图 4-56　在 CE1 上执行 **display bgp routing-table** 命令的输出

② 在同一 VPN 实例的 CE 之间进行 ping 测试，此时已能够互通，但不同 VPN 实例中的 CE 不能互通。在 CE1 上 ping CE3 和 CE4 的结果如图 4-57 所示，从中可以看出，CE1 可以 ping 通相同 VPN 实例中的 CE3（5.5.5.5），但却不能 ping 通不同 VPN 实例中的 CE4（6.6.6.6）。

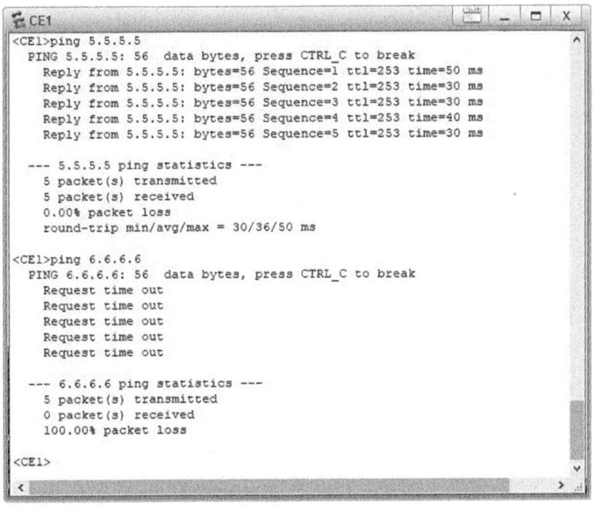

```
<CE1>ping 5.5.5.5
  PING 5.5.5.5: 56  data bytes, press CTRL_C to break
    Reply from 5.5.5.5: bytes=56 Sequence=1 ttl=253 time=50 ms
    Reply from 5.5.5.5: bytes=56 Sequence=2 ttl=253 time=30 ms
    Reply from 5.5.5.5: bytes=56 Sequence=3 ttl=253 time=30 ms
    Reply from 5.5.5.5: bytes=56 Sequence=4 ttl=253 time=40 ms
    Reply from 5.5.5.5: bytes=56 Sequence=5 ttl=253 time=30 ms

  --- 5.5.5.5 ping statistics ---
    5 packet(s) transmitted
    5 packet(s) received
    0.00% packet loss
    round-trip min/avg/max = 30/36/50 ms

<CE1>ping 6.6.6.6
  PING 6.6.6.6: 56  data bytes, press CTRL_C to break
    Request time out
    Request time out
    Request time out
    Request time out
    Request time out

  --- 6.6.6.6 ping statistics ---
    5 packet(s) transmitted
    0 packet(s) received
    100.00% packet loss

<CE1>
```

图 4-57　在 CE1 ping CE3 和 CE4 的结果

③ 在两个 PE 上执行 **display ip routing-table vpn-instance verbose** 命令，可以看到 VPN 路由所使用的隧道。在 PE1 上执行 **display ip routing-table vpn-instance vpna 5.5.5.5 verbose** 和 **display ip routing-table vpn-instance vpnb 6.6.6.6 verbose** 命令的输出如图 4-58 所示，从中可以看到去往 vpna 实例中 CE3 时使用的是 Tunnel0/0/2 接口对应的 TE 隧道，去往 vpnb 实例中 CE4 时使用 LSP 隧道和 Tunnel0/0/1 接口对应的 TE 隧道，它们可以实现负载分担。

```
PE1                                                         □ _ ☐ X
<PE1>display ip routing-table vpn-instance vpna 5.5.5.5 verbose
Route Flags: R - relay, D - download to fib
------------------------------------------------------------------
Routing Table : vpna
Summary Count : 1

Destination: 5.5.5.5/32
    Protocol: IBGP              Process ID: 0
    Preference: 255             Cost: 0
    NextHop: 2.2.2.2            Neighbour: 2.2.2.2
    State: Active Adv Relied    Age: 00h04m47s
    Tag: 0                      Priority: low
    Label: 1027                 QoSInfo: 0x0
    IndirectID: 0xc
    RelayNextHop: 0.0.0.0       Interface: Tunnel0/0/2
    TunnelID: 0x6               Flags: RD
<PE1>display ip routing-table vpn-instance vpnb 6.6.6.6 verbose
Route Flags: R - relay, D - download to fib
------------------------------------------------------------------
Routing Table : vpnb
Summary Count : 1

Destination: 6.6.6.6/32
    Protocol: IBGP              Process ID: 0
    Preference: 255             Cost: 0
    NextHop: 2.2.2.2            Neighbour: 2.2.2.2
    State: Active Adv Relied    Age: 00h04m33s
    Tag: 0                      Priority: low
    Label: 1028                 QoSInfo: 0x0
    IndirectID: 0xe
    RelayNextHop: 0.0.0.0       Interface: Tunnel0/0/1
    TunnelID: 0x5               Flags: RD
    RelayNextHop: 100.1.1.2     Interface: GigabitEthernet1/0/0
    TunnelID: 0x7               Flags: RD
<PE1>
```

图 4-58　在 PE1 上执行 **display ip routing-table vpn-instance vpna 5.5.5.5 verbose** 和 **display ip routing-table vpn-instance vpnb 6.6.6.6 verbose** 命令的输出

通过以上验证，已证明示例的配置是正确的，且符合预期目的。

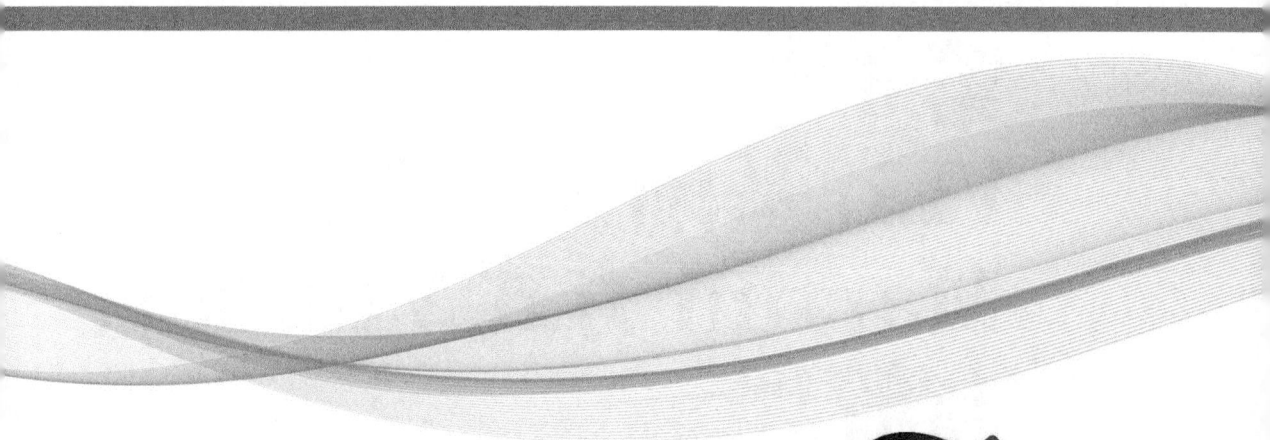

第 5 章
VLL 基础及 CCC、
Martini 方式 VLL 配置
与管理

本章主要内容

从本章开始介绍 MPLS 在 L2VPN（二层 VPN）方面应用的 3 种 VPN 方案［包括虚拟租用线路（Virtual Leased Line，VLL）、PWE3 和 VPLS］的配置与管理方法。本章先介绍 VLL L2VPN 方案的配置与管理方法。

VLL 是一种点对点的二层 MPLS VPN 应用方案，它可以在 MPLS 隧道中构建点对点虚拟二层隧道，通过 MPLS 对所接收的二层报文进行重封装，达到隧道两端位于同一 IP 网段的用户之间直接进行二层通信的目的。VLL 中又包括 4 种实现方式，分别是电路交叉连接（Circuit Cross Connect，CCC）方式、Martini 方式、SVC 方式和 Kompella 方式。本章先介绍 VLL 的通用基础知识，以及 CCC 方式、Martini 方式 VLL 的技术原理和相关功能配置与管理方法，第 6 章再介绍 SVC 方式和 Kompella 方式 VLL 的技术原理和相关功能配置与管理方法。

【注意】如果要使用华为路由器在华为模拟器中做本章的实验，骨干网中的路由器设备要用模拟器中的"Router"设备，否则实验可能不成功。

5.1　VLL 基础及工作原理

VLL 又称虚拟专用线路业务（Virtual Private Wire Service，VPWS），是基于 MPLS 技术的点对点二层隧道技术，是对传统租用线业务的仿真，用于解决异种介质网络不能相互通信的问题。VLL 的基本组网结构如图 5-1 所示，使用 IP 网络模拟租用专线，可提供低成本的数字数据网（Digital Data Network，DDN）业务仿真。

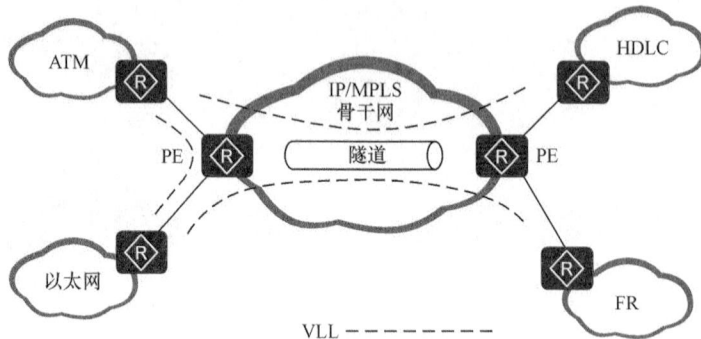

图 5-1　VLL 的基本组网结构

【经验提示】 以上所说的"点对点二层隧道"是指一条 VLL 隧道仅可实现两个站点的用户连接和互访，不能实现点到多点的互访，但一个 PE 上可创建多条 VLL 隧道，以实现对多个站点的访问。可以简单地把一条 VLL 隧道理解成一条二层直连链路，直接连接两个不同地域的二层网络。

"二层隧道"包含两层含义。一是指在 VLL 隧道两端连接的是二层用户网络，如图 5-1 所示的以太网、ATM、HDLC 和 FR（帧中继）。如果用户网络是 IP 网络，则它们必须在同一 IP 网段。二是指在 VLL 隧道中承载的是用户发送的链路层数据（例如，VLAN 报文、HDLC 报文、FR 报文、ATM 信元等），中间不经过三层转发。从用户的角度来看，MPLS/IP 网络是一个二层交换网络，可以在用户网络的不同站点（Site）间建立二层连接，但 MPLS/IP 骨干网实际上仍是三层的，L2VPN 的二层连接是通过 MPLS VC（虚电路）隧道封装实现的。

5.1.1　VLL 的引入背景及主要优势

在计算机网络发展的初期，以太网、ATM、FR、HDLC 等不同的二层网络技术层出不穷，这些类型的网络在不同地域均有分布。但由于使用了不同的二层协议，这些不同的二层网络是隔离的。随着网络应用的发展，用户对不同网络间直接相互通信的需求越来越强烈。后来，随着以太网的蓬勃发展，大城市之间或更远区域之间以太网连接的需求逐渐增多。最初的传统解决方案是使用专有租用线路，在两地间直接铺设专线。但这种方案成本高，维护及可扩展性差，且受地域限制。

基于以上两个方面的需求，服务提供商需要一种更好地解决远程二层网络互联问题的方案，于是 VLL 方案应运而生。VLL 不仅可建立统一、兼容的二层交换网络，实现异种二层网络的互联，还解决了远程以太网互联中所使用的传统专有租用线路成本高、维护及可扩展性差的问题。当然，随着以太网的普及，VLL 技术解决异种介质互通的功能已较少用到，但其二层透传（通过三层网络中构建的隧道传输二层报文）的功能被广泛应用于二层以太网络的远程互联。

与传统专有租用线路中用户对线路独占的功能相比，VLL 技术基于 MPLS，允许多个用户共享物理线路，为不同用户提供逻辑上的专用通道（即 VLL 隧道），直接传输用户发出的二层报文，属于 MPLS L2VPN（MPLS 二层 VPN）中的一种。在以太网中，不同城市的用户站点可通过 VLL 技术穿越 MPLS/IP 网络，实现与在同一个以太网虚拟局域网（VLAN）中一样的二层通信效果。

VLL 作为一种点对点的虚拟专线技术，被广泛应用于电信运营商的网络，为用户提供 L2VPN 服务。VLL 技术所带来的好处主要体现在以下 5 个方面。

（1）为不同的二层交换网络互联提供了可能性

同一个 ISP 网络可以提供多种二层协议网络（例如，以太网、FR、ATM、HDLC 等）的异种网络连接和数据交换。

（2）扩展电信运营商的网络功能和服务能力

电信运营商可在现有网络的基础上向用户提供 VLL 服务，无须特别改造，更不用新建物理网络，并且可利用与 MPLS 相关的增强技术（例如，流量工程、QoS 等功能）为用户提供不同的服务级别，以满足用户多种多样的需求。

（3）具有更高的可扩展性

借助 MPLS 的标签栈技术，VLL 可实现在一条 LSP 隧道中复用多条 VC，为不同用户建立多条各自专用的 VLL 隧道，核心设备 P 只须维护一条 LSP 信息即可为多路用户提供点对点的 VPN 通信应用，提高了系统的可扩展性。

（4）维护负担较小

核心设备 P 不需要维护任何二层信息，只需根据隧道中传输的二层报文在进入 PE 时打上的 MPLS 标签进行 MPLS 转发即可，为站点较大、路由数目多的大型企业内部组建 L2VPN 提供了解决方案。

（5）网络平滑升级

由于 VLL 用户是透明的，用户从 ATM、FR 等传统的二层 VPN 向 MPLS L2VPN 升级时，不需要重新配置，除切换时可能造成短时间的数据丢失外，对用户来说几乎没有影响。

【说明】华为 S 系列交换机中无须获得 License 即可应用 VLL 功能，但 VLL 需要使能 MPLS 功能，设备的 MPLS 功能使用 License 控制，所以华为 S 系列交换机要使用 VLL 功能，需要向设备经销商申请并购买 License，而且仅 S5700 系列（**SI、LI 子系列除外**）及以上系列的部分 VRP 版本机型支持，具体请查阅相应的产品手册。华为 AR G3 系列路由器的所有 L2VPN 功能（包括 VLL 功能）均要使用 License 授权，缺省情况下，设备的 L2VPN 功能受限，无法使用。如果需要使用 L2VPN 功能，请联系华为办事处申请并购买 License。AR100-S&AR110-S&AR120-S&AR150-S&AR160-S&AR200-S 系列不支持 VLL。

5.1.2 VLL 的基本架构

VLL 技术通过隧道承载 CE 端的各种二层业务，透明传递 CE 端的二层数据，为用户提供点对点的二层 VPN 服务。VLL 方案包括 CCC、Martini、SVC 和 Kompella 4 种实现方式，虽然它们在具体的工作原理上有较大的区别，但它们却有统一的基本架构。

VLL 的基本架构主要分为 AC、VC 和 Tunnel 3 个部分，VLL 的基本架构如图 5-2 所示。

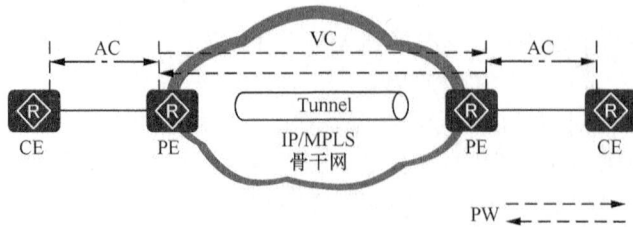

图 5-2　VLL 的基本架构

- 接入电路（Attachment Circuit，AC）：用户设备与服务提供商设备之间的连接，即连接 CE 与 PE 的链路。
- 虚电路（Virtual Circuit，VC）：两个 PE 之间的一种单向逻辑连接。
- 伪线（Pseudo Wire，PW）：两个 PE 之间的一条双向虚拟连接，相当于一条虚拟以太网链路。它由一对方向相反的单向 VC 组成，也称为仿真电路。
- Tunnel：公网 MPLS 隧道是一条本地 PE 与对端 PE 之间的点对点逻辑直连通道，用于 PE 之间的数据透明传输，可以是 LSP 隧道、MPLS TE 隧道或 GRE 隧道。公网 MPLS 隧道用于承载 PW，且一条隧道上可以建立多条 PW，即在一条 MPLS 隧道中可以建立多对双向 VC，为多路不同用户或应用提供数据传输通道。

VLL 的建立需要完成 PW 的建立和 AC 绑定两个任务，以便进入 PE 的数据能找到对应的 PW 进行传输，而从 PW 离开的数据又能找到对应的转发出接口，把数据正确地转发到目的主机上。

- PW 的建立：两端 PE 通过静态配置或使用信令协议（例如，LDP 或 BGP 等）交换 VC 信息建立 PW（双向 VC），用于为一路点对点二层连接提供一条 VLL 在公网传输的专用通道。其中，CCC 方式的 VLL 采用静态配置方式建立 PW；Martini 和 SVC 方式的 VLL 采用 LDP 动态协商方式建立 PW；而 Kompella 方式的 VLL 采用 BGP 动态协商建立 PW。
- AC 绑定：将 PE 上的 AC 接口绑定到 PW（类似于 BGP/MPLS IP VPN 中的 VPN 实例绑定到指定的 PE 接口），建立 AC 与 PW 之间的对应关系，使对应站点的用户数据能正确进入指定的 PW 中传输，也可使 PE 在接收到带有对应 VC 标签的报文时能找到正确的转发出接口。

5.1.3 AC 接口分类及连接

在 VLL、PWE3 和 VPLS 这类 MPLS L2VPN 应用中，AC 链路连接 PE 的接口被

称为 AC 接口，可以视为 PW 两端与 CE 连接的接口，可以是物理的，也可以是逻辑的。可以担当 AC 接口的接口类型比较多，总体可分为三层模式接口和二层模式子接口（具有部分三层特性）两大类（**一定不能是二层物理以太网接口和二层 Eth-Trunk 接口**）。

　　① 三层模式接口：可以担当 AC 接口的三层模式接口类型有三层以太网接口、三层 Eth-Trunk 接口、VLANIF 接口，但它们作为 AC 接口时**均无须配置 IP 地址、NAT、路由协议等三层配置**，因为这些接口均不用于三层转发。

　　② 二层模式子接口：可以担当 AC 接口的二层模式子接口类型有 Dot1q 终结子接口、QinQ 终结子接口、QinQ Mapping 子接口和 VLAN Stacking（又称 QinQ Stacking）子接口。其中，Dot1q 终结子接口、QinQ 终结子接口在华为 S 系列交换机中可在二层物理以太网接口或二层 Eth- Trunk 接口下配置，在 AR G3 系列路由器中可在三层物理以太网接口或三层 Eth-Trunk 接口下配置，**但不能配置 IP 地址**。

　　【注意】 Dot1q 终结子接口、QinQ 终结子接口接收到不带标签或所带标签不在子接口终结的 VLAN 标签范围之内的报文将直接被丢弃。QinQ Mapping 子接口和 VLAN Stacking 子接口接收到不带标签或所带标签不在子接口配置的内层 VLAN 标签范围内的报文将直接被丢弃。

　　AC 接口类型的不同也影响着 CE 与 PE 连接的方式。当 AC 接口为三层物理以太网接口或三层 Eth-Trunk 接口类型时，CE 与 PE 的连接方式如图 5-3 所示。此时，PE 连接 CE 的接口直接为三层物理以太网接口或 Eth-Trunk 接口，但不能配置 IP 地址、NAT、路由协议等。

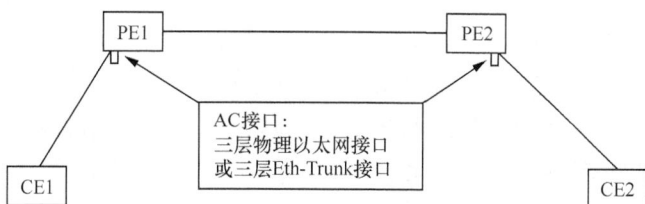

图 5-3　当 AC 接口为三层物理以太网接口或三层 Eth-Trunk 接口类型时，CE 与 PE 的连接方式

　　当 AC 接口为 VLANIF 接口类型时，CE 与 PE 的连接方式如图 5-4 所示。此时，PE 连接 CE 的接口可为二层物理以太网接口或 Eth-Trunk 接口，但作为 AC 接口的 VLANIF 接口也不能配置 IP 地址、NAT、路由协议等。

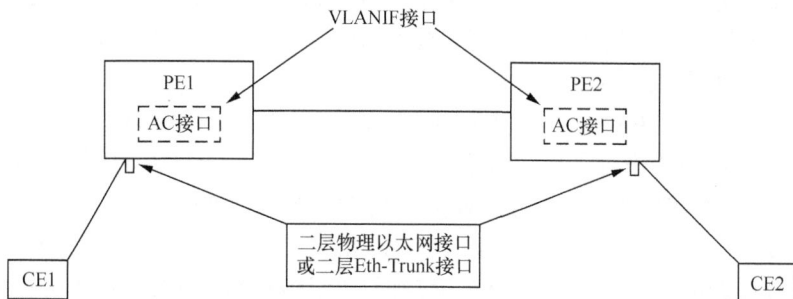

图 5-4　当 AC 接口为 VLANIF 接口类型时，CE 与 PE 的连接方式

当 AC 接口为二层模式子接口类型时，CE 与 PE 的连接方式如图 5-5 所示。此时，PE 连接 CE 的主接口可以为二层/三层物理以太网接口或 Eth-Trunk 接口（**QinQ Mapping 子接口和 VLAN Stacking 子接口的主接口不能是三层物理以太网接口或三层 Eth-Trunk 接口**）。这些子接口也均为二层模式，不能配置 IP 地址等三层参数。

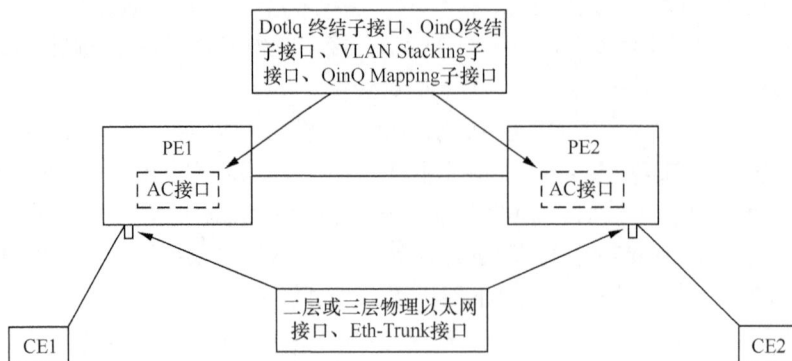

图 5-5　当 AC 接口为二层模式子接口类型时，CE 与 PE 的连接方式

5.1.4　VLL 的报文封装和解封装

VLL 建立后，用户二层报文在 VLL 网络中的传输要依次经过封装、透传和解封装 3 个过程。

1. 报文的封装

报文从 PE 的 AC 接口进入 PE 上的 PW 时，PE 会根据报文中外层 VLAN 标签类型，以及所选择的 PW 的封装方式进行不同的 MPLS 封装处理。

报文中的外层 VLAN 标签分为 U-Tag 和 P-Tag 两种。

① U-Tag 是报文在用户设备插入的 Tag（即用户私网 VLAN 标签），**对应的 VLAN 在本地 PE 上无须全局创建**，对 SP 无意义，在进行 MPLS 封装的过程中，不会对报文中的用户私网 VLAN 标签进行任何处理。

当使用 GE 接口、XGE 接口、40GE 接口、100GE 接口、Ethernet 接口、Eth-Trunk 接口作为 AC 接口时，默认情况下，AC 接口上送 PW 的报文中携带的外层 VLAN 标签为 U-Tag。

② P-Tag 是在 PE 上插入的 Tag（即公网 VLAN 标签），**对应的 VLAN 需要在本地 PE 上全局创建**，用于区分用户流量，使不同类型的流量可以使用不同的 PW。

当使用 Dot1q 终结子接口、QinQ 终结子接口、QinQ Mapping 子接口和 VLAN Stacking 子接口或者 VLANIF 接口作为 AC 接口时，默认情况下，AC 接口上送 PW 的报文中携带的外层 VLAN 标签为 P-Tag。

PW 的封装方式有 Ethernet 封装（raw 模式）和 VLAN 封装（tagged 模式）两种，决定了报文在 PW 中传输时是否保留原报文中的 P-Tag。PE 对从 AC 进入 PW 的报文的处理方式见表 5-1，**是源端 PE 对报文在 PW 传输前的处理方式**。

通过前面的介绍已知，当使用 GE 接口、XGE 接口、40GE 接口、100GE 接口、Ethernet 接口、Eth-Trunk 接口作为 AC 接口时，上送到 PW 的报文中默认不带 P-Tag。根据表 5-1（"报文中无 P-Tag"的情形），PE 不会对报文进行 P-Tag 处理，仅会封装两层

MPLS 标签。

表 5-1　PE 对从 AC 进入 PW 的报文的处理方式

从 AC 进入 PW 的报文	PW 的封装方式	PE 对从 AC 进入 PW 的报文的处理
报文中有 P-Tag	Ethernet	删除报文中的 P-Tag，再封装两层 MPLS 标签后转发：内层为 VC 标签，外层为 Tunnel 标签（例如，LSP 的 MPLS 标签）
	VLAN	不删除 P-Tag，而是直接封装两层 MPLS 标签后转发：内层为 VC 标签，外层为 Tunnel 标签
报文中无 P-Tag	Ethernet/VLAN	无论 PW 采用何种封装方式，都不对报文做 Tag 处理，而是直接封装两层 MPLS 标签后转发：内层为 VC 标签，外层为 Tunnel 标签

　　当使用 Dot1q 终结子接口、QinQ 终结子接口、QinQ Mapping 子接口、VLAN Stacking 子接口，或者 VLANIF 接口作为 AC 接口时，上送到 PW 的报文如果带有 VLAN 标签，其外层 VLAN 标签就是 P-Tag。根据表 5-1（"报文中有 P-Tag" 的情形），PE 会在进行相应的 P-Tag 处理后再封装两层 MPLS 标签。

　　无论哪种封装模式，报文进入 PW 后都要在二层报头和三层报头之间加装两层 MPLS 标签，内层为 VC 标签，外层为 Tunnel（例如，LSP 隧道、MPLS TE 隧道、GRE 隧道）标签（**CCC 方式 VLL 只有一层 Tunnel 标签**），形成 MPLS 报文。内层 VC 标签用于在源端识别要进入的 PW，或者在目的端从 PW 出去后要进入的 AC，只对 PE 有用；外层 Tunnel 标签用于指导二层报文在 PW 中的转发，对整个 MPLS 网络各节点（包括 P 节点）都有用。

　　2．报文的透传

　　由于 VLL 使用 MPLS 网络的公网隧道承载，所以报文从源端 PE 经过封装（封装两层 MPLS 标签）传送到 MPLS 网络后，在隧道中直接将原报文及其内层 VC 标签透传（在 MPLS 网络传输过程中始终保持不变）至对端 PE。

　　3．报文的解封装

　　目的端 PE 收到源端 PE 发送的报文后，要对其进行 MPLS 解封装，然后根据解封装后得到的 VC 信息，将报文转发到对应的 AC 接口。解封装后，报文从 PW 进入 AC，PE 会根据 AC 接口类型及报文中的标签类型对报文进行不同方式的标签处理，PE 对从 PW 进入 AC 的报文中 VLAN 标签的处理方式见表 5-2，**是目的端 PE 对从 PW 下发到 AC 接口的报文的处理方式**。

表 5-2　PE 对从 PW 进入 AC 的报文中 VLAN 标签的处理方式

从 PW 进入 AC 的报文	PE 对从 PW 进入 AC 的报文中 P-Tag 的处理
报文中有 P-Tag 【说明】此时 PW 仅可为 VLAN 封装模式	不同的 AC 接口类型，PE 对报文中 P-Tag 的处理方式也不同，具体如下。 • 主接口（XGE 接口、40GE 接口、100GE 接口、GE 接口、Ethernet 接口、Eth-Trunk 接口）：对报文不做处理，因为主接口可以发送带 VLAN 标签或不带 VLAN 标签的报文。 • VLANIF 接口：用本 VLANIF 接口对应的 VLAN 标签替换原报文中的 P-Tag，因为 VLANIF 接口发送的报文必须带 VLAN 标签。 • Dot1q 终结子接口：对报文不做处理。如果 PW 使用 Ethernet 封装模式（在 Ethernet 模式中，报文中实际上没有 P-Tag，外层 VLAN 为 U-Tag），则 Dot1q 终结子接口只允许通过所终结的这个 VLAN

续表

从 PW 进入 AC 的报文	PE 对从 PW 进入 AC 的报文中 P-Tag 的处理
报文中有 P-Tag 【说明】此时 PW 仅可为 VLAN 封装模式	• QinQ 终结子接口：用该子接口所终结的外层 VLAN 标签替换报文中的 P-Tag。 • QinQ Mapping 子接口：用该子接口进行 VLAN Mapping 前的 VLAN 标签（可能是单层，也可能是双层）替换报文中的 P-Tag（反向映射），因为 QinQ Mapping 子接口发送的报文中是仅带有映射前的 VLAN 标签。 • VLAN Stacking 子接口：删除报文中的 P-Tag，因为 VLAN Stacking 子接口发送的报文中只能带有一层 VLAN 标签
报文中无 P-Tag 【说明】此时 PW 为 Ethernet 或 VLAN 封装模式	当 AC 接口类型不同时，设备对报文中 Tag 的处理不同。 • 主接口：对报文不做处理。 • VLANIF 接口：用该 VLANIF 接口对应的 VLAN ID 为报文添加一层 VLAN 标签作为 P-Tag。 • Dot1q 终结子接口：用该子接口所终结的单层 VLAN 标签为报文增加 P-Tag。如果 PW 使用 Ethernet 封装模式，则 Dot1q 终结子接口只允许通过所终结的这个 VLAN。 • QinQ 终结子接口：用该子接口所终结的外层 VLAN 标签为报文增加 P-Tag。 • QinQ Mapping 子接口：用该子接口进行 VLAN Mapping 前的 VLAN 标签为报文增加 P-Tag。 • VLAN Stacking 子接口：对报文不做处理

【注意】QinQ Mapping 子接口、QinQ Stacking 子接口仅可在 S 系列交换机上配置。

5.1.5　VLL 的主要应用

VLL 主要应用在两种场景中：一是站点间点对点二层互联；二是城域网内 PW 的多业务穿越。

1. 站点间点对点二层互联

这是 VLL 最基本的应用，用于远程以太网络的二层互联，VLL 实现站点的点对点二层互联示意如图 5-6 所示。VLL 网络中各站点发送的二层报文（L2PDU）在穿越电信运营商的网络时，可不做任何变动直接传输到对端站点。不同地域的站点

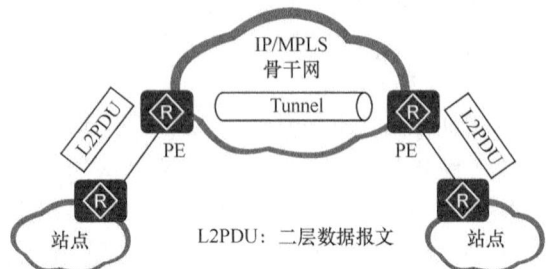

图 5-6　VLL 实现站点的点对点二层互联示意

通过 VLL 技术可实现点对点的二层互联，达到在同一局域网中相互通信的效果。

2. 城域网内 PW 的多业务穿越

在电信级的许多业务中，电信运营商通过数字用户线接入复用器（Digital Subscriber Line Access Multiplexer，DSLAM）或者以太网交换机向用户提供接入线路（例如，ADSL/VDSL、Ethernet 等），并对用户的多种业务进行控制。

例如，对用户的 PPPoE 接入请求进行终结、为用户分配 IP 地址、对用户身份进行验证、对用户业务进行授权、对用户流量进行计费等。负责对业务进行控制的设备被称为终端接入网关。而随着大容量、高性能的终端接入网关设备（例如，华为公司的 ME60）出现，终端接入网关设备的位置逐步上移到整个城域网的出口，城域网内 PW 的多业务

穿越示意如图 5-7 所示。DSLAM 需先接入城域网络，并在整个城域网的出口处部署集中式的终端接入网关设备来控制业务。

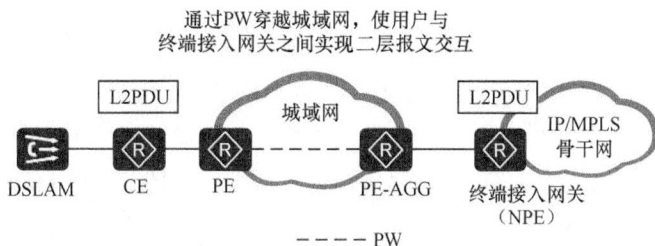

图 5-7　城域网内 PW 的多业务穿越示意

　　由于终端接入网关通常需要与用户进行二层连接来交互信息，例如，通过 PPPoE 会话的交互来获取用户名和密码等信息，以控制用户的业务。而城域网是一个三层的IP/MPLS 网络，如果在 DSLAM 接入的 UPE（用户侧 PE，如图 5-7 中的 PE）上直接终结用户的二层信息，则终端接入网关无法和用户进行二层交互获得必需的用户信息，也就无法控制用户的业务。此时，可以通过在城域网内构建 VLL，以 PW 的方式透传用户到终端接入网关之间的二层交互报文。

5.2　配置二层模式子接口接入 L2VPN

　　在 VLL、PWE3 和 VPLS 这些 L2VPN 应用中，PE 与 CE 之间都是通过 AC 接口连接的。AC 接口可以有多种类型，其中涉及 Dot1q 终结子接口、QinQ 终结子接口、QinQ Mapping 子接口和 VLAN Stacking 子接口的配置方法。本节介绍这些子接口在 L2VPN 接入中的具体配置方法。

　　【说明】Dot1q 终结子接口和 QinQ 终结子接口既有应用于 MPLS L2VPN 中的二层模式，又有应用于 MPLS L3VPN 中的三层模式（可配置 IP 地址），在此仅介绍应用于 MPLS L2VPN 中的二层子接口配置方法。

5.2.1　配置二层 Dot1q 终结子接口接入 L2VPN

　　当用户跨 MPLS L2VPN 互通，CE 发往 PE 的业务数据报文中带有一层或两层 VLAN 标签时，可通过配置 Dot1q 终结子接口接入 L2VPN 功能实现用户间的互通。

　　二层 Dot1q 终结子接口可以实现对带有**一层或两层** VLAN 标签的报文中的最外层VLAN 标签进行终结，可在担当 PE 角色的 S 系列交换机二层物理以太网接口或 Eth-Trunk 接口，或 AR G3 系列路由器三层物理以太网接口上或三层 Eth-Trunk 接口上进行配置。

　　【说明】Dot1q 终结子接口支持以下方式的 VLL（PWE3 可以看成是 Martini 方式VLL 的扩展）同种介质或异种介质连接。

- Kompella 方式本地连接。
- Kompella 方式远程连接。
- Martini 方式本地连接。

- Martini 方式远程连接。

另外，Dot1q 终结子接口还支持以下方式的 VPLS 连接。

- Martini 方式的 VPLS。
- Kompella 方式的 VPLS。

1. 在 S 系列交换机中配置二层 Dot1q 终结子接口

在 S 系列交换机中配置二层 Dot1q 终结子接口作为 AC 接口的步骤见表 5-3。

表 5-3　在 S 系列交换机中配置二层 **Dot1q** 终结子接口作为 AC 接口的步骤

步骤	命令	说明
1	**system-view**	进入系统视图
2	**interface** *interface-type interface-number* 例如，[HUAWEI] **interface** gigabitethernet1/0/1	进入要配置 Dot1q 终结子接口的二层以太网接口或 Eth-Trunk 接口的接口视图
3	**port link-type** { **hybrid** | **trunk** } 例如，[HUAWEI-GigabitEthernet1/0/1] **port link-type hybrid**	配置端口类型为 Hybrid 或 Trunk。配置二层子接口的二层以太网接口或 **Eth-Trunk** 接口只能是这两种类型之一
4	**quit**	返回系统视图
5	**interface** *interface-type interface-number.subinterface-number* 例如，[HUAWEI] **interface** gigabitethernet 1/0/1.1	在以上二层以太网接口或 Eth-Trunk 接口下创建二层子接口
6	**dot1q termination vid** *low-pe-vid* [**to** *high-pe-vid*] 例如，[HUAWEI-GigabitEthernet1/0/1.1] **dot1q termination vid** 100	配置以上子接口终结的单层 VLAN 标签对应的 VLAN ID。 • *low-pe-vid*：所终结的用户 VLAN 对应的 VLAN ID 的下限值，整数形式，取值范围为 2～4094。 • **to** *high-pe-vid*：可选参数，所终结的用户 VLAN 对应的 VLAN ID 的上限值，整数形式，取值范围为 2～4094。但 *high-pe-vid* 的取值必须大于或等于 *low-pe-vid* 的取值。**仅可在 VPLS 应用中配置**。 【注意】在配置 Dot1q 终结子接口时，要注意以下 5 个方面。 • 并不是所有单板上的二层接口都可以创建子接口，具体参见对应的产品说明。 • 子接口允许通过的 VLAN 不能在当前设备全局下创建，也不能查看该 VLAN 信息。 • 当某 VLAN 创建了 VLANIF 接口后，该 VLAN 不能再用作子接口终结的 VLAN。 • 该命令是累增式命令，多次配置时，配置结果按多次累加生效，可以实现批量 VLAN 终结。 • 如果是在 Eth-Trunk 接口下创建子接口，则建议用户先将成员接口加入 Eth-Trunk 后，再配置 Eth-Trunk 子接口。只有当成员接口所在的单板系列均支持配置子接口时，Eth-Trunk 子接口才能配置成功。 缺省情况下，子接口没有配置 Dot1q 终结的单层 VLAN ID，可用 **undo dot1q termination vid** *low-pe-vid* [**to** *high-pe-vid*] 命令取消 Dot1q 子接口终结的单层 VLAN ID

2. 在 AR G3 系列路由器下配置二层 Dot1q 终结子接口

在 AR 三层接口下配置二层 Dot1q 终结子接口作为 AC 接口的步骤见表 5-4。

表 5-4　在三层接口下配置二层 Dot1q 终结子接口作为 AC 接口的步骤

步骤	命令	说明
1	**system-view**	进入系统视图
2	**interface { ethernet | gigabitethernet }** *interface-number.subinterface-number* 例如，[Huawei] **interface** ethernet 2/0/0.1	进入指定以太网子接口的视图。子接口的主接口必须是三层模式，**但不能配置 IP 地址**
3	**dot1q termination vid** *low-pe-vid* [**to** *high-pe-vid*] 例如，[Huawei-Ethernet2/0/0.1] **dot1q termination vid** 100	配置以上子接口终结的单层 VLAN 标签对应的 VLAN ID。其他说明参见表 5-3 中的第 6 步。只有 AR3200-S 支持指定 *high-pe-vid* 参数
4	**ce-vlan ignore** 例如，[Huawei-Ethernet2/0/0.1] **ce-vlan ignore**	（可选）使能 Dot1q 终结子接口忽视 QinQ 报文内层 Tag，仅终结外层 Tag 的功能，此时 Dot1q 终结子接口能够同时处理 Dot1q 报文和 QinQ 报文。 当用户私有网络规划了自己的 VLAN，需要用户报文在电信运营商网络中透明传输时，可以选择配置该命令

【说明】配置 Dot1q 终结子接口后，需确保该子接口的 ARP 广播功能为使能状态，缺省处于使能状态。如果没有使能，可在该子接口视图下执行 **arp broadcast enable** 命令。

5.2.2　配置二层 QinQ 终结子接口接入 L2VPN

当用户跨 L2VPN 互通，CE 发往 PE 的业务数据报文中带有两层 VLAN 标签时，可通过配置 QinQ 终结子接口接入 L2VPN 功能实现用户间的互通。

二层 QinQ 终结子接口可以实现对用户报文两层 VLAN 标签的终结功能。当 CE 发往 PE 的业务数据报文中带有两层 VLAN 标签时，二层 QinQ 终结子接口可终结报文中的双层标签，也可在担当 PE 角色的 S 系列交换机二层物理以太网接口或 Eth-Trunk 接口或 AR G3 系列路由器三层物理以太网接口或三层 Eth-Trunk 接口上进行配置。同一主接口的不同子接口下可以同时部署 Dot1q 终结子接口和 QinQ 终结子接口，即同一主接口下既能终结单层 VLAN 标签的报文，也能终结双层 VLAN 标签的报文。

【说明】QinQ 终结子接口可以支持以下方式的 VLL 同种介质或异种介质连接。

- CCC 方式本地连接。
- CCC 方式远程连接。
- SVC 方式远程连接。
- Kompella 方式本地连接。
- Kompella 方式远程连接。
- Martini 方式远程连接。

另外，QinQ 终结子接口可以支持以下方式的 VPLS 连接。

- Martini 方式的 VPLS。
- Kompella 方式的 VPLS。

1. 在 S 系列交换机下配置 QinQ 终结子接口

在二层接口下配置二层 QinQ 终结子接口作为 AC 接口的步骤见表 5-5。

表 5-5　在二层接口下配置二层 QinQ 终结子接口作为 AC 接口的步骤

步骤	命令	说明
1	**system-view**	进入系统视图
2	**interface** *interface-type interface-number* 例如，[HUAWEI] **interface** gigabitethernet1/0/1	进入要配置 Dot1q 终结子接口的二层以太网接口或 Eth-Trunk 接口的接口视图
3	**port link-type** { **hybrid** | **trunk** } 例如，[HUAWEI-GigabitEthernet1/0/1] **port link-type hybrid**	配置端口类型为 Hybrid 或 Trunk 类型。配置二层子接口的二层以太网接口或 Eth-Trunk 接口只能是这两种类型之一
4	**quit**	返回系统视图
5	**interface** *interface-type interface-number.subinterface-number* 例如，[HUAWEI] **interface** gigabitethernet 1/0/1.1	在以上二层以太网接口或 Eth-Trunk 接口下创建二层子接口
6	**qinq termination pe-vid** *pe-vid* **ce-vid** *ce-vid1* [**to** *ce-vid2*] 例如，[HUAWEI-GigabitEthernet1/0/1.1] **qinq termination pe-vid** 100 **ce-vid** 200	配置以上子接口终结的双层 VLAN 标签对应的 VLAN ID。 • **pe-vid** *pe-vid*：所终结的外层 VLAN 对应的 VLAN ID，整数形式，取值范围为 2～4094。 • *ce-vid1*：用户报文内层 VLAN 标签对应的 VLAN ID 的取值下限，取值范围为 1～4094。 • *ce-vid2*：可选参数，用户报文内层 VLAN 标签对应的 VLAN ID 的取值上限，取值范围为 1～4094。*ce-vid2* 的取值必须大于或等于 *ce-vid1* 的取值，**仅可在 VPLS 应用中配置**。 【注意】在配置 QinQ 终结子接口时，要注意以下 4 个方面。 • 并不是所有单板上的二层接口都可以创建子接口，具体参见对应的产品说明。 • 子接口允许通过的 VLAN 不能在当前设备全局下创建，也不能查看该 VLAN 信息。 • 当某 VLAN 创建了 VLANIF 接口后，该 VLAN 不能再用作子接口终结的 VLAN。 • 如果是在 Eth-Trunk 接口下创建子接口，则建议用户先将成员接口加入 Eth-Trunk 后，再配置 Eth-Trunk 子接口。只有当成员接口所在的单板系列均支持配置子接口时，Eth-Trunk 子接口才能配置成功。 缺省情况下，子接口没有配置对两层 Tag 报文的终结功能，可用 **undo qinq termination pe-vid** *pe-vid* **ce-vid** *ce-vid1* [**to** *ce-vid2*] 命令取消子接口对双层标签报文的终结功能

2. 在三层接口下配置二层 QinQ 终结子接口

在 AR G3 系列路由器三层物理以太网接口或三层 Eth-Trunk 接口上配置二层 QinQ 终结子接口时，二层 QinQ 终结子接口的属性可分为对称方式和非对称方式。QinQ 终结子接口对接收报文的处理方式见表 5-6，QinQ 终结子接口对发送报文的处理方式见表 5-7。

表 5-6　QinQ 终结子接口对接收报文的处理方式

入接口属性方式	PW 封装方式	
	以太封装方式	VLAN 封装方式
对称方式	剥掉外层 Tag	不处理，两层 Tag 都保留
非对称	剥掉两层 Tag	剥掉两层 Tag，再添加一层 Tag

表 5-7　QinQ 终结子接口对发送报文的处理方式

出接口属性方式	PW 封装方式	
	以太封装方式	VLAN 封装方式
对称方式	添加外层 Tag	替换外层 Tag
非对称	添加两层 Tag	剥掉一层 Tag，再添加两层 Tag

在三层接口下配置二层 QinQ 终结子接口作为 AC 接口的步骤见表 5-8。

表 5-8　在三层接口下配置二层 QinQ 终结子接口作为 AC 接口的步骤

步骤	命令	说明
1	**system-view**	进入系统视图
2	**interface** *interface-type interface-number.subinterface-number* 例如，[Huawei] **interface** ethernet 2/0/0.1	进入指定的三层子接口的视图。子接口的主接口必须是三层模式，但不能配置 IP 地址
3	**qinq termination pe-vid** *pe-vid* **ce-vid** *ce-vid1* [**to** *ce-vid2*] 例如，[Huawei-Ethernet2/0/0.1] **qinq termination pe-vid** 100 **ce-vid** 200	配置以上子接口终结的双层 VLAN 标签对应的 VLAN ID。需要执行 **termination-vid batch enable** 命令使能批量终结 VLAN 功能后，才支持指定 *ce-vid2* 参数。其他说明参见表 5-5 中的步骤 6
4	**qinq termination l2** { **symmetry** | **asymmetry** } 例如，[Huawei-Ethernet2/0/0.1] **qinq termination l2 asymmetry**	设定 QinQ 终结子接口的属性，仅当接入 MPLS L2VPN（包括 PWE3/VLL）时需要配置。 • **symmetry**：二选一选项，指定 QinQ 终结子接口以对称方式接入 PWE3/VLL，将内层 VLAN 标签当作数据报文传到远端设备，实现内层 VLAN 标签隔离，即可通过内层 VLAN 标签标识接入用户。 • **asymmetry**：二选一选项，指定 QinQ 终结子接口以非对称方式接入 PWE3/VLL，不会将内层 VLAN 标签当作数据报文传到远端设备，也就不能实现内层 VLAN 标签隔离，此时内层 VLAN 标签不具有标识用户的意义，**也就不能将本表步骤 3 中的 *ce-id* 参数指定为一个范围**。 缺省情况下，QinQ 终结子接口的属性是非对称方式，可用 **undo qinq termination l2** 命令取消 QinQ 终结子接口接入 PWE3/VLL 时接口的属性

【说明】配置 QinQ 终结子接口后，需确保该子接口的 ARP 广播功能为使能状态，缺省处于使能状态。如果没有使能，可在该子接口视图下执行 **arp broadcast enable** 命令。

5.2.3　配置 QinQ Mapping 子接口接入 L2VPN

QinQ Mapping 子接口只能在 **S** 系列交换机上配置。QinQ Mapping 功能可以将用户的一层或两层 VLAN 标签映射为电信运营商的一层 VLAN 标签，从而起到屏蔽不同用户 VLAN 标签的作用。

QinQ Mapping 功能分为"1 to 1 的 QinQ Mapping"和"2 to 1 的 QinQ Mapping"两种。在二层以太网或者 Eth-Trunk 子接口上部署 1 to 1 的 QinQ Mapping 功能后，当子接口收到带有一层用户 VLAN 标签的报文时，将报文中携带的该层 VLAN 标签映射为用户指定的一层 VLAN 标签（通常为电信运营商的公网 VLAN 标签）。在二层以太网或者 Eth-Trunk 子接口上部署"2 to 1 的 QinQ Mapping"功能后，当子接口收到带有两层 VLAN 标签的报文时，将报文中携带的外层 VLAN 标签映射为用户指定的一层 VLAN 标签，内层 VLAN 不变。

配置 QinQ Mapping 子接口作为 AC 接口的步骤见表 5-9。

表 5-9　配置 QinQ Mapping 子接口作为 AC 接口的步骤

步骤	命令	说明
1	**system-view**	进入系统视图
2	**interface** *interface-type interface-number* 例如，[HUAWEI] **interface** gigabitethernet1/0/1	进入要配置 QinQ Mapping 子接口的二层以太网接口或 Eth-Trunk 接口的接口视图
3	**port link-type** { **hybrid** | **trunk** } 例如，[HUAWEI-GigabitEthernet1/0/1] **port link-type hybrid**	配置端口类型为 Hybrid 或 Trunk。配置二层子接口的二层以太网接口或 Eth-Trunk 接口只能是这两种类型之一
4	**quit**	返回系统视图
5	**interface** *interface-type interface-number.subinterface-number* 例如，[HUAWEI] **interface** gigabitethernet 1/0/1.1	在以上二层以太网接口或 Eth-Trunk 接口下创建二层子接口
6	**qinq mapping vid** *vlan-id1* [**to** *vlan-id2*] **map-vlan vid** *vlan-id3* 例如，[HUAWEI-GigabitEthernet1/0/1.1] **qinq mapping vid** 100 **map-vlan vid** 200	（二选一）将报文中携带的一层 VALN 标签映射为指定的 VLAN 标签，配置 1 to 1 的 QinQ Mapping 子接口。 • **vid** *vlan-id1* [**to** *vlan-id2*]：指定子接口接收到的报文携带的一层 VLAN 标签对应的 VLAN ID，整数形式，取值范围为 2～4094。*vlan-id2* 的取值必须大于或等于 *vlan-id1* 的取值，它和 *vlan-id1* 共同确定一个范围。 • **map-vlan vid** *vlan-id3*：指定一层用户 VLAN 标签映射后的 VLAN 标签对应的 VLAN ID，整数形式，取值范围为 1～4094。 【注意】映射前的 VLAN 标签和其他子接口映射配置中的外层 VLAN 标签互斥，二者取值不能相同。如果已经在子接口上配置 QinQ Mapping 功能，那么不能再配置 stacking、QinQ 终结、Dot1q 终结相关命令。子接口配置转换前 VLAN 不能在当前设备全局下创建，也不能查看该 VLAN 的信息。 缺省情况下，子接口下没有配置对报文中携带的 Tag 进行映射操作，可用 **undo qinq mapping vid** *vlan-id1* [**to** *vlan-id2*] **map-vlan vid** *vlan-id3* 命令取消子接口的"1 to 1 的 QinQ Mapping"功能

续表

步骤	命令	说明
6	**qinq mapping pe-vid** *vlan-id1* **ce-vid** *vlan-id2* [**to** *vlan-id3*] **map-vlan vid** *vlan-id4* 例如，[HUAWEI-GigabitEthernet1/0/1.1] **qinq mapping pe-vid** 10 **ce-vid** 20 **map-vlan vid** 30	（二选一）将携带两层 VLAN 标签的报文中的外层 VLAN 映射为用户指定的 VLAN 标签（**只对外层 VLAN 映射，内层 VLAN 不变**），配置 "2 to 1 的 QinQ Mapping" 子接口。 • **pe-vid** *vlan-id1*：指定子接口接收到的报文携带的外层 VLAN 标签对应的 VLAN ID，整数形式，取值范围为 2～4094。 • **ce-vid** *vlan-id2* [**to** *vlan-id3*]：指定子接口接收到的报文携带的内层 VLAN 标签对应的 VLAN ID，取值范围为 1～4094。*vlan-id3* 的取值必须大于或等于 *vlan-id2* 的取值，它和 *vlan-id2* 共同确定一个范围。 • **map-vlan vid** *vlan-id4*：指定外层 VLAN 标签映射后的 VLAN 标签对应的 VLAN ID（为公网 VLAN 标签），取值范围为 1～4094。 【注意】映射前的外层 VLAN 标签和其他子接口映射配置中的外层 VLAN 标签互斥，二者取值不能相同。子接口配置转换前 VLAN 不能在当前设备全局下创建，也不能查看该 VLAN 信息。 缺省情况下，子接口下没有配置对报文中携带的 Tag 进行映射操作，可用 **undo qinq mapping pe-vid** *vlan-id1* **ce-vid** *vlan-id2* [**to** *vlan-id3*] **map-vlan vid** *vlan-id4* 命令取消子接口替换带有双层 VLAN 标签的报文的外层 VLAN 标签

5.2.4　配置 VLAN Stacking 子接口接入 L2VPN

在二层接口下配置 VLAN Stacking 子接口作为 AC 接口的步骤见表 5-10。

表 5-10　在二层接口下配置 **VLAN Stacking** 子接口作为 **AC** 接口的步骤

步骤	命令	说明
1	**system-view**	进入系统视图
2	**interface** *interface-type interface-number* 例如，[HUAWEI] **interface** gigabitethernet1/0/1	进入要配置 VLAN Stacking 子接口的二层以太网接口或 Eth-Trunk 接口的接口视图
3	**port link-type** { **hybrid** | **trunk** } 例如，[HUAWEI-GigabitEthernet1/0/1] **port link-type hybrid**	配置端口类型为 Hybrid 或 Trunk。配置二层子接口的二层以太网接口或 Eth-Trunk 接口只能是这两种类型之一
4	**quit**	返回系统视图
5	**interface** *interface-type interface-number.subinterface-number* 例如，[HUAWEI] **interface** gigabitethernet 1/0/1.1	在以上二层以太网接口或 Eth-Trunk 接口下创建二层子接口
6	**qinq stacking vid** *vlan-id1* [**to** *vlan-id2*] **pe-vid** *vlan-id3* 例如，[HUAWEI-GigabitEthernet1/0/1.1] **qinq stacking vid** 10 **to** 13 **pe-vid** 100	配置子接口的 VLAN Stacking 功能，在报文中添加外层 VLAN 标签，实现携带双层 VLAN 标签。 • **vid** *vlan-id1* [**to** *vlan-id2*]：指定的外部 VLAN，取值范围为 2～4094。*vlan-id2* 的取值必须大于或等于 *vlan-id1* 的取值，它和 *vlan-id1* 共同确定一个范围

续表

步骤	命令	说明
6	**qinq stacking vid** *vlan-id1* [**to** *vlan-id2*] **pe-vid** *vlan-id3* 例如，[HUAWEI-GigabitEthernet1/0/1.1] **qinq stacking vid** 10 **to** 13 **pe-vid** 100	• **pe-vid** *vlan-id3*：添加外层 VLAN Tag 的 VLAN 编号，整数形式，取值范围为 1～4094。 【注意】子接口配置叠加前 VLAN 不能在当前设备全局下创建，也不能查看该 VLAN 信息。主接口和该主接口的子接口不能对同一 VLAN 进行 VLAN Mapping 或 VLAN Stacking 配置。 缺省情况下，子接口没有配置 Stacking 功能，可用 **undo qinq stacking vid** *vlan-id1* [**to** *vlan-id2*] **pe-vid** *vlan-id3* 命令取消子接口的 VLAN Stacking 功能

5.3　CCC 方式 VLL 配置与管理

CCC 方式 VLL 是通过手动配置、采用静态 LSP 来实现 VLL 的一种方式。CCC 方式 VLL 因为不进行信令协商，不需要交互控制报文，所以消耗资源比较少，易于配置，适用于小型、拓扑简单的 MPLS 网络。

5.3.1　CCC 方式 VLL 简介

CCC 方式 VLL 的用户站点连接方式分为本地连接和远程连接两种，CCC 的两种连接方式如图 5-8 所示。但目前华为 AR 路由器不支持 CCC 远程连接（**仅支持本地连接**），华为 S 系列交换机（自 S5700 系列以后部分高端机型）同时支持 CCC 本地连接和 CCC 远程连接。

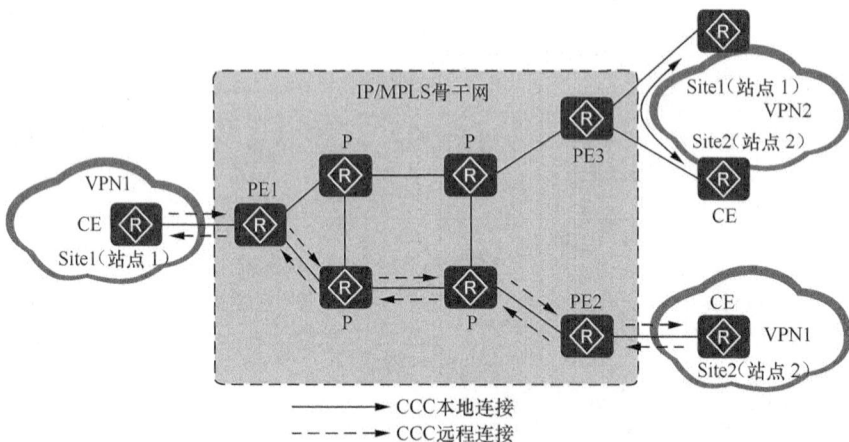

图 5-8　CCC 的两种连接方式

• CCC 本地连接：一个 VPN 的多个站点连接在 MPLS 域的同一个 PE 上。图 5-8 中 VPN2 的 Site1 和 Site2 通过 CCC 本地连接进行互连，它们接入的 PE3 相当于一个二层交换机，**各 VPN 站点的 CE 之间不需要 LSP 隧道**。

• CCC 远程连接：一个 VPN 中的多个站点连接在同一 MPLS 域的不同 PE 上。

图 5-8 中的 VPN1 的 Site1 和 Site2 通过 CCC 远程连接进行互连。此时 Site1 与 Site2 间的 VLL 通信**需要配置两条静态 LSP**：一条是从 PE1 到 PE2 方向，表示从 Site1 到 Site2 的 LSP；另一条是从 PE2 到 PE1 方向，表示从 Site2 到 Site1 的 LSP。

CCC 远程连接方式是一种静态配置 VC 连接的方式，将 VC 一端收到的二层协议报文（因为 AC 接口不配置 IP 地址，不能进行三层转发，直接保留来自 CE 的报文的二层特性）映射到一条**静态 LSP 隧道**上，这样二层报文途经的每跳设备就根据该静态 LSP 中的标签进行 MPLS 转发，最后将二层报文转发到 VC 的另一端。

与其他方式的 VLL 不同，CCC 远程连接方式 VLL 只采用一层 Tunnel 标签（**无 VC 标签**）传送数据，因为在 CCC 方式 VLL 中一条 LSP 隧道只能承载一条 PW，无须区分，而且 Tunnel 标签仅是静态 LSP 标签，二层报文在隧道中传输时会在每个 LSR 上进行 LSP 标签交换。

【经验提示】从以上分析可以看出，CCC 本地连接方式 VLL 的报文中是不携带任何 MPLS 标签的，因为这种方式的 CE 之间既不需要构建 VC，也不需要构建 LSP 隧道。而在 CCC 远程连接方式 VLL 的报文中只携带一层 MPLS LSP 标签，没有 VC 标签，因为在 CCC 远程连接方式中，隧道两端只能建立一条 PW，无须进行 VC 区分。

正因为只采用一层 LSP 标签（没有 VC 标签），所以 CCC 远程连接对 LSP 的使用是独占性的，即一条 LSP 隧道只为一对站点的点对点通信所独用，**所配置的双向静态 LSP 也只用于传递这个 CCC 连接的数据，不能用于其他 MPLS L2VPN 连接，也不能用于转发 BGP/MPLS IP VPN 报文或普通的 IP 报文。**

5.3.2　配置 CCC 本地连接

华为 AR G3 系列路由器和 S5700 及以上系列大部分机型均支持 CCC 本地连接。

配置 CCC 本地连接之前，需要对 CE 所连接的 MPLS 骨干网 PE 配置 MPLS 基本能力，包括配置 MPLS LSR ID，并全局使能 MPLS 能力（无须使能 LDP，因为 CCC 本地连接中无须建立 LSP 隧道）。

CCC 本地连接只需在同一 PE 上配置 CCC 连接的 AC 入接口和 AC 出接口即可，无须配置 LSP，因为 MPLS 报文仅会在本地 PE 的 AC 入接口和 AC 出接口之间进行交换，CCC 本地连接的配置步骤见表 5-11。但 CCC 本地连接是双向的，且各用户站点连接在同一 PE 上，所以在 PE 上只需创建一条本地连接即可。

表 5-11　CCC 本地连接的配置步骤

步骤	命令	说明
1	**system-view**	进入系统视图
2	**mpls l2vpn** 例如，[Huawei] **mpls l2vpn**	全局使能 MPLS L2VPN 功能，并进入 MPLS L2VPN 视图。在配置 VLL 之前，必须先在 PE 上使能 MPLS L2VPN 功能。 缺省情况下，系统没有使能 MPLS L2VPN 功能，可用 **undo mpls l2vpn** 命令使能 MPLS L2VPN，并删除所有 MPLS L2VPN 配置

续表

步骤	命令	说明
3	**quit**	返回系统视图
4	**ccc** *ccc-connection-name* **interface** *interface-type1* *interface-number1* [**raw** | **tagged**] **out-interface** *interface-type2 interface-number2* [**raw** | **tagged**] 例如，[Huawei] **ccc** ccc-connect-1 **interface** vlanif 10 **out-interface** vlanif 11	创建 CCC 本地连接。因为 **CCC 本地连接是双向的，所以只需要创建一条连接。** • *ccc-connection-name*：指定 CCC 本地连接名，用于唯一标识 PE 上的一个 CCC 连接，字符串形式，区分大小写，不支持空格，长度范围为 1～20。当输入的字符串两端使用双引号时，可在字符串中输入空格。 • **interface** *interface-type1 interface-number1*：指定与第一个 CE 相连的 AC 接口类型和编号。 • **out-interface** *interface-type2interface-number2*：指定与第二个 CE 相连的 AC 接口类型和编号。 **【注意】**以上第一个、第二个接口必须是 AC 接口，但不一定是直接连接 CE 的物理接口。在 S 系列交换机中，CCC 本地连接的 AC 接口只能是 VLANIF 接口，而在 AR G3 系列路由器的 CCC 本地连接的 AC 接口可以是三层物理接口，以及各种二层子接口，缺省封装类型均为 **tagged** 方式。同一个接口不能既作为 L2VPN 的 AC 接口，又作为 L3VPN 的 AC 接口。 在 S 系列交换机中，缺省情况下，设备上全局使能链路类型自协商功能，若使用 VLANIF 接口作为 AC 接口，则与该功能相冲突，V200R005C00 之前的版本需要先在系统视图下执行 **lnp disable** 命令使能链路类型自协商功能。V200R005C00 之前的版本升级到 V200R005C00 及后续版本后，设备将自动执行命令 **lnp disable** 全局去使能链路类型自协商功能。 • **raw**：二选一可选项，指定入/出 AC 接口的封装类型为 raw 方式。设置入接口类型为 raw 方式后，设备将删除进入接口报文中的 P-Tag。 • **tagged**：二选一可选项，指入/出 AC 接口的封装类型为 tagged 方式。设置入接口类型为 tagged 方式后，设备将保留进入接口的报文中的 P-Tag。 缺省情况下，系统没有创建任何 CCC 本地连接，可用 **undo ccc** *ccc-connection-name* 命令删除指定的 CCC 连接

5.3.3　配置 CCC 远程连接

　　CCC 远程连接目前仅华为 S 系列交换机部分中高端机型支持，AR 系列路由器不支持，具体见相应的产品手册说明。

　　CCC 远程连接中的用户站点连接在不同的 PE 上，所以需要在两端 PE 上分别配置 CCC 连接的入接口、入标签和出标签等；若两个 PE 间存在 P 设备，则还需要在 P 设备上配置两条双向静态 LSP，但要确保 PE 和 P 节点间按 LSP 方向，**上游设备配置的出标签与下游设备配置的入标签要一致。**因为直接在两端 PE 上建立静态 CCC 连接，所以无须在两端 PE 间配置建立 LDP 会话。

　　配置 CCC 远程连接之前，需完成以下任务。

- 对 MPLS 骨干网（PE、P）配置静态路由或 IGP，实现骨干网的 IP 连通性。
- 对 MPLS 骨干网（PE、P）配置 MPLS 基本能力，包括 LSR ID 的配置，在全局及公网接口上使能 MPLS 能力（无须使能 LDP，因为 CCC 连接使用的是静态 LSP）。

【说明】因为 CCC 远程连接配置中已把 AC 接口映射到 CCC 远程连接上，而 CCC 远程连接已直接把流量映射到静态 LSP 上，故可不配置骨干网 IP 路由。

1. 在 PE 上创建 CCC 远程连接

CCC 远程连接的配置步骤见表 5-12。

表 5-12　CCC 远程连接的配置步骤

步骤	命令	说明
1	**system-view**	进入系统视图
2	**mpls l2vpn** 例如，[Huawei] **mpls l2vpn**	使能 MPLS L2VPN 功能，并进入 MPLS L2VPN 视图
3	**quit**	返回系统视图
4	**ccc** *ccc-connection-name* **interface** *interface-type1 interface-number1* [**raw** | **tagged**] **in-label** *in-label-value* **out-label** *out-label-value* **nexthop** *nexthop-address* [**control-word** | **no-control-word**] 例如，[Huawei] **ccc ccc-connection interface** vlanif 10 **in-label** 100 **out-label** 200 **nexthop** 10.1.1.2	创建 CCC 远程连接。本命令的许多参数和选项与 5.3.2 节表 5-11 中的步骤 4 命令一样，参见即可，但参数 **interface** *interface-type1 interface-number1* 所指定的 **AC** 接口只能是 **VLANIF** 接口。下面介绍与表 5-11 步骤 4 中不同的参数。 • *in-label-value*：指定入 LSP 标签值，整数形式，与静态 LSP 标签的取值范围一样，为 16～1023。此标签是作为对端 CE 连接本端 CE 时，本端作为 LSP 方向 Egress 节点时所分配的入标签，**必须与相邻 P 所分配的出标签一致**。 • *out-label-value*：指定出 LSP 标签值，整数形式，取值范围为 0～1048575。此标签是本端 CE 连接对端 CE 时，本端作为 LSP 方向 Ingress 节点所分配的出标签，**必须与相邻 P 所分配的入标签一致**。 • *nexthop-address*：指定按 CCC 连接方向的下一跳的 IP 地址。 • **control-word**：二选一可选项，使能控制字特性，具体参见本节后面介绍。 • **no-control-word**：二选一可选项，禁止控制字特性。缺省情况下为禁止控制字特性。 VLANIF 接口封装类型默认为 raw 类型，而 CCC 本地连接的缺省类型为 tagged 方式。 【注意】同一个 VLANIF 接口不能既作为 L2VPN 的 AC 接口，又作为 L3VPN 的 AC 接口，因为当某个 VLANIF 接口绑定 L2VPN 后，该接口上配置的 IP 地址、路由协议等三层特性会无效。 缺省情况下，系统没有创建任何 CCC 本地连接，可用 **undo ccc** *ccc-connection-name* 命令删除指定的 CCC 连接

【说明】"控制字"字段位于 MPLS 标签栈和二层报文之间，用来携带额外的二层报文控制信息，例如序列号等。控制字具有以下功能。

- 避免报文乱序：在多路径转发的情况下，报文有可能乱序，此时可以通过控制字的序列号字段对报文进行排序重组。
- 传送特定二层报文的标记：例如，报文中继的前向显式拥塞通知（Forward Explicit Congestion Notification，FECN）比特和后向显示拥塞通知（Backward Explicit Congestion Notification，BECN）比特等。
- 指示净载荷长度：如果 PW 上传送报文的净载荷长度小于 64 字节，则需要对报文进行填充，以避免报文发送失败。此时，通过控制字的载荷长度字段可以确定原始载荷的长度，以便从填充后的报文中正确获取原始的报文载荷。

对于某些 PW 数据封装类型（例如，报文中继 DLCI 类型、ATM AAL5 SDU VCC 类型），PW 上传递的报文必须携带控制字字段，不能通过配置来控制；对于另一些 PW 数据封装类型（例如 Ethernet、VLAN），控制字字段是可选的，可以通过配置来决定是否携带控制字。

2. 在 P 上配置静态 LSP

在 CCC 远程连接中，如果隧道两端 CE 间有 P 节点，则还需要在各 P 节点系统视图下通过 **static-lsp transit** *lsp-name* [**incoming-interface** *interface-type interface-number*] **in-label** *in-label* { **nexthop** *nexthop-address* | **outgoing-interface** *interface-type interface-number* } * **out-label** *out-label* 命令配置本节点作为静态 LSP 的转发（Transit）LSR。参数说明如下。

- *lsp-name*：指定 LSP 名称，字符串形式，区分大小写，不支持空格，长度范围为 1～19，与 PE 上配置的静态 LSP 名称可以一致，也可以不一致。当输入的字符串两端使用双引号时，可在字符串中输入空格。
- **incoming-interface** *interface-type interface-number*：可选参数，指定按 LSP 方向的入接口类型和编号，**仅可为 VLANIF 接口**。
- *in-label*：指定入 LSP 标签值，整数形式，取值范围为 16～1023，**要与 LSP 方向上游 P 或 PE 节点所配置的出标签值一致**。
- *out-label*：指定出 LSP 标签值，整数形式，取值范围为 16～1048575，**要与 LSP 方向下游 P 或 PE 节点所配置的入标签值一致**。
- *next-hop-address*：可多选参数，指定按 LSP 方向的下一跳的 IP 地址。
- **outgoing-interface** *interface-type interface-number*：可多选参数，指定按 LSP 方向的出接口类型和编号，仅可为 VLANIF 接口。如果配置出接口参数，不配置下一跳参数，则会导致在以太网中转发不通。

可通过 **undo static-lsp transit** *lsp-name* 命令删除指定的静态 LSP，但如果要修改原来配置的静态 LSP 参数，则可直接重新配置本命令，而不用先删除原来的静态 LSP 配置。

完成以上 CCC 方式 VLL 配置后，可在任意视图下通过以下 **display** 命令查看已配置的 CCC 连接信息、CCC 连接的接口信息等内容。

- **display vll ccc** [*ccc-name* | **type** { **local** | **remote** }]：查看指定或所有已配置的 CCC 连接信息。
- **display l2vpn ccc-interface vc-type ccc** [**down** | **up**]：查看指定状态或所有的 CCC 连接的接口信息。

5.3.4　以三层物理接口作为 AC 接口的 CCC 本地连接配置示例

以三层物理接口作为 AC 接口的 CCC 本地连接配置示例的拓扑结构如图 5-9 所示，位于不同物理位置的用户网络站点分别通过 CE1 和 CE2（S 系列交换机）同时连接到 PE1（AR 路由器）的三层物理以太网接口，而且这两个站点中划分了多个 VLAN（此处仅以 VLAN 10 和 VLAN 20 为例，分别位于 192.168.1.0/24 和 192.168.2.0/24 这两个 IP 网段）。为简化配置，用户希望两个 CE 间相同 VLAN 中的用户能直接进行二层通信。

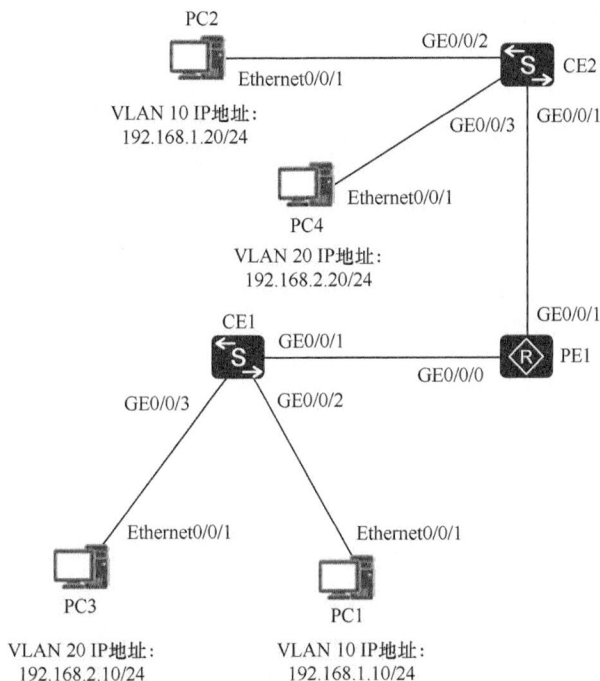

图 5-9　以三层物理接口作为 AC 接口的 CCC 本地连接配置示例的拓扑结构

1. 基本配置思路分析

本示例中，因为 PE 连接 CE 的接口为物理三层以太网接口，而且仅要求两站点间相同 VLAN 中的用户能直接进行二层通信，所以可以采用该三层物理以太网接口作为 PE 的 AC 接口，但不要配置 IP 地址。又因为 CE1 和 CE2 连接的是同一个 PE，所以可以通过在两站点间建立 CCC 本地连接来达到 CE1 和 CE2 两站点中相同 VLAN 中的用户直接二层通信的目的。

根据前面的分析，结合 5.3.2 节介绍的本地 CCC 连接配置方法，可得出本示例的基本配置思路如下。

① 在 CE1 和 CE2 上创建所需的 VLAN 10 和 VLAN 20，并配置各接口所属的 VLAN。

【注意】一定要确保 CE、CE2 的 GE0/0/1 接口在发送 VLAN 10 和 VLAN 20 的报文时带上对应的 VLAN 标签，只有这样才能使它们之间相同 VLAN 中的用户可直接进行二层通信，因为无论 PW 采用的是哪种封装方式，只要以三层物理以太网接口作为 AC 接口，就不会改变报文中的 U-Tag，并且不带 P-Tag。

② 在 PE1 上配置 MPLS 基本能力，并使能 MPLS L2VPN。

③ 在 PE1 上创建一条从 CE1 到 CE2 的本地连接。因 CCC 本地连接是双向的，故只需要创建一条连接。

2. 具体配置步骤

① 在 CE1、CE2 上的 VLAN，创建 VLAN 10 和 VLAN 20，GE0/0/1 同时允许 VLAN 10、VLAN 20 以带标签的方式通过（本示例采用 Trunk 类型端口），GE0/0/2、GE0/0/3 均以 Access 类型分别加入 VLAN 10 和 VLAN 20，代表两个不同 VLAN 中的用户（用户主机的 IP 地址也要配置好）。

#---CE1 上的配置如下。

```
<Huawei> system-view
[Huawei] sysname CE1
[CE1] vlan batch 10 20
[CE1] interface gigabitethernet 0/0/1
[CE1-GigabitEthernet0/0/1] port link-type trunk
[CE1-GigabitEthernet0/0/1] port trunk allow-pass vlan 10 20
[CE1-GigabitEthernet0/0/1] quit
[CE1] interface gigabitethernet 0/0/2
[CE1-GigabitEthernet0/0/2] port link-type access
[CE1-GigabitEthernet0/0/2] port default vlan 10
[CE1-GigabitEthernet0/0/2] quit
[CE1] interface gigabitethernet 0/0/3
[CE1-GigabitEthernet0/0/3] port link-type access
[CE1-GigabitEthernet0/0/3] port default vlan 20
[CE1-GigabitEthernet0/0/3] quit
```

#---CE2 上的配置如下。

```
<Huawei> system-view
[Huawei] sysname CE2
[CE2] vlan batch 10 20
[CE2] interface gigabitethernet 0/0/1
[CE2-GigabitEthernet0/0/1] port link-type trunk
[CE2-GigabitEthernet0/0/1] port trunk allow-pass vlan 10 20
[CE2-GigabitEthernet0/0/1] quit
[CE2] interface gigabitethernet 0/0/2
[CE2-GigabitEthernet0/0/2] port link-type access
[CE2-GigabitEthernet0/0/2] port default vlan 10
[CE2-GigabitEthernet0/0/2] quit
[CE2] interface gigabitethernet 0/0/3
[CE2-GigabitEthernet0/0/3] port link-type access
[CE2-GigabitEthernet0/0/3] port default vlan 20
[CE2-GigabitEthernet0/0/3] quit
```

② 配置 PE1 的 MPLS 基本能力和使能 MPLS L2VPN 功能。此处假设以直接配置 MPLS LSR ID 的方式进行，不利用 Loopback 接口的 IP 地址作为 LSR ID。具体配置如下。

```
<Huawei> system-view
[Huawei] sysname PE1
[PE1] mpls lsr-id 1.1.1.1    #---配置 PE1 的 MPLS LSR ID
[PE1] mpls
[PE1-mpls] quit
[PE1] mpls l2vpn
[PE1-l2vpn] quit
```

③ 在 PE1 上创建 CE1 到 CE2 的本地连接。只需指定分别连接两个 CE 的接口 GE0/0/0）和 GE0/0/1。因为 CCC 本地连接是双向的，只需创建一个 CCC 连接。具体配置如下。

[PE1] **ccc** ce1-ce2 **interface** gigabitethernet 0/0/0 **out-interface** gigabitethernet 0/0/1

3．配置结果验证

以上配置完成后，可以进行以下配置结果验证。

① 在 PE1 上执行 **display vll ccc** 命令查看 CCC 连接信息，可以看到建立了一条 CCC 本地连接，状态为 up，在 PE1 上执行 **display vll ccc** 命令的输出如图 5-10 所示。其中，"access-port: false" 表示接口不支持 Access-port 属性，不是二层端口，但又没有配置 IP 地址，即不是标准的三层接口，故通常称之为 "二层半接口"。

② 在 PE1 上执行 **display l2vpn ccc-interface vc-type all** 命令的输出如图 5-11 所示，可以看到两个 CCC AC 接口的状态为 up。

```
E PE1                                        _ □ X
The device is running!

<PE>display vll ccc
total  ccc vc : 1
local  ccc vc : 1,  1 up
remote ccc vc : 0,  0 up

name: ce1-ce2, type: local, state: up,
intf1: GigabitEthernet0/0/0 (up), access-port: false
intf2: GigabitEthernet0/0/1 (up), access-port: false
VC last up time : 2022/11/09 16:34:11
VC total up time: 0 days, 0 hours, 1 minutes, 41 seconds

<PE>
```

图 5-10　在 PE1 上执行 **display vll ccc** 命令的输出

```
E PE1                                             _ □ X
<PE>display l2vpn ccc-interface vc-type all

Total ccc-interface of CCC : 2
up (2), down (0)
Interface                    Encap Type        State     VC Type
GigabitEthernet0/0/0         ethernet          up        ccc
GigabitEthernet0/0/1         ethernet          up        ccc
<PE>
```

图 5-11　在 PE1 上执行 **display l2vpn ccc-interface vc-type all** 命令的输出

③ 验证 CE1 和 CE2 下所连接的在同一 VLAN 中的用户是否能够相互 ping 通。

在此以 PC1 ping 同在 VLAN 10 中的 PC2 为例进行介绍，结果是通的，PC1 成功 ping 通 PC2 的结果如图 5-12。可用同样的方法证明在 VLAN 20 中的 PC3 和 PC4 是互通的。

```
E PC1                                             _ □ X
 基础配置    命令行    组播    UDP发包工具    串口

PC>ping 192.168.1.20

Ping 192.168.1.20: 32 data bytes, Press Ctrl_C to break
From 192.168.1.20: bytes=32 seq=1 ttl=128 time=94 ms
From 192.168.1.20: bytes=32 seq=2 ttl=128 time=78 ms
From 192.168.1.20: bytes=32 seq=3 ttl=128 time=78 ms
From 192.168.1.20: bytes=32 seq=4 ttl=128 time=94 ms
From 192.168.1.20: bytes=32 seq=5 ttl=128 time=109 ms

--- 192.168.1.20 ping statistics ---
  5 packet(s) transmitted
  5 packet(s) received
  0.00% packet loss
  round-trip min/avg/max = 78/90/109 ms

PC>
```

图 5-12　PC1 成功 ping 通 PC2 的结果

【经验提示】因为本示例中的 AC 接口是三层物理接口，二层报文在 PW 传输途中不会改变其中的 VLAN 标签，所以此时隧道两端站点中要互通的用户必须在同一个 VLAN 中（当然也必须位于同一 IP 网段中），否则不能相通。但如果 AC 接口是采用本章前面介绍的二层子接口，则可以实现位于同一 IP 网段、不同 VLAN 中的用户二层互通，具体将在本章后面介绍最常用的 Martini 方式 VLL 时，再举例介绍。

④ 验证以三层物理以太网接口作为 PE1 的 AC 接口时，报文在 MPLS 网络传输过程中 VLAN 标签的变化。

在 PC1 ping PC2 时对 PE 的 GE0/0/0 接口进行抓包，我们会发现，无论是 ICMP 请求报文还是响应报文，在 PE1 的 GE0/0/0 接口上仅有一层 VLAN 标签，都是源 VLAN 报文（请求报文的源报文是来自 CE1，响应报文的源报文是来自 CE2）所携带的 VLAN 10 标签，在 PE1 GE0/0/0 接口上抓的包如图 5-13 所示。

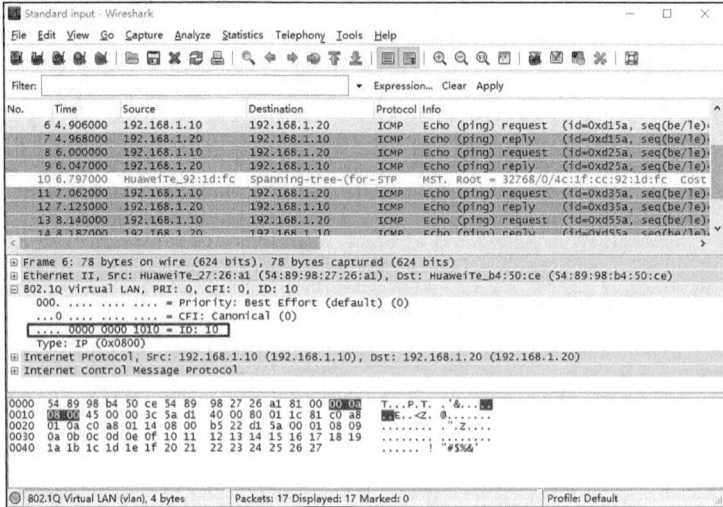

图 5-13　在 PE1 GE0/0/0 接口上抓的包

在 PC1 ping PC2 时对 PE 的 G0/0/1 接口进行抓包，我们会发现，无论是 ICMP 请求报文还是响应报文，都是源 VLAN 报文所携带的 VLAN 10 标签，在 PE1 GE0/0/1 接口上抓的包如图 5-14 所示，表明报文在经过 AC 接口后没有改变报文中的 VLAN 标签。

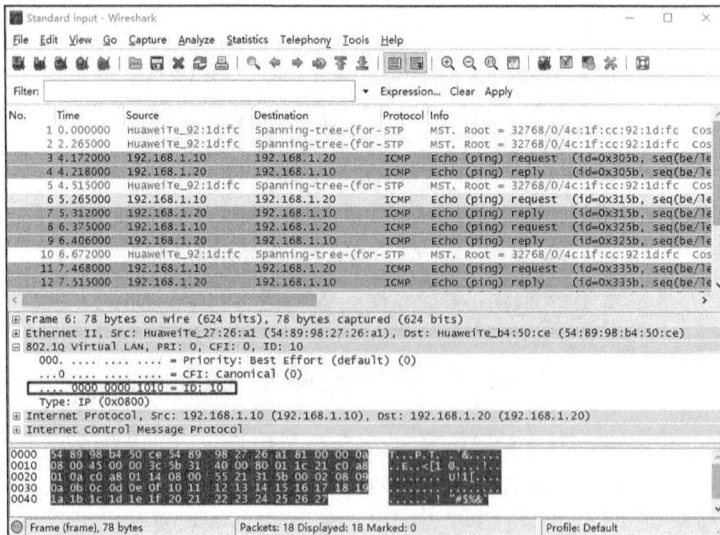

图 5-14　在 PE1 GE0/0/1 接口上抓的包

5.3.5　以 VLANIF 接口作为 AC 接口的 CCC 本地连接配置示例

以 VLANIF 接口作为 AC 接口的 CCC 本地连接配置示例的拓扑结构如图 5-15 所示，PE 和两个 CE 均为华为 S 系列交换机，两个站点 CE1、CE2 连接的子网中都划分了 VLAN 100 和 VLAN 200，且 CE1 和 CE2 连接在同一 PE 上。现希望通过配置 CCC 本地连接实现两个站点中相同 VLAN 中的用户能直接二层互通。

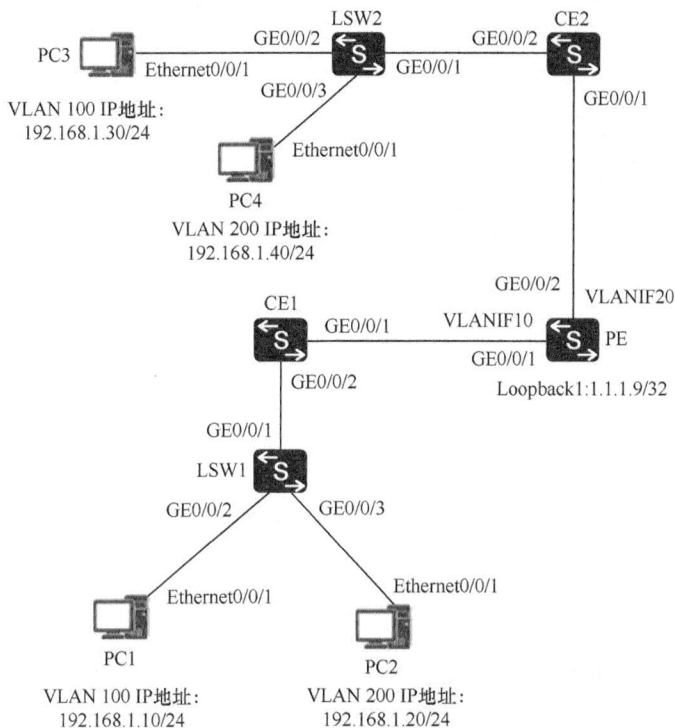

图 5-15　以 VLANIF 接口作为 AC 接口的 CCC 本地连接配置示例的拓扑结构

1. 基本配置思路分析

本示例与上节介绍的配置示例的基本要求是一样的，但本示例中的 PE 不是 AR G3 系列路由器，而是 S 系列交换机，所以只能使用 VLANIF 接口作为 AC 接口。

本示例中，如果仅需要实现图 5-15 中 CE1 连接的 VLAN 100 中的用户与 CE2 上连接的 VLAN 200 中的用户二层互通，则只需在 PE 上分别创建 VLAN 100 和 VLAN 200，在连接两个 CE 的二层接口上允许对应的 VLAN 100 和 VLAN 200 的数据帧以带标签的方式通过，然后把 VLANIF100 和 VLANIF200 分别作为 CCC 本地连接的入接口和出接口即可。但本示例的要求不是两个站点中单个 VLAN 间的二层通信，而是涉及两站点的多个 VLAN（例如，本示例中的 VLAN 100 和 VLAN 200）中的用户通过 CCC 本地连接实现直接二层互通，与前面介绍的单层 VLAN 标签情形不同。

由此看来，本示例不能直接采用用户 VLAN 对应的 VLANIF 接口作为 AC 接口来进行 CCC 本地连接的配置方法，因为在 CCC 本地连接中只能有一个入 VLANIF 接口和一个出 VLANIF 接口，不能为每个用户 VLAN 分别配置一个作为 PE 的 AC 接口的 VLANIF

接口。为此，需要先通过基本 QinQ 在 CE 端把携带不同用户 VLAN 标签（作为 U-Tag）的帧统一加上一层外层 VLAN 标签（作为 P-Tag），即 CE 向 PE 传输的报文中携带两层 VLAN 标签，然后在 PE 端以这个外层 VLAN 来创建作为 PE 的 AC 接口的 VLANIF 接口即可。

根据以上分析可得出本示例的以下基本配置思路。

① 在接入交换机 LSW1、LSW2 上创建并配置用户 VLAN 100、VLAN 200。

② 在 CE1、CE2 上配置基本 QinQ，为来自接入交换机的用户 VLAN 帧统一添加一层新的 VLAN 标签（分别为 VLAN 10、VLAN 20）。

③ 在 PE 上创建并配置 VLAN 10 和 VLAN 20，然后创建 VLANIF10 和 VLANIF20 接口，但不配置 IP 地址，作为 AC 接口。

④ 在 PE 上配置 MPLS 基本能力，并使能 MPLS L2VPN。

⑤ 在 PE 上创建一条从 CE1 到 CE2 的本地连接，入接口和出接口分别为 VLANIF10 和 VLANIF20。CCC 本地连接是双向的，故只需要创建一条连接。

2. 具体配置步骤

① 在接入交换机 LSW1、LSW2 上创建并配置用户 VLAN 100、VLAN 200。

连接 CE 的上行接口以 Trunk 端口类型同时允许 VLAN 100 和 VLAN 200 的数据帧带标签通过，连接 PC 的下行接口以 Access 端口类型加入对应的 VLAN 中。

#---LSW1 上的配置如下。

```
<HUAWEI> system-view
[HUAWEI] sysname LSW1
[LSW1] vlan batch 100 200
[LSW1] interface gigabitethernet 0/0/1
[LSW1-GigabitEthernet0/0/1] port link-type trunk
[LSW1-GigabitEthernet0/0/1] port trunk allow-pass vlan 100 200
[LSW1-GigabitEthernet0/0/1] quit
[LSW1] interface gigabitethernet 0/0/2
[LSW1-GigabitEthernet0/0/2] port link-type access
[LSW1-GigabitEthernet0/0/2] port default vlan 100
[LSW1-GigabitEthernet0/0/2] quit
[LSW1] interface gigabitethernet 0/0/3
[LSW1-GigabitEthernet0/0/3] port link-type access
[LSW1-GigabitEthernet0/0/3] port default vlan 200
[LSW1-GigabitEthernet0/0/3] quit
```

#---LSW2 上的配置如下。

```
<HUAWEI> system-view
[HUAWEI] sysname LSW2
[LSW2] vlan batch 100 200
[LSW2] interface gigabitethernet 0/0/1
[LSW2-GigabitEthernet0/0/1] port link-type trunk
[LSW2-GigabitEthernet0/0/1] port trunk allow-pass vlan 100 200
[LSW2-GigabitEthernet0/0/1] quit
[LSW2] interface gigabitethernet 0/0/2
[LSW2-GigabitEthernet0/0/2] port link-type access
[LSW2-GigabitEthernet0/0/2] port default vlan 100
[LSW2-GigabitEthernet0/0/2] quit
[LSW2] interface gigabitethernet 0/0/3
[LSW2-GigabitEthernet0/0/3] port link-type access
```

```
[LSW2-GigabitEthernet0/0/3] port default vlan 200
[LSW2-GigabitEthernet0/0/3] quit
```

② 在 CE1、CE2 上配置基本 QinQ，为来自接入交换机的用户 VLAN 帧统一添加一层新的 VLAN 标签（分别为 VLAN 10、VLAN 20）。

#---CE1 上的配置如下。

```
<HUAWEI> system-view
[HUAWEI] sysname CE1
[CE1] vlan batch 10
[CE1] interface gigabitethernet 0/0/1
[CE1-GigabitEthernet0/0/1] port link-type trunk
[CE1-GigabitEthernet0/0/1] port trunk allow-pass vlan 10
[CE1-GigabitEthernet0/0/1] quit
[CE1] interface gigabitethernet 0/0/2
[CE1-GigabitEthernet0/0/2] port link-type dot1q-tunnel    #---配置接口为 dot1q-tunnel 类型
[CE1-GigabitEthernet0/0/2] port default vlan 10    #---配置添加统一的 VLAN 10 外层标签
[CE1-GigabitEthernet0/0/2] quit
```

#---CE2 上的配置如下。

```
<HUAWEI> system-view
[HUAWEI] sysname CE2
[CE2] vlan batch 20
[CE2] interface gigabitethernet 0/0/1
[CE2-GigabitEthernet0/0/1] port link-type trunk
[CE2-GigabitEthernet0/0/1] port trunk allow-pass vlan 20
[CE2-GigabitEthernet0/0/1] quit
[CE2] interface gigabitethernet 0/0/2
[CE2-GigabitEthernet0/0/2] port link-type dot1q-tunnel
[CE2-GigabitEthernet0/0/2] port default vlan 20
[CE2-GigabitEthernet0/0/2] quit
```

③ 在 PE 上创建并配置 VLAN 10 和 VLAN 20，然后创建 VLANIF10 和 VLANIF20 接口，但不配置 IP 地址，作为 AC 接口。

在连接 CE1 的 GE0/0/1 接口上要允许 VLAN 10 的数据帧带标签通过，在连接 CE2 的 GE0/0/2 接口上要允许 VLAN 20 的数据帧带标签通过。

```
<HUAWEI> system-view
[HUAWEI] sysname PE
[PE] vlan batch 20
[PE] interface gigabitethernet 0/0/1
[PE-GigabitEthernet0/0/1] port link-type trunk
[PE-GigabitEthernet0/0/1] port trunk allow-pass vlan 10
[PE-GigabitEthernet0/0/1] quit
[PE] interface gigabitethernet 0/0/2
[PE-GigabitEthernet0/0/2] port trunk allow-pass vlan 20
[PE-GigabitEthernet0/0/2] quit
[PE] interface vlanif 10
[PE-Vlanif10] quit
[PE] interface vlanif 20
[PE-Vlanif20] quit
```

④ 在 PE 上配置 MPLS 基本能力，全局使能 MPLS L2VPN。

在此以 PE 上的 Loopback1 接口的 IP 地址作为 MPLS LSR-ID，只需全局使能 MPLS 和 MPLS L2VPN 功能即可。

```
[PE] interface loopback 1
[PE-LoopBack1] ip address 1.1.1.9 32
```

```
[PE-LoopBack1] quit
[PE] mpls lsr-id 1.1.1.9
[PE] mpls
[PE-mpls] quit
[PE] mpls l2vpn
[PE-l2vpn] quit
```

⑤ 在 PE 上创建从 CE1 到 CE2 的 CCC 本地连接，入接口和出接口分别为 VLAIF10 和 VLANIF20。

```
[PE] ccc ce1-ce2 interface vlanif 10 out-interface vlanif 20
```

3．配置结果验证

以上配置完成后，可进行以下配置结果验证。

① 在 PE 上执行 **display vll ccc** 命令的输出如图 5-16 所示，可以看到建立了一条 CCC 本地连接，状态为 up。

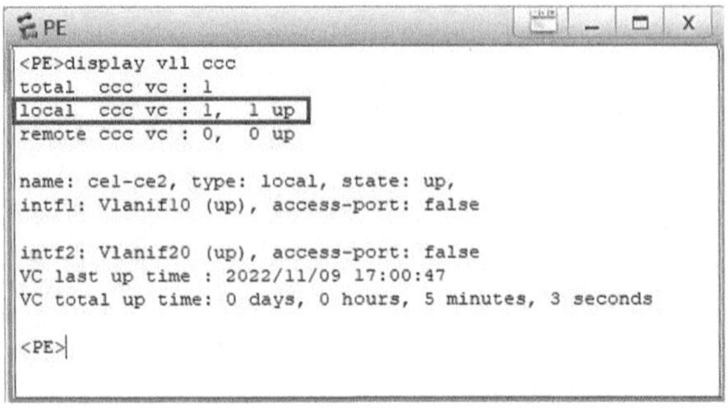

```
<PE>display vll ccc
total  ccc vc : 1
local  ccc vc : 1,  1 up
remote ccc vc : 0,  0 up

name: ce1-ce2, type: local, state: up,
intf1: Vlanif10 (up), access-port: false

intf2: Vlanif20 (up), access-port: false
VC last up time : 2022/11/09 17:00:47
VC total up time: 0 days, 0 hours, 5 minutes, 3 seconds

<PE>
```

图 5-16　在 PE 上执行 **display vll ccc** 命令的输出

② 在 PE 上执行 **display l2vpn ccc-interface vc-type all** 命令的输出如图 5-17 所示，可以看到两个 CCC AC 接口（VLANIF10 和 VLANIF20）的状态均为 up。

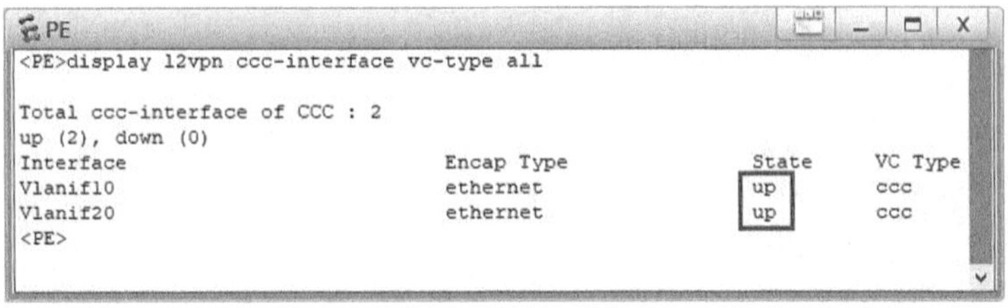

```
<PE>display l2vpn ccc-interface vc-type all

Total ccc-interface of CCC : 2
up (2), down (0)
Interface                     Encap Type          State    VC Type
Vlanif10                      ethernet            up       ccc
Vlanif20                      ethernet            up       ccc
<PE>
```

图 5-17　在 PE 上执行 **display l2vpn ccc-interface vc-type all** 命令的输出

③ 验证位于相同 VLAN 的 PC1 与 PC3，PC2 与 PC4 可以直接二层通信。

在 PC1 上 ping 同位于 VLAN 100 中的 PC3，在 PC2 上 ping 同位于 VLAN 200 中的 PC4，都是通的，PC1 成功 ping 通 PC3 的结果如图 5-18 所示，PC2 成功 ping 通 PC4 的结果如图 5-19 所示。

④ 验证采用 VLANIF 接口作为 AC 接口时，从 AC 接口发出报文时要用该 VLANIF 接口对应 VLAN ID 的标签替换报文中的 P-Tag（外层 VLAN 标签）。

在 PE 的 GE0/0/1 接口上抓的包如图 5-20 所示，此时会发现无论是 ICMP 请求报文还是响应报文，都携带了两层 VLAN 标签，其中外层 VLAN 标签均为 VLAN 10（即 P-Tag），内层标签为用户的私网 VLAN 标签，保持不变。

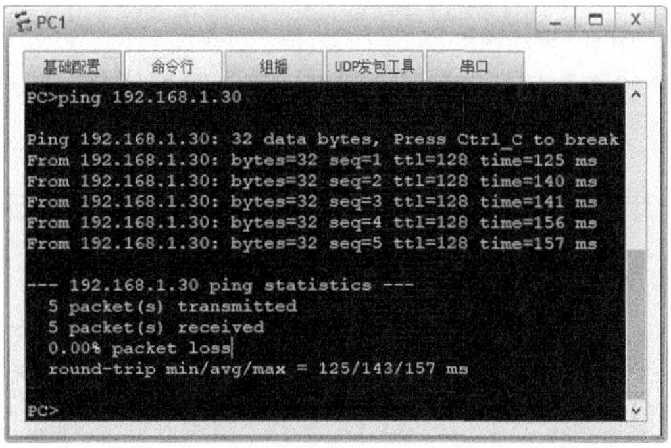

图 5-18　PC1 成功 ping 通 PC3 的结果

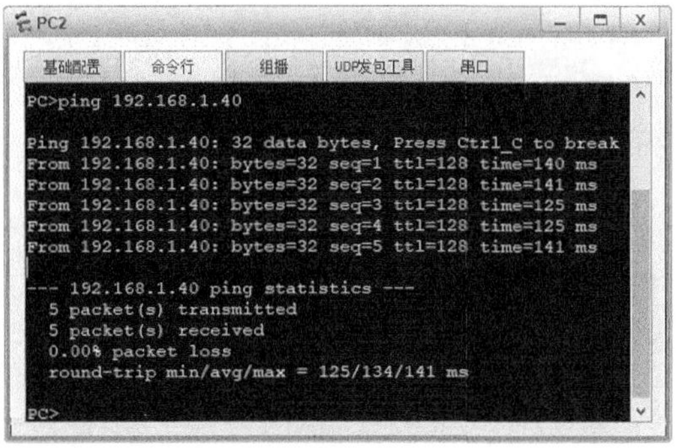

图 5-19　PC2 成功 ping 通 PC4 的结果

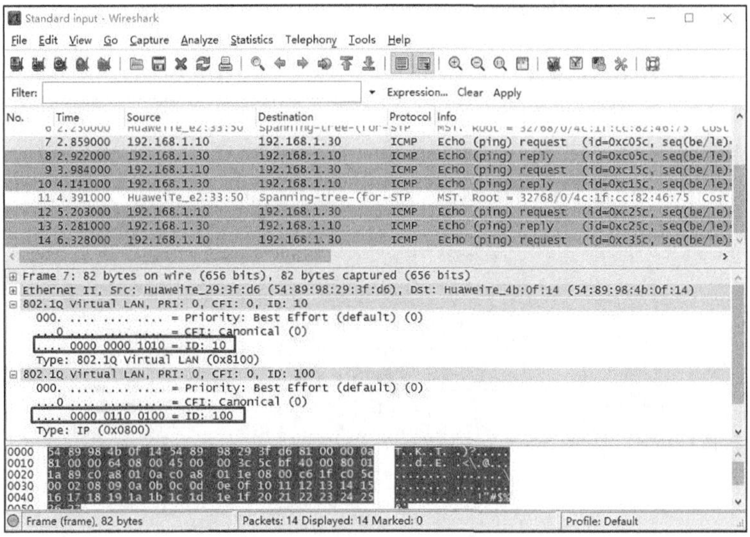

图 5-20　在 PE 的 GE0/0/1 接口上抓的包

在 PE 的 GE0/0/2 接口上抓的包如图 5-21 所示，此时会发现无论是 ICMP 请求报文还是响应报文，也都携带了两层 VLAN 标签，但其中外层 VLAN 标签均为 VLAN 20，内层 VLAN 标签不变。

通过以上在两个不同接口上的抓包可以得出，在以 VLANIF 接口作为 AC 接口时，报文在 VLL 网络的传输过程中，改变的只是报文中的外层 VLAN 标签，即 P-Tag。当报文到达对端 AC 接口后，这个 P-Tag 会被替换为对端作为 AC 接口的 VLANIF 接口对应的 VLAN 标签，这也符合 VLANIF 类型的 AC 接口对由 PW 进入 AC 的报文中的 P-Tag 处理方式，参见 5.1.4 节表 5-2 中的说明。

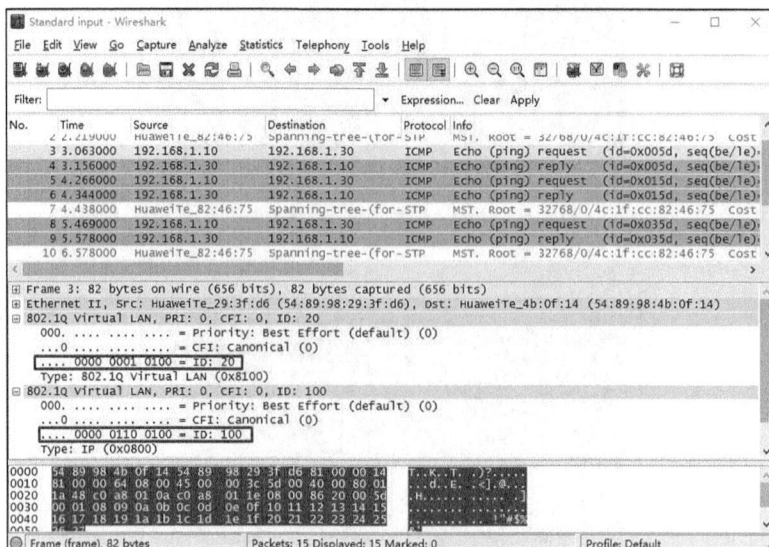

图 5-21　在 PE 的 GE0/0/2 接口上抓的包

5.3.6　以 VLANIF 接口作为 AC 接口的 CCC 远程连接配置示例

以 VLANIF 接口作为 AC 接口的 CCC 远程连接配置示例的拓扑结构如图 5-22 所示，PE 和 CE 均为华为 S 系列交换机，位于不同物理位置的用户网络站点分别通过 CE1 和 CE2 接入运营商的 MPLS 网络。为简化配置，用户希望两个 CE 之间达到在同一局域网中相互通信的效果。该用户的站点数量不会扩充，希望在运营商网络中能够得到独立的 VPN 资源，以保证数据的安全。

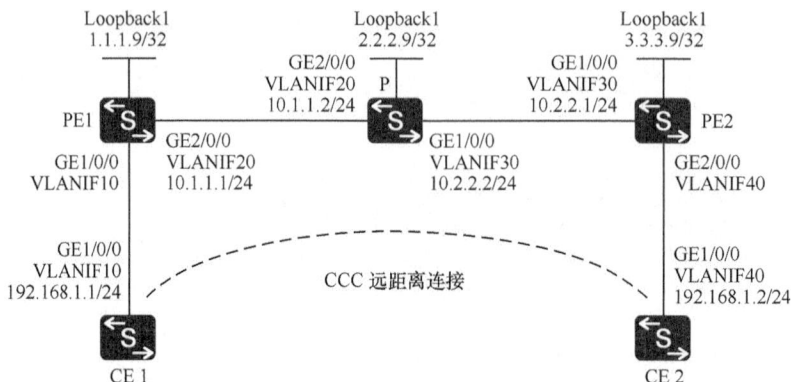

图 5-22　以 VLANIF 接口作为 AC 接口的 CCC 远程连接配置示例的拓扑结构

1. 基本配置思路分析

考虑到用户希望两个 CE 之间达到在同一局域网中相互通信的效果，可以采用 VLL

方式进行 VPN 的组网。而用户站点数量不会扩充，为在运营商的 MPLS 网络中得到独立的 VPN 资源，保证数据安全，可以采用 CCC 远程连接方式，以满足用户需求。

华为 S 系列交换机在建立 CCC 连接时只能采用 VLANIF 接口作为 AC 接口，所以需要在 PE1、PE2 上分别创建与所连 CE 划分的 VLAN 一致的 VLANIF 接口（但不要配置 IP 地址），使 PE 接收到 CE 发来的二层报文时不进行三层转发，而是上送到 CPU 进行 MPLS 封装处理。

本示例中，PE1 上的 AC 接口为 VLANIF10，PE2 上的 AC 接口为 VLANIF40，现要实现这两个 PE 所连接的 CE1、CE2 直接二层互通，即要求在同一 IP 网段但在不同 VLAN 中的用户直接二层互通。

因为 CCC 远程连接映射的是静态 LSP，AC 接口又与对应的 VC 进行了绑定，所以在骨干网中可以不用配置 IP 路由。前面的分析及 5.3.3 节介绍的 CCC 远程连接配置方法可得出本示例以下的基本配置思路。

① 在骨干网各节点上创建并配置对应的 VLAN，然后配置各接口（包括各 VLANIF 接口）IP 地址。

② 在骨干网各节点上配置 MPLS 基本能力，在两个 PE 上使能 MPLS L2VPN 能力。

③ 在两个 PE 上创建 CCC 远程连接，设定入接口、入标签、出标签及下一跳。CE1 与 CE2 之间双向 CCC 远程连接 MPLS 标签分配如图 5-23 所示。

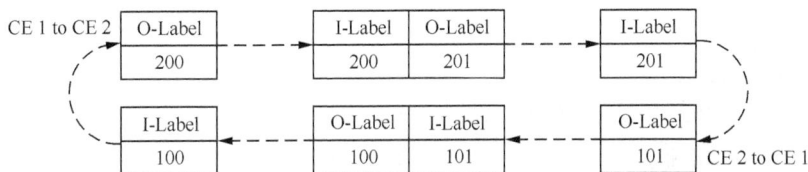

图 5-23　CE1 与 CE2 之间双向 CCC 远程连接 MPLS 标签分配

④ 在 P 上配置双向的转发静态 LSP，用于 PE 之间 CCC 连接独享数据隧道。

2．具体配置步骤

① 在骨干网各节点上创建并配置对应的 VLAN，然后配置各接口（包括各 VLANIF 接口）IP 地址。

#---PE1 上的配置如下。

PE1 上要创建两个 VLAN，一个是连接 CE 的 AC 接口——VLANIF10 接口对应的 VLAN 10，这是作为 CE1 站点用户发送报文时所加的 P-Tag，把 GE1/0/0 接口加入其中；另一个是连接骨干网 P 节点的 VLANIF20 接口对应的 VLAN 20，把 GE2/0/0 接口加入其中。其中，作为 AC 接口的 VLANIF10 接口不用配置 IP 地址，而 VLANIF20 接口需要配置 IP 地址，用于与 P 节点进行三层互联。

至于 GE1/0/0 加入 VLAN 10，GE2/0/0 接口加入 VLAN 20 的方式可以有多种，在此仅以 Trunk 类型端口以带标签的方式加入为例进行介绍。

```
<HUAWEI> system-view
[HUAWEI] sysname PE1
[PE1] vlan batch 10 20
[PE1] interface vlanif 10    #---作为 AC 接口的 VLANIF 接口不需要配置 IP 地址
```

```
[PE1-Vlanif10] quit
[PE1] interface vlanif 20
[PE1-Vlanif20] ip address 10.1.1.1 255.255.255.0
[PE1-Vlanif20] quit
[PE1] interface gigabitethernet 1/0/0
[PE1-GigabitEthernet1/0/0] port link-type trunk
[PE1-GigabitEthernet1/0/0] port trunk allow-pass vlan 10
[PE1-GigabitEthernet1/0/0] quit
[PE1] interface gigabitethernet 2/0/0
[PE1-GigabitEthernet2/0/0] port link-type trunk
[PE1-GigabitEthernet2/0/0] port trunk allow-pass vlan 20
[PE1-GigabitEthernet2/0/0] quit
[PE1] interface loopback1
[PE1-Loopback1] ip address 1.1.1.9 255.255.255.255   #---创建用于配置 LSR ID 的 Loopback 接口
[PE1-Loopback1] quit
```

#---PE2 上的配置如下。

PE2 上也要创建两个 VLAN，分别是 VLAN 30 和 VLAN 40，至于其他配置方法的分析，参见前面为 PE1 所做的配置分析说明。

```
<HUAWEI> system-view
[HUAWEI] sysname PE2
[PE2] vlan batch 30 40
[PE2] interface vlanif 40   #---作为 AC 接口的 VLANIF 接口不需要配置 IP 地址
[PE2-Vlanif40] quit
[PE2] interface vlanif 30
[PE2-Vlanif30] ip address 10.2.2.1 255.255.255.0
[PE2-Vlanif30] quit
[PE2] interface gigabitethernet 1/0/0
[PE2-GigabitEthernet1/0/0] port link-type trunk
[PE2-GigabitEthernet1/0/0] port trunk allow-pass vlan 30
[PE2-GigabitEthernet1/0/0] quit
[PE2] interface gigabitethernet 2/0/0
[PE2-GigabitEthernet2/0/0] port link-type trunk
[PE2-GigabitEthernet2/0/0] port trunk allow-pass vlan 40
[PE2-GigabitEthernet2/0/0] quit
[PE2] interface loopback1
[PE2-Loopback1] ip address 3.3.3.9 255.255.255.255   #---创建用于配置 LSR ID 的 Loopback 接口
[PE2-Loopback1] quit
```

#---P 上的配置如下。

P 上也要创建两个 VLAN，这仅用于通过三层 VLANIF 接口达到与 PE1 和 PE2 三层互联目的。

```
<HUAWEI> system-view
[HUAWEI] sysname P
[P] vlan batch 20 30
[P] interface vlanif 20
[P-Vlanif20] ip address 10.1.1.2 255.255.255.0
[P-Vlanif20] quit
[P] interface vlanif 30
[P-Vlanif30] ip address 10.2.2.2 255.255.255.0
[P-Vlanif30] quit
[P] interface gigabitethernet 1/0/0
[P-GigabitEthernet1/0/0] port link-type trunk
[P-GigabitEthernet1/0/0] port trunk allow-pass vlan 30
[P-GigabitEthernet1/0/0] quit
```

```
[P] interface gigabitethernet 2/0/0
[P-GigabitEthernet2/0/0] port link-type trunk
[P-GigabitEthernet2/0/0] port trunk allow-pass vlan 20
[P-GigabitEthernet2/0/0] quit
[P] interface loopback1
[P-Loopback1] ip address 2.2.2.9 255.255.255.255    #---创建用于配置 LSR ID 的 Loopback 接口
[P-Loopback1] quit
```

② 在骨干网各节点上配置 MPLS 基本能力，在两个 PE 上使能 MPLS L2VPN 能力。
#---PE1 上的配置如下。

```
[PE1] mpls lsr-id 1.1.1.9
[PE1] mpls
[PE1] mpls l2vpn
[PE1-mpls] quit
[PE1] interface vlanif 20
[PE1-Vlanif20] mpls
[PE1-Vlanif20] quit
```

#---P 上的配置如下。

```
[P] mpls lsr-id 2.2.2.9
[P] mpls
[P-mpls] quit
[P] interface vlanif 20
[P-Vlanif20] mpls
[P-Vlanif20] quit
[P] interface vlanif 30
[P-Vlanif30] mpls
[P-Vlanif30] quit
```

#---PE2 上的配置如下。

```
[PE2] mpls lsr-id 3.3.3.9
[PE2] mpls
[PE2] mpls l2vpn
[PE2-mpls] quit
[PE2] interface vlanif 30
[PE2-Vlanif30] mpls
[PE2-Vlanif30] quit
```

③ 在两个 PE 上创建 CCC 远程连接，设定入接口、入标签、出标签及下一跳。
#---PE1 上的配置如下。在 PE1 上创建 CE1 到 CE2 的 CCC 远程连接：入接口连接 CE1
的 AC 接口 VLANIF10，下一跳为 P 的 VLANIF20 的 IP 地址，然后按照图 5-23 中的 MPLS
标签规划配置入标签为 100，出标签为 200。

```
[PE1] ccc CE1-CE2 interface vlanif 10 in-label 100 out-label 200 nexthop 10.1.1.2
```

#---PE2 上的配置如下。在 PE2 上创建 CE2 到 CE1 的 CCC 远程连接：入接口连接
CE2 的 AC 接口 VLANIF40，下一跳为 P 的 VLANIF30 的 IP 地址，然后按照图 5-23 中
的 MPLS 标签规划配置入标签为 201，出标签为 101。

```
[PE2] ccc CE2-CE1 interface vlanif 40 in-label 201 out-label 101 nexthop 10.2.2.2
```

④ 在 P 上配置双向的转发静态 LSP，用于 PE 之间 CCC 连接独享数据隧道。在 P
节点上配置两条静态 LSP：其中一条用于转发由 PE1 去往 PE2 的报文，另一条用于转发
由 PE2 去往 PE1 的报文。同一 LSP 中，P 节点上的入标签要与上游 PE 的出标签一致，
P 节点上的出标签要与下游 PE 的入标签一致。

```
[P] static-lsp transit PE1-PE2 incoming-interface vlanif 20 in-label 200 nexthop 10.2.2.2 out-label 201
[P] static-lsp transit PE2-PE1 incoming-interface vlanif 30 in-label 101 nexthop 10.1.1.1 out-label 100
```

3. 配置结果验证

以上配置完成后，可以进行以下配置结果验证。

① 在两个 PE 上执行 **display vll ccc** 命令查看 CCC 连接信息，可以看到它们各自建立了一条 CCC 远程连接，状态为 up；执行 **display l2vpn ccc-interface vc-type ccc** 命令查看建立 CCC 连接的 AC 接口的状态为 up。在 PE1 上执行 **display vll ccc** 和 **display l2vpn ccc-interface vc-type ccc** 命令的输出如图 5-24 所示，可以看出，PE1 上成功建立了一条 CCC 远程连接，CCC 远程连接的 AC 接口为 VLANIF10，状态也为 up。

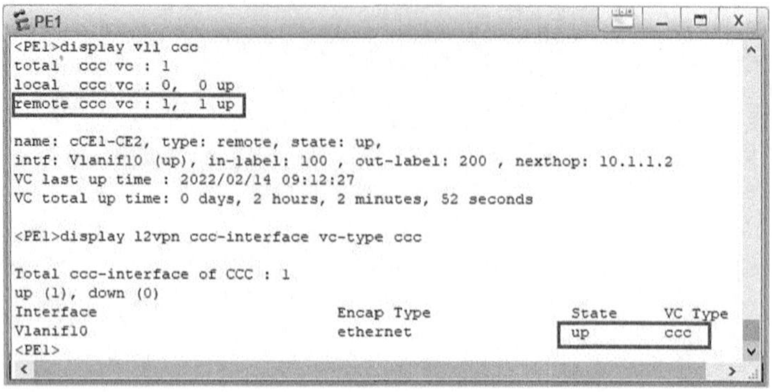

```
<PE1>display vll ccc
total  ccc vc : 1
local  ccc vc : 0,  0 up
remote ccc vc : 1,  1 up

name: cCE1-CE2, type: remote, state: up,
intf: Vlanif10 (up), in-label: 100 , out-label: 200 , nexthop: 10.1.1.2
VC last up time : 2022/02/14 09:12:27
VC total up time: 0 days, 2 hours, 2 minutes, 52 seconds

<PE1>display l2vpn ccc-interface vc-type ccc

Total ccc-interface of CCC : 1
up (1), down (0)
Interface                      Encap Type          State    VC Type
Vlanif10                       ethernet            up       ccc
<PE1>
```

图 5-24　在 PE1 上执行 **display vll ccc** 和 **display l2vpn ccc-interface vc-type ccc** 命令的输出

② 在 P 上执行 **display mpls lsp** 命令的输出如图 5-25 所示，可以看到所建立的两条静态 LSP 的标签信息和出/入接口信息。

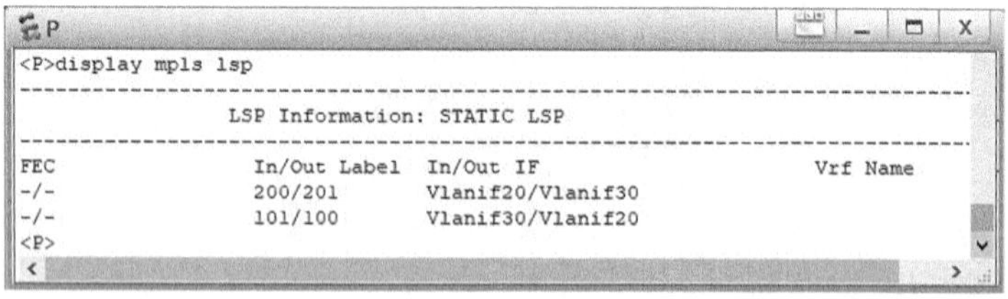

```
<P>display mpls lsp
-------------------------------------------------------------------------
                  LSP Information: STATIC LSP
-------------------------------------------------------------------------
FEC              In/Out Label   In/Out IF                 Vrf Name
-/-              200/201        Vlanif20/Vlanif30
-/-              101/100        Vlanif30/Vlanif20
<P>
```

图 5-25　在 P 节点上执行 **display mpls lsp** 命令的输出

③ 验证 CE1 与 CE2 之间是否可以互通。

首先，要在 CE1、CE2 进行以下配置，使 CE1 发送的数据帧中带上 VLAN 10 的标签（与 PE1 上的 AC 接口对应的 VLAN ID 一致），CE2 发送的数据帧中带上 VLAN 40 的标签（与 PE2 上的 AC 接口对应的 VLAN ID 一致）。然后，分别配置 VLANIF10、VLANIF40 接口的 IP 地址，使 CE1 和 CE2 成为三层设备，以便可以在它们之间进行三层 ping 测试。

#---CE1 上的配置如下。

```
<HUAWEI> system-view
[HUAWEI] sysname CE1
[CE1] vlan batch 10
[CE1] interface vlanif 10
[CE1-Vlanif10] ip address 192.168.1.1 255.255.255.0
[CE1-Vlanif10] quit
[CE1] interface gigabitethernet 1/0/0
```

```
[CE1-GigabitEthernet1/0/0] port link-type trunk
[CE1-GigabitEthernet1/0/0] port trunk allow-pass vlan 10
[CE1-GigabitEthernet1/0/0] quit
```

\#---CE2 上的配置如下。

```
<HUAWEI> system-view
[HUAWEI] sysname CE2
[CE2] vlan batch 40
[CE2] interface vlanif 40
[CE2-Vlanif40] ip address 192.168.1.2 255.255.255.0
[CE2-Vlanif40] quit
[CE2] interface gigabitethernet 1/0/0
[CE2-GigabitEthernet1/0/0] port link-type trunk
[CE2-GigabitEthernet1/0/0] port trunk allow-pass vlan 40
[CE2-GigabitEthernet1/0/0] quit
```

此时，CE1 和 CE2 已经相互 ping 通。CE1 成功 ping 通 CE2 的结果如图 5-26 所示。

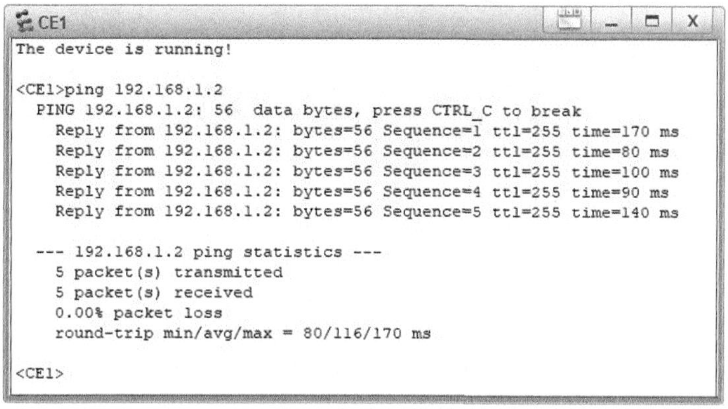

```
CE1
The device is running!

<CE1>ping 192.168.1.2
  PING 192.168.1.2: 56  data bytes, press CTRL_C to break
    Reply from 192.168.1.2: bytes=56 Sequence=1 ttl=255 time=170 ms
    Reply from 192.168.1.2: bytes=56 Sequence=2 ttl=255 time=80 ms
    Reply from 192.168.1.2: bytes=56 Sequence=3 ttl=255 time=100 ms
    Reply from 192.168.1.2: bytes=56 Sequence=4 ttl=255 time=90 ms
    Reply from 192.168.1.2: bytes=56 Sequence=5 ttl=255 time=140 ms

  --- 192.168.1.2 ping statistics ---
    5 packet(s) transmitted
    5 packet(s) received
    0.00% packet loss
    round-trip min/avg/max = 80/116/170 ms

<CE1>
```

图 5-26　CE1 成功 ping 通 CE2 的结果

5.4　Martini 方式 VLL 配置与管理

采用 CCC 方式 VLL 存在不足之处，例如，采用静态 LSP，配置工作量大；一条隧道只能建立一条 PW（双向 VC），隧道资源利用率不高，华为 S 系列交换机的 AC 接口只能是 VLANIF 接口，应用不灵活等，所以该方式主要适用于少数且位置固定的站点连接。本节将要介绍的 Martini 方式 VLL 是一种很重要的 VLL 方式，它弥补了 CCC 方式 VLL 的不足。

5.4.1　Martini 方式 VLL 简介

Martini 方式 VLL 使用两层标签，外层是用于隧道（可以是 LSP 隧道、TE 隧道，或者 GRE 隧道）建立的 Tunnel 标签，内层是采用扩展的 LDP 作为信令协议分配的 VC 标签，用于建立 VC LSP。通过扩展的 VC FEC，LDP 可以在 PE 之间进行 VC 信息的交互，**为 CE 之间建立的每条 VC 分配一个 VC 标签**。VC 是两个 PE 之间的一种**单向逻辑连接**（与 LSP 一样），一对同路径、相反方向的 VC 构建一条 PW，不同 VC 所分配的 VC 标签不同。

当采用 LSP 隧道时，Martini 方式 VLL 的两层标签均通过 LDP 来进行标签交换，其中，外层 LDP LSP 标签用来构建动态 LSP 隧道（不用像 CCC 方式 VLL 那样需要手动配置静态 LSP），而内层 LDP VC 标签用来建立 VC。用不同的 VC 标签来区分不同的 VC 连接，使一条公网的 LSP 隧道可以被多条 VC LSP 共用，解决了 CCC 方式 VLL 公网隧道不能被共用的问题。

Martini 方式 VLL 应用示例如图 5-27 所示，VPN1、VPN2 两个网络中的站点 1 和站点 2 两个站点之间通过在 MPLS/IP 骨干网中建立两条 Martini 连接，可以实现两个 VPN 中的各自两个站点间的二层互联。

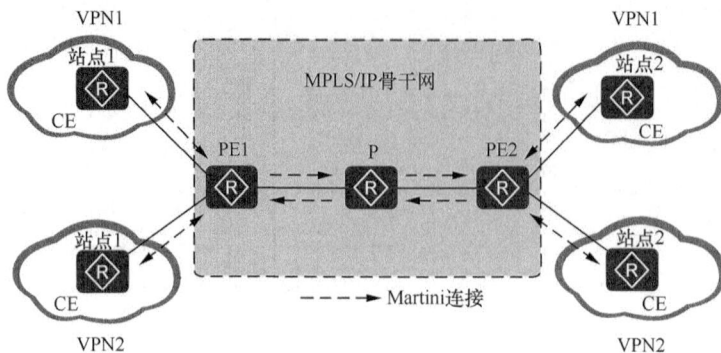

图 5-27　Martini 方式 VLL 应用示例

Martini 方式 VLL 只支持远程连接，不支持本地连接，即同一 VPN 中的不同站点必须连接在不同 PE 上。在 Martini 方式中，通过 VC Type 和 VC ID 来识别一个 VC，**同一 PW 中，两条相反方向的 VC 连接的 VC Type 和 VC ID 必须一致**。VC Type 表明 VC 的封装类型（VLAN 或 Ethernet），VC ID 标识 VC。**一条 PW 中两条相反方向的 VC 的 VC ID 必须相同，同一 PE 上，相同 VC Type 的不同 VC 的 VC ID 必须不同。**

连接两个 CE 的 PE 通过 LDP 交换 VC 标签，并通过 VC ID 将对应的 CE 绑定起来，这样一个 VC 就建立起来了，然后两端的 CE 通过两条相反方向的 VC 连接就建立起一条专用通道——PW，传输对应 CE 用户发送的二层报文。

5.4.2　PW 的建立和拆除流程

Martini 方式 VLL 的实现过程包括 VLL 的建立和 VLL 的报文转发两个部分。

1. PW 的建立流程

在 Martini 方式 VLL 中，PW 是依靠 LDP 信令协议动态协商建立的。建立 PW 时的标签分配顺序采用下游自主方式（DU），即不需要上游（VC 方向）节点发出标签映射请求消息，下游节点可主动向上游节点发送标签映射消息。但要注意的是，此处是分配 VC 标签，不是分配 Tunnel 标签。采用自由标签保持方式（Liberal），即对于从邻居 LSR 收到的 VC FEC 标签映射消息，无论邻居 LSR 是不是自己的下一跳，都保留，以便在 MPLS 网络拓扑结构发生变化时尽快实现网络收敛。

PW 在建立前先要在两个 PE 之间建立远端 LDP 会话，然后进行 PW 建立。PW 的建立流程如图 5-28 所示。

① PE1 发送建立 LDP VC 的 Request 报文到 PE2，同时采用 DU 方式主动向 PE2 发送 VC 标签映射消息，期望建立 PE2 到 PE1 的 VC。该 VC 标签映射消息中包含 PE1 经 LDP 为该 VC 分配的 VC 标签（即入方向 VC 标签）、命令中配置的 VC Type（VC 类型）、VC ID 和 AC 接口等参数信息。

② PE2 收到 PE1 发来的 VC 标签映射消息后，对比本地配置的 VC Type、VC ID 参数，若一致，PE2 将接受标签映射消息，并以所接收的 VC 标签作为自己为该 VC 分配的 VC 标签（即出方向 VC 标签），由 PE2 到 PE1 的单向 VC 建立成功。

③ PE2 向 PE1 发送 VC 标签映射消息给 PE1，期望建立由 PE1 到 PE2 的 VC。该 VC 标签映射消息中包含 PE2 经 LDP 为该 VC 分配的 VC 标签（即入方向 VC 标签），命令中配置的 VC Type（VC 类型）、VC ID 和 AC 接口等参数信息。

④ PE1 收到 PE2 的标签映射消息后进行同样的检查和处理，最终也成功建立了由 PE1 到 PE2 的 VC。这样一来，PE1 和 PE2 之间双向 VC 均已建立成功，完成了 PE1 和 PE2 之间一条 PW 的建立过程。同一 VC 的 VC Type 和 VC ID 都相同。**在同一 PE 上，为同一 PW 中的两条 VC 连接所分配的 VC 标签值可以相同，也可以不同**，但同一 PE 为两条 VC 连接分配的 VC 标签的类型不同（一个为入方向 VC 标签，一个为出方向 VC 标签）。

2. PW 的拆除流程

当 PE 检测到 AC 链路、公网 Tunnel 变为 Down，或者 VC 被删除时，将删除对应的 PW。PW 的拆除流程如图 5-29 所示。

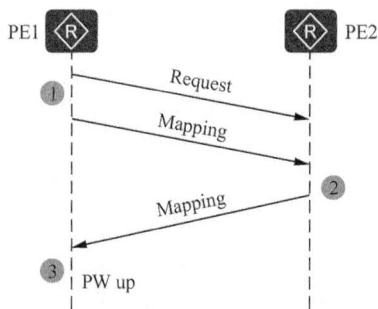

图 5-28　PW 的建立流程　　　　　　　图 5-29　PW 的拆除流程

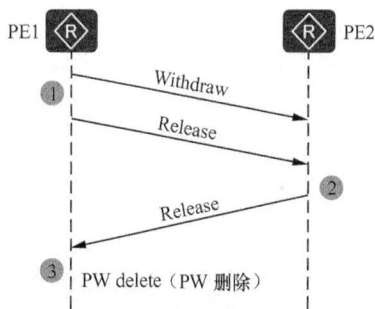

① 如果 PE1 检测到 AC 链路、Tunnel 变为 Down，或者对应的 VC 被删除，则 PE1 将发送 Withdraw 消息给 PE2。Withdraw 消息中包括要拆除的 VC 所对应的信息，用于通知 PE2 撤销由 PE2 到 PE1 的 VC 标签、拆除对应的 VC 连接。为了更快地删除 PW，PE1 还可以同时发送 Release 消息，告知 PE2，PE1 已撤销了该 VC 的标签，并拆除了该 VC 连接。

② PE2 收到 PE1 发送来的 Withdraw 与 Release 消息后，撤销由 PE2 到 PE1 的 VC 标签并拆除对应的 VC 连接。然后，PE2 向 PE1 发送 Release 消息，用于向 PE1 通知 PE2 已完成 PE2 到 PE1 的 VC 连接的拆除，同时要求 PE1 也撤销 PE1 到 PE2 的 VC 标签，并拆除对应的 VC 连接。

③ PE1 收到 PE2 的 Release 消息后，撤销由 PE1 到 PE2 的 VC 标签、拆除对应的 VC 连接。这样就使 PE1 与 PE2 完成了对整条 PW 的删除。

5.4.3 VLL 的报文转发流程

经过 VC 信息的交互，PW 成功建立后，VLL 就建立起来了。Martini 的报文转发示例如图 5-30 所示，图 5-30 中有两个 VPN——VPN1 和 VPN2，它们各自又有两个在不同地域的站点（Site1 和 Site2）。这两个 VPN 通过同一个 MPLS/IP 骨干网来实现异地站点的二层连接，所以需要在 MPLS/IP 骨干网建立两条 VLL 连接。

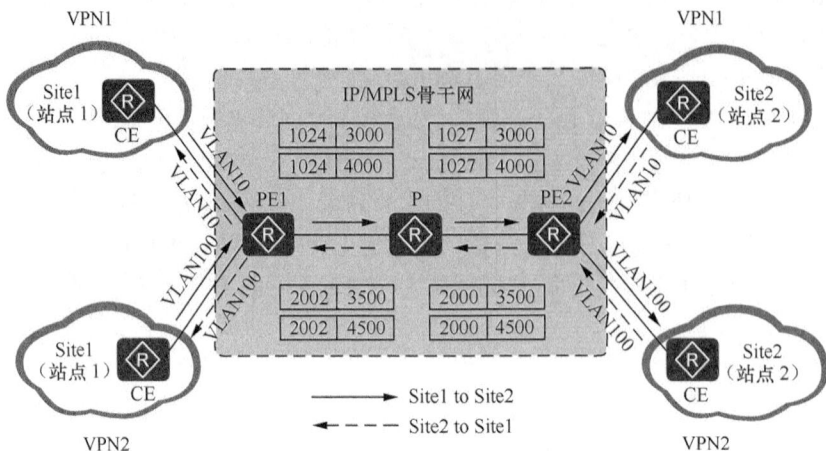

图 5-30 Martini 的报文转发示例

1. LSP 标签和 VC 标签分配

本示例采用 LSP 隧道，通过 LDP 建立动态 LSP。LSP 也是单向的，所以外层的 LSP 隧道也包含两条相反方向的 LSP，分别用于 VPN1、VPN2 从 Site1 到 Site2、从 Site2 到 Site1。这条 LSP 隧道可以通过 PE 上传输的报文中的外层 LDP LSP 标签来识别。

PE1 上包括 1024 和 2002 两个 LSP 标签，其中，1024 是作为 PE1→PE2 方向 LSP 中在 PE1（此时 PE1 是作为 Ingress 节点）分配的出标签，2002 是作为 PE2→PE1 方向 LSP 中在 PE1（此时 PE1 是作为 Egress 节点）上分配的入标签。

PE2 上包括 1027 和 2000 两个 LSP 标签，其中，1027 是作为 PE1→PE2 方向 LSP 中在 PE2（此时 PE2 是作为 Egress 节点）分配的入标签，2000 是作为 PE2→PE1 方向 LSP 中在 PE2（此时 PE2 是作为 Ingress 节点）上分配的入标签。

在以上这条 LSP 隧道中又建立了两条 VLL 连接（或者称两条 PW 连接），分别用于 VPN1 和 VPN2 中的两个站点通信。这两条 PW 共包括 4 条（2 对）VC 连接，每条 VC 连接都分配有一个 VC 标签，且同种类型的 VC 的标签是唯一的。VC 标签位于内层，在数据传输过程中不会改变，图中的 3000、3500、4000 和 4500 就是这 4 条 VC 的标签，其中，3000 和 4000 是分配给同一方向、两条不同 VC 的标签，3500 和 4500 是分配给相反方向的另外两条 VC 的标签。

2. VLL 的报文转发

要通过 VLL 进行数据传输，必须先建立好公网 MPLS 隧道，以及不同 CE 之间的 PW。下面分别介绍从 Site1 到 Site2，以及从 Site2 到 Site1 两个不同方向，VPN1 和 VPN2 中的两个站点进行数据传输时的标签分配和报文的转发流程。

（1）从 Site1 到 Site2

① VPN1 的 Site1 用户主机发送给 VPN1 Site2 的 VLAN10 的报文到达 PE1 后，要对报文封装两层 MPLS 标签：外层为 LSP 标签（本示例采用 LSP 隧道），内层为 VC 标签。故 PE1 分别为报文打上内、外层标签，内层标签为从 VPN1 中 Site1 到 Site2 方向的 VC 标签（假设为 3000），外层标签为 PE1→PE2（即从 Site1 到 Site2）的 LSP 出标签（假设为 1024，LDP LSP 标签要大于 1023），

② 打上两层标签的 MPLS 报文通过 AC 接口进入所绑定的、PE1→PE2 方向 LSP（假设为 LSP1）隧道中专为 VPN1 站点间通信的 PW（假设为 PW1）中传输。报文中的外层 LSP 标签在 MPLS 网络中会不断交换，例如 PE1 为该 LSP 分配的标签为 1024，PE2 为该 LSP 所分配的入标签为 1027。到了 PE2 后会弹出外层 LSP 标签（入标签 1027），然后再根据 VC 标签所关联的 AC 接口，转发到 VPN1 的 Site2 目的主机上。

③ VPN2 的 Site1 用户主机发送给 VPN2 Site2 的 VLAN100 的报文到达 PE1 后，也要对报文封装两层 MPLS 标签。因为所采用的 LSP 隧道与 VPN1 中的 Site1 到 Site2 通信中所采用的 LSP 隧道一样（也为 LSP1），所以外层 LSP 标签也为 1024，内层标签为从 VPN2 中 Site1 到 Site2 方向的 VC 标签（假设为 4000），然后进入专为 VPN2 站点间通信的 PW（假设为 PW2）中传输。到了 PE2 后会弹出外层 LSP 标签（入标签 1027），然后再根据 VC 标签所关联的 AC 接口，转发到 VPN2 的 Site2 目的主机上。

（2）从 Site2 到 Site1

① VPN1 的 Site2 用户主机发送给 VPN1 Site1 的 VLAN10 的报文到达 PE2 后，要对报文封装两层 MPLS 标签：内层标签为从 VPN2 中 Site2 到 Site1 方向的 VC 标签（假设为 3500），然后再打上 PE2→PE1（即从 Site2 到 Site1）的出标签（假设为 2000）。

② 打上两层 MPLS 标签的报文通过 AC 接口进入所绑定的、PE2→PE1 方向 LSP（假设为 LSP2）隧道中专为 VPN1 站点间通信的 PW1 中传输。报文中的外层标签在 MPLS 网络中也会不断交换，例如，PE2 为该 LSP 分配的入标签为 2000，PE1 为该 LSP 分配的入标签为 2002。到了 PE1 后会弹出外层 LSP 标签（入标签 2002），然后再根据 VC 标签所关联的 AC 接口，转发到 VPN1 的 Site1 目的主机上。

③ VPN2 的 Site2 用户主机发送给 VPN2 Site1 的 VLAN100 的报文到达 PE2 后，也要对报文封装两层 MPLS 标签。因为所采用的 LSP 隧道与 VPN1 中的 Site2 到 Site1 通信中所采用的 LSP 隧道一样（也为 LSP2），所以外层 LSP 标签也为 2000，内层标签为从 VPN2 中 Site2 到 Site1 方向的 VC 标签（假设为 4500），进入 LSP2 隧道中专为 VPN2 站点间通信的 PW2 中传输。到了 PE1 后会弹出外层 LSP 标签（入标签 2002），然后再根据 VC 标签所关联的 AC 接口，转发到 VPN2 的 Site1 目的主机上。

从上面的交互过程中可以看到，在 Martini 方式下，外层 LSP 标签用于将各个 VC 中的数据在 ISP 网络中进行传递，LSP 隧道是被共享的，通过内层的 VC 标签可以对数据进行区分。

5.4.4 Martini 方式 VLL 的 VC 信息交互信令

在 Martini 方式 VLL 的 PW 建立过程中，标签映射消息通过增加 128 类型的 VC FEC 对标准 LDP 进行扩展来携带 VC 的信息，包括 VC 标签、VC Type、VC ID 和接口参数。VC FEC 标签映射消息结构如图 5-31 所示，包含 VC FEC。VC FEC 描述了内层 VC 标签及接口参数等信息。

【说明】以上所说的 128 类型 VC FEC 也就是通常使用的 FEC 128 类型，它是采用 LDP 作为信令协议建立 PW 的一种 FEC，应用于 VLL 和 PWE3。还有一种 129 类型的 VC FEC，即对应 FEC 129，它是采用 BGP 作为信令协议，通过 BGP 的自动发现机制建立 PW 的一种 VC FEC，应用于 VPLS。这两种 VC FEC 的 VC TLV 结构不一样。

VC FEC 部分各字段说明见表 5-13，**同一 PW 中两条相反方向的 VC 连接中的 VC FEC 参数必须一致**。图中的"Label"字段就是指为具体 VC 连接所分配的 VC 标签值，**同一 PW 中的两个相反方向的 VC 连接的 VC 标签单独分配，可以相同，也可以不同。**

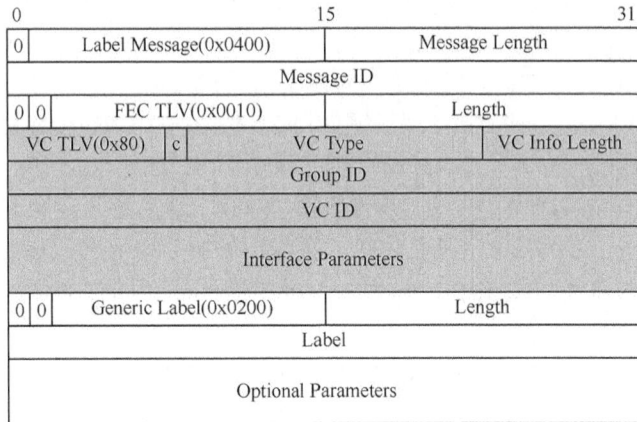

图 5-31 VC FEC 标签映射消息结构

表 5-13 **VC FEC 部分各字段说明**

字段名	含义	位数/bit	说明
VC TLV	VC 的 TLV 值	8	取值为 0×80，即十进制的 128，代表 FEC 128
C	控制字	1	1 表示支持控制字；0 表示不支持控制字
VC Type	VC 类型	15	分为 Ethernet 和 VLAN 两类
VC Info Length	VC 信息长度	8	VC ID 和 interface parameters 两字段的长度
Group ID	组 ID 值	32	一些 VC 组成一个组，主要用来批量撤销相应的 VC 信息
VC ID	VC 的 ID 值	32	一条 PW 中的两个相反方向的 VC 连接的 VC ID 必须一致
Interface Parameters	接口参数	不确定，其长度信息包含在 VC Info Length 中	一些 AC 接口参数值，常用的是接口的 MTU 值、接口描述等

5.4.5　配置 Martini 方式 VLL

Martini 方式 VLL 适合大企业内部或小型运营商，主要为企业局域网远程二层连接。在配置 Martini 方式 VLL 前，需完成以下任务。

- 对 MPLS 骨干网（PE、P）配置静态路由或 IGP 路由协议，实现骨干网的 IP 连通性。
- 对 MPLS 骨干网（PE、P）配置 MPLS 基本能力，并在 PE 上配置 MPLS LDP 基本能力。如果 PE 之间非直连，还需要在 PE 之间建立远端 LDP 会话。

【经验提示】在 PE 之间非直连的情况下，Martini 方式 VLL 要在 PE 之间配置远程 LDP 会话，这是为了在隧道两个端点能直接（目的 IP 地址为对端 PE 的 IP 地址）交互彼此的 VC 信息，使两端能相互识别对端 VC 信息所关联的 VC，从而使收到来自对端 PE 的带有特定 VC 信息的二层报文后，能够根据原来所关联的 VC 进入对应的 AC 链路进行转发。而在隧道中的 P 节点是不需要交换 VC 标签的，只需要通过隧道标签进行二层报文的转发，不需要保存任何客户端的二层信息。

对于 SVC 方式 VLL，因为 VC 信息采用了静态配置方式，而且在配置时就已保证了针对同一 VC（由 VC ID 确定）中一端的发送 VC 标签值与另一端的接收 VC 标签值相同，所以不需要通过 LDP 来在 PE 间交互，也就不需要在 PE 之间配置 LDP 远端会话。

- 在 PE 之间建立隧道（GRE 隧道、LSP 隧道或 TE 隧道）。当 VLL 业务需要选择 TE 隧道，或者在多条隧道中进行负载分担来充分利用网络资源时，还需要配置隧道策略。有关 MPLS TE 隧道的工作原理及配置与管理方法的详细介绍参见配套的《华为 MPLS 技术学习指南（第二版）》。

Martini 方式 VLL 的具体配置步骤见表 5-14。

表 5-14　Martini 方式 VLL 的具体配置步骤

步骤	命令	说明
1	**system-view**	进入系统视图
2	**mpls l2vpn** 例如，[Huawei] **mpls l2vpn**	使能 MPLS L2VPN 功能，并进入 MPLS L2VPN 视图
3	**quit**	返回系统视图
4	**interface** *interface-type interface-number* 例如，Huawei] **interface vlanif 10**	进入 AC 接口视图。 Martini 方式 VLL 支持以下类型的三层接口作为 AC 接口：GE 接口、GE 子接口、Ethernet 接口、Ethernet 子接口、Eth-trunk 接口、Eth-trunk 子接口、VLANIF 接口。子接口的类型可以是 Dot1q 子接口、QinQ 子接口、QinQ Mapping 子接口或者 QinQ Stacking 子接口，**均无须配置 IP 地址和路由协议**。 当使用 S 系列交换机的 XGE 接口、GE 接口、40GE 接口、100GE 接口、Ethernet 接口、Eth-Trunk 接口作为 AC 接口时，需要执行 **undo portswitch** 命令，将二层口切换成三层口

续表

步骤	命令	说明
5	**mpls l2vc** { *ip-address* | **pw-template** *pw-template-name* } * *vc-id* [**tunnel-policy** *policy-name* | [**control-word** | **no-control-word**] | [**raw** | **tagged**] | **mtu** *mtu-value*] * 例如，[Huawei-Vlanif10] **mpls l2vc** 10.2.2.9 100	创建 Martini 方式 VLL 连接，一条 PW 要在两端 PE 上分别建立一条相反方向的 VLL 连接 • *ip-address*：可多选参数，PW 对端 PE（即 PW Peer）的 LSR ID。 • **pw-template** *pw-template-name*：指定已创建的 PW 模板名称，创建方法参见 5.4.6 节。 • *vc-id*：VCID，十进制整数形式，取值范围为 1～4294967295。在一个 PE 上，同种封装类型下不同 VC 的 VC ID 必须唯一，但同一 PW 的两条 VC 的 VC ID 必须一致。 • **tunnel-policy** *policy-name*：可多选可选参数，指定已创建的隧道策略名。如果未指定隧道策略名，采用缺省的隧道策略。仅当要采用 MPLS TE 隧道，或者要进行多条隧道负载分担时才需要配置。缺省策略指定优先选择 LSP 隧道，且负载分担个数为 1，即不分担。如果隧道策略名已指定，但未配置策略，仍采用缺省策略。隧道策略的配置方法参见 4.6 节。 • **control-word** | **no-control-word**：可多选可选项，指定使能（control-word）或禁止（no-control-word）控制字特性。**VLL 连接两端的控制字功能配置要一致。** • **raw** | **tagged**：可多选可选项，指定 PW 封装方式为 raw（删除报文中的 P-Tag）或 Tagged（保留报文中的 P-Tag），即 VC Type，**仅当 AC 为以太链路时才需要配置**，且 **VLL 连接两端的封装类型配置要一致。** • **mtu** *mtu-value*：配置 PW 的 MTU 值，整数形式，取值范围为 46～9600。缺省情况下，PW 的 MTU 值为 1500 字节。**VLL 连接两端的 MTU 值配置要一致。** 缺省情况下，系统没有创建 Martini 方式的 L2VPN 连接，可用 **undo mpls l2vc** 命令删除接口上 Martini 方式的连接
6	**mpls l2vpn service-name** *service-name* 例如，[Huawei-Vlanif10] **mpls l2vpn service-name** pw1	（可选）设置 L2VPN 的业务名称，字符串形式，不支持空格，区分大小写，取值范围为 1～15。当输入的字符串两端使用双引号时，可在字符串中输入空格，用于唯一标识 PE 上的一个 L2VPN 业务。设置 L2VPN 的业务名称后，可以通过网管界面直接操作该业务名称来维护 L2VPN 业务，如果不用通过网管系统配置 L2VPN，则可不用配置此步骤。 【注意】L2VPN 的业务名称在同一 PE 上具有唯一性，如果配置的业务名称已经被其他 PW 使用，则不能配置成功，系统会提示操作错误。 L2VPN 的业务名称的配置为覆盖式，如果该 L2VPN 业务已经配置业务名称，再进行配置时会覆盖原有名称。因此，当要修改原业务名称时，不需要删除已有名称，直接配置新的业务名称即可。 缺省情况下，系统没有设置 L2VPN 的业务名称，可用 **undo mpls l2vpn service-name** 命令删除已配置的 L2VPN 的业务名称

5.4.6 创建 PW 模板并配置 PW 模板属性

PW 模板是指从 PW 中抽象出来的公共属性，便于被不同的 PW 共享，简化 PW 属性配置。当在接口模式下创建 PW 时，可以引用该模板，这样就不用逐条手动配置 PW 属性。PW 属性（例如，Peer、控制字、隧道策略）可以通过 5.4.5 节表 5-14 步骤 5 中介绍的 **mpls l2vc** 命令行指定，也可以通过本节介绍的 PW 模板来配置。

【说明】PE 上某些 PW 属性（MTU、PW-Type、封装类型）可以直接从与 CE 相连的接口上获得。如果在上节 **mpls l2vc** 命令中指定了 PW 属性，则 PW 模板中相应 PW 属性不起作用。

配置 PW 模板的步骤见表 5-15。其中的参数属性可以根据需要选择配置一个或多个需要共享的 PW 属性，不强制要求全面配置。

表 5-15　配置 PW 模板的步骤

步骤	命令	说明
1	**system-view**	进入系统视图
2	**pw-template** *pw-template-name* 例如，[Huawei] **pw-template** pwt1	创建 PW 模板并进入模板视图。参数 *pw-template-name* 用来指定 PW 名称，字符串形式，区分大小写，不支持空格，长度范围为 1～19。当输入的字符串两端使用双引号时，可在字符串中输入空格。 【注意】如果在接口下指定的 PW 属性和 PW 模板中指定的 PW 属性不一致，则以接口下指定的 PW 属性为准。 修改 PW 模板配置后，需要执行 **reset pw** 命令才能使新的配置生效，但是这样可能会引起 PW 的断连和重新建立。PW 与链路检测协议建立绑定后，不允许修改 PW 模板中的远端 IP 地址。如果需要修改，则需要解除 PW 与链路检测协议的绑定。 缺省情况下，系统没有创建任何 PW 模板，可用 **undo pw-template** 命令删除指定的 PW 模板，但当 PW 模板被 PW 引用时，此 PW 模板就不能被删除
3	**peer-address** *ip-address* 例如，[Huawei-pw-template-pwt1] **peer-address** 2.2.2.2	配置远端 PW（即 PW Peer）的地址，也是 PW 对端 PE 的 MPLS LSR ID。 缺省情况下，PW 模板没有配置远端 IP 地址，可用 **undo peer-address** 命令删除 PW 模板中配置的远端 IP 地址
4	**control-word** 例如，[Huawei-pw-template-pwt1] **control-word**	使能支持控制字。在负载分担的情况下，报文有可能产生乱序，此时可以通过控制字对报文进行重组。 缺省情况下，控制字功能是未使能的，可用 **undo control-word** 命令使能 PW 模板的控制字功能
5	**mtu** *mtu-value* 例如，[Huawei-pw-template-pwt1] **mtu** 1600	配置 PW 模板使用的 MTU 值，整数形式，取值范围为 46～9600。 缺省情况下，PW 模板的 MTU 值为 1500，可用 **undo mtu** 命令恢复缺省值
6	**tnl-policy** *policy-name* 例如，Huawei-pw-template-pwt1] **tnl-policy** policy1	配置 PW 模板应用的隧道策略名称，有关隧道策略的配置方法参见 4.6 节。应用隧道策略之前，需要配置隧道策略。如果没有应用隧道策略，将选择 LSP 隧道，且不进行负载分担。 缺省情况下，没有对 PW 模板配置隧道策略，可用 **undo tnl-policy** 命令取消对 PW 模板应用隧道策略

完成以上 Martini 方式 VLL 所需配置任务后，可以通过以下 **display** 命令在任意视

图下查看相关配置，验证配置结果。

- **display mpls l2vc** [*vc-id* | **interface** *interface-type interface-number*]：在 PE 上查看本端 Martini 方式下指定或所有 VLL 连接信息。
- **display mpls l2vc remote-info** [*vc-id*]：在 PE 上查看远端 Martini 方式下指定或所有 VLL 连接信息。
- **display mpls l2vc brief**：在 PE 上查看 Martini 方式 VLL 连接的简要信息。
- **display tunnel-info** { **tunnel-id** *tunnel-id* | **all** | **statistics** [**slots**] }：查看当前系统中指定或所有的隧道信息。
- **display interface tunnel** *interface-number*：查看指定 Tunnel 接口的详细信息。
- **display tunnel-policy** [*tunnel-policy-name*]：查看当前系统中存在的指定或所有隧道策略信息。
- **display mpls l2vc** [*vc-id* | **interface** *interface-type interface-number* | **remote-info** [*vc-id* | **verbose**] | **state** { **down** | **up** }]：查看 Martini 方式 VLL 中指定或所有的隧道信息。

5.4.7 以三层物理接口作为 AC 接口的 Martini 方式 VLL 配置示例

以三层物理接口作为 AC 接口的 Martini 方式 VLL 配置示例的拓扑结构如图 5-32 所示，运营商的 MPLS 网络要为用户提供 L2VPN 服务，设备均为华为 AR G3 系列路由器。PE1 和 PE2 作为用户接入设备，接入的用户数量较多且经常变化。现要求采用一种适当的 VPN 方案，为用户提供安全的 VPN 服务，且在接入新用户时配置简单。

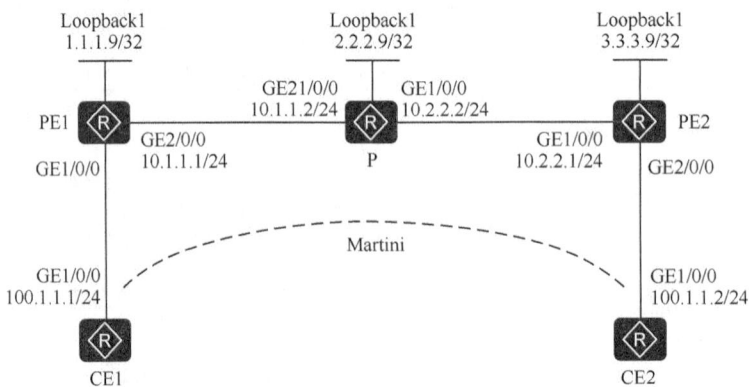

图 5-32　以三层物理接口作为 AC 接口的 Martini 方式 VLL 配置示例的拓扑结构

1. 基本配置思路分析

本示例中由于两个 PE 上接入的用户数量经常变化，如果采用手动配置来进行用户信息同步，则效率会很低，而且容易出错。在这种情况下，可以采用 Martini 方式 VLL，通过在两个 PE 之间配置远程 LDP 会话，让 PE 之间通过 LDP 自动同步用户信息，即 VC ID，动态建立 CE1 和 CE2 之间的 VLL 连接。又由于本示例中各设备均采用华为 AR G3 系列路由器，且仅需要连接两个同 IP 网段的子网，所以可以直接采用 AR 路由器的三层物理接口作为 PE 的 AC 接口。

　　Martini 方式 VLL 也是在 MPLS 隧道基础之上进行配置的，而且还要使用 LDP 动态建立公网 LSP，首先也需要配置基本的 MPLS 隧道功能，包括使能 LDP，建立 LDP LSP 隧道。再结合 5.4.5 节的介绍，可以得出本示例的以下基本配置思路。

　　① 配置各设备各接口（包括 Loopback 接口）的 IP 地址。

　　② 在骨干网各节点上配置 IGP 路由协议实现互通，此处采用 OSPF 来配置。

　　③ 在骨干网各节点全局和公网接口上使能 MPLS 和 LDP 基本能力，建立公网 LDP LSP 隧道。

　　④ 在两个 PE 之间建立远端 LDP 会话。

　　⑤ 在两个 PE 上使能 MPLS L2VPN，并分别创建一条到达对端的 VC 连接。

　　【说明】本示例使用缺省隧道策略建立 LSP 隧道，即本 VPN 中两端站点的通信流量均在一条公网 LSP 隧道中传输，因为本示例中只需要进行两个站点的 VC 连接。

　　2. 具体配置步骤

　　① 配置各设备各接口（包括 Loopback 接口）的 IP 地址。

　　#---CE1 上的配置如下。

```
<Huawei> system-view
[Huawei] sysname CE1
[CE1] interface gigabitethernet 1/0/0
[CE1-GigabitEthernet1/0/0] ip address 100.1.1.1 255.255.255.0
[CE1-GigabitEthernet1/0/0] quit
```

　　#---CE2 上的配置如下。

```
<Huawei> system-view
[Huawei] sysname CE2
[CE2] interface gigabitethernet 1/0/0
[CE2-GigabitEthernet1/0/0] ip address 100.1.1.2 255.255.255.0
[CE2-GigabitEthernet1/0/0] quit
```

　　#---PE1 上的配置如下。担当 AC 接口的 GE1/0/0 接口保持三层模式，但不配置 IP 地址。

```
<Huawei> system-view
[Huawei] sysname PE1
[PE1] interface gigabitethernet 2/0/0
[PE1-GigabitEthernet2/0/0] ip address 10.1.1.1 255.255.255.0
[PE1-GigabitEthernet2/0/0] quit
[PE1] interface loopback1
[PE1-Loopback1] ip address 1.1.1.9 255.255.255.255
[PE1-Loopback1] quit
```

　　#---PE2 上的配置如下。担当 AC 接口的 GE2/0/0 接口保持三层模式，但不配置 IP 地址。

```
<Huawei> system-view
[Huawei] sysname PE2
[PE2] interface gigabitethernet 1/0/0
[PE2-GigabitEthernet1/0/0] ip address 10.2.2.1 255.255.255.0
[PE2-GigabitEthernet1/0/0] quit
[PE2] interface loopback1
[PE2-Loopback1] ip address 3.3.3.9 255.255.255.255
[PE2-Loopback1] quit
```

　　#---P 上的配置如下。

```
<Huawei> system-view
[Huawei] sysname P
[P] interface gigabitethernet 1/0/0
[P-GigabitEthernet1/0/0] ip address 10.1.1.2 255.255.255.0
[P-GigabitEthernet1/0/0] quit
[P] interface gigabitethernet 2/0/0
[P-GigabitEthernet2/0/0] ip address 10.2.2.2 255.255.255.0
[P-GigabitEthernet2/0/0] quit
[P] interface loopback1
[P-Loopback1] ip address 2.2.2.9 255.255.255.255
[P-Loopback1] quit
```

② 在骨干网各节点上配置 OSPF 路由，均采用 OSPF 1 进程，加入区域 0 中，实现骨干网的三层互通。

#---PE1 上的配置如下。

```
[PE1] ospf 1
[PE1-ospf-1] area 0
[PE1-ospf-1-area-0.0.0.0] network 10.1.1.0 0.0.0.255
[PE1-ospf-1-area-0.0.0.0] network 1.1.1.9 0.0.0.0
[PE1-ospf-1-area-0.0.0.0] quit
[PE1-ospf-1] quit
```

#---P 上的配置如下。

```
[P] ospf 1
[P-ospf-1] area 0
[P-ospf-1-area-0.0.0.0] network 10.1.1.0 0.0.0.255
[P-ospf-1-area-0.0.0.0] network 10.2.2.0 0.0.0.255
[P-ospf-1-area-0.0.0.0] network 2.2.2.9 0.0.0.0
[P-ospf-1-area-0.0.0.0] quit
[P-ospf-1] quit
```

#---PE2 上的配置如下。

```
[PE2] ospf 1
[PE2-ospf-1] area 0
[PE2-ospf-1-area-0.0.0.0] network 10.2.2.0 0.0.0.255
[PE2-ospf-1-area-0.0.0.0] network 3.3.3.9 0.0.0.0
[PE2-ospf-1-area-0.0.0.0] quit
[PE2-ospf-1] quit
```

③ 在骨干网各节点全局和公网接口上使能 MPLS 和 LDP 基本能力，建立公网 LDP LSP 隧道。

#---PE1 上的配置如下。

```
[PE1] mpls lsr-id 1.1.1.9
[PE1] mpls
[PE1-mpls] quit
[PE1] mpls ldp
[PE1-mpls-ldp] quit
[PE1] interface gigabitethernet 2/0/0
[PE1-GigabitEthernet2/0/0] mpls
[PE1-GigabitEthernet2/0/0] mpls ldp
[PE1-GigabitEthernet2/0/0] quit
```

#---P 上的配置如下。

```
[P] mpls lsr-id 2.2.2.9
[P] mpls
[P-mpls] quit
```

```
[P] mpls ldp
[P-mpls-ldp] quit
[P] interface gigabitethernet 2/0/0
[P-GigabitEthernet2/0/0] mpls
[P-GigabitEthernet2/0/0] mpls ldp
[P-GigabitEthernet2/0/0] quit
[P] interface gigabitethernet 1/0/0
[P-GigabitEthernet1/0/0] mpls
[P-GigabitEthernet1/0/0] mpls ldp
[P-GigabitEthernet1/0/0] quit
```

#---PE2 上的配置如下。

```
[PE2] mpls lsr-id 3.3.3.9
[PE2] mpls
[PE2-mpls] quit
[PE2] mpls ldp
[PE2-mpls-ldp] quit
[PE2] interface gigabitethernet 1/0/0
[PE2-GigabitEthernet1/0/0] mpls
[PE2-GigabitEthernet1/0/0] mpls ldp
[PE2-GigabitEthernet1/0/0] quit
```

④ 在两个 PE 之间建立远端 LDP 会话，交互 L2VPN 信息。

#---PE1上的配置如下。

```
[PE1] mpls ldp remote-peer pe2
[PE1-mpls-ldp-remote-pe2] remote-ip 3.3.3.9   #---指定远端 PE2 的 IP 地址（PE2 的 LSR ID）
[PE1-mpls-ldp-remote-pe2] quit
```

#---PE2上的配置如下。

```
[PE2] mpls ldp remote-peer pe1
[PE2-mpls-ldp-remote-pe1] remote-ip 1.1.1.9
[PE2-mpls-ldp-remote-pe1] quit
```

上述配置完成后，在 PE1 上执行 **display mpls ldp session** 命令查看 LDP 会话的建立情况，可以看到，PE1 增加了与 PE2 的远端 LDP 会话。

⑤ 在两个 PE 上使能 MPLS L2VPN，并分别创建一条到达对端的 VC 连接。

#---PE1 上的配置如下。

本示例因为只连接两个站点，故可以直接以连接 CE1 的三层物理接口 GE1/0/0 作为 AC 接口。假设这里分配给由 PE1 到 PE2 的 VC 连接的 VC ID 为 101，同一 PW 中双向 VC 连接的 VC ID 要一致。

```
[PE1] mpls l2vpn   #---使能 MPLS L2VPN 功能
[PE1-l2vpn] quit
[PE1] interface gigabitethernet 1/0/0
[PE1-GigabitEthernet1/0/0] mpls l2vc 3.3.3.9 101
[PE1-GigabitEthernet1/0/0] quit
```

#---PE2 上的配置如下。

同样，以直接连接 CE2 的三层物理接口 GE2/0/0 作为 AC 接口。这里分配给由 PE2 到 PE1 的 VC 连接的 VC ID 也是 101。

```
[PE2] mpls l2vpn
[PE2-l2vpn] quit
[PE2] interface gigabitethernet 2/0/0
[PE2-GigabitEthernet2/0/0] mpls l2vc 1.1.1.9 101
[PE2-GigabitEthernet2/0/0] quit
```

3. 配置结果验证

以上配置完成后，可以进行以下配置结果验证。

① 在两个 PE 上执行 **display mpls l2vc** 命令，可以看到它们已经建立了一条到达对端的 L2VC，状态为 up。在 PE1 上执行 **display mpls l2vc** 命令的输出如图 5-33 所示，可以看出，PE1 已经建立了一条到达 PE2（10.30.3.9）的 VC 连接，VC 的会话状态、AC 接口（GE0/0/1）状态、VC 状态及链路状态均为 up。

```
PE1
<PE1>display mpls l2vc
 Total LDP VC : 1     1 up       0 down

 *client interface       : GigabitEthernet0/0/1 is up
  Administrator PW       : no
  session state          : up
  AC status              : up
  VC state               : up
  Label state            : 0
  Token state            : 0
  VC ID                  : 101
  VC type                : Ethernet
  destination            : 10.30.3.9
  local VC label         : 1024          remote VC label      : 1026
  control word           : disable
  forwarding entry       : exist
  local group ID         : 0
  manual fault           : not set
  active state           : active
  OAM Protocol           : --
  OAM Status             : --
  OAM Fault Type         : --
  PW APS ID              : 0
  PW APS Status          : --
  TTL Value              : 1
  link state             : up
  local VC MTU           : 1500          remote VC MTU        : 1500
  tunnel policy name     : --
  PW template name       : --
  primary or secondary   : primary
  load balance type      : flow
  Access-port            : false
  create time            : 0 days, 0 hours, 15 minutes, 16 seconds
  up time                : 0 days, 0 hours, 8 minutes, 45 seconds
  last change time       : 0 days, 0 hours, 8 minutes, 45 seconds
  VC last up time        : 2022/03/31 16:52:56
  VC total up time       : 0 days, 0 hours, 8 minutes, 45 seconds
  CKey                   : 2
  NKey                   : 1
  AdminPw interface      : --
```

图 5-33 在 PE1 上执行 **display mpls l2vc** 命令的输出

② 验证 CE1 和 CE2 能够互通。CE1 成功 ping 通 CE2 的结果如图 5-34 所示。

```
CE1
<CE1>ping 10.100.1.2
  PING 10.100.1.2: 56  data bytes, press CTRL_C to break
    Reply from 10.100.1.2: bytes=56 Sequence=1 ttl=255 time=190 ms
    Reply from 10.100.1.2: bytes=56 Sequence=2 ttl=255 time=110 ms
    Reply from 10.100.1.2: bytes=56 Sequence=3 ttl=255 time=70 ms
    Reply from 10.100.1.2: bytes=56 Sequence=4 ttl=255 time=110 ms
    Reply from 10.100.1.2: bytes=56 Sequence=5 ttl=255 time=80 ms

  --- 10.100.1.2 ping statistics ---
    5 packet(s) transmitted
    5 packet(s) received
    0.00% packet loss
    round-trip min/avg/max = 70/112/190 ms

<CE1>
```

图 5-34 CE1 成功 ping 通 CE2 的结果

5.4.8　以 VLANIF 为 AC 接口的 Martini 方式 VLL 配置示例

本示例拓扑结构与 5.3.6 节中的图 5-22 完全一样,不同的只是本示例中两个站点接入的用户数较多,且经常变化,故可以采用基于动态 LDP 建立 VC 连接的 Martini 方式 VLL 实现 CE1 与 CE2 所代表的站点的二层通信。

1. 基本配置思路分析

在 5.4.7 节介绍的配置示例中,两个 PE 上所使用的 AC 接口为连接 CE 的三层物理端口,但华为 S 系列交换机的端口缺省为二层模式,要转换成三层模式有两种方法:一种方法是直接通过 **undo portswitch** 命令转换;另一种方法是把端口单独加入某 VLAN 中,然后再为该 VLAN 创建 VLANIF 接口。在此采用第二种配置方式。

【注意】在以 VLANIF 接口作为 PE 的 AC 接口时,该 VLANIF 接口与二层物理端口(直连 CE 的端口)是一一对应的关系,**即该 VLANIF 接口中对应的 VLAN 中只能包括连接 CE 的这个二层端口**。

根据 5.4.7 节所介绍的 Martini 方式 VLL 配置示例分析,再结合本示例的实际可以得出以下基本配置思路。

① 在骨干网各节点上创建并配置对应 VLAN,然后配置各接口(包括各 VLANIF 接口)IP 地址。

本项配置任务与 5.3.6 节第①项配置任务的具体配置方法完全一样,参见即可。

② 在骨干网各节点上配置 OSPF,实现骨干网三层互通。

③ 在骨干网各节点全局和公网接口上使能 MPLS 和 LDP 基本能力,建立公网 LDP LSP 隧道。

④ 在两个 PE 之间建立远端 LDP 会话,交互 L2VPN 信息。

⑤ 在两个 PE 上使能 MPLS L2VPN,并分别创建一条到达对端的 VC 连接。

下面介绍以上后面 4 项配置任务的具体配置方法。

2. 具体配置步骤

第②项配置任务如下。

在 MPLS 网络各节点上配置 OSPF 路由,实现骨干网三层互通。各 OSPF 接口都加入缺省的 OSPF 1 进程,区域 0 中。注意要同时发布各节点作为 LSR ID 的 32 位掩码的 Loopback 接口地址的主机路由。

\#---PE1 上的配置如下。

```
[PE1] ospf 1
[PE1-ospf-1] area 0
[PE1-ospf-1-area-0.0.0.0] network 10.1.1.0 0.0.0.255
[PE1-ospf-1-area-0.0.0.0] network 1.1.1.9 0.0.0.0
[PE1-ospf-1-area-0.0.0.0] quit
[PE1-ospf-1] quit
```

\#---PE2 上的配置如下。

```
[PE2] ospf 1
[PE2-ospf-1] area 0
[PE2-ospf-1-area-0.0.0.0] network 10.2.2.0 0.0.0.255
[PE2-ospf-1-area-0.0.0.0] network 3.3.3.9 0.0.0.0
```

```
[PE2-ospf-1-area-0.0.0.0] quit
[PE2-ospf-1] quit
```

---P 上的配置如下。

```
[P] ospf 1
[P-ospf-1] area 0
[P-ospf-1-area-0.0.0.0] network 10.1.1.0 0.0.0.255
[P-ospf-1-area-0.0.0.0] network 10.2.2.0 0.0.0.255
[P-ospf-1-area-0.0.0.0] network 2.2.2.9 0.0.0.0
[P-ospf-1-area-0.0.0.0] quit
[P-ospf-1] quit
```

第③项配置任务如下。

在骨干网各节点全局和公网接口上使能 MPLS 和 LDP 基本能力，建立公网 LDP LSP 隧道。

#---PE1 上的配置如下。

```
[PE1] mpls lsr-id 1.1.1.9
[PE1] mpls
[PE1-mpls] quit
[PE1] mpls ldp
[PE1-mpls-ldp] quit
[PE1] interface vlanif 20
[PE1-Vlanif20] mpls
[PE1-Vlanif20] mpls ldp
[PE1-Vlanif20] quit
```

#---P 上的配置如下。

```
[P] mpls lsr-id 2.2.2.9
[P] mpls
[P-mpls] quit
[P] mpls ldp
[P-mpls-ldp] quit
[P] interface vlanif 20
[P-Vlanif20] mpls
[P-Vlanif20] mpls ldp
[P-Vlanif20] quit
[P] interface vlanif 30
[P-Vlanif30] mpls
[P-Vlanif30] mpls ldp
[P-Vlanif30] quit
```

#---PE2 上的配置如下。

```
[PE2] mpls lsr-id 3.3.3.9
[PE2] mpls
[PE2-mpls] quit
[PE2] mpls ldp
[PE2-mpls-ldp] quit
[PE2] interface vlanif 30
[PE2-Vlanif30] mpls
[PE2-Vlanif30] mpls ldp
[PE2-Vlanif30] quit
```

第④项配置任务。

在两个 PE 上之间建立远端 LDP 会话，交互 L2VPN 信息。

#---PE1 上的配置如下。

```
[PE1] mpls ldp remote-peer 3.3.3.9
[PE1-mpls-ldp-remote-3.3.3.9] remote-ip 3.3.3.9
[PE1-mpls-ldp-remote-3.3.3.9] quit
```

\#---PE2 上的配置如下。

```
[PE2] mpls ldp remote-peer 1.1.1.9
[PE2-mpls-ldp-remote-1.1.1.9] remote-ip 1.1.1.9
[PE2-mpls-ldp-remote-1.1.1.9] quit
```

上述配置完成后，在两个 PE 上执行 **display mpls ldp session** 命令查看 LDP 会话的建立情况，可以看到它们之间已经成功建立了远端 LDP 会话。在 PE1 上执行 **display mpls ldp session** 命令的输出如图 5-35 所示，从中可以看出，PE1 除了与 P 建立了本地 LDP 会话，还与 PE2 建立了远端 LDP 会话。

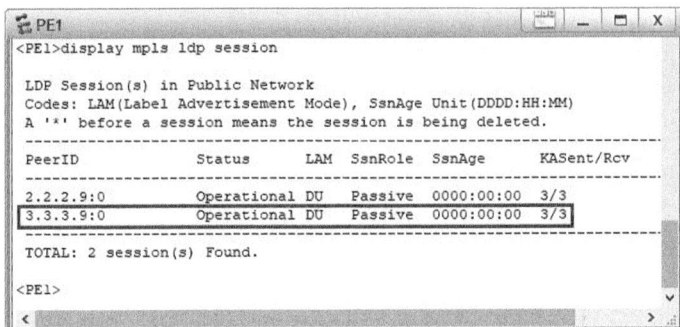

图 5-35　在 PE1 上执行 **display mpls ldp session** 命令的输出

第⑤项配置任务如下。

在两个 PE 上分别以 Martini 方式 VLL 创建一条到达对端的 VC 连接。

\#---PE1 上的配置如下。

以 PE1 的 AC 接口 VLANIF10 作为入接口创建 VC，分配的 VC 标签为 101，要与 PE2 上配置的 VC 标签一致。

```
[PE1] interface vlanif 10
[PE1-Vlanif10] mpls l2vc 3.3.3.9 101
[PE1-Vlanif10] quit
```

\#---PE2 上的配置如下。

以 PE2 的 AC 接口 VLANIF40 作为入接口创建 VC，分配的 VC 标签也为 101。

```
[PE2] interface vlanif 40
[PE2-Vlanif40] mpls l2vc 1.1.1.9 101
[PE2-Vlanif40] quit
```

3．配置结果验证

以上配置完成后，可以进行以下配置结果验证。

① 在两个 PE 上执行 **display mpls l2vc** 命令可以查看 L2VPN 连接信息，可以看到建立了一条 VC，状态为 up。在 PE1 上执行 **display mpls l2vc** 命令的输出如图 5-36 所示，可以看出，PE1 已与 PE2（3.3.3.9）成功建立了一条 VC，VC 状态、链路状态均为 up。

② 验证 CE1 与 CE2 之间是否可以互通。本步验证先参见 5.3.6 节中该项验证任务中的配置方法配置好两个 CE，然后在 CE 之间进行 ping 测试，结果也是互通的，参见图 5-26。

```
PE1                                                            _ □ X
<PE1>display mpls l2vc
  Total LDP VC : 1      1 up        0 down

*client interface      : Vlanif10 is up
 Administrator PW       : no
 session state          : up
 AC status              : up
 VC state               : up
 Label state            : 0
 Token state            : 0
 VC ID                  : 101
 VC type                : VLAN
 destination            : 3.3.3.9
 local VC label         : 1024          remote VC label      : 1024
 control word           : disable
 forwarding entry       : exist
 local group ID         : 0
 manual fault           : not set
 active state           : active
 OAM Protocol           : --
 OAM Status             : --
 OAM Fault Type         : --
 PW APS ID              : 0
 PW APS Status          : --
 TTL Value              : 1
 link state             : up
 local VC MTU           : 1500          remote VC MTU        : 1500
 tunnel policy name     : --
 PW template name       : --
 primary or secondary   : primary
 load balance type      : flow
 Access-port            : false
 create time            : 0 days, 0 hours, 23 minutes, 6 seconds
 up time                : 0 days, 0 hours, 21 minutes, 38 seconds
 last change time       : 0 days, 0 hours, 21 minutes, 38 seconds
 VC last up time        : 2022/02/27 14:36:56
 VC total up time       : 0 days, 0 hours, 21 minutes, 38 seconds
 CKey                   : 2
 NKey                   : 1
 AdminPw interface      : --
 AdminPw link state     : --
 Diffserv Mode          : uniform
 Service Class          : be
 Color                  : --
 DomainId               : --
 Domain Name            : --
<PE1>
```

图 5-36　在 PE1 上执行 **display mpls l2vc** 命令的输出

5.4.9　以 Dot1q 终结子接口作为 AC 接口的 Martini 方式 VLL 配置示例

　　以 Dot1q 终结子接口作为 AC 接口的 Martini 方式 VLL 配置示例的拓扑结构如图 5-37 所示，CE1、CE2 分别通过 VLAN 方式（即发送的数据帧带有 VLAN 标签）接入 PE1 和 PE2。现要求在 PE1 和 PE2 之间通过二层 Dot1q 终结子接口建立 Martini 方式的 VLL，使 CE1 和 CE2 两站点中的用户网络可以二层互通。

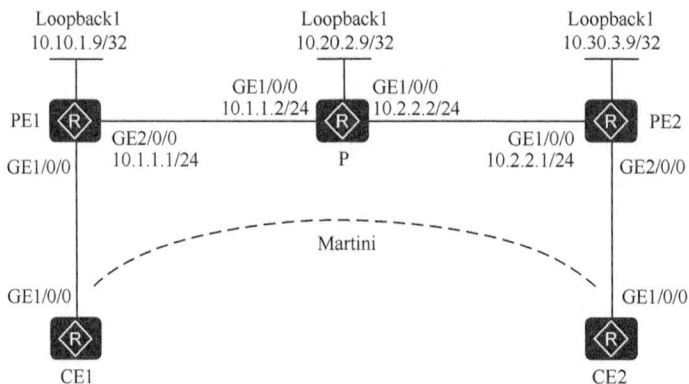

图 5-37　以 Dot1q 终结子接口作为 AC 接口的 Martini 方式 VLL 配置示例的拓扑结构

1. 基本配置思路分析

本示例中 CE 站点用户发送到 PE 的数据帧带有 VLAN 标签，而 PE 是 AR G3 系列路由器，故在此可采用 Dot1q 终结子接口配置方式，因为物理以太网接口不能接收带有 VLAN 标签的数据帧。

根据 Martini 方式 VLL 的基本配置方法可以得出本示例的以下基本配置思路。

① 在骨干网各节点上配置各接口（包括 Loopback 接口）的 IP 地址，以及 OSPF 路由，实现骨干网的三层互通。

② 在骨干网各节点全局和公网接口上使能 MPLS 和 LDP 基本能力，建立公网 LDP LSP 隧道。

③ 在两个 PE 之间建立远端 LDP 会话，交互 L2VPN 信息。

④ 在两个 PE 上使能 L2VPN 功能，以二层 Dot1q 终结子接口作为 AC 接口创建到达对端的 VC 连接。

2. 具体配置步骤

① 在骨干网各节点上配置各接口（包括 Loopback 接口）的 IP 地址，以及 OSPF 路由，实现骨干网的三层互通。

\#---PE1 上的配置如下。

```
<Huawei> system-view
[Huawei] sysname PE1
[PE1] interface gigabitethernet 2/0/0
[PE1-GigabitEthernet2/0/0] ip address 10.1.1.1 255.255.255.0
[PE1-GigabitEthernet2/0/0] quit
[PE1] interface loopback1
[PE1-Loopback1] ip address 10.10.1.9 255.255.255.255
[PE1-Loopback1] quit
[PE1] ospf 1
[PE1-ospf-1] area 0
[PE1-ospf-1-area-0.0.0.0] network 10.1.1.0 0.0.0.255
[PE1-ospf-1-area-0.0.0.0] network 10.10.1.9 0.0.0.0
[PE1-ospf-1-area-0.0.0.0] quit
[PE1-ospf-1] quit
```

\#---P 上的配置如下。

```
<Huawei> system-view
[Huawei] sysname P
[P] interface gigabitethernet 1/0/0
[P-GigabitEthernet1/0/0] ip address 10.2.2.2 255.255.255.0
[P-GigabitEthernet1/0/0] quit
[P] interface gigabitethernet 2/0/0
[P-GigabitEthernet2/0/0] ip address 10.1.1.2 255.255.255.0
[P-GigabitEthernet2/0/0] quit
[P] interface loopback1
[P-Loopback1] ip address 10.20.2.9 255.255.255.255
[P-Loopback1] quit
[P] ospf 1
[P-ospf-1] area 0
[P-ospf-1-area-0.0.0.0] network 10.1.1.0 0.0.0.255
[P-ospf-1-area-0.0.0.0] network 10.2.2.0 0.0.0.255
[P-ospf-1-area-0.0.0.0] network 10.20.2.9 0.0.0.0
[P-ospf-1-area-0.0.0.0] quit
[P-ospf-1] quit
```

#---PE2 上的配置如下。

```
<Huawei> system-view
[Huawei] sysname PE2
[PE2] interface gigabitethernet 1/0/0
[PE2-GigabitEthernet1/0/0] ip address 10.2.2.1 255.255.255.0
[PE2-GigabitEthernet1/0/0] quit
[PE2] interface loopback1
[PE2-Loopback1] ip address 10.30.3.9 255.255.255.255
[PE2-Loopback1] quit
[PE2] ospf 1
[PE2-ospf-1] area 0
[PE2-ospf-1-area-0.0.0.0] network 10.2.2.0 0.0.0.255
[PE2-ospf-1-area-0.0.0.0] network 10.30.3.9 0.0.0.0
[PE2-ospf-1-area-0.0.0.0] quit
[PE2-ospf-1] quit
```

② 在骨干网各节点全局和公网接口上使能 MPLS 和 LDP 基本能力，建立公网 LDP LSP 隧道。

#---PE1 上的配置如下。

```
[PE1] mpls lsr-id 10.10.1.9
[PE1] mpls
[PE1-mpls] quit
[PE1] mpls ldp
[PE1-mpls-ldp] quit
[PE1] interface gigabitethernet 2/0/0
[PE1-GigabitEthernet2/0/0] mpls
[PE1-GigabitEthernet2/0/0] mpls ldp
[PE1-GigabitEthernet2/0/0] quit
```

#---P 上的配置如下。

```
[P] mpls lsr-id 10.20.2.9
[P] mpls
[P-mpls] quit
[P] mpls ldp
[P-mpls-ldp] quit
[P] interface gigabitethernet 2/0/0
[P-GigabitEthernet2/0/0] mpls
[P-GigabitEthernet2/0/0] mpls ldp
[P-GigabitEthernet2/0/0] quit
[P] interface gigabitethernet 1/0/0
[P-GigabitEthernet1/0/0] mpls
[P-GigabitEthernet1/0/0] mpls ldp
[P-GigabitEthernet1/0/0] quit
```

#---PE2 上的配置如下。

```
[PE2] mpls lsr-id 10.30.3.9
[PE2] mpls
[PE2-mpls] quit
[PE2] mpls ldp
[PE2-mpls-ldp] quit
[PE2] interface gigabitethernet 1/0/0
[PE2-GigabitEthernet1/0/0] mpls
[PE2-GigabitEthernet1/0/0] mpls ldp
[PE2-GigabitEthernet1/0/0] quit
```

③ 在两个 PE 之间建立远端 LDP 会话，交互 L2VPN 信息。

#---PE1 上的配置如下。

```
[PE1] mpls ldp remote-peer 10.30.3.9
[PE1-mpls-ldp-remote-10.30.3.9] remote-ip 10.30.3.9
[PE1-mpls-ldp-remote-10.30.3.9] quit
```

#---PE2 上的配置如下。

```
[PE2] mpls ldp remote-peer 10.10.1.9
[PE2-mpls-ldp-remote-10.10.1.9] remote-ip 10.10.1.9
[PE2-mpls-ldp-remote-10.10.1.9] quit
```

以上配置完成后，在两个 PE 上执行 **display mpls ldp session** 命令查看 LDP 会话的建立情况，可以看到 PE1 与 PE2 之间建立了远端 LDP 会话。在 PE1 上执行 **display mpls ldp session** 命令的输出如图 5-38 所示。

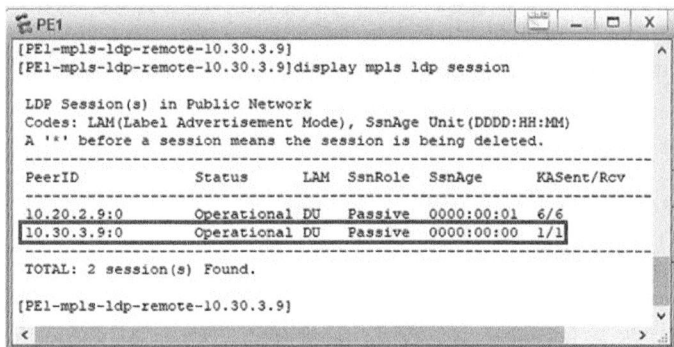

图 5-38 在 PE1 上执行 **display mpls ldp session** 命令的输出

④ 在两个 PE 上使能 L2VPN 功能，以二层 Dot1q 终结子接口作为 AC 接口创建到达对端的 VC 连接。

【经验提示】在 CE 进入 PE 的报文仅带一层 VLAN 标签情形下，此处两端 PE 的二层 Dot1q 终结子接口所终结的 VLAN 可以相同，也可以不同，即可实现相同或不同 VLAN 的二层互通。因为在 Dot1q 终结子接口对报文进行终结后，PW 中传输的报文是不带 VLAN 标签的，而在到达对端 PE 后，通过 Dot1q 终结子接口向 CE 端发送报文时，又会带上对端 Dot1q 终结子接口所终结的 VLAN 标签。本示例中，假设两端的二层 Dot1q 终结子接口所终结的 VLAN 都是 VLAN 10，但此时要求进入 Dot1q 终结子接口的报文必须带有一层相同的 VLAN 标签。

#---PE1 上的配置如下。

在接入 CE1 的接口 GE1/0/0 的接口上创建二层 Dot1q 终结子接口，终结 VLAN 10，然后在该子接口上创建到达 PE2 的 VC 连接，VC ID 为 101。

```
[PE1] mpls l2vpn
[PE1-l2vpn] quit
[PE1] interface gigabitethernet 1/0/0.1
[PE1-GigabitEthernet1/0/0.1] dot1q termination vid 10
[PE1-GigabitEthernet1/0/0.1] mpls l2vc 10.30.3.9 101
[PE1-GigabitEthernet1/0/0.1] quit
```

#---PE2 上的配置如下。

在接入 CE1 的接口 GE2/0/0 的接口上创建二层 Dot1q 终结子接口，终结 VLAN 10，然后在该子接口上创建到达 PE1 的 VC 连接，VC ID 也为 101。

```
[PE2] mpls l2vpn
[PE2-l2vpn] quit
[PE2] interface gigabitethernet 2/0/0.1
[PE2-GigabitEthernet2/0/0.1] dot1q termination vid 10
[PE2-GigabitEthernet2/0/0.1] mpls l2vc 10.10.1.9 101
[PE2-GigabitEthernet2/0/0.1] quit
```

3. 配置结果验证

以上配置完成后，可进行以下配置结果验证。

① 在两个 PE 上执行 **display mpls l2vc** 命令查看 L2VPN 的连接信息，可以看到建立了一条 VC，状态为 up。在 PE1 上执行 **display mpls l2vc** 命令的输出如图 5-39 所示，可以看出，PE1 上已建立一条到达 PE2（10.30.3.9）的 VC，且 VC 会话状态、AC 接口状态、VC 状态和链路状态均为 up。

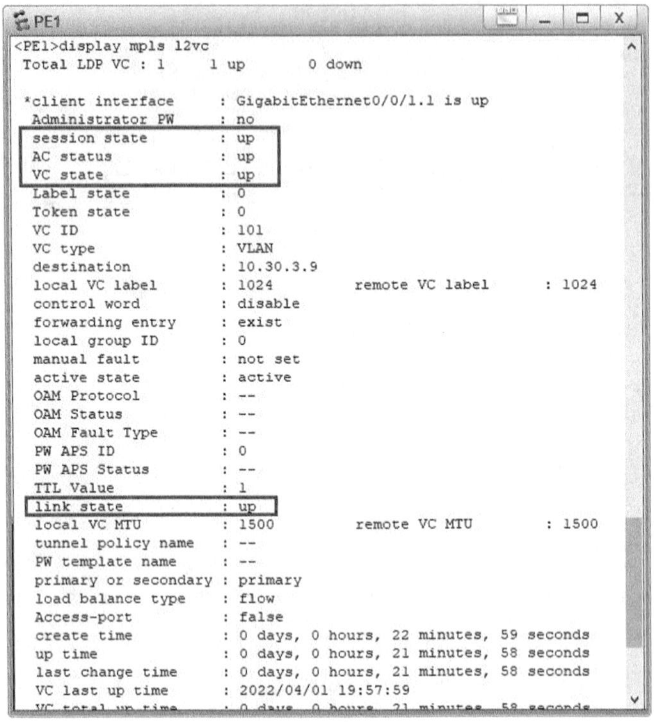

图 5-39　在 PE1 上执行 **display mpls l2vc** 命令的输出

② 验证 CE1 和 CE2 之间可以直接二层互通。先配置 CE1 和 CE2。因为本示例拓扑结构中的 CE 是 AR G3 系列路由器，接口为了配置 IP 地址的三层模式，要使 CE 发送给 PE 的报文中携带 VLAN 标签，必须是子接口（子接口可同时具有二层和三层属性），需要注意的是，此处采用的是三层 Dot1q 终结子接口，用于实现对所接收的报文向内网进行三层转发。但是，如果 CE 连接 PE 的接口是二层接口（例如，S 系列交换机上的二层物理接口或 Eth-Trunk 接口），则不用配置子接口，可直接在物理接口上配置允许通过的VLAN，但也必须确保通过该二层接口发送的报文带有 VLAN 标签。

需要在 CE1 和 CE2 上创建三层 Dot1q 终结子接口，均终结 VLAN 10，使该子接口向 PE 发送的报文携带 VLAN 10 标签，而在该子接口接收来自 PE 的报文后会去掉所带的 VLAN 10 标签。

#---CE1 上的配置如下。三层 Dot1q 子接口 IP 地址为 10.100.1.1/24。

```
<Huawei> system-view
[Huawei] sysname CE1
[CE1] interface gigabitethernet 1/0/0.1
[CE1-GigabitEthernet1/0/0.1] ip address 10.100.1.1 255.255.255.0
[CE1-GigabitEthernet1/0/0.1] dot1q termination vid 10
[CE1-GigabitEthernet1/0/0.1] quit
```

#---CE2 上的配置如下。三层 Dot1q 子接口 IP 地址为 10.100.1.2/24。

```
<Huawei> system-view
[Huawei] sysname CE2
[CE2] interface gigabitethernet 1/0/0.1
[CE2-GigabitEthernet1/0/0.1] ip address 10.100.1.2 255.255.255.0
[CE2-GigabitEthernet1/0/0.1] dot1q termination vid 10
[CE2-GigabitEthernet1/0/0.1] quit
```

经过以上配置后，CE1 与 CE2 之间可以相互 ping 通了。

5.4.10　使用 MPLS TE 隧道的 Martini 方式 VLL 配置示例

使用 MPLS TE 隧道的 Martini 方式 VLL 配置示例的拓扑结构如图 5-40 所示，运营商的 MPLS 网络为用户提供 L2VPN 服务，其中，PE1 和 PE2 作为用户接入设备，接入的用户数量较多且经常变化。现要求一种适当的 VPN 方案，为用户提供安全的 VPN 服务，提供相对可靠的公网隧道，并且在接入新用户时配置简单。

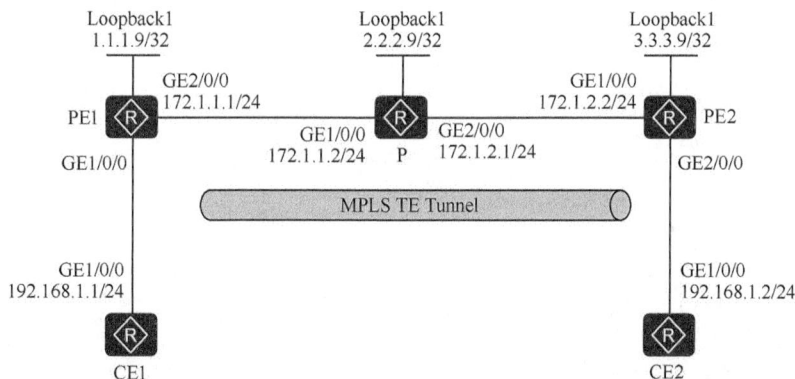

图 5-40　使用 MPLS TE 隧道的 Martini 方式 VLL 配置示例的拓扑结构

1. 基本配置思路分析

本示例中，由于接入用户数量多且经常变化，要求配置简单，故建议采用动态方式建立 PW 连接的 Martini 方式 VLL 进行配置。为了实现用户 VPN 服务的可靠传输，本示例中的公网隧道采用可靠性较高的 MPLS TE 隧道。由此可以得出本示例先要创建 MPLS TE 隧道，然后在 TE 隧道中创建 VLL PW，基本配置思路具体如下。

① 在骨干网各节点上配置各接口（包括 Loopback 接口，但不包括 AC 接口）的 IP 地址和 OSPF 路由，以实现骨干网三层互通。

② 在骨干网各节点全局和各公网接口上使能 MPLS、MPLS TE 和 RSVP-TE 能力，

并在两个 PE 上全局使能 CSPF 功能，用以进行 OSP TE 路由计算。

③ 在骨干网各节点上配置 OSPF TE，发布 MPLS TE 信息。

④ 在两个 PE 上分别创建 MPLS TE 隧道接口及相关参数属性。

⑤ 在两个 PE 的 MPLS TE 隧道接口上使能隧道绑定能力，然后创建对应的隧道绑定策略。

⑥ 在两个 PE 间建立远端 LDP 会话，交互 L2VPN 信息。

⑦ 在两个 PE 上使能 L2VPN 功能，分别创建到达对端的 VC 连接，并应用前面创建的隧道策略，即使用 MPLS TE 隧道。

【说明】由于本示例中的部分配置命令在华为模拟器中不支持，所以本示例不能在华为模拟器中进行实验。

2. 具体配置步骤

① 在骨干网各节点上配置各接口（包括 Loopback 接口，但不包括 AC 接口）的 IP 地址和 OSPF 路由，以实现骨干网三层互通。

\#---PE1 上的配置如下。

```
<Huawei> system-view
[Huawei] sysname PE1
[PE1] interface loopback 1
[PE1-LoopBack1] ip address 1.1.1.9 255.255.255.255
[PE1-LoopBack1] quit
[PE1] interface gigabitethernet 2/0/0
[PE1-GigabitEthernet2/0/0] ip address 172.1.1.1 255.255.255.0
[PE1-GigabitEthernet2/0/0] quit
[PE1] ospf 1
[PE1-ospf-1] area 0
[PE1-ospf-1-area-0.0.0.0] network 172.1.1.0 0.0.0.255
[PE1-ospf-1-area-0.0.0.0] network 1.1.1.9 0.0.0.0
[PE1-ospf-1-area-0.0.0.0] quit
[PE1-ospf-1] quit
```

\#---P 上的配置如下。

```
<Huawei> system-view
[Huawei] sysname P
[P] interface loopback 1
[P-LoopBack1] ip address 2.2.2.9 255.255.255.255
[P-LoopBack1] quit
[P] interface gigabitethernet 1/0/0
[P-GigabitEthernet1/0/0] ip address 172.1.1.2 255.255.255.0
[P-GigabitEthernet1/0/0] quit
[P] interface gigabitethernet 2/0/0
[P-GigabitEthernet2/0/0] ip address 172.1.2.1 255.255.255.0
[P-GigabitEthernet2/0/0] quit
[P] ospf 1
[P-ospf-1] area 0
[P-ospf-1-area-0.0.0.0] network 172.1.1.0 0.0.0.255
[P-ospf-1-area-0.0.0.0] network 172.1.2.0 0.0.0.255
[P-ospf-1-area-0.0.0.0] network 2.2.2.9 0.0.0.0
[P-ospf-1-area-0.0.0.0] quit
[P-ospf-1] quit
```

\#---PE2 上的配置如下。

```
<Huawei> system-view
[Huawei] sysname PE2
[PE2] interface loopback 1
[PE2-LoopBack1] ip address 3.3.3.9 255.255.255.255
[PE2-LoopBack1] quit
[PE2] interface gigabitethernet 1/0/0
[PE2-GigabitEthernet1/0/0] ip address 172.1.2.2 255.255.255.0
[PE2-GigabitEthernet1/0/0] quit
[PE2] ospf 1
[PE2-ospf-1] area 0
[PE2-ospf-1-area-0.0.0.0] network 172.1.2.0 0.0.0.255
[PE2-ospf-1-area-0.0.0.0] network 3.3.3.9 0.0.0.0
[PE2-ospf-1-area-0.0.0.0] quit
[PE2-ospf-1] quit
```

② 在骨干网各节点全局和各公网接口上使能 MPLS、MPLS TE 和 RSVP-TE 能力，并在两个 PE 上全局使能 CSPF 功能。

\#---PE1 上配置如下。

```
[PE1] mpls lsr-id 1.1.1.9
[PE1] mpls
[PE1-mpls] mpls te
[PE1-mpls] mpls rsvp-te
[PE1-mpls] mpls te cspf
[PE1-mpls] quit
[PE1] interface gigabitethernet 2/0/0
[PE1-GigabitEthernet2/0/0] mpls
[PE1-GigabitEthernet2/0/0] mpls te
[PE1-GigabitEthernet2/0/0] mpls rsvp-te
[PE1-GigabitEthernet2/0/0] quit
```

\#---P 上的配置如下。

```
[P] mpls lsr-id 2.2.2.9
[P] mpls
[P-mpls] mpls te
[P-mpls] mpls rsvp-te
[P-mpls] quit
[P] interface gigabitethernet 1/0/0
[P-GigabitEthernet1/0/0] mpls
[P-GigabitEthernet1/0/0] mpls te
[P-GigabitEthernet1/0/0] mpls rsvp-te
[P-GigabitEthernet1/0/0] quit
[P] interface gigabitethernet 2/0/0
[P-GigabitEthernet2/0/0] mpls
[P-GigabitEthernet2/0/0] mpls te
[P-GigabitEthernet2/0/0] mpls rsvp-te
[P-GigabitEthernet2/0/0] quit
```

\#---PE2 上的配置如下。

```
[PE2] mpls lsr-id 3.3.3.9
[PE2] mpls
[PE2-mpls] mpls te
[PE2-mpls] mpls rsvp-te
[PE2-mpls] mpls te cspf
[PE2-mpls] quit
[PE2] interface gigabitethernet 1/0/0
[PE2-GigabitEthernet1/0/0] mpls
```

```
[PE2-GigabitEthernet1/0/0] mpls te
[PE2-GigabitEthernet1/0/0] mpls rsvp-te
[PE2-GigabitEthernet1/0/0] quit
```

③ 在骨干网各节点上配置 OSPF TE，发布 MPLS TE 信息。

#---PE1 上的配置如下。

```
[PE1] ospf 1
[PE1-ospf-1] opaque-capability enable
[PE1-ospf-1] area 0
[PE1-ospf-1-area-0.0.0.0] mpls-te enable
[PE1-ospf-1-area-0.0.0.0] quit
[PE1-ospf-1] quit
```

#---P 上的配置如下。

```
[P] ospf 1
[P-ospf-1] opaque-capability enable
[P-ospf-1] area 0
[P-ospf-1-area-0.0.0.0] mpls-te enable
[P-ospf-1-area-0.0.0.0] quit
[P-ospf-1] quit
```

#---PE2 上的配置如下。

```
[PE2] ospf 1
[PE2-ospf-1] opaque-capability enable
[PE2-ospf-1] area 0
[PE2-ospf-1-area-0.0.0.0] mpls-te enable
[PE2-ospf-1-area-0.0.0.0] quit
[PE2-ospf-1] quit
```

④ 在两个 PE 上分别创建 MPLS TE 隧道接口及相关参数属性。

#---PE1 上的配置如下。

```
[PE1] interface tunnel 0/0/1
[PE1-Tunnel0/0/1] ip address unnumbered interface loopback 1
[PE1-Tunnel0/0/1] tunnel-protocol mpls te
[PE1-Tunnel0/0/1] destination 3.3.3.9
[PE1-Tunnel0/0/1] mpls te tunnel-id 100
[PE1-Tunnel0/0/1] mpls te commit
[PE1-Tunnel0/0/1] quit
```

#---PE2 上的配置如下。

```
[PE2] interface tunnel 0/0/1
[PE2-Tunnel0/0/1] ip address unnumbered interface loopback 1
[PE2-Tunnel0/0/1] tunnel-protocol mpls te
[PE2-Tunnel0/0/1] destination 1.1.1.9
[PE2-Tunnel0/0/1] mpls te tunnel-id 100
[PE2-Tunnel0/0/1] mpls te commit
[PE2-Tunnel0/0/1] quit
```

以上配置完成后，在两个 PE 上执行 **display mpls te tunnel-interface** 命令查看 MPLS TE 隧道是否建立成功。以下是在 PE1 上执行该命令的输出，可以看出，PE1 建立的 TE 隧道状态为 up。

```
[PE1] display mpls te tunnel-interface
----------------------------------------------------------
                          Tunnel0/0/1
----------------------------------------------------------
Tunnel State Desc    :   up
Active LSP           :   Primary LSP
```

```
Session ID          :  100
Ingress LSR ID      :  1.1.1.9          Egress LSR ID:  3.3.3.9
Admin State         :  up               Oper State   :  up
Primary LSP State   : up
  Main LSP State    : READY                     LSP ID   : 1
```

⑤ 在两个 PE 的 MPLS TE 隧道接口上使能隧道绑定能力，然后创建对应的隧道绑定策略。

#---PE1 上的配置如下。

```
[PE1] interface tunnel 0/0/1
[PE1-Tunnel0/0/1] mpls te reserved-for-binding   #---使能 TE 隧道的隧道绑定能力
[PE1-Tunnel0/0/1] mpls te commit
[PE1-Tunnel0/0/1] quit
[PE1] tunnel-policy 1
[PE1-tunnel-policy-1] tunnel binding destination 3.3.3.9 te tunnel 0/0/1   #---指定到达 PE2 的流量使用 Tunnel0/0/1 接口
建立的 TE 隧道转发
[PE1-tunnel-policy-1] quit
```

#---PE2 上的配置如下。

```
[PE2] interface tunnel 0/0/1
[PE2-Tunnel0/0/1] mpls te reserved-for-binding
[PE2-Tunnel0/0/1] mpls te commit
[PE2-Tunnel0/0/1] quit
[PE2] tunnel-policy 1
[PE2-tunnel-policy-1] tunnel binding destination 1.1.1.9 te tunnel 0/0/1
[PE2-tunnel-policy-1] quit
```

⑥ 在两个 PE 间建立远端 LDP 会话，交互 L2VPN 信息。

#---PE1 上的配置如下。

```
[PE1] mpls ldp
[PE1-mpls-ldp] quit
[PE1] mpls ldp remote-peer 3.3.3.9
[PE1-mpls-ldp-remote-3.3.3.9] remote-ip 3.3.3.9
[PE1-mpls-ldp-remote-3.3.3.9] quit
```

#---PE2 上的配置如下。

```
[PE2] mpls ldp
[PE2-mpls-ldp] quit
[PE2] mpls ldp remote-peer 1.1.1.9
[PE2-mpls-ldp-remote-1.1.1.9] remote-ip 1.1.1.9
[PE2-mpls-ldp-remote-1.1.1.9] quit
```

上述配置完成后，在两个 PE 上执行 **display mpls ldp session** 命令查看 LDP 会话的建立情况，可以看到，它们之间已成功建立了远端 LDP 会话。以下是在 PE1 上执行该命令的转出示例（参见输出信息中的粗体字部分）。

```
[PE1] display mpls ldp session

LDP Session(s) in Public Network
Codes: LAM(Label Advertisement Mode), SsnAge Unit(DDDD:HH:MM)
A '*' before a session means the session is being deleted.
------------------------------------------------------------------------
PeerID              Status        LAM  SsnRole  SsnAge      KASent/Rcv
------------------------------------------------------------------------
3.3.3.9:0           Operational DU    Passive  0000:00:00   1/1
------------------------------------------------------------------------
TOTAL: 1 session(s) Found.
```

⑦ 在两个 PE 上使能 L2VPN 能力，并分别以连接 CE 的三层物理接口作为 AC 接口创建到达对端的 VC 连接，VC ID 均为 101，并应用隧道策略指定绑定的 MPLS TE 隧道。

#---PE1 上的配置如下。

```
[PE1] mpls l2vpn
[PE1-l2vpn] quit
[PE1] interface gigabitethernet 1/0/0
[PE1-GigabitEthernet1/0/0] mpls l2vc 3.3.3.9 101 tunnel-policy 1
[PE1-GigabitEthernet1/0/0] quit
```

#---PE2 上的配置如下。

```
[PE2] mpls l2vpn
[PE2-l2vpn] quit
[PE2] interface gigabitethernet 2/0/0
[PE2-GigabitEthernet2/0/0] mpls l2vc 1.1.1.9 101 tunnel-policy 1
[PE2-GigabitEthernet2/0/0] quit
```

3. 配置结果验证

以上配置全部完成后，可以进行以下配置结果验证。

① 在两个 PE 上可以通过 **display mpls l2vc interface** 命令查看 L2VPN 的连接信息。正常的话，可以看到建立了一条 VC，状态为 up。以下是在 PE1 上执行该命令输出示例（参见输出信息中的粗体字部分）。

```
[PE1] display mpls l2vc interface gigabitethernet 1/0/0
 *client interface        : GigabitEthernet1/0/0 is up
  Administrator PW        : no
  session state           : up
  AC status               : up
  VC state                : up
  Label state             : 0
  Token state             : 0
  VC ID                   : 100
  VC type                 : Ethernet
  destination             : 3.3.3.9
  local group ID          : 0          remote group ID    : 0
  local VC label          : 1026       remote VC label    : 1032
  local AC OAM State      : up
  local PSN OAM State     : up
  local forwarding state  : forwarding
  local status code       : 0x0
  remote AC OAM state     : up
  remote PSN OAM state    : up
  remote forwarding state : forwarding
  remote status code      : 0x0
  ignore standby state    : no
  BFD for PW              : unavailable
  VCCV State              : up
  -----------
```

② 配置两个 CE 的接口 IP 地址，验证它们之间已经可以直接进行二层互通。

#---CE1 上的配置如下。

```
<Huawei> system-view
[Huawei] sysname CE1
[CE1] interface gigabitethernet 1/0/0
```

```
[CE1-GigabitEthernet1/0/0] ip address 192.168.1.1 255.255.255.0
[CE1-GigabitEthernet1/0/0] quit
```

#---CE2 上的配置如下。

```
<Huawei> system-view
[Huawei] sysname CE2
[CE2] interface gigabitethernet 1/0/0
[CE2-GigabitEthernet1/0/0] ip address 192.168.1.2 255.255.255.0
[CE2-GigabitEthernet1/0/0] quit
```

此时，CE1 和 CE2 已经能够相互 ping 通了。

第 6 章
SVC、Kompella 方式和
跨域 VLL 配置与管理

本章主要内容

本章节继续对另外两种方式 VLL——SVC 方式和 Kompella 方式 VLL 的技术原理及相关功能的配置与管理方法进行介绍。同时，介绍在跨 AS 域场景下，实现 CCC 方式、Martini 方式和 Kompella 方式跨域 VLL 的配置方法。最后，本章还会介绍一些典型 VLL 连接故障的排除方法。

　　【注意】如果要使用华为路由器在华为模拟器中做本章的实验，那么骨干网中的路由器设备要用模拟器中的"Router"设备，否则，实验可能会失败。

6.1　配置 SVC 方式 VLL

Martini 方式 VLL 使用 LDP 进行 VC 标签的交互，如果不使用 LDP，而是在 PE 上直接手工指定内层 VC 标签，这就是静态虚拟电路（Static Virtual Circuit，SVC）模式，所以 SVC 是 Martini 的简化版本。

6.1.1　SVC 方式 VLL 简介

SVC 方式 VLL 的 VC 标签是静态配置的，不需要在两端 PE 之间建立 VC 标签映射，所以不需要使用 LDP 信令传输 VC 标签，也不需要在两端 PE 之间配置 LDP 远端会话。**SVC 方式与 Martini 方式一样，仅支持远程连接，不支持本地连接**，其网络拓扑模型和报文交互过程与 Martini 完全相同，参见第 5 章介绍。

SVC 的报文交互示例如图 6-1 所示，VPN1、VPN2 网络中各自两个站点采用 SVC 方式 VLL 进行远程二层连接。现在以 VPN1 中的两个站点间通信为例进行介绍。

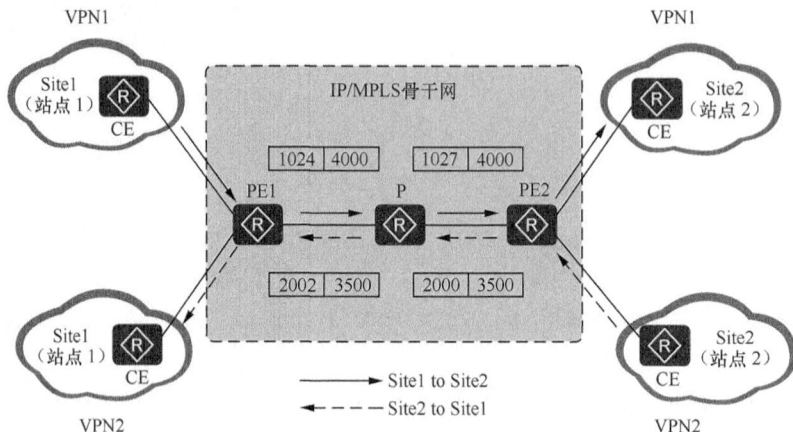

图 6-1　SVC 的报文交互示例

在 PE1 上指定报文发送的 VC 标签值为 4000，报文接收的 VC 标签值为 3500。在 PE2 上指定报文发送的 VC 标签值为 3500，报文接收的 VC 标签值为 4000。即一端 PE 的 SVC 发送 VC 标签与对端 PE 的 SVC 接收 VC 标签要保持一致。

当 VPN1 中 Site1 要发送报文到 Site2 时，PE1 为报文打上其发送 VC 标签 4000（作为内层标签），PE2 接收到这个内层标签为 4000 的报文后，根据其配置，找到接收 VC 标签为 4000 对应的 AC 接口，直接发送到对应 CE。由 VPN1 Site2 发送 Site1 报文时，会打上其发送 VC 标签为 3500（作为内层标签），PE1 接收到这个内层标签为 3500 的报文后，根据其配置，找到接收 VC 标签为 3500 对应的 AC 接口，直接发送到对应 CE。由此可知，对于同一个 VC 连接来说，**源端 PE（即 Ingress 节点）上的发送 VC 标签与目的端（即 Egress 节点）PE 的接收 VC 标签是相同的**。

至于报文在 MPLS 网络传输过程中所携带的外层 MPLS 标签分配方式与 Martini 方式 VLL 相同，也要根据所采用的隧道类型而定。如果采用 LSP 隧道，则采用 LDP 动态分配

LSP 标签。如果从 PE1 到 PE2 方向的 LSP 中，在 PE1 上为报文分配 1024 的 MPLS 出标签，经过 P 节点时又用该节点为 FEC 分配的 1027 的出标签进行替换，到 PE2 时会剥离外层的 MPLS 标签，直接根据内层的 VC 标签找到对应的 AC 接口，转发到 Site2 站点 CE。

6.1.2　SVC 方式 VLL 配置与管理

SVC 方式 VLL 是 Martini 方式 VLL 的简化，采用的是静态方式配置内层 VC 标签，不需要配置 PE 之间的远端 LDP 会话，此外与 Martini 方式 VLL 的配置方法基本一样。

在配置 SVC 方式 VLL 之前，需要完成以下任务。

- 对 MPLS 骨干网各节点配置静态路由或 IGP，实现骨干网的三层互通。
- 对 PE 和 P 设备配置 MPLS 基本能力。
- 在 PE 之间建立隧道（GRE 隧道、LSP 隧道或 TE 隧道）。当 VLL 业务需要选择 TE 隧道，或者在多条隧道中进行负载分担来充分利用网络资源时，还需要配置隧道策略，具体参见 4.6 节。

SVC 方式 VLL 的配置步骤见表 6-1。

表 6-1　SVC 方式 VLL 的配置步骤

步骤	命令	说明
1	**system-view**	进入系统视图
2	**mpls l2vpn** 例如，[Huawei] **mpls l2vpn**	使能 MPLS L2VPN 功能，并进入 MPLS L2VPN 视图
3	**quit**	返回系统视图
4	**interface** *interface-type interface-number* 例如，[Huawei] **interface vlanif 10**	进入 AC 接口视图。 SVC 方式 VLL 支持以下类型接口作为 AC 接口：GE 接口、GE 子接口、Ethernet 接口、Ethernet 子接口、Eth-Trunk 接口、Eth-Trunk 子接口、VLANIF 接口。子接口的类型可以是 Dot1q 子接口、QinQ 子接口、QinQ Mapping 子接口或 VLAN Stacking 子接口，**但均不需要配置 IP 地址和路由协议**。 当使用 S 系列交换机的 XGE 接口、GE 接口、40GE 接口、100GE 接口、Ethernet 接口、Eth-Trunk 接口作为 AC 接口时，需要执行 **undo portswitch** 命令,将二层模式切换成三层模式。 【注意】在缺省情况下，设备上全局使能链路类型自协商功能，若 L2VPN 使用 VLANIF 接口作为 AC 接口，则与该功能相冲突，需要先在系统视图下执行 **lnp disable** 命令去使能链路类型自协商功能
5	**mpls static-l2vc** { { **destination** *ip-address* | **pw-template** *pw-template-name vc-id* } * | **destination** *ip-address* [*vc-id*] } **transmit-vpn-label** *transmit-label-value* **receive-vpn-label** *receive-label-value* [tunnel-policy *tnl-policy-name* | [[**control-word** | **no-control-word**] | [**raw** | **tagged**]] * 例如，[Huawei-Vlanif10] **mpls static-l2vc destination** 1.1.1.1 **transmit-vpn-label** 100 **receive-vpn-label** 100	创建 SVC 方式 VLL 连接。 • **destination** *ip-address*：可多选参数，指定 PW 对端设备的 LSR ID。 • **pw-template** *pw-template-name*：可多选参数，指定所采用的 PW 模板名（通过 PW 模板配置 PW 属性，需要先按 5.4.6 节介绍的方法创建对应的 PW 模板）

续表

步骤	命令	说明
5	**mpls static-l2vc** { { **destination** *ip-address* | **pw-template** *pw-template-name vc-id* } * | **destination** *ip-address* [*vc-id*] } **transmit-vpn-label** *transmit-label-value* **receive-vpn-label** *receive-label-value* [tunnel-policy *tnl-policy-name* | [[**control-word** | **no-control-word**] | [**raw** | **tagged**]] * 例如，[Huawei-Vlanif10] **mpls static-l2vc destination** 1.1.1.1 **transmit-vpn-label** 100 **receive-vpn-label** 100	• *vc-id*：可选参数，为所创建的 VLL 连接分配的 VC ID，整数形式，取值范围为 1～4294967295。**同一个 PW 的两条 VC 的 VC ID 必须一致。** • **destination** *ip-address* [*vc-id*]：二选一参数，指定 PW 对端设备的 LSR ID，可同时指定所分配的 VC ID。 • **transmit-vpn-label** *transmit-label-value*：指定报文发送的 VC 标签值，整数形式，取值范围为 0～1048575。 • **receive-vpn-label** *receive-label-value*：指定报文接收的 VC 标签值，整数形式，取值范围为 16～1023。 **【注意】**两端 PE 设备的发送标签和接收标签互为对端的接收标签和发送标签，如果标签不匹配，可能会出现 static-l2vc 状态显示为 UP，但实际上却无法转发的现象。 • **tunnel-policy** *tnl-policy-name*：可选参数，指定所采用的隧道策略名称，需要先按第 4 章的 4.3 节创建。如果未指定隧道策略名，则采用缺省的策略。缺省策略指定顺序 LSP 和负载分担个数为 1。如果隧道策略名已指定，但未配置策略，仍采用缺省策略。 • **control-word** | **no-control-word**：可选项，使能或禁止控制字功能。**VLL 连接两端的控制字功能配置要一致。** • **raw** | **tagged**：可选项，指定 PW 采用 raw 或 tagged 封装类型，raw 封装方式会删除报文中的 P-Tag（也称 SD-Tag），tagged 封装方式会保留报文中的 P-Tag（也称 SD-Tag）。**VLL 连接两端的封装类型配置要一致。** 在缺省情况下，系统没有创建静态 VC，可用 **undo mpls static-l2vc** { { **destination** *ip-address* | **pw-template** *pw-template-name vc-id* } * | **destination** *ip-address vc-id* } **transmit-vpn-label** *transmit-label-value* **receive-vpn-label** *receive-label-value* [**tunnel-policy** *tnl-policy-name* | [**control-word** | **no-control-word**] | [**raw** | **tagged**]] * 命令删除指定的静态 VC
6	**mpls l2vpn service-name** *service-name* 例如，[Huawei-Vlanif10] **mpls l2vpn service-name** pw1	（可选）设置 L2VPN 的业务名称，字符串形式，不支持空格，区分大小写，取值范围为 1～15。当输入的字符串两端使用双引号时，可在字符串中输入空格。设置 L2VPN 的业务名称后，可以通过网管界面直接操作该业务名称来维护 L2VPN 业务。 **【说明】**L2VPN 的业务名称在同一个 PE 设备上具有唯一性，如果配置的业务名称已经被其他 PW 使用，则不能成功配置，系统会提示操作错误。L2VPN 业务名称的配置为覆盖式，如果该 L2VPN 业务已经配置业务名称，再进行配置时会覆盖原有名称。因此，若要修改原业务名称，不需要删除已有名称，直接配置新的业务名称即可

以上 SVC 方式 VLL 配置完成后，可以执行以下 **display** 命令查看有关 SVC VLL 的配置、SVC 连接的信息，验证配置效果。

- **display mpls static-l2vc** [**interface** *interface-type interface-number*]：查看指定或所有 SVC 方式 L2VPN 的连接信息。
- **display mpls static-l2vc brief**：查看 SVC 方式 L2VPN 连接的简要信息。

- **display l2vpn ccc-interface vc-type static-vc [down | up]**：查看 SVC 方式下状态
  为 UP/Down 的 VC 的接口信息。

6.1.3　以三层物理接口作为 AC 接口的 SVC 方式 VLL 配置示例

三层物理 AC 接口 SVC 方式 VLL 配置示例的拓扑结构如图 6-2 所示，运营商的 MPLS
网络要为用户提供不同站点间的 L2VPN 服务。用户位置固定的两个站点，分别通过 CE1
与 CE2 接入 MPLS 网络，用户要求站点间需要实现二层的直接访问，即各站点内的主机
可以直接进行二层通信。

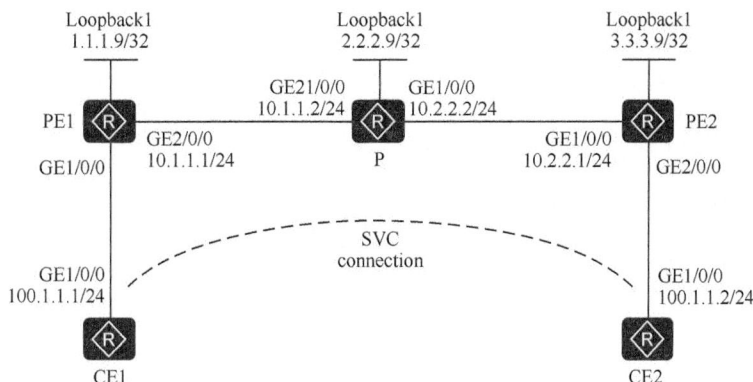

图 6-2　三层物理 AC 接口 SVC 方式 VLL 配置示例的拓扑结构

1. 基本配置思路分析

考虑用户要求两站点间需要实现二层的直接访问，可以采用相对简单的 VLL 来满足
此需求。因为两个 PE 上的用户固定不变，为减少配置量，采用手工进行配置信令信息
即可，即采用 SVC 方式 VLL 来配置。

结合上文关于 SVC 方式 VLL 特性的介绍，以及本例的具体要求，可得出本示例的
基本配置思路如下。

① 配置各设备接口（包括 Loopback 接口）的 IP 地址。

② 在骨干网各节点上配置 OSPF，实现骨干网的三层互通。

③ 在骨干网各节点上配置 MPLS 基本能力和 LDP，建立公网 LDP LSP 隧道。

④ 在两个 PE 上使能 MPLS L2VPN，并创建到达对端 PE 的静态 VC 连接，手工分
配 VC 标签。

2. 具体配置步骤

① 配置各设备接口的 IP 地址。两个 PE 上作为 AC 的接口，不需要配置 IP 地址。

#---CE1 上的配置如下。

```
<Huawei> system-view
[Huawei] sysname CE1
[CE1] interface gigabitethernet 1/0/0
[CE1-GigabitEthernet1/0/0] ip address 100.1.1.1 255.255.255.0
[CE1-GigabitEthernet1/0/0] quit
```

#---CE2 上的配置如下。

```
<Huawei> system-view
[Huawei] sysname CE2
```

```
[CE2] interface gigabitethernet 1/0/0
[CE2-GigabitEthernet1/0/0] ip address 100.1.1.2 255.255.255.0
[CE2-GigabitEthernet1/0/0] quit
```

#---PE1 上的配置如下。

```
<Huawei> system-view
[Huawei] sysname PE1
[PE1] interface gigabitethernet 2/0/0
[PE1-GigabitEthernet2/0/0] ip address 10.1.1.1 255.255.255.0
[PE1-GigabitEthernet2/0/0] quit
[PE1] interface loopback1
[PE1-Loopback1] ip address 1.1.1.9 255.255.255.0
[PE1-Loopback1] quit
```

#---PE2 上的配置如下。

```
<Huawei> system-view
[Huawei] sysname PE2
[PE2] interface gigabitethernet 1/0/0
[PE2-GigabitEthernet1/0/0] ip address 10.2.2.1 255.255.255.0
[PE2-GigabitEthernet1/0/0] quit
[PE2] interface loopback1
[PE2-Loopback1] ip address 2.2.2.9 255.255.255.0
[PE2-Loopback1] quit
```

#---P 上的配置如下。

```
<Huawei> system-view
[Huawei] sysname P
[P] interface gigabitethernet 1/0/0
[P-GigabitEthernet1/0/0] ip address 10.2.2.2 255.255.255.0
[P-GigabitEthernet1/0/0] quit
[P] interface gigabitethernet 2/0/0
[P-GigabitEthernet2/0/0] ip address 10.1.1.2 255.255.255.0
[P-GigabitEthernet2/0/0] quit
```

② 在骨干网各节点上配置 OSPF，实现骨干网的三层互通。注意：要同时发布各节点作为 LSR ID 的 32 位掩码 Loopback1 接口 IP 地址对应的主机路由。

#---PE1 上的配置如下。

```
[PE1] ospf 1
[PE1-ospf-1] area 0
[PE1-ospf-1-area-0.0.0.0] network 10.1.1.0 0.0.0.255
[PE1-ospf-1-area-0.0.0.0] network 1.1.1.9 0.0.0.0
[PE1-ospf-1-area-0.0.0.0] quit
[PE1-ospf-1] quit
```

#---PE2 上的配置如下。

```
[PE2] ospf 1
[PE2-ospf-1] area 0
[PE2-ospf-1-area-0.0.0.0] network 10.2.2.0 0.0.0.255
[PE2-ospf-1-area-0.0.0.0] network 3.3.3.9 0.0.0.0
[PE2-ospf-1-area-0.0.0.0] quit
[PE2-ospf-1] quit
```

#---P 上的配置如下。

```
[P] ospf 1
[P-ospf-1] area 0
[P-ospf-1-area-0.0.0.0] network 10.1.1.0 0.0.0.255
[P-ospf-1-area-0.0.0.0] network 10.2.2.0 0.0.0.255
[P-ospf-1-area-0.0.0.0] network 2.2.2.9 0.0.0.0
```

```
[P-ospf-1-area-0.0.0.0] quit
[P-ospf-1] quit
```

③ 在骨干网各节点上配置 MPLS 基本能力和 LDP，建立公网 LDP LSP 隧道。

#---PE1 上的配置如下。

```
[PE1] mpls lsr-id 1.1.1.9
[PE1] mpls
[PE1-mpls] quit
[PE1] mpls ldp
[PE1-mpls-ldp] quit
[PE1] interface gigabitethernet 2/0/0
[PE1-GigabitEthernet2/0/0] mpls
[PE1-GigabitEthernet2/0/0] mpls ldp
[PE1-GigabitEthernet2/0/0] quit
```

#---P 上的配置如下。

```
[P] mpls lsr-id 2.2.2.9
[P] mpls
[P-mpls] quit
[P] mpls ldp
[P-mpls-ldp] quit
[P] interface gigabitethernet 1/0/0
[P-GigabitEthernet1/0/0] mpls
[P-GigabitEthernet1/0/0] mpls ldp
[P-GigabitEthernet1/0/0] quit
[P] interface gigabitethernet 2/0/0
[P-GigabitEthernet2/0/0] mpls
[P-GigabitEthernet2/0/0] mpls ldp
[P-GigabitEthernet2/0/0] quit
```

#---PE2 上的配置如下。

```
[PE2] mpls lsr-id 3.3.3.9
[PE2] mpls
[PE2-mpls] quit
[PE2] mpls ldp
[PE2-mpls-ldp] quit
[PE2] interface gigabitethernet 1/0/0
[PE2-GigabitEthernet1/0/0] mpls
[PE2-GigabitEthernet1/0/0] mpls ldp
[PE2-GigabitEthernet1/0/0] quit
```

完成上述配置后，骨干多个节点间已经建立了 LDP 会话，执行 **display mpls ldp session** 命令可以看到显示结果中 Status 项为 **Operational**，表示会话已经建立成功。在 PE1 上执行 **display mpls ldp session** 命令的输出如图 6-3 所示，从中可以看到它已与 P 节点建立了 LDP 会话。

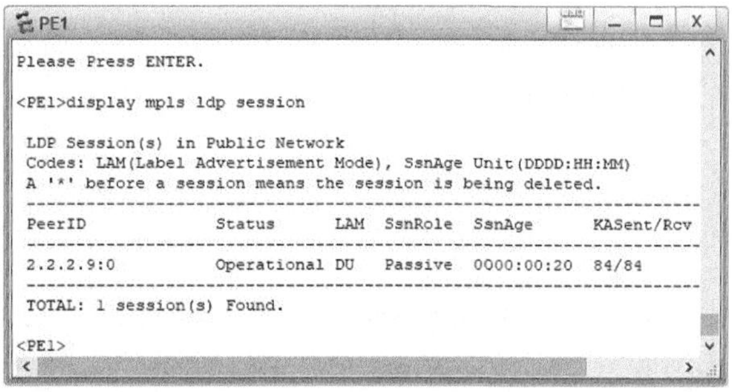

图 6-3　在 PE1 上执行 **display mpls ldp session** 命令的输出

④ 在两个 PE 上使能 MPLS L2VPN，并创建到达对端 PE 的静态 VC 连接。PE1 的 AC 接口为 GE1/0/0，PE2 的 AC 接口为 GE2/0/0。

#---PE1 上的配置如下。

假设所分配的发送 VC 标签为 100，接收 VC 标签为 200，要分别与 PE2 上创建的静态 VC 连接中的接收和发送 VC 标签一致。

```
[PE1] mpls l2vpn
[PE1-l2vpn] quit
[PE1] interface gigabitethernet 1/0/0
[PE1-GigabitEthernet1/0/0] mpls static-l2vc destination 3.3.3.9 transmit-vpn-label 100 receive-vpn-label 200
[PE1-GigabitEthernet1/0/0] quit
```

#---PE2 上的配置如下。

假设所分配的发送 VC 标签为 200，接收 VC 标签为 100，要分别与 PE1 上创建的静态 VC 连接中的接收和发送 VC 标签一致。

```
[PE2] mpls l2vpn
[PE2-l2vpn] quit
[PE2] interface gigabitethernet 2/0/0
[PE2-GigabitEthernet2/0/0] mpls static-l2vc destination 1.1.1.9 transmit-vpn-label 200 receive-vpn-label 100
[PE2-GigabitEthernet2/0/0] quit
```

3. 配置结果验证

完成以上配置后，可以进行以下配置结果验证。

① 在两个 PE 上执行 **display mpls static-l2vc** 命令可以查看 SVC 的 L2VPN 连接信息。图 6-4 所示的是在 PE1 上执行该命令的输出，从中可以看出它已建立了一条到达 PE2（3.3.3.9）的静态 VC，状态为 up。

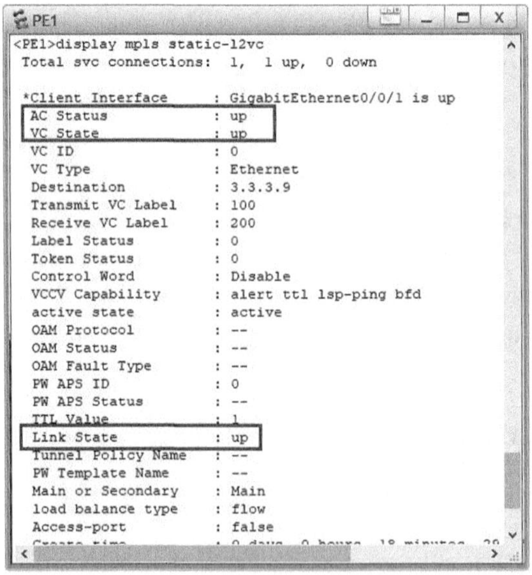

图 6-4　在 PE1 上执行 **display mpls static-l2vc** 命令的输出

② 在两个 PE 上执行 **display l2vpn ccc-interface vc-type static-vc up** 命令，可以看到它们建立的 VC 类型为静态 VC（static-vc），AC 接口为 up。在 PE1 上执行 **display l2vpn ccc-interface vc-type static-vc up** 命令的输出如图 6-5 所示。

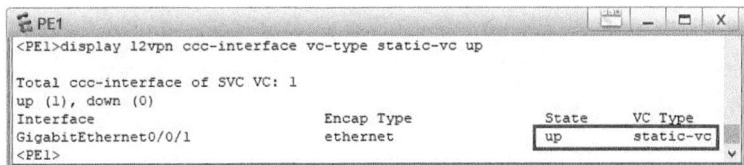

图 6-5　在 PE1 上执行 **display l2vpn ccc-interface vc-type static-vc up** 命令的输出

③ 验证 CE1 和 CE2 之间已能够相互 ping 通。CE1 成功 ping 通 CE2 的结果如图 6-6 所示，证明本示例前面的配置是正确的。

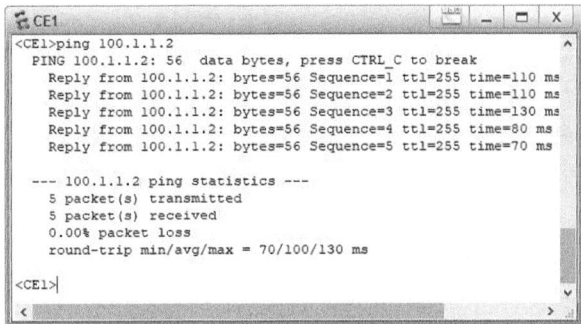

图 6-6　CE1 成功 ping 通 CE2 的结果

6.1.4　以 VLANIF 接口作为 AC 接口的 SVC 方式 VLL 多 PW 配置示例

以 VLANIF 接口作为 AC 接口的 SVC 方式 VLL 多 PW 配置示例的拓扑结构如图 6-7 所示，CE1 和 CE2（均划分了 VLAN 10 和 VLAN 20）所连接的网络属于 VPN1 网络的两个站点，位于 192.168.1.0/24 网络中；CE3 和 CE4（均划分了 VLAN 30 和 VLAN 40）所连接的网络属于 VPN2 的两个站点，位于 192.168.2.0/24 网络。现要求通过 SVC 方式 VLL 使两个 VPN 的两个站点间相同 VLAN 中的用户能实现二层互通。

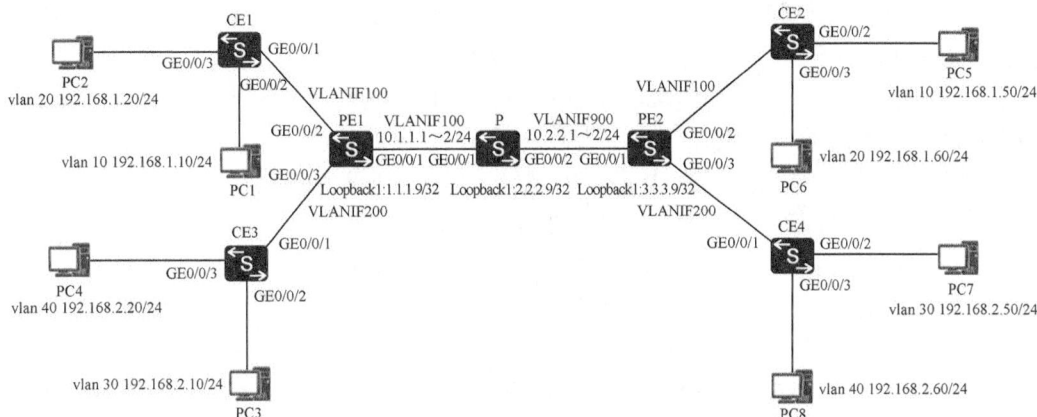

图 6-7　以 VLANIF 接口作为 AC 接口的 SVC 方式 VLL 多 PW 配置示例的拓扑结构

1.　基本配置思路分析

本示例中有两个共享：一个是多个私网 VLAN 中有用户要共享同一个 PW 进行数据

传输，另一个是不同 VPN 要共享同一条 LSP 隧道来建立所需的 PW（即多条 PW 共享同一条 LSP 隧道）。这些要求有多种方案可以实现，例如，可以通过在 PE 连接 CE 的二层接口上创建 Dot1q 终结子接口，终结一个或多个用户 VLAN（不同 VPN 中的站点对应不同的 Dot1q 终结子接口），然后以 Dot1q 终结子接口作为 PE 的 AC 接口，即可实现本示例中的两个"共享"要求。也可以采用"灵活 QinQ+VLANIF 接口"方案来实现要求，即先在 PE 连接 CE 的二层接口上配置灵活 QinQ，对一个或多个用户 VLAN 中的报文加装同一个公网 VLAN 标签，然后为这个公网 VLAN 创建 VLANIF 接口，作为 PE 的 AC 接口即可。

以上这两种方案在具体配置上有所不同。采用 Dot1q 终结子接口方案时，用户 VLAN 报文进入 PE 后先去掉一层用户的 VLAN 标签，上送 CPU 进行 MPLS 封装，然后再通过 Dot1q 终结子接口转发。如果用户报文仅带有一层 VLAN 标签时，通过 Dot1q 子接口在 MPLS 网络中传输的数据既不带用户 VLAN 标签，也不带公网 VLAN 标签，包括在到达对端 PE 设备时也不带标签。**这说明通信两端的用户 VLAN 可以一样，也可以不一样。**

采用"灵活 QinQ+VLANIF 接口"方案时，用户 VLAN 报文进入 PE 后会保留原来携带的用户 VLAN 标签，同时会加装一层公网 VLAN 标签，然后再上送 CPU 进行 MPLS 封装，最后通过公网 VLANIF 接口进行转发。此时，在 MPLS 网络中传输的数据同时带有用户 VLAN 标签和公网 VLAN 标签。到达对端 PE 时，先要去掉外层的公网 VLAN 标签，然后按照报文中携带的用户私网 VLAN 标签进行转发。**这样一来，通信两端的用户 VLAN 划分必须一致，而且配置添加的公网 VLAN 标签也必须一致**，只有这样才能使报文到达对端 PE 时，去掉公网 VLAN 标签，然后直接按照报文中的用户 VLAN 标签进行转发。

本示例采用"灵活 QinQ+VLANIF 接口"方案来进行配置。考虑用户要求两站点间需要实现二层直接访问，可采用 VLL 来满足此需求。因为两个 PE 上的用户固定不变，所以可以手工指定内层 VC 标签，方便后续维护，即采用 SVC 方式，基本的配置思路如下。

① 在各设备上创建所需 VLAN，配置各端口加入对应的 VLAN，创建所需的 VLANIF 接口，作为 PE 的 AC 接口的 VLANIF 接口不需要配置 IP 地址。

② 在两个 PE 上配置灵活 QinQ，对用户 VLAN1～20 报文加装相同的公网 VLAN 100 标签；对用户 VLAN 30～40 报文加装相同的公网 VLAN 200 标签。

③ 在骨干网各节点上配置 OSPF，实现骨干网的三层互通。

④ 在骨干网各节点上配置 MPLS 基本能力和 LDP，建立公网 LDP LSP 隧道。

⑤ 在两个 PE 上使能 MPLS L2VPN，并分别以公网 VLAN 对应的 VLANIF 接口作为 AC 接口分别为 CE1→CE2、CE3→CE4 创建静态 VC 连接，手工分配 VC 标签。

2. 具体配置步骤

① 在各设备上创建所需 VLAN，配置各端口加入对应的 VLAN，创建所需的 VLANIF 接口，担当 PE 的 AC 接口的 VLANIF 接口不需要配置 IP 地址。

\#---CE1 上的配置如下。

```
<HUAWEI> system-view
[HUAWEI] sysname CE1
[CE1] vlan batch 10 20
```

```
[CE1] interface gigabitethernet 0/0/1
[CE1-GigabitEthernet0/0/1] port link-type trunk
[CE1-GigabitEthernet0/0/1] port trunk allow-pass vlan 10 20
[CE1-GigabitEthernet0/0/1] quit
[CE1] interface gigabitethernet 0/0/2
[CE1-GigabitEthernet0/0/2] port link-type access
[CE1-GigabitEthernet0/0/2] port default vlan 10
[CE1-GigabitEthernet0/0/2] quit
[CE1] interface gigabitethernet 0/0/3
[CE1-GigabitEthernet0/0/3] port link-type access
[CE1-GigabitEthernet0/0/3] port default vlan 20
[CE1-GigabitEthernet0/0/3] quit
```

\#---CE2 上的配置如下。

```
<HUAWEI> system-view
[HUAWEI] sysname CE2
[CE2] vlan batch 30 40
[CE2] interface gigabitethernet 0/0/1
[CE2-GigabitEthernet0/0/1] port link-type trunk
[CE2-GigabitEthernet0/0/1] port trunk allow-pass vlan 30 40
[CE2-GigabitEthernet0/0/1] quit
[CE2] interface gigabitethernet 0/0/2
[CE2-GigabitEthernet0/0/2] port link-type access
[CE2-GigabitEthernet0/0/2] port default vlan 30
[CE2-GigabitEthernet0/0/2] quit
[CE2] interface gigabitethernet 0/0/3
[CE2-GigabitEthernet0/0/3] port link-type access
[CE2-GigabitEthernet0/0/3] port default vlan 40
[CE2-GigabitEthernet0/0/3] quit
```

\#---CE3 上的配置如下。

```
<HUAWEI> system-view
[HUAWEI] sysname CE3
[CE3] vlan batch 30 40
[CE3] interface gigabitethernet 0/0/1
[CE3-GigabitEthernet0/0/1] port link-type trunk
[CE3-GigabitEthernet0/0/1] port trunk allow-pass vlan 10 20
[CE3-GigabitEthernet0/0/1] quit
[CE3] interface gigabitethernet 0/0/2
[CE3-GigabitEthernet0/0/2] port link-type access
[CE3-GigabitEthernet0/0/2] port default vlan 30
[CE3-GigabitEthernet0/0/2] quit
[CE3] interface gigabitethernet 0/0/3
[CE3-GigabitEthernet0/0/3] port link-type access
[CE3-GigabitEthernet0/0/3] port default vlan 40
[CE3-GigabitEthernet0/0/3] quit
```

\#---CE4 上的配置如下。

```
<HUAWEI> system-view
[HUAWEI] sysname CE4
[CE4] vlan batch 30 40
[CE4] interface gigabitethernet 0/0/1
[CE4-GigabitEthernet0/0/1] port link-type trunk
[CE4-GigabitEthernet0/0/1] port trunk allow-pass vlan 30 40
[CE4-GigabitEthernet0/0/1] quit
[CE4] interface gigabitethernet 0/0/2
[CE4-GigabitEthernet0/0/2] port link-type access
```

```
[CE4-GigabitEthernet0/0/2] port default vlan 30
[CE4-GigabitEthernet0/0/2] quit
[CE4] interface gigabitethernet 0/0/3
[CE4-GigabitEthernet0/0/3] port link-type access
[CE4-GigabitEthernet0/0/3] port default vlan 40
[CE4-GigabitEthernet0/0/3] quit
```

#---PE1 上的配置如下。

配置要使能灵活 QinQ 功能的二层端口（例如，GE0/0/2 和 GE0/0/3）的类型必须为 Hybrid 类型，且要指定加装的外层公网 VLAN 以不带标签的方式通过，使当 PE1 向 CE1、CE3 发送数据时删除外层标签，允许对应的私网 VLAN 以带标签的方式通过。

```
<HUAWEI> system-view
[HUAWEI] sysname PE1
[PE1] vlan batch 100 200 800
[PE1] interface gigabitethernet 0/0/1
[PE1-GigabitEthernet0/0/1] port link-type trunk
[PE1-GigabitEthernet0/0/1] port trunk allow-pass vlan 800
[PE1-GigabitEthernet0/0/1] quit
[PE1] interface gigabitethernet 0/0/2
[PE1-GigabitEthernet0/0/2] port link-type hybrid
[PE1-GigabitEthernet0/0/2] port hybrid untagged vlan 100 #---允许公网 VLAN 100 以不带标签的方式通过
[PE1-GigabitEthernet0/0/2] port hybrid tagged vlan 10 20    #---允许用户 VLAN 30、40 以带标签的方式通过
[PE1-GigabitEthernet0/0/2] quit
[PE1] interface gigabitethernet 0/0/3
[PE1-GigabitEthernet0/0/3] port link-type hybrid
[PE1-GigabitEthernet0/0/3] port hybrid untagged vlan 200
[PE1-GigabitEthernet0/0/3] port hybrid tagged vlan 30 40
[PE1-GigabitEthernet0/0/3] quit
[PE1] interface vlanif 100    #---担当 PE 的 AC 接口的 VLANIF 接口无须配置 IP 地址和路由协议
[PE1-Vlanif100] quit
[PE1] interface vlanif 200
[PE1-Vlanif200] quit
[PE1] interface vlanif 800
[PE1-Vlanif800] ip address 10.1.1.1 24
[PE1-Vlanif800] quit
[PE1] interface loopback1
[PE1-Loopback1] ip address 1.1.1.9 32
```

#---PE2 上的配置如下。

配置要使能灵活 QinQ 功能的二层端口（例如，GE0/0/2 和 GE0/0/3）的类型必须为 Hybrid 类型，且要指定加装的外层公网 VLAN 以不带标签的方式通过，使当 PE2 向 CE2、CE4 发送数据时删除外层标签；允许对应的私网 VLAN 以带标签的方式通过。

```
<HUAWEI> system-view
[HUAWEI] sysname PE2
[PE2] vlan batch 100 200 900
[PE2] interface gigabitethernet 0/0/1
[PE2-GigabitEthernet0/0/1] port link-type trunk
[PE2-GigabitEthernet0/0/1] port trunk allow-pass vlan 900
[PE2-GigabitEthernet0/0/1] quit
[PE2] interface gigabitethernet 0/0/2
[PE2-GigabitEthernet0/0/2] port link-type hybrid
[PE2-GigabitEthernet0/0/2] port hybrid untagged vlan 100
[PE2-GigabitEthernet0/0/2] port hybrid tagged vlan 10 20
[PE2-GigabitEthernet0/0/2] quit
```

```
[PE2] interface gigabitethernet 0/0/3
[PE2-GigabitEthernet0/0/3] port link-type hybrid
[PE2-GigabitEthernet0/0/3] port hybrid untagged vlan 200
[PE2-GigabitEthernet0/0/3] port hybrid tagged vlan 30 40
[PE2-GigabitEthernet0/0/3] quit
[PE2] interface vlanif 100
[PE2-Vlanif100] quit
[PE2] interface vlanif 200
[PE2-Vlanif200] quit
[PE2] interface vlanif 900
[PE2-Vlanif900] ip address 10.2.2.2 24
[PE2-Vlanif900] quit
[PE2] interface loopback1
[PE2-Loopback1] ip address 3.3.3.9 32
```

#---P 上的配置如下。

P 设备连接两端 PE 的接口可以配置为 Access、Ttunk 或 Hybrid 任一类型，只需要加入对应的 VLAN 通过即可，其目的仅是把物理二层接口转换成三层模式。

```
<HUAWEI> system-view
[HUAWEI] sysname P
[P] vlan batch 800 900
[P] interface gigabitethernet 0/0/1
[P-GigabitEthernet0/0/1] port link-type trunk
[P-GigabitEthernet0/0/1] port trunk allow-pass vlan 800
[P-GigabitEthernet0/0/1] quit
[P] interface gigabitethernet 0/0/2
[P-GigabitEthernet0/0/2] port link-type trunk
[P-GigabitEthernet0/0/2] port trunk allow-pass vlan 900
[P-GigabitEthernet0/0/2] quit
[P] interface vlanif 800
[P-Vlanif800] ip address 10.1.1.2 24
[P-Vlanif800] quit
[P] interface vlanif 900
[P-Vlanif900] ip address 10.2.2.1 24
[P-Vlanif900] quit
[P] interface loopback1
[P-Loopback1] ip address 2.2.2.9 32
```

② 在两个 PE 上配置灵活 QinQ，对用户 VLAN 1～20 报文加装相同的公网 VLAN 100 标签；对用户 VLAN 30～40 报文加装相同的公网 VLAN 200 标签。

---PE1 上的配置如下。

```
[PE1] interface gigabitethernet 0/0/2
[PE1-GigabitEthernet0/0/2] qinq vlan-translation enable    //盒式设备，必须先使能 VLAN 转换功能
[PE1-GigabitEthernet0/0/2] port vlan-stacking vlan 1 to 20 stack-vlan 100    #---配置灵活 QinQ，对用户 VLAN 1～20 报
文加装相同的公网 VLAN 100 标签
[PE1-GigabitEthernet0/0/2] quit
[PE1] interface gigabitethernet 0/0/3
[PE1-GigabitEthernet0/0/3] qinq vlan-translation enable
[PE1-GigabitEthernet0/0/3] port vlan-stacking vlan 30 to 40 stack-vlan 200    #---配置灵活 QinQ，对用户 VLAN 30～
40 报文加装相同的公网 VLAN 200 标签
[PE1-GigabitEthernet0/0/3] quit
```

#---PE2 上的配置如下。

```
[PE2] interface gigabitethernet 0/0/2
[PE2-GigabitEthernet0/0/2] qinq vlan-translation enable
```

```
[PE2-GigabitEthernet0/0/2] port vlan-stacking vlan 1 to 20 stack-vlan 100
[PE2-GigabitEthernet0/0/2] quit
[PE2] interface gigabitethernet 0/0/3
[PE2-GigabitEthernet0/0/3] qinq vlan-translation enable
[PE2-GigabitEthernet0/0/3] port vlan-stacking vlan 30 to 40 stack-vlan 200
[PE2-GigabitEthernet0/0/3] quit
```

③ 在骨干网各节点上配置 OSPF，实现骨干网的三层互通。

在各节点上启动 OSPF 1 进程，加入区域 0 中。需要注意的是，需要发布 PE1、P 和 PE2 作为 LSR ID 的 32 位掩码的 Loopback1 接口 IP 地址对应的主机路由。

\#---PE1 上的配置如下。

```
[PE1] ospf 1
[PE1-ospf-1] area 0
[PE1-ospf-1-area-0.0.0.0] network 10.1.1.0 0.0.0.255
[PE1-ospf-1-area-0.0.0.0] network 1.1.1.9 0.0.0.0
[PE1-ospf-1-area-0.0.0.0] quit
[PE1-ospf-1] quit
```

\#---P 上的配置如下。

```
[P] ospf 1
[P-ospf-1] area 0
[P-ospf-1-area-0.0.0.0] network 10.1.1.0 0.0.0.255
[P-ospf-1-area-0.0.0.0] network 10.2.2.0 0.0.0.255
[P-ospf-1-area-0.0.0.0] network 2.2.2.9 0.0.0.0
[P-ospf-1-area-0.0.0.0] quit
[P-ospf-1] quit
```

\#---PE2 上的配置如下。

```
[PE2] ospf 1
[PE2-ospf-1] area 0
[PE2-ospf-1-area-0.0.0.0] network 10.2.2.0 0.0.0.255
[PE2-ospf-1-area-0.0.0.0] network 3.3.3.9 0.0.0.0
[PE2-ospf-1-area-0.0.0.0] quit
[PE2-ospf-1] quit
```

④ 在骨干网各节点上配置 MPLS 基本能力和 LDP，建立公网 LDP LSP 隧道。

\#---PE1 上的配置如下。

```
[PE1] mpls lsr-id 1.1.1.9
[PE1] mpls
[PE1-mpls] quit
[PE1] mpls ldp
[PE1-mpls-ldp] quit
[PE1] interface vlanif 800
[PE1-Vlanif800] mpls
[PE1-Vlanif800] mpls ldp
[PE1-Vlanif800] quit
```

\#---P 上的配置如下。

```
[P] mpls lsr-id 2.2.2.9
[P] mpls
[P-mpls] quit
[P] mpls ldp
[P-mpls-ldp] quit
[P] interface vlanif 800
[P-Vlanif800] mpls
[P-Vlanif800] mpls ldp
```

```
[P-Vlanif800] quit
[P] interface vlanif 900
[P-Vlanif900] mpls
[P-Vlanif900] mpls ldp
[P-Vlanif900] quit
```

#---PE2 上的配置如下。

```
[PE2] mpls lsr-id 3.3.3.9
[PE2] mpls
[PE2-mpls] quit
[PE2] mpls ldp
[PE2-mpls-ldp] quit
[PE2] interface vlanif 900
[PE2-Vlanif900] mpls
[PE2-Vlanif900] mpls ldp
[PE2-Vlanif900] quit
```

完成上述配置后，在骨干网各节点上执行 **display mpls ldp session** 命令，可以看到相邻节点间已建立了 LDP 会话。在 PE1 上执行 **display mpls ldp session** 命令的输出如图 6-8 所示，从中可以看出它已与 P 节点建立了 LDP 会话。

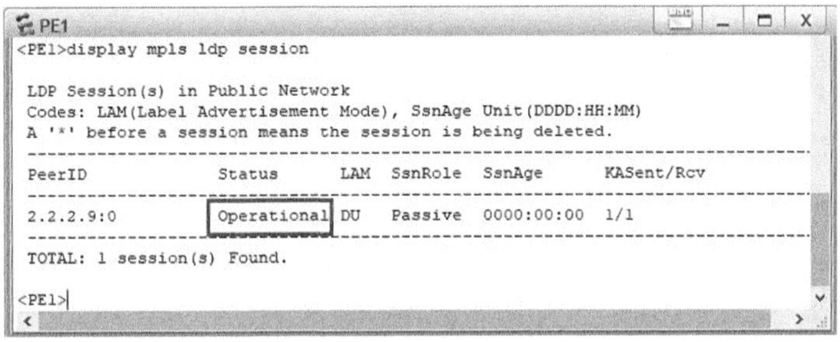

图 6-8　在 PE1 上执行 **display mpls ldp session** 命令的输出

⑤　在两个 PE 上使能 MPLS L2VPN，并以公网 VLAN 对应的 VLANIF 接口作为 AC 接口分别为 CE1→CE2、CE3→CE4 创建静态 VC 连接，手工分配 VC 标签。

#---PE1 上的配置如下。

在接入 CE1 的 VLANIF100 接口和接入 CE2 的 VLANIF200 接口上分别创建到达 PE2 的静态 VC。其中，以 VLANIF100 作为 AC 接口时的 VC 连接中的发送 VC 标签为 100，接收 VC 标签为 200；以 VLANIF200 作为 AC 接口时的 VC 连接中的发送 VC 标签为 700，接收 VC 标签为 800。

```
[PE1] mpls l2vpn
[PE1-l2vpn] quit
[PE1] interface vlanif 100
[PE1-Vlanif100] mpls static-l2vc destination 3.3.3.9 transmit-vpn-label 100 receive-vpn-label 200
[PE1-Vlanif100] quit
[PE1] interface vlanif 200
[PE1-Vlanif200] mpls static-l2vc destination 3.3.3.9 transmit-vpn-label 700 receive-vpn-label 800
[PE1-Vlanif200] quit
```

#---PE2 上的配置如下。

在接入 CE3 的 VLANIF100 接口，接入 CE4 的 VLANIF200 接口上分别创建到达 PE1 的静态 VC。其中，以 VLANIF100 作为 AC 接口时的 VC 连接中的发送 VC 标签为 200（与 PE1 端配置的对应接收标签一致），接收 VC 标签为 100（与 PE1 端配置的对应发送标签一致）；以 VLANIF200 作为 AC 接口时的 VC 连接中的发送 VC 标签为 800（与 PE1 端配置的对应的接收标签一致），接收 VC 标签为 700（与 PE1 端配置的对应的发送标签一致）。

```
[PE2] mpls l2vpn
[PE2-l2vpn] quit
[PE2] interface vlanif 100
[PE2-Vlanif100] mpls static-l2vc destination 1.1.1.9 transmit-vpn-label 200 receive-vpn-label 100
[PE2-Vlanif100] quit
[PE2] interface vlanif 200
[PE2-Vlanif200] mpls static-l2vc destination 1.1.1.9 transmit-vpn-label 800 receive-vpn-label 700
[PE2-Vlanif200] quit
```

3. 配置结果验证

以上配置完成后，可以进行以下配置结果验证。

① 在两个 PE 上执行 **display mpls static-l2vc** 命令查看静态 VC 的建立情况。在 PE1 上执行 **display mpls static-l2vc** 命令的输出如图 6-9 所示，从中可以看到建立了两条静态 VC 连接，均为 up 状态。

```
<PE1>display mpls static-l2vc
Total svc connections: 2, 2 up, 0 down

*Client Interface      : Vlanif100 is up
 AC Status             : up
 VC State              : up
 VC ID                 : 0
 VC Type               : VLAN
 Destination           : 3.3.3.9
 Transmit VC Label     : 100
 Receive VC Label      : 200
 Label Status          : 0
 Token Status          : 0
 Control Word          : Disable
 VCCV Capability       : alert ttl lsp-ping bfd
 active state          : active
 OAM Protocol          :
 OAM Status            :
 OAM Fault Type        :
 PW APS ID             : 0
 PW APS Status         :
 TTL Value             : 1
 Link State            : up
 Tunnel Policy Name    : --
 PW Template Name      : --
 Main or Secondary     : Main
 load balance type     : flow
 Access-port           : false
 Create time           : 0 days, 0 hours, 6 minutes, 28 seconds
 UP time               : 0 days, 0 hours, 3 minutes, 29 seconds
 Last change time      : 0 days, 0 hours, 3 minutes, 29 seconds
 VC last up time       : 2022/04/03 21:04:27
 VC total up time      : 0 days, 0 hours, 3 minutes, 29 seconds
 CKey                  : 2
```

图 6-9   在 PE1 上执行 **display mpls static-l2vc** 命令的输出

② 在两个 PE 上执行 **display l2vpn ccc-interface vc-type static-vc up** 命令，可以看到所建立的 VC 类型为静态 VC，AC 接口状态均为 up。在 PE1 上执行 **display l2vpn ccc-interface vc-type static-vc up** 命令的输出如图 6-10 所示，从中可以看出所创建的两条静态 VC，AC 接口状态均为 up。

```
<PE1>display l2vpn ccc-interface vc-type static-vc up

Total ccc-interface of SVC VC: 2
up (2), down (0)
Interface             Encap Type        State     VC Type
Vlanif100             vlan              up        static-vc
Vlanif200             vlan              up        static-vc
<PE1>
```

图 6-10   在 PE1 上执行 **display l2vpn ccc-interface vc-type static-vc up** 命令的输出

③ 验证相同 VLAN 中的用户可以二层互通。PC1 成功 ping 通 PC5 的结果如图 6-11 所示；PC2 成功 ping 通 PC6 的结果如图 6-12 所示。

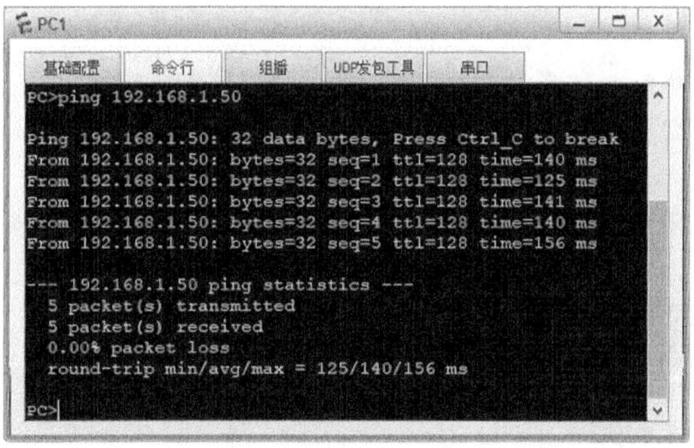

图 6-11　PC1 成功 ping 通 PC5 的结果 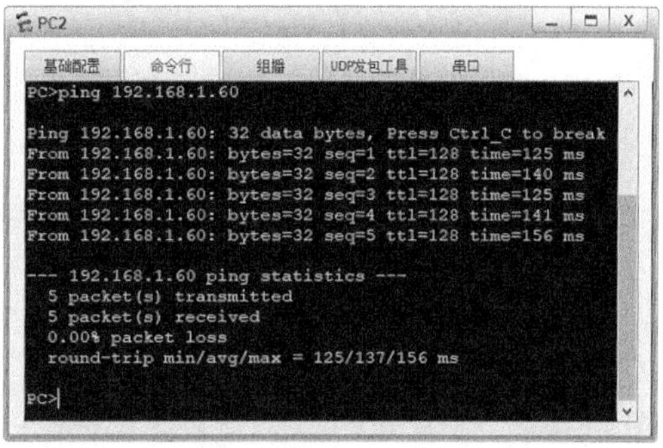　　　　　图 6-12　PC2 成功 ping 通 PC6 的结果

6.2　Kompella 方式 VLL 基础及工作原理

Kompella 方式 VLL 使用 BGP 作为信令协议，在 PE 之间传递二层信息和 VC 标签的一种 MPLS L2VPN 技术。**仅支持华为 S 系列交换机中 S5700 系列以上机型，AR G3 路由器不支持 Kompella 方式 VLL**。

6.2.1　Kompella 方式 VLL 简介

Kompella 方式 VLL 与 BGP/MPLS IP VPN 类似，也是使用 BGP 作为信令协议，通过在隧道两端的 PE 之间建立 MP-IBGP 会话，传递二层 VPN 信息（例如下文将要介绍的 VC 标签块、CE ID、封装类型等信息，中间 P 节点无须保存这些二层信息），并使用 VPN Target 来对 L2VPN 实例的 VPN 信息收发进行控制，用于区分不同的 VPN 实例，从而为组网带来了很大的灵活性。

在 Kompella 方式 VLL 中，要建立两个 CE 之间的连接，则必须在 PE 上设置本地 CE 和远程 CE 的 CE ID。但这个 CE ID 是针对具体 L2VPN 实例来分配的，也就是说**在不同的 VPN 内，CE ID 是可以相同的，但是在同一个 VPN 内部各 CE 的 ID 必须唯一**。

在内层标签的分配上，Kompella 方式虽然与上章及本章前面介绍的几种 VLL 方式完全一样，也是 VC 标签，但在具体的分配原理上，与同样采用动态分配方式的 Martini 方式 VLL 不同。

Kompella 采取标签块的方式，事先为每个 CE 分配一个 VC 标签块（Martini 方式仅分配一个 VC 标签），可用于本地 CE 与多个其他 CE 进行 VC 连接时，分配 VC 标签，这个标签块的大小决定了本地 CE 可以与多少个其他 CE 建立 VC 连接。这样做是为 VPN 分配一些额外的标签，留待以后扩容使用，使在扩容时不需要修改本地 CE 的配置，只需要在新增 CE 站点端的 PE 上进行配置即可。PE 根据这些标签块进行计算，可以得到实际上为每条 VC 连接分配的内层 VC 标签，用于报文的传输。

Kompella 方式的 VLL 既支持远程连接，也支持本地连接。Kompella 方式支持的拓扑模型如图 6-13 所示。VPN1 的 Site1 和 Site2 通过 Kompella 远程互连，VPN2 的 Site1 和 Site2 通过 Kompella 实现本地连接。

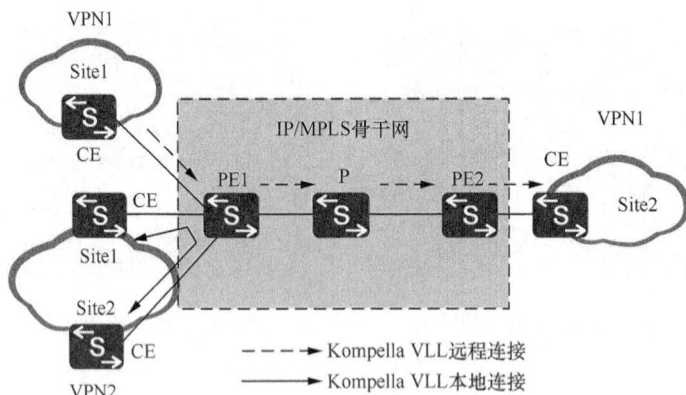

图 6-13 Kompella 方式支持的拓扑模型

要实现某两个 CE 之间的 VC 连接，需要在两端 PE 上配置好连接本端 CE 的 AC 接口与对端 CE 的 CE ID 之间的绑定关系。由于 BGP 具有节点的自动发现能力，所以 Kompella 方式 VLL 对各种复杂的拓扑支持能力更好。

Kompella 方式 VLL 的实现过程包括 VLL 的建立过程和 VLL 的报文转发两个部分。VLL 建立过程的关键部分是 PW 的建立，PW 建立好后即可进行报文的转发。Kompella 方式 VLL 报文的传输过程与 Martini 方式 VLL 类似，都是使用标准的两层标签，参见 5.4.3 节即可。但是，用于内层 VC 标签分配和交互的信令协议不同。**Martini 方式 VLL 的内层 VC 标签是采用扩展的 LDP 作为信令协议进行交互的，而 Kompella 方式 VLL 的内层 VC 标签是采用 MP-BGP 作为信令协议进行交互的。**

4 种 VLL 方式的综合比较见表 6-2。

表 6-2　4 种 VLL 方式的综合比较

实现方式	VC 标签分配方式	PW 信令协议	特征
CCC	手工指定	无	仅有一层静态 LSP 隧道,静态 LSP 携带 VC 信息
Martini	系统随机分配	LDP	有两层隧道，外层隧道为公网隧道，用于透传数据，内层隧道用 VC 标签来标识
SVC	手工指定	无	有两层隧道，外层隧道为公网隧道，用于透传数据,内层隧道用手工指定的 VC 标签来标识
Kompella	由系统根据相应标签块计算后分配	BGP	有两层隧道，外层隧道为公网隧道，用于透传数据，内层隧道用 VC 标签来标识

6.2.2　VC 标签块简介

Kompella 方式的复杂性主要体现在对 VC 标签块的理解和 VC 标签计算这两个方面。Kompella 方式的内层 VC 标签是采用 MP-BGP 作为信令协议在隧道两端 PE 之间进行交互的（两端 PE 之间事先要建立好 MP-IBGP 对等体关系），交互的内容是标签块（Label Block）和 CE ID 等信息。标签块是 PE 分配给特定 CE 的，用于该 CE 与其他 CE 建立 VC 连接、分配 VC 标签时所用的一个连续标签范围，由以下 3 个参数描述。

- 标签块的起始标签（Label Base，LB）：即本标签块的第一个标签号。
- 标签块的大小（Label Range，LR）：即本标签块中共有多少个标签。
- 标签块的偏移（Label-block Offset，LO）：即本标签块前面，本 CE 其他标签块中还有多少个标签。

通过 LO 可以获知本 CE 标签块前面所有分配给该 CE 的标签块大小的总数。VC 标签块示例如图 6-14 所示，第 1 个标签块为 CE1 的标签块 Block1，LR 为 3，LO 为 0；第 2 个标签块为 CE2 的标签块 Block1，LR 为 3，因为它前面没有 CE2 的其他标签块，所以它的 LO 也为 0；第 3 个标签块也是 CE1 的标签块，因为它的前面已经有一个 CE1 的标签块 Block1 了（大小为 3），所以它的 LO 就是 3。又例如某 CE 的第 1 个标签块的 LR 为 100，LO 为 0；第 2 个标签块的 LR 为 80，那么第 2 个标签块的 LO 就是 100。如果再为该 CE 新增第 3 个标签块，LR 为 50，则它的 LO 就是 100+80=180。

当 PE 要增加一个 CE 的相关配置时，需要指定该标签块的大小 LR，但 LB（起始标签）是由 PE 根据标签分配原则自动分配的。这个标签块作为 BGP Update 消息中的一个 NLRI 条目通过 MP-BGP 传递到其他 PE 上。当该 CE 的配置被删除或者 PE 与该 CE 的连接失效，那么这个标签块也会被删除，BGP 同样会做撤销通告。

假设在开始部署 Kompella 方式的某 VPN 时，CE1 需要与远端其他 CE 建立两条 VC，那么这时定义标签块的大小不能小于 2。为了今后扩容，也可以定义 Rang=10。但无论 Rang 的大小，随着网络扩容 VC 数量的增加，都有可能出现标签不够用的情况。这就涉及一个非常实际的问题，即如何修改 CE 的标签空间。

此时，如果给该 CE 重新定义标签块的大小，要准备一个更大的标签空间。但是这会导致原来 CE 之间建立的 VC 连接中断，鉴于原来的标签块信息已经通过 BGP Update 消息的 NLRI 传递给其他 PE，并且这个标签块已经被各 PE 用于计算 VC 标签和实际数据的转发。为了不破坏原有的 VC 连接，还有一个折中的方法，即为这个 CE 重新分配一个新的标签块，并且用一条新的 NLRI 条目通过 BGP Update 消息通告给其他 PE。也就是说，一个 CE 的标签空间可以由许多个标签块组成，**而且各标签块中的标签号可以是不连续的**，这种机制很好地解决了网络扩展的需求。在图 6-14 中，为 CE1 创建了两个 VC 标签块。

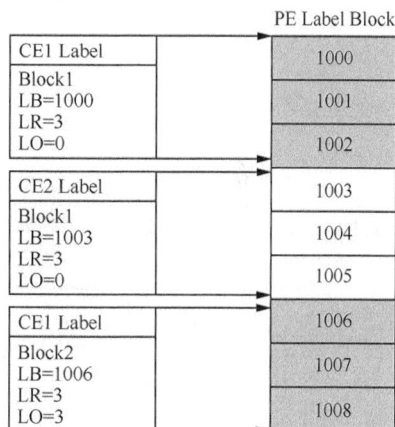

图 6-14　VC 标签块示例

6.2.3　VC 信息的交互信令

Kompella 方式的报文交互过程与 Martini 方式的报文交互过程类似，都使用标准的两层标签：外层为 Tunnel 标签，内层为 VC 标签。Martini 方式的内层标签是采用扩展的 LDP 作为信令进行交互，而 Kompella 方式的内层标签则是采用 MP-BGP 作为信令进行交互，二者 VC 表项的形式略有不同。

　　MP-BGP 的 Update 消息原本只是用来传递三层路由信息的，为了实现交互二层的 VC 信息，Kompella 对 MP-BGP 的 NLRI 部分做了空间扩展，用于携带 L2VPN 的信息。MP-REACH_NLRI 属性用来通知新的多协议路由并进行 VC 标签分配，携带有可达的目的地址（本端 PE 的 LSR ID）、下一跳 IP 地址，在 NLRI 部分，包括本端 CE ID 和用于进行 VC 标签分配的标签块等信息；MP-UNREACH_NLRI 属性用来撤销指定的多协议路由并进行 VC 标签释放，携带要撤销的不可达的目的地址、下一跳 IP 地址，在 NLRI 部分，包括本端 CE ID 和要释放的 VC 标签对应的标签块等信息。

　　与三层 BGP/MPLS IP VPN 类似，Kompella 方式的 L2VPN 也使用了路由标识（Route-Distinguisher，RD）和 VPN Target 的信息，分别对 L2VPN 实例进行标识，控制 L2VPN 信息的发布和接收。因为 VC 是点到点的连接，所以如果一个 CE 需要与多个 CE 建立 VC，那么该 CE 就需要有多个接口或者子接口与 PE 进行连接。VPN 成员关系依靠二层 VPN 的 RD 和 VPN Target 来确定，接口参数信息、RD 和 VPN Target 都在 BGP 的 Update 消息中的扩展团体属性中传递。

　　MP-BGP NLRI 部分的扩展信息如图 6-15 所示，该图是 Kompella 方式 MP-BGP NLRI 中描述标签块的信息，主要包括 RD、CE ID、标签块中的 LO 和 LB，在可变长的 TLV 部分有一个电路状态向量（Circuit Status Vector，CSV）部分用于描述标签块的 LR、Tunnel Status（隧道状态）等。

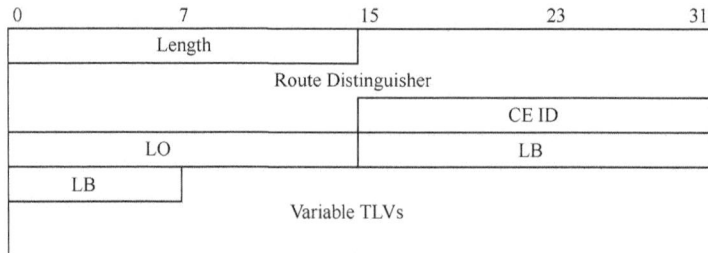

图 6-15　MP-BGP NLRI 部分的扩展信息

　　为了携带更多的 L2VPN 信息，在 MP-BGP NLRI 中定义了一个新的二层信息扩展团体属性，二层信息扩展团体属性结构如图 6-16 所示。二层信息扩展团体字段描述见表 6-3。

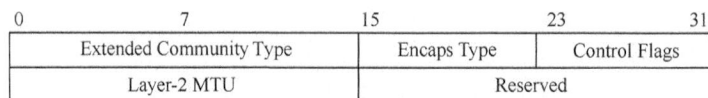

图 6-16　二层信息扩展团体属性结构

表 6-3　二层信息扩展团体字段描述

字段名	含义	位数/bit	说明
Extended Community Type	扩展团体类型	16	—
Encaps Type	封装类型	8	标识二层封装类型
Control Flags	控制字	8	—
Layer-2 MTU	二层 MTU 值	16	—
Reserved	保留	16	—

6.2.4　PW 的建立和拆除流程

在了解了 Kompella 方式的 VC 标签块和所交互的信令信息后，下面正式介绍 Kompella 方式 VLL 的 PW 建立和拆除原理。

1. PW 的建立流程

当隧道两端的两个 CE 之间要建立 PW 时，两端 CE 所连接的 PE 分别使用 MP-BGP 中 MP-REACH 属性传递 VLL 的标签信息，建立两个 CE 之间的 PW 连接，利用 MP-BGP 建立 PW 的过程如图 6-17 所示。

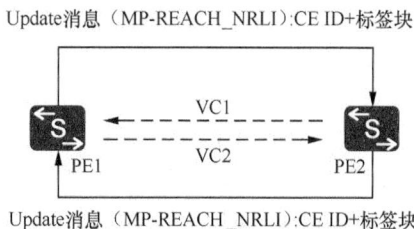

图 6-17　利用 MP-BGP 建立 PW 的过程

① 在 PE1 和 PE2 之间建立 MP-IBGP 会话后，则可以在两个 PE 连接的 CE 之间建立 VC 连接。假设 PE1 向 PE2 发送一个携带 MP-REACH_NLRI 属性的 Update 消息进行路由更新，包括 PE1 所连接的 CE 的 CE ID 和为该 CE 分配的标签块信息。

② 当 PE2 收到该 Update 消息后，先要进行 CE ID 检查（具体在下节介绍），然后 PE2 根据连接的 CE 的 CE ID 和 Update 消息中携带的标签块，计算出作为 PE2 分配给从本地 CE 到 PE1 所连接 CE 的 VC 所发送的 VC 标签（假设 **a**），此时，单向 VC1 连接建立成功。

③ PE2 也可以根据来自 PE1 的 Update 消息中携带的 CE ID 和本地标签块，计算出 PE2 分配给从 PE1 到 PE2 的 VC 所接收的 VC 标签（假设为 **b**）。然后，PE2 也会向 PE1 发送 BGP Update 消息，包含本端 CE ID 和标签块信息。

④ PE1 收到 PE2 发来的 Update 消息后，同样先要经过 CE ID 检查，通过后再根据本端连接的 CE ID 和 Update 消息中携带的标签块，计算出 PE1 分配给从 PE1 到 PE2 的 VC 所发送的 VC 标签（要与 PE2 分配给 VC2 的接收 VC 标签一致，也为 **b**），这样也可以成功建立 VC2 连接。同时，PE1 根据 Update 消息中携带 CE2 的 CE ID 和本地标签块，计算出 PE1 分配给从 PE2 到 PE1 的 VC 所接收的 VC 标签（要与 PE2 分配给 VC1 所发送的 VC 标签一致，也为 **a**）。

至此，PE1 和 PE2 之间的双向 VC（VC1 和 VC2）连接已经建立，即 PE1 和 PE2 之间的 PW 已经建立。

【经验提示】从以上 VC 连接的建立过程可以看出，PE 进行 VC 标签的计算依据是本端的 CE ID 和对端的标签块，针对同一个 VC 连接，源端 PE（Ingress）分配的发送 VC 标签要与目的端 PE（Egress）分配的接收 VC 标签一致，反之亦然。

2. PW 的拆除流程

当某个 CE 之间的 VC 连接出现了故障，两端 CE 所连接的 PE 分别使用 MP-BGP 携带 MP-UNREACH_NLRI 属性的 Update 消息拆除对应的 PW，利用 MP-BGP 拆除 PW 的过程如图 6-18 所示。

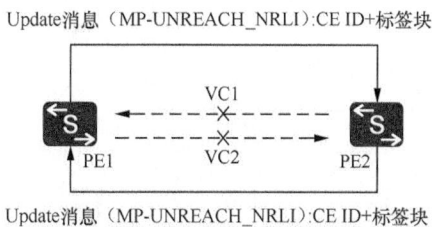

图 6-18　利用 MP-BGP 拆除 PW 的过程

① 当 PE1 要取消 PE2 端连接的 CE 与本端连接的 CE 建立的 PW 时，PE1 向 PE2 发送携带 MP-UNREACH_NLRI 属性的 Update 消息，包括 PE1

端连接的 CE 的 CE ID 和标签块信息。

② PE2 收到该消息后，根据报文中携带的 CE ID 和标签块信息释放对应的 VC 标签，并拆除 VC1 连接。同时，向 PE1 以携带 MP-UNREACH_NLRI 属性的 Update 消息进行响应，该 Update 消息中携带有 PE2 端连接的 CE 的 CE ID 和标签块信息。

③ PE1 收到来自 PE2 的 Update 消息后，也根据报文中携带的 CE ID 和标签块信息，拆除 VC2 连接，释放对应的 VC 标签。

6.2.5　VC 标签的计算

VC 标签块只确定了在本 CE 与其他 CE 进行 VC 连接时可用的标签，为与多个其他 CE 连接一次性提供了可分配的多个 VC 标签，但是在本端 CE 与其他 CE 建立 VC 连接时所采用的具体标签是哪个，甚至在这两个 CE 之间是否可以建立 VC 连接，还与本端 CE 上配置的标签空间和对端 CE 上所配置的 CE ID 有关。

一条 VC 连接只分配一个 VC 标签，但这个 VC 标签对于两端 PE 来说，叫法是不同的：在 VC 连接的源端 PE（Ingress 节点）上称为发送标签，或称为出标签（Out Label），目的端 PE（Egress 节点）上称为接收标签，或称为入标签（In Label）。也就是说，**对于同一个 VC 连接来说，两端 PE 所分配的 VC 标签值是一样的**，只是叫法不同。其实这与 LSP 标签是一样的，如果两个 PE 直接连接或配置了远程会话，对于一条 LSP 来说，目的端 PE 上分配的 LSP 标签是入标签，源端 PE 分配的 LSP 标签是出标签，且这两个 LSP 标签是相同的，因为上游节点的出标签等于下游节点的入标签。

CE ID 是用来在同一个 VPN 内唯一标识 CE 的参数，即在同一个 VPN 内，各 CE 的 CE ID 必须是互不相同的。每个 BGP Update 消息的 NLRI 部分会由 CE ID 携带，这样就可以将不同的标签块与本地 CE 相关联。但 CE ID 除了用于标识 CE，还用于 VC 标签的计算，所以不能随便选择 CE ID。当一个远程 CE 要与本 CE 建立 VC 连接时，假设本端 CE 配置的 Range 值（总标签数）为 x（如果存在多个标签块，则 Range 值为多个标签块中的标签数总和），要与 CE ID 为 y 的对端 CE 进行连接时，则必须满足 $x>y$ 的条件。

VC 标签计算示例（一）如图 6-19 所示。PE-A、PE-B 要为属于同一个 VPN 实例的 CE-m 和 CE-n 建立一条 VC（m 为 CE-m 的 CE ID，n 为 CE-n 的 CE ID）连接。现假设 PE-A 收到 PE-B 发来一条携带有 MP-REACH_NLRI 属性的 Update 消息，标签块为 LBn/LRn/LOn。VC 标签计算示例中的标签块参数定义见表 6-4。

图 6-19　VC 标签计算示例（一）

表 6-4　VC 标签计算示例中的标签块参数定义

内容	定义	内容	定义
PE-A 为 CE-m 分配的标签块	Lm	PE-B 为 CE-n 分配的标签块	Ln
Lm 的标签块偏移	LOm	Ln 的标签块偏移	LOn

内容	定义	内容	定义
Lm 的起始标签	LBm	Ln 的起始标签	LBn
Lm 的标签大小，存在多个标签块时，为多个标签块的标签数总和	LRm	Ln 的标签大小，存在多个标签块时，为多个标签块的标签数总和	LRn

当 PE-A 收到由 PE-B 发送，包含分配给 CE-n 的标签块 LBn/LRn/LOn 的 MP-BGP Update 消息后，按照以下步骤为 CE-n 与 CE-m 建立 VC 连接时进行 VC 标签计算（CE-m 与 CE-n 建立 VC 连接时的计算 VC 标签步骤一样）。

① PE1 检查从 PE-B 收到 Update 消息中关于 CE-n 的封装类型（Ethernet 封装和 VLAN 封装）是否与 PE1 上为 CE-m 配置的封装类型一致。一致则进行下一步处理，否则停止处理。

② 检查 Update 消息中 CE-n 的 CE ID，看是否与 CE-m 的 CE ID 相同，即检查 m 与 n 的值是否相同，如果相同则报错，然后停止处理，不同则继续下一步处理。在同一个 VPN 实例中，各 CE 的 CE ID 不能相同。

③ 如果 CE-m 有多个标签块，本端为该 VC 连接分配的 VC 标签（假设为 x）一定要在本地标签范围中，即 LBm（起始标签）$\leq x <$ LBm + LRm（标签大小）。同时，检查 CE-m 的这些标签块是否满足：LOm（标签块的偏移）$\leq n <$ LOm + LRm，其中，n 为 CE-n 的 CE ID。即对端的 **CE ID 必须大于本端某标签块的标签块偏移 LO**，而小于该标签块范围中的最大标签值（**LO+LR**）。如果 PE-A 为 CE-m 分配的任何一个标签块中的最大标签值都无法满足，则报错，然后停止处理。

【注意】在 PE 进行 VC 连接建立条件判断时，以上的 m 特指本端 PE 所连接的 CE 的 CE ID，n 特指对端 PE 所连接的 CE 的 CE ID，不是固定的。

例如，CE-m 某个标签块中的 LOm 为 100，LRm 为 5，则如果要从这个标签块中为 CE-n 到 CE-m 的 VC 连接分配 VC 标签，则 CE-n 的 CE ID（n）必须小于 100+5=105，否则无法在该标签块中为该 VC 连接分配 VC 标签。

④ 检查 CE-n 的 CE ID 与 CE-m 标签块是否一样，PE-A 再检查 CE-m 的 CE ID 和 CE-n 标签块的关系，查看是否满足：LO$n \leq m <$ LOn + LRn 的要求。如果 PE-B 为 CE-n 分配的任何一个标签块中的最大标签值都不满足上述要求，则报错，然后停止处理。

⑤ 检查 PE-A 和 PE-B 之间的外层隧道是否正常建立。如果没有正常建立，则停止处理。

⑥ 一对 CE 之间如果需要建立两条相反方向的 VC，即一条 PW，则每个 PE 都会对这两条相反方向的 VC 进行 VC 标签的计算，具体计算方法如下。

- PE 作为 VC 连接的 Egress 节点时，计算的 VC 标签为接收标签，或称为入标签。接收 VC 标签的计算方法：**本端 CE 的 CE ID 与对端标签块中的起始标签 LB 之和，再减去对端标签块的偏移 LO**。

图 6-10 的示例中，PE-A 为从 CE-n 到达 CE-m（PE-A 作为 Egress 节点）方向的 VC 连接分配的接收 VC 标签（即入标签），计算公式为：LBn + m − LOn，与 PE2 为该 VC 连接所分配的发送 VC 标签（也可以理解为出标签）一致。

- PE 作为 VC 连接的 Ingress 节点时，计算的 VC 标签为发送标签，或称为出标签。发送 VC 标签的计算方法：**对端的 CE ID 与本端标签块中的起始标签 LB 之和，再减去本端标签块的偏移 LO**。

图 6-19 的示例中，PE-A 为从 CE-*m* 到 CE-*n*（PE-A 作为 Ingress 节点）方向的 VC 连接分配的发送 VC 标签的计算公式为：LB*m* + *n* − LO*m*，与 PE2 为该 VC 连接所分配的接收 VC 标签一致。

当内/外层标签都已经计算出来，并且 VC 处于 up 状态后，则可以继续进行二层报文的传输了。

6.2.6　VC 标签计算示例

VC 标签计算示例（二）如图 6-20 所示。假设 PE1 与 PE2 之间是通过 MP-BGP 来交换标签块信息的，CE1 的 CE ID 为 1，CE2 的 CE ID 为 2，以此类推。

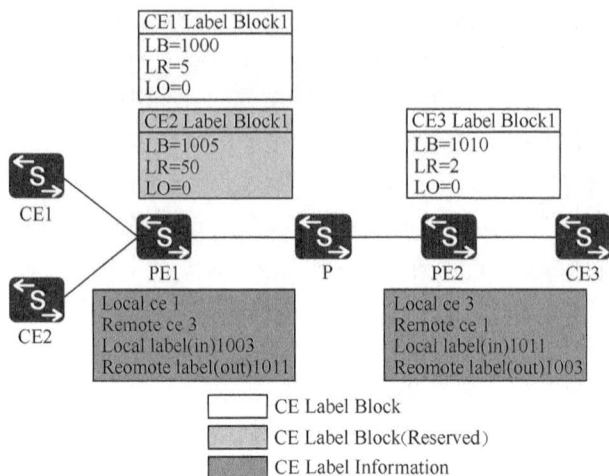

图 6-20　VC 标签计算示例（二）

假设 PE1 为 CE1 分配的标签块 LB/LR/LO=1000/5/0，并且收到 PE2 给 CE3 分配的标签块 LB/LR/LO=1000/2/0。根据上节介绍的 VC 标签计算规则可以计算出 CE1 与 CE3 建立双向 VC 连接时的发送标签和接收标签，具体步骤如下。

① PE1 对从 CE1 到 CE3 建立双向 VC 连接的条件判断。PE1 对 CE1 到 CE3 建立双向 VC 连接的条件进行判断的方法是看两端 CE 的 CE ID 是否大于或等于对端标签块的偏移 LO，而小于对端标签块的偏移 LO 与标签块大小 LR 之和，PE1 对 CE1 到 CE3 建立双向 VC 连接的条件进行判断见表 6-5。其中，*m* 为 CE1 的 ID，即等于 1，*n* 为 CE3 的 CE ID，即等于 3。

表 6-5　PE1 对 CE1 到 CE3 建立双向 VC 连接的条件进行判断

参数	数值	是否满足 LO*m*≤*n*<LO*m*+LR*m*	是否满足 LO*n*≤*m*<LO*n*+LR*n*
m	1		
LB*m*	1000		
LR*m*	5		
LO*m*	0		
n	3	0<3<0+5，满足条件	0<1<0+2，满足条件
LB*n*	1010		
LR*n*	2		
LO*n*	0		

② PE1 进行 VC 标签计算。在满足上一步的条件后，PE1 即可对 CE1 与 CE3 建立双向 VC 连接时的 VC 标签进行计算，具体方法见表 6-6。

表 6-6　PE1 进行 VC 标签的计算

参数	数值	为 CE3 到 CE1 的 VC 连接分配的接收 VC 标签（即入标签）的计算公式：LBn+m-LOn	为 CE1 到 CE3 的 VC 连接分配的发送 VC 标签（即出标签）的计算公式：LBm+n-LOm
m	1		
LBm	1000		
LRm	5		
LOm	0		
n	3	1010+1-0=1011	1000+3-0=1003
LBn	1010		
LRn	2		
LOn	0		

③ PE2 对 CE1 到 CE3 建立双向 VC 连接的条件进行判断。PE2 对 CE1 到 CE3 建立双向 VC 连接的条件进行判断的方法与 PE1 的判断方法是一样的，但在判断公式中，m 和 n 要互换，即此时的 m 为 CE3 的 ID，即等于 3，n 为 CE1 的 CE ID，即等于 1，具体见表 6-7。

表 6-7　PE2 对 CE1 到 CE3 建立双向 VC 连接的标签进行判断

参数	数值	是否满足 LOm≤n<LOm+LRm	是否满足 LOn≤m<LOn+LRn
m	3		
LBm	1010		
LRm	2		
LOm	0		
n	1	0<1<0+2，满足条件	0<3<0+5，满足条件
LBn	1000		
LRn	5		
LOn	0		

④ PE2 进行 VC 标签的计算。在满足上一步的条件后，PE2 即可对 CE1 到 CE3 建立双向 VC 连接时的 VC 标签进行计算，方法也与 PE1 的计算方法一样，只是计算公式中的 m 和 n 要互换，具体见表 6-8。

表 6-8　PE2 进行 VC 标签的计算

参数	数值	为 CE1 到 CE3 的 VC 连接分配的接收 VC 标签（即入标签）的计算公式：LBn+m-LOn	为 CE3 到 CE1 的 VC 连接分配的发送 VC 标签（即出标签）的计算公式：LBm+n-LOm
m	3		
LBm	1010		
LRm	2		
LOm	0		
n	1	1000+3-0=1003	1010+1-0=1011
LBn	1000		
LRn	5		
LOn	0		

【说明】从表 6-6 和表 6-8 给出的 VC 标签计算结果可以看出，对于同一个 VC 连接，一端 PE 计算出的接收 VC 标签（入标签）与另一端 PE 计算出的发送 VC 标签（出标签）是一致的，反之亦然。

6.2.7　新增标签块示例

在上节介绍的 VC 标签示例中，在两个 PE 的 VC 连接建立条件的判断中是直接满足条件的，没有修改标签大小的情况。本示例再介绍一个在开始阶段，VC 连接建立条件不满足，要通过修改标签大小、新增标签块来满足建立条件的示例。

假设在图 6-20 的 P 节点新连接 PE3，PE3 下面连接 CE13，新增标签块示例如图 6-21 所示。现在，CE13 也要与 CE1 建立 VC 连接，PE3 为 CE13 分配的标签块为 LB/ LR/LO= 1000/4/0。下面分别介绍 PE1 和 PE3 对 CE13 与 CE1 之间建立双向 VC 连接的标签计算。

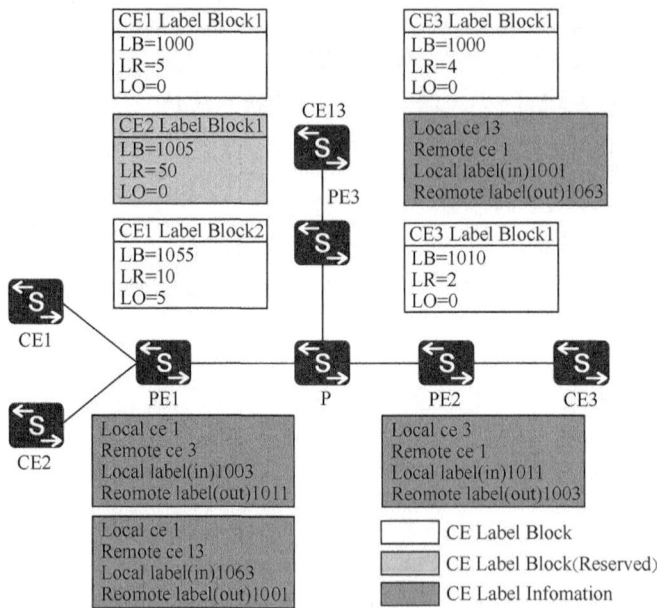

图 6-21　新增标签块示例

① PE1 到 CE1、到 CE13 能否建立双向 VC 连接的条件判断见表 6-9。

表 6-9　PE1 到 CE1、到 CE13 能否建立双向 VC 连接的条件判断

参数	数值	是否满足 $LOm \leqslant n < LOm+LRm$	是否满足 $LOn \leqslant m < LOn+LRn$
m	1		
LBm	1000		
LRm	5		
LOm	0	0<13，满足条件，但 $LOm(0)+LRm$	
n	13	（5）=5<13，不满足条件	0<1<0+4，满足条件
LBn	1000		
LRn	4		
LOn	0		

从表 6-9 可以看出，CE ID 为 13，大于 CE1 的 LO+LR，不能计算出 CE1 的发送标

签，所以需要更改 PE1 上的 CE1 的总标签大小。

② PE1 再对 CE1 到 CE13 建立双向 VC 连接的标签进行判断见表 6-10，修改 CE1 的总标签大小，新增标签块。假设修改 CE1 的总标签大小为 15，因为原来 CE1 分配的标签块大小 LR 为 5，所以新增的标签块大小为 10，即 CE1 的第 2 个标签块参数为：LB/LR/LO=1055/10/5，然后重新按照表 6-10 进行条件判断。

表 6-10　PE1 再对 CE1 到 CE13 建立双向 VC 连接的标签进行判断

参数	数值	是否满足 $LOm \leqslant n < LOm+LRm$	是否满足 $LOn \leqslant m < LOn+LRn$
m	1		
LBm	1055		
LRm	10		
LOm	5	5＜13＜10+5，满足条件	0＜1＜0+4，满足条件
n	13		
LBn	1000		
LRn	4		
LOn	0		

③ PE3 对 CE1 到 CE13 能否建立双向 VC 连接的条件进行判断。PE3 会收到 PE1 为 CE1 分配的两个标签块，即 LB/LR/LO=1000/5/0 和 LB/LR/LO=1055/10/5，然后也进行 VC 连接建立的条件判断，PE3 对 CE1 到 CE13 建立双向 VC 连接的标签进行判断见表 6-11。

表 6-11　PE3 对 CE1 到 CE13 建立双向 VC 连接的标签进行判断

参数	数值	是否满足 $LOm \leqslant n < LOm+LRm$	是否满足 $LOn \leqslant m < LOn+LRn$
m	13		
LBm	1000		
LRm	4		
LOm	0	0＜1＜0+4，满足条件	5＜13＜10+5，满足条件
n	1		
LBn	1055		
LRn	10		
LOn	5		

④ PE1 和 PE3 对 CE13 到 CE1 建立双向 VC 连接的标签进行计算。

在 PE1 和 PE3 的条件判断都被满足后，PE1 和 PE3 可以为 CE1 与 CE13 建立双向 VC 连接计算 VC 标签，PE1 进行 VC 标签的计算见表 6-12、PE3 进行 VC 标签的计算见表 6-13。

表 6-12　PE1 进行 VC 标签的计算

参数	数值	为 CE13 到 CE1 的 VC 连接分配的接收 VC 标签（即入标签）的计算公式：$LBn+m-LOn$	为 CE1 到 CE13 的 VC 连接分配的发送 VC 标签（即出标签）的计算公式：$LBm+n-LOm$
m	1		
LBm	1055		
LRm	10	1000+1−0=1001	1055+13−5=1063
LOm	5		
n	13		

参数	数值	为 CE13 到 CE1 的 VC 连接分配的接收 VC 标签（即入标签）的计算公式：LB*n*+*m*−LO*n*	为 CE1 到 CE13 的 VC 连接分配的发送 VC 标签（即出标签）的计算公式：LB*m*+*n*−LO*m*
LB*n*	1000		
LR*n*	4	1000+1−0=1001	1055+13−5=1063
LO*n*	0		

表 6-13　PE3 进行 VC 标签的计算

参数	数值	为 CE1 到 CE13 的 VC 连接分配的接收 VC 标签（即入标签）的计算公式：LB*n*+*m*−LO*n*	为 CE13 到 CE1 的 VC 连接分配的发送 VC 标签（即出标签）的计算公式：LB*m*+*n*−LO*m*
m	13		
LB*m*	1000		
LR*m*	4		
LO*m*	0		
n	1	1055+13−5=1063	1000+1−0=1001
LB*n*	1055		
LR*n*	10		
LO*n*	5		

6.3　Kompella 方式 VLL 配置与管理

Kompella 方式 VLL 包括的配置任务如下。如果建立本地连接，则不需要配置 PE 之间交互 L2VPN 信息。对于可选步骤，请根据情况选择配置。**Kompella 方式 VLL 仅支持华为 S 系列交换机，AR G3 系列路由器不支持。**

① 配置 PE 之间交互 L2VPN 信息。如果建立本地连接，则不需要配置。

② 配置 PE 上的 L2VPN 实例。

③ 配置 CE 连接。

④（可选）配置 BGP L2VPN 的反射器。由于应用较少，所以在此不作介绍。

在配置 Kompella 方式 VLL 前，需要完成以下任务（如果建立本地连接，则不需要配置）。

- 对 MPLS 骨干网（PE、P）配置静态路由或 IGP，实现骨干网的 IP 连通性。如果建立本地连接，则不需要配置。

- 对 PE 和 P 配置 MPLS 基本能力。如果建立本地连接，则不需要配置 IGP 和 LDP，且不涉及 P 设备。

- 在 PE 之间建立隧道（LSP 隧道或 TE 隧道）。如果建立本地连接，则不需要配置。当 VLL 业务需要选择 TE 隧道，或者在多条隧道中进行负载分担来充分利用网络资源时，还需要配置隧道策略。具体参见第 4 章 4.6 节。

6.3.1　配置 PE 间交互 L2VPN 信息

在 Kompella 方式 VLL 组网中，PE 之间需要通过 MP-BGP 来传递标签块等 L2VPN

信息，所以要在 PE 之间建立 MP-IBGP 对等体关系，并使能 L2VPN 地址族，PE 之间交互 L2VPN 信息的配置步骤见表 6-14。**但如果建立的是 Kompella 方式本地连接，则不需要进行本项配置任务的配置，因为此时多个 CE 是连接在同一个 PE 上的。**

表 6-14　PE 之间交互 L2VPN 信息的配置步骤

步骤	命令	说明
1	**system-view**	进入系统视图
2	**mpls l2vpn** 例如，[HUAWEI] **mpls l2vpn**	使能 MPLS L2VPN 功能，并进入 MPLS L2VPN 视图
3	**quit**	返回系统视图
4	**bgp** { *as-number-plain* | *as-number-dot* } 例如，[HUAWEI] **bgp** 100	进入 PE 所在 AS 域的 BGP 视图
5	**peer** *ipv4-address* **as-number** *as-number* 例如，[HUAWEI-bgp] **peer** 3.3.3.9 **as-number** 100	与对端 PE 建立 MP-IBGP 对等体关系。 • *ipv4-address*：对等体的 IP 地址，必须为对端 PE 的 LSR ID。 • *as-number*：对等体所在的 AS 系统编号。因为 PE 之间建立的是 MP-IBGP 对等体关系，所以 AS 编号与本地 PE 所在 AS 系统的 AS 编号一致。 在缺省情况下，没有创建 BGP 对等体，可用 **undo peer** *ipv4-address* 命令取消指定的 BGP 对等体
6	**peer** *ipv4-address* **connect-interface loopback** *interface number* 例如，[HUAWEI-bgp] **peer** 3.3.3.9 **connect-interface loopback** 1.1.1.9	指定与对等体建立 TCP 连接时所用的本地 Loopback 接口
7	**l2vpn-family** 例如，[HUAWEI-bgp] **l2vpn-family**	进入 BGP-L2VPN 地址族视图
8	**peer** *ipv4-address* **enable** 例如，[HUAWEI-bgp] **peer** 3.3.3.9 **enable**	使能与指定对等体之间交换相关的路由信息

6.3.2　配置 PE 上的 L2VPN 实例

Kompella 方式 VLL 要在 PE 创建 L2VPN 实例，一个 L2VPN 实例代表一个 Kompella 方式 VLL 的私网。在 L2VPN 实例中可以配置唯一的 RD，通过 VPN Target 扩展团体属性，实现 L2VPN 消息的接收和发布控制，L2VPN 实例的配置步骤见表 6-15。

表 6-15　L2VPN 实例的配置步骤

步骤	命令	说明
1	**system-view**	进入系统视图
2	**mpls l2vpn** *l2vpn-name* **encapsulation** { **ethernet** | **vlan** } [**control-word** | **no-control-word**] 例如，[HUAWEI] **mpls l2vpn** vpn1 **encapsulation vlan**	创建 L2VPN 实例并指定 L2VPN 实例的封装方式，同时进入 MPLS-L2VPN 实例视图。 • *l2vpn-name*：指定 L2VPN 实例名称，字符串形式，区分大小写，不支持空格，长度范围为 1～31。当输入的字符串两端使用双引号时，可在字符串中输入空格

续表

步骤	命令	说明
2	**mpls l2vpn** *l2vpn-name* **encapsulation** { **ethernet** | **vlan** } [**control-word** | **no-control-word**] 例如，[HUAWEI] **mpls l2vpn vpn1 encapsulation vlan**	• **ethernet** | **vlan**：指定 L2VPN 实例中 PW 的封装类型。**VLL 连接两端 PE 上配置的封装类型要保持一致。** • **control-word** | **no-control-word**：使能或禁止控制字（Control Word）特性。**VLL 连接两端 PE 上配置的控制字特性要保持一致。** 缺省情况下，系统没有创建 Kompella 方式的 L2VPN 实例，可用 **undo mpls l2vpn** *l2vpn-name* 命令删除对应的 L2VPN 实例
3	**route-distinguisher** *route-distinguisher* 例如，[HUAWEI-mpls-l2vpn-vpn1] **route-distinguisher 1.1.1.1:5**	配置 L2VPN 实例的 RD。参数 *route-distinguisher* 用来指定路由标识的值，具体参数说明参见 2.1.3 节表 2-2 中第 6 步。RD 没有缺省值，必须在创建 Kompella 方式 L2VPN 实例时配置，L2VPN 实例只有配置了 RD 后才生效。同一个 PE 上的不同 L2VPN 实例的 RD 不能相同。配置 RD 后不能修改，除非先删除该 Kompella 方式的 VLL，然后重新创建
4	**mtu** *mtu-value* 例如，[HUAWEI-mpls-l2vpn-vpn1] **mtu 1000**	（可选）指定 VPN 的 MTU 值，整数形式，单位是字节，取值范围为 46～16352。 【注意】在缺省情况下，PE 设备是对 L2VPN 实例下的 MTU 值进行匹配检查的。**同一个 VPN 的 MTU 应该保持全网统一，否则 PE 之间无法正常交换可达信息，也无法建立连接。**在缺省情况下，MPLS-L2VPN 实例视图下的 MTU 值是 1500。部分设备制造商的设备不支持 L2VPN 实例下的 MTU 匹配检查。当和其他厂商的设备进行 Kompella 方式的互通时，为了确保 VC 链路可以 up，在使用 VRP 的华为数据通信设备上可以进行以下配置。 • 配置 PE 上 L2VPN 实例的 MTU 值与其他厂商的 MTU 值一致。 • 使用 **ignore-mtu-match** MPLS-L2VPN 实例视图命令，忽略 MTU 值的匹配检查。 缺省情况下，L2VPN 实例的最大传输单元为 1500 字节，可用 **undo mtu** 命令来恢复至缺省值
5	**vpn-target** *vpn-target* & <1-16> [**both** | **export-extcommunity** | **import-extcommunity**] 例如，[HUAWEI-mpls-l2vpn-vpn1] **vpn-target 1.2.3.4:11 12:12 import-extcommunity**	为 L2VPN 实例配置 VPN Target 扩展团体属性。VPN Target 是 BGP 的扩展团体属性，用来控制 L2VPN 信息的接收和发布。一条命令最多可以配置 16 个 VPN Target，具体参数说明参见 2.1.3 节表 2-2 中第 7 步。**Kompella 方式 VLL 本地连接不需要配置。** 【注意】要使本端 VPN 实例能够接收对端 VPN 实例发来的二层信息，则必须使本端 VPN 实例上配置的 **import-extcommunity** 属性值与对端的 **export-extcommunity** 属性值一致。 缺省情况下，系统没有为 L2VPN 指定 VPN Target 属性值，可用 **undo vpn-target** { **all** | *vpn-target* &<1-16> [**both** | **export-extcommunity** | **import-extcommunity**] } 命令删除与 L2VPN 关联的 VPN Target

　　在 L2VPN 实例中，PE 为规划在此私网中的每个与本 PE 相连的 CE 创建一个 CE 实体，并给它规划一个 ID，此 ID 在本 L2VPN 实例中是唯一的。在一个 L2VPN 实例中，任意两个 CE 都可以通过配置 CE 连接进行点对点的二层互通。

6.3.3　配置 CE 连接

CE 连接配置中的主要参数说明见表 6-16，CE 连接的配置步骤见表 6-17，Kompella VLL 的 CE 连接涉及全网规划，需要先了解表 6-16 中的几个重要参数后再在 VC 两端的 PE 上进行表 6-17 的 CE 连接配置。

表 6-16　CE 连接配置中的主要参数说明

参数	作用	配置注意事项
CE ID	CE ID 用于在一个 VPN 中唯一确定一个 CE	为了方便配置，建议 CE ID 从 1 开始，采用连续自然数编号
CE range	CE range 表明这个 CE 最多能与多少个 CE 建立 VLL 连接	根据对 VPN 发展规模的预测，可以把 CE range 设置得比实际需要大一些。这样当以后对 VPN 进行扩容、增加 VPN 中的 CE 数目时，就可以尽量少修改配置。**修改 CE range 只能把 CE range 变大，不能变小**。例如，原来的 CE range 为 10，可以把它改为 20；如果改为 5，则会失败。若 CE range 原为 10，现在改为 20，则系统并不释放原来的标签块，而是重新申请一个大小为 10 的新标签块。所以，修改 CE range 不会导致原来业务中断。把 CE range 改小的唯一方法是删除这个 CE，重新创建 CE 连接
CE offset	CE offset 是指与本 CE 建立连接的本地其他 CE 或远端 CE 的 CE ID	为 CE 创建连接时，如果没有指定 CE offset。 • 对于此 CE 的第一个连接，CE offset 默认为 Default-offset 的取值。 • 对于其他连接，CE offset 是前一个连接的 CE offset 加 1。如果前一个连接的 CE offset 加 1 等于当前 CE ID，则 CE offset 为前一个连接的 CE offset 加 2。 **CE offset 必须与远端 CE 配置的 CE ID 相同，否则无法建立连接**。在规划 VPN 时，建议将 CE ID 编号从 1 顺序递增；然后在配置连接时按 CE ID 顺序配置。这样，大多数连接都可以省略 ce-offset 参数的配置，直接使用缺省值，从而简化配置
Default-offset	Default-offset 是指缺省的初始 CE offset，用户可以指定缺省的初始 CE offset 为 0 或 1，默认为 0。如果 Default-offset 为 1，则不能再指定 CE offset 为 0	• 当 Default-offset 为 0 时，CE offset 的值必须小于 CE rang 的值；Default-offset 为 1 时，CE offset 的值必须小于或等于 CE rang 的值，且不能为 0。 • 对于远程连接，CE offset 必须与远端 CE 配置的 CE ID 相同，否则无法建立连接；对于本地连接，建立连接的两个 CE 中，其中一个的 CE offset 是另一个的 CE ID

表 6-17　CE 连接的配置步骤

步骤	命令	说明
1	**system-view**	进入系统视图
2	**mpls l2vpn** *l2vpn-name* 例如，[HUAWEI] **mpls l2vpn vpn1**	进入 MPLS-L2VPN 实例视图
3	**ce** *ce-name* **id** *ce-id* [**range** *ce-range*] [**default-offset** *ce-offset*] 例如，[HUAWEI-mpls-l2vpn-vpn1] **ce ce1 id 1 range 10**	创建 CE 并进入 MPLS-L2VPN-CE 视图。配置此命令前，先要配置 L2VPN 实例的路由标志 Router-Distinguisher。 • *ce-name*：指定本端 CE 的名称，字符串形式，区分大小写，不支持空格，长度范围为 1～20

续表

步骤	命令	说明
3	ce *ce-name* id *ce-id* [range *ce-range*] [default-offset *ce-offset*] 例如，[HUAWEI-mpls-l2vpn-vpn1] ce ce1 id 1 range 10	• *ce-id*：指定本端 CE 的 CE ID，整数形式，取值范围为 0～249。为了方便配置，建议 CE ID 从 1 开始，采用连续自然数编号。 • range *ce-range*：可选参数，指定当前 CE 在 L2VPN 实例内最多可连接的 CE 数量，整数形式，取值范围为 1～250，缺省值为 10。 • default-offset *ce-offset*：可选参数，指定缺省的初始 ce-offset，整数形式，取值为 0 或 1，缺省值为 0。ce-offset 是指与本 CE 建立连接的本地其他 CE 或远端 CE 的 CE ID，即相当于指定可与本 CE 建立 VC 连接的对端 CE 的 CE ID 范围。如果 default-offset 的值为 0，ce-offset 的值必须小于 range 的值；如果 default-offset 的值为 1，ce-offset 的值必须小于或等于 range 的值，且不能为 0。 缺省情况下，系统在 L2VPN 实例内没有创建任何 CE，可用 undo ce *ce-name* 命令删除配置的 CE
4	connection [ce-offset *id*] interface *interface-type interface-number* [tunnel-policy *policy-name*] [raw | tagged] 例如，[HUAWEI1-mpls-l2vpn-ce-vpn1-ce1] connection ce-offset 2 interface vlanif 10	绑定 AC 接口，为 CE 创建 Kompella 方式连接，并指定其封装方式。 • ce-offset *id*：可选参数，指定 CE 连接的对端 CE 的 ID，整数形式，取值范围为 0～249。其值应不大于 *ce-range*。对于远程连接，ce-offset 必须与远端 CE 配置的 CE ID 相同；对于本地连接，建立连接的两个 CE 中，其中一个的 ce-offset 是另一个的 CE ID。如果没有指定 ce-offset *id* 参数，可参见表 6-16 中有关 CE offset 的说明。 • interface *interface-type interface-number*：指定 CE 相连的 AC 接口。Kompella 方式 VLL 支持物理接口、Eth-Trunk 接口、VLANIF 接口、各种子接口。如果是物理接口、Eth-Trunk 接口作为 AC 接口时，需要执行命令 undo portswitch，将二层口切换成三层模式。 • tunnel-policy *policy-name*：可选参数，指定 CE 连接应用的隧道策略名称。有关隧道策略的配置参见 4.6 节。 • raw：二选一可选项，指定 CE 连接的封装方式为 raw 模式，即 Ethernet 模式。raw 模式下设备将删除报文中的 P-Tag。 • tagged：二选一可选项，指定 CE 连接的封装方式为 tagged 模式，即 VLAN 模式。在 tagged 模式下，设备将保留报文中的 P-Tag。在缺省情况下，Kompella 方式连接的封装方式为 tagged 模式。 缺省情况下，系统没有创建任何 Kompella 方式 CE 连接，可用 undo connection ce-offset *id* 命令删掉 Kompella 方式的 CE 连接

6.3.4　Kompella 方式 VLL 本地连接配置示例

　　Kompella 方式 VLL 本地连接配置示例的拓扑结构如图 6-22 所示，位于不同物理位置的用户网络站点分别通过 CE1 和 CE2 设备接入运营商的同一个 PE 设备。为了简化配置，用户希望两个 CE 之间达到在同一个局域网中相互通信的效果。该用户的站点数量可能会进行扩充，且扩充站点的物理位置及数量具有不确定性。用户希望在运营商网络中能够得到独立的 VPN 资源，以保证数据的安全。

1. 基本配置思路分析

在本示例中，因为用户希望两个 CE 之间达到在同一局域网中相互通信的效果，可以采用 VLL 来满足用户需求，又考虑该用户的站点数量可能会进行扩充，所以，在 CE1 和 CE2 之间建议选择建立 Kompella 方式的本地 VLL，通过配置标签块一次性为未来扩展的连接预留一定的 VC 标签。

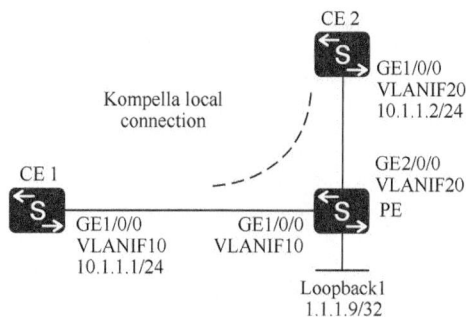

图 6-22　Kompella 方式 VLL 本地连接配置示例的拓扑结构

本示例是 Kompella 方式 VLL 本地连接，所以不需要配置 PE 之间的 MP-IBGP 会话交互 L2VPN 信息，只需要配置 L2VPN 实例和 CE 连接即可。当然，首先也要确保 PE 具备 MPLS 功能。因为目前 Kompella 方式 VLL 仅支持华为 S 系列交换机，AC 接口只能是 VLNAIF 接口或通过 **undo portswitch** 命令转换的三层模式接口担当，本示例采用 VLANIF 接口进行配置。结合以上分析，可以得出本示例的具体配置思路如下。

① 在各设备上创建需要的 VLAN 和 VLANIF 接口，并把物理接口加入对应的 VLAN 中，同时，配置必要的 VLANIF 接口 IP 地址（在 PE 上担当 AC 接口的 VLANIF 接口不需要配置 IP 地址）。

② 在 PE 上配置 MPLS LSR ID，使能 MPLS。

③ 在 PE 上配置 L2VPN 实例，建立 Kompella 方式 VLL 的本地 VC 连接。

2. 具体配置步骤

① 在各设备上创建需要的 VLAN，并按图中标识配置各接口加入对应的 VLAN 中，配置必要的 VLANIF 接口的 IP 地址（担当 AC 接口的 VLANIF 接口不需要配置 IP 地址）。但 CE 连接 PE 的二层物理接口上发出的报文必须带有 VLAN 标签，可以采用 Trunk 或 Hybrid 的端口类型进行配置。

#---CE1 上的配置如下。

```
<HUAWEI> system-view
[HUAWEI] sysname CE1
[CE1] vlan batch 10
[CE1] interface vlanif 10
[CE1-Vlanif10] ip address 10.1.1.1 255.255.255.0
[CE1-Vlanif10] quit
[CE1] interface gigabitethernet 1/0/0
[CE1-GigabitEthernet1/0/0] port link-type trunk
[CE1-GigabitEthernet1/0/0] port trunk allow-pass vlan 10
[CE1-GigabitEthernet1/0/0] quit
```

#---CE2 上的配置如下。

```
<HUAWEI> system-view
[HUAWEI] sysname CE2
[CE2] vlan batch 20
[CE2] interface vlanif 20
[CE2-Vlanif20] ip address 10.1.1.2 255.255.255.0
[CE2-Vlanif20] quit
[CE2] interface gigabitethernet 1/0/0
```

```
[CE2-GigabitEthernet1/0/0] port link-type trunk
[CE2-GigabitEthernet1/0/0] port trunk allow-pass vlan 20
[CE2-GigabitEthernet1/0/0] quit
```

#---PE 上的配置如下。

```
<HUAWEI> system-view
[HUAWEI] sysname PE
[PE] vlan batch 10 20
[PE] interface vlanif 10
[PE-Vlanif10] quit
[PE] interface vlanif 20
[PE-Vlanif20] quit
[PE] interface loopback1
[PE-Loopback1] ip address 1.1.1.9 32
[PE-Loopback1] quit
```

② 在 PE 上配置 MPLS LSR ID，使能全局的 MPLS 能力，配置如下。

```
[PE] mpls lsr-id 1.1.1.9
[PE] mpls
[PE-mpls] quit
```

③ 在 PE 上配置 L2VPN 实例，建立两条 Kompella 方式 VLL 的本地 VC 连接，配置如下。

【注意】Kompella 方式 VC 本地连接是单向的，需要在单向的相反方向创建一条 VC 连接，而第 5 章介绍的 CCC 方式本地连接是双向的，只需要创建一条 VC 连接。在配置这两条 VC 连接时，connection 命令中的 ce-offset id 参数值是对端 CE 的 CE ID 值。

```
[PE] mpls l2vpn
[PE-l2vpn] quit
[PE] mpls l2vpn vpn1 encapsulation vlan    #---配置名为 vpn1 的 L2VPN 实例，采用 VLAN 封装
[PE-mpls-l2vpn-vpn1] route-distinguisher 100：1    #---配置以上 L2VPN 实例的 RD 为 100：1
[PE-mpls-l2vpn-vpn1] ce ce1 id 1 range 10
[PE-mpls-l2vpn-ce-vpn1-ce1] connection ce-offset 2 interface vlanif 10
[PE-mpls-l2vpn-ce-vpn1-ce1] quit
[PE-mpls-l2vpn-vpn1] ce ce2 id 2 range 10
[PE-mpls-l2vpn-ce-vpn1-ce2] connection ce-offset 1 interface vlanif 20
[PE-mpls-l2vpn-ce-vpn1-ce2] quit
[PE-mpls-l2vpn-vpn1] quit
```

3. 配置结果验证

完成以上配置后，可以在 PE 上执行 display mpls l2vpn connection 命令，此时可以看到已经建立了两条本地 VC 连接，且状态为 up（参见输出信息中的粗体字部分），配置如下。

```
[PE] display mpls l2vpn connection
2 total connections,
connections: 2 up, 0 down, 2 local, 0 remote, 0 unknown

VPN name: vpn1,
2 total connections,
connections: 2 up, 0 down, 2 local, 0 remote, 0 unknown

  CE name: ce1, id: 1,
  Rid  type  status  peer-id         route-distinguisher  interface    primary or not
  ---------------------------------------------------------------------------
  2    loc   up      ---             ---                  Vlanif10     primary

  CE name: ce2, id: 2,
```

Rid	type	status	peer-id	route-distinguisher	interface	primary or not
1	loc	up	---	---	Vlanif20	primary

CE1（位于 VLAN 10 中）与 CE2（位于 VLAN 20 中）之间也能够相互 ping 通了。由此可以证明，通过 Kompella 方式 VLL 的本地连接可以实现在同一个 IP 网段，但不在同一个 VLAN 中的用户的二层互通。

6.3.5 Kompella 方式 VLL 远程连接配置示例

Kompella 方式 VLL 远程连接配置示例的拓扑结构如图 6-23 所示，MPLS 网络为用户提供 MPLS L2VPN 服务，要求在 CE1 与 CE2 完成现有组网所需的 VPN 后，为该用户预留 8 个站点的 VPN 资源，并在新增站点时，能够通过简单的配置建立与现有站点的 VPN 进行连接。

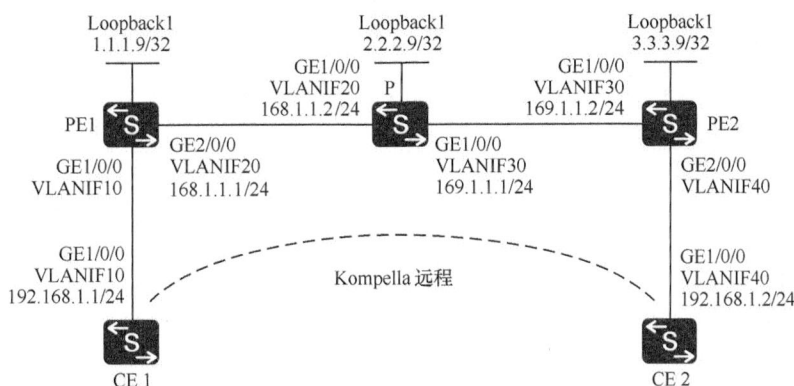

图 6-23　Kompella 方式 VLL 远程连接配置示例的拓扑结构

1. 基本配置思路分析

考虑需要为用户预留 8 个站点的 VPN 资源，并且在新增站点时配置简单，在 CE1 和 CE2 之间可以选择建立远程 Kompella 方式 VLL 连接。综合基本的 MPLS 公网隧道及前面介绍的 Kompella 方式 VLL 的配置任务可以得出本示例的基本配置思路。

① 在各设备上创建所需的 VLAN，把各物理接口加入对应的 VLAN 中；创建所需的 VLANIF 接口，配置各 VLANIF 接口的 IP 地址（担当 AC 接口的 VLANIF 接口不需要配置 IP 地址），然后配置骨干网上各节点的 OSPF，实现公网路由互通。

② 在骨干网各节点上配置 MPLS 基本能力和 LDP，建立公网 LDP LSP 隧道。

③ 在两个 PE 上使能 MPLS L2VPN 能力，并建立它们之间 MP-IB 的 GP 对等体关系。

④ 在两个 PE 上配置 L2VPN 实例，并创建两条相反方向的 CE 之间 VC 连接。

2. 具体配置步骤

① 在各设备上创建所需的 VLAN、VLANIF 接口，并配置各物理接口加入对应的 VLAN、VLANIF 接口 IP 地址和骨干网上各节点的 OSPF。**CE 连接 PE 接口发送的报文必须带有 VLAN 标签。**

\#---CE1 上的配置如下。配置 VLANIF10 接口 IP 地址仅用于最终的 CE 之间的通信测试。

```
<HUAWEI> system-view
[HUAWEI] sysname CE1
```

```
[CE1] vlan batch 10
[CE1] interface vlanif 10
[CE1-Vlanif10] ip address 192.168.1.1 255.255.255.0
[CE1-Vlanif10] quit
[CE1] interface gigabitethernet 1/0/0
[CE1-GigabitEthernet1/0/0] port link-type trunk
[CE1-GigabitEthernet1/0/0] port trunk allow-pass vlan 10
[CE1-GigabitEthernet1/0/0] quit
```

#---CE2 上的配置如下。配置 VLANIF40 接口 IP 地址仅用于最终的 CE 之间的通信测试。

```
<HUAWEI> system-view
[HUAWEI] sysname CE2
[CE2] vlan batch 40
[CE2] interface vlanif 40
[CE2-Vlanif10] ip address 192.168.1.2 255.255.255.0
[CE2-Vlanif10] quit
[CE2] interface gigabitethernet 1/0/0
[CE2-GigabitEthernet1/0/0] port link-type trunk
[CE2-GigabitEthernet1/0/0] port trunk allow-pass vlan 40
[CE2-GigabitEthernet1/0/0] quit
```

#---PE1 上的配置如下。

```
<HUAWEI> system-view
[HUAWEI] sysname PE1
[PE1] vlan batch 10 20
[PE1] interface loopback1
[PE1-Loopback1] ip address 1.1.1.9 255.255.255.255
[PE1-Loopback1] quit
[PE1] interface vlanif 20
[PE1-Vlanif20] ip address 168.1.1.1 255.255.255.0
[PE1-Vlanif20] quit
[PE1] interface vlanif 10
[PE1-Vlanif10] quit
[PE1] interface gigabitethernet 1/0/0
[PE1-GigabitEthernet1/0/0] port link-type trunk
[PE1-GigabitEthernet1/0/0] port trunk allow-pass vlan 10
[PE1-GigabitEthernet1/0/0] quit
[PE1] interface gigabitethernet 2/0/0
[PE1-GigabitEthernet2/0/0] port link-type trunk
[PE1-GigabitEthernet2/0/0] port trunk allow-pass vlan 20
[PE1-GigabitEthernet2/0/0] quit
[PE1] ospf 1
[PE1-ospf-1] area 0
[PE1-ospf-1-area-0.0.0.0] network 168.1.1.0 0.0.0.255
[PE1-ospf-1-area-0.0.0.0] network 1.1.1.9 0.0.0.0
[PE1-ospf-1-area-0.0.0.0] quit
[PE1-ospf-1] quit
```

#---P 上的配置如下。

```
<HUAWEI> system-view
[HUAWEI] sysname P
[P] vlan batch 20 30
[P] interface loopback1
[P-Loopback1] ip address 2.2.2.9 255.255.255.255
[P-Loopback1] quit
```

```
[P] interface vlanif 20
[P-Vlanif20] ip address 168.1.1.2 255.255.255.0
[P-Vlanif20] quit
[P] interface vlanif 30
[P-Vlanif30] ip address 169.1.1.1 255.255.255.0
[P-Vlanif30] quit
[P] interface gigabitethernet 1/0/0
[P-GigabitEthernet1/0/0] port link-type trunk
[P-GigabitEthernet1/0/0] port trunk allow-pass vlan 20
[P-GigabitEthernet1/0/0] quit
[P] interface gigabitethernet 2/0/0
[P-GigabitEthernet2/0/0] port link-type trunk
[P-GigabitEthernet2/0/0] port trunk allow-pass vlan 30
[P-GigabitEthernet2/0/0] quit
[P] ospf 1
[P-ospf-1] area 0
[P-ospf-1-area-0.0.0.0] network 168.1.1.0 0.0.0.255
[P-ospf-1-area-0.0.0.0] network 169.1.1.0 0.0.0.255
[P-ospf-1-area-0.0.0.0] network 2.2.2.9 0.0.0.0
[P-ospf-1-area-0.0.0.0] quit
[P-ospf-1] quit
```

#---PE2 上的配置如下。

```
<HUAWEI> system-view
[HUAWEI] sysname PE2
[PE2] vlan batch 30 40
[PE2] interface loopback1
[PE2-Loopback1] ip address 3.3.3.9 255.255.255.255
[PE2-Loopback1] quit
[PE2] interface vlanif 30
[PE2-Vlanif30] ip address 169.1.1.2 255.255.255.0
[PE2-Vlanif30] quit
[PE2] interface vlanif 40
[PE2-Vlanif40] quit
[PE2] interface gigabitethernet 1/0/0
[PE2-GigabitEthernet1/0/0] port link-type trunk
[PE2-GigabitEthernet1/0/0] port trunk allow-pass vlan 30
[PE2-GigabitEthernet1/0/0] quit
[PE2] interface gigabitethernet 2/0/0
[PE2-GigabitEthernet2/0/0] port link-type trunk
[PE2-GigabitEthernet2/0/0] port trunk allow-pass vlan 40
[PE2-GigabitEthernet2/0/0] quit
[PE2] ospf 1
[PE2-ospf-1] area 0
[PE2-ospf-1-area-0.0.0.0] network 169.1.1.0 0.0.0.255
[PE2-ospf-1-area-0.0.0.0] network 3.3.3.9 0.0.0.0
[PE2-ospf-1-area-0.0.0.0] quit
[PE2-ospf-1] quit
```

完成以上配置后，在骨干网各节点上执行 **display ip routing-table** 命令，可以看到彼此已经学到 Loopback1 接口的主机 OSPF。以下是在 PE1 上执行该命令的输出示例。

```
[PE1] display ip routing-table
Route Flags: R - relay, D - download to fib
------------------------------------------------------------------------
Routing Tables: Public
         Destinations : 8        Routes : 8
```

```
Destination/Mask    Proto  Pre  Cost    Flags NextHop      Interface

    1.1.1.9/32      Direct 0    0        D   127.0.0.1      LoopBack1
    2.2.2.9/32      OSPF   10   1         D  168.1.1.2      Vlanif20
    3.3.3.9/32      OSPF   10   2         D  168.1.1.2      Vlanif20
  127.0.0.0/8       Direct 0    0        D   127.0.0.1      InLoopBack0
  127.0.0.1/32      Direct 0    0        D   127.0.0.1      InLoopBack0
  168.1.1.0/24      Direct 0    0        D   168.1.1.1      Vlanif20
  168.1.1.1/32      Direct 0    0        D   127.0.0.1      Vlanif20
  169.1.1.0/24      OSPF   10   2         D  168.1.1.2      Vlanif20
```

② 在骨干网各节点上配置 MPLS 基本能力和 LDP，建立公网 LDP LSP 隧道。

#---PE1 上的配置如下。

```
[PE1] mpls lsr-id 1.1.1.9
[PE1] mpls
[PE1-mpls] quit
[PE1] mpls ldp
[PE1-mpls-ldp] quit
[PE1] interface vlanif 20
[PE1-Vlanif20] mpls
[PE1-Vlanif20] mpls ldp
[PE1-Vlanif20] quit
```

#---P 上的配置如下。

```
[P] mpls lsr-id 2.2.2.9
[P] mpls
[P-mpls] quit
[P] mpls ldp
[P-mpls-ldp] quit
[P] interface vlanif 20
[P-Vlanif20] mpls
[P-Vlanif20] mpls ldp
[P-Vlanif20] quit
[P] interface vlanif 30
[P-Vlanif30] mpls
[P-Vlanif30] mpls ldp
[P-Vlanif30] quit
```

#---PE2 上的配置如下。

```
[PE2] mpls lsr-id 3.3.3.9
[PE2] mpls
[PE2-mpls] quit
[PE2] mpls ldp
[PE2-mpls-ldp] quit
[PE2] interface vlanif 30
[PE2-Vlanif30] mpls
[PE2-Vlanif30] mpls ldp
[PE2-Vlanif30] quit
```

完成以上配置后，在骨干网各节点上执行 **display mpls ldp session** 和 **display mpls ldp peer** 命令，可以看到 LDP 会话和对等体的建立情况。以下是在 PE1 上执行这两条命令的输出示例，可以看出，PE1 与 P 之间已经建立 LDP 会话和对等体关系。

```
[PE1] display mpls ldp session

LDP Session(s) in Public Network
Codes: LAM(Label Advertisement Mode), SsnAge Unit(DDDD:HH:MM)
A '*' before a session means the session is being deleted.
```

```
-------------------------------------------------------------------
PeerID              Status       LAM  SsnRole  SsnAge      KASent/Rcv

2.2.2.9:0           Operational DU  Passive  0000:00:07  32/32
-------------------------------------------------------------------
TOTAL: 1 session(s) Found.

[PE1] display mpls ldp peer

LDP Peer Information in Public network
A '*' before a peer means the peer is being deleted.
-------------------------------------------------------------------
PeerID                  TransportAddress    DiscoverySource
-------------------------------------------------------------------
2.2.2.9:0               2.2.2.9             Vlanif20
-------------------------------------------------------------------
TOTAL: 1 Peer(s) Found.
```

③ 在两个 PE 上使能 MPLS L2VPN 能力，并建立它们之间的 MP-IBGP 对等体关系。
PE1 和 PE2 假设都在 AS 100 中。

#---PE1 上的配置如下。

```
[PE1] mpls l2vpn
[PE1-l2vpn] quit
[PE1] bgp 100
[PE1-bgp] peer 3.3.3.9 as-number 100
[PE1-bgp] peer 3.3.3.9 connect-interface loopback 1
[PE1-bgp] l2vpn-family
[PE1-bgp-af-l2vpn] peer 3.3.3.9 enable
[PE1-bgp-af-l2vpn] quit
[PE1-bgp] quit
```

#---PE2 上的配置如下。

```
[PE2] mpls l2vpn
[PE2-l2vpn] quit
[PE2] bgp 100
[PE2-bgp] peer 1.1.1.9 as-number 100
[PE2-bgp] peer 1.1.1.9 connect-interface loopback 1
[PE2-bgp] l2vpn-family
[PE2-bgp-af-l2vpn] peer 1.1.1.9 enable
[PE2-bgp-af-l2vpn] quit
[PE2-bgp] quit
```

完成以上配置后，在 PE1 和 PE2 上执行 **display bgp l2vpn peer** 命令，可以看到 PE
之间建立了对等体关系，状态为 Established。以下是在 PE1 上执行该命令的输出示例。

```
[PE1] display bgp l2vpn peer

 BGP local router ID : 1.1.1.9
 Local AS number : 100
 Total number of peers : 1              Peers in established state : 1


 Peer            V    AS   MsgRcvd  MsgSent  OutQ  Up/Down   State        PrefRcv

 3.3.3.9         4    100      2        4      0   00:00:32  Established      0
```

④ 在两个 PE 上配置 L2VPN 实例，并创建两条相反方向的 CE 之间的 VC 连接。
在远程 Kompella 方式 VLL 连接中，本端 CE 上创建的 VC 连接中 ce-offset 值必须

与远端 CE 上的 CE ID 相同。

#---PE1 上的配置如下。

```
[PE1] mpls l2vpn vpn1 encapsulation vlan
[PE1-mpls-l2vpn-vpn1] route-distinguisher 100:1
[PE1-mpls-l2vpn-vpn1] vpn-target 1:1
[PE1-mpls-l2vpn-vpn1] ce ce1 id 1 range 10
[PE1-mpls-l2vpn-ce-vpn1-ce1] connection ce-offset 2 interface vlanif 10
[PE1-mpls-l2vpn-ce-vpn1-ce1] quit
[PE1-mpls-l2vpn-vpn1] quit
```

#---PE2 上的配置如下。

```
[PE2] mpls l2vpn vpn1 encapsulation vlan
[PE2-mpls-l2vpn-vpn1] route-distinguisher 100:1
[PE2-mpls-l2vpn-vpn1] vpn-target 1:1
[PE2-mpls-l2vpn-vpn1] ce ce2 id 2 range 10
[PE2-mpls-l2vpn-ce-vpn1-ce2] connection ce-offset 1 interface vlanif 40
[PE2-mpls-l2vpn-ce-vpn1-ce2] quit
[PE2-mpls-l2vpn-vpn1] quit
```

3. 配置结果验证

完成以上配置后，在 PE 上执行 **display mpls l2vpn connection** 命令，可以看到建立了一条 L2VPN 连接，状态为 up。PE1 上执行该命令的输出示例如下。

```
[PE1] display mpls l2vpn connection
1 total connections,
connections: 1 up, 0 down, 0 local, 1 remote, 0 unknown

VPN name: vpn1,
1 total connections,
connections: 1 up, 0 down, 0 local, 1 remote, 0 unknown

  CE name: ce1, id: 1,
  Rid   type   status peer-id        route-distinguisher   interface      primary or not
  -----------------------------------------------------------------------------
   2    rmt    up     3.3.3.9        100:1                 Vlanif10       primary
```

CE1（位于 VLAN10 中）与 CE2（位于 VLAN40 中）之间也能够相互 ping 通。由此可以证明，通过 Kompella 方式 VLL 的远程连接也可以实现；即使在同一个 IP 网段，但不在同一个 VLAN 中的用户也能实现二层互通。

6.4　跨域 VLL 配置

如果承载 VLL 的 MPLS 骨干网跨越多个 AS，则需要配置跨域 VLL。

跨域 VLL 的配置方法与组网时所采用的 VLL 实现方式有关，具体说明如下。

- CCC 方式 VLL：该方式是单层标签，因此，只要 ASBR 之间建立静态 LSP，就可以完成跨域。**仅支持华为 S 系列交换机，采用 VLANIF 接口作为 AC 接口。**
- Martini、SVC 和 Kompella 方式 VLL 都可以实现 OptionA（VRF-to-VRF）方式的跨域。**AR G3 系列路由器不支持 Kompella 方式跨域 VLL。**

在 OptionA 方式跨域中，ASBR 上要为每一条跨域的 VC 准备一个接口（可以是子接口、物理接口、逻辑接口），可以描述为：对各 AS 域分别进行基本 VLL 的配置，在

ASBR-PE 之间通过 AC 接口（**不需要配置 IP 地址**）连接，将对端 ASBR- PE 看作自己的 CE 配置即可，ASBR 上不需要为跨域进行特殊配置。

6.4.1　CCC 方式跨域 VLL 配置示例

CCC 方式跨域 VLL 配置示例的拓扑结构如图 6-24 所示，电信运营商 MPLS 网络为用户提供 L2VPN 服务，其中，PE1 和 PE2 作为用户接入设备分别接入了运营商不同的自治域 AS100 及 AS200，后续不会接入新的用户。现要求一种适当的 VPN 方案，为用户提供安全的 VPN 服务。

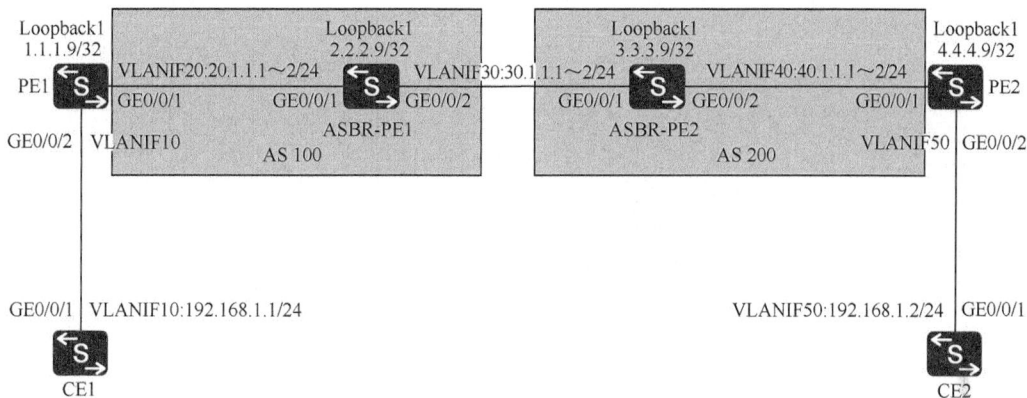

图 6-24　CCC 方式跨域 VLL 配置示例的拓扑结构

1. 基本配置思路分析

因为两个 PE 连接在运营商不同的 AS 域中，所以需要采用跨域的方式进行配置。考虑用户希望两个 CE 之间达到在同一个局域网中相互通信的效果，可以采用 VLL 方式进行 VPN 的组网。此配置的用户站点数量不会扩充，为了在运营商网络中得到独立的 VPN 资源，保证数据的安全，可以采用 CCC 远程连接方式，以满足用户的需求。

本实验中，各设备均为华为 S 系列交换机，所以需要在 PE1、PE2 上分别创建与连接 CE 划分的 VLAN 一致的 VLANIF 接口（但不需要配置 IP 地址），使 PE 接收 CE 发来的二层报文时，不进行三层转发，而是上送到 CPU 进行 MPLS 封装处理。在各 AS 域内，CCC 远程连接采用的静态 LSP 配置，**所以不需要配置 MPLS 骨干网 IP 路由**。

① 在各设备上创建 VLAN 和 VLANIF 接口，并配置各二层物理接口加入对应的 VLAN，为各 VLANIF 接口（担当 AC 接口的 VLANIF 接口除外）配置 IP 地址。

② 在两个 AS 域内各节点上配置 MPLS 基本能力，包括配置 MPLS LSR ID，在全局和公网侧 VLANIF 接口上使能 MPLS 能力。

③ 在两个 PE 上创建到达对端的 CCC 远程连接，在 ASBR-PE 设备上创建静态 LSP，用于 PE 之间 CCC 连接独享数据隧道。两个 CCC 远程连接中各设备的 VC 标签分配如图 6-25 所示。

2. 具体配置步骤

① 在各设备上创建 VLAN 和 VLANIF 接口，并配置各二层物理接口加入对应的 VLAN，为各 VLANIF 接口（担当 AC 接口的 VLANIF 接口除外）配置 IP 地址。

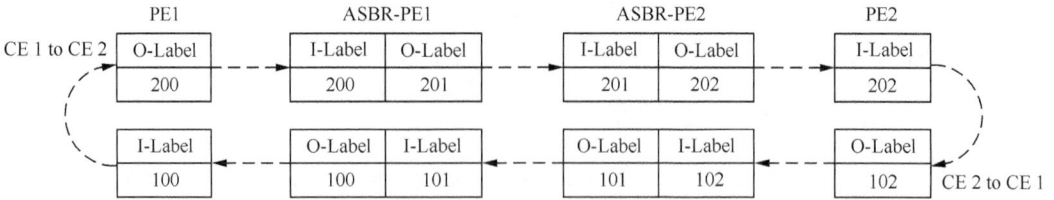

图 6-25　两个 CCC 远程连接中各设备的 VC 标签分配

CE 通过二层端口发送到 PE 的报文需要携带 VLAN 标签，确保端口类型可以是 Trunk 类型，也可以是带标签发送的 Hybrid 类型，只要能保证发送到 PE 的报文带有用户 VLAN 标签即可。

#---CE1 和 CE2 上的配置如下。

```
<HUAWEI> system-view
[HUAWEI] sysname CE1
[CE1] vlan batch 10
[CE1] interface gigabitethernet 0/0/1
[CE1-GigabitEthernet0/0/1] port link-type trunk
[CE1-GigabitEthernet0/0/1] port trunk allow-pass vlan 10
[CE1-GigabitEthernet0/0/1] quit


<HUAWEI> system-view
[HUAWEI] sysname CE2
[CE2] vlan batch 50
[CE2] interface gigabitethernet 0/0/1
[CE2-GigabitEthernet0/0/1] port link-type trunk
[CE2-GigabitEthernet0/0/1] port trunk allow-pass vlan 50
[CE2-GigabitEthernet0/0/1] quit
```

在 PE1、PE2 上创建的 VLANIF10 和 VLANIF50 接口分别作为连接 CE1 和 CE2 的 AC 接口，不需要配置 IP 地址，但需要同时创建两个站点划分的 VLAN 10 和 VLAN 50。它们连接 ASBR-PE 的端口类型不是唯一的，可以是任意的二层端口类型的（本示例均采用 Trunk 类型），只要能保证相邻节点发送的报文对端能接收即可。

#---PE1 和 PE2 上的配置如下。

```
<HUAWEI> system-view
[HUAWEI] sysname PE1
[PE1] vlan batch 10 20
[PE1] interface vlanif 10    #---作为 AC 接口的 VLANIF 接口不需要配置 IP 地址
[PE1-Vlanif10] quit
[PE1] interface gigabitethernet 0/0/1
[PE1-GigabitEthernet0/0/1] port link-type trunk
[PE1-GigabitEthernet0/0/1] port trunk allow-pass vlan 20
[PE1-GigabitEthernet0/0/1] quit
[PE1] interface gigabitethernet 0/0/2
[PE1-GigabitEthernet0/0/2] port link-type trunk
[PE1-GigabitEthernet0/0/2] port trunk allow-pass vlan 10
[PE1-GigabitEthernet0/0/2] quit
[PE1] interface loopback1
[PE1-Loopback1] ip address 1.1.1.9 255.255.255.255
[PE1-Loopback1] quit


<HUAWEI> system-view
```

```
[HUAWEI] sysname PE2
[PE2] vlan batch 40 50
[PE2] interface vlanif 50
[PE2-Vlanif50] quit
[PE2] interface gigabitethernet 0/0/1
[PE2-GigabitEthernet0/0/1] port link-type trunk
[PE2-GigabitEthernet0/0/1] port trunk allow-pass vlan 40
[PE2-GigabitEthernet0/0/1] quit
[PE2] interface gigabitethernet 0/0/2
[PE2-GigabitEthernet0/0/2] port link-type trunk
[PE2-GigabitEthernet0/0/2] port trunk allow-pass vlan 50
[PE2-GigabitEthernet0/0/2] quit
[PE2] interface loopback1
[PE2-Loopback1] ip address 4.4.4.9 255.255.255.255
[PE2-Loopback1] quit
```

#---ASBR-PE1 和 ASBR-PE2 上的配置如下。

```
<HUAWEI> system-view
[HUAWEI] sysname ASBR-PE1
[ASBR-PE1] vlan batch 20 30
[ASBR-PE1] interface gigabitethernet 0/0/1
[ASBR-PE1 -GigabitEthernet0/0/1] port link-type trunk
[ASBR-PE1 -GigabitEthernet0/0/1] port trunk allow-pass vlan 20
[ASBR-PE1 -GigabitEthernet0/0/1] quit
[ASBR-PE1] interface gigabitethernet 0/0/2
[ASBR-PE1 -GigabitEthernet0/0/2] port link-type trunk
[ASBR-PE1 -GigabitEthernet0/0/2] port trunk allow-pass vlan 30
[ASBR-PE1 -GigabitEthernet0/0/2] quit
[ASBR-PE1] interface loopback1
[ASBR-PE1 -Loopback1] ip address 2.2.2.9 255.255.255.255
[ASBR-PE1 -Loopback1] quit

<HUAWEI> system-view
[HUAWEI] sysname ASBR-PE2
[ASBR-PE2] vlan batch 30 40
[ASBR-PE2] interface gigabitethernet 0/0/1
[ASBR-PE2 -GigabitEthernet0/0/1] port link-type trunk
[ASBR-PE2 -GigabitEthernet0/0/1] port trunk allow-pass vlan 30
[ASBR-PE2 -GigabitEthernet0/0/1] quit
[ASBR-PE2] interface gigabitethernet 0/0/2
[ASBR-PE2 -GigabitEthernet0/0/2] port link-type trunk
[ASBR-PE2 -GigabitEthernet0/0/2] port trunk allow-pass vlan 40
[ASBR-PE2 -GigabitEthernet0/0/2] quit
[ASBR-PE2] interface loopback1
[ASBR-PE2 -Loopback1] ip address 3.3.3.9 255.255.255.255
[ASBR-PE2 -Loopback1] quit
```

② 在两个 AS 域内各节点上配置 MPLS 基本能力，包括配置 MPLS LSR ID，在全局和公网侧 VLANIF 接口（PE、ASBR-PE 上担当 AC 接口的 VLANIF 接口除外）上使能 MPLS 能力。

#---PE1 上的配置如下。

```
[PE1] mpls lsr-id 1.1.1.9
[PE1] mpls
[PE1] interface vlanif 20
[PE1-Vlanif20] ip address 20.1.1.1 255.255.255.0
```

```
[PE1-Vlanif20] mpls
[PE1-Vlanif20] quit
```

#---PE2 上的配置如下。

```
[PE2] mpls lsr-id 4.4.4.9
[PE2] mpls
[PE2] interface vlanif 40
[PE2-Vlanif40] ip address 40.1.1.2 255.255.255.0
[PE2-Vlanif30] mpls
[PE2-Vlanif40] quit
```

#---ASBR-PE1 上的配置如下。

```
[ASBR-PE1] mpls lsr-id 2.2.2.9
[ASBR-PE1] mpls
[ASBR-PE1] interface vlanif 20
[ASBR-PE1-Vlanif20] ip address 20.1.1.2 255.255.255.0
[ASBR-PE1-Vlanif20] mpls
[ASBR-PE1-Vlanif20] quit
[ASBR-PE1] interface vlanif 30
[ASBR-PE1-Vlanif30] ip address 30.1.1.1 255.255.255.0
[ASBR-PE1-Vlanif30] mpls
[ASBR-PE1-Vlanif30] quit
```

#---ASBR-PE2 上的配置如下。

```
[ASBR-PE2] mpls lsr-id 3.3.3.9
[ASBR-PE2] mpls
[ASBR-PE2] interface vlanif 30
[ASBR-PE2-Vlanif30] ip address 30.1.1.2 255.255.255.0
[ASBR-PE2-Vlanif30] mpls
[ASBR-PE2-Vlanif30] quit
[ASBR-PE2] interface vlanif 40
[ASBR-PE2-Vlanif40] ip address 40.1.1.1 255.255.255.0
[ASBR-PE2-Vlanif40] mpls
[ASBR-PE2-Vlanif40] quit
```

③ 在两个 PE 上创建到达对端的 CCC 远程连接，在 ASBR-PE 设备上创建静态 LSP，用于 PE 之间 CCC 连接独享数据隧道。需要确保同一个 LSP 中相邻节点连接的链路上的入 LSP 标签和出 LSP 标签一致。

全局使能 MPLS L2VPN，并创建一条由 CE1 到 CE2 的 CCC 远程连接：入接口连接 CE1 的 AC 接口，下一跳为 ASBR-PE1 的 VLANIF20 的 IP 地址，入标签为 100，出标签为 200。

#---PE1 上的配置如下。

```
[PE1] mpls l2vpn
[PE1-l2vpn] quit
[PE1] ccc CE1-CE2 interface vlanif 10 in-label 100 out-label 200 nexthop 20.1.1.2
```

全局使能 MPLS L2VPN，并创建一条由 CE2 到 CE1 的 CCC 远程连接：入接口连接 CE2 的 AC 接口，下一跳为 ASBR-PE2 的 VLANIF40 的 IP 地址，入标签为 202，出标签为 102。

#---PE2 上的配置如下。

```
[PE2] mpls l2vpn
[PE2-l2vpn] quit
[PE2] ccc CE2-CE1 interface vlanif 50 in-label 202 out-label 102 nexthop 40.1.1.1
```

在 ASBR-PE1 上配置两条静态 LSP：一条用于转发由 PE1 去往 PE2 的报文，另一条用于转发由 PE2 去往 PE1 的报文。在同一个 LSP 中，入标签要与上游节点的出标签保持一致，出标签要与下游节点的入标签保持一致。

#---ASBR-PE1 上的配置如下。

```
[ASBR-PE1] static-lsp transit PE1-PE2 incoming-interface vlanif 20 in-label 200 nexthop 30.1.1.2 out-label 201
[ASBR-PE1] static-lsp transit PE2-PE1 incoming-interface vlanif 30 in-label 101 nexthop 20.1.1.1 out-label 100
```

在 ASBR-PE2 上也要配置两条静态 LSP：一条用于转发由 PE1 去往 PE2 的报文，另一条用于转发由 PE2 去往 PE1 的报文。在同一个 LSP 中，入标签要与上游节点的出标签保持一致，出标签要与下游节点的入标签保持一致。

#---ASBR-PE2 上的配置如下。

```
[ASBR-PE2] static-lsp transit PE1-PE2 incoming-interface vlanif 30 in-label 201 nexthop 40.1.1.2 out-label 202
[ASBR-PE2] static-lsp transit PE2-PE1 incoming-interface vlanif 40 in-label 102 nexthop 30.1.1.2 out-label 101
```

3. 配置结果验证

完成以上配置后，可以进行以下配置结果验证。

① 在两个 PE 上执行 **display vll ccc** 命令，查看 CCC 连接信息，可以看到 PE1 和 PE2 上各自建立了一条 CCC 远程连接，状态为 up；执行 **display l2vpn ccc-interface vc-type ccc** 命令可以看到 CCC 连接 AC 接口状态为 up。在 PE1 上执行 **display vll ccc** 和 **display l2vpn ccc-interface vc-type ccc** 命令的输出如图 6-26 所示。

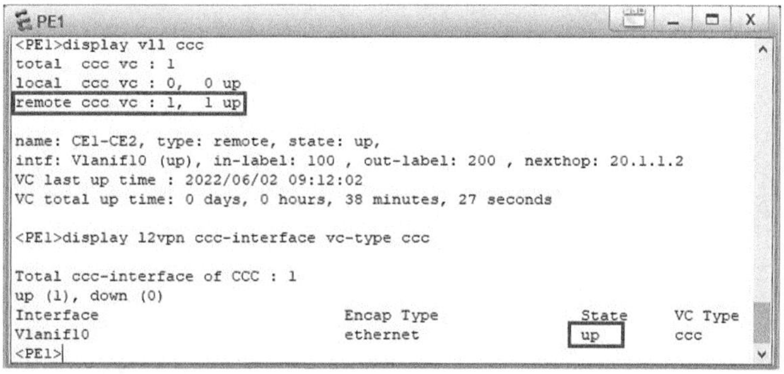

```
PE1
<PE1>display vll ccc
total  ccc vc : 1
local  ccc vc : 0,  0 up
remote ccc vc : 1,  1 up

name: CE1-CE2, type: remote, state: up,
intf: Vlanif10 (up), in-label: 100 , out-label: 200 , nexthop: 20.1.1.2
VC last up time : 2022/06/02 09:12:02
VC total up time: 0 days, 0 hours, 38 minutes, 27 seconds

<PE1>display l2vpn ccc-interface vc-type ccc

Total ccc-interface of CCC : 1
up (1), down (0)
Interface                 Encap Type            State    VC Type
Vlanif10                  ethernet              up       ccc
<PE1>
```

图 6-26　在 PE1 上执行 **display vll ccc** 和 **display l2vpn ccc-interface vc-type ccc** 命令的输出

② 在两个 ASBR-PE 上执行 **display mpls lsp** 命令，可以看到所建立的两条静态 LSP 的出/入标签信息和出/入接口信息。在 ASBR-PE1 上执行 **display mpls lsp** 命令的输出如图 6-27 所示，可以看出，ASBR-PE1 建立了两条 Transit 类型的静态 LSP，并且从中可以看到这两条静态 LSP 所分配的出/入标签和出/入接口信息。

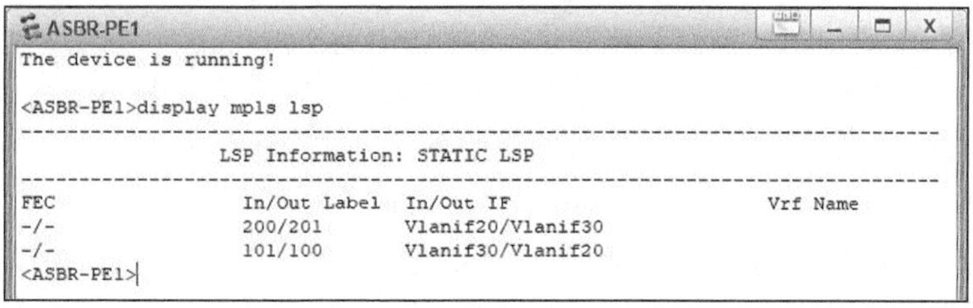

```
ASBR-PE1
The device is running!

<ASBR-PE1>display mpls lsp
-------------------------------------------------------------------------------
                 LSP Information: STATIC LSP
-------------------------------------------------------------------------------
FEC                In/Out Label  In/Out IF                  Vrf Name
-/-                200/201       Vlanif20/Vlanif30
-/-                101/100       Vlanif30/Vlanif20
<ASBR-PE1>
```

图 6-27　在 ASBR-PE1 上执行 **display mpls lsp** 命令的输出

③ 验证 CE1 可与 CE2 二层互通。CE1 成功 ping 通 CE2 的结果如图 6-28 所示。由此可以证明，本示例前面的配置是正确的，实现了跨域用户的二层互通。

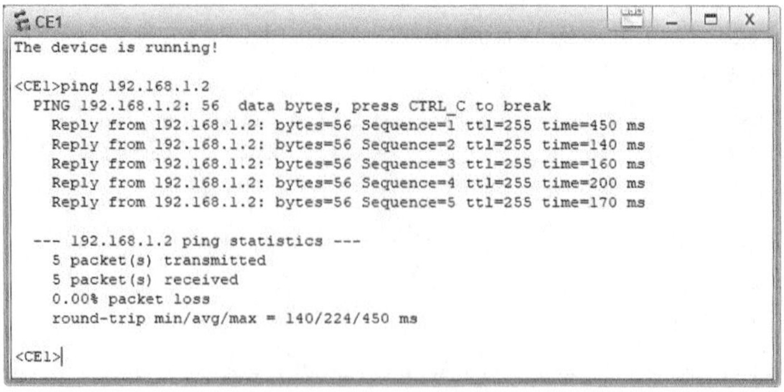

图 6-28　CE1 成功 ping 通 CE2 的结果

6.4.2　Martini 方式跨域 VLL 配置示例

Martini 方式跨域 VLL 配置示例的拓扑结构如图 6-29 所示，运营商 MPLS 网络为用户提供 L2VPN 服务，其中，PE1 和 PE2 作为用户接入设备分别接入了运营商不同的自治域 AS100 及 AS200，后续可能会接入新的用户。现要求采用一种适当的 VPN 方案，为用户提供安全的 VPN 服务，且在接入新用户时配置操作更简单。

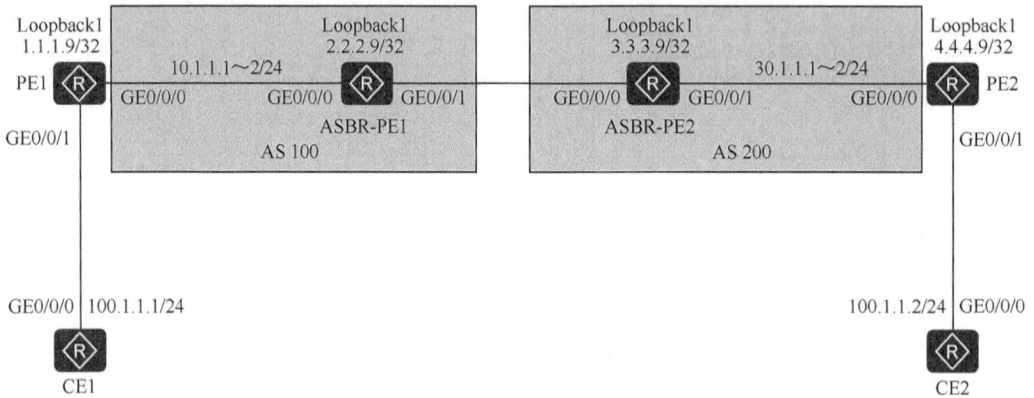

图 6-29　Martini 方式跨域 VLL 配置示例的拓扑结构

1. 基本配置思路分析

因为用户接入设备时，分别接入了运营商不同的自治域：AS100 及 AS200，要提供 VPN 服务，必定为跨域的方式。考虑 PE1 和 PE2 后续还可能会接入新的用户，且需要在接入新用户时配置简单，所以采用跨域 Martini VLL（OptionA）方式更为合适。

Martini VLL 跨域 OptionA 方案的基本配置思路是：首先在各 AS 域内配置 PE 与 ASBR-PE 之间的 VLL 连接，然后把对端 ASBR-PE 作为本端 ASBR-PE 的 CE（彼此连接的接口作为 AC 接口）进行配置。

Martini 方式 VLL 也是在 MPLS 隧道基础之上进行配置的，而且也要使用 LDP 在各自 AS 域内动态建立公网 LSP，并且需要在各 AS 域内配置基本的 MPLS 隧道功能，包括使能 LDP，建立公网 LDP LSP 隧道。

基于以上分析可以得出，本示例的基本配置思路如下所述。

① 配置各设备接口（包括 Loopback 接口）的 IP 地址。

② 在两个 AS 域内，骨干网各节点上配置 OSPF，实现域内骨干网三层互通。

③ 在两个 AS 域内，骨干网各节点上使能 MPLS 和 LDP 能力，在域内建立公网 LDP LSP 隧道。

④ 在两个 AS 域内，PE 与 ASBR-PE 上使能 MPLS L2VPN，并分别创建一条相反方向的 VC 连接。

2.　具体配置步骤

① 配置各设备接口（包括 Loopback 接口）的 IP 地址。

\#---CE1 上的配置如下。

```
<Huawei> system-view
[Huawei] sysname CE1
[CE1] interface gigabitethernet 0/0/0
[CE1-GigabitEthernet0/0/0] ip address 100.1.1.1 255.255.255.0
[CE1-GigabitEthernet0/0/0] quit
```

\#---CE2 上的配置如下。

```
<Huawei> system-view
[Huawei] sysname CE2
[CE2] interface gigabitethernet 0/0/0
[CE2-GigabitEthernet0/0/0] ip address 100.1.1.2 255.255.255.0
[CE2-GigabitEthernet0/0/0] quit
```

\#---PE1 上的配置如下。担当 AC 接口的 GE0/0/1 接口保持三层模式，不需要配置 IP 地址。

```
<Huawei> system-view
[Huawei] sysname PE1
[PE1] interface gigabitethernet 0/0/0
[PE1-GigabitEthernet0/0/0] ip address 10.1.1.1 255.255.255.0
[PE1-GigabitEthernet0/0/0] quit
[PE1] interface loopback1
[PE1-Loopback1] ip address 1.1.1.9 255.255.255.255
[PE1-Loopback1] quit
```

\#---PE2 上的配置如下。担当 AC 接口的 GE0/0/1 接口保持三层模式，不需要配置 IP 地址。

```
<Huawei> system-view
[Huawei] sysname PE2
[PE2] interface gigabitethernet 0/0/0
[PE2-GigabitEthernet0/0/0] ip address 30.1.1.2 255.255.255.0
[PE2-GigabitEthernet0/0/0] quit
[PE2] interface loopback1
[PE2-Loopback1] ip address 4.4.4.9 255.255.255.255
[PE2-Loopback1] quit
```

\#---ASBR-PE1 上的配置如下。ASBR-PE1 与 ASBR-PE2 连接的接口作为 AC 接口，不需要配置 IP 地址。

```
<Huawei> system-view
[Huawei] sysname ASBR-PE1
[ASBR-PE1] interface gigabitethernet 0/0/0
[ASBR-PE1-GigabitEthernet0/0/0] ip address 10.1.1.2 255.255.255.0
[ASBR-PE1-GigabitEthernet0/0/0] quit
[ASBR-PE1] interface loopback1
[ASBR-PE1-Loopback1] ip address 2.2.2.9 255.255.255.255
[ASBR-PE1-Loopback1] quit
```

\#---ASBR-PE2 上的配置如下。ASBR-PE2 与 ASBR-PE1 连接的接口作为 AC 接口，不需要配置 IP 地址。

```
<Huawei> system-view
[Huawei] sysname ASBR-PE2
[ASBR-PE2] interface gigabitethernet 0/0/1
[ASBR-PE2-GigabitEthernet0/0/1] ip address 30.1.1.1 255.255.255.0
[ASBR-PE2-GigabitEthernet0/0/1] quit
[ASBR-PE2] interface loopback1
[ASBR-PE2-Loopback1] ip address 3.3.3.9 255.255.255.255
[ASBR-PE2-Loopback1] quit
```

② 在两个 AS 域内，MPLS 骨干网上配置 OSPF，均采用 OSPF 1 进程，加入区域 0 中。配置 OSPF 时，需要注意的是，需要同时发布 PE 和 ASBR-PE 作为 LSR ID 的 32 位掩码的 Loopback 接口地址的主机路由，用于其他设备建立到达该 FEC 的 LSP。

#---PE1 上的配置如下。

```
[PE1] ospf 1
[PE1-ospf-1] area 0
[PE1-ospf-1-area-0.0.0.0] network 10.1.1.0 0.0.0.255
[PE1-ospf-1-area-0.0.0.0] network 1.1.1.9 0.0.0.0
[PE1-ospf-1-area-0.0.0.0] quit
[PE1-ospf-1] quit
```

#---ASBR-PE1 上的配置如下。

```
[ASBR-PE1] ospf 1
[ASBR-PE1] area 0
[ASBR-PE1-ospf-1-area-0.0.0.0] network 10.1.1.0 0.0.0.255
[ASBR-PE1-ospf-1-area-0.0.0.0] network 2.2.2.9 0.0.0.0
[ASBR-PE1-ospf-1-area-0.0.0.0] quit
[ASBR-PE1-ospf-1] quit
```

#---ASBR-PE2 上的配置如下。

```
[ASBR-PE2] ospf 1
[ASBR-PE2] area 0
[ASBR-PE2-ospf-1-area-0.0.0.0] network 30.1.1.0 0.0.0.255
[ASBR-PE2-ospf-1-area-0.0.0.0] network 3.3.3.9 0.0.0.0
[ASBR-PE2-ospf-1-area-0.0.0.0] quit
[ASBR-PE2-ospf-1] quit
```

#---PE2 上的配置如下。

```
[PE2] ospf 1
[PE2-ospf-1] area 0
[PE2-ospf-1-area-0.0.0.0] network 30.1.1.0 0.0.0.255
[PE2-ospf-1-area-0.0.0.0] network 4.4.4.9 0.0.0.0
[PE2-ospf-1-area-0.0.0.0] quit
[PE2-ospf-1] quit
```

③ 在两个 AS 域内，MPLS 骨干网上配置 MPLS 基本能力和 LDP 功能，包括配置 MPLS LSR ID，使能全局和公网接口的 MPLS 和 LDP 功能。

#---PE1 上的配置如下。

```
[PE1] mpls lsr-id 1.1.1.9
[PE1] mpls
[PE1-mpls] quit
[PE1] mpls ldp
[PE1-mpls-ldp] quit
[PE1] interface gigabitethernet 0/0/0
[PE1-GigabitEthernet0/0/0] mpls
[PE1-GigabitEthernet0/0/0] mpls ldp
[PE1-GigabitEthernet0/0/0] quit
```

#---ASBR-PE1 上的配置如下。

```
[ASBR-PE1] mpls lsr-id 2.2.2.9
[ASBR-PE1] mpls
[ASBR-PE1-mpls] quit
[ASBR-PE1] mpls ldp
[ASBR-PE1-mpls-ldp] quit
[ASBR-PE1] interface gigabitethernet 0/0/0
[ASBR-PE1-GigabitEthernet0/0/0] mpls
[ASBR-PE1-GigabitEthernet0/0/0] mpls ldp
[ASBR-PE1-GigabitEthernet0/0/0] quit
```

#---ASBR-PE2 上的配置如下。

```
[ASBR-PE2] mpls lsr-id 3.3.3.9
[ASBR-PE2] mpls
[ASBR-PE2-mpls] quit
[ASBR-PE2] mpls ldp
[ASBR-PE2-mpls-ldp] quit
[ASBR-PE2] interface gigabitethernet 0/0/1
[ASBR-PE2-GigabitEthernet0/0/1] mpls
[ASBR-PE2-GigabitEthernet0/0/1] mpls ldp
[ASBR-PE2-GigabitEthernet0/0/1] quit
```

#---PE2 上的配置如下。

```
[PE2] mpls lsr-id 4.4.4.9
[PE2] mpls
[PE2-mpls] quit
[PE2] mpls ldp
[PE2-mpls-ldp] quit
[PE2] interface gigabitethernet 0/0/0
[PE2-GigabitEthernet0/0/0] mpls
[PE2-GigabitEthernet0/0/0] mpls ldp
[PE2-GigabitEthernet0/0/0] quit
```

完成上述配置后，在两个 PE 上执行 **display mpls ldp session** 命令，查看 LDP 会话的建立情况，可以看到两个 AS 域内的 PE 与 ASBR-PE 之间建立了本地 LDP 会话。在 PE1 上执行 **display mpls ldp session** 命令的输出如图 6-30 所示。

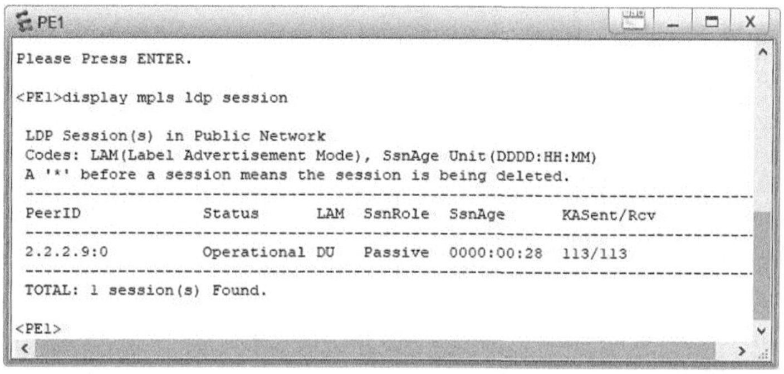

图 6-30　在 PE1 上执行 **display mpls ldp session** 命令的输出

④ 在两个 AS 域内的 PE 和 ASBR-PE 上分别使能 MPLS L2VPN，并分别创建一条到达对端的 VC 连接。PW 中各 VC 分配的 VC ID 均为 100（**两个 AS 域内建立的 VC 的 VC ID 可以不一样**）。

#---PE1 上的配置如下。在 AC 接口 GE0/0/1 下创建一条到达 ASBR-PE1（2.2.2.9）的动态 VC 连接。

```
[PE1] mpls l2vpn
[PE1-l2vpn] quit
[PE1] interface gigabitethernet 0/0/1
[PE1-GigabitEthernet0/0/1] mpls l2vc 2.2.2.9 100
[PE1-GigabitEthernet0/0/1] quit
```

#---ASBR-PE1 上的配置如下。在 AC 接口 GE0/0/1 下创建一条到达 PE1（1.1.1.9）的动态 VC 连接。

```
[ASBR-PE1] mpls l2vpn
[ASBR-PE1-l2vpn] quit
[ASBR-PE1] interface gigabitethernet 0/0/1
[ASBR-PE1-GigabitEthernet0/0/1] mpls l2vc 1.1.1.9 100
[ASBR-PE1-GigabitEthernet0/0/1] quit
```

#---PE2 上的配置如下。在 AC 接口 GE0/0/1 下创建一条到达 ASBR-PE2（3.3.3.9）的动态 VC 连接。

```
[PE2] mpls l2vpn
[PE2-l2vpn] quit
[PE2] interface gigabitethernet 0/0/1
[PE2-GigabitEthernet0/0/1] mpls l2vc 3.3.3.9 100
[PE2-GigabitEthernet0/0/1] quit
```

#---ASBR-PE2 上的配置如下。在 AC 接口 GE0/0/0 下创建一条到达 PE2（4.4.4.9）的动态 VC 连接。

```
[ASBR-PE2] mpls l2vpn
[ASBR-PE2-l2vpn] quit
[ASBR-PE2] interface gigabitethernet 0/0/0
[ASBR-PE2-GigabitEthernet0/0/0] mpls l2vc 4.4.4.9 100
[ASBR-PE2-GigabitEthernet0/0/0] quit
```

3. 配置结果验证

完成以上配置后，可以进行以下配置结果验证。

① 在各 PE 或 ASBR-PE 上执行 **display mpls l2vc** 命令，查看所建立的 L2VPN 连接信息。此时可以看到各设备上均已建立了一条到达域内对端设备的 VC，状态为 up。在 PE1 上执行 **display mpls l2vc** 命令的输出如图 6-31 所示，可以看出，它已与 ASBR-PE1 建立了一条 VC 连接，VC 会话、AC 状态、VC 状态和链路状态均为 up。

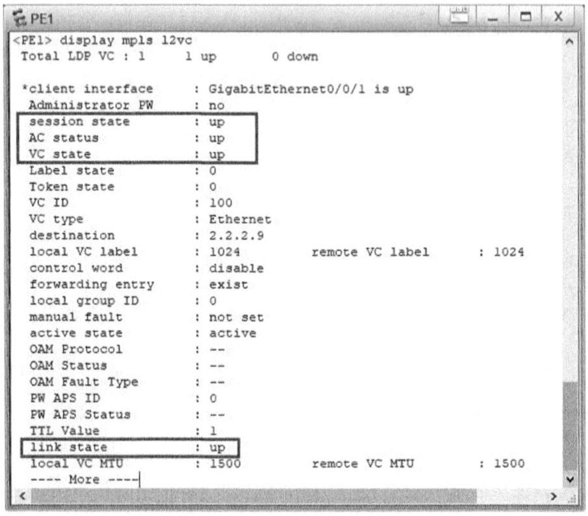

图 6-31　在 PE1 上执行 **display mpls l2vc** 命令的输出

② 验证 CE1 与 CE2 之间的二层互通。CE1 成功 ping 通 CE2 的结果如图 6-32 所示。由此可以证明，本示例前面的配置是正确的。

```
CE1                                                      _  □  X
<CE1>
<CE1>ping 100.1.1.2
  PING 100.1.1.2: 56  data bytes, press CTRL_C to break
    Reply from 100.1.1.2: bytes=56 Sequence=1 ttl=255 time=150 ms
    Reply from 100.1.1.2: bytes=56 Sequence=2 ttl=255 time=110 ms
    Reply from 100.1.1.2: bytes=56 Sequence=3 ttl=255 time=140 ms
    Reply from 100.1.1.2: bytes=56 Sequence=4 ttl=255 time=100 ms
    Reply from 100.1.1.2: bytes=56 Sequence=5 ttl=255 time=120 ms

  --- 100.1.1.2 ping statistics ---
    5 packet(s) transmitted
    5 packet(s) received
    0.00% packet loss
    round-trip min/avg/max = 100/124/150 ms

<CE1>
```

图 6-32　CE1 成功 ping 通 CE2 的结果

6.4.3　SVC 方式跨域 VLL 配置示例

本示例拓扑结构与 6.4.2 节中图 6-29 完全一样。运营商 MPLS 网络为用户提供 L2VPN 服务，其中，PE1 和 PE2 作为用户接入设备分别接入了运营商不同的自治域 AS100 及 AS200，用户只有两个位置固定的站点。现在要求以一种适当的 VPN 方案，为用户提供安全的 VPN 服务。

1. 基本配置思路分析

用户接入设备分别接入了运营商不同的自治域 AS100 及 AS200，要提供 VPN 服务，必定为跨域的方式。又考虑用户站点位置固定，建议采用配置跨域 SVC VLL（OptionA）方案进行配置。

OptionA 方案的基本配置思路是：先在各 AS 域内配置 PE 与 ASBR-PE 之间的 VLL 连接，然后将对端 ASBR-PE 为本端 ASBR-PE 的 CE（彼此连接的接口作为 AC 接口）进行配置即可。

SVC 方式 VLL 也是在 MPLS 隧道基础之上进行配置的，而且也要使用 LDP 在各自 AS 域内动态建立公网 LSP，所以首先需要在各 AS 域内配置基本的 MPLS 隧道功能，包括使能 LDP，然后建立公网 LDP LSP 隧道。

① 配置各设备接口（包括 Loopback 接口）的 IP 地址。

② 在两个 AS 域内，骨干网各节点上配置 OSPF，实现域内骨干网的三层互通。

③ 在两个 AS 域内，骨干网各节点上使能 MPLS 和 LDP 能力，在域内建立公网 LDP LSP 隧道。

④ 在两个 AS 域内，PE 与 ASBR-PE 上使能 MPLS L2VPN，并分别创建一条到达域内对端设备的静态 VC 连接，手工配置 VC 标签信息。

以上 4 项配置任务中，第①～③项配置任务的具体配置方法与 6.4.2 节对应配置任务的配置方法完全一样，下面仅介绍第④项配置任务的具体配置方法。

2. 具体配置步骤

在两个 AS 域内，PE 与 ASBR-PE 上使能 MPLS L2VPN，并分别创建一条到达域内对端设备的静态 VC 连接，手工配置 VC 标签信息。

#---PE1 上的配置如下。在 AC 接口 GE0/0/1 下创建一条到达 ASBR-PE1（2.2.2.9）的静态 VC 连接，假设所分配的发送 VC 标签为 100，接收 VC 标签为 200，要分别与 ASBR-PE1 上创建的静态 VC 连接中的接收/发送 VC 标签一致。

```
[PE1] mpls l2vpn
[PE1-l2vpn] quit
[PE1] interface gigabitethernet 0/0/1
[PE1-GigabitEthernet0/0/1] mpls static-l2vc destination 2.2.2.9 transmit-vpn-label 100 receive-vpn-label 200
[PE1-GigabitEthernet0/0/1] quit
```

#---ASBR-PE1 上的配置如下。在 AC 接口 GE0/0/1 下创建一条到达 PE1（1.1.1.9）的静态 VC 连接，假设所分配的发送 VC 标签为 200，接收 VC 标签为 100，分别与 PE1 上创建的静态 VC 连接中的接收/发送 VC 标签一致。

```
[ASBR-PE1] mpls l2vpn
[ASBR-PE1-l2vpn] quit
[ASBR-PE1] interface gigabitethernet 0/0/1
[ASBR-PE1-GigabitEthernet0/0/1] mpls static-l2vc destination 1.1.1.9 transmit-vpn-label 200 receive-vpn-label 100
[ASBR-PE1-GigabitEthernet0/0/1] quit
```

#---PE2 上的配置如下。在 AC 接口 GE0/0/1 下创建一条到达 ASBR-PE2（3.3.3.9）的静态 VC 连接，假设所分配的发送 VC 标签为 300，接收 VC 标签为 400，要分别与 ASBR-PE2 上创建的静态 VC 连接中的接收/发送 VC 标签一致。

```
[PE2] mpls l2vpn
[PE2-l2vpn] quit
[PE2] interface gigabitethernet 0/0/1
[PE2-GigabitEthernet0/0/1] mpls static-l2vc destination 3.3.3.9 transmit-vpn-label 300 receive-vpn-label 400
[PE2-GigabitEthernet0/0/1] quit
```

#---ASBR-PE2 上的配置如下。在 AC 接口 GE0/0/0 下创建一条到达 PE2（4.4.4.9）的静态 VC 连接，假设所分配的发送 VC 标签为 400，接收 VC 标签为 300，要分别与 PE2 上创建的静态 VC 连接中的接收/发送 VC 标签一致。

```
[ASBR-PE2] mpls l2vpn
[ASBR-PE2-l2vpn] quit
[ASBR-PE2] interface gigabitethernet 0/0/0
[ASBR-PE2-GigabitEthernet0/0/0] mpls static-l2vc destination 4.4.4.9 transmit-vpn-label 400 receive-vpn-label 300
[ASBR-PE2-GigabitEthernet0/0/0] quit
```

3. 配置结果验证

完成以上配置后，可以进行下面配置结果的验证。

① 在两个 PE 或 ASBR-PE 上执行 **display mpls static-l2vc** 命令，可以查看所创建的 SVC 连接信息。在 PE1 上执行 **display mpls static-l2vc** 命令的输出如图 6-33 所示，从中可以看出，PE1 已经建立了一条到达同位于 AS 100 域内 ASBR-PE1（2.2.2.9）的静态 VC，各状态均为 up。

② 验证 CE1 与 CE2 之间可以二层互通。CE1 成功 ping 通 CE2 的结果如图 6-34 所示。由此可以证明，本示例前面的配置是正确的。

```
PE1
<PE1>display mpls static-l2vc
 Total svc connections:  1,  1 up,  0 down

 *Client Interface     : GigabitEthernet0/0/1 is up
  AC Status            : up
  VC State             : up
  VC ID                : 0
  VC Type              : Ethernet
  Destination          : 2.2.2.9
  Transmit VC Label    : 100
  Receive VC Label     : 200
  Label Status         : 0
  Token Status         : 0
  Control Word         : Disable
  VCCV Capability      : alert ttl lsp-ping bfd
  active state         : active
  OAM Protocol         : --
  OAM Status           : --
  OAM Fault Type       : --
  PW APS ID            : 0
  PW APS Status        : --
  TTL Value            : 1
  Link State           : up
  Tunnel Policy Name   : --
  PW Template Name     : --
  Main or Secondary    : Main
  load balance type    : flow
  ---- More ----
```

图 6-33 在 PE1 上执行 **display mpls static-l2vc** 命令的输出

```
CE1
<CE1>
<CE1>ping 100.1.1.2
  PING 100.1.1.2: 56  data bytes, press CTRL_C to break
    Reply from 100.1.1.2: bytes=56 Sequence=1 ttl=255 time=390 ms
    Reply from 100.1.1.2: bytes=56 Sequence=2 ttl=255 time=130 ms
    Reply from 100.1.1.2: bytes=56 Sequence=3 ttl=255 time=200 ms
    Reply from 100.1.1.2: bytes=56 Sequence=4 ttl=255 time=160 ms
    Reply from 100.1.1.2: bytes=56 Sequence=5 ttl=255 time=210 ms

  --- 100.1.1.2 ping statistics ---
    5 packet(s) transmitted
    5 packet(s) received
    0.00% packet loss
    round-trip min/avg/max = 130/218/390 ms

<CE1>
```

图 6-34 CE1 成功 ping 通 CE2 的结果

6.4.4 Kompella 方式跨域 VLL 配置示例

Kompella 方式跨域 VLL 配置示例的拓扑结构如图 6-35 所示，运营商 MPLS 网络为用户提供 L2VPN 服务，其中，PE1 和 PE2 作为用户接入设备，分别接入了运营商不同的自治域：AS100 及 AS200，接入的用户数量较多且后续可能会增加新的用户。现在要求以一种适当的 VPN 方案，为用户提供安全的 VPN 服务，在接入新用户时可进行简单配置。

1. 基本配置思路分析

用户接入设备分别接入了运营商不同的自治域 AS100 及 AS200，要提供 VPN 服务，必定为跨域方式。考虑需要在接入新用户时配置简单且需要为用户预留 VPN 资源，因此需要采用配置跨域 Kompella VLL（OptionA）来满足用户需求。

跨域 Kompella VLL OptionA 方案的基本配置思路是：先在各 AS 域内配置 PE 与 ASBR-PE 之间建立 MP-IBGP 对等体交互 L2VPN 信息，为 VC 分配标签，创建 Kompella 方式跨域 VLL 连接，然后以连接对端 ASBR-PE 的 VLANIF 接口作为 AC 接口，将对端 ASBR- PE 作为本端 ASBR-PE 的 CE 进行配置即可。

Kompella 方式跨域 VLL 目前仅支持华为 S 系列交换机，在 MPLS 隧道基础之上进行配置，而且还要使用 LDP 在各自 AS 域内动态建立公网 LSP，所以首先需要在各 AS 域内配置基本的 MPLS 隧道功能，包括使能 LDP，然后建立公网 LDP LSP 隧道。

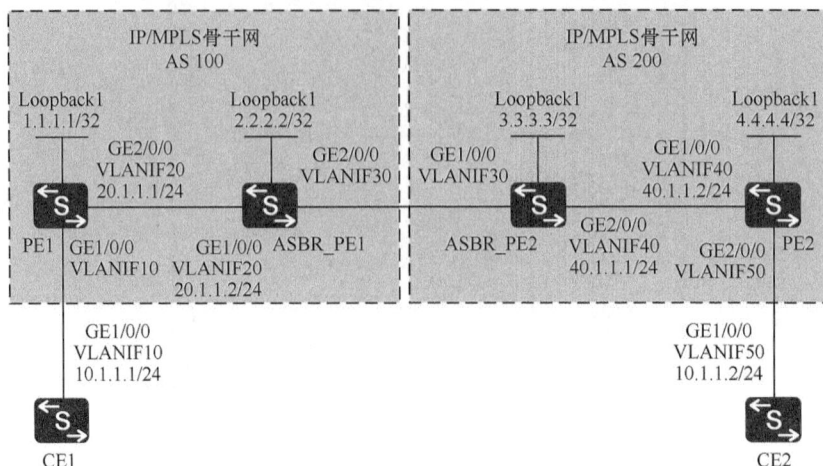

图 6-35　Kompella 方式跨域 VLL 配置示例的拓扑结构

① 在各设备上创建所需的 VLAN，把各物理接口加入对应的 VLAN 中；创建所需的 VLANIF 接口，配置各 VLANIF 接口的 IP 地址（担当 AC 接口的 VLANIF 接口，不需要配置 IP 地址）。

② 在两个 AS 域内，骨干网节点上配置 OSPF，实现域内骨干网三层互通。

③ 在两个 AS 域内，骨干网各节点上配置 MPLS 和 LDP 功能，建立公网 LDP LSP 隧道。

④ 在两个 AS 域内，配置 PE 与 ASBR-PE 之间的 MP-IBGP 对等体连接，交互 L2VPN 信息。

⑤ 在两个 AS 域内，PE 和 ASBR-PE 使能 L2VPN 能力，创建并配置 L2VPN 实例，建立 AS 域内的 Kompella 方式 VC 连接。

2. 具体配置步骤

① 在各设备上创建所需要的 VLAN，把各物理接口加入对应的 VLAN 中；创建所需要的 VLANIF 接口，配置各 VLANIF 接口的 IP 地址（担当 AC 接口的 VLANIF 接口，不需要配置 IP 地址）。

#---CE1 上的配置如下。

```
<HUAWEI> system-view
[HUAWEI] sysname CE1
[CE1] vlan batch 10
[CE1] interface vlanif 10
[CE1-Vlanif10] ip address 10.1.1.1 255.255.255.0
[CE1-Vlanif10] quit
[CE1] interface gigabitethernet 1/0/0
[CE1-GigabitEthernet1/0/0] port link-type trunk
[CE1-GigabitEthernet1/0/0] port trunk allow-pass vlan 10
[CE1-GigabitEthernet1/0/0] quit
```

#---CE2 上的配置如下。

```
<HUAWEI> system-view
[HUAWEI] sysname CE2
[CE2] vlan batch 50
[CE2] interface vlanif 50
[CE2-Vlanif50] ip address 10.1.1.2 255.255.255.0
[CE2-Vlanif50] quit
[CE2] interface gigabitethernet 1/0/0
[CE2-GigabitEthernet1/0/0] port link-type trunk
[CE2-GigabitEthernet1/0/0] port trunk allow-pass vlan 10
[CE2-GigabitEthernet1/0/0] quit
```

#---PE1 上的配置如下。

```
<HUAWEI> system-view
[HUAWEI] sysname PE1
[PE1] vlan batch 10 20
[PE1] interface gigabitethernet 2/0/0
[PE1-GigabitEthernet2/0/0] port link-type trunk
[PE1-GigabitEthernet2/0/0] port trunk allow-pass vlan 20
[PE1-GigabitEthernet2/0/0] quit
[PE1] interface gigabitethernet 1/0/0
[PE1-GigabitEthernet1/0/0] port link-type trunk
[PE1-GigabitEthernet1/0/0] port trunk allow-pass vlan 10
[PE1-GigabitEthernet1/0/0] quit
```

#---PE2 上的配置如下。

```
<HUAWEI> system-view
[HUAWEI] sysname PE2
[PE2] vlan batch 40 50
[PE2] interface gigabitethernet 1/0/0
[PE2-GigabitEthernet1/0/0] port link-type trunk
[PE2-GigabitEthernet1/0/0] port trunk allow-pass vlan 40
[PE2-GigabitEthernet1/0/0] quit
[PE2] interface gigabitethernet 2/0/0
[PE2-GigabitEthernet2/0/0] port link-type trunk
[PE2-GigabitEthernet2/0/0] port trunk allow-pass vlan 50
[PE2-GigabitEthernet2/0/0] quit
```

#---ASBR-PE1 上的配置如下。

```
<HUAWEI> system-view
[HUAWEI] sysname ASBR-PE1
[ASBR-PE1] vlan batch 20 30
[ASBR-PE1] interface gigabitethernet 1/0/0
[ASBR-PE1 –GigabitEthernet1/0/0] port link-type trunk
[ASBR-PE1 –GigabitEthernet1/0/0] port trunk allow-pass vlan 20
[ASBR-PE1 –GigabitEthernet1/0/0] quit
[ASBR-PE1] interface gigabitethernet 2/0/0
[ASBR-PE1 –GigabitEthernet2/0/0] port link-type trunk
[ASBR-PE1 –GigabitEthernet2/0/0] port trunk allow-pass vlan 30
[ASBR-PE1 –GigabitEthernet2/0/0] quit
```

#---ASBR-PE2 上的配置如下。

```
<HUAWEI> system-view
[HUAWEI] sysname ASBR-PE2
[ASBR-PE2] vlan batch 30 40
[ASBR-PE2] interface gigabitethernet 1/0/0
[ASBR-PE2 –GigabitEthernet1/0/0] port link-type trunk
```

```
[ASBR-PE2 –GigabitEthernet1/0/0] port trunk allow-pass vlan 30
[ASBR-PE2 –GigabitEthernet1/0/0] quit
[ASBR-PE2] interface gigabitethernet 2/0/0
[ASBR-PE2 –GigabitEthernet2/0/0] port link-type trunk
[ASBR-PE2 –GigabitEthernet2/0/0] port trunk allow-pass vlan 40
[ASBR-PE2 –GigabitEthernet2/0/0] quit
```

② 在两个 AS 域内，骨干网各节点上配置 OSPF，实现域内骨干网三层互通。

#---PE1 上的配置如下。

```
[PE1] interface vlanif 20
[PE1-Vlanif20] ip address 20.1.1.1 255.255.255.0
[PE1-Vlanif20] quit
[PE1] interface loopback1
[PE1-Loopback1] ip address 1.1.1. 255.255.255.255
[PE1-Loopback1] quit
[PE1] ospf 1
[PE1-ospf-1] area 0
[PE1-ospf-1-area-0.0.0.0] network 1.1.1.1 0.0.0.0
[PE1-ospf-1-area-0.0.0.0] network 20.1.1.0 0.0.0.255
[PE1-ospf-1-area-0.0.0.0] quit
[PE1-ospf-1] quit
```

#---ASBR-PE1 上的配置如下。

```
[ASBR-PE1] interface vlanif 20
[ASBR-PE1-Vlanif20] ip address 20.1.1.2 255.255.255.0
[ASBR-PE1-Vlanif20] quit
[ASBR-PE1] interface loopback1
[ASBR-PE1 -Loopback1] ip address 2.2.2.2 255.255.255.255
[ASBR-PE1 -Loopback1] quit
[ASBR-PE1] ospf 1
[ASBR-PE1-ospf-1] area 0
[ASBR-PE1-ospf-1-area-0.0.0.0] network 2.2.2.2 0.0.0.0
[ASBR-PE1-ospf-1-area-0.0.0.0] network 20.1.1.0 0.0.0.255
[ASBR-PE1-ospf-1-area-0.0.0.0] quit
[ASBR-PE1-ospf-1] quit
```

#---PE2 上的配置如下。

```
[PE2] interface vlanif 40
[PE2-Vlanif40] ip address 40.1.1.2 255.255.255.0
[PE2-Vlanif40] quit
[PE2] interface loopback1
[PE2-Loopback1] ip address 4.4.4.4 255.255.255.255
[PE2-Loopback1] quit
[PE2] ospf 1
[PE2-ospf-1] area 0
[PE2-ospf-1-area-0.0.0.0] network 2.2.2.2 0.0.0.0
[PE2-ospf-1-area-0.0.0.0] network 40.1.1.0 0.0.0.255
[PE2-ospf-1-area-0.0.0.0] quit
```

#---ASBR-PE2 上的配置如下。

```
[ASBR-PE2] interface vlanif 40
[ASBR-PE2-Vlanif40] ip address 40.1.1.1 255.255.255.0
[ASBR-PE2-Vlanif40] quit
[ASBR-PE2] interface loopback1
[ASBR-PE2 -Loopback1] ip address 3.3.3.3 255.255.255.255
[ASBR-PE2 -Loopback1] quit
[ASBR-PE2] ospf 1
```

```
[ASBR-PE2-ospf-1] area 0
[ASBR-PE2-ospf-1-area-0.0.0.0] network 3.3.3.3 0.0.0.0
[ASBR-PE2-ospf-1-area-0.0.0.0] network 40.1.1.0 0.0.0.255
[ASBR-PE2-ospf-1-area-0.0.0.0] quit
[ASBR-PE2-ospf-1] quit
```

③ 在两个 AS 域内，骨干网各节点上配置 MPLS 和 LDP 功能，建立公网 LDP LSP 隧道，主要包括配置 MPLS LSR ID，在全局及用于节点间三层连接的 VLANIF 接口上使能 MPLS 和 LDP 能力。

#---PE1 上的配置如下。

```
[PE1] mpls lsr-id 1.1.1.1
[PE1] mpls
[PE1-mpls] quit
[PE1] mpls ldp
[PE1-mpls-ldp] quit
[PE1] interface vlanif 20
[PE1-Vlanif20] mpls
[PE1-Vlanif20] mpls ldp
[PE1-Vlanif20] quit
```

#---ASBR-PE1 上的配置如下。

```
[ASBR-PE1] mpls lsr-id 2.2.2.2
[ASBR-PE1] mpls
[ASBR-PE1-mpls] quit
[ASBR-PE1] mpls ldp
[ASBR-PE1-mpls-ldp] quit
[ASBR-PE1] interface vlanif 20
[ASBR-PE1-Vlanif20] mpls
[ASBR-PE1-Vlanif20] mpls ldp
[ASBR-PE1-Vlanif20] quit
```

#---PE2 上的配置如下。

```
[PE2] mpls lsr-id 4.4.4.4
[PE2] mpls
[PE2-mpls] quit
[PE2] mpls ldp
[PE2-mpls-ldp] quit
[PE2] interface vlanif 40
[PE2-Vlanif40] mpls
[PE2-Vlanif40] mpls ldp
[PE2-Vlanif40] quit
```

#---ASBR-PE2 上的配置如下。

```
[ASBR-PE2] mpls lsr-id 3.3.3.3
[ASBR-PE2] mpls
[ASBR-PE2-mpls] quit
[ASBR-PE2] mpls ldp
[ASBR-PE2-mpls-ldp] quit
[ASBR-PE2] interface vlanif 40
[ASBR-PE2-Vlanif40] mpls
[ASBR-PE1-Vlanif40] mpls ldp
[ASBR-PE2-Vlanif40] quit
```

完成上述配置后，在两个 PE 和 ASBR-PE 上执行 **display mpls ldp session** 命令，查看 LDP 会话的建立情况，可以看到在两个 AS 域内，PE 与 ASBR-PE 之间建立本地 LDP 会话。

④ 在两个 AS 域内，配置 PE 与 ASBR_PE 之间的 MP-IBGP 对等体连接，交互 L2VPN 信息。

---PE1 上的配置如下。

```
[PE1] bgp 100
[PE1-bgp] peer 2.2.2.2 as-number 100
[PE1-bgp] peer 2.2.2.2 connect-interface loopBack 1
[PE1-bgp] l2vpn-family
[PE1-bgp-af-l2vpn] peer 2.2.2.2 enable
[PE1-bgp-af-l2vpn] quit
[PE1-bgp] quit
```

---ASBR_PE1 上的配置如下。

```
[ASBR_PE1] bgp 100
[ASBR_PE1-bgp] peer 1.1.1.1 as-number 100
[ASBR_PE1-bgp] peer 1.1.1.1 connect-interface loopback 1
[ASBR_PE1-bgp] l2vpn-family
[ASBR_PE1-bgp-af-l2vpn] peer 1.1.1.1 enable
[ASBR_PE1-bgp-af-l2vpn] quit
[ASBR_PE1-bgp] quit
```

---ASBR_PE2 上的配置如下。

```
[ASBR_PE2] bgp 200
[ASBR_PE2-bgp] peer 4.4.4.4 as-number 200
[ASBR_PE2-bgp] peer 4.4.4.4 connect-interface loopback 1
[ASBR_PE2-bgp] l2vpn-family
[ASBR_PE2-bgp-af-l2vpn] peer 4.4.4.4 enable
[ASBR_PE2-bgp-af-l2vpn] quit
[ASBR_PE2-bgp] quit
```

---PE2 上的配置如下。

```
[PE2] bgp 200
[PE2-bgp] peer 3.3.3.3 as-number 200
[PE2-bgp] peer 3.3.3.3 connect-interface loopBack 1
[PE2-bgp] l2vpn-family
[PE2-bgp-af-l2vpn] peer 3.3.3.3 enable
[PE2-bgp-af-l2vpn] quit
[PE2-bgp] quit
```

⑤ 在两个 AS 域内，PE 和 ASBR-PE 使能 L2VPN 能力，创建并配置 L2VPN 实例，建立 AS 域内的 Kompella 方式 VC 连接。**一端创建 VC 连接时的 ce-offset 值要与对端的 CE ID 值保持一致**，CE ID 取值范围假设统一为 10 个。

#---PE1 上的配置如下。把 PE1 为 CE1 分配的 CE ID 值设为 1，ASBR_PE1 为 ASBR_PE2 分配的 CE ID 值设为 2。

```
[PE1] mpls l2vpn      #---使能 MPLS L2VPN 功能
[PE1-l2vpn] quit
[PE1] mpls l2vpn vpn1 encapsulation vlan #---创建名为 VPN1 的 L2VPN 实例，采用 VLAN 封装模式
[PE1-mpls-l2vpn-vpn1] route-distinguisher 100:1   #---为 L2VPN 实例分配 RD 值为 100:1，不同设备上的 L2VPN 实例
中的 RD 值可以相同，也可以不同，但同一设备上不同 L2VPN 实例的 RD 值要唯一
[PE1-mpls-l2vpn-vpn1] mtu 1500
[PE1-mpls-l2vpn-vpn1] vpn-target 1:1 both #---指定 L2VPN 实例的双向 VPN Target 属性值均为 1:1
[PE1-mpls-l2vpn-vpn1] ce ce1 id 1 range 10 #---指定 L2VPN 中所连接 CE 的 CE ID 值为 1，CE ID 取值范围为 10
[PE1-mpls-l2vpn-ce-vpn1-ce1] connection ce-offset 2 interface vlanif 10 #---创建以 VLANIF10 接口为 AC 接口，对端
CE ID 值为 2 的 VC 连接
[PE1-mpls-l2vpn-ce-vpn1-ce1] quit
[PE1-mpls-l2vpn-vpn1] quit
```

\#---ASBR_PE1 上的配置如下。

```
[ASBR_PE1] mpls l2vpn
[ASBR_PE1-l2vpn] quit
[ASBR_PE1] mpls l2vpn vpn1 encapsulation vlan
[ASBR_PE1-mpls-l2vpn-vpn1] route-distinguisher 100:2
[ASBR_PE1-mpls-l2vpn-vpn1] mtu 1500
[ASBR_PE1-mpls-l2vpn-vpn1] vpn-target 1:1 both
[ASBR_PE1-mpls-l2vpn-vpn1] ce ce2 id 2 range 10
[ASBR_PE1-mpls-l2vpn-ce-vpn1-ce2] connection ce-offset 1 interface vlanif 30
[ASBR_PE1-mpls-l2vpn-ce-vpn1-ce2] quit
[ASBR_PE1-mpls-l2vpn-vpn1] quit
```

\#---ASBR_PE2 上的配置如下。把 ASBR_PE2 为 ASBR_PE1 分配的 CE ID 值设为 3，
PE2 为 CE2 分配的 CE ID 值设为 4。

```
[ASBR_PE2] mpls l2vpn
[ASBR_PE2-l2vpn] quit
[ASBR_PE2] mpls l2vpn vpn1 encapsulation vlan
[ASBR_PE2-mpls-l2vpn-vpn1] route-distinguisher 200:1
[ASBR_PE2-mpls-l2vpn-vpn1] mtu 1500
[ASBR_PE2-mpls-l2vpn-vpn1] vpn-target 1:1 both
[ASBR_PE2-mpls-l2vpn-vpn1] ce ce3 id 3 range 10
[ASBR_PE2-mpls-l2vpn-ce-vpn1-ce3] connection ce-offset 4 interface vlanif 30
[ASBR_PE2-mpls-l2vpn-ce-vpn1-ce3] quit
[ASBR_PE2-mpls-l2vpn-vpn1] quit
```

\#---PE2 上的配置如下。

```
[PE2] mpls l2vpn
[PE2-l2vpn] quit
[PE2] mpls l2vpn vpn1 encapsulation vlan
[PE2-mpls-l2vpn-vpn1] route-distinguisher 200:2
[PE2-mpls-l2vpn-vpn1] mtu 1500
[PE2-mpls-l2vpn-vpn1] vpn-target 1:1 both
[PE2-mpls-l2vpn-vpn1] ce ce4 id 4 range 10
[PE2-mpls-l2vpn-ce-vpn1-ce4] connection ce-offset 3 interface vlanif 50
[PE2-mpls-l2vpn-ce-vpn1-ce4] quit
[PE2-mpls-l2vpn-vpn1] quit
```

3．配置结果验证

完成以上配置后，可以进行以下配置结果验证。

① 在两个 PE 或 ASBR-PE 上执行 **display mpls l2vpn connection interface** 命令，查看 L2VPN 连接信息，可以看到建立了一条远程 VC 连接，状态为 up。以下是在 PE1 上执行该命令的输出，从中可以看出它已经创建了一条到达 ASBR-PE1（2.2.2.2）的远程 VC 连接，两端的 CE ID 值分别为 1、2，具体配置如下。

```
[PE1] display mpls l2vpn connection interface vlanif 10
conn-type: remote
        local vc state:              up
        remote vc state:             up
        local ce-id:                 1
        local ce name:               ce1
        remote ce-id:                2
        intf(state,encap):           Vlanif10(up,vlan)
        peer id:                     2.2.2.2
        route-distinguisher:         100:2
        local vc label:              31745
        remote vc label:             35852
```

```
       tunnel policy:              default
       CKey:                       19
       NKey:                       3
       primary or secondary:       primary
       forward entry exist or not: true
       forward entry active or not:true
       manual fault set or not:    not set
......
```

　　　下面是在 ASBR-PE2 上执行该命令的输出示例，从中可以看出它已经创建了一条到达 PE2（4.4.4.4）的远程 VC 连接，两端的 CE ID 值分别为 3、4，状态均为 up，具体配置如下。

```
[ASBR_PE2] display mpls l2vpn connection interface vlanif 30
conn-type: remote
       local vc state:             up
       remote vc state:            up
       local ce-id:                3
       local ce name:              ce3
       remote ce-id:               4
       intf(state,encap):          Vlanif30(up,vlan)
       peer id:                    4.4.4.4
       route-distinguisher:        200:2
       local vc label:             31746
       remote vc label:            35853
       tunnel policy:              default
       CKey:                       19
       NKey:                       3
       primary or secondary:       primary
       forward entry exist or not: true
       forward entry active or not:true
       manual fault set or not:    not set
......
```

　　　② 验证 CE1 与 CE2 之间可以二层互通。以下是 CE1 成功 ping 通 CE2 的结果，证明本示例前面的配置是正确的。

```
[CE1] ping 10.1.1.2
  PING 10.1.1.2: 56    data bytes, press CTRL_C to break
    Reply from 10.1.1.2: bytes=56 Sequence=1 ttl=255 time=125 ms
    Reply from 10.1.1.2: bytes=56 Sequence=2 ttl=255 time=125 ms
    Reply from 10.1.1.2: bytes=56 Sequence=3 ttl=255 time=94 ms
    Reply from 10.1.1.2: bytes=56 Sequence=4 ttl=255 time=125 ms
    Reply from 10.1.1.2: bytes=56 Sequence=5 ttl=255 time=125 ms

  --- 10.1.1.2 ping statistics ---
    5 packet(s) transmitted
    5 packet(s) received
    0.00% packet loss
    round-trip min/avg/max = 94/118/125 ms
```

6.5　VLL 连接故障检测与排除

　　　配置完成 VLL 网络后，如果最终 VLL 连接不通，不能实现远程二层以太网的连接，这时就需要进行故障定位与排除。本节仅介绍与 VLL 配置有关的故障排除，公网隧道的排除方法参见配套的《华为 MPLS 技术学习指南（第二版）》相应章节中介绍的有关 MPLS LSP 或者 MPLS TE 隧道故障的检测和排除方法。

6.5.1　VLL 连接故障检测

在 VLL 组网中，可以使用虚电路连接性验证（Virtual Circuit Connectivity Verification，VCCV）功能检测 VLL 网络的连通性。

1. VCCV 检测方式

VCCV 是一种端到端的 PW 故障检测与诊断机制。VCCV 有两种方式，分别为 VCCV ping 和 VCCV Tracert。VCCV ping 是一种人工检测虚拟电路连接状态的工具，VCCV Tracert 是一种人工定位 PW 路径某节点异常的工具，二者分别类似于 IP 网络中的 ping 和 Tracert 工具。VCCV 检测包括控制字通道和 Label Alert（标签警报）通道两种方式，Martini 方式中还支持普通方式。在缺省情况下，VCCV 检测使用 Label Alert 通道方式。定位 Martini 方式 VLL 网络故障时，控制字通道和普通方式不能同时使用。

在控制字通道 VCCV 检测方式中，会在 MPLS Echo Request 报文封装控制字（**control-word**）选项，这需要先在 PW 模板视图下执行 **control-word** 命令使能控制字功能。在 VLL（其实同样包括第 7 章将要介绍的 PWE3）配置中，控制字仅在 PW 两端的 PE 上配置，控制字通道 VCCV 检测方式是通过获取 PW 对端 PE 上配置的控制字信息，达到对 PW 连通性检测的目的。**在控制字通道检测方式中，检测报文在中间节点时不会上送到 CPU 进行处理，仅当检测报文到达目的端 PE 后才会上送 CPU**，并以响应报文（包括对端 PE 上的控制字配置信息）进行处理，实现 PW 端到端的检测。

在 Label Alert 通道 VCCV 检测方式是指定在 MPLS Echo Request 报文中封装 Router Alert 标签（固定为 1）选项。因为当 LSR 收到带有 Router Alert 标签的报文时会强制上送到 CPU 进行处理，所以 **Label Alert 通道检测方式可对从本端到达 PW 通道中的任意节点（也包括隧道对端 PE）的连通性进行检测**。

在普通 VCCV 检测方式中，MPLS Echo Request 报文不封装 **control-word** 和 **router alert** 选项，直接进行 VC 的 ping 或 Tracert 操作。

2. 利用 VCCV 检测 VLL 网络的连通性

（1）检测 Martini 方式 VLL 网络的连通性

① 使用控制字通道方式：必须带有控制字（**control-word**）选项。

ping vc *pw-type pw-id* [**-c** *echo-number* | **-m** *time-value* | **-s** *data-bytes* | **-t** *timeout-value* | **-exp** *exp-value* | **-r** *reply-mode* | **-v**][*] **control-word** [**remote** *remote-ip-address peer-pw-id* | **draft6**][*] [**ttl** *ttl-value*] [pipe | uniform]

ping vc *pw-type pw-id* [**-c** *echo-number* | **-m** *time-value* | **-s** *data-bytes* | **-t** *timeout-value* | **-exp** *exp-value* | **-r** *reply-mode* | **-v**][*] **control-word remote** *remote-ip-address peer-pw-id* **sender** *sender-address* [**ttl** *ttl-value*] [pipe | uniform]

② 使用 Label Alert 通道方式：必须带有标签警报（**label-alert**）选项。

ping vc *pw-type pw-id* [**-c** *echo-number* | **-m** *time-value* | **-s** *data-bytes* | **-t** *timeout-value* | **-exp** *exp-value* | **-r** *reply-mode* | **-v**][*] **label-alert** [**no-control-word**] [**remote** *remote-ip-address* |

draft6] *[pipe | uniform]

③ 使用普通方式。

ping vc *pw-type pw-id* [**-c** *echo-number* | **-m** *time-value* | **-s** *data-bytes* | **-t** *timeout-value* | **-exp** *exp-value* | **-r** *reply-mode* | **-v**]* **normal** [**no-control-word**] [**remote** *remote-ip-address peer-pw-id*] [**ttl** *ttl-value*] [pipe | uniform]

ping vc 命令的参数和选项说明见表 6-18。

表 6-18　ping vc 命令的参数和选项说明

参数或选项	参数说明	取值
pw-type	指定本端 PW 的封装类型	目前支持的 PW 封装类型有：ethernet 和 vlan
pw-id	指定本端 PW ID	整数形式，取值范围为 1～4294967295
-c *echo-number*	指定发送 echo request 报文次数。当网络质量不高时，可以增加发送报文数目，通过丢包率来检测网络质量	整数形式，取值范围为 1～4294967295。缺省值是 5
-m *time-value*	指定发送下一个 echo request 报文的等待时间。 **ping vc** 命令发送 echo request 报文后等待应答（reply），缺省等待 2000ms 后发送下一个 echo request 报文。可以通过 *time-value* 参数配置发送时间间隔。在网络状况较差的情况下，此参数取值不建议小于 2000ms	整数形式，取值范围为 1～10000，单位是 ms。缺省值是 2000
-s *data-bytes*	指定发送 echo request 报文的字节数	整数形式，取值范围为 65～8100，单位是字节。缺省值是 100
-t *timeout-value*	指定发送 echo request 报文超时的时间值	整数形式，取值范围为 0～65535，单位是 ms。缺省值是 2000
-exp *exp-value*	指定发送的 echo 请求报文的 EXP 优先级值。但如果在设备上也使用 **set priority** 命令设置了 DSCP 优先级，本命令的参数设置将不会生效	整数形式，取值范围为 0～7。缺省值是 0
-r *reply-mode*	指定对端回送 MPLS echo 应答报文的 4 个模式： • 不应答； • 通过 IPv4/IPv6 UDP 报文应答； • 通过带 Router Alert 的 IPv4/IPv6 UDP 报文应答； • 通过应用平面的控制通道应答	整数形式，取值范围为 1～4。缺省值为 2
-v	指定显示详细的输出信息	—
no-control-word	指定去使能 control-word 方式	—
control-word	指定采用 control-word 通道检测方式。在多跳 PW（仅适用于 PEW3，下同）的情况下，交换节点并不传 ping 报文。使用 Control Word 方式，只能 ping PW 的终结点。使用控制字方式 ping VC 之前，需要使能 PW 的控制字	—
remote	指定远端的 PW 信息。Remote 指定的信息，会最终编码到 ping 报文中，在远端寻找相应的 PW。在缺省情况下，ping 报文的信息源于本地的 PW 信息，这适合于单跳 PW 的情况	—

续表

参数或选项	参数说明	取值
peer-pw-id	指定远端 PW ID	整数形式，取值范围为 1～4294967295。在缺省情况下，远端 PW ID 使用本地的 PW ID
draft6	命令版本。如果指定该参数，按 draft-ietf-mpls-lsp-ping-06 来实现。默认按 RFC4379 来实现	—
pipe	指定采用 Pipe 模式。此时探测报文经过 MPLS 域时，IP TTL 只在 Ingress 和 Egress 分别减 1，整个 MPLS 域被当作一跳	—
uniform	指定采用 Uniform 模式。此时探测报文在 MPLS 域中每经过一跳，IP TTL 减 1	—
remote-ip-address	指定远端的 IP 地址。默认情况下，系统会根据本地的 PW 找到下一跳的 IP 地址。对于多跳 PW，如果使用 **control-word** 选项，则必须指定终结点的 IP 地址。如果使用 MPLS Router Alert 方式，可以指定任何一个交换节点，或者终结点的 IP 地址，Echo Request 报文会发送到对端，接着返回，不会再向前转发 ping 报文	—
label-alert	指定采用 label-alert 通道检测方式，可以 ping PW 的任何一个交换节点	—
normal	指定采用普通 VCCV 检测方式，即 TTL 检测方式，MPLS echo request 报文不封装 **control-word** 和 **router alert** 选项，利用 TTL 值检测 PW 的连通性	—
ttl *ttl-value*	指定 TTL 的值	整数形式，取值范围为 1～255，缺省值是为 64
sender *sender-address*	指定 ping 报文封装的源 IP 地址。在多跳 PW 端到端检测时，指定与检测目的 PE 公网会话的源 IP 地址，通常为相邻 SPE 或 UPE 的 IP 地址	—

（2）检测 Kompella 方式 VLL 网络的连通性

① 使用控制字通道方式：必须带有控制字（**control-word**）选项。

ping vc vpn-instance *vpn-name local-ce-id remote-ce-id* [**-c** *echo-number* | **-m** *time-value* | **-s** *data-bytes* | **-t** *timeout-value* | **-exp** *exp-value* | **-r** *reply-mode* | **-v**] [*] **control-word**

② 使用 Label Alert 通道方式：必须带有标签警报（**label-alert**）选项。

ping vc vpn-instance *vpn-name local-ce-id remote-ce-id* [**-c** *echo-number* | **-m** *time-value* | **-s** *data-bytes* | **-t** *timeout-value* | **-exp** *exp-value* | **-r** *reply-mode* | **-v**] [*] **label-alert**

以上 **ping vc vpn-instance** 命令中的大多数参数和选项均与表 6-18 一样，仅有以下几个不同的参数（仅适用于 Kompella 方式 VLL），说明如下。

- **vpn-instance** *vpn-name*：指定 VPN 的名称，必须是已存在的 VPN 实例。
- *local-ce-id*：指定本端 CE 的 ID，整数形式，取值范围为 0～249。
- *remote-ce-id*：指定远端 CE 的 ID，整数形式，取值范围为 0～249。

3. 利用 VCCV 定位 VLL 网络的故障

（1）定位 Martini 方式 VLL 网络的故障

① 使用控制字通道方式：必须带有控制字（**control-word**）选项。

tracert **vc** *pw-type pw-id* [**-exp** *exp-value* | **-f** *first-ttl* | **-m** *max-ttl* | **-r** *reply-mode* | **-t** *timeout-value*] * **control-word** [**draft6**] [**full-lsp-path**] [pipe | uniform]

tracert **vc** *pw-type pw-id* [**-exp** *exp-value* | **-f** *first-ttl* | **-m** *max-ttl* | **-r** *reply-mode* | **-t** *timeout-value*] * **control-word remote** *remote-ip-address* [**ptn-mode** | **full-lsp-path**] [pipe | uniform]

tracert **vc** *pw-type pw-id* [**-exp** *exp-value* | **-f** *first-ttl* | **-m** *max-ttl* | **-r** *reply-mode* | **-t** *timeout-value*] * **control-word remote** *remote-pw-id* **draft6** [**full-lsp-path**] [pipe | uniform]

② 使用 Label Alert 通道方式：必须带有标签警报（**label-alert**）选项。

tracert **vc** *pw-type pw-id* [**-exp** *exp-value* | **-f** *first-ttl* | **-m** *max-ttl* | **-r** *reply-mode* | **-t** *timeout-value*] * **label-alert** [**no-control-word**] [**remote** *remote-ip-address*] [**full-lsp-path**] [**draft6**] [pipe | uniform]

③ 使用普通方式。

tracert **vc** *pw-type pw-id* [**-exp** *exp-value* | **-f** *first-ttl* | **-m** *max-ttl* | **-r** *reply-mode* | **-t** *timeout-value*] * **normal** [**no-control-word**] [**remote** *remote-ip-address*] [**full-lsp-path**] [**draft6**] [pipe | uniform]

tracert vc 命令中的参数和选项说明见表 6-19。

表 6-19　tracert vc 命令中的参数和选项说明

参数	参数说明	取值
pw-type	指定 PW 的封装类型	目前支持的类型有：**ethernet** 和 **vlan**
pw-id	指定本地 PW ID	整数形式，取值范围为 1～4294967295
-exp *exp-value*	指定 MPLS echo request 报文外层标签的 EXP 字段值，缺省值是 0。如果已经在设备上使用 **set priority** 命令设置了 DSCP 优先级，本命令的参数设置将不会生效	整数形式，取值范围为 0～7
-f *first-ttl*	指定一个初始的 TTL 值	整数形式，取值范围为 1～255，并且必须小于 *max-ttl* 的值，缺省值是 1
-m *max-ttl*	指定一个最大 TTL	整数形式，取值范围为 1～255，并且必须大于 *first-ttl* 的值，缺省值是 30
-r *reply-mode*	指定对端回送 MPLS echo 应答报文的 4 个模式： • 不应答； • 通过 IPv4/IPv6 UDP 报文应答； • 通过带 Router Alert 的 IPv4/IPv6 UDP 报文应答； • 通过应用平面的控制通道应答	整数形式，取值范围为 1～4。缺省值为 2
-t *timeout-value*	指定等待 MPLS echo reply 报文的超时时间	整数形式，取值范围为 0～65535，缺省值是 5，单位是 ms
control-word	指定在报文中封装控制字（control-word）信息	—
label-alert	指定在报文中封装 router alert 标签	—
no-control-word	指定在报文中不封装控制字（control-word）信息	—

参数	参数说明	取值
normal	普通方式，MPLS echo request 报文不封装 control-word 和 router alert 选项	—
remote	指定远端的 PW 信息	—
remote-ip-address	指定远端的 IP 地址。在默认情况下，系统会根据本地的 PW 找到下一跳的 IP 地址。如果使用 label-alert，可以指定任何一个 switch 节点，或者终结点的 IP 地址	—
remote-pw-id	指定远端 PW ID。在默认情况下，使用本地的 PW ID。在多跳 PW 的情形下，如果使用 **control-word** 选项，则必须指定终结点的 IP 地址	—
ptn-mode	指定 PTN 模式。在多跳 PW 检测场景下回应 Trace vc 报文。此时，SPE 节点和 TPE 节点需要配置 **lspv pw reply ptn-mode** 命令	—
full-lsp-path	显示 MPLS echo request 报文经过的 LSP 路径上所有节点回应的信息。如果不配置该参数，则只显示 LSP 路径上 PW 节点回应的信息	—
pipe	指定 Pipe 模式。此时，探测报文经过 MPLS 域时，IP TTL 只在 Ingress 和 Egress 分别减 1，整个 MPLS 域被当作一跳	—
uniform	指定 Uniform 模式。此时，探测报文在 MPLS 域中每经过一跳，IP TTL 减 1	—
draft6	命令版本。如果指定该参数，按 draft-ietf-mpls-lsp-ping-06 来实现。默认按 RFC4379 来实现。按照 draft6 版本实现的 Tracert vc 功能仅支持 VLL over LDP 场景	—

（2）定位 Kompella 方式 VLL 网络的故障

① 使用控制字通道方式：必须带有控制字（**control-word**）选项。

tracert vc -vpn-instance *vpn-name local-ce-id remote-ce-id* [**-exp** *exp-value* | **-f** *first-ttl* | **-m** *max-ttl* | **-r** *reply-mode* | **-t** *timeout-value*] *{ **control-word** | **draft6** } [**full-lsp-path**]

② 使用 Label Alert 通道方式：必须带有标签警报（**label-alert**）选项。

tracert vc -vpn-instance *vpn-name local-ce-id remote-ce-id* [**-exp** *exp-value* | **-f** *first-ttl* | **-m** *max-ttl* | **-r** *reply-mode* | **-t** *timeout-value*] * **label-alert** [**full-lsp-path**]

tracert vc -vpn-instance 命令的大多数参数和选项与表 6-19 中的一样。仅 **vpn-instance** *vpn-name*、*local-ce-id*、*remote-ce-id* 这几个 Kompella 方式 VLL 特有的参数不同，参见前文说明。

6.5.2　CCC 方式 CE 之间不能通信的故障排除

CCC 方式 VLL 有本地连接和远程连接两种方式，各自具有不同的特性和配置方法，所以出现 CE 之间不能通信的故障原因各有不同，下面具体介绍。

1. CCC 本地连接方式 CE 之间不能通信的故障排除

在 CCC 本地连接方式中，所连接的 CE 在同一个 PE 上，CE 之间不需要建立公网 LSP 隧道，也不需要分配 VC 标签，在这种情况下，分析出现 CE 之间用户不能通信的故障原因比较简单，具体如下。

① 在 PE 上执行 **display vll ccc** 命令，查看对应的 VC 连接状态是否为 up；如果状态为 down，则表示 VC 连接没有成功建立，继续进行下一步的排除操作，具体如下。

```
<Huawei> display vll ccc
total    ccc vc : 1
local    ccc vc : 1,    1 up
remote ccc vc : 0,    0 up

name: CE1-CE2, type: local, state: up,
intf1: GigabitEthernet0/0/1 (up), access-port: false

intf2: GigabitEthernet0/0/2 (up), access-port: false
VC last up time : 2012/09/10 14:28:24
VC total up time: 0 days, 0 hours, 0 minutes, 10 seconds
```

② 在 PE 上执行 **display l2vpn ccc-interface vc-type ccc** 命令，查看 CCC 本地连接建立中唯一的两个方面参数的配置：AC 接口及其封装方式是否正确，AC 接口状态是否为 up，具体如下。

```
<Huawei> display l2vpn ccc-interface vc-type ccc
Total ccc-interface of CCC : 2
up (2), down (0)
Interface                  Encap Type       State      VC Type
GigabitEthernet0/0/2       ethernet         up         ccc
GigabitEthernet0/0/1       ethernet         up         ccc
```

两个 AC 接口的封装方式必须保持一致，如果不一致，则修改原来的 CCC 本地连接配置。如果 AC 接口状态不为 up，则要检查 AC 接口的选择是否正确，在华为 S 系列交换机中，CCC 本地连接仅可用 VLANIF 接口；在华为 AR G3 系列路由器中，还可以用三层物理以太网接口、三层 Eth-Trunk 接口或各种子接口。

③ 如果在第①步排除步骤中发现 VC 状态已为 up，但 CE 之间仍不能通信，存在以下两个方面的原因。

- CE 之间通信的用户主机的 IP 地址不在同一个 IP 网段。
- 没有正确根据所选择类型的 AC 接口特性及不同封装方式中 P-Tag 标签的处理方式进行相应的 VLAN 配置，造成最后不相同，或不满足相异 VLAN 的用户之间的通信需求。

通过以上简单的排除步骤就可以找到 CCC 本地连接中 CE 之间不能通信的故障原因。

2. CCC 远程连接方式 CE 之间不能通信的故障排除

相对于 CCC 本地连接方式，CCC 远程连接方式中的 CE 是连接在不同 PE 上的，需要在两端 PE 之间建立静态 LSP 隧道。因为在 CCC 远程连接中，一条 LSP 隧道仅可建立一条 PW，所以与 CCC 本地连接方式一样，也不需要分配 VC 标签。根据 CCC 远程连接方式的以上特性，当出现 CE 之间不能通信时，可以按照以下步骤进行排除。

① 在骨干网上检查各节点是否启用 MPLS，但 CCC 远程连接中不需要配置骨干网的 IP 路由。

② 如果公网配置没有问题，CE 之间不能通信的原因基本上是 VC 连接故障。在 PE 上执行 **display vll ccc** 命令，查看对应的 VC 连接状态是否为 up。如果状态为 down，则表示 VC 连接没有成功建立，继续进行下一步的排除操作。

③ 在两端 PE 上执行 **display l2vpn ccc-interface vc-type ccc** 命令，查看 VC 连接（在

CCC 远程连接中使用静态 LSP 连接）使用的 AC 接口信息，检查 AC 接口状态是否为 up，AC 接口封装方式是否正确。两个 AC 接口的封装方式必须保持一致，如果不一致，则修改原来的 CCC 远程连接配置。如果 AC 接口状态不为 up，则要检查 AC 接口的选择是否正确。CCC 远程连接方式仅在华为 S 系列交换机中支持，也仅可用 VLANIF 接口作为 AC 接口。

④ 如果两端 PE 上的 AC 接口状态均已为 up 状态，且封装方式也一样，则要检查两端 PE 上的静态 LSP 连接配置。特别是要求 PE 上配置的入 LSP 标签必须与上游节点配置的出 LSP 标签保持一致。如果 PE 不是直连的，则需要在 P 节点上使用 **static-lsp transit** 命令配置静态 LSP 连接。

⑤ 如果各节点上的静态 LSP 连接配置不存在问题，CE 之间用户仍不能通信，也可能有以下两个方面的原因。

- CE 之间通信的用户主机的 IP 地址不在同一 IP 网段。
- 没有根据 VLANIF 接口特性在两端 PE 上正确进行 AC 接口，及其他相关 VLAN 的配置，造成最终不能达到相同或不满足相异 VLAN 的用户间的通信需求。

通过以上排除步骤可以找到 CCC 远程连接中 CE 之间不能通信的故障原因。

6.5.3　Martini 方式 CE 之间不能通信的故障排除

Martini 方式 VLL 相对于 CCC 方式 VLL 要复杂，不仅需要采用 LDP 建立公网 LSP 隧道，还要以 LDP 作为信令协议动态建立 PW。另外，在 Martini 方式 VLL 中，一条 LDP LSP 隧道中还可承载多条 PW，所以还需要为每条 PW 中的 VC 连接分配 VC 标签（仅支持动态分配方式）。这就决定了，如果在 Martini 方式 VLL 中出现 CE 之间的通信故障时，排除步骤要更复杂。具体排除步骤如下。

① 按照配套的《华为 MPLS 技术学习指南（第二版）》中介绍的方法检测公网 LDP LSP 隧道的连通性。

② 如果公网 LSP 隧道没问题，则继续根据 6.5.1 节介绍的 **ping vc** 命令检测方法检查 Martini 方式 VLL 中的 VC 网络的连通性。

③ 如果通过 6.5.1 节介绍的 **ping vc** 命令，发现 VC 不通，则在两端 PE 上执行 **display mpls l2vc** *vc-id* 命令，查看指定 VC 连接的配置信息及 VC 连接状态，具体如下。

```
<Huawei> display mpls l2vc 102
 Total LDP VC : 1        0 up         1 down

 *client interface        : Vlanif10 is up
  Administrator PW        : no
  session state           : up
  AC status               : up
  VC state                : up
  Label state             : 0
  Token state             : 0
  VC ID                   : 102
  VC type                 : VLAN
  destination             : 2.2.2.2
  local VC label          : 1032        remote VC label      : 0
  control word            : disable
```

```
remote control word      : none
forwarding entry         : not exist
local group ID           : 0
remote group ID          : 0
local AC OAM State       : up
local PSN OAM State      : up
local forwarding state : not forwarding
local status code        : 0x1
BFD for PW                   : unavailable
VCCV State                   : up
manual fault             : not set
active state             : inactive
link state               : up
local VC MTU                 : 1500          remote VC MTU          : 0
local VCCV                   : alert ttl lsp-ping bfd
remote VCCV                  : none
tunnel policy name       : --
PW template name         : --
primary or secondary     : primary
.....
```

　　在 VC 连接建立协商中，两端 PE 需要在封装类型（VC type）、MTU、VC ID、控制字（**control-word**）这些参数协商达成一致，需要两端 PE 对这些参数的配置保持一致。

- 如果两端的封装类型或者 MTU 不一致，那么配置 PE 上的 AC 端口封装类型统一，并执行 **mpls mtu** 命令将两端 PE 的 MTU 设置一致。
- 如果两端的 VC ID 不一致，那么需要先执行 **undo mpls l2vc** 命令，删除其中一端的 VC ID，再执行 **mpls l2vc** 命令配置 VC ID，使两端的 VC ID 保持一致。
- 如果两端的 **control-word** 配置不一致，那么先执行命令 **undo mpls l2vc** 删除其中一端的 VC 连接，再执行命令 **mpls l2vc** 创建 VC 连接并配置两端 **control-word** 一致。

　　【说明】如果是静态的 SVC 方式 VLL 连接，除了需要保证两端 PE 以上参数一致，还需要保证两端配置的发送标签、接收标签互为对方的接收标签、发送标签。

　　④ 如果 VC 状态已为 up，但 CE 之间的用户仍不能通信，则可能存在以下两个方面的原因。

- CE 之间通信的用户主机的 IP 地址不在同一个 IP 网段。
- 没有正确根据所选择类型的 AC 接口特性及不同封装方式中 P-Tag 标签的处理方式进行相应的 VLAN 配置，造成最终不能达到相同或不满足相异 VLAN 的用户之间的通信需求。

　　通过以上排除步骤，可以找到 Martini 方式 VLL 中 CE 之间不能通信的故障原因。

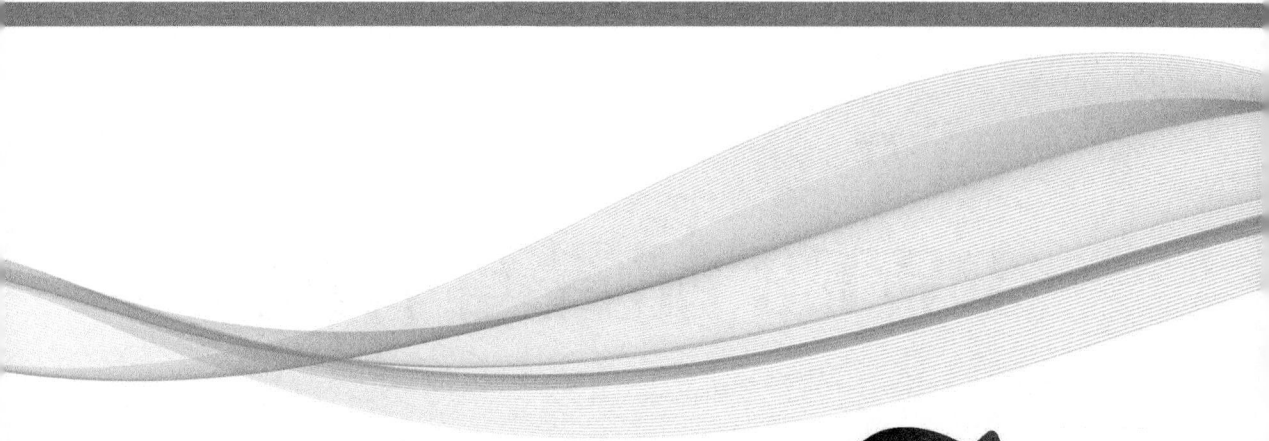

第 7 章
PWE3 配置与管理

本章主要内容

端到端伪线仿真（Pseudo-Wire Emulation Edge to Edge，PWE3）也是一种 MPLS L2VPN 技术，且在技术原理方面与第 5 章介绍的 Martini 方式 VLL 类似，均可以通过 LDP 在隧道两端 PE 之间建立动态 PW，但 PWE3 还支持静态 PW 和多跳 PW 的建立。在应用方面，PWE3 主要用于不同类型二层网络（例如，以太网、FR、ATM、HDLC）的远程互联，但 PWE3 还可以应用于 SONET、SDH 网络的远程互联，传输时分复用（Time-Division Multiplexing，TDM）业务，是对 Martini 方式 VLL 的扩展。也正因为如此，分别有 Ethernet PWE3、TDM PWE3、ATM PWE3、FR PWE3 等类型。

本章将主要介绍 PWE3 的工作原理、以太网下的 PWE3 单跳静态/动态 PW，纯静态或纯动态，或者静动混合多跳 PW，以及跨域 PWE3 的配置与管理方法，并在最后介绍 PWE3 中的 PW 故障检测和排除方法。

【注意】如果要使用华为路由器在华为模拟器中做本章的实验，则骨干网中的路由器设备要用模拟器中的"Router"设备，否则实验可能不成功。

7.1　PWE3 基础

　　PWE3 与 VLL 一样，也是一种点到点的 MPLS L2VPN 技术。但它与 VLL 不同的是，VLL 主要应用于像以太网、FR、ATM 和 HDLC 这类传统二层网络的远程互联，而 PWE3 则可以为各种分组交换网络（Packet Switched Network，PSN）实现远程互联，PSN 既包括传统的以太网、FR、ATM 和 HDLC 这类传统的二层网络，又包括低速同步光纤网（Synchronous Optical Network，SONET）和同步数字系列（Synchronous Digital Hierarchy，SDH）当前城域网、广域网中广泛应用的 TDM 类的网络，其应用范围更广。

　　PWE3 通常应用在宽带城域接入网或移动承载网中，用来承载 Ethernet、ATM、TDM、FR、PPP 等各种类型的业务。PWE3 的典型组网结构如图 7-1 所示，A 公司的总部和分支机构所在网络是传统的通信网络（例如 ATM、FR 等），通过 PWE3 技术在 PE1 和 PE2 之间建立 PW，使 A 公司的总部和分支机构可以通过 MPLS 网络互通。这样将原有的 ATM/FR 接入方式与现有的 IP 骨干网很好地融合在一起，减少网络的重复建设，节约运营成本。

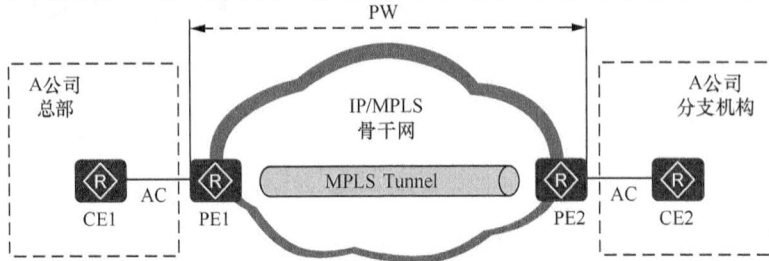

图 7-1　PWE3 的典型组网结构

7.1.1　PWE3 的基本架构

　　1. PWE3 对 LDP 信令协议的扩展

　　PWE3 属于点到点方式的 L2VPN 技术，Martini 方式的 VLL 是 PWE3 的一个子集。PWE3 对 Martini 方式的 VLL 进行扩展，采用了 Martini 方式 VLL 的部分技术，包括 LDP 信令和封装模式。在信令方面，PWE3 使用与 Martini 方式 VLL 一样的 LDP 信令协议，且二者的基本信令过程是一样的，具体见 5.4.4 节和 5.4.3 节。但 PWE3 对 LDP 信令协议在控制层面和数据层面进行了以下扩展。

　　① 在 LDP 信令中增加了 Notification 方式，只通告状态，不拆除信令，除非配置被删除或者信令协议中断。这样能够减少控制报文的交互，降低信令开销，兼容原来的 LDP 和 Martini 方式。

　　② 增加 PW 多跳功能，降低对接入设备支持的 LDP 连接数量的要求，降低接入节点的 LDP 会话的开销。多跳的接入节点满足 PW 的汇聚功能，使网络更加灵活，适合分级（接入、汇聚和核心）。

　　③ 支持更多的电信低速 TDM 接口。通过控制字（Control Word，CW）及转发平面实时传输协议（Real-time Transport Protocol，RTP），引入对 TDM 的报文排序、时钟提

取和同步的功能。

④ 增加分片能力协商机制和 PW 连接性检测功能，例如，虚电路连接验证（Virtual Circuit Connectivity Verification，VCCV）和 PW 操作、维护与管理（Operation Administration and Maintenance，OAM），提高网络的快速收敛能力和可靠性。

⑤ 在数据层面，PWE3 进行了实时信息的扩展，通过引入 RTP 进行时钟提取和时间同步，保证了电信信号的带宽、抖动和时延，还可以对乱序的报文进行重传。

2. PWE3 网络的基本结构

PWE3 网络的基本结构如图 7-2 所示，主要包括以下组件（与 VLL 网络结构类似）。

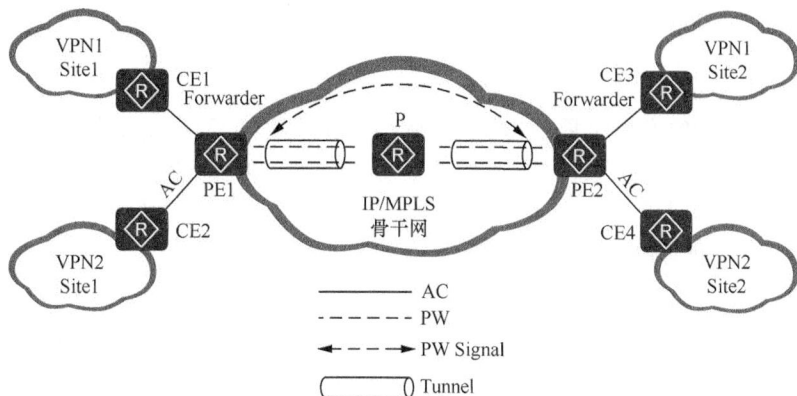

图 7-2　PWE3 网络的基本结构

① 接入电路（Attachment Circuit，AC）：连接 CE 与 PE 的链路。与 VLL 一样，CE 连接 PE 的接口称为 AC 接口，可以是不配置三层协议的三层物理接口、三层 Eth-Trunk 接口，也可以是二层 Dot1q 终结子接口、QinQ 终结子接口、QinQ Mapping 子接口和 VLAN Stacking 子接口。

② 虚链路（Pseudo Wire，PW）：在 PE 之间建立的逻辑通道，一条 PW 包括两条端点相同、方向相反的虚电路（VC）连接。PW 像本地 AC 与对端 AC 之间的一条虚拟直连通道，或一条虚拟以太网链路，完成对用户二层数据的透明传输。

③ 转发器：这是 PE 设备上生成的转发表，负责在目的端 PE 上选择报文转发的目的 AC 接口。**这是 VLL 网络中所没有的**，VLL 网络中是根据 VC 信息匹配来查找的，效率较低。PWE3 有了转发器后，提高了目的端报文转发的效率。

④ 隧道（Tunnels）：在 MPLS 骨干网 PE 之间建立的虚拟直连通道，可以是 LSP 隧道、TE 隧道或 GRE 隧道，用于承载 PW。在一条隧道中可以建立多条 PW。

⑤ PW 信令协议（PW Signal）：用于在 PE 之间传输建立 PW 所需的二层信息的协议，PWE3 中的信令协议主要为 LDP。

以上这 5 个部分在整个 PWE3 通信中协同工作。下面以图 7-2 中的 CE1 到 CE3 的 VPN1 报文传输为例，说明它们之间的协同关系。

- 首先在 PE1 和 PE2 之间通过 MPLS、LDP 建立 LSP 隧道（本示例以 LDP LSP 隧道为例介绍）、远端 LDP 会话和 PW。
- CE1 通过 AC 上送要发给 CE3 的二层报文到达 PE1。

- PE1 收到该二层报文后，根据接收报文的 AC 接口选定转发该报文的 PW。然后再根据对应 PW 的转发表项生成两层 MPLS 标签（内层私网标签用于标识 PW，外层公网标签用于穿越隧道到达 PE2），形成 MPLS 报文。
- MPLS 报文经公网隧道到达离 PE2 最近的 P 节点（倒数第二跳）时，如果 PE2 所分配给该 P 节点的 LSP 标签支持在倒数第二跳弹出（PHP）的特性，则在该 P 节点上先弹出报文中的外层公网标签，然后继续传输报文，到达 PE2 后再弹出私网标签，还原为原始的二层报文。
- 最后由 PE2 的转发器选定转发该二层报文的 AC，转发给目的端 CE3。

7.1.2　PWE3 的分类

PWE3 技术建立的 PW 有以下两种分类方法。

① 从实现方案角度，可划分为静态 PW 和动态 PW。与 Martini 方式的 VLL 一样，PWE3 也支持使用 LDP 信令协议建立动态 PW，通过 LDP 交换 VC 标签，并把 VC ID 与对应的 CE 绑定。另外，PWE3 还支持不使用信令协议进行参数协商，这就是通过人工指定 PW 信息建立的静态 PW。

② 从组网类型角度，可划分为单跳 PW 和多跳 PW。其中，单跳 PW 是指 PW 两端的 PE 之间只有一段 PW，不需要进行标签交换，单跳和多跳 PW 组网示例如图 7-3 所示。多跳 PW 是指 PW 两端的 PE 之间存在多段 PW。多跳中的 PE 和单跳中的 PE 转发机制相同，只是多跳转发时需要在交换 PE（Switching PE，SPE）上进行标签交换。

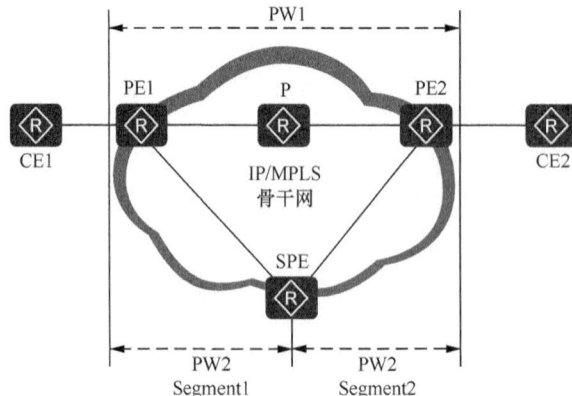

图 7-3　单跳和多跳 PW 组网示例

当两个 PE 之间不能建立信令协议连接或者不能建立直连隧道时（如图 7-3 中的 P 节点不支持 MPLS 或者性能不足时），就需要配置多跳 PW。PWE3 所支持的多跳 PW，使组网方式更加灵活，因为两个 PE 之间可以绕过不支持 PWE3 的某中间设备来建立 PW。

以上两种划分方式互不影响，即 PWE3 支持混合多跳 PW，即一段是静态 PW，另一段是动态 PW。

7.1.3　动态 PW 的建立、维护和拆除

PWE3 的动态 PW 采用 LDP 作为信令协议，通过扩展标准 LDP 的 TLV 来携带 VC

信息。建立 PW 时，PE 之间需要建立 LDP 会话（非直连时需要建立远端 LDP 会话），PW 的标签分配顺序采用下游自主分发 DU 模式（不需要上游节点发送标签请求消息），标签保留模式采用自由保持模式。

1. 动态 PW 的建立过程中可以用到 3 种报文

① Request：用于向对端 PE 请求为从本端 PE 到对端 PE 的 VC 连接分配私网 VC 标签，消息中携带对应 VC 连接的参数，例如 VC ID、VC Type、MTU、是否使能控制字功能等。

② Mapping：用于为从对端 PE 到本端 PE 的 VC 连接分配私网 VC 标签，消息中携带本端的接收 VC 标签（同时作为对端 PE 的发送 VC 标签）及相关的属性。

③ Notification：PWE3 中扩展的一种新 LDP 消息，用于 VC 连接状态通告（不拆除信令，除非配置删除或者信令协议中断），协商 PE 状态信息，减少报文交互的数量。

2. 单跳 PW 建立过程

PWE3 中单跳 PW 的建立过程如图 7-4 所示，现假设图 7-4 中 PE1 和 PE2 之间要建立单跳 PW，当 PE1 和 PE2 设备上已经完成 PWE3 的配置，并且建立了 LDP 会话后，PW 便开始建立以下流程。

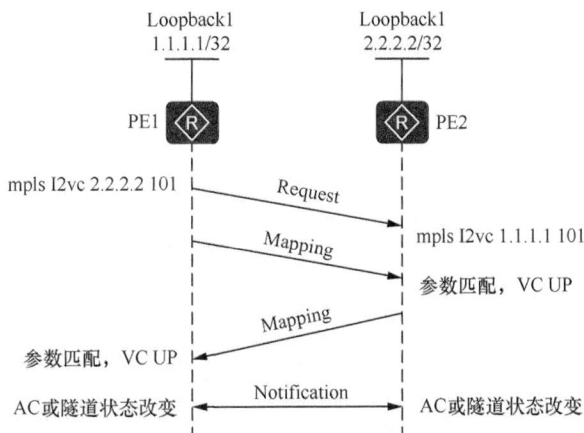

图 7-4 PWE3 中单跳 PW 的建立过程

① PE1 发送 Request 和 Mapping 报文到 PE2。Request 报文用来请求 PE2 为 PE1 分配在从 PE1 到 PE2 的 VC 连接中发送的 VC 标签（也是作为 PE2 的接收 VC 标签），而 Mapping 报文则用于为 PE2 分配在从 PE2 到 PE1 的 VC 连接中发送的 VC 标签（也是作为 PE1 的接收 VC 标签）。

② PE2 接收到来自 PE1 的 Mapping 报文后，查看本地是否配置了同样的 VC 连接。如果本地配置的 PW 参数，例如 VC ID、VC Type、MTU、是否使能控制字等协商结果均一致，则 PE2 获取 Mapping 报文中携带的 VC 标签，并将本端从 PE2 到 PE1 的 VC 连接状态设置为 UP。同时在收到来自 PE1 的 Request 报文后，会触发 PE2 向 PE1 发送 Mapping 消息，为 PE1 分配在 PE1 到 PE2 的 VC 连接中的 VC 标签。

③ PE1 收到来自 PE2 的 Mapping 消息，同样检查本地配置的 PW 参数，如果协商一致，则 PE1 会将本端从 PE1 到 PE2 的 VC 连接状态设置为 UP。此时 PE1 和 PE2 的动态 PW 中的双向 VC 建立完成，则完成整条动态 PW 的建立。

④ 建立 PW 后，PE1 和 PE2 通过 Notification 报文来通报彼此的状态。

3．PWE3 的 PW 拆除过程中主要用到两种报文

① Withdraw：携带要拆除的 PW 中两条 VC 的标签和状态，用于通知对端撤销对应的 VC 标签。

② Release：用于通知发送 Winthdraw 报文的一端撤销对应的 VC 标签。

当 PW 的 AC 接口状态为 Down 或者隧道状态为 Down 时，即可拆除原来建立的 PW，但 PWE3 和 Martini 在 PW 拆除方面的处理方式有所不同，具体如下。

- Martini 协议的处理是发送 Withdraw 报文并立即拆除对应的 PW 连接，这样等 AC 接口状态变为 UP 或者隧道状态变为 UP 时，需要重新协商，以便建立连接。

- PWE3 增加了 Notification 信令，协议的处理是发送 Notification 报文给对端，通知对端当前处于不能转发数据的状态，但 PW 连接本身并不拆除。这样等 AC 接口状态变为 UP 或者隧道状态变为 UP 时再用 Notification 报文告知对端可以转发数据，而不用重新建立 PW。这样做的好处是在网络不稳定时，Notification 报文可以避免链路震荡从而导致 PW 反复建立和删除。

- 在 PWE3 中，只有当 PW 的配置被删除或者信令协议中断（例如，公网 Down 掉、PW 隧道 Down 掉等）时，两端 PE 才拆除 PW。

4．单跳 PW 拆除过程

PWE3 单跳 PW 的拆除过程如图 7-5 所示，具体描述如下。

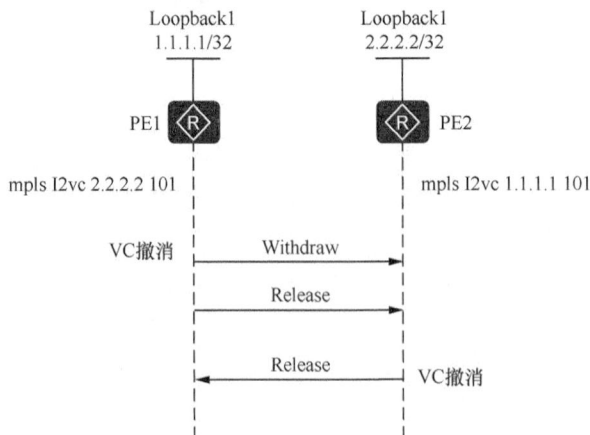

图 7-5　PWE3 单跳 PW 的拆除过程

① PE1 上 PW 的配置被删除后，PE1 删除原来为对应 VC 连接分配的本地 VC 标签，并向 PE2 同时发送 Withdraw 和 Release 报文。

【说明】Withdraw 报文中携带要拆除的 VC 标签，用于通知对端 PE 撤销对应的 VC 标签。Release 报文是对 Withdraw 进行响应的报文，用于通知发送 Withdraw 报文的一端 PE 设备本端已完成对应 VC 标签的撤销工作。但为了更快地删除 PW，首先发起 PW 拆除的一端 PE 会同时发送 Withdraw 和 Release 报文：通过 Release 报文直接告知对端本端已经撤销了对应的 VC 标签，让对端也撤销；通过 Withdraw 报文，对端触发向本端发送 Release 报文，向对端通知本端的 VC 标签撤销情况。

② PE2 收到来自 PE1 的 Release 消息后，得知 PE1 已经撤销了指定的 VC 标签后，也撤销了对应的 VC 标签；同时，PE2 在收到来自 PE1 的 Withdraw 报文后触发向 PE1

发送 Release 报文，向 PE1 通知自己也已经撤销了对应的 VC 标签。

③ PE1 收到 PE2 的 Release 消息后，即删除了 PE1 与 PE2 之间对应的 PW。

5. 多跳 PW 的建立过程

多跳 PW 与单跳 PW 相比，两个 PE 之间多了一个或多个 SPE，多跳 PW 的建立过程如图 7-6 所示。UPE1 与 UPE2 分别与 SPE 建立连接，SPE 将两段 PW 连接在一起。

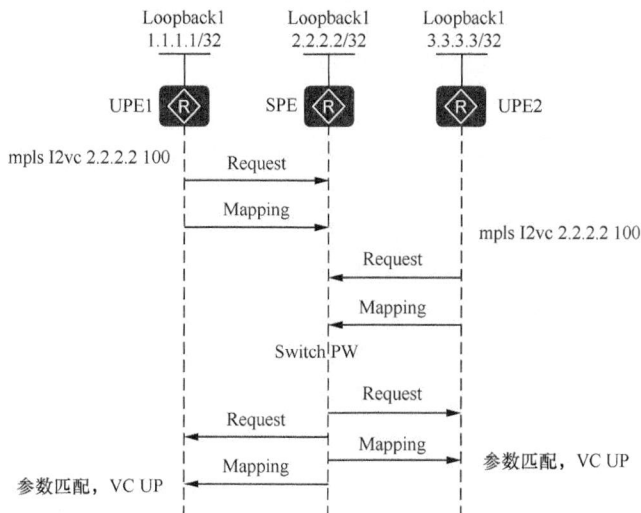

图 7-6　多跳 PW 的建立过程

多跳 PW 的建立流程与单跳 PW 的建立流程类似，只不过此时 UPE1 和 UPE2 间的报文不是直接交互的，而是需要经过中间的 SPE 进行转发，即在 PW 连接建立的信令协商过程中，UPE1 发送给 UPE2 的 Request、Mapping 报文会由 SPE 转发；同样，UPE2 发送给 USPE1 的 Request、Mapping 报文也将由 SPE 转发，两端的参数协商一致后，PW 状态即为 UP。

在拆除 PW 的过程中，Release、Withdraw 和 Notification 报文与 Mapping 报文一样，需要由中间的 SPE 转发。

7.1.4　控制字

PWE3 中的控制字用于转发层面报文顺序检测、报文分片和重组等功能，且需要通过控制层协商。如果协商结果支持控制字，则需要把结果下发给转发模块，由转发层具体实现报文顺序检测和报文重组等功能。

控制字是一个 4 字节（32 位）的 MPLS 封装报文头，位于二层协议头和两层 MPLS 标签（外层为公网 Tunnel 标签，内层为私网 VC 标签）之间，控制字在 MPLS 报文中的位置如图 7-7 所示。VC 标签的 TTL 固定为 2，因为它在隧道传输中作为数据部分是不变的，到了对端 PE 时才会被剥离。

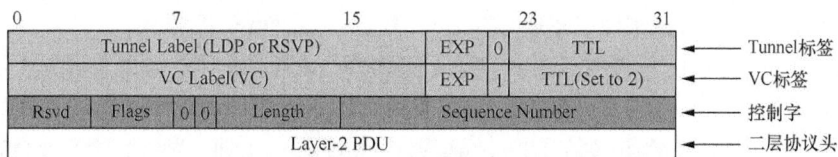

图 7-7　控制字在 MPLS 报文中的位置

控制字中的各字段的含义如下。

① Rsvd：保留位，4bit，取值必须为 0，表明是 PW 数据，对端 PE 收到后将忽略这部分的内容。

② Flags：标志位，4bit，但对于不同二层报文的封装，对应的标志的类型和含义不同，例如，对于 ATM VPC 模式的数据，这 4 位全为 0，而在 ATM AAL5 CPCS-SDU 模式中，则有 4 个不同的标志。

③ 后面两位在以太网、ATM N-to-One Cell、ATM AAL5 CPCS-SDU 模式中固定为 0。

④ Length：6bit，这部分也是不固定的，在以太网、ATM AAL5 CPCS-SDU 模式中，用来标识二层数据和控制字部分的总长度。

⑤ Sequence Number：16bit，报文的序列号。如果设为 0，则代表当前没有使能报文顺序检查机制。

控制字主要有以下 3 种功能。

一是携带报文转发的序列号。通过控制字的 Sequence Number 字段实现。设备在支持负载分担时，报文有可能乱序，可以使用控制字对报文进行编号，以便对端重组报文。

二是填充报文，防止报文过短。例如，当 PE 到 PE 之间为以太网连接，而 PE 与 CE 之间为 PPP 连接时，由于 PPP 的控制报文大小达不到以太网支持的最小 MTU（64 字节）的要求，因此 PPP 不能协商成功。这时，通过在 PPP 帧中添加控制字字段（相当于添加填充位）可以避免此问题。

三是携带二层帧头控制信息。针对有些情况，在网络上传输 L2VPN 报文时，没有必要传送整个二层数据帧，而只是在二层协议头中携带一些必要信息，控制字字段可以在 Ingress 和 Egress 节点之间携带事先协商好的信息。

两端同时支持或者同时不支持控制字功能时，才能协商成功，数据转发时根据协商结果决定是否对报文添加控制字字段。

7.1.5 PWE3 的主要应用

PWE3 主要应用在以下两个方面：一是 PWE3 承载个人 HSI 业务；二是城域网中 PWE3 承载企业用户专线业务。

1. PWE3 承载个人 HSI 业务

个人高速率互联网（High Seed Internet，HSI）业务是指通过 IP 网络提供的高速上网业务。PWE3 承载用户上网业务的典型组网如图 7-8 所示，UPE 与 SPE 所在的网络是三层网格，而宽带远程接入服务器（Broadband Remote Access Server，BRAS）需要通过用户的二层信息对用户的 HSI 业务进行管理控制。此时，在 UPE 和 SPE 之间的三层网络中部署 PWE3 即可实现用户 HSI 业务二层信息的三层网络穿越。

用户采用 PPPoE 拨号方式通过二层汇聚透传到 BRAS 进行业务处理，在数字用户线接入复用器（Digital Subscriber Line Access Multiplexer，DSLAM）和 BRAS 设备间建立 PWE3 网络。个人 HSI 业务报文在 UPE 上通过 VLAN 接入，UPE 主要负责接入 DSLAM 设备，实现对其流量的汇聚和转发。UPE 与 SPE 之间通过 PWE3 汇聚，SPE 终结 PWE3

报文并封装不同的 VLAN 标签，然后将 VLAN 报文通过不同的子接口（担当 AC 接口）发送至 BRAS 设备，由 BRAS 终结 VLAN 报文。BRAS 采用 PPPoE 为 HSI 业务报文动态分配 IP 地址。

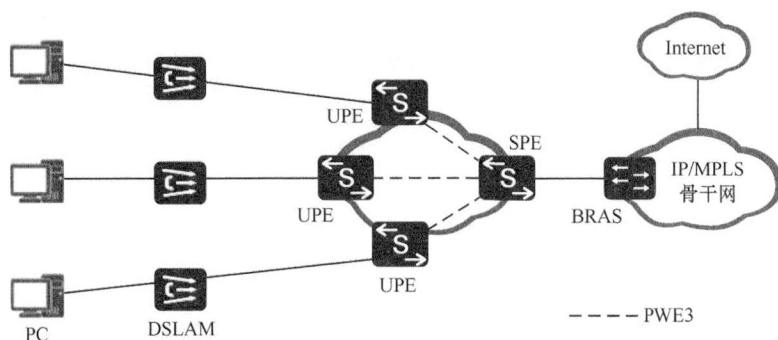

图 7-8　PWE3 承载用户上网业务的典型组网

在 PWE3 的个人业务应用中，基本部署思路如下。

① 运营商的 MPLS 骨干网配置 IP 地址和 IGP，保证网络中各 PE 设备路由互通。

② 运营商的 MPLS 骨干网使能 MPLS 功能，并在每个 UPE 和 SPE 之间配置 TE 隧道或 LSP 隧道。

③ 每个 UPE 和 SPE 使能 MPLS L2VPN 功能，并配置 MPLS LDP 远端会话。

④ 在每个 UPE 和 SPE 上的 AC 接口配置 PWE3，从而在每个 UPE 和 SPE 之间创建 MPLS L2VC 连接。

2. 城域网中 PWE3 承载企业用户专线业务

城域网中，PWE3 承载企业用户专线业务的典型组网如图 7-9 所示。运营商建立了一个城域网，提供 PWE3 业务，用户在该城域网内有两个分部且地理位置较远。由于建立分部间的专线成本较高，用户可以向运营商申请在两个接入点分部 A 的 PE1 与分部 B 的 PE2 之间建立 PWE3 连接。这样，通过 PWE3 技术，用户实现了分部 A 和分部 B 的二层稳定互通，组网简单、方便，达到在同一局域网中相互通信的效果。

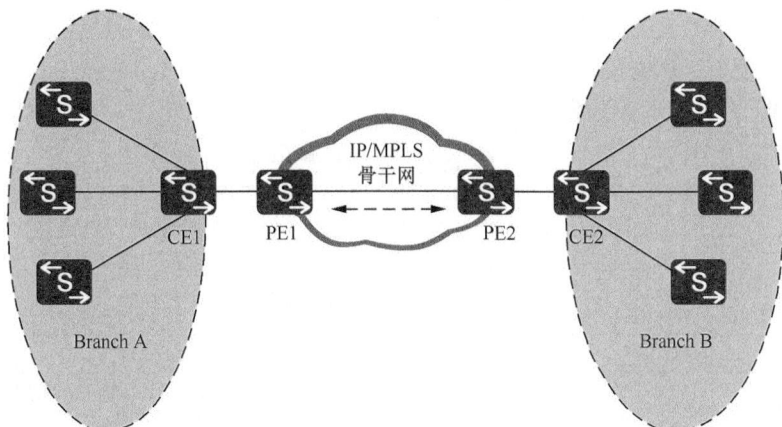

图 7-9　城域网中，PWE3 承载企业用户专线业务的典型组网

城域网中，PWE3 承载企业用户专线业务应用的基本部署思路如下。

① 运营商的 MPLS 骨干网配置 IP 地址和 IGP，保证网络中各 PE 设备路由互通。

② 运营商的 MPLS 骨干网使能 MPLS 功能，并在 PE1 和 PE2 之间配置 TE 隧道（或 LSP 隧道）。

③ PE1 和 PE2 设备使能 MPLS L2VPN 功能，并配置 MPLS LDP 远端会话。

④ 在 PE1 和 PE2 上的 AC 接口配置 PWE3 功能，从而在 PE1 和 PE2 之间创建 MPLS L2VC 连接。

7.2　Ethernet PWE3 配置与管理

Ethernet PWE3 的主要配置与管理方法如下。

① 配置静态 PW。静态 PW 不使用信令协议传输 L2VPN 信息，报文通过隧道在 PE 之间传递。

② 配置动态 PW。动态 PW 使用扩展的 LDP 传递二层信息和 VC 标签。

③ 配置 PW 交换。配置多跳 PW 交换时，进行 PW Label 层面的标签交换。

在配置 PWE3 PW 方式 MPLS L2VPN 前，需要完成以下任务。

- 对 MPLS 骨干网的 PE、P 节点配置 IGP，实现骨干网的三层互通。
- 对 PE、P 节点使能 MPLS 能力。
- 在 PE 之间建立隧道（GRE 隧道、LSP 隧道或 TE 隧道）。当 PWE3 业务需要选择 TE 隧道，或者在多条隧道中进行负载分担来充分利用网络资源时，需要配置隧道策略。隧道策略的具体配置方法见 4.6 节。

7.2.1　配置静态 PW

静态 PW 包括的配置任务如下，需要在 PE 设备上配置。

① 使能 MPLS L2VPN。

②（可选）创建 PW 模板并配置 PW 模板属性。这项配置任务是可选的，与 5.4.6 节介绍的 Martini 方式 VLL 的 PW 模板配置方法一样，参见即可。

③ 创建静态 PW 连接。

静态 PW 的配置步骤见表 7-1。

表 7-1　静态 PW 的配置步骤

步骤	命令	说明
1	**system-view**	进入系统视图
2	**mpls l2vpn** 例如，[Huawei] **mpls l2vpn**	使能 MPLS L2VPN
3	**quit**	返回系统视图
4	**interface** *interface-type interface-number* 例如，[Huawei] **interface** vlanif 10	进入 AC 接口的接口视图。可以是三层物理层接口、三层 Eth-Trunk 接口、各种子接口和 VLANIF 接口，但不需要配置 IP 地址和路由协议。如果使用的是华为 S 系列交换机上的三层物理层接口、三层 Eth-Trunk 接口，则需要先用 **undo portswitch** 命令转换成三层模式

步骤	命令	说明
5	**mpls static-l2vc** { { **destination** *ip-address* | **pw-template** *pw-template-name* [*vc-id*] } * | **destination** *ip-address vc-id* } **transmit-vpn-label** *transmit-label-value* **receive-vpn-label** *receive-label-value* [**tunnel-policy** *tnl-policy-name* | [**control-word** | **no-control-word**] | [**raw** | **tagged**]] * 例如，[Huawei-Vlanif10] **mpls static-l2vc destination** 1.1.1.1 **transmit-vpn-label** 100 **receive-vpn-label** 100	配置静态主 PW。 • **destination** *ip-address*：可多选参数，指定 PW 对端设备的 LSR ID。 • **pw-template** *pw-template-name vc-id*：可多选参数，指定要调用的 PW 模板的名称。 • *vc-id*：可选参数，指定 VC ID，整数形式，取值范围为 1～4294967295。**同一 PW 的两条 VC 的 ID 必须一致。主备 PW 的 VC ID 不能相同。** • **transmit-vpn-label** *transmit-label-value*：指定本端的发送 VC 标签，整数形式，取值范围为 0～1048575。 • **receive-vpn-label** *receive-label-value*：指定本端的接收 VC 标签，整数形式，取值范围为 0～1048575。 • **tunnel-policy** *tnl-policy-name*：可多选参数，指定的隧道策略名称，仅当需要使用 MPLS TE 隧道，或者进行多隧道负载均衡才需要选择。 • **control-word**：二选一可选项，使能控制字功能。缺省情况下未使能控制字功能。 • **no-control-word**：二选一可选项，禁止控制字功能。 • **raw**：二选一可选项，指定 PW 为 raw 封装模式，删除报文中的 p-tag。**AC 为以太链路时才能配置。** • **tagged**：二选一可选项，指定 PW 为 tagged 封装模式，保留报文中的 p-tag。**AC 为以太链路时才能配置。** **【注意】**两端 PE 设备的发送标签和接收标签互为对端的接收标签和发送标签，如果标签不匹配，则可能会出现 static-l2vc 状态显示为 UP 但实际无法转发，但发送标签与接收标签可以相同，也可以不同。主备 PW 要采用相同的控制字配置，否则正切时会造成大量丢包。 同一个接口不能既作为 L2VPN 的 AC 接口，又作为 L3VPN 的 AC 接口。当某个接口绑定 L2VPN 后，该接口上配置的 IP 地址、路由协议等三层特性会全部无效。 缺省情况下，系统没有创建静态 VC，可用 **undo mpls static-l2vc** { { **destination** *ip-address* | **pw-template** *pw-template-name vc-id* } * | **destination** *ip-address vc-id* } **transmit-vpn-label** *transmit-label-value* **receive-vpn-label** *receive-label-value* [**tunnel-policy** *tnl-policy-name* | [**control-word** | **no-control-word**] | [**raw** | **tagged**]] *命令删除指定的静态 VC
6	**mpls static-l2vc** { { **destination** *ip-address* | **pw-template** *pw-template-name vc-id* } * | **destination** *ip-address* [*vc-id*] } **transmit-vpn-label** *transmit-label-value* **receive-vpn-label** *receive-label-value* [**tunnel-policy** *tnl-policy-name* | [**control-word** | **no-control-word**] | [**raw** | **tagged**]] * **secondary** 例如，[Huawei-Vlanif10] **mpls static-l2vc destination** 1.1.1.1 **transmit-vpn-label** 100 **receive-vpn-label** 100 **secondary**	（可选）配置静态备份 PW。命令中的参数和选项说明，以及注意事项参见上一步。 只有配置了主静态 PW 后，才能配置备份静态 PW

步骤	命令	说明
7	**mpls l2vpn service-name** *service-name* 例如，[Huawei-Vlanif10] **mpls l2vpn service-name** pw1	（可选）设置 L2VPN 的业务名称，唯一标识 PE 上的一个 L2VPN 业务，字符串形式，不支持空格，区分大小写，取值范围为 1～15。当输入的字符串两端使用双引号时，可在字符串中输入空格。仅当需要在网管系统中配置 PWE3 时，才需要配置。 缺省情况下，系统没有设置 L2VPN 的业务名称，**undo mpls l2vpn service-name** 命令删除已配置的 L2VPN 的业务名称

7.2.2　配置动态 PW

动态 PW 包括的配置任务如下，需要在设备上进行配置。
① 使能 MPLS L2VPN。
② （可选）创建 PW 模板并配置 PW 模板属性，这项配置任务是可选的，参见 5.4.6 节。
③ 创建动态 PW 连接。
动态 PW 的配置步骤见表 7-2。

表 7-2　动态 PW 的配置步骤

步骤	命令	说明
1	**system-view**	进入系统视图
2	**mpls l2vpn** 例如，[Huawei] **mpls l2vpn**	使能 MPLS L2VPN
3	**quit**	返回系统视图
4	**interface** *interface-type interface-number* 例如，[Huawei] **interface** vlanif 10	进入 AC 接口的接口视图，其他说明见表 7-1 第 4 步
5	**mpls l2vc** { *ip-address* | **pw-template** *pw-template-name* } * *vc-id* [**tunnel-policy** *policy-name* | [**control-word** | **no-control-word**]] | [**raw** | **tagged**] | **mtu** *mtu-value*] * 例如，[Huawei-Vlanif10] **mpls l2vc** 1.1.1.1 100	配置动态主 PW。 • *ip-address*：PW 对端设备的 LSR ID。 • *vc-id*：VC 标识符，十进制整数形式，取值范围为 1～4294967295。同一 VC 中两端 PE 上配置的 VC ID 必须一致。 • **mtu** *mtu-value*：可选参数，用来指定 MTU 值，整数形式，取值范围为 46～9600。缺省值为 1500。仅在以 VLANIF 接口作为 AC 接口时才能配置该参数，主接口和子接口的 MTU 值需要在 PW 模板中配置。 其他参数和选项说明，以及注意事项见表 7-1 第 5 步
6	**mpls l2vc** { *ip-address* | **pw-template** *pw-template-name* } * *vc-id* [**tunnel-policy** *policy-name* | [**control-word** | **no-control-word**] | [**raw** | **tagged**] | **mtu** *mtu-value*] * **secondary** 例如，[Huawei-Vlanif10] **mpls l2vc** 1.1.1.1 101 **secondary**	（可选）配置动态备份 PW。其他说明参见上一步。 只有配置了主动态 PW 后，才能配置备份动态 PW

步骤	命令	说明
7	**mpls l2vpn service-name** *service-name* 例如，[Huawei-Vlanif10] **mpls l2vpn service-name** pw1	（可选）设置 L2VPN 的业务名称，其他说明见表 7-1 第 7 步

7.2.3　配置 PW 交换

配置多跳 PW 交换，可用于多跳 PW 转发时进行 PW Label 层面的标签交换。

PW 交换要求在有能力建立大量 MPLS LDP 会话的高性能设备 SPE 上配置。以下情况需要多跳组网时配置交换 PW。

- 两个 PE 之间不在同一个 AS 域中，且不能在两个 PE 之间建立信令连接或者建立隧道。
- 两个 PE 上的信令不同。
- 如果接入设备可以运行 MPLS，但又没有能力建立大量 LDP 会话，则可以把用户侧服务提供商网络边缘（User Facing Provider Edge，UFPE）作为 UPE，把高性能的设备 SPE 作为 LDP 会话的交换节点，类似于信令反射器。

交换 PW 有纯静态、纯动态和静动混合 3 种形式，需要在 SPE 上配置。

1. 配置纯静态交换 PW

当配置交换 PW 的 SPE 设备两端 PW 均为静态 PW 时，需要在 SPE 上配置纯静态交换 PW。另外，要在 UPE 上按照 7.2.1 节的介绍配置从 UPE 到 SPE 的静态 PW。纯静态交换 PW 需要在每个 SPE 上手动配置 PW 标签。

纯静态交换 PW 是在 SPE 系统视图下通过 **mpls switch-l2vc** *ip-address vc-id* **trans** *trans-label* **recv** *received-label* [**tunnel-policy** *policy-name*] **between** *ip-address vc-id* **trans** *trans-label* **recv** *received-label* [**tunnel-policy** *policy-name*] **encapsulation** *encapsulation-type* [**control-word** [**cc** { **alert** | **cw** }* **cv lsp-ping**] | [**no-control-word**] [**cc alert cv lsp-ping**]] [**control-word-transparent**]命令进行配置，命令中除了下列参数和选项，其他参数和选项的说明见表 7-1 第 5 步。

① **alert**：可多选的选项，选择用于 VCCV-PING 的 Label Alert 通道，支持端到端的检测，也支持 UPE 到 SPE 的逐跳检测。

② **cw**：可多选的选项，使能控制字通道的检测方式，支持从 UPE 到 UPE 之间端到端的检测。

③ **cv**：可选项，使能连接性检测，默认使能。

④ **lsp-ping**：可选项，采用 lsp-ping 方式对 VC 进行连接性检测，默认使能，仅适用于采用 LSP 隧道的情况。

⑤ **control-word-transparent**：可选项，使能控制字透传。在 PE 双归接入 SPE 的 BFD 检测 PW 场景下，需要在 SPE 上配置控制字透传，否则 BFD 协商不成功。缺省的情况下，没有使能控制字透传。

⑥ *encapsulation-type*：可选参数，指定静态 PW 的封装类型，纯静态和纯动态 PW

仅支持 ethernet 和 vlan 两种封装类型（这两种封装类型仅在当 AC 为以太网链路时支持）。

在纯静态交换 PW 配置时要注意以下两个方面。

- 一侧 UPE 上配置的发送标签必须与 SPE 上同侧配置的接收标签保持一致，一侧 UPE 上配置的接收标签必须与 SPE 上同侧配置的发送标签保持一致，否则 CE 之间无法正常互通。
- **between** 前、后的 *ip-address vc-id* 可以是两端 UPE 的任意一端的 LSR ID 和 VC ID，当然必须与发送或接收标签时所选定的一侧 UPE 的 LSR ID 一致。**between** 前、后的 *vc-id* 值可以相同，也可以不同。

现假设某 PWE3 网络中，UPE1 的 LSR ID 为 1.1.1.9/32，配置到 SPE 的 PW 发送标签为 100，接收标签为 200，VC ID 为 100，UPE2 的 LSR ID 为 4.4.4.9/32，配置到 SPE 的 PW 的发送标签为 300，接收标签为 400，VC ID 为 200。

在 SPE 上配置纯静态交换 PW 时的 **mpls switch-l2vc** 命令时，**between** 前或后的 *ip-address*、*vc-id*、*trans-label*、*received-label* 均必须对应同一侧 UPE 上的配置，即全是 UPE1 上的，或全是 UPE2 上的，不能混在一起。而且 **between** 一侧配置的发送标签要与同侧的 UPE 上配置的接收标签一致，一侧配置的接收标签要与同侧的 UPE 上配置的发送标签一致。这样一来，以上示例中的参数，可以有以下两种配置方法。

- **mpls switch-l2vc** 1.1.1.9 100 **trans** 200 **recv** 100 **between** 4.4.4.9 200 **trans** 400 **recv** 300。
- **mpls switch-l2vc** 4.4.4.9 200 **trans** 400 **recv** 300 **between** 1.1.1.9 100 **trans** 200 **recv** 100。

2. 配置纯动态交换 PW

当配置交换 PW 的 SPE 设备两端 PW 均为动态 PW 时，需要在 SPE 上配置纯动态交换 PW。另外，要在 UPE 上按照 7.2.2 节的介绍配置 SPE 的动态 PW，并在 UPE 与 SPE 间配置 LDP 远端会话。

纯动态交换 PW 是在 SPE 系统视图下通过 **mpls switch-l2vc** *ip-address vc-id* [**tunnel-policy** *policy-name*] **between** *ip-address vc-id* [**tunnel-policy** *policy-name*] **encapsulation** *encapsulation-type* [**control-word-transparent**] 命令进行配置的，命令中的参数和选项说明可参见表 7-1 第 5 步及本节纯静态交换 PW 配置中介绍的对应的参数和选项说明。但配置时要注意以下两个方面。

① **between** 前、后的 *ip-address vc-id* 可以是两端 UPE 的任意一端的 LSR ID 和 VC ID，**between** 前、后的 *vc-id* 值可以相同，也可以不同。

② SPE 上配置的 PW 封装类型（即关键字 **encapsulation** 后面指定的参数）**必须与 UPE 的 PW 封装类型一致，否则 PW 的状态不能为 UP**，这点与纯静态交换 PW 的配置要求不同。

3. 配置混合交换 PW

当配置交换 PW 的 SPE 设备两端 PW 一侧为静态 PW，另一侧为动态 PW 时，需要在 SPE 上配置混合交换 PW。另外，在静态 PW 侧，要按 7.2.1 节的介绍在 UPE 上配置到 SPE 的静态 PW，在动态 PW 侧，要按 7.2.2 节的介绍在 UPE 上配置到 SPE 的动态 PW，并在 UPE 与 SPE 间配置 LDP 远端会话。

混合交换 PW 是在 SPE 系统视图下通过 **mpls switch-l2vc** *ip-address vc-id* [**tunnel-policy** *policy-name*] **between** *ip-address vc-id* **trans** *trans-label* **recv** *received-label* [**tunnel-policy** *policy-name*] **encapsulation** *encapsulation-type*[**mtu** *mtu-value*] [**control-word** [**cc** { **alert** | **cw** }* **cv lsp-ping**] | [**no-control-word**] [**cc alert cv lsp-ping**]] [**control-word-transparent**]命令进行配置，命令中的参数和选项说明见表 7-1 第 5 步和纯静态交换 PW 中对应的参数和选项说明。但在配置时要注意以下 4 个方面。

① **between** 前面是动态 **PW** 的 *ip-address vc-id*，**between** 后面是静态 **PW** 的 *ip- address vc-id*，二者不可互换，但两端的 *vc-id* 值可以相同，也可以不同。

② 静态 PW 侧需要配置 PW 标签，且 UPE 和 SPE 上配置的接收标签和发送标签互为对方的发送标签和接收标签。

③ 配置的 PW 封装类型（即关键字 **encapsulation** 后面指定的参数）必须与动态侧的 UPE 上的 PW 封装类型一致。

④ 需要保证以下 4 个 MTU 值一致：动态 PW 的本端 MTU 值、动态 PW 的对端 MTU 值、静态 PW 的本端 MTU 值、静态 PW 的远端 MTU 值。

7.2.4　PWE3 配置与管理

配置好 PWE3 的静态 PW、动态 PW 和 PW 交换后，可通过以下 **display** 命令查看相关配置，验证配置效果。

① **display pw-template** [*pw-template-name*]：查看指定或所有 PW 模板的配置信息。

② **display mpls static-l2vc** [*vc-id* | **interface** *interface-type interface-number* | **state** { **down** | **up** }]：查看指定或所有静态 VC 的配置及状态信息。

③ **display tunnel-info** { **tunnel-id** *tunnel-id* | **all** | **statistics** [**slots**] }：查看当前系统中指定或所有的隧道信息。

④ **display tunnel-policy** [*tunnel-policy-name*]：查看当前系统中指定或所有的隧道策略信息。

⑤ **display mpls l2vc** [*vc-id* | **interface** *interface-type interface-number* | **remote-info** [*vc-id* | **verbose**] | **state** { **down** | **up** }]：查看 LDP 方式指定或所有的动态 VC 的配置及状态信息。

⑥ **display mpls switch-l2vc** [*ip-address vc-id* **encapsulation** *encapsulation-type* | **state** { **down** | **up** }]：在 SPE 上查看指定或所有交换 PW 的信息。

7.2.5　以 VLANIF 接口作为 AC 接口的单跳 PW 配置示例

以 VLANIF 接口作为 AC 接口的单跳 PW 配置示例的拓扑结构如图 7-10 所示，各个设备均为华为 S 系列交换机，运营商 MPLS 网络为用户提供 L2VPN 服务，其中 PE1 和 PE2 作为用户接入设备，接入的用户数量比较多且经常变化。现要求一种适当的 VPN 方案，为用户提供安全的 VPN 服务，且尽量节省网络资源，在接入新用户时配置简单。

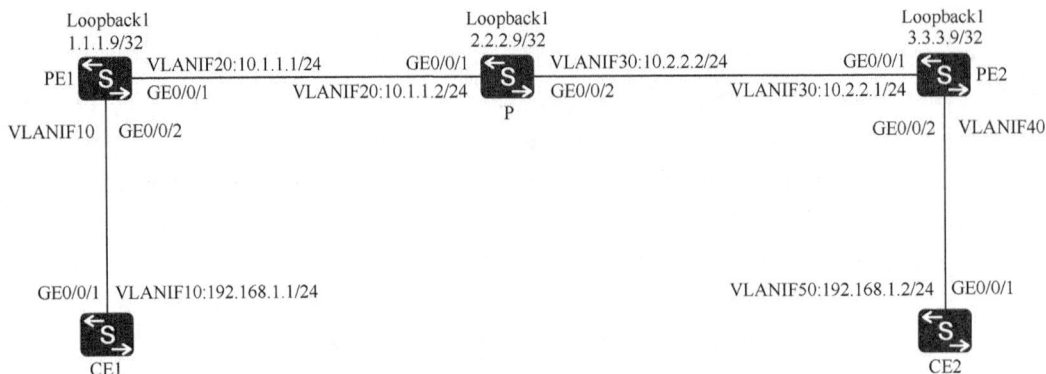

图 7-10　以 VLANIF 接口作为 AC 接口的单跳 PW 配置示例的拓扑结构

1. 基本配置思路分析

由于两个 PE 上的用户经常变化，所以手动进行用户信息同步的效率很低，而且容易出错。此时，可通过在两个 PE 之间配置远程 LDP 连接，让 PE 间通过 LDP 自动同步用户信息，建立动态 PW。PWE3 与 Martini 相比，减少了信令的开销，可以满足用户"尽量节省网络资源"的需求，因此，本示例采用 PWE3 方式。

根据 7.2.2 节介绍的动态 PW 配置方法，可得出如下的基本配置思路。

① 在各设备上创建所需的 VLAN，并把各二层物理接口加入对应的 VLAN 中，在骨干网各节点上创建所需的 VLANIF 接口，并为之配置 IP 地址（担当 AC 接口的 VLANIF 接口不需要配置 IP 地址）。

② 在骨干网各节点上运行 OSPF，使骨干网三层互通。

③ 在骨干网各节点上配置 MPLS 基本能力和 LDP，建立公网 LDP LSP 隧道。

④ 在两个 PE 之间建立 LDP 远端会话。

⑤ 在两个 PE 上使能 MPLS L2VPN，以 VLANIF 接口作为 AC 接口，创建动态 PW 连接。

2. 具体配置步骤

① 在各设备上创建所需的 VLAN，并把各二层物理接口加入对应的 VLAN 中，在骨干网各节点上创建所需的 VLANIF 接口，并为之配置 IP 地址（担当 AC 接口的 VLANIF 接口不需要配置 IP 地址）。

#---CE1 上的配置如下。VLANIF10 接口的配置仅用于 CE 间测试。

```
<HUAWEI> system-view
[HUAWEI] sysname CE1
[CE1] vlan batch 10
[CE1] interface vlanif 10
[CE1-Vlanif10] ip address 192.168.1.1 255.255.255.0
[CE1-Vlanif10] quit
[CE1] interface gigabitethernet 0/0/1
[CE1-GigabitEthernet0/0/1] port link-type trunk
[CE1-GigabitEthernet0/0/1] port trunk allow-pass vlan 10
[CE1-GigabitEthernet0/0/1] quit
```

#---CE2 上的配置如下。VLANIF40 接口的配置仅用于 CE 间测试。

```
<HUAWEI> system-view
[HUAWEI] sysname CE2
```

```
[CE2] vlan batch 40
[CE2] interface vlanif 40
[CE2-Vlanif40] ip address 192.168.1.2 255.255.255.0
[CE2] interface gigabitethernet 0/0/1
[CE2-GigabitEthernet0/0/1] port link-type trunk
[CE2-GigabitEthernet0/0/1] port trunk allow-pass vlan 40
[CE2-GigabitEthernet0/0/1] quit
```

#---PE1 上的配置如下。

PE1 上的 VLANIF10 接口作为 PE1 的 AC 接口，不需要配置 IP 地址。连接 P 设备的 GE0/0/1 接口可以是任意端口类型，只要确保它们所发送的 VLAN 20 报文对端能接收，且本端也能接收对端发来的 VLAN 20 报文即可。PE1 上连接 CE1 的 GE1/0/0 接口是二层的，允许来自 CE1 的 VLAN 10 报文带标签通过。

```
<HUAWEI> system-view
[HUAWEI] sysname PE1
[PE1] vlan batch 10 20
[PE1] interface vlanif 20
[PE1-Vlanif20] ip address 10.1.1.1 255.255.255.0
[PE1-Vlanif20] quit
[PE1] interface gigabitethernet 0/0/2
[PE1-GigabitEthernet0/0/2] port link-type trunk
[PE1-GigabitEthernet0/0/2] port trunk allow-pass vlan 10
[PE1-GigabitEthernet0/0/2] quit
[PE1] interface gigabitethernet 0/0/1
[PE1-GigabitEthernet0/0/1] port link-type trunk
[PE1-GigabitEthernet0/0/1] port trunk allow-pass vlan 20
[PE1-GigabitEthernet0/0/1] quit
[PE1] interface loopback 1
[PE1-LoopBack1] ip address 1.1.1.9 32
[PE1-LoopBack1] quit
```

#---PE2 上的配置如下。

PE2 上的 VLANIF40 接口作为 PE2 的 AC 接口，不需要配置 IP 地址。连接 P 设备的 GE0/0/1 接口可以是任意端口类型，只要能确保它们所发送的 VLAN 30 报文对端能接收，且本端也能接收对端发来的 VLAN 30 报文即可。PE2 上连接 CE2 的 GE2/0/0 接口是二层的，允许来自 CE2 的 VLAN 40 报文带标签通过。

```
<HUAWEI> system-view
[HUAWEI] sysname PE2
[PE2] vlan batch 30 40
[PE2] interface vlanif 30
[PE2-Vlanif30] ip address 10.2.2.1 255.255.255.0
[PE2-Vlanif30] quit
[PE2] interface gigabitethernet 0/0/2
[PE2-GigabitEthernet0/0/2] port link-type trunk
[PE2-GigabitEthernet0/0/2] port trunk allow-pass vlan 30
[PE2-GigabitEthernet0/0/2] quit
[PE2] interface gigabitethernet 0/0/1
[PE2-GigabitEthernet0/0/1] port link-type trunk
[PE2-GigabitEthernet0/0/1] port trunk allow-pass vlan 40
[PE2-GigabitEthernet0/0/1] quit
[PE2] interface loopback 1
[PE2-LoopBack1] ip address 3.3.3.9 32
[PE2-LoopBack1] quit
```

#---P 上的配置如下。

P 上的 GE1/0/0 和 GE2/0/0 也是二层端口，可以是任意端口类型，只要能确保它们所发送的 VLAN 报文对端能接收，且本端也能接收对端发来的 VLAN 报文即可。

```
<HUAWEI> system-view
[HUAWEI] sysname P
[P] vlan batch 20 30
[P] interface vlanif 20
[P-Vlanif20] ip address 10.1.1.2 255.255.255.0
[P-Vlanif20] quit
[P] interface vlanif 30
[P-Vlanif30] ip address 10.2.2.2 255.255.255.0
[P-Vlanif30] quit
[P] interface gigabitethernet 0/0/2
[P-GigabitEthernet0/0/2] port link-type trunk
[P-GigabitEthernet0/0/2] port trunk allow-pass vlan 30
[P-GigabitEthernet0/0/2] quit
[P] interface gigabitethernet 0/0/1
[P-GigabitEthernet0/0/1] port link-type trunk
[P-GigabitEthernet0/0/1] port trunk allow-pass vlan 20
[P-GigabitEthernet0/0/1] quit
[P] interface loopback 1
[P-LoopBack1] ip address 2.2.2.9 32
[P-LoopBack1] quit
```

② 在骨干网各节点上运行 OSPF，使骨干网三层互通。所有公网接口（包括 Loopback1 接口）均加入缺省的 OSPF 1 进程和区域 0 中。

#---PE1 上的配置如下。

```
[PE1] ospf 1
[PE1-ospf-1] area 0
[PE1-ospf-1-area-0.0.0.0] network 10.1.1.0 0.0.0.255
[PE1-ospf-1-area-0.0.0.0] network 1.1.1.9 0.0.0.0
[PE1-ospf-1-area-0.0.0.0] quit
[PE1-ospf-1] quit
```

#---PE2 上的配置如下。

```
[PE2] ospf 1
[PE2-ospf-1] area 0
[PE2-ospf-1-area-0.0.0.0] network 10.2.2.0 0.0.0.255
[PE2-ospf-1-area-0.0.0.0] network 3.3.3.9 0.0.0.0
[PE2-ospf-1-area-0.0.0.0] quit
[PE2-ospf-1] quit
```

#---P 上的配置如下。

```
[P] ospf 1
[P-ospf-1] area 0
[P-ospf-1-area-0.0.0.0] network 10.1.1.0 0.0.0.255
[P-ospf-1-area-0.0.0.0] network 10.2.2.0 0.0.0.255
[P-ospf-1-area-0.0.0.0] network 2.2.2.9 0.0.0.0
[P-ospf-1-area-0.0.0.0] quit
[P-ospf-1] quit
```

③ 在 MPLS 骨干网上配置 MPLS 基本能力和 LDP，包括配置 MPLS LSR ID，在全局和公网侧 VLANIF 接口上使能 MPLS 和 LDP 能力，建立公网 LDP LSP 隧道。

#---PE1 上的配置如下。

```
[PE1] mpls lsr-id 1.1.1.9
[PE1] mpls
[PE1-mpls] quit
[PE1] mpls ldp
[PE1-mpls-ldp] quit
```

```
[PE1] interface vlanif 20
[PE1-Vlanif20] mpls
[PE1-Vlanif20] mpls ldp
[PE1-Vlanif20] quit
```

#---PE2 上的配置如下。

```
[PE2] mpls lsr-id 3.3.3.9
[PE2] mpls
[PE2-mpls] quit
[PE2] mpls ldp
[PE2-mpls-ldp] quit
[PE2] interface vlanif 30
[PE2-Vlanif30] mpls
[PE2-Vlanif30] mpls ldp
[PE2-Vlanif30] quit
```

#---P 上的配置如下。

```
[P] mpls lsr-id 2.2.2.9
[P] mpls
[P-mpls] quit
[P] mpls ldp
[P-mpls-ldp] quit
[P] interface vlanif 20
[P-Vlanif20] mpls
[P-Vlanif20] mpls ldp
[P-Vlanif20] quit
[P] interface vlanif 30
[P-Vlanif30] mpls
[P-Vlanif30] mpls ldp
[P-Vlanif30] quit
```

④ 在两个 PE 之间建立 LDP 远端会话。

#---PE1 上的配置如下。

```
[PE1] mpls ldp remote-peer 3.3.3.9
[PE1-mpls-ldp-remote-3.3.3.9] remote-ip 3.3.3.9
[PE1-mpls-ldp-remote-3.3.3.9] quit
```

#---PE2 上的配置如下。

```
[PE2] mpls ldp remote-peer 1.1.1.9
[PE2-mpls-ldp-remote-1.1.1.9] remote-ip 1.1.1.9
[PE2-mpls-ldp-remote-1.1.1.9] quit
```

完成上述配置后，在两个 PE 上执行 **display mpls ldp session** 命令可查看它们之间建立的远端 LDP 会话情况。在 PE1 上执行 **display mpls ldp session** 命令的输出如图 7-11 所示，从中可以看出，PE1 不仅与 P（2.2.2.9）建立了 LDP 会话，还与 PE2（3.3.3.9）建立了 LDP 会话。

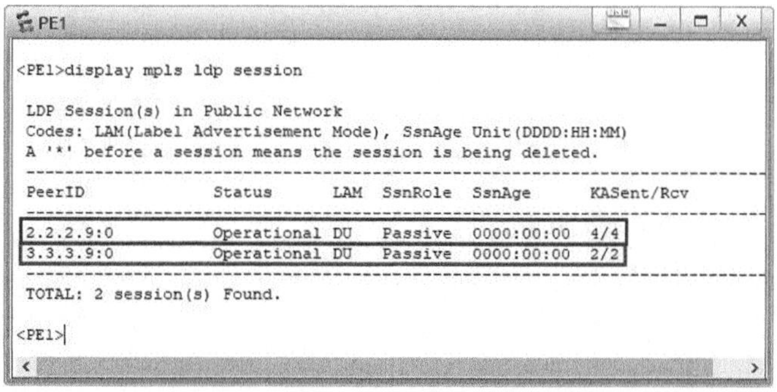

图 7-11　在 PE1 上执行 **display mpls ldp session** 命令的输出

⑤ 在两个 PE 上使能 MPLS L2VPN，以 VLANIF 接口作为 AC 接口，创建动态 PW 连接。两端配置的 VC ID 要相同。

#---PE1 上的配置如下。

以 PE1 的 AC 接口 VLANIF10 作为入接口创建 VC，分配的 VC ID 为 101。

```
[PE1] mpls l2vpn
[PE1-l2vpn] quit
[PE1] interface vlanif 10
[PE1-Vlanif10] mpls l2vc 3.3.3.9 101
[PE1-Vlanif10] quit
```

#---PE2 上的配置如下。

以 PE2 的 AC 接口 VLANIF40 作为入接口创建 VC，分配的 VC ID 也为 101。

```
[PE2] mpls l2vpn
[PE2-l2vpn] quit
[PE2] interface vlanif 40
[PE2-Vlanif40] mpls l2vc 1.1.1.9 101
[PE2-Vlanif40] quit
```

3. 配置结果验证

完成以上配置后，可进行以下配置结果验证。

① 在两个 PE 上通过 **display mpls l2vc** 命令可查看 L2VPN 连接建立的情况。在 PE1 上执行 **display mpls l2vc** 命令的输出如图 7-12 所示，从中可以看出，PE1 已建立了一条 VC 连接，状态为 up，AC 接口为 VLANIF10，状态也为 up。

```
<PE1>display mpls l2vc
  Total LDP VC : 1        1 up        0 down

 *client interface     : Vlanif10 is up
  Administrator PW      : no
  session state         : up
  AC status             : up
  VC state              : up
  Label state           : 0
  Token state           : 0
  VC ID                 : 101
  VC type               : VLAN
  destination           : 3.3.3.9
  local VC label        : 1024        remote VC label     : 1024
  control word          : disable
  forwarding entry      : exist
  local group ID        : 0
  manual fault          : not set
  active state          : active
  OAM Protocol          : --
  OAM Status            : --
  OAM Fault Type        : --
  PW APS ID             : 0
  PW APS Status         : --
  TTL Value             : 1
  link state            : up
  local VC MTU          : 1500        remote VC MTU       : 1500
  tunnel policy name    : --
  PW template name      : --
  primary or secondary  : primary
  load balance type     : flow
  Access-port           : false
  create time           : 0 days, 0 hours, 23 minutes, 6 seconds
  up time               : 0 days, 0 hours, 21 minutes, 38 seconds
  last change time      : 0 days, 0 hours, 21 minutes, 38 seconds
  VC last up time       : 2022/02/27 14:36:56
  VC total up time      : 0 days, 0 hours, 21 minutes, 38 seconds
  CKey                  : 2
  NKey                  : 1
  AdminPw interface     : --
  AdminPw link state    : --
  Diffserv Mode         : uniform
  Service Class         : be
  Color                 : --
  DomainId              : --
  Domain Name           : --

<PE1>
```

图 7-12　在 PE1 上执行 **display mpls l2vc** 命令的输出

② 验证 CE1 与 CE2 之间的二层互通。CE1 成功 ping 通 CE2 的结果如图 7-13 所示。

```
CE1
The device is running!

<CE1>ping 192.168.1.2
  PING 192.168.1.2: 56  data bytes, press CTRL_C to break
    Reply from 192.168.1.2: bytes=56 Sequence=1 ttl=255 time=170 ms
    Reply from 192.168.1.2: bytes=56 Sequence=2 ttl=255 time=80 ms
    Reply from 192.168.1.2: bytes=56 Sequence=3 ttl=255 time=100 ms
    Reply from 192.168.1.2: bytes=56 Sequence=4 ttl=255 time=90 ms
    Reply from 192.168.1.2: bytes=56 Sequence=5 ttl=255 time=140 ms

  --- 192.168.1.2 ping statistics ---
    5 packet(s) transmitted
    5 packet(s) received
    0.00% packet loss
    round-trip min/avg/max = 80/116/170 ms

<CE1>
```

图 7-13　CE1 成功 ping 通 CE2 的结果

7.2.6　以三层物理接口作为 AC 接口的单跳动态 PW 配置示例

单跳动态 PW 配置示例的拓扑结构如图 7-14 所示，各设备均为华为 AR G3 系列路由器，某运营商 MPLS 网络要为用户提供 L2VPN 服务，其中，PE1 和 PE2 作为用户接入设备，接入的用户数量较多且经常变化。现在希望采用一种适当的 VPN 方案，为用户提供安全的 L2VPN 服务，且尽量节省网络资源，在接入新用户时配置简单。

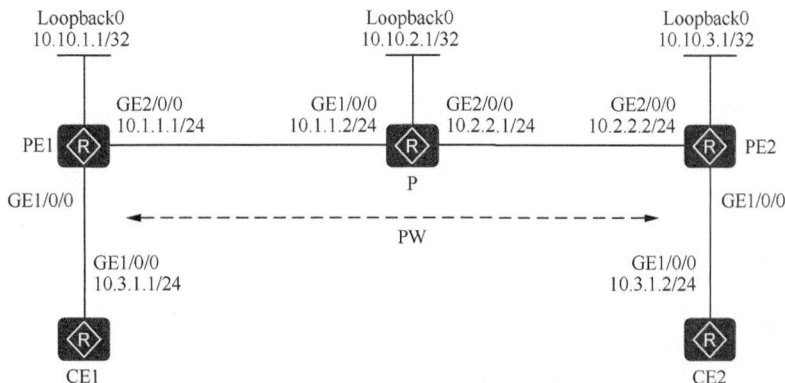

图 7-14　单跳动态 PW 配置示例的拓扑结构

1. 基本配置思路分析

本示例与 7.2.5 节介绍的示例要求相同，只是本示例中的设备均为华为 AR G3 系列路由器，AC 接口可直接采用 PE 连接 CE 的三层模式物理接口（不配置 IP 地址），骨干网各节点间也是直接三层物理接口实现三层互通，具体如下。

① 配置各设备接口（包括 Loopback 接口，但不包括 PE 的 AC 接口）的 IP 地址，在骨干网各节点上配置 OSPF，实现骨干网的三层互通。

② 在骨干网各节点上配置 MPLS 基本能力和 LDP，建立公网 LDP LSP 隧道。

③ 在两个 PE 之间建立 LDP 远端会话。

④ 在两个 PE 上使能 MPLS L2VPN，以 VLANIF 接口作为 AC 接口，创建动态 PW 连接。

2. 具体配置步骤

① 配置各设备接口（包括 Loopback 接口，但不包括 PE 的 AC 接口）的 IP 地址，在骨干网各节点上配置 OSPF，实现骨干网的三层互通。

#---CE1 上的配置如下。

```
<Huawei> system-view
[Huawei] sysname CE1
[CE1] interface gigabitethernet 1/0/0
[CE1-GigabitEthernet1/0/0] ip address 10.3.1.1 255.255.255.0
[CE1-GigabitEthernet1/0/0] quit
```

#---CE2 上的配置如下。

```
<Huawei> system-view
[Huawei] sysname CE2
[CE2] interface gigabitethernet 1/0/0
[CE2-GigabitEthernet1/0/0] ip address 10.3.1.2 255.255.255.0
[CE2-GigabitEthernet1/0/0] quit
```

#---PE1 上的配置如下。

作为 AC 接口的 GE1/0/0 接口保持三层模式，但不配置 IP 地址。

```
<Huawei> system-view
[Huawei] sysname PE1
[PE1] interface gigabitethernet 2/0/0
[PE1-GigabitEthernet2/0/0] ip address 10.1.1.1 255.255.255.0
[PE1-GigabitEthernet2/0/0] quit
[PE1] interface loopback1
[PE1-Loopback1] ip address 10.10.1.1 255.255.255.255
[PE1-Loopback1] quit
[PE1] ospf 1
[PE1-ospf-1] area 0
[PE1-ospf-1-area-0.0.0.0] network 10.1.1.0 0.0.0.255
[PE1-ospf-1-area-0.0.0.0] network 10.10.1.1 0.0.0.0
[PE1-ospf-1-area-0.0.0.0] quit
[PE1-ospf-1] quit
```

#---P 上的配置如下。

```
<Huawei> system-view
[Huawei] sysname P
[P] interface gigabitethernet 1/0/0
[P-GigabitEthernet1/0/0] ip address 10.1.1.2 255.255.255.0
[P-GigabitEthernet1/0/0] quit
[P] interface gigabitethernet 2/0/0
[P-GigabitEthernet2/0/0] ip address 10.2.2.1 255.255.255.0
[P-GigabitEthernet2/0/0] quit
[P] interface loopback1
[P-Loopback1] ip address 10.10.2.1 255.255.255.255
[P-Loopback1] quit
[P] ospf 1
[P-ospf-1] area 0
[P-ospf-1-area-0.0.0.0] network 10.1.1.0 0.0.0.255
[P-ospf-1-area-0.0.0.0] network 10.2.2.0 0.0.0.255
[P-ospf-1-area-0.0.0.0] network 10.10.2.1 0.0.0.0
[P-ospf-1-area-0.0.0.0] quit
[P-ospf-1] quit
```

#---PE2 上的配置如下。

作为 AC 接口的 GE1/0/0 接口保持三层模式，但不配置 IP 地址。

```
<Huawei> system-view
[Huawei] sysname PE2
[PE2] interface gigabitethernet 2/0/0
[PE2-GigabitEthernet2/0/0] ip address 10.2.2.2 255.255.255.0
[PE2-GigabitEthernet2/0/0] quit
[PE2] interface loopback1
[PE2-Loopback1] ip address 10.10.3.1 255.255.255.255
[PE2-Loopback1] quit
[PE2] ospf 1
[PE2-ospf-1] area 0
[PE2-ospf-1-area-0.0.0.0] network 10.2.2.0 0.0.0.255
[PE2-ospf-1-area-0.0.0.0] network 10.10.3.1 0.0.0.0
[PE2-ospf-1-area-0.0.0.0] quit
[PE2-ospf-1] quit
```

完成以上配置后，执行 **display ip routing-table** 命令，可以看到两个 PE 之间已相互学习到对方的 Loopback1 接口的主机 OSPF 路由。在 PE1 上执行 **display ip routing-table** 命令的输出如图 7-15 所示，从中可以看到，PE1 已学习了 P 和 PE2 上的 Loopback1 接口的主机 OSPF 路由。

```
PE1
<PE1>display ip routing-table
Route Flags: R - relay, D - download to fib
------------------------------------------------------------------------------
Routing Tables: Public
         Destinations : 8        Routes : 8

Destination/Mask    Proto   Pre  Cost      Flags NextHop         Interface

       10.1.1.0/24  Direct  0    0           D   10.1.1.1        GigabitEthernet
0/0/0
       10.1.1.1/32  Direct  0    0           D   127.0.0.1       GigabitEthernet
0/0/0
       10.2.2.0/24  OSPF    10   2           D   10.1.1.2        GigabitEthernet
0/0/0
      10.10.1.1/32  Direct  0    0           D   127.0.0.1       LoopBack1
      10.10.2.1/32  OSPF    10   1           D   10.1.1.2        GigabitEthernet
0/0/0
      10.10.3.1/32  OSPF    10   2           D   10.1.1.2        GigabitEthernet
0/0/0
      127.0.0.0/8   Direct  0    0           D   127.0.0.1       InLoopBack0
      127.0.0.1/32  Direct  0    0           D   127.0.0.1       InLoopBack0

<PE1>
```

图 7-15　在 PE1 上执行 **display ip routing-table** 命令的输出

② 在骨干网各节点上配置 MPLS 基本能力和 LDP，建立公网 LDP LSP 隧道。

#---PE1 上的配置如下。

```
[PE1] mpls lsr-id 10.10.1.1
[PE1] mpls
[PE1-mpls] mpls ldp
[PE1-mpls-ldp] quit
[PE1] interface gigabitethernet 2/0/0
[PE1-GigabitEthernet2/0/0] mpls
[PE1-GigabitEthernet2/0/0] mpls ldp
[PE1-GigabitEthernet2/0/0] quit
```

#---P 上的配置如下。

```
[P] mpls lsr-id 10.10.2.1
[P] mpls
[P-mpls] mpls ldp
[P-mpls-ldp] quit
[P] interface gigabitethernet 1/0/0
[P-GigabitEthernet1/0/0] mpls
[P-GigabitEthernet1/0/0] mpls ldp
```

```
[P-GigabitEthernet1/0/0] quit
[P] interface gigabitethernet 2/0/0
[P-GigabitEthernet2/0/0] mpls
[P-GigabitEthernet2/0/0] mpls ldp
[P-GigabitEthernet2/0/0] quit
```

#---PE2 上的配置如下。

```
[PE2] mpls lsr-id 10.10.3.1
[PE2] mpls
[PE2-mpls] mpls ldp
[PE2-mpls-ldp] quit
[PE2] interface gigabitethernet 2/0/0
[PE2-GigabitEthernet2/0/0] mpls
[PE2-GigabitEthernet2/0/0] mpls ldp
[PE2-GigabitEthernet2/0/0] quit
```

③ 在两个 PE 之间建立 LDP 远端会话。

#---PE1 上的配置如下。

```
[PE1] mpls ldp remote-peer 10.10.3.1    #---创建与 PE2 的 LDP 远端会话
[PE1-mpls-ldp-remote-10.10.3.1] remote-ip 10.10.3.1    #---指定 LDP 远端对等体为 PE2
[PE1-mpls-ldp-remote-10.10.3.1] quit
```

#---PE2 上的配置如下。

```
[PE2] mpls ldp remote-peer 10.10.1.1
[PE2-mpls-ldp-remote-10.10.1.1] remote-ip 10.10.1.1
[PE2-mpls-ldp-remote-10.10.1.1] quit
```

完成以上配置后，在两个 PE 上执行 **display mpls ldp session** 命令可以看出两个 PE 之间建立了远端 LDP 会话，PE 与 P 之间建立了本地 LDP 会话。在 PE1 上执行 **display mpls ldp session** 命令的输出如图 7-16 所示。

```
PE1
Please Press ENTER.

<PE1>display mpls ldp session

LDP Session(s) in Public Network
Codes: LAM(Label Advertisement Mode), SsnAge Unit(DDDD:HH:MM)
A '*' before a session means the session is being deleted.
------------------------------------------------------------
PeerID              Status      LAM  SsnRole  SsnAge      KASent/Rcv
------------------------------------------------------------
10.10.2.1:0         Operational DU   Passive  0000:00:16  65/65
10.10.3.1:0         Operational DU   Passive  0000:00:13  56/56
------------------------------------------------------------
TOTAL: 2 session(s) Found.

<PE1>
```

图 7-16   在 PE1 上执行 **display mpls ldp session** 命令的输出

④ 在两个 PE 上使能 MPLS L2VPN，以 VLANIF 接口作为 AC 接口，创建动态 PW 连接。两条 VC 连接的 VC ID 均为 100（两端的 VC ID 配置必须相同），其他参数均采用缺省配置。

#---PE1 上的配置如下。

```
[PE1] mpls l2vpn
[PE1-l2vpn] quit
[PE1] interface gigabitethernet 1/0/0
[PE1-GigabitEthernet1/0/0] mpls l2vc 10.10.3.1 100
[PE1-GigabitEthernet1/0/0] quit
```

#---PE2 上的配置如下。

```
[PE2] mpls l2vpn
[PE2-l2vpn] quit
[PE2] interface gigabitethernet 1/0/0
[PE2-GigabitEthernet1/0/0] mpls l2vc 10.10.1.1 100
[PE2-GigabitEthernet1/0/0] quit
```

3. 配置结果验证

完成以上配置后，可进行以下配置结果验证。

① 在两个 PE 上通过 **display mpls l2vc** 命令可查看 L2VPN 连接建立的情况。在 PE1 上执行 **display mpls l2vc** 命令的输出如图 7-17 所示，从中可以看出，PE1 已建立了一条 VC 连接，状态为 up。AC 接口为 GE0/0/1，状态也为 up。

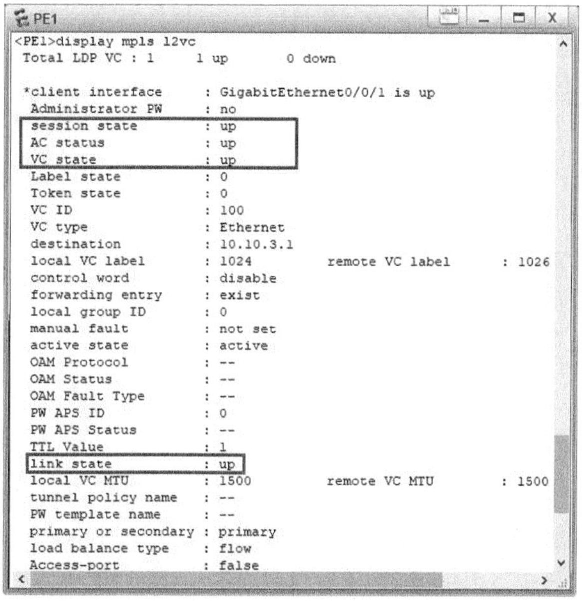

```
<PE1>display mpls l2vc
 Total LDP VC : 1     1 up       0 down

 *client interface     : GigabitEthernet0/0/1 is up
  Administrator PW     : no
  session state        : up
  AC status            : up
  VC state             : up
  Label state          : 0
  Token state          : 0
  VC ID                : 100
  VC type              : Ethernet
  destination          : 10.10.3.1
  local VC label       : 1024         remote VC label      : 1026
  control word         : disable
  forwarding entry     : exist
  local group ID       : 0
  manual fault         : not set
  active state         : active
  OAM Protocol         : --
  OAM Status           : --
  OAM Fault Type       : --
  PW APS ID            : 0
  PW APS Status        : --
  TTL Value            : 1
  link state           : up
  local VC MTU         : 1500         remote VC MTU        : 1500
  tunnel policy name   : --
  PW template name     : --
  primary or secondary : primary
  load balance type    : flow
  Access-port          : false
```

图 7-17 在 PE1 上执行 **display mpls l2vc** 命令的输出

② 验证 CE1 与 CE2 之间的二层互通。CE1 成功 ping 通 CE2 的结果如图 7-18 所示。

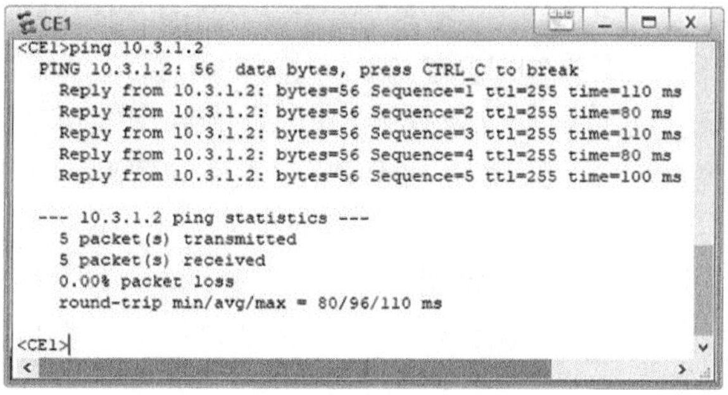

```
<CE1>ping 10.3.1.2
  PING 10.3.1.2: 56  data bytes, press CTRL_C to break
    Reply from 10.3.1.2: bytes=56 Sequence=1 ttl=255 time=110 ms
    Reply from 10.3.1.2: bytes=56 Sequence=2 ttl=255 time=80 ms
    Reply from 10.3.1.2: bytes=56 Sequence=3 ttl=255 time=110 ms
    Reply from 10.3.1.2: bytes=56 Sequence=4 ttl=255 time=80 ms
    Reply from 10.3.1.2: bytes=56 Sequence=5 ttl=255 time=100 ms

  --- 10.3.1.2 ping statistics ---
    5 packet(s) transmitted
    5 packet(s) received
    0.00% packet loss
    round-trip min/avg/max = 80/96/110 ms

<CE1>
```

图 7-18 CE1 成功 ping 通 CE2 的结果

7.2.7 纯静态多跳 PW 配置示例

纯静态多跳 PW 配置示例的拓扑结构如图 7-19 所示，位于不同物理位置的用户网络站点分别通过 CE1 和 CE2 设备接入运营商 MPLS 网络，其中 S-PE 设备的功能较强，U-PE1 和 U-PE2 作为用户接入设备，但它们之间无法直接建立 LDP 远端会话。为了简化配置，用户希望两个 CE 间达到在同一局域网中相互通信的效果，用户的业务数据在穿越运营商网络时不做任何变动。该用户的站点数量不会扩充，希望在运营商网络中能够得到独立的 VPN 资源，以保证数据的安全。

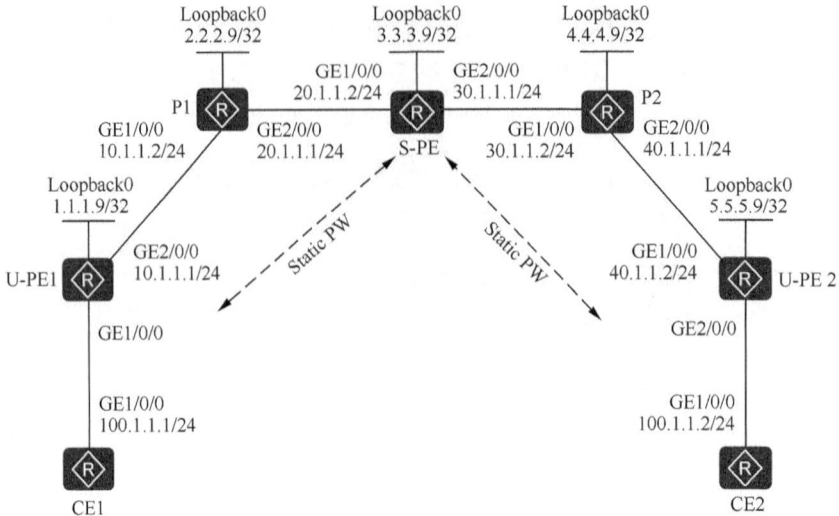

图 7-19　纯静态多跳 PW 配置示例的拓扑结构

1. 基本配置思路分析

本示例由于用户数量不会扩充，且用户希望在运营商网络中能够得到独立的 VPN 资源，可采用静态 PW 方式满足用户需求。又因为 U-PE1 和 U-PE2 之间不能直接建立 LDP 远端会话，所以需要采用多跳方式来建立纯静态多跳 PW。

根据 7.2.3 节介绍的纯静态多跳 PW 的配置任务，再结合 MPLS 基本功能的配置，可得出本示例的基本配置思路，具体如下。

① 配置各设备接口（包括 Loopback 接口，但不包括 U-PE1 和 U-PE2 的 AC 接口）的 IP 地址，在骨干网各节点上配置 OSPF，实现骨干网的三层互通。

② 在骨干网各节点上配置 MPLS 基本能力和 LDP，建立公网 LDP LSP 隧道。

③ 在 U-PE1 和 U-PE2 上分别创建到达 S-PE 的静态 PWE3 PW 连接。

④ 在交换节点 S-PE 上创建纯静态交换 PW，连接两端的两条静态 PW。

2. 具体配置步骤

① 配置各设备接口（包括 Loopback 接口，但不包括 U-PE1 和 U-PE2 的 AC 接口）的 IP 地址，在骨干网各节点上配置 OSPF，实现骨干网的三层互通。

#---CE1 上的配置如下。

```
<Huawei> system-view
[Huawei] sysname CE1
[CE1] interface gigabitethernet 1/0/0
[CE1-GigabitEthernet1/0/0] ip address 100.1.1.1 255.255.255.0
[CE1-GigabitEthernet1/0/0] quit
```

#---CE2 上的配置如下。

```
<Huawei> system-view
[Huawei] sysname CE2
[CE2] interface gigabitethernet 1/0/0
[CE2-GigabitEthernet1/0/0] ip address 100.1.1.2 255.255.255.0
[CE2-GigabitEthernet1/0/0] quit
```

#---U-PE1 上的配置如下。

```
<Huawei> system-view
[Huawei] sysname U-PE1
[U-PE1] interface gigabitethernet 2/0/0
[U-PE1-GigabitEthernet2/0/0] ip address 10.1.1.1 255.255.255.0
[U-PE1-GigabitEthernet2/0/0] quit
[U-PE1] interface loopback 0
[U-PE1-LoopBack0] ip address 1.1.1.9 255.255.255.255
[U-PE1-LoopBack0] quit
[U-PE1] ospf 1
[U-PE1-ospf-1] area 0
[U-PE1-ospf-1-area-0.0.0.0] network 10.1.1.0 0.0.0.255
[U-PE1-ospf-1-area-0.0.0.0] network 1.1.1.9 0.0.0.0
[U-PE1-ospf-1-area-0.0.0.0] quit
[U-PE1-ospf-1] quit
```

#---P1 上的配置如下。

```
<Huawei> system-view
[Huawei] sysname P1
[P1] interface gigabitethernet 1/0/0
[P1-GigabitEthernet1/0/0] ip address 10.1.1.2 255.255.255.0
[P1-GigabitEthernet1/0/0] quit
[P1] interface gigabitethernet 2/0/0
[P1-GigabitEthernet2/0/0] ip address 20.1.1.1 255.255.255.0
[P1-GigabitEthernet2/0/0] quit
[P1] interface loopback 0
[P1-LoopBack0] ip address 2.2.2.9 255.255.255.255
[P1-LoopBack0] quit
[P1] ospf 1
[P1-ospf-1] area 0
[P1-ospf-1-area-0.0.0.0] network 10.1.1.0 0.0.0.255
[P1-ospf-1-area-0.0.0.0] network 20.1.1.0 0.0.0.255
[P1-ospf-1-area-0.0.0.0] network 2.2.2.9 0.0.0.0
[P1-ospf-1-area-0.0.0.0] quit
[P1-ospf-1] quit
```

#---S-PE 上的配置如下。

```
<Huawei> system-view
[Huawei] sysname S-PE
[S-PE] interface gigabitethernet 1/0/0
[S-PE-GigabitEthernet1/0/0] ip address 20.1.1.2 255.255.255.0
[S-PE-GigabitEthernet1/0/0] quit
[S-PE] interface gigabitethernet 2/0/0
[S-PE-GigabitEthernet2/0/0] ip address 30.1.1.1 255.255.255.0
[S-PE-GigabitEthernet2/0/0] quit
[S-PE] interface loopback 0
[S-PE-LoopBack0] ip address 3.3.3.9 255.255.255.255
[S-PE-LoopBack0] quit
[S-PE] ospf 1
[S-PE-ospf-1] area 0
[S-PE-ospf-1-area-0.0.0.0] network 20.1.1.0 0.0.0.255
```

```
[S-PE-ospf-1-area-0.0.0.0] network 30.1.1.0 0.0.0.255
[S-PE-ospf-1-area-0.0.0.0] network 3.3.3.9 0.0.0.0
[S-PE-ospf-1-area-0.0.0.0] quit
[S-PE-ospf-1] quit
```

#---P2 上的配置如下。

```
<Huawei> system-view
[Huawei] sysname P2
[P2] interface gigabitethernet 1/0/0
[P2-GigabitEthernet1/0/0] ip address 30.1.1.2 255.255.255.0
[P2-GigabitEthernet1/0/0] quit
[P2] interface gigabitethernet 2/0/0
[P2-GigabitEthernet2/0/0] ip address 40.1.1.1 255.255.255.0
[P2-GigabitEthernet2/0/0] quit
[P2] interface loopback 0
[P2-LoopBack0] ip address 4.4.4.9 255.255.255.255
[P2-LoopBack0] quit
[P2] ospf 1
[P2-ospf-1] area 0
[P2-ospf-1-area-0.0.0.0] network 30.1.1.0 0.0.0.255
[P2-ospf-1-area-0.0.0.0] network 40.1.1.0 0.0.0.255
[P2-ospf-1-area-0.0.0.0] network 4.4.4.9 0.0.0.0
[P2-ospf-1-area-0.0.0.0] quit
[P2-ospf-1] quit
```

#---U-PE2 上的配置如下。

```
<Huawei> system-view
[Huawei] sysname U-PE2
[U-PE2] interface gigabitethernet 2/0/0
[U-PE2-GigabitEthernet2/0/0] ip address 40.1.1.2 255.255.255.0
[U-PE2-GigabitEthernet2/0/0] quit
[U-PE2] interface loopback 0
[U-PE2-LoopBack0] ip address 5.5.5.9 255.255.255.255
[U-PE2-LoopBack0] quit
[U-PE2] ospf 1
[U-PE2-ospf-1] area 0
[U-PE2-ospf-1-area-0.0.0.0] network 40.1.1.0 0.0.0.255
[U-PE2-ospf-1-area-0.0.0.0] network 5.5.5.9 0.0.0.0
[U-PE2-ospf-1-area-0.0.0.0] quit
[U-PE2-ospf-1] quit
```

完成以上配置后，执行 **display ospf routing** 命令，可以看出两个 U-PE 之间已相互学习到对方 Loopback1 接口的主机 OSPF 路由。在 U-PE1 上执行 **display ospf routing** 命令的输出如图 7-20 所示，从中可以看出，U-PE1 已学习了 U-PE2（5.5.5.9）上 Loopback1 接口的主机 OSPF 路由。

② 在骨干网各节点上配置 MPLS 基本能力和 LDP，建立公网 LDP LSP 隧道。

#---U-PE1 上的配置如下。

```
[U-PE1] mpls lsr-id 1.1.1.9
[U-PE1] mpls
[U-PE1-mpls] mpls ldp
[U-PE1-mpls-ldp] quit
[U-PE1] interface gigabitethernet 2/0/0
[U-PE1-GigabitEthernet2/0/0] mpls
[U-PE1-GigabitEthernet2/0/0] mpls ldp
[U-PE1-GigabitEthernet2/0/0] quit
```

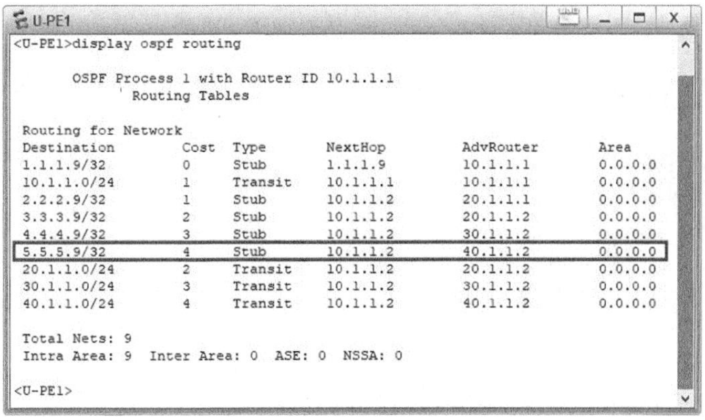

```
<U-PE1>display ospf routing

      OSPF Process 1 with Router ID 10.1.1.1
             Routing Tables

 Routing for Network
 Destination        Cost  Type       NextHop         AdvRouter       Area
 1.1.1.9/32         0     Stub       1.1.1.9         10.1.1.1        0.0.0.0
 10.1.1.0/24        1     Transit    10.1.1.1        10.1.1.1        0.0.0.0
 2.2.2.9/32         1     Stub       10.1.1.2        20.1.1.1        0.0.0.0
 3.3.3.9/32         2     Stub       10.1.1.2        20.1.1.2        0.0.0.0
 4.4.4.9/32         3     Stub       10.1.1.2        30.1.1.2        0.0.0.0
 5.5.5.9/32         4     Stub       10.1.1.2        40.1.1.2        0.0.0.0
 20.1.1.0/24        2     Transit    10.1.1.2        20.1.1.2        0.0.0.0
 30.1.1.0/24        3     Transit    10.1.1.2        30.1.1.2        0.0.0.0
 40.1.1.0/24        4     Transit    10.1.1.2        40.1.1.2        0.0.0.0

 Total Nets: 9
 Intra Area: 9  Inter Area: 0  ASE: 0  NSSA: 0

<U-PE1>
```

图 7-20　在 U-PE1 上执行 **display ospf routing** 命令的输出

#---P1 上的配置如下。

[P1] **mpls lsr-id** 2.2.2.9
[P1] **mpls**
[P1-mpls] **mpls ldp**
[P1-mpls-ldp] **quit**
[P1] **interface** gigabitethernet 1/0/0
[P1-GigabitEthernet1/0/0] **mpls**
[P1-GigabitEthernet1/0/0] **mpls ldp**
[P1-GigabitEthernet1/0/0] **quit**
[P1] **interface** gigabitethernet 2/0/0
[P1-GigabitEthernet2/0/0] **mpls**
[P1-GigabitEthernet2/0/0] **mpls ldp**
[P1-GigabitEthernet2/0/0] **quit**

#---S-PE 上的配置如下。

[S-PE] **mpls lsr-id** 3.3.3.9
[S-PE] **mpls**
[S-PE-mpls] **mpls ldp**
[S-PE-mpls-ldp] **quit**
[S-PE] **interface** gigabitethernet 1/0/0
[S-PE-GigabitEthernet1/0/0] **mpls**
[S-PE-GigabitEthernet1/0/0] **mpls ldp**
[S-PE-GigabitEthernet1/0/0] **quit**
[S-PE] **interface** gigabitethernet 2/0/0
[S-PE-GigabitEthernet2/0/0] **mpls**
[S-PE-GigabitEthernet2/0/0] **mpls ldp**
[S-PE-GigabitEthernet2/0/0] **quit**

#---P2 上的配置如下。

[P2] **mpls lsr-id** 4.4.4.9
[P2] **mpls**
[P2-mpls] **mpls ldp**
[P2-mpls-ldp] **quit**
[P2] **interface** gigabitethernet 1/0/0
[P2-GigabitEthernet1/0/0] **mpls**
[P2-GigabitEthernet1/0/0] **mpls ldp**
[P2-GigabitEthernet1/0/0] **quit**
[P2] **interface** gigabitethernet 2/0/0
[P2-GigabitEthernet2/0/0] **mpls**

```
[P2-GigabitEthernet2/0/0] mpls ldp
[P2-GigabitEthernet2/0/0] quit
```
#---U-PE2 上的配置如下。
```
[U-PE2] mpls lsr-id 1.1.1.9
[U-PE2] mpls
[U-PE2-mpls] mpls ldp
[U-PE2-mpls-ldp] quit
[U-PE2] interface gigabitethernet 1/0/0
[U-PE2-GigabitEthernet1/0/0] mpls
[U-PE2-GigabitEthernet1/0/0] mpls ldp
[U-PE2-GigabitEthernet1/0/0] quit
```

③ 在 U-PE1 和 U-PE2 上分别创建到达 S-PE 的静态 PWE3 PW 连接。

假设 U-PE1 上配置的静态 PW 的发送标签和接收标签分别为 100、200，VC ID 为 100，U-PE2 上配置的静态 PW 的发送标签和接收标签分别为 300、400，VC ID 分别为 200，其他参数均采用缺省配置。

#---U-PE1 上的配置如下。
```
[U-PE1] mpls l2vpn
[U-PE1-l2vpn] quit
[U-PE1] interface gigabitethernet 1/0/0
[U-PE1-GigabitEthernet1/0/0] mpls static-l2vc destination 3.3.3.9 100 transmit-vpn-label 100 receive-vpn-label 200
[U-PE1-GigabitEthernet1/0/0] quit
```
#---U-PE2 上的配置如下。
```
[U-PE2] mpls l2vpn
[U-PE2-l2vpn] quit
[U-PE2] interface gigabitethernet 1/0/0
[U-PE2-GigabitEthernet1/0/0] mpls static-l2vc destination 3.3.3.9 200 transmit-vpn-label 300 receive-vpn-label 400
[U-PE2-GigabitEthernet1/0/0] quit
```

④ 在交换节点 S-PE 上创建纯静态交换 PW，把两个 U-PE 到达 S-PE 的静态 PW 连接起来，形成一条在两个 U-PE 之间建立的完整静态 PW。

S-PE 上配置的发送标签、接收标签要分别对应同侧 U-PE 上配置的接收标签、发送标签。例如，本示例中在 U-PE1 上配置的发送标签和接收标签分别为 100 和 200，在 S-PE 上针对 U-PE1 侧配置的发送标签和接收标签分别为 200 和 100，具体配置如下。
```
[S-PE] mpls l2vpn
[S-PE-l2vpn] quit
[S-PE] mpls switch-l2vc 5.5.5.9 200 trans 400 recv 300 between 1.1.1.9 100 trans 200 recv 100 encapsulation ethernet
```
3. 配置结果验证

① 在两个 U-PE 上可执行 **display mpls static-l2vc** 命令可查看 L2VPN 连接信息。在 U-PE1 上执行 **display mpls static-l2vc** 命令的输出如图 7-21 所示，从中可以看出，U-PE1 已建立了一条到达 S-PE（3.3.3.9）的 VC，状态为 up，AC 接口为 GE0/0/1，状态也为 up。

② 在 S-PE 上执行 **display mpls switch-l2vc** 命令，可以看出 S-PE 已建立了静态 VC 与静态 VC 的 L2VC 交换，把两条静态 VC 连接起来了，VC 状态为 up，在 S-PE 上执行 **display mpls switch-l2vc** 命令的输出如图 7-22 所示。

③ 验证 CE1 与 CE2 之间的二层互通。CE1 成功 ping 通 CE2 的结果如图 7-23 所示。由此可证明本示例前面的配置是正确的。

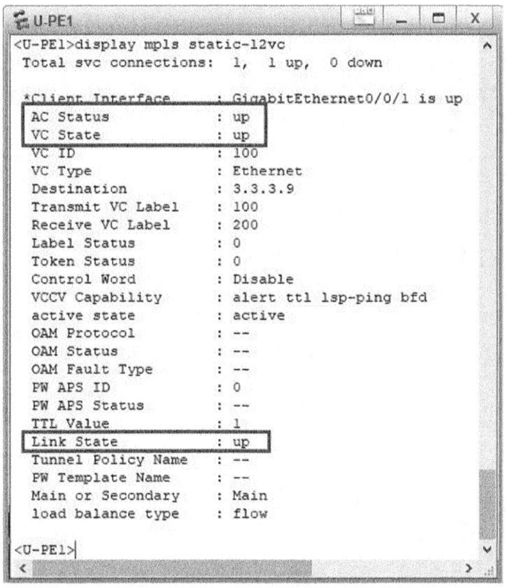

图 7-21　在 U-PE1 上执行 **display mpls static-l2vc** 命令的输出

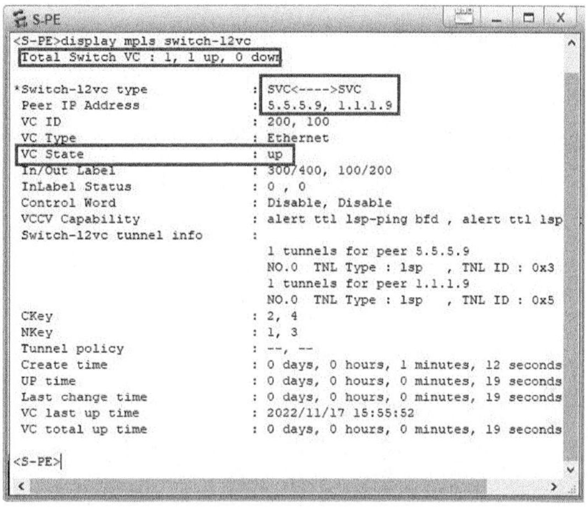

图 7-22　在 S-PE 上执行 **display mpls switch-l2vc** 命令的输出

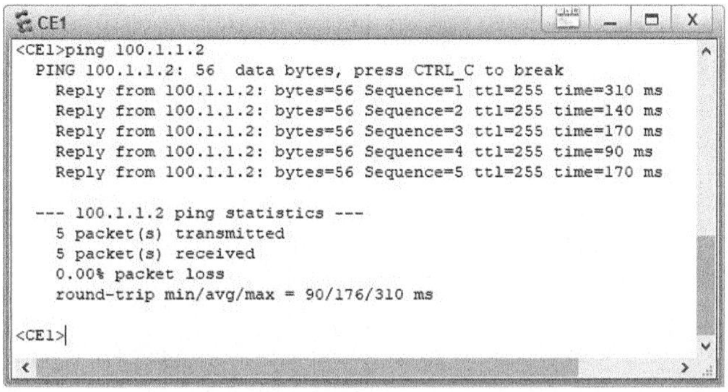

图 7-23　CE1 成功 ping 通 CE2 的结果

7.2.8　纯动态多跳 PW 配置示例

本示例拓扑结构与 7.2.7 节中的图 7-19 完全相同，U-PE1 和 U-PE2 作为用户接入设备，但它们之间无法直接建立 LDP 远端会话，只是本示例中两个 U-PE 接入的用户数量较多且经常变化。现希望采用一种适当的 VPN 方案，能为用户提供安全的 VPN 服务，在接入新用户时，配置简单，维护简便。

1. 基本配置思路分析

本示例中 U-PE1 和 U-PE2 之间不能直接建立 LDP 远端会话，需要配置交换 PW。但由于本示例中 U-PE 接入的用户数多且经常变化，因此，不适宜采用多跳纯静态 PW 配置方式，而是需要采用配置更简便的多跳纯动态 PW 配置。

因为本示例的拓扑结构与 7.2.7 节中的拓扑结构完全相同，不同的只是 U-PE 与 S-PE 之间所建立的 PW 类型（本示例为动态 PW，需在 U-PE 与 S-PE 之间建立远端 LDP 会话），以及 S-PE 所配置的 PW 交换方式不同，所以本示例的总体基本配置思路与 7.2.7 节类似，具体如下。

　　① 配置各设备接口（包括 Loopback 接口，但不包括 U-PE1 和 U-PE2 的 AC 接口）的 IP 地址，在骨干网各节点上配置 OSPF，实现骨干网的三层互通。

　　② 在骨干网各节点上配置 MPLS 基本能力和 LDP，建立公网 LDP LSP 隧道。

　　③ 在两个 U-PE 与 S-PE 之间配置建立远端 LDP 会话。

　　④ 在两个 U-PE 上使能 L2VPN 功能，创建 PW 模板（用于使能 LSP ping 功能），使能控制字，并分别创建到达 S-PE 的动态 PWE3 PW 连接。

　　⑤ 在交换节点 S-PE 上创建纯动态交换 PW，连接两端的两条动态 PW。

　　以上配置任务中，第①、②项配置任务的配置与 7.2.7 节中对应配置任务的配置完全相同。

　　2. 具体配置步骤

　　第③项配置任务。

　　在两个 U-PE 与 S-PE 之间配置建立远端 LDP 会话。

　　#---U-PE1 上的配置如下。创建与 S-PE 之间的远端 LDP 会话。

```
[U-PE1] mpls ldp remote-peer 3.3.3.9    #--创建与 S-PE 之间的远端 LDP 会话
[U-PE1-mpls-ldp-remote-3.3.3.9] remote-ip 3.3.3.9    #---指定远端 LDP 对等体为 S-PE
[U-PE1-mpls-ldp-remote-3.3.3.9] quit
```

　　#---S-PE 上的配置如下。同时创建与 U-PE1、U-PE2 之间的远端 LDP 会话。

```
[S-PE] mpls ldp remote-peer 1.1.1.9
[S-PE-mpls-ldp-remote-1.1.1.9] remote-ip 1.1.1.9
[S-PE-mpls-ldp-remote-1.1.1.9] quit
[S-PE] mpls ldp remote-peer 5.5.5.9
[S-PE-mpls-ldp-remote-5.5.5.9] remote-ip 5.5.5.9
[S-PE-mpls-ldp-remote-5.5.5.9] quit
```

　　#---U-PE2 上的配置如下。创建与 S-PE 之间的远端 LDP 会话。

```
[U-PE2] mpls lsr-id 5.5.5.9
[U-PE2] mpls
[U-PE2-mpls] quit
[U-PE2] mpls ldp
[U-PE2-mpls-ldp] quit
[U-PE2] interface gigabitethernet 1/0/0
[U-PE2-GigabitEthernet1/0/0] mpls
[U-PE2-GigabitEthernet1/0/0] mpls ldp
[U-PE2-GigabitEthernet1/0/0] quit
[U-PE2] mpls ldp remote-peer 3.3.3.9
[U-PE2-mpls-ldp-remote-3.3.3.9] remote-ip 3.3.3.9
[U-PE2-mpls-ldp-remote-3.3.3.9] quit
```

　　完成以上配置后，在骨干网各节点上执行 **display mpls ldp session** 命令可以看出 LDP 会话的建立情况并且可以看出显示结果中 Status 项为 **Operational**；执行 **display mpls ldp peer** 命令可以看出 LDP 对等体的建立情况；执行 **display mpls lsp** 命令可以看出 LSP 的建立情况。在 U-PE1 上执行 **display mpls ldp session**、**display mpls ldp peer** 和 **display mpls lsp** 命令的输出如图 7-24 所示，从中可以看出 U-PE1 与 P1、S-PE 之间建立了 LDP 会话（分别为本地会话和远端会话），构建了 LDP 对等体关系，也建立了到达 S-PE 的 LDP LSP。在 S-PE 上执行 **display mpls ldp session**、**display mpls ldp peer** 和 **display mpls lsp** 命令的输出如图 7-25 所示，从中可以看出，S-PE 与骨干网中每台设备均建立了 LDP 会话，构建了 LDP 对等体关系。

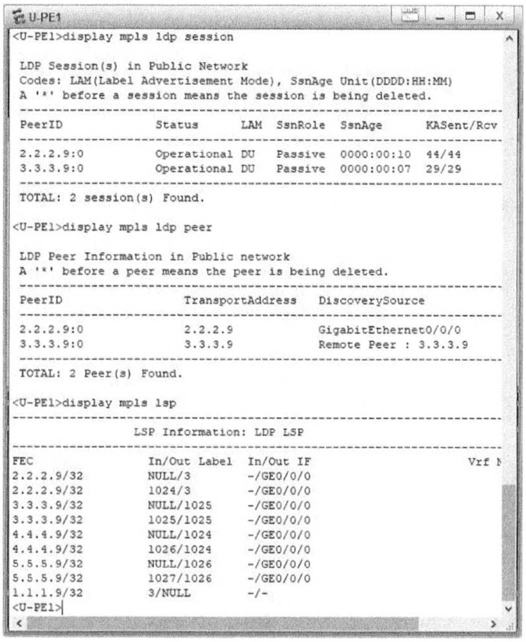

```
<U-PE1>display mpls ldp session

 LDP Session(s) in Public Network
 Codes: LAM(Label Advertisement Mode), SsnAge Unit(DDDD:HH:MM)
 A '*' before a session means the session is being deleted.
 ------------------------------------------------------------------------
 PeerID             Status      LAM  SsnRole  SsnAge       KASent/Rcv
 ------------------------------------------------------------------------
 2.2.2.9:0          Operational DU   Passive  0000:00:10   44/44
 3.3.3.9:0          Operational DU   Passive  0000:00:07   29/29
 ------------------------------------------------------------------------
 TOTAL: 2 session(s) Found.

<U-PE1>display mpls ldp peer

 LDP Peer Information in Public network
 A '*' before a peer means the peer is being deleted.
 ------------------------------------------------------------------------
 PeerID                 TransportAddress   DiscoverySource
 ------------------------------------------------------------------------
 2.2.2.9:0              2.2.2.9            GigabitEthernet0/0/0
 3.3.3.9:0              3.3.3.9            Remote Peer : 3.3.3.9
 ------------------------------------------------------------------------
 TOTAL: 2 Peer(s) Found.

<U-PE1>display mpls lsp

-------------------------------------------------------------------------
                 LSP Information: LDP LSP
-------------------------------------------------------------------------
FEC                In/Out Label  In/Out IF                      Vrf N
2.2.2.9/32         NULL/3        -/GE0/0/0
2.2.2.9/32         1024/3        -/GE0/0/0
3.3.3.9/32         NULL/1025     -/GE0/0/0
3.3.3.9/32         1025/1025     -/GE0/0/0
4.4.4.9/32         NULL/1024     -/GE0/0/0
4.4.4.9/32         1026/1024     -/GE0/0/0
5.5.5.9/32         NULL/1026     -/GE0/0/0
5.5.5.9/32         1027/1026     -/GE0/0/0
1.1.1.9/32         3/NULL        -/-
<U-PE1>
```

图 7-24　在 U-PE1 上执行 **display mpls ldp session**、**display mpls ldp peer** 和 **display mpls lsp** 命令的输出

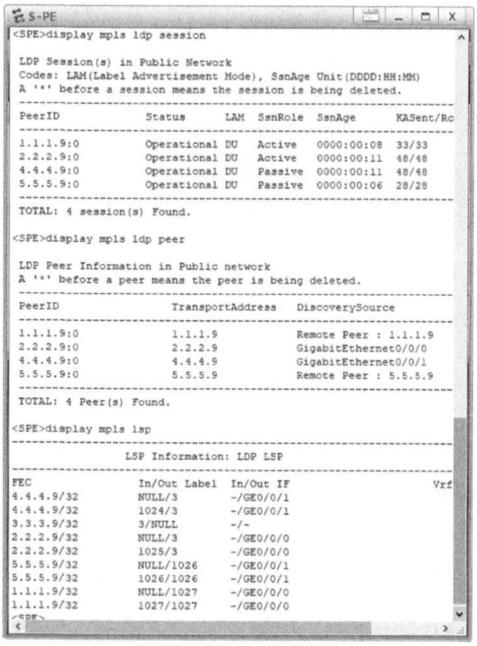

```
<SPE>display mpls ldp session

 LDP Session(s) in Public Network
 Codes: LAM(Label Advertisement Mode), SsnAge Unit(DDDD:HH:MM)
 A '*' before a session means the session is being deleted.
 ------------------------------------------------------------------------
 PeerID             Status      LAM  SsnRole  SsnAge       KASent/Rc
 ------------------------------------------------------------------------
 1.1.1.9:0          Operational DU   Active   0000:00:08   33/33
 2.2.2.9:0          Operational DU   Active   0000:00:11   48/48
 4.4.4.9:0          Operational DU   Passive  0000:00:11   48/48
 5.5.5.9:0          Operational DU   Passive  0000:00:06   28/28
 ------------------------------------------------------------------------
 TOTAL: 4 session(s) Found.

<SPE>display mpls ldp peer

 LDP Peer Information in Public network
 A '*' before a peer means the peer is being deleted.
 ------------------------------------------------------------------------
 PeerID                 TransportAddress   DiscoverySource
 ------------------------------------------------------------------------
 1.1.1.9:0              1.1.1.9            Remote Peer : 1.1.1.9
 2.2.2.9:0              2.2.2.9            GigabitEthernet0/0/0
 4.4.4.9:0              4.4.4.9            GigabitEthernet0/0/1
 5.5.5.9:0              5.5.5.9            Remote Peer : 5.5.5.9
 ------------------------------------------------------------------------
 TOTAL: 4 Peer(s) Found.

<SPE>display mpls lsp

-------------------------------------------------------------------------
                 LSP Information: LDP LSP
-------------------------------------------------------------------------
FEC                In/Out Label  In/Out IF                      Vrf
4.4.4.9/32         NULL/3        -/GE0/0/1
4.4.4.9/32         1024/3        -/GE0/0/1
3.3.3.9/32         3/NULL        -/-
2.2.2.9/32         NULL/3        -/GE0/0/0
2.2.2.9/32         1025/3        -/GE0/0/0
5.5.5.9/32         NULL/1026     -/GE0/0/1
5.5.5.9/32         1026/1026     -/GE0/0/1
1.1.1.9/32         NULL/1027     -/GE0/0/0
1.1.1.9/32         1027/1027     -/GE0/0/0
<SPE>
```

图 7-25　在 S-PE 上执行 **display mpls ldp session**、**display mpls ldp peer** 和 **display mpls lsp** 命令的输出

第④项配置任务。

在两个 U-PE 上使能 L2VPN 功能，创建 PW 模板（用于使能 LSP ping 功能），使能控制，并分别创建到达 S-PE 的动态 PWE3 PW 连接。

【说明】配置动态 PW 时，也可以不使用 PW 模板，直接配置目的 IP 地址和 PW 属性，但这种情况下，在验证配置结果中不能检测 PW 的连接性和收集 PW 的路径信息。即不能使用 ping vc 和 tracert vc 命令。

#---U-PE1 上的配置如下。

```
[U-PE1] mpls l2vpn
[U-PE1-l2vpn] quit
[U-PE1] pw-template pwt
[U-PE1-pw-template-pwt] peer-address 3.3.3.9
[U-PE1-pw-template-pwt] control-word
[U-PE1-pw-template-pwt] quit
[U-PE1] interface gigabitethernet 1/0/0
[U-PE1-GigabitEthernet1/0/0] mpls l2vc pw-template pwt 100
[U-PE1-GigabitEthernet1/0/0] quit
```

#---U-PE2 上的配置如下。

```
[U-PE2] mpls l2vpn
[U-PE2-l2vpn] quit
[U-PE2] pw-template pwt
[U-PE2-pw-template-pwt] peer-address 3.3.3.9
[U-PE2-pw-template-pwt] control-word
[U-PE2-pw-template-pwt] quit
[U-PE2] interface gigabitethernet 2/0/0
[U-PE2-GigabitEthernet2/0/0] mpls l2vc pw-template pwt 200
[U-PE2-GigabitEthernet2/0/0] quit
```

第⑤项配置任务。

在 S-PE 配置纯动态 PW 的交换。假设 U-PE1 侧建立的动态 VC 连接的 VC ID 为 100，U-PE2 侧建立的动态 VC 连接的 VC ID 为 200，具体如下。

```
[S-PE] mpls l2vpn
[S-PE-l2vpn] quit
[S-PE] mpls switch-l2vc 1.1.1.9 100 between 5.5.5.9 200 encapsulation ethernet
```

3．配置结果验证

① 在两个 U-PE 上执行 **display mpls l2vc** 命令可以查看 L2VPN 连接信息。在 U-PE1 上执行 **display mpls static-l2vc** 命令的输出如图 7-26 所示，从中可以看出，U-PE1 已建立了一条到达 S-PE（3.3.3.9）的 VC，状态为 up，AC 接口为 GE0/0/1，状态也为 up。

② 在 S-PE 上执行 **display mpls switch-l2vc** 命令，可以看出 S-PE 已建立了动态 VC 与动态 VC 的 L2VC 交换，把两条动态 VC 连接起来，VC 状态为 up，在 S-PE 上执行 **display mpls switch-l2vc** 命令的输出如图 7-27 所示。

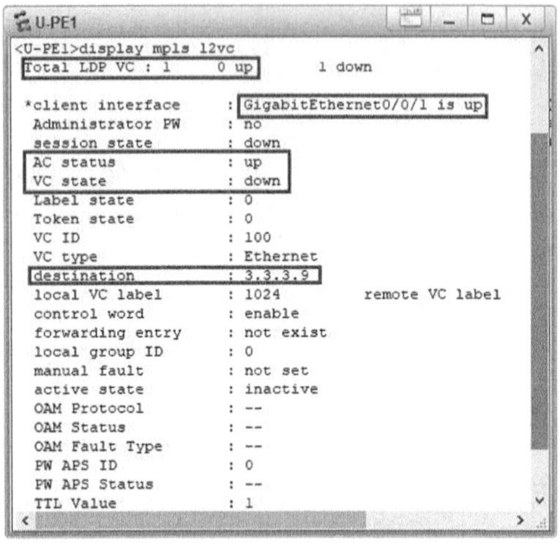

图 7-26　在 U-PE1 上执行 **display mpls static-l2vc** 命令的输出

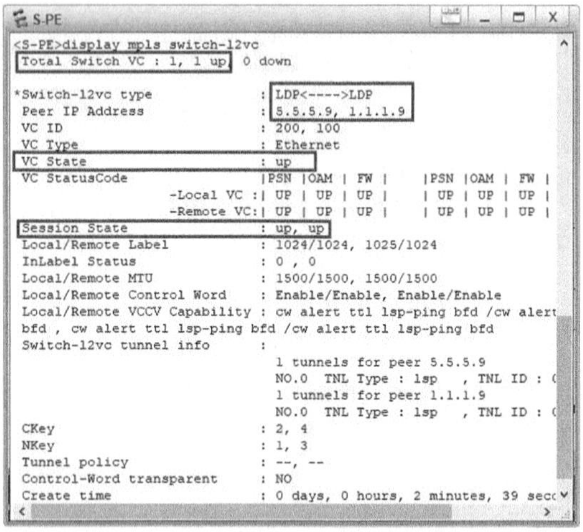

图 7-27　在 S-PE 上执行 **display mpls switch-l2vc** 命令的输出

③ 在两个 U-PE 上执行 **ping vc ethernet** 100 **control-word remote** 5.5.5.9 200 命令，测试交换后的 VC 到达对端（U-PE2）的连通性。在 U-PE1 上执行 **ping vc ethernet** 100 **control-word remote 5.5.5.9 200** 命令的结果如图 7-28 所示，执行该命令的输出，从中可以看出结果是通的，表明两个动态 VC 的交换是成功的。

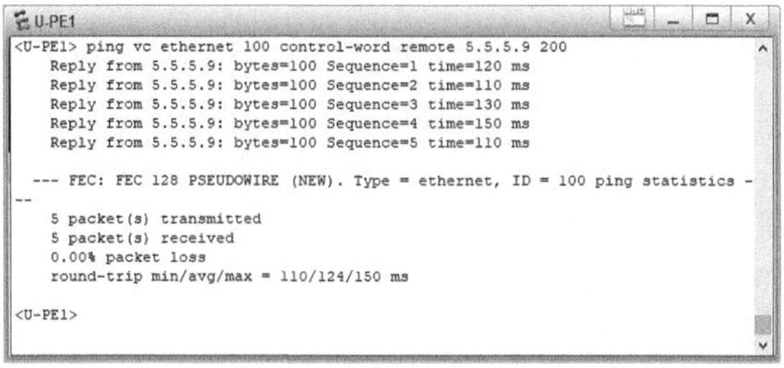

图 7-28　在 U-PE1 上执行 **ping vc ethernet** 100 **control-word remote 5.5.5.9 200** 命令的结果

④ 验证 CE1 与 CE2 之间的二层互通。CE1 成功 ping 通 CE2 的结果参见 7.2.7 节的图 7-23。由此可证明本示例前面的配置是正确的。

7.2.9　静动混合多跳 PW 配置示例

本示例拓扑结构也与 7.2.7 节中的图 7-19 完全相同，U-PE1 和 U-PE2 作为用户接入设备，但它们之间无法直接建立 LDP 远端会话，只是本示例中两个 U-PE 接入的用户数量较多且经常变化，但 U-PE2 仅支持静态配置 PW。现希望采用一种适当的 VPN 方案，能为用户提供安全的 VPN 服务，在接入新用户时配置简单，维护简便。

1. 基本配置思路分析

本示例中两个 U-PE 接入的用户数量较多且经常变化，正常情况下均应配置动态 PW，但由于 U-PE2 只支持静态 PW 配置，所以本示例中，U-PE1 与 S-PE 建立动态 PW，而 U-PE2 与 S-PE 建立静态 PW，在 S-PE 上配置静动混合交换 PW 方式。

根据以上分析，再结合 7.2.1 节～7.2.3 节介绍的配置方法，可得出以下基本配置思路。

① 配置各设备接口（包括 Loopback 接口，但不包括 U-PE1 和 U-PE2 的 AC 接口）的 IP 地址，在骨干网各节点上配置 OSPF，实现骨干网的三层互通。

② 在骨干网各节点上配置 MPLS 基本能力和 LDP，建立公网 LDP LSP 隧道。

③ 在 U-PE1 与 S-PE 之间配置建立远端 LDP 会话。

④ 在 U-PE1 上创建到达 S-PE 的动态 PWE3 PW 连接，在 U-PE2 上创建到达 S-PE 的静态 PWE3 PW 连接。

⑤ 在交换节点 S-PE 上创建静动混合交换 PW，把两侧的静态 PW 和动态 PW 连接起来。

以上配置任务中，第①、②项配置任务的配置与 7.2.7 节中对应配置任务的配置完全相同；第③项配置任务与 7.2.8 节中第③项配置任务中 U-PE1 与 S-PE 之间建立 LDP 远端会话的配置方法相同，参见即可。

2. 具体配置步骤

第④项配置任务。

在 U-PE1 上创建到达 S-PE 的动态 PWE3 PW 连接，在 U-PE2 上创建到达 S-PE 的静态 PWE3 PW 连接。假设两侧的 VC 连接的 ID 均为 100，U-PE2 上配置发送标签和接收标签分别为 100、200。

\#---U-PE1 上的配置如下。

```
[U-PE1] mpls l2vpn
[U-PE1-l2vpn] quit
[U-PE1] interface gigabitethernet 1/0/0
[U-PE1-GigabitEthernet1/0/0] mpls l2vc 3.3.3.9 100
[U-PE1-GigabitEthernet1/0/0] quit
```

\#---U-PE2 上的配置如下。

```
[U-PE2] mpls l2vpn
[U-PE2-l2vpn] quit
[U-PE2] interface gigabitethernet 2/0/0
[U-PE2-GigabitEthernet2/0/0] mpls static-l2vc destination 3.3.3.9 100 transmit-vpn-label 100 receive-vpn-label 200
[U-PE2-GigabitEthernet2/0/0] quit
```

第⑤项配置任务。

在交换节点 S-PE 上创建静动混合交换 PW，把两侧的静态 PW 和动态 PW 连接起来，具体如下。

【注意】当配置静态 PW 和动态交换 PW 时，注意命令中的关键字 **between** 前后两个 *ip-address vc-id* 的区别：前面是动态 PW 的，后面是静态 PW 的，且二者不可互换。

```
[S-PE] mpls l2vpn
[S-PE-l2vpn] quit
[S-PE] mpls switch-l2vc 1.1.1.9 100 between 5.5.5.9 100 trans 200 recv 100 encapsulation Ethernet
```

3. 配置结果验证

① 在两个 U-PE 上执行 **display mpls l2vc** 命令，可以查看 L2VPN 连接信息。在 U-PE1 上执行 **display mpls l2vc** 命令的输出如图 7-29 所示，从中可以看出，U-PE1 已建立了一条到达 S-PE 的动态 VC，VC 状态为 up，AC 接口为 GE0/0/1，状态也为 up。

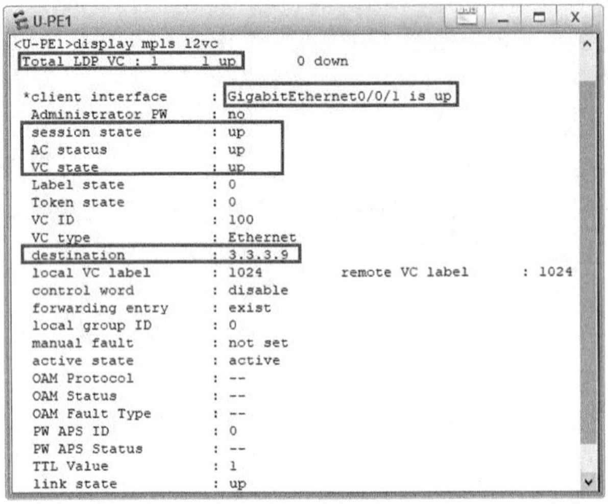

图 7-29　在 U-PE1 上执行 **display mpls l2vc** 命令的输出

② 在 S-PE 上执行 **display mpls switch-l2vc** 命令可以查看所建立的交换 PW 状态，在 S-PE 上执行 **display mpls switch-l2vc** 命令的输出如图 7-30 所示。从图中可以看出，S-PE 已建立了一条动态 VC 与静态 VC 之间的交换连接，VC 状态为 up。

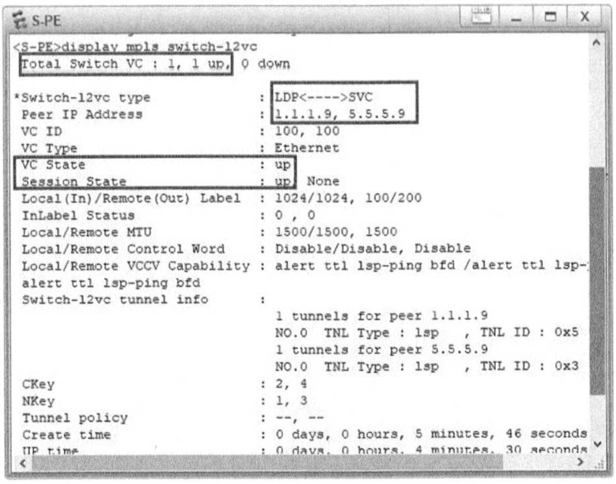

图 7-30　在 S-PE 上执行 **display mpls switch-l2vc** 命令的输出

③ 验证 CE1 与 CE2 之间的二层互通。CE1 成功 ping 通 CE2 的结果参见 7.2.7 节的图 7-23，由此可证明本示例前面的配置是正确的。

7.3　跨域 PWE3 配置与管理

7.3.1　PWE3 跨域 OptionA 方式简介

PWE3 也支持跨域 OptionA 方式，且基本实现思想与 Martini 方式、SVC 方式、Kompella 方式 VLL 支持 OptionA 跨域方式是一样的。

在 PWE3 跨域 OptionA 方式下，两个 AS 的边界设备 ASBR 直接相连，ASBR 同时也是各自所在自治系统的 PE，两个 ASBR 都把对端 ASBR 看作自己的 CE 设备，这点与 VLL 的 OptionA 跨域方式的基本思想是一样的。

PWE3 OptionA 方式的基本组网结构如图 7-31 所示，对 AS100 的 ASBR1 来说，AS200 的 ASBR2 只是它的一个 CE 设备；同样，对于 ASBR2，ASBR1 也只是一台接入的 CE 设备。ASBR 之间是 AC 链路，所以 ASBR 之间连接的接口是 AC 接口。在各 AS 域内，独立配置域内公网 MPLS 隧道和 PW。

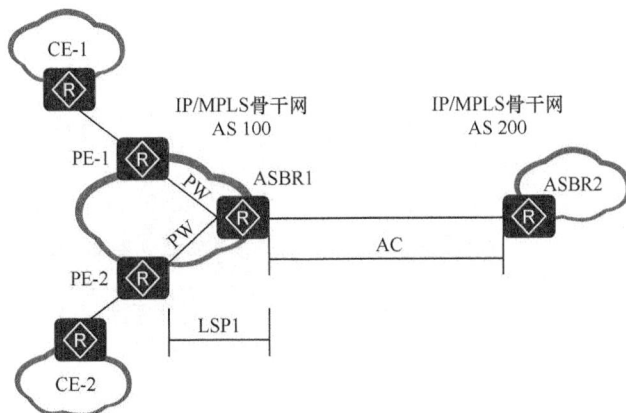

图 7-31　PWE3 OptionA 方式的基本组网结构

PWE3 跨域 OptionA 方式具有以下特点。

① 跨域 OptionA 方式实现跨域 VPN 的优点是简单。两个 ASBR 之间不需要进行 MPLS 转发，而是普通的 IP 转发，也不需要为跨域的特殊配置。

② 缺点是可扩展性差，主要体现在以下 3 个方面。

- ASBR 需要管理所有 L2VPN 信息，这将导致设备上的 L2VPN 信息数量过于庞大。
- 由于 ASBR 是本 AS 域内的 PE 设备，需要每一个 PW 准备一个 AC 接口（可以是子接口、物理接口、捆绑的逻辑接口）。
- 如果跨越多个自治域，则中间域必须支持 L2VPN 业务，不仅配置工作量大，而且对中间域的影响大。

如果需要跨域的 VC 数量较少，则可以考虑使用 PWE3 跨域 OptionA 方式。

7.3.2　配置跨域 PWE3

在配置跨域 PWE3 之前，需完成以下任务：一是为各 AS 域的 MPLS 骨干网分别配置 IGP，实现同一 AS 内骨干网的 IP 连通性；二是为各 AS 域的 MPLS 骨干网分别配置 MPLS 基本能力和 LDP，建立公网 LDP LSP 隧道。

跨域 PWE3-OptionA 的配置具体描述如下：一是对各 AS 域分别配置动态 PW，**VC ID 可以相同，也可以不同**；二是配置 ASBR，将对端 ASBR 看作自己的 CE。ASBR 上不需要为跨域进行特殊配置，ASBR 之间的直连接口不需要配置 IP 地址。

完成配置后，可通过以下 **display** 命令查看配置结果。

① 执行 **display mpls l2vc** [*vc-id* | **interface** *interface-type interface-number*]命令，在 PE 上查看本端 PW 信息。

② 执行 **display mpls l2vc remote-info** [*vc-id*]命令，在 PE 上查看远端 PW 信息。

7.3.3　跨域 PWE3 配置示例

跨域 PWE3 配置示例的拓扑结构如图 7-32 所示，运营商 MPLS 网络为用户提供 L2VPN 服务，其中 PE1 和 PE2 作为用户接入设备分别接入了运营商不同的自治域 AS100 及 AS200，后续可能会接入新用户。现要求一种适当的 VPN 方案，为用户提供安全的 VPN 服务，尽量节省网络资源，且在接入新用户时配置简单。

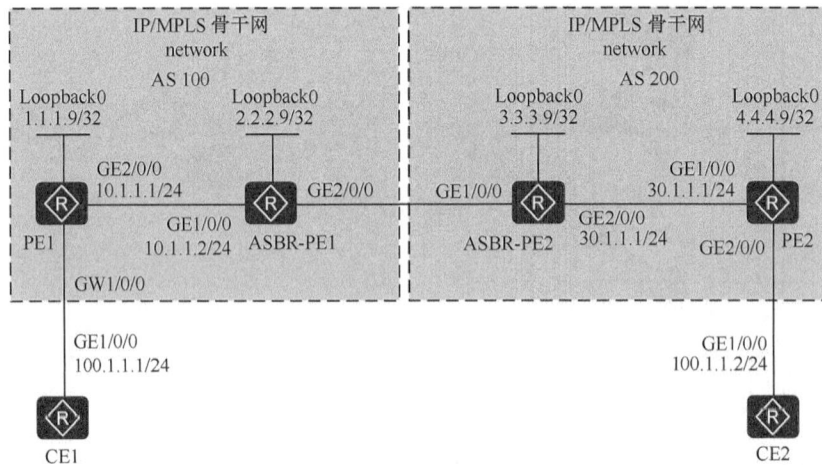

图 7-32　跨域 PWE3 配置示例的拓扑结构

1．基本配置思路分析

因为用户接入设备分别接入了运营商不同的自治域 AS100 及 AS200 所以要提供 VPN 服务必定为跨域的方式。考虑到需要在接入新用户时配置简单，且尽量节省网络资源，建议采用配置跨域 PWE3 OptionA 方式来实现，基本配置思路如下。

① 配置各设备接口的 IP 地址（包括 Loopback0 接口，但 PE 和 ASBR-PE 上作为 AC 接口的接口不用配置 IP 地址）。

② 在两个 AS 域内骨干网各节点上配置 IGP 路由（本示例采用 IS-IS），使同一个 AS 域内的各节点三层互通。

③ 在两个 AS 域内骨干网各节点上配置 MPLS 基本能力和 LDP，在同一个 AS 域内的 PE 与 ASBR-PE 之间建立公网 LDP LSP 隧道。

④ 在两个 AS 域内 PE 与 ASBR-PE 之间建立动态 PW 连接。

2．具体配置步骤

① 配置各设备接口的 IP 地址。PE 和 ASBR-PE 上作为 AC 接口的接口不用配置 IP 地址。

#---CE1 上的配置如下。

```
<Huawei> system-view
[Huawei] sysname CE1
[CE1] interface gigabitethernet 1/0/0
[CE1-GigabitEthernet1/0/0] ip address 100.1.1.1 255.255.255.0
[CE1-GigabitEthernet1/0/0] quit
```

#---CE2 上的配置如下。

```
<Huawei> system-view
[Huawei] sysname CE2
[CE2] interface gigabitethernet 1/0/0
[CE2-GigabitEthernet1/0/0] ip address 100.1.1.2 255.255.255.0
[CE2-GigabitEthernet1/0/0] quit
```

#---PE1 上的配置如下。

```
<Huawei> system-view
[Huawei] sysname PE1
[PE1] interface gigabitethernet 2/0/0
[PE1-GigabitEthernet2/0/0] ip address 10.1.1.1 255.255.255.0
[PE1-GigabitEthernet2/0/0] quit
[PE1] interface loopback 0
[PE1-LoopBack0] ip address 1.1.1.9 255.255.255.255
[PE1-LoopBack0] quit
```

#---ASBR-PE1 上的配置如下。

```
<Huawei> system-view
[Huawei] sysname ASBR-PE1
[ASBR-PE1] interface gigabitethernet 1/0/0
[ASBR-PE1-GigabitEthernet1/0/0] ip address 10.1.1.2 255.255.255.0
[ASBR-PE1-GigabitEthernet1/0/0] quit
[ASBR-PE1] interface loopback 0
[ASBR-PE1-LoopBack0] ip address 2.2.2.9 255.255.255.255
[ASBR-PE1-LoopBack0] quit
```

#---ASBR-PE2 上的配置如下。

```
<Huawei> system-view
[Huawei] sysname ASBR-PE2
[ASBR-PE2] interface gigabitethernet 2/0/0
[ASBR-PE2-GigabitEthernet2/0/0] ip address 30.1.1.1 255.255.255.0
[ASBR-PE2-GigabitEthernet2/0/0] quit
[ASBR-PE2] interface loopback 0
[ASBR-PE2-LoopBack0] ip address 3.3.3.9 255.255.255.255
[ASBR-PE2-LoopBack0] quit
```

#---PE2 上的配置如下。

```
<Huawei> system-view
[Huawei] sysname PE2
[PE2] interface gigabitethernet 1/0/0
[PE2-GigabitEthernet1/0/0] ip address 30.1.1.2 255.255.255.0
[PE2-GigabitEthernet1/0/0] quit
```

```
[PE2] interface loopback 0
[PE2-LoopBack0] ip address 4.4.4.9 255.255.255.255
[PE2-LoopBack0] quit
```

② 在两个 AS 域内骨干网各节点上配置 IS-IS 路由，使同一个 AS 域内的各节点三层互通。

#---PE1 上的配置如下。区域 ID 为 16（0x0010）、系统 ID 为 1（0x0001）。

```
[PE1] isis 1
[PE1-isis-1] network-entity 10.0000.0000.0001.00
[PE1-isis-1] quit
[PE1] interface gigabitethernet 2/0/0
[PE1-GigabitEthernet2/0/0] isis enable 1
[PE1-GigabitEthernet2/0/0] quit
[PE1] interface loopback 0
[PE1-LoopBack0] isis enable 1
[PE1-LoopBack0] quit
```

#---ASBR-PE1 上的配置如下。区域 ID 为 16（0x0010）、系统 ID 为 2（0x0002）。

```
[ASBR-PE1] isis 1
[ASBR-PE1-isis-1] network-entity 10.0000.0000.0002.00
[ASBR-PE1-isis-1] quit
[ASBR-PE1] interface gigabitethernet 1/0/0
[ASBR-PE1-GigabitEthernet1/0/0] isis enable 1
[ASBR-PE1-GigabitEthernet1/0/0] quit
[ASBR-PE1] interface loopback 0
[ASBR-PE1-LoopBack0] isis enable 1
[ASBR-PE1-LoopBack0] quit
```

#---ASBR-PE2 上的配置如下。区域 ID 为 16（0x0010）、系统 ID 为 3（0x0003）。

```
[ASBR-PE2] isis 1
[ASBR-PE2-isis-1] network-entity 10.0000.0000.0003.00
[ASBR-PE2-isis-1] quit
[ASBR-PE2] interface gigabitethernet 2/0/0
[ASBR-PE2-GigabitEthernet2/0/0] isis enable 1
[ASBR-PE2-GigabitEthernet2/0/0] quit
[ASBR-PE2] interface loopback 0
[ASBR-PE2-LoopBack0] isis enable 1
[ASBR-PE2-LoopBack0] quit
```

#---PE2 上的配置如下。区域 ID 为 16（0x0010）、系统 ID 为 4（0x0004）。

```
[PE2] isis 1
[PE2-isis-1] network-entity 10.0000.0000.0004.00
[PE2-isis-1] quit
[PE2] interface gigabitethernet 1/0/0
[PE2-GigabitEthernet1/0/0] isis enable 1
[PE2-GigabitEthernet1/0/0] quit
[PE2] interface loopback 0
[PE2-LoopBack0] isis enable 1
[PE2-LoopBack0] quit
```

完成以上配置后，ASBR-PE 与本 AS 的 PE 之间应该能建立 IS-IS 邻居，执行 **display isis peer** 命令，可以看到所建立的 IS-IS 对等体关系；执行 **display ip routing-table** 命令可以看到每个域内的 PE 与 ASBR-PE 之间能学习到对方的 Loopback0 接口 IP 地址对应的 IS-IS 路由。在 PE1 上执行 **display isis peer** 和 **display ip routing-table** 命令的输出如图 7-33 所示，从中可以看出，PE1 已与 ASBR-PE1 之间建立了 L1 和 L2 级别的 IS-IS 对

等体关系，也已学习了 ASBR-PE1 上 Loopback0 接口 IP 地址所对应的 IS-IS 路由。

```
PE1                                                             ─ □ X
[PE1-LoopBack0]display isis peer

                        Peer information for ISIS(1)

   System Id      Interface        Circuit Id        State HoldTime Type      PRI
   ─────────────────────────────────────────────────────────────────────────────
   0000.0000.0002  GE2/0/0          0000.0000.0001.01 Up    22s     L1(L1L2) 64
   0000.0000.0002  GE2/0/0          0000.0000.0001.01 Up    22s     L2(L1L2) 64

   Total Peer(s): 2
   [PE1-LoopBack0]display ip routing-table
   Route Flags: R - relay, D - download to fib
   ──────────────────────────────────────────────────────────────────────
   Routing Tables: Public
              Destinations : 9        Routes : 9

   Destination/Mask     Proto    Pre  Cost     Flags NextHop       Interface
           1.1.1.9/32   Direct   0    0        D     127.0.0.1     LoopBack0
           2.2.2.9/32   ISIS-L1  15   10       D     10.1.1.2      GigabitEthernet
   2/0/0
          10.1.1.0/24   Direct   0    0        D     10.1.1.1      GigabitEthernet
   2/0/0
          10.1.1.1/32   Direct   0    0        D     127.0.0.1     GigabitEthernet
   2/0/0
        10.1.1.255/32   Direct   0    0        D     127.0.0.1     GigabitEthernet
   2/0/0
         127.0.0.0/8    Direct   0    0        D     127.0.0.1     InLoopBack0
         127.0.0.1/32   Direct   0    0        D     127.0.0.1     InLoopBack0
   127.255.255.255/32   Direct   0    0        D     127.0.0.1     InLoopBack0
   255.255.255.255/32   Direct   0    0        D     127.0.0.1     InLoopBack0

   [PE1-LoopBack0]
```

图 7-33　在 PE1 上执行 **display isis peer** 和 **display ip routing-table** 命令的输出

③ 在两个 AS 域内骨干网各节点上配置 MPLS 和 LDP 功能，在同一个 AS 域内的 PE 与 ASBR-PE 之间建立公网 LDP LSP 隧道。

\#---PE1 上的配置如下。

```
[PE1] mpls lsr-id 1.1.1.9
[PE1] mpls
[PE1-mpls] quit
[PE1] mpls ldp
[PE1-mpls-ldp] quit
[PE1] interface gigabitethernet 2/0/0
[PE1-GigabitEthernet2/0/0] mpls
[PE1-GigabitEthernet2/0/0] mpls ldp
[PE1-GigabitEthernet2/0/0] quit
```

\#---ASBR-PE1 上的配置如下。

```
[ASBR-PE1] mpls lsr-id 2.2.2.9
ASBR-[PE1] mpls
[ASBR-PE1-mpls] quit
[ASBR-PE1] mpls ldp
[ASBR-PE1-mpls-ldp] quit
[ASBR-PE1] interface gigabitethernet 1/0/0
[ASBR-PE1-GigabitEthernet1/0/0] mpls
[ASBR-PE1-GigabitEthernet1/0/0] mpls ldp
[ASBR-PE1-GigabitEthernet1/0/0] quit
```

\#---ASBR-PE2 上的配置如下。

```
[ASBR-PE2] mpls lsr-id 3.3.3.9
ASBR-[PE2] mpls
[ASBR-PE2-mpls] quit
[ASBR-PE2] mpls ldp
```

```
[ASBR-PE2-mpls-ldp] quit
[ASBR-PE2] interface gigabitethernet 2/0/0
[ASBR-PE2-GigabitEthernet2/0/0] mpls
[ASBR-PE2-GigabitEthernet2/0/0] mpls ldp
[ASBR-PE2-GigabitEthernet2/0/0] quit
```

#---PE2 上的配置如下。

```
[PE2] mpls lsr-id 4.4.4.9
[PE2] mpls
[PE2-mpls] quit
[PE2] mpls ldp
[PE2-mpls-ldp] quit
[PE2] interface gigabitethernet 1/0/0
[PE2-GigabitEthernet1/0/0] mpls
[PE2-GigabitEthernet1/0/0] mpls ldp
[PE2-GigabitEthernet1/0/0] quit
```

完成以上配置后，在两个 PE 或 ASBR-PE 上执行 **display mpls lsp** 命令，可以看出同一个 AS 域内的 PE 与 ASBR-PE 之间已建立好公网 LDP LSP 隧道。在 PE1 上执行 **display mpls lsp** 命令的输出如图 7-34 所示，从中可以看出，PE1 已建立了到达 ASBR-PE1（2.2.2.9）的 Ingress LDP LSP。

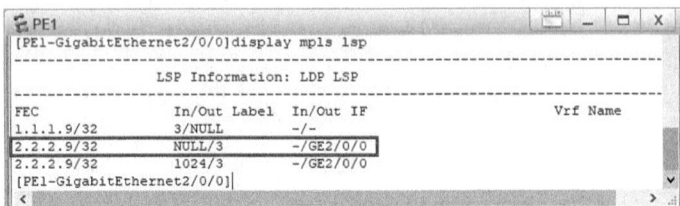

图 7-34　在 PE1 上执行 **display mpls lsp** 命令的输出

④ 在两个 AS 域内 PE 与 ASBR-PE 之间建立动态 PW 连接。

#---PE1 上的配置如下。建立到达 ASBR-PE1 的 PW，AC 接口为 GE1/0/0，VC ID 为 100（同一 PW 两端的 VC ID 要相同）。

```
[PE1] mpls l2vpn
[PE1-l2vpn] quit
[PE1] interface gigabitethernet 1/0/0
[PE1-GigabitEthernet1/0/0] mpls l2vc 2.2.2.9 100
[PE1-GigabitEthernet1/0/0] quit
```

#---ASBR-PE1 上的配置如下。建立到达 PE1 的 PW，AC 接口为 GE2/0/0，VC ID 为 100（同一 PW 两端的 VC ID 要相同）。

```
[ASBR-PE1] mpls l2vpn
[ASBR-PE1-l2vpn] quit
[ASBR-PE1] interface gigabitethernet 2/0/0
[ASBR-PE1-GigabitEthernet2/0/0] mpls l2vc 1.1.1.9 100
[ASBR-PE1-GigabitEthernet2/0/0] quit
```

#---ASBR-PE2 上的配置如下。建立到达 PE2 的 PW，AC 接口为 GE1/0/0，VC ID 为 200（同一 PW 两端的 VC ID 要相同）。

```
[ASBR-PE2] mpls l2vpn
[ASBR-PE2-l2vpn] quit
[ASBR-PE2] interface gigabitethernet 1/0/0
[ASBR-PE2-GigabitEthernet1/0/0] mpls l2vc 4.4.4.9 200
[ASBR-PE2-GigabitEthernet1/0/0] quit
```

#---PE2 上的配置如下。建立到达 PE2 的 PW，AC 接口为 GE2/0/0，VC ID 为 200（同一 PW 两端的 VC ID 要相同）。

```
[PE2] mpls l2vpn
[PE2-l2vpn] quit
[PE2] interface gigabitethernet 2/0/0
[PE2-GigabitEthernet2/0/0] mpls l2vc 3.3.3.9 200
[PE2-GigabitEthernet2/0/0] quit
```

3. 配置结果验证

① 在两个 PE 上执行 **display mpls l2vc** 命令，可以看到建立了一条到达 AS 域内 ASBR-PE 的动态 VC，VC 状态为 up。在 PE1 上执行 **display mpls l2vc** 命令的输出如图 7-35 所示，从中可以看出，PE1 已建立了一条到达 ASBR-PE1（2.2.2.9）的动态 VC，状态为 up，AC 接口为 GE1/0/0，状态也为 up。

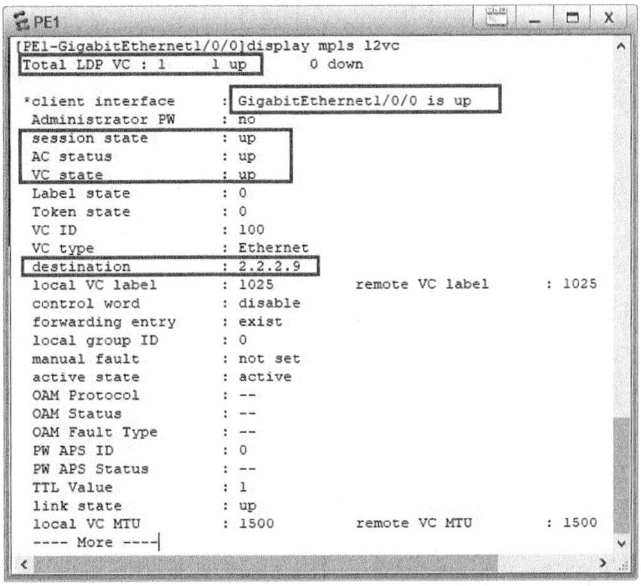

图 7-35　在 PE1 上执行 **display mpls l2vc** 命令的输出

② 验证 CE1 与 CE2 之间的二层互通。CE1 成功 ping 通 CE2 的结果如图 7-36 所示，由此可证明本示例前面的配置是正确的。

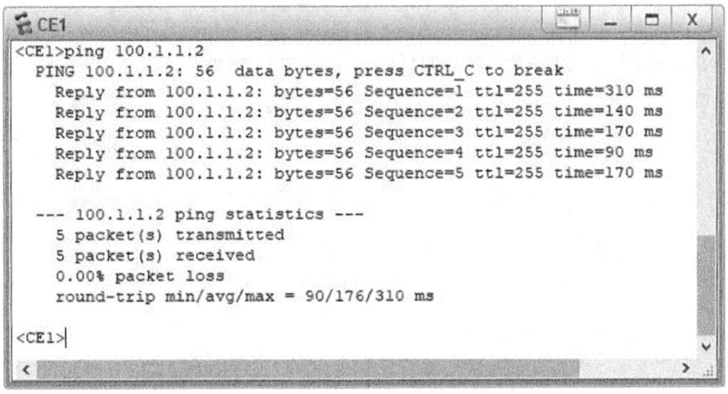

图 7-36　CE1 成功 ping 通 CE2 的结果

7.4　PWE3 故障检测与排除

PWE3 是 Martini 方式 VLL 的扩展，在动态 PW 建立的过程中（也支持静态 PW 配置）使用 LDP，但它对传统的 LDP 进行了扩展，增加了 Notification 方式，只通告状态，不拆除信令，除非配置删除或者信令协议中断。这样能够减少控制报文的交互，降低信令开销。总体来说，PWE3 的故障检测和排除方法与第 5 章介绍的 Martini 方式的故障检测和排除方法类似。

7.4.1　检测 PW 的连通性

与 Martini 方式 VLL 一样，PWE3 也可通过虚拟电路连接性验证（Virtual Circuit Connectivity Verification，VCCV）功能的 **ping vc** 和 **tracert vc** 命令检测 PW 的连通性。在发现两端 CE 不能通信时，可先通过这两个命令检测 PW 的连通性。同样，VCCV 有两种方式，分别为 VCCV ping 和 VCCV Tracert。VCCV ping 是一种人工检测虚电路连接状态的工具，VCCV Tracert 是一种人工定位 PW 路径某节点异常的工具。

VCCV 检测包括控制字（CW）通道和 Label Alert 两种通道。

① 控制字通道：支持从 UPE 到 UPE 之间端到端的检测，同时适用于单跳 PWE3 PW 和多跳 PWE3 PW。

② Label Alert 通道：支持端到端的检测，也支持 UPE 到 SPE 的逐跳检测。

当定位 PW 故障时，控制字通道和 Label Alert 通道方式不能同时使用。缺省情况下，使能 Label Alert 通道方式的 VCCV。检测 PW 的连通性使用 **ping vc** 命令，定位 PW 故障使用 **tracert vc** 命令，这与 6.5.1 节介绍的 Martini 方式 VLL 中的这两个命令的格式一样，参见即可。

7.4.2　CE 间不能通信的故障排除

在 PWE3 中，如果发现一个 VPN 中两端 CE 站点中的用户不能通信，则可先在 PE 上执行 **display mpls static-l2vc** *vc-id* 命令（静态 PW 时）或 **display mpls l2vc** [*vc-id* 命令（动态 PW 时）] 查看对应的 VC 状态，然后再根据不同情况分析故障原因。

1. 如果 VC 状态已为 up，但两端 CE 用户之间仍不能通信

这种情况一般只有以下 3 种可能的故障原因。

（1）在静态 PW 配置中，一端的发送 VC 标签没有与对端的接收 VC 标签一致

这种情况下的静态 VC 连接状态也会为 up，但不能进行数据转发。这时需要先用 **undo mpls static-l2vc** 命令删除原来错误配置的静态 VC，然后再用 **mpls static-l2vc** 命令重新配置正确的静态 VC 连接，确保一端的发送 VC 标签与另一端的接收 VC 标签一致，反之亦然。

（2）相关的 VLAN 配置不正确

在配置 PW 时，如果两端 CE 站点的用户进行的是 VLAN 通信，则要根据具体通信需求选择适当的 AC 接口类型，并进行接口 VLAN 配置。在选择子接口、VLANIF 接口

作为 AC 接口时，要特别注意它们各自的特性及报文封装、解封装方式，具体参见 5.1.4 节。

（3）两端 CE 用户不在同一 IP 网段

因为 PWE3 是 MPLS L2VPN，建立的是二层 VPN 隧道，所以要求隧道两端的 CE 必须在同一 IP 网段，否则隧道连接的用户间不能通信。

2. 如果 VC 状态为 DOWN，则表示 VC 没有建立成功

发生这种情况的可能原因比较多，特别是在交换 PW 场景中，但检查起来也不复杂，可根据以下两种情形来具体排除（在排除公网隧道故障基础之上，有关 LSP 或 TE 公网隧道的故障排除方法参见《华为 MPLS 技术学习指南（第二版）》）。

（1）VC 连接配置不正确

在配置 VC 连接时，要注意在两端 PE 上的如下配置要保持一致：封装类型（VC type）、MTU、VC ID、控制字。可通过 **display mpls static-l2vc** *vc-id* 命令（静态 PW 时）或 **display mpls l2vc** [*vc-id* 命令（动态 PW 时）] 查看。

【注意】在同一个节点上，VC ID 和 VC Type 的组合必须唯一，但交换 PW 的两侧 VC ID 可以相同。主/备 PW 的 VC ID 不能相同。

（2）交换 PW 中的配置不正确

在交换 PW 中，首先要确保 **mpls switch-l2vc** 命令中 **between** 两端的参数中，每一端都要针对同一侧，不要混合配置，即每端的参数都是针对同一侧的 VC 连接，且每侧的参数配置均必须与同侧的 UPE 到 SPE 的 VC 连接参数配置保持对应且要正确，例如 VC type、MTU、VC ID、控制字配置要一致，在静态 PW 中，一端的发送 VC 标签要与另一端的接收 VC 标签一致。

另外，在混合交换 PW 中，**between** 前面的参数必须是动态 PW 的，后面的参数是静态 PW 的，二者不可互换；而在纯静态交换 PW 或者纯动态交换 PW 中，没这个限制，只要不混淆即可。

第 8 章
VPLS 基础及 Martini 方式 VPLS 配置与管理

本章主要内容

虚拟专用局域网业务（Virtual Private LAN Service，VPLS）与前面介绍的 VLL 和 PWE3 一样，也是一种基于 MPLS 网络的二层 VPN 技术，但它仅适用于以太网的远程连接，而且它可实现点到多点的远程连接，极大地方便了多个用户 Site 间的互访。通过 VPLS，可使地域上隔离的用户站点能通过 MAN/WAN 相连，并且使各个站点间的连接效果像在同一个 LAN 中一样。

　　本章将主要介绍 VPLS 方案的基础知识和技术原理，以及 Martini 方式 VPLS 的配置与管理方法，并给出了一些典型的配置示例，以加深大家对相应技术原理和 Martini 方式 VPLS 方案的配置与管理方法的理解。

　　【说明】因为华为模拟器当前的 VRP 系统版本不支持 VPLS 的相关配置命令，故本章中的实验均不能在模拟器下完成。

8.1　VPLS 基础及工作原理

VPLS 与 VLL 和 PWE3 一样，也是一种基于 MPLS 网络的二层 VPN 技术。**但 VPLS 专用于以太网**，且可用于在公用网络中提供一种**点到多点**的 L2VPN 业务传输（VLL 和 PWE3 均仅可提供点对点的二层业务传输）。

VPLS 的典型组网结构如图 8-1 所示，处于不同物理位置、接入不同 PE 的多个用户通过各 PE 设备创建的 PW 与同一 VPN 实例进行关联，即可实现各 Site 用户之间的互相通信。从用户的角度来看，**整个 VPLS 网络也是一个二层交换网或一台二层交换机**，用户之间就像直接通过 LAN 或二层交换机互连在一起一样。

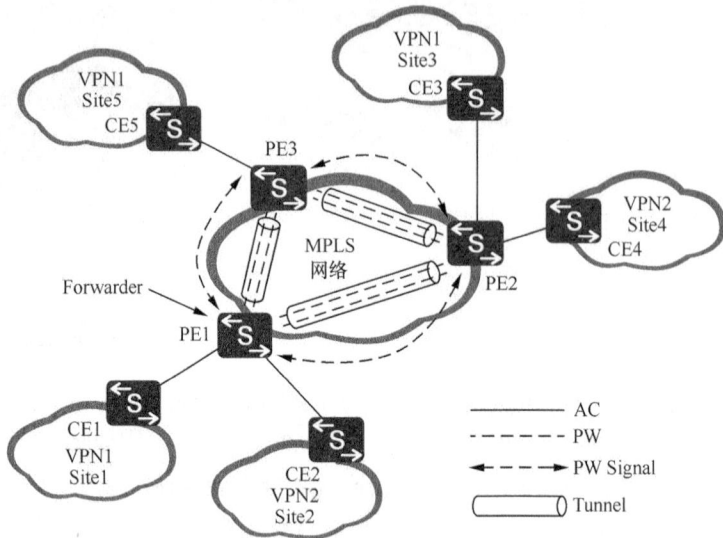

图 8-1　VPLS 的典型组网结构

8.1.1　VPLS 的引入背景

随着企业分布范围的日益扩大，以及企业员工移动性的不断增加，企业中互联网电话（Voice over IP，VoIP）、即时消息、网络会议等点到多点的应用越来越广泛，以实现同一集团内部各分支机构间、分支机构与集团总部间的多点通信。

传统的 ATM、FR、HDLC、SDH、SONET 等技术只能实现二层点到点互连，而且具有网络建设成本高、速率较慢、部署复杂等缺点。二层以太网技术支持点到多点通信，所以可实现点到多点的以太网业务的 VPN 通信。

VLL、PWE3 方式的 MPLS L2VPN 虽然也支持二层以太网的远程互连，但这两种 VPN 方案只能在公网中提供一种点对点的 L2VPN 业务，不能直接在服务提供者处进行多点间的交换。BGP/MPLS IP VPN 这类 MPLS L3VPN 虽然可以提供点到多点的通信功能，但 PE 设备会感知私网路由（要在 PE 的 VPN 实例中保存和维护用户私网路由），造成设备的路由信息过于庞大，对 PE 设备的内存容量及处理性能要求都较高，而且只能进行三层网络互连，不能传输二层业务。

VPLS 技术就是为了解决以上问题而开发的，是一种专门基于以太网和 MPLS 标签交换的 L2VPN 技术。这一方面是因为以太网本身就具有支持点到多点通信的特点，使 VPLS 技术实现点到多点的通信要求；另一方面是因为 VPLS 是一种二层标签交换技术，从用户侧来看可以把整个 MPLS/IP 骨干网看成是一个二层交换设备，PE 设备不需要感知私网路由，对 PE 设备的内存容量和处理性能要求较低。

VPLS 结合了以太网技术和 MPLS 技术的优势，是对传统 LAN 全部功能的仿真，其主要目的是通过运营商提供的 MPLS/IP 骨干网连接集团公司中地域上隔离的多个由以太网构成的 LAN，使它们像一个 LAN 那样工作。

总体而言，采用 VPLS 技术可以带来以下 4 个方面的好处。

① 充分利用运营商构建的 IP 网络资源，建设成本低。

② 充分继承以太网速率高的优势。

③ 无论 LAN 还是 WAN，都可以只使用以太网链路，实现快速和灵活的业务部署。

④ 将企业网络的路由策略控制和维护权利交给了企业，运营商的骨干网只负责二层报文的透明传输，不需要感知和保存路由信息，增强了企业 VPN 的安全性和可维护性。

8.1.2　VPLS 网络的基本结构

VPLS 网络的基本组件见表 8-1。

表 8-1　VPLS 网络的基本组件

名称	全称	概念
AC（Attachment Circuit）	接入电路	用户边缘设备与服务提供商边缘设备之间的连接，即连接 CE 与 PE 的链路。PE 上对应的接口称为 AC 接口，但只能是以太网类型，包括以太网物理接口、VLANIF 接口、Eth-Trunk 接口，以及 Dot1q 子接口、QinQ 子接口、VLAN Stacking 子接口、VLAN Mapping 子接口
VSI（Virtual Switch Instance）	虚拟交换实例	VSI 是 PE 上为每个 VPN 单独划分的一个虚拟交换处理单元，在每一个 VSI 中都有独立的一张 MAC 地址表和转发器，并负责终结 PW，即每个 PW 对应一个 VSI，**同一 VPN 中的各 PW 对应同一个 VSI**
PW（Pseudo Wire）	伪线	两个 PE 设备上 VSI 之间的一条双向虚拟连接。它由一对相反方向的单向虚电路（Virtual Circuit，VC）组成，也称为仿真电路
Tunnel	隧道	用于承载 PW 的公网隧道。一条隧道上可以承载多条 PW。隧道是一条本地 PE 与对端 PE 之间的直连点对点通道，完成 PE 之间的数据透明传输，可以是 LSP 或 TE 隧道
PW Signaling	PW 信令协议	VPLS 实现的基础，用于创建和维护 PW。目前，在 VPLS PW 中支持的信令协议有 LDP 和 BGP 两种
Forwarder	转发器	转发器是 VPLS 的转发表，相当于以太网交换机上的 MAC 地址表，包括 VSI、MAC 地址、AC 接口和 PW 之间的映射关系。PE 收到 AC 上送的报文后，由转发器选定转发报文所使用的 PW

在 VPLS 网络中，CE 间报文的传输依赖于 PE 上配置的 VSI 与 PW 之间的映射关系。为了能够实现点到多点互通，通常是在 VPLS 网络中的 PE 之间采用全连接方式，以此建立全连接的 PW，VPLS 网络中的全连接 PE 和 PW 结构示意如图 8-2 所示。

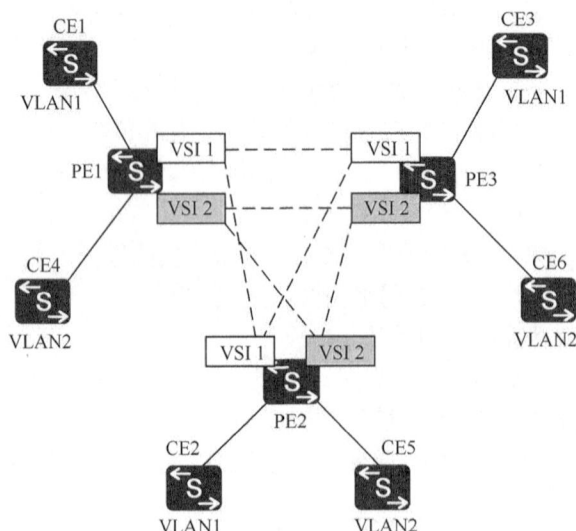

图 8-2　VPLS 网络中的全连接 PE 和 PW 结构示意

在相同 VPN 中，各 PE 上要创建相同的 VSI（L2VPN 实例），然后在各 PE 上相同 VSI 间建立 PW。如图 8-2 中包括了两个 VPN，即 VSI 1 和 VSI 2，均在 3 个 PE 上创建了，然后同时在各 PE 的相同 VSI 间建立了 PW，即可实现同一个 VPN 中的多个 CE 所连接 Site 的用户间互通。

要实现类似以太网交换机的二层交换功能，在接入用户 Site 的 PE 设备上也必须有相应的二层 MAC 地址学习功能和相应的报文转发机制。所以在 VPLS 网络中，PE 要能在转发报文的同时学习报文中的源 MAC 地址，并建立对应的 MAC 转发表项（类似于以太网交换机中的 MAC 地址表项），完成 MAC 地址与 L2VPN 实例（VSI）、用户接入接口（AC 接口）和虚链路（PW）的映射关系，这就是表 8-1 中的转发器。

AC 接口可以看成是用户接入二层以太网交换机的以太网端口，PW 相当于交换机内部的矩阵链路，连接了各 PE 中同一 VPN 中的 AC 接口，最终实现同一 VPN 中的各 Site 中的用户可直接二层通信，就像连接在同一台二层以太网交换机上一样。

8.1.3　VPLS 的报文转发原理

VPLS 主要是通过 MPLS 封装的同时结合 CE 侧的 MAC 地址学习功能，将 MPLS 骨干网模拟成一台二层交换机，并以不同的 VSI 对不同 CE 间的通信进行标识，此时不同的 VSI 就相当于二层交换机的不同 VLAN 标签。

CE 通过 AC 发送的报文在到达 PE 后要先封装两层 MPLS 标签（外层为 Tunnel 标签，内层为 VC 标签），同时，PE 要基于 AC 接口和 VSI 学习源 CE 的 MAC 地址，构建对应的 VPLS MAC 转发表用户报文在通过 PW 传输前，还要在 PW 侧接口上对要传输的 MPLS 报文重新进行二层封装，加装新的二层以太网报头（源/目的 MAC 地址分别为源/目的端

PE 的 PW 侧接口 MAC 地址）。

PE 之间的 VPLS PW 建立成功后，在同一个 VSI 内，连接到不同 PE AC 上的 CE 如果共处同一个 IP 子网，通信后完全可以在本地 ARP 表中看到其他 CE 的 ARP 表项。

在 VPLS 网络的整个报文转发过程中，PE 设备是其中的关键，它负责实现整个报文转发的所有功能，包括 VSI 成员发现、报文封装和解封装，以及报文转发。这些功能分布在 PE 的控制平面和数据平面上。

VPLS PE 的控制平面主要实现 PW 的建立功能，具体包括以下功能。

- **成员发现**：找到同一 VSI 中所有其他 PE 的过程。可以通过手工配置的方式实现，也可以使用协议自动完成，例如 BGP 方式、BGP AD 方式的 VPLS。使用协议自动完成的发现方式称为"自动发现"。
- **信令机制**：在同一 VSI 的 PE 之间建立、维护和拆除 PW 的任务是由信令协议完成的，包括 LDP 和 BGP。

VPLS PE 的数据平面主要实现 PW 的报文转发功能，具体包括以下功能。

- **报文封装**：从 CE 收到以太网报文后，PE 首先要对其进行 MPLS 封装（先加装两层标签，然后再进行二层封装），然后才会发送到 VPLS 网络上。
- **报文转发**：根据以太网报文是从哪个 AC 接口上接收的，以及报文中的目的 MAC 地址（从转发器中选定对应的 PW）决定如何转发报文。
- **报文解封装**：PE 从 VPLS 网络上收到 MPLS 报文后，先要对其进行解封装，还要为原始的以太网报文后再下发到目的 CE。

下面以图 8-1 中 VPN1 的 CE1 到 CE3 的通信为例，介绍 VPLS 网络中基本的报文转发流程。

① 当 PE1、PE2、PE3 同属于同一个 VPLS 域时，它们要彼此相互连接，这样才能使同位于 VPN1 中的 CE1、CE3、CE5 对应的用户站点互通。通过 VSI 将接入 VPLS 的 AC 链路映射到对应的 PW 上，生成该 VSI 的转发器。

② CE1 接收 Site1 用户的二层以太网报文后，通过 AC 链路送入 PE1。

③ PE1 收到报文后发现是 VPLS 接入，则根据报文中的目的 MAC 地址在转发器中选定转发该报文的 PW。

【经验提示】在一个转发器中可以有多个 AC 接口、目的 MAC 地址、PW 之间的映射表项，作为与不同 CE 通信的转发表项。因为 VPLS 支持点到多点的通信，所以源端 CE 可以与多个不同 CE 进行通信，而发送到不同 CE 所用的 PW 是不一样的，需要从转发器中选定。

④ PE1 根据选定的 PW 的转发表项，以及本地 PE 与对端 PE 间建立的公网隧道信息生成两层 MPLS 标签：内层私网标签用于标识 PW，即 VC 标签；外层公网标签用于穿越公网隧道到达 PE2，即 Tunnel 标签。然后再对生成的 MPLS 报文进行二层封装，即在外层 Tunnel 标签前面再加装新的二层报头（源/目的 MAC 地址分别为源/目的端 PE 接口的 MAC 地址），而原来的整个以太网报文都当作"数据"部分。

⑤ 二层 MPLS 报文经公网隧道到达 PE2 时，如果 PE2 为该公网隧道所分配的公网 Tunnel 标签支持 PHB 特性，则公网 Tunnel 标签已于倒数第二跳弹出，故此时外层标签为私网 VC 标签。

⑥ PE2 先根据报文中的私网 VC 标签选定转发报文的 VSI（每个 VSI 中的 VC 分配的私网 VC 标签是唯一的），再根据选定的 VSI 选择对应的转发器，在转发器中根据报头的目的 MAC 地址查找对应的转发表项，然后在同时去掉新封装的二层报头、剥离私网 VC 标签后，将还原出的原始二层以太网报文转发到目的 CE3。

8.1.4　VPLS 的报文封装方式

在 VPLS 网络中，来自用户的报文在进入 PW 传输前要分别在 AC 侧接口和 PW 侧接口进行封装。

1. AC 上的报文封装方式

AC 上的报文封装方式是由用户的接入方式决定的，AC 上的报文封装方式见表 8-2。用户的接入方式可以分为 VLAN 接入和 Ethernet 接入两种，主要区别就是在以太网报文中是否带有 P-Tag。在默认情况下，用户的接入方式为 VLAN 接入。

表 8-2　AC 上的报文封装方式

AC 上的报文封装方式	说明
VLAN 接入	**CE 发送到 PE，或 PE 发送到 CE 的以太网报头带有一个 ISP 用于区分用户的 P-Tag。**该标签属于 ISP 中的 VLAN 标签，但在 CE 上已打上，可通过 QinQ、VLAN 映射等实现
Ethernet 接入	**CE 发送到 PE，或 PE 发送到 CE 的以太网报头中不带 P-Tag。**如果此时报头中有 VLAN 标签，则它只是用户报文的内部 VLAN 标签，称为 U-Tag。U-Tag 是该报文在发送到 CE 前已携带，而不是在 CE 上打上的，用于 CE 区分该报文所属的 VLAN，对于 PE 设备没有意义

2. PW 上的报文封装方式

PW 由 PW ID 和 PW 封装类型进行标识，**两端 PE 设备通告的 PW ID 和 PW 封装类型必须相同。**PW 上的报文封装方式可以分为 raw 模式（也称 Ethernet 封装）和 tagged 模式（也称 VLAN 封装）两种，主要区别在于它们从 CE 发送到 PE 的以太网报文，以及从 PE 发送到 CE 的以太网报文中的 P-Tag 处理方式不同，PW 上的报文封装方式见表 8-3。在默认情况下，PW 上的报文封装使用 tagged 模式。

表 8-3　PW 上的报文封装方式

PW 上的报文封装方式	描述
raw 模式	· **PW 上传输的报文不能带有 P-Tag。** · 对于 CE 发送到 PE 的报文，如果报文中带有 P-Tag，则去除 P-Tag 后，再打上两层 MPLS 标签（外层为 Tunnel 标签，内层为 VC 标签）后转发；如果报文中不带有 P-Tag 的报文，则直接打上两层 MPLS 标签后转发。 · 对于 PE 发送到 CE 的报文，PE 根据实际配置选择添加或不添加 P-Tag 后转发给 CE，**但是它不允许重写或移除报文中已经存在的任何 Tag**
tagged 模式	· PW 上传输的报文必须带 P-Tag。 · 对于 CE 发送到 PE 的报文，如果报文中带有 P-Tag，则不去除 P-Tag，而是直接打上两层 MPLS 标签（外层为 Tunnel 标签，内层为 VC 标签）后转发；**如果报文中不带有 P-Tag，则添加一个空 Tag 后，再打上两层 MPLS 标签后转发。** · 对于 PE 发送到 CE 的报文，PE 根据实际配置**选择重写、去除或保留** P-Tag 后转发给 CE

8.1.5　VPLS 的报文封装/解封装流程

AC 上的 VLAN 接入、Ethernet 接入这两种报文封装方式和 PW 上的 raw 模式、tagged 模式这两种报文封装方式可以交叉组合。以下仅以 Ethernet 接入 raw 模式（不带 U-Tag）和 VLAN 接入 tagged 模式（带有 U-Tag）方式为例，说明报文的交互过程。

1. Ethernet 接入 raw 模式（不带 U-Tag）情形下的报文封装/解封装流程

结合表 8-2 和表 8-3 的分析可知，在 Ethernet 接入 raw 模式组合方式中，报文从 CE 进入 PE，或者从 PE 进入 CE 都不带 P-Tag，如果报文中有 VLAN 标签，也只是 U-Tag；进入 PW 的报文不带 P-Tag。这样一来，在 PE、CE 或 PW 中的报文最多只带一层用户 VLAN 标签（也可能没有 VLAN 标签）。

AC 采用 Ethernet 封装，PW 采用 raw 模式，假设从 CE 发送到 PE 的报文中不含有 U-Tag，即报文中不携带任何 VLAN 标签。Ethernet 接入 raw 模式（不带 U-Tag）情形的 VPLS 报文封装/解封装流程如图 8-3 所示。

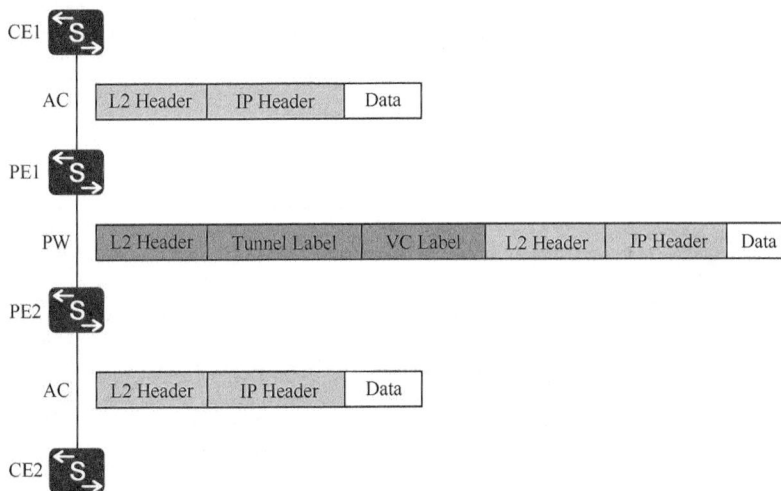

图 8-3　Ethernet 接入 raw 模式（不带 U-Tag）情形的 VPLS 报文封装/解封装流程

① CE1 发送二层以太网报文到 PE1，该报文不含 U-Tag，也不带有 P-Tag。

② PE1 收到报文后，根据报头中的目的 MAC 地址在转发器中选定转发报文所用的 PW。由于 PW 采用 raw 模式，所以不会添加空的 P-Tag，直接根据 PW 的转发表项及对应的隧道信息，为该报文直接打上两层 MPLS 标签（外层为 Tunnel 标签，内层为 VC 标签），形成 MPLS 报文。然后重新进行二层封装，加装二层报头（L2 Header），源/目的 MAC 地址分别为 PW 中源/目的端 PE 接口的 MAC 地址，重新封装后的二层报文才可在 PW 中进行传输。

③ PE2 收到从 PE1 发送来的 MPLS 报文后，先根据内层 VC 标签（外层 Tunnel 标签已于倒数第二跳弹出）查找对应的 VSI，再由 VSI 查找对应的转发器，在转发器中根据报头中的目的地址找到对应的转发表项。然后对收到的 MPLS 报文进行解封装，同时去掉在 PE1 上新封装的二层报头和剥离 VC 标签后，还原出原始的二层以太网报文。由于 AC 的报文封装方式为 Ethernet 接入方式，PW 为 raw 封装模式，所以在转发到目的

CE2 的二层报文中不做任何标签处理，直接转发。

从 CE2 发往 CE1 的报文的处理过程与上述过程类似，不再赘述。

2. VLAN 接入 tagged 模式（带 U-Tag）情形下的 VPLS 报文封装/解封装流程

结合表 8-2 和表 8-3 的分析可知，VLAN 接入 tagged 模式的组合中，从 CE 进入 PE，或从 PE 进入 CE，以及在 PW 中传输的报文带有 P-Tag。**如果 PE 收到的报文不带有 P-Tag，则在进入 PW 传输前必须加上一个空的 P-Tag。**

AC 采用 VLAN 封装，PW 采用 Tagged 模式，假设从 CE 发送到 PE 的报文中同时带有 U-Tag 和 P-Tag。VLAN 接入 tagged 模式（带 U-Tag）情形下的 VPLS 报文封装/解封装流程如图 8-4 所示。

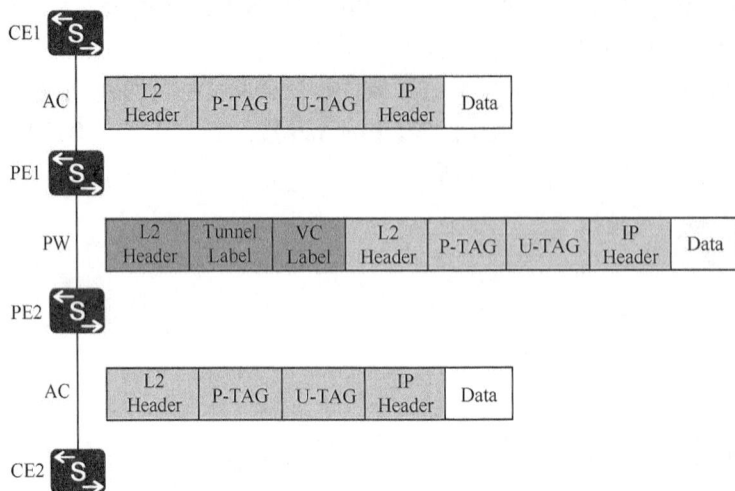

图 8-4　VLAN 接入 tagged 模式（带 U-Tag）情形下的 VPLS 报文封装/解封装流程

① CE1 发送二层报文到 PE1，报文中同时包含 U-Tag 和 P-Tag。

② PE1 收到含 U-Tag 和 P-Tag 的报文时，其中，U-Tag 对于 PE1 没有意义，因此，PE1 不处理 U-Tag，而把它当作业务数据对待。另外，由于 PW 是 tagged 模式，要求发送到 PW 的报文必须带 P-Tag 传输，所以也不处理由 PE1 进入 PW 的二层报文中的 P-Tag。

③ PE1 根据报头中的目的 MAC 地址在转发器中选定转发该报文的 PW，再为该报文直接打上两层 MPLS 标签（外层为 Tunnel 标签，内层为 VC 标签），在经过 PW 传输前再在外层 MPLS 标签前重新封装新的二层报头（L2 Header），源/目的 MAC 地址分别为 PW 中源/目的端 PE 接口的 MAC 地址，重新封装后的二层报文才可在 PW 中传输。

④ PE2 收到从 PE1 发送来的 MPLS 报文后，先根据内层 VC 标签（外层 Tunnel 标签已于倒数第二跳弹出）查找对应的 VSI，再由 VSI 查找对应的转发器，在转发器中根据报头中的目的地址找到对应的转发表项。然后解封装收到的 MPLS 报文，同时去掉 PE1 上新封装的二层报头和剥离 VC 标签后，还原出原始的二层以太网报文（仍保留了原来的 P-Tag 和 U-Tag）。由于 AC 的报文封装方式为 VLAN 接入方式，PW 的封装方式为 tagged 模式，由于还原出的二层以太网报文中已携带 P-Tag，所以也可不处理二层报文的任何标签，直接转发到目的 CE2。

从 CE2 发往 CE1 的报文的处理过程与上述过程类似，不再赘述。

8.1.6　VPLS 对报文中 P-Tag 的处理方式

在华为 S 系列交换机和 AR G3 系列路由器中，VPLS 对报文中 P-Tag 的处理方式的依据不同。在华为 S 系列交换机中，VPLS 对报文中 P-Tag 的处理方式要同时依据 AC 接口类型和 PW 封装方式，S 系列交换机中，PW 侧对从 AC 进入 PW 的报文中 Tag 的处理方式见表 8-4，S 系列交换机中，AC 侧对从 PW 进入 AC 的报文中 Tag 的处理方式见表 8-5。

【说明】当 VPLS 流量从 PE 的 AC 侧接口发送出去时，如出现以下两种情况，最终发送出去的报文也将剥离 P-Tag。

- 接口类型为 Trunk，入口报文携带的 P-Tag 与接口配置的 PVID 相同。
- 接口类型为 Hybrid，入口报文携带的 P-Tag 与接口配置的 untagged VLAN 或 PVID 相同。

表 8-4　S 系列交换机中，PW 侧对从 AC 进入 PW 的报文中 Tag 的处理方式

PW 封装类型	PW 侧对从 AC 进入 PW 的报文的处理
VLAN 封装	不处理报文中的 P-Tag
Ethernet 封装	• 如果报文中存在 P-Tag，则删除报文中的 P-Tag； • 如果报文中无 P-Tag，则不处理报文

表 8-5　S 系列交换机中，AC 侧对从 PW 进入 AC 的报文中 Tag 的处理方式

AC 接口类型	AC 侧对从 PW 进入 AC 的报文中 Tag 的处理方式
Ethernet 接口、GE 接口、XGE 接口、40GE 接口、100GE 接口、Eth-Trunk 接口	不处理报文
VLANIF 接口	• 如果报文中存在 P-Tag，则用该 VLANIF 接口的 VLAN ID 改写报文中的 P-Tag； • 如果报文中无 P-Tag，则用该 VLANIF 接口的 VLAN ID 为报文添加 P-Tag
VLAN Stacking 子接口	• 如果报文中存在 P-Tag，则用 VLAN Stacking 子接口配置的外层 VLAN 标签改写报文中的 P-Tag； • 如果报文中不存在 P-Tag，则不处理报文
VLAN Mapping 子接口	• 如果报文中存在 P-Tag，则改写报文中的 P-Tag； • 如果报文中无 P-Tag，则为报文增加 P-Tag。 【说明】增加或者改写的 Tag 均为 VLAN Mapping 前的 VLAN 标签
Dot1q 子接口	不处理报文
Qinq 子接口	不处理报文

在华为 AR G3 系列路由器中，PE 设备会根据 AC 接口类型对报文进行不同的 Tag 处理，PW 的封装方式对报文的 Tag 处理方式没有影响。PE 对从 AC 进入 PW 的报文中 Tag 的处理方式见表 8-6，PE 对从 PW 进入 AC 的报文中 Tag 的处理方式见表 8-7。

表 8-6　PE 对从 AC 进入 PW 的报文中 Tag 的处理方式

AC 接口类型	AC 侧对从 AC 进入 PW 的报文的处理	PW 侧对从 AC 进入 PW 的报文的处理
主接口（Ethernet、GE 接口）	不处理报文	• 如果 AC 接口没有配置缺省 VLAN 为 VLAN 0，则不处理报文。 • 如果 AC 接口配置了缺省 VLAN 为 VLAN 0，则在报文中添加 VLAN 0
Dot1q 终结子接口	删除外层 VLAN Tag	
Qinq 终结子接口	删除两层 VLAN Tag	

表 8-7　PE 对从 PW 进入 AC 的报文中 Tag 的处理方式

AC 接口类型	PW 侧对从 PW 进入 AC 的报文的处理	AC 侧对从 PW 进入 AC 的报文的处理
主接口（Ethernet、GE 接口）	• 如果 AC 接口没有配置缺省 VLAN 为 VLAN 0，则不处理报文。 • 如果 AC 接口配置了缺省 VLAN 为 VLAN 0，则删除报文中的 VLAN Tag（VLAN 0）	对报文不做处理
Dot1q 终结子接口		添加外层 VLAN Tag
Qinq 终结子接口		添加两层 VLAN Tag

8.1.7　VPLS 的 MAC 地址管理

以太网的特点之一是对于广播报文、多播报文和目的 MAC 地址未知的单播报文，将发送给本以太网段内的所有其他接口。VPLS 是一种基于以太网的 MPLS VPN 技术，它为用户网络模拟了一个二层以太网交换机。因此，为了能在 VPLS 网络中转发报文，PE 设备需要建立 CE 侧用户的 MAC 地址转发表，并基于 MAC 地址，或基于 MAC 地址和 VLAN 标签的结合来做出转发决策。

1. MAC 地址学习与泛洪实现过程

（1）MAC 地址学习

PE 设备通过动态 MAC 地址学习功能，对报文中的源 MAC 地址进行学习，建立对应的 VPLS MAC 地址转发表项，同时依据转发器建立 MAC 地址与对应 PW 的关联，以便把 CE 发送的报文从对应的 PW 中转发。

VPLS 的两种 MAC 地址学习方式见表 8-8。但目前华为 S 系列交换机和 AR G3 系列路由器均只支持 Unqualified 方式的 MAC 地址学习。

表 8-8　VPLS 的两种 MAC 地址学习方式

MAC 地址学习方式	说明	特点
Qualified 方式	PE 根据用户以太网报文的源 MAC 地址和 VLAN 标签进行学习。在这种模式下，每个用户 VLAN 形成自己的广播域，有独立的 MAC 地址空间	将广播域限制在用户 VLAN 中。由于从逻辑上看，MAC 地址变成 MAC 地址+VLAN 标签，因此这种方式可以支持比较大的 FIB 转发表
Unqualified 方式	PE 仅学习用户以太网报文的源 MAC 地址。在这种模式下，所有用户 VLAN 共享一个广播域和一个 MAC 地址空间，用户 VLAN 的 MAC 地址必须唯一，不能发生地址重叠	对应多个用户 VLAN 的 AC 侧接口是物理接口，该接口对应唯一的 VSI 实例

（2）泛洪

以太网处理未知地址的报文方式是广播，所以在 VPLS 中对收到未知单播地址、广播地址和多播地址的以太网报文都采用泛洪方式，将收到的报文转发到其余所有接口。如果使用多播，PE 需要采取其他方法，例如，IGMP snooping。

（3）实现过程

VPLS 中的 MAC 地址学习过程见表 8-9。

表 8-9　VPLS 中的 MAC 地址学习过程

MAC 地址学习过程	说明
对用户侧报文的 MAC 地址学习	对于从 CE 上收到的报文，PE 将建立源 MAC 地址和 AC 侧接口之间的 MAC 映射关系，如图 8-5 中的 Port1
对 PW 侧报文的 MAC 地址学习	PW 包括两个方向的 MPLS VC，当且仅当两个方向的 MPLS VC 都建立起来后，PW 才能变成 UP 状态。当从 PW 侧收到源 MAC 未知的报文，则 PE 建立源 MAC 地址与收到该报文的 PW 间的映射关系

VPLS MAC 地址学习与泛洪过程示例如图 8-5 所示。PC1 和 PC2 都属于 VLAN10，PC1 想 ping PC2 的 IP 地址 10.1.1.2，但 PC1 不知道该 IP 地址对应的 MAC 地址，于是与以太网环境一样，也是需要先发送 ARP 广播报文来查找目的 IP 地址对应的 MAC 地址。具体过程如下。

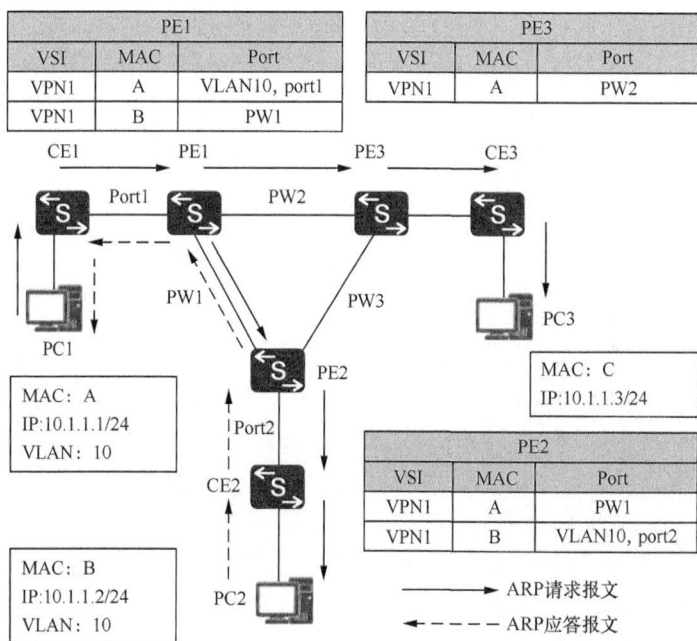

图 8-5　VPLS MAC 地址学习与泛洪过程示例

① PE1 从连接 CE1 的接口 Port1（Port1 属于 VLAN10）收到来自 PC1 的 ARP 请求报文，PE1 把 PC1 的 MAC 地址添加到自己的 MAC 地址表中。

② 因为 PE1 上并没有目的 MAC 地址对应的 MAC 地址表项，于是 PE1 继续向其他接口（此时 PW1 和 PW2 可以看成接口）泛洪该 ARP 请求报文。

③ PE2 从 PW1 上收到 PE1 转发来的 PC1 的 ARP 报文后，把 ARP 报文中的源

MAC 地址——PC1 的 MAC 地址添加到自己的 MAC 地址表中。

④ **由于 VPLS 具有水平分割特点**（具体将在下节介绍），**即从公网侧 PW 收到的报文不再转发到其他 PW 上，而只能转发到私网侧**，所以 PE2 只向连接 CE2 的接口转发该 ARP 请求报文，而不向 PW 上转发，即该 ARP 只发送给 PC2。

⑤ PC2 收到 PE2 转发来的 PC1 的 ARP 请求报文，发现目的地址是自己，就发送 ARP 应答报文给 PC1，目的 MAC 地址为 PC1 的 MAC 地址。

⑥ PE2 从 Port2 接口收到 PC2 给 PC1 的 ARP 应答报文后，添加 PC2 的 MAC 地址到自己的 MAC 地址表中。由于 ARP 应答报文中的目的地 MAC 是 PC1（MAC A），PE2 查询自己的 MAC 表后，向 PW1 发送 ARP 应答报文。

⑦ PE1 收到 PE2 转发的 PC2 的 ARP 应答报文，也一样添加 PC2 的 MAC 地址到自己的 MAC 地址表中，并查找 MAC 表，转发该 ARP 应答报文到 PC1。

⑧ PC1 收到 PC2 的 ARP 应答报文，完成 MAC 地址的学习。

【说明】PE1 向 PW1 广播该 ARP 请求报文的同时，PE1 也通过 PW2 向 PE3 发送 ARP 请求报文。PE3 收到来自 PE1 的 ARP 请求报文后，添加 PC1 的 MAC 地址到自己的 MAC 地址表中，根据水平分割的特性，PE3 也只向 PC3 发送该 ARP 请求报文，因为 PC3 不是该 ARP 报文的目的地址，所以 PC3 不回应 ARP 应答报文。

2. MAC 地址回收

动态学习到的 MAC 地址必须有刷新和重学习的机制。VPLS 中提供了一种可选 MAC TLV（Type/Length/Value）的地址回收消息，收到这个消息的 PE 将根据 TLV 中的参数进行 MAC 地址的删除或者重新学习。如果 TLV 中指定的 MAC 地址为空，则删除此 VSI 下所有原来学习到的 MAC 地址，但不会删除接收这个消息的 PW 上学习到的 MAC 地址和用户侧 AC 的 MAC 地址。

在拓扑结构改变时为了能快速地移除 MAC 地址，可以使用地址回收消息。地址回收消息分为以下两类。

（1）带有 MAC 表项地址列表的消息

如果一条备份链路（AC 链路或者 VC 链路）变为活动状态后，感知到链路状态变化的 PE 会收到系统发送的带有重新学习 MAC 表项列表的通知消息。该 PE 收到此更新消息后，将更新 VPLS 实例的转发信息表（Forward Information Base，FIB）中对应的 MAC 表项，并将此消息发送给其他相关的 LDP 会话直连的 PE。

（2）不带 MAC 地址列表的消息

如果通知消息中包含空的 MAC 地址 TLV 列表（即为不带 MAC 地址列表的回收消息），表示告知 PE 移除指定 VPLS 实例中的所有 MAC 地址，但是从发送此消息的 PE 处学习到的 MAC 地址除外。

3. MAC 地址老化

PE 学习到的 MAC 地址转发表项如果不再使用，需要由老化机制来移除。在指定时间内，未有流量触发 MAC 表项更新，则将该 MAC 表项老化。

8.1.8 VPLS 的环路避免机制

在以太网中，为了避免环路，一般的二层网络都要求使能生成树协议（Spanning Tree

Protocol，STP）。但是对使用 VPLS 的用户来说，不会感知到 ISP 的网络，因此在私网侧使能 STP 的时候，不能把 ISP 的网络考虑进来。因此，VPLS 中不能使用 STP 来避免二层环路，只能使用 PW 全连接和水平分割转发来避免。

- PE 之间逻辑上全连接（PW 全连接），也就是每个 PE 必须为每一个 VPLS 转发实例创建一棵到该实例下的所有其他 PE 设备的树。
- 每个 PE 设备必须支持水平分割转发来避免环路。水平分割转发就是**从公网侧 PW 收到的数据包不再转发到这个 VSI 关联的其他 PW 上，只能转发到私网侧**，从 PE 收到的报文不转发到其他 PE。也就是说要求任意两个 PE 之间通过直接相连的 PW 通信，而不能通过第 3 个 PE 设备中转报文，这也是 PE 之间需要建立全连接（PW 全连接）的原因。

PE 间全连接和水平分割一起保证了 VPLS 转发的可达性和无环路。但是当 CE 到 PE 有多条连接，或连接到同一个 VPLS VPN 的不同 CE 间有直接连接时，VPLS 不能保证没有环路，需要使用其他方法来避免环路，如前面说到的 STP。对于用户来说，在 L2VPN 私网内运行 STP 是允许的，所有的 STP 的 BPDU 报文只是在 ISP 的网络上透传。

8.2　VPLS 的实现方式

目前新的华为 VRP 系统版本中，华为 S 系列交换机和 AR G3 系列路由器都支持 VPLS 功能（以前版本 VRP 系统中仅华为 S 系列交换机支持 VPLS），但这两种设备在建立 VPLS PW 时所支持的信令协议不同。华为 S 系列交换机中的 VPLS PW 信令协议有 LDP 和 BGP 两种，而 AR G3 系列路由器中的 VPLS PW 信令协议只有 LDP。

8.2.1　VPLS 实现方式简介

华为 S 系列交换机和 AR G3 系列路由器所支持的 VPLS 实现方式也不同。华为 S 系列交换机支持 LDP 方式的 VPLS、BGP 方式的 VPLS 和 BGP AD 方式的 VPLS 这 3 种 VPLS 实现方式，而 AR G3 系列路由器仅支持 LDP 方式的 VPLS。三种 VPLS 实现方式的比较见表 8-10。

表 8-10　三种 VPLS 实现方式的比较

类型	描述	特点	应用场景
LDP 方式的 VPLS	采用 LDP 作为信令协议，也称为 Martini 方式的 VPLS，是应用最广的一种 VPLS 方案	<ul><li>协议比较简单，对 PE 设备要求低，不能提供 VPN 成员自动发现机制，需要人工配置。</li><li>在增加 PE 时需要在每个 PE 上都配置到新 PE 的 PW。</li><li>在每两个 PE 之间建立 LDP Session，其 Session 数与 PE 数的平方成正比。</li><li>当需要时才对每个 PE 分配一个标签，标签利用率高。</li><li>在跨域时，必须保证所有域中配置的 VSI 都使用同一个 VSI ID 值空间</li></ul>	适合用在 Site 点比较少，不需要或很少跨域的情况，特别是 PE 不运行 BGP 的时候

续表

类型	描述	特点	应用场景
BGP 方式的 VPLS（AR G3 系列路由器不支持）	采用 BGP 作为信令协议，也称为 Kompella 方式的 VPLS	• 要求 PE 设备运行 BGP，对 PE 设备要求高，可以提供 VPN 成员自动发现机制，用户使用简单。 • 在增加 PE 时，只要 PE 数没有超过标签块大小就不需要修改原有 PE 上的配置，只须配置新的 PE。 • 利用 RR 降低 BGP 连接数，从而提高网络的可扩展性。 • 分配一个标签块，浪费一定数量的标签。 • 在跨域时，采用 VPN Target 识别 VPN 关系，对跨域的限制较小	适合用在大型网络的核心层，PE 本身运行 BGP 以及有跨域需求的情况
BGP AD 方式的 VPLS（AR G3 系列路由器不支持）	首先通过扩展的 BGP Update 报文来自动发现 VPLS 域中的其他成员信息，然后通过 LDP FEC 129 信令报文来完成本地 VSI 与远端 VSI 之间自动协商建立 VPLS PW	通过 VPLS 成员自动发现和 VPLS PW 的自动部署。 • 与 LDP 方式 VPLS 相比，网络新增站点时配置的工作量少。 • 与 BGP 方式 VPLS 相比，不仅节省本地的标签资源，而且能兼容与 PWE3 的互通	BGP AD 方式的 VPLS 结合了 BGP 和 LDP 两种 VPLS 信令各自的优势

8.2.2　LDP 方式的 VPLS 工作原理

LDP 方式的 VPLS 也称 Martini 方式 VPLS，采用静态发现机制的实现成员发现，采用 LDP 作为信令协议分配私网 VC 标签。这种方式通过扩展标准 LDP 的 TLV 携带 VPLS 的信息，增加了 128 类型和 129 类型的 FEC TLV。建立 PW 时的标签发布方式采用 DU 模式，标签保持方式采用自由标签保持（Liberal Label Retention）模式。

1. PW 的建立流程

在 VPLS 中，利用 LDP 建立 PW 的过程如图 8-6 所示，具体说明如下。

① 当 PE1 和 VSI 关联并指定 PE2 为其对端后，此时如果 PE1 和 PE2 之间的 LDP 会话已经建立，PE1 则采用 DU 方式主动向 PE2 发送标签映射消息，该消息中包含 PW ID 和与该 PW ID 绑定的 VC 标签（是作为 PE1 为 VC1 连接分配的接收 VC 标签，也将作为 PE2 为 VC1 分配的发送 VC 标签），以及 AC 接口参数。

② PE2 收到该标签映射消息后，会检查本地是否也和该 VSI 进行了关联。如果已经关联并且封装类型等参数也相同，则说明 PE1 和 PE2 的 VSI 都在同一个 VPN 内。此时 PE2 将接受标签映射消息，即单向 VC1 建立成功。

③ 同时，PE2 向 PE1 回应自己的标签映射消息，该消息中包含 PW ID 和与该 PW ID 绑定的 VC 标签（是作为 PE2 为 VC2 连接分配的接收 VC 标签，也将作为 PE1 为 VC2 分配的发送 VC 标签），以及 AC 接口参数。PE1 收到 PE2 的

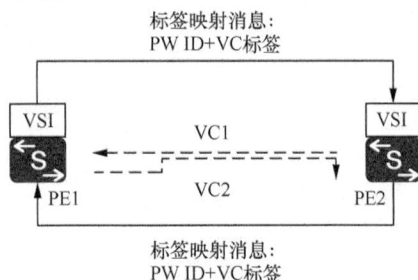

图 8-6　利用 LDP 建立 PW 的过程

标签映射消息后作同样的检查和处理，最终也成
功建立 VC2。

2. PW 的拆除流程

利用 LDP 拆除 PW 的过程如图 8-7 所示，
具体说明如下。

① 当 PE1 取消指定 PE2 为其对端后，PE1
会向 PE2 发送标签撤除消息（Label Withdrawal

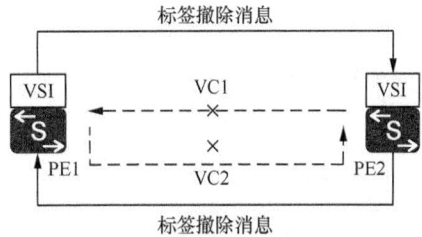

图 8-7　利用 LDP 拆除 PW 的过程

Message），PE2 收到该消息后拆除 VC1，并向 PE1 回应标签释放消息（Label Release
Message）。

② PE1 收到标签释放消息后，释放标签并拆除 VC2。

8.2.3　BGP 方式的 VPLS 工作原理

BGP 方式的 VPLS 也称 Kompella 方式 VPLS，采用动态发现机制的实现成员发现，
使用 BGP 作为信令协议分配私网 VC 标签。这种方式利用 MP-BGP 传递 VPLS 成员信息，
其中 MP-REACH 和 MP-UNREACH 属性传递 VPLS 的标签信息，接口参数信息在扩展
团体属性中传递，VPN 成员关系靠 RD 和 VPN Target 来确定，RD 和 VPN Target 都在扩
展团体属性中传递。

1. PW 的建立流程

在 VPLS 中，利用 BGP 建立 PW 的过程如图 8-8 所示，具体说明如下。

① 当 PE1 和 VSI 关联并指定 PE2 为其对端后，此时如果 PE1 和 PE2 之间的 BGP
会话已经建立，PE1 则向 PE2 发送携带 MP-REACH 属性的 Update 消息，包括本端 Site
ID 和为到达本端 PE 的 VC 分配的标签块信息。

② PE2 收到该 Update 消息后，根据自己的 Site ID 和报文中的标签块，计算出唯一
的一个标签值，作为从 PE2 到 PE1 的 VC 连接 VC 标签，此时单向 VC1 建立成功。同时，
PE2 根据报文中携带的 Site ID 和本地标签块，也可以得到 PE1 到 PE2 的 VC 连接的 VC
标签值，并向 PE1 发送 Update 消息，PE1 收到 PE2 的 Update 消息后作同样的检查和处
理，最终也成功建立 VC2。

2. PW 的拆除流程

在 VPLS 中，利用 BGP 拆除 PW 的过程如图 8-9 所示，具体说明如下。

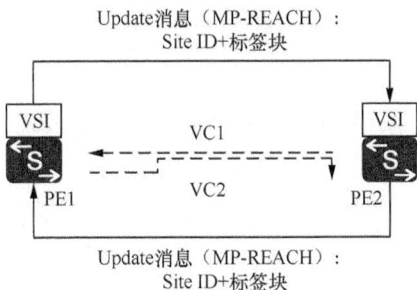

图 8-8　利用 BGP 建立 PW 的过程

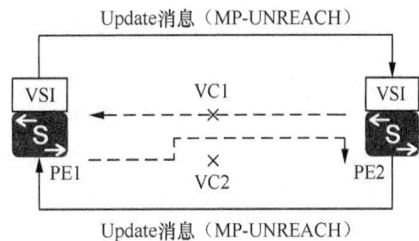

图 8-9　利用 BGP 拆除 PW 的过程

① 当 PE1 取消指定 PE2 为其对端后，PE1 向 PE2 发送携带 MP-UNREACH 属性的

Update 消息，PE2 收到该消息后释放标签并拆除 VC1，同时向 PE1 回应携带 MP-UNREACH 属性的 Update 消息。

② PE1 收到标签释放消息后，释放标签并拆除 VC2。

8.2.4　BGP AD 方式的 VPLS 工作原理

随着 VPLS 技术的广泛应用，VPLS 的组网规模越来越大，网络部署的配置量也越来越大。为了实现简化网络配置、自动部署业务、降低运营成本的实际需求，引入了 BGP AD VPLS 技术。

边界网关协议自动发现方式的 VPLS（Border Gateway Protocol Auto-Discovery VPLS，BGP AD VPLS），是一种自动部署 VPLS 网络的新技术。BGP AD VPLS 是结合了 Kompella VPLS 和 Martini VPLS 两种类型的 VPLS 信令的优势而提出来的，首先通过扩展的 BGP Update 消息来自动发现 VPLS 域中的其他成员信息，然后通过 LDP FEC 129 信令报文完成本地 VSI 与远端 VSI 之间自动协商建立 VPLS PW，实现 VPLS PW 业务的自动部署。

通过 VPLS 成员自动发现和 VPLS PW 自动部署，减少了部署 VPLS 网络的配置工作量，实现了业务自动部署，降低了用户的运营成本。此外，BGP AD 也支持分级虚拟专用局域网服务（Hierarchical Virtual Private LAN Service，HVPLS），可以通过关闭水平分割功能，使该对等体在 HVPLS 网络中属于用户端。

BGP AD 方式 VPLS 的基本概念见表 8-11。

表 8-11　BGP AD 方式 VPLS 的基本概念

缩略语	英文全称	说明
VPLS ID	Virtual Private LAN Service ID	每个 VPLS 域的标识符
AGI	Attachment Group Identifier	相同 VPLS 域中不同 VSI 间用于协商的域标识符
AII	Attachment Individual Identifier	相同 VPLS 域中不同 VSI 间用于协商的 VSI 标识符
SAII	Source Attachment Individual Identifier	BGP-AD 方式 VSI 中进行 PW 协商时，携带的源附属 ID，即为 PW 信令协商时所使用的本端 IP 地址。当 PE 间非直连时，必须是本端 PE 的一个 Loopback 接口的 IP 地址
TAII	Target Attachment Individual Identifier	BGP-AD 方式 VSI 中进行 PW 协商时，携带的目的附属 ID，即为 PW 信令协商时所使用对端 IP 地址。当 PE 间直连时，必须是对端 PE 的一个 Loopback 接口的 IP 地址
FEC 129	Forwording Equivalence Class 129	LDP 信令中新增的一个转发等价类（FEC）的类型

1. VPLS 成员发现阶段

VPLS 成员发现是建立 PW 的第一阶段，使用 BGP 时，VPLS 成员发现的交互过程示意如图 8-10 所示，具体描述如下。

① 当在 PE1、PE2 上完成 VPLS ID、RD、RT（Router-Target）、VSI-ID 等参数的配置后，会将这些信息封装到 BGP 的 Update 消息中作为 BGP AD 报文，向 BGP 域内所有对端 PE 发送。

【说明】在 BGP AD 方式 VPLS 中，RD 默认使用 VPLS ID 值，所以可只需配置 VPLS ID 即可。VSI ID 为本端的 LSR ID，所以也不需要手动配置。

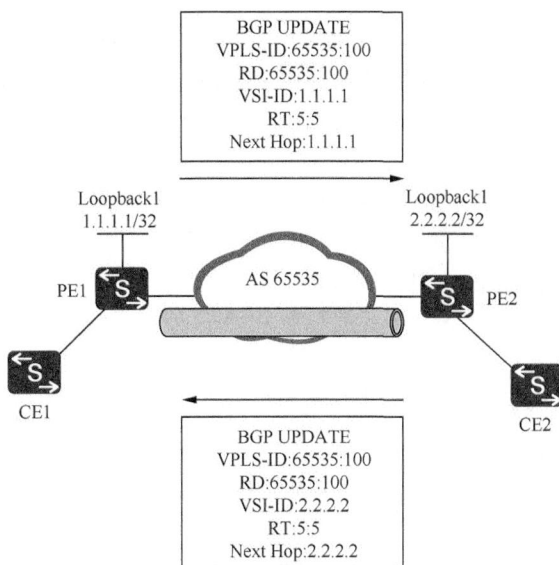

图 8-10　VPLS 成员发现的交互过程示意

② 在 PE 接收到远端发送过来的 Update 报文后，会根据配置的 RT 策略对收到的 BGP AD 报文进行过滤。对于符合 RT 策略的 BGP AD 报文，PE 设备会从报文中获取远端 VSI 的信息，并将这些远端信息与本地配置生成的信息进行比较。

③ 如果两端设备的 VSI 中的 VPLS ID 相同，则说明两个 VSI 属于同一个 VPLS 域，可以协商建立 PW，而且这两个 VSI 之间只能建立一条 PW。如果两端设备的 VSI 中的 VPLS ID 不同时，说明这两个 VSI 分属不同的 VPLS 域，则不能建立 PW。

2. VPLS PW 自动部署阶段

当完成 VPLS 成员发现后，则通过 LDP FEC 129 信令协商建立 PW，VPLS PW 自动部署过程示意如图 8-11 所示，具体描述如下。

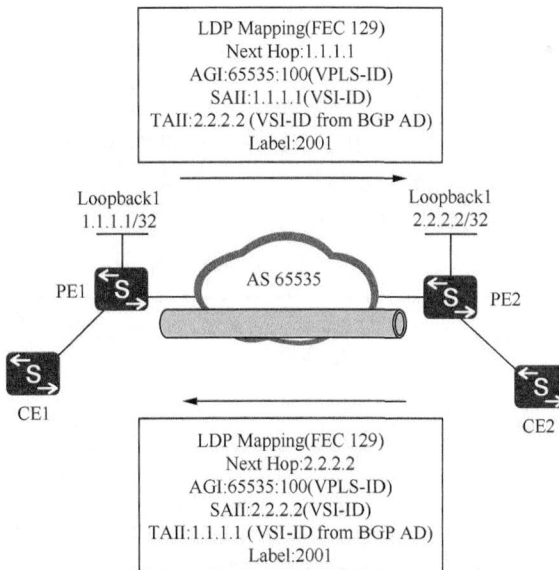

图 8-11　VPLS PW 自动部署过程示意

① 当两个 PE 上的 VSI 属于相同 VPLS 域时，会根据到远端（BGP AD 报文中的 Next Hop 参数值）的 LDP 会话状态相互发起 LDP Mapping（FEC 129）信令，其中携带 AGI、SAII、TAII 和标签等信息。

② PE 接收到远端的 LDP Mapping 信令后，解析获取其中的 VPLS ID、PW Type（封装模式）、MTU、TAII 等信息，将这些信息与本地 VSI 的这些参数进行比较，如果 VPLS ID、PW Type 和 MTU 参数一致，TAII 信息为本端 PE 的 IP 地址，并且满足建立 PW 的条件时，以 LDP Mapping 信令中的 SAII 信息为目的地址创建到对端的 PW。

8.3　Martini 方式 VPLS 配置与管理

Martini 方式的 VPLS 是利用 LDP 作为信令协议进行 VC 标签分配的，然后把 VSI 与对应的 AC 接口绑定，所以需要在 PW 两端的 PE 上分别进行如下配置。

（1）创建 VSI 并配置 LDP 信令。
（2）配置 VSI 与 AC 接口的绑定。
但在配置 Martini 方式的 VPLS 之前，需要完成以下任务。
- PE 和 P 上配置 LSR ID，使能 MPLS。
- 在 PE 上使能 MPLS L2VPN。
- PE 间建立传输数据所使用的隧道。
- 如果 PE 之间非直连，则需要建立远端 LDP 会话。

8.3.1　创建 VSI 并配置 LDP 信令

当使用 LDP 作为 PW 信令时，必须配置 VSI ID 后 VSI 才会生效。VSI ID 可用于区分不同的 VSI，在 PW 信令协商阶段使用。创建 VSI 并配置 LDP 信令的步骤见表 8-12，需要在 PW 两端的 PE 上分别配置。

【说明】当两个 PE 设备建立 LDP 方式的 PW，而一端是华为公司的设备，另一端是其他厂商的设备时，如果其他厂商的设备不具备处理 L2VPN 标签请求（L2VPN Label Request）信令的能力，则需要配置 **mpls l2vpn no-request-message** 命令，禁止华为公司的设备向特定远端设备发送 L2VPN Label Request 信令的功能。该命令实现华为的设备与其他厂商的设备互通，其他情况不要配置该命令。

表 8-12　创建 VSI 并配置 LDP 信令的步骤

步骤	命令	说明
1	**system-view**	进入系统视图
2	**mpls l2vpn** 例如，[HUAWEI] **mpls l2vpn**	使能 MPLS L2VPN 功能
3	**quit**	返回系统视频
4	**vsi** *vsi-name* **static** 例如，[HUAWEI] **vsi** company1 **static**	创建 VSI，使用静态成员发现机制。参数 *vsi-name* 用来指定所创建的 VSI 实例的名称，字符串形式，不支持空格，区分大小写，取值范围为 1~31。当输入的字符串两端使用双引号时，可在字符串中输入空格。**同一设备上不同 VSI 的名称不能重复**

续表

步骤	命令	说明
4	**vsi** *vsi-name* **static** 例如，[HUAWEI] **vsi** company1 **static**	【注意】每一个 VPLS 域都有一个 VSI。同一个 VPLS 域内。 • 不同 PE 设备的 VSI 名称可以相同，也可以不同，但建议相同。就像在本书前面介绍的 BGP/MPLS IP VPN 方案中同一 VPN 中各 PE 上配置的 VPN 实例名可以相同，也可以不同一样。 • 一个 PE 设备的一个 VSI 下只能配置唯一 VSI ID 或 VPLS ID。 • 一个 PE 设备的一个 VSI 下可以指定多个对等体。 • 为 VSI 指定成员发现方式后不可更改。如果需要更改，VSI 的成员发现方式，需删除该实例，重新创建实例后再指定成员发现方式。 缺省情况下，没有创建 VSI，可用 **undo vsi** *vsi-name* 命令删除指定的 VSI，但删除 VSI 后，对应的 VPLS 流量将中断
5	**pwsignal ldp** 例如，[HUAWEI-vsi-company1] **pwsignal ldp**	配置以上 VSI 的 PW 信令协议为 LDP，并进入 VSI-LDP 视图。如果 VSI 的成员发现方式配置为静态方式时，信令方式必须为 LDP。 【注意】VSI 的信令方式配置成功后，不可以更改。如果更改，必须先删除该 VSI 再创建一个新的 VSI。 缺省情况下，没有配置 VSI 的信令方式
6	**vsi-id** *vsi-id* 例如，[HUAWEI-vsi-company1-ldp] **vsi-id** 10	配置以上 VSI 的标识符 VSI ID。参数 *vsi-id* 用于标识一个具体的 VSI，整数形式，取值范围为 1～4294967295。 【注意】在 Maritini 方式 VPLS 中，配置 VSI ID 时要注意以下 4 个方面： • 尽管两端的 VSI 名称可以不同，但同一 VSI 两端的 VSI ID 的值必须一致，否则 VSI 无法建立成功。 • 任何两个 VSI 的 VSI ID 不能相同。 • 同一个 VPLS 域内所有设备的 VSI ID 应配置为相同。 • 一个 VSI 的 ID 配置成功后，不可以更改。如果修改 VSI ID，必须先删除该 VSI，再创建一个 VSI 后，重新配置 VSI ID。 缺省情况下，Martini 方式 VPLS 中没有配置 VSI ID
7	**peer** *peer-address* [**negotiation-vc-id** *vc-id*] [**tnl-policy** *policy-name*] [**upe**] 例如，[HUAWEI-vsi-company1-ldp] **peer** 10.3.3.3 **negotiation-vc-id** 10	配置以上 VSI 的对等体。**本端有多个对等体时需要多次执行本命令分别配置。** • *peer-address*：指定对等体的 IPv4 地址，通常指定为对端 PE 作为 LSR ID 的 Loopback 接口 IP 地址。 • **negotiation-vc-id** *vc-id*：可选参数，指定 VC ID，十进制整数形式，取值范围为 1～4294967295。不能与本端其他 VSI 配置的 VSI ID 相同，本端不同 VSI 到同一个 Peer 的 **negotiate-vc-id** 指定的 VC ID 也不能相同。**一般仅在两端 VSI ID 不同，但要求互通的情况才需要配置。** • **tnl-policy** *policy-name*：可选参数，指定用于该对等体的隧道策略名称，仅需要采用 MPLS TE 隧道，或要部署多隧道负载均衡时才需要配置，具体的隧道策略配置方法参见 4.6 节

续表

步骤	命令	说明
7	peer *peer-address* [negotiation-vc-id *vc-id*] [tnl-policy *policy-name*] [upe] 例如，[HUAWEI-vsi-company1-ldp] peer 10.3.3.3 negotiation-vc-id 10	• upe：可选项，用于标识该对等体是否使用用户端的 PE，该参数适用于 HVPLS 应用场景。 缺省情况下，VSI 没有配置对等体，可用 undo peer *peer-address* [negotiation-vc-id *vc-id*] 命令删除指定 VSI 中的指定对等体
8	peer *peer-address* [negotiation-vc-id *vc-id*] pw *pw-name* 例如，[HUAWEI-vsi-company1-ldp] peer 10.1.1.1 pw pw1	创建到达指定对等体的 PW，并进入 VSI-LDP-PW 视图。命令中的 *peer-address* 和 negotiation-vc-id *vc-id* 参数与本表第 7 步的一样，参见即可。参数 *pw-name* 用来指定所创建的 PW 的名称，字符串形式，不支持空格，区分大小写，取值范围为 1～15。当输入的字符串两端使用双引号时，可在字符串中输入空格。PW 名称要求在同一 VSI 下唯一，在不同 VSI 下 PW 名称可以相同。 缺省情况下，没有创建 PW，可用 undo peer *peer-address* [negotiation-vc-id *vc-id*] pw 命令删除指定的 PW。但如果指定的 negotiation-vc-id *vc-id* 参数与使用 vsi-id 命令配置的 *vsi-id* 不同，那么使用 undo peer pw 命令删除该 PW 时，仍需携带参数 negotiation-vc-id *vc-id*，否则将无法删除该 PW
9	undo interface-parameter-type vccv 例如，[HUAWEI-vsi-company1-ldp] undo interface-parameter-type vccv	（可选）删除 mapping 报文中携带接口参数中的 vccv 字节。 缺省情况下，mapping 报文中携带接口参数中的 vccv 字节，可用 interface-parameter-type vccv 命令恢复缺省情况
10	quit	退回 VSI-LDP 视图
11	quit	返回 VSI 视图
12	encapsulation { ethernet | vlan } 例如，[HUAWEI-vsi-company1] encapsulation vlan	（可选）配置指定 VSI 的 AC 接口的封装形式。 • ethernet：二选一选项，指定 AC 接口为 Ethernet 封装方式。当使用 QinQ 终结子接口或者 Dot1q 终结子接口绑定 VSI 作为 AC 接口时，VPLS 的封装方式不支持配置为 Ethernet。 • vlan：二选一选项，指定 AC 接口为 VLAN 封装方式。 缺省情况下，接口的封装类型为 VLAN，可用 undo encapsulation ethernet 命令恢复缺省封装方式
13	mtu *mtu-value* 例如，[HUAWEI-vsi-company1] mtu 1600	（可选）整数形式，取值范围为 328～65535。 当接口绑定 VSI 后，在接口视图下可以配置 MTU，但是不生效。PW 信令以 VSI 视图下配置的 MTU 作为参数与 PW MTU 协商。此 MTU 值的配置只用于信令协商，不能用于限制转发报文的大小，需要保证在不同 PE 上为同一 VPLS 创建的 VSI 使用相同 MTU。 缺省情况下，VSI 实例的 MTU 值为 1500 字节

8.3.2　配置 VSI 与 AC 接口的绑定

根据 PE 与 CE 之间的链路类型，VSI 与 AC 接口的绑定操作有以下 5 种情形（AR G3 系列路由器仅支持最前面的两种情形）。

• 绑定 VSI 到物理以太网接口：用于 PE 通过物理以太网接口与 CE 连接的情况。

- 绑定 VSI 到以太网子接口：用于 PE 通过以太网子接口与 CE 连接的情况。子接口的类型可以是 Dotlq 子接口、QinQ 子接口、VLAN mapping 子接口或者 VLAN stacking 子接口。
- 绑定 VSI 到 VLANIF 接口：用于 PE 通过 VLANIF 接口与 CE 连接的情况。
- 绑定 VSI 到 Eth-Trunk 接口：用于 PE 通过 Eth-Trunk 接口与 CE 连接的情况。
- 绑定 VSI 到 Eth-Trunk 子接口：用于 PE 通过 Eth-Trunk 子接口与 CE 连接的情况。子接口的类型也可以是 Dotlq 子接口、QinQ 子接口、VLAN mapping 子接口或者 VLAN stacking 子接口。

【说明】当使用物理以太网接口、Eth-trunk 接口作为 AC 接口时，不能包含子接口，默认 AC 上送 PW 的报文中携带的外层 VLAN 标签为 U-Tag（该标签是被用户的设备插入，对 SP 无意义）。而当使用子接口或者 VLANIF 接口作为 AC 接口时，默认 AC 上送 PW 的报文中携带的外层 VLAN 标签为 P-Tag（该标签是被业务提供商的设备插入，通常用于区分用户的流量）。

有关子接口接入 L2VPN 的配置方法参见 5.2 节。

1. 绑定 VSI 到以太网接口

若 AC 接口为以太网接口，绑定 VSI 到以太网接口的配置步骤见表 8-13。

表 8-13　绑定 VSI 到以太网接口的配置步骤

步骤	命令	说明
1	**system-view**	进入系统视图
2	**interface** *interface-type interface-number* 例如，[HUAWEI] **interface** gigabitethernet 1/0/2	进入作为 AC 接口的以太网接口的接口视图
3	**undo portswitch** 例如，[HUAWEI-GigabitEthernet1/0/2] **undo portswitch**	配置将以太网接口从二层模式切换为三层模式。 【说明】当使用交换机的物理以太网接口、**Eth-Trunk** 接口作为 PE 的 AC 接口时，需要使用本命令将二层口切换为三层口。执行本命令将接口转换为三层模式后，该接口并不会立即退出 VLAN1，只有当三层协议 UP 后，接口才会退出 VLAN1，但作为 AC 接口的三层以太网接口不需要配置 IP 地址。 S 系列以太网交换机中缺省情况，以太网接口工作在二层模式
4	S 系列交换机：**mpls l2vpn default vlan** *vlan-id* AR G3 系列路由器：**mpls l2vpn default vlan** 例如，[HUAWEI-GigabitEthernet1/0/2] **mpls l2vpn default vlan**	（可选）配置接口的缺省 VLAN（在 S 系列交换机中），或强制指定缺省 VLAN 为 VLAN 0（在 AR G3 系列路由器中）。在满足以下条件的使用场景中需要使用本命令配置接口缺省 VLAN。 • 两端 PE 均配置 VLAN 封装方式的 VSI。 • 对端 PE 设备的配置只允许接收携带 VLAN 标签的报文。 • 本端 PE 以物理以太网接口作为 AC 接口接入 PC。在该场景中，PC 发送和接收的报文均不携带 VLAN 标签，配置接口缺省 VLAN 后，本端 PE 做以下处理

续表

步骤	命令	说明
4	S 系列交换机：**mpls l2vpn default vlan** *vlan-id* AR G3 系列路由器：**mpls l2vpn default vlan** 例如，[HUAWEI-GigabitEthernet1/0/2] **mpls l2vpn default vlan**	➤ PC 上送的报文，本端 PE 为报文添加一层 VLAN 标签，该 VLAN 标签封装在用户报文中，透传至对端 PE 设备。 ➤ 对端 PE 设备发送到本端的报文，本端 PE 删除 VLAN 标签后，通过 AC 接口转发至 PC。 在 S 系列交换机中，如果对端 PE 设备支持在终结 PW 时将报文中携带的 VLAN 标签替换为 AC 侧的出接口所加入的 VLAN 对应的 VLAN 标签，本端 PE 上主接口的缺省 VLAN 可以配置为任意 VLAN。否则，主接口的缺省 VLAN 必须与对端 PE 设备 AC 侧出口 VLAN 一致。 缺省情况下，没有配置接口的缺省 VLAN，可用 **undo mpls l2vpn default vlan** 命令删除接口的缺省 VLAN
5	**l2 binding vsi** *vsi-name* 例如，[HUAWEI-GigabitEthernet1/0/2] **l2 binding vsi** company2	将以太网接口与指定的 VSI 绑定。参数 *vsi-name* 用来指定与接口绑定的 VSI 名称，必须已创建好。 【注意】如果对端 PE 设备的配置只允许接收携带 VLAN 标签的报文，则本端的以太网接口与 VSI 绑定之前，需要执行 **mpls l2vpn default vlan** 命令配置主接口的缺省 VLAN。 如果对端 PE 设备的配置需要接收多增加一层 VLAN 标签的报文，则本端的以太网接口与 VSI 绑定之前，需要执行 **mpls l2vpn vlan-stacking stack-vlan** *vlan-id* 命令配置主接口的 stack VLAN。 缺省情况下，接口没有与任何 VSI 绑定，可用 **undo l2 binding vsi** *vsi-name* 命令删除接口与指定 VSI 的绑定

2. 绑定 VSI 到以太网子接口

若 AC 接口为以太网子接口，绑定 VSI 与以太网子接口的配置步骤见表 8-14。

表 8-14 绑定 VSI 到以太网子接口的配置步骤

步骤	命令	说明
1	**system-view**	进入系统视图
2	**interface** *interface-type interface-number* 例如，[HUAWEI] **interface** gigabitethernet 1/0/1	进入以太网接口的接口视图
3	**port link-type** { **hybrid** | **trunk** } 例如，[HUAWEI-GigabitEthernet1/0/1] **port link-type trunk**	（可选）配置端口类型，仅 S 系列交换机需要配置，且仅 hybrid 和 trunk 类型接口支持配置子接口
4	**quit**	退出接口视图
5	**interface** *interface-type interface-number.subinterface-number* 例如，[HUAWEI] **interface** gigabitethernet 1/0/1.1	进入作为 AC 接口的以太网子接口的接口视图

续表

步骤	命令	说明
6	**dot1q termination vid** *low-pe-vid* 例如，[HUAWEI-GigabitEthernet1/0/1.1] **dot1q termination vid** 100	（多选一）配置子接口 **dot1q** 封装的单层 VLAN ID，也即配置子接口对单层 VLAN ID 的终结功能。参数和其他说明参见 5.2.1 节表 5-3 的第 6 步
	qinq termination pe-vid *pe-vid* **ce-vid** *ce-vid1* [**to** *ce-vid2*] 例如，[HUAWEI-GigabitEthernet1/0/1.1] **qinq termination pe-vid** 100 **ce-vid** 200	（多选一）配置子接口 **qinq** 封装的双层 VLAN ID，也即配置子接口对两层 Tag 报文的终结功能。参数和其他说明参见 5.2.2 节表 5-5 的第 6 步
	qinq mapping vid *vlan-id1* [**to** *vlan-id2*] **map-vlan vid** *vlan-id3* 例如，[HUAWEI-GigabitEthernet1/0/1.1] **qinq mapping vid** 100 **map-vlan vid** 200	（多选一）配置子接口的单层 VLAN Mapping 功能，对用户侧上送的报文进行映射操作，将用户报文中携带的 VLAN 标签替换为指定的 VLAN 标签后再接入公网。参数和其他说明参见 5.2.3 节表 5-9 的第 6 步
	qinq mapping pe-vid *vlan-id1* **ce-vid** *vlan-id2* [**to** *vlan-id3*] **map-vlan vid** *vlan-id4* 例如，[HUAWEI-GigabitEthernet1/0/1.1] **qinq mapping pe-vid** 10 **ce-vid** 20 **map-vlan vid** 30	（多选一）配置子接口的双层 VLAN Mapping 功能，替换带有双层标签的报文中的外层 VLAN 标签。参数和其他说明参见 5.2.3 节表 5-9 的第 6 步
	qinq stacking vid *vlan-id1* [**to** *vlan-id2*] **pe-vid** *vlan-id3* 例如，[HUAWEI-GigabitEthernet1/0/1.1] **qinq stacking vid** 10 **to** 13 **pe-vid** 100	（多选一）配置子接口的 VLAN Stacking 功能，即在原单层 VLAN 标签报文中添加一个外层 VLAN 标签，实现双层 VLAN 标签封装。参数和其他说明参见 5.2.4 节表 5-10 的第 6 步
7	S 系列交换机：**mpls l2vpn default vlan** *vlan-id* AR G3 系列路由器：**mpls l2vpn default vlan** 例如，[HUAWEI-GigabitEthernet1/0/2] **mpls l2vpn default vlan**	（可选）配置接口的缺省 VLAN（在 S 系列交换机中），或强制指定缺省 VLAN 为 VLAN 0（在 AR G3 系列路由器中）
8	**l2 binding vsi** *vsi-name* 例如，[HUAWEI-Ethernet1/0/0.1] **l2 binding vsi** company1	将以上以太网子接口与 VSI 绑定。参数 *vsi-name* 用来指定与接口绑定的 VSI 的名称，必须已创建好。 【注意】当子接口配置了与 VSI 的绑定关系时，必须先删除子接口和 VSI 的绑定关系，再删除子接口。当 VSI 的封装格式为 Ethernet 时，设备不支持子接口绑定到该 VSI 实例。 缺省情况下，接口没有与任何 VSI 绑定，可用 **undo l2 binding vsi** *vsi-name* 命令删除接口到 VSI 的绑定

【说明】在子接口下配置表 8-14 中两个 **qinq mapping vid** *vlan-id1* [**to** *vlan-id2*] **map-vlan vid** *vlan-id3*、**qinq mapping pe-vid** *vlan-id1* **ce-vid** *vlan-id2* [**to** *vlan-id3*] **map-vlan vid** *vlan-id4* 命令类似于在主接口下配置用于替换带有双层 Tag 的报文的外层 VLAN 标签或者同时替换两层 VLAN 标签的 **port vlan-mapping vlan** *vlan-id1* **inner-vlan** *vlan-id2* **map-vlan** *vlan-id4* [**map-inner-vlan** *vlan-id5*] 命令，主要区别如下。

- 在子接口上配置 QinQ Mapping 功能主要用于接入 L2VPN。

- 在主接口上配置 VLAN Mapping 功能主要用于二层城域网络互通，实现不同 VLAN 用户之间的互通。
- QinQ Mapping 功能节省了大量的物理接口。

3. 绑定 VSI 到 VLANIF 接口

若采用 VLNAIF 接口作为 AC 接口，绑定 VSI 到 VLANIF 接口的配置步骤见表8-15。

表8-15　绑定 VSI 到 VLANIF 接口的配置步骤

步骤	命令	说明
1	**system-view**	进入系统视图
2	**interface vlanif** *vlan-id* 例如，[HUAWEI] **interface vlanif** 10	进入作为 AC 接口的 VLANIF 接口的接口视图
3	**l2 binding vsi** *vsi-name* 例如，[HUAWEI-Vlanif10] **l2 binding vsi** company1	将以上 VLANIF 接口与 VSI 绑定。参数 *vsi-name* 用来指定用于与 VLANIF 接口绑定的 VSI 的名称，必须已创建好。 【注意】如果 VLAN 下已经配置 IGMP Snooping 或者 MLD Snooping，该 VLAN 对应的 VLANIF 接口将不能作为 AC 接口。如果要将该接口与 VSI 绑定，需要先删除 VLAN 下的 IGMP Snooping 或者 MLD Snooping 配置。 缺省情况下，接口没有与任何 VSI 绑定，可用 **undo l2 binding vsi** *vsi-name* 命令删除接口到 VSI 的绑定

4. 绑定 VSI 到 Eth-Trunk 接口

若采用 Eth-Trunk 接口作为 AC 接口，绑定 VSI 到 Eth-Trunk 接口的配置步骤见表 8-16。

表8-16　绑定 VSI 到 Eth-Trunk 接口的配置步骤

步骤	命令	说明
1	**system-view**	进入系统视图
2	**interface eth-trunk** *trunk-id* 例如，[HUAWEI] **interface eth-trunk** 2	创建 Eth-Trunk
3	**quit**	返回系统视图
4	**interface** *interface-type interface-number* 例如，[HUAWEI] **interface** gigabitethernet 1/0/1	进入要捆绑到此 Eth-Trunk 的成员接口的接口视图。 【注意】接口在加入 Eth-Trunk 时，接口的部分属性必须是缺省值，否则将无法加入。必须是缺省值的属性包括但不限于：接口的链路类型、最大广播流量百分比、最大多播流量百分比、最大未知单播流量百分比、所属 VLAN、VLAN-Mapping、VLAN-Stacking、QinQ 协议号、接口优先级、接口是否允许 BPDU 报文通过、MAC 地址学习功能、静态加入多播组、广播报文丢弃、未知多播报文丢弃和未知单播报文丢弃。而且成员接口不能配置静态 MAC 地址。同一个 Eth-Trunk 的所有成员接口的以上属性必须保持一致，不能单独修改。修改 Eth-Trunk 的以上属性，它的所有成员接口的对应属性也相应改变。Trunk 接口不能嵌套，即成员接口不能是 Eth-Trunk

续表

步骤	命令	说明
5	**eth-trunk** *trunk-id* 例如，[HUAWEI-GigabitEthernet1/0/1] **eth-trunk** 2	将当前接口加入前面已创建好的 Eth-Trunk
6	**quit**	返回系统视图
7	**interface eth-trunk** *trunk-id* 例如，[HUAWEI] **interface eth-trunk** 2	进入 Eth-Trunk 接口视图
8	**undo portswitch** 例如，[HUAWEI-Eth-Trunk2] **undo portswitch**	配置将 Eth-Trunk 接口从二层模式切换为三层模式
9	**l2 binding vsi** *vsi-name* 例如，[HUAWEI-Eth-Trunk2] **l2 binding vsi** company1	将以上 Eth-Trunk 接口与 VSI 绑定。参数 *vsi-name* 用来指定与 Eth-Trunk 接口绑定的 VSI 的名称，必须已创建好。 【注意】如果 VLAN 下已经配置 IGMP Snooping 或者 MLD Snooping，该 VLAN 对应的 VLANIF 接口将不能作为 AC 接口。如果要将该接口与 VSI 绑定，需要先删除 VLAN 下的 IGMP Snooping 或者 MLD Snooping 配置。 缺省情况下，接口没有与任何 VSI 绑定，可用 **undo l2 binding vsi** *vsi-name* 命令删除接口到 VSI 的绑定

5. 绑定 VSI 到 Eth-Trunk 子接口

若采用 Eth-Trunk 子接口作为 AC 接口，绑定 VSI 到 Eth-Trunk 子接口的配置步骤见表 8-17。VSI 与 Eth-Trunk 子接口的绑定配置与以太网子接口与 VSI 的绑定配置差不多，Eth-Trunk 子接口也可以是 dot1q、QinQ、单层 VLAN Mapping、双层 VLAN Mapping 或 VLAN Stacking 封装类型。

表 8-17   绑定 VSI 到 Eth-Trunk 子接口的配置步骤

步骤	命令	说明
1	**system-view**	进入系统视图
2	**interface eth-trunk** *trunk-id* 例如，[HUAWEI] **interface eth-trunk** 2	进入创建好的 Eth-Trunk 接口的接口视图
3	**port link-type** { **hybrid** | **trunk** } 例如，[HUAWEI-Eth-Trunk2] **port link-type trunk**	配置端口类型。仅 **hybrid** 和 **trunk** 类型接口支持配置子接口
4	**quit**	退出接口视图
5	**interface eth-trunk** *trunk-id.subnumber* 例如，[HUAWEI] **interface eth-trunk** 2.1	进入作为 AC 接口的 Eth-Trunk 子接口的接口视图
6	**dot1q termination vid** *low-pe-vid* 例如，[HUAWEI-Eth-Trunk2.1] **dot1q termination vid** 100	（多选一）配置子接口 dot1q 封装的单层 VLAN ID，也即配置子接口对单层 VLAN ID 的终结功能。其他说明参见表 8-14 中的第 6 步
	qinq termination pe-vid *pe-vid* **ce-vid** *ce-vid1* [**to** *ce-vid2*] 例如，[HUAWEI-Eth-Trunk2.1] **qinq termination pe-vid** 100 **ce-vid** 200	（多选一）配置子接口 QinQ 封装的双层 VLAN ID，也即配置子接口对两层 Tag 报文的终结功能。其他说明参见表 8-14 中的第 6 步

续表

步骤	命令	说明
6	**qinq mapping vid** *vlan-id1* [**to** *vlan-id2*] **map-vlan vid** *vlan-id3* 例如，[HUAWEI-Eth-Trunk2.1] **qinq mapping vid** 100 **map-vlan vid** 200	（多选一）配置子接口的单层 VLAN Mapping 功能，对用户侧上送的报文进行映射操作，将用户报文中携带的 VLAN 标签替换为指定的 VLAN 标签后再接入公网。其他说明参见表 8-14 中的第 6 步
	qinq mapping pe-vid *vlan-id1* **ce-vid** *vlan-id2* [**to** *vlan-id3*] **map-vlan vid** *vlan-id4* 例如，[HUAWEI-Eth-Trunk2.1] **qinq mapping pe-vid** 10 **ce-vid** 20 **map-vlan vid** 30	（多选一）配置子接口的双层 VLAN Mapping 功能，替换带有双层标签的报文中的外层 VLAN 标签。其他说明参见表 8-14 中的第 6 步
	qinq stacking vid *vlan-id1* [**to** *vlan-id2*] **pe-vid** *vlan-id3* 例如，[HUAWEI-Eth-Trunk2.1] **qinq stacking vid** 10 **to** 13 **pe-vid** 100	（多选一）配置子接口的 VLAN Stacking 功能，即在原单层 VLAN 标签报文中添加一个外层 VLAN 标签，实现双层 VLAN 标签封装。其他说明参见表 8-14 中的第 6 步
7	**l2 binding vsi** *vsi-name* 例如，[HUAWEI-Eth-Trunk2.1] **l2 binding vsi** company1	将以上以太网子接口与 VSI 绑定。其他说明参见表 8-14 中的第 7 步

8.3.3　Martini 方式 VPLS 具体配置

已经完成 Martini 方式的 VPLS 功能的所有配置后，可通过以下 **display** 命令查看相关配置，验证配置效果。

- **display vsi** [**name** *vsi-name*] [**verbose**]：查看指定或所有 VPLS 的 VSI 信息。
- **display l2vpn ccc-interface vc-type** { **all** | *vc-type* } [**down** | **up**]：查看指定或所有 L2VPN 连接使用的接口的信息。
- **display vsi remote ldp** [[**router-id** *ip-address*] [**pw-id** *pw-id*] | **unmatch** | **verbose**]：查看指定或所有远程 VSI 实例的信息。
- **display vpls connection** [**ldp** | **vsi** *vsi-name*] [**down** | **up**] [**verbose**]：查看指定或所有 VPLS 连接信息。
- **display vpls forwarding-info** [**vsi** *vsi-name* [**peer** *peer-address* [**negotiation-vc-id** *vc-id* | **remote-site** *site-id*]] | **state** { **up** | **down** }] [**verbose**]：查看指定或所有 VSI 的转发信息。
- **display vsi services** { **all** | *vsi-name* | **interface** *interface-type interface-number* | **vlan** *vlan-id* }：查看与所有或指定 VSI 相关联的 AC 接口信息。
- **display vsi pw out-interface** [**vsi** *vsi-name*]：查看指定或所有 VSI PW 的出接口信息。
- **display l2vpn vsi-list tunnel-policy** *policy-name*：查看 VSI 引用的隧道策略信息。
- **ping vpn-config peer-address** *peer-address* **vsi-name** *vsi-name* [**pw-id** *pw-id*] [**local**] [**remote**]：查看对端 PE 的 VSI 配置信息。
- **display mpls label-stack vpls vsi** *vsi-name* **peer** *peer-ip-address* **vc-id** *vc-id*：查看 VPLS 场景下的标签栈信息。

8.3.4　以 VLANIF 接口作为 AC 接口的 Martini 方式 VPLS 配置示例

以 VLANIF 接口为 AC 接口 Martini 方式 VPLS 配置示例的拓扑结构如图 8-12 所示。某企业机构自建骨干网，分支 Site 站点较少（举例中只列出 2 个站点，其余省略），分支 Site1 使用 CE1 连接 PE1 设备接入骨干网，分支 Site2 使用 CE2 连接 PE2 接入骨干网。现在 Site1 和 Site2 的用户需要进行二层业务的互通，同时要求在穿越骨干网时保留二层报文中的用户信息。

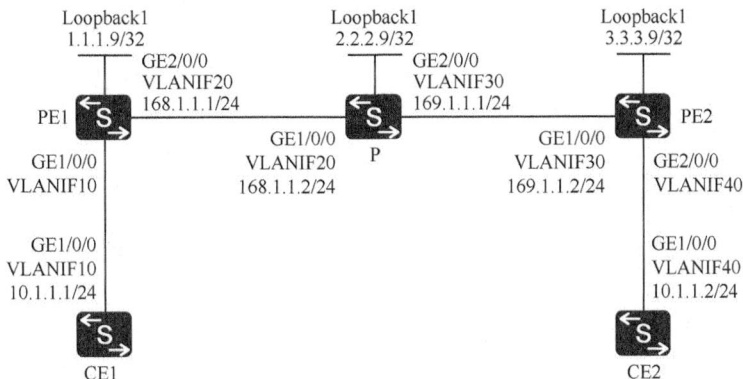

图 8-12　以 VLANIF 接口为 AC 接口 Martini 方式 VPLS 配置示例的拓扑结构

1.　基本配置思路分析

因为本示例要求在穿越骨干网时保留二层报文的用户信息（例如 VLAN 信息），还要允许多个 Site 站点有用户能够相互进行二层通信，所以需要使用 VPLS 技术在骨干网透传二层报文。本示例采用 VLANIF 接口作为 AC 接口，其基本配置思路如下。

① 在各设备上创建所需的 VLAN，把各接口加入对应的 VLAN 中，并配置各接口的 IP 地址（包括 Loopback 接口，但作为 AC 接口的 VLANIF 接口除外）和骨干网各节点的 OSPF，实现骨干网三层互通。

② 在骨干网各节点上配置 MPLS 和 LDP 功能，建立公网 LDP LSP 隧道。

③ 在两个 PE 之间建立远端 LDP 会话，交互 L2VPN 信息。

④ 在两个 PE 上使能 MPLS L2VPN，创建 VSI，指定信令为 LDP。

⑤ 在两个 PE 上将 VSI 与作为 AC 接口的对应 VLANIF 接口绑定。

2.　具体配置步骤

① 在各设备上创建所需的 VLAN，把各接口加入对应的 VLAN 中，并配置各接口 IP 地址和骨干网各节点的 OSPF，实现骨干网三层互通。

#---CE1 上的配置如下。GE1/0/0 接口允许 VLAN 10 通过。

```
<HUAWEI> system-view
[HUAWEI] sysname CE1
[CE1] vlan 10
[CE1-vlan10] quit
[CE1] interface vlanif 10
[CE1-Vlanif10] ip address 10.1.1.1 255.255.255.0
[CE1-Vlanif10] quit
[CE1] interface gigabitethernet 1/0/0
```

```
[CE1-GigabitEthernet1/0/0] port link-type trunk
[CE1-GigabitEthernet1/0/0] port trunk allow-pass vlan 10
[CE1-GigabitEthernet1/0/0] quit
```

#---CE2 上的配置如下。GE1/0/0 接口允许 VLAN 40 通过。

```
<HUAWEI> system-view
[HUAWEI] sysname CE2
[CE2] vlan 10
[CE2-vlan10] quit
[CE2] interface vlanif 10
[CE2-Vlanif10] ip address 10.1.1.2 255.255.255.0
[CE2-Vlanif10] quit
[CE2] interface gigabitethernet 1/0/0
[CE2-GigabitEthernet1/0/0] port link-type trunk
[CE2-GigabitEthernet1/0/0] port trunk allow-pass vlan 40
[CE2-GigabitEthernet1/0/0] quit
```

#---PE1 上的配置如下。

```
<HUAWEI> system-view
[HUAWEI] sysname PE1
[PE1] vlan batch 10 20
[PE1] interface vlanif 20
[PE1-Vlanif20] ip address 168.1.1.1 255.255.255.0
[PE1-Vlanif20] quit
[PE1] interface gigabitethernet 1/0/0
[PE1-GigabitEthernet1/0/0] port link-type trunk
[PE1-GigabitEthernet1/0/0] port trunk allow-pass vlan 10
[PE1-GigabitEthernet1/0/0] quit
[PE1] interface gigabitethernet 2/0/0
[PE1-GigabitEthernet2/0/0] port link-type trunk
[PE1-GigabitEthernet2/0/0] port trunk allow-pass vlan 20
[PE1-GigabitEthernet2/0/0] quit
[PE1] interface loopback 1
[PE1-LoopBack1] ip address 1.1.1.9 255.255.255.255
[PE1-LoopBack1] quit
[PE1] ospf 1
[PE1-ospf-1] area 0.0.0.0
[PE1-ospf-1-area-0.0.0.0] network 1.1.1.9 0.0.0.0
[PE1-ospf-1-area-0.0.0.0] network 168.1.1.0 0.0.0.255
[PE1-ospf-1-area-0.0.0.0] quit
[PE1-ospf-1] quit
```

【注意】避免将 PE 上 AC 侧的物理接口（例如 PE1 的 GE1/0/0）和 PW 侧的物理接口（例如 PE1 的 GE2/0/0）加入相同的 VLAN 中，否则，可能引起环路。

#---P 上的配置如下。

```
<HUAWEI> system-view
[HUAWEI] sysname P
[P] vlan batch 20 30
[P] interface vlanif 20
[P-Vlanif20] ip address 168.1.1.2 255.255.255.0
[P-Vlanif20] quit
[P] interface vlanif 30
[P-Vlanif30] ip address 169.1.1.1 255.255.255.0
[P-Vlanif30] quit
[P] interface gigabitethernet 1/0/0
[P-GigabitEthernet1/0/0] port link-type trunk
```

```
[P-GigabitEthernet1/0/0] port trunk allow-pass vlan 20
[P-GigabitEthernet1/0/0] quit
[P] interface gigabitethernet 2/0/0
[P-GigabitEthernet2/0/0] port link-type trunk
[P-GigabitEthernet2/0/0] port trunk allow-pass vlan 30
[P-GigabitEthernet2/0/0] quit
[P] interface loopback 1
[P-LoopBack1] ip address 2.2.2.9 255.255.255.255
[P-LoopBack1] quit
[P] ospf 1
[P-ospf-1] area 0.0.0.0
[P-ospf-1-area-0.0.0.0] network 2.2.2.9 0.0.0.0
[P-ospf-1-area-0.0.0.0] network 168.1.1.0 0.0.0.255
[P-ospf-1-area-0.0.0.0] network 169.1.1.0 0.0.0.255
[P-ospf-1-area-0.0.0.0] quit
[P-ospf-1] quit
```

#---PE2 上的配置如下。

```
<HUAWEI> system-view
[HUAWEI] sysname PE2
[PE2] vlan batch 30 40
[PE2] interface vlanif 30
[PE2-Vlanif30] ip address 169.1.1.2 255.255.255.0
[PE2-Vlanif30] quit
[PE2] interface gigabitethernet 1/0/0
[PE2-GigabitEthernet1/0/0] port link-type trunk
[PE2-GigabitEthernet1/0/0] port trunk allow-pass vlan 30
[PE2-GigabitEthernet1/0/0] quit
[PE2] interface gigabitethernet 2/0/0
[PE2-GigabitEthernet2/0/0] port link-type trunk
[PE2-GigabitEthernet2/0/0] port trunk allow-pass vlan 40
[PE2-GigabitEthernet2/0/0] quit
[PE2] interface loopback 1
[PE2-LoopBack1] ip address 3.3.3.9 255.255.255.255
[PE2-LoopBack1] quit
[PE2] ospf 1
[PE2-ospf-1] area 0.0.0.0
[PE2-ospf-1-area-0.0.0.0] network 3.3.3.9 0.0.0.0
[PE2-ospf-1-area-0.0.0.0] network 169.1.1.0 0.0.0.255
[PE2-ospf-1-area-0.0.0.0] quit
[PE2-ospf-1] quit
```

完成以上配置后，在骨干网各节点上执行 **display ip routing-table** 命令，可以看到各节点已学到彼此的路由。

② 在骨干网各节点上配置 MPLS 和 LDP 功能，建立公网 LDP LSP 隧道。

#---PE1 上的配置如下。

```
[PE1] mpls lsr-id 1.1.1.9
[PE1] mpls
[PE1-mpls] quit
[PE1] mpls ldp
[PE1-mpls-ldp] quit
[PE1] interface vlanif 20
[PE1-Vlanif20] mpls
[PE1-Vlanif20] mpls ldp
[PE1-Vlanif20] quit
```

\#---P 上的配置如下。

```
[P] mpls lsr-id 2.2.2.9
[P] mpls
[P-mpls] quit
[P] mpls ldp
[P-mpls-ldp] quit
[P] interface vlanif 20
[P-Vlanif20] mpls
[P-Vlanif20] mpls ldp
[P-Vlanif20] quit
[P] interface vlanif 30
[P-Vlanif30] mpls
[P-Vlanif30] mpls ldp
[P-Vlanif30] quit
```

\#---PE2 上的配置如下。

```
[PE2] mpls lsr-id 3.3.3.9
[PE2] mpls
[PE2-mpls] quit
[PE2] mpls ldp
[PE2-mpls-ldp] quit
[PE2] interface vlanif 30
[PE2-Vlanif30] mpls
[PE2-Vlanif30] mpls ldp
[PE2-Vlanif30] quit
```

③ 在两个 PE 之间建立远端 LDP 会话，交互 L2VPN 信息。

\#---PE1 上的配置如下。

```
[PE1] mpls ldp remote-peer 3.3.3.9
[PE1-mpls-ldp-remote-3.3.3.9] remote-ip 3.3.3.9
[PE1-mpls-ldp-remote-3.3.3.9] quit
```

\#---PE2 上的配置如下。

```
[PE2] mpls ldp remote-peer 1.1.1.9
[PE2-mpls-ldp-remote-1.1.1.9] remote-ip 1.1.1.9
[PE2-mpls-ldp-remote-1.1.1.9] quit
```

完成以上配置后，在骨干网各节点上执行 **display mpls ldp session** 命令，可以看到相邻节点之间已成功建立 LDP 会话；执行 **display mpls lsp** 命令，可以看到它们建立的 LSP 情况。

④ 在两个 PE 上使能 MPLS L2VPN，创建 VSI，指定信令为 LDP。VSI 名称为 a2（两端 PE 上配置的 VSI 名称可以相同，也可以不同），VSI ID 为 2（**同一 VPLS 网络中两端 PE 配置的 VSI ID 必须一致**）。

\#---PE1 上的配置如下。

```
[PE1] mpls l2vpn
[PE1-l2vpn] quit
[PE1] vsi a2 static
[PE1-vsi-a2] pwsignal ldp
[PE1-vsi-a2-ldp] vsi-id 2
[PE1-vsi-a2-ldp] peer 3.3.3.9
[PE1-vsi-a2-ldp] quit
[PE1-vsi-a2] quit
```

\#---PE2 上的配置如下。

```
[PE2] mpls l2vpn
[PE2-l2vpn] quit
```

```
[PE2] vsi a2 static
[PE2-vsi-a2] pwsignal ldp
[PE2-vsi-a2-ldp] vsi-id 2
[PE2-vsi-a2-ldp] peer 1.1.1.9
[PE2-vsi-a2-ldp] quit
[PE2-vsi-a2] quit
```

⑤ 在 PE 上配置 VSI 与作为 AC 接口的 VLANIF 接口绑定。

#---PE1 上的配置如下。

```
[PE1] interface vlanif 10
[PE1-Vlanif10] l2 binding vsi a2
[PE1-Vlanif10] quit
```

#---PE2 上的配置如下。

```
[PE2] interface vlanif 40
[PE2-Vlanif40] l2 binding vsi a2
[PE2-Vlanif40] quit
```

3. 配置结果验证

完成以上配置，并在网络稳定后，在两个 PE 上执行 **display vsi name a2 verbose** 命令，可以看到在名字为 a2 的 VSI 下建立了一条到达对端 PE 的 PW，VSI 状态为 up。在 PE1 执行该命令的输出示例如下。

```
[PE1] display vsi name a2 verbose

  ***VSI Name                 : a2
     Administrator VSI        : no
     Isolate Spoken           : disable
     VSI Index                : 0
     PW Signaling             : ldp
     Member Discovery Style : static
     PW MAC Learn Style       : unqualify
     Encapsulation Type       : vlan
     MTU                      : 1500
     Diffserv Mode            : uniform
     Mpls Exp                 : --
     DomainId                 : 255
     Domain Name              :
     Ignore AcState           : disable
     P2P VSI                  : disable
     Create Time              : 0 day, 0 hour, 1 minute, 3 second
     VSI State                : up

     VSI ID                   : 2
    *Peer Router ID           : 3.3.3.9
     Negotiation-vc-id        : 2
     primary or secondary     : primary
     ignore-standby-state     : no
     VC Label                 : 4096
     Peer Type                : dynamic
     Session                  : up
     Tunnel ID                : 0x1a
     Broadcast Tunnel ID      : 0x1a
     Broad BackupTunnel ID    : 0x0
     CKey                     : 6
     NKey                     : 5
     Stp Enable               : 0
     PwIndex                  : 0
```

```
Control Word            : disable

Interface Name          : Vlanif10
State                   : up
Access Port             : false
Last Up Time            : 2023/5/10 16:37:47
Total Up Time           : 0 day, 0 hour, 1 minute, 3 second

**PW Information:

*Peer Ip Address        : 3.3.3.9
 PW State               : up
 Local VC Label         : 4096
 Remote VC Label        : 4096
 Remote Control Word    : disable
 PW Type                : label
 Local   VCCV           : alert lsp-ping bfd
 Remote VCCV            : alert lsp-ping bfd
 Tunnel ID              : 0x1a
 Broadcast Tunnel ID    : 0x1a
 Broad BackupTunnel ID  : 0x0
 Ckey                   : 0x6
 Nkey                   : 0x5
 Main PW Token          : 0x1a
 Slave PW Token         : 0x0
 Tnl Type               : LSP
 OutInterface           : Vlanif 20
 Backup OutInterface    :
 Stp Enable             : 0
 PW Last Up Time        : 2023/5/10 16:38:47
 PW Total Up Time       : 0 day, 0 hour, 0 minute, 3 second
```

此时，在 CE1 上应能够 ping 通 CE2（10.1.1.2）了。

8.3.5　以 Dot1q 终结子接口作为 AC 接口的 Martini 方式 VPLS 配置示例

以 Dot1q 终结子接口作为 AC 接口的 Martini 方式 VPLS 配置示例的拓扑结构如图 8-13 所示，PE1 和 PE2 启动 VPLS 功能。CE1 连接 PE1 设备，CE2 连接 PE2 设备。CE1 和 CE2 属于一个 VPLS。采用 LDP 作为 VPLS 信令建立 PW，实现同时位于 VLAN10 的 CE1 与 CE2 站点中的用户二层互通。各设备上的各接口 IP 地址及所属 VLAN 配置见表 8-18。

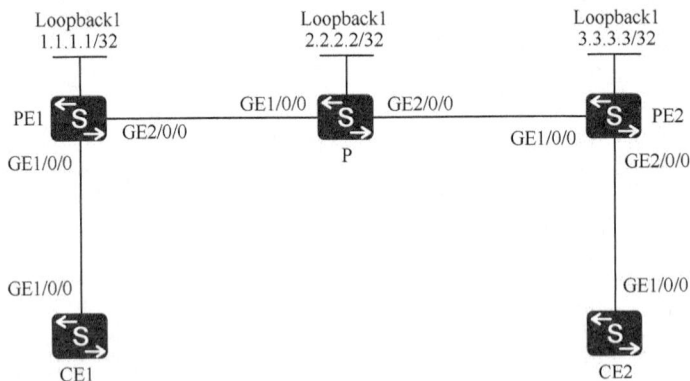

图 8-13　以 Dot1q 终结子接口作为 AC 接口的 Martini 方式 VPLS 配置示例的拓扑结构

表 8-18　各设备上的各接口 IP 地址及所属 VLAN 配置

Switch	接口	对应的三层接口	IP 地址
PE1	GigabitEthernet1/0/0	GigabitEthernet1/0/0.1	—
	GigabitEthernet2/0/0	VLANIF20	4.4.4.4/24
	Loopback1	—	1.1.1.1/32
PE2	GigabitEthernet1/0/0	VLANIF30	5.5.5.5/24
	GigabitEthernet2/0/0	GigabitEthernet2/0/0.1	—
	Loopback1	—	3.3.3.3/32
P	GigabitEthernet1/0/0	VLANIF20	4.4.4.5/24
	GigabitEthernet2/0/0	VLANIF30	5.5.5.4/24
	Loopback1	—	2.2.2.2/32
CE1	GigabitEthernet1/0/0	VLANIF10	10.1.1.1/24
CE2	GigabitEthernet1/0/0	VLANIF10	10.1.1.2/24

1. 基本配置思路分析

本示例要采用 Dot1q 终结子接口作为 PE 的 AC 接口，而 Dot1q 终结子接口在进行 VLAN 终结时，接收的报文中必须带有所终结的一层 VLAN 标签，即从 CE 发送 PE 的报文中必须带有上一层由子接口终结的 VLAN 标签。

另外，本示例要求所采用的信令协议为 LDP，因此，配置的是 Matini 方式 VPLS，根据前面介绍的 Matini 方式 VPLS 配置，可得出本示例的以下基本配置思路。

① 在各设备上创建所需的 VLAN，将各接口加入对应的 VLAN，并配置各接口 IP 地址（包括 Loopback 接口，但作为 AC 接口的以太网子接口除外）。需要注意的是，要确保 CE 发送给 PE 的报文中携带一层所连 PE 的 Dot1q 终结子接口所终结的 VLAN 标签。

② 在骨干网各节点上配置 OSPF，实现骨干网三层互通。

③ 在骨干网各节点上配置基本 MPLS 和 LDP 功能，建立公网 LDP LSP 隧道。

④ 配置两个 PE 间的远端 LDP 会话，交互 L2VPN 信息。

⑤ 在两个 PE 上使能 MPLS L2VPN，并创建 VSI，指定信令为 LDP。

⑥ 在两个 PE 连接 CE 的接口上配置 Dot1q 子接口接入 VPLS。

2. 具体配置步骤

① 在各设备上创建所需的 VLAN，把各接口加入对应的 VLAN 中，并配置各接口的 IP 地址（包括 Loopback 接口，但作为 AC 接口的以太网子接口除外）。

要求 CE 发送给 PE 的报文带有一层 VLAN 标签，这层 VLAN 标签不要与本端 PW 侧的物理接口加入相同的 VLAN，否则，可能引起环路。在此假设，CE 发送给 PE 的报文中携带 VLAN10 的标签（**注意：两端 CE 所发送的报文携带的 VLAN 标签可以相同，也可以不同**）。经一端 PE 上的 Dot1q 终结子接口终结后，报文不带 VLAN 标签，然后在 PW 上传输，到达对端 PE 的 Dot1q 终结子接口又会打上该子接口终结的 VLAN 的标签，将其发给目的用户。

#---CE1 上的配置如下。

```
<HUAWEI> system-view
[HUAWEI] sysname CE1
[CE1] vlan batch 10
[CE1] interface gigabitethernet 1/0/0
```

```
[CE1-GigabitEthernet1/0/0] port link-type trunk
[CE1-GigabitEthernet1/0/0] port trunk allow-pass vlan 10
[CE1-GigabitEthernet1/0/0] quit
[CE1] interface vlanif 10
[CE1-Vlanif10] ip address 10.1.1.1 24
[CE1-Vlanif10] quit
```

#---CE2 上的配置如下。

```
<HUAWEI> system-view
[HUAWEI] sysname CE2
[CE2] vlan batch 10
[CE2] interface gigabitethernet 1/0/0
[CE2-GigabitEthernet1/0/0] port link-type trunk
[CE2-GigabitEthernet1/0/0] port trunk allow-pass vlan 10
[CE2-GigabitEthernet1/0/0] quit
[CE2] interface vlanif 10
[CE2-Vlanif10] ip address 10.1.1.2 24
[CE2-Vlanif10] quit
```

#---PE1 上的配置如下。GE2/0/0 也可以是 Hybrid 类型的端口，但要确保带上对应的 VLAN 标签可以发送报文。

```
<HUAWEI> system-view
[HUAWEI] sysname PE1
[PE1] vlan batch 20
[PE1] interface gigabitethernet 2/0/0
[PE1-GigabitEthernet2/0/0] port link-type hybrid
[PE1-GigabitEthernet2/0/0] port hybrid tagged vlan 20
[PE1-GigabitEthernet2/0/0] quit
[PE1] interface vlanif 20
[PE1-Vlanif20] ip address 4.4.4.4 24
[PE1-Vlanif20] quit
```

#---P 上的配置如下。GE1/0/0 和 GE2/0/0 也可以是 Hybrid 类型的端口，但要确保带上对应的 VLAN 标签可以发送报文。

```
<HUAWEI> system-view
[HUAWEI] sysname P
[P] vlan batch 20 30
[P] interface gigabitethernet 1/0/0
[P-GigabitEthernet1/0/0] port link-type hybrid
[P-GigabitEthernet1/0/0] port hybrid tagged vlan 20
[P-GigabitEthernet1/0/0] quit
[P] interface gigabitethernet 2/0/0
[P-GigabitEthernet2/0/0] port link-type hybrid
[P-GigabitEthernet2/0/0] port hybrid tagged vlan 30
[P-GigabitEthernet2/0/0] quit
[P] interface vlanif 20
[P-Vlanif20] ip address 4.4.4.5 24
[P-Vlanif20] quit
[P] interface vlanif 30
[P-Vlanif30] ip address 5.5.5.4 24
[P-Vlanif30] quit
```

#---PE2 上的配置如下。GE1/0/0 也可以是 Hybrid 类型的端口，但要确保带上对应的 VLAN 标签可以发送报文。

```
<HUAWEI> system-view
[HUAWEI] sysname PE2
```

```
[PE2] vlan batch 30
[PE2] interface gigabitethernet 1/0/0
[PE2-GigabitEthernet1/0/0] port link-type hybrid
[PE2-GigabitEthernet1/0/0] port hybrid tagged vlan 30
[PE2-GigabitEthernet1/0/0] quit
[PE2] interface vlanif 30
[PE2-Vlanif30] ip address 5.5.5.5 24
[PE2-Vlanif30] quit
```

② 在骨干网各节点上配置 OSPF，实现骨干网三层互通。

#---PE1 上的配置如下。

```
[PE1] router id 1.1.1.1
[PE1] interface loopback 1
[PE1-LoopBack1] ip address 1.1.1.1 32
[PE1-LoopBack1] quit
[PE1] ospf 1
[PE1-ospf-1] area 0
[PE1-ospf-1-area-0.0.0.0] network 1.1.1.1 0.0.0.0
[PE1-ospf-1-area-0.0.0.0] network 4.4.4.4 0.0.0.255
[PE1-ospf-1-area-0.0.0.0] quit
[PE1-ospf-1] quit
```

#---P 上的配置如下。

```
[P] router id 2.2.2.2
[P] interface loopback 1
[P-LoopBack1] ip address 2.2.2.2 32
[P-LoopBack1] quit
[P] ospf 1
[P-ospf-1] area 0
[P-ospf-1-area-0.0.0.0] network 2.2.2.2 0.0.0.0
[P-ospf-1-area-0.0.0.0] network 4.4.4.5 0.0.0.255
[P-ospf-1-area-0.0.0.0] network 5.5.5.4 0.0.0.255
[P-ospf-1-area-0.0.0.0] quit
[P-ospf-1] quit
```

#---PE2 上的配置如下。

```
[PE2] router id 3.3.3.3
[PE2] interface loopback 1
[PE2-LoopBack1] ip address 3.3.3.3 32
[PE2-LoopBack1] quit
[PE2] ospf 1
[PE2-ospf-1] area 0
[PE2-ospf-1-area-0.0.0.0] network 3.3.3.3 0.0.0.0
[PE2-ospf-1-area-0.0.0.0] network 5.5.5.5 0.0.0.255
[PE2-ospf-1-area-0.0.0.0] quit
[PE2-ospf-1] quit
```

完成以上配置后，在骨干网各节点上执行 **display ip routing-table** 命令，可以看到各节点已学到彼此的路由。

③ 在骨干网各节点上配置基本 MPLS 和 LDP 功能，建立公网 LDP LSP 隧道。

#---PE1 上的配置如下。

```
[PE1] mpls lsr-id 1.1.1.1
[PE1] mpls
[PE1-mpls] quit
[PE1] mpls ldp
[PE1-mpls-ldp] quit
```

```
[PE1] interface vlanif 20
[PE1-Vlanif20] mpls
[PE1-Vlanif20] mpls ldp
[PE1-Vlanif20] quit
```

#---P 上的配置如下。

```
[P] mpls lsr-id 2.2.2.2
[P] mpls
[P-mpls] quit
[P] mpls ldp
[P-mpls-ldp] quit
[P] interface vlanif 20
[P-Vlanif20] mpls
[P-Vlanif20] mpls ldp
[P-Vlanif20] quit
[P] interface vlanif 30
[P-Vlanif30] mpls
[P-Vlanif30] mpls ldp
[P-Vlanif30] quit
```

#---PE2 上的配置如下。

```
[PE2] mpls lsr-id 3.3.3.3
[PE2] mpls
[PE2-mpls] quit
[PE2] mpls ldp
[PE2-mpls-ldp] quit
[PE2] interface vlanif 30
[PE2-Vlanif30] mpls
[PE2-Vlanif30] mpls ldp
[PE2-Vlanif30] quit
```

④ 配置两个 PE 间的远端 LDP 会话，交互 L2VPN 信息。

#---PE1 上的配置如下。

```
[PE1] mpls ldp remote-peer 3.3.3.3
[PE1-mpls-ldp-remote-3.3.3.3] remote-ip 3.3.3.3
[PE1-mpls-ldp-remote-3.3.3.3] quit
```

#---PE2 上的配置如下。

```
[PE2] mpls ldp remote-peer 1.1.1.1
[PE2-mpls-ldp-remote-1.1.1.1] remote-ip 1.1.1.1
[PE2-mpls-ldp-remote-1.1.1.1] quit
```

完成以上配置后，在两个 PE 上执行 **display mpls ldp session** 命令，PE1 和 PE2 之间对等体的 Status 项为"Operational"，即远端对等体关系已建立。

⑤ 在两个 PE 上使能 MPLS L2VPN，并创建 VSI 实例，指定信令为 LDP。假设 VSI 实例名均为 a2，VC ID 均为 2（两端必须一致）。

#---PE1 上的配置如下。

```
[PE1] mpls l2vpn
[PE1-l2vpn] quit
[PE1] vsi a2 static
[PE1-vsi-a2] pwsignal ldp
[PE1-vsi-a2-ldp] vsi-id 2
[PE1-vsi-a2-ldp] peer 3.3.3.3
[PE1-vsi-a2-ldp] quit
[PE1-vsi-a2] quit
```

\#---PE2 上的配置如下。

```
[PE2] mpls l2vpn
[PE2-l2vpn] quit
[PE2] vsi a2 static
[PE2-vsi-a2] pwsignal ldp
[PE2-vsi-a2-ldp] vsi-id 2
[PE2-vsi-a2-ldp] peer 1.1.1.1
[PE2-vsi-a2-ldp] quit
[PE2-vsi-a2] quit
```

⑥ 在两个 PE 连接 CE 的接口上配置 Dot1q 子接口接入 VPLS。子接口终结的 VLAN 标签均为 10。

\#---PE1 上的配置如下。

```
[PE1] interface gigabitethernet1/0/0
[PE1-GigabitEthernet1/0/0] port link-type hybrid
[PE1-GigabitEthernet1/0/0] quit
[PE1] interface gigabitethernet1/0/0.1
[PE1-GigabitEthernet1/0/0.1] dot1q termination vid 10
[PE1-GigabitEthernet1/0/0.1] l2 binding vsi a2
[PE1-GigabitEthernet1/0/0.1] quit
```

\#---PE2 上的配置如下。

```
[PE2] interface gigabitethernet2/0/0
[PE2-GigabitEthernet2/0/0] port link-type hybrid
[PE2-GigabitEthernet2/0/0] quit
[PE2] interface gigabitethernet2/0/0.1
[PE2-GigabitEthernet2/0/0.1] dot1q termination vid 10
[PE2-GigabitEthernet2/0/0.1] l2 binding vsi a2
[PE2-GigabitEthernet2/0/0.1] quit
```

3. 配置结果验证

完成上述配置后，在两个 PE 上执行 **display vsi name** a2 **verbose** 命令，可以看到已在名字为 a2 的 VSI 下建立了一条到对端 PE 的 PW，VSI 的状态为 up，在 PE1 上执行该命令的输出示例如下。

```
[PE1] display vsi name a2 verbose

  ***VSI Name              : a2
      Administrator VSI     : no
      Isolate Spoken        : disable
      VSI Index             : 0
      PW Signaling          : ldp
      Member Discovery Style : static
      PW MAC Learn Style     : unqualify
      Encapsulation Type    : vlan
      MTU                   : 1500
      Diffserv Mode         : uniform
      Mpls Exp              : --
      DomainId              : 255
      Domain Name           :
      Ignore AcState        : disable
      P2P VSI               : disable
      Create Time           : 0 day, 0 hour, 5 minute, 1 second
      VSI State             : up
```

```
VSI ID                      : 2
*Peer Router ID             : 3.3.3.3
Negotiation-vc-id           : 2
primary or secondary        : primary
ignore-standby-state        : no
VC Label                    : 23552
Peer Type                   : dynamic
Session                     : up
Tunnel ID                   : 0x22
Broadcast Tunnel ID         : 0x22
Broad BackupTunnel ID       : 0x0
CKey                        : 2
NKey                        : 1
Stp Enable                  : 0
PwIndex                     : 0
Control Word                : disable

Interface Name              : gigabitethernet1/0/0.1
State                       : up
Access Port                 : false
Last Up Time                : 2022/12/30 11:31:18
Total Up Time               : 0 day, 0 hour, 1 minute, 35 second

**PW Information:

*Peer Ip Address            : 3.3.3.3
PW State                    : up
Local VC Label              : 23552
Remote VC Label             : 23552
Remote Control Word         : disable
PW Type                     : label
Local    VCCV               : alert lsp-ping bfd
Remote VCCV                 : alert lsp-ping bfd
Tunnel ID                   : 0x22
Broadcast Tunnel ID         : 0x22
Broad BackupTunnel ID       : 0x0
Ckey                        : 0x2
Nkey                        : 0x1
Main PW Token               : 0x22
Slave PW Token              : 0x0
Tnl Type                    : LSP
OutInterface                : Vlanif20
Backup OutInterface         :
Stp Enable                  : 0
PW Last Up Time             : 2022/12/30 11:32:03
PW Total Up Time            : 0 day, 0 hour, 0 minute, 50 second
```

此时，在 CE1（10.1.1.1）上应能够 ping 通 CE2（10.1.1.2）。

8.3.6 混合类型 AC 接口的 Marini 方式 VPLS 配置示例

混合类型 AC 接口的 Marini 方式 VPLS 配置示例的拓扑结构与图 8-13 一样，参见即可，各设备上的接口 IP 地址及所属 VLAN 配置见表 8-19。PE1 和 PE2 启动 VPLS 功能。CE1 连接 PE1 设备，CE2 连接 PE2 设备。CE1 和 CE2 属于一个 VPLS。采用 LDP 作为 VPLS 信令建立 PW，实现位于 VLAN 10 中的 CE1 站点用户与位于 VLAN 20 中的 CE2 站点用户之间的二层互通。

表 8-19　各设备上的接口 IP 地址及所属 VLAN 配置

Switch	接口	对应的三层接口	IP 地址
PE1	GigabitEthernet1/0/0	GigabitEthernet1/0/0.1	—
	GigabitEthernet2/0/0	VLANIF20	4.4.4.4/24
	Loopback1	—	1.1.1.1/32
PE2	GigabitEthernet1/0/0	VLANIF30	5.5.5.5/24
	GigabitEthernet2/0/0	GigabitEthernet2/0/0.1	—
	Loopback1	—	3.3.3.3/32
P	GigabitEthernet1/0/0	VLANIF20	4.4.4.5/24
	GigabitEthernet2/0/0	VLANIF30	5.5.5.4/24
	Loopback1	—	2.2.2.2/32
CE1	GigabitEthernet1/0/0	VLANIF10	10.1.1.1/24
CE2	GigabitEthernet1/0/0	VLANIF20	10.1.1.2/24

1．基本配置思路分析

本示例要求实现的是位于不同 VLAN 中的 CE 站点中的用户二层互通，即位于 VLAN 10 中的 CE1 站点用户与位于 VLAN20 中的 CE2 站点用户之间的二层互通。此时，可在 PE1 上配置 VLAN Mapping 子接口作为 AC 接口，把用户 VLAN10 替换为公网 VLAN 20，同时在 PE2 上配置 Dot1q 子接口作为 AC 接口，终结 VLAN20。

这样配置后，在由 PE1 发送的用户 VLAN20 报文（映射后的报文）通过 PW 传输给 PE2 时，由于所带的 VLAN20 标签恰好是 PE2 上配置的 Dot1q 终结子接口终结的 VLAN，所以会保留原来的 VLAN 20 标签发给 CE2 站点连接的目的用户。

反过来，由 CE2 中用户发送的 VLAN 20 报文经 Dot1q 终结子接口后会去掉 VLAN 20 标签，以不带标签的方式经 PW 传输到达 VLAN Mapping 子接口后，会加上该子接口映射的外层 VLAN 标签，即 VLAN20 标签，然后在转发时会反向替换为所映射的用户 VLAN，即 VLAN 10，发给 CE1 站点所连接的目的用户。

根据以上分析及前面介绍的 Martini 方式 VPLS 的配置任务，可以得出本示例的基本配置思路如下。

① 在各设备上创建所需的 VLAN，把各接口加入对应的 VLAN，并配置各接口 IP 地址（包括 Loopback 接口，但作为 AC 接口的以太网子接口除外）。需要注意的是，要确保 CE 发送给 PE 的报文中携带一层所连 PE 的 Dot1q 终结子接口所终结的 VLAN 标签。

② 在骨干网各节点上配置 OSPF，实现骨干网三层互通。

③ 在骨干网各节点上配置 MPLS 和 LDP 功能，建立公网 LDP LSP 隧道。

④ 在两个 PE 间配置远端 LDP 会话，交互 L2VPN 信息。

⑤ 在两个 PE 上使能 MPLS L2VPN，并创建 VSI，指定信令为 LDP。

⑥ 在 PE1 连接 CE1 的接口上配置单层 VLAN Mapping 子接口接入 VPLS。在 PE2 连接 CE2 的接口上配置 Dot1q 子接口接入 VPLS。

2. 具体配置步骤

① 在各设备上创建所需的 VLAN，把各接口加入对应的 VLAN，并配置各接口 IP 地址（包括 Loopback 接口，但作为 AC 接口的以太网子接口除外）。

要确保 CE 发送给 PE 的报文中携带一层所连 PE 的 Dot1q 终结子接口所终结的 VLAN 标签，并且要求 CE 发送给 PE 的报文带有一层 VLAN 标签，这层 VLAN 标签不要与本端 PW 侧 PE 的物理接口加入相同的 VLAN，否则，可能会引起环路。

#---CE1 上的配置如下，发送的报文带 VLAN 10 的标签。

```
<HUAWEI> system-view
[HUAWEI] sysname CE1
[CE1] vlan batch 10
[CE1] interface gigabitethernet 1/0/0
[CE1-GigabitEthernet1/0/0] port link-type trunk
[CE1-GigabitEthernet1/0/0] port trunk allow-pass vlan 10
[CE1-GigabitEthernet1/0/0] quit
[CE1] interface vlanif 10
[CE1-Vlanif10] ip address 10.1.1.1 24
[CE1-Vlanif10] quit
```

#---CE2 上的配置如下，发送的报文带 VLAN 20 的标签。

```
<HUAWEI> system-view
[HUAWEI] sysname CE2
[CE2] vlan batch 20
[CE2] interface gigabitethernet 1/0/0
[CE2-GigabitEthernet1/0/0] port link-type trunk
[CE2-GigabitEthernet1/0/0] port trunk allow-pass vlan 20
[CE2-GigabitEthernet1/0/0] quit
[CE2] interface vlanif 20
[CE2-Vlanif20] ip address 10.1.1.2 24
[CE2-Vlanif20] quit
```

#---PE1 上的配置如下。

```
<HUAWEI> system-view
[HUAWEI] sysname PE1
[PE1] vlan batch 20
[PE1] interface gigabitethernet 2/0/0
[PE1-GigabitEthernet2/0/0] port link-type hybrid
[PE1-GigabitEthernet2/0/0] port hybrid pvid vlan 20
[PE1-GigabitEthernet2/0/0] port hybrid tagged vlan 20
[PE1-GigabitEthernet2/0/0] quit
[PE1] interface vlanif 20
[PE1-Vlanif20] ip address 4.4.4.4 24
[PE1-Vlanif20] quit
```

#---P 上的配置如下。

```
<HUAWEI> system-view
[HUAWEI] sysname P
[P] vlan batch 20 30
[P] interface gigabitethernet 1/0/0
```

```
[P-GigabitEthernet1/0/0] port link-type hybrid
[P-GigabitEthernet1/0/0] port hybrid pvid vlan 20
[P-GigabitEthernet1/0/0] port hybrid tagged vlan 20
[P-GigabitEthernet1/0/0] quit
[P] interface gigabitethernet 2/0/0
[P-GigabitEthernet2/0/0] port link-type hybrid
[P-GigabitEthernet2/0/0] port hybrid pvid vlan 30
[P-GigabitEthernet2/0/0] port hybrid tagged vlan 30
[P-GigabitEthernet2/0/0] quit
[P] interface vlanif 20
[P-Vlanif20] ip address 4.4.4.5 24
[P-Vlanif20] quit
[P] interface vlanif 30
[P-Vlanif30] ip address 5.5.5.4 24
[P-Vlanif30] quit
```

#---PE2 上的配置如下。

```
<HUAWEI> system-view
[HUAWEI] sysname PE2
[PE2] vlan batch 30
[PE2] interface gigabitethernet 1/0/0
[PE2-GigabitEthernet1/0/0] port link-type hybrid
[PE2-GigabitEthernet1/0/0] port hybrid pvid vlan 30
[PE2-GigabitEthernet1/0/0] port hybrid tagged vlan 30
[PE2-GigabitEthernet1/0/0] quit
[PE2] interface vlanif 30
[PE2-Vlanif30] ip address 5.5.5.5 24
[PE2-Vlanif30] quit
```

② 配置骨干网上各节点的 OSPF，实现骨干网三层互通。需要注意的是，需要同时发布 PE1、P 和 PE2 的 32 位 Loopback 接口地址（LSR ID）的主机路由。

#---PE1 上的配置如下。

```
[PE1] router id 1.1.1.1
[PE1] interface loopback 1
[PE1-LoopBack1] ip address 1.1.1.1 32
[PE1-LoopBack1] quit
[PE1] ospf 1
[PE1-ospf-1] area 0
[PE1-ospf-1-area-0.0.0.0] network 1.1.1.1 0.0.0.0
[PE1-ospf-1-area-0.0.0.0] network 4.4.4.4 0.0.0.255
[PE1-ospf-1-area-0.0.0.0] quit
[PE1-ospf-1] quit
```

#---P 上的配置如下。

```
[P] router id 2.2.2.2
[P] interface loopback 1
[P-LoopBack1] ip address 2.2.2.2 32
[P-LoopBack1] quit
[P] ospf 1
[P-ospf-1] area 0
[P-ospf-1-area-0.0.0.0] network 2.2.2.2 0.0.0.0
[P-ospf-1-area-0.0.0.0] network 4.4.4.5 0.0.0.255
[P-ospf-1-area-0.0.0.0] network 5.5.5.4 0.0.0.255
```

```
[P-ospf-1-area-0.0.0.0] quit
[P-ospf-1] quit
```

#---PE2 上的配置如下。

```
[PE2] router id 3.3.3.3
[PE2] interface loopback 1
[PE2-LoopBack1] ip address 3.3.3.3 32
[PE2-LoopBack1] quit
[PE2] ospf 1
[PE2-ospf-1] area 0
[PE2-ospf-1-area-0.0.0.0] network 3.3.3.3 0.0.0.0
[PE2-ospf-1-area-0.0.0.0] network 5.5.5.5 0.0.0.255
[PE2-ospf-1-area-0.0.0.0] quit
[PE2-ospf-1] quit
```

完成以上配置后，在 PE1、P 和 PE2 上执行 **display ip routing-table** 命令，可以看到各节点已学到彼此的 Loopback1 接口的路由，在 PE1 上执行该命令的输出示例如下。

```
[PE1] display ip routing-table
Route Flags: R - relay, D - download to fib
------------------------------------------------------------------------------
Routing Tables: Public
         Destinations : 8          Routes : 8

Destination/Mask    Proto   Pre  Cost     Flags NextHop        Interface

         1.1.1.1/32  Direct  0    0          D   127.0.0.1      LoopBack1
         2.2.2.2/32  OSPF    10   1          D   4.4.4.5        Vlanif20
         3.3.3.3/32  OSPF    10   2          D   4.4.4.5        Vlanif20
         4.4.4.0/24  Direct  0    0          D   4.4.4.4        Vlanif20
         4.4.4.4/32  Direct  0    0          D   127.0.0.1      Vlanif20
         5.5.5.0/24  OSPF    10   2          D   4.4.4.5        Vlanif20
       127.0.0.0/8   Direct  0    0          D   127.0.0.1      InLoopBack0
       127.0.0.1/32  Direct  0    0          D   127.0.0.1      InLoopBack0
```

③ 在骨干网各节点上配置 MPLS 和 LDP 功能，建立公网 LDP LSP 隧道。

#---PE1 上的配置如下。

```
[PE1] mpls lsr-id 1.1.1.1
[PE1] mpls
[PE1-mpls] quit
[PE1] mpls ldp
[PE1-mpls-ldp] quit
[PE1] interface vlanif 20
[PE1-Vlanif20] mpls
[PE1-Vlanif20] mpls ldp
[PE1-Vlanif20] quit
```

#---P 上的配置如下。

```
[P] mpls lsr-id 2.2.2.2
[P] mpls
[P-mpls] quit
[P] mpls ldp
[P-mpls-ldp] quit
[P] interface vlanif 20
[P-Vlanif20] mpls
[P-Vlanif20] mpls ldp
[P-Vlanif20] quit
```

```
[P] interface vlanif 30
[P-Vlanif30] mpls
[P-Vlanif30] mpls ldp
[P-Vlanif30] quit
```

#---PE2 上的配置如下。

```
[PE2] mpls lsr-id 3.3.3.3
[PE2] mpls
[PE2-mpls] quit
[PE2] mpls ldp
[PE2-mpls-ldp] quit
[PE2] interface vlanif 30
[PE2-Vlanif30] mpls
[PE2-Vlanif30] mpls ldp
[PE2-Vlanif30] quit
```

④ 在两个 PE 之间配置远端 LDP 会话，交互 L2VPN 信息。

#---PE1 上的配置如下。

```
[PE1] mpls ldp remote-peer 3.3.3.3
[PE1-mpls-ldp-remote-3.3.3.3] remote-ip 3.3.3.3
[PE1-mpls-ldp-remote-3.3.3.3] quit
```

#---PE2 上的配置如下。

```
[PE2] mpls ldp remote-peer 1.1.1.1
[PE2-mpls-ldp-remote-1.1.1.1] remote-ip 1.1.1.1
[PE2-mpls-ldp-remote-1.1.1.1] quit
```

完成以上配置后，在骨干网各节点上执行 **display mpls ldp session** 命令，可以看到各相邻节点间建立了本地 LDP 会话，两个 PE 之间还建立了远端 LDP 会话。在 PE1 上执行该命令的输出如下，从中可以看出，PE1 既与 P 建立了本地 LDP 会话，又与 PE2 建立了远端 LDP 会话。

```
[PE1] display mpls ldp session

LDP Session(s) in Public Network
Codes: LAM(Label Advertisement Mode), SsnAge Unit(DDDD:HH:MM)
A '*' before a session means the session is being deleted.
------------------------------------------------------------------------------
PeerID            Status       LAM  SsnRole  SsnAge       KASent/Rcv
------------------------------------------------------------------------------
2.2.2.2:0         Operational DU Passive   0000:15:29   3717/3717
3.3.3.3:0         Operational DU Passive   0000:00:00   2/2
------------------------------------------------------------------------------
TOTAL: 2 session(s) Found.
```

⑤ 在两个 PE 上使能 MPLS L2VPN，创建 VSI。假设 VSI 名均为 a2，VC ID 均为 2（两端的 VC ID 必须一致）。

#---PE1 上的配置如下。

```
[PE1] mpls l2vpn
[PE1-l2vpn] quit
[PE1] vsi a2 static
[PE1-vsi-a2] pwsignal ldp
[PE1-vsi-a2-ldp] vsi-id 2
[PE1-vsi-a2-ldp] peer 3.3.3.3
[PE1-vsi-a2-ldp] quit
[PE1-vsi-a2] quit
```

#---PE2 上的配置如下。

```
[PE2] mpls l2vpn
[PE2-l2vpn] quit
[PE2] vsi a2 static
[PE2-vsi-a2] pwsignal ldp
[PE2-vsi-a2-ldp] vsi-id 2
[PE2-vsi-a2-ldp] peer 1.1.1.1
[PE2-vsi-a2-ldp] quit
[PE2-vsi-a2] quit
```

⑥ 在 PE1 连接 CE1 的接口上配置单层 VLAN Mapping 子接口接入 VPLS，在 PE2 连接 CE2 的接口上配置 Dot1q 子接口接入 VPLS。

【经验提示】本示例两端 PE 也可与 8.3.5 节介绍的示例一样，通过采用相同的 Dot1q 终结子接口配置来实现。当然也可同时配置 VLAN Mapping 子接口，但此时两端的 VLAN Mapping 子接口映射后的 VLAN 标签要一致，映射前的 VLAN 标签可以不一致。

#---PE1 上的配置如下。

```
[PE1] interface gigabitethernet1/0/0
[PE1-GigabitEthernet1/0/0] port link-type hybrid
[PE1-GigabitEthernet1/0/0] quit
[PE1] interface gigabitethernet1/0/0.1
[PE1-GigabitEthernet1/0/0.1] qinq mapping vid 10 map-vlan vid 20
[PE1-GigabitEthernet1/0/0.1] l2 binding vsi a2
[PE1-GigabitEthernet1/0/0.1] quit
```

#---PE2 上的配置如下。

```
[PE2] interface gigabitethernet2/0/0
[PE2-GigabitEthernet2/0/0] port link-type hybrid
[PE2-GigabitEthernet2/0/0] quit
[PE2] interface gigabitethernet2/0/0.1
[PE2-GigabitEthernet2/0/0.1] dot1q termination vid 20
[PE2-GigabitEthernet2/0/0.1] l2 binding vsi a2
[PE2-GigabitEthernet2/0/0.1] quit
```

3. 配置结果验证

完成以上配置后，在 PE 上执行 **display vsi name a2 verbose** 命令，可以看到名字为 a2 的 VSI 实例下建立了一条到达对端 PE 的 PW，状态为 up。在 PE1 上执行该命令的输出示例如下。

```
[PE1] display vsi name a2 verbose

  ***VSI Name                  : a2
      Administrator VSI        : no
      Isolate Spoken           : disable
      VSI Index                : 0
      PW Signaling             : ldp
      Member Discovery Style : static
      PW MAC Learn Style       : unqualify
      Encapsulation Type       : vlan
      MTU                      : 1500
      Diffserv Mode            : uniform
      Mpls Exp                 : --
      DomainId                 : 255
      Domain Name              :
      Ignore AcState           : disable
```

```
P2P VSI                    : disable
Create Time                : 0 day, 0 hour, 5 minute, 1 second
VSI State                  : up

VSI ID                     : 2
*Peer Router ID            : 3.3.3.3
Negotiation-vc-id          : 2
primary or secondary       : primary
ignore-standby-state       : no
VC Label                   : 23552
Peer Type                  : dynamic
Session                    : up
Tunnel ID                  : 0x22
Broadcast Tunnel ID        : 0x22
Broad BackupTunnel ID      : 0x0
CKey                       : 2
NKey                       : 1
Stp Enable                 : 0
PwIndex                    : 0
Control Word               : disable

Interface Name             : gigabitethernet1/0/0.1
State                      : up
Access Port                : false
Last Up Time               : 2022/12/30 11:31:18
Total Up Time              : 0 day, 0 hour, 1 minute, 35 second

**PW Information:

*Peer Ip Address           : 3.3.3.3
PW State                   : up
Local VC Label             : 23552
Remote VC Label            : 23552
Remote Control Word        : disable
PW Type                    : label
Local   VCCV               : alert lsp-ping bfd
Remote VCCV                : alert lsp-ping bfd
Tunnel ID                  : 0x22
Broadcast Tunnel ID        : 0x22
Broad BackupTunnel ID      : 0x0
Ckey                       : 0x2
Nkey                       : 0x1
Main PW Token              : 0x22
Slave PW Token             : 0x0
Tnl Type                   : LSP
OutInterface               : Vlanif20
Backup OutInterface        :
Stp Enable                 : 0
PW Last Up Time            : 2022/12/30 11:32:03
PW Total Up Time           : 0 day, 0 hour, 0 minute, 50 second
```

此时，在 CE1（10.1.1.1）上应该能够 ping 通 CE2（10.1.1.2）。

第 9 章
Kompella、BGP AD
方式和跨域 VPLS 配置
与管理

本章主要内容

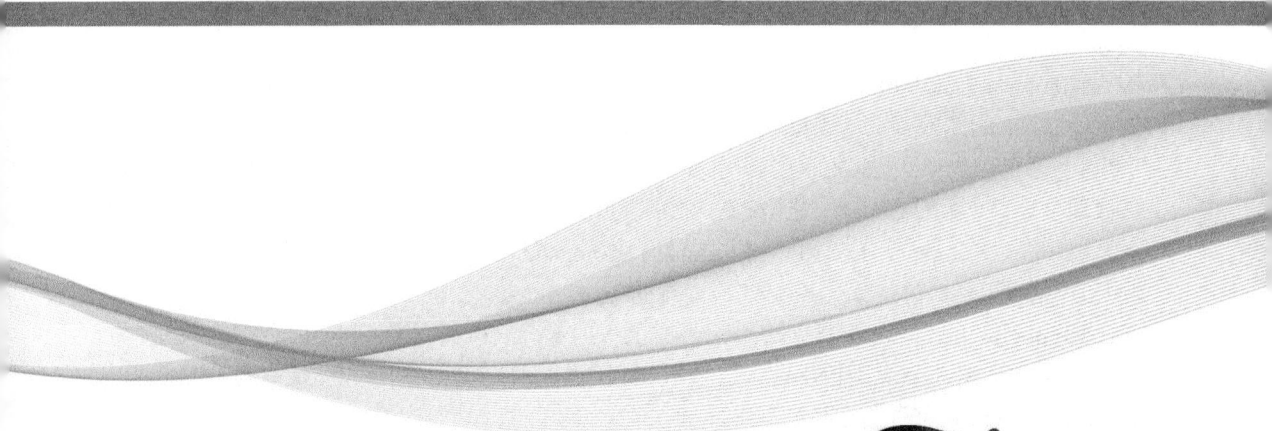

Kompella、BGP AD 这两种方式 VPLS 的实现原理已经在第 8 章中介绍，目前，仅华为 S 系列交换机支持这两种方式。本章具体介绍这两种 VPLS 的实现方案，以及分层 VPLS（Hierarchical Virtual Private LAN Service，HVPLS）和跨域 VPLS 的配置与管理方法。最后介绍 Martini 和 Kompella 这两种 VPLS 方式中的典型故障排除方法。

9.1　Kompella 方式 VPLS 配置与管理

Kompella 方式 VPLS 的基本工作原理已在 8.2.3 节中介绍。Kompella 方式的 VPLS 主要有两个方面的配置任务：一是配置 PE 间的 MP-IBGP 对等体关系，使能它们之间相互交互 VPLS 信息的能力；二是配置采用 BGP 作为信令协议，同时，配置包括 RD、VPN Target、Site ID（即第 6 章介绍的 CE ID，用于配置 VC 标签块）等参数。另外，还可配置与其他厂商的设备互通功能、Kompella 方式 VPLS 相关特性。Kompella 方式 VPLS 的具体配置任务如下。

① 使能 BGP 对等体交换 VPLS 信息的能力。

Kompella 方式 VPLS 既支持采用独立的 VPLS-family 地址族，也可以和 BGP AD 方式 VPLS 共享同一个 L2VPN-AD 地址族，可根据需要选择以下任一配置方式。

② 创建 VSI 并配置 BGP 信令。

③（可选）配置与其他厂商的设备互通。

④ 配置 VSI 与 AC 接口的绑定。

此项配置任务与 Martini 方式的 VPLS 的该项配置任务的配置方法完全一样，参见 8.3.2 节即可。

⑤（可选）配置 AC 隔离功能。

⑥（可选）配置 Kompella 方式 VPLS 路由反射器。

在配置 Kompella 方式 VPLS 之前，需要完成以下任务。

• PE 和 P 上配置 LSR ID，使能 MPLS，建立公网 LDP 或 TE、GRE 隧道。

• 在 PE 上使能 MPLS L2VPN，建立 MP-IBGP 对等体。

9.1.1　使能 BGP 对等体交换 VPLS 信息的能力

BGP-VPLS 与普通 BGP 使用同一条 TCP 连接建立 BGP 对等体会话，因此，其大部分特性继承了普通 BGP 的配置。但由于交换的是 VPLS 标签块信息，所以需要在 BGP VPLS 地址族视图下使能对等体通过 Update（更新）消息交换包括 VC 标签块、VC ID、RD、VPN Target 等 VPLS 信息，使能 BGP 对等体交换 VPLS 信息的能力的配置步骤见表 9-1（需要在两端 PE 上同时配置）。

表 9-1　使能 BGP 对等体交换 VPLS 信息的能力的配置步骤

步骤	命令	说明
1	**system-view**	进入系统视图
2	**bgp** { *as-number-plain* | *as-number-dot* } 例如，[HUAWEI] **bgp** 100	进入 PE 所属 AS 域的 BGP 视图
3	**peer** *ipv4-address* **as-number** *as-number* 例如，[HUAWEI-bgp] **peer** 10.1.1.1 **as-number** 100	配置对端 PE 为 IBGP 对等体。 • *ipv4-address*：指定对端 PE 的 IP 地址，如果 PE 之间是非直连的，则要以对端作为 LSR ID 的 Loopback 接口 IP 地址进行对等体 IP 地址配置

续表

步骤	命令	说明
3	**peer** *ipv4-address* **as-number** *as-number* 例如，[HUAWEI-bgp] **peer** 10.1.1.1 **as-number** 100	• *as-number*：指定对等体（即对端 PE）所在的 AS 系统编号。非跨域情形下，两个 PE 在同一 AS 域中，建立的是 IBP 对等体关系，因此，与本端所在的 AS 系统的编号一致。 缺省情况下，没有创建 BGP 对等体，可用 **undo peer** *ipv4-address* 命令删除指定的对等体
4	**peer** *ipv4-address* **connect-interface** *interface-type interface-number* 例如，[HUAWEI-bgp] **peer** 3.3.3.9 **connect-interface** loopback1	指定建立 TCP 连接的源接口，通常是本端的 Loopback 接口
方式一：采用 L2VPN-AD 地址族方式配置 Kompella VPLS 信令能力		
5	**l2vpn-ad-family** 例如，[HUAWEI-bgp] **l2vpn-ad-family**	进入 L2VPN-AD 地址族视图，可用 **undo l2vpn-ad-family** 命令用来退出 L2VPN-AD 地址族视图，并删除该视图下的所有配置
6	**peer** *ipv4-address* **enable** 例如，[HUAWEI-bgp-af-l2vpn-ad] **peer** 3.3.3.9 **enable**	在 L2VPN AD 地址族视图下使能与指定对等体交换路由信息。参数 *ipv4-address* 是对等体（对端 PE）的 IP 地址，此处也要是对端 PE 的 LSR ID。 缺省情况下，只有 BGP-IPv4 单播地址族的对等体是自动使能的，可用 **undo peer** *ipv4-address* **enable** 命令禁止与指定对等体交换路由信息
7	**signaling vpls** 或 **peer** *peer-address* **signaling vpls** 例如，[HUAWEI-bgp-af-l2vpn-ad] **signaling vpls** 或[HUAWEI-bgp-af-l2vpn-ad] **peer** 3.3.3.9 **signaling vpls**	使能所有或与指定对等体的 Kompella VPLS 信令能力。在配置 Kompella VLL、Kompella VPLS、BGP AD VPLS 场景中，必须在 L2VPN AD 地址族下使能对等体的信令能力，对等体之间才能接收和发布对应类型的路由。 在 L2VPN AD 地址族下创建对等体后，默认使能的是 BGP AD 信令能力（不是 Kompella VPLS 信令能力），可分别用 **undo signaling** 或 **undo peer** *peer-address* **signaling vpls** 命令恢复缺省情况
8	**signaling vpls-ad disable** 例如，[HUAWEI-bgp-af-l2vpn-ad] **signaling vpls-ad disable**	（可选）去使能 BGP AD 信令能力。因为使能了 Kompella VPLS 信令能力后不需要再使能 BGP AD 信令能力，而在 L2VPN-AD 地址族下创建对等体后，默认使能了 BGP AD 信令能力
方式二：vpls-family 地址族方式配置 Kompella VPLS 信令能力		
9	**vpls-family** 例如，[HUAWEI-bgp] **vpls-family**	进入 BGP-VPLS 地址族视图。 缺省情况下，BGP 视图中未配置 BGP-VPLS 地址族，可用 **undo vpls-family** 命令删除 BGP-VPLS 地址族下的所有配置
10	**peer** *ipv4-address* **enable** 例如，[HUAWEI-bgp-af-vpls] **peer** 3.3.3.9 **enable**	使能与指定 BGP 对等体交换 VPLS 信息的能力。参数 *ipv4-address* 是对等体的 IP 地址，此处也是对端 PE 的 LSR ID。 缺省情况下，只有 BGP-IPv4 单播地址族的对等体是自动使能的，可用 **undo peer** *ipv4-address* **enable** 命令禁止与指定对等体交换路由信息

9.1.2　创建 VSI 并配置 BGP 信令

配置 Kompella 方式 VPLS，可利用 VPN Target 自动进行对端成员发现，因此，此时需要创建 VSI 实例并配置 BGP 信令，同时还需要配置 BGP VSI 的 RD、VPN Target 和 Site ID（即 CE ID）属性，创建 VSI 并配置 BGP 信令的步骤见表 9-2（需要在两端 PE 上同时配置）。

表 9-2　创建 VSI 并配置 BGP 信令的步骤

步骤	命令	说明
1	**system-view**	进入系统视图
2	**vsi** *vsi-name* **auto** 例如，[HUAWEI] **vsi company1 auto**	创建 VSI，使用自动成员发现机制。参数 *vsi-name* 用来指定所创建的 VSI 实例的名称，字符串形式，不支持空格，区分大小写，取值范围为 1～31。当输入的字符串两端使用双引号时，可在字符串中输入空格。同一设备上不同 VSI 的名称不能重复。 缺省情况下，没有创建 VSI，可用 **undo vsi** *vsi-name* 命令删除指定的 VSI，但删除 VSI 后，对应的 VPLS 流量将中断
3	**pwsignal bgp** 例如，[HUAWEI-vsi-company1] **pwsignal bgp**	配置 PW 信令协议为 BGP，并进入 VSI-BGP 视图。如果 VSI 实例的成员发现方式为自动方式时，信令方式必须为 BGP。 【注意】VSI 实例的信令方式配置成功后，不可更改。如果希望更改，必须先删除该 VSI 实例再创建一个新的 VSI 实例。 缺省情况下，没有配置 VSI 的信令方式
4	**route-distinguisher** *route-distinguisher* 例如，[HUAWEI-vsi-company1-bgp] **route-distinguisher** 101:3	配置 VSI 的 RD，用于标识一个 PE 上的 VSI 实例，具体参数说明参见表 2-2 中的第 6 步。在配置 VSI 的 PW 信令协议为 BGP 后，必须首先配置 RD，才能进行其他相关配置。 【注意】在配置 RD 时需要注意以下 4 个方面。 • 在同一 PE 中，不同 VSI 实例具有不同的 RD，对于不同 PE 中的相同 VSI 实例，它们的 RD 可以相同，也可以不同。 • RD 没有缺省值。VSI 实例的 RD 配置成功后，不可以直接修改。如果希望修改 RD，则必须先删除该 VSI 实例，在创建一个 VSI 实例后，重新配置 RD。 • Kompella VLL 与 Kompella VPLS 不能配置相同的 RD。 • 如果是 CE 双归属接入 PE，则 VSI 的 RD 必须不同
5	**vpn-target** *vpn-target* & <1-16> [**both** | **export-extcommunity** | **import-extcommunity**] 例如，[HUAWEI-vsi-company1-bgp] **vpn-target** 5:5 **both**	配置 VSI 的 VPN-Target，具体参数说明参见表 2-2 中的第 7 步。 缺省情况下，VSI 实例没有与任何 VPN-Target 关联，可用 **undo vpn-target** { **all** | *vpn-target* &<1-16> } [**both** | **export-extcommunity** | **import-extcommunity**] 命令删除当前 VSI 实例关联的 VPN Target
6	**site** *site-id* [**range** *site-range*] [**default-offset** { 0 | 1 }] 例如，[HUAWEI-vsi-company1-bgp] **site** 1 **range** 100	配置本端的 Site ID。 • *site-id*：指定一个用于标识 VSI 实例的 Site ID，整数形式，取值范围为 0～65534。 • **range** *site-range*：可选参数，指定 VSI 实例中的 Site 的个数范围，指定 range 大小后，系统将会自动为该 VSI 实例预留相应的标签资源，整数形式，取值范围为 1～8000。具体根据当前 CE 要与多少个其他 CE 建立通信连接而定，但一定要大于本端 Site ID。 • **default-offset** { 0 | 1 }：可选项，指定本端缺省的起始 Site ID 的偏差值，即本端与远端建立 PW 连接时所用的 Site ID 相对参数 *site-id* 指定的 Site ID 的偏差值，只能为 0（不偏差，即等于所设置的 *site-id* 值）或 1（偏差 1，即比所设置的 *site-id* 大于 1），缺省值为 0

续表

步骤	命令	说明
6	site *site-id* [**range** *site-range*] [**default-offset** { **0** | **1** }] 例如，[HUAWEI-vsi-company1-bgp] **site** 1 **range** 100	【注意】同一 VSI 中不同 PE 上的 **Site ID** 不能相同。本端的 Site ID 值要小于对端的 *site-range* 与 **default-offset** 之和。但是本端的 Site ID 值要大于或等于对端的 **default-offset**。 一台设备为其所有 Kompella VLL 实例和 VPLS VSI 实例共用一个标签块进行标签分配，因此，Kompella VLL 实例和 VPLS VSI 实例的 range 总和不能超过该标签块的大小，否则，系统会提示分配的标签数量超过了系统允许的最大值，无法获得标签，分配 VSI 实例的 Site ID 或创建 CE 失败。 缺省情况下，未配置 VSI 实例的 Site ID，可用 **undo site** *site-id* 命令删除 VSI 实例的 Site ID
7	**quit**	退回 VSI 视图
8	**encapsulation** { **ethernet** | **vlan** } 例如，[HUAWEI-vsi-company1] **encapsulation vlan**	（可选）配置 AC 接口的封装形式。 ● **ethernet**：二选一选项，指定 AC 接口为 Ethernet 封装方式。当使用 QinQ 子接口或者 Dot1q 子接口绑定 VSI（作为 AC 接口）时，VPLS 的封装方式不支持配置为 Ethernet。 ● **vlan**：二选一选项，指定 AC 接口为 VLAN 封装方式。 缺省情况下，接口的封装类型为 VLAN，可用 **undo encapsulation ethernet** 命令恢复缺省封装方式

9.1.3　配置与其他厂商的设备互通

这是一项可选配置任务，仅当华为的设备与其他厂商的设备要建立 Kompella 方式 VPLS 时才需要配置。

对于 Kompella 方式 VPLS，最新的 RFC 上规定 PW 的封装类型是 19，但是华为设备目前支持的 PW 封装类型为 Ethernet 封装和 VLAN 封装。当与其他厂商的设备互通并且其他厂商的设备通过 BGP 的扩展团体属性携带来的 VPLS 封装类型是 19 时，需要配置 Kompella 方式 VPLS 的全局封装方式和忽略 MTU 值匹配检查。与其他厂商的设备互通的配置步骤见表 9-3（在华为 PE 上配置）。

表 9-3　与其他厂商的设备互通的配置步骤

步骤	命令	说明
1	**system-view**	进入系统视图
2	**mpls l2vpn** 例如，[HUAWEI] **mpls l2vpn**	进入 MPLS-L2VPN 视图
3	**vpls bgp encapsulation** { **ethernet** | **vlan** } 例如，[HUAWEI-l2vpn] **vpls bgp encapsulation ethernet**	配置 Kompella 方式 VPLS 的全局封装方式。使用该命令后，当接收到封装类型是 19 的 VPLS 报文后，系统首先会根据用户的配置对该报文进行重新封装，然后再进行其他 VPLS 的相关处理。不配置该命令时，系统默认对接收到的封装类型是 19 的 VPLS 报文使用 VLAN 方式进行重新封装
4	**quit**	返回系统视图
5	**vsi** *vsi-name* 例如，[HUAWEI] **vsi** company1	进入已创建的 VSI 视图

步骤	命令	说明
6	**pwsignal bgp** 例如，[HUAWEI-vsi-company1] **pwsignal ldp**	进入 VSI-BGP 视图
7	**ignore-mtu-match** 例如，[HUAWEI-vsi-company1-bgp] **ignore-mtu-match**	使能设备忽略 MTU 值的匹配检查并对发出的 VPLS 报文重新封装的功能。 缺省情况下，未使能设备忽略 MTU 值的匹配检查并对发出的 VPLS 报文重新封装的功能，可用 **undo ignore-mtu-match** 命令去使能设备忽略 MTU 值的匹配检查并对发出的 VPLS 报文重新封装的功能
8	**encapsulation rfc4761-compatible** 例如，[HUAWEI-vsi-company1-bgp] **encapsulation rfc4761-compatible**	配置 Kompella VPLS 的封装方式遵循 RFC 4761 中的标准方式。配置本命令后，在发送封装类型不是 19 的 VPLS 报文时，将 VPLS 封装类型转换为 19；在接收到封装类型是 19 的 VPLS 报文时，根据实际链路上 VPLS 的封装类型进行自动转换。 缺省情况下，Kompella VPLS 报文封装类型遵循华为私有方式，即 VLAN 模式的封装类型为 4，Ethernet 模式的封装类型为 5，可用 **undo encapsulation rfc4761-compatible** 命令恢复 Kompella VPLS 报文封装类型为缺省情况
9	**mtu-negotiate disable** 例如，[HUAWEI-vsi-company1-bgp] **mtu-negotiate disable**	忽略 MTU 值的匹配检查，使 PE 忽略对本端 VSI 实例和远端 VSI 实例的 MTU 值的匹配检查。 由于部分其他厂商的设备不支持 VSI 实例下的 MTU 匹配检查，所以当和其他厂商的设备进行 Kompella 方式的互通时，为了确保 VC 链路可以 up，在华为设备上可以修改 MTU 值与对端 PE 的 MTU 值一致，或者使用本命令忽略 MTU 值的匹配检查。在缺省情况下，VSI 视图下的 MTU 值是 1500。 缺省情况下，系统使能 PE 设备对本端 VSI 实例和远端 VSI 实例的 MTU 值的匹配检查。如果两个 PE 上同一个 VSI 的 MTU 不同，则 PE 之间无法正常交换可达信息，也无法建立连接，可用 **undo mtu-negotiate disable** 命令使能 PE 设备，对本端 VSI 实例和远端 VSI 实例的 MTU 值进行匹配检查

9.1.4　配置 AC 隔离功能

　　配置 AC 隔离功能也是一项可选配置任务。当多个用户绑定同一个 VSI 时，为了禁止用户之间互访，可以配置 AC 接口之间的转发隔离功能，此时该 VSI 下所有 AC 接口的 VSI 属性将被设置为 Spoke，不能直接互访。AC 隔离功能的配置步骤见表 9-4。

表 9-4　AC 隔离功能的配置步骤

步骤	命令	说明
1	**system-view**	进入系统视图
2	**vsi** *vsi-name* 例如，[HUAWEI] **vsi** company1	进入已创建的 VSI 视图
3	**isolate spoken** 例如，[HUAWEI-vsi-company1] **isolate spoken**	使能 VSI 下的 AC 接口之间的转发隔离功能。仅华为 S 系列交换机中 X 系列单板支持此命令。 缺省情况下，VSI 下的 AC 接口之间的转发隔离功能处于未使能状态，可用 **undo isolate spoken** 命令恢复缺省配置

续表

步骤	命令	说明
4	**quit**	返回系统视图
5	**interface** *interface-type interface-number* 例如，[HUAWEI] **interface** gigabitethernet 1/0/0	进入 AC 接口视图
6	**hub-mode enable** 例如，[HUAWEI-GigabitEthernet1/0/0] **hub-mode enable**	配置 AC 接口的 VSI 属性为 Hub。当某个 AC 接口需要与该 VSI 下的其他 AC 接口互通时，可以配置该 AC 接口的 VSI 属性为 Hub

9.1.5 配置 Kompella 方式 VPLS 路由反射器

这也是一项可选配置任务，主要是希望通过路由反射器来减少 VPLS 网络中 IBGP 对等体建立数量。

Kompella 方式 VPLS 中，在配置路由反射功能时，涉及路由反射器、反射策略和不对接收的 VPLS 标签块使能 VPN Target 进行过滤，Kompella 方式 VPLS 路由反射器的配置步骤见表 9-5。

表 9-5   Kompella 方式 VPLS 路由反射器的配置步骤

步骤	命令	说明
1	**system-view**	进入系统视图
2	**bgp** { *as-number-plain* | *as-number-dot* } 例如，[HUAWEI] **bgp** 100	进入 PE 所属 AS 域的 BGP 视图
3	**vpls-family** 例如，[HUAWEI-bgp] **vpls-family**	进入 BGP-VPLS 地址族视图
4	**peer** { *group-name* | *ipv4-address* } **reflect-client** 例如，[HUAWEI-bgp-af-vpls] **peer** 10.1.1.2 **reflect-client**	配置本地 PE 为 RR，并指定其他 PE 为路由反射器客户机
5	**undo policy vpn-target** 例如，[HUAWEI-bgp-af-vpls] **undo policy vpn-target**	配置在 RR 上不对接收的 VPLS 标签块使能 VPN Target 进行过滤。缺省情况下，在 Kompella 方式 VPLS 网络中部署的 RR 不会保存 VPN 路由或者标签块，此时需要执行该命令来保存所有 PE 发来的 VPN 路由或者标签块。 缺省情况下，对接收到的 VPN 路由或者标签块进行 VPN Target 过滤，可用 **policy vpn-target** 命令对接收到的 VPN 路由或者标签块进行 VPN Target 过滤
6	**rr-filter** *extcomm-filter-number* 例如，[HUAWEI-bgp-af-vpnv4] **rr-filter** 10	创建 RR 的反射策略，参数 *extcomm-filter-number* 用来指定 RR 组支持的扩展团体属性过滤器号，整数形式，取值范围为 1~399。 缺省情况下，没有创建 RR 的反射策略。 只有路由目标扩展团体属性满足匹配条件的 IBGP 路由才被反射，通过这种方式，可以实现路由反射器之间的负载分担

完成以上各小节的 Kompella 方式 VPLS 功能配置后，可使用以下 **display** 命令查看

相关配置，验证配置效果。

- **display vsi** [**name** *vsi-name*] [**verbose**]：查看指定或所有 VPLS 的 VSI 实例信息。
- **display l2vpn ccc-interface vc-type** { **all** | *vc-type* } [**down** | **up**]：查看指定或所有 L2VPN 连接使用接口的信息。
- **display vsi remote bgp** [**nexthop** *nexthop-address* [**export-vpn-target** *vpn-target*] | **route-distinguisher** *route-distinguisher*]：查看指定或所有远程 VSI 实例的信息。
- **display vpls connection** [**bgp** | **vsi** *vsi-name*] [**down** | **up**] [**verbose**]：查看指定或所有 VPLS 连接信息。
- **display vpls forwarding-info** [**vsi** *vsi-name* [**peer** *peer-address* [**negotiation-vc-id** *vc-id* | **remote-site** *site-id*]] | **state** { **up** | **down** }] [**verbose**]：查看指定或所有 VSI 的转发信息。
- **display vsi services** { **all** | *vsi-name* | **interface** *interface-type interface-number* | **vlan** *vlan-id* }：查看与指定或所有 VSI 相关联的 AC 接口信息。

9.1.6　Kompella 方式 VPLS 配置示例

Kompella 方式 VPLS 配置示例的拓扑结构如图 9-1 所示，某企业机构自建骨干网。分支 Site 站点较多（举例中只列出 2 个站点，其余省略），网络环境经常发生变动。分支 Site1 使用 CE1 连接 PE1 设备接入骨干网，分支 Site2 使用 CE2 连接 PE2 设备接入骨干网。现在 Site1 和 Site2 的用户需要进行二层业务的互通，同时，要求在穿越骨干网时保留二层报文中的用户信息。

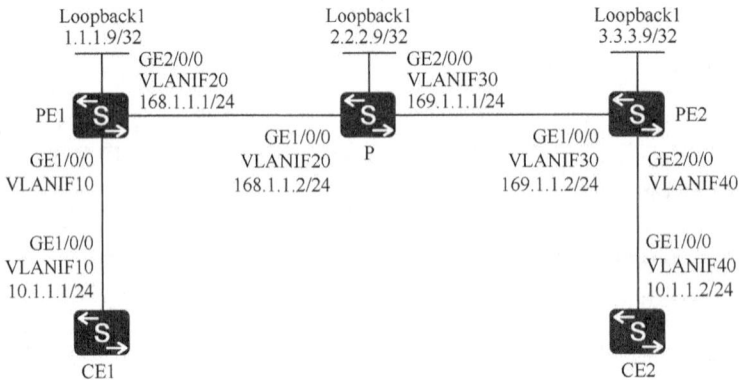

图 9-1　Kompella 方式 VPLS 配置示例的拓扑结构

1. 基本配置思路分析

本示例中由于企业 Site 站点较多且网络环境经常发生变动，所以选择 Kompella 方式的 VPLS，通过 MP-BGP 的 VPN Target 属性实现 VPN 成员自动发现，各 CE 设备二层网络的互通。其基本配置思路如下。

① 创建并配置各设备上所需 VLAN，把各接口加入对应的 VLAN，并配置各接口的 IP 地址（包括 Loopback 接口，但作为 AC 接口的 VLANIF 接口除外）和骨干网各节点的 OSPF，实现骨干网三层互通。

② 在骨干网各节点上配置 MPLS 和 LDP 功能，建立公网 LDP LSP 隧道。

③ 在两个 PE 之间建立 MP-IBGP 对等体关系，使能交换 VPLS 信息的能力。

④ 在两个 PE 上使能 MPLS L2VPN，创建 VSI 实例，指定信令为 BGP，并配置 VSI 的 RD、VPN Target 和 Site ID。

⑤ 在两个 PE 上将 AC 接口与 VSI 绑定。

2. 具体配置步骤

① 创建并配置各设备上所需 VLAN，把各接口加入对应的 VLAN，并配置各接口的 IP 地址和骨干网各节点的 OSPF，实现骨干网三层互通。

\#---CE1 上的配置如下，GE1/0/0 接口允许 VLAN 10 通过。

```
<HUAWEI> system-view
[HUAWEI] sysname CE1
[CE1] vlan 10
[CE1-vlan10] quit
[CE1] interface vlanif 10
[CE1-Vlanif10] ip address 10.1.1.1 255.255.255.0
[CE1-Vlanif10] quit
[CE1] interface gigabitethernet 1/0/0
[CE1-GigabitEthernet1/0/0] port link-type trunk
[CE1-GigabitEthernet1/0/0] port trunk allow-pass vlan 10
[CE1-GigabitEthernet1/0/0] quit
```

\#---PE1 上的配置如下。

```
<HUAWEI> system-view
[HUAWEI] sysname PE1
[PE1] vlan batch 10 20
[PE1] interface vlanif 20
[PE1-Vlanif20] ip address 168.1.1.1 255.255.255.0
[PE1-Vlanif20] quit
[PE1] interface gigabitethernet 1/0/0
[PE1-GigabitEthernet1/0/0] port link-type trunk
[PE1-GigabitEthernet1/0/0] port trunk allow-pass vlan 10
[PE1-GigabitEthernet1/0/0] quit
[PE1] interface gigabitethernet 2/0/0
[PE1-GigabitEthernet2/0/0] port link-type trunk
[PE1-GigabitEthernet2/0/0] port trunk allow-pass vlan 20
[PE1-GigabitEthernet2/0/0] quit
[PE1] interface loopback 1
[PE1-LoopBack1] ip address 1.1.1.9 255.255.255.255
[PE1-LoopBack1] quit
[PE1] ospf 1
[PE1-ospf-1] area 0.0.0.0
[PE1-ospf-1-area-0.0.0.0] network 1.1.1.9 0.0.0.0
[PE1-ospf-1-area-0.0.0.0] network 168.1.1.0 0.0.0.255
[PE1-ospf-1-area-0.0.0.0] quit
[PE1-ospf-1] quit
```

【注意】避免将 PE 上 AC 侧的物理接口（例如，PE1 的 GE1/0/0）和 PW 侧的物理接口（例如，PE1 的 GE2/0/0）加入相同的 VLAN 中，否则，可能会引起环路。

\#---P 上的配置如下。

```
<HUAWEI> system-view
[HUAWEI] sysname P
[P] vlan batch 20 30
[P] interface vlanif 20
[P-Vlanif20] ip address 168.1.1.2 255.255.255.0
```

```
[P-Vlanif20] quit
[P] interface vlanif 30
[P-Vlanif30] ip address 169.1.1.1 255.255.255.0
[P-Vlanif30] quit
[P] interface gigabitethernet 1/0/0
[P-GigabitEthernet1/0/0] port link-type trunk
[P-GigabitEthernet1/0/0] port trunk allow-pass vlan 20
[P-GigabitEthernet1/0/0] quit
[P] interface gigabitethernet 2/0/0
[P-GigabitEthernet2/0/0] port link-type trunk
[P-GigabitEthernet2/0/0] port trunk allow-pass vlan 30
[P-GigabitEthernet2/0/0] quit
[P] interface loopback 1
[P-LoopBack1] ip address 2.2.2.9 255.255.255.255
[P-LoopBack1] quit
[P] ospf 1
[P-ospf-1] area 0.0.0.0
[P-ospf-1-area-0.0.0.0] network 2.2.2.9 0.0.0.0
[P-ospf-1-area-0.0.0.0] network 168.1.1.0 0.0.0.255
[P-ospf-1-area-0.0.0.0] network 169.1.1.0 0.0.0.255
[P-ospf-1-area-0.0.0.0] quit
[P-ospf-1] quit
```

#---PE2 上的配置如下。

```
<HUAWEI> system-view
[HUAWEI] sysname PE2
[PE2] vlan batch 30 40
[PE2] interface vlanif 30
[PE2-Vlanif30] ip address 169.1.1.2 255.255.255.0
[PE2-Vlanif30] quit
[PE2] interface gigabitethernet 1/0/0
[PE2-GigabitEthernet1/0/0] port link-type trunk
[PE2-GigabitEthernet1/0/0] port trunk allow-pass vlan 30
[PE2-GigabitEthernet1/0/0] quit
[PE2] interface gigabitethernet 2/0/0
[PE2-GigabitEthernet2/0/0] port link-type trunk
[PE2-GigabitEthernet2/0/0] port trunk allow-pass vlan 40
[PE2-GigabitEthernet2/0/0] quit
[PE2] interface loopback 1
[PE2-LoopBack1] ip address 3.3.3.9 255.255.255.255
[PE2-LoopBack1] quit
[PE2] ospf 1
[PE2-ospf-1] area 0.0.0.0
[PE2-ospf-1-area-0.0.0.0] network 3.3.3.9 0.0.0.0
[PE2-ospf-1-area-0.0.0.0] network 169.1.1.0 0.0.0.255
[PE2-ospf-1-area-0.0.0.0] quit
[PE2-ospf-1] quit
```

#---CE2 上的配置如下，GE1/0/0 接口允许 VLAN 40 通过。

```
<HUAWEI> system-view
[HUAWEI] sysname CE2
[CE2] vlan 10
[CE2-vlan10] quit
[CE2] interface vlanif 10
[CE2-Vlanif10] ip address 10.1.1.2 255.255.255.0
[CE2-Vlanif10] quit
```

```
[CE2] interface gigabitethernet 1/0/0
[CE2-GigabitEthernet1/0/0] port link-type trunk
[CE2-GigabitEthernet1/0/0] port trunk allow-pass vlan 40
[CE2-GigabitEthernet1/0/0] quit
```

完成以上配置后，在骨干网各节点上执行 **display ip routing-table** 命令，可以看到各节点已学到彼此的 Loopback1 接口 IP 地址所在网段的 OSPF 路由。

② 在骨干网各节点上配置 MPLS 和 LDP 功能，建立公网 LDP LSP 隧道。

#---PE1 上的配置如下。

```
[PE1] mpls lsr-id 1.1.1.9
[PE1] mpls
[PE1-mpls] quit
[PE1] mpls ldp
[PE1-mpls-ldp] quit
[PE1] interface vlanif 20
[PE1-Vlanif20] mpls
[PE1-Vlanif20] mpls ldp
[PE1-Vlanif20] quit
```

#---P 上的配置如下。

```
[P] mpls lsr-id 2.2.2.9
[P] mpls
[P-mpls] quit
[P] mpls ldp
[P-mpls-ldp] quit
[P] interface vlanif 20
[P-Vlanif20] mpls
[P-Vlanif20] mpls ldp
[P-Vlanif20] quit
[P] interface vlanif 30
[P-Vlanif30] mpls
[P-Vlanif30] mpls ldp
[P-Vlanif30] quit
```

#---PE2 上的配置如下。

```
[PE2] mpls lsr-id 3.3.3.9
[PE2] mpls
[PE2-mpls] quit
[PE2] mpls ldp
[PE2-mpls-ldp] quit
[PE2] interface vlanif 30
[PE2-Vlanif30] mpls
[PE2-Vlanif30] mpls ldp
[PE2-Vlanif30] quit
```

③ 在两个 PE 之间建立 MP-IBGP 对等体关系，使能交换 VPLS 信息的能力。

#---PE1 上的配置如下。

```
[PE1] bgp 100
[PE1-bgp] peer 3.3.3.9 as-number 100
[PE1-bgp] peer 3.3.3.9 connect-interface loopback 1
[PE1-bgp] vpls-family
[PE1-bgp-af-vpls] peer 3.3.3.9 enable
[PE1-bgp-af-vpls] quit
[PE1-bgp] quit
```

#---PE2 上的配置如下。

```
[PE2] bgp 100
[PE2-bgp] peer 1.1.1.9 as-number 100
```

```
[PE2-bgp] peer 1.1.1.9 connect-interface loopback 1
[PE2-bgp] vpls-family
[PE2-bgp-af-vpls] peer 1.1.1.9 enable
[PE2-bgp-af-vpls] quit
[PE2-bgp] quit
```

④ 在两个 PE 上使能 MPLS L2VPN，创建 VSI 实例，指定信令为 BGP，并配置 VSI 的 RD、VPN Target 和 Site ID。VSI 两端的 Site 名称可以一样，也可以不一样，两端的 Site ID 和 RD 属性不能相同，两端的 VPN Target 属性中至少一端的 import-extcommunity 要与另一端的 export-extcommunity 匹配。

【注意】两端的 Site ID、Range 和 default-offset 参数值的设置一定要满足 9.1.2 节表 9-2 中第 6 步所介绍的条件，不能随意设置。

#---PE1 上的配置如下。VSI 名称为 bgp1，RD 为 168.1.1.1:1、双向 VPN Target 均为 100:1，Site ID 为 1，Range 为 5，Site ID 的 default-offset 为 0。

```
[PE1] mpls l2vpn
[PE1-l2vpn] quit
[PE1] vsi bgp1 auto
[PE1-vsi-bgp1] pwsignal bgp1
[PE1-vsi-bgp1-bgp] route-distinguisher 168.1.1.1:1
[PE1-vsi-bgp1-bgp] vpn-target 100:1 import-extcommunity
[PE1-vsi-bgp1-bgp] vpn-target 100:1 export-extcommunity
[PE1-vsi-bgp1-bgp] site 1 range 5 default-offset 0 #—指定本端缺省的起始 Site ID 的偏差值为 0，即与所设置的 Site ID 值相同
[PE1-vsi-bgp1-bgp] quit
[PE1-vsi-bgp1] quit
```

#---PE2 上的配置如下。VSI 名称为 bgp1，RD 为 169.1.1.2:1，双向 VPN Target 均为 100:1，Site ID 为 2，Range 为 5，Site ID 的 default-offset 为 0。

```
[PE2] mpls l2vpn
[PE2-l2vpn] quit
[PE2] vsi bgp1 auto
[PE2-vsi-bgp1] pwsignal bgp1
[PE2-vsi-bgp1-bgp] route-distinguisher 169.1.1.2:1
[PE2-vsi-bgp1-bgp] vpn-target 100:1 import-extcommunity
[PE2-vsi-bgp1-bgp] vpn-target 100:1 export-extcommunity
[PE2-vsi-bgp1-bgp] site 2 range 5 default-offset 0
[PE2-vsi-bgp1-bgp] quit
[PE2-vsi-bgp1] quit
```

⑤ 在两个 PE 上将 AC 接口与 VSI 进行绑定。

#---PE1 上的配置如下。

```
[PE1] interface vlanif 10
[PE1-Vlanif10] l2 binding vsi bgp1
[PE1-Vlanif10] quit
```

#---PE2 上的配置如下。

```
[PE2] interface vlanif 40
[PE2-Vlanif40] l2 binding vsi bgp1
[PE2-Vlanif40] quit
```

3. 配置结果验证

完成以上配置并在网络稳定后，在 PE1 上执行 **display vsi name bgp1 verbose** 命令，可以看到名字为 bgp1 的 VSI 实例下建立了一条到达 PE2 的 PW，状态为 up，在 PE1 上执行该命令的输出示例如下。

```
[PE1] display vsi name bgp1 verbose

***VSI Name                  : bgp1
    Administrator VSI       : no
    Isolate Spoken          : disable
    VSI Index               : 0
    PW Signaling            : bgp
    Member Discovery Style : auto
    PW MAC Learn Style      : unqualify
    Encapsulation Type      : vlan
    MTU                     : 1500
    Diffserv Mode           : uniform
    Mpls Exp                : --
    DomainId                : 255
    Domain Name             :
    Ignore AcState          : disable
    P2P VSI                 : disable
    Create Time             : 0 day, 0 hour, 1 minute, 3 second
    VSI State               : up

    BGP RD                  : 168.1.1.1:1
    SiteID/Range/Offset     : 1/5/0
    Import vpn target       : 100:1
    Export vpn target       : 100:1
    Remote Label Block      : 35840/5/0
    Local Label Block       : 0/35840/5/0

    Interface Name          : Vlanif10
    State                   : up
    Access Port             : false
    Last Up Time            : 2022/11/10 20:34:49
    Total Up Time           : 0 day, 0 hour, 1 minute, 3 second

  **PW Information:

    *Peer Ip Address        : 3.3.3.9
     PW State               : up
     Local VC Label         : 35842
     Remote VC Label        : 35841
     PW Type                : label
     Local   VCCV           : alert lsp-ping bfd
     Remote VCCV            : alert lsp-ping bfd
```

此时，CE1 应该能 ping 通 CE2（10.1.1.2）。

9.2　BGP AD 方式 VPLS 配置与管理

BGP AD 方式 VPLS 是结合了 Martini 和 Kompella 两种方式 VPLS 的优点，利用 Kompella 方式 VPLS 扩展 MP-BGP Update 报文中的 VPN Target 属性完成 VPLS 成员发现，再利用 Martini 方式 VPLS 中的 LDP FEC 129 信令来协商建立 PW，从而完成 VPLS PW 业务的自动部署。

配置 BGP AD 方式的 VPLS 需要在 PW 两端的 PE 上进行以下配置。

① 使能 BGP 对等体交换 VPLS 成员信息的能力。

484　　　　　　　　　　　　华为 MPLS VPN 学习指南（第二版）

② 创建 VSI 并配置 BGP AD 信令。

③ 配置 VSI 与 AC 接口的绑定。

此项配置任务与 Martini 方式的 VPLS 的该项配置任务的配置方法完全一样，参见 8.3.2 节即可。

④（可选）复位 BGP L2VPN-AD 相关的 BGP 连接。

在配置 VPLS 之前，需要完成以下任务。

① 在 PE 和 P 上配置 LSR ID，使能 MPLS，建立公网 LDP 或 TE、GRE 隧道。

② 在 PE 上使能 MPLS L2VPN，建立 MP-IBGP 对等体。

9.2.1　使能 BGP 对等体交换 VPLS 信息的能力

BGP AD 方式 VPLS 与普通 BGP 使用同一条 TCP 连接，大部分特性继承普通 BGP 的配置。但由于交换的是 VPLS 成员信息，需要在 PW 两端 PE 的 BGP L2VPN-AD 地址族视图下使能对等体交换 VPLS 成员信息的能力。使能 BGP 对等体交换 VPLS 成员信息能力的配置步骤见表 9-6。

表 9-6　使能 BGP 对等体交换 VPLS 成员信息能力的配置步骤

步骤	命令	说明
1	**system-view**	进入系统视图
2	**bgp** { *as-number-plain* | *as-number-dot* } 例如，[HUAWEI] **bgp** 100	进入 PE 所属 AS 域的 BGP 视图
3	**peer** *ipv4-address* **connect-interface** *interface-type interface-number* 例如，[HUAWEI-bgp] **peer** 3.3.3.9 **connect-interface** loopback1	指定建立 TCP 连接的源接口，通常是本端的 Loopback 接口
4	**l2vpn-ad-family** 例如，[HUAWEI-bgp] **l2vpn-ad-family**	进入 L2VPN-AD 地址族视图，可用 **undo l2vpn-ad-family** 命令退出 L2VPN-AD 地址族视图，并删除该视图下的所有配置
5	**peer** *ipv4-address* **enable** 例如，[HUAWEI-bgp-af-l2vpn-ad] **peer** 3.3.3.9 **enable**	使能与指定对等体交换路由信息。参数 *ipv4-address* 为对等体（对端 PE）的 IP 地址，此处也要为对端 PE 的 LSR ID。 缺省情况下，只有 BGP-IPv4 单播地址族的对等体是自动使能的，可用 **undo peer** *ipv4-address* **enable** 命令禁止与指定对等体交换路由信息

9.2.2　创建 VSI 并配置 BGP AD 信令

配置 BGP AD 方式 VPLS 时，需要在 PW 两端的 PE 设备上创建 VSI，指定其 PW 建立方式为自动发现和自动部署，并配置 BGP AD 信令。创建 VSI 并配置 BGP AD 信令的步骤见表 9-7。

表 9-7　创建 VSI 并配置 BGP AD 信令的步骤

步骤	命令	说明
1	**system-view**	进入系统视图
2	**vsi** *vsi-name* 例如，[HUAWEI] **vsi** company1	创建 VSI

步骤	命令	说明
3	**bgp-ad** 例如，[HUAWEI-vsi-company1] **bgp-ad**	配置当前 VSI 实例的 PW 建立方式为自动发现和自动部署，并进入 VSI-BGP AD 视图
4	**vpls-id** *vpls-id* 例如，[HUAWEI-vsi-company1-bgpad] **vpls-id** 101:3	配置 VPLS ID，即指定不同 PE 上的 VSI 所属的 VPLS 域标识。VPLS ID 有与 RD 一样可以采用的 4 种格式，具体参见 9.1.2 节表 9-2 中的第 4 步说明。 【说明】VPLS ID 是 VPLS 域的唯一标识，需要在创建 BGP AD 方式的 VSI 时配置，同一个 VPLS 域内的 VSI，其 VPLS ID 要配置为相同数值，但在同一 PE 中不同的 BGP AD 方式 VSI 的 VPLS 域不能相同。 对于 BGP AD 方式的 VPLS，RD 默认使用 VPLS ID 的值，因此，只须配置 VPLS ID，无须配置 RD。 VSI 实例的 VPLS ID 配置成功后，不可以直接修改。如果要修改 VPLS ID，必须先删除该 VSI 实例，再创建一个 VSI 实例后，重新配置 VPLS ID
5	**vpn-target** *vpn-target* & <1-16> [**both** | **export-extcommunity** | **import-extcommunity**] 例如，[HUAWEI-vsi-company1-bgp] **vpn-target** 5:5 **both**	配置 VSI 的 VPN Target。其他说明参见 9.1.2 节表 9-2 中的第 5 步
6	**pw spoke-mode** 例如，[HUAWEI-vsi-company1-bgp] **pw spoke-mode**	（可选）配置 BGP AD 方式 VSI 的所有 PW 属性为 Spoke，即关闭该 VSI 内所有 PW 的水平分割功能。水平分割功能规则为：来自 Spoke PW 的流量可以向 Spoke PW 和 Hub PW 转发，但是来自 Hub PW 的流量只能向 Spoke PW 转发，不能向 Hub PW 转发。 当 BGP AD 方式的 VPLS 应用在星形或树形组网时，只用一个 PE 设备作为 Hub，其余均为 Spoke，需要在 Hub 设备上配置 VSI 的所有 PW 属性为 Spoke，即关闭 PW 的水平分割功能。 缺省情况下，BGP AD 方式 VSI 的所有 PW 属性是 Hub，可用 **undo pw spoke-mode** 命令来恢复缺省配置
7	**quit**	退回 VSI 视图
8	**encapsulation** { **ethernet** | **vlan** } 例如，[HUAWEI-vsi-company1] **encapsulation vlan**	（可选）配置 AC 接口的封装形式。其他说明参见 9.1.2 节表 9-2 中的第 8 步

9.2.3　复位 BGP L2VPN-AD 相关的 BGP 连接

当 BGP L2VPN-AD 相关的 BGP 配置发生变化后，如果需要让新的配置立即生效，则可以复位 BGP L2VPN-AD 相关的 BGP 连接。

复位 BGP L2VPN-AD 相关的 BGP 连接的方法很简单，只须在系统视图下执行 **reset bgp l2vpn-ad** { **all** \| *as-number-plain* \| *as-number-dot* \| *ipv4-address* \| **group** *group-name* \| **external** \| **internal** } [**graceful**]命令即可。该命令中的参数和选项说明如下。

- **l2vpn-ad**：指定复位 BGP L2VPN-AD 相关的 BGP 连接。

- **all**：指定复位所有 BGP 连接。
- *as-number-plain*：多选一参数，指定所需复位的 BGP 连接所在的整数形式 AS 号，取值范围为 1～4294967295。
- *as-number-dot*：多选一参数，指定所需复位的 BGP 连接所在的点分形式 AS 号，格式为 *x.y*。其中，*x* 和 *y* 都是整数形式，*x* 的取值范围为 1～65535，*y* 的取值范围为 0～65535。
- *ipv4-address*：多选一参数，指定复位与指定 BGP 对等体的连接。
- **group** *group-name*：多选一参数，指定复位与指定 BGP 对等体组的连接。
- **external**：多选一选项，指定复位所有 EBGP 连接。
- **internal**：多选一选项，指定复位所有 IBGP 连接。
- **graceful**：可选项，指定按照 GR 方式复位 BGP 连接。

完成以上各小节的 BGP AD 方式的 VPLS 功能配置后，可执行以下 **display** 命令查看相关配置，验证配置结果。

- **display vsi** [**name** *vsi-name*] [**verbose**]：查看指定或所有 VPLS 的 VSI 实例信息。
- **display l2vpn ccc-interface vc-type** { **all** | *vc-type* } [**down** | **up**]：查看指定或所有 L2VPN 连接使用接口的信息。
- **display vsi bgp-ad** { **import-vt** | **export-vt** | **remote-export-vt** }：查看本端和所有远端设备的 VPN-Target 信息。
- **display vsi bgp-ad remote vpls-id** *vpls-id*：查看指定远端 PE 的成员信息。
- **display vpls connection** [**bgp-ad** | **vsi** *vsi-name*] [**down** | **up**] [**verbose**]：查看指定或所有 BGP AD 方式 VPLS 的连接信息。
- **display vpls forwarding-info** [**vsi** *vsi-name* [**peer** *peer-address* [**negotiation-vc-id** *vc-id* | **remote-site** *site-id*]] | **state** { **up** | **down** }] [**verbose**]：查看指定或所有 VSI 的转发信息。
- **display vsi services** { **all** | *vsi-name* | **interface** *interface-type interface-number* | **vlan** *vlan-id* }：查看所有或与指定 VSI 相关联的 AC 接口信息。
- **display bgp l2vpn-ad** [**route-distinguisher** *route-distinguisher*] **routing-table** [**vpls-ad**] [*ipv4-address* | **statistics**]：查看指定或所有 BGP L2VPN-AD 的路由信息。

9.2.4　BGP AD 方式 VPLS 配置示例

BGP AD 方式 VPLS 配置示例的拓扑结构如图 9-2 所示，某企业机构自建骨干网，分支 Site 站点较多（举例中只列出 3 个站点，其余省略），网络环境经常发生变动。分支 Site1 使用 CE1 连接 PE1 设备接入骨干网，分支 Site2 使用 CE2 连接 PE2 设备接入骨干网，分支 Site3 使用 CE3 接入骨干网。现在 Site1、Site2 和 Site3 的用户需要进行二层业务的互通，同时要求在穿越骨干网时保留二层报文中的用户信息。

【注意】在这种多台交换机使用 VLANIF 接口进行三层互联的场景中，需要确保这些交换机间互联的二层物理接口的 STP 处于未使能状态。在使能 STP 的环形网络中，如果用交换机的 VLANIF 接口构建三层网络，就会导致某个端口被阻塞，三层业务不能正常运行。

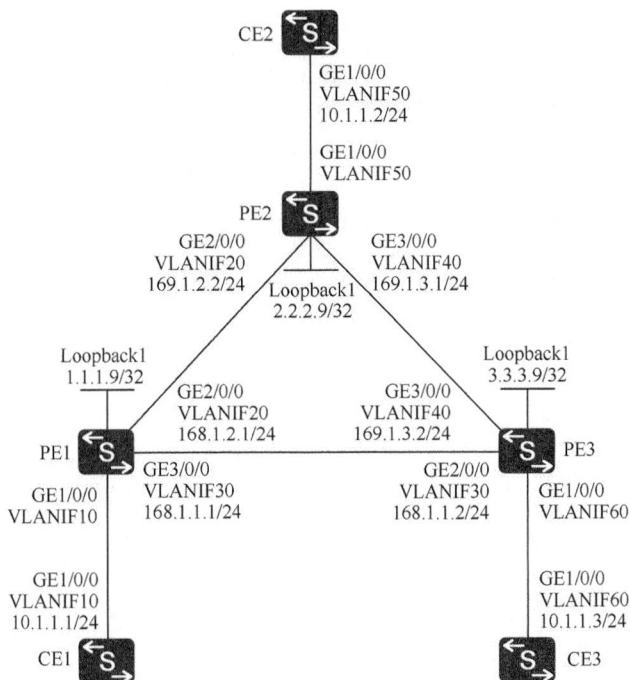

图 9-2　BGP AD 方式 VPLS 配置示例的拓扑结构

1. 基本配置思路分析

为了实现 Site1、Site2 和 Site3 的二层业务互通，同时在穿越骨干网时保留二层报文的用户信息，需要使用 VPLS 技术在骨干网透传二层报文。由于本示例中企业 Site 站点较多且网络环境经常发生变动，所以可以选择 BGP AD 方式 VPLS，实现各 CE 设备二层网络的互通。另外，与其他方式 VPLS 一样，为了实现 PE 间数据的公网传输，也需要先配置公网 MPLS 隧道，本示例采用 LDP LSP 隧道，其基本配置思路如下。

① 创建并配置各设备上所需 VLAN，把各接口加入对应的 VLAN，并配置各接口的 IP 地址（包括 Loopback 接口，但作为 AC 接口的 VLANIF 接口除外）和骨干网各节点的 OSPF，实现骨干网三层互通。

② 在骨干网各节点上配置 MPLS 基本功能和 LDP，建立公网 LDP LSP 隧道。

【说明】如果 PE 间是非直连，则还要建立 PE 间的远端 LDP 会话。

③ 在各 PE 间配置 MP-IBGP 对等体关系，使 PE 间能通过 MP-BGP Update 报文交互 VPLS 信息。

④ 在各 PE 上使能 MPLS L2VPN，创建 VSI，指定信令为 BGP，配置 VPLS ID、VPN Target 参数。

⑤ 在各 PE 上将 AC 接口与 VSI 进行绑定。

2. 具体配置步骤

① 创建并配置各设备上所需 VLAN，把各接口加入对应的 VLAN，并配置各接口 IP 地址和骨干网各节点的 OSPF，实现骨干网三层互通。

#---CE1 上的配置如下。

```
<HUAWEI> system-view
[HUAWEI] sysname CE1
[CE1] vlan 10
[CE1-vlan10] quit
[CE1] interface vlanif 10
[CE1-Vlanif10] ip address 10.1.1.1 255.255.255.0
[CE1-Vlanif10] quit
[CE1] interface gigabitethernet 1/0/0
[CE1-GigabitEthernet1/0/0] port link-type trunk
[CE1-GigabitEthernet1/0/0] port trunk allow-pass vlan 10
[CE1-GigabitEthernet1/0/0] quit
```

#---CE2 上的配置如下。

```
<HUAWEI> system-view
[HUAWEI] sysname CE2
[CE2] vlan 50
[CE2-vlan50] quit
[CE2] interface vlanif 50
[CE2-Vlanif50] ip address 10.1.1.2 255.255.255.0
[CE2-Vlanif50] quit
[CE2] interface gigabitethernet 1/0/0
[CE2-GigabitEthernet1/0/0] port link-type trunk
[CE2-GigabitEthernet1/0/0] port trunk allow-pass vlan 50
[CE2-GigabitEthernet1/0/0] quit
```

#---CE3 上的配置如下。

```
<HUAWEI> system-view
[HUAWEI] sysname CE3
[CE3] vlan 60
[CE3-vlan60] quit
[CE3] interface vlanif 60
[CE3-Vlanif60] ip address 10.1.1.3 255.255.255.0
[CE3-Vlanif60] quit
[CE3] interface gigabitethernet 1/0/0
[CE3-GigabitEthernet1/0/0] port link-type trunk
[CE3-GigabitEthernet1/0/0] port trunk allow-pass vlan 60
[CE3-GigabitEthernet1/0/0] quit
```

#---PE1 上的配置如下。

```
<HUAWEI> system-view
[HUAWEI] sysname PE1
[PE1] vlan batch 10 20 30
[PE1] interface vlanif 20
[PE1-Vlanif20] ip address 168.1.2.1 255.255.255.0
[PE1-Vlanif20] quit
[PE1] interface vlanif 30
[PE1-Vlanif30] ip address 168.1.1.1 255.255.255.0
[PE1-Vlanif30] quit
[PE1] interface gigabitethernet 1/0/0
[PE1-GigabitEthernet1/0/0] port link-type trunk
[PE1-GigabitEthernet1/0/0] port trunk allow-pass vlan 10
[PE1-GigabitEthernet1/0/0] quit
[PE1] interface gigabitethernet 2/0/0
[PE1-GigabitEthernet2/0/0] port link-type trunk
[PE1-GigabitEthernet2/0/0] port trunk allow-pass vlan 20
[PE1-GigabitEthernet2/0/0] quit
```

```
[PE1] interface gigabitethernet 3/0/0
[PE1-GigabitEthernet3/0/0] port link-type trunk
[PE1-GigabitEthernet3/0/0] port trunk allow-pass vlan 30
[PE1-GigabitEthernet3/0/0] quit
[PE1] interface loopback 1
[PE1-LoopBack1] ip address 1.1.1.9 255.255.255.255
[PE1-LoopBack1] quit
[PE1] ospf 1
[PE1-ospf-1] area 0.0.0.0
[PE1-ospf-1-area-0.0.0.0] network 1.1.1.9 0.0.0.0
[PE1-ospf-1-area-0.0.0.0] network 168.1.1.0 0.0.0.255
[PE1-ospf-1-area-0.0.0.0] network 168.1.2.0 0.0.0.255
[PE1-ospf-1-area-0.0.0.0] quit
[PE1-ospf-1] quit
```

【注意】不要将 PE 上 AC 侧的物理接口（连接 CE 的物理接口）和 PW 侧的物理接口（连接骨干网其他节点的物理接口）加入相同的 VLAN，否则，可能会引起环路。

\#---PE2 上的配置如下。

```
<HUAWEI> system-view
[HUAWEI] sysname PE2
[PE2] vlan batch 20 40 50
[PE2] interface vlanif 20
[PE2-Vlanif20] ip address 168.1.2.2 255.255.255.0
[PE2-Vlanif20] quit
[PE2] interface vlanif 40
[PE2-Vlanif40] ip address 168.1.3.1 255.255.255.0
[PE2-Vlanif40] quit
[PE2] interface gigabitethernet 1/0/0
[PE2-GigabitEthernet1/0/0] port link-type trunk
[PE2-GigabitEthernet1/0/0] port trunk allow-pass vlan 50
[PE2-GigabitEthernet1/0/0] quit
[PE2] interface gigabitethernet 2/0/0
[PE2-GigabitEthernet2/0/0] port link-type trunk
[PE2-GigabitEthernet2/0/0] port trunk allow-pass vlan 20
[PE2-GigabitEthernet2/0/0] quit
[PE2] interface gigabitethernet 3/0/0
[PE2-GigabitEthernet3/0/0] port link-type trunk
[PE2-GigabitEthernet3/0/0] port trunk allow-pass vlan 40
[PE2-GigabitEthernet3/0/0] quit
[PE2] interface loopback 1
[PE2-LoopBack1] ip address 2.2.2.9 255.255.255.255
[PE2-LoopBack1] quit
[PE2] ospf 1
[PE2-ospf-1] area 0.0.0.0
[PE2-ospf-1-area-0.0.0.0] network 2.2.2.9 0.0.0.0
[PE22-ospf-1-area-0.0.0.0] network 168.1.2.0 0.0.0.255
[PE2-ospf-1-area-0.0.0.0] network 168.1.3.0 0.0.0.255
[PE2-ospf-1-area-0.0.0.0] quit
[PE2-ospf-1] quit
```

\#---PE3 上的配置如下。

```
<HUAWEI> system-view
[HUAWEI] sysname PE3
[PE3] vlan batch 30 40 60
[PE3] interface vlanif 30
[PE3-Vlanif30] ip address 168.1.1.2 255.255.255.0
```

```
[PE3-Vlanif30] quit
[PE3] interface vlanif 40
[PE3-Vlanif40] ip address 168.1.3.2 255.255.255.0
[PE3-Vlanif40] quit
[PE3] interface gigabitethernet 1/0/0
[PE3-GigabitEthernet1/0/0] port link-type trunk
[PE3-GigabitEthernet1/0/0] port trunk allow-pass vlan 60
[PE3-GigabitEthernet1/0/0] quit
[PE3] interface gigabitethernet 2/0/0
[PE3-GigabitEthernet2/0/0] port link-type trunk
[PE3-GigabitEthernet2/0/0] port trunk allow-pass vlan 30
[PE3-GigabitEthernet2/0/0] quit
[PE3] interface gigabitethernet 3/0/0
[PE3-GigabitEthernet3/0/0] port link-type trunk
[PE3-GigabitEthernet3/0/0] port trunk allow-pass vlan 40
[PE3-GigabitEthernet3/0/0] quit
[PE3] interface loopback 1
[PE3-LoopBack1] ip address 3.3.3.9 255.255.255.255
[PE3-LoopBack1] quit
[PE3] ospf 1
[PE3-ospf-1] area 0.0.0.0
[PE3-ospf-1-area-0.0.0.0] network 3.3.3.9 0.0.0.0
[PE3-ospf-1-area-0.0.0.0] network 168.1.1.0 0.0.0.255
[PE3-ospf-1-area-0.0.0.0] network 168.1.3.0 0.0.0.255
[PE3-ospf-1-area-0.0.0.0] quit
[PE3-ospf-1] quit
```

完成以上配置后，在各 PE 上执行 **display ip routing-table** 命令，可以看到各 PE 已经学到彼此的 Loopback1 接口 IP 地址对应的 OSPF 路由。

② 在骨干网各节点上配置 MPLS 和 LDP 功能，建立公网 LDP LSP 隧道。

\#---PE1 上的配置如下。

```
[PE1] mpls lsr-id 1.1.1.9
[PE1] mpls
[PE1-mpls] quit
[PE1] mpls ldp
[PE1-mpls-ldp] quit
[PE1] interface vlanif 20
[PE1-Vlanif20] mpls
[PE1-Vlanif20] mpls ldp
[PE1-Vlanif20] quit
[PE1] interface vlanif 30
[PE1-Vlanif30] mpls
[PE1-Vlanif30] mpls ldp
[PE1-Vlanif30] quit
```

\#---PE2 上的配置如下。

```
[PE2] mpls lsr-id 2.2.2.9
[PE2] mpls
[PE2-mpls] quit
[PE2] mpls ldp
[PE2-mpls-ldp] quit
[PE2] interface vlanif 20
[PE2-Vlanif20] mpls
[PE2-Vlanif20] mpls ldp
[PE2-Vlanif20] quit
```

```
[PE2] interface vlanif 40
[PE2-Vlanif40] mpls
[PE2-Vlanif40] mpls ldp
[PE2-Vlanif40] quit
```

\#---PE3 上的配置如下。

```
[PE3] mpls lsr-id 3.3.3.9
[PE3] mpls
[PE3-mpls] quit
[PE3] mpls ldp
[PE3-mpls-ldp] quit
[PE3] interface vlanif 30
[PE3-Vlanif30] mpls
[PE3-Vlanif30] mpls ldp
[PE3-Vlanif20] quit
[PE3] interface vlanif 40
[PE3-Vlanif40] mpls
[PE3-Vlanif40] mpls ldp
[PE3-Vlanif40] quit
```

完成以上配置后，在各 PE 上执行 **display mpls ldp peer** 命令，可以看到各 PE 之间已经建立 LDP 对等体关系；执行 **display mpls ldp session** 命令，可以看到对等体之间已建立的 LDP 会话；执行 **display mpls lsp** 命令，可以看到各 PE 上建立的 LSP 情况。

③ 在各 PE 之间配置 MP-IBGP 对等体关系，假设各 PE 均位于 AS 100 中。

\#---PE1 上的配置如下。

```
[PE1] bgp 100
[PE1-bgp] peer 2.2.2.9 as-number 100
[PE1-bgp] peer 2.2.2.9 connect-interface loopback 1
[PE1-bgp] peer 3.3.3.9 as-number 100
[PE1-bgp] peer 3.3.3.9 connect-interface loopback 1
[PE1-bgp] l2vpn-ad-family
[PE1-bgp-af-l2vpn-ad] peer 2.2.2.9 enable
[PE1-bgp-af-l2vpn-ad] peer 3.3.3.9 enable
[PE1-bgp-af-l2vpn-ad] quit
[PE1-bgp] quit
```

\#---PE2 上的配置如下。

```
[PE2] bgp 100
[PE2-bgp] peer 1.1.1.9 as-number 100
[PE2-bgp] peer 1.1.1.9 connect-interface loopback 1
[PE2-bgp] peer 3.3.3.9 as-number 100
[PE2-bgp] peer 3.3.3.9 connect-interface loopback 1
[PE2-bgp] l2vpn-ad-family
[PE2-bgp-af-l2vpn-ad] peer 1.1.1.9 enable
[PE2-bgp-af-l2vpn-ad] peer 3.3.3.9 enable
[PE2-bgp-af-l2vpn-ad] quit
[PE2-bgp] quit
```

\#---PE3 上的配置如下。

```
[PE3] bgp 100
[PE3-bgp] peer 1.1.1.9 as-number 100
[PE3-bgp] peer 1.1.1.9 connect-interface loopback 1
[PE3-bgp] peer 2.2.2.9 as-number 100
[PE3-bgp] peer 2.2.2.9 connect-interface loopback 1
[PE3-bgp] l2vpn-ad-family
[PE3-bgp-af-l2vpn-ad] peer 1.1.1.9 enable
```

```
[PE3-bgp-af-l2vpn-ad] peer 2.2.2.9 enable
[PE3-bgp-af-l2vpn-ad] quit
[PE3-bgp] quit
```

④ 在各 PE 上使能 MPLS L2VPN，创建 VSI，指定信令为 BGP，配置 VPLS ID、VPN Target 参数。假设指定 VPLS ID 为 168.1.1.1:1（同一个 VPLS 域中各 PE 上的配置必须一致）、VPN Target 为 100:1（本示例指定入方向 VPN Target 属性和出方向 VPN Target 属性相同）。

#---PE1 上的配置如下。

```
[PE1] mpls l2vpn
[PE1-l2vpn] quit
[PE1] vsi vplsad1
[PE1-vsi-vplsad1] bgp-ad
[PE1-vsi-vplsad1-bgpad] vpls-id 168.1.1.1:1
[PE1-vsi-vplsad1-bgpad] vpn-target 100:1 import-extcommunity
[PE1-vsi-vplsad1-bgpad] vpn-target 100:1 export-extcommunity
[PE1-vsi-vplsad1-bgpad] quit
[PE1-vsi-vplsad1] quit
```

#---PE2 上的配置如下。

```
[PE2] mpls l2vpn
[PE2-l2vpn] quit
[PE2] vsi vplsad1
[PE2-vsi-vplsad1] bgp-ad
[PE2-vsi-vplsad1-bgpad] vpls-id 168.1.1.1:1
[PE2-vsi-vplsad1-bgpad] vpn-target 100:1 import-extcommunity
[PE2-vsi-vplsad1-bgpad] vpn-target 100:1 export-extcommunity
[PE2-vsi-vplsad1-bgpad] quit
[PE2-vsi-vplsad1] quit
```

#---PE3 上的配置如下。

```
[PE3] mpls l2vpn
[PE3-l2vpn] quit
[PE3] vsi vplsad1
[PE3-vsi-vplsad1] bgp-ad
[PE3-vsi-vplsad1-bgpad] vpls-id 168.1.1.1:1
[PE3-vsi-vplsad1-bgpad] vpn-target 100:1 import-extcommunity
[PE3-vsi-vplsad1-bgpad] vpn-target 100:1 export-extcommunity
[PE3-vsi-vplsad1-bgpad] quit
[PE3-vsi-vplsad1] quit
```

⑤ 在各 PE 上将 AC 接口与 VSI 绑定。

#---PE1 上的配置如下。

```
[PE1] interface vlanif 10
[PE1-Vlanif10] l2 binding vsi vplsad1
[PE1-Vlanif10] quit
```

#---PE2 上的配置如下。

```
[PE2] interface vlanif 50
[PE2-Vlanif50] l2 binding vsi vplsad1
[PE2-Vlanif50] quit
```

#---PE3 上的配置如下。

```
[PE3] interface vlanif 60
[PE3-Vlanif60] l2 binding vsi vplsad1
[PE3-Vlanif60] quit
```

3. 配置结果验证

完成以上配置，并在网络稳定后在各 PE 上执行 **display vsi name** vplsad1 **verbose** 命令，可以看到名字为 vplsad1 的 VSI 实例下已经建立到达另两个 PE 的各一条 PW，状态均为 up。在 PE1 上执行该命令的输出示例如下，从中可以看出，它已经建立了到达 PE2 和 PE3 的各一条 PW，状态均为 up，参见输出信息中的粗体字部分。

```
[PE1] display vsi name vplsad1 verbose

***VSI Name                 : vplsad1
   Administrator VSI        : no
   Isolate Spoken           : disable
   VSI Index                : 0
   PW Signaling             : bgpad
   Member Discovery Style : --
   PW MAC Learn Style       : unqualify
   Encapsulation Type       : vlan
   MTU                      : 1500
   Diffserv Mode            : uniform
   Mpls Exp                 : --
   DomainId                 : 255
   Domain Name              :
   Ignore AcState           : disable
   P2P VSI                  : disable
   Create Time              : 0 day, 18 hour, 5 minute, 30 second
   VSI State                : up

   VPLS ID                  : 168.1.1.1:1
   RD                       : 168.1.1.1:1
   Import vpn target        : 100:1
   Export vpn target        : 100:1
   BGPAD VSI ID             : 1.1.1.9

  *Peer Router ID           : 2.2.2.9
   VPLS ID                  : 168.1.1.1:1
   SAII                     : 1.1.1.9
   TAII                     : 2.2.2.9
   VC Label                 : 1024
   Peer Type                : dynamic
   Session                  : up
   Tunnel ID                : 0x80003f
   Broadcast Tunnel ID      : 0x80003f
   CKey                     : 2
   NKey                     : 1

  *Peer Router ID           : 3.3.3.9
   VPLS ID                  : 168.1.1.1:1
   SAII                     : 1.1.1.9
   TAII                     : 3.3.3.9
   VC Label                 : 1025
   Peer Type                : dynamic
   Session                  : up
   Tunnel ID                : 0x800033
   Broadcast Tunnel ID      : 0x800033
   CKey                     : 4
```

```
NKey                    : 3

Interface Name          : Vlanif10
State                   : up
Access Port             : false
Last Up Time            : 2022/07/06 15:54:46
Total Up Time           : 0 day, 0 hour, 58 minute, 24 second

**PW Information:

*Peer Ip Address        : 2.2.2.9
 PW State               : up
 Local VC Label         : 1024
 Remote VC Label        : 1024
 PW Type                : label
 Local    VCCV          : alert lsp-ping bfd
 Remote VCCV            : alert lsp-ping bfd
 Tunnel ID              : 0x80003f
 Broadcast Tunnel ID    : 0x80003f
 Broad BackupTunnel ID  : 0x0
 Ckey                   : 0x2
 Nkey                   : 0x1
 Main PW Token          : 0x80003f
 Slave PW Token         : 0x0
 Tnl Type               : LSP
 OutInterface           : Vlanif20
 Backup OutInterface    :
 Stp Enable             : 0
 PW Last Up Time        : 2022/07/06 16:18:23
 PW Total Up Time       : 0 day, 1 hour, 22 minute, 13 second

*Peer Ip Address        : 3.3.3.9
 PW State               : up
 Local VC Label         : 1025
 Remote VC Label        : 1025
 PW Type                : label
------
```

此时，CE1、CE2 和 CE3 之间就可以互相 ping 通了。

9.3　HVPLS 配置与管理

HVPLS 是实现 VPLS 网络层次化的一种技术，其目的是减少 PE 之间的 LDP 或者 BGP 远端会话连接，适用于大型 VPLS 网络。需要注意的是，目前，仅华为 S 系列交换机支持 HVPLS。

9.3.1　HVPLS 的产生背景

无论是以 BGP 方式，还是以 LDP 方式为信令的 VPLS，为了避免环路，基本解决办法都是在信令上建立所有站点的全连接。在转发报文时，对于从 PW 来的报文，根据水平分割转发原理，将不会再向其他的 PW 转发。

在小型 VPLS 网络中，以上的各站点之间的全连接需求比较容易满足，但如果一个 VPLS 有许多个（假设为 N）PE 设备，则该 VPLS 就有 N×(N−1)/2 个连接。当 VPLS 的 PE 增多时，VPLS 的连接数就呈 N 平方级数增加。假设有 100 个站点，站点间的 LDP 会话数目将是 4950 个。这样不仅配置复杂，而且当接收到第一个未知单播报文和广播、多播报文时，每个 PE 设备都需要向所有的对端设备广播报文，这样就会浪费带宽资源。

为了解决 VPLS 的全连接问题，增加网络的可扩展性，HVPLS 组网方案应运而生，即在协议 draft-ietf-l2vpn_vpls_ldp 中引入了 HVPLS。HVPLS 将网络分级，每级网络形成全连接，分级间的设备通过 PW 来连接，其报文转发不遵守水平分割规则，而是可以相互转发。

HVPLS 的基本模型如图 9-3 所示，把 PE 分为 UPE 和 SPE 两种。

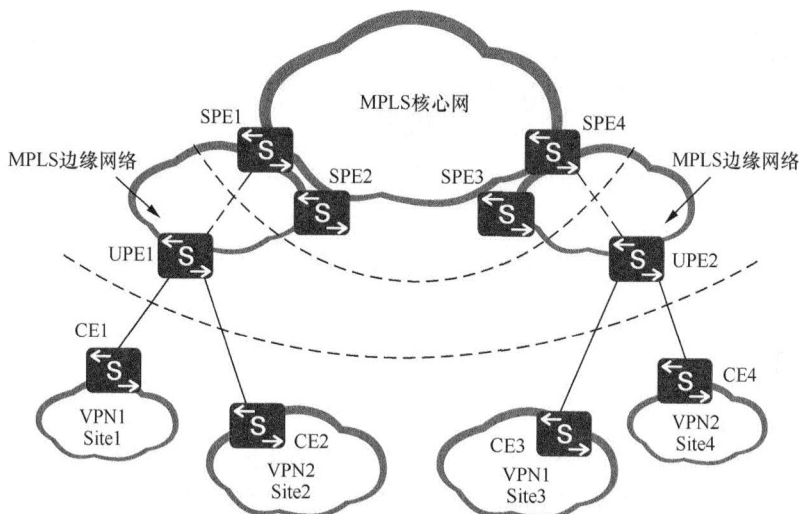

图 9-3 HVPLS 的基本模型

- UPE：用户汇聚设备，即直接连接 CE 的设备，称为下层 PE（Underlayer PE，UPE）。UPE 只需要与基本 VPLS 全连接网络的其中一个 PE 建立连接，支持路由和 MPLS 封装。如果一个 UPE 连接多个 CE，且具备基本桥接功能，那么报文转发只需要在 UPE 进行，这样就减轻了 SPE 的负担。
- SPE：连接 UPE 并位于基本 VPLS 全连接网络内部的核心设备，称为上层 PE（Superstratum PE，SPE）。SPE 与基本 VPLS 全连接网络内部的其他设备都建立了连接。

对于 SPE 来说，与之相连的 UPE 就像一个 CE。从报文转发角度来看，UPE 与 SPE 之间建立的 PW 将作为 SPE 的 AC，UPE 将 CE 发送来的报文封装成两层 MPLS 标签：外层为 LSP 的标签，该标签经过 MPLS 边缘网络的不同设备时被交换；内层标签为 VC 标签，用于标识 VC。SPE 收到的报文包含两层标签，外层的公网标签被直接弹出，SPE 根据内层标签决定该 AC 接入哪个 VSI，并进行内层标签交换。

9.3.2 HVPLS 的接入方式

目前，仅华为交换机支持 HVPLS，且仅支持 LDP 方式的 HVPLS，UPE 接入 SPE

的方式为 LSP 隧道接入。LSP 方式接入的 HVPLS 示意如图 9-4 所示，UPE1 作为汇聚设备，它只与 SPE1 建立一条虚链路，进而接入链路 PW，与其他所有的对端都不建立虚链路。UPE 与 SPE 之间的 PW 称为 U-PW，SPE 与 SPE 之间的 PW 称为 S-PW。

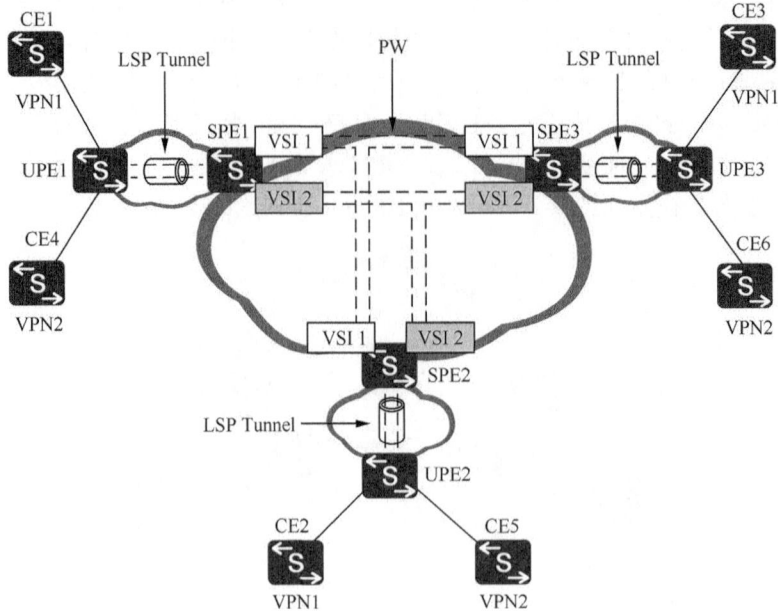

图 9-4　LSP 方式接入的 HVPLS 示意

下面以 CE1 发送报文到 CE2 为例，具体流程说明如下。

① CE1 发送报文给 UPE1，报文的目的 MAC 地址是 CE2。

② UPE1 收到报文后，为该报文打上两层 MPLS 标签，外层标签标识 UPE1 与 SPE1 之间的 LSP Tunnel ID，内层标签标识 UPE1 与 SPE1 之间的 VC ID，然后发给 SPE1。

③ UPE1 与 SPE1 之间的 LSR 对用户报文按照外层标签进行交换和传输，最终在倒数第二跳将报文的外层标签剥离。

④ SPE1 收到报文后，根据报文的内层标签判断报文所属的 VSI，发现该报文属于 VSI 1，于是先去掉 UPE1 给用户报文打上的 MPLS 内层标签（此时报文中不带有标签）。

⑤ SPE1 根据用户报文的目的 MAC 查找 VSI 的表项，发现该报文应该被发往 SPE2，给该报文打上两层 MPLS 标签，外层标签标识 SPE1 与 SPE2 之间的 LSP Tunnel ID，内层标签标识 SPE1 与 SPE2 之间的 VC ID。

⑥ SPE1 与 SPE2 之间的 LSR 对用户报文按外层标签交换和传输，最终在倒数第二跳报文的外层标签被剥离。

⑦ SPE2 从 S-PW 侧收到该报文后，根据内层 MPLS 标签判断报文所属的 VSI，发现该报文属于 VSI 1，并去掉 SPE1 给该报文打上的内层 MPLS 标签（此时报文中也不带有标签）。

⑧ SPE2 为该报文打上两层 MPLS 标签，外层标签标识 SPE2 与 UPE2 之间的 LSP Tunnel ID，内层标签标识 UPE2 与 SPE2 之间的 VC ID，并向 UPE2 转发该报文。

⑨ SPE2 与 UPE2 之间的 LSR 对用户报文按外层标签进行交换和传输，最终在倒数

第二跳报文的外层标签被剥离。

⑩ UPE2 收到该报文后，先去掉 SPE2 给用户报文打上的 MPLS 内层标签（此时报文中也不带有标签），然后根据用户报文的目的 MAC，查找 VSI 的表项，发现该报文应该被发往 CE2，并转发该报文。

图 9-4 中的 CE1 与 CE4 为本地 CE 之间交换数据。由于 UPE 本身具有的桥接功能，UPE 直接完成二者之间的报文转发，而不需要将报文上送 SPE1。不过对于从 CE1 发来的目的 MAC 未知的第一个报文或广播报文，UPE1 在广播到 CE4 的同时，仍然会通过 U-PW 转发给 SPE1，由 SPE1 来完成报文的复制并转发到各个对端 CE。

与 VPLS 的避免环路相比，HVPLS 中避免环路的方法需要做出以下调整。

- 只须在 SPE 之间建立全连接（PW 全连接），UPE 和 SPE 之间不需要全连接。
- 每个 SPE 设备上，从与 SPE 连接的 PW 上接收到的报文，不再向 VSI 关联的、与其他 SPE 连接的 PW 转发，但可以向与 UPE 连接的 PW 转发。
- 每个 SPE 设备上，从与 UPE 连接的 PW 上接收到的报文，可以向 VSI 关联的所有与其他 SPE 连接的 PW 转发。

9.3.3　HVPLS 接入链路的备份

UPE 与 SPE、CE 与 PE 设备之间只有单条链路连接的方案具有明显的弱点：一旦该接入链路失败，汇聚设备上下挂的所有 VPN 都将失去连通性。因此，HVPLS 的接入模型需要有备份链路。在正常情况下，设备只使用一条链路（主链路）接入，一旦 VPLS 系统检测到接入链路失败，它将启用备用链路来继续提供 VPN 业务。

对于 LSP 接入的 HVPLS，由于 UPE 与 SPE 之间运行 LDP 会话，所以可以根据 LDP 会话的活动状态来判断主 PW 是否失效。HVPLS 接入链路备份的示例如图 9-5 所示，UPE 检测到与 SPE1 之间的 PW4 失败，它将自动启用备份 PW4（Backup）传输数据。

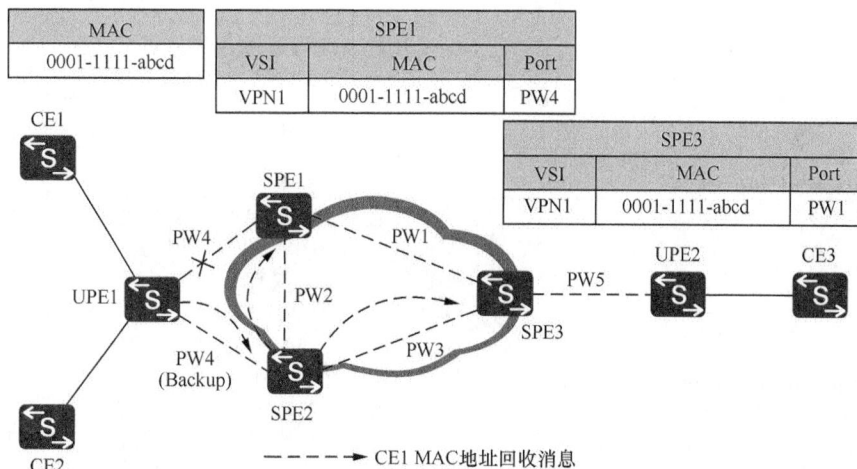

图 9-5　HVPLS 接入链路备份的示例

假设 CE1 内有一个 MAC 地址为 "0001-1111-abcd" 的报文原来通过主 PW 到达 CE3，由于 VPLS 的 MAC 学习机制，在 SPE1、SPE3 上都将 MAC 学习到对应的虚接口上，SPE3 不知道对端发生链路倒换，所以仍然保留了该 MAC 地址表项，CE3 发往 CE1 的报文如果仍然按照原 MAC 表中的表项转发，则必然不成功。因此，UPE 在进行主/备 PW 切换时，需要回收相关的 MAC 地址。

回收 MAC 地址可以通过使用 LDP 的地址回收消息来实现。如果要回收的 MAC 地址较多，可以直接发 MAC 地址列表为空的地址回收消息，把 VPN 内的所有 MAC 地址都清空（除了发送 MAC 地址回收消息的链路上的表项不清空）。

在图 9-5 中，如果 UPE1 连接 SPE1 的主链路失效，则 MAC 地址回收消息的发送和处理过程如下。

① UPE1 发送 MAC 地址回收消息给 SPE2。

② SPE2 处理该 MAC 地址回收消息，将 MAC"0001-1111-abcd"学习到备用 PW4 上。

③ SPE2 转发地址回收消息给其他对端（SPE1，SPE3），其他对端同样进行地址回收消息处理，将 MAC"0001-1111-abcd"学习到对应的 PW 上。

9.3.4　配置 LDP 方式的 HVPLS

配置 LDP 方式的 HVPLS 需要分别在 UPE 和 SPE 上进行配置。SPE 的配置步骤见表 9-8，UPE 的配置与 VPLS 全连接网络上的 PE 配置类似，只是此处 UPE 只需要与相连的 SPE 建立连接，不需要为 HVPLS 进行特殊配置，参见 8.3 节即可。

在配置 HVPLS 之前，需要在 UPE 和 SPE 上完成以下配置。

- 在 UPE 和 SPE 上配置 LSR ID。
- 在 UPE 和 SPE 上使能 MPLS、MPLS LDP。
- 在 UPE 和 SPE 上使能 MPLS L2VPN。

表 9-8　SPE 的配置步骤

步骤	命令	说明
1	**system-view**	进入系统视图
2	**vsi** *vsi-name* **static** 例如，[HUAWEI] **vsi** company1 **static**	创建 VSI，使用静态成员发现机制
3	**pwsignal ldp** 例如，[HUAWEI-vsi-company1] **pwsignal ldp**	配置以上 VSI 的 PW 信令协议为 LDP，并进入 VSI-LDP 视图
4	**npe-upe mac-withdraw enable** 例如，[HUAWEI-vsi-company1-ldp] **npe-upe mac-withdraw enable**	（可选）使能 SPE 将从其他 SPE 接收到的 LDP MAC-Withdraw（MAC 地址回收）消息转发给 UPE。当 SPE 接收到其他 SPE 发送来的该消息时，会清空本地的 MAC 表，重新进行 MAC 学习。此时，如果 UPE 端没有同步清空 MAC 地址表，可能会引起通信中断，可以在 SPE 执行该命令，将 LDP MAC-Withdraw 消息发送给 UPE，同步清空 MAC 地址表。 当网络状况良好时，可以使用该命令加快网络的收敛速度，但当网络状况不佳时，使能该命令后，会产生大量的交互信息，不建议使用此命令。 缺省情况下，未使能 SPE 将从其他 SPE 收到的 LDP MAC-Withdraw 消息转发给 UPE，可用 **undo npe-upe mac-withdraw enable** 命令去使能 SPE 将从其他 SPE 接收到的 LDP MAC-Withdraw 消息转发给 UPE

续表

步骤	命令	说明
5	**upe-upe mac-withdraw enable** 例如，[HUAWEI-vsi-company1-ldp] **upe-upe mac-withdraw enable**	（可选）使能 SPE 将从 UPE 接收到的 LDP MAC-Withdraw 消息转发给其他 UPE。当 SPE 接收到 UPE 发送来的该消息时，会清空本地的 MAC 表，重新进行 MAC 学习。此时，如果其他 UPE 端没有同步清空 MAC 地址表，可能会引起通信中断，可以在 SPE 执行该命令，将 LDP MAC-Withdraw 消息发送其他 UPE，同步清空 MAC 地址表。 当网络状况良好时，可以使用该命令加快网络的收敛速度，但当网络状况不佳时，使能该命令后，会产生大量的交互信息，不建议使用该命令。 缺省情况下，未使能 SPE 将从 UPE 接收到的 LDP MAC-Withdraw 消息转发给其他 UPE，可用 **undo upe-upe mac-withdraw enable** 命令去使能 SPE 将从 UPE 接收到的 LDP MAC-Withdraw 消息转发给其他 UPE
6	**upe-npe mac-withdraw enable** 例如，[HUAWEI-vsi-company1-ldp] **upe-npe mac-withdraw enable**	（可选）使能 SPE 将从 UPE 接收到的 LDP MAC-Withdraw 消息转发给其他 SPE。当 SPE 接收到 UPE 发送来的该消息时，会清空本地的 MAC 表，重新进行 MAC 学习。此时，如果其他 SPE 端没有同步清空 MAC 地址表，则可能会引起通信中断，可以在 SPE 执行该命令，将 LDP MAC-Withdraw 消息发送给其他 SPE，同步清空 MAC 地址表。 当网络状况良好时，可以使用该命令加快网络的收敛速度，但当网络状况不佳时，使能该命令后，会有大量的交互信息产生，不建议使用该命令。 缺省情况下，未使能 SPE 将从 UPE 接收到的 LDP MAC-Withdraw 消息转发给其他 SPE，可用 **undo upe-npe mac-withdraw enable** 命令去使能 SPE 将从 UPE 接收到的 LDP MAC-Withdraw 消息转发给其他 SPE
7	**vsi-id** *vsi-id* 例如，[HUAWEI-vsi-company1-ldp] **vsi-id** 10	配置以上 VSI 的标识符。参数 *vsi-id* 用于标识一个 VSI 实例，整数形式，取值范围为 1~4294967295。 缺省情况下，没有配置 VSI ID
8	**peer** *peer-address* [**negotiation-vc-id** *vc-id*] [**tnl-policy** *policy-name*] 或者 **peer** *peer-address* [**negotiation-vc-id** *vc-id*] [**tnl-policy** *policy-name*] **static-npe trans** *transmit-label* **recv** *receive-label* 例如，[HUAWEI-vsi-company1-ldp] **peer** 10.3.3.3 **negotiation-vc-id** 10 或 [HUAWEI-vsi-company1-ldp] **peer** 3.3.3.3 **static-npe trans** 100 **recv** 100	配置 SPE 之间的 VSI 对等体。 • *peer-address*：指定对等体的 IPv4 地址，通常指定为对端 SPE 的 Loopback 接口的 IP 地址。 • **negotiation-vc-id** *vc-id*：可选参数，指定 vc-id，是虚电路的唯一标识，十进制整数形式，取值范围为 1~4294967295，一般用于两端 VSI ID 不同但要求互通的情况，不能与本端其他 VSI 配置的 VSI ID 相同。 • **tnl-policy** *policy-name*：可选参数，指定用于该对等体的隧道策略名称，必须是已创建的隧道策略，仅当采用 MPLS TE 隧道，或者需要多隧道负载均衡时，才进行配置。 • **trans** *transmit-label*：指定本端设备发往对等体的外层标签值，是静态 VC 出标签，整数形式，取值范围为 0~1048575

续表

步骤	命令	说明
8	peer *peer-address* [**negotiation-vc-id** *vc-id*] [**tnl-policy** *policy-name*] 或者 **peer** *peer-address* [**negotiation-vc-id** *vc-id*] [**tnl-policy** *policy-name*] **static-npe trans** *transmit-label* **recv**recv *receive-label* 例如，[HUAWEI-vsi-company1-ldp] **peer** 10.3.3.3 **negotiation-vc-id** 10 或 [HUAWEI-vsi-company1-ldp] **peer** 3.3.3.3 **static-npe trans** 100 **recv** 100	• **recv** *receive-label*：指定对等体发往本端设备的外层标签值是静态 VC 入标签，整数形式，取值范围为 16～1023。 缺省情况下，VSI 实例没有配置对等体，可用 **undo peer** *peer-address* [**negotiation-vc-id** *vc-id*] 在 HVPLS 下删除 VSI 的静态 NPE 对等体
9	peer *peer-address* [**negotiation-vc-id** *vc-id*] [**tnl-policy** *policy-name*] **upe** 或者 **peer** *peer-address* [**negotiation-vc-id** *vc-id*] [**tnl-policy** *policy-name*] **static-upe trans** *transmit-label* **recv**recv *receive-label* 例如，HUAWEI-vsi-company1-ldp] **peer** 10.3.3.3 **negotiation-vc-id** 10 **upe** 或 [HUAWEI-vsi-company1-ldp] **peer** 3.3.3.3 **static-upe trans** 100 **recv** 100	配置 SPE 与 UPE 之间的 VSI 对等体。**upe** 用于标识该对等体为用户端的 PE，其他参数说明参见第 8 步的介绍。 缺省情况下，VSI 实例没有配置对等体，可用 **undo peer** *peer-address* [**negotiation-vc-id** *vc-id*] 在 HVPLS 下删除 VSI 的静态 NPE 对等体

完成以上 HVPLS 配置后，可在任意视图下执行以下 displsy 命令查看相关配置，验证配置结果。

- **display vsi** [**name** *vsi-name*] [**verbose**]：查看指定或所有 VPLS 的 VSI 实例信息。
- **display vsi pw out-interface** [**vsi** *vsi-name*]：查看指定或所有 VSI PW 的出接口信息。
- **display l2vpn vsi-list tunnel-policy** *policy-name*：查看 VSI 引用的指定隧道策略的相关信息。
- **display vsi remote ldp** [**router-id** *ip-address*] [**pw-id** *pw-id*]：查看指定或所有远程 VSI 实例的信息。

9.3.5　LDP 方式的 HVPLS 配置示例

LDP 方式的 HVPLS 配置示例的拓扑结构如图 9-6 所示。某企业机构自建骨干网，分支 Site1 使用 CE1 连接 UPE 设备接入骨干网，分支 Site2 使用 CE2 连接 UPE 设备接入骨干网，分支 Site3 使用 CE3 连接普通 PE1 接入骨干网。现在 Site1、Site2 和 Site3 的用户需要进行二层业务的互通，同时要求在穿越骨干网时，保留二层报文中的用户信息。另外，要求骨干网的 UPE 和 SPE 实现分层次的网络结构。

1. 基本配置思路分析

为了实现 Site1、Site2 和 Site3 多站点间的二层业务互通，同时在穿越骨干网时，保留二层报文的用户信息，需要使用 VPLS 技术在骨干网透传二层报文。另外，由于企业需要实现分层次的网络结构，可以选择 LDP 方式的 HVPLS，形成层次化的网络拓扑，并实现各 CE 设备二层网络的互通。当然,建立 HVPLS 的前提与建立 VPLS 的前提一样,也是要先建立好骨干网 MPLS 隧道。

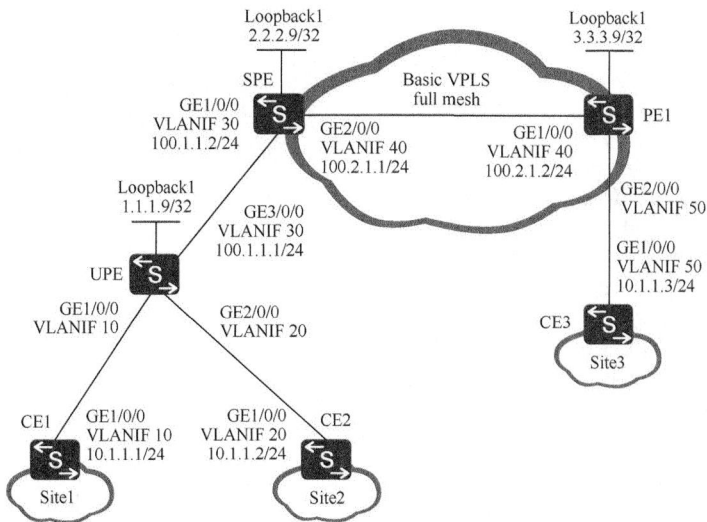

图 9-6　LDP 方式的 HVPLS 配置示例的拓扑结构

本示例的基本配置思路如下。

① 在各设备上创建所需的 VLAN，把接口加入对应的 VLAN，配置各 VLANIF 接口的 IP 地址（担当 AC 接口的 VLANIF 接口不需要配置 IP 地址）及骨干网的 OSPF，实现骨干网的三层互通。

② 在骨干网各节点上配置 MPLS 基本参数和 LDP，建立公网 LDP LSP 隧道。

【说明】因为本示例中的 UPE、SPE 和 PE1 之间都有直接连接，所以不需要在它们之间建立远端 DLP 会话。

③ 在 UPE、SPE 和 PE1 上使能 MPLS L2VPN，创建 VSI 实例，指定信令为 LDP，在 SPE 上指定 UPE 为自己的下层 PE，指定 PE1 为 VSI 对等体；在 UPE 和 PE1 上分别指定 SPE 为 VSI 对等体。

④ 在 UPE 和 PE1 上将各自的 VSI 实例与对应的 AC 接口绑定。

2. 具体配置步骤

① 在各设备上创建所需的 VLAN，并把各接口加入对应的 VLAN，配置 VLANIF 接口的 IP 地址和骨干网上各节点的 OSPF，实现骨干网三层互通。

#---CE1 上的配置如下。

```
<HUAWEI> system-view
[HUAWEI] sysname CE1
[CE1] vlan 10
[CE1-vlan10] quit
[CE1] interface vlanif 10
[CE1-Vlanif10] ip address 10.1.1.1 255.255.255.0
[CE1-Vlanif10] quit
[CE1] interface gigabitethernet 1/0/0
[CE1-GigabitEthernet1/0/0] port link-type trunk
[CE1-GigabitEthernet1/0/0] port trunk allow-pass vlan 10
[CE1-GigabitEthernet1/0/0] quit
```

#---CE2 上的配置如下。

```
<HUAWEI> system-view
[HUAWEI] sysname CE2
```

```
[CE2] vlan 20
[CE2-vlan20] quit
[CE2] interface vlanif 20
[CE2-Vlanif10] ip address 10.1.1.2 255.255.255.0
[CE2-Vlanif10] quit
[CE2] interface gigabitethernet 1/0/0
[CE2-GigabitEthernet1/0/0] port link-type trunk
[CE2-GigabitEthernet1/0/0] port trunk allow-pass vlan 20
[CE2-GigabitEthernet1/0/0] quit
```

#---UPE 上的配置如下。

```
<HUAWEI> system-view
[HUAWEI] sysname UPE
[UPE] vlan batch 10 20 30
[UPE] interface vlanif 30
[UPE-Vlanif30] ip address 100.1.1.1 255.255.255.0
[UPE-Vlanif30] quit
[UPE] interface gigabitethernet 1/0/0
[UPE-GigabitEthernet1/0/0] port link-type trunk
[UPE-GigabitEthernet1/0/0] port trunk allow-pass vlan 10
[UPE-GigabitEthernet1/0/0] quit
[UPE] interface gigabitethernet 2/0/0
[UPE-GigabitEthernet2/0/0] port link-type trunk
[UPE-GigabitEthernet2/0/0] port trunk allow-pass vlan 20
[UPE-GigabitEthernet2/0/0] quit
[UPE] interface gigabitethernet 3/0/0
[UPE-GigabitEthernet3/0/0] port link-type trunk
[UPE-GigabitEthernet3/0/0] port trunk allow-pass vlan 30
[UPE-GigabitEthernet3/0/0] quit
[UPE] interface loopback 1
[UPE-LoopBack1] ip address 1.1.1.9 255.255.255.255
[UPE-LoopBack1] quit
[UPE] ospf 1
[UPE-ospf-1] area 0.0.0.0
[UPE-ospf-1-area-0.0.0.0] network 1.1.1.9 0.0.0.0
[UPE-ospf-1-area-0.0.0.0] network 100.1.1.0 0.0.0.255
[UPE-ospf-1-area-0.0.0.0] quit
[UPE-ospf-1] quit
```

【注意】不要将 PE 上 AC 侧的物理接口（连接 CE 的物理接口）和 PW 侧的物理接口（连接骨干网其他节点的物理接口）加入相同的 VLAN，否则，可能会引起环路。

#---SPE 上的配置如下。

```
<HUAWEI> system-view
[HUAWEI] sysname SPE
[SPE] vlan batch 30 40
[SPE] interface vlanif 30
[SPE-Vlanif30] ip address 100.1.1.2 255.255.255.0
[SPE-Vlanif30] quit
[SPE] interface vlanif 40
[SPE-Vlanif40] ip address 100.2.1.1 255.255.255.0
[SPE-Vlanif40] quit
[SPE] interface gigabitethernet 1/0/0
[SPE-GigabitEthernet1/0/0] port link-type trunk
[SPE-GigabitEthernet1/0/0] port trunk allow-pass vlan 30
[SPE-GigabitEthernet1/0/0] quit
[SPE] interface gigabitethernet 2/0/0
[SPE-GigabitEthernet2/0/0] port link-type trunk
[SPE-GigabitEthernet2/0/0] port trunk allow-pass vlan 40
[SPE-GigabitEthernet2/0/0] quit
```

```
[SPE] interface loopback 1
[SPE-LoopBack1] ip address 2.2.2.9 255.255.255.255
[SPE-LoopBack1] quit
[SPE] ospf 1
[SPE-ospf-1] area 0.0.0.0
[SPE-ospf-1-area-0.0.0.0] network 2.2.2.9 0.0.0.0
[SPE-ospf-1-area-0.0.0.0] network 100.1.1.0 0.0.0.255
[SPE-ospf-1-area-0.0.0.0] network 100.2.1.0 0.0.0.255
[SPE-ospf-1-area-0.0.0.0] quit
[SPE-ospf-1] quit
```

#---PE1 上的配置如下。

```
<HUAWEI> system-view
[HUAWEI] sysname PE1
[PE1] vlan batch 40 50
[PE1] interface vlanif 40
[PE1-Vlanif40] ip address 100.2.1.2 255.255.255.0
[PE1-Vlanif40] quit
[PE1] interface gigabitethernet 1/0/0
[PE1-GigabitEthernet1/0/0] port link-type trunk
[PE1-GigabitEthernet1/0/0] port trunk allow-pass vlan 40
[PE1-GigabitEthernet1/0/0] quit
[PE1] interface gigabitethernet 2/0/0
[PE1-GigabitEthernet2/0/0] port link-type trunk
[PE1-GigabitEthernet2/0/0] port trunk allow-pass vlan 50
[PE1-GigabitEthernet2/0/0] quit
[PE1] interface loopback 1
[PE1-LoopBack1] ip address 3.3.3.9 255.255.255.255
[PE1-LoopBack1] quit
[PE1] ospf 1
[PE1-ospf-1] area 0.0.0.0
[PE1-ospf-1-area-0.0.0.0] network 3.3.3.9 0.0.0.0
[PE1-ospf-1-area-0.0.0.0] network 100.2.1.0 0.0.0.255
[PE1-ospf-1-area-0.0.0.0] quit
[PE1-ospf-1] quit
```

完成以上配置后，在 UPE、SPE 和 PE1 上执行 **display ip routing-table** 命令，可以看到它们之间已学到彼此的 Loopback1 接口 IP 地址所在网段的 OSPF 路由。

② 在骨干网各节点上配置 MPLS 基本参数和 LDP，建立公网 LDP LSP 隧道。

#---UPE 上的配置如下。

```
[UPE] mpls lsr-id 1.1.1.9
[UPE] mpls
[UPE-mpls] quit
[UPE] mpls ldp
[UPE-mpls-ldp] quit
[UPE] interface vlanif 30
[UPE-Vlanif30] mpls
[UPE-Vlanif30] mpls ldp
[UPE-Vlanif30] quit
```

#---SPE 上的配置如下。

```
[SPE] mpls lsr-id 2.2.2.9
[SPE] mpls
[SPE-mpls] quit
[SPE] mpls ldp
[SPE-mpls-ldp] quit
[SPE] interface vlanif 30
[SPE-Vlanif30] mpls
```

```
[SPE-Vlanif30] mpls ldp
[SPE-Vlanif30] quit
[SPE] interface vlanif 40
[SPE-Vlanif40] mpls
[SPE-Vlanif40] mpls ldp
[SPE-Vlanif40] quit
```

#---PE1 上的配置如下。

```
[PE1] mpls lsr-id 3.3.3.9
[PE1] mpls
[PE1-mpls] quit
[PE1] mpls ldp
[PE1-mpls-ldp] quit
[PE1] interface vlanif 40
[PE1-Vlanif40] mpls
[PE1-Vlanif40] mpls ldp
[PE1-Vlanif40] quit
```

完成以上配置后，在 UPE、SPE 和 PE1 上执行 **display mpls ldp session** 命令，UPE 和 SPE 之间或 PE1 和 SPE 之间的对等体 Status 项为 "Operational"，即对等体关系已建立；执行 **display mpls lsp** 命令，可以看到它们的 LSP 建立情况。

③ 在 UPE、SPE 和 PE1 上使能 MPLS L2VPN，创建 VSI 实例，指定信令为 LDP，在 SPE 上指定 UPE 为自己的下层 PE，指定 PE1 为 VSI 对等体；在 UPE 和 PE1 上分别指定 SPE 为 VSI 对等体。UPE、SPE 和 PE1 上配置的 VSI 实例名称和 VSI ID 这两项参数必须保持一致，在此假设 VSI 的名称为 v123，VSI ID 为 123。

#---UPE 上的配置如下，指定 SPE 为 VSI 对等体。

```
[UPE] mpls l2vpn
[UPE-l2vpn] quit
[UPE] vsi v123 static
[UPE-vsi-v123] pwsignal ldp
[UPE-vsi-v123-ldp] vsi-id 123
[UPE-vsi-v123-ldp] peer 2.2.2.9
[UPE-vsi-v123-ldp] quit
[UPE-vsi-v123] quit
```

#---SPE 上的配置如下，指定 UPE 为自己的下层 PE，指定 PE1 为 VSI 对等体。

```
[SPE] mpls l2vpn
[SPE-l2vpn] quit
[SPE] vsi v123 static
[SPE-vsi-v123] pwsignal ldp
[SPE-vsi-v123-ldp] vsi-id 123
[SPE-vsi-v123-ldp] peer 3.3.3.9
[SPE-vsi-v123-ldp] peer 1.1.1.9 upe
[SPE-vsi-v123-ldp] quit
[SPE-vsi-v123] quit
```

#---PE1 上的配置如下，指定 SPE 为 VSI 对等体。

```
[PE1] mpls l2vpn
[PE1-l2vpn] quit
[PE1] vsi v123 static
[PE1-vsi-v123] pwsignal ldp
[PE1-vsi-v123-ldp] vsi-id 123
[PE1-vsi-v123-ldp] peer 2.2.2.9
[PE1-vsi-v123-ldp] quit
[PE1-vsi-v123] quit
```

④ 在 UPE 和 PE1 上将各自的 VSI 实例与对应的 AC 接口绑定。

#---UPE 上的配置如下。

```
[UPE] interface vlanif 10
[UPE-Vlanif10] l2 binding vsi v123
[UPE-Vlanif10] quit
[UPE] interface vlanif 20
[UPE-Vlanif20] l2 binding vsi v123
[UPE-Vlanif20] quit
```

#---PE1 上的配置如下。

```
[PE1] interface vlanif 50
[PE1-Vlanif50] l2 binding vsi v123
[PE1-Vlanif50] quit
```

3. 配置结果验证

完成以上配置并在网络稳定后，在 SPE 上执行 **display vsi name** v123 **verbose** 命令，可以看到名字为 v123 的 VSI 实例的状态为 up，分别与 UPE 和 PE1 建立一条 PW，状态也为 up（参见输出信息中的粗体字部分），具体配置结果如下。

```
[SPE] display vsi name v123 verbose

  ***VSI Name              : v123
     Administrator VSI      : no
     Isolate Spoken         : disable
     VSI Index              : 0
     PW Signaling           : ldp
     Member Discovery Style : static
     PW MAC Learn Style      : unqualify
     Encapsulation Type     : vlan
     MTU                     : 1500
     Diffserv Mode          : uniform
     Mpls Exp               : --
     DomainId               : 255
     Domain Name            :
     Ignore AcState         : disable
     P2P VSI                 : disable
     Create Time            : 0 day, 0 hour, 1 minute, 3 second
     VSI State              : up

     VSI ID                 : 123
    *Peer Router ID         : 3.3.3.9
     Negotiation-vc-id      : 123
     primary or secondary   : primary
     ignore-standby-state   : no
     VC Label               : 4096
     Peer Type              : dynamic
     Session                : up
     Tunnel ID              : 0x1c5
  ……

  **PW Information:

    *Peer Ip Address         : 1.1.1.9
     PW State               : up
     Local VC Label          : 4097
     Remote VC Label         : 4096
     Remote Control Word    : disable
     PW Type                 : MEHVPLS
     Local   VCCV             : alert lsp-ping bfd
```

```
    Remote VCCV                 : alert lsp-ping bfd
    Tunnel ID                   : 0x1c3
    Broadcast Tunnel ID         : 0x1c3
    Broad BackupTunnel ID       : 0x0
    Ckey                        : 0x5
    Nkey                        : 0xc
    Main PW Token               : 0x1c3
    Slave PW Token              : 0x0
    Tnl Type                    : LSP
    OutInterface                : Vlanif30
    Backup OutInterface         :
    Stp Enable                  : 0
    PW Last Up Time             : 2022/11/12 11:34:08
    PW Total Up Time            : 0 day, 0 hour, 0 minute, 22 second

   *Peer Ip Address             : 3.3.3.9
    PW State                    : up
    Local VC Label              : 4096
    Remote VC Label             : 4096
    Remote Control Word         : disable
    PW Type                     : label
    Local   VCCV                : alert lsp-ping bfd
    Remote VCCV                 : alert lsp-ping bfd
    Tunnel ID                   : 0x1c5
    -----
```

此时，CE1、CE2 和 CE3 之间就可以互相 ping 通了。

9.4　VPLS 跨域配置与管理

跨越多个 AS 域的 VPLS 应用方式称为 VPLS 跨域方式，仅支持 OptionA 实现方式。VPLS 跨域组网示例如图 9-7 所示。OptionA 的优点是配置简单，ASBR 之间不需要运行 MPLS，也不需要为跨域进行特殊配置；其缺点是可扩展性差，对 PE 设备的要求高。在需要跨域的 VPN 数量比较少，业务开展早期时，可以考虑使用。

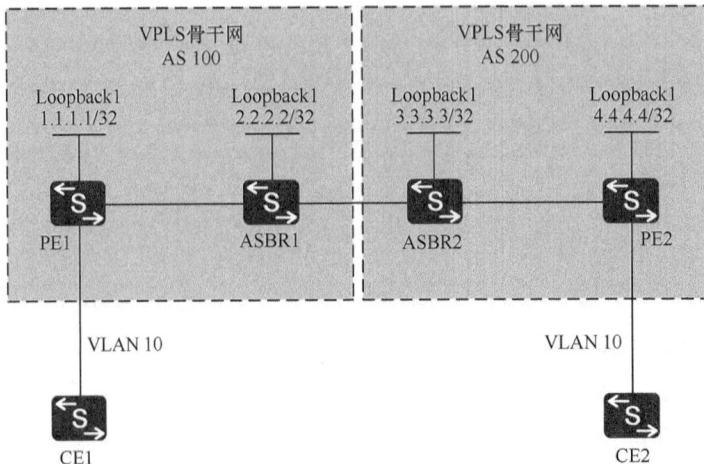

图 9-7　VPLS 跨域组网示例

9.4.1 VPLS OptionA 跨域实现方式简介

在华为 S 系列交换机中同时支持 Martini VPLS OptionA 实现方式和 Kompella VPLS OptionA 实现方式，但在 AR G3 系列路由器中仅支持 Martini VPLS OptionA 实现方式。

Martini VPLS OptionA 实现方式的具体描述如下。

- 在骨干网上运行 IGP，使同一个 AS 域内的各路由设备互通。
- 在骨干网上配置 MPLS 基本参数，在同一个 AS 域内的 PE 与 ASBR 之间建立动态 LDP LSP 隧道。如果 PE 与 ASBR 非直连，则建立 LDP 远程会话。
- 在同一个 AS 域内的 PE 与 ASBR 之间建立 VPLS 连接，指定信令为 LDP，将 VSI 与 AC 接口绑定。需要在 ASBR_PE 设备上将对端 ASBR 看作自己的 CE，将 VSI 与对端接口绑定（ASBR 之间互连的接口作为 ASBR 的 AC 接口）。

Kompella VPLS OptionA 实现方式的具体描述如下。

- 在骨干网上运行 IGP，使同一个 AS 域内的各设备互通。
- 在骨干网上配置 MPLS 基本能力，在同一个 AS 域内的 PE 与 ASBR-PE 之间建立动态 LDP LSP 隧道。如果 PE 与 ASBR 非直连，则建立 LDP 远程会话。
- 在同一个 AS 域内的 PE 与 ASBR 建立 MP-IBGP 对等体关系。
- 在各 PE 和 ASBR 上配置 VSI 实例，指定信令为 BGP，配置 RD、VPN Target 和 Site，并与对应的 AC 接口绑定。在 ASBR-PE 设备上将对端 ASBR 看作自己的 CE，将 VSI 实例与对端接口绑定（ASBR 之间互连的接口作为 ASBR 的 AC 接口）。

9.4.2 跨域 Martini 方式 VPLS 配置示例

跨域 Martini 方式 VPLS 配置示例的拓扑结构如图 9-8 所示，某企业机构的分支 Site1 使用 CE1 连接 PE1 接入 AS 100 的 VPLS 域，分支 Site2 使用 CE2 连接 PE2 接入 AS 200 的 VPLS 域，分支 Site 网络环境稳定。AS 100 与 AS 200 分别通过 ASBR-PE1 和 ASBR-PE2 设备互通，一个 AS 内部的 MPLS 骨干网使用 IS-IS 作为 IGP。现在 Site1 和 Site2 的用户需要进行二层业务的互通，同时要求在穿越骨干网时，保留二层报文中的用户信息。

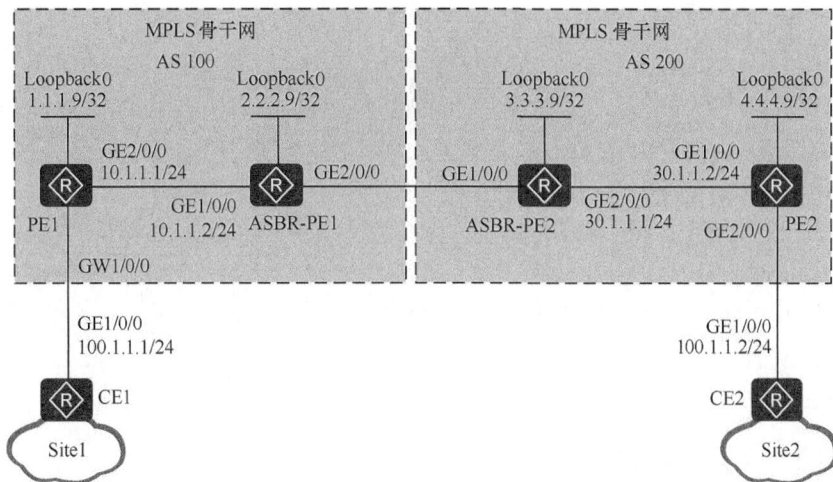

图 9-8 跨域 Martini 方式 VPLS 配置示例的拓扑结构

1. 基本配置思路分析

为了实现 Site1 和 Site2 的二层业务互通，同时在穿越骨干网时保留二层报文的用户信息，因此，需要使用 VPLS 技术在骨干网透传二层报文。由于企业分支 Site 网络环境稳定，所以可以选择 Martini 方式的 VPLS 实现各 CE 设备二层网络的互通。又因为两个 Site 连接的 PE 在不同的 AS 域，且骨干网设备均为华为路由器，所以仅可采用跨域 Martini 方式 VPLS 来达到本示例的目的。

根据 9.4.1 节介绍的跨域 Martini VPLS（OptionA）方案的基本实现原理，可以得出以下基本配置思路。

① 配置各设备接口的 IP 地址（PE 和 ASBR 上作为 AC 接口的除外）。

② 在各 AS 域内骨干网各节点上配置 IS-IS 路由，使 AS 域内骨干网三层互通。

③ 在同一个 AS 域内的 PE 与 ASBR-PE 之间建立动态 LDP LSP 隧道。

④ 在两个 PE 和 ASBR-PE 上使能 MPLS L2VPN 功能，创建静态 VSI，指定信令为 LDP，然后将 VSI 与对应的 AC 接口绑定。

2. 具体配置步骤

① 配置各设备接口的 IP 地址，PE 和 ASBR 上的 AC 接口除外。

#---CE1 上的配置如下。

```
<Huawei> system-view
[Huawei] sysname CE1
[CE1] interface gigabitethernet 1/0/0
[CE1-GigabitEthernet1/0/0] ip address 100.1.1.1 255.255.255.0
[CE1-GigabitEthernet1/0/0] quit
```

#---CE2 上的配置如下。

```
<Huawei> system-view
[Huawei] sysname CE2
[CE2] interface gigabitethernet 1/0/0
[CE2-GigabitEthernet1/0/0] ip address 100.1.1.2 255.255.255.0
[CE2-GigabitEthernet1/0/0] quit
```

#---PE1 上的配置如下。

```
<Huawei> system-view
[Huawei] sysname PE1
[PE1] interface gigabitethernet 2/0/0
[PE1-GigabitEthernet2/0/0] ip address 10.1.1.1 255.255.255.0
[PE1-GigabitEthernet2/0/0] quit
[PE1] interface loopback 0
[PE1-LoopBack0] ip address 1.1.1.9 255.255.255.255
[PE1-LoopBack0] quit
```

#---ASBR-PE1 上的配置如下。

```
<Huawei> system-view
[Huawei] sysname ASBR-PE1
[ASBR-PE1] interface gigabitethernet 1/0/0
[ASBR-PE1-GigabitEthernet1/0/0] ip address 10.1.1.2 255.255.255.0
[ASBR-PE1-GigabitEthernet1/0/0] quit
[ASBR-PE1] interface loopback 0
[ASBR-PE1-LoopBack0] ip address 2.2.2.9 255.255.255.255
[ASBR-PE1-LoopBack0] quit
```

#---ASBR-PE2 上的配置如下。

```
<Huawei> system-view
[Huawei] sysname ASBR-PE2
```

```
[ASBR-PE2] interface gigabitethernet 2/0/0
[ASBR-PE2-GigabitEthernet2/0/0] ip address 30.1.1.1 255.255.255.0
[ASBR-PE2-GigabitEthernet2/0/0] quit
[ASBR-PE2] interface loopback 0
[ASBR-PE2-LoopBack0] ip address 3.3.3.9 255.255.255.255
[ASBR-PE2-LoopBack0] quit
```

#---PE2 上的配置如下。

```
<Huawei> system-view
[Huawei] sysname PE2
[PE2] interface gigabitethernet 1/0/0
[PE2-GigabitEthernet1/0/0] ip address 30.1.1.2 255.255.255.0
[PE2-GigabitEthernet1/0/0] quit
[PE2] interface loopback 0
[PE2-LoopBack0] ip address 4.4.4.9 255.255.255.255
[PE2-LoopBack0] quit
```

② 在各 AS 域内骨干网各节点上配置 IS-IS 路由，使 AS 域内骨干网三层互通。

#---PE1 上的配置如下。

```
[PE1] isis 1
[PE1-isis-1] network-entity 10.0000.0000.0001.00
[PE1-isis-1] quit
[PE1] interface gigabitethernet 2/0/0
[PE1-GigabitEthernet2/0/0] isis enable 1
[PE1-GigabitEthernet2/0/0] quit
[PE1] interface loopback 0
[PE1-LoopBack0] isis enable 1
[PE1-LoopBack0] quit
```

#---ASBR-PE1 上的配置如下。

```
[ASBR-PE1] isis 1
[ASBR-PE1-isis-1] network-entity 10.0000.0000.0002.00
[ASBR-PE1-isis-1] quit
[ASBR-PE1] interface gigabitethernet 1/0/0
[ASBR-PE1-GigabitEthernet1/0/0] isis enable 1
[ASBR-PE1-GigabitEthernet1/0/0] quit
[ASBR-PE1] interface loopback 0
[ASBR-PE1-LoopBack0] isis enable 1
[ASBR-PE1-LoopBack0] quit
```

#---ASBR-PE2 上的配置如下。

```
[ASBR-PE2] isis 1
[ASBR-PE2-isis-1] network-entity 10.0000.0000.0003.00
[ASBR-PE2-isis-1] quit
[ASBR-PE2] interface gigabitethernet 2/0/0
[ASBR-PE2-GigabitEthernet2/0/0] isis enable 1
[ASBR-PE2-GigabitEthernet2/0/0] quit
[ASBR-PE2] interface loopback 0
[ASBR-PE2-LoopBack0] isis enable 1
[ASBR-PE2-LoopBack0] quit
```

#---PE2 上的配置如下。

```
[PE2] isis 1
[PE2-isis-1] network-entity 10.0000.0000.0004.00
[PE2-isis-1] quit
[PE2] interface gigabitethernet 1/0/0
[PE2-GigabitEthernet1/0/0] isis enable 1
[PE2-GigabitEthernet1/0/0] quit
```

```
[PE2] interface loopback 0
[PE2-LoopBack0] isis enable 1
[PE2-LoopBack0] quit
```

　　完成以上配置后，同一个 AS 域内的 ASBR-PE 与 PE 之间应该能够建立 IS-IS 邻居，执行 **display isis peer** 命令，可以看到它们建立的邻居状态为 up，也能学习到对方的 Loopback0 接口 IP 地址对应网段的 IS-IS 路由。在 PE1 上执行该命令的输出示例如下，由此可以看出，它与 ASBR-PE1 之间建立了 L1、L2 级别的 IS-IS 邻居关系。

　　以 PE1 的显示为例，具体配置如下。

```
[PE1] display isis peer

                       Peer information for ISIS(1)

   System Id    Interface        Circuit Id          State HoldTime Type      PRI
   --------------------------------------------------------------------------------
   0000.0000.0002  GE2/0/0           0000.0000.0002.01 up    23s    L1(L1L2) 64
   0000.0000.0002  GE2/0/0           0000.0000.0002.01 up    22s    L2(L1L2) 64

Total Peer(s): 2
```

　　③ 在同一个 AS 域内的 PE 与 ASBR_PE 之间建立动态 LDP LSP 隧道。

　　#---PE1 上的配置如下。

```
[PE1] mpls lsr-id 1.1.1.9
[PE1] mpls
[PE1-mpls] quit
[PE1] mpls ldp
[PE1-mpls-ldp] quit
[PE1] interface gigabitethernet 2/0/0
[PE1-GigabitEthernet2/0/0] mpls
[PE1-GigabitEthernet2/0/0] mpls ldp
[PE1-GigabitEthernet2/0/0] quit
```

　　#---ASBR-PE1 上的配置如下。

```
[ASBR-PE1] mpls lsr-id 2.2.2.9
[ASBR-PE1] mpls
[ASBR-PE1-mpls] quit
[ASBR-PE1] mpls ldp
[ASBR-PE1-mpls-ldp] quit
[ASBR-PE1] interface gigabitethernet 1/0/0
[ASBR-PE1-GigabitEthernet1/0/0] mpls
[ASBR-PE1-GigabitEthernet1/0/0] mpls ldp
[ASBR-PE1-GigabitEthernet1/0/0] quit
```

　　#---ASBR-PE2 上的配置如下。

```
[ASBR-PE2] mpls lsr-id 3.3.3.9
[ASBR-PE2] mpls
[ASBR-PE2-mpls] quit
[ASBR-PE2] mpls ldp
[ASBR-PE2-mpls-ldp] quit
[ASBR-PE2] interface gigabitethernet 2/0/0
[ASBR-PE2-GigabitEthernet2/0/0] mpls
[ASBR-PE2-GigabitEthernet2/0/0] mpls ldp
[ASBR-PE2-GigabitEthernet2/0/0] quit
```

　　#---PE2 上的配置如下。

```
[PE2] mpls lsr-id 4.4.4.9
[PE2] mpls
```

```
[PE2-mpls] quit
[PE2] mpls ldp
[PE2-mpls-ldp] quit
[PE2] interface gigabitethernet 1/0/0
[PE2-GigabitEthernet1/0/0] mpls
[PE2-GigabitEthernet1/0/0] mpls ldp
[PE2-GigabitEthernet1/0/0] quit
```

完成以上配置后，同一个 AS 域内的 PE 与 ASBR-PE 之间会建立 LDP LSP 隧道。执行 **display mpls ldp session** 命令可以查看所建立的 LDP 会话情况。在 ASBR-PE1 上执行该命令的输出示例如下，从中可以看出，它已经与 PE1 建立了 LDP 会话。

```
[ASBR-PE1] display mpls ldp session

LDP Session(s) in Public Network
Codes: LAM(Label Advertisement Mode), SsnAge Unit(DDDD:HH:MM)
A '*' before a session means the session is being deleted.
------------------------------------------------------------------------
PeerID             Status      LAM  SsnRole  SsnAge      KASent/Rcv

1.1.1.9:0          Operational DU   Active   0000:00:19  79/79
------------------------------------------------------------------------
TOTAL: 1 session(s) Found.
```

④ 在两个 PE 和 ASBR-PE 上使能 MPLS L2VPN 功能，创建静态 VSI，指定信令为 LDP，然后将 VSI 与对应的 AC 接口绑定。需要注意的是，同一个 AS 域内同一 PW 两端配置的 VSI 名称和 VC ID 必须一致。

在 ASBR-PE 设备上将对端 ASBR 看作自己的 CE，将 VSI 与对端接口绑定，实现 VPLS 的 OptionA 跨域功能。

#---PE1 上的配置如下，创建到达 ASBR-PE1 的 VSI，VC ID 为 2。

```
[PE1] mpls l2vpn
[PE1-l2vpn] quit
[PE1] vsi a1 static
[PE1-vsi-a1] pwsignal ldp
[PE1-vsi-a1-ldp] vsi-id 2
[PE1-vsi-a1-ldp] peer 2.2.2.9
[PE1-vsi-a1-ldp] quit
[PE1-vsi-a1] quit
[PE1] interface gigabitethernet 1/0/0
[PE1-GigabitEthernet1/0/0] l2 binding vsi a1
[PE1-GigabitEthernet1/0/0] quit
```

#---ASBR-PE1 上的配置如下，创建到达 PE1 的 VSI，VC ID 也为 2。

```
[ASBR-PE1] mpls l2vpn
[ASBR-PE1-l2vpn] quit
[ASBR-PE1] vsi a1 static
[ASBR-PE1-vsi-a1] pwsignal ldp
[ASBR-PE1-vsi-a1-ldp] vsi-id 2
[ASBR-PE1-vsi-a1-ldp] peer 1.1.1.9
[ASBR-PE1-vsi-a1-ldp] quit
[ASBR-PE1-vsi-a1] quit
[ASBR-PE1] interface gigabitethernet 2/0/0
[ASBR-PE1-GigabitEthernet2/0/0] l2 binding vsi a1
[ASBR-PE1-GigabitEthernet2/0/0] quit
```

#---ASBR-PE2 上的配置如下，创建到达 PE2 的 VSI，VC ID 为 3。

```
[ASBR-PE2] mpls l2vpn
[ASBR-PE2-l2vpn] quit
[ASBR-PE2] vsi a1 static
[ASBR-PE2-vsi-a1] pwsignal ldp
[ASBR-PE2-vsi-a1-ldp] vsi-id 3
[ASBR-PE2-vsi-a1-ldp] peer 4.4.4.9
[ASBR-PE2-vsi-a1-ldp] quit
[ASBR-PE2-vsi-a1] quit
[ASBR-PE2] interface gigabitethernet 1/0/0
[ASBR-PE2-GigabitEthernet1/0/0] l2 binding vsi a1
[ASBR-PE2-GigabitEthernet1/0/0] quit
```

#---PE2 上的配置如下，创建到达 ASBR-PE2 的 VSI，VC ID 也为 3。

```
[PE2] mpls l2vpn
[PE2-l2vpn] quit
[PE2] vsi a1 static
[PE2-vsi-a1] pwsignal ldp
[PE2-vsi-a1-ldp] vsi-id 3
[PE2-vsi-a1-ldp] peer 3.3.3.9
[PE2-vsi-a1-ldp] quit
[PE2-vsi-a1] quit
[PE2] interface gigabitethernet 2/0/0
[PE2-GigabitEthernet2/0/0] l2 binding vsi a1
[PE2-GigabitEthernet2/0/0] quit
```

3. 配置结果验证

完成以上配置后，可以在两个 PE 上执行 **display vsi name a1 verbose** 命令，查看所建立的 PW。在 PE1 上执行该命令的输出示例如下，由此可以看出，名字为 a1 的 VSI 实例下建立了一条到达 ABSR-PE1（2.2.2.9）的 VC 和 PW，状态均为 up。

以 PE1 和 ASBR-PE2 的显示为例，具体配置如下。

```
[PE1] display vsi name a1 verbose

  ***VSI Name                  : a1
     Administrator VSI         : no
     Isolate Spoken            : disable
     VSI Index                 : 0
     PW Signaling              : ldp
     Member Discovery Style : static
     PW MAC Learn Style        : unqualify
     Encapsulation Type        : vlan
     MTU                       : 1500
     Diffserv Mode             : uniform
     Service Class             : --
     Color                     : --
     DomainId                  : 255
     Domain Name               :
     Ignore AcState            : disable
     P2P VSI                   : disable
     Create Time               : 0 day, 3 hour, 30 minute, 31 second
     VSI State                 : up

     VSI ID                    : 2
    *Peer Router ID            : 2.2.2.9
     Negotiation-vc-id         : 2
```

```
primary or secondary   : primary
ignore-standby-state    : no
VC Label                       : 23552
Peer Type               : dynamic
Session                 : up
Tunnel ID               :
Broadcast Tunnel ID     : 0x0
Broad BackupTunnel ID   : 0x0
CKey                          : 6
NKey                          : 5
Stp Enable              : 0
PwIndex                       : 0
Control Word            : disable
BFD for PW                  : unavailable

Interface Name          : GigabitEthernet1/0/0
State                   : up
Access Port             : false
Last Up Time            : 2022/07/02 15:41:59
Total Up Time           : 0 day, 0 hour, 1 minute, 2 second

**PW Information:

*Peer Ip Address        : 2.2.2.9
 PW State                   : up
 Local VC Label         : 23552
 Remote VC Label        : 23552
 Remote Control Word    : disable
 PW Type                    : label
 Local   VCCV               : alert lsp-ping
 Remote VCCV                : alert lsp-ping
 Tunnel ID              : 0x20020
 Broadcast Tunnel ID    : 0x20020
 ------
```

此时，CE1 和 CE2 已经可以互相 ping 通，证明本示例前面的配置是正确的。

9.4.3　跨域 Kompella 方式 VPLS 配置示例

跨域 Kompella 方式 VPLS 配置示例的拓扑结构如图 9-9 所示。某企业机构的分支 Site1 使用 CE1 连接 PE1 接入 AS 100 的 VPLS 域，分支 Site2 使用 CE2 连接 PE2 接入 AS 200 的 VPLS 域，分支 Site 网络环境不稳定。AS 100 与 AS 200 分别通过 ASBR_PE1 和 ASBR_PE2 设备互通，一个 AS 内部的 MPLS 骨干网使用 IS-IS 作为 IGP。现在 Site1 和 Site2 的用户需要进行二层业务互通，同时要求在穿越骨干网时，保留二层报文中的用户信息。

1. 基本配置思路分析

为了实现 Site1 和 Site2 的二层业务互通，同时在穿越骨干网时，保留二层报文的用户信息，需要使用 VPLS 技术在骨干网透传二层报文。由于企业分支 Site 网络环境不稳定，所以选择 Kompella 方式的 VPLS，实现各 CE 设备二层网络互通。又因为两个 Site 所连接的 PE 在不同的 AS 域，所以采用跨域 Kompella 方式 VPLS 来达到本示例的目的。

根据 9.4.1 节介绍的跨域 Kompella VPLS（OptionA）方案的基本实现原理，可以得出本示例的基本配置思路如下。

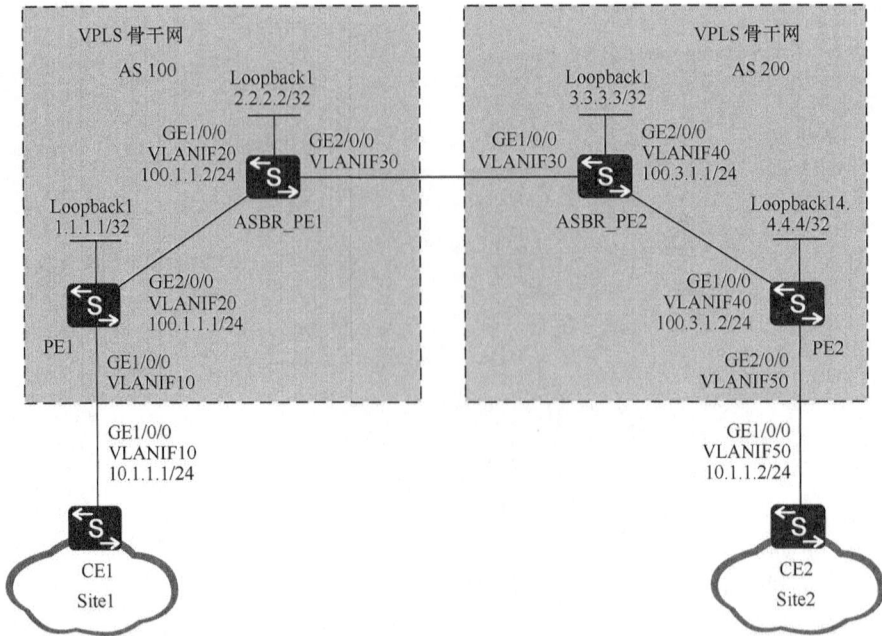

图 9-9　跨域 Kompella 方式 VPLS 配置示例的拓扑结构

① 创建并配置各设备上所需的 VLAN，把各接口加入对应的 VLAN，并配置各接口的 IP 地址（包括 Loopback 接口，但担当 AC 接口的 VLANIF 接口除外）。

② 在各 AS 域内骨干网各节点上配置 IS-IS 路由，使 AS 域内骨干网三层互通。

③ 在同一个 AS 域内的 PE 与 ASBR_PE 之间建立动态 LDP LSP 隧道。

④ 在同一个 AS 域内的 PE 与 ASBR_PE 之间建立 MP-IBGP 对等体关系，使能 BGP 对等体交换 VPLS 信息的能力。

⑤ 在两个 PE 和 ASBR_PE 上使能 MPLS L2VPN 功能，创建静态 VSI，指定信令为 BGP，配置 RD、VPN Target 和 Site，再将 AC 接口与 VSI 绑定。

2．具体配置步骤

① 创建并配置各设备上所需的 VLAN，把各接口加入对应的 VLAN，并配置各接口的 IP 地址。

#---CE1 上的配置如下。

```
<HUAWEI> system-view
[HUAWEI] sysname CE1
[CE1] vlan 10
[CE1-vlan10] quit
[CE1] interface vlanif 10
[CE1-Vlanif10] ip address 10.1.1.1 255.255.255.0
[CE1-Vlanif10] quit
[CE1] interface gigabitethernet 1/0/0
[CE1-GigabitEthernet1/0/0] port link-type trunk
[CE1-GigabitEthernet1/0/0] port trunk allow-pass vlan 10
[CE1-GigabitEthernet1/0/0] quit
```

#---CE2 上的配置如下。

```
<HUAWEI> system-view
[HUAWEI] sysname CE2
```

```
[CE2] vlan 50
[CE2-vlan50] quit
[CE2] interface vlanif 50
[CE2-Vlanif50] ip address 10.1.1.2 255.255.255.0
[CE2-Vlanif50] quit
[CE2] interface gigabitethernet 1/0/0
[CE2-GigabitEthernet1/0/0] port link-type trunk
[CE2-GigabitEthernet1/0/0] port trunk allow-pass vlan 50
[CE2-GigabitEthernet1/0/0] quit
```

#---PE1 上的配置如下。

```
<HUAWEI> system-view
[HUAWEI] sysname PE1
[PE1] vlan batch 10 20
[PE1] interface vlanif 20
[PE1-Vlanif20] ip address 100.1.1.1 255.255.255.0
[PE1-Vlanif20] quit
[PE1] interface gigabitethernet 1/0/0
[PE1-GigabitEthernet1/0/0] port link-type trunk
[PE1-GigabitEthernet1/0/0] port trunk allow-pass vlan 10
[PE1-GigabitEthernet1/0/0] quit
[PE1] interface gigabitethernet 2/0/0
[PE1-GigabitEthernet2/0/0] port link-type trunk
[PE1-GigabitEthernet2/0/0] port trunk allow-pass vlan 20
[PE1-GigabitEthernet2/0/0] quit
[PE1] interface loopback 1
[PE1-LoopBack1] ip address 1.1.1.1 255.255.255.255
[PE1-LoopBack1] quit
```

【注意】要避免将 PE 上 AC 侧和 PW 侧的物理接口加入相同的 VLAN，否则，可能会引起环路。

#---ASBR_PE1 上的配置如下。

```
<HUAWEI> system-view
[HUAWEI] sysname ASBR_PE1
[ASBR_PE1] vlan batch 20 30
[ASBR_PE1] interface vlanif 20
[ASBR_PE1-Vlanif20] ip address 100.1.1.2 255.255.255.0
[ASBR_PE1-Vlanif20] quit
[ASBR_PE1] interface gigabitethernet 1/0/0
[ASBR_PE1-GigabitEthernet1/0/0] port link-type trunk
[ASBR_PE1-GigabitEthernet1/0/0] port trunk allow-pass vlan 20
[ASBR_PE1-GigabitEthernet1/0/0] quit
[ASBR_PE1] interface loopback 1
[ASBR_PE1-LoopBack1] ip address 2.2.2.2 255.255.255.255
[ASBR_PE1-LoopBack1] quit
```

#---ASBR_PE2 上的配置如下。

```
<HUAWEI> system-view
[HUAWEI] sysname ASBR_PE2
[ASBR_PE2] vlan batch 30 40
[ASBR_PE2] interface vlanif 40
[ASBR_PE2-Vlanif40] ip address 100.3.1.1 255.255.255.0
[ASBR_PE2-Vlanif40] quit
[ASBR_PE2] interface gigabitethernet 2/0/0
[ASBR_PE2-GigabitEthernet2/0/0] port link-type trunk
[ASBR_PE2-GigabitEthernet2/0/0] port trunk allow-pass vlan 40
```

```
[ASBR_PE2-GigabitEthernet2/0/0] quit
[ASBR_PE2] interface loopback 1
[ASBR_PE2-LoopBack1] ip address 3.3.3.3 255.255.255.255
[ASBR_PE2-LoopBack1] quit
```

#---PE2 上的配置如下。

```
<HUAWEI> system-view
[HUAWEI] sysname PE2
[PE2] vlan batch 40 50
[PE2] interface vlanif 40
[PE2-Vlanif20] ip address 100.3.1.2 255.255.255.0
[PE2-Vlanif20] quit
[PE2] interface gigabitethernet 1/0/0
[PE2-GigabitEthernet1/0/0] port link-type trunk
[PE2-GigabitEthernet1/0/0] port trunk allow-pass vlan 40
[PE2-GigabitEthernet1/0/0] quit
[PE2] interface gigabitethernet 2/0/0
[PE2-GigabitEthernet2/0/0] port link-type trunk
[PE2-GigabitEthernet2/0/0] port trunk allow-pass vlan 50
[PE2-GigabitEthernet2/0/0] quit
[PE2] interface loopback 1
[PE2-LoopBack1] ip address 4.4.4.4 255.255.255.255
[PE2-LoopBack1] quit
```

② 在各 AS 域内骨干网各节点上配置 IS-IS 路由，使 AS 域内骨干网三层互通。

#---PE1 上的配置如下。

```
[PE1] isis 1
[PE1-isis-1] network-entity 10.0000.0000.0001.00
[PE1-isis-1] quit
[PE1] interface loopback 1
[PE1-LoopBack1] isis enable 1
[PE1-LoopBack1] quit
[PE1] interface vlanif 20
[PE1-Vlanif20] isis enable 1
[PE1-Vlanif20] quit
```

#---ASBR_PE1 上的配置如下。

```
[ASBR_PE1] isis 1
[ASBR_PE1-isis-1] network-entity 10.0000.0000.0002.00
[ASBR_PE1-isis-1] quit
[ASBR_PE1] interface loopback 1
[ASBR_PE1-LoopBack1] isis enable 1
[ASBR_PE1-LoopBack1] quit
[ASBR_PE1] interface vlanif 20
[ASBR_PE1-Vlanif20] isis enable 1
[ASBR_PE1-Vlanif20] quit
```

#---ASBR_PE2 上的配置如下。

```
[ASBR_PE2] isis 1
[ASBR_PE2-isis-1] network-entity 10.0000.0000.0003.00
[ASBR_PE2-isis-1] quit
[ASBR_PE2] interface loopback 1
[ASBR_PE2-LoopBack1] isis enable 1
[ASBR_PE2-LoopBack1] quit
[ASBR_PE2] interface vlanif 40
[ASBR_PE2-Vlanif40] isis enable 1
[ASBR_PE2-Vlanif40] quit
```

#---PE2 上的配置如下。

```
[PE2] isis 1
[PE2-isis-1] network-entity 10.0000.0000.0004.00
[PE2-isis-1] quit
[PE2] interface loopback 1
[PE2-LoopBack1] isis enable 1
[PE2-LoopBack1] quit
[PE2] interface vlanif 20
[PE2-Vlanif20] isis enable 1
[PE2-Vlanif20] quit
```

完成以上配置后，同一个 AS 域内的 ASBR_PE 与 PE 之间应该可以建立 IS-IS 邻居。执行 **display isis peer** 命令可以看到邻居状态为 up。在 PE1 上执行该命令的输出如下，由此可以看出，它已经与 ASBR_PE1 同时建立了 IS-IS L1、L2 级别的邻居关系。

```
[PE1] display isis peer

                         Peer information for ISIS(1)

  System Id      Interface      Circuit Id        State HoldTime Type     PRI
  --------------------------------------------------------------------------------
  0000.0000.0002  Vlanif20      0000.0000.0002.01 Up    8s       L1(L1L2) 64
  0000.0000.0002  Vlanif20      0000.0000.0002.01 Up    8s       L2(L1L2) 64

Total Peer(s): 2
```

③ 在同一个 AS 域内的 PE 与 ASBR_PE 之间建立动态 LDP LSP 隧道。

#---PE1 上的配置如下。

```
[PE1] mpls lsr-id 1.1.1.1
[PE1] mpls
[PE1-mpls] quit
[PE1] mpls ldp
[PE1-mpls-ldp] quit
[PE1] interface vlanif 20
[PE1-Vlanif20] mpls
[PE1-Vlanif20] mpls ldp
[PE1-Vlanif20] quit
```

#---ASBR_PE1 上的配置如下。

```
[ASBR_PE1] mpls lsr-id 2.2.2.2
[ASBR_PE1] mpls
[ASBR_PE1-mpls] quit
[ASBR_PE1] mpls ldp
[ASBR_PE1-mpls-ldp] quit
[ASBR_PE1] interface vlanif 20
[ASBR_PE1-Vlanif20] mpls
[ASBR_PE1-Vlanif20] mpls ldp
[ASBR_PE1-Vlanif20] quit
```

#---ASBR_PE2 上的配置如下。

```
[ASBR_PE2] mpls lsr-id 3.3.3.3
[ASBR_PE2] mpls
[ASBR_PE2-mpls] quit
[ASBR_PE2] mpls ldp
[ASBR_PE2-mpls-ldp] quit
[ASBR_PE2] interface vlanif 40
[ASBR_PE2-Vlanif40] mpls
```

```
[ASBR_PE2-Vlanif40] mpls ldp
[ASBR_PE2-Vlanif40] quit
```

#---PE2 上的配置如下。

```
[PE2] mpls lsr-id 4.4.4.4
[PE2] mpls
[PE2-mpls] quit
[PE2] mpls ldp
[PE2-mpls-ldp] quit
[PE2] interface vlanif 40
[PE2-Vlanif40] mpls
[PE2-Vlanif40] mpls ldp
[PE2-Vlanif40] quit
```

完成以上配置后，在两个 PE 和 ASBR_PE 上执行 **display mpls lsp** 命令，可以看到同一个 AS 域内的 PE 与 ASBR-PE 之间已成功建立 LDP LSP。在 PE1 上执行该命令的输出如下，由此可以看出，它已建立到达 ASBR-PE1（2.2.2.2）的 LDP LSP。

```
[PE1] display mpls lsp

Flag after Out IF: (I) - LSP Is Only Iterated by RLFA
--------------------------------------------------------------------------
                       LSP Information: LDP LSP
--------------------------------------------------------------------------
FEC                In/Out Label   In/Out IF                    Vrf Name
1.1.1.1/32         3/NULL         -/-
2.2.2.2/32         NULL/3         -/Vlanif20
2.2.2.2/32         1025/3         -/Vlanif20
```

④ 在同一个 AS 域内的 PE 与 ASBR_PE 之间建立 MP-IBGP 对等体关系，使能 BGP 对等体交换 VPLS 信息的能力。

#---PE1 上的配置如下。

```
[PE1] bgp 100
[PE1-bgp] peer 2.2.2.2 as-number 100
[PE1-bgp] peer 2.2.2.2 connect-interface loopback 1
[PE1-bgp] vpls-family   #---进入 VPLS 地址族
[PE1-bgp-af-vpls] peer 2.2.2.2 enable   #---使能与 ASBR-PE1 交换 VPLS 信息的能力
[PE1-bgp-af-vpls] quit
[PE1-bgp] quit
```

#---ASBR_PE1 上的配置如下。

```
[ASBR_PE1] bgp 100
[ASBR_PE1-bgp] peer 1.1.1.1 as-number 100
[ASBR_PE1-bgp] peer 1.1.1.1 connect-interface loopback 1
[ASBR_PE1-bgp] vpls-family
[ASBR_PE1-bgp-af-vpls] peer 1.1.1.1 enable
[ASBR_PE1-bgp-af-vpls] quit
[ASBR_PE1-bgp] quit
```

#---ASBR_PE2 上的配置如下。

```
[ASBR_PE2] bgp 200
[ASBR_PE2-bgp] peer 4.4.4.4 as-number 200
[ASBR_PE2-bgp] peer 4.4.4.4 connect-interface loopback 1
[ASBR_PE2-bgp] vpls-family
[ASBR_PE2-bgp-af-vpls] peer 4.4.4.4 enable
[ASBR_PE2-bgp-af-vpls] quit
[ASBR_PE2-bgp] quit
```

\#---PE2 上的配置如下。

```
[PE2] bgp 200
[PE2-bgp] peer 3.3.3.3 as-number 200
[PE2-bgp] peer 3.3.3.3 connect-interface loopback1
[PE2-bgp] vpls-family
[PE2-bgp-af-vpls] peer 3.3.3.3 enable
[PE2-bgp-af-vpls] quit
[PE2-bgp] quit
```

完成以上配置后，在两个 PE 或 ASBR_PE 上执行 **display bgp vpls peer** 命令，同一个 AS 域内的 PE 与 ASBR_PE 之间已成功建立了 MP-IBGP 对等体关系，状态为 "Established"。PE1 上执行该命令的输出如下，它已经与 ASBR_PE1 成功建立了 MP-IBGP 对等体关系。

```
[PE1] display bgp vpls peer

 BGP local router ID : 1.1.1.1
 Local AS number : 100
 Total number of peers : 1            Peers in established state : 1


 Peer            V          AS   MsgRcvd  MsgSent  OutQ Up/Down      State PrefRcv

 2.2.2.2         4         100        5        8      0 00:02:13 Established        0
```

⑤ 在两个 PE 和 ASBR_PE 上使能 MPLS L2VPN 功能，创建静态 VSI，指定信令为 BGP，配置 RD、VPN Target 和 Site，再将 AC 接口与 VSI 绑定。同一个 AS 域内 PE 和 ASBR_ PE 上配置 VSI 实例的 VPN-Taget 属性相匹配。把 PE1 和 PE2 连接 CE 的 CE ID 均设为 1，ASBR_PE1 和 ASBR_PE2 连接 CE 的 CE ID 均设为 2。

为了实现 VPLS 的 OptionA 跨域功能，需要在 ASBR_PE 设备上将对端 ASBR 看作自己的 CE，将 VSI 与对端接口绑定。

\#---PE1 上的配置如下。

```
[PE1] mpls l2vpn
[PE1-l2vpn] quit
[PE1] vsi v1 auto
[PE1-vsi-v1] pwsignal bgp
[PE1-vsi-v1-bgp] route-distinguisher 100:1
[PE1-vsi-v1-bgp] vpn-target 1:1 import-extcommunity
[PE1-vsi-v1-bgp] vpn-target 1:1 export-extcommunity
[PE1-vsi-v1-bgp] site 1 range 5 default-offset 0
[PE1-vsi-v1-bgp] quit
[PE1-vsi-v1] quit
[PE1] interface vlanif 10
[PE1-Vlanif10] l2 binding vsi v1
[PE1-Vlanif10] quit
```

\#---ASBR_PE1 上的配置如下。

```
[ASBR_PE1] mpls l2vpn
[ASBR_PE1-l2vpn] quit
[ASBR_PE1] vsi v1 auto
[ASBR_PE1-vsi-v1] pwsignal bgp
[ASBR_PE1-vsi-v1-bgp] route-distinguisher 100:2
[ASBR_PE1-vsi-v1-bgp] vpn-target 1:1 import-extcommunity
[ASBR_PE1-vsi-v1-bgp] vpn-target 1:1 export-extcommunity
[ASBR_PE1-vsi-v1-bgp] site 2 range 5 default-offset 0
[ASBR_PE1-vsi-v1-bgp] quit
```

```
[ASBR_PE1-vsi-v1] quit
[ASBR_PE1] interface vlanif 30
[ASBR_PE1-Vlanif30] l2 binding vsi v1
[ASBR_PE1-Vlanif30] quit
```

#---ASBR_PE2 上的配置如下。

```
[ASBR_PE2] mpls l2vpn
[ASBR_PE2-l2vpn] quit
[ASBR_PE2] vsi v1 auto
[ASBR_PE2-vsi-v1] pwsignal bgp
[ASBR_PE2-vsi-v1-bgp] route-distinguisher 200:1
[ASBR_PE2-vsi-v1-bgp] vpn-target 1:1 import-extcommunity
[ASBR_PE2-vsi-v1-bgp] vpn-target 1:1 export-extcommunity
[ASBR_PE2-vsi-v1-bgp] site 1 range 5 default-offset 0
[ASBR_PE2-vsi-v1-bgp] quit
[ASBR_PE2-vsi-v1] quit
[ASBR_PE2] interface vlanif 30
[ASBR_PE2-Vlanif30] l2 binding vsi v1
[ASBR_PE2-Vlanif30] quit
```

#---PE2 上的配置如下。

```
[PE2] mpls l2vpn
[PE2-l2vpn] quit
[PE2] vsi v1 auto
[PE2-vsi-v1] pwsignal bgp
[PE2-vsi-v1-bgp] route-distinguisher 200:2
[PE2-vsi-v1-bgp] vpn-target 1:1 import-extcommunity
[PE2-vsi-v1-bgp] vpn-target 1:1 export-extcommunity
[PE2-vsi-v1-bgp] site 2 range 5 default-offset 0
[PE2-vsi-v1-bgp] quit
[PE2-vsi-v1] quit
[PE2] interface vlanif 50
[PE2-Vlanif50] l2 binding vsi v1
[PE2-Vlanif50] quit
```

3．配置结果验证

完成以上配置后，可以在 PE 或 ASBR_PE 上执行 **display vpls connection bgp verbose** 命令查看所创建的 VSI 信息，状态为 up，在 PE1 上执行该命令的输出如下。

```
[PE1] display vpls connection bgp verbose
VSI Name: v1                                     Signaling: bgp
  **Remote Site ID     : 2
    VC State           : up
    RD                 : 100:2
    Encapsulation      : vlan
    MTU                : 1500
    Peer Ip Address    : 2.2.2.2
    PW Type            : label
    Local VC Label     : 35842
    Remote VC Label    : 31745
    Tunnel Policy      : --
    Tunnel ID          : 0x20020
    Remote Label Block : 31744/5/0
    Export vpn target  : 1:1
```

在 PE 或 ASBR_PE 上执行 **display bgp vpls all** 命令，可以查看 BGP 的 VPLS 标签块信息，在 ASBR_PE1 上执行该命令的输出如下。

```
[ASBR_PE1] display bgp vpls all
BGP Local Router ID : 2.2.2.2, Local AS Number : 100
Status codes : * - active, > - best
BGP.VPLS : 2 Label Blocks


--------------------------------------------------------------------
Route Distinguisher: 100:1
    SiteID Offset NextHop        Range LabBase TunnelID    FromPeer        MHPref

--------------------------------------------------------------------
*> 1     0     1.1.1.1          5     31744   0x0          1.1.1.1         0


--------------------------------------------------------------------
Route Distinguisher: 100:2
    SiteID Offset NextHop        Range LabBase TunnelID    FromPeer        MHPref

--------------------------------------------------------------------
>  2     0     0.0.0.0          5     31744   0x0          0.0.0.0         0
```

此时，CE1 与 CE2 就可以互相 ping 通了。

9.5　VPLS 典型故障排除

本节将介绍 Martini 方式 VPLS 和 Kompella 方式 VPLS 中的 VSI 状态不是 up 的故障排除方法。

9.5.1　Martini 方式 VPLS 的 VSI 状态不是 up 的故障排除

Martini 方式 VPLS 与 Martini 方式 VLL 的工作原理和配置方法都差不多，因此，如果发现 VSI 的状态不是 up，其故障排除方法也与 Martini 方式 VLL 中 VSI 状态不是 up 的故障排除方法差不多，具体排除步骤如下。

① 在两端 PE 上执行 **display vsi name** *vsi-name* 命令，检查两端的封装类型、MTU 值配置是否一致。如果两端的封装类型不一致，在 VSI 视图下配置命令 **encapsulation { ethernet | vlan }** 修改其中一端的封装类型，使两端的封装类型一致。只有 AC 链路为以太网类型时，才可以配置这两种封装类型。

如果两端配置的 MTU 值不一致，则在 VSI 视图下配置 **mtu** *mtu-value* 命令修改其中一端的 MTU，使两端的 MTU 一致。

② 如果两端 PE 上配置的封装类型和 MTU 值都一致，则在两端 PE 上执行 **display vsi name** *vsi-name* **verbose** 命令，检查两端的 VSI ID 值或者协商 ID 值是否一致。

如果两端的 VSI ID 值或者协商 ID 值不一致，则要在一端 PE 的 VSI-LDP 视图下配置，通过 **vsi-id** *vsi-id* 命令修改 VSI ID 值用 **peer** *peer-address* [**negotiation-vc-id** *vc-id*] [**tnl-policy** *policy-name*] 命令修改协商 VC ID 值，使两端 VSI ID 一致。

③ 如果两端的 VSI ID 值或者协商 VC ID 值已经一致，则在上面执行 **display vsi name** *vsi-name* **verbose** 命令的输出中，检查 Session 字段值是否为 up，具体命令的输出如下。

```
<HUAWEI> display vsi verbose

 ***VSI Name              : a2
    Administrator VSI      : no
```

```
      Isolate Spoken          : disable
      VSI Index               : 0
      PW Signaling            : ldp
      Member Discovery Style : static
      PW MAC Learn Style      : unqualify
      Encapsulation Type      : vlan
      MTU                      : 1500
      Diffserv Mode           : uniform
      Mpls Exp                 : --
      DomainId                 : 255
      Domain Name             :
      Ignore AcState          : disable
      P2P VSI                  : disable
      Create Time             : 0 day, 3 hour, 6 minute, 43 second
      VSI State               : up

      VSI ID                   : 2
    *Peer Router ID           : 10.3.3.9
      Negotiation-vc-id        : 2
      primary or secondary    : primary
      ignore-standby-state    : no
      VC Label                 : 1026
      Peer Type               : dynamic
      Session                 : up
      Tunnel ID                : 0x1
      Broadcast Tunnel ID     : 0x1

......
```

如果两端的 LDP 会话不是 up，则要检查骨干网中各公网接口状态是否为 up，查看配置文件，检查在全局和各节点的各公网接口上是否使能了 MPLS 和 LDP 功能。如果 PE 不是直接连接，则还要看 PE 之间的远端 LDP 会话是否正确配置。

④ 如果 LDP 会话状态已经是 up，再在以上执行 **display vsi name** *vsi-name* **verbose** 命令后的输出信息中检查 VSI 是否选中隧道。检查 Tunnel ID 字段值是否为 0×0（参见上一步给出的输出示例）。如果 Tunnel ID 字段为 0×0，则表明 VSI 没有选中隧道。

如果在 **display vsi name** *vsi-name* **verbose** 命令的输出信息中没有显示 Tunnel Policy Name 字段，则表示 VSI 使用的隧道为 LDP LSP，或者没有为 VSI 配置隧道策略。如果 VSI 使用 MPLS-TE 隧道，就需要配置隧道策略。Tunnel Policy Name 字段值表示 VSI 使用隧道策略，可以在隧道策略视图下执行**display this**检查隧道策略的配置。

【说明】如果隧道策略下配置了 **tunnel binding destination** *dest-ip-address* **te** { **tunnel** *interface-number* }命令，则还需要在 Tunnel 接口下使能 **mpls te reserved-for-binding** 命令，使能 TE 隧道只用于隧道绑定策略。如果两端隧道不是 up，则需要按照配套的《华为 MPLS 技术学习指南（第二版）》第 5 章介绍的方法排除 TE 隧道故障。

⑤ 如果两端的隧道状态已经是 up，并且 TE 的接口配置正确，在上面执行 **display vsi name** *vsi-name* **verbose** 命令后的输出信息中，检查两端的 AC 接口状态是否为 up（在输出信息中要找到所使用的对应 AC 接口）。

如果两端的 AC 接口状态不是 up，则按照不同类型接口故障排除的方法。

9.5.2　Kompella 方式 VPLS 的 VSI 状态不是 up 的故障排除

之所以 Kompella 方式 VPLS 中 VSI 状态不是 up 的故障排除方法与上节介绍的 Martini 方式 VPLS 的 VSI 状态不是 up 的故障排除方法有较大不同，是因为它们所使用的信令协议不同（Kompella 方式 VPLS 使用的信令协议为 BGP），具体排除步骤如下。

① 首先也在两端 PE 上执行 **display vsi name** *vsi-name* 命令，检查两端的封装类型及 MTU 是否一致。排除方法参见 9.5.1 节中①的说明。

② 在 VSI 视图下执行 **display this** 命令，检查两端配置的 Site ID 是否重复。

如果两端的 Site ID 重复，则要在一端 PE 上执行 **site** *site-id* [**range** *site-range*] [**default-offset** { **0** | **1** }]命令修改 Site ID 值，使两端的 Site ID 不同。

③ 如果两端的 Site ID 值已经不同，则在两端 PE 上执行 **display bgp vpls peer** [*ipv4-address* **verbose** | **verbose**] [| **count**] [| { **begin** | **exclude** | **include** } *regular-expression*]命令，检查两端的 BGP 会话状态是否为 "Established"，具体配置如下。

```
<HUAWEI> display bgp peer
 BGP Local router ID : 10.2.3.4
 local AS number : 10
 Total number of peers : 2
 Peers in established state : 1

 Peer        V    AS   MsgRcvd  MsgSent  OutQ  Up/Down     State        PrefRcv

 10.1.1.1    4    100       0        0     0   00:00:07     Idle           0
 10.2.5.6    4    200      32       35     0   00:17:49   Established       0
```

如果两端的 BGP 会话状态不是 "Established"，则需要检查 BGP 配置，使 BGP 会话状态变为 "Established"。

④ 如果 BGP 会话状态已经是 "Established"，则在两端 PE 上执行 **display vsi name** *vsi-name* **verbose** 命令，检查 VSI 是否选中隧道。需要检查 Tunnel ID 字段值是否为 0×0 和 Tunnel Policy Name 字段的值，具体参见 9.5.1 节中④的说明。

⑤ 如果两端的隧道状态已经是 up，并且 TE 接口配置正确，请检查本端的 Site ID 是否小于远端的 range 与 Default Offset 之和，而小于本端 range。如果不是，则修改本端 Site ID、range，或者修改远端 range 使之满足条件。

⑥ 如果本地 Site ID 已经小于远端 "range+Default-Offset" 之和，并且远端 Site ID 小于本端的 "range+Default-Offset" 之和，再在前面执行 **display vsi name** *vsi-name* **verbose** 命令的输出信息中，检查两端的 AC 接口状态是否为 up。如果两端的 AC 接口状态不是 up，则需排除接口故障，使 AC 状态为 up。

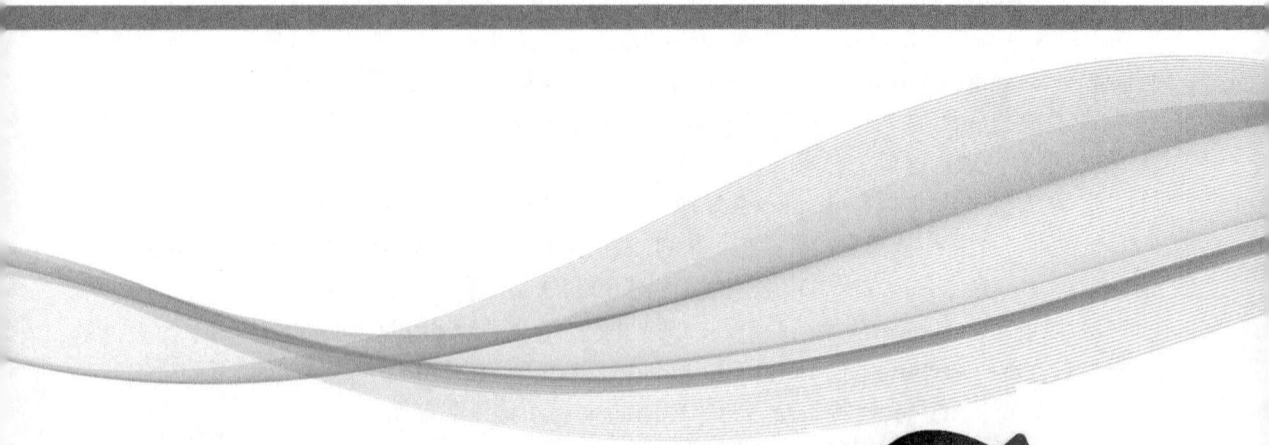